DIE KÜNSTLICHE SEIDE

IHRE HERSTELLUNG, EIGENSCHAFTEN UND VERWENDUNG

MIT BESONDERER BERÜCKSICHTIGUNG
DER PATENT-LITERATUR BEARBEITET

VON

DR. K. SÜVERN

GEH. REGIERUNGSRAT

VIERTE
STARK VERMEHRTE AUFLAGE

MIT 365 TEXTFIGUREN

SPRINGER-VERLAG BERLIN HEIDELBERG GMBH

1921

Alle Rechte, insbesondere das der Übersetzung
in fremde Sprachen, vorbehalten.

Copyright 1921 by Springer-Verlag Berlin Heidelberg
Ursprünglich erschienen bei Julius Springer in Berlin 1921
Softcover reprint of the hardcover 4th edition 1921

ISBN 978-3-662-24061-8   ISBN 978-3-662-26173-6 (eBook)
DOI 10.1007/978-3-662-26173-6

Vorwort zur vierten Auflage.

Die allgemeine Anordnung des Buches ist unverändert geblieben. Nur machte die gewaltige Zunahme des zu bearbeitenden Stoffs eine kürzere Behandlung im einzelnen erforderlich, es mußte alles, was zur Klarstellung des technologisch Neuen und Wichtigen nicht erforderlich war, ausgeschieden werden. Gekürzt wurde der Abschnitt über die Verwendung der Zellulosefettsäureester durch Weglassung der tabellarischen Übersicht, die in anderen leicht zugänglichen Veröffentlichungen gegeben ist. Wesentlich eingehender ist das Sachverzeichnis arbeitet worden, ich hoffe, dadurch das Buch zu einem handli n Nachschlagebuch gemacht zu haben. Neuerscheinungen wie Stapelfaser sind berücksichtigt. Die vorhandene Zeitschriftenliteratur ist, soweit sie Wichtiges enthält, mit verwendet worden.

Herrn Prof. Dr. Bronnert bin ich für die Überlassung der Photographien, nach denen die Querschnittsbilder S. 643—646 angefertigt sind, sowie für seine wertvollen Hinweise bei Abfassung des Abschnitts über die Verwendung der künstlichen Seide zu besonderem Danke verpflichtet.

Berlin-Lichterfelde W., November 1920.

K. Süvern.

Inhaltsverzeichnis.

Erster Teil.
Die Herstellung der künstlichen Seide.

Seite

a) Aus Nitrozellulose 1
   Verfahren und Vorrichtungen zur Herstellung künstlicher Seide aus Nitrozellulose im allgemeinen.
      Nach Chardonnet 3
      Nach Gérard 17
      Nach du Vivier 18
      Nach Lehner 21
      Nach Petit 29
      Nach Sénéchal de la Grange 29
      Nach Valette 30
      Nach Turgard 30
      Nach Cazeneuve 30
      Nach Gorrand 31
      Nach Germain 31
      Nach Cahen 32
      Nach Shrager-Lance 32
      Nach Société La Sétaoid 34
      Nach Kazuta Kishi 35
      Nach Cadoret 35
   Vorbehandlung von Zellulose für die Nitrierung, Herstellung von Nitrozellulose für künstliche Seide, Behandlung der Nitrozellulose.
      Nach Berl 36
      Nach Vereinigte Kunstseidefabriken A.-G. 37
      Nach Société anonyme de produits chimiques de Droogenbosch .. 38
      Nach Douge 38
      Nach Stoerk 38
      Nach Lacroix 39
      Nach Dietl 40
      Nach Kunstfäden-Gesellschaft m. b. H. 40
      Nach Chandelon 40
   Herstellung der Nitrozelluloselösung, besondere Lösungsmittel, Filtrieren des Kollodiums.
      Nach Bronnert und Schlumberger 41
      Nach Duquesnoy 43
      Nach Fabrique de soie artificielle de Tubize 43
      Nach Huwart 44
      Nach Sauverzac 44
      Nach Strehlenert 44
      Nach Société anonyme des plaques et papiers photographiques A. Lumière et ses fils 45

Inhaltsverzeichnis. V

	Seite
Nach Duclaux	47
Nach Massmann	47
Nach Société anonyme des plaques et papiers photographiques A. Lumière et ses fils	47
Nach Denis	49

Verfahren und Einrichtungen zum Verspinnen von Nitrozelluloselösungen, besondere Arten der Fadenbildung, Spulen, Zwirnen.

Nach Mertz	50
Nach Oberlé und Newbold	50
Nach Breuer	51
Nach Crespin	51
Nach Société anonyme des plaques et papiers photographiques A. Lumière et ses fils	51
Nach Desmarais, Morane und Denis	53
Nach Morane	57
Nach Denis	59
Nach Boullier	65
Nach Boullier & Lafais	65
Nach Bouillot	66
Nach Vittenet	66
Nach Cordonnier-Wibaux	68
Nach Fivé	68
Nach Société anonyme des Celluloses Planchon	69
Nach Krafft	71
Nach Société anonyme des plaques et papiers photographiques A. Lumière et ses fils	72
Nach Sauverzac	74
Nach Loewe	74
Nach Cahen	77
Nach Denis	78
Nach Chardonnet	83
Nach Berl und Isler	90
Nach Fabrique de Soie Artificielle d'Obourg und Denis	91

Verfahren und Einrichtungen zum Denitrieren, Unverbrennlichmachen und sonstiger Nachbehandlung künstlicher Seide aus Nitrozellulose.

Nach Turgard	94
Nach Knöfler	95
Nach Richter	96
Nach Compagnie de la Soie de Beaulieu	99
Nach Bernstein	101
Nach Société anonyme pour l'étude industrielle de la soie Serret	104
Nach Germain	105
Nach Plaisetty	105
Nach Wislicki	106
Nach Loncle und Chartrey	107
Nach Chardonnet	107

Verfahren und Einrichtungen zur Wiedergewinnung der bei der Herstellung künstlicher Seide aus Nitrozellulose verwendeten Lösungsmittel, sonstiger Chemikalien und Filterstoffe, Abwasserreinigung

Nach Denis	109
Nach Dervin	114
Nach Société Jules Jean & Cie. und Georges Raverat	115
Nach Douge	116
Nach Aurenque	117
Nach Bouchaud-Praceiq	117
Nach Vittenet	119
Nach Bucquet	122

VI Inhaltsverzeichnis.

	Seite
Nach Diamanti und Lambert	123
Nach Société l'air liquide	125
Nach Crépelle-Fontaine	127
Nach Société anonyme fabrique de soie artificielle de Tubize	127
Nach Chardonnet	128
Nach Société pour la fabrication en Italie de la soie artificielle par le procédé de Chardonnet	130
Nach Société anonyme pour la fabrication de la soie de Chardonnet	131
Nach Fournaud	131
Nach Sauverzac	131
Nach Wohl	132
Nach Chandelon	132
Nach Duclaux	133
Nach Delpech	134
Nach Berge	134
Nach Lointier	135
Nach Denis und Barbelenet	135
Nach Frischer	139
Nach Barbet et Fils et Cie.	139
Nach Kniffen	140
Nach Persch	141
Nach Craig, Robertson, Masson und Drummond	141
Nach Bregeat	143
Nach Claessen	143
Nach Société anonyme pour la fabrication de la soie de Chardonnet	144
Nach Société anonyme hongroise pour la fabrication de la soie de Chardonnet	144
Nach Société anonyme fabrique de soie artificielle de Tubize	145

b) **Aus nicht nitrierten pflanzlichen Ausgangsstoffen.**

1. Aus Lösungen von Zellulose in Kupferoxydammoniak.

Verfahren und Vorrichtungen zur Herstellung künstlicher Seide aus Kupferoxydammoniakzelluloselösungen im allgemeinen.

Nach Despaissis	146
Nach Pauly (Bronnert, Fremery und Urban)	147
Nach Bronnert, Fremery und Urban	149
Nach Vereinigte Glanzstoffabriken Akt.-Ges.	150
Nach Thiele	155
Nach Uebel	160
Nach Thiele und Linkmeyer	160
Nach Linkmeyer	162
Nach Société générale de la soie artificielle Linkmeyer	163
Nach Linkmeyer und Pollak	166
Nach Friedrich	167
Nach Mertz	168
Nach Kracht	168
Nach Bernstein	169
Nach Dreaper	169
Nach Berenguer	169
Nach Foltzer	170
Nach Follet und Ditzler	172
Nach J. P. Bemberg, Akt.-Ges.	175
Nach Vereinigte Kunstseidefabriken A.-G.	180
Nach Hanauer Kunstseidefabrik G. m. b. H.	181
Nach Bechtel	186
Nach Glanzfäden-Act.-Ges.	187
Nach Ditzler	188
Nach Eck	189

Inhaltsverzeichnis.

Vorbereitung von Zellulose für das Auflösen in Kupferoxydammoniaklösung.
- Nach Fremery und Urban 192
- Nach Fremery, Urban und Bronnert 193
- Nach Foltzer 194
- Nach Crumière 194
- Nach Schäfer 195
- Nach Müller und Wolf 195

Herstellung von Kupferoxydammoniaklösung und von Kupferhydroxydzellulose.
- Nach Bronnert, Fremery und Urban 196
- Nach Prud'homme 196
- Nach Lecoeur 197
- Nach Société anonyme „Le Crinoid" 198
- Nach Mertz 198
- Nach Société anonyme la soie nouvelle 199
- Nach Schaefer 199
- Nach Glanzfäden-Act.-Ges. 199
- Nach British Cellulose Syndicate Ltd. und Mertz 200
- Nach Chemische Fabrik Bettenhausen Marquart & Schulz 201
- Nach Foltzer 202
- Nach Bernstein 203
- Nach Bronnert 204
- Nach Bemberg 205
- Nach Mahler 207
- Nach Spence & Sons Ltd. 208
- Nach Wassermann 210

Herstellung von Kupferoxydammoniakzelluloselösung.
- Nach Société générale pour la fabrication des matières plastiques . 210
- Nach Langhans 213
- Nach Linkmeyer (Société générale de la soie artificielle Linkmeyer) 214
- Nach Friedrich 218
- Nach Glanzfäden Akt.-Ges. 220
- Nach Guadagni 226
- Nach Pawlikowski 228
- Nach Follet und Ditzler 230
- Nach Boucquey 231
- Nach Hömberg 232
- Nach Wetzel 232
- Nach Rheinische Kunstseide-Fabrik Akt.-Ges. 233
- Nach Hanauer Kunstseidefabrik G. m. b. H. 234
- Nach Eck 236
- Nach Compagnie française des applications de la cellulose . . . 238
- Nach Traube 239
- Nach de Haën 240
- Nach Société La Soie Artificielle du Nord 242
- Nach Spence & Sons Ltd. 242
- Nach Borzykowski 243
- Nach O. Müller 244

Fällen von Kupferoxydammoniakzelluloselösungen durch hauptsächlich saure Mittel.
- Nach Bronnert, Fremery und Urban 245
- Nach Foltzer und Weiss 246
- Nach Société anonyme „La soie nouvelle" 247
- Nach Boucquey 247
- Nach Lecoeur 247
- Nach Friedrich 248
- Nach Hanauer Kunstseidefabrik G. m. b. H. 248

Inhaltsverzeichnis.

Fällen von Kupferoxydammoniakzelluloselösungen durch hauptsächlich alkalische Mittel.
  Nach Linkmeyer (Société générale de la soie artificielle Linkmeyer) 250
  Nach Farbwerke vorm. Meister Lucius & Brüning 252
  Nach Vereinigte Glanzstoff-Fabriken A.-G. 253
  Nach Müller 261
  Nach Société dite „La soie artificielle" 261
  Nach Cuntz 261
  Nach Lecoeur 262
  Nach Dreaper 262
  Nach Société anonyme „Le Crinoid" 263
  Nach Friedrich 263
  Nach Hanauer Kunstseidefabrik G. m. b. H. 265
  Nach Hömberg 267
  Nach Eck 268
  Nach Compagnie Française des Applications de la Cellulose 269
  Nach Pawlikowski 271
  Nach Delpech 273
  Nach Legrand 273
  Nach de Haën 275
  Nach Glanzfäden-Aktiengesellschaft 277
Nachbehandlung aus Kupferoxydammoniakzelluloselösungen gefällter Fäden, Waschen, Trocknen, Zwirnen.
  Nach Crumière 279
  Nach Fremery und Urban 280
  Nach Foltzer 281
  Nach Bernstein 283
  Nach Fremery und Urban 283
  Nach Linkmeyer und Pollak 285
  Nach Linkmeyer 285
  Nach Thiele 286
  Nach Pawlikowski 287
  Nach Linkmeyer 289
  Nach Spence & Sons 289
Wiedergewinnung der bei der Herstellung künstlicher Seide aus Kupferoxydammoniakzelluloselösungen verwendeten Chemikalien.
  Nach Société générale de la soie artificielle Linkmeyer 291
  Nach Cuntz 291
  Nach Vereinigte Glanzstoff-Fabriken A.-G. 292

2. Aus Lösungen von Zellulose in Chlorzinklösung.
  Nach Bronnert 294
  Nach Dreaper und Tompkins 297
  Nach Tompkins und Crombie 299
  Nach Werner 299
  Nach Dreaper 300
  Nach Müller und Wolf 300
  Nach Ogawa, Okubo und Murata 300

3. Aus Viskose.
Herstellung und Behandlung der zur Erzeugung künstlicher Seide dienenden Viskose.
  Nach Cross, Bevan und Beadle 301
  Nach Cross 303
  Nach Viscose Syndicate Ltd. 304
  Nach Société française de la Viscose 305
  Nach Continentale Viscose Compagnie G. m. b. H. 310
  Nach Vereinigte Kunstseide-Fabriken Akt.-Ges. 311

Inhaltsverzeichnis.   IX

Nach J. P. Bemberg A.-G. 315
Nach Leclaire 316
Nach Lyncke 317
Nach Pellerin 317
Nach Lilienfeld 318
Nach Becker 321
Nach Société anonyme pour la fabrication de la soie de Chardonnet 322
Nach Burette 323
Nach Bernstein 324
Nach Courtaulds Ltd., Glover und Wilson 325
Nach Courtaulds Ltd. und Wilson 326
Nach Société anonyme Soie de St. Chamond 327
Nach Linkmeyer und Hoyermann 328

Verfahren zur Reinigung der Zellulose, zur Herstellung der Alkalizellulose und zur Aufarbeitung der dabei abfallenden Laugen.

Nach Girard 329
Nach La Soie Artificielle 329
Nach Küttner 332

Verfahren zur Herstellung künstlicher Seide aus Zellulosexanthogenat (Viskose) im allgemeinen.

Nach Stearn 334
Nach Vereinigte Kunstseidefabriken A.-G. 337
Nach Henckel von Donnersmarck 339
Nach Ernst 340
Nach Pissarev 341
Nach Société française de la Viscose 342
Nach Müller 342
Nach Vereinigte Glanzstoff-Fabriken-Akt. Ges. 344
Nach Société Pinel frères 351
Nach Waite 351
Nach Chavassieu 351
Nach Brandenberger 352
Nach Boisson 353
Nach Chemische Fabrik von Heyden Akt.-Ges. 353
Nach Küttner 356
Nach Leduc, Jacquemin und Société anonyme des Soieries de Maransart 357
Nach Steimmig 358
Nach Borzykowski 361
Nach Lacroix 362
Nach Petit 362
Nach Verhave 363
Nach Silkin Kunstseideindustrie G. m. b. H. 365
Nach Lange und Walther 366
Nach Société anonyme des Celluloses Planchon 367
Nach Société anonyme Française Kodak 367
Nach Biroli 368

Besondere mechanische Einrichtungen für die Herstellung von Viskoseseide.

Nach Société française de la Viscose 368
Nach Ernst 374
Nach Waddell und Pettit 374
Nach Courtauld & Co., Tetley und Clayton 376
Nach Henckel von Donnersmarck 382
Nach Société générale de soie artificielle par le procédé Viscose . 385
Nach Leclaire 388
Nach Lequeux 392
Nach Catala 393
Nach Denis 393

Inhaltsverzeichnis.

Nachbehandlung von Viskoseseide, Waschen, Bleichen, Spulen, Zwirnen, Chemikalienwiedergewinnung.
Nach Ernst 393
Nach Waddell 394
Nach Waite 394
Nach Société française de la Viscose 395
Nach Henckel von Donnersmarck 397
Nach Courtaulds Ltd. 400

4. Aus Lösungen von Zellulosehydrat in Ätzalkali.
Nach Vereinigte Kunstseidefabriken A.-G. 401

5. Aus Zellulosefettsäureestern und ähnlichen Körpern.
Nach Mork, Little und Walker 403
Nach Mork 403
Nach Lederer 404
Nach Fürst Guido Donnersmarck 406
Nach Farbenfabriken vorm. Friedr. Bayer & Co. 408
Nach Knoll & Co. 409
Nach Vereinigte Glanzstoff-Fabriken A.-G. 417
Nach Dreyfus und Schneeberger 417
Nach Dreyfus 418
Nach Wohl 418
Nach Chemische Fabrik von Heyden Akt.-Ges. 418
Nach Dammann 419
Nach Vieweg 420
Nach Lilienfeld 420
Nach Beatty 420

c) Aus Stoffen tierischen Ursprungs, Eiweißkörpern, den Bestandteilen natürlicher Seide u. dgl., Pflanzenschleimen und Kunstharzen.
Nach Millar 421
Nach Mugnier 427
Nach Todtenhaupt 429
Nach Jannin 433
Nach Société anonyme pour l'étude de la soie Serret 433
Nach Chatelineau und Fleury 434
Nach Timpe 434
Nach Bernstein 436
Nach Helbronner und Vallée 436
Nach Follet und Ditzler 438
Nach Boistesselin und Gay 439
Nach Baumann und Diesser 440
Nach Diesser 442
Nach Naamlooze Vennootschap Hollandsche Zyde Maatschappy . . 444
Nach Fuchs 446
Nach Lance 446
Nach Galibert 447
Nach Ubertin 448
Nach Sarason 449
Nach Chemische Fabrik Griesheim-Elektron 450

d) Auf die Herstellung künstlicher Seide bezügliche allgemeiner Anwendung fähige Verfahren und Einrichtungen.
Vorbehandlung von Zellulose für die Kunstseideherstellung, besondere Zellulosearten.
Nach Glum 451
Nach Opfermann, Friedemann und der Akt.-Ges. für Maschinenpapier-Fabrikation 452
Nach Gocher Ölmühle 453

Inhaltsverzeichnis. XI

	Seite
Nach Weertz	454
Nach Davoine	455
Nach Verein für Chem. Industrie	455

Besondere Lösungsmittel für Zellulose, Reinigen von Zellulosepräparaten, Herstellung von Zelluloselösungen.

Nach Langhans	457
Nach Hofmann	460
Nach Vereinigte Glanzstoff-Fabriken A.-G.	462
Nach Berl	462
Nach Willstätter	464
Nach v. Weimarn	465
Nach Zellstoffabrik Waldhof und Hottenroth	468
Nach Ostenberg	470
Nach Elektro-Osmose, Akt. Ges.	470

Filtrier- und Entlüftungseinrichtungen für die Spinnlösung, Zuführung der Spinnlösung zu der Spinnmaschine.

Nach Rheinische Kunstseide-Fabrik	472
Nach La Soie de Basècles	473
Nach Boisson	475
Nach Hartogs	476
Nach Bernstein	478
Nach Thilmany	478
Nach Topham	479
Nach Küttner	481

Spinndüsen, ihre Herstellung und Reinigung.

Nach Berstein	482
Nach Reents und Eilfeld	484
Nach Woegerer	487
Nach Gebr. Franke und O. Müller	487
Nach Guadagni	487
Nach Latapie	488
Nach Boisson	488
Nach Buffard	489
Nach Burill	490
Nach Girard und Buffard	491
Nach Crigall	491
Nach Laroche	492
Nach Glanzfäden Akt.-Ges.	493
Nach Denis	494

Spinnverfahren und Spinnvorrichtungen.

Nach Strehlenert	495
Nach Topham	504
Nach Thiele	507
Nach Cochius	510
Nach Société générale de la soie artificielle Linkmeyer	512
Nach Hömberg	513
Nach Ryon und Waite	514
Nach Cooley	515
Nach Granquist	518
Nach Gocher Ölmühle	519
Nach Mertz	522
Nach Friedrich	523
Nach Leclaire	524
Nach Linkmeyer	525
Nach Cuntz	526
Nach Dreaper	526
Nach Chandelon	528
Nach Crombie	528

Inhaltsverzeichnis.

	Seite
Nach Crombie und Schubert	529
Nach Borzykowski	529
Nach Hartogs	531
Nach Courtaulds Ltd. und Wilson	536
Nach Hübner	536
Nach Elsässer	536
Nach O. Müller und Gebr. Franke	537
Nach Linkmeyer	538
Nach Pellerin	541
Nach Ping	543
Nach Mewes	544
Nach Whritner	548
Nach Althouse	548
Nach Martin und Vennin	549
Nach Vilan und Société La Soie artificielle du Nord	549
Nach Courtaulds Ltd. und Clayton	551
Nach Mancelin	553
Nach Courtaulds Ltd. und Clayton	554
Nach Dubot	555

Aufwickelverfahren und -vorrichtungen, Spinnspulen und -walzen, Haspeln, Spulen und Zwirnen.

Nach Röhrens	555
Nach Vereinigte Glanzstoff-Fabriken A.-G.	555
Nach Dinger	561
Nach Girard	563
Nach Manquat	564
Nach Société anonyme des Celluloses Planchon	566
Nach Burill	568
Nach Küttner	568
Nach Adolff	569
Nach Manquat	569
Nach Rheinische Kunstseide-Fabrik Akt.-Ges.	569
Nach Société anonyme fabrique de soie artificielle de Tubize	571
Nach Mertz	572
Nach Fougeirol	572
Nach Weertz	572
Nach Fox und Myers	573

Waschen und Trocknen von Kunstfäden.

Nach Friedrich	573
Nach Gocher Ölmühle	576
Nach Henckel von Donnersmarck	577
Nach Küttner	580
Nach Courtaulds und Clayton	581

Weitere Nachbehandlung von Kunstfäden, Wasserfestmachen, Pergamentieren, Entglänzen, Undurchsichtigmachen, Beschweren, Appretieren usw.

Nach Bardy	582
Nach Eschalier	582
Nach Friedrich	585
Nach Gebauer	586
Nach Bourgeois, Nieuviarts und de Clerq	588
Nach Société La Soie artificielle	588
Nach Chesnais	588
Nach Feßmann	589
Nach Meyer	590
Nach Borzykowski	591
Nach Wagner	592
Nach Culp	593
Nach Deutsche Gasglühlicht-Akt.-Ges.	594
Nach Compagnie française des applications de la cellulose	595

Inhaltsverzeichnis.

	Seite
Nach Hübner	595
Nach Friedel	596
Nach Courtaulds Ltd. und Linfoot	596

e) **Die Herstellung künstlichen Roßhaares, künstlicher Borsten usw.**

	Seite
Nach Vereinigte Kunstseidefabriken A.-G.	597
Nach Vereinigte Glanzstoffabriken A.-G.	599
Nach Erste Österreichische Glanzstoff-Fabrik A.-G.	602
Nach Waite	604
Nach Henckel von Donnersmarck	604
Nach Dreaper und Tompkins	606
Nach Brugisser & Cie.	606
Nach Schaumann und Larsson	607
Nach Diamanti und Champion	607
Nach Lecoeur	607
Nach Crumière	608
Nach Jannin	608
Nach Borzykowski	611
Nach Société anonyme des Celluloses Planchon	611
Nach Galibert	612

f) **Die Herstellung rohseideartiger Kunstseide.**

Nach Dreaper	613

g) **Die Herstellung künstlichen Hanfbastes, künstlichen Strohes u. dgl.**

Nach Vereinigte Kunstseidefabriken Akt.-Ges.	613
Nach Girard	615
Nach Brandenberger	615
Nach Vereinigte Glanzstoff-Fabriken A.-G.	615
Nach Mann	617

h) **Die Herstellung von Gewebenachahmungen.**

Nach Ratignier und der Société H. Pervilhac et Cie.	617
Nach Sauverzac	618
Nach Compagnie française des applications de la cellulose	619
Nach Schmid & Co. und Foltzer	619

i) **Die Herstellung künstlicher Baumwolle und wollartiger Kunstfasern.**

Nach Pellerin	621
Nach Bourbon und Cassier	623
Nach Bloch	623
Nach Feßmann	623
Nach Krais	625
Nach Glanzfäden-Akt.-Ges.	627
Nach Freise	629

k) **Die Stapelfaser und ihre Herstellung.**

Nach Girard	631
Nach Vindrier	634
Nach Feßmann	635
Nach Meyer	637

Zweiter Teil.

Die Eigenschaften der Kunstseiden.

Aussehen	639
Spezifisches Gewicht	639
Wassergehalt	640
Dehnbarkeit und Festigkeit	640

XIV Inhaltsverzeichnis.

Seite
Dicke der Einzelfäden 642
Brennbarkeit 646
Verhalten gegen chemische Reagentien 646
Säurefraß bei Nitroseiden 647
Das Färben der künstlichen Seide 648

Dritter Teil.
Die Verwendung der künstlichen Seide. 652

Namenverzeichnis 656
Sachverzeichnis 661
Patentliste 675

Erster Teil.
Die Herstellung der künstlichen Seide.

a) Aus Nitrozellulose.

Verfahren und Vorrichtungen zur Herstellung künstlicher Seide aus Nitrozellulose im allgemeinen.

Die ersten Versuche, ein dem Faden des Seidenspinners ähnliches Produkt künstlich herzustellen, bedienten sich als Ausgangsmaterial der Schießbaumwolle. Eine Andeutung, wie die Herstellung künstlicher Seidenfäden sich verwirklichen lasse, findet sich bereits 1734 in Réaumurs Mémoire pour servir à l'histoire des insectes, wo es im I. Bande S. 154 heißt: „Könnten wir nicht, da die Seide nur eine erhärtete Gummiflüssigkeit ist, mit unserem Gummi und unseren Harzen oder deren Zubereitungen auch Seide herstellen? Diese Idee mag auf den ersten Blick abenteuerlich erscheinen. Wir sind aber bereits dazu gelangt, Firnisse mit den wesentlichsten Eigenschaften der Seide herzustellen, z. B. die chinesischen Firnisse. Hätten wir Fäden aus solchen Firnissen, so könnten wir aus denen Gewebe herstellen, welche an Aussehen und Festigkeit seidenen Geweben ähnlich wären. Doch wie soll man Firnisse in Fäden ziehen? So feine Fäden, wie sie die Seidenraupe erzeugt, braucht man nicht herzustellen, und es darf nicht unmöglich erscheinen, Firnisse in Fäden von genügender Feinheit auszuziehen, wenn man bedenkt, wie weit die Kunst gehen kann"[1]). Das erste Patent auf die Erzeugung eines Seidenersatzes wurde dem Lausanner Audemars in England erteilt (Brit. P. 283^{1855}). Er verwandelt gut gereinigten und gebleichten Bast von jungen Maulbeerbaumzweigen in eine explosive Verbindung und löst diese in Alkohol-Äther in derselben Weise auf, wie Kollodium für photographische und andere Zwecke hergestellt wird. Dann wird Kautschuk in kleine Stücke zerteilt, in Ammoniakflüssigkeit eingetaucht (eingeweicht?) und in Äther, und zwar 1 Teil Kautschuk in 10 Teilen Äther aufgelöst. Diese Lösung setzt man dem Kollodium zu. In die Mischung wird eine Stahlspitze getaucht und ein Faden von der Oberfläche der Flüssigkeit aus hochgezogen, dieser Faden wird von einer Haspelmaschine weitergezogen, bis die Flüssigkeit aufgebraucht ist. Dieser Faden wird als Seidenersatz be-

---

[1]) Vgl. auch Silbermann, Die Seide. 1897. II. Band, S. 116.

handelt und verwendet. E. J. Hughes erwähnt ferner in seinem brit. P. 67 [1857] eine elastische Masse aus Stärke, Leim, Harzen, Gerbstoffen, Fetten u. a. m., die wie Glas zu seidigen Fäden versponnen werden soll. Die Verwendung von Spinndüsen erwähnt zuerst Ozanam, der bei der Besprechung der Löslichkeit von Seide in Schönbeinscher Flüssigkeit als technische Verwendung einer solchen Seidenlösung das Gießen von Geweben oder die Erzeugung von Fäden jeder Länge und Dicke in der Weise vorsieht, daß man die Tätigkeit der Seidenraupe nachahmt mit Spinnöffnungen (filières) von verschiedener Größe. (Compt. rend. de l'Acad. des Sc. 55 (1862), S. 833.) Über eine Ausführung dieser Verfahren in größerem Maßstabe ist nichts bekannt geworden. Erst im Jahre 1883 stellte Joseph Wilson Swan in Bromley Fäden, die verkohlt in Glühlampen Verwendung finden sollten, in der Weise her, daß er eine Lösung von Nitrozellulose in Essigsäure oder einem anderen Lösungsmittel oder durch Hitze plastisch gemachte Nitroglykose durch Preßluft aus engen Öffnungen in 70—80%igen Alkohol oder eine andere Koagulierungsflüssigkeit auspreßte und durch Behandlung mit Schwefelammonium oder einem anderen desoxydierenden Mittel den Fäden die Fähigkeit nahm, mit Explosion zu verbrennen (D.R.P. 30 291 Kl. 21, vom 4. V. 1884, brit. P. 5978[1873]). Nach einer Notiz im Journal of the Society of Chemical Industry 1885, S. 34 sind diese Fäden auch als „künstliche Seide" bezeichnet worden. Nach Lehner, Chem.-Ztg. 1906, S. 579, waren auf einer 1884 in London veranstalteten Ausstellung von Swan Tücher ausgestellt, die aus Fäden gewebt waren, welche nach dem geschilderten Verfahren hergestellt waren. Ähnliche Verfahren gaben noch an Swinburne (brit. P. 4121[1884]), Evans und Wynne (brit. P. 12 675[1884]), Watt (brit. P. 13 133[1884]) und Wynne und Powell (brit. P. 16 805[1884]), die zum Teil auch Lösungen von Zellulose in Chlorzink und anderen Salzen verwendeten. Wichtiger sind die Arbeiten des Grafen Hilaire de Chardonnet, welche die Erzeugung künstlicher Seide im Fabrikbetriebe begründet haben.

Die Chardonnetschen Verfahren und Vorrichtungen.

D.R.P.: 38 368 Kl. 29; 46 125 Kl. 12; 56 331 Kl. 29; 56 655 Kl. 78; 64 031 Kl. 78; 81 599 Kl. 29 (gelöscht).

Franz. P.: 165 349 vom 17. XI. 1884; Zusätze dazu vom 23. XII. 84 und 7. V. 85; 172 207 vom 13. XI. 85; 199 494 vom 10. VII. 89; Zusatz dazu vom 12. IX. 89; 201 740 vom 5. XI. 89; Zusatz vom 9. I. 90 zum Patent 199 494; 203 202 vom 16. I. 90; Zusatz vom 25. I. 90 zum Patent 199 494; Zusatz vom 13. II. 90 zum Patent 203 202; Zusatz vom 3. IV. 90 zum Patent 201 740; 207 624 vom 13. VIII. 90; 208 405 vom 23. IX. 90 mit Zusatz vom 25. X. 90; 216 156 vom 15. IX. 91 mit Zusatz vom 18. XII. 91; Zusatz vom 24. III. 91 zum Patent 201 740; 216 564 vom 6. X. 91; 221 488 vom 9. V. 92; 225 567 vom 10. XI. 92; 231 230 vom 30. VI. 93 mit Zusätzen vom 30. VII. 93 und 30. IX. 93; Zusatz vom 2. X. 93 zum Patent 221 488; Zusätze vom 22. XII. 93, vom 19. VI. 95, vom 3. III., 6. V. und 2. X. 97 zum Patent 231 230.

Brit. P.: 6045[1885]; 2211[86]; 5270[88]; 1656[90]; 5376[90]; 19 560[91]; 24 638[93].

Ver. St. Amer. P.: 455 245; 460 629; 531 158.

Schweiz. P.: 1958; 2123; 3667; 4412; 10 506.

1. Hilaire de Chardonnet in Besançon (Doubs, Frankreich). Verfahren zur Herstellung künstlicher Seide.
D.R.P. 38 368 Kl. 29 vom 20. XII. 1885 (gelöscht).

Die Erfindung betrifft die Herstellung künstlicher Seide aus besonders zusammengesetzten Flüssigkeiten, welche in den Zustand zäher, biegsamer und glänzender Fäden übergeführt werden. Diese Flüssigkeit ist eine Art Kollodium, welche durch Auflösung von Pyroxylin, eines reduzierenden Metallchlorürs, und einer kleinen Menge einer oxydierbaren organischen Base[1]) in einer Mischung von Äther und Alkohol erhalten wird. Man löst in der Wärme 100 g Pyroxylin, 10—20 g eines reduzierenden Metallchlorürs, z. B. Eisen-, Chrom-, Mangan- oder Zinnchlorür, ungefähr 0,2 g einer oxydierbaren organischen Base, z. B. Chinin, Anilin, Rosanilin, in 2—5 l eines Gemisches von 40% Äther und 60% Alkohol. Dieser Lösung setzt man noch einen löslichen Farbstoff zu. Um eine für die vorliegenden Zwecke gute Flüssigkeit zu erhalten, löst man zunächst das Pyroxylin in dem größeren Teil des Gemisches von Alkohol und Äther auf und in seinem kleineren Teil das Metallchlorür, die organische Base und die Farbe. Die beiden Lösungen werden dann miteinander vereinigt. Wenn man die auf diese Weise hergestellte heiße Flüssigkeit durch ein enges, in einer kalten Flüssigkeit, z. B. Wasser, angeordnetes Mundstück austreten läßt, so erstarrt der austretende dünne Strahl der kollodiumähnlichen Flüssigkeit sofort auf seiner Außenfläche und bildet auf diese Weise einen festen Faden. Dieser Faden stellt sich dar als ein außen starres Röhrchen, welches eine innere, noch flüssige Säule umschließt. Man kann dann diesen Faden außerhalb des Wassers an der Luft noch dünner ausziehen. In solchen dünnen Fäden trocknet und erhärtet die Masse dann vollständig und bildet infolge ihres Glanzes die künstliche Seide.

Patentanspruch: Die Herstellung künstlicher Seide, darin bestehend, daß man eine kollodiumähnliche Flüssigkeit durch Auflösung von Pyroxylin, Eisen-, Chrom-, Mangan- oder Zinnchlorür, Chinin, Anilin, Rosanilin, Nikotin, Bruzin, Cinchonin, Atropin, Morphin, Salizin oder Kaffein in einer Mischung von Äther und Alkohol unter Zusatz eines löslichen Farbstoffes erzeugt, diese in heißem Zustande befindliche Flüssigkeit durch feine Röhrchen in eine kalte Erstarrungsflüssigkeit austreten läßt und den erst äußerlich erstarrten Faden außerhalb der Erstarrungsflüssigkeit an der Luft noch dünner auszieht, worauf die vollständige Erstarrung und Trocknung eintritt.

2. Hilaire de Chardonnet in Besançon (Doubs). Verfahren zur teilweisen Denitrierung und zur Färbung von Pyroxylin.
D.R.P. 46 125 Kl. 12 vom 4. III. 1888 (gelöscht).

Die nitrierte Zellulose (Pyroxylin), welche mehr oder weniger gebundene Salpetersäure enthält, wird in Gestalt von natürlichen Fasern, gesponnenem Kollodium (künstlicher Seide) oder auf verschiedene Weise

---
[1]) Über den Zusatz von Tannin zu der Nitrozelluloselösung vgl. Chardonnet, Compt. rend. 1887, 2. Teil, Seite 899.

geformten Platten durch das folgende Verfahren zum Teil denitriert: Das Pyroxylin wird in einem Bade von Salpetersäure, welche mit Wasser auf 1,32 Dichtigkeit verdünnt ist, auf einer Temperatur von 32—35° C erhalten. Es verliert dadurch nach und nach seine Salpetersäure und fällt nach Verlauf von einigen Stunden in seiner Zusammensetzung unter die Tetranitrozellulose (Mr. Vieille) herab, d. h. enthält mehr als ungefähr 6—6$^1/_2$% Stickstoff. Die Behandlung ist ihrem Ende nahe, sobald der Stoff nicht mehr von den gewöhnlichen Auflösungsmitteln des Kollodiums, wie Ätheralkohol, Essigäther usw. angegriffen wird. Man wäscht den Stoff sodann schnell mit lauwarmem Wasser aus und läßt ihn hierauf in einem Strom lauwarmer Luft trocknen. Das Ende der Behandlung wird auch durch die beginnende Erweichung, welche das Pyroxylin erleidet, angezeigt. Um das Pyroxylin zu färben, wäscht man es nach dem Herausnehmen aus der Salpetersäure schnell in lauwarmem Wasser, taucht es dann in das Färbebad ein, wäscht es hierauf mit kaltem Wasser und läßt es schließlich in einem Bade lauwarmer Luft trocknen. Verschiedene reduzierend wirkende organische Körper, sogar reines Wasser, denitrieren das Pyroxylin, jedoch tun sie dies weniger gut als Salpetersäure. Pyroxylin und Alkohol wirken über 15—20° C hinreichend schnell aufeinander; es ist daher, wenn man künstliche Seide präparieren will, besser, vollständig in der Kälte zu arbeiten, also gerade entgegengesetzt zu verfahren, als oben im Patent 38 368 angegeben wurde.

Patentansprüche: 1. Das Verfahren zur Denitrierung und Färbung von Pyroxylin, darin bestehend, daß man den genannten Stoff in Salpetersäure digeriert und sodann färbt, bevor er durch Waschen und Trocknen wieder fest geworden ist.

2. Die Anwendung des in Anspruch 1 gekennzeichneten Verfahrens auf gesponnenes Kollodium (künstliche Seide) und auf in verschiedener Weise geformtes Kollodium, welches zum Ersatz von Glas, Glimmer, Horn oder anderen plastischen und transparenten Stoffen dienen soll.

3. Hilaire de Chardonnet in Paris. Maschine zur Herstellung künstlicher Seide.

D.R.P. 56 331 Kl. 29 vom 6. II. 1890 (gelöscht), Schweiz. P. 1958.

Die Erfindung betrifft eine Maschine zum Spinnen künstlicher Seide nach dem Verfahren, welches schon früher dem Erfinder durch das Patent 38 368[1]) geschützt ist. Man verwendet gereinigte Zellulose, welche aus Holzstoff, Strohpapierzeug, Baumwolle, Lumpen, Filtrierpapier, Hanf, Ramie o. dgl. hergestellt sein kann, und nitriert sie in bekannter Weise derart, daß sie in einer Mischung von Alkohol und Äther löslich ist. Aus dem erhaltenen Pyroxylin stellt man ein mehr oder weniger konzentriertes Kollodium her, indem man es in einem Gemisch von 40 Volumprozent Äther und 60 Volumprozent Alkohol auflöst. Man löst dabei zuerst das Pyroxylin in gleichen Mengen Alkohol und Äther und setzt sodann den übrigen Alkhol hinzu. Diese Lösung

---

[1]) Siehe S. 3.

wird, nachdem sie gut filtriert ist, in die Spinnmaschine eingeführt, welche im nachstehenden erläutert und auf den beiliegenden Zeichnungen dargestellt ist.

Fig. 1 ist eine Seitenansicht, Fig. 2 ein Querschnitt und Fig. 3 eine Vorderansicht der neuen Maschine. Die Kollodiumlösung wird in einem geschlossenen (auf der Zeichnung nicht dargestellten) Behälter untergebracht, welcher mittels einer Luftdruckpumpe unter einem Druck von 10 oder 12 Atm. gehalten wird. Dieser innen verzinnte Behälter steht durch ein mit einem Hahn versehenes Rohr mit dem wagerecht angeordneten Rohr A in Verbindung, welches die Spinnorgane trägt und sich über die ganze Länge der Maschine erstreckt. Dieses Rohr A

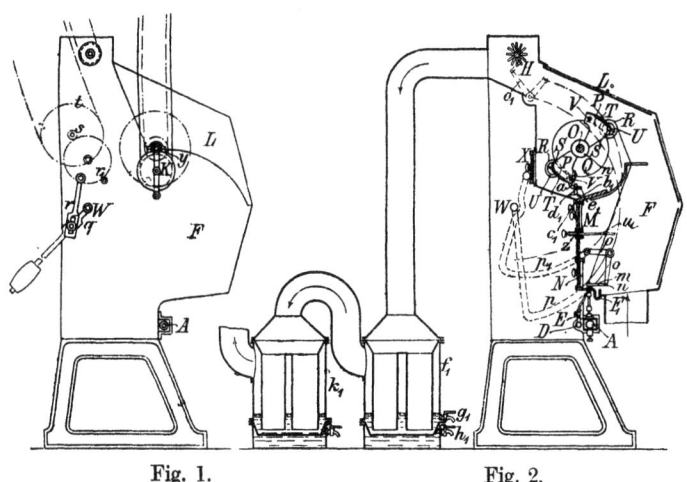

Fig. 1. Fig. 2.

(s. die Figuren 4 und 5) enthält drei Abteilungen, eine mittlere B zur Aufnahme der Lösung und zwei seitliche C und C^1, durch welche heißes Wasser hindurchgeleitet wird, um den Inhalt von B vor Abkühlung zu bewahren. Jedes der Spinnorgane, welche an sich schon durch Veröffentlichungen (z. B. Compt. rend. 108, S. 961; Fischers Jahrb. d. chem. Technol. 1889) bekannt geworden sind, besteht aus einer Röhre a, welche oben mit einem Kapillarrohr b verbunden ist, und deren untere Öffnung mit der Bohrung des in das Rohr A eingeschraubten Stutzens c kommuniziert. Die untere Mündung dieses Stutzens taucht in die Lösung ein. Jede Röhre a ist mit dem zugehörigen Stutzen c durch eine Muffe d verbunden und an dieser Stelle durch zwei aus Leder oder anderem Stoff bestehende Scheiben gut abgedichtet, welche den am unteren Ende der Röhre a gebildeten Flansch e zwischen sich einklemmen. Der Ausfluß der Flüssigkeit wird mittels der Spitze f an der mit Gewinde versehenen Stange h geregelt, welche man in die am unteren Teil des Rohres A angebrachte Stopfbüchse j mehr oder weniger tief einschraubt. Das obere Ende jeder der Spinnröhren a ist von einer

Hülse k umgeben, welche sich längs der Maschine erstreckt und an deren Gestell angebracht ist. Durch diese Hülse k wird dem oberen Ende der Spinnröhre kaltes Wasser zugeführt, welches von dem Leitungsrohr D kommt, mit welchem jede Hülse k durch ein mit Hahn E versehenes Rohr in Verbindung steht. Die Hähne E dienen zum Regeln

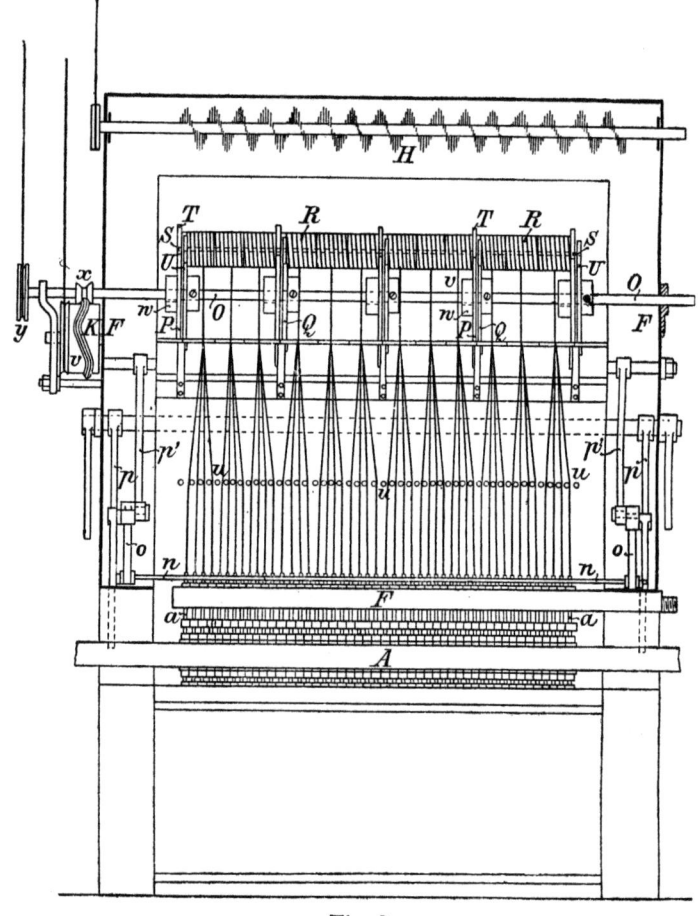

Fig. 3.

des Ausflusses des kalten Wassers, in welchem der Faden bei seinem Austritt aus den Röhren ab gebadet wird. Das überschüssige Wasser wird durch die Rinne F^1 abgeleitet, welche sich über die ganze Länge der Maschine erstreckt und an dem einen Rande der in der Querrichtung geneigten Platte l gebildet ist.

Wenn die Maschine nicht arbeiten soll, so schließt man die Röhren A und D, welche die Flüssigkeit und das Wasser zuführen, und bedeckt die Mündung der Spinnröhren mit einem Tropfen Mineralöl, um die Lösung oder das Wasser vor der Berührung mit der Luft zu schützen. Will man die Maschine in Gang setzen, so stellt man den Druck in den Röhren A und D wieder her. Die austretende Kollodiumlösung erstarrt dann bei ihrem Durchgang durch das Wasser und bildet sogleich einen

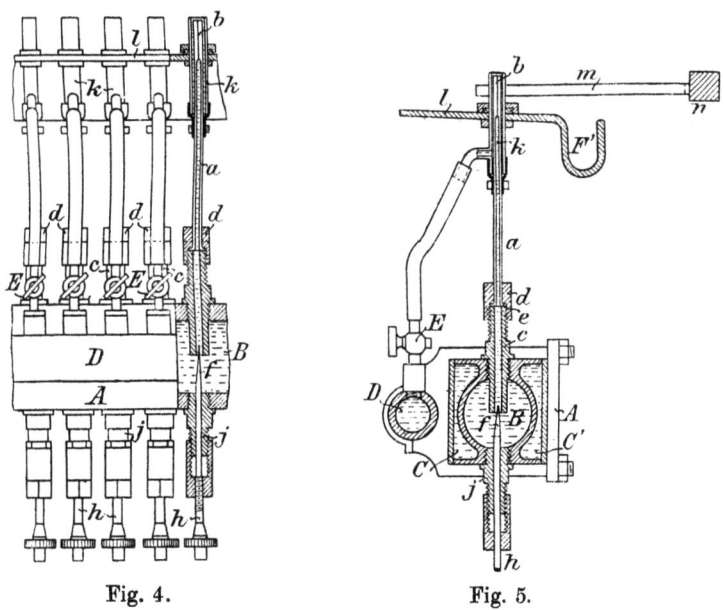

Fig. 4.   Fig. 5.

Faden, welcher sich, von dem überfließenden Wasser mitgenommen, rund an die Hülse k legt, von wo er durch eine Zange aufgenommen wird. Jede dieser Zangen (Fig. 2, 5 und 6) besteht aus zwei Blattfedern m, welche passend gekrümmt sind, um die entsprechende Hülse k umfassen zu können. An ihren freien Enden sind diese Federn dergestalt schräg abgebogen (s. Fig. 6), daß die Enden, wenn die Zange gegen die Hülse k bewegt wird, auf der letzteren hingleiten und dadurch das Öffnen der Zange bewirken. Sämtliche Zangen m sind an einem Balken n angebracht (s. Fig. 6), welcher an jedem seiner beiden Enden mit einem Winkelhebel o (Fig. 2) fest verbunden ist. Die beiden Winkelhebel o sind mit den beiden gekrümmten Armen

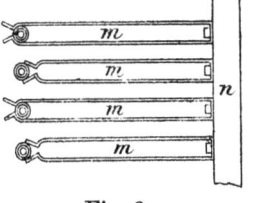

Fig. 6.

$p p^1$, Fig. 2, gelenkig vereinigt, von denen der eine p eine schwingende Bewegung empfängt, an welcher der andere durch Vermittlung des Winkelhebels o teilnimmt.

Jeder der Arme p wird in folgender Weise bewegt: Außerhalb des Gehäuses F, in welches die ganze Maschine eingeschlossen ist, trägt die Welle W des Armes p eine Kurbel q, Fig. 1, welche von dem Lenker r Bewegung empfängt. Der letztere wird seinerseits durch das Zahnrad r^1 bewegt, welches durch den Trieb s in Umdrehung versetzt wird, welcher auf die Welle der Antriebsriemenscheibe t aufgekeilt ist. Die Welle der Triebe s und diejenige der Räder r^1 erstrecken sich über die ganze Maschine. Unter dem Einfluß dieser schwingenden Bewegung der Arme p und p^1 nehmen die beiden die Zangen m tragenden Winkelhebel o, Fig. 2, bald die in ausgezogenen Linien angegebene Lage und bald die punktiert angedeutete Stellung o', Fig. 2 oben, ein. Beim Beginn der Arbeit kleben die gebildeten Fäden, nachdem sie über die Ränder der Hülsen k getreten sind, an den Zangen fest und werden von ihnen beim Emporgehen mitgenommen. Die Fäden werden hierbei zunächst zwischen wagerechte Führungsstangen u, Fig. 3, und darauf in andere gegabelte Führungen, welche die Fäden gruppenweise vereinigen, gelegt, um schließlich auf die Spulen R aufgewickelt zu werden. Die gruppenweise vereinigten Fäden haften von selbst zusammen und bilden eine mehrfädige Rohseide. Sobald das Spinnen begonnen hat, ist zwischen der Mündung der Spinnröhre und der Spule ein fortlaufender Faden vorhanden; der aus der Spinnröhre austretende Stoff wird dann ununterbrochen ausgezogen und auf die zugehörige Spule aufgewickelt. Wenn ein Faden reißt, so wird dessen neues Ende wieder von der Zangen erfaßt, wie oben erläutert wurde. Am oberen Ende ihres Weges kommen die Zangen mit einer umlaufenden Bürste H, Fig. 2 und 3, in Berührung und werden von ihr gereinigt. Diese Bürste wird von einer Welle gebildet, in welche schmale Blätter hochkantig eingesetzt sind, so zwar, daß sie in Gestalt einer Schraubenlinie um die Welle herumlaufen (Fig. 3). Diese Blätter kratzen von den Zangen den an ihnen haften gebliebenen Stoff ab. Die Zangen sind abwechselnd lang und kurz (Fig. 6), damit sie nicht alle zugleich auf die Hülsen k einwirken. Dies hat den Zweck, die Erschütterung, welche im Augenblicke des Öffnens der Zangen eintritt, zu vermeiden oder wenigstens abzuschwächen. Außerdem wird dadurch, daß die Zangen wechselweise geöffnet werden, die zum Öffnen nötige Kraft verringert. Ein Strom von auf ungefähr 50° erhitzter Luft tritt unten in das Gehäuse F ein (Fig. 2) und verläßt es oben, mit Äther- und Alkoholdämpfen geschwängert.

Um die Dämpfe des Lösungsmittels wiederzugewinnen, ist es vorteilhaft, die aus der Maschine heraustretende heiße Luft langsam durch drei mittels eines Wasserstromes abgekühlte Kondensationsgefäße hindurchgehen zu lassen. Das erste Gefäß f^1 enthält Wasser, welches im Überschuß mit Kaliumkarbonat gesättigt ist. Das von der heißen Luft mitgeführte Wasser kondensiert sich und löst das überschüssige Karbonat auf. Der Alkohol und der Äther kondensieren sich ebenfalls (zum Teil); aber da sie in der Kaliumkarbonatlösung unlöslich sind, so bilden sie auf der Oberfläche eine abgesonderte Schicht, welche man durch einen Hahn g^1 ablassen kann; ein anderer, tiefer angebrachter Hahn h^1 dient zum Ablassen des kondensierten Wassers und zum

Aufrechterhalten oder Regeln der Höhe des Spiegels der Karbonatlösung. Das aufgelöste Karbonat kann durch Verdampfen wiedergewonnen und unbegrenzt lange benutzt werden. Fast der gesamte Alkohol und ein Teil des Äthers bleiben auf diese Art in dem ersten Gefäß zurück. Durch eine bloße Digestion mit trockenem Kaliumkarbonat, welcher nach Bedarf eine Destillation folgen kann, wird der Alkohol und der Äther in gebrauchsfähigen Zustand zurückgeführt und dann von neuem verwendet. Ein beträchtlicher Teil des Äthers wird von dem Luftstrom mit fortgerissen. Das zweite und dritte Kondensationsgefäß, von denen nur eins, k^1, dargestellt ist, sind bis zur erforderlichen Höhe mit konzentrierter Schwefelsäure gefüllt, welche den Äther und den Rest des Alkohols zurückhält. Sobald die Schwefelsäure des zweiten Kondensationsgefäßes das Vierfache ihres Volumens an Äther aufgesaugt hat, zieht man sie ab und verdünnt sie mit Wasser, wodurch ungefähr $3/4$ des kondensierten Äthers abgeschieden werden; das letzte Viertel wird durch Destillation gewonnen. Dieser Äther ist nach einer Digestion mit trockenem Kaliumkarbonat und erforderlichenfalls einer Destillation wieder von neuem verwendbar. Die auf diese Art getrocknete Luft wird durch einen Ventilator oder ein Gebläse wieder, wie oben angegeben, durch die Spinnmaschine getrieben.

Damit die aufeinander folgenden Windungen des Fadens auf den Spulen sich nicht decken, sondern sich kreuzen, erhalten die Spulen eine hin- und hergehende Bewegung in wagerechter Richtung. Diese Bewegung wird durch eine Kurvenscheibe k, Fig. 1 und 3, hervorgerufen, welche von einer Trommel gebildet ist, deren Umfang eine wellenförmig gekrümmte, vorspringende Leiste v darbietet. Diese Leiste schiebt während der Drehbewegung der Trommel eine Rolle x, welche auf der Welle O der Spulen befestigt ist, abwechselnd nach rechts und links, und zwar während diese Welle O mittels der Schnurscheibe y, welche mit einer passenden Transmission in Verbindung steht, in Umdrehung versetzt wird. Man könnte die Fäden auf Haspel aufwickeln; aber dies würde den Nachteil haben, daß man die die Haspel tragende Welle abnehmen müßte, um die Strähne von den Haspeln abnehmen zu können. Die Strähne müßten dann noch besonders aufgespult werden, wie dies bei der Zubereitung gewöhnlicher Seide geschieht. Die Eigenschaften der künstlichen Seide gestatten indessen, sie direkt auf Spulen aufzuwickeln. Diese Spulen sind auf besonderen Wangen montiert und werden auf diesen durch Federn festgehalten. Die Welle O, Fig. 2 und 3, welche eine beständige Drehbewegung und gleichzeitig eine geradlinige hin- und hergehende Bewegung in der Richtung ihrer Achse ausführt, trägt eine Reihe von L-förmigen Wangen P, die in der Mitte mit einem Auge versehen und mit diesem auf die Welle O lose aufgeschoben sind, sowie ferner neben jeder Wange P eine feste Scheibe Q, Fig. 3. Die Spulen R sind auf Spindeln S aufgesteckt, welche auf den Wangen P durch die Blattfeder T festgehalten werden. Jede dieser den Spulen als Drehachse dienenden Spindeln S trägt eine kleine Reibungsrolle U, welche mit dem Umfang der zugehörigen Scheibe Q in Berührung ist und infolgedessen die Spindel sowie die Gruppe von Spulen, welche auf die im Querschnitt viereckig gestaltete Spindel aufgesteckt sind, in Umdrehung versetzt. Die Wangen P sind sämtlich miteinander durch Stangen V vereinigt, welche gestatten, die ganze Spulvorrichtung zu drehen, um die vollen Spulen abzunehmen und durch leere ersetzen zu können. Um zu vermeiden, daß die beiden Spulenreihen gleichzeitig in Umdrehung versetzt werden, gibt man dem Auge w der Wangen P etwas Spiel. Auf diese Weise werden dann die Rollen U der jeweilig oberen Spulen durch das Gewicht der Vorrichtung gegen die Scheibe Q angedrückt erhalten, während die Rollen der jeweilig unteren Spulen ebenfalls durch das Gewicht der Vorrichtung von den Scheiben Q abgezogen sind, so daß die unteren Spulen nicht mitgedreht werden. Damit das Abnehmen der vollen Spulen und das Ersetzen dieser durch leere erleichtert wird, ist in dem Gehäuse F eine Reihe von kleinen Schiebetüren X, Fig. 2, angebracht, welche gestatten, die Hand in die Maschine einzuführen. Um die Lage der Spulvorrichtung während des Aufspulens zu sichern, ist im Gehäuse F an jedem Ende der Spulvorrichtung eine Gabel a, Fig. 2, vorgesehen, welche das Ende derjenigen Verbindungsstange V umfaßt, welche sich jeweilig unten befindet. Diese Gabeln gestatten die seitliche Bewegung der Spulenträger, verhindern aber, daß letztere im Sinne der Drehbewegung der Welle O mitgenommen werden. Die Gabeln a sind auf Stangen b^1 montiert, welche man von außen mittels der Knöpfe c^1 heben oder senken kann. Ferner läßt sich die Stellung jeder Gabel durch eine Schraube d^1, welche den Stiel e^1 der Gabel a an b^1 festklemmt, dergestalt regeln, daß die oberen Spulen die für das Aufwickeln der Seidenfäden geeignetste Lage einnehmen. Das Gehäuse des Apparates ist vorn und hinten mit Glasscheiben versehen und hat oben einen aufklappbaren Deckel L. Das Wasser, welches die oberen Enden der Spinnröhren umspült, nimmt Alkohol und Äther auf, die aus diesem Wasser wieder soviel als möglich abgeschieden werden, und es wird dann das Wasser beständig durch eine Pumpe wieder gehoben und immer wieder von neuem verwendet.

An derjenigen Seite, wo sich die mit der Überwachung der Maschine beauftragte Arbeiterin aufhält, sind in dem Gehäuse der Maschine zwei Reihen von Schiebetüren MN, Fig. 2, angebracht, um die Mundstücke der Spinnröhren und die wagerechten Führungsstangen u reinigen zu können. Die letzteren sind übrigens einfach in die Scheidewand z eingesetzt und können leicht ausgewechselt werden, indem man sie von außen herauszieht. Die Adhäsion, welche die Fäden während des Trocknens erlangen, gestattet, sie wie gewöhnliche Rohseide abzuspulen und zu moulinieren. Wenn die Adhäsion nicht genügend groß ist, so kann man in das Wasser, welches die Spinnröhren umspült, irgendein Bindemittel einführen. Nachdem die künstliche Seide mouliniert und in Strähnen gebracht ist, nimmt man die Denitrierung vor, wie dies in dem Patente 46 125[1]) erläutert ist. Die Wiedergewinnung des Auf-

---

[1]) Siehe S. 3.

Die Chardonnetschen Verfahren und Vorrichtungen. 11

lösungsmittels mit Hilfe von Natrium- oder Kaliumkarbonat und Schwefelsäure gestattet, die oben beschriebene Maschine zu vereinfachen. Bei einer guten Ventilation, vermöge welcher die ganze mit Dämpfen geschwängerte Luft in die Kondensatoren gesaugt wird, kann man das Gehäuse der Maschinen ohne Gefahr häufig und weit öffnen und sogar vor einer gänzlich offenen Maschine arbeiten. Die Maschine kann dann wie folgt abgeändert werden (s. Fig. 7 und 8, von welchen Fig. 7 einen Querschnitt durch die Maschine und Fig. 8 eine Vorderansicht zeigt).

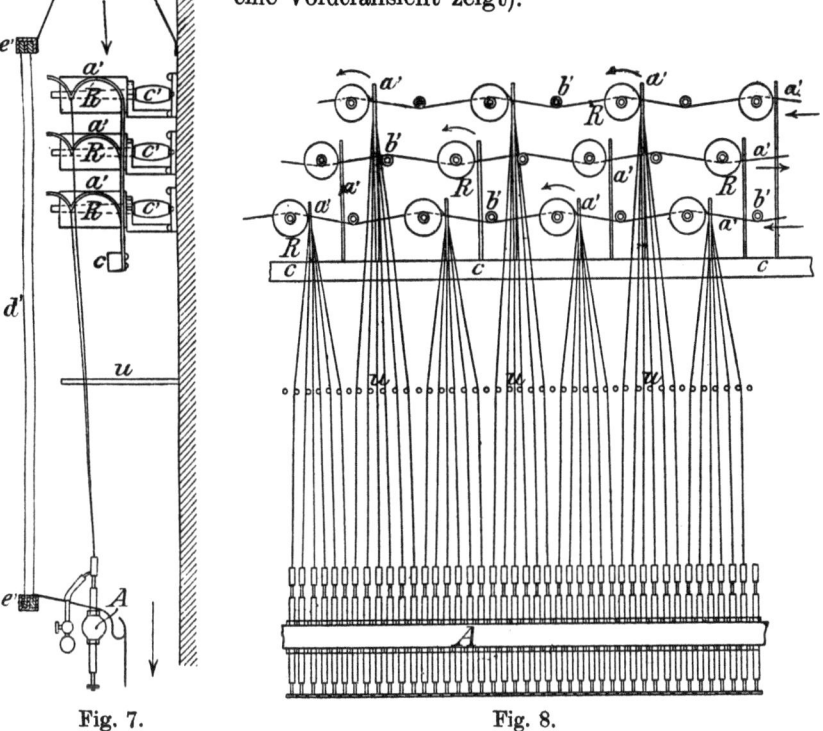

Fig. 7.   Fig. 8.

Die Spinnröhren erstrecken sich von dem Stoffzuführungsrohr A frei nach oben und tragen nur die Hülsen, durch welche dem Mundstück der Spinnröhren Wasser zugeführt wird. Die Fäden werden, nachdem sie den von den festen wagerechten Führungen u gebildeten Kamm passiert haben, mit der Hand über Führungen a^1 und auf die Spulen R gelegt. Diese Spulen, welche die Form der gewöhnlichen Moulinierspulen haben, sind auf Spindeln gesteckt, welche ebenfalls den Spindeln der Seidenmühle gleichen, in wagerechter Richtung umlaufen und senkrecht zur Umfassungsmauer des Fabrikgebäudes angeordnet sind. Die Spindeln empfangen ihre Bewegung von Riemenscheiben, welche auf den Spindeln festsitzen oder ein Stück mit diesen bilden und in einem kleinen gußeisernen Lagerblock, welcher für sich an der Mauer befestigt ist, durch einen Reibungsriemen (wie bei den gewöhnlichen Seidenmühlen) in Umdrehung versetzt werden. Diese Riemenscheiben und ihre Spulen drehen sich alle in demselben Sinne, und das Anliegen des Riemens gegen die Scheiben wird durch kleine Leitrollen b^1, Fig. 8, gesichert, welche den Riemenscheiben gleichen, jedoch keine Spindeln tragen. Die Führungen a^1 sind aus starkem gedrehten Kupferdraht angefertigt und alle an einem Querbalken c befestigt, welcher in wagerechter Richtung senkrecht zur Mauer hin- und herbewegt wird. Diese hin- und hergehende Bewegung wird erzeugt entweder mittels der Kurvenscheibe, welche weiter oben bei der großen geschlossenen Maschine beschrieben wurde, oder durch eine andere der zahlreichen bekannten Vorrichtungen. Die von den Kondensatoren kommende trockene, wiedererhitzte Luft tritt oben in die Maschine ein und wird nach unten abgesaugt, wobei sie die schweren Alkohol- und Ätherdämpfe mit sich fortreißt. Die Vorderseite der Maschine kann nach Belieben mittels Glaswände oder Fenster d^1 geschlossen werden, welche sich in genuteten Leisten e^1 verschieben lassen.

Patentansprüche: An einer Maschine zur Herstellung künstlicher Seide:

1. Die Anordnung der bekannten Spinnorgane für das Spinnen der unter Druck stehenden Kollodiumlösung auf einem gemeinsamen Rohr B (Fig. 5), welches von zwei zur Zirkulation von heißem Wasser dienenden Kanälen $C\ C^1$ umgeben ist, und die Regelung des unteren Querschnittes jedes Spinnorganes durch eine konische Stange f, welche man mehr oder weniger tief einführt, während das obere Ende jedes Spinnorganes ein Kapillarrohr b bildet und von einem Rohr k umgeben ist, durch welches kaltes Wasser geleitet wird, welches über die Spitze des Spinnorganes hinwegfließt, dergestalt, daß der von der unter Druck stehenden Kollodiumlösung gebildete Faden in das kalte Wasser tritt und darin nach Maßgabe seines Vorschreitens erstarrt.

2. Über jedem Spinnorgan die Anordnung einer Zange, zusammengesetzt aus zwei gekrümmten Blattfedern m, welche das Umhüllungsrohr k mit leichter Reibung umfassen, wobei alle diese Zangen eine auf- und abgehende schwingende Bewegung von den Spinnorganen bis über die Spulen oder Haspel und umgekehrt haben, dergestalt, daß die eben entstandenen Fäden, welche über den Rand der Röhren k gelangen, sowie die Fäden, welche zerreißen, an den Zangen festkleben und von diesen auf die genannten Spulen gebracht werden, wohingegen die Zangen leer auf und abgehen, solange der Stoff beim Spinnen nicht zerreißt.

3. Die rotierende Bürste H (Fig. 2), auf welcher die Zangen am oberen Ende ihres Hubes gereinigt werden.

4. Die Anordnung von Wangen P lose auf der Achse O, welche Wangen die Spindeln S der Spulen R tragen, wobei diese Spindeln S kleine Rollen U haben, welche mit dem Umfang der auf die rotierende Achse O aufgekeilten Scheiben Q in Berührung sind, so daß die Spulen sich alle zugleich drehen und die Wangen alle zusammen bewegt werden können, um die vollen Spulen durch leere ersetzen zu können.

In seinem schweizerischen Patent 3667 verwendet Chardonnet statt der Spulen Haspel mit beweglichen, verstellbaren Armen, deren Umfang sich verkleinert, wenn der aufgewickelte Faden sich beim Trocknen zusammenzieht. Es wird hierdurch das Zerreißen des Fadens verhindert. Die Spulmaschine des franz. P. 216 156 vom 15. IX. 1891 hat von einander unabhängige Haspel und gestattet, einige der in Umdrehung befindlichen Haspel auszurücken, ohne daß die Bewegung der anderen gehemmt wird[1]). In dem Zusatz vom 18. XII. 1891 zu diesem Patent ist eine Vorrichtung beschrieben, die aufgewickelten Fäden leicht von der Haspel abnehmen zu können, ohne daß ein Reißen der Fäden eintritt. Zu dem Zweck sind die Arme der Haspel so eingerichtet, daß sie in sich selbst zusammengeschoben werden können.

4. Hilaire de Chardonnet in Paris. Verfahren zur Herstellung künstlicher Seide aus Pyroxylin.

D.R.P. 81 599 Kl. 29 vom 11. X. 1893 (gelöscht), brit. P. 24 638[1893].

Zur Herstellung künstlicher Seide durch Verspinnen von Kollodium benutzt man bisher ein Kollodium, das durch Auflösen trockenen Pyroxylins in einem Gemisch von 40% Alkohol und 60% Äther hergestellt ist. Das vollständige Trocknen des Pyroxylins ist eine sehr langwierige und gefährliche Maßnahme und hat außerdem den Nachteil, die Löslichkeit des Pyroxylins zu vermindern.

Diese Mißstände werden beseitigt, wenn man zur Herstellung des Kollodiums ein Pyroxylin benutzt, dessen nach der Nitrierung und Auswaschung stattfindende Trocknung nur bis zu einem Wassergehalt von 25—30% erfolgt. Das nicht ganz getrocknete Pyroxylin bildet ein besonderes Hydrat, welches viel löslicher ist als das trockene Pyroxylin und sich von diesem durch das Aussehen im polarisierten Licht unterscheidet. Es läßt sich nicht erhalten, wenn man trockenes Pyroxylin anfeuchtet. Die Löslichkeit (berechnet auf dieselbe Menge trockenen Pyroxylins) ist für das Hydrat 25—30% größer als für das trockene Pyroxylin. Das Pyroxylinhydrat bietet also hinsichtlich der Sparsamkeit und der Sicherheit — es ist nicht brennbarer als gewöhnliche Baumwolle — Vorteile dar, die das trockene Pyroxylin nicht besitzt. Beim Verspinnen, das durch Ausspritzen des Kollodiums durch feine Röhrchen in die Luft erfolgt, zeigt das aus Pyroxylinhydrat gebildete Kollodium die Eigentümlichkeit, daß es an der Luft augenblicklich gerinnt und einen Faden bildet, der nicht mit dem benachbarten Faden zusammenklebt, da er nach Verlauf einiger Hundertstel einer Sekunde vollkommen fest wird.

Patentanspruch: Verfahren zur Herstellung künstlicher Seide, dadurch gekennzeichnet, daß zur Herstellung des Kollodiums ein Pyroxylin benutzt wird, dessen nach der Nitrierung und Auswaschung stattfindende Trocknung nur bis zu einem Wassergehalt von 25—30% erfolgt, wodurch ein Pyroxylinhydrat gebildet wird, das löslicher ist als das trockene Pyroxylin.

---

[1]) Siehe auch D.R.P. 63 214 Kl. 76 vom 3. XI. 1891 (gelöscht).

Vgl. hierzu die späteren Patente der Soc. anon. de prod. chim. de Droogenbosch, von Douge, Stoerk, Lacroix, Dietl und der Kunstfäden-Gesellschaft[1]).

Nach Th. Chandelon rührt die größere Löslichkeit der feuchten Nitrozellulose nicht von einer Hydratbildung her, sondern davon, daß das eingeschlossene Wasser das Gemisch von Äther und Alkohol verdünnt. Es soll wenig ausmachen, ob dieser Wasserzusatz durch feuchte Nitrozellulose oder durch vorherige Zugabe von Wasser zu dem Lösungsmittel geschieht. („Kunststoffe", 3. Jahrg. 1913, S. 69 ff.)

Die Angaben auf S. 3 über die denitrierende Wirkung der Salpetersäure hat Chardonnet in seinem

5. D.R.P. 56 655 Kl. 78 vom 23. IV. 1890 (gelöscht)

wiederholt. Als weitere Denitrierungsmittel empfiehlt er dort:

1. **Sulfurete und Polysulfurete.** Das Pyroxylin verliert seine Salpetersäure vollständig durch eine Digestion mit einer konzentrierten Lösung von Sulfureten oder vielmehr Polysulfureten der Alkalien, alkalischen Erden oder Erden.

2. **Sulfokarbonate.** Die Sulfokarbonate der Alkalien, alkalischen Erden und Erden führen die Pyroxylinfasern in den Zustand reiner Zellulose zurück. Wenn man z. B. eine Lösung von Kaliumsulfokarbonat benutzt, welche 36° Bé zeigt, so erhält man nach Verlauf von 12 Stunden bei 35° C oder 36 Stunden in der Kälte weiße, glänzende Fasern, welche ihre ganze Zähigkeit bewahren und die Zusammensetzung der Baumwolle oder des Hanfes haben, sowie nicht mehr verbrennlich sind und eine etwas stärkere Dichtigkeit besitzen.

3. **Ammoniumsulfhydrat.** Ein Pyroxylin, welches z. B. ungefähr 12% Stickstoff enthält, verliert, wenn es in dem gewöhnlichen Ammoniumsulfhydrat des Handels 12 oder 15 Stunden hindurch bei einer Temperatur von 30—34° C digeriert wird, allmählich seine Salpetersäure, ohne seine physikalischen Eigenschaften einzubüßen. Dieses Reagens wirkt wie kein anderes, insofern als es die Faser reiner Zellulose nicht mehr angreift, weder bei einer langen Digestion in der Kälte noch bei einer 12- oder 24stündigen Digestion bei 60 oder 70°. Es greift auch die anderen Textilstoffe nicht an und kann daher benutzt werden, um mit irgendeinem anderen Stoff gemischtes Pyroxylin zu denitrieren.

Man kann die meisten dieser Denitrierverfahren dadurch abkürzen, daß man zuvörderst das Pyroxylin mit einer Säure (Salpeter-, Essig-, Phosphor- usw. -säure) imprägniert, welche das Pyroxylin erweicht und die Zersetzung des Reagens einleitet.

Auch Kalziummonosulfür und Kalziumsulfhydrat sind von Chardonnet als Denitrierungsmittel empfohlen worden (franz. P. 221 488 vom 9. V. 1892, mit Zusatz vom 2. X. 1893). Diese Reagenzien, welche in Gegenwart von überschüssigem Ammoniak verwendet werden, sollen außer ihrer Billigkeit den Vorteil haben, die Kunstseide sehr wenig anzugreifen und die einzelnen Fäden nicht zu verkleben.

---

[1]) Siehe S. 38—40.

In dem Zusatzpatent vom 6. V. und 2. X. 1897 zu seinem franz. P. 231 230 empfiehlt Chardonnet folgendes Denitrierverfahren[1]): Das gesponnene Pyroxylin wird in Strähnen in ein Bad von 75%igem Alkohol mit oder ohne Zusatz von Holzgeist ungefähr 30 Minuten lang bei einer Temperatur von 40—50° C eingetaucht. Man nimmt dann die Strähne aus dem Bade, läßt abtropfen und bringt sie in ein 75° warmes Eisenchlorürbad, welches auf 1 Kilo Pyroxylin 400—500 g trockenes Eisenchlorür enthält. Dem Bade wird nach Bedarf weiteres Eisenchlorür zugesetzt, das Pyroxylin bleibt so lange in dem Bade, bis die Denitrierung vollständig ist.

Ebenfalls in seinem D.R.P. 56 655 Kl. 78 erwähnt Chardonnet, daß Zellulose, die vor dem Nitrieren gebleicht ist, kein zähes, zur Herstellung von Fäden geeignetes Kollodium liefert. Man gelangt dagegen zu guten Ergebnissen, wenn man das fertige Pyroxylin reinigt, indem man die folgenden Vorsichtsmaßregeln beobachtet: Das Pyroxylin wird in eine große Menge Wasser, welches ungefähr $1/10$ seines Gewichtes Chlorkalk enthält, gebracht. Man setzt dann mit Salpetersäure oder anderer Säure angesäuertes Wasser hinzu, bis der Chlorkalk sich aufgelöst hat, worauf man wäscht, ausschleudert und trocknet.

6. Hilaire de Chardonnet in Paris. Verfahren der Vorbehandlung zu nitrierender Zellulose.

D.R.P. 64 031 Kl. 78 vom 30. X. 1891 (gelöscht).

Alle für die Herstellung von Pyroxylin angegebenen Verfahren lassen eine vorgängige Trocknung bei einer in der Nähe von 100° gelegenen, in hinreichend weiten Grenzen veränderlichen Temperatur zu, wobei der Zweck und das Ergebnis dieser Trocknung sind, lediglich die Feuchtigkeit zu entfernen, welche zu jeder Zeit in die zelluloseartigen Stoffe eindringt. Alle diese Verfahren geben Resultate, welche hinsichtlich der Reinheit und der Löslichkeit der Produkte unvollkommen und unzuverlässig sind. Ich habe gefunden, daß durch methodische Anwendung hoher Temperaturen die Zusammensetzung zelluloseartiger Stoffe verändert wird, indem dadurch 1. die inkrustierenden und fremden Stoffe so angegriffen werden, daß deren Zerstörung in dem Nitrierungsbad vorbereitet wird, 2. die Zellulose selbst derart verändert wird, daß die Pyroxylinprodukte eine besondere Löslichkeit gewinnen, welche gestattet, Kollodium darzustellen, welches bis 20 oder 25% Pyroxylin enthält. Ich verfahre wie folgt: 4—8 Stunden hindurch erhitze ich bei einer bestimmten, zwischen 150 und 170° gelegenen Temperatur Holzzellulose, Baumwolle, Ramie usw. Diese Art Raffinierung geschieht in einer Trockenkammer, deren Abteilungen von aus eisernen oder kupfernen hohlen Röhren bestehenden Rosten gebildet sind, in deren Röhren Dampf von 8—10 Atm. Druck umläuft. Register gestatten den Luftstrom so zu regeln, daß die bestimmte Temperatur erhalten wird. Sobald die Operation beendet ist, wird die noch lauwarme Zellulose in das Nitrierungsbad eingetaucht.

---
[1]) Leipziger Färber-Zeitung 1898, S. 435.

Patentanspruch: Verfahren der Vorbehandlung zu nitrierender Zellulose, darin bestehend, daß diese in einem Strom trockener Luft von 150—170° C erhitzt wird zum Zweck, die inkrustierenden Bestandteile der Zellulose zum Zerfall zu bringen und bei der Nitrierung ein Produkt zu erhalten, welches in den gewöhnlichen Lösungsmitteln vollkommen zu 20—25 %igen Lösungen löslich ist.

Eine weitere Verbesserung seines ursprünglichen Verfahrens gibt Chardonnet in seinem

7. Französischen Patente 231 230 vom 30. VI. 1893.

Ich habe beobachtet, daß, wenn man dem Kollodium einige Hundertstel Prozent einer Chlorverbindung, eines Alkohols oder auch von Äther oder Schwefelkohlenstoff zusetzt, die Löslichkeit des Pyroxylins und die Fließbarkeit der Lösung zunimmt. Man kann auch dem Kollodium Metallchlorüre zusetzen. Das Kollodium darf weder freie Salzsäure noch freies Chlor enthalten.

Beispiel: Zu 60 l Äther und 40 l Alkohol setzt man 1—3 kg Chlormethyl oder Mangan- oder Zinnchlorür. In der Mischung löst man 20—25 kg Pyroxylin auf und filtriert in gewohnter Weise. Ein so hergestelltes Kollodium bildet, wie übrigens jedes Kollodium, das mehr als 15—20% Nitrozellulosen enthält, sofort beim Austreten aus der Spinnöffnung einen Faden, ohne mit Wasser in Berührung gekommen zu sein; um jedoch einen künstlichen Seidenfaden mit den notwendigen Eigenschaften herzustellen, empfiehlt es sich, das Fadenziehen unter Benutzung von Wasser vorzunehmen. Zu diesem Zwecke läßt man den Faden in einen hängenden Wassertropfen eintreten oder führt ihn unter Reibung an einer stark benetzten Fläche vorbei. Man erreicht dies dadurch, daß man den Faden an Schwämmen vorbeiführt, die in eine die ganze Länge der Apparate einnehmende, mit Wasser gefüllte Rinne eintauchen.

In dem Zusatz vom 22. XII. 1893 zu vorstehendem Patent empfiehlt Chardonnet zur Erhöhung der Löslichkeit des Pyroxylins und der Fließbarkeit des Kollodiums den Zusatz einiger Hundertstel Prozente von: Chlormethyl, Chloräthyl[1]), Magnesium-, Aluminium-, Mangan- oder Zinnchlorür, Essigsäure, Aldehyd, Schwefelkohlenstoff, Salz-, Salpeter- oder Schwefelsäure.

Weiter ist in dem Zusatz vom 19. VI. 1895 empfohlen, die künstliche Seide auf den Haspeln in 30—40° warme Räume zu bringen, die Haspel dort in rasche Umdrehung zu versetzen und so die Seide zu trocknen. Das Trocknen geschieht auf diese Weise durchaus regelmäßig, so daß die Seide sich gleichmäßig anfärben läßt.

Eine eingehende Beschreibung des im großen ausgeübten Verfahrens zur Herstellung der Chardonnetschen Seide gibt H. Wyss-Naef in der Zeitschr. f. angew. Chem. 1899, S. 30—33.

Ebenfalls Nitrozellulose wie die Chardonnetschen Verfahren verarbeitet das nachfolgende, technisch weniger wichtige Verfahren.

---

[1]) Vgl. Ver. St. Amer. P. 628 463.

Nach Gérard.

8. M. P. E. Gérard in Paris. Verfahren zur Herstellung einer Masse, welche im flüssigen Zustande als Firnis dient und im festen Zustande zu Platten, Blättchen und Fäden verarbeitet wird.
D.R.P. 40 373 Kl. 22 vom 14. IX. 1886 (gelöscht), brit. P. 2694^{1887}, 2695^{1887}.

Gewisse klebrige Massen, besonders Gelatine, bilden bei schnellem Herausheben einer geringen Menge aus der Gesamtmasse Fäden. Aber diese Fäden würden sehr brüchig und wegen ihrer Löslichkeit z. B. zu Geweben nicht verwendbar sein, wenn sie aus Gelatine allein hergestellt wären[1]). Diesem Übelstande wird nun dadurch abgeholfen, daß Gelatine in Verbindung mit Trinitrozellulose zur Verwendung gelangt. Zu diesem Zweck löst man Gelatine für sich und Trinitrozellulose für sich in einem gleichen Lösungsmittel, als welches sich vorzüglich Eisessig eignet. Es werden 5 Gewte. Gelatine in 30 Gewtn. Eisessig einerseits und 10 Gewte. Trinitrozellulose in 30 Gewtn. Eisessig anderseits gelöst, was schon bei gewöhnlicher Temperatur leicht gelingt. Diese beiden Lösungen werden mit Hilfe einer geeigneten Mischvorrichtung sehr innig miteinander gemischt. Die hierdurch entstandene Paste wird mit so viel Eisessig versetzt, daß die Gesamtmenge 125 Gewte. beträgt und an festen Stoffen (Gelatine und Trinitrozellulose) 18 Gewte. enthält. Das Produkt, aus welchem sich leicht auch Fäden herstellen lassen, kann noch geeignete Zusätze, entsprechend dem jeweiligen Zweck, für welchen es verwendet werden soll, erhalten. Setzt man zu dem Eisessig vorher Spuren von Chlorkalzium, so wird das Produkt unverbrennlich. Will man das Produkt geschmeidig und so zur Herstellung von Fäden usw. geeignet machen, so gibt man zu der Mischung Spuren von reinem Kleber, Glykose oder selbst Honig. Auch ist es zur Herstellung von Fäden praktisch, vor der Mischung der einzelnen Stoffe 5% Glyzerin und eine Spur von Rizinusöl oder manganhaltigem Leinöl zuzusetzen. Um die Fäden, welche aus dem vorliegenden Produkt hergestellt sind, zu denitrieren, kann man sie in einer Lösung von Eisenchlorür oder Eisenacetat kochen.

Patentanspruch: Bei der Herstellung von Fäden, Platten, geformten Gegenständen und Firnis die Anwendung eines Grundstoffes, welcher hergestellt ist durch Auflösen von Gelatine einerseits und Trinitrozellulose anderseits in Eisessig, und Mischen dieser Lösungen mit oder ohne Zusatz von Chlorkalzium, Glyzerin, Kleber, Honig, Fetten oder Gummilack.

Das brit. P. 2695^{1887} erwähnt das Spinnen in einer Atmosphäre aus überhitztem Dampf und Ammoniak.

---
[1]) Vgl. hierzu das Millarsche Verfahren, D.R.P. 88 225, S. 421.

Nach du Vivier.

Größeres Interesse als das eben geschilderte Verfahren fand das Verfahren von J. H. du Vivier, für welches folgende Patente in Betracht kommen:

D.R.P.: 52 977 Kl. 29.
Franz. P.: 195 654 vom 26. I. 1889; 195 655 vom 28. I. 89; 195 656 vom 26. I. 89; 208 856 vom 14. X. 90; 208 857 vom 14. X. 90; Zusatz zum Patent 195 655 vom 16. X. 90.
Brit. P.: 2570^{1889}; 2571^{1889}.
Ver. St. Amer. P.: 563 214.

9. J. H. du Vivier in Paris. Verfahren und Apparat zur Herstellung künstlicher Seide.

D.R.P. 52 977 Kl. 29 vom 7. III. 1889 (gelöscht).

Das Verfahren liefert eine Masse zur Herstellung von künstlichen Fäden, welche das Aussehen und die Eigenschaften der Fäden von Seidenkokons zeigen, und besteht im wesentlichen in der Behandlung einer Lösung von Trinitrozellulose in Eisessig mittels verschiedener Reagentien, um diese Eigenschaften hervorzurufen. Der zur Herstellung der Trinitrozellulose oder Schießbaumwolle dienende Apparat ist in Fig. 9 in Vorderansicht und in Fig. 10 von der entgegengesetzten Seite aus gesehen dargestellt, während Fig. 11 das Gestell des Apparates im Profil zeigt. In diesen Figuren entsprechen gleiche Buchstaben und Zahlen gleichen Apparatteilen. Die Baumwolle wird vor der Nitrierung mit Alkalien behandelt, indem man sie in einer Lösung von 4 kg Ätznatron in 20 l Wasser, welcher man nach dem Abkühlen 80 l käufliches Ammoniakwasser von 22° Bé zufügt, unter täglichem Umrühren etwa 3 Tage und 3 Nächte liegen läßt. Darauf wird sie ausgepreßt, mit großen Mengen Wasser bis zur völligen Neutralität ausgewaschen und nach dem Trocknen zur Lockerung der Fasern gekratzt. Darauf wird die Baumwolle in dem durch Fig. 9—11 veranschaulichten Apparat

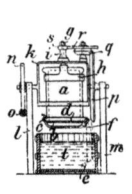
Fig. 9.

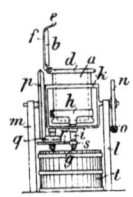
Fig. 10.

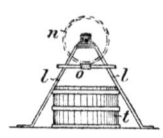
Fig. 11.

der Nitrierung unterworfen. Der Apparat besteht aus einem gegen Temperatur und Druck hinreichend widerstandsfähigen Steingefäß a mit einem gut aufgeschliffenen Steindeckel b mit Verschlußbügel f, welcher mittels Haken e unter einen durch Augen eines Reifens d führenden Bolzen c, Fig. 9, greift.

Ein mit der Achse g fest verbundener Ring h hält den Behälter a. Die Achse g führt durch den Träger i des Gehäuses k, welches letztere auf den Gestellen l und m drehbar gelagert ist und mit Hilfe des Schneckengetriebes $o\,n$ gedreht werden kann, wodurch auch das Gefäß a eine Drehung in gleichem Sinne erfährt. Außerdem wird infolgedessen der Behälter a durch das konische Umlaufgetriebe $p\,q$ und Stirnradgetriebe $r\,s$, dessen Stirnrad s fest auf die durch den Träger i hindurchführende Achse g aufgekeilt ist, um die eigene Achse gedreht. Die Zahnung der Getriebe ist derart eingerichtet, daß, während der Apparat um die horizontale Welle des Rades n in etwa 5—6 Minuten $1^1/_2$ Drehung macht, er sich in derselben Zeit um die Achse g etwa 20 mal dreht. Zur Beschickung des Apparates (von z. B. 120 l Inhalt) stellt man ihn mit dem Deckel nach oben ein (Fig. 10) und bringt zunächst z. B. 20 kg weißen, gereinigten, gemahlenen und auf ungefähr 45° C erhitzten Salpeter in den Behälter, darauf in mehreren Absätzen etwa 30 kg reine Schwefelsäure von 66° Bé und rührt alsdann das Ganze so lange um, bis die Flüssigkeit völlig gleichmäßig und frei von Klumpen ist. Die Mischung wird alsdann auf 85° C gebracht. Hierauf trägt man 1 kg Baumwolle in kleinen Flocken ein, schließt den Behälter, setzt den Apparat in Bewegung, hält ihn nach etwa 5—6 Minuten an und entfernt, sobald der Deckel des Behälters nach unten gerichtet ist, den Bolzen c. Der Deckel b öffnet sich alsdann durch sein eigenes Gewicht und sein Inhalt fällt in einen unter ihm aufgestellten Wasserbottich t. Die nitrierte Baumwolle wäscht man in dem Bottich unter etwa zwölfmaliger Erneuerung des Wassers sorgfältig aus und trocknet sie alsdann in einem geeigneten Trockenraum. Zur Vervollständigung der Durchmischung in dem Behälter a kann man mit der Baumwolle Steinstücke oder andere feste Massen oder auch eine Kette mit genügend schweren Kettengliedern aus säurebeständigem Stoff einbringen.

Zur Verarbeitung der so erhaltenen Schießbaumwolle behufs Herstellung künstlicher Seide sind folgende drei Lösungen erforderlich: Lösung A ist eine Auflösung von Guttapercha in Schwefelkohlenstoff (25 g auf 200 ccm), Lösung B ist eine Auflösung von Fischleim in Eisessig (10 g auf 200 ccm), Lösung C ist eine Auflösung von Schießbaumwolle in Eisessig (7 g auf 100 ccm). Diese drei Lösungen A, B und C werden in einem Gefäß mit vertikalem Rührwerk in solchem Verhältnis innig miteinander vermischt, daß das Gemisch auf 4 g Schießbaumwolle etwa 1 g Fischleim und 0,5 g Guttapercha enthält, und außerdem 0,01 g Glyzerin und 1 Tropfen Rizinusöl zugesetzt. Die filtrierte klebrige oder halbflüssige Masse bildet den Grundstoff für künstliche Seidenfäden. Sie liefert diese, indem man sie einfach durch eine enge Öffnung unter Wasser ausfließen läßt. Damit indessen die so erhaltenen Fäden an Widerstandsfähigkeit, Aussehen und Unverbrennlichkeit gewinnen, müssen sie der Wirkung verschiedener chemischer Mittel unterworfen werden, indem sie mit Hilfe einer geeigneten Vorrichtung durch die erforderlichen Bäder gezogen werden. Die verschiedenen Bäder, welche der Faden zu durchlaufen hat, sind folgende: 1. ein Natronbad zur Entfernung der noch in ihm zurückgebliebenen Essigsäure; 2. ein Albuminbad (mit 3% Albumingehalt), um dem Faden animalische Beschaffenheit zu verleihen; 3. ein Quecksilberchlorürbad[1]) (mit 54% Quecksilberchlorürgehalt) zur Koagulierung der Masse. Nachdem der Faden dieses Bad durchlaufen hat, wird er durch eine Kohlensäureatmosphäre hindurchgeführt, um (nach Ansicht des Erfinders) die Koagulierung zu vollenden. Zur Verminderung der Verbrennlichkeit des Fadens führt man ihn durch ein Bad von 10%igem Ammoniak und darauf durch ein Bad von Aluminiumsulfat, wodurch sich in den Poren des Fadens Tonerdehydrat niederschlägt. Endlich durchläuft der Faden ein 3% Albumin enthaltendes Bad, um ihn gleichsam einzuschmieren und so die spätere Handhabung (das Spulen, Zwirnen usw.) des Fadens zu erleichtern. Um an Stelle eines matten einen glänzenden Faden zu erhalten, kann man Guttapercha, Fischleim und Glyzerin entbehren und die Fadenmasse lediglich aus 360 g Schießbaumwolle, 6 l Eisessig und 90 g Rizinusöl herstellen. In diesem Falle kann man den Faden, wie oben, um ihn zu animalisieren, durch ein Albuminbad führen und die Koagulierung durch eine Lösung von 3 T. Karbolsäure und 1000 T. verdünnten Alkohols bewirken. Diese Reihe der Bäder kann man auch durch folgende ersetzen: Der Faden durchläuft zuerst drei aufeinanderfolgende Bäder von 5%iger Natriumbisulfitlösung, von 0,3%iger Albuminlösung und endlich ein Koagulierungsbad von 0,3%iger Karbolsäurelösung. Das Natriumbisulfitbad bietet den Vorteil, daß es gleichzeitig bleichend wirkt.

Patentansprüche: 1. Abänderung des im Patent 38 368[2]) beschriebenen Verfahrens zur Herstellung künstlicher Seide in der Weise, daß man das Pyroxylin (Nitrozellulose) in Eisessig statt in einer Mischung von Äther und Alkohol auflöst und dieser Lösung Lösungen von Fischleim in Eisessig oder Guttapercha in Schwefelkohlenstoff oder Rizinusöl allein oder gleichzeitig zusetzt.

2. Verfahren zur Behandlung von gemäß Anspruch 1 hergestellter künstlicher Seide in Form von Fäden, Streifen oder dergleichen, bestehend in der Anwendung folgender Bäder, in welche die Seide eingebracht wird, nämlich: a) ein säureneutralisierendes und eventuell bleichendes Bad, bestehend aus einer Lösung von Ätznatron, Soda oder Natriumbisulfit; b) eine Albuminlösung; c) ein Koagulierungsbad, bestehend aus einer Lösung von Karbolsäure oder Quecksilberchlorür; d) ein die Verbrennlichkeit einschränkendes Bad, bestehend aus einer ein Aluminiumsalz enthaltenden Lösung; eventuell e) ein die Oberfläche glättendes, schmierendes Bad aus Albuminlösung.

3. Apparat zur Herstellung von Pyroxylin (Nitrozellulose) für das unter 1. angegebene Verfahren, bestehend aus einem dicht verschließbaren Nitrierungsgefäß (a) zur Aufnahme der Nitrierungsmasse, welches behufs Durchmischung gleichzeitig nach zwei Richtungen gedreht werden und bei seiner mit dem Deckel nach unten gerichteten Stellung durch Öffnung des letzteren seinen Inhalt in einen darunter befindlichen Behälter freiwillig abgeben kann.

[1]) Wohl Quecksilberchlorid? D. Verf.
[2]) s. S. 3.

In dem Zusatz vom 16. X. 1890 zu seinem franz. P. 195 655 hat du Vivier das vorstehende Verfahren noch durch folgende Abänderung ergänzt: Man unterwirft die fertigen Fäden in irgendeiner Flüssigkeit, am besten in Seifenwasser, einer energischen Kompression. Dadurch wird der Faden homogener und ganz bedeutend fester. Außerdem setzt sich das Seifenwasser mit den Eiweißkörpern und den Metallverbindungen des Fadens um, es entsteht in der Faser eine unlösliche Seife, welche für die fernere Behandlung des Fadens sehr kostbar ist. Zur Ausführung dieses Verfahrens tut man die zu komprimierenden Fäden mit dem Seifenwasser in einen glockenförmigen Behälter, verschließt diesen mit Pergamentpapier und bringt ihn dann in ein größeres Gefäß, das man mit der Flüssigkeit anfüllt, mit der man den Druck ausüben will. Das Ganze kommt in einen Autoklaven und wird nun in irgendeiner Weise dem gewünschten hohen Druck ausgesetzt.

Der Apparat, den du Vivier zur Herstellung seiner Kunstseide benutzt, besteht nach dem franz. P. 195 656 aus folgenden wesentlichen Teilen: ein Reservoir enthält die zur Herstellung der Fäden dienende Mischung und läßt aus einer feinen Öffnung den Faden in Wasser oder eine andere Koagulierungsflüssigkeit austreten. Von dem ersten Bade aus wird der Faden mit Hilfe von Führern und Rollen durch eine Reihe anderer Bäder geleitet bis zu einem Wagen, auf dem er sich ablagert. Von dem Wagen wird der Faden in regelmäßigen Windungen auf eine Trommel aufgewickelt, die Vorwärtsbewegung des Wagens längs der Trommel ist von der Umdrehung der Trommel abhängig. Während des Aufwickelns wird der Faden durch ein Führerauge sanft gestreift und geglättet. Der aufgewickelte Faden wird dann getrocknet und kommt auf die Bobine. Gezwirnt werden die Fäden auf einer besonderen Mühle; die Fäden der Bobinen, die sich gleichzeitig mit ihrer Drehung um eine gemeinsame Achse gleichmäßig abwickeln, zwirnen sich zu einem Faden zusammen, bevor sie an den Fadenführer gelangen, der sie nach dem Haspel führt. Die Spulwellen sind hohl, um erforderlichenfalls einen Flüssigkeitsstrahl auf den sich bildenden gezwirnten Faden fließen zu lassen, der die einzelnen Fädchen verkleben soll[1]).

Die nach dem Vivierschen Verfahren hergestellte Kunstseide kam als „Soie de France" auf den Markt. Sie ist schon lange nicht mehr im Handel.

Ein dem Chardonnetschen ebenbürtiges Produkt lieferten die nach den nun zu besprechenden Lehnerschen Verfahren arbeitenden Fabriken

Nach Lehner.

Für die Lehnersche Erfindung sind die folgenden Patente zu beachten:

D.R.P.: 55 949, 58 508, 82 555 Kl. 29 (gelöscht).
Franz. P.: 221 901; vom 25. V. 92; 224 460 vom 20. IX. 92; 243 612 vom 13. XII. 94; 243 677 vom 15. XII. 94.

---

[1]) Eine sehr ausführliche Beschreibung des du Vivierschen Verfahrens und der zu seiner Ausführung dienenden Apparate gibt G. Richard in der Revue industrielle 1890, S. 194 ff.

Brit. P.: 11 831[1891]; 22 736[92]; 24 003[93]; 24 009[94]; 2595[96]; 10 868[96].
Ver. St. Amer. P.: 559 392; 562 626; 562 732.
Schweiz. P.: 3740; 4984.

Von den aufgeführten Patenten genügen zur Erläuterung des Lehnerschen Verfahrens die folgenden:

10. **Dr. Fr. Lehner in Augsburg. Verfahren und Apparat zur Herstellung künstlicher Fäden.**
D.R.P. 55 949 Kl. 29 vom 9. XI. 1889 (gelöscht).

Die künstlichen Fäden bestehen aus einer Mischung von Kopal oder Sandarak, Leinöl, nitrierter Zellulose und einem die Verbrennung verhindernden anorganischen Salz. Aus diesen Bestandteilen werden drei Lösungen hergestellt und dann gemischt. Zur Herstellung von Lösung 1 schüttelt man 500 g fein gepulverten Kopal oder Sandarak mit 2400 g Äther in einer wohlverkorkten Flasche bei mittlerer Temperatur kräftig durch, läßt die Lösung hierauf einige Tage zur Klärung stehen, gießt sie ab, versetzt sie mit 100 g Leinöl und filtriert. Lösung 2 bereitet man auf die Weise, daß man Seidenpapier, Baumwolle oder Spinnereiabfall in einer Lösung von Kupferoxydammoniak. welche man durch Auflösen von 10 Tn. Kupfervitriol in 100 Tn. Ammoniakwasser vom spez. Gew. 0,975 hergestellt, etwa 15 Minuten lang eintaucht, und zwar verwendet man auf 1 kg zellulosehaltigen Stoffes etwa 12 l Lösung. Die einzelnen Fasern quellen dabei auf, nnd die spätere Nitrierung geht besser vonstatten. Die aus dem Bade genommene Masse wird in viel warmem Wasser tüchtig ausgewaschen, gepreßt und gut getrocknet. Man trägt sie dann möglichst feinflockig in ein auf 75° erwärmtes Gemenge von 4 T. Schwefelsäure vom spez. Gew. 1,84 und 3 T. Salpetersäure vom spez. Gew. 1,4 ein. rührt gut um und gießt nach 5 Minuten die Säure ab. Die entstandene Nitrozellulose wäscht man gründlich mit Wasser, trocknet sie, übergießt sie hierauf mit Holzgeist (9 kg auf 1 kg), schüttelt gut durch, bis alles gelöst ist, stellt die Lösung zum Klären 8 Tage an einen kühlen Ort und gießt sie dann klar von dem vorhandenen Bodensatz ab. Lösung 3 stellt man aus 100 g essigsaurem Natron (oder Ammoniaksalzen) und 1 kg wasserhaltigem Weingeist durch Lösen und Filtrieren her. Die vorstehend beschriebenen drei verschiedenen Lösungen werden nun so gemischt, daß auf 1 kg Nitrozellulose 200 g Kopal oder Sandarak, 50 g Leinöl und 100—200 g essigsaures Natron (oder Ammoniaksalze) kommen. Dieses Lösungsgemisch bildet den Grundstoff zur Erzeugung glänzender Fäden, und zwar erfolgt die Bildung des Fadens dadurch, daß man das Lösungsgemisch durch eine engen Öffnung frei ausfließen läßt und gleichzeitig die Lösungsmittel mittels Wärme zum Verdunsten bringt und dann wiedergewinnt. In der Zeichnung (Fig. 12) ist ein Vertikalschnitt des Apparates schematisch dargestellt.

Von dem Behälter a aus fließt die Mischung, durch das Rohr b bei c austretend, auf eine sich fortbewegende glatte Fläche, den Zylindermantel d, welcher sich mit gleichmäßiger Geschwindigkeit um seine Achse e dreht. Um den sich bildenden weichen Faden rascher zum

Erhärten zu bringen, ist über dem sich in der Richtung des Pfeiles drehenden Zylindermantel d unmittelbar hinter der Ausflußspitze c, einen großen Teil seines Umfanges überdeckend, ein Wärme abgebender fester Mantel f angeordnet, welcher durch ein Dampfrohr g auf hoher Temperatur erhalten wird. Durch die von ihm ausstrahlende Wärme werden die Lösungsmittel des Fadenbandes auf dem Zylindermantel d rasch verdampft, und der Faden erhält feste Konsistenz. Die verdampften Lösungsmittel werden infolge der Drehung des Zylindermantels d nach dem Raum h getrieben, wo sie durch ein den Zylinder d umgebendes Kühlgefäß wieder verflüssigt werden und am Boden bei i abfließen. Im Kühlraum s sind mehrere durchbrochene Flächen v angebracht, um die Dämpfe der Lösungsmittel soviel als möglich den Kühlflächen zuzuführen. Der heiße Verdampfungsmantel f ist vom Kühlraum h durch Wärmeschutzmasse w getrennt,

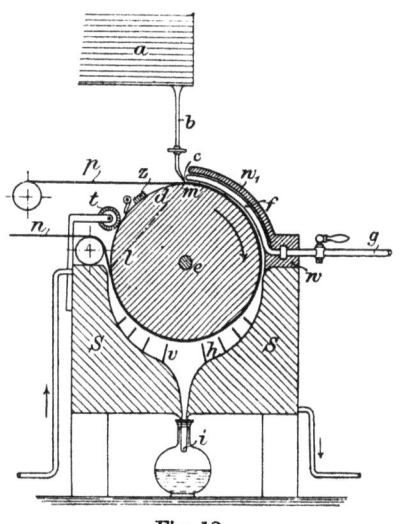

Fig. 12.

ebenso ist der Heizmantel f nach außen hin durch einen Mantel aus Wärmeschutzmasse w_1 isoliert. Der gebildete feste Faden n wird aus dem sonst überall geschlossenen Apparat zwischen den Punkten l und m von dem Zylindermantel ständig abgezogen, von welchem er sich leicht ablösen läßt. Sollte der Faden reißen, so wird durch die sich drehende Bürste t, welche gegen den Zylindermantel arbeitet, der Faden hinweggenommen, also ein Weitergehen der abgerissenen Stücke verhindert. Die Filzscheibe z liegt fest an dem Mantel an, um die Feuchtigkeit von ihm aufzunehmen. Läßt man an der Ausflußöffnung c noch einen bereits fertigen Faden aus beliebigem anderen Stoff, z. B. Baumwolle oder Wolle, gleichzeitig mit einlaufen, so erhält man einen Mischfaden, der ebenso bei l abgezogen wird, oder man kann auch den Faden vor dem Einlaufenlassen gleich mit der Mischung imprägnieren und durch den Apparat gehen lassen. Statt einer sich bewegenden Fläche kann man zur Bildung des Fadens auch eine bewegliche Ausflußöffnung neben einer feststehenden glatten Fläche anwenden.

Patentansprüche: 1. Die Herstellung eines Grundstoffes für künstliche Fäden, gekennzeichnet durch die Behandlung von Seidenpapier, Baumwolle, Zellulose, Spinnereiabfall mit einer ammoniakalischen Kupferlösung, darauffolgende Nitrierung und durch die Mischung so erhaltener Nitrozellulose mit Leinöl unter Anwendung von Holzgeist, eventuell unter Zusatz von Kopal, Sandarak mit Verwendung von

Schwefeläther und einem die Verbrennung hindernden Mittel, wie essigsaurem Natron, Ammoniaksalzen, gelöst in Weingeist.

2. Die Wiedergewinnung der unter 1. genannten Lösungsmittel Holzgeist, Äther, Alkohol durch Hindurchführung des Fadens durch einen erwärmten Raum und Kondensierung der Dämpfe durch Abkühlung.

3. Der Apparat zur Erzeugung des Fadens und Wiedergewinnung der unter 2. genannten Lösungsmittel, bestehend aus einem die Mischung zuführenden Rohre b, dem sich drehenden Zylindermantel d in Verbindung mit dem Wärme abgebenden Mantel f, dem Kühlraum h, der Bürste t.

4. Die Erzeugung eines Mischfadens durch Mitlaufenlassen eines fertigen Fadens aus anderem Material durch diesen Apparat.

11. Dr. Fr. Lehner in Augsburg. Verfahren und Vorrichtung zur Herstellung künstlicher Seide.
D.R.P. 58 508 Kl. 29 vom 16. IX. 1890 (gelöscht), auch schweiz. P. 3740.

Seidenabfälle jeglicher Art, auch die bei der Florettspinnerei abfallenden flockigen unverspinnbaren Rückstände werden gut gereinigt und 24 Stunden lang mit konz. Kali- oder Natronlösung oder auch Kupferoxydammoniak digeriert, wobei die Seidensubstanz sich auflöst. Die erhaltene Seidenlösung wird filtriert, mit Wasser verdünnt und darauf mit einer Säure neutralisiert, worauf wieder die Substanz der Seide (ein Gemisch von Fibroin und Serizin) in Form feiner Fädchen, schwach rötlich gefärbt, langsam sich ausscheidet. Die so erhaltene reine Seidensubstanz wird mit Wasser gut ausgewaschen, leicht abgepreßt und in konz. Essigsäure (1 T. auf 5 T.) aufgelöst. Dies sei die „Lösung A". Ferner wird Zellulose, Seidenpapier, Baumwolle oder Spinnereiabfall mit ammoniakalischer Kupferlösung $1/4$ Stunde lang mazeriert, abgepreßt, gut mit Wasser ausgewaschen und auf die gewöhnliche Art nitriert. Die so erhaltene Nitrozellulose wird nun in einer Mischung von Holzgeist oder Äther (3 T.) und Ätherschwefelsäure (1 T.) aufgelöst. Letztere wird dadurch erhalten, daß 2 T. starker Alkohol und 1 T. Schwefelsäure von 66° Bé gemischt und allmählich auf 100° erwärmt werden. In dem Gemisch von Holzgeist, Äther und Ätherschwefelsäure (100 T.) wird nun die Nitrozellulose (8 T.) aufgelöst und 1 Stunde lang auf 30° C erwärmt. Es entweicht dabei Salpeteräther und es findet eine Denitrierung der gelösten Nitrozellulose statt. Dies ist die zweite „Lösung B". Die erwähnten beiden Lösungen (A und B) werden vereinigt, und zwar in dem Maße, daß auf 5 T. Nitrozellulose 1 T. Seidensubstanz kommt. Aus der so erhaltenen Mischung wird durch einfaches Austretenlassen aus einer feinen Öffnung in eine Erstarrungsflüssigkeit, am besten Terpentinöl, Wacholderöl, Petroleum, Benzin, Benzol, flüssige Kohlenwasserstoffe, Chloroform, der Faden gebildet.

Hierzu dient der abgebildete Apparat (Fig. 13). A ist der Behälter für die Mischung, welche durch das Rohr b in den Glaszylinder D eintritt. Das Rohr b ist bei c unterbrochen und durch einen einfach dar-

Nach Lehner.

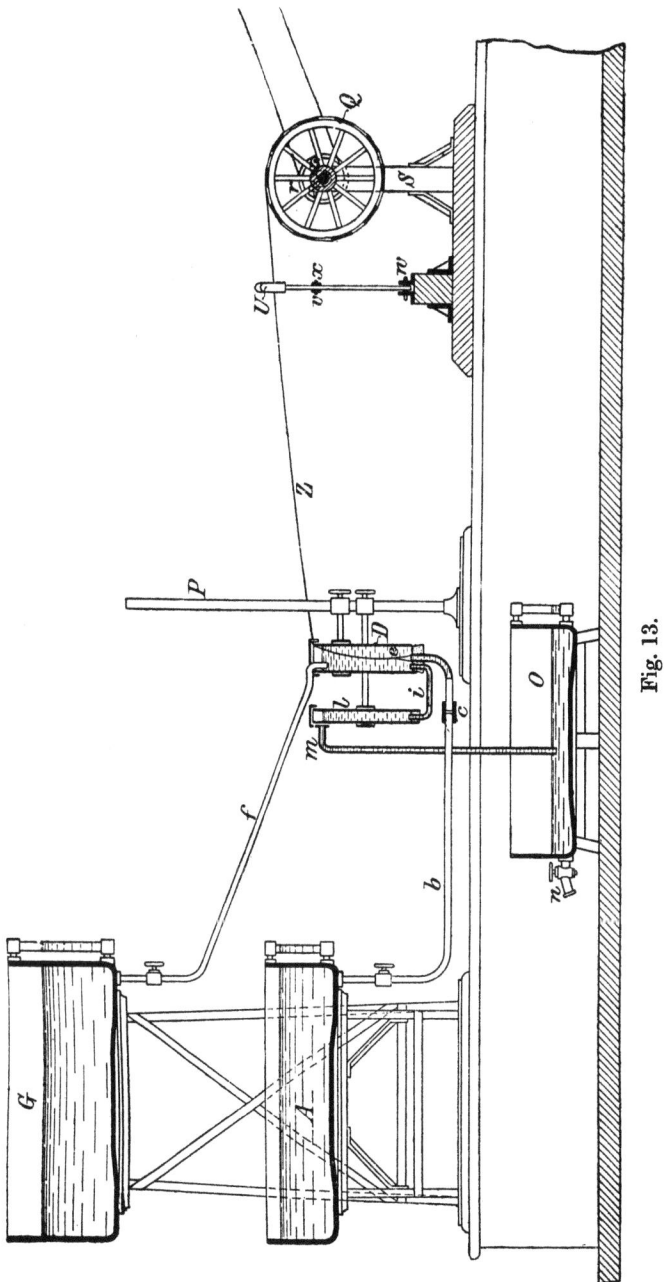

Fig. 13.

übergezogenen Gummischlauch wieder vereinigt, um es beweglich zu machen; bei e ist es etwas fein ausgezogen, und hier fließt die Mischung in den mit einer der genannten Erstarrungsflüssigkeiten gefüllten Zylinder D langsam aus. Der Glaszylinder D ist unten mit einem doppelt durchbohrten Kork geschlossen, durch welchen zwei Rohre gehen. Oben ist er lose mit einem Deckel bedeckt. Durch das Rohr f fließt stetig aus dem Behälter G ganz wenig neue Erstarrungsflüssigkeit zu und durch das Rohr i mit den darin aufgelösten Lösungsmitteln der Mischung wieder ab. Das Rohr i geht in ein weiteres, oben leicht mit einem Deckel geschlossenes, nicht luftdichtes Rohr l, welches in gleicher Höhe mit dem Zylinder D sich befindet. Durch das Rohr m findet ein gleichmäßiges Abfließen der gemischten Flüssigkeiten in stets gleichbleibender Niveauhöhe in D und l statt; sie fließen in den Behälter O, welcher durch einen Hahn n entleert werden kann. Das Stativ P hält durch Klammern den Zylinder D und das Rohr l. Der Faden Z wickelt sich auf eine Fadentrommel Q auf, welche mit einer Schnurscheibe r versehen ist und eine gleichmäßige Umdrehung erhält. Die Trommel kann mit der aufgewickelten Seide von den Lagern S abgehoben werden. U ist ein gabelförmiger Fadenführer, welcher eine hin- und hergehende Bewegung durch die Leitstange v erhält, welche am Fuß bei w und ebenso bei x beweglich ist. Der Faden, welcher sich zwischen den zwei Gabeln befindet, wickelt sich kreuzweise bei Q auf. Die Bildung des Fadens geht so vor sich, daß zuerst bei e ein ganz dicker Faden z austritt. Dieser wird mittels eines Drahtes gefaßt, langsam aus D gezogen und durch den Fadenführer U auf die Fadentrommel Q gelegt. Es wickelt sich nun ständig der Faden weiter auf, und zwar je nach der Umdrehungsgeschwindigkeit der Lattenspule feiner oder gröber. Der Faden Z ist bei e dick und ganz weich, wird aber durch das Ausziehen rasch dünner und fester und hat nach Zurücklegen etwa des ersten Drittels seines Weges innerhalb D die nötige Feinheit und nach Zurücklegung der zwei anderen Drittel die Hauptmenge seiner Lösungsmittel verloren und Festigkeit gewonnen. Die Druckdifferenz zwischen dem Behälter und der Flüssigkeitshöhe in D darf nur einige Zentimeter betragen.

Die weitere Behandlung des gebildeten Fadens bezweckt die Denitrierung des Pyroxylins und Entfernung des anhängenden Terpentinöls oder Petroleums. Zu diesem Behufe wird der Faden etwa 1 Stunde lang mit Wasser auf etwa 80° C erwärmt. Durch die in dem Faden befindliche freie Ätherschwefelsäure und ihre Zersetzung tritt eine weitere Denitrierung des Pyroxylins ein. Der Faden wird hierauf gut in Wasser gespült und einige Tage in eine etwa 10%ige Wasserglaslösung gelegt, wodurch die noch anhaftende Schwefelsäure neutralisiert wird und die dabei ausgeschiedene Kieselsäure die Poren des Fadens erfüllt und den Faden noch schwerer verbrennlich macht. Oder es wird eine Neutralisation der Schwefelsäure dadurch vorgenommen, daß der Faden vor dem Waschen mit Wasser etwa 24 Stunden lang in eine Ammoniakflüssigkeit vom spez. Gew. 0,975 eingelegt wird; hierauf wird der Faden an der Luft getrocknet. Bei vorliegendem Verfahren löst sich die Hauptmasse des Lösungsmittels der Mischung in der Erstarrungsflüssigkeit auf und kann aus ihr wieder leicht durch Destillation gewonnen werden.

Patentansprüche: 1. Verfahren zur Herstellung künstlicher Seide, dadurch gekennzeichnet, daß man Mischungen von aufgelöster natürlicher Seide und in Holzgeist, Äther, Ätherschwefelsäure aufgelöster Nitrozellulose aus enger Öffnung in eine Erstarrungsflüssigkeit: Terpentinöl, Wacholderöl, Petroleum, Benzin, Benzol, flüssige Kohlenwasserstoffe, Chloroform, austreten läßt und in ihr den Faden durch mehr oder weniger rasches Abziehen mehr oder weniger fein auszieht; hierbei die Wiedergewinnung des sich in der Erstarrungsflüssigkeit lösenden Lösungsmittels der Mischung durch Destillation.

2. Zur Ausführung des unter 1. gekennzeichneten Verfahrens ein Apparat, bestehend aus einem Behälter D, in welches die Erstarrungsflüssigkeit durch Rohr f eingeleitet und mittels des mit D kommunizierenden Rohres l mit Ablaufrohr in stets gleichbleibender Höhe erhalten wird, während die Mischung durch die enge Öffnung e des Behälters D einfließt und der sich bildende Faden, von der rotierenden Fadentrommel aufgenommen, aus der Flüssigkeit gezogen wird.

In dem schweiz. P. 4984 beschreibt Lehner eine Vorrichtung, welche die erzeugten Fäden sofort nach ihrer Erzeugung für sich allein oder mit einem Faden aus Seide, Wolle, Baumwolle oder sonstiger Spinnfaser verzwirnt, ohne, wie es bisher der Fall war, die Fäden vorher auf einen Haspel aufzuwickeln. Der Haspel kommt ganz in Wegfall und wird durch eine Abzugsvorrichtung ersetzt; außerdem wird vor dem Verzwirnen der Faden mit einer Flüssigkeit imprägniert, die ein Denitrieren bewirkt.

12. Dr. Fr. Lehner in Zürich. Verfahren zur Herstellung glänzender Fäden aus nitrierter Zellulose.

D.R.P. 82 555 Kl. 29 vom 15. XI. 1894 (gelöscht).

Auf geeignete Art hergestellte reine Tri- und Tetranitrozellulose wird in noch schwefelsäurefeuchtem Zustande mit einem vulkanisierten trocknenden Öle vermischt. Die Herstellung des letztgenannten Produktes, zu welchem jedes an der Luft trocknende Öl angewendet werden kann (z. B. Baumwollsamenöl, Mohnöl, Hanföl, Leinöl, Nußöl, Dotteröl, Rizinusöl, Rottannenöl), geschieht in folgender Weise: Das zu verarbeitende Öl wird zur Hälfte seines Gewichtes mit Schwefeläther verdünnt, um eine zu heftige Reaktion zu vermeiden, und dazu langsam, unter fortwährendem Umschütteln 10—20% Chlorschwefel gesetzt, je nach der Beschaffenheit des Öls und der gewünschten Dickigkeit. Es findet in kurzer Zeit Reaktion und Ausscheidung eines gelben Produktes statt. Letzteres setzt sich sehr rasch, und die dicke, klare, gelbe Flüssigkeit wird durch Dekantieren davon getrennt. Von dieser so erhaltenen chemisch umgewandelten Flüssigkeit werden etwa 10% von dem Gewichte der säurefeuchten Nitrozellulose zugesetzt. Die Mischung, in der etwa fünffachen Gewichtsmenge Holzgeist, Aceton oder Äther-Alkohol gelöst und filtriert, gibt das Rohmaterial zur Erzeugung der

Herstellung aus Nitrozellulose.

künstlichen Fäden. Diese werden dadurch erhalten, daß man die flüssige Masse aus weiten Glasröhren von $^1/_4$—$^1/_2$ mm Durchmesser der Ausflußöffnung durch die eigene Schwere in eine Flüssigkeit oder auch direkt in die Luft austreten läßt. Es findet dabei sofortige Erstarrung statt, und durch größere oder geringere Schnelligkeit des Ab- und Ausziehens werden mehr oder weniger feine Fäden erhalten, welche an derselben Maschine unmittelbar verzwirnt werden.

Die so erzeugten gezwirnten Fäden werden so bald als möglich auf geeigneten Spulen oder im abgehaspelten Zustande in Wasser längere Zeit erwärmt. Es wird dadurch die darin enthaltene freie Säure größtenteils entfernt, die Lösungsmittel Äther, Alkohol usw. ausgetrieben, teilweise dabei wieder erhalten, die Verbindung der Nitrozellulose mit den fetten Ölen in mechanischer und chemischer Hinsicht fester gestaltet und auch dem Faden damit bedeutend größere Festigkeit erteilt. Das erhaltene Produkt ist aber noch zu leicht brennbar. Auch läßt es sich schwer oder gar nicht auf die gewöhnliche Art und Weise färben und wird deshalb einer Desoxydation unterworfen. Eine geeignete Desoxydationsflüssigkeit bereitet man auf folgende Weise:

Konzentriertes Ammoniumsulfhydrat, in bekannter Weise hergestellt, wird mit Wasser bis zu etwa 10% verdünnt und darin ein beliebiges neutrales Magnesiumsalz in ungefähr äquivalentem Verhältnis aufgelöst. In diese Flüssigkeit werden die Fäden bei etwa 40° C so lange eingetaucht, bis sich unter dem Mikroskope in polarisiertem Lichte die Regenbogenfarben der Zellulose zeigen. Nach darauffolgendem Waschen in viel Wasser und Trocknen ist der Faden fertig. Durch die Zugabe des Magnesiumsalzes wird die so schädlich wirkende, immer vorhandene Alkalität des Schwefelammoniums beseitigt, da das bei der Verwendung sich bildende Magnesiumoxyd nur sehr schwach basische, die Faser wenig angreifende Eigenschaften hat. Es findet keine Magnesiaausscheidung statt, weil das Magnesiumoxyd sogleich in Verbindung mit den vorhandenen Ammoniaksalzen tritt. Ebenso findet bis zu einem gewissen Grade auch keine Schwefelausscheidung statt. Der Schwefel löst sich zunächst in der Flüssigkeit; ist jedoch eine gewisse Grenze erreicht, so scheidet sich beim ruhigen Abkühlen der Lösung Schwefel im kristallinischen Zustande aus und kann technisch nutzbar gemacht werden. An Stelle des Ammoniumsulfhydrates kann auch Kalium- oder Natriumsulfhydrat mit einem Magnesiumsalze Verwendung finden. Hier ist, um eine Ausfällung der Magnesia zu verhindern, ein beliebiges geeignetes Ammoniaksalz noch hinzuzufügen, wodurch ein lösliches Ammonium-Magnesiumsalz sich bildet.

Obgleich in dem Vorstehenden von einer Desoxydation der Nitrozellulose gesprochen und ihr Überführen durch Reduktion mit Schwefelammonium in reine Zellulose allgemein angenommen wird, hat sich doch gezeigt, daß stets eine noch Stickstoff enthaltende Verbindung erhalten wird. Diese ist wegen ihres Gehaltes an Stickstoff keine Zellulose, andererseits ihren Eigenschaften nach aber auch keine Nitrozellulose oder eine Amidoverbindung.

Die auf obige Weise hergestellten Fäden zeigen den vollständigen Glanz der natürlichen Seidenfäden; ihre Brennbarkeit ist nicht größer als die von Baumwollfäden.

Patentansprüche: 1. Verfahren zur Herstellung glänzender Fäden aus nitrierter Zellulose, darin bestehend, daß schwefelsäurefeuchte reine Tri- und Tetranitrozellulose in Verbindung mit einem vulkanisierten trocknenden Öl in einem der bekannten Lösungsmittel aufgelöst und die Lösung zu Fäden ausgezogen wird.

2. Die Weiterbehandlung der nach Anspruch 1 hergestellten Fäden mit kochendem Wasser, zum Zweck der Abtrennung der Säure und der restierenden Lösungsmittel und der Verharzung des vulkanisierten Öls.

3. Die Desoxydation der nach Anspruch 1 und 2 hergestellten Fäden mittels Alkalisulfhydrates und eines Magnesiumsalzes, welchem eventuell noch ein Ammoniumsalz beizufügen ist.

Zur Erzielung eines gleichmäßigen und festen Fadens ist es nach dem Ver. St. Amer. P. 562 626 Lehners vorteilhaft, die gereinigte Zellulose in das Nitrierbad in einzelnen Anteilen einzutragen und bei jedem Eintragen die Temperatur etwas zu steigern, und zwar so, daß die Temperatur des Nitrierbades, die anfangs 30° C war, am Schlusse 40° C beträgt. Es soll auf diese Weise ein nur aus Tri- und Tetranitrozellulose bestehendes Gemisch entstehen. Das Nitrierungsprodukt wird durch Zentrifugieren und durch Waschen mit Schwefelsäure von 1,35 spez. Gew. von aller Salpetersäure befreit und, ohne mit Wasser in Berührung gekommen zu sein, säurefeucht gelöst.

Die Herstellung der Spinnlösung und das Schwerverbrennlichmachen der erzeugten Faser behandeln folgende Patente:

Nach Petit.

13. **Arthur Petit in Paris.** Herstellung künstlicher Seide.
Brit. P. 15 343[1900]; schweiz. P. 22 503; Ver. St. Amer. P. 665 975.

Ungefähr 100 Gewte. trockene Nitrozellulose, in Ätheralkohol gelöst, 7 Gewte. Gummilösung und 5 Gewte. Zinnchlorür oder eines anderen Zinnsalzes werden innig gemischt, u. U. filtriert und unter Druck aus Spinnöffnungen ausgepreßt. Das Produkt bedarf infolge der Anwesenheit des Zinnsalzes keiner Denitrierung, es ist unempfindlich gegen Wasser und soll das Aussehen und die Festigkeit der natürlichen Rohseide haben.

Nach Sénéchal de la Grange.

14. **Eug. Sénéchal de la Grange in Paris.** Künstliche Seide.
Schweiz. P. 22 680; brit. P. 16 332[1900].

100 kg trockene Nitrozellulose werden in 500 l Ätheralkohol gelöst, mit mindestens 15 kg einer 25proz. Lösung von Kautschuk in Benzin versetzt und dazu 7 kg Zinnchlorür gegeben. Das Ganze wird gut durchgemischt, filtriert und in üblicher Weise versponnen. Die Seide ist sehr schwer entflammbar.

Nach Valette.

15. Raoul Valette in Lyon. Herstellung künstlicher Seide.
Brit. P. 20 637[1904]; franz. P. 344 660.

Die bekannte, aus einer Lösung von Nitrozellulose in einem Gemisch gleicher Teile Äther und Alkohol hergestellte Kunstseide muß denitriert werden, wobei ein Gewichtsverlust von etwa 30% eintritt. Nach vorliegendem Verfahren wird ein Gemisch vorteilhaft gleicher Teile von Aceton und Methyl- oder Äthylalkohol, dem Eisessig zugesetzt sein kann, als Lösungsmittel verwendet. Die mit Nitrozellulose erhaltene viskose Masse wird mit Ammoniumnitrit versetzt, wodurch sie, ohne ihre ursprünglichen Eigenschaften oder ihr Gewicht zu verändern, unentzündbar und nicht explosiv wird.

Nach Turgard.

16. H. D. Turgard. Herstellung künstlicher Seide.
Franz. P. 344 845.

100 g Nitrozellulose werden mit 2400 ccm Alkohol von 90—95°, 600 ccm Eisessig, 3 g Albumin und 7,5 g Rizinusöl versetzt, die Mischung wird gut durchgearbeitet, filtriert und aus Öffnungen von gewünschter Größe in eine 1%ige Alaunlösung ausgepreßt. Die erhaltenen Fäden kleben nicht zusammen und sind nach dem Denitrieren fertig zum Bleichen und Färben.

Nach Cazeneuve.

17. P. Cazeneuve. Herstellung künstlicher Seide.
Franz. P. 346 693.

Als Lösungsmittel für Nitrozellulose wird Aceton ohne Zusatz von Methyl- oder Äthylalkohol, Äther, Essigsäure oder Essigäther angewendet. Zum Denitrieren des Nitrozellulosefadens wird eine mit Formaldehyd versetzte Lösung von Natriumnitrit verwendet.

18. Nach dem Zusatz 3862 zu obigem Patent wird die Denitrierung nicht nach dem Spinnen vorgenommen, sondern durch Zusatz von Sulfhydraten oder Sulfiden von Metallen, besonders Ammonium, Magnesium und Natrium zu der Acetonlösung bewirkt. Es scheinen sich Aminonitrozellulosen zu bilden, welche in dem Aceton gelöst bleiben und spinnbar sind.

19. P. Cazeneuve. Herstellung künstlicher Seide.
Franz. P. 350 723.

Als Lösungsmittel für Nitrozellulose wird mit Kaliumpermanganat von empyreumatischen Stoffen befreites und über Ätzkalk destilliertes, reines, wasserfreies Aceton verwendet. 2 — 3 T. solchen Acetons geben mit 1 T. Nitrozellulose eine durchsichtige, viskose Masse, die nach dem Filtrieren unter einem Druck von 50—60 kg auf den Quadratzentimeter aus Spinndüsen von $^7/_{100}$—$^9/_{100}$ mm Durchmesser in einem feuchten

Raum von 15—20° gesponnen wird. Die Fäden werden dann, um ihnen Glanz zu geben, bei 15—20° mit Ammoniak behandelt und mit Ammoniumsulfid oder -sulfhydrat denitriert. Andere lösliche Sulfide wirken nicht so günstig. Zur Wiedergewinnung des Acetons dient eine analoge Apparatur, wie sie bei der Schwefelkohlenstoffherstellung zur Kondensation verwendet wird.

20. Nach dem Zusatz 4445 zu vorstehendem Patent wird die Nitroseide vor dem Denitrieren mit Ammoniumsulfhydratlösung 10 Minuten bis $1/4$ Stunde in einer Atmosphäre von Ammoniumsulfhydrat belassen. Der Faden soll dadurch an Glanz und Festigkeit gewinnen.

Nach Gorrand.

21. G. Gorrand. Verfahren zur Herstellung unentzündlicher künstlicher Seide.

Franz. P. 354 424; brit. P. 6166[1906].

Als Lösungsmittel für die Nitrozellulose dient ein Gemisch von Aceton, Amylalkohol und Essigäther. Das damit erzeugte Kollodium wird mit wenig Essigsäure versetzt, in der gebräuchlichen Weise versponnen und mit Ammoniumsulfhydrat denitriert. Die Essigsäure beschleunigt und erleichtert die Denitrierung.

Das brit. P. nennt statt Essigäther Essigsäureanhydrid.

Nach Germain.

22. P. Germain. Kautschukierte Kunstseide.

Franz. P. 355 016.

Nitrozellulose wird in Acetonöl oder einem anderen analogen Mittel gelöst und diese Lösung mit Kautschuklösung oder der Lösung eines analogen Gummis versetzt. Die Mischung wird in Wasser, Pflanzen- oder Mineralöl gesponnen, wodurch Fäden erhalten werden, die schnell trocknen. Die Fäden sind glänzend, widerstandsfähig, elastisch und luftbeständiger als denitrierte Kunstseide. Sie verbrennen langsam unter Abscheidung von Kohle wie Naturseide. Nach einiger Zeit enthalten sie keine Spur Salpetersäure mehr, diese ist zur Oxydation des Kautschuks verbraucht worden.

23. P. Germain. Verbesserungen in der Herstellung von Kunstseide.

Franz. P. 360 395.

Nitrozellulose wird mit Zelluloidabfällen oder Naphthalin und unter Umständen noch Farbstoffen zusammen in gereinigtem Aceton gelöst, dazu fein gepulvertes Bariumsulfat gegeben und die Mischung zu Fäden verarbeitet. Die Fäden werden in Schwefelsäure gebracht, wodurch sie hart werden und das Aceton entfernt wird. Die Seide soll keiner Denitrierung bedürfen, widerstandsfähig gegen Feuchtigkeit sein und in ihren Eigenschaften der Naturseide nahekommen.

Nach Cahen.

24. G. Cahen. Neues Produkt zur Herstellung künstlicher Fäden usw. und Verfahren zu seiner Herstellung.

Franz. P. 434 868.

Das Verfahren besteht darin, daß zu Kollodium Aluminiumsalze, Natriumformiat, Salpetersäure und Wasser zugesetzt werden. Für künstliche Fäden werden z. B. genommen: Kollodium 100 Gewte., Chloraluminium 20 Gewte., Natriumformiat 4—10 Gewte., Salpetersäure 6 Gewte., Wasser 40—80 Gewte. Man rührt mehrere Stunden stark durch, bis die viskose Masse vollkommen homogen geworden und flüssig wie Glyzerin oder dickes Öl ist. Man läßt mehrere Stunden stehen und dekantiert oder filtriert. Das Produkt ist dann fertig zum Gebrauch. Es läßt sich ohne Druck verspinnen, fließt nur durch seine Schwere aus den Spinnöffnungen aus und erstarrt an der Luft beinahe beim Austreten aus den Spinndüsen. Die erhaltenen Fäden sind nach der Denitrierung mittels z. B. Ammoniumsulfhydrat weich, elastisch und widerstandsfähig, ihre Wasserfestigkeit ist größer als die nach anderen Verfahren hergestellter Fäden.

Nach Shrager-Lance.

25. Cecil Shrager in London und Robert Denis Lance in Vernouillet, Seine et Oise. Verfahren zur Herstellung von Nitrozellulose-Kunstseide.

D.R.P. 271 747 Kl. 29b vom 14. IV. 1912 (gelöscht); franz. P. 453 652; brit. P. 8283[1913]; schweiz. P. 64 685; belg. P. 255 026.

Bekanntlich ist die Nitrozellulose-Seide in trockenem und insbesondere in feuchtem Zustande weniger widerstandsfähig als Naturseide. Gegenstand der Erfindung ist ein Verfahren zur Herstellung von Nitrozellulose-Kunstseide von großer Haltbarkeit, aus der Gewebe hergestellt werden können, die in kochendem Wasser gewaschen werden können. Das Verfahren besteht im wesentlichen darin, daß man der Kunstseide Metallresinate, z. B. Zinkresinat oder Magnesiumresinat oder ein Gemisch beider zusetzt, die einen sehr hohen Schmelzpunkt besitzen, wobei, um ein schmiegsames Endprodukt zu erhalten, der Gehalt der Lösung an Resinaten zweckmäßig nicht über 20% beträgt. Man kann den Resinatzusatz aber auch über diesen Betrag hinaus steigern, wenn man dem Gemisch von Nitrozellulose mit den Resinaten stark oxydierte trocknende Öle, Stearin, Elaidin oder ein Gemisch dieser Körper zusetzt. Bekanntlich wird der Schmelzpunkt von Harzen, Balsamen und Gummiharzen durch Zusatz von Zinkoxyd oder Magnesiumoxyd wesentlich erhöht. So bewirkt ein Zusatz von 4% Zinkoxyd von Kolophonium eine Erhöhung des Schmelzpunktes von 70° auf 125°, ein Zusatz von 8% eine solche auf 170°, d. h. auf eine Höhe, die das Harz gegen eine Temperatur von 100° widerstandsfähig macht, so daß es nicht in einem für die Seide schädlichen Maße erweicht. In der Kälte machen die Resinate die Seide wasserdicht und verleihen ihr eine große Festigkeit;

gleichzeitig machen sie sie gegen das Waschen mit Seife und mit Alkalikarbonaten unempfindlich.

Die Resinate stellt man folgendermaßen dar: Man löst Harz, Balsam, Gummiharz oder ein Gemisch von diesen in Äther. Dann werden Oxyde oder Hydroxyde von Zink, Magnesium oder ein Gemisch davon in dem durch das zu erzielende Produkt bestimmten Verhältnis zugesetzt und das Ganze bis zu vollständiger Lösung geschüttelt. Man löst z. B. 1 kg gereinigtes Kolophonium in einer nicht mit Wasser mischbaren Flüssigkeit (Äther, Benzin o. dgl.) auf. Man erhält die Lösung A. Man löst andererseits 300 g reines Zinksulfat in 600 g destillierten Wassers. Man erhält die Lösung B. Die beiden Lösungen A und B befinden sich in einem geschlossenen Behälter mit Rührwerk, zweckmäßig einem rotierenden Zylinder mit hohlem Drehzapfen und Kieselstein- oder Porzellankugeln; man läßt ihnen durch den hohlen Zapfen während der Drehung eine solche Menge Natronlauge zufließen, die genügt, um das Zinksulfat vollständig umzusetzen. Durch das Rühren wird das Oxydhydrat mit dem gelösten Harz in innige Berührung gebracht und verbindet sich mit ihm unter Wasserabscheidung zu Zinkresinat. Ersetzt man das Zinksulfat durch die Sulfate von Aluminium, Magnesium, Wolfram usw. oder ein Gemisch dieser Sulfate in dem richtigen Verhältnis, so erhält man die entsprechenden, u. U. komplexe Resinate. Wenn sich das oder die Resinate gebildet haben, was man an einer herausgenommenen Probe feststellt, wird der ganze Inhalt des Behälters in einen geschlossenen Dekantiertrog übergeführt und die obere, aus den resinathaltigen Lösungen bestehende Schicht abgezogen. Die wässerige, natronsulfathaltige Lösung wird abgegossen. Der Zusatz des oder der Metallresinate, in Äther oder Benzol gelöst, zur Nitrozellulose geschieht in folgender Weise: Wenn das Kollodium z. B. 600 g Äther auf 400 g Alkohol und 150 g Nitrozellulose enthalten soll, so verwendet man folgende Mengen: Nitrozellulose 150 g, Resinatlösung 120 ccm, Äther 480 ccm, Alkohol 400 ccm. In einem solchen Gemisch löst sich die Nitrozellulose leicht und schnell auf. Setzt man zu den Zink- oder Magnesiumresinaten oder deren Gemisch Aluminium- oder Wolframresinat hinzu, wenn auch nur in geringer Menge (0,5%), so wird die Brennbarkeit der mit Nitrozellulose erhaltenen Produkte herabgesetzt und infolgedessen die Denitrierung teilweise oder ganz entbehrlich gemacht.

Patentansprüche: 1. Verfahren zur Herstellung von Nitrozellulose-Kunstseide, dadurch gekennzeichnet, daß man der Kunstseide Metallresinate, z. B. Zinkresinat oder Magnesiumresinat, die einen sehr hohen Schmelzpunkt besitzen, oder ein Gemisch beider zusetzt, zum Zweck, eine Kunstseide zu erhalten, die der Einwirkung von kochendem Wasser widersteht und gleichzeitig eine verringerte Entzündlichkeit aufweist.

2. Verfahren nach Anspruch 1, dadurch gekennzeichnet, daß der Gehalt der Lösung an Resinaten nicht über 20% beträgt, um die Schmiegsamkeit des Endproduktes nicht herabzusetzen.

3. Verfahren nach Anspruch 1, dadurch gekennzeichnet, daß man dem Gemisch von Nitrozellulose und Resinaten stark oxydierte trocknende Öle, Stearin, Elaidin oder ein Gemisch dieser Körper zusetzt, zum Zweck, eine Erhöhung des Resinatzusatzes zu ermöglichen und trotzdem ein schmiegsames Endprodukt zu erhalten.

Nach den ausländischen Patenten wird auch Viskoseseide mit Resinatzusatz hergestellt. Der Schwefelkohlenstoff, der das oder die Resinate enthält, dient zur Behandlung der Alkalizellulose. Das Spinnen der mit Resinat versetzten Viskose erfolgt in denselben Bädern wie bei gewöhnlicher Viskose.

Nach Société La Sétaoid.

26. Société La Sétaoid. Verfahren zur Herstellung seidenartig aussehender Fäden.

Franz. P. 478 461.

Einem Nitrozellulosepräparat, welches in der Mischung von Alkohol und Äther oder einem anderen üblichen Lösungsmittel löslich ist, setzt man Aluminiumchlorid und -nitrat, Aluminiumphosphate und Natriumformiat in Mengen zu, daß eine Masse von geeigneter Flüssigkeit erhalten wird, die sich an freier Luft, z. B. mit der in Fig. 14 veranschaulichten Vorrichtung verspinnen läßt.

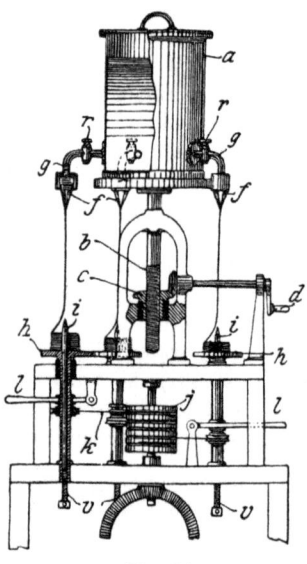

Fig. 14.

Auf 10 kg Präparat geben folgende Mengen gute Resultate, man kann sie aber in gewissen Grenzen abändern: wasserfreies Aluminiumchlorid 300 g, gereinigtes Aluminiumchlorid 100 g, Natriumformiat 80 g, Aluminiumphosphate 80 g. Je nach der gewünschten Flüssigkeit setzt man Wasser, Alkohol oder Äther zu. Man bringt die Spinnlösung in den Behälter a, der von der zentralen Schraube b getragen wird. Die Höhe von b wird durch das Zahnrad c und die Kurbel d eingestellt. Am Boden von a befinden sich Röhren g mit Hähnen r, welche nach unten gerichtete Spinndüsen tragen, von denen eine links auf der Figur im Schnitt dargestellt ist. Jede Spinndüse besteht aus Röhrchen f, die sich nach unten zusammenneigen und in Kapillaröffnungen endigen. Die beim Austreten aus den Spinndüsen noch flüssigen Fäden haften aneinander und senken sich auf die in Umdrehung versetzten Platten h, welche in der Mitte Stäbe i tragen. Es bilden sich Kokons, die Stäbe i können nach und nach durch die Schrauben v gehoben werden. Die Platten h erhalten von der Walze j aus durch Schnuren k Antrieb, durch l können sie ausgerückt werden. Den erhaltenen Fäden wird Widerstandsfähigkeit gegen Feuchtigkeit nachgerühmt.

Eine ähnliche Vorrichtung beschreibt das franz. P. 478 315 derselben Firma.

Nach Kazuta Kishi.

27. Kazuta Kishi. Verfahren zur Herstellung künstlicher Seide. Franz. P. 473 986.

Zellulose vom Papiermaulbeerbaum wird nitriert, und das Nitroprodukt wird in dem gleichen Gewicht Äther-Alkohol 1 : 1 gelöst. Dazu setzt man 3—4% Öl von Seidenraupenpuppen, aus welchem die flüchtigen Stoffe durch Erhitzen, bis das Volumen auf $^1/_4$ vermindert ist, entfernt sind. Die Lösung wird versponnen und die Seide wird mit Wasser, Alkohol, Salzsäure und gesättigter Kaliumsulfatlösung (?) gewaschen. Das Seidenraupenpuppenöl soll Glanz, Festigkeit und Widerstandsfähigkeit gegen Wasser erhöhen.

Über die Herstellung künstlicher Seide aus Acetylnitrozellulose und aus Gemischen von Nitrozellulose und Acetylzellulose s. S. 405 Nr. 434 und Nr. 435.

Die bisher behandelten Verfahren verarbeiten Lösungen von Nitrozellulosen. Abweichend davon wird in dem folgenden Verfahren eine im wesentlichen aus Nitrozellulose bestehende plastische Masse verarbeitet.

Nach Cadoret.

28. Das Verfahren von Eug. Cadoret setzt sich aus folgenden Maßnahmen zusammen[1]:

I. Vorbereitung der Zellulose. Baumwollumpen werden mit Sodalösung behandelt, mit Seife gewaschen, gespült und in verdünnte Schwefelsäure eingelegt, danach wieder gewaschen. II. Umwandlung der Zellulose in Nitrozellulose. Die trockene, gereinigte Zellulose wird durch halbstündiges Einlegen in ein Gemisch von 42grädiger Salpetersäure und 66grädiger Schwefelsäure in Dinitrozellulose übergeführt. III. Bleichen der Nitrozellulose. Dies geschieht in einem Gemisch aus 100 kg Chlorkalk, 60 kg Aluminiumsulfat, 27 kg Magnesiumsulfat und 2000 l Wasser. Es bildet sich das unbeständige Aluminium-Magnesiumhypochlorit, welches sehr gut bleicht. Es ist darauf zu achten, daß die Nitrozellulose nach dem Bleichen keinen Kalk mehr enthält. IV. Auflösung der Nitrozellulose. Die gewaschene und mit Hyposulfit entchlorte Nitrozellulose wird durch hydraulischen Druck von Wasser befreit, getrocknet, gepulvert und in einem verzinkten, hermetisch verschlossenen Gefäße auf 50 kg Nitrozellulose mit einem Gemisch aus 0,800 kg Eisessig, 9,200 kg Äther, 18,400 kg Aceton, 6,600 kg Alkohol von 95° und 3,00 kg Toluol versetzt. Dem Gemisch hat man vorher noch 22 kg Seifenfirnis und 10 kg Rizinusöl zugesetzt. Die Mischung bleibt 24 Stunden sich selbst überlassen, bis sich eine gleichmäßige Paste gebildet hat. V. Verarbeitung der Masse. Die

---

[1] L'industrie textile 1896, S. 227—229.

Masse wird auf mit Dampf geheizten Zylindern durchgearbeitet, wobei sie nach 2—3 Stunden konsistent und elastisch wird. Dabei werden 20—25% der angewendeten Lösungsmittel wiedergewonnen. VI. **Einverleibung von Stoffen organischen Ursprungs.** Zu der so bearbeiteten Masse läßt man eine Eisessiglösung von Gelatine, Albumin oder anderen Proteinkörpern zufließen und knetet gut durch. VII. **Spinnen.** Aus der so erhaltenen plastischen Masse werden durch Auspressen aus engen Öffnungen Fäden von $1/10$—$1/20$ mm Durchmesser hergestellt. Mit einer Maschine werden am Tage 2 kg Seide erzeugt. VIII. **Passage durch Tannin.** Um den Fäden Elastizität zu verleihen, werden sie mit einer Tanninlösung behandelt[1]).

Vorbehandlung von Zellulose für die Nitrierung, Herstellung von Nitrozellulose für künstliche Seide, Behandlung der Nitrozellulose.

Für die Vorbehandlung zu nitrierender Zellulose ist außer dem S. 15 unter 6 erwähnten Verfahren das folgende wichtig:

Nach Berl.

29. Dr. Ernst Berl in Zürich. Verfahren zur Herstellung für die Zwecke der Fabrikation künstlicher Seide, Schieß-, Sprengmaterialien u. dgl. besonders geeigneter Nitrozellulose. D.R.P. 199 885 Kl. 29b vom 5. IV. 1907 (gelöscht); österr. P. 37 030.

Beim Verspinnen von Nitrozelluloselösungen spielt deren Viskosität eine sehr große Rolle. Es liegt im Interesse der Fabrikation, möglichst dünnflüssige, aber doch dabei an Nitrozellulose reiche Lösungen zu erhalten, um beim Auspressen der Lösungen aus dünnen Öffnungen mit möglichst geringem Druck auszukommen und möglichst gleichmäßige Fäden zu erhalten, was nur dann erzielt werden kann, wenn nur wenig Lösungsmittel zu verdunsten ist. Bei den bisherigen Arbeitsweisen nitrierte man zur Erzielung genügend dünnflüssiger Lösungen entweder bei höheren Temperaturen, womit eine wesentliche Verminderung der Ausbeute an nitriertem Produkt einerseits und eine sehr starke Veränderung der Mischsäure andererseits infolge von Oxydationswirkungen der Salpetersäure auf die Zellulose verbunden war, oder man verminderte die Viskosität der fertigen Nitrozelluloselösungen durch gewisse Zusätze, die indessen die Eigenschaften des Produktes nachteilig beeinflußten.

Es wurde nun gefunden, daß man hoch konzentrierte und dabei dünnflüssige Nitrozelluloselösungen unter Vermeidung obiger Übelstände erhalten kann, wenn man die Zellulose vor der Nitrierung und nach der Entfernung des Wassers längere Zeit bei Gegenwart von inerten sauerstoffreien Gasen, wie Kohlensäure, Stickstoff, Wassergas, abgekühlte Feuergase oder von überhitztem Wasserdampf auf höhere

---

[1]) Vgl. hierzu noch brit. P. 21 485[1892] von Eug. Cadoret und E. Degraide und brit. P. 12 452[1896] von Eug. Cadoret.

Temperaturen erhitzt. Es scheint dabei eine Depolymerisation der Zellulose bewirkt zu werden, die ihre Eigenschaften in dem in Betracht kommenden Sinne günstig beeinflußt. Erhitzt man Baumwolle vier Tage lang unter Vermeidung von Oxydation auf 120°, so erhält man bei nachfolgendem Nitrieren mittels einer aus gleichen Teilen Schwefelsäure und Salpetersäure und 11,5% Wasser bestehenden Mischsäure eine Nitrozellulose mit 13,5% Stickstoff. Nitriert man Baumwolle, die 6 Stunden bei 100° getrocknet wurde, auf die gleiche Weise, so entsteht ein Produkt von gleichem Stickstoffgehalt. Löst man aber beide Nitroprodukte zu gleicher Konzentration in den bekannten Lösungsmitteln, so gewinnt man Lösungen, deren Viskositäten sich wie 1 : 80 verhalten. Durch Veränderung der Temperatur einerseits, der Dauer der Erhitzung andererseits läßt sich die Viskosität innerhalb gewisser Grenzen beliebig abändern., Dabei erleidet das Ausgangsmaterial keinerlei unerwünschte Veränderung. Außerdem werden beim Nitrieren unverminderte Ausbeuten erhalten.

Patentanspruch: Verfahren zur Herstellung für die Zwecke der Fabrikation künstlicher Seide, Schieß-, Sprengmaterialien u. dgl. besonders geeigneter Nitrozellulose, dadurch gekennzeichnet, daß man die Zellulose vor dem Nitrieren längere Zeit bei Gegenwart inerter sauerstofffreier Gase, z. B. Feuergase, Wassergas, Kohlensäure, Stickstoff u. dgl. oder auch überhitzter Wasserdämpfe auf höhere Temperaturen erhitzt.

Vgl. hierzu S. 15, 451 und 452.

Nach Vereinigte Kunstseidefabriken A.-G.

30. Vereinigte Kunstseidefabriken A.-G. in Kelsterbach a. M. Verfahren zur Herstellung von Nitrozellulose.
Franz. P. 455 011; brit. P. 5553[1913]; Ver. St. Amer. P. 1093 012.

Nach der Erfindung soll das Verbrennen der nitrierten Zellulose dadurch vermieden werden, daß man nach beendeter Nitrierung die Nitrozellulose mit gekühlter Säure wäscht, welche auf die nitrierte Masse nicht mehr einwirkt. Dies Waschen geschieht vorteilhaft mit Ablaufsäure von einer vorhergehenden Charge, die man in geeigneter Weise kühlt. Dadurch wird das Nitriergut auf eine Temperatur gebracht, die eine freiwillige Zersetzung ausschließt. Das Verfahren wird in einem verschließbaren Behälter ausgeführt, der mit einem Einsatz für die zu nitrierende Zellulose und am Boden mit einer Säureableitung versehen ist. Der Einsatz hat gelochten Boden, eine Pumpe fördert die durch die Zellulose gelaufene Säure wieder darauf. Ist die Nitrierung beendet, so hält man die Pumpe an, läßt abtropfen und gibt aus einer anderen Leitung die gekühlte Waschsäure zu. Ist die Nitrozellulose genügend gekühlt, so trennt man von der Säure und arbeitet in üblicher Weise auf. (Zeichnung.)

Die jetzt folgenden Patente betreffen die Verarbeitung trockener Nitrozellulose oder von Nitrozellulose mit bestimmtem Wassergehalt.

Nach Société anonyme de produits chimiques de Droogenbosch.

31. Société anonyme de produits chimiques de Droogenbosch in Ruysbroeck bei Brüssel. Behandlung von Nitrozellulose, welche zur Herstellung glänzender Fäden dient.

Brit. P. 5076[1901]; österr. P. 6947 Kl. 29.

Um aus Nitrozellulose alle Säure durch Auswaschen zu entfernen, muß man mehrere Tage waschen. Säurespuren in der Nitrozellulose sind aber sehr schädlich, weil sie zu Salzbildungen (aus den Metallteilen der Apparate) Veranlassung geben, welche Verstopfungen der Spinnöffnungen zur Folge haben können. Spuren von Säure können auch durch den Äther in die Kollodiumlösung gelangen. Zur Vermeidung der durch Säure veranlaßten Nachteile und zur Erzielung einer trockenen Nitrozellulose, welche vorteilhafter zu verspinnen sein soll als das Chardonnetsche Nitrozellulosehydrat mit 25—30% Wasser[1]), trocknet Erfinderin die gewaschene und gut abgeschleuderte Nitrozellulose in einem warmen, mit trockenem Ammoniakgas versetzten Luftstrom, dessen Temperatur 5—30° über der der Außenluft liegt, wodurch die Nitrozellulose eine schwach alkalische Reaktion erhält. (Zeichnung.)

Nach Douge.

32. J. Douge in Besançon. Bereitung von Kollodium zur Herstellung künstlicher Seide.

Brit. P. 2476[1902]; franz. P. 313453; österr. P. 21118 Kl. 29b; Ver. St. Amer. P. 699155.

Die Verarbeitung wasserfreier Nitrozellulose hat den Nachteil, daß leicht Explosionen entstehen, und daß der Tröckenprozeß leicht Veranlassung zur Säureabspaltung gibt. Wasserhaltige Nitrozellulose von 25—30% Wasser zersetzt sich teilweise besonders am Sonnenlicht, und das daraus erzeugte Kollodium muß rasch verarbeitet werden. Erfinder verarbeitet Nitrozellulose, die er nach dem Abschleudern oder Abpressen durch Trocknen an der Luft oder Behandeln mit einem Luftstrom auf einen Wassergehalt von 6—10% gebracht hat. Diese Nitrozellulose wird in Ätheralkohol gelöst, dem eine wässerige alkalische Lösung (von Kali, Natron, Ammoniak oder ihren Karbonaten, Kalk, Baryt, Natriumborat, Alkalisilikat od. dgl.) in solcher Menge zugesetzt ist, daß die Mischung alkalisch ist. Dadurch wird die Säure neutralisiert, die sich beim Verdunsten der Lösungsmittel des Pyroxylins bildet.

Nach Stoerk.

33. J. Stoerk in Brüssel. Verfahren zur Erzeugung von Glanzfäden.

D.R.P. 169931 Kl. 29b vom 29. XI. 1902 (gelöscht); brit. P. 26982[1902]; franz. P. 327301; österr. P. 25031.

Weder die von Chardonnet[2]) noch die von Douge (siehe oben) verwendete Nitrozellulose mit 25—30 oder 6—10% Wasser erfüllt die

---

[1]) Siehe S. 13.
[2]) Siehe S. 13.

Bedingungen, welche sie erfüllen muß, um ein zum Trockenspinnverfahren sich gut eignendes Kollodium zu liefern. Nach den Erfahrungen der Praxis läßt sich Nitrozellulose von einem Wassergehalt unterhalb 12% nicht genügend leicht in Ätheralkohol lösen: die Fasern verhornen, werden hart und setzen dem Eindringen des Lösemittels Widerstand entgegen. Beim Verspinnen der erhaltenen Lösung vollzieht sich die Verdampfung des Äthers zu langsam, was eine entsprechend unvollkommene Ausscheidung der Nitrozellulose zur Folge hat. Ein derartiges Kollodium ist für das Trockenspinnen untauglich, da die Fäden weder die erforderliche Festigkeit noch Trockenheit erlangen. Benutzt man zur Herstellung des Kollodiums Nitrozellulose von mehr als 27% Wassergehalt, so ergeben sich andere Übelstände: das Kollodium verliert zunächst seinen Glanz, dann wird es trübe, milchig und weißlich und nimmt das Aussehen einer Emulsion an. Diese Wirkung beginnt bei einem Wassergehalt von ungefähr 27% und nimmt mit steigendem Wassergehalt an Stärke zu. Der erhaltene Faden entbehrt vollständig gerade derjenigen Eigenschaft, welche die Bezeichnung künstliche Seide rechtfertigt, nämlich des Glanzes; auch besitzt er nur geringe Festigkeit.

Auf Grundlage dieser Erfahrungen hat Erfinder zahlreiche Versuche mit Nitrozellulosen von 1—33% Wassergehalt angestellt, um denjenigen Wassergehalt ausfindig zu machen, welcher der Nitrozellulose gegeben werden muß, um mittels des Trockenspinnverfahrens einen bezüglich Glanz und Festigkeit einwandsfreien Faden zu erzielen. Es wurde gefunden, daß dies nur mit einer Nitrozellulose von 12—20% Wassergehalt ausführbar ist. Sinkt der Wassergehalt unter 12%, so erschwert die mangelhafte Verdampfung des Äthers das Trockenspinnen bis zur Unausführbarkeit, steigt der Wassergehalt über 20%, so beeinträchtigt er die Fadenqualität. Zur Bereitung einer Nitrozellulose von 12—20% Wassergehalt verfährt man am zweckmäßigsten in der folgenden Weise: Die aus dem Wascher kommende Nitrozellulose wird in einer kräftigen Presse (hydraulische Presse, Handpresse) zu einem dicken Kuchen zusammengepreßt, letzterer wird zerstückelt und in dünner Schicht an der freien Luft, in einem Luftstrom oder in sonst bekannter Weise dem Trocknen überlassen, bis der Wassergehalt auf 12—20% heruntergegangen ist.

Patentanspruch: Verfahren zur Erzeugung von Glanzfäden mittels des Trockenspinnverfahrens aus einer Lösung von Nitrozellulose in Ätheralkohol, gekennzeichnet durch die Verwendung einer Nitrozellulose von 12—20% Wassergehalt.

Nach Lacroix.

34. **G. D. Lacroix in Brüssel.** Herstellung künstlicher Seide.
Brit. P. 2192[1905]; franz. P. 351 265; österr. P. 26 486.

Nach der Erfindung wird zur Herstellung von Kollodium Nitrozellulose mit 35—45% Wasser verwendet, wie sie erhalten wird, wenn die gewaschene Schießbaumwolle nur schwach abgepreßt wird. Dieser

Wassergehalt erteilt der Nitrozellulose die Eigenschaft, bereits in einem Gemisch von 50% Alkohol und 50% Äther löslich zu sein, während andere Sorten Nitrozellulose ein Gemisch von 60% Äther und 40% Alkohol zur Lösung erfordern. Die Löslichkeit ist dieselbe wie die des bekannten Nitrozellulosehydrats mit 25—30% Wasser.

Nach Dietl.

35. **G. Dietl. Herstellung künstlicher Seide.**
Franz. P. 356 323; brit. P. 15 029[1905].

Nach den Angaben des Erfinders hat ein aus Nitrozellulose mit 25—30% Wasser hergestelltes Kollodium die unangenehme Eigenschaft, Fäden zu liefern, die, wenn man mehrere Einzelfäden zu einem dickeren Faden auf der Spinnmaschine vereinigen will, auf den Spulen zusammenkleben. Dieser Übelstand soll wegfallen, wenn man Nitrozellulose mit 33—38% Wasser zur Herstellung der Lösung verwendet. Die nitrierte Zellulose wird nur abgeschleudert und 17—23 kg dann in 100 l Alkohol, Äther, Methylalkohol, Aceton usw. oder Mischungen dieser Lösungsmittel gelöst.

Nach Kunstfäden-Gesellschaft m. b. H.

36. **Kunstfäden-Gesellschaft m. b. H. in Jülich. Verfahren zur Herstellung künstlicher Fäden aus nitrierter Zellulose.**
Franz. P. 371 544; brit. P. 27 527[1906]; Ver. St. Amer. P. 866 768 (auch Ch. Bottler).

Für die Herstellung des Kollodiums wird eine Nitrozellulose mit 20—25% Wasser verwendet, wie sie durch mehrmaliges Schleudern ohne Zuhilfenahme eines Trockenprozesses erhalten werden kann. Diese Nitrozellulose löst sich leicht und klar auf, und die Lösung filtriert sich sehr gut. 18—23 kg Nitrozellulose (Trockengewicht) werden in 100 l Alkohol-Äther 3 : 2 oder 1 : 1 gelöst. Doch können auch andere Mengenverhältnisse innegehalten und andere Lösungsmittel verwendet werden, z. B. Methylalkohol, Aceton usw. Das Verspinnen erfolgt leicht und regelmäßig, die Denitrierung ist einfach, man erhält einen besonders widerstandsfähigen Faden von beträchtlichem Glanze besonders nach dem Färben.

Nach ,,Kunststoffe", 3. Jahrg. 1913, S. 104—107 ist die nach dem folgenden Verfahren behandelte Nitrozellulose zur Herstellung künstlicher Seide geeignet.

Nach Chandelon.

37. **Théodore Chandelon in Fraipont par Nessonvaux, Lüttich, Belg. Verfahren zur Steigerung der Löslichkeit von Schießbaumwolle in ihren verschiedenen Lösungsmitteln.**
D.R.P. 255 067 Kl. 78c vom 17. V. 1911 (gelöscht), franz. P. 429 750.

Es wurde festgestellt, daß Schießbaumwolle, die in einem dicht geschlossenen Behälter, z. B. einem Autoklaven, in Gegenwart verdünnter Schwefel-, Salz-, Salpeter- oder Phosphorsäure oder einer

Mischung dieser Säuren bestimmte Zeit erhitzt wurde, so verändert wird, daß sie sich in ihren verschiedenen Lösungsmitteln leichter löst. Je nach der Temperatur und dem mehr oder weniger hohen Druck sowie je nach der Dauer der Behandlung und der mehr oder weniger starken Verdünnung der Säure ist die behandelte Schießbaumwolle mehr oder weniger leicht löslich. Z. B. kann dieselbe Menge behandelter Nitrozellulose, zu deren Auflösung bisher 100 Teile Lösungsmittel erforderlich waren, nach der Behandlung in 60—70 Teilen gelöst werden. Die Erhöhung der Löslichkeit hat ihre Ursache nicht in einer Umwandlung der Schießbaumwolle in ein weniger nitriertes Produkt, sondern ist auf eine Veränderung der molekularen Zusammensetzung zurückzuführen.

Zur Ausführung des Verfahrens wird die aus dem Nitrierbad kommende Nitrozellulose nach den gebräuchlichen Verfahren vom Säureüberschuß befreit, dann in eine genügende Menge Wasser gebracht und darin behandelt, bis der Säuregehalt 1,5—3% beträgt. Nach einiger Zeit läßt man abtropfen oder trocknet durch Zentrifugieren und bringt die Masse in den Autoklaven. Dieser wird auf 104—140° C gebracht, je nach der gewünschten Löslichkeit, die man erreichen will. Man läßt also den Druck auf 1,2—3,7 Atm. steigen. Die Behandlung selbst dauert $1^1/_2$—3 Stunden. Dann wird die Schießbaumwolle in warmem oder kaltem Wasser bis zur vollständigen Entfernung der Säure gewaschen.

Patentanspruch: Verfahren zur Erhöhung der Löslichkeit von Schießbaumwolle in ihren verschiedenen Lösungsmitteln durch gleichzeitige Behandlung mit Wärme und Druck, dadurch gekennzeichnet, daß die Schießbaumwolle in einem Autoklaven während längerer Zeit (etwa 1—3 Stunden) der vereinigten Einwirkung von Wärme und Druck (104—140° C und 1,2—3,7 Atm.) in Gegenwart einer $1^1/_2$ bis 3%igen Lösung von Schwefel-, Salz-, Salpeter- oder Phosphorsäure oder einer Mischung dieser Säuren ausgesetzt wird.

Herstellung der Nitrozelluloselösung, besondere Lösungsmittel, Filtrieren des Kollodiums.

Auf Mittel zur Herstellung für die Kunstseidefabrikation geeigneter Nitrozelluloselösungen beziehen sich die nachfolgenden Patente.

Nach Bronnert und Schlumberger.

38. **Theodor Schlumberger** in Mülhausen i. E. Verfahren zur Herstellung von Lösungen von Kollodiumwolle.

D.R.P. 93 009 Kl. 22 vom 19. XI. 1895 (gelöscht); brit. P. 6858[1896], Ver. St. Amer. P. 573 132.

Zur Herstellung von klaren Lösungen von Kollodiumwolle (technischem Gemisch von Tetra- und Trinitrozellulose) sind bis jetzt wesentlich folgende Lösungsmittel bekannt gewesen und technisch angewendet worden: Essigsäure, allein oder gemischt mit Alkohol oder Äther, Schwefelsäure, Ätherschwefelsäure, Aldehyde, Anilin, Lösungen von Kampfer in Alkohol, Äther, Benzol, Toluol oder Tetrachlorkohlenstoff, Essigäther, Aceton, Ätheralkohol, Holzgeist (Methylalkohol), Nitroglyzerin, Nitrobenzol, Amylacetat.

Es wurde nun gefunden, daß schon ziemlich verdünnte alkoholische Lösungen verschiedener Salze die Eigenschaft haben, Kollodiumwolle in großer Menge zu lösen, ohne daß auch nur der geringste Zusatz von Äther erforderlich wäre. Als Beispiele solcher Salze, welche dem Alkohol, der selbst ja keinerlei Lösungsvermögen für Kollodiumwolle besitzt, ein solches erteilen, sind besonders zu nennen: Ammonium-, Kalzium-, Magnesium-, Aluminium- und Zinkchlorid, Natriumlaktat, Kalium- und Ammoniumacetat. Der Preis der neuen Lösungsmittel ist meist nur gering. Die Explosionsgefahr, die Feuergefährlichkeit, die Gesundheitsschädlichkeit bei der Herstellung der Lösungen und bei ihrer Anwendung zur Fabrikation von seidenähnlichen Fäden usw. ist bedeutend herabgemindert, zum Teil sogar aufgehoben. Die Wiedergewinnung der Alkoholdämpfe kann dabei nach einem der bekannten Verfahren in einfacher Weise geschehen. Es kann sogar mit Leichtigkeit die durch das erforderliche Austrocknen der Kollodiumwolle bedingte Gefahr umgangen werden, indem die gut gewaschene und abgeschleuderte Kollodiumwolle z. B. mit konzentrierter Chlorkalziumlösung imprägniert und dann erst getrocknet wird. Eine Explosion kann dann nicht mehr stattfinden. Es werden z. B. 20 kg trockener Kollodiumwolle bei gewöhnlicher Temperatur in einem Mischapparat übergossen mit 10 l starken Weingeistes, in welchem vorher 5 kg essigsaures Ammonium aufgelöst worden sind. Das Ganze wird bis zur völligen Auflösung geknetet. Oder es werden 30 kg nasse, abgeschleuderte Kollodiumwolle mit einer Lösung von 50 kg kristallisiertem Chlorkalzium in 10 l Wasser gut durchtränkt, scharf abgepreßt, nochmals in gleicher Weise mit einer gleich konzentrierten Chlorkalziumlösung behandelt und dann bei etwa 60° getrocknet. 40 kg der erhaltenen trockenen Masse werden in einem Mischapparat mit 150 l starken Weingeistes bis zur völligen Lösung geknetet. Die Mengenverhältnisse zwischen Metallsalz, Alkohol und Kollodiumwolle können je nach Bedarf abgeändert werden.

Patentansprüche: 1. Verfahren zur Herstellung von Lösungen von Kollodiumwolle, darin bestehend, daß man als Lösungsmittel Äthylalkohol mit einem Zusatze von in Alkohol löslichen, die Löslichkeit der Kollodiumwolle in Alkohol fördernden Chloriden, Laktaten oder Acetaten verwendet.

2. Ausführungsform des durch Anspruch 1 geschützten Verfahrens unter Anwendung von Chlorammonium, Chlorkalzium, Chlormagnesium, Chloraluminium, Chlorzink, Natriumlaktat, Kaliumacetat, Ammoniumacetat.

3. Ausführungsform des durch Anspruch 1 geschützten Verfahrens, darin bestehend, daß man die Kollodiumwolle mit den unter 2. genannten, die Lösung in Alkohol beförderden Salzen imprägniert und sie dann in Äthylalkohol löst[1]).

---

[1]) Vgl. hierzu das franz. P. 231 230 und den Zusatz vom 22. XII. 1893 von Chardonnet (S. 16).

Nach Duquesnoy.

39. Jules Duquesnoy in Paris. Verfahren zur Herstellung künstlicher Seide.
D.R.P. 135 316 Kl. 29b vom 15. V. 1900 (gelöscht); brit. P. 8799^{1900}; Ver. St. Amer. P. 663 739.

Versuche haben gezeigt, daß als Lösungsmittel für nitrierte Zellulose eine Mischung von Aceton, Essigsäure und Amylalkohol besondere Vorteile darbietet. Aceton oder Essigsäure allein oder in Mischung oder mit Alkohol oder Äther versetzt als Lösungsmittel für nitrierte Zellulosen anzuwenden, ist bekannt. Auch Amylalkohol hat schon Verwendung gefunden. Diese Lösungsmittel für sich oder nur mit einem anderen dieser Lösungsmittel vermischt zur Anwendung gebracht, liefern jedoch keine brauchbaren Produkte. Eine Lösung von Nitrozellulose in Aceton allein oder unter Zusatz von Essigsäure ist zwar farblos und durchsichtig, liefert aber beim Verdampfen des Lösungsmittels eine weiße, undurchsichtige und morsche Masse. Würde man eine Mischung aus Aceton und Amylalkohol anwenden, so würde man ebenso schlechte Resultate wie mit Aceton und Essigsäure erhalten. Amylalkohol allein würde als Lösungsmittel nicht verwendbar sein, da er Nitrozellulose nicht zu lösen vermag. Auch eine Lösung aus Essigsäure allein oder mit Alkohol versetzt ist wenig geeignet, da das Lösungsmittel zu langsam verdampft und der daraus hergestellte Faden an freier Luft nicht koaguliert, so daß man nur einen halbflüssigen, aber keinen festen Faden erhält, welcher gestreckt und aufgerollt werden könnte. Diese Lösungen sind also zur Herstellung künstlicher Seidenfäden ungeeignet, da es erforderlich ist, daß solche Fäden nach Verdampfen des Lösungsmittels durchsichtig bleiben und den Glanz, die Festigkeit und Geschmeidigkeit, welche den natürlichen Seidenfäden eigen ist, besitzen. Gemäß vorliegender Erfindung werden diese Eigenschaften erhalten, wenn man diese Lösungsmittel nicht für sich oder in Mischung mit nur einem von ihnen, sondern eine Mischung aus Aceton, Essigsäure und Amylalkohol zur Anwendung bringt. Gute Resultate erhält man beispielsweise, wenn man 540 ccm Aceton, 310 ccm Amylalkohol, 150 ccm Essigsäure (etwa 97 % ig) mischt und darin 200 g Nitrozellulose löst. Um die gewonnenen Fäden weniger verbrennlich zu machen, kann man sie in bekannter Weise denitrieren.

Patentanspruch: Verfahren zur Herstellung von künstlicher Seide aus Nitrozellulose, dadurch gekennzeichnet, daß man nitrierte Zellulose in einer Mischung von Aceton, Essigsäure und Amylalkohol zur Auflösung bringt, die erhaltene Lösung in bekannter Weise zu Fäden verarbeitet und letztere denitriert.

Nach Fabrique de soie artificielle de Tubize.

40. Fabrique de soie artificielle de Tubize (société anonyme). Verbessertes Verfahren zur Herstellung glänzender Fäden aus Kollodium.
Franz. P. 361 690.

Verwendet man irgendeine Sulfooxysäure, besonders sulfonierte Fettsäuren in neutralem, saurem oder alkalischem Zustande in einem beliebigen Zeitpunkte der Herstellung der Nitrozellulose oder des Kollodiums, indem man die Baumwolle vor der Nitrierung damit behandelt oder die Säure nach der Nitrierung oder zu dem Lösungsmittel zugibt, so kann man 30 g trockene Nitrozellulose, die beliebig feucht sein kann, in 100 ccm Lösungsmittel lösen. Die Oxysäuren der Fettreihe und die Sulfofettsäuren bilden unter diesen Bedingungen mit der Nitrozelluose eine beständige Verbindung, und der aus Mischungen der angegebenen Art hergestellte Faden besteht nicht mehr aus reiner Nitrozellulose. Er verliert daher auch nicht so viel beim Denitrieren wie reine Nitrozellulosefäden, ferner hat er infolge des niedrigen Eigengewichtes der Sulfofettsäuren ein niedriges spezifisches Gewicht, das dem der Naturseide näher kommt. Ferner wurde gefunden, daß ätherische Öle eine Verbindung mit Kollodium eingehen, ohne, wie die Harze, Nitrozellulose zu fällen. Diese Öle, die in Wasser unlöslich und nicht vollkommen flüchtig sind, geben beim Trocknen eine feste Haut, die die Festigkeit des Fadens und seine Widerstandsfähigkeit gegen Wasser erhöht. Außerdem werden die Herstellungskosten beträchtlich herabgesetzt.

Nach Huwart.

41. E. J. B. G. J. Huwart. Vervollkommnung in der Herstellung künstlicher Seide.

Franz. P. 383 555.

Als Lösungsmittel für Nitrozellulose werden symmetrische und unsymmetrische Acetale der Fettreihe, ihre Chlor-, Brom-, Aldehyd- und Ätherderivate sowie Mischungen dieser Körper vorgeschlagen. Man löst z. B. Methylal in 3—4 Teilen Äthylalkohol, die Nitrozelluloselösung hinterläßt einen durchsichtigen, sehr widerstandsfähigen Rückstand.

Nach Sauverzac.

42. J.-M. de Sauverzac. Neues Lösungsmittel für Nitrozellulose zur Herstellung von Fäden, Häutchen u. a. m.

Franz. P. 402 950.

Das Mittel besteht aus einer alkoholischen Lösung eines Metallchlorids. Eine Lösung von z. B. 10 g Aluminiumchlorid in 100 ccm Alkohol löst 50 g Nitrozellulose auf. Diese Lösung kann mit den gewöhnlichen Nitrozelluloselösungsmitteln, Äthern, Aceton, Essigsäure usw. verdünnt werden. Auch kann ihr bis 80% Wasser und darüber zugesetzt werden, was dann sehr elastische und weiche Fäden zu erzielen gestattet.

Über Ameisensäuremethyl- und -äthylester und Essigsäuremethylester zum Lösen von Nitrozellulose s. Wohl, franz. P. 425 900, S. 418.

Nach Strehlenert.

Ein sowohl dem bereits mehrfach erwähnten Chardonnetschen franz. P. 231 230, Zusatz vom 22. XII. 1893[1]), als dem Knöflerschen

---

[1]) Siehe S. 16.

Denitrierverfahren[1]) mittels Formaldehyd nahestehendes Verfahren ist das folgende von

43. Robert Wilhelm Strehlenert in Stockholm. Neues Lösungsmittel für Nitrozellulose.

Brit. P. 22 540[1896].

Die künstliche Seide, die in bekannter Weise aus Zellulose hergestellt wird, hat nicht so allgemeine Verbreitung gefunden, als erwartet wurde. Dies liegt hauptsächlich an dem Verhalten der Kunstseide gegen Wasser. Im feuchten Zustande verliert sie etwa 90% ihrer Festigkeit, was ihre weitere Behandlung, namentlich das Färben, sehr erschwert. Die vorliegende Erfindung will der künstlichen Seide ihre Hygroskopizität, d. h. ihr Bestreben, Wasser zu absorbieren, nehmen. Das Verfahren besteht darin, dem Lösungsmittel für die Nitrozellulose Formaldehyd, Acetaldehyd, Paraldehyd, Benzaldehyd oder andere Aldehyde zuzusetzen oder die ausgezogenen Fäden mit einer Lösung dieser Aldehyde zu behandeln. Die Eigenschaft des Formaldehyds, mit Gelatine eine in Wasser unlösliche Verbindung zu geben, ist allbekannt und vielfach benutzt. Nach vorliegender Erfindung wird diese Eigenschaft des Formaldehyds und anderer Aldehyde auf andere stickstoffhaltige Körper, insbesondere auf künstliche Seide aus Nitrozellulose angewendet, um diesen Körper widerstandsfähiger gegen Wasser zu machen, und es hat sich gezeigt, daß die Widerstandsfähigkeit gegen Wasser in hohem Grade zunimmt. Die Aldehydmenge, die dem Lösungsmittel für die Nitrozellulose oder dem Bade, mit dem der fertige Faden vor der Denitrierung behandelt wird, zugesetzt werden soll, beträgt ungefähr 15% vom Gewichte der Nitrozellulose. Da Formaldehyd und die andern obengenannten Aldehyde in Mischung mit Äthyl- oder Methylalkohol, Äther u. a. m. ein sehr gutes Lösungsmittel für Nitrozellulose darstellen, ist es am vorteilhaftesten, die Aldehyde vor der Auflösung der Nitrozellulose zuzusetzen.

Nach Société anonyme des plaques et papiers photographiques A. Lumière et ses fils.

44. Société anonyme des plaques et papiers photographiques A. Lumière et ses fils in Lyon. Verfahren zur Herstellung künstlicher Seide.

D.R.P. 171 752 Kl. 29b vom 30. IV. 1905 (gelöscht).

Zur Herstellung von künstlicher Seide aus Nitrozelluloselösungen benutzt man bekanntlich am häufigsten eine Lösung von Nitrozellulose in einem Alkoholäthergemisch. Solche Lösungen müssen, um in Spinndüsen zu Fäden verarbeitet werden zu können, durch Filtration von den mechanischen Verunreinigungen befreit werden und einen bestimmten Konzentrationsgrad haben, den man bisher dadurch erreichte, daß man von vornherein bestimmte Mengen von Nitrozellulose in den genau entsprechenden Mengen des Lösungsmittels auflöste und die gewonnene,

---
[1]) Siehe S. 95.

verhältnismäßig hoch konzentrierte Lösung einem Filtrationsprozeß unterwarf. Infolge des hohen Konzentrationsgrades lassen sich solche Lösungen bekanntlich nur langsam und schwer filtrieren. Andererseits ist es bekannt, daß die Nitrozelluloselösungen verhältnismäßig viel Luft einschließen und daß der Luftgehalt die Erzeugung tadelloser Fäden verhindert oder daß die aus solchen Nitrozelluloselösungen hergestellten Fäden ungleichmäßig sind und leicht zerreißen. Durch Luftverdünnung oder durch Erhitzen der Lösungen kann man wohl ihren Luftgehalt verringern, gleichzeitig mit der Luft entfernt oder verdunstet man aber das leicht flüchtige Lösungsmittel, so daß die zum Teil luftfrei gemachte Lösung von neuem zum Ersatze des verflüchtigten einen Zusatz von frischem Lösungsmittel erhalten muß, wobei aber mit dem frischen Lösungsmittel wiederum neue Mengen Luft in die Lösung eingeführt werden.

Diesen Übelständen soll durch das vorliegende Verfahren in der Weise abgeholfen werden, daß Nitrozellulose in einem großen Überschuß eines geeigneten Lösungsmittels, z. B. Ätheralkohol, von zweckmäßig überschüssigem Äthergehalt gelöst und die Lösung nach u. U. erforderlicher Filtration einer Destillation so lange unterworfen wird, bis sie die zur Fadenerzeugung notwendige Dichte erlangt hat, wobei während der Destillation mit den Dämpfen des Lösungsmittels auch die in der Lösung eingeschlossene Luft entweicht. Auf diese Weise gelingt es einerseits, vollkommen luftfreie Nitrozelluloselösungen zu erlangen, andererseits dagegen lassen sich die ursprünglichen äußerst dünnen Lösungen bei weitem leichter und schneller filtrieren als die üblichen dickeren Lösungen, so daß auch die Anwendung der kostspieligen Filterpressen zu diesem Zweck nicht mehr erforderlich ist. Es werden z. B. 300 kg gut getrockneter Nitrozellulose in 200 l Methylalkohol, 200 l Äthylalkohol und 1600 l Äther aufgelöst. Die Lösung wird unter schwachem Druck filtriert und hierauf in einen luftdicht verschlossenen und mit Rührwerken ausgestatteten Kessel gebracht, welcher am zweckmäßigsten durch ein Wasserbad geheizt wird. Man destilliert so lange, bis etwa 1000 l Äther übergegangen sind, und hält aus diesem Grunde die Temperatur des Wasserbades annähernd auf der Höhe des Siedepunktes des Äthers (36—38°). Während der Destillation wird das Rührwerk in ständiger Bewegung gehalten, so daß mit den in Form von Bläschen aus der Lösung entweichenden Ätherdämpfen auch die in der Lösung eingeschlossene Luft zum Entweichen gebracht wird. Durch eine Probenahme wird die Dichte der Lösung festgestellt und die Destillation in dem Augenblick unterbrochen, in welchem die Lösung den zur Erzeugung von Fäden erforderlichen Dichtegrad aufweist.

Patentanspruch: Verfahren zur Herstellung künstlicher Seide, gekennzeichnet durch die Verwendung von Nitrozelluloselösungen, welche dadurch erhalten sind, daß Nitrozellulose in einem großen Überschuß eines geeigneten Lösungsmittels, z. B. Ätheralkohol, von zweckmäßig überschüssigem Äthergehalt, gelöst und die Lösung nach u. U. erforderlicher Filtration einem Destillationsprozeß so lange unterworfen wird, bis sie die zur Fadenerzeugung notwendige Dichte erlangt hat,

Nach Duclaux.

wobei während des Destillationsprozesses mit den Dämpfen des Lösungsmittels auch die in der Lösung eingeschlossene Luft entweicht.

Nach Duclaux.

45. J. Duclaux. Verfahren zur Herstellung künstlicher Seide und anderer Produkte aus Nitrozellulose.

Franz. P. 439 721; schweiz. P. 63 818; belg. P. 245 532; brit. P. 2465[1913].

Als Lösungsmittel für Nitrozellulose werden Methyl- und Äthylformiat verwendet. Diese Ester lassen sich leicht herstellen durch Einwirkung von Ameisensäure, die selbst mit viel Wasser verdünnt sein kann, auf Methyl- oder Äthylalkohol, wobei nur darauf zu achten ist, daß die Alkohole im Überschuß vorhanden sind und die Säure sich am Ende der Operation in Berührung mit mehr Alkohol befindet als sie verestern kann. Die Trennung des Esters von den Alkoholen kann leicht durch Rektifikation geschehen, da die Siedepunktsdifferenz mehr als 30° beträgt. Die Wiedergewinnung der verwendeten Ester wird dadurch erleichtert, daß sie sofort bei der Berührung mit wässerigen Alkalien verseift werden. Läßt man Luft, die im Kubikmeter nur wenige Gramme dieser Ester enthält, durch eine wässerige Lösung von Kalk streichen, so wird sie vollkommen von den Dämpfen der Ester befreit, die Ameisensäure findet sich als Formiat in der Lösung und der in Freiheit gesetzte Alkohol kann durch Rektifikation wiedergewonnen werden. Man setzt der Formiatlösung die zur Freimachung der Säure gerade erforderliche Menge einer starken Säure zu, gibt Alkohol im Überschuß zu und destilliert. Man erhält dann zunächst den Ester und dann den Alkohol, die in die Fabrikation zurückkehren.

Die genannte Art der Wiedergewinnung der Ester bildet den Gegenstand des D.R.P. 256 857 Kl. 12o vom 11. II. 1912 (gelöscht) und des Ver. St. Amer. P. 1 127 871.

Nach Massmann.

Dickflüssige Lösungen von Kollodiumwollen, die zur Herstellung künstlicher Seide geeignet sind, stellt

46. Chr. Massmann in Hamburg dadurch her, daß als Lösungsmittel die Gemische von Alkohol und Benzol oder seinen Homologen benutzt werden (D.R.P. 250 421 Kl. 22g vom 13. IV. 1910, gelöscht).

Über die Verwendung von Methylalkohol beim Naßspinnen vergl. A. Bernstein, Kunststoffe 1912, S. 359.

Über Alkohol-Benzol zum Lösen von Nitrozellulose vgl. Chem. Fabrik Johannes Schleu, Kunststoffe 1913, S. 219.

Nach Société anonyme des plaques et papiers photographiques A. Lumière et ses fils.

47. Société anonyme des plaques et papiers photographiques A. Lumière et ses fils in Lyon. Filterpresse zum Filtrieren der für die Herstellung künstlicher Seide bestimmten Kollodiumlösungen.

D.R.P. 170 935 Kl. 29a vom 30. IV. 1905 (gelöscht); franz. P. 361 329.

Die Filterpresse gehört zu der Art bekannter Filterpressen, bei denen in der Filterkammer ein Filtertuch zum Zwecke einer leichten

Auswechselbarkeit fortbewegt wird, und ist dadurch gekennzeichnet, daß eine fortlaufend als Filtertuch dienende Gewebebahn zwischen den die Filterkammer bildenden Teilen schrittweise weitergeschaltet und, eine Abdichtung bildend, eingespannt wird, so daß eine schnelle und einfache Auswechslung der Filterfläche ermöglicht wird.

Es bedeutet Fig. 15 einen senkrechten Schnitt durch die Filterpresse, während Fig. 16 eine Ansicht der Presse rechtwinklig zu Fig. 15 gesehen darstellt. Die Presse ruht auf vier Säulen a, a..., welche einen festen Sattel b und eine Mutter e für die Schraubenspindel c des Balanciers f tragen. Das untere Ende der Spindel c steht mit dem

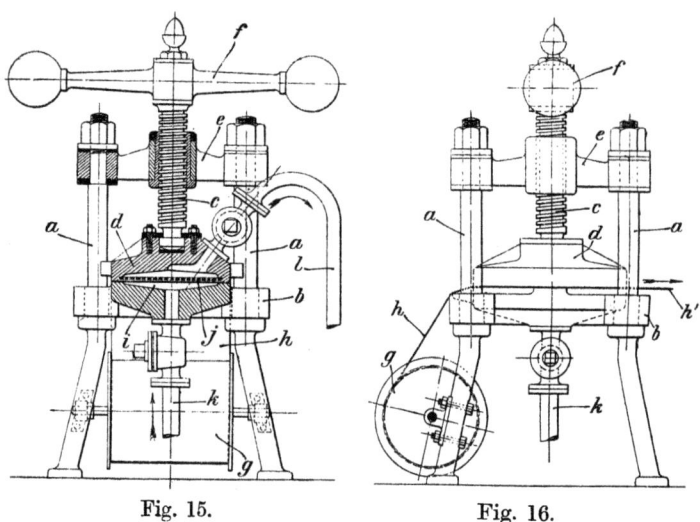

Fig. 15.   Fig. 16.

Preßkopf d in drehbarer Verbindung, welcher mit dem Sattel b eine Kammer i bildet. Diese Kammer wird von einem zu dem Preßkopf d gehörigen Sieb j durchzogen. Das Filtriergewebe h kommt von einer Trommel g und bewegt sich zwischen Sattel und Preßkopf d in Richtung des Pfeiles (Fig. 16). Das Gewebe h wird zwischen dem Sattel b und dem Preßkopf d derart festgehalten, daß es eine vollständige Abdichtung gewährt. Das Kollodium wird durch die Leitung k unter Druck der Kammer i unterhalb des Gewebes zugeführt und durch die Leitung l an die Verwendungsstelle hingeleitet. Sowohl Leitung k als Leitung l ist mit je einem Hahn ausgerüstet, und die letztere besitzt ein biegsames Ende, um der Bewegung des Preßkopfes folgen zu können. Ist das gerade benutzte Stück des Gewebes h verstopft, so werden die Leitungen k und l geschlossen und der Preßkopf d angehoben, worauf man ohne weiteres den vorher benutzten Gewebeteil an die Stelle h' hinführt. Durch Niederdrehen des Balanciers f wird hierauf ein neues Stück unter dem Sieb j festgespannt, worauf nach Öffnung der Hähne die Filtrierung ihren weiteren Fortgang nehmen kann.

Société anonyme des plaques et papiers photographiques A. Lumière et ses fils.

Patentanspruch: Filterpresse mit auswechselbarem Filtertuche zum Filtrieren der für die Herstellung künstlicher Seide bestimmten Kollodiumlösungen, dadurch gekennzeichnet, daß eine fortlaufende Gewebebahn (h) sich zwischen den die Filtrierkammer bildenden Teilen (b, d) schrittweise weiterschalten, und eine Abdichtung bildend, einspannen läßt, zum Zwecke, eine schnelle Auswechslung der Filterfläche in einfachster Weise zu ermöglichen.

Bei der Vorrichtung zum ununterbrochenen Filtrieren, insbesondere von Kollodium und eingedickten Zelluloselösungen, welche

48. Maurice Denis in Mons

durch das D.R.P. 245 837 Kl. 12d vom 6. VIII. 1910 geschützt wurde, sind zwei oder mehr parallel geschaltete Filter vorgesehen. Jedes Filter besteht aus zwei Hähnen, Einlaßhahn 1 und Auslaßhahn 8, und einem zur Aufnahme eines zweckmäßig trichterförmig gestalteten Filterkörpers 6 dienenden, mit einem Lüftungsventil 4 versehenen, aufrechten Behälter 7 (Fig. 17). Dieser ist derart zwischen den Hähnen 1 und 8 angeordnet, daß er bei geschlossenen Haupthähnen 1 und 8 über eine an dem Einlaßhahn 1 vorgesehene, mittels eines Hahnes 12 abschließbare Umleitung 11 von wesentlich kleinerem Querschnitt als das Hauptrohr (Fig. 18) nach vorgenommenem Filterwechsel vollständig mit der zu filtrierenden Flüssigkeit angefüllt und vollständig von der zuvor eingetretenen Luft befreit werden kann, bevor der volle, unter hohem Druck hinzutretende Flüssigkeitsstrom durch Öffnen der Haupthähne durch das Filter hindurchgeführt wird.

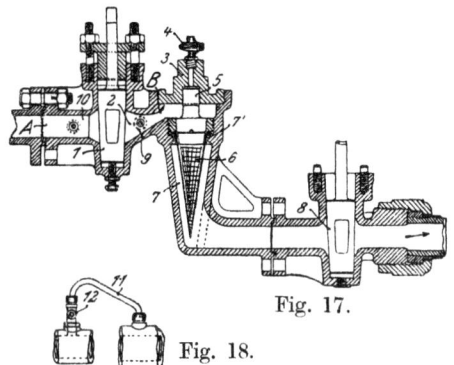

Fig. 17.

Fig. 18.

Es sind so stets zwei oder mehr parallel zueinander geschaltete Filter oder Filtergruppen vorhanden, von denen jeweils das eine Filter oder die eine Gruppe arbeitet, während das andere gereinigt werden kann.

Weitere Filtriervorrichtungen s. S. 472 u. ff.

Verfahren und Einrichtungen zum Verspinnen von Nitrozelluloselösungen, besondere Arten der Fadenbildung, Spulen, Zwirnen.

Es folgen Verfahren und Vorrichtungen zum Verspinnen der verschiedenen Nitrozelluloselösungen, besondere Arten der Fadenbildung, Spulen, Zwirnen u. dgl.

Nach Mertz.

49. E. Mertz in Basel. Vorrichtung mit mehrfachen Spinnöffnungen zum Verspinnen von Flüssigkeiten.
Schweiz. P. 4449.

Die Vorrichtung dient zum Verspinnen von Kollodium, das aus dem Rohre B über H und Ventil i nach der Spinndüse C (Fig. 19) gelangt. In ihr sitzt in einer entsprechend gestalteten Fassung a (Fig. 20) ein konischer Zapfe b, der umlaufende Vertiefungen b^2 und b^3 trägt, die nach der Spinndüse gelangende feste Verunreinigungen zurückhalten. Die eigentlichen Spinnöffnungen werden durch sehr feine

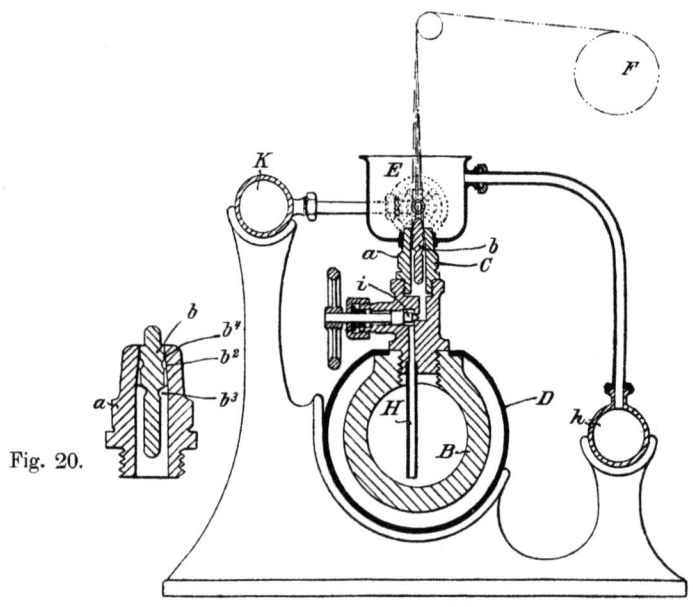

Fig. 20.

Fig. 19.

Kanäle b^4 gebildet. Sind sie verstopft, so drückt man b nach unten, wodurch zwischen a und b ein breiter Ringraum geschaffen wird, durch den die Verunreinigungen nach außen abfließen. Die austretenden Fäden, die in E durch Wasser koaguliert werden, werden bei F auf eine Spule aufgewickelt. Das zur Koagulierung dienende Wasser fließt von K zu und durch h ab. Der Mantel D dient dazu, das zu verspinnende Kollodium auf einer gewünschten Temperatur zu halten. (4 Zeichnungen.)

50. Nach E. Oberlé und Harry Newbold.

Neu an diesem Verfahren (franz. P. 258 287, vgl. Leipziger Färber-Zeitung 1897, S. 311) ist, daß das Kollodium nicht aus den Spinnröhren herausgedrückt, sondern durch den luftverdünnten Raum herausgesaugt wird. Das dabei verdunstende Lösungsmittel wird durch geeignete Kondensationsapparate zurückgewonnen.

Nach Breuer.
51. Emil Breuer in Crefeld. Herstellung von gefärbten oder metallglänzenden Fäden aus Kollodium.

D.R.P. 55 293 Kl. 29 vom 26. I. 1890 (gelöscht).

Man überzieht eine Walze (von Metall oder anderem festen Stoff) zuerst mit Kollodium, darauf mit aufgelöstem Leim, dann wieder mit Kollodium und fährt so abwechselnd fort, bis man die gewünschte Stärke der Schicht erreicht hat. Die so hergerichtete Walze bringt man auf eine Leitspindeldrehbank und setzt diese, nachdem man einen Schneidestahl befestigt und so weit an die Walze vorgeschoben hat, daß er die Schicht durchritzt, in Bewegung. Die Walze dreht sich alsdann um ihre Achse, der Schneidestahl bewegt sich (durch die Konstruktion der Drehbank bedingt) in der Längsrichtung der Walze und durchschneidet die Schicht in Spirallinien. Der Faden ist dann zum Spulen fertig und läßt sich von der Walze abhaspeln.

Nach Crespin.
52. Lucien Crespin in Paris. Verfahren und Vorrichtung zur Herstellung künstlicher Seide, künstlichen Roßhaares oder Strohes.

Brit. P. 27 565[1904]; franz. P. 342 077; Ver. St. Amer. P. 820 351; schweiz. P. 32 540 und 32 541.

Eine Lösung von 12—20 T. trockener Nitrozellulose in einem Gemisch aus 36 T. Methylalkohol, 48 T. Äthylalkohol, 12 T. Äther und 4 T. Rizinusöl, Palmöl oder Glyzerin läßt man aus runden, schlitzförmigen oder gewellten Öffnungen in einen Zylinder austreten, der in der Austrittsrichtung der Fäden von Wasser durchströmt wird. Das Wasser, dessen Strömungsgeschwindigkeit geregelt werden kann, nimmt das Lösungsmittel auf und wirkt auf die zunächst gelatinös ausgefällten Fäden streckend. Am oberen Ende des Zylinders wird das Wasser mit dem Lösungsmittel abgezogen, während die Fäden weitergehen und aufgewickelt werden. Das mit Lösungsmittel beladene Wasser wird durch Erhitzen von den flüchtigen Lösungsmitteln befreit, welche wiedergewonnen werden. Die Spinnöffnungen werden in einem Platinblech angebracht, welches in einer mit nach innen umgebogenem Rande versehenen Glasröhre durch einen Gummiring befestigt ist.

Nach Société anonyme des plaques et papiers photographiques A. Lumière et ses fils.
53. Société anonyme des plaques et papiers photographiques A. Lumière et ses fils in Lyon. Verfahren zum Komprimieren von Kollodium bei der Herstellung künstlicher Seide.

D.R.P. 168 173 Kl. 29b vom 30. IV. 1905 (gelöscht).

Benutzt man zum Durchpressen des Kollodiums durch die Spinndüsen als Druckmittel Wasser, so kann dies bei Undichtigkeiten in den Kollodiumraum gelangen und da Klumpen bilden, die die Düsen verstopfen. Auch Benetzen der Zylinderwände kann dieselbe Wirkung haben. Diese Übelstände werden dadurch beseitigt, daß als Druckmittel an Stelle des Wassers ein Lösungsmittel für Nitrozellulose verwendet wird, und zwar vornehmlich Amylacetat. Dieses darf selbst in größeren Mengen in den Kollodiumraum eintreten, ohne eine Klumpenbildung hervorzurufen.

Patentanspruch: Verfahren zum Komprimieren von Kollodium bei der Herstellung künstlicher Seide, dadurch gekennzeichnet, daß als Druckmittel an Stelle von Wasser ein beliebiges Lösungsmittel für Nitrozellulose, vornehmlich Amylacetat, verwendet wird.

54. Société anonyme des plaques et papiers photographiques A. Lumière et ses fils in Lyon-Montplaisir, Frankr. Verfahren zur Herstellung von Zellulosefäden aus Nitrozelluloselösungen.

D.R.P. 177 957 Kl. 29b vom 16. XII. 1905 (gelöscht); franz. P. 361 960.

Das Verfahren besteht darin, daß man den aus der Düse austretenden Faden mit einer Flüssigkeit in Berührung bringt, welche aus einem beliebigen Lösungsmittel für Nitrozellulose unter Zusatz solcher Mengen anderer Flüssigkeiten bereitet wird, daß das Lösungsmittel sein Lösevermögen für Nitrozellulose gerade verliert. Eine solche Flüssigkeit ist z. B. mit 5—8% Wasser versetzter Methylalkohol, der für sich, d. h. ohne Wasserzusatz, bekanntlich ein vorzügliches Lösungsmittel für Nitrozellulose ist, dagegen nach dem Zusatz der erwähnten geringen Wassermenge auf Nitrozelluloselösungen ausfällend wirkt. Ebenso verhalten sich andere Lösungsmittel, z. B. reiner oder denaturierter Alkohol, Alkoholäthergemische, Äther, Aceton, Essigsäure, wenn ihnen andere Stoffe, wie Wasser, Säuren, Alkalien od. dgl., nur in solchen Mengen zugesetzt werden, daß dadurch das Lösungsvermögen der zuerst genannten Flüssigkeiten für Nitrozellulose gerade aufgehoben wird. Bringt man den aus der Düse austretenden Faden mit solchen Flüssigkeiten zusammen, deren spezifisches Gewicht zudem annähernd gleich demjenigen des Nitrozellulosefadens ist, so wird der Faden sofort zum Erstarren gebracht, ohne daß die ihm durch die Düse gegebene Stärke oder Gestalt auch nur im geringsten verändert wird. Man ist daher in der Lage, sehr gleichmäßige Fäden und selbst Bänder aus Nitrozellulose zu erzeugen, und erleidet keine Verluste an Lösungsmittel, da dieses von der Flüssigkeit, mit welcher der Faden in Berührung kommt, zurückgehalten wird und daraus durch fraktionierte Destillation wiedergewonnen werden kann. (3 Zeichnungen.)

Patentanspruch: Verfahren zur Herstellung von Zellulosefäden aus Nitrozelluloselösungen, welche unter Druck durch feine Öffnungen hindurchgepreßt und mit den Faden zum sofortigen Erstarren bringenden Flüssigkeiten in Berührung gebracht werden, dadurch gekennzeichnet, daß als Fällmittel die bekannten Lösungsmittel für Nitrozellulose verwendet werden, nachdem ihnen Wasser oder andere geeignete Stoffe in solchen Mengen zugesetzt sind, daß dadurch ihr Lösungsvermögen für Nitrozellulose gerade aufgehoben ist.

55. Société anonyme des plaques et papiers photographiques A. Lumière et ses fils in Lyon-Montplaisir. Verfahren zur Herstellung künstlicher Textilfäden aus Nitrozellulose.

D.R.P. 200 265 Kl. 29b vom 28. XII. 1906 (gelöscht); brit. P. 89^{1907}; 89 A^{07}; franz. P. 382 718; Ver. St. Amer. P. 888 260 (V. Planchon); schweiz. P. 38 910.

Um zu verhindern, daß der durch die Spinnöffnung hindurchgepreßte Faden, ehe er mit der ihn zum Erstarren bringenden Flüssigkeit in Berührung kommt, erhebliche Verluste an dem flüchtigen Lösungsmittel erleidet, dadurch zusammenschrumpft, seine Gestalt und Stärke verändert und unansehnlich wird, wird der Faden, bevor er die Koagulationsflüssigkeit erreicht, in senkrechter Richtung durch einen Raum, z. B. ein Rohr od. dgl. von beträchtlicher Länge geführt, worin hochgradiger Alkohol verdampft wird, der das vorzeitige Trockenwerden des Fadens verhindert. Z. B. kann das Rohr innen mit einem saugfähigen Stoff, z. B. mit einem Gewebe bekleidet sein, dem beständig Alkohol in flüssiger Form aus einem darüber befindlichen Behälter zugeführt wird. (1 Zeichnung.)

Patentansprüche: 1. Verfahren zur Herstellung künstlicher Textilfäden aus Nitrozellulose, dadurch gekennzeichnet, daß die aus den Spinndüsen kommenden Kollodiumfäden, bevor sie die Koagulationsflüssigkeit erreichen, in senkrechter Richtung ein Rohr od. dgl. von beträchtlicher Länge durchwandern, in dem hochgradiger Alkohol verdampft wird, um ein vorzeitiges Trocknen des Fadens zu verhindern.

2. Vorrichtung zur Ausübung des Verfahrens nach Anspruch 1, dadurch gekennzeichnet, daß die Innenwandung des von dem Kollodiumfaden senkrecht durchzogenen Rohres mit einem Gewebe bekleidet ist, dem beständig Alkohol in flüssiger Form zugeführt wird.

Nach Desmarais, Morane und Denis.

56. Desmarais und Georges Morane in Paris und Maurice Jules Armand Denis in Reims, Frankr. Vorrichtung zum Regeln des Druckes von Kollodium- und Zelluloselösungen vor dem Filtrieren und dem Verspinnen zu künstlicher Seide.

D.R.P. 197 167 Kl. 29a vom 29. III. 1905; schweiz. P. 33 335; franz. P. 342 655.

An Stelle der bisher gebräuchlichen in die Zuführleitung eingeschalteten Regelvorrichtungen oder einfachen Pumpen werden hier mit gesteuerten Ventilen versehene Pumpen verwendet. Mittels der bekannten Einrichtungen war man wohl imstande, wie Wasser flüssiges Kolloidium anzusaugen und fortzudrücken; sobald sich es aber um die Verarbeitung nitrierter Zellulose handelt, die in einem später wieder auszuscheidenden Träger aufgelöst ist, also etwa um 15—20%ige Lösungen, versagen die bisher gebräuchlichen Einrichtungen. Erfolgt nämlich die Zuführung des Kollodiums und der Zelluloselösungen nicht unter Druck, so bleibt das Material infolge seiner Reibung an den Rohrwandungen einfach stehen. Aber selbst wenn mit Druck gearbeitet wird, schließt die Natur des angesaugten Produkts einen Nutzeffekt aus, und zwar infolge des

54 Herstellung aus Nitrozellulose.

außerordentlich niedrigen Siedepunktes des zur Verwendung kommenden Äthers. Der Kolben der Pumpe, welcher während des Ansaugens eine Depression erzeugt, die niemals mehr als die Höhe der Barometersäule

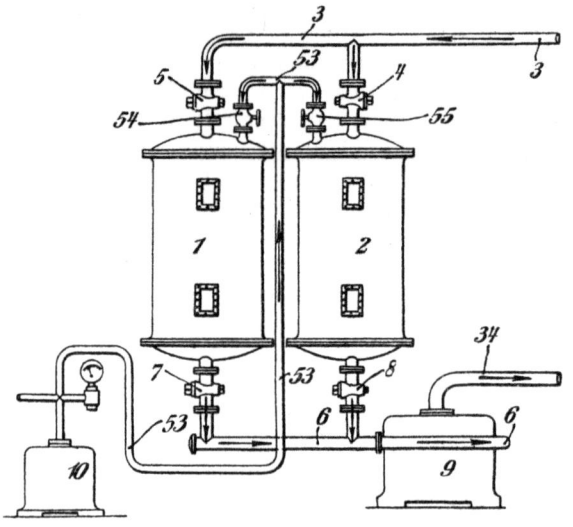

Fig. 21.

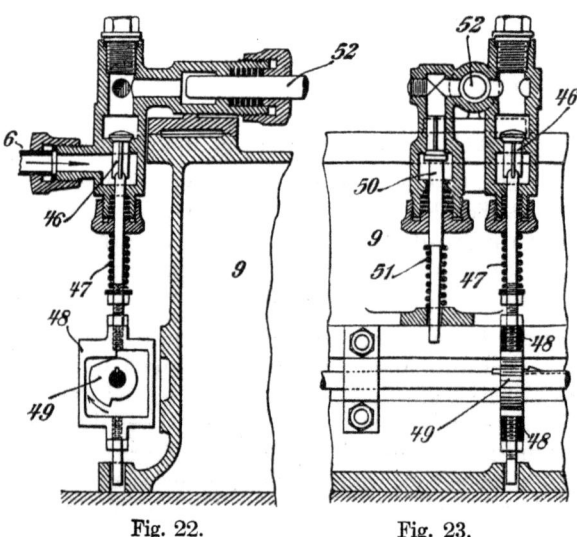

Fig. 22. Fig. 23.

erreichen kann, wird demzufolge eine Verdampfung des Äthers herbeiführen, welche jeden Nutzeffekt nichtig macht. Indem nun aber gemäß der Erfindung unter Druck gespeist wird, die Ansaugventile zwangläufig gehoben und gesenkt und die Auslaßventile zwangläufig gesenkt werden, macht man die Vorrichtung für alle Konzentrationsgrade der Zelluloselösungen geeignet und erzielt eine beträchtliche Erhöhung des Nutzeffektes.

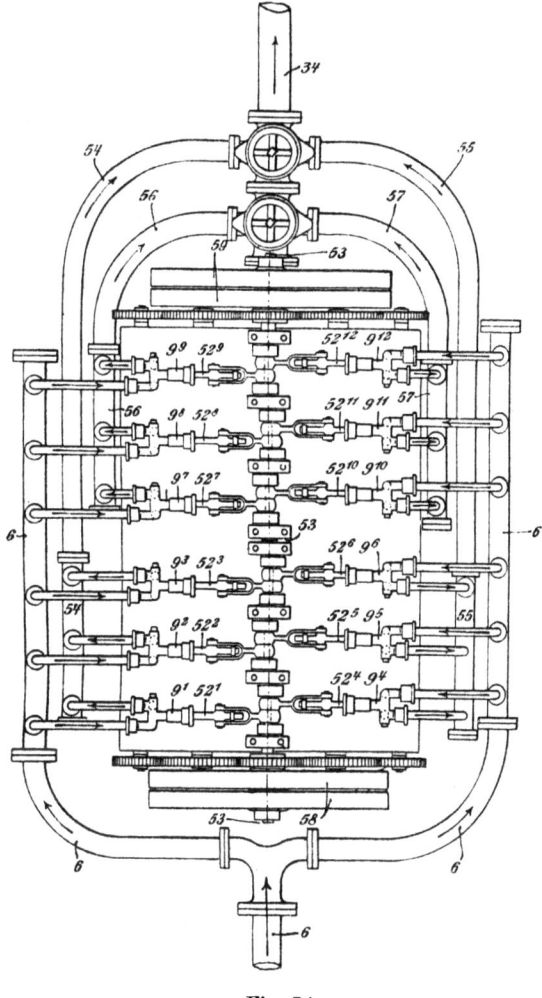

Fig. 24.

Die Zeichnung stellt eine gemäß der Erfindung gebaute Vorrichtung beispielsweise dar, und zwar zeigt Fig. 21 die Vorrichtung in schematischer Ansicht, Fig. 22 und 23 zeigen eine der zur Anwendung kommenden Pumpen in verschiedenen Ansichten. Fig. 24 veranschaulicht schematisch die Anordnung der Pumpen. Die Gesamtvorrichtung umfaßt zwei Behälter 1, 2 aus verzinntem Eisen- oder Kupferblech, eine Einfüllleitung 3, welche die Behälter von oben her unter Vermittlung von Hähnen 4, 5 beschickt, und eine untere Leitung 6, welche mit Hähnen 7, 8 versehen ist, die den Austritt der Flüssigkeit ermöglichen und sie zu Pumpen 9 hinführen. Die Behälter 1, 2 speisen die Pumpen 9 niemals gleichzeitig; einer von ihnen wird beschickt, während der andere entleert wird. Angenommen, der Behälter 1 werde beschickt und der Behälter 2 werde entleert und speise die Pumpen 9, so sieht man, daß die Hähne 5 und 8 offen und die Hähne 4 und 7 geschlossen sein müssen. Unter diesen Bedingungen steht der Behälter 1 nicht unter Druck, während der Behälter 2, wie unten beschrieben, unter gleichbleibendem Druck gehalten wird, der für die regelmäßige Speisung der Pumpen 9 erforderlich ist.

Jeder der beiden Behälter 1 und 2 ist an seinem oberen und unteren Teil mit einem Höhenstandrohr oder einem Schauglas versehen, so daß man die Höhe der Flüssigkeit überwachen und hauptsächlich am Schluß der Entleerung Luftstöße vermeiden kann, die für einen guten Gang der Vorrichtung stets sehr schädlich sind. Ein gleichbleibender atmosphärischer Druck wird im Entleerungsbehälter 2 selbsttätig durch folgende Einrichtung erhalten: Der obere Teil der Behälter 1, 2 trägt Hähne 54, 55, die mit dem Rohr 53 einer Luftpumpe 10 verbunden sind. Diese Luftpumpe wird durch eine Dynamomaschine betrieben. In Hinblick auf die Natur der zu komprimierenden Flüssigkeit werden die Ansaugeventile der Pumpe 9 mechanisch gesteuert. Jedes der in Stopfbüchsen geführten Ansaugeventile 46 der Pumpen 9 ist mit einer einstellbaren Feder 47 (Fig. 22 und 23) versehen, die das Ventil auf seinem Sitz festhält. Die Ventilstange ist mit einem Rahmen 48 verbunden, der durch einen Daumen 49 in geradlinige Hin- und Herbewegung versetzt wird. Die Form dieses Daumens entspricht dem Arbeitsgange des Ventils. Sobald der Kolben 52 seinen Ansaugehub beginnt, wird das entsprechende Ansaugeventil 46 durch den Daumen 49 gehoben. Indem dann die unter Druck durch ein Zuleitungsrohr zugeführte Flüssigkeit das Ventil geöffnet vorfindet, kann es leicht den Raum des Saugkolbens 52 anfüllen. Im Augenblick der Kompression gibt der Daumen 49 plötzlich den Rahmen 48 frei, und die Feder 47 führt sofort das Ventil 46 auf seinen Sitz zurück. Die Federkraft ist in diesem Augenblick, und bis die Kompressionsperiode begonnen hat, stärker als der Druck, unter welchem die Flüssigkeit durch das Zuleitungsrohr zugeführt wird.

Das Auslaßventil 50 (Fig. 23) besitzt ebenfalls eine Stange, die durch eine Stopfbüchse geführt und mit einer Feder 51 versehen ist; es wird aber nicht durch den Daumen gesteuert. Der Druck des Kolbens genügt stets, um den Widerstand zu überwinden, der durch den Gegendruck und die Feder 51 entgegengesetzt wird, welche nur dazu dient, das Ventil sofort wieder auf seinen Sitz zu führen, sobald die Kompressionsperiode beendet ist. In Fig. 24 sind beispielsweise zwölf Kolben 52 veranschaulicht, die in zwei parallelen Reihen angeordnet sind und durch eine Arbeitswelle 53 angetrieben werden, deren Kurbeln der Reihe nach um 30° gegeneinander aufgekeilt sind. Die große Anzahl dieser Kolben verhindert das Auftreten von Stößen beim Austritt der Flüssigkeit. Wie aus Fig. 24 ersichtlich, tritt die Flüssigkeit durch das Rohr 6 zu, welches sich in zwei Zweigrohre teilt, die die beiden Kolbenreihen 52^1 bis 52^{12} speisen. Die Kolben 52^1 bis 52^6 befördern die Flüssigkeit in die Leitungen 54, 55 und die Kolben 52^7 bis 52^{12} die Flüssigkeit in die Leitungen 56, 57. Die Leitungen 54, 55, 56, 57 sind mit dem Ableitungsrohr 34 verbunden. Die Kolben bilden also zwei Gruppen 52^1 bis 52^6 und 52^7 bis 52^{12}. Die Kolben der ersten Gruppe und ihre Ansaugeventile werden durch die Riemenscheiben 58 angetrieben, während die Kolben der zweiten Gruppe und ihre Ansaugeventile durch die Riemenscheiben 59 angetrieben werden. Man kann also nach Belieben 12 oder 6 Kolben in Tätigkeit treten lassen. Die in regelmäßiger Folge in das Rohr 34 eingeführte Flüssigkeit wird dann durch geeignete Vorrichtungen verteilt. Schließlich wird die Flüssigkeit zwecks Filterung in Reinigungsvorrichtungen bekannter Art und zwecks Verspinnung in Verspinnmaschinen bekannter Art geführt.

Patentansprüche: 1. Vorrichtung zum Regeln des Druckes von Kollodium- und Zelluloselösungen vor dem Filtrieren und dem Verspinnen zu künstlicher Seide, bei welcher in die Zuführleitung mehrere Pumpen eingeschaltet sind, dadurch gekennzeichnet, daß diese Pumpen mit gesteuerten Ansaugventilen arbeiten.

2. Vorrichtung nach Anspruch 1, dadurch gekennzeichnet, daß die Ventile (46, 50) mit einstellbaren Federn (47, 51) versehen sind, durch welche sie sowohl bei Beginn als auch am Ende der Kompressionsperiode selbsttätig auf ihre Sitze gepreßt werden.

Nach Morane.

57. L. Morane. Präzisionsspinnmaschine für künstliche Seide.
Franz. P. 410 267; brit. P. 24 707[1910].

Die Spinnöffnungen sind in zwei Reihen auf Armen angeordnet, die um das eine Ende drehbar sind, und von denen jeder mit einem genau einstellbaren Hahn für das zuzuführende Kollodium und einem Filter versehen ist. Zwischen der Hauptzuleitung für das Kollodium und den Armen sind Glasröhren eingesetzt, um den Zulauf der Spinnlösung verfolgen zu können. Dies wird noch dadurch erleichtert, daß in die Glasröhren durch rechtwinklig angesetzte Spritzöffnungen gefärbtes Kollodium eingeführt wird, welches den Flüssigkeitsstrom kenntlich macht. Die Anordnung ermöglicht, bei gleicher Länge der Maschine mehr Spinnöffnungen anzuordnen, verteilt den Druck in der ganzen Maschine vorteilhafter und gibt Fäden von gleichmäßigerem Titer. (6 Zeichnungen.)

58. L. Morane. Präzisionsspinnmaschine für künstliche Seide.
Franz. P. 12 545; Zusatz zum franz. P. 410 267.

Nach dem Hauptpatent (s. vorst.) wird der Zufluß des Kollodiums zu den die Spinndüsen tragenden Armen durch einen fein einstellbaren Hahn geregelt, dessen Bedienung natürlich Geschicklichkeit und Aufmerksamkeit des Arbeiters voraussetzt. Vorliegendes Patent ersetzt diesen Hahn durch eine selbsttätige Vorrichtung zum Regeln des Kollodiumzuflusses. Das aus dem Zuführungsrohr a kommende Kollodium fließt auf seinem Wege zu den Spinndüsen durch das Rohr c, welches bei d

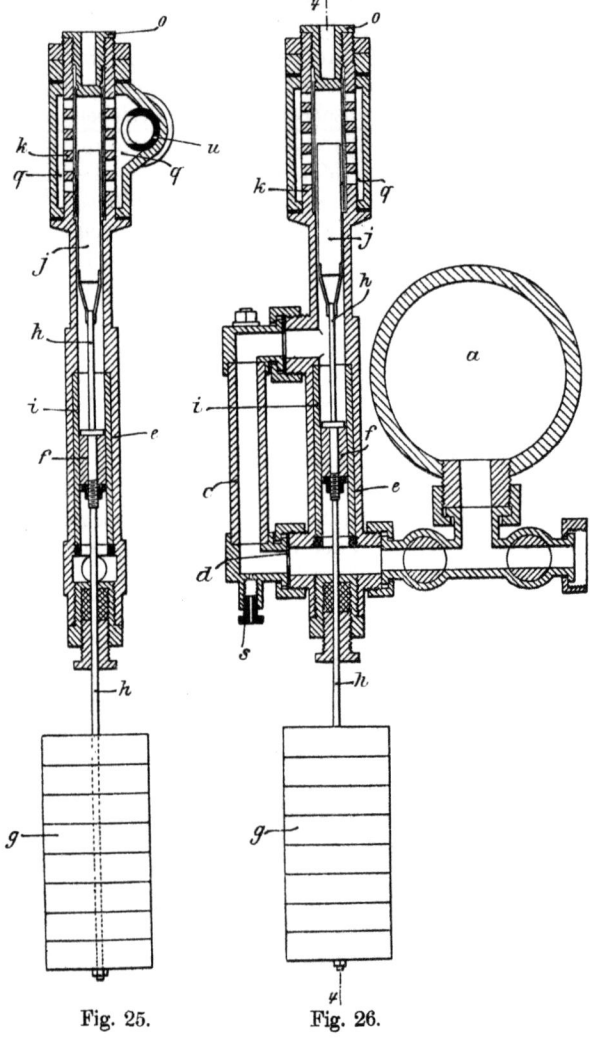

Fig. 25.   Fig. 26.

eine Platte mit einer Öffnung enthält. Ein kleiner Pumpenkörper e oder ein Differentialkolben f nimmt auf der einen Seite den vor d, auf der anderen Seite den hinter d herrschenden Druck auf. Hält man nun diese Druckdifferenz konstant, so werden auch Ausströmungsgeschwindigkeit und Fadentiter konstant bleiben. Der Kolben f bewegt sich senkrecht in einer Glasröhre i, er ist an einer Stange h befestigt, die durch Metallscheiben g belastet wird. An die Stange h schließt sich nach oben in den Leitungskanal für das Kollodium hinein ein Metallrohr j an, welches sich entsprechend der Bewegung von f hebt und senkt. Das Rohr j ist von einem dicken, gelochten Metallrohr k umgeben, dessen Löcher durch enges Metallgewebe gegen j abgedeckt sind. Auf dem Metallgewebe liegt Filtergaze, durch die das Kollodium filtriert wird, ehe es in den Raum q und das Abflußrohr u (s. Fig. 25, die einen Schnitt nach 4—4 von Fig. 26 darstellt), gelangt. Ist das Filter verstopft, so wird f nach unten verschoben und dadurch eine größere Fläche des Filters freigegeben. Ist das Filter ganz zugesetzt, so kann nach Abschrauben von o ein neues Filter eingesetzt werden. Der im Hauptpatent erwähnte gefärbte Kollodiumfaden, der die Strömung der Spinnlösung sichtbar macht, wird mittels einer Pravazschen Spritze durch s eingeführt. Ferner sind die Arme, die die Spinndüsen tragen, gegeneinander neigbar, so daß während des Stillstandes der Maschine die Spinndüsen gekreuzt und mit einer Schutzhülle bedeckt werden können. (6 Zeichnungen.)

Nach Denis.

59. M. Denis. Maschine zum Spinnen künstlicher Seide.
Franz. P. 423 934.

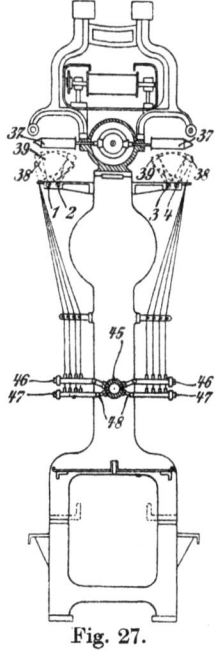

Fig. 27.

Die Maschine zeichnet sich vor bekannten gleichartigen dadurch aus, daß die Spinndüsen nicht unmittelbar auf dem Verteilerrohr für die Lösung, sondern in Gruppen auf besonderen Rohren angeordnet sind, die sich von dem Verteilerrohr abzweigen. Es ergibt sich daraus, daß man auf derselben Länge des Verteilerrohres eine viel größere Menge Spinndüsen anordnet und damit bei gleicher Raumbeanspruchung die Produktion erhöhen kann. Die Anordnung der Spinndüsen auf abgezweigten Rohren bietet noch den Vorteil, daß man am Ende eines jeden Rohres ein sehr wirksames Filter anordnen und daß man bei Störung einer Spinndüse einer Gruppe durch Schließen eines in dem Zuführungsrohr angebrachten Hahnes alle Spinndüsen derselben Gruppe ausschalten kann. Außerdem enthält die Maschine eine Einrichtung, die die gleichmäßige Bildung der Spulen sichert, die in konischen Zonen bewickelt werden. Fig. 27 ist ein senkrechter Schnitt durch die Maschine, Fig. 28 zeigt in vergrößertem Maßstabe das Verteilerrohr für die Lösung und die Röhren mit den Ansätzen für die Spinndüsen, Fig. 29, 30 und 31 beziehen sich auf den Antrieb der Fadenführer. Die von dem Hauptverteilerrohr 45 für die Spinnlösung abzweigenden

Hilfsverteiler 46 und 47 haben mit Bohrungen und Gewinde versehene Stutzen 54 für die Aufnahme der Spinndüsen. Am Ende jedes Hilfsverteilers ist ein Filter 52 angeordnet, durch das die Spinnlösung gehen muß, ehe sie nach den Spinndüsen gelangt. Jeder Hilfsverteiler ist

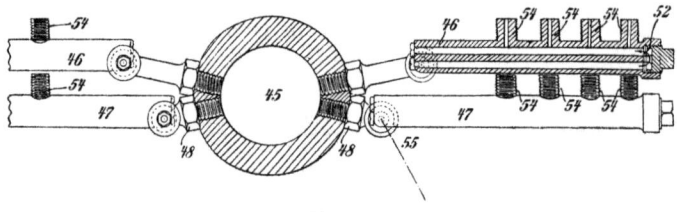

Fig. 28.

für sich von dem Hauptrohr absperrbar. Nach der Zeichnung ist der Hilfsverteiler direkt aufgeschraubt und bildet die Verlängerung der inneren Bohrung des in das Hauptrohr 45 geschraubten Rohres 48. Schwenkt man den Verteiler 47 in die punktierte Lage 55, so ist die Ver-

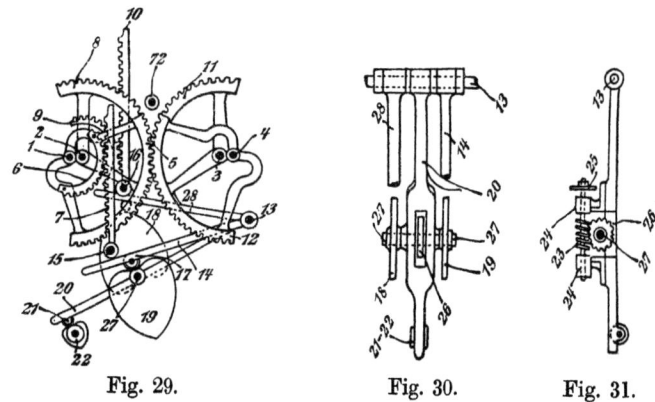

Fig. 29.   Fig. 30.   Fig. 31.

bindung mit dem Hauptrohr unterbrochen. Die aus den Spinndüsen eines Verteilers austretenden Fäden werden auf Hülsen 37 mit kegelförmigem Fuß aufgewickelt, welche mit einer abwechselnd gleichmäßig beschleunigten und gleichmäßig verzögerten Bewegung in Umdrehung

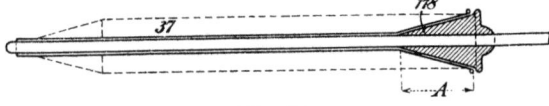

Fig. 32.

versetzt werden, derart, daß die lineare Geschwindigkeit des sich auf den Konen aufwickelnden Fadens konstant ist. Um ein vollkommen gleichmäßiges Aufwickeln der Fäden auf den Hülsen zu erzielen, muß man für jede Hülse einen Fadenführer anordnen, dessen Schwingung der Höhe der Kegelstumpfteile der Hülse (Länge A in Fig. 32) entspricht, wobei der Schwingungsmittelpunkt des Fadenführers sich nach Bildung jeder konischen Zone um den Durchmesser des aufgewickelten Fadens verschiebt. Außerdem ist jeder Fadenführer mit einem zweiten Führer verbunden, der sich vor einer leeren Hülse bewegt, die eine neue Spule bilden soll, wenn die vorhergehende fertig bewickelt ist. Da die Maschine nach zwei Seiten arbeitet, so sind für die Bewegung der Fadenführer nötig: a) zwei voneinander unabhängige Fadenführerstangen für jede Seite der Maschine, b) eine Kupplung für zwei einander gegenüberliegende Stangen, c) die synchrone Bewegung aller Stangen in demselben Sinne und hinsichtlich der Schwingung, d) eine besondere Verschiebungsbewegung für jede der gekuppelten Gruppen derart, daß unter Beibehaltung der Richtung der Verschiebung die eine sich am Anfang der Bildung einer Spule befindet, während die andere diese Bildung beendet. Diesen Bedingungen wird durch das in Fig. 29—31 dargestellte Getriebe entsprochen. Fig. 29 stellt den Antrieb für die Stangen 1, 2, 3 und 4 dar, auf denen die Fadenführer 38 und 39 (Fig. 27) aufgekeilt sind. Fig. 30 zeigt diese Teile von der Seite und Fig. 31 von unten. Der oben unter a) genannten Bedingung genügen die Stangen 1 und 2 auf der einen und 3 und 4 auf der anderen Seite der Maschine. Der Bedingung b) wird genügt durch Eingriff einerseits des auf der Stange 1 aufgekeilten Zahnbogens 5 mit dem auf der Stange 4 aufgekeilten Zahnbogen 12 und andererseits des auf 2 aufgekeilten Zahnbogens 8 mit dem auf der Stange 3 sitzenden Zahnbogen 11. Bogen 5 trägt den kleineren Zahnbogen 6, der mit der Zahnstange 7 in Eingriff steht. Die Zahnstange 7 trägt an ihrem unteren Ende die Laufrolle 15. Der Zahnbogen 8 der Gruppe 2/3 trägt einen kleineren Zahnbogen 9, der durch die Zahnstange 10 bewegt wird. Zahnstange 10 trägt an ihrem unteren Ende die Laufrolle 16. Um eine feste Achse 13 schwingt unter der Einwirkung eines Exzenters 22 ein Hebel 20. Auf einer Achse 27 dieses Hebels 20 ruhen die Hebel 14 und 28, die also mit dem Hebel 20 schwingen. Hebel 14 bewegt die Rolle 15 der Stange 7 und Hebel 28 die Rolle 16 der Stange 10. Der Exzenter 22 erteilt durch die Zahnstangen und Zahnbögen den Stangen 1, 2, 3, 4 und den Fadenführern, die darauf befestigt sind, eine Bewegung, deren Umfang gleich ist der Länge des konischen Teiles 118 (Fig. 32). Wir haben also hier die synchrone Bewegung in bezug auf die konstante Ausschlagsweite und die Drehungsrichtung der Stangen 1/4 und 2/3. Dadurch ist der Bedingung c) entsprochen. Zur Erfüllung der Bedingung d) ruhen die Hebel 14 und 28 nicht unmittelbar auf der Achse 27 des Hebels 20, sondern auf Daumen 18 und 19, die auf der Achse 27 befestigt sind. Die Achse 27 wird nun in folgender Weise bewegt: Mit einem Zahnrade 26, welches auf der Achse 27 sitzt (Fig. 30 und 31), steht eine Schnecke 23 in Eingriff, die in den Lagern 24 ruht und von dem gezahnten Rade 25 bewegt werden kann. Macht der Hebel 20 unter der Einwirkung des Exzenters 22 eine Bewegung nach oben, so wird das Rad 25 durch eine feste Klinke, an die es schlägt, um n Zähne gedreht. Dadurch werden Rad 26, Achse 27 und die Daumen 18 und 19 entsprechend gedreht. Die Hebel 14 und 28, welche auf den Daumen 18 und 19 aufliegen, erhalten also außer der Bewegung durch den Hebel 20 jeder eine besondere Bewegung durch Drehung der Daumen 18 und 19. Die gegeneinander gerichtete Stellung von 18 und 19 sichert einen vollkommenen Kreislauf. Wenn man die arbeitenden Fadenführer als aktive und die leerlaufenden als passive bezeichnet, so gehen, während die aktiven Fadenführer ihre Vorwärtsbewegung zur Bildung der Spule vollführen, die passiven Fadenführer zurück in die Anfangsstellung, in die sie gelangen, wenn sie zu aktiven werden.

60. M. Denis. Vorrichtung zum Sortieren vollbewickelter Spulen.

D R.P. 233 627 Kl. 76d vom 28. XII. 1910 (gelöscht); franz. P. 423 934.

Der der Vorrichtung zugrunde liegende Zweck wird dadurch erreicht, daß man die Spulen nach ihrem Gewicht sortiert; denn man kann, ohne fehlzugehen, annehmen, daß bei dem normalen Betrieb einer Spinnmaschine die Zeit für das Aufspulen des Fadens konstant ist, so daß das Gewicht jeder Spule direkt proportional der Feinheit des aufgespulten Fadens ist, vorausgesetzt natürlich, daß die Dorne, auf welche man die Fäden aufspult, genau abgewogen, d. h. sowohl im Gewicht wie auch im Durchmesser einander gleich sind. Dadurch ist man in der Lage, ein Sortieren entsprechend der Fadenfeinheit vorzunehmen, indem man die vollbewickelten Spulen nach ihrem Gewicht verteilt.

Fig. 33 stellt die neue Vorrichtung in einer Gesamtansicht dar, wohingegen Fig. 34, 35, 36 und 37 Einzelheiten zeigen. Die Spule, welche

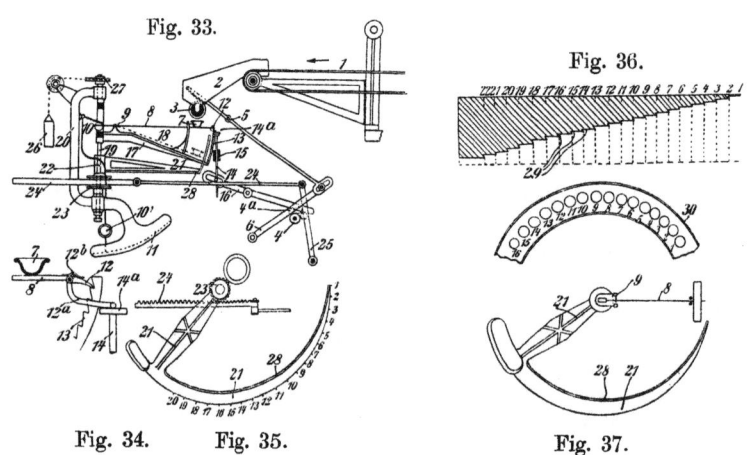

Fig. 33. Fig. 36.

Fig. 34. Fig. 35. Fig. 37.

von der Arbeiterin abgenommen ist, wird auf ein endloses Band 1 aufgebracht, welches sie in eine Rinne 2 befördert, von der sie einem Aufgeber 3 zugeführt wird. Dieser Aufgeber wird zusammen mit der ganzen im folgenden beschriebenen Sortiervorrichtung von einer gemeinschaftlichen Welle 4, die sich in dauernder Umdrehung befindet, angetrieben. Der Aufgeber wird mittels einer Zahnstange 5, welche an einem durch einen Daumen 4a der Welle 4 bewegten Hebel 6 angelenkt ist, in abwechselnde Umdrehung versetzt. Wenn der in dem betreffenden Aufgeber vorgesehene Längsschlitz frei ist, so kann eine der in der Rinne 2 vorhandenen Spulen in den Längsschlitz eintreten und gelangt alsdann, indem sie von dem sich drehenden Aufgeber mitgenommen wird, in einen Trog 7, welcher auf dem äußersten Ende eines Hebelarmes 8 befestigt ist. Dieser Hebel 8 besitzt bei 9 eine Drehachse und ist durch ein Gegengewicht, fernerhin aber durch einen Wagebalken 10, der auf dem Gegengewicht aufliegt, ausbalanciert. Die Einrichtung dieser Wage ist derart getroffen, daß die verschiedenen Ausschläge des Zeigers 10' des Hebels 8 über einem Bogen oder einer Skala 11 den verschiedenen Gewichten der Spulen und damit den verschiedenen Feinheitsgraden der hergestellten Fäden entsprechen. Es ist nun notwendig, eine Einrichtung zu treffen, welche die Fehler vermeidet, die durch das heftige Auftreffen der Spule auf den Trog 7 und das damit verbundene starke Schwingen der Arme 8 und 10 verursacht werden würden. Hierzu können verschiedene, an sich bekannte Einrichtungen benutzt werden. Bei dem in der Zeichnung veranschaulichten Ausführungsbeispiel wird der Hebel 8 an seinem äußeren Ende mit einer Schwanzklinke 12 versehen, welche, unter der Wirkung einer kleinen Feder 12b stehend, das Bestreben hat, in die Verzahnung eines Zahnbogens 13 einzugreifen und sich dort festzulegen. Um ein solches dauerndes Festlegen der Klinke zu verhüten, ist andererseits eine senkrechte Stange 14 vorgesehen, welche bei 15 geführt und mit dem Hebel 16 verbunden ist und mittels eines auf der Achse 4 aufgekeilten Daumens 4a die folgenden Bewegungen ausführt: Wenn die Spule in den Trog 7 hineingelangt ist, so hat der Hebel 8 das Bestreben, sich zu senken. Der Schwanz 12a der auf dem Hebel 8 angeordneten Klinke 12 stützt sich nun auf eine am oberen Ende der Stange 14 angeordnete Platte 14a und hebt damit die Klinke aus der Verzahnung des Bogens 13 heraus, worauf gleichzeitig der Steuerdaumen die Stange 14 langsam, gleichmäßig und vollständig stoßfrei senkt. In einem gegebenen Augenblick stellt sich nun bei diesem gleichmäßigen Niedergang der Stange 14 das Gleichgewicht zwischen dem Gewicht der Spule und demjenigen der Ausgleichwage ein, worauf nunmehr die für sich noch weiter nach unten gehende Stange 14 den Schwanz der Klinke 12 freigibt. Letztere legt sich nunmehr unter der Wirkung der kleinen Feder 12b in die Zahnung des Zahnbogens 13 und wird also an einem Punkt aufgehalten, welcher dem Gewicht der eingeführten Spule entspricht. Der Zahnbogen 13 ist auf dem äußersten Ende eines Hebels 17, welcher überdies die Führung 18 des Hebels 8 und gleichzeitig den Bolzen 9, um den sich der Hebel 8 dreht, trägt, angeordnet. Der Arm des Hebels 17 ist um eine Achse 19, welche in dem Gestell 20 gelagert ist, drehbar.

Unabhängig von dem Hebelarm 17 und der Achse 19 ist auf letzterer ein weiterer Hebel 21 schwingbar angeordnet, der mittels der Nabe 22 mit einem Triebrad 23 in Verbindung steht, welch letzteres sich mit einer Zahnstange 24 in Eingriff befindet. Diese Zahnstange ist ihrerseits mit einem durch einen auf der Welle 4 aufgekeilten Daumen beeinflußten Hebel 25 verbunden, wobei ein Gegengewicht 26, welches eine auf der Achse 19 aufgekeilte Scheibe 27 beeinflußt, das Bestreben hat, die Achse 19 in ihre ursprüngliche Stellung zurückzubewegen, wenn die Wirkung der Zahnstange 24 unterbrochen wird oder aufhört. Das Ende des Hebels 21 ist mit einem Bogenstück 28 versehen, das — wie Fig. 36 in der Abwicklung zeigt — eine Anzahl Einkerbungen 29 aufweist. Jede dieser Einkerbungen entspricht je einer der mittleren Stellungen des Wagebalkens oder Hebels 8 und weiterhin einem bestimmten Feinheitsgrade des zu sortierenden Fadens. Der mit der Skala oder den Einkerbungen 29 versehene Bogen 28, welcher weiterhin als „Sortierer" bezeichnet wird, beschreibt im gegebenen Augenblick eine schwingende Bewegung um die Achse 19 und vollführt hierbei einen gleichmäßigen Weg, der hier als Halbkreis, also zu 180° angenommen werden soll. Hier sei angenommen, daß zwischen je zwei Einkerbungen eine Winkelstrecke von 10° liegt, und daß die eingeworfene Spule den Hebel 8 in eine Stellung bewegt, welche der zweiten Einkerbung 29^2 entspricht. Der Sortierer trifft nun auf seiner konstanten Drehbewegung um 180° mit seinem Einschnitt 29^2 den Hebel 8 und nimmt diesen, ebenso wie den Zahnbogen 13, und die Führung 18 mit. Alle diese Teile durchlaufen nun zusammen mit dem Sortierer einen Winkel von $180 - 10 = 170°$, so daß der Trog über einen der Schächte oder Kanäle 30 (Fig. 37) gedreht wird, welch letztere den verschiedenen Gewichten der Spulen entsprechen. Bei dem gewählten Beispiel würde die Spule in den mit dem Bezugszeichen 2 versehenen Schacht des Bogenstückes 30 gelangen, was derart vonstatten geht, daß an der betreffenden Stelle eine Nase oder ein Hebel od. dgl. den Trog kippt und damit die Abgabe der Spule in den betreffenden Kanal oder Schacht 30^2 veranlaßt.

Patentanspruch: Vorrichtung zum Sortieren vollbewickelter Spulen, dadurch gekennzeichnet, daß die durch eine Transportvorrichtung zugeführten fertigen Spulen einzeln auf einen Wagebalken (8) gebracht werden, welcher sich alsdann um eine vertikale Achse (19) um einen seinem Niedergang entsprechenden Winkel dreht und bei dieser Schwingung über einen der Fadenfeinheit entsprechenden Kanal oder Schacht gelangt, in den die auf dem Wagebalken befindliche Spule abgegeben wird, wobei die Drehung des Wagebalkens dadurch bewirkt wird, daß letzterer auf eine von mehreren in gleichen Zwischenräumen und Abständen voneinander vorgesehenen Einkerbungen (29) eines in abwechselnde Umdrehung versetzten Bogenstückes (28) auftrifft oder in die betreffende Einkerbung eingreift, so daß das Sortieren der Spulen vollkommen selbsttätig erfolgt.

Nach Boullier.

61. J.-A.-E.-H. Boullier. Herstellung glänzender und weicher Kunstseidefäden aus Kollodium mit Aceton oder Essigester.
Franz. P. 368 190; brit. P. 16 512[1907].

Kollodium, welches mit Aceton oder Essigester hergestellt ist, gibt nur dann gute Fäden, wenn man die Dampfspannung dieser Lösungsmittel erhöht und sie der von Äther-Alkohol möglichst nahe bringt. Dies kann geschehen durch Verspinnen bei etwa 30—40° C[1]), oder durch Zusatz von Äther oder anderen Körpern mit höherer Dampfspannung, oder durch Spinnen in möglichst trockener Luft oder durch vereinigte Anwendung mehrerer dieser Mittel.

Nach Boullier & Lafais.

62. Société Boullier & Lafais in Paris. Verfahren zur Herstellung von Kunstfäden aus Aceton- oder anderem Kollodium.
D.R.P. 210 867 Kl. 29 a vom 14. VII. 1908 (gelöscht); franz. P. 392 442; brit. P. 15 015[1908].

Verwendet man Aceton als Lösungsmittel für Nitrozellulose, so scheint die günstigste mittlere Temperatur für das Verspinnen zwecks Erzielung glänzender und weicher Fäden etwa 40° C zu sein. Je nach dem Feuchtigkeitsgehalt der Luft kann diese Temperatur um einige Grade erhöht oder vermindert werden. Wird das Aceton mit einer geringen Menge Essigester vermischt, was eine Erhöhung der Festigkeit des Fadens zur Folge hat, so muß die Verspinntemperatur etwas erhöht werden, und allgemein muß diese Temperatur im umgekehrten Verhältnis zur Dampfspannung des verwendeten Lösungsmittels erhöht werden.

Zweck der Erfindung ist nun, für die Erzielung dieser für das Verspinnen geeigneten Temperatur eine örtliche Wärmequelle vorzusehen, die durch Strahlung auf die Fäden beim Verlassen der Spinnmaschine einwirkt und dazu dient, nur das die Fäden umgebende Mittel auf dem geeigneten Wärmegrad zu erhalten, ohne aber die übrige Umgebung, wo sich die Spinnmaschine befindet, zu beeinflussen. Es ist bekannt, die Kunstseidenfäden unmittelbar nach ihrem Austritt aus den Spinndüsen dem Einfluß einer Wärmequelle auszusetzen, indem man sie entweder über eine geheizte Trommel führt oder beim Führen über eine nicht geheizte Trommel strahlender Wärme aussetzt. In beiden Fällen erleidet der eben gesponnene Faden eine Formveränderung. Zur Vermeidung dieses Übelstandes wird der Faden gemäß der vorliegenden Erfindung freihängend an der Wärmequelle vorbeigeführt. Die Zeichnung veranschaulicht in Fig. 38 und 39 schematisch im Aufriß und in Seitenansicht eine gewöhnliche Spinnmaschine, die so eingerichtet ist, daß das Verspinnen des Kollodiums unter den geeigneten Temperaturbedingungen erfolgen kann. Wie aus der Zeichnung ersichtlich, kann dieses Ergebnis dadurch erzielt werden, daß man auf der Vorderseite

---
[1]) Das brit. P. gibt 35—45° C an.

der Spinnmaschine hinter den Fadendüsen einen Radiator a anordnet, der auf irgendeine Weise (durch Dampf, heiße Luft, elektrischen Strom usw.) erhitzt wird, und der so auf der Tragplatte b angebracht ist, daß auf die gesamten Fäden während ihres Durchganges von den Düsen zu den Wickelspulen die Temperatur ausgestrahlt wird, die für das Verspinnen des Kollodiums erforderlich ist. Die Vorderseite der Spinnmaschine könnte mit einer Schutzhülle versehen werden, um jede Ausstrahlung über die Zone hinaus, die erhitzt werden soll, zu vermeiden, was die Wärmeausnutzung noch erhöhen würde.

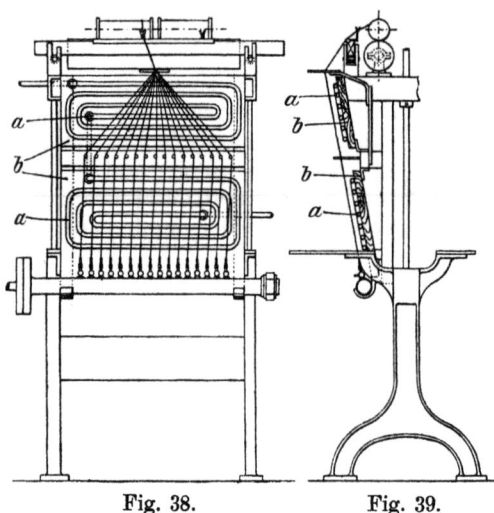

Fig. 38. Fig. 39.

Patentanspruch: Verfahren zur Herstellung von Kunstfäden aus Aceton- oder anderem Kollodium, bei welchem die Fäden nach dem Austritt aus den Düsen strahlender Wärme ausgesetzt werden, dadurch gekennzeichnet, daß die Fäden freihängend an der Wärmequelle vorbeigeleitet werden.

Nach Bouillot.

63. Ch. Bouillot. Vorrichtung zur Herstellung glänzender Fäden aus Pasten von Nitrozellulose und Aceton.
Franz. P. 373 947.

Lösungen von Nitrozellulose in Aceton geben beim Verspinnen in der üblichen Weise trübe, glanzlose Fäden. Es beruht dies darauf, daß der Wasserdampf der Luft, durch die der Faden geht, Veranlassung zur Bildung eines Hydrats gibt. Dies wird dadurch vermieden, daß der Faden gleich nach seiner Bildung über eine polierte, durch Dampf, Gas oder ein anderes Mittel erhitzte Walze geführt und danach aufgespult wird. Die ganze Vorrichtung ist in einem Kasten eingeschlossen, aus dem die entwickelten Dämpfe abgesaugt und wiedergewonnen werden. (2 Zeichnungen.)

Nach Vittenet.

64. H. E. A. Vittenet in Lyon-Montplaisir, Frankr. Verfahren zur Herstellung von künstlicher Seide und Gewebestoffen aus Pyroxylin-Aceton-Lösungen.
D.R.P. 171 639 Kl. 29b vom 7. II. 1905 (gelöscht); franz. P. 350 383, mit Zusatz 5491; brit. P. 16891[1905]; österr. P. 24 849; Ver. St. Amer. P. 842 125.

Die Lösung von Pyroxylin in Aceton gibt ein Kollodium, welches dem mit Alkohol-Äther erhaltenen in seinem physikalischen Aussehen sehr nahe steht und auch ebensogut bei gleicher Viskosität versponnen werden kann. Der erhaltene Faden besitzt aber in beiden Fällen nicht die gleichen Eigenschaften. Während der aus Alkohol-Äther-Kollodium erhaltene Faden vollkommen durchsichtig ist und einen der Seide ähnlichen Glanz sowie Geschmeidigkeit besitzt, ist der aus Pyroxylin in Aceton erhaltene Faden undurchsichtig und brüchiger. Dies ist besonders dann der Fall, wenn das Verspinnen in feuchter Luft erfolgt oder die Acetonlösung Wasser enthält. Beide Fälle müssen aber bei der Herstellung künstlicher Seide eintreten. Die unerwünschten Eigenschaften des Kollodiums aus Pyroxylin und Aceton dürften darauf zurückzuführen sein, daß sich zwischen Aceton und Pyroxylin eine molekulare Verbindung bildet, die nach der Entfernung des Acetonüberschusses, durch welchen die Verbindung in Lösung gehalten wurde, in Aussehen und Eigenschaft mehr dem Zelluloid als der künstlichen Seide ähnlich erscheint.

Die Erfindung bezweckt, den geschilderten Übelstand bei der Anwendung von Aceton-Kollodium zu vermeiden. Zu diesem Zwecke löst man in dem Aceton vor der Verspinnung eine passende Menge schwefliger Säure. Die so erhaltene Pyroxylin-Aceton-Lösung kann in der gewöhnlichen Atmosphäre oder in einer Atmosphäre von schwefliger Säure allein, oder mit trockener oder feuchter Luft vermischt, versponnen werden. Die Verwendung des Acetons ist wegen seines geringeren Preises und seiner leichteren Gewinnbarkeit empfehlenswert. Der gewonnene Faden ist haltbarer als der mit Alkohol-Äther erhaltene. Man kann auch eine Lösung von Pyroxylin in reinem Aceton in einer schweflige Säure enthaltenden Atmosphäre verspinnen. Zur Ausführung der Erfindung kann Aceton allein oder nach Zusatz von schwefliger Säure verwendet werden. In letzterem Falle leitet man einen Strom schwefliger Säure in das Aceton, bis eine der gewünschten Säuremenge entsprechende Gewichtszunahme erfolgt ist. Die Menge der schwefligen Säure kann von einigen Tausendsteln bis 30% schwanken. Die letztere Menge ist die Grenze der Löslichkeit der schwefligen Säure in Aceton. Man wird bemüht sein, eine möglichst geringe Menge schwefliger Säure zu verwenden. Mit dem steigenden Wassergehalte der Mischung muß auch die Menge schwefliger Säure steigen. Zu dieser Lösung von schwefliger Säure in Aceton fügt man dann Pyroxylin in einer je nach der gewünschten Viskosität wechselnden Menge. Die erhaltene homogene Mischung wird dann versponnen, wobei die oben angegebene Atmosphäre benutzt werden kann.

Patentansprüche: 1. Verfahren zur Herstellung von künstlicher Seide und Gewebestoffen aus Pyroxylin-Aceton-Lösung, dadurch gekennzeichnet, daß die Verspinnung in Gegenwart von schwefliger Säure erfolgt.

2. Eine Ausführungsform des Verfahrens nach Anspruch 1, dadurch gekennzeichnet, daß das Pyroxylin in schweflige Säure enthaltendem Aceton gelöst und dann versponnen wird.

3. Eine Ausführungsform des Verfahrens nach Anspruch 1, dadurch gekennzeichnet, daß die Kollodium-Aceton-Lösung in einer Atmosphäre

von schwefliger Säure, welche auch trockene oder feuchte Luft enthalten kann, versponnen wird.

4. Eine Ausführungsform des Verfahrens nach Anspruch 1 und 2, dadurch gekennzeichnet, daß die Verspinnung der schweflige Säure enthaltenden Pyroxylin-Aceton-Lösung in einer Atmosphäre von schwefliger Säure, welche auch trockene oder feuchte Luft enthalten kann, erfolgt. Vgl. hierzu die Vorrichtung nach D.R.P. 194 825, S. 119.

65. H. E. A. Vittenet. Verfahren zur Erzielung glänzenden und seidenartigen Aussehens bei Kunstseide.

Franz. P. 386 109.

Beim Verspinnen von Nitrozellulosepaste, besonders mit Aceton hergestellter, wird in der Nähe der Spinnöffnungen die Luft auf möglichst niedrigem Feuchtigkeitsgrade dadurch erhalten, daß in den unteren Teil der Spinnvorrichtung gekühlte Luft eingeleitet wird, die an der Decke des Arbeitsraumes abgeleitet und wieder der Kühlvorrichtung zugeführt wird. Auch im oberen Teil des Arbeitsraumes sind Kühlrohre angeordnet. Im oberen Teil der Spinnvorrichtung dagegen hinter den Spulen befinden sich Heizrohre, die mit den Spulen von einem Mantel umgeben sind und die auf den Spulen befindlichen Fäden auf einer Temperatur von etwa 60—70° erhalten. Es wird z. B. mit Luft von 50% Feuchtigkeit bei 10—13° C und dann bei einer Temperatur von 70° bei den Spulen gearbeitet. (5 Zeichnungen.)

Nach Cordonnier-Wibaux.

66. A.-C. Cordonnier-Wibaux. Verbesserungen in der Herstellung von Kunstseide, besonders solcher aus Aceton-Kollodium.

Franz. P. 401 343.

Um beim Spinnen von Acetonkollodium eine möglichst gleichmäßige Erhitzung des Fadens zu erzielen, die zur Erzielung eines glänzenden Fadens notwendig ist, befindet sich jeder Faden zwischen zwei Wärmequellen und wird schnell zwischen ihnen hindurchgeführt. Hinter den Fäden und den Wärmequellen befindet sich als Wärmeschutz ein fester oder beweglicher, durchsichtiger Schirm, und vor den Fäden ist ein verschiebbares Glasfenster angeordnet, welches der Arbeiterin ermöglicht, bei Fadenbrüchen zu der Spinnvorrichtung zu gelangen. Durch diese Anordnung wird auch die Wiedergewinnung der Lösungsmittel erleichtert, da sie in verhältnismäßig engen Räumen verdampfen.

Das beschriebene Erhitzen des Fadens ist auch bei anderen Kunstseiden, z. B. Kupferseide, anwendbar.

Nach Fivé.

67. Léon Fivé in Brüssel. Vorrichtung zur Regelung der Fadenspannung bei der Herstellung von künstlicher Seide.

D.R.P. 200 824 Kl. 29a vom 19. II. 1907 (gelöscht).

Bei der Herstellung künstlicher Seide, z. B. aus Kollodium, ist es vorteilhaft, die Spannung der Fäden beliebig verändern zu können, um so unter Regelung des Zuges und der Geschwindigkeit der Aufwickelspulen Fäden von bestimmter Stärke zu erhalten.

Die Erfindung betrifft eine diesem Zwecke dienende Vorrichtung, bei der ein zweckmäßig halbkreisförmiger, kammartig ausgebildeter Fadenführer verwendet wird, welcher verschiebbar ist, und über den die künstlichen Fäden laufen, ehe sie auf die Spule aufgewickelt werden. Durch lot- und wagrechte Verschiebung des Kammes, die auf irgendeine Art von Hand oder mechanisch erfolgen kann, hat man es in der Hand, die Fadenspannung beliebig zu regeln.

Patentanspruch: Vorrichtung zur Regelung der Fadenspannung bei der Herstellung künstlicher Seide, insbesondere aus Kollodium, unter Verwendung eines kammartigen Fadenführers, dadurch gekennzeichnet, daß der Fadenführer lotrecht und wagerecht verstellbar ist. (2 Zeichnungen.)

Nach Société anonyme des Celluloses Planchon.

68. Société anonyme des Celluloses Planchon in Lyon, Frankr. Vorrichtung zum Spinnen künstlicher Seide.

D.R.P. 219 128 Kl. 29a vom 28. VII. 1908 (gelöscht); franz. P. 399 218.

Unter den bekannten Vorrichtungen zum Spinnen künstlicher Seide gibt es unter anderem solche, bei denen die z. B. in einem Antriebsrad gelagerten Spinndüsen in Drehung versetzt werden, um die ausgepreßten Fäden umeinander zu winden und beim Bruch eines der zu einem Faden zu vereinigenden Einzelfäden diesen selbsttätig wieder an die anderen anzulegen[1]). Anderseits sind auch solche Einrichtungen bekannt, bei denen drehbare Spinntöpfe verwendet werden, in denen der Faden nach dem Verlassen der Spinndüse und der Gerinnungsbäder aufgefangen wird.

Vorliegende Erfindung bezieht sich auf Verbesserungen an Vorrichtungen, bei welchen die beiden erwähnten Maßnahmen vereinigt sind; sie bezweckt, die Leistungsfähigkeit der Vorrichtung zu erhöhen, ohne den Bruch des Fadens befürchten zu müssen. In der Zeichnung ist die Einrichtung in Fig. 40 teilweise im senkrechten Schnitt veranschaulicht; sie kann gewissermaßen als ein Element angesehen werden, von dem mehrere, an einem geeigneten Gestell untergebracht, gleichzeitig dieselbe Leistung verrichten. Fig. 41 ist ein Schnitt nach Linie $A-A$

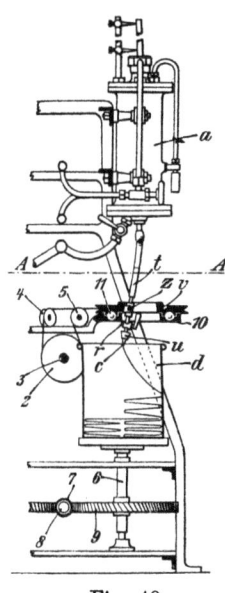

Fig. 40.

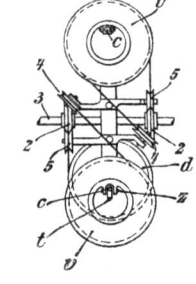

Fig. 41.

---
[1]) Siehe S. 495 u. ff.

der Fig. 40, bei dem beispielsweise zwei hintereinander angeordnete Elemente nach Fig. 40 gezeigt sind. Jedes der Elemente der Vorrichtung besteht aus der eine ständige Bewegung ausführenden Düse c und aus dem ebenfalls in Drehung zu setzenden Behälter d, welcher dazu bestimmt ist, den aus der Düse c herausgepreßten Faden in Gestalt einer Spirale aufzunehmen, und der, um diesen Faden zum Erstarren zu bringen, mit einer geeigneten, beliebig zusammengesetzten Gerinnungsflüssigkeit gefüllt ist.

Die Düse c steht mit dem Behälter a, der die Nitrozelluloselösung od. dgl. enthält, durch Vermittlung einer biegsamen Röhre, z. B. eines Schlauches t, in Verbindung; sie ist mit einer ein Filter enthaltenden Kammer u und mit einem Hahn r ausgestattet und erhält ihre drehende Bewegung durch die Schnurscheibe v. Diese ist zu diesem Zwecke mit einer zentralen Bohrung versehen und bewegt sich unter Vermittlung eines aus den Kugeln 11 gebildeten Lagers um eine feste Scheibe 10. In dieser Bohrung ist, und zwar an der Wand, die Düse c befestigt. Sie oder das mit ihr in Verbindung stehende biegsame Rohr t wird dort durch die Führung z gehalten, so daß, sobald die Scheibe v in Bewegung gesetzt wird, mit dieser auch die Düse c sich dreht. Während der Kreisbewegung der Düse wird das biegsame Rohr t durch seinen eigenen Widerstand an einer Umdrehung um seine eigene Achse verhindert. Die Scheibe v wird durch eine endlose, über eine um eine Achse 3 drehbare Schnurscheibe 2 und über die Zwischenscheiben 4 und 5 geführte Schnur in Bewegung gesetzt. Kraft wird in die ganze Einrichtung durch die Achse 8 gesandt, welche von einer beliebigen Maschine mit Hilfe eines Riemens od. dgl. angetrieben wird. Es ist zu ersehen, daß der aus der Düse austretende Faden eine zylindrische Bahn beschreibt, welche mit der Achse des Behälters a konzentrisch ist. Unterhalb der Düse ist der Behälter d angeordnet. Er ruht auf einer Platte, die von einer senkrechten Achse 6 getragen wird. Mit Hilfe einer auf der Achse 8 aufgekeilten Schraube ohne Ende 7, welche mit dem auf der Achse 6 angeordneten Schneckenrade 9 in Eingriff steht, wird die Achse 6 und somit auch der Behälter d in Umdrehung versetzt. Er ist mit einer Flüssigkeit gefüllt, welche je nach der Natur des Fadens zusammengesetzt ist und dazu dient, den von der Düse c in den Behälter d fallenden Faden sofort zum Erstarren zu bringen.

Patentanspruch: Vorrichtung zum Spinnen künstlicher Seide, bei der der aus einer in Drehung versetzten Spinndüse austretende Faden unmittelbar nach dem Verlassen der Düse in einem ebenfalls in Drehung versetzten, mit einer das Erstarren des Fadens herbeiführenden Flüssigkeit gefüllten Behälter aufgefangen wird, dadurch gekennzeichnet, daß die mit dem Druckbehälter mit Hilfe einer biegsamen Leitung (t) in Verbindung stehende Spinndüse (c) in der Bohrung einer drehbar gelagerten Schnurscheibe angeordnet und an der Wandung der Bohrung derart befestigt ist, daß sie die Umdrehung der Seilscheibe mitmachen und hierbei einen Kreis beschreiben muß.

Nach Krafft.

69. V. Krafft in Paris. Vorrichtung zur Herstellung künstlicher Fäden, z. B. Seidefäden.
D.R.P. 186 277 Kl. 29a vom 1. III. 1906 (gelöscht); franz. P. 363 922; österr. P. 27 037 (Ungarische Chardonnet-Seidenfabriks-Akt.-Ges. Sárvár).

Es sind Vorrichtungen zur Herstellung von künstlichen Fäden bekannt, bei denen der aus der Spinnvorrichtung oder der Spritzdüse austretende Faden auf einen Haspel aufgewickelt wird. Demgegenüber bedient sich die den Gegenstand vorliegender Erfindung bildende Vorrichtung des Haspels nur als eines Zwischenorganes, das dem Faden eine gewisse Trocknung geben soll, während die eigentliche Aufwicklung auf einer Spule geschieht. Der aus der Spinnvorrichtung oder der Spritzdüse austretende Faden wird danach in einem Arbeitsgange über einen Haspel hinweg, um den er mehrfach geführt ist, auf eine Spule gewickelt, die eine größere Umfangsgeschwindigkeit als der Haspel besitzt, wodurch der vorgetrocknete künstliche Faden verstreckt wird und so die erwünschten Eigenschaften erhält. Die Vorrichtung ist beispielsweise in Fig. 42 im Aufriß in teilweisem Schnitt dargestellt. Der aus dem Mundstück A austretende Spinnfaden B wird um den oben befindlichen Haspel C, der einen verhältnismäßig großen Durchmesser besitzt, in mehrfachen Windungen geführt. Eine Stufenscheibe erteilt mittels Schnur E, dem Haspel C, auf dessen Achse eine Schnurscheibe F aufgekeilt ist, die gewünschte Drehung. Der Spinnfaden B wird hierbei durch einen Kamm G geführt und um den Haspel schraubenförmig gewunden, und zwar erhält der Haspel im vorliegenden Falle drei bis zehn Fadenwindungen, so daß jeder Punkt des Fadens stets diese ganze Bahn von drei bis zehn Umgängen durchlaufen muß. Im gleichen Arbeitsgange läuft der Faden danach von dem Haspel ab, wird zu dem hin- und hergehenden Fadenführer H geleitet und gelangt dann zu der Spule J, die ihn aufwindet. Die Umfangsgeschwindigkeit der Spule J ist aber größer als diejenige des Haspels, so daß ein Verstrecken des Spinnfadens bewirkt wird.

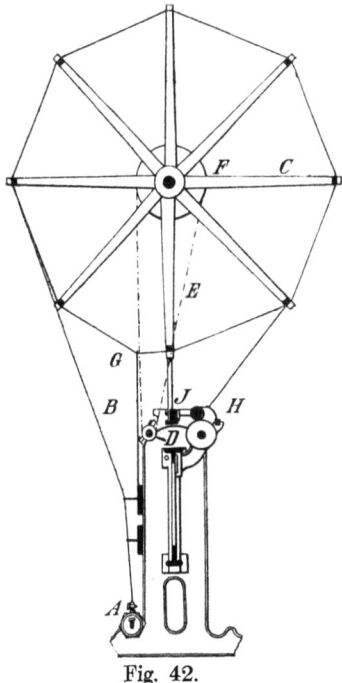

Fig. 42.

Da hier die Spritzdüse einen größeren Durchmesser besitzen kann, als wenn der Faden ohne Verstreckung aus mehreren Fasern vereinigt wird, so braucht das verwendete Kollodium nicht die gleiche vortreffliche Beschaffenheit zu besitzen, die bisher erforderlich war, und es braucht die Kollodiumlösung nicht so sorgfältig, wie bisher üblich, hergestellt zu sein. Es kann daher jede Art von wasserfreier und hydrierter Schießbaumwolle benutzt werden.

Patentanspruch: Vorrichtung zur Herstellung künstlicher Fäden, z. B. Seidefäden, dadurch gekennzeichnet, daß der aus der Spinnvorrichtung oder der Spritzdüse austretende Faden in einem Arbeitsgange zunächst in ein- oder mehrfachen Umgängen um einen Haspel geführt und von dem Haspel auf eine Spule aufgewickelt wird, die eine größere Umfangsgeschwindigkeit besitzt als der Haspel.

Nach Société anonyme des plaques et papiers photographiques A. Lumière & ses fils.

70. Société anonyme des plaques et papiers photographiques A. Lumière & ses fils in Lyon, Frankr. Aufwickelvorrichtung für künstliche Seide.

D.R.P. 173 012 Kl. 29a vom 30. IV. 1905 (gelöscht).

Die Erfindung dient zum Aufwickeln des im Fällungsbade gebildeten künstlichen Seidenfadens und hat den Zweck, die während des Auswechselns der Spulen für künstliche Seide u. dgl. auftretenden Zeit- und Materialverluste zu beseitigen, welche dadurch entstehen, daß das Fadenmaterial ununterbrochen zugeführt wird, während das Auswechseln der Spulen eine gewisse Zeit in Anspruch nimmt. Auch macht das Befestigen des Fadenendes an die leere Spule dabei einige Schwierigkeiten.

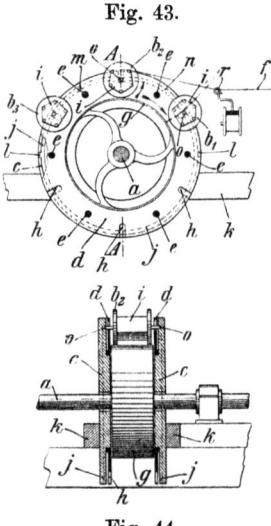

Fig. 43.

Fig. 44.

Gemäß der Erfindung ruhen die Spulen in besonderen, um eine gemeinschaftliche Achse drehbaren Lagern in der Weise, daß man nur nötig hat, sobald eine Spule voll bewickelt ist, diese mit dem Lager zu drehen, um den Antrieb dieser Spule zu unterbrechen und eine neue leere Spule in Betrieb zu setzen, wobei sich das neue Fadenende auf eine zu diesem Zweck an dem leeren Spulenkörper vorgesehene Kollodium- oder Zelluloidschicht festlegt. Das Auswechseln der Spulen geht demnach ohne irgendwelchen Zeit- und Materialverlust vonstatten. Fig. 43 zeigt einen Schnitt durch die Vorrichtung senkrecht zu den Spulenachsen, während Fig. 44 einen Schnitt nach Linie A—A der Fig. 43 veranschaulicht. Mehrere derartige Vorrichtungen sind auf der Welle a angeordnet. Jede von ihnen besteht aus einer sich gemeinsam mit der Welle drehenden Trommel g und zwei feststehenden mit dem Gestell k verbundenen Scheiben c, die konzentrisch zur Trommel liegen. Außerdem gehören noch zu jeder Vorrichtung zwei durch Bolzen e miteinander verbundene Ringe d, welche den gleichen Durchmesser wie die Scheiben c aufweisen und sich gemeinsam von Hand drehen lassen. Die Spulen b^1, b^2, b^3 sind in bekannter Weise haspelartig gebaut, sie besitzen je zwei kreisförmige Flanschen und in der Nähe der Flanschenränder Stifte, auf welche eine Schicht aus Kollodium, Zelluloid od. dgl. aufgebracht ist. Diese Schicht hat den Zweck, den von der Spinnmaschine kommenden Faden, welcher mit einem Lösungsmittel für Schießbaumwolle imprägniert ist, ohne weiteres haften und sich darauf selbsttätig festlegen zu lassen. Die von Hand drehbaren Ringe d besitzen Einschnitte h, in denen die Spulenachsen o ruhen. Diese greifen außerdem in kreisförmige Nuten j der feststehenden Scheiben c ein. Diese Nuten j liegen konzentrisch zur Achse a mit Ausnahme einer Stelle, welche sich unmittelbar senkrecht über der Trommel g befindet. An dieser Stelle senkt sich die Nut etwas nach dem Mittelpunkt der Scheibe, so daß diejenige Spule, welche sich gerade senkrecht über der Achse a befindet, auf die Trommeloberfläche niedersinkt und von der Trommel g angetrieben wird, während die rechts und links davon liegenden Spulen b^1 und b^3 entfernt von der Trommeloberfläche gehalten werden. Die Lagernuten sind an mehreren Stellen l offen, um das Einführen und Herausnehmen der Spulen zu ermöglichen.

Die Wirkungsweise ist folgende: Die Trommel g, welche sich in Richtung des Pfeiles (Fig. 43) dreht, nimmt bei dieser Drehung die Spule b^2 mit, während die anderen Spulen b^1, b^3 ruhen. Der aus der Fällflüssigkeit kommende Faden f wird in bekannter Weise durch einen hin- und hergehenden Fadenführer r auf die sich drehende Spule b^2 aufgewickelt. Sobald nun die Spule voll ist, dreht man die Ringe d mit der Hand in Richtung des Fadenauflaufes, so daß die Spule b^2 an die Stelle hingeführt wird, an der sich vorher die Spule b^3 befand, während die Spule b^1 zu der Stelle hingeführt wird, an der sich vorher die Spule b^2 drehte. Der Antrieb der Spule b^2 wird hierdurch sogleich unterbrochen, während nunmehr die Spule b^1 von der Trommel g angetrieben wird. Der Faden f legt sich dabei gegen die Kollodiumschicht i dieser Spule und haftet ohne weiteres daran fest, so daß der Antrieb der neuen Spule b^1 ohne Zeit- und Materialverlust erfolgt. Nach jeder Auswechslung kann man ohne weiteres die volle Spule entfernen und rechts von der angetriebenen Spule eine neue einführen.

Patentansprüche: 1. Aufwickelvorrichtung für künstliche Seide, dadurch gekennzeichnet, daß eine Anzahl Spulen um eine Antriebstrommel (g) revolverartig derart gelagert ist, daß nur immer eine der Spulen durch die Trommel mitgenommen wird, während die übrigen Spulen mit ihr außer Berührung stehen, und nach Füllung einer Spule durch Drehen der Lagerkörper (d) eine neue Spule in die Arbeitslage, die vorher angetriebene Spule hingegen sofort zum Stillstand gebracht wird.

2. Aufwickelvorrichtung nach Anspruch 1, dadurch gekennzeichnet, daß die Spulen revolverartig in Ringen gelagert sind, die sich von

Hand um feststehende Scheibenflanschen drehen lassen, und die verlängerten Zapfen der Spulen in besonderen Nuten der feststehenden Scheiben geführt sind.

3. Eine Ausführungsform der unter 1 geschützten Vorrichtung, dadurch gekennzeichnet, daß die Spulenkörper mit einer Schicht aus Kollodium, Zelluloid od. dgl. belegt sind, um beim Auswechseln der Spulen sofort ein Festhaften des künstlichen Seidenfadens od. dgl. an dem Spulenkörper zu bewirken.

Nach Sauverzac.

71. J.-M. de Sauverzac. Einrichtung zum Zwirnen von Kunstseidefäden beim Spinnen mit Regelungsvorrichtung für das Ausziehen.

Franz. P. 415 060.

Die aus der Spinndüse, die auch rotieren kann, kommenden Kollodiumfäden A (Fig. 45) werden über den im Sinne des Pfeils sich um seine Achse drehenden Zylinder B geführt, der durch die Schnurscheibe G angetrieben wird. B führt außerdem in seiner Längsrichtung eine kreisförmige Bewegung aus, die ihm durch die Scheiben D und die Schnurscheiben F erteilt wird. Alle diese Bewegungen bewirken, daß der Faden gleichmäßig abgezogen wird und sich beim Auffangen auf einem Träger oder in einem Spinntopf in mehr oder weniger großen Spiralen ablagert. (2 Zeichnungen.)

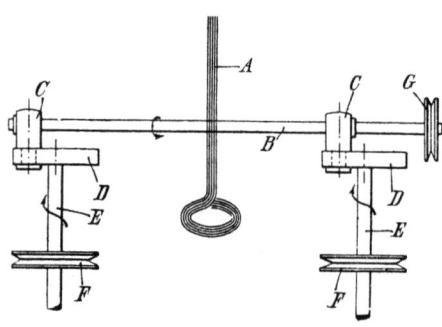

Fig. 45.

Nach Loewe.

72. Bernard Loewe in Paris. Verfahren und Vorrichtung zum Spinnen von künstlicher Seide, bei welchen der Faden in die Luft austritt.

D.R.P. 234 927 Kl. 29a vom 10. X. 1908; franz. P. 403 242; schweiz. P. 45 288; brit. P. 18 086[1909].

Das Verfahren besteht hauptsächlich darin, daß der aus der Spinndüse austretende Faden eine derartig große Strecke zwischen der Austrittsöffnung des Mundstücks und der Aufwickelspule, auf welche der Faden im Hin- und Hergang geführt wird, in freier Luft freihängend durchläuft, daß er ohne jede weitere Vorrichtung und ohne Zwischenbehandlung von selbst an der Luft erstarrt, wobei er eine leichte Drillierung erfährt, etwa wie sie ein aus einer feinen Öffnung eines zylindrische Gefäßes unter Druck austretender Wasserstrahl erhält. Erst nach einigem Verweilen auf der bewickelten Spule wird der Faden abgehaspelt.

Patentansprüche: 1. Verfahren zum Spinnen von künstlicher Seide und zum Überziehen von natürlicher Seide und Textilfasern überhaupt, bei welchen der Faden in die Luft austritt, dadurch gekennzeichnet, daß der aus der Spinndüse allein oder mit einem anderen Faden austretende Faden eine derartig große Strecke zwischen Mundstück und dem hin- und hergehenden Fadenführer der Aufwickelspule freihängend durchläuft, daß der künstliche Seidenfaden ohne jede weitere Vorrichtung und ohne Zwischenbehandlung in der Luft erstarrt und eine leichte Drillierung erfährt.

2. Vorrichtung zur Ausführung des Verfahrens nach Anspruch 1, dadurch gekennzeichnet, daß ein Verteilungsrohr einerseits eine Anzahl von in bekannter Weise abnehmbaren und mit auswechselbaren Mundstücken versehenen Spinndüsen trägt und anderseits mit einem Behälter für den Rohstoff verbunden ist.

. . . .

4. Vorrichtung zur Ausführung des Verfahrens nach Anspruch 1, dadurch gekennzeichnet, daß ein Spinnröhrchen vorgesehen ist, das in seinem Mantel eine Öffnung trägt, in die der mit Hahn versehene Stutzen des Verteilungsrohres mündet, und das oben mit einem auswechselbaren Deckel versehen ist. (6 Zeichnungen.)

Der Gegenstand des

73. Zusatzpatentes 252059 Kl. 29a vom 28. IV. 1911; Ver. St. Amer. P. 1151487

desselben Erfinders ergibt sich mit ausreichender Deutlichkeit aus den

Patentansprüchen: 1. Verfahren zum Spinnen von künstlicher Seide und zum Überziehen von natürlicher Seide und Textilfasern überhaupt, bei welchem der Faden in die Luft austritt, nach Patent 234 927, dadurch gekennzeichnet, daß ein aus dem Spinnröhrchen an die Luft heraustretender überzogener (brillantierter) Textilfaden einen sich um ihn herumrollenden Kunstseidefaden mitreißt und ein zweiter oder mehrere andere gleichzeitig aus anderen Spinnröhrchen austretende Kunstseidefäden um den Textilfaden herumgerollt werden, welche an diesem derart anhaften, daß sie durch geeignete Bäder von ihm getrennt werden können.

2. Spinnröhrchen zur Ausführung des Verfahrens nach Anspruch 1, dadurch gekennzeichnet, daß zum Spinnen Spinnröhrchen mit mehreren Löchern verwendet werden, von denen eines zum Austritt des überzogenen (brillantierten) Textilfadens und eines von diesen mitgerissenen Kunstseidefadens dient, während die anderen zum Austritt von Kunstseidefäden dienen.

3. Spinnröhrchen nach Anspruch 2, gekennzeichnet durch eine Hauptaustrittsöffnung für den überzogenen (brillantierten) Textilfaden und zwei oder mehrere um diese Öffnung angeordnete Nebenöffnungen. (4 Zeichnungen.)

Nach dem

74. Franz. Zusatzpatent 13 215

geht der Faden nicht erst auf eine Spule und dann durch ein Bad, sondern er geht direkt, nachdem er einen langen Weg durch die Luft zurückgelegt hat, über den Fadenführer zu dem Haspel. Die Spinndüsen sind zu mehreren an einem gemeinsamen Zuführungsrohr angebracht, und durch Schließen eines Hahnes kann eine Mehrzahl von Spinndüsen stillgesetzt werden. Oberhalb jeder Spinndüse ist ein abgeschlossener Luftraum vorgesehen, der als Luftpolster Druckverschiedenheiten in der zugeführten Spinnlösung ausgleicht und ein gleichmäßiges Spinnen bewirkt. (5 Zeichnungen.)

75. Bernard Loewe in Paris. Verbessertes Verfahren zur Herstellung künstlicher Seide und Apparat dazu.
Brit. P. 18 087[1909]; franz. P. 403 243; schweiz. P. 45 289; D.R.P. 235 602 Kl. 29a vom 10. X. 1908.

Nitrozelluloselösungen werden aus feinen Öffnungen ausgepreßt und der gebildete Faden wird in einem Gefäß aufgesammelt, das in der Mitte des Bodens ein Loch hat. Der Faden lagert sich in diesem Gefäß in regelmäßigen Windungen ab und wird hierbei, ohne einer Spannung ausgesetzt zu sein, trocken und fest. Hat sich in dem Gefäß eine gewisse Fadenmenge abgelagert, z. B. so viel, um einen Strang zu bilden, so wird die Zuführung weiterer Spinnflüssigkeit unterbrochen und der Faden durch das Loch im Boden des Sammelgefäßes abgezogen und auf eine Spule gewickelt. Die Spule wird dann an einer anderen Stelle der Spinnmaschine so gelagert, daß sie sich frei drehen kann, und der Faden wird von ihr abgezogen, durch ein Wasserbad geführt, welches den in dem Faden enthaltenen Alkohol aufnimmt, und auf einen Haspel aufgewunden.

Patentanspruch: Vorrichtung zum Spinnen künstlicher Seide und zum Überziehen von natürlicher Seide und Textilfasern überhaupt, bei welchen der Faden frei in die Luft austritt, nach Patent 234 927, dadurch gekennzeichnet, daß zwischen Fadenbildungs- und Aufwickelstelle eine Aufspeicherungsstelle angeordnet ist, die zweckmäßig aus einem offenen Gefäß besteht, dessen Boden mit einer Öffnung für den Eintritt des Fadens versehen ist, in welches der aus den Preßröhrchen austretende Faden eintritt und sich selbsttätig aufwickelt. (2 Zeichnungen.)

76. B. Loewe in Paris. Verfahren zum Spinnen von künstlicher Seide und zum Überziehen von natürlicher Seide und Textilfasern überhaupt, bei welchen der Faden in die Luft austritt.
D.R.P. 238 160 Kl. 29a vom 21. I. 1909; Zusatz zum D.R.P. 235 602.

Das Hauptpatent[1]) schützt eine Vorrichtung, bei welcher der Faden in die Luft austritt, und welche dadurch gekennzeichnet ist, daß zwischen Fadenbildungs- und Aufwickelungsstelle eine Aufspeicherungsstelle angeordnet ist, die zweckmäßig aus einem offenen Gefäß besteht, dessen Boden mit einer Öffnung für den Eintritt des Fadens versehen ist, in welches der aus dem Preßröhrchen austretende Faden eintritt und sich selbsttätig aufwindet. Im Hauptpatent ist angegeben, daß die Arbeits-

---
[1]) Siehe vorstehend.

weise in dieser Vorrichtung unterbrochen erfolgt, indem, sobald eine gewisse Fadenmenge in das Aufspeicherungsgefäß aufgenommen worden ist, der Hahn des Preßröhrchens geschlossen wird. Es hat sich nun gezeigt, daß das Verfahren auch ununterbrochen vor sich gehen kann, ohne die Güte der hergestellten Fäden zu beeinträchtigen. Das Verfahren geht dann in folgender Weise vor sich: Man läßt den Faden in das Aufspeicherungsgefäß einlaufen, bis eine gewisse Menge von Fadenspiralen sich in ihm angesammelt hat. Dann zieht man das untere Ende des Fadens durch die Öffnung, ohne dabei den Hahn des Preßröhrchens zu schließen. Die austretenden Fadenspiralen werden dann ständig durch neu nachfolgende ersetzt.

Patentanspruch: Verfahren zum Spinnen von künstlicher Seide und zum Überziehen von natürlicher Seide und Textilfasern überhaupt, bei welchen der Faden in die Luft austritt, Zusatz zum Patent 235 602, dadurch gekennzeichnet, daß die Arbeit ununterbrochen vor sich geht, indem man den Faden in die Aufspeicherungsstelle einlaufen läßt, bis eine gewisse Menge von Spiralen sich in ihr angesammelt hat, und dann

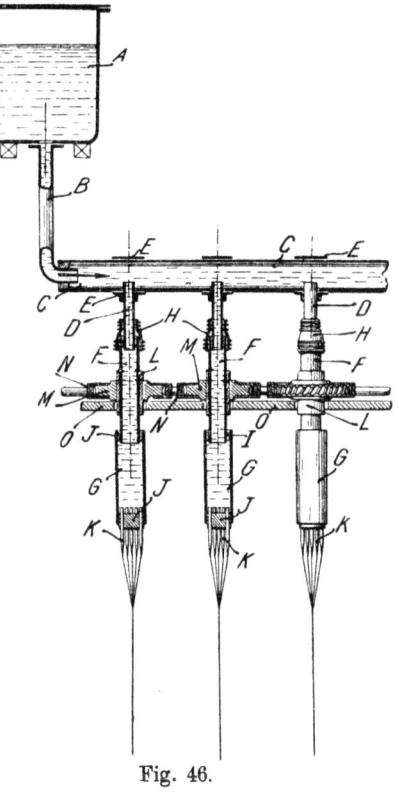

Fig. 46.

das untere Ende des Fadens durch die Öffnung des Gefäßes hindurchzieht, ohne dabei den Hahn des Preßröhrchens zu schließen.

Nach Cahen.

77. **G. Cahen.** Vorrichtung zum Spinnen künstlicher Seide ohne Druck an freier Luft.

Franz. P. 434 869.

Die zu verspinnende Flüssigkeit befindet sich in dem Behälter A (Fig. 46), von wo sie durch das Rohr B dem wagerechten Rohr C zufließt. C hat an seinem unteren Teil eine Anzahl Öffnungen, in denen Röhren D stecken, die sich um ihre Achse drehen lassen und durch die Filzdichtungen E gegen C abgedichtet sind. Die Röhren D münden in größere Röhren F und diese in Röhren G. Dichtungen H und I sorgen für den nötigen Abschluß. Die Röhren G sind unten durch Stopfen J

abgeschlossen, welche die Spinndüsen K tragen. Die Zahl dieser Spinndüsen richtet sich nach der Zahl der Einzelfäden, die man erzeugen will. Die Röhren F sind von Fassungen L umgeben, um die sich Zahnräder M legen, welche ihre Bewegung von einer Schraube ohne Ende N erhalten. Dadurch drehen sich die Röhren D, F, G gleichmäßig um ihre Achse. Natürlich könnte auch jede Fassung L für sich angetrieben werden. Die Platte O trägt das ganze System. Die aus den Spinndüsen austretenden Fäden erstarren sofort, vereinigen sich in einer bestimmten Entfernung von den Düsen und werden je nach der Drehung der Röhren D, F, G mehr oder weniger stark gezwirnt. Nach der Denitrierung sind die Fäden gebrauchsfertig.

Nach Denis.

78. Maurice Denis in Mons, Belg. Hilfsverteiler oder Düsenträger für Maschinen zum Spinnen künstlicher Seide aus Kollodium. D.R.P. 254 801 Kl. 29a vom 23. II. 1912 (gelöscht); belg. P. 252 514; franz. P. 452 900.

Hilfsverteiler oder Düsenträger für Maschinen zum Spinnen künstlicher Seide, bei denen die Hähne eine größere oder kleinere Anzahl in verschiedener Höhe liegender Spinndüsen tragen, sind bekannt. Indessen haben die bekannten Einrichtungen den Nachteil, daß bei Verstopfung oder Unbrauchbarwerden auch nur einer Düsenöffnung der mit den mehreren Düsen versehene Ansatz, also das betreffende ganze Arbeitsglied, außer Betrieb gesetzt werden muß, womit alsdann gleichzeitig die mehreren auf dem Tragstück vorgesehenen Düsenöffnungen oder Düsen ausgeschaltet werden. Bei der Erfindung wird erreicht, daß bei einer Verstopfung irgendeiner Spinndüse oder bei Bruch irgendeines Fadens eben nur die eine Spinndüse ausgewechselt zu werden braucht, während alle übrigen, also auch die unmittelbar benachbarten, weiter zu arbeiten vermögen. Das wird dadurch erzielt, daß an den aufeinander folgenden Hähnen des Hilfsverteilers die größere und die kleinere Anzahl von Spinndüsen in stetiger Abwechslung versetzt angeordnet und jede Spinndüse für sich auswechselbar eingerichtet ist, wobei diejenigen Tragstücke, welche mehrere Düsen aufweisen, um eine senkrechte Achse drehbar sind. Auf dem Rohr 1 (Fig. 47), welches das Kollodium den verschiedenen Spinndüsen zuführt, sind abwechselnd die Hähne 2 und 3 angeordnet, wobei die Hähne 2 nur eine einzige

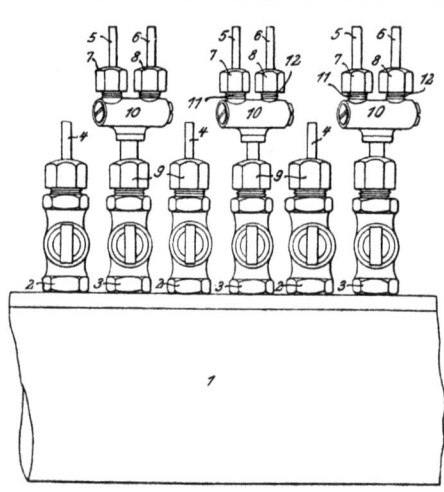

Fig. 47.

Spinndüse aufweisen, während die Hähne 3 zwei Spinndüsen tragen. Jeder Hahn 2 trägt also in bekannter Weise nur eine einzige Spinndüse 4, während jeder der mit 3 bezeichneten Hähne eine Überwurfmutter 9 trägt, in welcher das T-förmige Rohrstück 10 um eine senkrechte Achse drehbar ist. Das T-förmige Rohrstück 10 weist hierbei zwei mit Schraubengewinde versehene Stutzen 11 und 12 auf, welche die Überwurfmuttern 7 und 8 für die Spinndüsen 5 und 6 aufnehmen. Die Spinndüsen 5 und 6 befinden sich hierbei vorteilhaft oberhalb der Spinndüsen 4, derart, daß die Drehung des Teiles 10 um seine senkrechte Achse die aus den benachbarten Spinndüsen 4 hervortretenden Fäden ebensowenig beeinflußt wie die Bewegung der Schraubenmuttern 7 und 8 oder derjenigen Fäden, welche aus den Spinndüsen 5 und 6 heraustreten. So kann die Arbeiterin mit der Hand oder aber mit Schraubenschlüssel und anderen Werkzeugen ohne weiteres zu allen Teilen der Spinnvorrichtung und der Einzelheiten heranlangen, ohne daß bei einer Arbeit an der einen Spinndüse die Tätigkeit der anderen Spinndüsen beeinflußt würde.

Patentanspruch: Hilfsverteiler oder Düsenträger für Maschinen zum Spinnen künstlicher Seide aus Kollodium, dessen Hähne eine größere oder kleinere Anzahl in verschiedener Höhe liegender Spinndüsen tragen, dadurch gekennzeichnet, daß an den aufeinanderfolgenden Hähnen des Hilfsverteilers die größere und die kleinere Anzahl von Spinndüsen in stetiger Abwechselung versetzt angeordnet ist und jede Düse für sich auswechselbar ist, wobei diejenigen Tragstücke, welche mehrere Düsen aufweisen, um eine senkrechte Achse drehbar sind.

79. Maurice Denis in Mons, Belgien. Maschine zum Spinnen künstlicher Seide im luftleeren oder luftverdünnten Raum.
D.R.P. 277 154 Kl. 29a vom 28. V. 1913 (gelöscht); franz. P. 473 481; belg. P. 256 877.

Die Erfindung löst die Aufgabe, das Spinnen künstlicher Seide im luftleeren oder luftverdünnten Raum vorzunehmen. Sie besteht im wesentlichen darin, daß die Spinndüsen, Fadenführungen und Aufspulvorrichtungen bei senkrechter Anordnung in abnehmbaren Glocken oder Rezipienten untergebracht sind und der Spulenwechsel sowie die Überführung des Fadens von einer vollbewickelten auf eine leere Spule durch eine Verschiebung der zur Aufnahme der Spulen dienenden Spindeln selbst bewirkt wird, ohne den Spinnvorgang zu unterbrechen. Hierbei sollen die Spulen von Hülsen gebildet werden, die mit einem Längsschlitz versehen sind, dessen Breite dem Durchmesser der vorerwähnten, in senkrechter Richtung verschiebbaren Spindel entspricht, so daß die Spulen seitlich über die senkrechte Spindel aufgeschoben werden können, welche mit einem Spulenträger versehen ist, der die Hülsen durch Federn oder ähnliche Mittel trägt. Das Auswechseln der vollbewickelten gegen eine leere Spule erfolgt dadurch, daß die Spindel eine Verschiebung nach unten erfährt, bei der der Spindelschaft die zuvor von Hand seitlich über die Spindel geschobene und auf

80 Herstellung aus Nitrozellulose.

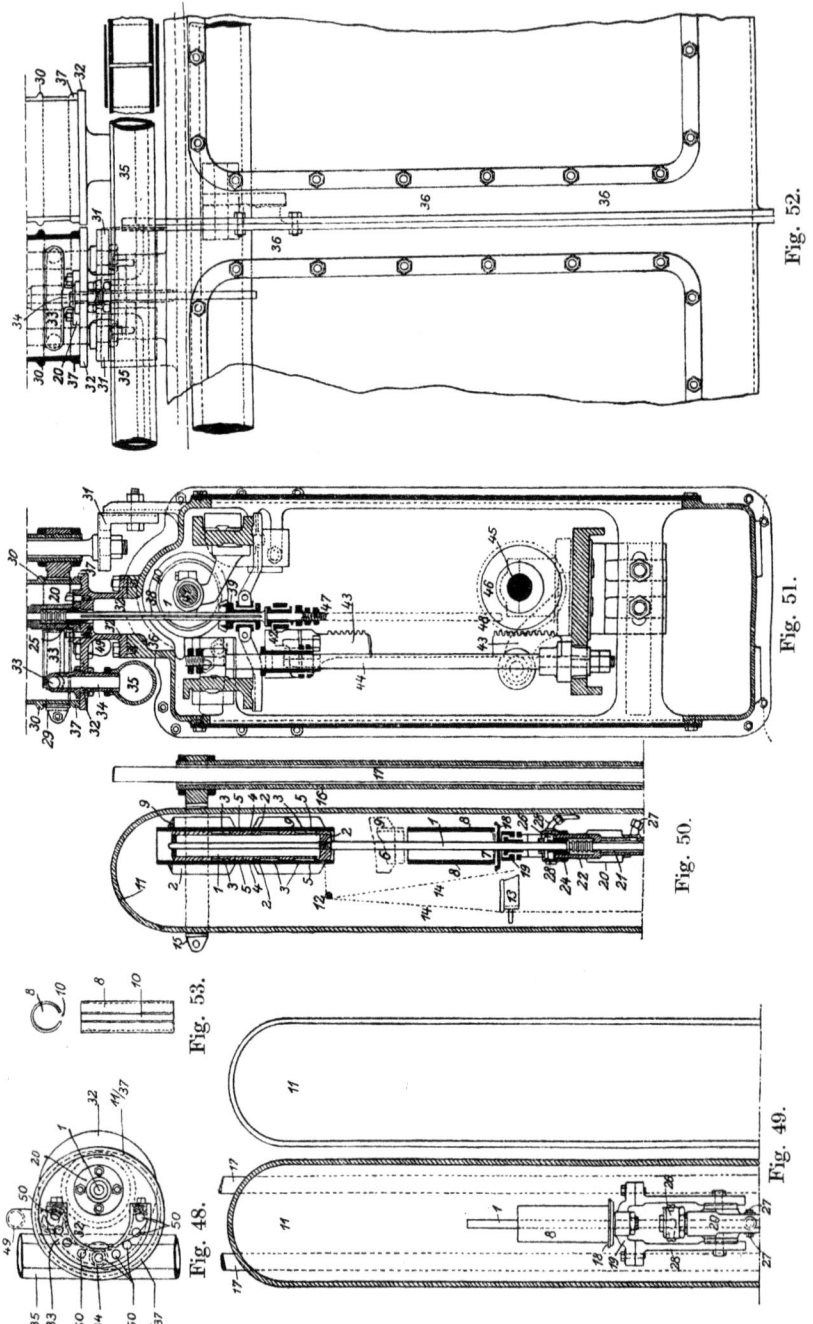

Fig. 52.
Fig. 51.
Fig. 50.
Fig. 53.
Fig. 48.
Fig. 49.

eine lose gehaltene Platte aufgesteckte leere Spule ergreift, um diese beim Wiederemporheben der Spindel zusammen mit der vollen Spule anzuheben und damit in den Bereich des Fadenführers zu bringen. Die vollbewickelte Spule verbleibt also, nachdem der Faden auf die in vorstehend dargelegter Weise angehobene leere Spindel übergeleitet ist, noch weiter auf der Spindel und nimmt auch noch weiterhin an der Drehung dieser Spindel in der Luftleere und bei geeigneter Temperatur teil, wodurch die Verdampfung des Trägers oder Lösungsmittels vervollständigt wird. Dadurch wird weiter die Möglichkeit geboten, das Lösungsmittel ohne irgendwelche Verluste wiederzugewinnen.

Fig. 48 zeigt eine Draufsicht auf die zur Aufnahme des Rezipienten oder der Glocke dienende Plattform, während Fig. 49, 50, 51 und 52 senkrechte, rechtwinklig zueinander genommene Schnitte durch die Maschine veranschaulichen. Fig. 53 endlich stellt eine Einzelheit in Ansicht und im Grundriß dar. 1 ist eine senkrecht angeordnete, sowohl drehbare als auch in senkrechter Richtung verschiebbare Spindel, die eine Spindelhülse 2 trägt, die ihrerseits mit geeigneten Federn 3 ausgerüstet ist, um die Spulen 4 und 5 aufzunehmen, welche erfindungsgemäß mit einem Längsschlitz 10 (Fig. 53) versehen sind, dessen Weite mindestens dem Durchmesser der Spindel 1 entspricht, so daß die Spulen seitlich über die Spindel geschoben und auf eine lose Halteplatte 18 aufgestellt werden können. Die Platte 18 ist auf ein Gestell 19 gestützt, das zweckmäßig an der Buchse 20 vorgesehen sein kann, durch welche die Spindel 1 unter Benutzung einer geeigneten Abdichtung hindurchgeführt ist. Diese Buchse 20 ist mit ihrem unteren Teil, unter vollständiger Abdichtung, auf einer abgedrehten und vollständig abgerichteten metallischen Plattform 32 (s. Fig. 48, 51 und 52) befestigt, die außer von der Spindel 1 auch noch von einem Stutzen 34 durchdrungen wird. Der ebenfalls vollständig gegen die Plattform 32 abgedichtete, unterhalb davon mit dem Zuführungsrohr 35 für die Zellulose oder Nitrozellulose in Verbindung stehende Stutzen 34 trägt oberhalb der Plattform ein gekrümmtes Rohr 33 (s. Fig. 48, 51 und 52), auf dem bei 50 die einfachen oder doppelten Spinndüsen in senkrechter Anordnung vorgesehen sind. Oberhalb der Spinndüsen, die in beliebiger Anzahl vorgesehen sein können, befindet sich die Fadenführung 13, die behufs Umlauf warmen Wassers oder warmer Luft oder einer sonstigen Wärmequelle hohl ausgeführt sein kann, und ferner die feste Führung 12, wobei alle diese Teile, also Spinndüsen, Fadenführungen und Aufspulvorrichtungen, bei senkrechter Anordnung in abnehmbaren Glocken oder Rezipienten 11 untergebracht sind. Die Glocken können entweder gläserne Fenster aufweisen und alsdann aus Metall bestehen, oder vollständig aus Glas sein, wobei die Aufsatzfläche 37 abgeschliffen ist, so daß entweder unmittelbar oder aber unter Zuhilfenahme einer geeigneten Zwischenlage ein absoluter Anschluß der Glocken an die Plattformen 32 erzielt, also die Bedingung für die Erzeugung einer Luftverdünnung oder Luftleere unterhalb der Glocken 11 erfüllt wird. Der Anschluß der Luftpumpe o. dgl. behufs Erzeugung und Aufrechterhaltung der Luftleere innerhalb der Glocken 11 erfolgt bei 49 (s. Fig. 48 und 51). Jede der Glocken ist von Schellen 15 und 29 umgeben, die ihrerseits durch Rohre 16 miteinander verbunden sind, wobei die Rohre 16 zur Führung der Glocke 11 an senkrechten Stangen 17 dienen. Wie bereits erwähnt wurde, soll die Spindel 1 mit ihrem Spindelschaft 2 sowohl eine drehende Bewegung als auch eine Verschiebung in senkrechter Richtung erfahren. Zu diesem Zweck ist der unterhalb der Abdichtung 22, 25 befindliche Teil der Spindel 1 mit einer langen Keilnut 38 versehen, in die die Feder oder der Keil eines Kegelrades 39 eingreift, das mit einem auf der Welle 41 aufgekeilten Kegelrad 40 in Eingriff steht. Ein Führungsstück 42, das auf den Führungsstangen 44 zu gleiten vermag, ist mit Zahnstangen 43 verbunden, in die ein auf der Welle 45 aufgekeiltes Zahnrad 46 eingreift. Durch geeignete Umkehrungsmittel besorgt nun die vorstehend beschriebene Vorrichtung die zur Bildung der Spule 9 erforderliche Auf- und Abbewegung der Spindel 1 und des Spindelschaftes 2, wobei diese Spindel 1 mit dem Spindelschaft 2 aber über die Kegelräder 40 und 39 in ständiger Umdrehung gehalten wird. Überdies kann die Spindel 1 mit ihrem Spindelschaft 2 aber noch periodisch, und zwar von Hand oder durch eine mechanische Vorrichtung eine über das Maß des üblichen, zum Bewickeln der Spule dienenden senkrechten Hin- und Herganges hinausgehende Verschiebung erfahren, wobei diese weitergehende Verschiebung den Zweck hat, in der im folgenden zu beschreibenden Weise jeweils eine leere Spule an Stelle der vollbewickelten zu bringen.

Beim Beginn der Arbeit der Maschine befindet sich auf dem unteren Teil des Spindelschaftes 2 die durch die Federn 3 gehaltene, mit dem Schlitz 10 versehene Hülse 5 in der aus Fig. 50 ersichtlichen Arbeitsstellung, wobei also das untere Ende dieser Hülse gegenüber der festen Führung 12 zu liegen kommt, während auf die lose gehaltene Platte 18 eine zweite Hülse 8 aufgebracht ist, die sich somit in Bereitschaftsstellung befindet. In weiter oben beschriebener Weise wird nun die Spindel 1 mit dem Spindelschaft 2 behufs Bildung der Spule 9 ständig in Drehung versetzt und überdies ständig auf und ab bewegt, und zwar um die Entfernung, die zwischen der in Fig. 50 mit vollen Linien ausgezogenen und der bei 6 punktiert veranschaulichten Stellung liegt. Die in der Arbeitsstellung befindliche Spule 9 wird also bewickelt, wozu eine gewisse Zeit, z. B. eine Stunde, erforderlich ist. Um nun an Stelle der vollbewickelten eine leere Spule zu bringen, wird die Spindel 1 mit ihrem Spindelschaft 2 entweder von Hand oder aber auf mechanischem Wege über das Maß des zum Bewickeln erforderlichen Hin- und Herganges hinaus nach unten verschoben, wobei sich zunächst die vollbewickelte Hülse auf den oberen Rand der auf der Platte 18 befindlichen, noch leeren Hülse aufsetzt, um bei weiterem Niedergehen der Spindel 1 auf den oberen Teil des Spindelschaftes verschoben zu werden, während der untere Teil des Spindelschaftes 2 nunmehr die leere, auf der Platte 18 stehende Hülse 8 erfaßt. Bei dem Wiederemporgehen der Spindel 1 wird dann die leere Hülse 8 mit der vollen Spule 9 angehoben, derart, daß sich nunmehr die leere Hülse 8 in Arbeitsstellung, d. h. gegenüber der festen Führung 12 befindet, während die volle Spule 9 den oberen Teil des Spindelschaftes 2 einnimmt und noch weiterhin in der Luftleere in Umdrehung versetzt wird, so lange, bis auch die soeben mitgenommene leere Hülse 8 voll bewickelt ist. Der Faden ist hierbei ohne weitere Mittel von der vollbewickelten Spule auf die noch leere geschlitzte Hülse herübergeführt worden, so daß also die vollbewickelte Spule mit der zu bewickelnden Hülse 8 noch mit einem Teil des Fadens in Verbindung steht. Nachdem auch die zweite Hülse 8 voll bewickelt ist, wird Luft in den Rezipienten 11 gelassen und dieser schnell emporgehoben, worauf dann die oberste Spule, die sich unter Annahme der vorerwähnten Arbeitszeit zwei Stunden in der Luftleere befunden hatte, unter Durchreißen des Verbindungsfadens zu der zuletzt bewickelten Spule von dem Spindelschaft abgenommen wird. Gleichzeitig hiermit wird eine neue leere Hülse 8 seitlich über die Spindel 1 herübergeschoben und auf die Platte 18 aufgestellt, worauf der Rezipient 11 wieder niedergelassen und die Luftleere in ihm wieder hergestellt wird, was bei Verwendung einer genügend großen Luftpumpe in einem einzigen Augenblick stattfinden kann.

Patentansprüche: 1. Maschine zum Spinnen künstlicher Seide im luftleeren oder luftverdünnten Raum, dadurch gekennzeichnet, daß Spinndüsen, Fadenführungen und Aufspulvorrichtungen bei senkrechter Anordnung in abnehmbaren Glocken oder Rezipienten untergebracht sind und der Spulenwechsel und die Überführung des Fadens von einer vollbewickelten Spule auf eine leere Spule durch eine Verschiebung der Spindel bewirkt wird, ohne den Spinnvorgang zu unterbrechen.

2. Maschine nach Anspruch 1, dadurch gekennzeichnet, daß die Spulen von Hülsen (8) gebildet werden, die zwecks Aufbringung einen dem Durchmesser einer senkrechten Spindel (1) entsprechend breiten Schlitz (10) aufweisen, und daß die Spindel (1) mit einem Spulenträger versehen ist, der die Hülsen durch Federn oder ähnliche Mittel trägt, wobei ein Auswechseln dadurch erfolgt, daß die Spindel eine Verschiebung nach unten erfährt, bei der der Spindelschaft (2) die zuvor von Hand seitlich über die Spindel geschobene und auf eine lose Halteplatte (18) aufgesteckte leere Spule ergreift und sie zudem mit der vollen Spule (9) beim Wiederemporgehen der Spindel anhebt.

3. Maschine nach Anspruch 1, dadurch gekennzeichnet, daß die vollbewickelte Spule, nachdem der Faden auf eine leere Spule übergeleitet ist, noch weiter an der Drehung der Spindel (1) teilnimmt und bei geeigneter Temperatur noch weiter in der Luftleere belassen wird, zu dem Zweck, die Verdampfung des Trägers oder Lösungsmittels zu vervollständigen.

Nach Chardonnet.

80. **Graf Hilaire de Chardonnet in Paris.** Maschine zum Verspinnen von Kollodium.

D.R.P. 320 908 Kl. 29a vom 27. VII. 1915; Prior. Frankreich 1. VIII. 1914; brit. P. 10 857 [1915]; schweiz. P. 74 930.

Die Maschine ist von solcher Anordnung, daß einer gegebenen Menge Kollodium ein bestimmtes Gewicht Seide genau entspricht. Man erhält eine gleichmäßige Stärke, indem eine unveränderliche Beziehung zwischen der Spinngeschwindigkeit und der Gesamtmenge des Kollodiums aufrechterhalten wird, die der Gesamtheit der Spinndüsen zugeführt

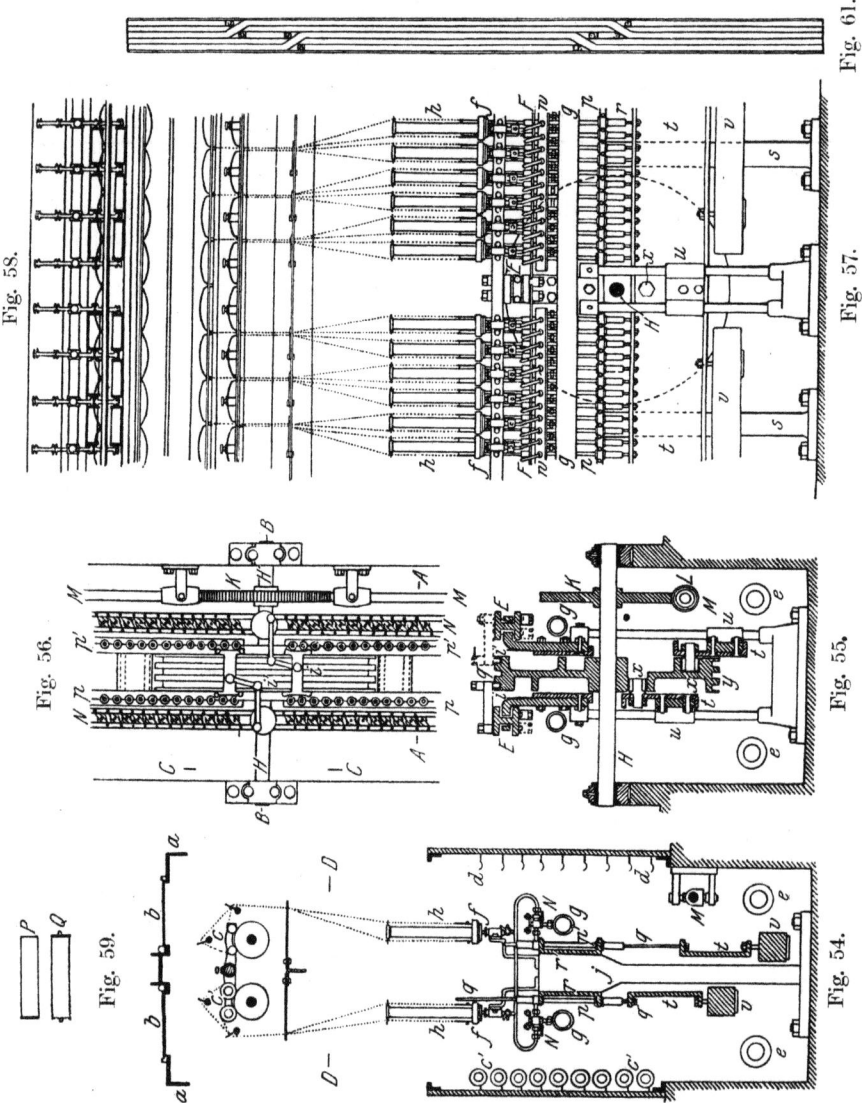

wird, deren Spinnfasern oder Fäden auf einer gemeinsamen Spule aufgewickelt werden.

Fig. 54 ist ein Querschnitt der Gesamtanordnung der Maschine, und zwar ist der Schnitt gemäß der Linie *A-A* des Grundrisses nach

Fig. 56 gedacht. Fig. 55 ist ein Querschnitt gemäß der Linie B-B derselben Fig. 56. Fig 56 ist ein Grundriß der Maschine in der Höhe der Ebene D-D in Fig. 54. Fig. 57 ist eine Seitenansicht der Maschine gemäß der Ebene C-C der Fig. 56. Fig. 58 ist eine Oberansicht der Zylinder, der Spulen und der Vorrichtung zur hin und her gehenden Bewegung auf der einen Seite und der Haltevorrichtung allein auf der anderen Seite der Maschine. Fig. 59 zeigt in größerem Maßstabe eine Spulenhülse und ihre Achse allein. Fig. 60 ist eine Seitenansicht der in Fig. 57 gestrichelt dargestellten Exzenterscheibe. Fig. 61 ist eine Abwicklung des äußeren Umfanges der Felge der Scheibe nach Fig. 60. Fig. 62 stellt

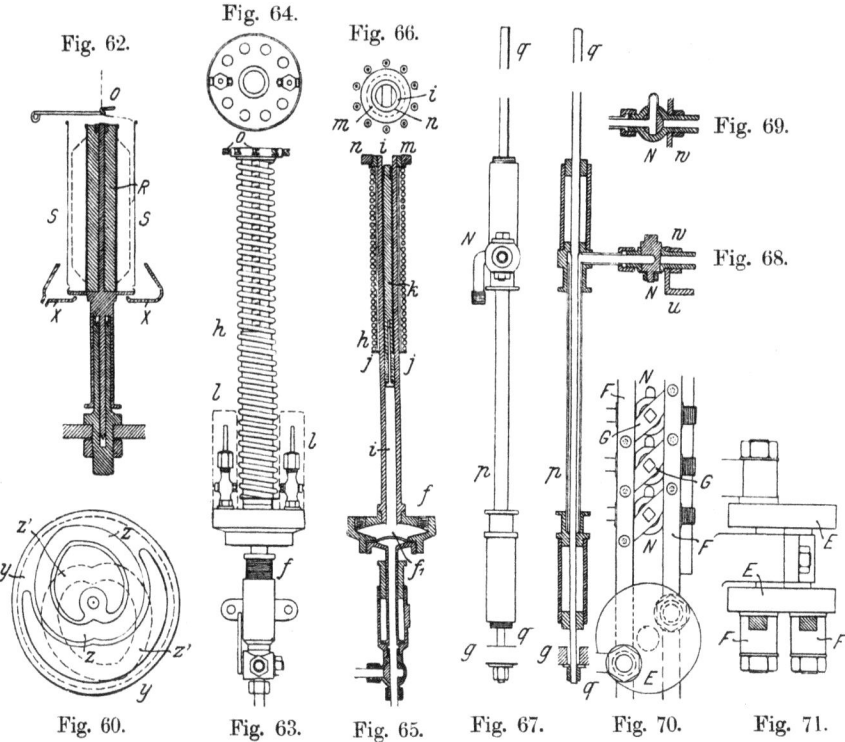

Fig. 62.   Fig. 64.   Fig. 66.

Fig. 69.

Fig. 68.

Fig. 60.   Fig. 63.   Fig. 65.   Fig. 67.   Fig. 70.   Fig. 71.

in senkrechtem Schnitt eine Spinnspindel mit einer Spulenhülse dar, die mit Faden bewickelt ist. Fig. 63 veranschaulicht in Seitenansicht und in größerem Maßstabe einen Düsenträger mit der zugehörigen Regelungsvorrichtung, wobei die Feder in ihrer äußersten Stellung der Entspannung gezeichnet ist. Fig. 64 ist die Oberansicht der Scheibe des Düsenträgers. Fig. 65 ist ein senkrechter Schnitt des Düsenträgers und seiner Regelungsvorrichtung, wobei sich die Feder in der Stellung ihrer größten Spannung befindet. Fig. 66 ist die Oberansicht des oberen Endes der Regelungsvorrichtung mit den Fadenführern. Fig. 67 stellt in Vorderansicht den Pumpenkörper mit dem zugehörigen Verteilungshahn dar. Fig. 68 ist ein senkrecher Schnitt durch die Pumpe und den

Verteilungshahn, wobei der Pumpenkolben in seiner oberen Stellung dargestellt ist. Fig. 69 ist ein wagerechter Schnitt des in Fig. 68 dargestellten Hahnes. Fig. 70 ist die Oberansicht der Verteilungshähne und ihrer Steuervorrichtung. Fig. 71 ist die Ansicht der Welle mit zwei Scheiben zur Steuerung der Verteilungshähne, und zwar ist die Welle mit ihrem Lager veranschaulicht. Die Maschine hat die allgemeine Gestalt der in einem Gehäuse eingeschlossenen Maschinen zum Verspinnen von Kollodium. Das Gehäuse ist gegenüber den Fäden entweder durch bewegliche Verglasungen oder durch Vorhänge aus durchsichtiger Gaze verschlossen, die man entfernen kann, um Zugang zu den Fäden zu schaffen. Die Vorhänge oder Fenster werden an dem Rahmen bei a aufgehängt. Die Maschine ist von oben durch Glasfenster b verschlossen, die man öffnen kann, um die mit Fäden bewickelten Hülsen c' gegen leere Hülsen c auszuwechseln. Auf den inneren Wänden der Maschine sind Haken d befestigt, auf die die bewickelten Spulen c' gelegt werden, damit sie teilweise trocknen können. Um die Bewegung der mit den schweren Dämpfen beladenen Luft gegen den Boden der Maschine zu begünstigen, wo sie abgesaugt und in die Regenerationseinrichtungen befördert wird, kann man in den glatten oder mit Rippen versehenen Rohren e eine nicht gefrierende stark gekühlte Flüssigkeit umlaufen lassen. Die Spinndüsen, die für eine gemeinsame Spule liefern, sind auf einem scheibenförmigen Düsenträger f vereinigt, der auf einer hohlen senkrechten, in einer Packung drehbaren Spindel (Fig. 65) angeordnet ist, aus der das Kollodium in den Düsenträger durch ein Filter f' einfließt. Dieser Düsenträger enthält so viele Spinndüsen, als man auf der gemeinsamen Spule Spinnfäden vereinigen will; in dem gezeichneten Ausführungsbeispiel (Fig. 64) ist angenommen, daß zehn Düsen je einer Spule entsprechen, es sind indessen in Fig. 63 und 64 nur zwei Düsen in ihrer Stellung gezeichnet. Infolge dieser Anordnung kann man jede Düse nach vorn bringen, wenn an ihr irgendeine Handhabung vorgenommen werden muß. Der untere feste Teil des Düsenträgers, der die Stopfbüchse enthält, ist auf einen Längsbalken des Rahmens geschraubt und trägt einen Dreiweghahn, der erforderlichenfalls die Entleerung des Düsenträgers von dem Kollodium gestattet. In der Mitte des Düsenträgers f ist in senkrechter Anordnung ein Federakkumulator oder Regler h angeordnet, der von einer rohrförmigen Säule i gebildet wird, die in ihrem oberen Teil geschlitzt ist, um einem Querbolzen Durchlaß zu gewähren, der die Stange oder den abgedichteten Kolben k mit dem Rohr j verbindet. Dieses Rohr kann in senkrechter Richtung auf der Säule i verschoben werden; es ist an seinem unteren Teil abgebogen, so daß ein Flansch entsteht, der der Feder h als Widerlager dient.

Unter der Voraussetzung, daß die Zuströmung des Kollodiums gleichmäßig erfolgt, erzeugt die Feder h, wenn der Ausfluß durch die Düsen größeren oder geringeren Widerstand infolge von Verdickung oder aus anderer Ursache findet, selbsttätig den erforderlichen Druck für das Ausfließen des Kollodiums, das auf diese Weise mit konstantem Volumen und unter veränderlichem Druck erfolgt. Wenn man die Spinnarbeit unterbricht, so bedeckt man die Düsen mit einem ringförmigen Deckel l, der das Erhärten des Kollodiums verhütet und das Wiederingangsetzen der Maschine erleichtert. Auf das obere Ende der Säule i ist eine Ringmutter m geschraubt, die als oberes Widerlager für die Feder h dient und auf die sich ein die Fadenführer o tragender Ring n legen läßt. Um den Deckel l über die Düsen bringen zu können, muß man vorübergehend den Ring n entfernen. Jeder Düsenträger erhält das Kollodium durch eine von zwei getrennten Körpern p und p' gebildete Pumpe zugeführt. Der eine dieser Körper ist in Fig. 67 und 68 besonders und im größeren Maßstabe abgebildet. Die Bewegung des Kolbens eines jeden Körpers wird derart beeinflußt, daß er während der Abgabe des Kollodiums in den Düsenträger sich langsamer bewegt, als beim Ansaugen. Diese Anordnung bezweckt die Wirkung des Kolbens des einen Pumpenkörpers während des Spiels der Ventile oder Hähne des anderen Pumpenkörpers zu verlängern unter Berücksichtigung der verlorenen Zeit. Hieraus ergibt sich, daß bei dem Zufluß des Kollodiums jeder Totpunkt beseitigt ist. Lediglich zur Sicherung gegen die stets möglichen Unregelmäßigkeiten des Ganges ist der oben beschriebene Hilfsregler mit Feder h angebracht worden. Der Differentialkolben q einer jeden dieser einfach wirkenden Pumpen durchsetzt diese von einem Ende zum anderen und ist mittels Stopfbüchsen abgedichtet. Das Kollodium wird in die Düsenträger bei der Abwärtsbewegung des Kolbens wegen der Verschiedenheit der Durchmesser seines oberen und seines unteren Teiles befördert. Das Kollodium strömt aus der Verteilungsleitung g unter Druck zu, weshalb die Kolben durch das Kollodium stets gehoben werden. Dieser Druck ist indessen in folgender Weise ausgeglichen: Die Gesamtzahl der Pumpenkörper der Maschine ist in zwei Reihen p und p' geteilt, die parallel in rechenartig ausgeführten Rahmen befestigt sind, indem sie in deren schellenförmigen Teilen gehalten werden. Diese Rahmen sind ihrerseits auf Gußsäulen s festgeschraubt, die den gesamten unteren Teil der Maschine tragen. Der unbewegliche Teil der Verteilungshähne N wird in seiner Stellung durch ein Winkeleisen w gesichert, durch das ihre Rohrstutzen hindurchragen und in dem sie durch eine aufgeschraubte Mutter festgehalten werden.

Unterhalb eines jeden Rechens r und r' befindet sich ein mittels Gleitführungen u auf- und niederbeweglicher Balken t. Diese sich durch die gesamte Länge der Maschine erstreckenden Balken bestehen jeder aus einem hochkant gestellten Flacheisen mit wagrechten Flanschen; der obere Flansch hat Durchbrechungen, durch die die Stangen q der Kolben hindurchragen. Eine Unterlagscheibe und eine auf das untere Ende der Kolbenstange geschraubte Mutter nehmen den Kolben mit, wenn der Balken sich abwärts bewegt. Unter dem Balken t sind Gegengewichte v angehängt, die derart bemessen sind, daß sie den Mindestdruck des Kollodiums unter dem Kolben ausgleichen. Unter der Voraussetzung, daß lediglich die Wirkung des Kollodiums vorhanden ist, wird das aus dem Kolben, der Stange und dem Gegengewicht bestehende

System dauernd in seine obere Stellung bewegt. Die zur Bewegung dieses Systems erforderliche Kraft muß also immer die Richtung von oben nach unten haben; sie braucht aber niemals größer zu sein, als der Unterschied des Höchstdruckes und des Mindestdruckes, die beim Spinnen angewendet werden und unter dem Kolben wirken. Es ist also nur ein sehr geringer Kraftaufwand erforderlich. Um den Balken t eine gleichmäßige Bewegung von unten nach oben und von oben nach unten mit verschiedenen Geschwindigkeiten zu erteilen, sind sie an den beiden Enden mit Rollen x versehen, die sich in Kurvennuten z und z' auf den Seiten einer Scheibe y bewegen können (Fig. 60); diese Nuten haben die Gestalt von Spiralen verschiedener Steigerung entsprechend der Geschwindigkeit der senkrechten Bewegung in jedem Sinne, während die Scheibe y eine gleichförmige Drehbewegung ausführt.

Wie aus der eingezeichneten gegenseitigen Stellung der zwei Kurvenbahnen gemäß Fig. 60 ersichtlich ist, fährt bei Drehung der Scheibe y an jedem Ende eines Hubs einer der Kolben fort das Kollodium zu fördern, während der andere am Totpunkt angelangt ist und der Verteilungshahn dieses letzteren Kolbens in eine neue Stellung umgestellt wird. In Fig. 60 ist die Kurve z, die den Kolben p bewegt, in ausgezogenen Linien dargestellt, während die auf der anderen Seite der Scheibe befindliche, den Kolben p' bewegende Kurve z' in gestrichelten Linien dargestellt ist. Zur Erzielung der Drehung sämtlicher Hähne derselben Reihe sind auf dem Umfange der Scheibe y (vgl. Abwicklung in Fig. 61) drei Ringnuten eingeschnitten, die untereinander durch schräge Verbindungsnuten verbunden sind, deren Stellung der von der Scheibe y im Augenblick der Umstellung der Hähne eingenommenen Winkelstellung entspricht. In diesen Nuten führen sich Stifte i, i' und gelangen vermöge der Verbindung durch die schrägen Nuten zu dem gewünschten Zeitpunkte aus der einen Nut in die andere, wobei die seitliche Bewegung des Stiftes durch eine aus dem Grundriß nach Fig. 56 ersichtliche Hebelgruppe und mittels einer zwei Scheiben E (Fig. 55, 70 und 71) tragenden senkrechten Welle auf zwei längs der Maschine über den Verteilungshähnen N hinlaufende Schienen F übertragen wird. Der feste Drehzapfen des an seinem freien Ende den Stift tragenden Hebels ist auf einem Steg befestigt, der die beiden Rechen r und r' oberhalb der Scheibe y miteinander verbindet. Die Schienen F tragen Stifte, die Schlitzen in den doppelten Hahnschlüsseln G der Verteilungshähne entsprechen und in diese eingreifend sämtlichen Schlüsseln gleichzeitig eine Drehbewegung erteilen. Die Welle H der Scheibe y trägt ein Zahnrad K, das in eine Schnecke L eingreift, die ihrerseits auf einer wagerechten, sich durch die gesamte Länge der Maschine erstreckenden Welle M festgekeilt ist. Diese Welle ist mit Hilfe von Zahnrad- oder Riemengetriebe mit der Welle der Walze verbunden, auf der die Spulen bewickelt werden, dergestalt, daß die beiden Geschwindigkeiten des Verspinnens und des Zuflusses des Kollodiums in einem bestimmten der gewünschten Fadenstärke entsprechenden Verhältnis zueinander stehen. Die Verteilungshähne N sind Dreiweghähne; sie führen eine Vierteldrehung am Ende eines jeden Hubs aus und setzen ihre entsprechenden Pumpenkörper abwechselnd mit der Verteilungsleitung g und dem Düsenträger f in Verbindung. An Stelle der in Spinnereien gewöhnlich verwendeten Spulen bedient man sich in diesem Falle der auch bekannten besonderen Spulenhülsen aus Aluminium oder Messing, die während des Spinnens auf Metallachsen geschoben sind, die in den Einschnitten von Haltearmen sich drehen. Eine Spulenhülse P und ihre Achse Q sind, voneinander getrennt, in Fig. 59 dargestellt. Die vorspringenden Ränder, von denen der eine auf der Achse und der andere auf der Hülse stitzt, haben die Aufgabe, die Umfangsfläche der Hülse von der der Walze bei den ersten Windungen des Fadens entfernt zu halten. Wenn die Spulenhülsen mit Faden bewickelt sind, legt man sie, damit sie teilweise trocknen, in der Maschine auf Haken d (Fig. 54), worauf sie auf eine Zwirnmaschine Vaucansonscher Bauart gebracht werden.

Die Spindeln der Zwirnmaschine erhalten in Rücksicht auf die verwendete Spulenhülse eine besondere Ausführung. Sie tragen ein Rohr R (Fig. 62), auf das man die bewickelte Spulenhülse schiebt. Eine dünne Mantelhülse S aus Messing oder Aluminium läuft mit der Spindel um und schützt den Faden gegen Luftreibung und die daraus entstehende zu hohe Spannung. Die Drahtöse oder der Fadenführer o ist unmittelbar über der Drehachse angeordnet. Der Mantel S ist in seinem unteren Teil mit Durchbrechungen versehen, deren Ränder nach innen gedrückt und stutzenförmig sind; sie dienen zur Ableitung der alkoholischen Trockenflüssigkeit in eine feststehende kreisförmige Rinne, aus der die Flüssigkeit zu den Destillationsvorrichtungen zwecks Wiedergewinnens des darin verbliebenen Alkohols geleitet wird. Die Anordnung einwärts vorragender Ränder X der Durchbrechungen hat die Aufgabe, eine dünne Flüssigkeitsschicht auf der inneren Wand des Mantels zurückzuhalten. Diese Flüssigkeitsschicht von wechselnder Stärke spielt hier die Rolle der Ausgleichsringe bei gewissen Trockeneinrichtungen, die darin besteht, selbsttätig die Verlegung des Schwerpunktes der Spindel auf die Drehachse herbeizuführen.

Patentansprüche: 1. Maschine zum Verspinnen von Kollodium, dadurch gekennzeichnet, daß das Kollodium in jeden Düsenträger durch eine aus zwei getrennten Pumpen bestehende Gruppe eingeführt wird, deren Kolben beim Fortdrücken sich langsamer bewegen als beim Ansaugen, wodurch der eine Kolben noch fortfährt, das Kollodium in den Düsenträger zu befördern, während der andere Kolben sich bereits an seinem Totpunkt befindet, und daß die entsprechenden Verteilungshähne selbsttätig in der Weise umgestellt werden, daß keine Unterbrechung in der Zufuhr des Kollodiums eintritt.

2. Maschine nach Anspruch 1, bei der jeder Pumpenkolben aus einem den Pumpenkörper von einem Ende zum anderen durchsetzenden Differentialkolben besteht, dessen oberer Teil einen größeren Durchmesser. hat als der untere Teil, dergestalt, daß der Druck des aus der Verteilungsleitung zuströmenden Kollodiums den Kolben ständig zu heben strebt, wobei jedoch dieser Druck bis zur Höhe des beim Verspinnen angewen-

deten Mindestdruckes durch am unteren Ende des Kolbens angreifende Gegengewichte ausgeglichen ist, so daß die zur Bewegung des Systems erforderliche, von oben nach unten gerichtete Kraft der Differenz des Höchstdruckes und des Mindestdruckes entspricht, die beim Spinnen erreicht werden und auf den Kolben wirken.

3. Maschine nach Anspruch 1 und 2, gekennzeichnet durch die Vereinigung sämtlicher Kolbenstangen an einem an senkrechten Führungen beweglichen Balken, der an seinen beiden Enden durch Rollen getragen wird, die in Kurven laufen, die auf den Seitenflächen einer Scheibe ausgebildet und so gestaltet sind, daß den Balken die gewünschte Auf- und Niederbewegung erteilt wird, während das Verhältnis der Drehgeschwindigkeit der Spulen und der Scheibe die Stärke des erhaltenen Fadens bestimmt.

4. Maschine nach Anspruch 1 und 2, bei der die gleichzeitige Umstellung einer Reihe von Verteilungshähnen durch zwei Schienen bewirkt wird, die mit Stiften in Schlitze der Hahnschlüssel dieser Hähne eingreifen, und bei der die Hin- und Herbewegung dieser Schienen durch ein Hebelsystem veranlaßt wird, das seinerseits durch einen Stift zwangläufig gesteuert wird, der in auf dem Umfange der Kurvenscheibe vorgesehenen Nuten sich führt, wobei schräge Verbindungsnuten die Überleitung des Stiftes aus einer Nute in eine andere bewirken, so daß diese seitliche Bewegung des Stiftes die Bewegung der Schienen und die Drehung der Hähne veranlaßt.

5 Maschine nach Anspruch 1, dadurch gekennzeichnet, daß für jede Spule ein Satz Düsen auf einem kreisförmigen, auf der Zuleitung für das Kollodium mit einem hohlen senkrechten Zapfen in einer Stopfbüchse drehbaren Träger angeordnet ist, während in der Mitte des Düsenträgers ein Akkumulator oder Regler vorgesehen ist, der den zum Ausfluß des durch den Düsenträger zuströmenden Kollodiums durch sämtliche Düsen des Trägers erforderlichen Druck selbsttätig regelt, so daß das Ausfließen des Kollodiums in gleichbleibender Menge, jedoch unter veränderlichem Druck erfolgt.

Nach Berl und Isler.
81. **Dr. Ernest Berl und Dr. Max Isler in Tubize-Brüssel.** Verfahren zum Verspinnen von Nitrozellulosequellungen zum Zwecke der Herstellung von Fäden, künstlichem Roßhaar, künstlichem Stroh, Filmbändern u. dgl.

D.R.P. 273 936 Kl. 29b vom 17. VI. 1913; Ver. St. Amer. P. 1 188 718; brit. P. 14 216[1914]; holländ. P. 2089; franz. P. 473 446.

Die bisherigen Verfahren zum Naßspinnen von Nitrozellulosekollodium weisen sehr wesentliche Nachteile auf. Vor allem hat es sich als notwendig erwiesen, zur Auflösung der Nitrozellulose in den benötigten Lösungsmitteln trockene Nitrozellulose zu verwenden. Verspinnt man nämlich im Wasser ein Kollodium, das mit der beim Trockenspinnverfahren angewandten feuchten Nitrozellulose hergestellt ist, so erhält man weiße, undurchsichtige, unelastische Produkte, die nur geringen

Wert besitzen. Die bisher als notwendig befundene Trocknung der Nitrozellulose erfordert aber, um Unfällen, die durch spontane Zersetzung vorkommen können, vorzubeugen, eine weitgehende Stabilisierung der Nitrozellulose. Immer aber bleibt die große Gefahr des Arbeitens mit trockener Nitrozellulose bestehen. Des weiteren hat es sich als zweckmäßig erwiesen, beim Naßspinnverfahren das billigere Lösungsmittelgemisch Äther-Alkohol durch andere teurere Lösungsmittelgemische, so z. B. Gemische, die aus Methylalkohol, Äthylalkohol und wenig Äther bestehen, zu ersetzen.

Die angeführten Nachteile des Naßspinnverfahrens lassen sich nun dadurch völlig vermeiden, daß man die wie gewöhnlich ausgeschleuderte feuchte Nitrozellulose mit 20—30% Wassergehalt in Äther-Alkohol löst, wobei vorteilhaft an Stelle des beim Trockenspinnverfahren angewandten Mischungsverhältnisses von 60 Tn. Äther und 40 Tn. Alkohol ein Lösungsmittelgemisch verwendet wird, in dem der Alkohol vorwaltet, so z. B. Gemische von 40—50 Tn. Äther und 60—50 Tn. Alkohol. Man erhält sehr elastische, klare, in ihrem Querschnitt durchaus regelmäßige Fäden, wenn man an Stelle des bisher verwendeten Fällbades aus reinem Wasser ein solches aus erwärmtem verdünnten Alkohol benutzt, wobei dieser zweckmäßig in Stärke von 25—50 Volumprozent zur Verwendung kommt. Es hat sich ferner gezeigt, daß die Entfernung des Äthers aus dem koagulierten Produkte um so besser vor sich geht, je näher das Koagulationsbad dem Siedepunkte des Äthers, also 35,5° C, gehalten wird. Unter diesen Bedingungen ist die Erzielung von glasklaren, durchsichtigen Fäden mit kreisrundem Querschnitt mit Spinngeschwindigkeiten möglich, welche denen des Trockenspinnverfahrens mit 40 bis 50 m in der Minute nicht nachstehen. Es ist klar, daß durch geeignete längere Führung der Fäden in der Fällflüssigkeit die Hauptmenge des Äthers und beim Nachbehandeln der Spinnprodukte mit Wasser fast aller Alkohol mühelos wieder gewinnbar ist.

Patentanspruch: Verfahren zum Verspinnen von Nitrozellulosequellungen zum Zwecke der Herstellung von Fäden, künstlichem Roßhaar, künstlichem Stroh, Filmbändern u. dgl., dadurch gekennzeichnet, daß Kollodien, die mit Nitrozellulose von 20—30% Wassergehalt in bekannter Weise hergestellt sind, durch wässerige Alkohollösungen von 25—50 Volumprozent Alkohol und bei einer die Siedetemperatur des Äthers nicht übersteigenden Temperatur zum Erstarren gebracht werden.

Nach Fabrique de Soie Artificielle d'Obourg und Denis.

82. Fabrique de Soie Artificielle d'Obourg (Société anonyme) in Obourg-Lez-Mons und Maurice Denis in Mons, Belgien. Spinndüsenträger mit mehreren einzeln abstellbaren Düsen für Maschinen zur Herstellung künstlicher Gespinste aus geeigneten Lösungen.

D.R.P. 287 968 Kl. 29a vom 25. XII. 1913 (gelöscht); belg. P. 263 133.

Die Aufgabe, bei Maschinen zum Spinnen künstlicher Seide möglichst viele Spinndüsen in der Längeneinheit des Spinndüsentragrohres anzuordnen, ist bereits mehrfach gestellt worden, wie man auch bereits zu der Erkenntnis gelangt ist, daß es für das Spinnen künstlicher Seide im Hinblick auf die hierbei zu beachtenden eigenartigen Verhältnisse durchaus wünschenswert wäre, die Anordnung der Spinndüsen so zu treffen, daß jede einzelne Spinndüse für sich zugänglich ist, daß also jede einzelne Spinndüse ausgewechselt werden kann, ohne daß hierbei die anderen Düsen oder die aus benachbarten Düsen herauskommenden Einzelfädchen beeinflußt werden. Die Versuche, die man zur Lösung dieser Aufgabe angestellt hat, und die Vorschläge, die auf die Lösung der betreffenden Aufgabe abzielten, haben keine brauchbaren Ergebnisse gezeitigt. Beispielsweise hat man bei einer Spezialmaschine vorgeschlagen, die mit mehreren Spinndüsen versehenen Hilfsverteiler selbst zu zweien oder mehreren und dabei derart anzuordnen, daß sie eine Drehung in senkrechter Richtung auszuüben vermögen; indessen handelt es sich bei dieser Ausführung um gerade ausgebildete Hilfsverteiler, wobei das Auswechseln einer Düse aber das Herumschwingen des ganzen Hilfsverteilers, also das Außertätigkeitsetzen aller auf dem betreffenden Hilfsverteiler angeordneten Düsen notwendig macht. Es ist also bei dieser bekannten Maschine keineswegs möglich, jede einzelne Düse ohne Beeinflussung der benachbarten Düsen auszuwechseln oder sonstwie handhaben zu können. Ein anderer Vorschlag, der zur Lösung der eingangs erwähnten Aufgabe gemacht worden ist, sieht eine drehbare Anordnung der allerdings mit einer größeren Anzahl von Düsen versehenen, aber auch hier geradlinig ausgebildeten Düsenträger vor, indessen ist auch mit dieser Konstruktion die Aufgabe, möglichst viel Spinndüsen auf den laufenden Meter anbringen und dabei gleichzeitig die Zugänglichkeit jeder einzelnen Düse gewährleisten zu können, nicht zu lösen, vielmehr kann bei dieser bekannten Ausführung entweder nur auf die Zugänglichkeit der einzelnen Düsen oder aber nur auf die Anordnung einer größeren Anzahl von Düsen auf den laufenden Meter Rücksicht genommen werden. Wenn man nämlich bei der besprochenen bekannten Maschine möglichst viel Düsen auf den laufenden Meter anordnen will, so muß man die parallel zueinander gerichteten Düsenträger in ganz geringer Entfernung voneinander anordnen, und in diesem Falle scheidet dann die Zugänglichkeit der hinteren Düsen vollständig aus, da die Düsenträger verhältnismäßig lang ausgeführt sind und eine Beeinflussung der hinteren Düsen das Zwischengreifen der Arbeiterin zwischen die aus den Düsen zweier benachbarter Düsentragrohre austretenden Einzelfäden erfordert, die hier sehr nahe aneinanderliegen. Will man dagegen bei der bekannten Konstruktion die Zugänglichkeit jeder einzelnen Düse berücksichtigen, so muß man die einzelnen Düsentragrohre so anordnen, daß ihre Drehbolzen mindestens um die Länge der Düsentragrohre voneinander entfernt zu liegen kommen, was natürlich wiederum einen Verzicht auf den Vorteil der Anordnung möglichst vieler Düsen auf den laufenden Meter bedeutet.

Demgegenüber wird mit dem Gegenstand der Erfindung die eingangs erwähnte Aufgabe erstmalig restlos gelöst, denn der Erfindungsgegenstand ermöglicht sowohl die Anordnung einer denkbar größten Anzahl von Spinndüsen auf den laufenden Meter, als auch die Zugänglichkeit jeder einzelnen Düse in der Weise, daß jede einzelne Düse ausgewechselt oder sonstwie beeinflußt werden kann, ohne daß dabei die aus den anderen Düsen desselben oder aber des benachbarten Düsentragrohres austretenden Fäden irgendwie beeinträchtigt würden. Im wesentlichen besteht die Erfindung darin, daß die Düsen unter dem üblichen Mindestabstand voneinander fortlaufend in einer geschlossenen Kreislinie angeordnet[1]) und dabei die diese Anordnung der Düsen ermöglichenden, sich ihrerseits zu einer Art Ring zusammensetzenden Düsenträger derart um eine senkrechte Mittelachse drehbar eingerichtet sind, daß jede einzelne Düse nach vorn, nämlich in den Bereich der Hand der Arbeiterin gebracht und nun einzeln für sich gereinigt, ausgewechselt oder sonstwie beeinflußt werden kann, ohne daß hierbei auch nur die aus den unmittelbar benachbarten Düsen austretenden Fäden irgendwie in Mitleidenschaft gezogen würden. Durch die vorerwähnte Anordnung der Düsen unter dem üblichen Mindestabstand voneinander, aber fortlaufend in einer geschlossenen Kreislinie wird nun der Vorteil geschaffen, daß man in der Lage ist, an einem Düsenträger hinsichtlich seiner Projektion auf eine gerade Linie überhaupt die denkbar größte Anzahl von Spinndüsen anbringen zu können, da bekanntlich das Verhältnis zwischen der Länge der Kreislinie und derjenigen der Projektion auf die gerade Linie, hier also auf den Durchmesser des Kreises 3,14 : 1, beträgt. Während man also beispielsweise auf einem geraden Düsenträger nur 100 Düsen anzuordnen vermag, bietet der Erfindungsgegenstand infolge der vorerwähnten Anordnung und Benutzung eines drehbaren und in der Hauptsache kreisförmig ausgebildeten Düsenträgers die Möglichkeit, innerhalb der für den geraden Düsenträger in Betracht kommenden Länge 314 Spinndüsen anbringen und hierbei die Zugänglichkeit jeder einzelnen Spinndüse gewährleisten zu können.

Die Zeichnung veranschaulicht den Gegenstand der Erfindung in einem Ausführungsbeispiel. Fig. 72 ist ein mittlerer senkrechter Schnitt durch die drehbare Rampe gemäß der Erfindung, während Fig. 73 eine Draufsicht, teilweise im Schnitt zeigt.

In der Zeichnung ist 1 das Zuführungsrohr, das einen Hahn 2 trägt, der mit einem Gehäuse 4 verbunden ist, in welch letzterem sich der hohle Schaft 3 drehen kann. Um eine vollständige Abdichtung zu gewährleisten, fernerhin aber auch um eine leichte Drehung der Stange 3 trotz der weiter oben erwähnten hohen Drucke zu ermöglichen, ist hierbei noch folgende Einrichtung getroffen. Auf der hohlen Stange 3 ist eine Manschette oder ein Ring 5 aus Leder oder anderem geeigneten Stoff angeordnet, wobei dieser Ring von der zum Spinnen benutzten Lösung einen von unten nach oben gerichteten Druck erfährt. Dieser Druck oder Stoß wird durch einen von oben nach unten gerichteten, seitens des Kollodiums o. dgl. ausgeübten Stoß ausgeglichen, der über die

---

[1]) Siehe S. 129.

Umleitung 6 auf den Lederring 7 einwirkt, welch letzterer ebenfalls auf dem hohlen Schaft 3 angeordnet ist. Der Austritt der Lösung aus dem Gehäuse wird dabei durch eine Lederscheibe 8 verhindert. Der hohle Schaft 3 trägt einen Kopf 9, der in seiner Mitte mit einer Filtervorrichtung 10, 11 und auf seinem Umfang mit radial gerichteten Rohren 12 versehen ist, von denen jedes wiederum einen Kopf 13 trägt. Hierbei sind also erfindungsgemäß die einzelnen Düsenträger 13 so angeordnet, daß sie einen Ring bilden, auf dem die in die Gewindestutzen o. dgl. 15 einzuschraubenden Spinndüsen unter dem üblichen Mindestabstand in einer vollständig geschlossenen Kreislinie angeordnet sind.

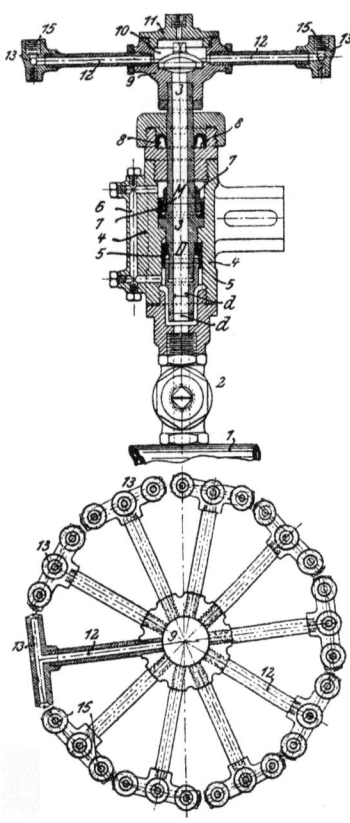

Fig. 73.

Patentanspruch: Spinndüsenträger mit mehreren einzeln abstellbaren Düsen für Maschinen zur Herstellung künstlicher Gespinste aus geeigneten Lösungen, dadurch gekennzeichnet, daß die Düsen unter dem üblichen Mindestabstand voneinander fortlaufend in einer geschlossenen Kreislinie angeordnet sind und der Düsenträger verdrehbar ist, um eine größte Anzahl von Spinndüsen auf den laufenden Meter der Maschine unterzubringen und jede einzelne Spinndüse durch entsprechende Verdrehung des Spinndüsenträgers in den Bereich der Hand der Arbeiterin bringen zu können.

Verfahren und Einrichtungen zum Denitrieren, Unverbrennlichmachen und sonstiger Nachbehandlung künstlicher Seide aus Nitrozellulose.

Auf Seite 3, 14, 15 und 28 ist bereits von dem Denitrieren der aus Nitrozellulose hergestellten künstlichen Seide gesprochen. Weitere auf das Denitrieren bezügliche Vorschläge sind folgende:

Nach Turgard.

83. **H. D. Turgard in Nanterre, Frankreich.** Verfahren zum Denitrieren von Nitrozellulose.

Ver. St. Amer. P. 508 124; franz. P. 218 759.

Das bisher zum Denitrieren von Nitrozellulose verwendete Ammoniumsulfid und -hydrosulfid und die Alkalihydrosulfide geben durch

Abscheidung von Schwefel leicht Veranlassung zur Fleckenbildung. Dies soll vermieden werden durch gleichzeitige Verwendung eines Metallsulfids, z. B. von Silbersulfid und Ammoniumhydrosulfid. Silbersulfid wird zu etwa 2 g im Liter in Ammoniumhydrosulfid gelöst, und die zu denitrierenden Nitrozellulosefäden werden bei nicht über 20° C in die Lösung eingebracht. Etwa eingetretene Färbung wird durch ein Bleichmittel, z. B. Wasserstoffsuperoxyd, beseitigt. Statt des Silbersulfids sind andere in Ammoniumhydrosulfid lösliche Sulfide verwendbar.

Nach Knöfler.

Abweichend von dem Bronnert-Schlumbergerschen[1]), dem Chardonnetschen[2]) und dem Strehlenertschen Verfahren[3]) wird hier Formaldehyd zur Denitrierung der aus Nitrozellulose hergestellten Fäden verwendet.

84. Dr. Oskar Knöfler in Charlottenburg. Verfahren zur Darstellung von Glühkörpern für Gasglühlicht.

D.R.P. 88 556 Kl. 26 vom 29. III. 1894 (gelöscht); brit. P. 11 038[1895]; Ver. St. Amer. P. 593 106.

Der Lösung von Nitrozellulose in Ätheralkohol werden Salze der Leuchterden (Edelerden), am besten in Alkohol gelöst, zugesetzt. Nicht in Alkohol lösliche Verbindungen werden in feinster Verteilung dem Kollodium zugesetzt. Das so erhaltene Gemisch von Kollodium mit anorganischen Salzen, dem nach Bedarf noch andere organische Stoffe fest oder gelöst zugesetzt werden (Zucker, Kampfer u. dgl.) wird unter Druck aus kapillaren Röhrchen ausgepreßt (u. U. durch Luftleere ausgesaugt) und der so entstandene Faden entweder in warmer Luft getrocknet oder durch Passierenlassen durch Wasser fixiert; besser noch geschieht die Fixierung durch Flüssigkeiten, die wie Benzol, Petroläther, Toluol, Schwefelkohlenstoff u. dgl. die Eigenschaft haben, den Alkohol und Äther zu extrahieren, ohne die im Faden enthaltenen anorganischen Salze herauszulösen. Man erhält so Fäden, die ohne weiteres aufgehaspelt, versponnen und verwebt werden können. Die Verbrennung solcher Fäden oder daraus hergestellter Gewebe o. dgl. geht nun aber, sofern nicht andere organische Stoffe wie Zucker, Kampfer und ähnliches beigemengt sind, so energisch vor sich, daß es schwer ist, gute, haltbare Glühkörper zu bekommen. Deshalb ist es notwendig, den Faden vorher zu denitrieren. Die hierzu bisher gebräuchlichen Reduktionsmittel, welche in wässeriger Lösung zur Verwendung kommen, sind im vorliegenden Falle weniger geeignet, da durch das Wasser auch ein Teil der dem Faden einverleibten anorganischen Salze herausgezogen würde. Diesem Übelstande ließe sich dadurch begegnen, daß der oben genannten Fixierungsflüssigkeit (Benzin, Benzol u. dgl.) etwas Formaldehyd beigemengt würde, so daß Fixierung und Denitrierung gleichzeitig erfolgen.

---
[1]) Siehe S. 41.
[2]) Siehe S. 16.
[3]) Siehe S. 45.

Besser ist es aber, die Denitrierflüssigkeit längere Zeit einwirken zu lassen und daher den einfachen oder versponnenen oder verwebten Faden länger in der genannten Denitrierflüssigkeit, in welcher auch der Formaldehyd durch ein anderes passendes Reduktionsmittel, z. B. Hydroxylamin u. a., ersetzt werden kann, liegen zu lassen.

Über ähnliche Verfahren vgl. die Ver. St. Amer. P. 365 832, 367 534, 430 508, 439 882, 516 079, 516 080 sowie die brit. P. 7429[1896], 12 056[1896], 26 381[1897], 3770[1898]

Nach Richter.

85. Dr. Hugo Richter in Berlin. Denitrierverfahren für verarbeitete Nitrozellulose.

D.R.P. 125 392 Kl. 29 b vom 1. II. 1901 (gelöscht); brit. P. 12 695[1901]; österr. P. 13 163 Kl. 29 b.

Die verarbeitete Nitrozellulose wird in saurer Lösung mit den Salzen der niederen Oxydationsstufe eines Metalls, welches auch höhere Oxydationsstufen bildet, behandelt. Als Metallsalz, welches sich für die Denitrierung der Nitrozellulose besonders eignet, hat sich Kupfer in seinen Oxydulverbindungen besonders bewährt. Namentlich wirkt Kuprochlorid und Kuprooxychlorid in saurer Lösung vollständig denitrierend. Außer den Kuprosalzen sind auch Ferro-, Mangano-, Chromo-Stibio-, Stanno-, Quecksilberoxydul- und Kobaltosalze sowie die Ferro- oder Metallocyanverbindungen verwendbar. Die Säuren, welche verwendet werden, sind je nach dem gewünschten Grade der Denitrierung und deren Verlaufe zu wählen. Von Einfluß für die Auswahl der Säuren ist auch die Natur der verwendeten Metallsalze. Bei Anwendung der Kuprosalze hat sich besonders Salzsäure als vorteilhaft erwiesen. Bei der Denitrierung können Lösungs- und Quellungsmittel der Nitrozellulose vorteilhaft zugesetzt werden, z. B. Alkohol, Äther, neutrale und saure Ester, Ketone, indifferente Kohlenwasserstoffe und deren Derivate (Chlor-, Nitro-, Aminoverbindungen), Glyzerin, Epichlorhydrin, Terpentin, Kautschuklösungen, Leim (besonders Fischleim) u. dgl. Durch derartige Zusätze wird die Denitrierung vollständiger und glatter, während die Faserfestigkeit, die sonst bei der Denitrierung meist leidet, erhalten bleibt. Ein besonderer Vorteil des Verfahrens besteht darin, daß die abgespaltenen Stickstoffverbindungen, namentlich das Stickstoffoxyd die regenerierte Zellulose bleicht, und daß die Stickstoffverbindungen quantitativ regenerierbar sind. Die Säuremenge kann auf die zur Bildung der höheren Oxydstufe notwendige Menge beschränkt werden. Die Säure kann so schwach gewählt werden, daß die Faser nicht angegriffen wird. Es können auch Zusätze gemacht werden, welche die angewendeten Salze lösen. Bei Kuprosalzen können z. B. Alkalithiosulfate, Ammonsulfat, Chloralkalien, Erdalkalichloride, die Chloride des Eisens, Zinks und Mangans verwendet werden. Eine Bewegung der zu denitrierenden Nitrozellulose kann unterbleiben. Hierdurch wird die Wiedergewinnung der Stickstoffoxyde besonders vollständig erreicht. Die zur Denitrierung angewendeten Metalloxydulsalzlösungen können regeneriert werden, wobei es möglich ist, die zugesetzten Lösungs- und Quellungsmittel der Nitrozellulose unangegriffen zu erhalten, so daß sie immer wieder verwendet werden können. Bei Kuprolösungen kann die Regenerierung der aus den Denitriergefäßen abgelassenen Flüssigkeit, welche nun Kuprisalz enthält, durch Zusatz von Kochsalz und Einleiten von Schwefeldioxyd erfolgen. Die Regenerierung kann auch durch Zugabe von metallischem Kupfer geschehen. Eine andere Regenerierungsart besteht darin, daß das entstandene Oxydsalz durch die Oxydulverbindung eines anderen Metalles reduziert wird, z. B. Kuprichlorid oder Stannichlorid durch Eisenchlorür. Auch weitere Verfahren sind anwendbar. Man kann z. B. das Metall elektrolytisch oder durch ein anderes ausscheiden, z. B. Kupfer durch Eisen, und in beliebiger Weise verwenden oder mit dem erhaltenen metallischen Kupfer neue Mengen Kuprichlorid reduzieren. Bemerkenswert ist, daß die nach dem vorliegenden Verfahren denitrierte Faser wasserbeständiger ist als die nach den bekannten Verfahren denitrierte. Vor der bekannten Denitrierung durch Schwefelalkalien hat das Verfahren den Vorteil, daß eine Schwefelablagerung auf der Faser ausgeschlossen, die Bewegung der zu denitrierenden Produkte nicht notwendig ist und eine völlig egale Färbung der Strähnen stattfinden kann.

Patentansprüche: 1. Verfahren zur Denitrierung von verarbeiteter Nitrozellulose, dadurch gekennzeichnet, daß die verarbeitete Nitrozellulose der Einwirkung von Metalloxydulsalzen, die in Metalloxydsalze überführbar sind, in saurer Lösung ausgesetzt wird, wobei die Verwertung der Stickstoffoxyde und die Regenerierung der Metallsalzlösungen stattfinden kann.

2. Die Ausführungsform des unter 1. geschützten Verfahrens, gekennzeichnet durch die Verwendung von Kuproverbindungen, namentlich Kuprochlorid oder Kuprooxychlorid in salzsaurer Lösung.

3. Die Ausführungsform des unter 2. geschützten Verfahrens, gekennzeichnet durch Zusatz von Salzen, welche Kuproverbindungen zu lösen vermögen.

4. Die Ausführungsform des unter 1. bis 3. geschützten Verfahrens, gekennzeichnet durch einen Zusatz von Lösungsmitteln oder Quellungsmitteln für Nitrozellulose.

86. Dr. Hugo Richter in Berlin. Denitrierverfahren für verarbeitete Nitrozellulose.

D.R.P. 139 442 Kl. 29b vom 7. VI. 1901, Zus. z. P. 125 392 (gelöscht).

Durch weitere Versuche hat sich gezeigt, daß Kupferoxydul und seine Verbindungen nicht bloß in saurer Lösung die Nitrozellulose denitrieren. Im Hauptpatent (s. vorstehend) wurde ausgeführt, daß Kuproverbindungen sich auch deshalb besonders zur Denitrierung eignen, weil durch Anwendung von Lösungsmitteln für Kuproverbindungen die zur Denitrierung erforderliche Säure bis auf die theoretische Menge reduziert werden kann. Dieser Umstand ist von größter Bedeutung, da die Denitrierung um so schonender ist, je verdünnter die Säure ist. Es zeigte sich nun, daß die Säure, die zum Lösen der Kuproverbindungen gebraucht wird, vollständig durch Ammoniak abgesättigt werden kann, so zwar, daß die Denitrierung in ammoniakalischer Lösung vor sich geht. Ebenso lassen sich die Kuproverbindungen direkt in Ammoniak auflösen, worauf dann in dieser ammoniakalischen Lösung denitriert werden kann, da Kuproammoniumverbindungen leicht in Kupferoxydammoniak übergehen. Man nimmt z. B. auf 1 kg Kunstseide 1. etwa 2,5—6 kg Kupferchlorür (je nach dem Stickstoffgehalte der Nitrozellulose und dem Gehalte des verwendeten Kupferchlorürs an CuCl), 2. die 5—20fache Menge Ammoniak, je nach dessen Konzentrationsgrade und berechnet auf das Gewicht des nach 1. angewendeten Kupferchlorürs. Wendet man Lösungsmittel für Kupferchlorür an, z. B. Kochsalz, Salmiak, Ammonsulfat usw., so nimmt man z. B. 5—10 kg Kochsalz und dann die zur weiteren Lösung des Kupferchlorürs notwendige Ammoniakmenge, das sind etwa 5—12 kg Ammoniak, 3. fügt man so viel Wasser hinzu, daß die Gesamtlösung schließlich etwa 1—5% Ammoniak enthält. Die Denitriertemperatur richtet sich nach der Konzentration der Lösung und nach der gewünschten Beschaffenheit des Endproduktes und liegt etwa zwischen 20 und 80° C.

Patentansprüche: 1. Abänderung des Verfahrens des Patentes 125 392 zur Denitrierung fertiger Nitrozelluloseprodukte durch Kupfer und seine Oxydulverbindungen, dadurch gekennzeichnet, daß die Kuproverbindungen in ammoniakalischer Lösung bei oder ohne Gegenwart von metallischem Kupfer verwendet werden, wobei in sinngemäßer Abänderung die im Hauptpatente geschilderte Verwertung der Stickoxyde und Regenerierung der Denitrierlaugen stattfinden kann.

2. Ausführungsform des unter 1. geschützten Verfahrens, gekennzeichnet durch Zusatz der im Hauptpatente angeführten Salze, welche Kuproverbindungen zu lösen vermögen.

3. Ausführungsform des unter 1. und 2. geschützten Verfahrens, gekennzeichnet durch die im Hauptpatente angeführten Lösungs- und Quellungsmittel für Nitrozellulose.

Das Denitrieren von Nitrozelluloseseide mit Kupferchlorür in salzsaurer oder ammoniakalischer Lösung erwähnt auch das franz. P. 349 134 von L. Bergier.

87. Dr. Hugo Richter in Berlin. Denitrierverfahren für verarbeitete Nitrozellulose.

D.R.P. 139 899 Kl. 29b vom 30. VII. 1901, Zus. z. P. 125 392 (gelöscht).

Kuproverbindungen denitrieren nicht nur in saurer und ammoniakalischer Lösung, sondern stellen auch ohne Säure und ohne Ammoniak bei bloßer Gegenwart von Alkalichloriden, z. B. Chlornatrium, Chlorkalium, Chlorammonium u. a., ein gutes Reduktionsmittel für verarbeitete Nitrozellulose dar. Auf 1 kg Nitrozellulose, Kunstseide, Films usw. nimmt man z. B. 1. etwa 2,5—6 kg Kupferchlorür (je nach dem Stickstoffgehalt der Nitrozellulose und dem Gehalte des verwendeten Kupferchlorürs an CuCl); 2. 20—25 kg Kochsalz (bei Anwendung von Chlorammonium nur etwa 30 kg davon) und mindestens so viel Wasser, daß je nach der Temperatur der Denitrierlösung kein Auskristallisieren stattfindet. Die Temperatur kann auf etwa 20—100° C gehalten werden und richtet sich nach der gewünschten Beschaffenheit des denitrierten Produktes. Oder man nimmt auf 1 kg Nitrozellulose: 1. etwa 4—10 kg Kupferchlorid, gelöst in etwa 40—100 l Wasser; 2. etwa 20—30 kg Kochsalz oder etwa 20 kg Salmiak; 3. etwa 3—6 kg metallisches Kupfer. Die Temperatur kann zwischen 20—100° C gehalten werden.

Patentansprüche: 1. Abänderung des Verfahrens des Patentes 125 392 zur Denitrierung fertiger Nitrozelluloseprodukte durch Kupferoxydulverbindungen, dadurch gekennzeichnet, daß Kuprosalze, besonders Kupferchlorür in Lösung von Alkalichloriden, Chlorammonium, Erdalkalichloriden oder ähnlichen Lösungsmitteln mit oder ohne Zusatz von metallischem Kupfer, aber ohne Zusatz von Säure und Ammoniak, fertig gebildet oder während ihrer Darstellungsweise zur Verwendung gelangen.

2. Ausführungsform des unter 1. geschützten Verfahrens, gekennzeichnet durch den Zusatz der im Hauptpatent angeführten Lösungs- und Quellungsmittel für Nitrozellulose.

3. Ausführungsform des im Hauptpatent angeführten Verfahrens zur Regenerierung der Kupferlösung und Nutzbarmachung der Stickoxyde bei den Verfahren nach 1. und 2. in sinngemäßer Anwendung[1]).

Nach Compagnie de la soie de Beaulieu.

88. Compagnie de la soie de Beaulieu in Beaulieu (Frankr.). Verfahren und Vorrichtung zum Denitrieren von Kunstseide.

D.R.P. 217 128 Kl. 29 b vom 31. VII. 1907 (gelöscht); österr. P. 42 740; franz. P. 378 143; brit. P. 17 460[1907] (H. Diamanti).

Das Denitrieren von Kunstseide aus Nitrozellulose erfolgt bisher erst dann, wenn die Fäden gezwirnt sind. Da nun jeder gezwirnte Faden aus mehreren zusammengedrehten feineren Elementarfäden besteht, so bietet das Durchtränken eines solchen dicken Fadens Schwierigkeiten. Außerdem hat das Zwirnen der Elementarfäden den Nachteil, daß die Nitrozellulose bei diesem Vorgang eintrocknet und undurchlässig wird. Das Eindringen der denitrierenden Flüssigkeit in die Fäden wird dadurch erschwert. Diese Übelstände werden dadurch beseitigt, daß die Denitrierung vor dem Zwirnen der Fäden vorgenommen wird, so daß sie sich der denitrierenden Flüssigkeit als noch feuchtes Gespinst darbieten, dessen einzelne Fasern dem Eindringen der Flüssigkeit und demzufolge der Durchtränkung keinerlei Hindernis entgegensetzen. Zur Ausübung des neuen Verfahrens wird ein Apparat verwendet, der zweckmäßig in der aus Fig. 74 ersichtlichen Weise eingerichtet ist. Zur Aufnahme der unge-

---

[1]) E. Herzog teilte 1903 mit, daß das Richtersche Verfahren von der Kunstfäden-Gesellschaft in Jülich ausgeübt werde (Bericht über den V. internationalen Kongreß für angewandte Chemie in Berlin, Band II, S. 933).

zwirnten Zellulosefäden dienen Hohlspulen a, die mit Durchlochungen für den Hindurchtritt der denitrierenden Flüssigkeit versehen sind. Die Hohlspulen sind zwischen Platten b eingespannt, die zu diesem Zweck auf beiden Seiten mit kegelförmigen Versenkungen versehen sind, die miteinander kommunizieren. Die Platten sind im Behälter e übereinander angeordnet und erhalten durch senkrechte Balken d die erforderliche Führung. Die Verbindung zwischen den Platten b und den Balken d ist so getroffen, daß behufs Einsetzung und Herausnahme der Spulen a alles leicht auseinandergenommen werden kann. Der durch die Platten b und die Balken d gebildete Block ruht im Behälter e auf Holzleisten f, die mit gleichzeitig abdichtend wirkenden Gummipolstern g überdeckt

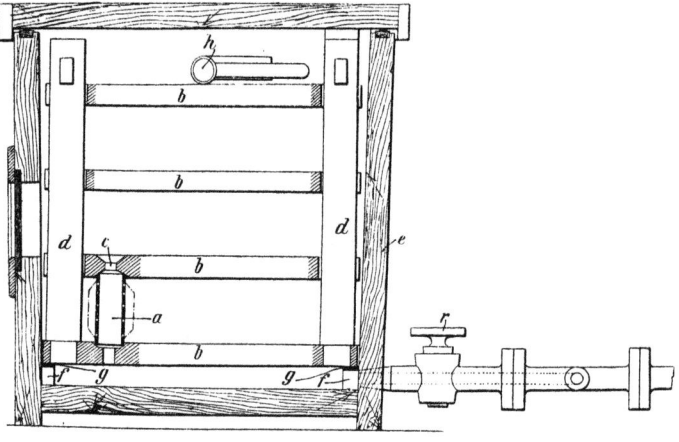

Fig. 74.

sind. Die Leisten f halten die untersten Platten b in einem gewissen Abstande vom Behälterboden, so daß zwischen beiden ein freier Raum für den Zutritt der denitrierenden Flüssigkeit verbleibt. Die abdichtenden Gummipolster g verhindern das seitliche Entweichen der Flüssigkeit, so daß diese gezwungen wird, ihren Weg durch die Spulen zu nehmen. Zum Anpressen des aus den Platten b und den Balken d gebildeten Blockes gegen die Gummipolster g dient ein Querstück h, das in schräger Lage in Einschnitte eingeführt wird, die an den Innenflächen zweier gegenüberliegender Behälterwandungen vorgesehen sind. Durch Geraderichten des Querstückes h wird sein fester Halt gesichert. Eine in der Seitenwandung des Behälters befindliche Glasscheibe gestattet, den Denitrierungsvorgang zu verfolgen.

Bevor die denitrierende Flüssigkeit in den Behälter e eingelassen wird, pumpt man ihn luftleer, dann öffnet man den Hahn r, worauf die denitrierende Flüssigkeit sofort einströmt, und zwar füllt sie zunächst den zwischen dem Behälterboden und den untersten Platten b vorhandenen Raum aus. Da die Flüssigkeit infolge der abdichtenden Gummipolster g seitlich nicht entweichen kann, so bleibt ihr kein anderer Weg offen, als der Zutritt zum Innern der Spulen a. Ist nun das Innere der Spulen gefüllt, so wird die Flüssigkeit durch das im übrigen Behälterraum noch vorhandene Vakuum durch die Spulendurchlochungen sowie das darauf befindliche Gespinst von innen nach außen hindurchgezwungen, so daß dieses gleichmäßig durchtränkt wird. Ist der Behälter vollständig mit Flüssigkeit angefüllt, so öffnet man einen an seiner Decke befindlichen Hahn, worauf die Flüssigkeit durch den unteren Hahn r zurückströmt, indem sie auf dem umgekehrten Wege die aufgespulten Fasern nochmals durchzieht. Der beschriebene Vorgang kann beliebig oft wiederholt werden. Auch können mehrere Behälter der beschriebenen Art zu einer Batterie vereinigt werden. Nach beendigter Denitrierung wird durch eine besondere Leitung von oben her Wasser in den Behälter eingeleitet. Dieses Wasser dient zum Auswaschen und läuft unten wieder ab.

Patentansprüche: 1. Verfahren zum Denitrieren von Kunstseide, dadurch gekennzeichnet, daß die zu denitrierenden Nitrozellulosefäden in ungezwirntem Zustande, d. h. als Gespinst und nachdem sie zuvor von der in ihnen enthaltenen Luft befreit worden sind, der Einwirkung der denitrierenden Flüssigkeit unterworfen werden.

2. Vorrichtung zur Ausübung des Verfahrens nach Anspruch 1, dadurch gekennzeichnet, daß die in an sich bekannter Weise auf durchlochten Hohlspulen befindlichen Zellulosefäden zwischen in einem Behälter (e) angeordneten Platten (b) eingespannt sind, von denen die unterste in einem gewissen Abstande vom Behälterboden auf Leisten (f) ruht und mittels eingeschalteter Gummipolster (g) seitlich so abgedichtet ist, daß nach Bildung von Luftleere im Behälter die Flüssigkeit gezwungen wird, beim Zuströmen die Spulen und die darauf befindlichen luftfrei gemachten Nitrozellulosefäden von innen nach außen, beim Abströmen dagegen unter gleichzeitiger Richtungsumkehrung von außen nach innen zu durchziehen.

Nach Bernstein.

89. **Alexander Bernstein in Berlin.** Vorrichtung zum Denitrieren von Kunstseide.

D.R.P. 232 373 Kl. 29a vom 15. III. 1910 (gelöscht).

Das Ziel der mechanischen Behandlung bei der Denitrierung ist immer, die Strähne in gleicher Weise der chemischen Wirkung der Lösung auszusetzen und durch Veränderung in der Lage der Strähne ein Erschöpfen der Einwirkung der Lösung an den Berührungsstellen der Strähne zu verhindern. Dies geschieht bisher meistens durch Handarbeit, indem man die Strähne auf dicken Glasstäben aufhängt, welche quer über den Denitrierkasten gelagert sind, und die von Zeit zu Zeit in entsprechender Weise bewegt werden. Die nachfolgend beschriebene Anordnung hat den Zweck, die Handarbeit durch eine mechanische Vorrichtung zu ersetzen, was um so wünschenswerter ist, weil sich bei der Denitrierung Gase entwickeln, welche der Gesundheit der Arbeiter schädlich sind.

Die neue Vorrichtung beruht auf dem Prinzip des mechanischen Umziehens der Garnsträhne, wie dies in der Färberei von Garnsträhnen an und für sich gebräuchlich ist. Bei diesen Vorrichtungen aber wurden die Garnsträhne ganz oder teilweise aus der Flotte herausgezogen. Dies ist aber bei Denitriervorrichtungen deswegen nicht möglich, weil sich bei der Denitrierung giftige Gase entwickeln und auch die Flüssigkeit durch das intermittierende Heraus- und Hereinbewegen der Strähne in

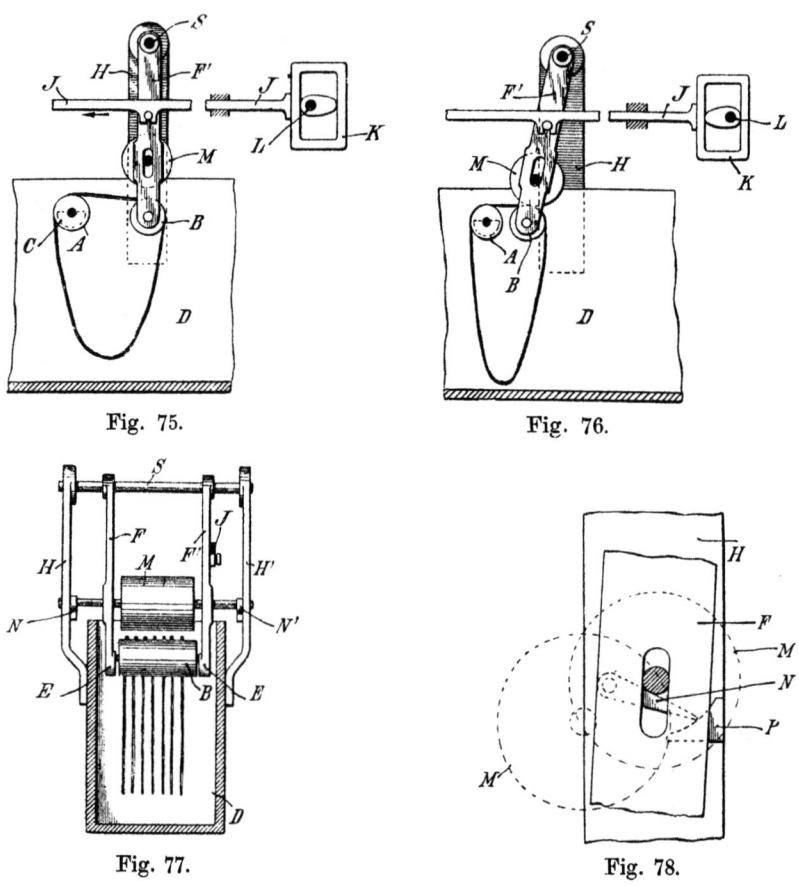

Fig. 75. Fig. 76.

Fig. 77. Fig. 78.

die Flüssigkeit und die hierdurch hervorgerufene innige Berührung mit der Luft Schaden erleiden würde. Nach der Erfindung werden die Garnsträhne über ständig in dem Trog gelagerte Walzen gehängt, die aber nicht aus der Flüssigkeit behufs Bewegung der Garnsträhne herausgehoben werden. Die Bewegung der Garnsträhne geschieht vielmehr durch ein bewegliches Walzenpaar, durch welches die Strähne hindurchgehen, und das in einem Pendel derart gelagert ist, daß es bei der einen Bewegungsrichtung des Pendels die Strähne erfaßt und über die ständig im Trog verbleibende Walze weiter zieht, während bei der anderen Bewegungsrichtung des Pendels die Strähne unbeeinflußt bleiben.

Fig. 75 ist ein Längsschnitt durch einen Teil des Denitrierkastens, Fig. 76 derselbe mit veränderter Lage der Strähne, Fig. 77 ein Querschnitt durch den Kasten, Fig. 78 eine Einzelheit. A und B sind zwei Glaswalzen, über welche eine Anzahl von Strähnen geschoben werden, ehe die Walzen in den Kasten gelegt werden. Nach dem Einsetzen befindet sich A in oben offenen Lagern C, welche an den Längswänden des Kastens D befestigt sind. Die Walze B gelangt ebenfalls in oben offene Lager E (Fig. 77), welche das untere Ende der beiden Pendel F und F^1 bilden. Die Pendel sind oben an einer Welle S befestigt, deren Lager von den Stützen H und H^1 gebildet werden, die an der Außenwand des Kastens D befestigt sind. Die Bewegung der Pendel geschieht durch eine Schubstange J, die sich geradlinig in Führungen bewegt und an einem Ende mit einem rechteckigen Rahmen K versehen ist, der seine hin- und hergehende Bewegung von einem Exzenter erhält, das auf der Antriebswelle L gelagert ist. Aus dieser Anordnung geht hervor, daß die Pendel von Zeit zu Zeit eine kurze Bewegung in der Längsrichtung des Kastens machen und die in den Pendeln gelagerte Walze B sich einmal der Walze A nähert und dann wieder von ihr entfernt. Die Endstellungen der Walze B sind in den Fig. 75 und 76 angegeben. Oberhalb der Walze B befindet sich eine andere Glaswalze M, welche in der Längsrichtung des Pendels eine kurze Bewegung ausführen kann. Zu diesem Zweck sind die Pendel F und F^1 mit kurzen Schlitzen versehen, in denen sich die Zapfen der Walze M auf- und niederbewegen können. Diese Verschiebung der Walze M wird durch Knaggen N und N^1 bewirkt, welche an der Innenseite der Stützen H und H^1 drehbar gelagert sind. Zur besseren Klarstellung dieses Vorganges ist dieser Teil der Anordnung in Fig. 78 in vergrößertem Maßstab gezeigt. Bei der Bewegung des Pendels aus der Stellung Fig. 75 in die Stellung Fig. 76 befindet sich der Zapfen der Walze M oberhalb des Knaggens N, wie in Fig. 78 angegeben. Die Walze M ist also von der Walze B entfernt. Sobald das Pendel die Stellung Fig. 76 angenommen hat, fällt der Zapfen der Walze M über den Anlenkpunkt des Knaggens herab, und die Walze M fällt auf die Walze B, um durch ihr Eigengewicht die Strähne an der Walze B festzuhalten. Bei der darauffolgenden Bewegung des Pendels aus der Stellung Fig. 76 in Fig. 75 bleibt die Walze M bis nahe dem Ende der Bewegung in ihrer Lage unverändert und wird dann von der Walze B dadurch abgehoben, daß ihre Zapfen auf den Keilen P hochlaufen; diese Keile sind mit den Stützen H und H^1 befestigt, und die Knaggen ruhen so auf ihnen auf, daß die Zapfen unter den Knaggen, diese hebend, hinweggehen, um dann beim Schwingen in der anderen Richtung über sie hinwegzulaufen. Der Erfolg ist, daß beide Walzen B und M die dazwischengeklemmten Strähne mitnehmen, wobei die Walze A in Drehung gelangt. Bei der jedesmaligen Bewegung des Pendels aus der schrägen in die vertikale Stellung werden also die Strähne um ein bestimmtes Stück über die Walze *A* gezogen und gelangen so im Laufe der Zeit gleichmäßig unter die Einwirkung der Denitrierlösung. Gleichzeitig bewirkt die pendelnde Bewegung der Walze *B* eine Bewegung der Strähne in der Längsrichtung des Kastens und eine Bewegung der Denitrierflüssigkeit. Die Denitrierkästen sind etwa 6 m lang, und die beschriebene Anordnung wird mehrfach der Länge nach im Kasten angebracht. Alle Pendel werden gleichzeitig durch die Zugstange *J* in Bewegung gesetzt.

Patentansprüche: 1. Vorrichtung zum Denitrieren von Kunstseide, gekennzeichnet durch die Anwendung einer am Gestell festgelagerten Walze und eines beweglichen Walzenpaares, das in einem Pendel derartig gelagert ist, daß beide Walzen bei einer Bewegungsrichtung des Pendels die Strähne erfassen und über die festgelagerte Walze ziehen und bei der anderen Bewegungsrichtung des Pendels die Strähne freigeben.

2. Vorrichtung nach Anspruch 1, dadurch gekennzeichnet, daß das Walzenpaar durch ein im Gestell drehbar gelagertes, das Walzenpaar mit seinen freien Enden tragendes Pendel bewegt wird, und das zeitweise Abheben der zu diesem Zweck in einem Schlitz des Pendels gelagerten Walze dadurch geschieht, daß die Zapfen der Walze durch im Gestell drehbar gelagerte und gegen im Gestell befestigte Keile aufruhende Knaggen geführt werden.

Nach Société anonyme pour l'étude industrielle de la soie Serret.

90. Société anonyme pour l'étude industrielle de la soie Serret. Herstellung künstlicher Seide.

Franz. P. 369 170.

Nitrozellulosefäden werden in den üblichen Denitrierbädern behandelt, aber nicht vollständig denitriert, sondern nur so lange, bis sie in Ätheralkohol oder einem anderen Lösungsmittel, das zur Herstellung des Kollodiums gedient hat, nicht mehr löslich sind. Danach werden sie mit Aluminiumchlorid imprägniert oder einem anderen Salz, das durch die Salpetersäureelemente der Fäden zersetzt wird. Dadurch wird der Faden unverbrennlich und soll durch Wasser nicht beeinflußt werden.

Um die Denitrierung der Nitrozelluloseseide, die einen Gewichtsverlust von etwa 33% zur Folge hat, zu umgehen, trotzdem die Seide unverbrennlich zu machen und ihre Widerstandsfähigkeit gegen Wasser, ihren Glanz und ihre Festigkeit zu erhalten, setzt A. Dubosc dem Kollodium Lösungen von Salzen zu, die beim Erhitzen nicht brennbare Gase entwickeln. Er nennt Ammoniumchlorid, Doppelchloride von Ammoniak und Metallen, Ammoniumborate und Doppelborate von Ammoniak und Zink, Ammoniumphosphate und -doppelphosphate, Ammoniumzinkate, -doppelzinkate, -sulfozinkate und -chlorzinkate. Besonders energisch wirkt das Doppelchlorid von Ammoniak und Zink (Bull. de la Soc. industrielle de Rouen 1908, S. 471—472).

Gleichfalls ohne Behandlung mit Reduktionsmitteln setzen die folgenden Verfahren die Entzündlichkeit der Kollodiumseide herab:

Nach Germain.

91. **P. Germain.** Unentflammbare und undurchlässige Kunstseide.

Franz. P. 360 396.

Die zu behandelnde Kunstseide wird mit feuersichermachenden Salzen (Ammoniumphosphat oder -bikarbonat, Magnesiumbikarbonat u. a.) und mit einer Zelluloid- oder Nitrozelluloselösung, die Kampfer oder Naphthalin enthält, überzogen.

Nach Plaisetty.

92. **A. M. Plaisetty in Paris.** Herstellung nicht entzündbarer Nitrozellulose.

Brit. P. 9087[1900].

Erfinder erreicht die Unentflammbarkeit der Nitrozellulose durch Zusatz von Aluminiumsalzen. Und zwar setzt er entweder der Nitrozellulose direkt konzentrierte Aluminiumsalzlösungen (Nitrat oder Chlorid) zu und löst dann in den gebräuchlichen Lösungsmitteln, z. B. Essigäther, oder er nimmt ein wasserfreies Tonerdesalz, löst es in Alkohol und mischt dazu das Lösungsmittel für die Nitrozellulose. Die aus dem so hergestellten Kollodium erzeugte künstliche Seide bedarf keiner Denitrierung. Zweckmäßig behandelt man die Fäden, bevor sie getrocknet werden, mit Ammoniak, wodurch ein großer Glanz erzielt wird. Gleichzeitig wird durch diese Behandlung die Faser für das spätere Färben gebeizt. (Vgl. hierzu franz. P. 478 461, S. 94).

Über das Un- oder Schwerverbrennlichmachen von Nitrozellulose durch Aluminiumsalze vgl. auch franz. P. 328 054.

Hier sei noch ein Präparat erwähnt, welches dazu dienen sollte, die Chardonnet-Seide unentzündlich zu machen. Es war dies das

93. Antiphlogine Planté (franz. P. 224 837 und 228 705 vom Jahre 1893). Nach einer Notiz der Leipziger Monatsschr. f. Textil-Industrie 1893, S. 620 wird das Präparat folgendermaßen dargestellt: 7 g Borsäure und 70 g phosphorsaures Ammoniak werden in 900 g Wasser von 40—45° C gelöst. Nach dem Erkalten werden 10 g Essigsäure zugesetzt. In das Gemisch wird die gefärbte künstliche Seide eingetaucht. Außer der Entzündlichkeit soll durch diese Behandlung die Kunstseide auch ihre Brüchigkeit verlieren (?).

Um die aus Kunstseide hergestellten Stoffe weniger entzündlich zu machen, hat man noch vorgeschlagen, sie mit Wasserglaslösung zu behandeln.

Nach Wislicki.

94. Felix Wislicki in Tubize, Belgien. Verfahren zur Herstellung künstlicher Seide aus Kollodium.

D.R.P. 247 095 Kl. 29b vom 24. III. 1910; österr. P. 54 575; franz. P. 427 694.

Die Mängel der künstlichen Seide, nämlich geringe Haltbarkeit und mangelnde Homogenität beim Färben, sind bekannt. Die Verwendung der aus Kollodium hergestellten Seide ist außerdem durch einen rauhen und wenig seidenartigen Griff beeinträchtigt.

Der Erfinder hat ein Verfahren ermittelt, durch welches er künstliche Seide ohne die angeführten Übelstände erhalten kann. Er hat festgestellt, daß, wenn man die nicht denitrierte Seide in Wasser erhitzt, die Beschaffenheit der fertigen, also nach der vorliegenden Behandlung in einer gesonderten Operation denitrierten Seide verändert wird. Weitere Untersuchungen haben dann gezeigt, daß diese Änderung der Beschaffenheit noch viel schneller und wesentlich vollständiger eintritt, wenn man dem Wasser wechselnde Mengen gewisser Körper, z. B. Säuren, hinzugibt. Die angeführten Änderungen der Beschaffenheit treten ein, wenn man die angeführte Behandlung entweder auf Kollodiumwolle oder auf nicht denitrierte Seide oder auf beide anwendet. Das vorliegende Verfahren muß vor der Denitrierung ausgeführt werden. Die benutzten Säuren werden in solchen Stärken angewendet, daß keine denitrierende Wirkung eintritt. Auf die Behandlung nach dem vorliegenden Verfahren muß daher eine gesonderte Denitrierung folgen. Die praktische Ausführung der Erfindung besteht darin, daß man die nicht denitrierte Seide bei einer passenden Temperatur und während einer gewissen Zeit der Wirkung eines sauren Bades aussetzt. Die saure Reaktion kann durch Zusatz einer Mineralsäure, wie Schwefel- und Salzsäure, oder durch Zusatz einer organischen Säure, wie Ameisen-, Essig-, Oxalsäure, aromatische Sulfosäure usw., durch ein saures Salz, wie Kalium- oder Natriumbisulfat, Aluminiumchlorid, oder durch Gemische der angeführten Stoffe erzeugt werden. Wenn man der Flüssigkeit bestimmte Salze oder Körper, die leicht Sauerstoff abgeben, wie z. B. Kaliumchlorat, Wasserstoffsuperoxyd o. dgl., zugibt, so tritt die Einwirkung nicht nur schneller ein, sondern die Seide bleicht sich nach der Denitrierung auch besser und leichter. Beispiel: Die nicht denitrierte, für die Denitrierung fertige Seide wird in passender Weise in die Behandlungsflüssigkeit gebracht. Die Flüssigkeit enthält auf 1 l Wasser 5—100 g Schwefelsäure. Die Temperatur der Flüssigkeit wird während ungefähr 6 Stunden auf 70° C gehalten. Nach dem Dekantieren wird die Seide gründlich gewaschen und hierauf der Denitrierung unterworfen, worauf die Fertigstellung in der üblichen Weise erfolgt. Der angegebenen Behandlungsflüssigkeit kann auch eine geringe Menge von Kaliumchlorat, beispielsweise $1/10$ der verwendeten Schwefelsäuremenge, zugesetzt werden.

Patentansprüche: 1. Verfahren zur Herstellung künstlicher Seide aus Kollodium, dadurch gekennzeichnet, daß die Kollodiumwolle für die Herstellung der Seide oder die nicht denitrierte Seide oder beide in Wasser bei passender Temperatur erhitzt werden.

2. Ausführungsform des Verfahrens nach Anspruch 1, dadurch gekennzeichnet, daß dem Wasser eine saure Reaktion durch eine Denitrierung nicht herbeiführende, anorganische oder organische Säuren, saure Salze oder eine Mischung der angeführten Stoffe gegeben wird.

3. Ausführungsform des Verfahrens nach Anspruch 1 und 2, dadurch gekennzeichnet, daß der Flüssigkeit eine Denitrierung nicht herbeiführende, sauerstoffabgebende Körper zugesetzt werden.

Vgl. hierzu das D. R. P. 255 067, S. 40.

Als Nachbehandlungsverfahren ist noch folgendes zu erwähnen:

Nach A. Loncle und H. Chartrey.

95. **A. Loncle und H. Chartrey.**

Man behandelt die künstliche Seide mit einem Gemisch aus gleichen Teilen Schwefeläther und Methylalkohol, dem man 1% Aceton zugesetzt hat. Man läßt die Fäden 17 Stunden in dieser Mischung und trocknet danach an der Luft. Das Verfahren soll eine ganz außerordentliche Zunahme der Festigkeit der Seide zur Folge haben[1]).

Über Bleichen und Trocknen von Nitrozellulosekunstseide vgl. A. Dulitz, Chem.-Ztg. 1911, S. 189.

Nach Chardonnet.

96. **Graf H. de Chardonnet, Paris. Behandlung künstlicher Seide mit Flüssigkeiten.**

Brit. P. 10 858^1915; schweiz. P. 74 318.

Gegenstand des Patentes ist eine Vorrichtung, in welcher Fäden aus Kollodium o. dgl. zum Zwecke des Denitrierens, Bleichens, Färbens usw. mit Reagenzien behandelt werden sollen. Und zwar ist Gegenstand der Erfindung zunächst eine Spule, auf die die von der Zwirnvorrichtung kommenden Fäden aufgewunden werden und die, während der Faden auf der Spule ist, durch Entfernung einzelner Teile so umgestaltet werden kann, daß die Behandlungsflüssigkeit genügend Zutritt zu den Fäden findet. Ferner bezieht sich die Erfindung auf eine Vorrichtung zur Behandlung der bewickelten Spulen, die aneinandergereiht sich auf einer Spindel befinden und mit dieser in rasche Umdrehung versetzt werden, mit Flüssigkeiten. Die Spule nach Fig. 79 und 80 besteht aus einem Kern A mit zentraler Bohrung a und zwei Reihen radialer Arme, die in gekrümmten Spitzen b und in geraden Spitzen b^1 endigen, welche die aufgespulte Fadenmasse während der Behandlung mit Flüssigkeiten

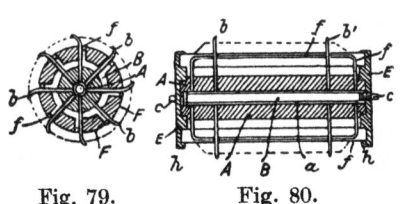

Fig. 79.   Fig. 80.

---
[1]) Moniteur de la teinture 41, S. 66.

festhalten. In der Bohrung a sitzt die Achse B, sie endet in Zapfen c, die in Trägern der Zwirnvorrichtung laufen. Die gekrümmten Spitzen b, die scharf und genau parallel mit der Achse sein sollen, sind dauernd mit dem Kern A in Verbindung, dagegen werden die anderen radialen Arme, die ringförmigen metallenen Endscheiben E und in der Längsrichtung der Spule angeordnete hölzerne Leisten F, die in Löcher h der Endscheiben E eingreifen, beim Abspulen und mit Ausnahme der radialen Arme mit den geraden Spitzen b^1 während der Behandlung mit Flüssigkeit entfernt. Die Parallelstäbe f sind mit Gummi überzogen oder aus Glas, emailliertem Metall oder einem anderen Stoff hergestellt, der durch die verwendeten Flüssigkeiten nicht angegriffen wird. Mit Flüssigkeiten können die Spulen in geeigneter Isolierung auf Trägern in einer Schleudermaschine behandelt werden, die mit Flüssigkeitsumlauf versehen ist. Ein langer wasserdichter Behälter Fig. 81 ist durch Scheidewände in senkrechte runde oder vieleckige Fächer H abgeteilt und in der Mitte ist ein Kühl- oder Heizraum x angeordnet (Fig. 82).

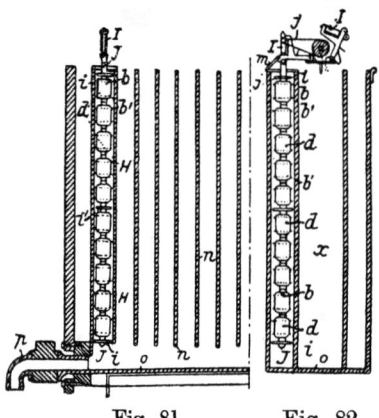

Fig. 81. Fig. 82.

Der von einer Spule in einem Fach H eingenommene Raum soll der Flüssigkeitsmenge entsprechen, die zur Behandlung der auf der Spule befindlichen Fadenmenge erforderlich wäre. Die auf der Spindel J angeordneten Spulen werden durch Scheiben i oben und unten in Abstand von der Wand gehalten und ähnliche Scheiben i^1 werden in der Mitte der Spulenreihe angeordnet, um zu verhindern, daß die Spitzen b, b^1 mit den Wänden des Faches H in Berührung kommen. Die Spindeln j hängen während der Behandlung mit der Flüssigkeit an senkrechten Rollen I, die über den Fächern eingestellt sind. Diese Rollen werden durch Riemen oder Schnuren von einer in der Mitte angeordneten Walze aus angetrieben. Während der Behandlung hält ein Haken oder Halter m den die Rollen I tragenden Rahmen fest. Die Scheidewände n, welche die Fächer H abteilen, reichen nicht bis an den Boden des Behälters, stehen also miteinander in Verbindung und können über den geneigten Boden und den Hahn p entleert werden. Durch den raschen Umlauf der Spindeln mit den Spulen können diese sich richtig in der Mitte der Fächer einstellen. Die zu verwendende Flüssigkeit wird zugeführt, verbraucht und läuft, nötigenfalls nach Umlauf, ab, danach wird gewaschen und teilweise durch Schleudern getrocknet. Dann werden die Spindeln aus der Vorrichtung herausgenommen und die Arme mit den geraden Enden b^1 werden entfernt. Von den senkrecht stehenden Spulen wird der Faden in nahezu senkrechter Richtung abgezogen, dabei wird er durch eine Kappe von den Spitzen b ferngehalten. Wird nur mit geringen Fadenmengen gearbeitet, so wird nur ein Fach H auf einmal benutzt, es wird isoliert und hat seinen eigenen Auslaß p. In solchem Falle wird seitlich ein Rohr angeordnet, welches oben und unten in dem Fach H endet und durch das Mittelfach X geht. Ferner werden die Scheiben i und i^1 durch andere ersetzt, welche propellerartig angeordnete Flügel haben und den Umlauf der Flüssigkeit durch das Fach und das erwähnte Rohr durch die Umdrehung der Spindel J bewirken. Wird die Vorrichtung in einzelnen Fächern zum Färben benutzt, so werden diese durch derartige Röhren miteinander in Verbindung gebracht und die Färbeflüssigkeit wird durch die Rohre in Umlauf gesetzt.

Über Denitrieren in Verbindung mit Lösungsmittelwiedergewinnung s. unten.

Vgl. ferner über Denitrierung A. Dulitz, Chem.-Ztg. 1910, S. 989. Und über die Explosion schlecht denitrierter Kunstseide beim Bügeln s. Deutsche Färber-Ztg., 46. Jahrg., S. 649.

Über Reduzieren polysulfidhaltiger Denitrierlaugen s. D.R.P. 279310, S. 400.

Verfahren und Einrichtungen zur Wiedergewinnung der bei der Herstellung künstlicher Seide aus Nitrozellulose verwendeten Lösungsmittel, sonstiger Chemikalien und Filterstoffe, Abwasserreinigung.

Auf die Wichtigkeit der Wiedergewinnung der bei der Herstellung von Kunstseide aus Nitrozellulose benutzten Lösungsmittel ist bereits von Chardonnet hingewiesen worden (s. S. 8). Weitere Vorschläge in dieser Richtung sind folgende gemacht:

Nach Denis.

97. J. M. A. Denis in Reims (Frankr.). Vorrichtung zur Wiedergewinnung der Lösungsmittel der Nitrozellulose für Maschinen zum Spinnen von Kollodiumseide.

D.R.P. 165 331 Kl. 29 b vom 23. IV. 1904 (gelöscht); franz. P. 341 173; schweiz. P. 33 571; Ver. St. Amer. P. 834 460; brit. P. 4534[1905].

Die Wiedergewinnung von Äther und Alkohol erfolgt hier unter Anwendung einer geeigneten Flüssigkeit, welche in einem geschlossenen Kreis unter solchen Bedingungen in bezug auf die sie durchlaufenden Kollodiumfäden läuft, daß einerseits die Ätherdämpfe sich abscheiden und in einem geeigneten Behälter kondensieren können und andererseits der Alkohol sich in der Flüssigkeit löst, die nach genügender Sättigung zu seiner Wiedergewinnung destilliert wird. Die Vorrichtung gestattet ferner bei Anwendung einer geeigneten Reduktionsflüssigkeit gleichzeitig mit der Wiedergewinnung des Ätheralkohols noch die Denitrierung des aus den Spinnöffnungen austretenden Gespinstes. In diesem Falle ermöglicht vorliegende Vorrichtung eine besonders vorteilhafte Einwirkung dieser Flüssigkeit, weil sie die Anwendung einer

110   Herstellung aus Nitrozellulose.

Flüssigkeit von hoher Temperatur und einen verhältnismäßig langen Aufenthalt des Fadens in diesem Bade vorsieht.

Fig. 83 zeigt an einer Gesamtdarstellung einer Maschine zum Spinnen der Kollodiumseide die Vorrichtung zur Wiedergewinnung

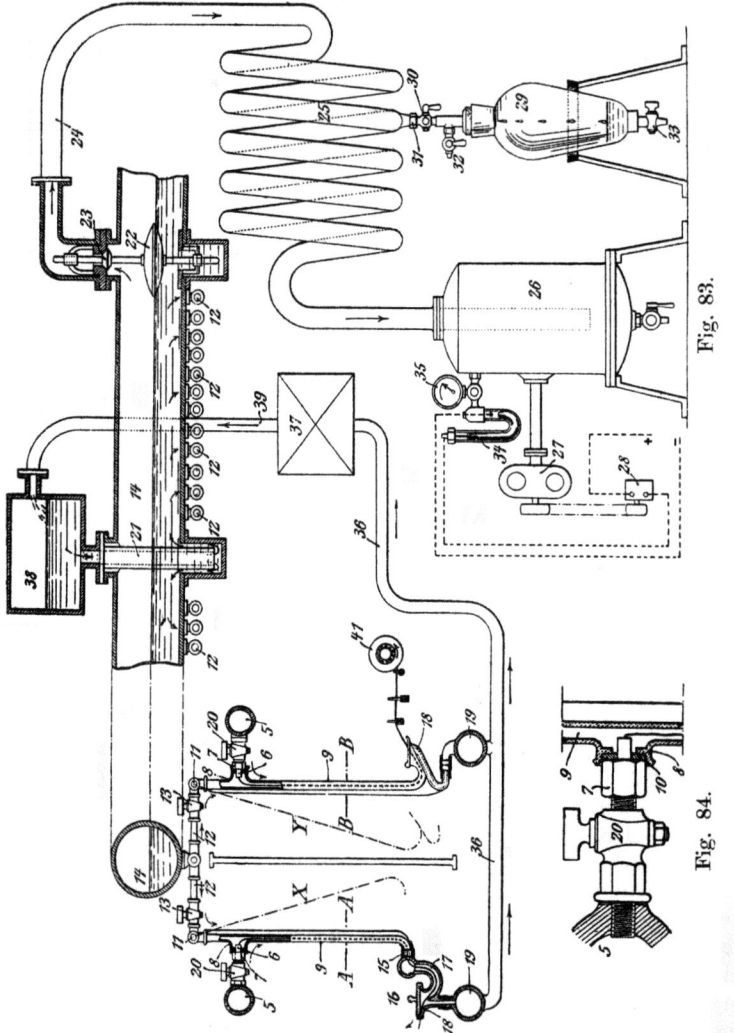

der Lösungsmittel. Fig. 84 zeigt im einzelnen in größerem Maßstab eine der Spinndüsen an dem Zirkulationsrohr für die Wiedergewinnungsflüssigkeit. Fig. 85 und 86 sind von oben gesehene Teilschnitte nach *A-A* oder *B-B* in Fig. 83, welche eine jederseits verschiedene Ausführungsform der Austrittsteile für das Gespinst zeigen, und zwar Fig. 85 eine solche für eine konstante Fadennummer, Fig. 86 eine solche für beliebig starke Nummern. Mit den Spinndüsen 6, welche in bekannter Weise durch die Zuleitungen 5 gespeist werden, ist die aus dem geschlossenen Kreis bestehende Anordnung in Verbindung gebracht, welche sich einmal aus der Leitung für eine zur Trennung oder Lösung der wiederzugewinnenden Dämpfe geeignete Flüssigkeit und ferner aus einer Kondensationseinrichtung für diese Dämpfe zusammensetzt, die aufgefangen und somit während des Spinnens selbsttätig wiedergewonnen werden. Der Umlauf der zur Lösung dienenden Flüssigkeit wird durch Rohre 9 bewirkt, welche einerseits mit den Stutzen 8 mittels hermetisch dichtender Scheiben 10 auf die die Spinnformen 6 tragende Mutter 7 aufgesetzt und andererseits mit der Behälteranordnung 14 unter Einschaltung eines mit Hahn 13 und Gelenkstutzen 11 versehenen Rohres 12 verbunden sind. Die Rohre 9 führen unten zu einem von der Abflußleitung 36 sich abzweigenden Sammelrohr 19. In 36 ist eine Pumpe 37 eingeschaltet, deren Ausfluß durch die Leitung 39 zu dem Hochbehälter 38 und durch ein Tauchrohr 21 zum Sammelbehälter 14 führt. Wie in Fig. 83 (Seite x) und 85 oder in Fig. 83 (Seite y) und 86 dargestellt ist, kann die Verbindung der Rohre 9 mit dem Sammelrohr 19 nach der zu wählenden Spinnart getroffen werden. Bei der Anordnung Fig. 83, x und 85, die zum Spinnen einer gleichbleibenden Fadennummer bestimmt ist, ist das Rohr 9 unten durch eine Schlauchhülse 15 an einen wagerechten gläsernen Kollektor 16 angeschlossen, in welchen alle Fäden zusammenlaufen, und der wieder mit dem senkrechten Kollektor 17 verbunden ist; letzterer endigt in ein Schalenmundstück 18, das mit einem Abflußstutzen unten am Sammelrohr 19

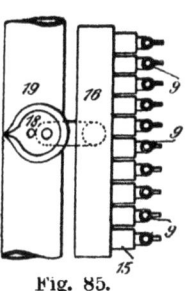

Fig. 85.

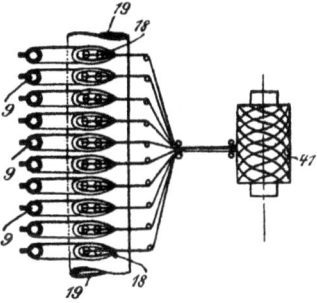

Fig. 86.

angeschlossen ist. Bei der Anordnung Fig. 83, y und 86, die für das Spinnen aller möglichen Fadennummern bestimmt ist, ist ein besonderes Mundstück 18 für jeden Faden zwischen jedem Rohr 9 und dem Sammelrohr 19 eingefügt, und die Vereinigung der Fäden erfolgt hier in mehr oder weniger großer Zahl außen auf den hierzu vorgesehenen Spulen 41. Bei beiden Anordnungen können durch die Gelenkstutzen 11 die Rohre 9 abgehoben und in dieser Lage gehalten werden, wenn man die von den Muttern 7 getragenen, zum Auswechseln eingerichteten Spinndüsen 6 ändern, ausbessern oder ersetzen muß. Der obere Behälter 14, in welchem sich die von der kreisenden Flüssigkeit mitgerissenen Dämpfe sammeln, ist mit einer Kondensationseinrichtung für die Dämpfe verbunden. Diese besteht aus einem Schlangenrohr 25, welches zwischen einem von dem

Schwimmer 22 bewegten, in einem von dem Sammelrohr 14 abgezweigten Kniestück eingebauten Ventil 23 und einem Saugwindkessel 26 eingeschaltet ist; in letzterem unterhält eine Luftpumpe 27, die durch einen Elektromotor 28 angetrieben wird, ein konstantes Vakuum, und zwar ein sehr geringes, von nur wenigen Zentimetern Wassersäule, was von einem Manometer 35 angezeigt und selbsttätig durch eine Röhre mit einer Quecksilbersäule 34 geregelt wird. Letztere wirkt durch den elektrischen Strom auf den Elektromotor 28 ein und beeinflußt seinen Gang entsprechend der Wirkungsweise der ganzen Vorrichtung. An den Windungen des Schlangenrohres 25 sind bei 31 Glasbehälter 29 mit Hähnen 30 und Lufteinlaßhähnen 32 angebracht; außerdem haben diese Behälter 29 an ihrem unteren Ende noch einen Ablaßhahn 33.

Die Wirkungsweise der Vorrichtung ist folgende: Aus dem Behälter 14, welcher eine genügende Menge geeigneter Lösungsflüssigkeit von einer höheren Temperatur als die Siedetemperatur des Äthers haben muß, fließt nach Öffnen der Hähne 13 diese Flüssigkeit, welche auch Wasser sein kann, durch die Gelenkstutzen 11 in das Rohr 9 und darauf unter Durchgang durch die Zwischenteile je nach der zu wählenden Spinnart (Fig. 83, x und 85 oder Fig. 83, y und 86) in das Sammelrohr 19. Sodann werden die Hähne 20 des Kollodiumrohres 5 geöffnet. Es tritt ein Faden aus, welcher im Augenblick seines Austrittes unter Abschluß der Außenluft, wo auch noch keine Verengerung der Austrittsöffnung stattfindet, mit der heißen Flüssigkeit in Berührung kommt. Da die konstante Temperatur, auf welcher diese gehalten wird, erheblich höher ist als die des Siedepunktes des einen der beiden Lösungsmittel, des Äthers, so scheiden sich dessen Dämpfe, zumal in diesem Augenblick eine sie einschließende erhärtete Haut noch nicht besteht, sie also frei werden können, aus und steigen, entgegengesetzt der Richtung des aus dem Behälter 14 fließenden Wassers, an dem Rohr 9 entlang nach oben. Die Strömung des Wassers ist dabei in Wirklichkeit aufs äußerste verringert, und zwar durch eine Verengung des Durchmessers der Rohre 9 an der Stelle unterhalb des Fadenaustrittes, so daß sich die Flüssigkeitssäule bei 8 und bis zum Behälter 14 nahezu in Ruhe befindet. Die in den Rohren 9 hochsteigenden Ätherdämpfe treten schließlich in den durch Rohr 21 gespeisten Behälter und sammeln sich in seinem oberen Teil. Beim Ingangsetzen des Apparates ist der Behälter 14 vollständig gefüllt. Sobald die Ätherdämpfe eintreten und sich oben sammeln, drücken sie den Flüssigkeitsspiegel langsam herab. Ist der Wasserspiegel auf eine regelbare Grenze gesunken, so öffnet der Schwimmer 22 das Ventil 23 und läßt die Ätherdämpfe oben aus dem Behälter 14 entweichen und in die Leitung 24 und das Schlangenrohr 25 treten, in welchem die Temperatur genügend niedrig gehalten wird, um die Ätherdämpfe zu kondensieren. Der kondensierte Äther fließt dann in eine Reihe von Glasbehältern 29, die unter den Windungen des Schlangenrohres in der erforderlichen Anzahl angeordnet sind. Hat die Ätherflüssigkeit im Behälter 29 einen bestimmten Höhestand erreicht, so wird er durch Schließen des bei 31 an das Schlangenrohr angeschlossenen

Hahnes 30 ausgeschaltet. Die Flüssigkeit kann dann nach Öffnen des seitlichen Lufthahnes 32 mittels des unteren Hahnes 33 abgelassen werden. Nach Schließen dieses Hahnes und des Lufthahnes wird durch Öffnen des Hahnes 30 der Behälter wieder eingeschaltet. Die Wiedergewinnung des Äthers vollzieht sich auf diese Weise intermittierend, und zwar jedesmal dann, wenn eine bestimmte Menge der angesammelten Ätherdämpfe den Wasserspiegel im Behälter 14 auf eine ebenfalls bestimmte Höhe herabgedrückt hat. Sobald das Wasser infolge des Saugens der Pumpe 27 wieder steigt, sperrt der Schwimmer 22 durch Ventil 23 die Verbindung mit der Leitung 24, 25, 26 und Pumpe 27 ab. Während der Äther im Wasser sehr wenig löslich ist, ist die Löslichkeit des Alkohols darin sehr groß. Dieses Wasser gelangt aus den Sammelrohren 19 durch die Leitung 36 in die Pumpe 37, die es durch die Leitung 39 in den Behälter 38 hebt und aus letzterem schließlich wieder durch das Tauchrohr 21 in den Behälter 14. Dasselbe Wasser, das an einer Stelle der Leitung durch einen außen beheizten Behälter auf gleicher Temperatur gehalten wird, wird so lange benutzt, bis eine an einer geeigneten Stelle der Leitung entnommene Probe anzeigt, daß das Wasser genügend mit Alkohol gesättigt ist. Es wird dann eine bestimmte Menge dieses gesättigten Wassers abgezogen und eine gleiche Menge alkoholfreien Wassers gleicher Temperatur eingelassen. Das abgezogene Wasser wird einem bekannten Destillationsverfahren unterworfen, um den Alkohol abzuscheiden.

Patentansprüche: 1. Vorrichtung zur Wiedergewinnung der Lösungsmittel der Nitrozellulose für Maschinen zum Spinnen von Kollodiumseide, dadurch gekennzeichnet, daß die Spinnformen oder Preßdüsen in die Leitung einer einem geschlossenen Kreislauf unterworfenen, auf erhöhter Temperatur gehaltenen Flüssigkeit münden, derart, daß einerseits unter vollständigem Luftabschluß der Ätherdampf hinter den Preßdüsen in einen Sammelbehälter tritt, aus dem er mittels selbsttätig spielenden Ventiles in einen Kondensator gelangt, der mit einem oder mehreren Gefäßen zum Ablassen des Kondensates und einer selbsttätig gesteuerten Luftpumpe verbunden ist, und andererseits der Alkohol in der kreisenden Flüssigkeit absorbiert wird, um nach genügender Anreicherung aus dieser später abdestilliert zu werden, wobei in bekannter Weise durch Wahl einer denitrierenden Flüssigkeit für den Kreislauf in der Maschine außer der Wiedergewinnung der Lösungsmittel auch die Denitrierung des Gespinstes erfolgen kann.

2. Eine Ausführungsform der im Anspruch 1 gekennzeichneten Vorrichtung, bei welcher das Kollodium aus den Preßdüsen (6) in gelenkig an den Zuflußrohren (12) eines Sammelbehälters (14) aufgehängte Rohre (9) tritt, welche durch leicht lösbare Anschlüsse an einen Sammelbehälter (19) oder einen mit diesem verbundenen Kollektor (16) der Abflußleitung (36) und an die Preßdüsen (bei 8) luftdicht angelegt werden, während in die Abflußleitung eine Pumpe (37) eingeschaltet ist, welche die Flüssigkeit mittels eines Hochbehälters (38) und Tauchrohres (21) dem Sammelbehälter (14) wieder zuführt, der seinerseits

durch ein vom Flüssigkeitsspiegel beeinflußtes Ventil (23) mit einem als Kondensator für die Ätherdämpfe dienenden Schlangenrohr (25) mit einem oder mehreren Sammelgefäßen (29) und einer Luftpumpe (27) in Verbindung steht, deren Antriebsmotor (28) durch einen von dem Druck im Windkessel (26) beeinflußten Quecksilberkontakt ein- und ausgeschaltet wird.

Nach Dervin.

98. **J. M. E. Dervin.** Wiedergewinnung von Alkohol und Äther aus der Luft der Kunstseidefabriken.

Franz. P. 350 298.

Das Verfahren besteht darin, daß man die Luft, welche Alkohol- und Ätherdämpfe enthält, mit Schwefelsäure bei gewöhnlicher Temperatur in innige Berührung bringt, und zwar nacheinander in zwei getrennten Apparaten. Die Säure im ersten Apparat hat den Zweck, die Luft zu trocknen und Alkohol zurückzuhalten, während die Säure im zweiten Apparat, die annähernd 66° Bé hat, Äther absorbiert. Das Verfahren beruht auf folgenden Beobachtungen: 1. Das Absorptionsvermögen der Schwefelsäure für Äther bei 18° hängt von der Konzentration der Säure und der Dampfspannung des Äthers ab. Luft, welche, wie bei den Kunstseidefabriken, nur einige Tausendstel Äther enthält, gibt an Schwefelsäure von 66° Bé nur 1 Mol. Äther (?) ab, während Schwefelsäure mit 1 oder mehreren Molekülen Wasser fast gar keinen Äther absorbiert. 2. Ein äquimolekulares Gemisch von Schwefelsäure 66° Bé und Äther verliert fast den ganzen Äthergehalt, wenn man einen feuchten Luftstrom hindurchgehen läßt und nachdem die Säure genügend Hydratwasser aufgenommen hat (ausgenommen die Äthermenge, welche in Form von Äthylschwefelsäure vorhanden war). 3. Wird durch Schwefelsäure von 66° Bé bei 18° Luft, die einige Tausendstel Wasserdampf, Alkohol und Äther enthält, hindurchgeleitet, so nimmt die Schwefelsäure zuerst alle drei Stoffe auf. In dem Maße aber, wie die Hydratierung der Säure wächst, nimmt auch die Dampfspannung des Äthers in der Flüssigkeit zu, und bei zunehmender Hydratierung tritt der Zeitpunkt ein, wo die Dampfspannung des Äthers größer ist als die der die Flüssigkeit durchstreichenden Luft; infolgedessen nimmt jetzt die Luft den Äther mit, der ursprünglich von der Säure aufgenommen war. Die Aufnahme des Äthers durch die Luft wird vollständig, sobald die Hydratierung der Säure genügend fortgeschritten ist. Zuletzt hält die Schwefelsäure nur Wasser und Alkohol zurück. Wichtig ist, daß man sich zum Trocknen der Luft und zu ihrer Befreiung von Äther der Säure bedienen kann, welche aus zwei oder drei (selbst mehreren) nacheinander folgenden Operationen der Wiedergewinnung von Äther herstammt. Diese Säure kann noch wenigstens 20—30% ihres Gewichtes Wasser und Alkohol absorbieren. Aus diesem Rückstand kann man durch Destillation in Gegenwart von Wasser Alkohol wiedergewinnen. Wichtig ist es, bei dem Verfahren Temperaturerhöhungen über 18—20% zu vermeiden.

Zur praktischen Ausführung des Verfahrens läßt man die Luft durch zwei Batterien, jede aus wenigstens zwei Absorptionskolonnen bestehend, umlaufen. Die Kolonnen der ersten Batterie enthalten als Absorptionsflüssigkeit eine rückständige Schwefelsäure, die Wasser und Alkohol absorbiert. Die Kolonnen der zweiten Batterie enthalten Schwefelsäure von 66° Bé oder Säure, die bereits zweimal zur Absorption von Äther gedient hat, und absorbieren den Äther. Die aus der letzten Kolonne kommende trockene Luft wird in die Spinnräume zurückgeleitet. Die Kolonnen selbst besitzen die Einrichtung von Gay-Lussac-Türmen der Schwefelsäurefabrikation, sie sind mit zahlreichen, geneigt angeordneten, hohlen Bleiplatten angefüllt, in denen kaltes Wasser umläuft. Die Schwefelsäure fällt von oben in dünnen Strahlen herab, während die Luft unten einströmt. Die Säure wird mehrmals durch die Kolonne gepumpt. Die Kolonnen sind so miteinander verbunden, daß man in jeder Batterie die erste Kolonne zur zweiten machen kann und die zweite zur ersten. Aus der Flüssigkeit der zweiten Kolonne wird der Äther durch Destillation im Vakuum wiedergewonnen.

99. J. M. E. Dervin. Verfahren zur Wiedergewinnung von Alkohol und Äther aus der Luft von Kunstseidefabriken.
Franz. P. 5717, Zus. z. Franz. P. 350 298.

Um aus der ätherhaltigen Schwefelsäure den gesamten Äther wiederzugewinnen und der Säure ihre ganze Absorptionskraft wiederzugeben, destilliert man die ätherhaltige Säure mit 1 oder mehreren, z. B. 3 Molekülen Wasser auf 1 Molekül Säure. Die Säure wird danach durch die bekannten Mittel wieder auf 65—66° Bé konzentriert. Nach dem Hauptpatent (s. vorstehend) wird die aus den Absorptionskolonnen kommende trockene Luft in die Spinnräume zurückgeleitet, wo sie zum Trocknen der Kollodiumfäden dient. Dabei ist es nicht zu vermeiden, daß Außenluft nachdringt und die mehrmals zurückgeleitete Luft durch die von den Arbeitern ausgeatmeten Gase verunreinigt wird. Wird jedoch die ganze Spinnvorrichtung luftdicht in einen Behälter mit gläsernen Wänden eingebaut, so ist eine Verschlechterung der umlaufenden Luft ausgeschlossen, die bewegte Luft ist ätherreicher, und man kann mit weniger Säure zur Wiedergewinnung des Alkohols und Äthers auskommen. Die bisher notwendige ausgiebige Ventilation der Arbeitsräume kann fortfallen. Eine zu starke Austrocknung der Kollodiumfäden wird durch Zusatz hygroskopischer Stoffe wie Glyzerin, Chlorkalzium u. a. m. zur Spinnlösung oder durch Aufbringen solcher Stoffe oder ihrer Lösung auf die Apparatenteile, mit denen die Fäden in Berührung kommen, z. B. die Bobinen, vermieden.

Nach Société Jules Jean & Cie. und Georges Raverat.

100. La Société Jules Jean & Cie. und Georges Raverat, Paris. Verfahren zur Wiedergewinnung der Dämpfe flüchtiger Lösungsmittel.
Brit. P. 13 603[1905].

Die Dämpfe flüchtiger Lösungsmittel, die u. a. bei der Herstellung künstlicher Seide gebraucht werden, wie Petroläther, Äther, Alkohol, Benzol und seine Derivate, Ester von organischen Säuren mit Mineralsäuren u. a. werden durch Eisessig oder Phosphorsäure wiedergewonnen. Man leitet die Dämpfe durch Kolonnen, die z. B. Eisessig enthalten, und verdünnt nach Aufnahme der Lösungsmittel auf 40—30° Bé. Das Lösungsmittel scheidet sich ab oder wird durch Destillieren wiedergewonnen. Kühlen der Dämpfe oder des Eisessigs ist zweckmäßig.

Nach Douge.

101. J. Douge. Wiedergewinnung der Lösungsmittel der Nitrozellulose, besonders des Alkohols und Äthers, aus den aufgespulten Fäden.
Franz. P. 356835; brit. P. 15372[1905].

Man hat vorgeschlagen, die in den aufgespulten Nitrozellulosefäden enthaltenen Lösungsmittel in geschlossenem Gefäß unter vermindertem Druck abzudestillieren und das Wasser durch trockenes Kaliumkarbonat zu entfernen. Das Verfahren erfordert einen komplizierten Apparat und beeinträchtigt die Eigenschaften der Fäden. Nach vorliegender Erfindung werden die Lösungsmittel durch Diffusion entfernt, d. h. die aufgespulten Fäden werden mit einer die Lösungsmittel aufnehmenden Flüssigkeit methodisch in der Weise behandelt, daß mit dem Lösungsmittel bereits beladene Flüssigkeit mit noch unbehandelten Fäden in Berührung kommt, daß dann Flüssigkeit mit weniger Lösungsmittel und schließlich reines Wasser zur Anwendung kommt. Die mit Lösungsmittel angereicherte Flüssigkeit, in den meisten Fällen Wasser, wird durch fraktionierte Destillation von den Lösungsmitteln befreit. Durch dieses methodische Extrahieren erhält man in 12 Stunden bei 30—35° eine Flüssigkeit mit 15—20% Alkohol und kann $^2/_5$ bis die Hälfte des angewendeten Alkohols zurückgewinnen. Die Spulen, auf denen die zu behandelnden Fäden aufgewickelt sind, sind zweckmäßig mit in der Längsrichtung verlaufenden Vertiefungen oder Löchern versehen, um der Diffusionsflüssigkeit bequemen Zutritt zu den Fäden zu verschaffen. Der Apparat zur Ausführung des Verfahrens enthält mehrere nebeneinander angeordnete Behälter, in denen die in Körben untergebrachten Spulen mit Diffusionsflüssigkeit von fallendem Gehalt an Lösungsmittel und schließlich reinem Wasser behandelt werden.

Nach dem französischen Zusatzpatent 5160 desselben Erfinders sind die Spulen mit in der Längsrichtung verlaufenden Schlitzen versehen, um eine noch bessere Diffusion zu ermöglichen.

102. J. Douge. Verfahren zur Wiedergewinnung flüchtiger Lösungsmittel aus der Luft von Kunstseidefabriken.
Brit. P. 1595[1907].

Von den einzelnen Spinnmaschinen wird die Luft durch einen Saugapparat in Röhren geführt, die in einem Sammelrohr münden, welches nach dem Saugapparat führt. In diesem findet eine Trennung von Luft und Wasserdampf von den Alkohol- und Ätherdämpfen statt. Dies geschieht durch Zentrifugalkraft oder durch mehrfache Anordnung von

Widerständen in der Leitung der Gase. Luft und Wasserdampf werden in den Arbeitsraum zurück- oder ins Freie geleitet. Die von Luft und Wasserdampf zum Teil befreiten Dämpfe werden nach einem zweiten Trennungsapparat geleitet, in dem eine weitere Abscheidung von Luft und Wasserdampf stattfindet. Das verbleibende Dampfgemisch wird, gegebenenfalls nach vorherigem Trocknen, zur Absorption geführt. (4 Zeichnungen.)

Nach Aurenque.

103. J.-B.-A. Aurenque. Wiedergewinnung flüchtiger Flüssigkeiten durch geeignete Abkühlung der aus ihnen entwickelten Dämpfe.

Franz. P. 349843.

Die beim Verspinnen von Kollodium entwickelten Dämpfe von Alkohol und Äther sammeln sich im unteren Teil des Arbeitsraumes in besonderen Leitungen an. Die Erfindung besteht darin, daß die angesammelten Dämpfe stark gekühlt werden. Reiner Ätherdampf hat bei 20° eine Spannung von 423 mm, kühlt man auf —10° ab, so fällt die Spannung auf 115 mm und bewirkt die Verflüssigung von etwa $^3/_4$ der Dämpfe. Bei Gemischen von Alkoholdampf und Ätherdampf ist die Spannung nicht so hoch, die Wirkung der Kühlung daher noch ausgiebiger. Außerdem bewirkt die Kühlung eine Bewegung der Dämpfe von oben nach unten und daher eine Ventilation des Arbeitsraumes.

Nach Bouchaud-Praceiq.

104. Edouard Bouchaud-Praceiq in Paris. Vorrichtung zur Wiedergewinnung der Dämpfe flüchtiger Lösungsmittel.

Österr. P. 29829; schweiz. P. 33684.

Als Absorptionsmittel für die Alkohol- und Ätherdämpfe hat man starke Schwefelsäure, Abfallsäure vom Nitrieren der Zellulose oder Alkalibisulfate verwendet, mit welchen man die vorher getrocknete, die Dämpfe enthaltende Luft in innige Berührung bringt. Die so erhaltenen Lösungen werden dann mit Wasser verdünnt und destilliert, wobei man einerseits die flüchtigen Lösungsmittel wiedergewinnt, anderseits einen Rückstand erhält, der durch Konzentrieren wieder zu Absorptionszwecken vorbereitet werden kann.

Die Erfindung betrifft eine Einrichtung zur Durchführung dieses Verfahrens. Sie besteht aus einem oben offenen Troge, in welchem jene Vorrichtungen untergebracht sind, bei deren Betriebe die wiederzugewinnenden Lösungsmitteldämpfe frei werden, also bei der Kunstseideerzeugung die Spinndüsen usw. Unten ist an den Trog ein Sammelrohr für die Dämpfe angesetzt, dessen Fortsetzung zu einem Absorptionsturm führt; dieser ist derart angeordnet, daß einerseits das Gewicht einer durch ihren Gehalt an spezifisch schweren Dämpfen schwerer gemachten Luftsäule und anderseits die verhältnismäßige Leichtheit einer von Dämpfen befreiten Luftsäule benutzt wird, um selbsttätiges

Ansaugen gegen den Trog zu erhalten, was gleichzeitig dem Höhenunterschied zwischen dem Abfangtrog und dem Absorptionsturm und auch dem Dichtenunterschied zwischen der mit schweren Dämpfen beladenen Luft und der von Dämpfen befreiten Luft proportional ist. Eine derartige Vorrichtung regelt sich so durchaus von selbst; je nachdem sie zu arbeiten hat oder nicht, gelangt sie selbsttätig in oder außer Gang und saugt wenig, mittelmäßig oder viel an, je nachdem wenig, mittelmäßig oder viel zu absorbieren ist. Die Zeich-

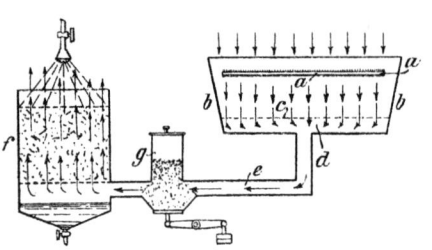

Fig. 87.

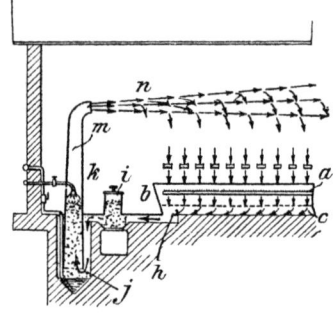

Fig 88.

nung zeigt als Ausführungsbeispiel der neuen Einrichtung deren Anwendung bei der Kollodiumseideerzeugung. Fig. 87 ist eine schematische Darstellung der ganzen Anlage, Fig. 88 ein lotrechter Längsschnitt. Fig. 89 ist ein lotrechter Längsschnitt, Fig. 90 ein Querschnitt einer Spinnbank, die mit einer Einrichtung versehen ist, welche hindert, daß sich die mit Dämpfen beladene Luft außerhalb des Abfangtroges ausbreitet. Nach Fig. 87 ist die Rampe a, welche die Spinndüsen trägt, in einem Trog b untergebracht, der einen gelochten falschen Boden c besitzt, durch welchen die mit Dampf gesättigte Luft strömt; sie zieht abwärts, um in ein Abzugrohr e zu gelangen, wobei

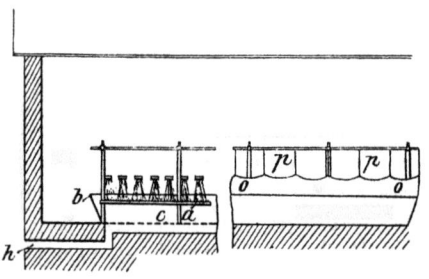

Fig. 89.

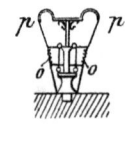

Fig. 90.

sie durch Trockenmittel geht, die in einem Behälter g enthalten sind, der in passender Lage angeordnet und mit einer Entleerungsöffnung für das mit Feuchtigkeit gesättigte Material versehen ist. Die Pfeile deuten an, in welchem Sinne die Dämpfe in der Vorrichtung kreisen. Der Turm f enthält mit Absorptionsmitteln getränkten Bimsstein, der die durchströmende Luft von Dämpfen befreit; die Luft tritt an dem oberen Ende des Turmes aus und kann von neuem benutzt werden, um eine neue Menge Dämpfe abzufangen. Bei der Einrichtung nach Fig. 88 ist der Trog b mit einem Kanal h in Verbindung, der die mit

Dämpfen gesättigte Luft zum Trockenapparat *i* führt, von wo aus sie in eine Grube *j* gelangt, in deren unteren Teil die untere Öffnung der zum Festhalten der Dämpfe dienenden Säule *k* mündet. Die Flüssigkeit, welche bei der Einwirkung des Absorptionsmittels auf die Dämpfe entsteht, sammelt sich auf dem Boden der Grube *j* an, von wo sie durch eine Pumpe gehoben und den Wiedergewinnungsapparaten zugeführt wird. Der Absorptionsturm wird von einem Zugkegel *m* überragt, der oben abgebogen und bei *n* mit einem Drehkreuz versehen ist, dessen Gang den der Vorrichtung anzeigt. Die trockene und von Dämpfen befreite Luft tritt durch die obere Öffnung des kegelförmigen Rohres *m* aus, um sich oberhalb der Spinnvorrichtung auszubreiten und sich beim Durchströmen des Troges neuerdings mit Dämpfen zu sättigen. Eine und dieselbe Luftmenge kann also derart sozusagen unbegrenzt lange benutzt werden. Um die Verluste zu vermeiden, welche erfolgen können, wenn sich mit Dämpfen gesättigte Luft über die Ränder des Troges verbreitet, sind letztere durch ein geschmeidiges durchsichtiges Gewebe *o* von passender Höhe nach oben verlängert, das an elastischen Halteorganen *p*, welche andererseits mit dem Gestell in Verbindung stehen, befestigt ist (Fig. 89 und 90). Die Arbeiterin kann so einen gerissenen Faden wieder anfügen, einen Hahn betätigen und selbst eine kleine Reparatur vornehmen, indem sie mit ihrem Arme nur dort, wo sie arbeiten will, die biegsame Wand *o* hinabdrückt, wobei übrigens die Ausströmöffnung, die an dieser Stelle entstünde, durch die Arme der Arbeiterin verlegt wird. Die Absorptionsmittel sind um so wirksamer, bei je niedrigerer Temperatur sie gehalten werden, und je vollständiger die Luft früher von Feuchtigkeit befreit worden ist. Daher werden in den Weg der Luft mehrere Kammern eingeschaltet, wo die Abkühlung und das Trocknen der mit Dämpfen gesättigten Luft in üblicher Weise vor sich geht. Als Trockenmittel kann man ein Gemenge von Kalziumkarbid und Natrium oder ein Gemenge von Kalziumkarbid und Mangankarbid nehmen. Als Absorptionsmittel wählt man entweder Alkalisulfate oder das bei Nitriervorgängen abfallende Säuregemisch. Die Trennung der Dämpfe von den Absorptionsmitteln erfolgt entweder durch Wärme oder durch Luftleere oder durch Destillieren im Vakuum. Liegen schwefelsaure Lösungen vor, so wird die Destillation durch vorgängigen Wasserzusatz erleichtert.

Nach Vittenet.

105. H. E. A. Vittenet in Aurec s. Loire, Frankr. Vorrichtung zur Herstellung künstlicher Seide und zur Wiedergewinnung der bei der Herstellung verwendeten Gase.

D R.P. 194 825 Kl. 29a vom 19. VI. 1906 (gelöscht); brit. P. 14 087[1906]; franz. P. 361 568 mit Zusatz 5797; Ver. St. Amer. P. 828 155; österr. P. 32 783.

Für die Herstellung künstlicher Seide verwendet man Nitrozellulose, die u. a. in Aceton oder Aceton mit schwefliger Säure[1]) gelöst ist. Bei

---
[1]) D.R.P. 171 639, siehe S. 66.

diesem Verfahren befindet sich der aus der Spinnvorrichtung heraustretende Faden in einer Atmosphäre von Schwefligsäuregas, welches den Faden weich und glänzend macht und Acetondämpfe mit sich führt, wodurch eine Wiedergewinnung dieses Lösungsmittels ermöglicht ist. Die Vorrichtung der vorliegenden Erfindung ist zur Ausführung des gekennzeichneten Verfahrens bestimmt, um eine Sammlung der Mischung der Dämpfe von Aceton und schwefliger Säure zu gestatten und die Arbeiter vor der Berührung mit den für die Atmung schädlichen Gasen zu schützen. Die Vorrichtung sieht für jede Spinnöffnung ein geschlossenes Rohr vor, in welchem sich ein Strom schwefliger Säure befindet, der in dem für die Bewegung des Fadens entgegengesetzten Sinne läuft. Alle erwähnten Röhren sind an ein allgemeines Zuleitungsrohr für schweflige Säure angegliedert. Nach dem Durchgange durch diese Röhren sammeln sich die schweflige Säure und die Acetondämpfe in einem Sammler, welcher die Gase und Dämpfe an eine passende Stelle führt, bevor die Abscheidung des Acetons vorgenommen wird. In der Zeichnung ist die Vorrichtung beispielsweise dargestellt. Fig. 91 ist ein senkrechter Schnitt. Fig. 92 ist eine Ansicht einer der Röhren für schweflige Säure. Fig. 93 ist eine Oberansicht der äußeren Röhre. Fig. 94 ist ein Schnitt nach der Linie 4 von Fig. 92. Fig. 95 ist eine Ansicht des inneren Rohres von oben. Fig. 96 ist ein senkrechter Schnitt des unteren Teiles der Röhre, welche über einer Spinnvorrichtung, die nicht dargestellt ist, angeordnet ist. Fig. 97 zeigt einen Teil der Anordnung der Röhren für den Umlauf der schwefligen Säure. Fig. 98 zeigt die Einzelheit des Hahnes in der letzterwähnten Einrichtung. Fig. 93, 94, 95, 96 und 98 sind in größerem Maßstabe gezeichnet als die anderen Figuren. Die Vorrichtung wird von senkrechten Stützen A getragen, auf welchen Arme B, C, D befestigt sind. Der Arm B trägt die Leitung E, durch welche das schwefligsaure Gas eintritt. Der Arm C trägt das Ausgangsrohr F für die schweflige Säure, welche bereits umgelaufen ist, und den Acetondampf, der mitgerissen ist. D trägt die Leitung G, durch welche die Lösung von Nitrozellulose in Aceton eintritt. Die Leitung G ist mit senkrechten Spinnröhren a versehen, die einen Hahn b besitzen. Auf jeder Spinnröhre ist ein Rohr angeordnet, welches aus zwei konzentrischen Röhren zusammengesetzt ist, dem inneren Rohre c und dem äußeren Rohre d. Das äußere Rohr d ist fest, das innere Rohr c kann im äußeren Rohre d mittels des Handgriffes e gedreht werden. Die beiden Rohre c und d haben einen senkrechten Spalt k nach ihrer ganzen Länge, so daß, wenn diese Spalte zusammenfallen (Fig. 94), der Faden ergriffen werden kann, wenn er aus der Spinnvorrichtung auszutreten beginnt, um ihn in die ganze Höhe des Rohres einzuführen, ihn oben austreten zu lassen und auf die obere Rolle H zu bringen. Das äußere Rohr d ist in seinem oberen Teile fast vollständig geschlossen und zeigt eine radiale Durchbrechung f (Fig. 93), deren Seiten sich verlängern, um die Einführung des Fadens zwischen sich zu erleichtern, wenn man den Betrieb beginnt. Das innere Rohr ist gleichfalls oben fast vollständig geschlossen und hat nur eine radiale Durchbrechung g (Fig. 95), die mit der Durchbrechung f zusammenfällt, wenn die Spalte k der beiden Rohre zusammenfallen. Wenn man das innere Rohr in dem äußeren Rohre mittels des Handgriffes e dreht, so daß das Rohr vollkommen geschlossen ist, so setzt sich die Durchbrechung g des oberen Teiles des inneren Rohres unter einen vollen Teil des äußeren Rohres, und es bleibt nur ein kleines mittleres Loch übrig, durch welches der

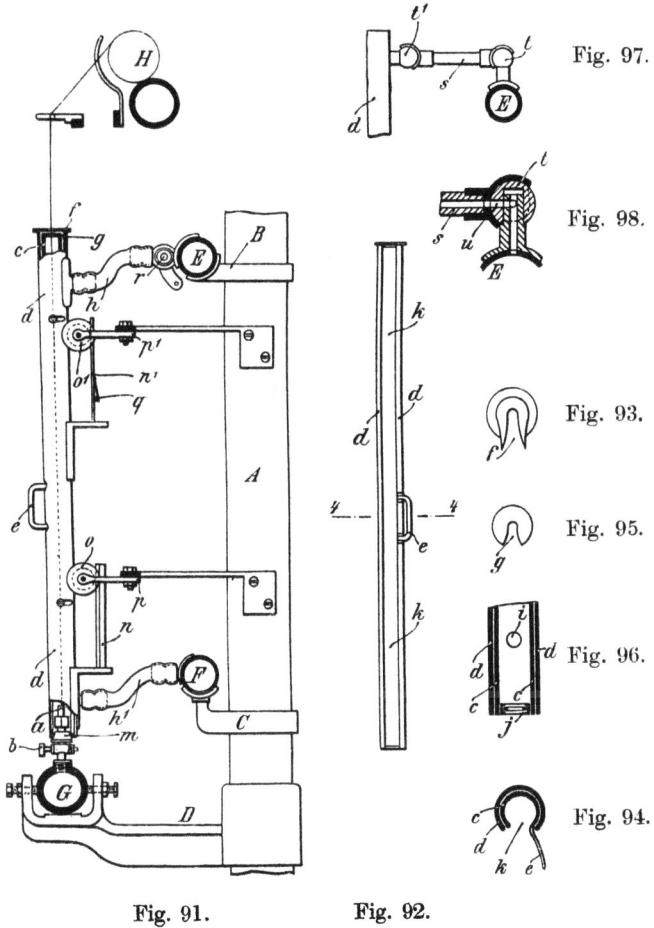

Fig. 91.   Fig. 92.

Faden austritt. Die obere Leitung E, durch welche das schwefligsaure Gas eintritt, und die Leitung F, durch welche es austritt, sind mit dem äußeren Rohre d durch Kautschukansätze h, h^1 verbunden. Das innere Rohr c zeigt an der Stelle dieser Ansätze eine kreisförmige Öffnung i, die gegenüber den Öffnungen der Ansätze an den Röhren h, h^1 liegt. Wenn das innere Rohr c zum Verschluß der senkrechten Spalte k gedreht ist, so steigt die schweflige Säure durch den oberen Teil des über jeder Spinnröhre liegenden Rohres herab, tritt durch den unteren Ansatz aus und kommt durch den biegsamen Ansatz h^1 in die Sammelleitung F. Die Kautschukansätze gestatten, das Rohr c, d über die Spinnröhre zu heben, falls dies zur Besichtigung oder Reinigung oder leichteren Ergreifung des Fadens notwendig ist. Das Rohr ruht einfach auf der Spinnröhre. Eine genügend dichte Verbindung wird durch einen Kautschukring j erreicht, welcher im unteren Teile des Rohres d auf dem konischen Teil m unterhalb der Spinnröhre angeordnet ist. Jedes Rohr d wird senkrecht geführt und gehalten von zwei Winkeleisen n, n^1, welche hinter Rollen o, o^1, die von Armen p, p^1 getragen werden, gehen. Diese Rollen greifen zwischen die Winkeleisen n, n^1 und die Röhren. Das obere Winkeleisen n^1 federt leicht, so daß, wenn das Rohr c, d gehoben wird, ein kleiner Ansatz q, der hinter dem Winkeleisen dargeboten wird, auf den Arm p^1, welcher das gehobene Rohr hält, zu ruhen kommt. Man muß leicht an diesem Winkeleisen ziehen, um den Ansatz q, der das Rohr c, d freigibt, zu lösen. Der obere Kautschukansatz h für die Zuleitung der schwefligen Säure ist mit einem Hahn r versehen. Man schließt ihn, wenn das Rohr gehoben werden soll, und sperrt so den Zutritt der schwefligen Säure ab. In der Ausführungsform der Fig. 97 und 98 ist sowohl die Zuleitungs- wie die Ableitungsröhre mit den senkrechten Röhren c, d durch starre Röhren s, die bei t, t^1 angelenkt sind, verbunden. Man hat in t einen Hahnansatz, der sich selbsttätig schließt, wenn man das Rohr c, d hebt. Der Zutritt der schwefligen Säure hört dann auf, weil die Leitung des Rohres d nicht mehr gegenüber der wagerechten Leitung u des Hahnes sich befindet. Die beschriebene Vorrichtung kann übrigens auch zur Wiedergewinnung der Dämpfe anderer Lösungsmittel bei der Herstellung künstlicher Seide benutzt werden.

Patentansprüche: 1. Vorrichtung zur Herstellung künstlicher Seide und zur Wiedergewinnung der bei der Herstellung verwendeten Gase, gekennzeichnet durch zwei ineinandersteckende, gegeneinander verdrehbare Rohre (c, d), die in ihrer ganzen Länge mit je einem Spalt versehen sind und die oben radiale Öffnungen tragen, welche zum großen Teile verdeckt sind, wenn die Spalte geschlossen sind.

2. Vorrichtung nach Anspruch 1, dadurch gekennzeichnet, daß das mit Ansätzen für die Gasleitungen versehene äußere Rohr (d) auf einem konischen Teil des Spinnrohres abhebbar ruht und von Winkeleisen in Rollenführungen verschiebbar gehalten ist.

Nach Bucquet.

106. Octave Bucquet in Herent lez Louvain, Belg. Verfahren zur Wiedergewinnung der bei der Herstellung künstlicher Seide verwendeten flüchtigen Lösungsmittel.

D.R.P. 196 699 Kl. 29b vom 10. II. 1907 (gelöscht); franz. P. 386 833.

Nach diesem Verfahren werden Alkohol, Äther, Aceton u. dgl. in reinem und wasserfreiem Zustande und ohne Verlust wiedergewonnen. Es besteht im wesentlichen darin, daß als absorbierendes Mittel ein flüssiges

Fett oder eine flüssige Fettsäure, z. B. Ölsäure, für sich allein oder gemischt mit einem Öle von niedrigem Erstarrungspunkt benutzt wird. Diese Mittel sind besonders brauchbar, weil sie beim Abdestillieren des flüchtigen Lösungsmittels nicht mit übergehen. Die bisher in der Kunstseidenindustrie benutzten Absorptionsmittel für die flüchtigen Lösungsmittel, wie Bisulfite oder Schwefelsäure, machen eine Zerlegung der zunächst entstandenen chemischen Verbindungen und eine besondere Reinigung der daraus abgeschiedenen Lösungsmittel notwendig.

Patentanspruch: Verfahren zur Wiedergewinnung der bei der Herstellung künstlicher Seide verwendeten flüchtigen Lösungsmittel (Alkohol, Äther, Aceton usw.), deren Dämpfe durch Luft oder einen indifferenten Dampf oder ein indifferentes Gas einem sie absorbierenden Mittel zugeführt und daraus durch Destillation in reinem Zustande wiedergewonnen werden, dadurch gekennzeichnet, daß als absorbierendes Mittel ein flüssiges Fett oder eine flüssige Fettsäure, z. B. Ölsäure, entweder für sich allein oder gemischt mit einem Öle von niedrigem Erstarrungspunkt benutzt wird.

Nach Diamanti und Lambert.

107. Henri Diamanti und Charles Lambert in Paris. Vorrichtung zur gesonderten Wiedergewinnung der in der Kunstseidefabrikation verwendeten flüchtigen Lösungsmittel.

D.R.P. 203 916 Kl. 29b vom 3. III. 1907 (gelöscht); schweiz. P. 39 587; franz. P. 372 889; brit. P. 5020^{1907}; österr. P. 38 532.

Die Vorrichtung soll bei einem Verfahren benutzt werden, das darin besteht, die Verflüssigung der Dämpfe von flüchtigen Flüssigkeiten durch Berührung mit kalten, geeignet angeordneten Wänden herbeizuführen, sowie gleichzeitig darin, zur Vermeidung einer neuen Verdampfung die Tröpfchen der Flüssigkeit, die so durch Herabtropfen erhalten wird, vor Einwirkung der Luft, die infolge der Schwere oder mechanisch getrieben umläuft, zu schützen. Die Tröpfchen werden sofort in einem Rohr oder in einem Behälter beliebiger Form vereinigt, der auf einer sehr niedrigen Temperatur gehalten wird.

Die Zeichnung stellt als Anwendungsbeispiel einen Spinnstuhl zur Herstellung künstlicher Seide dar, mit dem die Wiedergewinnungseinrichtung verbunden ist. Es ist Fig. 99 eine Seitenansicht mit einem Teilschnitt, der die innere Einrichtung des Apparates zeigt, Fig. 100 ein senkrechter Querschnitt. Der Spinnstuhl besteht wie gewöhnlich aus einem Gestell a, das zwei horizontale Rohre b trägt, auf denen die Spinndüsen c angeordnet sind, durch die man unter gleichmäßigem Druck das Kollodium auspreßt. Jede Spinndüse trägt einen Hahn d, der gestattet, die Fädchenlieferung zu unterbrechen. Sobald die Fädchen an die Außenluft gelangen, beginnt die Verdampfung des Äthers und Alkohols, und sie dauert an, wenn die Fäden auf die Rollen e im oberen Teile des Apparates aufgerollt sind. Um die Dämpfe, die sich aus den Fädchen f entwickeln, nach Maßgabe ihres Entstehens aufzunehmen, bildet man mit Hilfe von festen Schirmen g und scharnierartig beweglichen Schirmen h eine Art Gang, der von unten nach oben von den zu den Rollen gehenden Fädchen durchlaufen wird, während ein Saugluftstrom den genannten Gang von oben nach unten durchläuft. Die Ansaugung wird durch ein am Fuße des Ganges angeordnetes Rohr j bewirkt. Die zu Fäden vereinigten Fädchen werden auf die Rollen e aufgerollt, die immer mit Rücksicht darauf, die noch entweichenden Dämpfe wiederzugewinnen, in einem ziemlich dicht abgeschlossenen Gehäuse eingeschlossen sind. In dem helmartigen Gehäuse k ist ein geringer Lufteintritt durch die Schlitze, die zugleich für den Durchgang des Fadens dienen, vorgesehen, während ein oben angeordnetes Rohr l eine zur Vollendung der Austrocknung genügende Menge Luft gegen

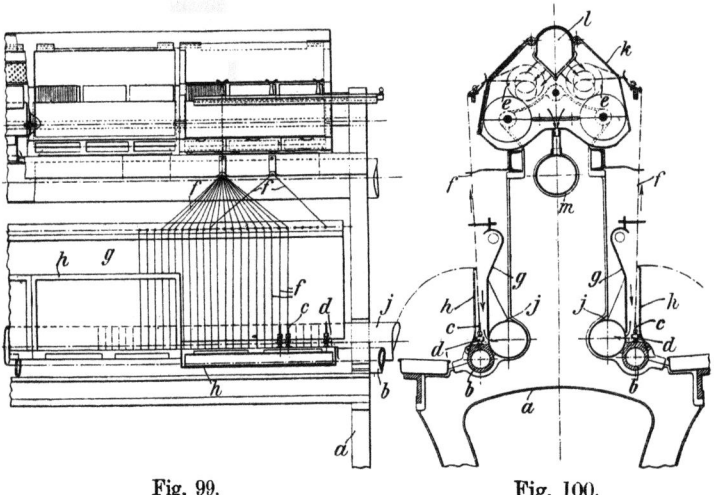

Fig. 99. Fig. 100.

die Walzen e zu blasen gestattet, um sie bis zu dem gewünschten und zur Vermeidung des Anklebens oder Ineinanderübergehens der darauf aufgerollten Fäden als praktisch notwendig erkannten Maße zu trocknen. Warme, trockene Luft von 40° ist als zur Erzielung dieses Ergebnisses am besten geeignet erkannt worden. Ein Rohr m, das im Innern des Helmes angeordnet ist, gestattet die stark mit Alkohol und Ätherdämpfen angereicherte Luft anzusaugen. Dieses Saugrohr ist mit dem Hauptsystem zur Verflüssigung und Gewinnung der Dämpfe verbunden, wo man, wenn man es für zweckmäßig erachtet, die an der höchsten Stelle des Spinnstuhles durch das Rohr l eingeblasene Luft entnehmen kann.

Patentanspruch: Vorrichtung zur gesonderten Wiedergewinnung der in der Kunstseidefabrikation verwendeten flüchtigen Lösungsmittel, gekennzeichnet durch einen mit Hilfe von festen Schirmen (g) und scharnierartig beweglichen Schirmen (h) gebildeten Gang unmittelbar über den Düsen (c), mit einem am Fuß des Ganges angeordneten Rohr (j)

zur Absaugung der Ätherdämpfe und durch ein helmartiges Gehäuse (k) mit engen Eintrittsstellen für die Fäden (f) und einem im Scheitel angebrachten Rohr (l) zur Ausblasung des Alkoholdampfes.

Nach Société l'air liquide.

108. Société l'air liquide, Société anonyme pour l'étude et l'exploitation des procédés Georges Claude. Verfahren zur Wiedergewinnung flüchtiger Flüssigkeiten, wie Äther und Alkohol, die sich als verdünnte Dämpfe in der Luft bei der Herstellung von Kunstseide u. a. m. vorfinden.

Franz. P. 397 791; brit. P. 5395[1909]; Ver. St. Amer. P. 1 040 886.

Die auf einige Atmosphären komprimierte Luft wird in der Kühlschlange c (Fig. 101) durch kaltes Wasser abgekühlt und von der Hauptmenge des in ihr enthaltenen Wasserdampfes befreit. Das Wasser sammelt sich in J mit etwas Alkohol und Spuren von Äther an. Die Luft geht weiter nach den Austauschapparaten A und B, deren innere Röhren sie zunächst durchstreicht, um dann in M entspannt zu werden. Sie kühlt sich dadurch weiter ab und geht durch B und A zurück, und zwar um die inneren Röhren herum als Kühlmittel. Die in A und B verdichteten Alkohol- und Ätherdämpfe sammeln sich in J' und K an und werden von dort abgezogen. Die Ventile V^1 und V^2 dienen zum Ablassen kalter Luft, um eine zu starke Kühlung und damit Verstopfungen in den Röhren zu verhindern. Man kann die Luft auch unten in den Apparat einführen und die kalte Luft von oben strömen lassen (Fig. 102).

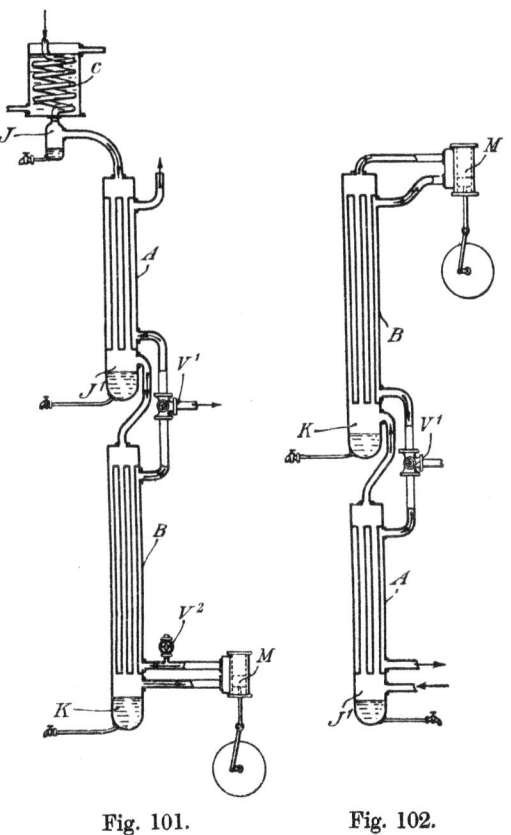

Fig. 101.   Fig. 102.

Nach dem

109. Zusatzpatent 11 267

wird das Trocknen der Luft dadurch vervollkommnet, daß sie durch A (Fig. 103) angesaugt und von dem Kompressor B unter Druck durch ein Röhrensystem F getrieben wird, wo sie den größten Teil ihrer Feuchtigkeit als Flüssigkeit abgibt. Sie geht dann nach dem Entspanner C und im gekühlten Zustande außen um die Röhren F herum.

Eine ähnliche Einrichtung beschreibt das franz. P. 413 571 derselben Firma.

Bei dem derselben Firma durch das

110. D.R.P. 229 001 Kl. 12e vom 25. II. 1909

geschützten Verfahren zur Wiedergewinnung flüchtiger Flüssigkeiten, die sich im Dampfzustande in großen Mengen von Luft oder schwer zu verflüssigenden Gasen befinden, wird das zu behandelnde komprimierte Gemisch auf seinem ganzen Wege vom Eintritt in den Wärmeaustauschapparat bis zum Eintritt in die Entspannungsvorrichtung nur von unten nach oben und das entspannte Kühlmittel auf seinem ganzen Wege von der Entspannungsvorrichtung bis zum Austritt aus dem Wärmeaustauschapparat nur von oben nach unten geführt. Strömt, wie bei den bekannten Einrichtungen, das zu behandelnde Gas einmal von unten nach oben und einmal von oben nach unten, und das Kühlmittel entsprechend umgekehrt, so können störende Verstopfungen in den Rohren der Röhrenbündel eintreten. Das soll durch das geschützte Verfahren vermieden werden. (3 Zeichnungen.)

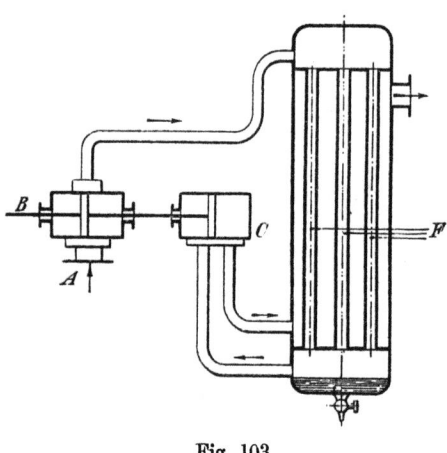

Fig. 103.

Einen ähnlichen Gegenstand betrifft das franz. P. 425 992 derselben Firma. Bei dem

111. Franz. P. 435 075

derselben Firma wird, statt in geschlossenem Kreislauf ausschließlich Kälte anzuwenden, die Kompression der mit Dämpfen beladenen Luft benutzt. Die Luft, die an dem Teile des Kreislaufs abgesaugt wird, wo sie sich mit Dämpfen beladen hat, wird durch einen Kompressor soweit komprimiert, daß von den flüchtigen Stoffen nur ein geringer Teil nach dem Kühlen auf gewöhnliche oder etwas niedrigere Temperatur noch gasförmig bleibt. Es ist vorteilhaft, die Kompression in mehreren Absätzen vorzunehmen und nach jeder die Luft durch einen mit kaltem

Wasser gekühlten Kühler gehen zu lassen, dadurch soll die Ausbeute verbessert werden. Die von der gewünschten Menge der Lösungsmitteldämpfe befreite Luft muß dann wieder entspannt werden, was mit oder ohne äußere Arbeitsleistung geschehen kann.

Nach Crépelle-Fontaine.

112. Crépelle-Fontaine. Kolonne, Vorrichtungen und Verfahren zur Wiedergewinnung von Äther und Alkohol, die bei der Herstellung künstlicher Seide in Schwefelsäure gelöst sind.

Franz. P. 396 664; schweiz. P. 45 485; Ver. St. Amer. P. 951 067.

In den oberen Teil einer Destillationskolonne wird Alkohol und Äther enthaltende Schwefelsäure und alkoholhaltiges Wasser[1]) in bestimmten Verhältnissen eingeleitet. Im unteren Teil der Kolonne liegt die zur Erhitzung dienende Dampfschlange. Die aus der Flüssigkeit aufsteigenden Dämpfe wurden durch Natronlauge gewaschen und in einer Kühlschlange kondensiert. Im unteren Teil der Kolonne befindet sich eine Kontrollvorrichtung[2]) zur Feststellung, ob der Alkohol und Äther vollkommen wiedergewonnen sind (3 bzw. 1 Zeichnung).

113. Ch. Crépelle-Fontaine. Vorrichtungen und Verfahren zur Wiedergewinnung von Äther und Alkohol, die bei der Herstellung künstlicher Seide und anderen Prozessen, in denen diese Lösungsmittel verwendet werden, verdunstet sind.

Franz. P. 401 182.

Die Luft der Fabrikräume wird durch einen Ventilator angesaugt und in den unteren Teil eines Turmes geleitet, in welchem Säure oder eine andere Absorptionsflüssigkeit herabläuft. Der Turm ist in einzelne übereinander liegende Abteilungen geteilt, die durch Überläufe miteinander in Verbindung stehen und in denen die aufsteigenden Äther-Alkoholdämpfe mit der Säure o. dgl. in innige Berührung gebracht werden. Die unten aus dem Turm abfließende Säure, die unter Umständen gekühlt wird, wird durch eine Pumpe wieder oben in den Turm gebracht.

Nach Société anonyme fabrique de soie artificielle de Tubize.

114. Société anonyme fabrique de soie artificielle de Tubize. Behandlung künstlicher Seide.

Franz. P. 358 987.

Nitrozelluloseseide wird direkt auf Bobinen gesponnen, die dann in einen Kessel mit Flüssigkeitsein- und -auslaßröhre gebracht werden. Durch Waschen mit Wasser wird nun zunächst der Alkohol entfernt und durch Rektifikation der Waschflüssigkeit wiedergewonnen. Dann wird in demselben Apparat mit erst schwächerer, gebrauchter, dann

---

[1]) Woher dieses stammt, ist nicht angegeben.
[2]) Anscheinend zur Prüfung des spezifischen Gewichtes des Destillationsrückstandes.

stärkerer frischer Denitrierflüssigkeit denitriert, gewaschen und gebleicht. Nach abermaligem Waschen wird im Luftstrom getrocknet.

115. Société anonyme fabrique de soie artificielle de Tubize. Verfahren zur Wiedergewinnung der Nitrozelluloselösungsmittel.

Franz. P. 401 262.

Zum Auffangen der Alkohol- und Ätherdämpfe wird nicht 66%ige Schwefelsäure verwendet, deren spätere Konzentrierung Schwierigkeiten macht, sondern Schwefelsäure von 62° Bé bei Temperaturen unter 20°C. Die zu behandelnden Dämpfe werden durch einen Ventilator unten in einen Turm geführt, in dem sie nach oben steigen und mit der von oben herabfließenden Säure in Berührung gebracht werden. Die mit Alkohol und Äther angereicherte Schwefelsäure wird destilliert.

116. Fabrique de soie artificielle de Tubize. Einrichtung zur Wiedergewinnung der Dämpfe flüchtiger, bei der Herstellung künstlicher Seide verwendeter Lösungsmittel.

Franz. P. 412 887; brit. P. 11 729[1909]; österr. P. 47 780.

Die Vorrichtung besteht aus einem um die Spinnvorrichtung gebauten Schrank, dessen unterer Teil mit einer Saugleitung zum Abführen der Alkoholätherdämpfe in Verbindung steht[1]). Die Wände des Schrankes haben in der Höhe der Spinnöffnungen und der Spulen bewegliche Fenster, um diese Teile des Spinnapparates leicht zugänglich zu machen. Die Fenster sind nach oben oder unten verschiebbar und unabhängig voneinander zu bewegen. (2 Zeichnungen.)

Nach A. de Chardonnet.

117. A. de Chardonnet. Verfahren zur Wiedergewinnung in Luft enthaltener Alkohol- und Ätherdämpfe.

Franz. P. 376 785.

Bei diesem Verfahren wird von der Feststellung Gebrauch gemacht, daß Alkohol und Alkoholdämpfe in jedem Verhältnis in Wasser löslich sind und daß Äther in jedem Verhältnis in alkoholhaltigem Wasser löslich ist. Man leitet die von Alkohol- und Ätherdämpfen zu befreiende Luft durch drei Türme oder Kammern, deren letzter fein verteiltes alkoholhaltiges Wasser zugeführt wird. Die Dampfspannung dieser Alkohol-Wassermischung darf nicht viel höher sein als die des Wassers, die Mischung muß aber so viel Alkohol enthalten, daß die letzten Ätherspuren aus der Luft aufgenommen werden. Das mit Äther angereicherte Gemisch wird dann in der zweiten Kammer fein verteilt mit der Luft in Berührung gebracht und schließlich ebenso in der ersten Kammer. Danach wird destilliert, die Destillation wird jedoch nur so weit getrieben, daß das schließlich erhaltene Alkohol-Wassergemisch wieder in der dritten Kammer benutzt werden kann. Ihm können Mittel zur Bindung des Alkohols, z. B. Chlorcalcium, zugesetzt werden.

---
[1]) Siehe auch S. 123 und 131.

118. A. de Chardonnet. Wiedergewinnung von Alkohol- und Ätherdämpfen aus der Luft.

Franz. P. 377 673; D.R.P. 207 554 Kl. 39b vom 16. VII. 1907 (gelöscht).

Das Verfahren beruht auf der Verwendung hochsiedender Alkohole — Amyl-, Butyl-, Propyl-, Capryl-, Oktylalkohol — zur Absorption der Alkohol- und Ätherdämpfe. Diese Alkohole können allein oder gemischt mit Wasser oder Äthylalkohol verwendet werden. Sie gelangen, nebelförmig verstäubt, in zwei Kammern oder Türmen zur Anwendung, und zwar wird das frische Absorptionsmittel der zweiten Kammer zugeführt und da so lange benutzt, bis es 1—2% Äther aufgenommen hat. Dann wird es in die erste Kammer gebracht, wo es so lange benutzt wird, bis es 10—20% Äther und Alkohol aufgenommen hat. Danach wird der Alkohol und Äther abdestilliert, zweckmäßig unter Vakuum. Sollte die Luft noch nicht vollständig von Alkohol und Äther befreit sein, so wird sie in die Spinnerei zurückgeleitet. Da die Ätherdämpfe sich hauptsächlich bei der Fadenbildung, die Alkoholdämpfe dagegen beim Spulen entwickeln, so kann auch eine getrennte Abführung der Äther- und der Alkoholdämpfe erfolgen. Die Alkoholdämpfe können durch Wasser, alkoholhaltiges Wasser oder Chlorkalziumlösung wiedergewonnen werden.

119. A. de Chardonnet. Verbessertes Verfahren zur Wiedergewinnung der Alkohol-Ätherdämpfe aus der Luft.

Franz. P. 413 359.

Um die Luft, die über die Kollodiumspinnmaschinen hinzieht, an Alkohol- und Ätherdampf zu konzentrieren, werden statt der bisher üblichen in langen Reihen angeordneten Spinndüsen hier Spinndüsen verwendet, die kreisförmig auf sich drehenden Platten angeordnet sind[1], von denen jede einen Absperrhahn für die zuzuführende Spinnlösung, ein auswechselbares Filter und einen sternförmigen Fadenführer enthält, der auf einer in der Mitte der Platte angebrachten Achse beweglich ist. Steht die Spinnmaschine still, so wird die Spinnplatte durch eine übergedeckte Platte luftdicht abgeschlossen. Um beim Abspulen der noch Alkohol enthaltenden Fäden Alkoholverluste zu vermeiden, werden die Spulen in Wasser gelegt und vor dem Abspulen mit einer leichten zylindrischen Hülle aus z. B. Aluminium umgeben, die sich mit der Spule dreht; das abgeschleuderte alkoholhaltige Wasser wird durch eine andere Hülle aufgefangen. Die Alkohol und Äther enthaltenden Dämpfe werden in Plattentürmen 1. mit Amylalkohol oder anderen hochsiedenden Alkoholen von Alkohol und Äther befreit, 2. durch verdünnten Äther und Alkohol wird der Amylalkohol zurückgehalten, und 3. werden durch Wasser der Äthylalkohol und Reste von Amylalkohol und Äther aufgefangen. Der aus dem ersten Plattenturm kommende Amylalkohol wird in einer Kolonne von Alkohol und von Äther befreit. In einer zweiten Rektifikationskolonne wird der aus dem zweiten Turm

---
[1] Siehe S. 93.

kommende Alkohol behandelt, dazu gibt man auch das Wasser aus dem dritten Turm (7 Zeichnungen).

Nach Société pour la fabrication en Italie de la soie artificielle par le procédé de Chardonnet.

120. Société pour la fabrication en Italie de la soie artificielle par le procédé de Chardonnet in Paris. Verfahren zur Wiedergewinnung des Gemisches von Alkohol und Äther, das in den aus Kollodium durch Verspinnen an der Luft hergestellten künstlichen Gespinsten enthalten ist.

D.R.P. 203 649 Kl. 29b vom 1. II. 1907 (gelöscht); franz. P. 367 803.

Das Verfahren besteht darin, daß die erhaltenen Gebilde kurz nach ihrer Bildung gewaschen werden. Es ist bekannt, auf Spulen aufgewickelte künstliche Fäden durch Berieseln zu waschen. Eine derartige Behandlung ist jedoch für Nitrozellulosefäden der in Betracht kommenden Art nicht zweckmäßig, weil diese auf den Spulen sehr kompakt gelagert sind und deshalb zur völligen Erschöpfung lange Zeit, etwa 12—24 Stunden, hindurch der Wirkung herunterrieselnden Wassers ausgesetzt werden müssen. Infolgedessen wird der Alkohol in einer solchen Verdünnung gewonnen, daß seine Aufarbeitung nicht nutzbringend ist. Demgegenüber werden gemäß der Erfindung die Fäden in ganz kurzer Zeit, innerhalb ungefähr $1/2$ Stunde, völlig alkoholfrei ausgewaschen. Die dabei erhaltene Alkoholätherlösung ist außerdem konzentriert, etwa 15 %ig. Es gelingt dies dadurch, daß man die Fäden während des Aufrollens auf die Spulen wäscht. Zur Ausführung des Verfahrens wird die Waschflüssigkeit mittels einer mit kleinen Ansatzrohren versehenen Leitung zugeführt. Diese Rohre münden oberhalb der Spulen oder Walzen, auf die die Fäden aufgewickelt werden. Die Flüssigkeit wird in einem unterhalb der Spulen oder Walzen aufgestellten Behälter gesammelt und darauf rektifiziert. Das Waschen kann mit reinem Wasser oder mit Wasser erfolgen, in dem gewisse Mengen eines Kalium-, Magnesium- oder anderen Metallsalzes gelöst sind. Der Vorgang wird in letzterem Falle günstig beeinflußt. Außerdem werden die auf diese Weise erhaltenen Fäden mit Stoffen imprägniert, die ihre Entzündung beim Drehen und Zwirnen verhindern.

Patentanspruch: Verfahren zur Wiedergewinnung des Gemisches von Alkohol und Äther, das in den aus Kollodium durch Verspinnen an der Luft hergestellten künstlichen Gespinsten enthalten ist, dadurch gekennzeichnet, daß die Gebilde beim Aufspulen mit reinem Wasser oder mit Wasser gewaschen werden, in dem ein Kalium-, Magnesium- oder ein anderes Metallsalz gelöst ist.

Eine Vorrichtung zur Ausführung dieses Verfahrens beschreibt

121. das franz. Zusatzpatent 7469.

Die Waschflüssigkeit läuft um, sie wird durch Trommeln, die sich in einem Troge drehen, auf die Spulen übertragen, die durch Reibung von den Trommeln in Umdrehung versetzt werden (3 Zeichnungen).

Vgl. hierzu auch A. v. Vajdafy, Chem. Ztg. 1909, S. 285, und Repertorium 1910, S. 75.

122. Société pour la fabrication en Italie de la soie artificielle par le procédé de Chardonnet. Wiedergewinnung flüchtiger Lösungsmittel aus Produkten, die aus Nitrozellulose hergestellt sind.

Franz. P. 371 985.

Die Produkte werden in einem geschlossenen Gefäß mit einem Strom von Wasserdampf, der überhitzt sein kann, bei gewöhnlichem oder vermindertem Druck behandelt. Die flüchtigen Lösungsmittel werden ausgetrieben und in Kühlern oder Kolonnen für fraktionierte Kondensation abgeschieden.

Nach Société anonyme pour la fabrication de la soie de Chardonnet.

123. Société anonyme pour la fabrication de la soie de Chardonnet. Verfahren zur Wiedergewinnung der Dämpfe von Äther, Alkohol, Aceton usw. aus der Luft von Fabriken.

Franz. P. 387 054.

Die Luft wird mit Kompressionskühlmaschinen, wie sie von Linde, Loumiet, Pictet, Georges Claude u. a. angegeben sind, abgekühlt. Vorher kann eine Anreicherung der Luft an Lösungsmitteldämpfen durch Zentrifugieren vorgenommen werden, da die großen Verschiedenheiten in der Dichte eine Trennung ermöglichen.

Nach Fournaud.

124. J. Fournaud. Wiedergewinnung der Dämpfe flüchtiger Lösungsmittel und besonders der Ätherdämpfe von der Verspinnung viskoser Stoffe

Franz. P. 416 064.

Die Spinnöffnungen liegen in Räumen, die von Schirmen rechts und links gebildet sind[1]). Der eine der Schirme ist umklappbar, so daß die Arbeiterin leicht zu den Spinnöffnungen gelangen kann. Nahe der Spinnöffnung sind im unteren Teile der Räume Öffnungen angebracht, durch die die Ätherdämpfe nach unten abgesaugt werden (1 Zeichnung).

Nach Sauverzac.

125. J.-M. de Sauverzac. Wiedergewinnung des zum Lösen von Nitrozellulose verwendeten Alkohols und Äthers.

Franz. P. 420 086.

Zur Wiedergewinnung des Alkohols und Äthers wird ein Gemisch von Wasser, Alkohol und einem Chlorid, z. B. Aluminiumchlorid[2]) oder Natriumchlorid, oder auch ein organisches Tetrachlorid, z. B. Tetrachlorkohlenstoff, verwendet. Diese Mischung, z. B. 400 Gewte. Wasser,

---

[1]) Siehe S. 123 und 128.
[2]) Die genannten Lösungen sollen anscheinend beim Naßspinnen das Wasser ersetzen. Welche Vorteile sie bieten, ist nicht gesagt.

600 Gewte. Alkohol, 200 Gewte. Aluminiumchlorid, nimmt die Lösungsmittel auf, die dann durch fraktionierte Destillation wiedergewonnen werden. Das Tetrachlorid kann auch rein angewendet werden[1]).

Nach Wohl.

126. Dr. A. Wohl in Danzig-Langfuhr. Verfahren zur Wiedergewinnung der flüchtigen Lösungsmittel für Zelluloseester aus mit den Dämpfen dieser Lösungsmittel beladenen Gasen.

D.R.P. 241 973 Kl. 29 b vom 13. XI. 1910 (gelöscht); franz. P. 435 742; brit. P. 23 995^{1911}.

Die Wiedergewinnung der flüchtigen Lösungsmittel für Nitrozellulose und Zelluloseester organischer Säuren erfolgt bisher so, daß die mit den Dämpfen dieser Lösungsmittel beladene Luft mit schwerer flüchtigen Absorptionsflüssigkeiten gewaschen und die Lösungsmittel dann durch Destillation abgetrieben werden.

Eine vorteilhaftere Wiedergewinnung ist erzielbar, wenn man die mit den Dämpfen und Tröpfchen des Lösungsmittels beladene Luft statt in eine Absorptionsflüssigkeit über die fein verteilten festen Zelluloseester leitet, wo sie direkt durch Absorption zurückgehalten werden. Zweckmäßig verteilt man die absorbierende Schicht auf mehrere hintereinander geschaltete Gefäße und arbeitet mit Gegenstrom. Die Absorption wird durch starke Kompression der Gase und passende Kühlung gefördert.

Patentanspruch: Verfahren zur Wiedergewinnung der flüchtigen Lösungsmittel für Zelluloseester aus mit den Dämpfen dieser Lösungsmittel beladenen Gasen, dadurch gekennzeichnet, daß die Gase über frische Mengen Zelluloseester geleitet werden.

Nach Chandelon.

127. Dr. Theodor Chandelon in Fraipont, Belgien. Verfahren zur Wiedergewinnung in der Luft enthaltener Alkohol- und Ätherdämpfe.

D.R.P. 254 913 Kl. 29 b vom 22. II. 1912 (gelöscht); belg. P. 254 511.

Die Chlor-, Brom- und Nitroderivate der aliphatischen und aromatischen Kohlenwasserstoffe von einem Siedepunkt von über 100° C können dazu benutzt werden, die Luft von den Alkohol- und Ätherdämpfen, mit denen sie geschwängert ist, zu befreien. Diese Körper besitzen ein ganz erhebliches Absorptionsvermögen für Alkohol und Äther und geben diese nur langsam und schwer an den Luftstrom ab, der darüberstreicht. Infolge ihrer schwachen Dampfspannung werden sie von dem durchstreichenden Luftstrom nicht oder fast nicht mitgerissen, und infolge ihres hohen Siedepunktes geben sie bei der Destil-

---

[1]) Über die Benutzung konzentrierter wässeriger Lösungen von Kalzium-, Magnesium- oder Zinkchlorid zur Aufnahme von Alkoholen oder Aceton aus wässerigen Flüssigkeiten vgl. franz. P. 441 551, S. 134.

lation den gelösten Alkohol und Äther leicht wieder ab, ohne selbst mitgeführt zu werden, und können endlich sofort nach ihrer Wiederabkühlung für eine neue Absorption verwendet werden, derart, daß die erforderlichen Einrichtungen auf ein Mindestmaß beschränkt werden können. Als Absorptionsapparat können außer Türmen oder Etagenkolonnen geschlossene, vorteilhaft reihenweise in Kaskaden angeordnete, das Lösungsmittel enthaltende Behälter benutzt werden, durch die die Luft in Blasen aufsteigt[1]); überhaupt jede Einrichtung, die eine innige und wiederholte Berührung der Luft mit dem Lösungsmittel gestattet. Das Lösungsmittel, das auf diese Weise die Alkohol- und Ätherdämpfe aufgenommen hat, wird hierauf in einen Destillierapparat gebracht, dort nach und nach auf 100° C erwärmt und bis zur völligen Abdestillation des Alkohols und Äthers auf dieser Temperatur gehalten Nach dem Abkühlen wird es für eine neue Absorption benutzt.

Patentanspruch: Verfahren zur Wiedergewinnung in der Luft enthaltener Alkohol- und Ätherdämpfe, gekennzeichnet durch die Verwendung der oberhalb 100° C siedenden Chlor-, Brom- oder Nitroderivate der Kohlenwasserstoffe der aliphatischen oder aromatischen Reihe oder von Gemischen dieser Stoffe als Absorptionsmittel.

Nach Duclaux.

128. **Jacques Duclaux.** Verfahren zur Herstellung von Kunstseide und anderen Produkten aus Nitrozellulose.
Franz. P. 16 214, Zus. z. franz. P. 439 721.

In dem Hauptpatent[2]) ist ein Verfahren zur Wiedergewinnung von Methyl- und Äthylformiat beschrieben, die in Dampfform von der Luft bei der Herstellung der Chardonnetseide mitgeführt werden. Es besteht darin, daß man die Formiatdämpfe durch eine alkalische Lösung absorbiert, die das Formiat verseift, die Ameisensäure wird als nicht flüchtiges Formiat erhalten, der Methyl- oder Äthylalkohol werden durch die alkalische Lösung zurückgehalten oder durch Gefäße, durch die man den Luftstrom gehen läßt. Es ist nun nicht erforderlich, zum Zurückhalten der Dämpfe des Formiats eine alkalische Lösung wie Natronlauge oder Kalkmilch anzuwenden. Infolge der großen Schnelligkeit der Auflösung dieser Dämpfe und ihrer leichten Zersetzlichkeit kann jedes alkalisch reagierende Salz, z. B. ein Phosphat, Karbonat oder Borat oder auch eine Suspension einer selbst wenig löslichen Base, z. B. Magnesium- oder Zinkoxyd verwendet werden. Es ist auch nicht nötig, daß die mit den Dämpfen beladene Luft durch die Lösung geht, es genügt, daß die Berührungsfläche zwischen den Gasen und dem Absorptionsmittel möglichst groß ist. Man läßt z. B. die Lösung in Tropfen durch den Gasstrom fallen oder leitet den Gasstrom durch ein Gefäß, welches mit Stücken unlöslichen Stoffs gefüllt ist, die mit der alkalischen

---
[1]) Eine derartige Absorptionsvorrichtung beschreibt z. B. das Ver. St. Amer. P. 1 022 416.
[2]) Siehe S. 47.

Flüssigkeit berieselt werden. Es wurde ferner gefunden, daß die Absorption der Methyl- und Äthylalkoholdämpfe, die bei der Zersetzung des Ameisensäuremethyl- und -äthylesters entstehen, in derselben alkalischen Lösung geschehen kann, die diese Zersetzung bewirkt. Zu diesem Zwecke genügt es, den Absorptionsapparat statt mit Wasser mit der alkalischen Lösung zu beschicken, deren Menge und Stärke so zu berechnen ist, daß alle Ameisensäure und aller Alkohol aufgenommen wird und freies Alkali beim Verlassen der Vorrichtung nicht mehr vorhanden ist. Für eine Temperatur von 18° und einen Gehalt an Ester von 10 g im Kubikmeter Luft kann z. B. eine Kalkmilch von 5% verwendet werden. Es fließt dann aus den Absorptionsapparaten eine Lösung von Kalziumformiat und Alkohol ab, die man nur mit einer Säure zu versetzen und wieder zu destillieren braucht, um ohne Rektifikation den Ameisensäureester wiederzugewinnen.

Nach Delpech.

129. Jacques Delpech. Wiedergewinnung flüchtiger, bei der Herstellung plastischer Massen aus Nitrozellulose verwendeter Lösungsmittel.

Franz. P. 441 551.

Plastische Gegenstände aus Nitrozellulose werden dadurch von flüchtigen Lösungsmitteln befreit, daß sie in wäßrigen Lösungen hygroskopischer Salze, z. B. von Kalzium-, Magnesium- oder Zinkchlorid behandelt werden. Diese Lösungen haben, besonders wenn sie warm und konzentriert sind, eine große Affinität zu den flüchtigen Lösungsmitteln, welche dadurch absorbiert und dann durch Destillation wiedergewonnen werden.

130. J. Delpech in Paris. Verfahren zur Wiedergewinnung der flüchtigen Lösungsmittel beim Verspinnen von Kollodium auf Kunstseide und andere Gespinstfasern.

Belg. P. 263 359.

Man spinnt in wässerige Lösungen von Körpern, die zugleich in Wasser und Alkohol löslich sind und deren wäßrige Lösungen für Alkohol eine größere Aufnahmefähigkeit haben als reines Wasser. Solche Stoffe sind Kalzium-, Magnesium-, Zink- und Aluminiumsalze, die in Wasser und in Alkohol löslich sind.

Nach Bergé.

131. A. Bergé in Brüssel. Verfahren zum Auffangen von Äthylalkohol und Äthyläther.

Belg. P. 250 816.

Die Erfindung besteht in der Verwendung von Ameisensäure oder Essigsäure, Amylalkohol, Tetrachloräthan und Nitrobenzol zur Fixierung von Alkohol und Äther.

Nach Lointier.

132. A.-G. Lointier in Brüssel. Einrichtung zur direkten und kontinuierlichen Wiedergewinnung der Lösungsmittel bei der Herstellung künstlicher Seide oder ähnlichen Fabrikbetrieben.
Belg. P. 253 805.

Die Einrichtung besteht darin, daß auf der ganzen Oberfläche der bearbeiteten Produkte die Luft- oder Flüssigkeitsmenge verteilt und dann wieder weggenommen wird, die gerade notwendig ist, um die Lösungsmittel zu verdampfen. Die Organe des Spinnstuhles für die Seide sind in einen Kasten mit Glasscheiben eingeschlossen.
Das

133. Belg. P. 253 831

desselben Erfinders beruht auf der Verwendung von Milchsäure oder ihren Derivaten.

Nach Denis und Barbelenet.

134. Maurice Denis in Mons, Belgien, und Simon Barbelenet in Reims, Frankr. Vorrichtung zur Wiedergewinnung der Lösungsmittel (Alkohol und Äther) durch Abkühlung der mit den Dämpfen erfüllten Luft für Maschinen zum Spinnen von künstlicher Seide aus Nitrozellulose.
D.R.P. 267 509 Kl. 29a vom 13. VIII. 1912 (gelöscht); Belg. P. 248 315.

Bei der Erfindung werden die Lösungsmittel bei selbsttätiger Arbeit und ohne weitere Behandlung in ununterbrochenem Kreislauf in Rohrleitungen, die von der Abführstelle bis zur Wiedereintrittsstelle vollständig geschlossen sind, dadurch wiedergewonnen, daß man sie durch Kühlbäder führt. Zweckmäßig wird hierbei die Einrichtung derart getroffen, daß der geschlossenen Rohrleitung, in der die zunächst mit den Dämpfen der Lösungsmittel gesättigte, dann aber von diesen Lösungsmitteln befreite Luft von der Abführstelle bis zur Wiedereinführstelle in die Spinnvorrichtung kreist, in den Kühlbädern eine ebenfalls vollständig geschlossene Rohrleitung für einen Kühlstrom entgegengeleitet wird, so daß ein gegenseitiger Austausch der Wärme- und Kältegrade zwischen dem gesättigten und alsdann von der Feuchtigkeit und den Dämpfen befreiten Luftstrom einerseits und dem Kühlstrom andererseits erfolgt. Fig. 104 veranschaulicht einen senkrechten Schnitt durch die Spinnvorrichtung, während Fig. 105 eine teilweise Seitenansicht der Spinnvorrichtung und hierbei eines der Organe in zwei verschiedenen Stellungen zeigt. Fig. 106 endlich ist eine schematische Darstellung der gesamten Einrichtung. Die Spinnmaschine besteht aus einer Reihe von metallischen Gehäuserahmen, die in die drei Stücke 3, 4 und 5 geteilt sind, welche an den aufeinanderliegenden Flächen abgehobelt und abgeschlichtet sind, um eine dichte Verbindung zu ermöglichen. Weiter sind noch geeignete Öffnungen und Lager vorgesehen, um einerseits den Durchtritt der Spinndüsenträger oder Verteilungsrohre 6 und 7 zu gestatten, weiterhin die drehbaren Wellen für die die Fäden auf wickelnden Walzen 11 und 12 aufzunehmen und endlich auch die hin und her gehende Bewegung der Fadenführer 13 und 14 zu ermöglichen. Die metallischen Gehäuseteile 3, 4 und 5 sind mit mittleren Rippen 8, 9 und 10 versehen, zwischen welchen eine Scheibe eingekittet werden kann, die ihrerseits die Kammern 1 und 2 in einer senkrechten Ebene teilt. Die beiden so hergestellten Teile sind unten durch eine Platte 59

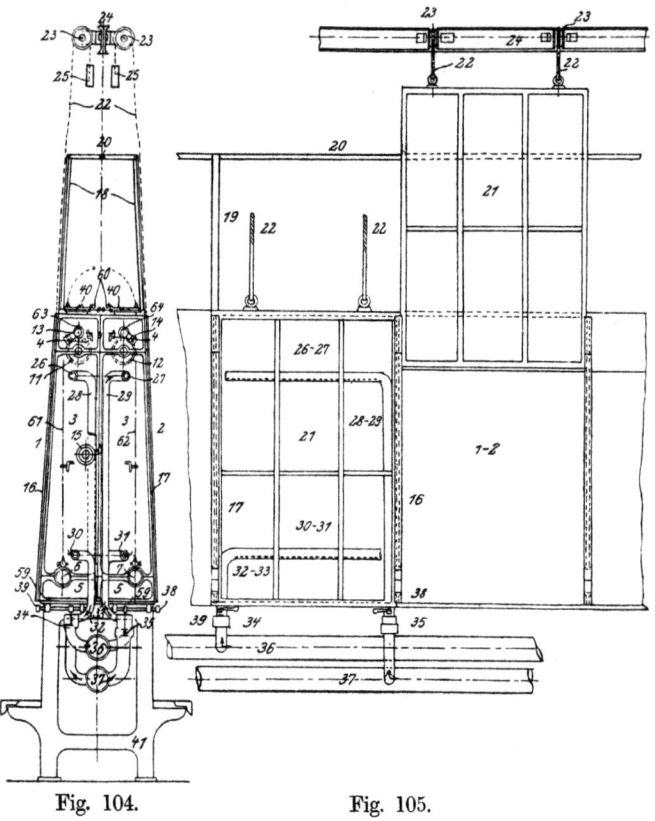

Fig. 104.   Fig. 105.

und oben durch eine Platte 60 derart verbunden, daß beim Niederlassen und Verschließen der in Nuten 16 und 17 geführten Schiebetüren 21 zwei luftdicht gegeneinander und nach außen abgeschlossene Kammern 1 und 2 gebildet werden, von denen jede eine Anzahl von Spinndüsen und Spulen aufweist. Das Öffnen und Schließen der Schiebetüren 21 wird dadurch erleichtert, daß die Schiebetüren 21 an Seilen 22 mit Gegengewichten 25 aufgehängt sind, wobei die Seile 22 über Seilscheiben 23 geführt sind, welche von der Schiene 24 getragen werden. Führungsleisten 18 und 19, welche durch Querbalken 20 miteinander verbunden sind, decken die Nuten 16 und 17 für die Verschiebung der Schiebetüren 21 ab. Die Fäden 61 und 62 treten nun aus den Spinndüsenträgern 6 und 7 aus und werden auf den Spulen 63 und 64 aufgewickelt. Entgegengesetzt zu dieser aufsteigenden Bewegung der Fäden wirkt ein geschlossener Luftstrom, der durch die Rohre 28 und 29 hindurchgeht und aus den mit entsprechenden Schlitzen oder Öffnungen versehenen wagerechten Rohren 26 und 27 austritt und, nachdem er den aufsteigenden Fadenschirm bestrichen hat, von neuem durch die unteren gelochten Rohre 30 und 31 wieder angesaugt wird. An der unteren Platte 59 sind Hebel 38, 39 angeordnet, welche dafür sorgen, daß bei heruntergelassener Schiebetür 21 die Klappen 34 für die Saugleitung und 35 für die Druckleitung (derselben Seite) geöffnet gehalten werden und somit der geschlossene Kreislauf der Luft gewährleistet wird, während andererseits bei dem geringsten Anheben der mit Fensterscheiben versehenen Schiebetüren die Klappen oder Ventile 34 und 35 geschlossen werden und somit die Saug- und Druckwirkung für den kreisenden Luftstrom unterbrochen wird. In der oberen Platte 60 des Gehäuses sind auf den beiden Seiten 1 und 2 noch luftdicht schließende Türen, Schieber od. dgl. 40

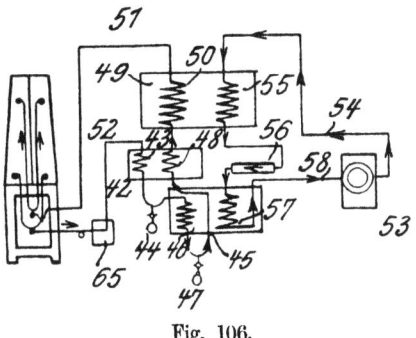

Fig. 106.

vorgesehen, welche die Möglichkeit schaffen, die Spulen 63 und 64 herauszunehmen und wieder einzusetzen, ohne hierzu die mit Scheiben versehenen Schiebetüren 21 öffnen zu müssen. Die mit Öffnungen versehenen Querrohre 30 und 31 sind durch Rohre 32 und 33 mit der Saugkammer 36 einer Saug- und Druckpumpe 65 von bestimmter Leistung verbunden. Diese Pumpe drückt die angesaugten Dämpfe mit einer für das Spinnen geeigneten Temperatur (ungefähr $+20°$) in eine Schlange 43, die sich ihrerseits in einem mit Salzwasser gefüllten Behälter 42 befindet. Am anderen Ende, dem Austrittsende des Gehäuses 42, hat die Druckleitung geeignete Einrichtungen 44 zur Aufnahme der in der Schlange 43 verdichteten oder verflüssigten Stoffe. Der Druckstrom der Pumpe 65 geht dann weiterhin durch eine Schlange 46, die in einem Behälter 45 liegt, der eine bis zu $-35°$ abkühlbare Flüssigkeit enthält. Am Austrittsende dieses Kühlbehälters 45 ist eine weitere Reihe von Aufnahmebehältern 47 für die in der Kühlschlange 46 verflüssigten Stoffe angeordnet. Von dort gelangt der Druckstrom bei 48 in eine Schlange, die sich in dem Salzwasserbad 42 befindet, welches auch die Schlange 43 aufnimmt. Nachdem die Druckleitung den Behälter 42 verlassen hat, bildet sie dann weiterhin eine Schlange 50, welche sich in dem Behälter 49 befindet, der seinerseits noch eine weitere Schlange 55 aufnimmt. Die vorerwähnte Luftmenge wird endlich durch die Rohre 51 und 52 zu den Gehäuseteilen 1 und 2, nämlich zu den Austrittsrohren 26 und 27 geleitet, so daß also der Luftstromkreis geschlossen wird. Um nun in dem Behälter 45 die dort vorhandene Flüssigkeit auf die Temperatur von — 35° herabzukühlen, ist in dem Behälter 45 noch eine Schlange 57 angeordnet, und zwar entweder neben oder aber zwischen den Windungen der Schlange 46, durch welche der vorerwähnte geschlossene Luftstrom kreist. Die Schlange 57 bildet einen Teil eines Kühlstromkreises, der aus dem Kompressor 53, 58 des hier als Ausgangsmittel angenommenen Ammoniakgases, den Kühlschlangen 54 und 55 des vor der Expansion komprimierten Gases, dem Verdunster 56 und endlich der bereits erwähnten, zur Abkühlung der in dem Behälter 45 vorhandenen Flüssigkeit dienenden Schlange 57 besteht.

Die Vorrichtung arbeitet folgendermaßen. Die mit den Dämpfen des Lösungsmittels und mit Feuchtigkeit geschwängerte Luft wird bei + 20° mittels der Pumpe 65 durch die Rampen 30, 31 und die Rohre 32 und 33 aus den Gehäuseteilen 1 und 2 angesaugt. Mit dem Eintreten in die Schlange 43 beginnt die Abkühlung der Luft, da sich diese Schlange 43 in dem Bad 42 befindet, welches auch die Schlange 48 aufnimmt, die die Luft auf einer Temperatur von wenigstens — 20° erhält. Das Bad 42 weist jedenfalls eine Temperatur auf, welche unter Null liegt, so daß die in der Luft enthaltene Feuchtigkeit niedergeschlagen wird, um nunmehr in den Behältern 44 aufgenommen zu werden. Die nunmehr bereits unter Null herabgekühlte Luft tritt alsdann in die Schlange 46 ein, die sich in dem Bad von — 35° befindet. In dieser Schlange 46 werden die von der Luft mitgeführten Dämpfe des Lösungsmittels ebenfalls verflüssigt, um in den Behältern 47 aufgenommen zu werden. Die Luft, der nunmehr die Feuchtigkeit und die Dämpfe des Lösungsmittels entzogen sind, gelangt alsdann in die Schlange 48, wo sie beim gleichzeitigen Vorhandensein der Schlange 43 einen Teil ihrer Kälte verliert. In dem Bad 49 findet eine weitere Erwärmung der Luft statt, da dieses Bad 49 diejenigen Kalorien aufnimmt, welche von der Kompressionsschlange 55 der Kühlmaschine aufgebracht werden. Die Luft gelangt also, indem sie sich auf ihrem Weg in den Rohren 51, 52 und 37 wieder erwärmt, mit der erforderlichen Temperatur von + 20° wieder in die Kammern 1 und 2.

Es ergibt sich also aus Vorstehendem, daß die beiden geschlossenen Stromkreise, nämlich einerseits der Kühlstromkreis und andererseits der Kreis der zuerst gesättigten und dann wieder von der Feuchtigkeit und den Dämpfen befreiten Luft, einen ständigen Austausch der bei der mechanischen Arbeit erzeugten Wärme- und Kältegrade vornehmen oder erfahren. Da nun der Kreislauf derjenigen Luftmenge, welche das Verdampfen der Lösungsmittel für das Fadengut in den Räumen 1 und 2 besorgt, einen vollständig geschlossenen Kreislauf darstellt, so vollzieht sich die Wiedergewinnung der mitgeführten Lösungsmittel unter gleichbleibenden Verhältnissen, und zwar ohne jedwede Sorgfalt, die bei den bekannten Vorrichtungen für die Behandlung der nur unvollständig von den Dämpfen befreiten Luft aufzuwenden ist. Bei dem

Gegenstand der Erfindung ist also der Stromkreis vollständig geschlossen, was den Vorteil zur Folge hat, daß alles dasjenige, was nicht bei dem ersten Durchlauf dieses Kreises niedergeschlagen und wiedergewonnen wurde, nunmehr doch bei dem nächsten Kreislauf unbedingt wiedergewonnen wird.

Patentansprüche: 1. Vorrichtung zur Wiedergewinnung der Lösungsmittel (Alkohol und Äther) durch Abkühlung der mit den Dämpfen erfüllten Luft für Maschinen zum Spinnen von künstlicher Seide aus Nitrozellulose, dadurch gekennzeichnet, daß die Lösungsmittel zwecks selbsttätiger Arbeit und ohne weitere Behandlung in ununterbrochenem Kreislauf in Rohrleitungen, die von der Abführstelle bis zur Wiedereintrittsstelle vollständig geschlossen sind, wiedergewonnen werden, indem man die mit den Lösungsmitteln gesättigte Luft und damit auch die Lösungsmittel durch Kühlbäder führt.

2. Vorrichtung nach Anspruch 1, dadurch gekennzeichnet, daß derjenigen geschlossenen Leitung, in der die zunächst mit den Lösungsmitteln gesättigte und alsdann von diesen Lösungsmitteln befreite Luft von der Abführstelle bis zur Wiedereintrittsstelle in die Spinnmaschine vollständig abgeschlossen kreist, in den Kühlbädern eine ebenfalls vollständig geschlossene Kreisleitung für einen Kühlstrom entgegengeleitet wird, so daß ein gegenseitiger Austausch der Wärme- und Kältegrade zwischen dem gesättigten und alsdann von der Feuchtigkeit und den Dämpfen befreiten Luftstrom einerseits und dem Kühlstrom andererseits erfolgt.

Nach Frischer.

135. **H. Frischer, Cöln.** Wiedergewinnung flüchtiger Lösungsmittel.

Brit. P. 7098[1915].

Flüchtige, von Naphtha verschiedene Lösungsmittel, die bei der Herstellung von Kunstseide usw. benutzt werden, werden dadurch wiedergewonnen, daß die gekühlten Dämpfe und die Luft oder anderen Gase, mit denen sie verdünnt sind, durch Flüssigkeiten geleitet werden, welche dieselbe oder annähernd dieselbe Zusammensetzung haben wie die zu kondensierenden Lösungsmittel, und daß schließlich die letzten Spuren des Lösungsmittels durch Emulsionen pflanzlicher oder tierischer Öle mit Wasser zurückgehalten werden.

Nach Barbet et Fils et Cie.

136. **Barbet et Fils et Cie., Paris.** Wiedergewinnung flüchtiger Lösungsmittel.

Brit. P. 101 723.

Alkohol- und Ätherdämpfe aus der Luft von Pulver- oder Kunstseidefabriken werden dadurch wiedergewonnen, daß man die Luft durch eine Absorptionskolonne leitet, welche verdünnte Schwefelsäure enthält. Die mit Alkohol und Äther beladene Säure bringt man zu einem

Destillationsapparat, destilliert den Alkohol und Äther ab und kühlt die verbleibende Säure, um sie wieder dem Absorptionsapparat zuzuleiten. (Zeichnung.)

137. Barbet et Fils et Cie., Paris. Wiedergewinnung von Lösungsmitteldämpfen aus Luft.

Brit. P. 101 875.

In Anlagen zum Wiedergewinnen von Äther und Alkohol aus der Luft von Fabriken ist jede der Leitungen, welche die Luft aus den Arbeitsräumen fortleiten, mit einer Vorrichtung zum Anzeigen der Dichte

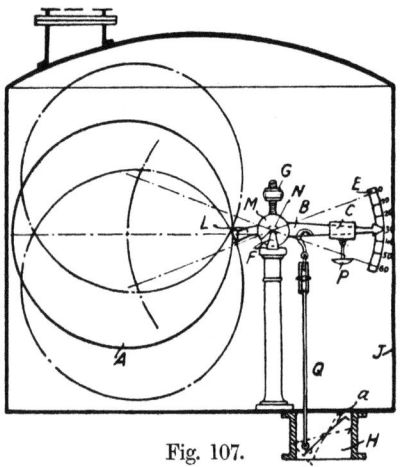

Fig. 107.

der dampfbeladenen Luft und mit einer Klappe verbunden. Die Vorrichtung zum Anzeigen der Dichtigkeit besteht aus einem Wagebalken B (Fig. 107), der auf einer, auf einer Säule angebrachten Schneide F ruht und an einem Ende einen mit Luft gefüllten Behälter A und an dem anderen Ende einen über einer Skala E schwingenden Zeiger trägt. Ein verschiebbares Gewicht C dient dazu, den Apparat einzustellen, so daß der Zeiger auf Null steht, wenn die Kammer mit alkoholfreier Luft gefüllt ist. Zur Sicherung der Gleichgewichtslage dient das Gewicht G. Die Klappe a in der Luftleitung H wird von Hand oder automatisch durch den Verbindungsstab Q eingestellt. Zum Ausgleich von Veränderungen des atmosphärischen Druckes können geeignete Gewichte in die Pfanne P eingelegt werden, oder man setzt den Behälter A dadurch mit der Atmosphäre in Verbindung, daß man den Arm L und den zentralen Teil M des Wagebalkens hohl macht und ein Rohr N nach außen leitet.

Nach Kniffen.

138. F. Kniffen (E. I. du Pont de Nemours Powder Co.), Wilmington. Vorrichtung zum Wiedergewinnen von Lösungsmitteln.

Ver. St. Amer. P. 1 236 719.

Man läßt einen Gasstrom durch einen Verdampfraum und einen darunter angeordneten Verdichtungsraum umlaufen. Die beiden Räume sind durch senkrechte Röhren miteinander in Verbindung, eine Kühlschlange ist in der Röhre angeordnet, welche von dem Verdampfraum zu dem Verdichtungsraum führt, und eine Heizschlange in der Röhre, welche das Gas zu dem Verdampfraum zurückleitet.

Nach Persch.

139. Peter Persch, Köln-Braunsfeld. Verfahren und Einrichtung zum Kondensieren und Wiedergewinnen von verflüchtigten Lösungsmitteln.

Schweiz. P. 78 099.

Das Gemisch von Gas und Lösungsmitteldampf wird zuerst auf die Siedetemperatur des betreffenden Lösungsmittels erwärmt und alsdann sofort einer starken Kühlung unterworfen, wodurch sich das Lösungsmittel abscheidet. Auf diese Weise gelingt es, beide Bestandteile nahezu vollständig voneinander zu trennen.

Nach Craig, Robertson, Masson und Drummond.

140. Craig, Robertson, Masson und Drummond. Wiedergewinnung flüchtiger Lösungsmittel.

Brit. P. 129 024.

Zur Wiedergewinnung von Äther aus Luft wird die Luft mit Alkoholdampf gesättigt und der ganze Dampf wird dadurch kondensiert, daß man die Luft in Berührung mit flüssigem Alkohol bringt. Die dampfbeladene Luft wird durch einen Turm geleitet, wie er in dem brit. P. 25 993[1901] [1]) beschrieben ist, in welchem auf 0° abgekühlter Alkohol herunterrieselt, der verbliebene Alkoholdampf wird in einem zweiten Turm durch kaltes Wasser, Salzsoole oder Säure absorbiert. Eine Reihe Türme kann verwendet werden, in diesem Falle braucht der Alkohol nicht gekühlt zu werden.

Nach Lehner.

141. Dr. Alfred Lehner in Berlin-Tempelhof. Verfahren zur Wiedergewinnung durch Schwefelsäure absorbierbarer Dämpfe aus Luftgemischen.

D.R.P. 303 396 Kl. 29 b vom 10. IX. 1916.

Zur Absorption von Äther und Alkohol mit Schwefelsäure aus der Abluft von Kunstseidefabriken haben sich die Kammertürme infolge ihrer stetigen Arbeit und vorzüglichen Leistung steigenden Eingang verschafft und Glovertürme sowie alle zeitweise arbeitenden Verfahren fast völlig verdrängt. Die Wirkungsweise der Kammertürme beruht darauf, daß die Schwefelsäure durch eine Anzahl flacher, übereinanderliegender Kammern von oben nach unten läuft, während die Luft die Kammern von unten nach oben durchstreicht und dabei durch die Schwefelsäure in jeder Kammer hindurchgedrückt wird. Wesentlich für die Wirkungsweise der Kammertürme in ihrer bisherigen Anwendung zur Absorption von Äther und Alkohol ist der stetige Zulauf und Ablauf der Säure in und aus einer jeden Kammer und die damit verbundene

---

[1]) Einem mehrfach unterteilten Gasstrom entgegen fließt langsam von oben Flüssigkeit, die durch in langem Zickzackwege geführte Dochte od. dgl. eine große Oberfläche bietet.

gleichbleibende Höhe ihres Säurespiegels. Dabei wird die Säure einer jeden Kammer durch Führungswände vom Einlauf bis zum Überlauf geleitet, und es hat sich gezeigt, daß der Säureverbrauch der Kammertürme um so geringer ist, je besser die Führung der Säure ist. Da aber mit der Führung der Säure in immer schmäleren Gängen auch die Luftverteilung, die in die Säure einblieẞ, feiner verzweigt werden mußte, führte dies Bestreben zu immer teureren und umständlicheren Anordnungen der Luftverteilung. Dasselbe gilt für die Säurekühlung.

Durch nachstehendes Verfahren wird dieser Übelstand beseitigt. Jede Säureführung innerhalb einer Kammer wird dadurch überflüssig, der Einlauf der frischen, wie der Auslauf der gesättigten Säure erfolgt

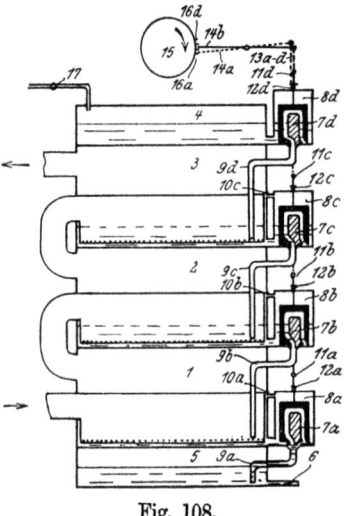

Fig. 108.

wie bisher selbsttätig, aber der Säureverbrauch ist geringer als bei den bisher gebauten Kammertürmen mit bestverzweigter Säureführung. Der Kammerturm Fig. 108 besteht aus drei Kammern 1, 2 und 3. Die frische Säure tritt in den Vorbehälter 4, die angereicherte Säure in den Nachbehälter 5, von dem sie durch das Auslaufrohr 6 zur Destillation kommt. Der Vorbehälter 4 sowie eine jede der Kammern 1, 2 und 3 ist mit einem Heberverschluß 7 a—d versehen, der in einem Gehäuse 8 a—d sitzt. Die Gehäuse stehen durch die Rohre 9 a—d mit der Säure und durch 10 a—c mit dem Luftraum der Kammern in Verbindung. Jeder Heberverschluß ist fest mit einer Stange 11 a—d verbunden, die durch eine Führung 12 a—d gehalten wird.

Die Stangen sind durch Schienen oder Ketten 13 a—d mit Hebeln 14 a—d verbunden, die mit ihren freien Enden in die Bahn eines sich langsam drehenden Rades 15 ragen, das mit vier dem Umfang nach und auch seitlich versetzten Nocken 16 a—d versehen ist. Die Wirkungsweise ist nun folgende: Es sei eine jede Kammer in richtiger Höhe mit Säure gefüllt. Die Umdrehungszahl des Rades 15 wird nun so geregelt, daß der erste Nocken 16 a den zugehörigen Hebel 14 a für einige Sekunden abwärts drückt, und zwar gerade dann, wenn die Anreicherung der untersten Kammer 1 ihr Höchstmaß erreicht hat. Durch diesen Druck auf das Hebelende öffnet sich der Heberverschluß 7 a, Säure aus Kammer 1 tritt in das Ablaufrohr und saugt den Heber an, sobald der Nocken 16 a den Hebel 14 a frei gelassen hat. Dadurch entleert sich die Säure der Kammer 1 in den Nachbehälter 5, aus dem sie durch das Rohr 6 langsam und gleichmäßig abfließt. Bis die Kammer 1 leer ist, hat sich das Rad 15 so weit gedreht, daß nun der Nocken 16 b den Hebel 14 b berührt. Dadurch hebert sich die Säure der Kammer 2 in die Kammer 1. Ebenso bei Eingriff des dritten Nockens 16 c die Säure der Kammer 3 nach Kammer 2. Dasselbe tritt durch Nocken 16 d mit der Säure des Vorbehälters 4 ein, die nach Kammer 3 fließt. Die Füllungen der Kammern gehen schnell und scharf hintereinander vor sich. Sie sind durch die Umdrehungszahl des Rades 15 sowie durch die Stellung der Nocken genau regelbar. Die Füllung des Vorbehälters erfolgt selbsttätig und langsam, zweckmäßig durch Einstellung des Skalenhahnes 17. Die mechanische Betätigung eines Heberverschlusses kann unterbleiben, wenn die Anreicherung der zu absorbierenden Dämpfe in der Luft so groß ist, daß die Volumzunahme der Säure genügt, um ein hinreichendes Steigen des Säurestandes und dadurch ein selbsttätiges Ansaugen des Hebers zu bewirken.

Patentanspruch: Verfahren zur Wiedergewinnung durch Schwefelsäure absorbierbarer Dämpfe aus Luftgemischen in Kammertürmen, dadurch gekennzeichnet, daß bei hintereinander geschalteten Kammern die angereicherte Schwefelsäure der untersten Kammer zeitweise durch Heberwirkung oder gesteuerte Entleerungsvorrichtungen abgezogen wird, worauf die Kammer sich mit der Säure der in gleicher Weise entleerten höheren Kammer füllt.

Nach Brégeat.

142. Jean Henry Brégeat, Paris. Verfahren zur Wiedergewinnung flüchtiger Lösungsmittel.

Ver. St. Amer. P. 1 315 700, Brit. Pat. 127 309.

Das dampfförmige Lösungsmittel wird mit einem hauptsächlich aus Phenolen bestehenden Absorptionsmittel behandelt.

Eine Einrichtung zur kontinuierlichen Ausführung des Verfahrens beschreibt der Erfinder im Ver. St. Amer. P. 1 315 701.

Die Reinigung des bei der Kunstseideherstellung erhaltenen Abfallsprits betrifft das nachstehende Verfahren.

Nach Claessen.

143. Dr. Claessen in Berlin. Verfahren zur Reinigung des bei der Herstellung von Kunstseide, Nitrozellulosepulvern, Zelluloid usw. erhaltenen Abfallsprits.

D.R.P. 300 595 Kl. 29b vom 19. II. 1916 (gelöscht).

Der bei der Herstellung von Kunstseide und ähnlichen Stoffen anfallende Abfallsprit enthält mehr oder weniger große Mengen von organischen Stoffen, z. B. gewisse Nitrierungsstufen der Nitrozellulose, gelöst, und wird vor der Rektifikation in hierzu geeigneten Apparaten durch Behandeln mit Alkalilauge unter gleichzeitiger Erwärmung gereinigt, wobei ein Verseifen und Ausscheiden der Verunreinigungen stattfindet. Es hat sich nun gezeigt, daß man diesen Verseifungs- und Reinigungsprozeß auf das wirksamste beschleunigen und vervollkommen kann, wenn man ihn in einer, gegebenenfalls heizbaren, Pumpe ausführt, welche gleichzeitig das verseifte Produkt in den Destillierapparat bringt und andererseits das zu verseifende Material und die Lauge ansaugt. Die Pumpe kann an den Rektifikator auch in der Weise angeschlossen werden, daß sie aus der Rektifikationsblase dauernd Reaktionsgemisch absaugt und es dem Apparat wieder zuführt, wobei durch die innige Mischung im Pumpenkörper bei geringstem Alkaliverbrauch eine außergewöhnlich günstige Verseifung oder Ausscheidung der Verunreinigungen erreicht wird.

Über Wiedergewinnung der Nitrierabfallsäuren in der Kunstseidenindustrie s. Kunststoffe 1913, S. 199.

Auch die bei der Kollodiumseideherstellung gebrauchten Filterstoffe sucht man wieder brauchbar zu machen.

Nach Société anonyme pour la fabrication de la soie de Chardonnet.
144. Société anonyme pour la fabrication de la soie de Chardonnet. Wiedergewinnung der Watte und Gaze, die zum Filtrieren des Kollodiums bei dem Chardonnetschen Kunstseideverfahren dienen.

Franz. P. 354 398; österr. P. 25 239.

Die zum Filtrieren des Kollodiums benutzte Watte und Gaze verbrannte man bisher. Nach dem vorliegenden Verfahren werden die Filterstoffe dadurch wieder brauchbar gemacht, daß sie durch Behandlung mit einem Lösungsmittel für Nitrozellulose (Aceton, Äther-Alkohol, Essigester und Methylalkohol) von den inkrustierenden Stoffen befreit werden, oder daß die Nitrozellulose durch Behandlung mit einem Denitrierungsmittel (Alkali- oder Erdalkalisulfhydrate, Metallsalze) in Zellulose (Hydro- oder Oxyzellulose) übergeführt wird. Am besten führt man die abgeschiedene Nitrozellulose durch Alkalien oder Alkalisulfide in lösliche Körper über, die durch Waschen entfernt werden. Diese Behandlung wird in einem Bottich mit falschem Boden ausgeführt. Unter dem falschen Boden befindet sich eine Dampfschlange, welche die Flüssigkeit erhitzt. Die erhitzte Flüssigkeit steigt durch ein in der Mitte des falschen Bodens angebrachtes Rohr empor und ergießt sich über das auf dem falschen Boden liegende Filtermaterial, um dann abermals emporgetrieben zu werden. Die alkalische Flüssigkeit wird eingedampft und das Alkali nach den aus der Natronzelluloseherstellung bekannten Verfahren regeneriert.

Auf die Reinigung und Ausnutzung der bei der Herstellung künstlicher Seide aus Nitrozellulose sich ergebenden Abwässer beziehen sich endlich folgende Verfahren.

Nach Société anonyme hongroise pour la fabrication de la soie de Chardonnet.
145. Société anonyme hongroise pour la fabrication de la soie de Chardonnet. Wiedergewinnung der Stickstoff- und Schwefelverbindungen, die in den bei der Denitrierung benutzten Sulfhydratbädern enthalten sind.

Franz. P. 410 652.

Läßt man die Abwässer von der Denitrierung in überschüssige Säure, besonders die Abwässer von der Nitrozelluloseherstellung einfließen, so bildet sich salpetrige Säure, die sofort durch den entstehenden Schwefelwasserstoff zu Stickstoffmonoxyd reduziert wird. Dies ist in Wasser wenig löslich, entweicht und kann nach bekannten Verfahren in wertvolle Stickstoffverbindungen übergeführt werden. Schwefelwasserstoff entwickelt sich dabei nicht. Das gebildete Stickoxyd wird in einer besonderen Vorrichtung durch Einführen von Luft in N_2O_4 übergeführt, man kann aber auch Luft in die Flüssigkeit einführen, in der sich die Reaktion vollzieht. Je nach der Menge der zugeführten Luft kann das Monoxyd vollständig zu Tetroxyd oxydiert oder es kann ein molekulares Gemisch von NO und NO_2 erzeugt werden, das bei der Absorption durch Natronlauge fast ausschließlich Nitrit liefert, während das erstgenannte Verfahren angezeigt ist, wenn man Salpetersäure erhalten will und Nitrit als Nebenprodukt. Hat man für die Denitrierung Alkalisulfhydrate verwendet, so gewinnt man den Schwefel, der sich abscheidet, durch einfache Filtration. Hat man mit Kalziumsulfhydrat gearbeitet, so nimmt man zur Zersetzung Salzsäure, um lösliches Chlorkalzium zu erhalten. Nimmt man Schwefelsäure, so entsteht ein Niederschlag von Schwefel und Kalziumsulfat, die verschiedene Dichte haben. Der Schwefel sammelt sich gewöhnlich an der Oberfläche als schwammige Masse, er kann unter Umständen auch durch Schmelzen abgetrennt werden.

Nach Société anonyme fabrique de soie artificielle de Tubize.

146. Société anonyme fabrique de soie artificielle de Tubize. Verfahren zur Reinigung der bei der Herstellung künstlicher Seide nach dem Kollodiumverfahren zurückbleibenden Abwässer.
D.R.P. 234672 Kl. 85c (gelöscht).

Das Verfahren besteht darin, daß die bei der Herstellung künstlicher Seide nach dem Kollodiumverfahren entstehenden sauren und alkalischen Abwässer zur gegenseitigen Einwirkung kommen, in das Abwässergemisch komprimierte Luft eingeblasen wird und die entwickelten nitrosen Dämpfe in eine Kondensationsanlage geleitet werden. Die mit Luft behandelte Mischung wird nacheinander mit Kalk, Aluminiumsulfat oder anderen Salzen und schließlich Chlorkalk behandelt und dann filtriert. Der Filtrationsrückstand bildet eine kompakte, leicht zu transportierende Masse, die mindestens 40% Schwefel enthält, durch Abwärme getrocknet werden kann und dann verkäuflich ist. Das filtrierte Wasser kann fortgeleitet werden.

Um den aus den Abwässern der Nitrokunstseidefabrikation abgeschiedenen trockenen Schwefel wieder in Alkalisulfhydratlösung überzuführen, leitet Dony-Hénault Wassergas durch. Bei 300—350° C entsteht nur Schwefelwasserstoff (Chem.-Ztg. 1912, S. 1214).

Genauere Angaben über die Herstellung von Kunstseide aus Nitrozellulose machten noch W. Mitscherling, Kunststoffe 1912, S. 261—64, 285—86, 308—10, 328—31, und H. Jentgen, ebenda 1913, S. 145—47, 161—63.

b) Die Herstellung künstlicher Seide aus nicht nitrierten pflanzlichen Ausgangsstoffen.

Die bisher aufgeführten Verfahren verwenden nitrierte Zellulosen zur Herstellung der Kunstseide. Um nun die Übelstände zu vermeiden, welche die Verarbeitung dieser explosionsgefährlichen Körper naturgemäß mit sich bringt, hat man nach anderen, weniger gefährlichen Ausgangsstoffen gesucht und deren im Laufe der Jahre auch eine ganze Reihe aufgefunden. Besondere Bedeutung hat die Lösung von Zellulose in Kupferoxydammoniak sowie die wässerige Lösung des Zellulosexanthogenates, die Viskose, erlangt, weniger die von Zellulose in anderen Lösungsmitteln.

1. Aus Lösungen von Zellulose in Kupferoxydammoniak.

Verfahren und Vorrichtungen zur Herstellung künstlicher Seide aus Kupferoxydammoniakzelluloselösungen im allgemeinen.

Nach Despaissis.

147. Louis Henri Despaissis. Neues Verfahren zur Herstellung künstlicher Seide.

Franz. P. 203 741 vom 9. V. 1890.

In dem Verfahren, welches den Gegenstand des vorliegenden Patentes bildet, ist die Anwendung des Pyroxylins ganz vermieden. Das Ausgangsmaterial bildet reine Zellulose (Baumwolle, Holzfaser, Stroh). Diese Zellulose wird in Kupferoydammoniak (Schweizers Reagens) aufgelöst, und diese Lösung läßt man aus kapillaren Öffnungen austreten, deren Querschnitt der gewünschten Dicke des Fadens entspricht. Der austretende Strahl der zähen Zelluloselösung kommt in ein chemisches Bad, z. B. verdünnte Salzsäure, Schwefelsäure, Oxalsäure, Weinsäure, Zitronensäure, Alkohol[1], verdünnte Karbolsäure usw., welches sofort die Zellulose in einen festen Faden umwandelt und einen Teil des Kupfers und Ammoniaks wegnimmt. Durch ein beliebiges System von Winden, Spulen, Trommeln gelangt der Faden in verdünnte Salzsäure, wo durch chemische Einwirkung und durch Osmose der Rest von Kupfer und Ammoniak unter Bildung von leicht löslichem Kupferchlorid und Chlorammonium weggenommen wird. Dieses Salzsäurebad kann durch jedes andere Bad ersetzt werden, welches chemisch ebenso wirkt, mit Kupfer und Ammoniak lösliche Verbindungen gibt und die Zellulose ausfällt. Man könnte ebensogut heißes Wasser benutzen und das Kupfer elektrolytisch wiedergewinnen. Ist die elektrolytische Wiedergewinnung des Kupfers ausgeschlossen, so muß dies auf chemischem Wege aus seinen Lösungen gefällt werden. Den durch die methodischen Waschungen gereinigten Faden trocknet man in einem Trockenapparat oder durch heiße Luft. Man braucht ihn dann nur auf

---

[1] Über die Verwendung von Cyankalium, Methyl- oder Äthylalkohol sowie den Zusatz von Hydroxylamin oder anderen Reduktionsmitteln für das Kupfer im Fällbad s. brit. P. 20 747[1901].

Trommeln oder Spulen aufzuwinden, von denen er später abgehaspelt und zu Strähnen verarbeitet wird, die dann wie Kokonfäden gefärbt, versponnen und verwoben werden. Um die künstliche Seide der natürlichen in der Zusammensetzung noch ähnlicher zu machen, kann man der Zelluloselösung tierische Stoffe, wie Albumin, Seidenabfälle u. dgl. zusetzen, die sich leicht in Kupferoxydammoniak lösen und an der Bildung des Fadens teilnehmen. Auch kann man den Faden nach völligem Auswaschen in eine sehr verdünnte Albuminlösung tauchen. Um die Auflösung der Zellulose zu beschleunigen, ist es gut, sie vorher von den sie begleitenden fettigen und harzigen Stoffen zu befreien, sie möglichst fein zu verteilen und die Mischung oft zu rühren. Die Lösung filtriert man über Sand und Asbest, um sie vom Ungelösten zu befreien.

Das vorstehende Verfahren kann auch angewendet werden auf die Behandlung von Fäden oder Geweben aus Baumwolle, Leinen, Ramie, Hanf oder jedem anderen aus Zellulose bestehenden Textilstoff, um diesen das Aussehen von Seide zu geben. Man läßt die Fäden oder Gewebe längere oder kürzere Zeit mit Kupferoxydammoniaklösung in Berührung, so daß ihre Oberfläche mehr oder weniger stark angegriffen wird. Unmittelbar darauf kommen die behandelten Stoffe in ein Koagulierungsbad, darauf in ein Wasch- und Reinigungsbad und werden dann getrocknet. Sie haben dann das Aussehen von Seide. Auch Papier kann ebenso behandelt werden.

Nach Pauly (Bronnert, Fremery und Urban).

148. Dr. Hermann Pauly in M.-Gladbach. Verfahren zur Herstellung künstlicher Seide aus in Kupferoxydammoniak gelöster Zellulose.

D.R.P. 98 642 Kl. 29 vom 1. XII. 1897 (gelöscht); franz. P. 272 718; brit. P. 28 631[1897]; Ver. St. Amer. P. 617 009.

Zur Herstellung künstlicher Seide hat man im allgemeinen die Anwendung von Lösungen der Nitrozellulose vorgeschlagen, welche u. U. noch mit Ölen od. dgl. gemengt wurden, um angeblich den Glanz des Endproduktes zu erhöhen. Da diese Nitrozellulose aber äußerst leicht verbrennlich ist, hat man entweder den betreffenden Lösungen reduzierende Stoffe beigemengt, um eine Denitrierung des künstlichen Fadens zu bewirken, oder man hat auch diese Denitrierung durch Anwendung von entsprechenden Chemikalien für den schon fertigen Faden zu erzielen versucht, um so eine von Nitrokörpern freie Masse zu erhalten. Da nun einer solchen Herstellungsweise sich Schwierigkeiten bezüglich einer genügenden Denitrierung entgegenstellten, so ist auch schon vorgeschlagen worden, von der reinen Zellulose auszugehen und diese mit Hilfe von Schwefelsäure und Phosphorsäure in einen zähen Sirup zu verwandeln, welcher zu Fäden geformt werden soll. Ein derartiges[1]) Verfahren hat bis jetzt keinen Eingang in die Praxis gefunden. Aus einer solchen zähen dicken Gallerte lassen sich künstliche Fäden, welche den natürlichen Seidenfäden in ihrer äußeren Beschaffenheit gleichkommen, in der Praxis nicht erzielen. Auch lassen sich zu diesem

---
[1]) Siehe S. 459.

Zweck nicht die für die Herstellung von Zellulosefäden behufs Erzeugung von Glühlampenkohlenfäden vorgeschlagenen Chlorzinkzelluloselösungen benutzen. Es wurde festgestellt, daß mit Hilfe aller dieser vorgeschlagenen Lösungen Fäden, welche einen wirklichen Ersatz der natürlichen Seide darstellen, nicht erhalten werden können, sondern daß diese Lösungen sich höchstens für die Herstellung von Kohlenfäden eignen. Es gelang nicht, aus diesen Lösungen die zur Herstellung von künstlicher Seide erforderlichen Fäden von etwa 0,004—0,009 mm Durchmesser zu erzeugen, während die aus künstlichen Zellulosefäden hergestellten Kohlenfäden bei gleicher Länge das tausendfache Volumen haben. Es zeigte sich, daß solche Lösungen nicht geeignet sind, um sie durch hinreichend feine Öffnungen hindurchfließen lassen oder pressen zu können und dabei einen ununterbrochenen haltbaren Faden von der verlangten Feinheit zu erzeugen. Außerdem war der 60—80% betragende und mit Alkohol auszuwaschende Gehalt an Chlorzink für die Verwendbarkeit und Haltbarkeit der Fäden hinderlich. Weitere Versuche zeigten, daß bei Anwendung eines geeigneten Lösungsmittels, welches genügend Zellulose aufzulösen vermag, und bei welchem die erzeugte Lösung die geeignete Konsistenz und Fähigkeit, filtriert zu werden, besitzt, die Herstellung genügend feiner und haltbarer, den Seidenfäden ähnlicher Fäden möglich ist. Es gelang dies bei der Anwendung einer geeigneten Kupferoxydammoniaklösung, mit deren Hilfe man bisher nur durch Eintrocknen in Schalen Häutchen erzeugen konnte, die alsdann in Streifen zerschnitten wurden und als Rohmaterial für Glühlampenkohlenfäden Verwendung finden sollen, ihrer schwierigen Herstellung halber jedoch nie in die Praxis eingeführt wurden.

Es wurde nun gefunden, daß man mit Hilfe des Kupferoxydammoniaks imstande ist, die für die Herstellung künstlicher Seide notwendigen, oben angegebenen Bedingungen zu erfüllen und so unter Anwendung billiger und in einfacher Weise in nutzbarer Form wiedergewinnbarer Chemikalien den bei der Kunstseideherstellung aus Nitrozellulose über die Nitrozellulose bisher eingeschlagenen Umweg zu vermeiden, bei welchem kostspielige Stoffe, wie Salpetersäure, Alkohol, Äther und Denitrierungsmittel verwendet werden. Für die Herstellung der künstlichen Seide hat es sich weiterhin als eine notwendige Bedingung erwiesen, die Zersetzung der gelösten Zellulose zu vermeiden. Beispiel: Zellulose irgendwelcher Herkunft wird zunächst durch Waschen mit verdünnter Alkalilösung entfettet, sorgfältig getrocknet und darauf in Kupferoxydammoniaklösung gelöst. Diese kann zweckmäßig durch Einwirkung von Luft auf metallisches Kupfer in Gegenwart von Ammoniakwasser, u. U. unter Zusatz eines sich nicht lösenden elektronegativeren Metalles, wie z. B. Platin, oder unter Mitanwendung des elektrischen Stromes erzeugt sein, wobei man auch die Luft durch reines Sauerstoffgas ersetzen kann. Die Lösung enthält vorteilhaft mindestens etwa 15 g Kupfer und etwa das Zehnfache an Ammoniakgas im Liter. Man löst etwa 45 g Zellulose oder auch etwas mehr in 1 l einer solchen Kupferoxydammoniakflüssigkeit auf. Die vollständige

Lösung erfordert etwa 8 Tage. Da die Löslichkeit der Zellulose in Kupfer oxydammoniaklösung mit steigender Temperatur abnimmt, andererseits die Zersetzung der Zellulose in obiger Lösung mit steigender Temperatur zunimmt, so ist es zweckmäßig, die Lösungsgefäße möglichst kühl zu halten. Um nun eine derartige, bei möglichst niedriger Temperatur hergestellte Lösung zur Bereitung künstlicher Seide verwenden zu können, ist es erforderlich, daß die Lösung vollkommen homogen ist, so daß sie vor ihrer Verwendung sorgfältig filtriert werden muß. Als Filter können Gewebe aus Wolle, Schießbaumwolle, Glaswolle, auch kann Sand Verwendung finden. Die Filtration kann mittels Nutsche oder Zentrifuge ausgeführt werden. Die Lösung tritt dann durch feine Öffnungen in eine die Zellulose abscheidende Fällflüssigkeit, z. B. verdünnte Essigsäure. Die abgeschiedenen Zellulosefäden werden auf eine in einem Bad von verdünnter Säure, z. B. Essigsäure, umlaufende Walze naß aufgewickelt; nach Entfernung des Kupfers und des Ammoniaks, welche beide aus diesem Bade als die entsprechenden Salze wiedergewonnen werden, werden die Fäden von der Walze abgehaspelt und bei diesem Abhaspeln durch warme Luft oder erwärmte Walzen getrocknet und dann gespult. Gewünschtenfalls kann man mit der Zellulose auch noch Seidenabfälle auflösen oder auch Stoffe zufügen, welche zur Beschwerung sowie zur Erhöhung des Glanzes, der Festigkeit usw. dienen, was jedoch nicht zum Wesen der Erfindung gehört, welches darin besteht, eine vollkommene homogene Zelluloselösung von geeigneter Konsistenz zu verwenden, bei deren Herstellung eine Zersetzung der Zellulose vermieden ist.

Patentanspruch: Verfahren zur Herstellung künstlicher Seide, darin bestehend, daß man eine bei niedriger Temperatur hergestellte Lösung von Zellulose in Kupferoxydammoniak aus feinen Öffnungen in eine diese Lösung zersetzende Flüssigkeit (z. B. Essigsäure) austreten läßt, wobei die Fäden evtl. auf eine in dieser Flüssigkeit rotierende Walze aufgehaspelt werden.

Ein zur Ausführung des obigen Verfahrens dienender Apparat ist in dem schweiz. P. 16 077 von Fremery und Urban beschrieben.

Nach Bronnert, Fremery und Urban.

149. Dr. Emil Bronnert in Niedermorschweiler, Kreis Mülhausen i. Els., Dr. Max Fremery und Johann Urban in Oberbruch, Reg.-Bez. Aachen. Verfahren zur Darstellung von seidenähnlichen Zellulosefäden. D.R.P. 119 230 Kl. 29 b vom 10. VII. 1900 (gelöscht); brit. P. 20 801[1900]; österr. P. 6064; Ver. St. Amer. P. 672 350.

Es ist bekannt, daß nicht nur Lösungen von Kupferhydroxyd in Ammoniak Zellulose zu lösen vermögen, sondern daß auch Lösungen gewisser anderer Kupfersalze in Ammoniak imstande sind, Zellulose zu lösen (vgl. Vierteljahrsschr. d. Naturforschenden Gesellschaft in Zürich, 1857, 2. Jahrg., S. 396 u. f.; Ed. Schweizer, dieselbe Zeitschrift 1859, 4. Jahrg.). Merkwürdigerweise sind indessen bis jetzt nur Lösungen von Zellulose in Kupferoxydammoniak zur Verarbeitung zu künstlichen feinen, seidenähnlichen Fäden gekommen.

Es wurde nun die Entdeckung gemacht, daß die Lösungen von Zellulose in ammoniakalischen Lösungen gewisser anderer Kupfersalze ebenfalls recht wohl spinnbar sind, insofern der Gehalt der Lösungen an fester Zellulose nur genügend groß ist. Am besten eignen sich in der Kälte gesättigte Lösungen von Kupferkarbonat in etwa 16—18 %iger wässeriger Ammoniakflüssigkeit zum Lösen von Zellulose, da diese mehr Kupferkarbonat enthalten als solche, die bei höherer Temperatur hergestellt sind. Auch die Auflösung der Zellulose erfolgt zweckmäßig in der Kälte, da sie rascher vor sich geht; außerdem ist es noch vorteilhaft, die fertige Lösung bis zum Verspinnen bei niedriger Temperatur aufzubewahren, da dadurch in wirksamer Weise jede die Spinnfähigkeit der Lösungen und die Festigkeit der fertigen Fäden beeinträchtigende Zersetzung der gelösten Zellulose vermieden wird. Die so hergestellten Lösungen haben den Vorteil, daß sie ohne Schaden auch mehr Kupfer enthalten können, als den molekularen Verhältnissen entspricht, wie solche zweckmäßig innegehalten werden müssen bei der Verwendung von Kupferhydroxyd. Ein weiterer wesentlicher Vorteil dieser Lösungen besteht darin, daß diese viel weniger dem Verderben ausgesetzt sind als Zelluloselösungen in Kupferoxydammoniak, indem Salze, wie z. B. Kupferkarbonat, keine oxydierende Wirkung ausüben. Es wird also selbst bei längerer Aufbewahrung weder das Ammoniak zu salpetriger Säure noch die Zellulose zu Oxyzellulose oxydiert. Als Zellulosematerial kann gewöhnliche entfettete und gebleichte Baumwolle verwendet werden; indessen ist es vorteilhaft, zur Erzielung von Lösungen von noch höherem Zellulosegehalt Zellulose zu verwenden, welche vorher nach bekannten Verfahren einer Aufschließung unterworfen worden ist. Die Verarbeitung der Lösungen zu Fäden geschieht in bekannter Weise durch Austretenlassen der Lösung durch kapillare Mundstücke in verdünnte Säure und Aufwickeln des seines Lösungsmittels beraubten Zellulosefadens auf Spulen. Die fertigen Fäden verhalten sich wie reine Zellulose. Substantive Farbstoffe färben die Fäden direkt an, basische nur echt, wenn die Fäden vorher gebeizt wurden, z. B. mit Tannin oder Brechweinstein.

Patentanspruch: Verfahren zur Herstellung von Zellulosefäden, dadurch gekennzeichnet, daß man in ammoniakalischer Kupferkarbonatlösung aufgelöste Zellulose in bekannter Weise durch kapillare Mundstücke in verdünnte Säure austreten läßt und die Fäden auf Spulen aufwickelt.

Nach Vereinigte Glanzstofffabriken Akt.-Ges. in Elberfeld.

150. Vereinigte Glanzstofffabriken Akt.-Ges. in Elberfeld. Verfahren zur Herstellung von durchsichtigen, festen und elastischen Zellulosefäden und Films.

D.R.P. 169 567 Kl. 29b vom 17. I. 1905 (gelöscht); Ver. St. Amer. P. 806 533; brit. P. 1283[1905]; franz. P. 351 208.

Wendet man das Verfahren des Patentes 98 642[1]) auf Fäden von größerer Dicke an, indem man die Zelluloselösung durch größere Ka-

---
[1]) Siehe S. 147.

pillaren hindurch in die Fällflüssigkeit hineinpreßt, so geht die Fadenbildung zwar recht gut vonstatten, die nach dem sauren Waschen bleibenden Fäden sind aber von einem so matten Glanze und verhältnismäßig so wenig elastisch, daß sie technisch wertlos sind.

Ganz anders sind die Ergebnisse, wenn in der Weise gearbeitet wird, daß die z. B. durch Schwefelsäure von 30—65%[1]) von Kupfer und Ammoniak befreiten Fäden oder Films nach dem Aufwickeln auf einen starren Zylinder in einem Bad von konzentrierter Natronlauge einige Zeit umlaufen gelassen werden und dann erst, z. B. auf der in der Patentschrift 111 409[2]) beschriebenen Vorrichtung, bis zur Entfernung der Natronlauge mit Wasser, u. U. unter Zusatz z. B. kleinster Mengen Essigsäure, gewaschen und unter Spannung getrocknet werden. Der Effekt ist überraschend. Die kupferfreien Fäden sind glasartig durchsichtig, von großer Festigkeit und Elastizität. Diese merkwürdige Tatsache läßt sich wie folgt erklären: Beim früher üblichen Verfahren des Rotierenlassens des in Schwefelsäure von 35—60% gesponnenen Fadens in verdünnter Säure trat beim Austritt des Kupfers und des Ammoniaks aus dem Zellulosemolekül unter Volumvergrößerung eine Aufnahme von Wasser ein. Die Abspaltung des Hydratwassers beim Trocknen veränderte die physikalische Beschaffenheit des Fadens derart, daß der Glanz verloren ging. Nach dem neuen Verfahren hingegen wird beim Austritt des Kupfers und des Ammoniaks während des Spinnens in der 35—60%igen Schwefelsäure dem Zellulosemolekül keine Gelegenheit zu einer derartigen Wasseraufnahme gegeben. Es tritt vielmehr bei der sofortigen Nachbehandlung mit Natronlauge zunächst das Natrium an die Stelle des Kupfers und u. U. des Ammoniaks, und es entsteht ein plastischer Faden von Natronzellulose, bei dessen Zersetzung mit verdünnter Säure während des Auswaschens des Natrons jedenfalls nur so wenig Wasser aufgenommen wird, daß beim üblichen Trocknen unter Spannung die Beschaffenheit des Fadens keine nachteilige Veränderung erleidet, sowie der Glanz, die große Festigkeit und Elastizität erhalten bleiben. Beim Einpressen von Kupferzelluloseammoniaklösungen unmittelbar in Natronlauge entstehen Abscheidungen von Kupferzellulose, die besonders nach ihrer Weiterbehandlung ebenfalls wertvoll sind und ähnliche Eigenschaften zeigen wie die Fäden und Films nach dem Verfahren dieser Erfindung. Jenes Verfahren macht aber einen Umweg über die Kupferzellulose nötig, der bei dem Verfahren der vorliegenden Erfindung vermieden wird, indem unmittelbar reine Zellulose erhalten wird unter Wiedergewinnung des Kupfers und des Ammoniaks und ohne Belästigung der Arbeiter durch Ammoniakdämpfe.

Patentanspruch: Verfahren zur Herstellung von durchsichtigen, festen, elastischen Zellulosefäden oder Films, darin bestehend, daß man Zellulosefäden oder Films, welche in bekannter Weise erhalten werden, indem man Kupferzelluloseammoniaklösungen durch zylindrische oder schlitzförmige Mundstücke in Schwefelsäure ausßpreßt, auf eine Walze,

---
[1]) Vgl. Patentschrift 125 310, S. 245.
[2]) Siehe S. 280.

die in konzentrierter Natronlauge umläuft, aufwickelt, dann mit Wasser oder schwacher Säure wäscht und unter Spannung trocknet.

151. Vereinigte Glanzstoffabriken A.-G. in Elberfeld. Verfahren zur Herstellung künstlicher Textilfasern. Österr. P. 35 269; D.R.P. 235 134 Kl. 29b vom 4. VIII. 1906 (gelöscht); franz. P. 379 935; brit. P. 16 495[1907]; schweiz. P. 41 109.

Die Herstellung künstlicher Textilfasern setzt sich zusammen aus einer ganzen Reihe von Einzelverfahren von der Fadenformung an bis zur Erzielung der gebrauchsfertigen Faser. Man hat vorgeschlagen, die Herstellung solcher künstlichen Textilfaser aus Nitrozellulose, bei welcher die Faser gleich nach ihrer Formung durch Austreibung des Lösungsmittels eine gewisse Festigkeit aufweist, in einem kontinuierlichen Gesamtverfahren zu bewirken[1]). Abgesehen davon, daß dieses sog. Gesamtverfahren eigentlich aus einer Reihe getrennter Einzelverfahren besteht, und daß es aus technischen Gründen nicht durchführbar ist, z. B. weil die immerhin doch langsamer sich vollziehende Denitrierungsoperation die Geschwindigkeit der Fadenbewegung in hinderlicher Weise stark herabsetzt oder unmöglich macht, konnte dieses Verfahren wegen der unmittelbar nach der Formung erzielten Festigkeit der Nitrozellulosekunstfaser als solches immerhin möglich erscheinen. Einem solchen kontinuierlichen Herstellungsverfahren künstlicher Textilfasern aus den wässerigen Zelluloselösungen, insbesondere aus Lösungen von Kupferoxydammoniakzellulose oder Zellulosexanthogenat mußte aber von vornherein die stark gallertartige unfeste Beschaffenheit der hieraus geformten Zellulosehydratfäden hinderlich erscheinen. Versuche im Betriebe, die zu vorliegender Erfindung führten, haben indessen gezeigt, daß die Erzeugung eines fertigen festen Fadens im kontinuierlichen Betrieb vom Augenblick des Austritts aus der Spinndüse ab bis zum Aufwickeln auf die Zwirnspindel sehr wohl möglich ist, und daß hierbei sogar ganz besondere Vorteile, z. B. des äußerst geringen Zeitaufwandes (Bruchteil einer Minute anstatt Tage) sowie der Verbesserung der Güte des Fadens erzielt werden, trotzdem der aus der Spinndüse herauskommende gefällte Faden infolge seiner weichen, gallertartigen Beschaffenheit so sehr empfindlich ist.

Es wurde gefunden, daß es gut gelingt, die bei der Fällung entstehenden Zellulosehydratgebilde fast augenblicklich in durchaus kontinuierlicher Weise in feste hochglänzende Fäden überzuführen. Überraschenderweise ergab sich dann weiter, daß die nach dem neuen Verfahren erzeugten Fäden nicht mehr die Mängel der nach den bisherigen Verfahren erhaltenen Produkte aufwiesen. Wohl infolge davon, daß die im Verlaufe der Fabrikation stattfindenden chemischen und physikalischen Vorgänge auf jedes Teilchen allseitig und unter weitgehend konstanten Bedingungen zur Wirkung kommen, gestalten sich die Fäden ungemein gleichmäßig. Es tritt nicht mehr die lästige Erscheinung auf, daß einzelne Stellen des Fabrikats sich verschieden stark in einem und

---
[1]) Vgl. schweiz. Patentschrift 4984, S. 27.

demselben Farbbad färben oder an verschiedenen Stellen einen verschiedenen Glanz zeigen. Endlich erreichen Zugfestigkeit und Elastizität eine bislang nicht gekannte Höhe und Regelmäßigkeit. Es läuft der so erreichte technische Effekt parallel mit einem nicht minder großen ökonomischen Effekt. Es fallen nicht nur alle die bislang zumeist benutzten lästigen Glaswalzen zum Aufspulen der Fäden weg und die damit verbundenen Verluste, ferner alle durch das intermittierende Behandeln jeweils bestimmter begrenzter Mengen Material bedingten Abfälle, ferner alle die schädlichen Beeinflussungen der zarten Gebilde, welche durch mechanische Verletzungen, Verklebungen, Verwirrungen, lokale Überhitzungen bei chemischen Reaktionen usw. entstehen, sondern es ist die Verkürzung der Herstellungszeit des trockenen Fadens von einigen Tagen auf nur mehr einige Sekunden ein gewerblicher Fortschritt von der allergrößten Bedeutung.

Bis jetzt verfuhr man im technischen Großbetrieb derart, daß die wässerigen Zelluloselösungen durch Düsen in ein geeignetes Fällungsmittel, Säuren, Basen, Salze oder Spiritus eingepreßt wurden. Es entstand ein gallertartiger Zellulosehydratfaden, der auf Glaswalzen aufgewickelt werden mußte, da er der nötigen Festigkeit und Handlichkeit entbehrte, um sofort richtig gezwirnt oder in Strangform gebracht werden zu können. Es mußte infolgedessen das Befreien der Fäden von den anhaftenden Chemikalien derart geschehen, daß jede mit Fäden besponnene Walze je nach der Art der Fäden mit Lösungen von Säure, Salzen oder mit Wasser gewaschen werden mußte. Da aber die gallertartige Fadenschicht dem Durchdringen der Waschflüssigkeit nicht unerheblichen Widerstand entgegensetzte, war die Operation langwierig und nur unter Zuhilfenahme von viel Zeit (6—8 Stunden) und besonderer Waschmethoden durchzusetzen. Das Verfahren wurde noch dadurch um so umständlicher, viel Flächenraum und viele menschliche Hände beanspruchend, als die Fadenschichten auf den Walzen nur recht dünn genommen werden durften, wenn die Waschflüssigkeiten überhaupt so gründlich durchdringen sollten, daß ein Verkleben der Fäden und somit eine schlechte Abspulbarkeit und ein Flüssigwerden (d. i. etwa Rauhwerden) der getrockneten Fäden vermieden wird. Auch der Glanz der Fäden wurde um so mehr beeinträchtigt, je dicker die Fadenschicht genommen wurde, infolge ungenügend gleichmäßiger Spannung der einzelnen Fadenschichten beim Trocknen. Man hat wohl versucht, die Waschung zu erleichtern, indem man die Fäden erst in einen Topf fallen ließ und darin die Waschung vornahm, wobei der Topf drehbar gemacht werden konnte, um die Fäden zur Vermeidung des Verwirrens so weit vorzuwirnen, als das nachfolgende Waschen es zuließ, oder wobei der Topf ruhig stehen konnte und die Fäden kunstvoll übereinander gehäuft wurden, oder wobei der Topf zu einer rasch rotierenden Zentrifuge ausgebildet war, die gestatten sollte, die Waschflüssigkeiten unter gewissem Druck durch die Fasermassen zu senden. Abgesehen von anderen schweren Unzuträglichkeiten helfen diese Verfahren indessen immer noch nicht über die Notwendigkeit des zeitraubenden und viel Abfall lassenden Aufspulens des schwachen gallertartigen Fadens in dünnen Schichten auf Walzen und das nachfolgende langsame Trocknen fort. Ja man kann wohl sagen, daß diese Verfahren noch kostspieliger waren als die früheren, welche wenigstens gestatteten, eine einmal aufgespulte Fadenmenge mit ziemlicher Sicherheit und ohne Verletzungen durch alle Fährlichkeiten der Behandlung zu bringen. Das Trocknen war bislang recht langwierig, wenn es einen hochglänzenden festen und gleichmäßig elastischen Faden geben sollte. Ein Trocknen im heißen Luftstrom war nicht angängig, da das Zellulosehydrat ein recht empfindlicher Körper ist und bei rasch einwirkender Hitze sich bräunt unter Zersetzung und Einbuße der Festigkeit. Es mußte daher bei vergleichsweise niederer Temperatur getrocknet werden, und es vergingen etwa drei Tage, bis eine Kammer mit etwa 100 kg auf Walzen aufgespulter Fäden trockenes, nach weiterer Behandlung abspulbares Fabrikat lieferte. Allerdings ist früher schon von der Patentnehmerin beobachtet worden, daß das Trocknen nicht unerheblich abgekürzt werden konnte, wenn mittels überhitzten Dampfes die vorherige Abspaltung des im Zellulosehydrat chemisch gebundenen Wassers bewirkt wurde[1]). Wegen der geringen Widerstandsfähigkeit der Walzen und wegen des großen Dampfaufwandes scheiterte indessen bislang die praktische Verwirklichung des Verfahrens im Großbetrieb. Die trockenen Fäden mußten dann neuerdings während etwa eines Tages behufs Lockermachung auf den Walzen angefeuchtet werden, ehe an die Arbeit des Abspulens, des Zwirnens und Haspelns gegangen werden konnte.

Es war daher überraschend, festzustellen, daß das Trocknen unter Spannung und ohne eintretende Bräunung vorgenommen werden konnte, wenn der nasse Zellulosehydratfaden z. B. um einen rotierenden, auf 100° und mehr geheizten Metallzylinder von genügendem Durchmesser herumgeführt wurde. Das Ausbleiben der schädlichen Bräunung läßt sich so erklären, daß unter dem Einfluß des heißen Zylinders und dank der Einzahl der Fäden sich um jeden Faden eine Dampfhülle bildet, die einerseits die volle Berührung mit dem heißen Metall ähnlich wie bei dem bekannten Leidenfrostschen Phänomen aufhebt, und andererseits augenblicklich und ohne Schaden die Abspaltung des chemisch gebundenen Wassers bewirkt. Schon 1—1,50 m Weglänge, auf der heißen Metallfläche rasch zurückgelegt, genügen, um sofort einen glänzenden gleichmäßigen trockenen Faden zu erlangen. Damit war aber der Weg gewiesen zum Kontinuespinnen. In der Tat genügte es, die aus den Düsen austretenden und u. U. zu Bündeln vereinigten Fäden über eine die Abzugsgeschwindigkeit regelnde Vorrichtung, z. B. eine Walze oder ein zwischen zwei Walzen umlaufendes Tuch ohne Ende der geheizten Trockentrommel oder Trockenplatte entgegenzuführen und unterwegs durch geeignete aufließende Flüssigkeiten, wie Säure, Salzlösungen, Wasser oder Spiritus die Fäden von anhaftenden Chemikalien zu befreien, um von dem Trockenapparat den fertigen festen Faden

---

[1]) Siehe D.R.P. 121 430, S. 284.

von einer Aufwickel- oder noch besser direkt einer Zwirnspule aufnehmen zu lassen. Es ist klar, daß das Waschen eines einzelnen gleichmäßig dahinziehenden Fadens viel rascher, gründlicher, allseitiger und gleichmäßiger und ohne Beschädigung irgendeiner Art erfolgen kann, als wenn ganze Schichten von Fäden durchdrungen und ausgewaschen werden müssen.

Patentanspruch: Verfahren zur Herstellung künstlicher Textilfasern und Zelluloseprodukte jeder Art aus wässerigen Zelluloselösungen, dadurch gekennzeichnet, daß unter Vermeidung jeder Unterbrechung der aus der Spinndüse austretende Faden ununterbrochen durch alle Zwischenoperationen des Fällens, Waschens, Trocknens, Spulens und Zwirnens unter steter Spannung in einem Zuge durchgeführt wird.

Das französische und das britische Patent enthalten zwei Zeichnungen, ebenso das schweizerische, das eine Maschine betrifft. Der Anspruch des D.R.P. lautet:

Verfahren zur Herstellung von künstlichen Textilfäden aus wässerigen Zelluloselösungen, dadurch gekennzeichnet, daß die aus der Spinndüse austretenden Fäden, nachdem sie u. U. zu Bündeln vereinigt sind, unter Vermeidung jeder Unterbrechung durch alle Zwischenstufen des Fällens, Waschens, Trocknens, Spulens und Zwirnens in der angegebenen Reihenfolge unter steter Spannung in einem Zuge mit der Maßgabe hindurchgeführt werden, daß beim Trocknen die einzelnen oder zu Bündeln vereinigten Fäden über einen geheizten rotierenden Metallzylinder geführt werden.

Nach Thiele.

152. Dr. Edmund Thiele in Barmen. Verfahren zur Erzeugung künstlicher Textilfäden aus Zelluloselösungen.

D.R.P. 154 507 Kl. 29b vom 20. I. 1901 (gelöscht); franz. P. 320 446; brit. P. 8083[1902]; österr. P. 21 119; Ver. St. Amer. P. 710 819.

Das Verfahren beruht auf der Beobachtung, daß das für Nitrozelluloselösungen benutzte Streckspinnverfahren von Lehner[1]) sich unter gewissen Bedingungen auch auf wässerige Zelluloselösungen, insbesondere Kupferoxydammoniakzelluloselösungen, anwenden läßt und hier einen erheblichen Fortschritt in der Kunstseideerzeugung zu erzielen gestattet, nämlich einen künstlichen Textilfaden, welcher hinsichtlich Feinheit der natürlichen Kokonfaser gleichkommt und eine wesentlich größere Festigkeit und Elastizität besonders in feuchtem Zustande zeigt als alle bekannten Kunstseiden, also sich auch für solche Artikel verwendbar erweist, welche höhere Anforderungen an die Faserfestigkeit in trockenem und feuchtem Zustande stellen und daher bisher noch aus natürlichen Textilfäden hergestellt werden mußten. Das neue Verfahren besteht darin, konzentrierte Kupferoxydammoniakzelluloselösungen aus weiten Öffnungen in eine sehr langsam wirkende Fällflüssigkeit austreten zu lassen und hierin zu feinen Fäden auszustrecken. Es empfiehlt sich hierbei, die zur Streckung dienende,

---
[1]) Patentschrift 58 508, vgl. S. 24.

langsam wirkende Fällflüssigkeit und die zur vollständigen Erstarrung des Fadens erforderliche energisch wirkende Zersetzungsflüssigkeit zu schichten, um eine Entfernung der halberstarrten und daher sehr empfindlichen Fäden aus dem Bade vor ihrer völligen Erstarrung zu vermeiden. Als langsam fällende Flüssigkeiten können beispielsweise dienen: Wasser von 0—50°, ätherische Flüssigkeiten, wie Äther, Essigäther und andere Äther, Benzol, Chloroform, Kohlenstofftetrachlorid u. dgl. Solche Flüssigkeiten, die für sich nicht fällend wirken, können durch Zusatz anderer Stoffe zum Ausziehen der Zelluloselösungen brauchbar gemacht werden. z. B. Öle und Fette durch Zusatz von Olein, Ligroin durch Zusatz von Äther, Alkohol und ähnlichen Stoffen, Wasser durch Zusatz von Alkohol, Äther, Glyzerin, Salzen, Säuren und anderen in Wasser löslichen Stoffen. Mit diesen Beispielen ist jedoch die Zahl der brauchbaren Fällungsmittel keineswegs erschöpft. Bedingung für die Brauchbarkeit der betreffenden Mittel ist, daß sie auf die konzentrierten Zelluloselösungen nur langsam fällend wirken und daher zur Bildung des starren Fadens erst nach einem gewissen Zeitraum der Einwirkung führen. Flüssigkeiten, welche, wie starke Säurelösungen, die Zelluloselösungen sofort unter Abscheidung der Zellulose zersetzen, oder welche eine sofortige Koagulation der Zelluloselösungen bedingen, sind für das Verfahren nicht brauchbar. Ebensowenig lassen sich Flüssigkeiten, welche weder Wasser noch Ammoniak aus der Zelluloselösung aufnehmen, zum Ausziehen der Fäden verwenden.

Die praktische Ausführung des Erfindungsgedankens gestaltet sich beispielsweise folgendermaßen: 1. Eine hochkonzentrierte Kupferoxydammoniaklösung von Zellulose gelangt ohne Anwendung besonderen Druckes aus einem höher gelegenen Behälter mittels mehrerer etwa 1 mm weiter Ausflußöffnungen durch die Seitenwand in ein Bassin, welches etwa 1 m lang ist und als Fällflüssigkeit Äther enthält. Die zunächst an der Spitze der Ausflußöffnungen hängenden Tropfen der Zelluloselösung werden mittels Greifapparate gemeinsam gefaßt und zu einer außerhalb des Bassins in einer Säure rotierenden Glaswalze geführt. Die aus der Fällflüssigkeit austretenden, mit Flüssigkeit genetzten Einzelfasern hängen fest aneinander und werden innerhalb oder außerhalb des Bades durch eine vor der Aufwickelvorrichtung laufende Führung zwecks Verteilung auf ihr hin- und hergeleitet. 2. Die Verarbeitung der Zelluloselösung geschieht in gleicher Weise wie oben, nur sind die Ausflußöffnungen so angeordnet, daß sie sich in einer Vertiefung am Boden des Fällungsbades befinden. Es wird hierdurch ermöglicht, die Temperatur der die Ausflußöffnungen umgebenden Flüssigkeit niedriger zu halten als das im übrigen Teil des Bassins befindliche Fällungsmittel. Als Flüssigkeit wird Wasser benutzt, und zwar mit Temperaturen von 40—50° und 95—100°. Die weitere Verarbeitung des Fadens erfolgt wie oben beschrieben. An Stelle des heißen Wassers kann auch eine Oleinschicht benutzt werden. Der Austritt der Zelluloselösung und das Ausziehen des Fadens erfolgt in den vorstehend beschriebenen

Flüssigkeiten außerordentlich gleichmäßig. Sobald das Verhältnis zwischen Drehungsgeschwindigkeit der Walze und Austritt der Zelluloselösung passend geregelt ist, findet ein Abreißen des Fadens überhaupt nicht mehr statt.

Patentansprüche: 1. Verfahren zur Erzeugung künstlicher Textilfäden aus Zelluloselösungen durch nachträgliches Ausstrecken von aus weiten Spinnöffnungen austretenden dickeren Fäden, gekennzeichnet durch die Anwendung einer konzentrierten Kupferoxydammoniakzelluloselösung als Spinnflüssigkeit und einer langsam wirkenden Fällflüssigkeit.

2. Eine Ausführungsform des unter 1. beanspruchten Verfahrens, dadurch gekennzeichnet, daß die zur Fadenstreckung dienende, langsam wirkende Fällflüssigkeit und die zur Erstarrung des Fadens erforderliche energisch wirkende Zersetzungsflüssigkeit geschichtet werden, um die Entfernung der halberstarrten, sehr empfindlichen Fäden aus dem Bade vor ihrer völligen Erstarrung zu vermeiden.

153. Dr. Edmund Thiele in Barmen. Verfahren zur Erzeugung von Fäden aus Zelluloselösungen.

D.R.P. 157 157 Kl. 29b vom 9. III. 1901 (gelöscht); Zus. z. P. 154 507; franz. P. 320 446; brit. P. 8083[1902]; Ver. St. Amer. P. 710 819.

Bei dem in dem Hauptpatent (s. vorstehend) beschriebenen Verfahren wird zum Ab- und Ausziehen der aus den Zelluloselösungen gebildeten Fäden eine äußere Streckkraft benutzt, welche beispielsweise durch eine rotierende Walze erzeugt werden kann. Weitere Versuche haben ergeben, daß man zum Ausziehen der Fäden innerhalb des langsam wirkenden Fällungsmittels auch ihre eigene Schwere benutzen kann. Während nämlich die Fäden in dem schnell wirkenden Fällungsmittel rasch das in ihnen enthaltene Metall verlieren und dann wegen des geringen spezifischen Gewichts der Zellulose nur langsam in der Flüssigkeit herabsinken, üben die in dem langsam wirkenden Fällungsmittel gebildeten metallhaltigen und deshalb schweren Fäden eine starke Zugkraft aus und bewirken daher bei genügender Fallhöhe eine Reckung und Verfeinerung des oberen Fadenteils. Diese Ausführungsform stellt nicht nur eine wesentliche Vereinfachung des Verfahrens des Hauptpatentes dar, da sie äußere Streckkräfte gänzlich entbehrlich macht, sondern liefert auch sehr gleichmäßige Ware, da die Schwere des Fadens bei normalem Betrieb eine außerordentlich gleichartig wirkende Streckkraft bildet und bei Betriebsstörungen nicht sofort zum Fadenbruch führt wie die ohne Rücksicht auf etwaige Störungen in der Fadenbildung stetig fortwirkenden äußeren Streckkräfte. Die Fallhöhe in dem langsam wirkenden Fällungsmittel richtet sich nach dessen Wirkungsgrade, nach dem Durchmesser der Spinnöffnung, der Konzentration der Zelluloselösung, der gewünschten Fadenfeinheit usw. Bei der praktischen Ausführung empfiehlt es sich, die langsam und schnell wirkenden Fällflüssigkeiten übereinander zu schichten oder in kommunizierenden Behältern anzubringen, so daß der austretende Faden zunächst das

158 Herstellung aus Kupferoxydammoniakzellulose.

langsam wirkende Fällungsmittel, z. B. warmes Wasser, passiert, hier durch sein Eigengewicht ausgezogen wird und sodann sofort zwecks völliger Zersetzung in das schnell wirkende Mittel, z. B. mäßig verdünnte Säure, eintritt, ohne in dem sehr empfindlichen Zustande der unvollkommenen Zersetzung weiteren Behandlungen ausgesetzt zu werden. Das Ausziehen des Fadens in dem langsam fällenden Mittel kann noch dadurch unterstützt werden, daß man der Fällflüssigkeit eine starke Strömung in der Richtung des Fadenaustritts erteilt, so daß sie den gebildeten Faden mit sich reißt.

Fig. 109 und 110 stellen zwei Apparate zur Ausführung der beschriebenen Verfahren schematisch dar. In Fig. 109 treten aus dem brausenförmigen Spinnrohr a zahlreiche Fäden aus; sie werden in dem mit langsam wirkender Fällflüssigkeit gefüllten Rohr b durch ihr Eigen-

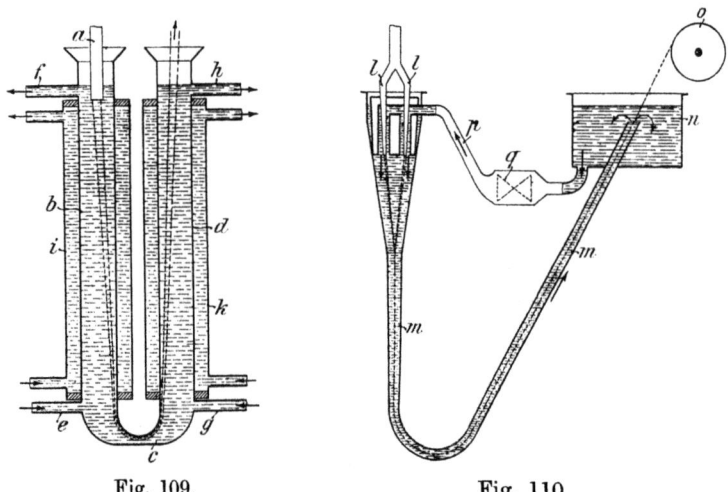

Fig. 109.   Fig. 110.

gewicht stark gedehnt, gelangen durch das enge Verbindungsstück c in das mit b kommunizierende Rohr d, welches mit schnell wirkender Fällflüssigkeit gefüllt ist, um nach dem Verlassen von d in üblicher Weise aufgewickelt, abgesäuert und gewaschen zu werden. Der Weg der Fäden ist in der Zeichnung durch punktierte Linien angedeutet. Um die nach längerem Gebrauch unwirksam werdenden Fällflüssigkeiten in den Rohren b und d durch frische ersetzen zu können, sind diese Rohre mit Zu- und Abflußröhren, e, f, g und h versehen. Um ferner die Fällflüssigkeiten in den Rohren b und d abkühlen oder erhitzen zu können, sind die Rohre von Mantelrohren i, k umgeben, in denen Kühl- oder Heizflüssigkeit umläuft. In Fig. 110 treten die Fäden aus den Spinnröhren l aus; sie gelangen durch das mit langsam wirkender Fällflüssigkeit gefüllte Rohr m in den mit derselben Flüssigkeit gefüllten Behälter n, werden auf die Walze o aufgewickelt und auf dieser nacheinander mit der schnell wirkenden Fällflüssigkeit, mit Säure und mit

Wasser behandelt. Um die austretenden Fäden im Rohr m zu dehnen, ist in das Verbindungsrohr p zwischen m und n ein Flüssigkeitsmotor q eingeschaltet, welcher die Fällflüssigkeit energisch in der Austrittsrichtung der Fäden durch das Rohr m jagt und die dicken Fäden dadurch feiner auszieht.

Patentansprüche: 1. Verfahren zur Erzeugung von Fäden aus Zelluloselösungen nach dem Verfahren des Patents 154 507, dadurch gekennzeichnet, daß das Ausziehen der Fäden in dem langsam wirkenden Fällungsmittel durch das eigene Gewicht des herabsinkenden Fadens bewirkt wird.

2. Eine Ausführungsform des unter 1. beanspruchten Verfahrens, darin bestehend, daß der aus der Spinnöffnung herabsinkende Faden erst eine zur Verfeinerung genügend hohe Schicht des langsam wirkenden Fällungsmittels passiert und dann sofort in das darunter geschichtete oder in einem kommunizierenden Behälter angebrachte schnell wirkende Fällungsmittel eintritt.

3. Bei dem unter 1. und 2. beanspruchten Verfahren die Verfeinerung des austretenden Fadens in dem langsam wirkenden Fällungsmittel durch eine starke Strömung der Fällflüssigkeit in der Richtung des Fadenaustritts.

Über Streckspinnen s. H. Ost, Zeitschr. f. angew. Chem. 1918, 1. S. 142 ff.

154. Dr. Edmund Thiele in Brüssel. Verfahren zur Erzeugung künstlicher Fäden aus Zelluloselösungen.

D.R.P. 173 628 Kl. 29b vom 14. VI. 1902 (gelöscht); Zus. z. P. 154 507; österr. P. 27 671.

Bei dem im Hauptpatent 154 507 und dem Zusatzpatent 157 157 (s. vorstehend) beschriebenen Verfahren zur Erzeugung künstlicher Fäden durch Ausstrecken der aus konzentrierter Kupferoxydammoniakzelluloselösung als Spinnflüssigkeit erhaltenen dickeren Fäden in einer langsam wirkenden Fällflüssigkeit tritt zuweilen der Übelstand auf, daß die außerordentlich feinen Fäden aneinander kleben und geringen Glanz zeigen.

Das vorliegende Verfahren beruht nun auf der Beobachtung, daß sich der Übelstand des Aneinanderklebens der Fäden vermeiden und ein besonders hoher, nicht opalisierender Glanz erzielen läßt, wenn man als Fällbad eine alkalische Flüssigkeit wählt. Die praktische Ausführung des Erfindungsgedankens bietet nach den Angaben des Haupt- und ersten Zusatzpatentes keine weiteren Schwierigkeiten. Als Fällflüssigkeit kann besonders Wasser mit geringem Zusatz von Alkalilauge Verwendung finden.

Patentanspruch: Verfahren zur Erzeugung künstlicher Fäden aus Zelluloselösungen nach den Patenten 154 507 und 157 157, dadurch gekennzeichnet, daß als langsam wirkendes Fällbad eine alkalische Flüssigkeit, insbesondere schwache wässerige Alkalilösung, benutzt wird.

Nach Uebel.

155. Gebrüder Uebel in Plauen i. Vogtl. Verfahren zur Erzeugung künstlicher Fäden aus Kupferoxydammoniakzelluloselösungen.

D.R.P. 225 161 Kl. 29 b vom 25. VI. 1905 (gelöscht), Zus. z. P. 154 507; österr. P. 37 119; franz. P. 367 979; brit. P. 15 133[1906]; Ver. St. Amer. P. 909 257.

Bei dem Verfahren des Hauptpatentes und der Zusatzpatente 157 157 und 173 628 (s. vorstehend) macht sich der Übelstand geltend, daß die durch Streckung aus konzentrierten Kupferoxydammoniakzelluloselösungen in langsam wirkenden Fällbädern erhaltenen außerordentlich feinen Fäden aneinanderkleben und daher ein hartes, strohiges, roßhaarähnliches Produkt liefern. Durch Anwendung eines alkalischen Fällbades gemäß dem Zusatzpatent 173 628 läßt sich dieser Mangel bereits etwas beheben.

Die vorliegende Erfindung beruht nun auf der Beobachtung, daß sich der Übelstand vollständig beseitigen läßt und eine offene, weiche Kunstseide erhalten werden kann, wenn man die in dem langsam wirkenden Fällmittel erzeugten feinen Fäden noch vor dem Absäuern mit konzentrierter Alkalilauge nachbehandelt. Es wurde bereits vorgeschlagen, durch Verspinnen konzentrierter Kupferoxydammoniakzelluloselösungen in konzentrierter Alkalilauge und Nachbehandlung der so gewonnenen Fäden mit der gleichen Flüssigkeit dicke, roßhaarartige Fäden zu erzeugen. Die Nachbehandlung hat in diesem Falle aber lediglich den Zweck, die Festigkeit und Elastizität der dicken Fäden zu erhöhen; denn der Mangel, der gemäß dem vorliegenden Verfahren beseitigt werden soll, tritt bei jenem älteren Verfahren überhaupt nicht auf, da dort ein Strecken der Fäden in einer langsam wirkenden Fällflüssigkeit nicht stattfindet. Beispiel: Die aus konzentrierter Kupferoxydammoniakzelluloselösung zunächst erzeugten dicken Fäden werden in schwach alkalischen Bädern fein gestreckt, danach durch Natronlauge von 39° Bé gezogen und dann entweder sofort beim Aufwickeln oder nach einiger Zeit lose im Strang abgesäuert.

Patentanspruch: Verfahren zur Erzeugung künstlicher Fäden aus Kupferoxydammoniakzelluloselösungen gemäß den Patenten 154 507, 157 157 und 173 628, dadurch gekennzeichnet, daß die Fäden nach ihrer Streckung mit konzentrierter Alkalilauge nachbehandelt werden.

In mehreren der Auslandspatente ist auch die Benutzung verdünnter heißer (kochender) Lauge erwähnt.

Nach Thiele und Linkmeyer.

156. Dr. Edmund Thiele und Rudolf Linkmeyer in Brüssel. Verfahren zur Erzeugung künstlicher Fasern.

D.R.P. 179 772 Kl. 29 b vom 26. VIII. 1905 (gelöscht); österr. P. 35 264; franz. P. 357 837; brit. P. 16 088[1906].

Bei der Herstellung künstlicher Fasern aus Zellulosekupferoxydammoniaklösungen werden neuerdings alkalische oder neutrale Fällbäder angewendet, in welche die Zelluloselösung aus Kapillaren hineingespritzt wird. Das Kupfer wird hierbei in der Faser zunächt in Form mehr oder weniger unlöslicher Verbindungen niedergeschlagen und muß dann nachträglich durch Säuren oder andere die Kupferverbindungen lösende Mittel aus der Faser entfernt werden. Dieser Vorgang erfolgt leichter als bei der unmittelbaren Fällung der Zellulosekupferoxydammoniaklösung durch Säuren, und die entstehende Faser ist stärker und glänzender als bei dieser.

Es wurde gefunden, daß ein noch höherer Glanz, verbunden mit größerer Feinheit der Faser und weicherem Griff des Seidenmaterials erzielt wird, wenn die Entfernung der in der Faser ausgefällten Kupferverbindungen durch Säuren oder andere lösende Mittel unter gleichzeitiger starker Spannung erfolgt, und zwar wird der beste Effekt erzielt, wenn die angewendete Spannung so groß ist, daß eine Streckung der Faser über ihre ursprüngliche Länge hinaus erfolgt. Zugleich wurde gefunden, daß, wie bei der Einwirkung von Säure auf die gespannte mercerisierte Baumwollfaser, die Streckung am leichtesten im Augenblick der Säureeinwirkung erfolgt, während vorher zur Streckung eine ziemlich große Kraft nötig und nach erfolgtem Absäuern eine Streckung nur in ganz beschränktem Maße möglich ist. Die Ausführung des Verfahrens erfolgt in der Weise, daß die in einem neutralen oder alkalischen Bad erzeugten Fäden am besten zunächst mit zweckmäßig warmem Wasser gewaschen oder mit anderen Flüssigkeiten, wie Lösungen neutraler Salze, z. B. Glaubersalz-, Sodalösungen od. dgl., behandelt werden, welche das Ammoniak auswaschen, das Kupfer dagegen in Form einer in Säuren löslichen Verbindung zurücklassen. Darauf werden sie während der Behandlung mit Säuren oder anderen die Kupferverbindungen lösenden Mitteln nach einem der bekannten Verfahren einer starken, die Faser über ihre ursprüngliche Länge ausreckenden Spannung unterworfen. Nachdem die Wirkung der Säure zu Ende gekommen ist, kann man die Spannung beseitigen, ohne daß die Faser auf ihre ursprüngliche Länge zusammenschrumpft. Die Fasern werden dann von der Säure befreit und in üblicher Weise weiterbehandelt. Auch bezüglich des Trocknens zeigen die unter Spannung abgesäuerten Fasern ein von den ohne Spannung abgesäuerten Fasern abweichendes Verhalten, insofern sie schon nach dem Trocknen ohne Spannung einen starken Seidenglanz besitzen, während letztere im gleichen Fall völlig glanzlos erscheinen.

Patentanspruch: Verfahren zur Erzeugung künstlicher Fasern von großer Feinheit, hohem Seidenglanz und besonderer Weichheit, dadurch gekennzeichnet, daß die aus Zellulosekupferoxydammoniaklösungen in bekannter Weise mittels neutraler oder alkalischer Bäder erhaltenen Fasern während der Entfernung der Kupferverbindungen durch Säuren od. dgl. einer gleichzeitigen starken Streckung ausgesetzt werden.

Nach Linkmeyer.

157. Rudolf Linkmeyer in Herford. Herstellung künstlicher Seide aus Zelluloselösungen.

Brit. P. 1501[1905]; franz. P. 350 888.

Kupferoxydammoniakalische Zelluloselösungen werden bisher durch Eintretenlassen aus mehr oder weniger engen Öffnungen in verdünnte Säure auf künstliche Seide verarbeitet. Erfinder behandelt solche Fäden unmittelbar nach ihrer Bildung mit einer mercerisierend wirkenden Flüssigkeit, z. B. Kali- oder Natronlauge. Eine schwach ammoniakalische Zelluloselösung läßt er aus Öffnungen in verdünnte Säure, z. B. Schwefelsäure von 1 oder 2% oder stärkere oder ein neutrales Fällbad eintreten. Der entstandene Faden wird sofort, während er noch durch das Herausziehen aus dem ersten Bade straff ist, in Kali- oder Natronlauge von 10—40° Bé gebracht, mit Wasser gewaschen, durch Behandeln mit 5%iger Schwefelsäure von Salzen befreit, wieder gewaschen und getrocknet. Man erhält glänzendere Fäden, als wenn nur mit Säure oder einem neutralen Bade gefällt wird. Wichtig ist, daß nach dem Verlassen des Fällungsbades kein Trocknen eintritt.

158. Rudolf Linkmeyer. Vorrichtung zur Herstellung künstlicher Fäden, besonders aus Auflösungen von Zellulose in alkalischer Kupferlösung.

Franz. P. 352 528; brit. P. 6356[1905]; D.R.P. 169 906 Kl. 29a vom 21. III. 1905 (gelöscht); schweiz. P. 35 434; österr. P. 28 595; Ver. St. Amer. P. 796 740.

Statt die aus ammoniakalischer Kupferoxydzelluloselösung gefällten Fäden wie bisher auf Zylinder aufzuwickeln, von denen sie nur schwierig und unter Verlusten abgehaspelt werden können, werden die Fäden bei der vorliegenden Einrichtung in einem rotierenden Spinntopf aufgesammelt, der außer der Kreisbewegung eine hin- und hergehende Bewegung ausführt. Dadurch lagern sich die Fäden in dem Spinntopf in sich kreuzenden Lagen etwa nebenstehender Form ab (Fig. 111), kleben nicht zusammen und können leichter weiter verarbeitet werden.

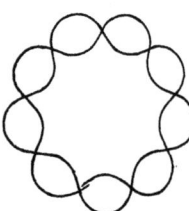

Fig. 111.

Die Ansprüche des D.R.P. lauten: 1. Vorrichtung zur Gewinnung von Kunstseidefäden, insbesondere von Fäden aus einer Lösung von Kupferoxydalkalizellulose, gekennzeichnet durch eine sich drehende Leitwalze, welche die Fäden aus dem Spinnbade zieht und diese, ohne sie aufzuwickeln, einem leicht auswechselbaren Spinntopf zuführt, auf dessen Boden die Fäden in sich kreuzenden Lagen aufgeschichtet werden.

2. Vorrichtung nach Anspruch 1, dadurch gekennzeichnet, daß zwecks Ablagerung der Fäden in sich kreuzenden Schichten der Spinntopf mit nicht größerer Umfangsgeschwindigkeit als der des einfallenden Fadens in Drehung versetzt wird und außer dieser Drehbewegung noch eine seitliche hin- und hergehende Bewegung erhält. (2 Zeichnungen.)

Eine ähnliche Einrichtung, durch die der Faden in Spiralen abgelegt wird, beschreibt J.-M. de Sauverzac im franz. P. 420 085.

Nach Société générale de la soie artificielle Linkmeyer.

159. Société générale de la soie artificielle Linkmeyer. Verbesserungen in der Herstellung glänzender Zellulosefäden.

Franz. P. 356 402; brit. P. 4761[1905]; Ver. St. Amer. P. 839 013.

Zum Fällen von Kupferoxydammoniakzelluloselösungen mit Säure benutzte man bisher 35—65%ige Schwefelsäure, weil verdünnte Säure wenig widerstandsfähige Fäden gab[1]). Nach vorliegendem Verfahren läßt sich eine Zersetzung der Fäden durch die verdünnte Säure vermeiden, wenn man die zu verspinnende Kupferlösung durch Behandeln im Vakuum oder auf andere geeignete Weise von nicht gebundenem Ammoniak befreit hat. Eine etwa 5%ige Lösung von Zellulose in Kupferoxydammoniak wird z. B. im Vakuum so weit von Ammoniak befreit, daß noch keine Fällung von Zellulose eintritt. Die so behandelte Lösung läßt man aus feinen Öffnungen in 10—20%ige Schwefelsäure eintreten. Man erhält einen Faden, der noch eine blaue Färbung aufweist, weil er noch Ammoniak und Kupfer enthält. Das Ammoniak verflüchtigt sich während des Aufhaspelns, die Kupfersalze werden in einem zweiten Bade von verdünnter Säure entfernt. Schließlich wird mit Wasser gewaschen und unter Spannung getrocknet.

Das Ver. St. Amer. P. 839 014 desselben Erfinders schreibt nach der Säurebehandlung eine Behandlung mit mercerisierenden Mitteln (Natronlauge) vor.

160. La Société générale de la soie artificielle Linkmeyer, société anonyme in Brüssel. Verfahren zur Herstellung künstlicher glänzender Fäden.

D.R.P. 175 296 Kl. 29b vom 7. IV. 1904 (gelöscht); österr. P. 30 449.

Es ist bekannt, aus Zellulose, welche in Kupferoxydammoniak aufgelöst ist, künstliche glänzende Fäden in der Weise herzustellen, daß man diese gelöste Zellulose durch enge Öffnungen in saure Flüssigkeiten austreten läßt, welche Erstarrung bewirken. Die gelöste Zellulose wird hierbei unter erhöhtem Druck durch die feinen Öffnungen in die Ausfällflüssigkeit gedrückt. Als Fällungsflüssigkeit benutzt man in den meisten Fällen eine hochprozentige Schwefelsäure. Der Verwendung konzentrierter Säuren, wie sie nach dem alten Verfahren notwendig sind, haften wesentliche Nachteile an; auch ist die Festigkeit der so erzielten Fäden nicht groß. Dies rührt unter anderem daher, daß bei der notwendigen späteren Entfernung der Säuren aus den fertigen Fäden gewisse Lücken in den Fäden bleiben, welche die oben erwähnte Verringerung der Festigkeit herbeiführen. Es ergibt sich hieraus ohne weiteres, daß es bei der Fabrikation künstlicher glänzender Fäden aus Zellulose einen erheblichen Vorteil bedeuten würde, wenn es gelänge, die Anwendung der flüssigen Säuren zu vermeiden.

[1]) Siehe S. 246.

Nach vorliegender Erfindung gelingt dies nun tatsächlich, und zwar wurde gefunden, daß die Erstarrung der Kupferoxydammoniakzelluloselösung beim Austritt aus feinen Düsen erfolgt, wenn der austretende Faden von sauren oder erwärmten Gasen oder Dämpfen umspült wird. Voraussetzung für diese Erstarrung ist allerdings, daß der Kupferoxydammoniakzelluloselösung vor ihrer Verarbeitung zu Fäden der größte Teil des Ammoniaks entzogen wird. Eine Kupferoxydammoniakzelluloselösung, welche nach den bekannten Verfahren hergestellt ist, kann für den vorliegenden Zweck nicht verwendet werden, selbst wenn man Kupferoxydammoniak von ganz schwachem Ammoniakgehalt zum Auflösen der Zellulose verwenden würde. Eine Kupferoxydammoniaklösung, welche etwa 7% Zellulose gelöst enthält, wird filtriert und dann der Wirkung eines starken Vakuums ausgesetzt, wobei es vorteilhaft ist, die Masse zu rühren oder zu kneten. Nachdem der Ammoniakgehalt der Lösung so weit gesunken ist, daß eine entnommene Probe in angesäuerter Luft schnell erstarrt, wird die Lösung nochmals filtriert und dann durch feine Öffnungen einer entsprechenden Düse in eine saure Gas- oder Dampfatmosphäre, z. B. erwärmte Salzsäuredämpfe, ausgepreßt. Den Gasen gibt man zweckmäßig dieselbe Bewegungsrichtung wie den Fäden, die letzteren können beim Austritt aus den Düsen auch noch feiner angezogen werden. Der gewonnene Faden kann direkt auf der Spule oder nachdem er umgespult ist, von den anhaftenden Kupfersalzen befreit, gewaschen und getrocknet werden, wobei die Fäden einer großen Spannung unterworfen werden müssen. Die Entfernung der Salze aus den Fäden erfolgt hierbei getrennt vom Spinnen, und zwar genügt zu diesem Zwecke ganz verdünnte Säure, während bei den bisherigen Verfahren bekanntlich zur Ausfällung der Zellulose und Entfernung der Salze aus den Zellulosefäden konzentrierte Säure dienen mußte. Die so hergestellten Fäden weisen eine erhöhte Festigkeit auf, wozu auch die geringe Alkalität der Lösung beiträgt; ein weiterer Vorteil besteht darin, daß nach vorliegendem Verfahren eine bedeutende Ersparnis am Ammoniak erzielt wird.

Patentanspruch: Verfahren zur Herstellung künstlicher Fäden, darin bestehend, daß man eine Kupferoxydammoniakzelluloselösung von möglichst niedrigem Ammoniakgehalt, wie sie z. B. durch Kneten der Masse im Vakuum erhalten wird, durch feine Öffnungen in eine saure oder erwärmte Gas- oder Dampfatmosphäre austreten läßt.

161. Société générale de la soie artificielle Linkmeyer, société anonyme in Brüssel. Verfahren zur Herstellung künstlicher glänzender Fäden.

D.R.P. 185 139 Kl. 29b vom 4. IX. 1904 (gelöscht); Zus. z. P. 175 296.

Nach dem Verfahren des Hauptpatentes (s. vorstehend) soll eine Fadenbildung bei der Herstellung künstlicher Fäden dadurch erreicht werden, daß der gespritzte Faden von einer sauren oder erwärmten Gasatmosphäre umspült wird. Der Gegenstand der vorliegenden Erfindung ist eine Ausführungsform dieses Verfahrens und besteht darin, daß die Fadenbildung in einer Gasatmosphäre erfolgt, welche von einem Erstarrungsmittel in sehr feiner Verteilung nebelartig durchsetzt ist. Die Erstarrung des Fadens erfolgt z. B. nach vorliegendem Verfahren durch Luft, die mit einem auf mechanischem Wege sehr fein zerstäubten flüssigen Fällmittel angereichert ist, so daß ein nebelartiges Gemenge von Gasen und flüssigen Fällmitteln entsteht. Als Gas kann auch ein solches gewählt werden, das ebenfalls die Erstarrung der Fäden bewirkt, so daß beide Körper an der Erstarrung der Fäden teilnehmen. Durch das vorliegende Verfahren erreicht man eine schnellere Erstarrung der Fäden. Auch können auf diese Weise Fällungsmittel zur Anwendung gelangen, deren Gebrauch im Hauptverfahren ausgeschlossen ist. Ferner wird ein äußerst sparsamer Verbrauch derartiger Mittel durch vorliegendes Verfahren erreicht. Als zur Zerstäubung geeignete Fällmittel können die durch die Literatur bekannten dienen, unter anderen Essig-, Salz- und Schwefelsäure, Alkalien, wie Natron- und Kalilauge usw.

Beispiel: Eine hochprozentige Zelluloselösung mit verhältnismäßig niedrigem Ammoniakgehalt wird durch mehr oder weniger feine Öffnungen in einen geschlossenen Raum, z. B. in einen Glaszylinder, hineingepreßt. Der Glaszylinder wird oben durch das Preßmundstück, unten durch eine Flüssigkeit, in die er eintaucht, geschlossen. Die zur Anwendung kommenden gasförmigen Fällmittel gelangen unmittelbar zu den Spinnöffnungen, z. B. nach Art der in der Patentschrift 168 830[1]) beschriebenen Düse. Die Fadenspritzöffnungen können größer sein als der zu erzielende Faden selbst. Nachdem die Fäden aus der Spinnöffnung ausgetreten sind, senken sie sich in dem Glaszylinder nach unten, wobei sie durch die in derselben Richtung streichenden Gase unterstützt werden. Sobald die Fäden so lang sind, daß man sie an der unteren Öffnung des Glaszylinders ergreifen kann, legt man sie auf eine sich drehende Spule, von der sie dann aufgewickelt werden. Die Fäden werden den angewendeten Fällmitteln entsprechend weiter behandelt.

Patentanspruch: Ausführungsform des Verfahrens nach Patent 175 296, dadurch gekennzeichnet, daß die Fadenbildung in einer Gasatmosphäre erfolgt, welche mit einem nebelartig zerstäubten, die Zellulose ausfällenden Körper durchsetzt ist.

162. Société générale de la soie artificielle Linkmeyer in Buysinghen (Belgien). Verbesserung an Apparaten zur Herstellung von Kunstseidefäden.
Brit. P. 14 655[1907].

Das Patent betrifft eine Einrichtung zur Ausführung des Streckspinnverfahrens. Die zu verspinnende Zelluloselösung wird durch das Rohr a (Fig. 112) zugeführt und gelangt durch die Brause b in den geschlossenen Zylinder c. In ihm ist der Trichter d angeordnet, der sich in das Rohr e fortsetzt. e mündet in den Behälter f. Die langsam wirkende Fällflüssigkeit ist in dem Behälter g enthalten, sie wird durch die Rohre h und i sowie durch das mit einer Saugvorrichtung verbundene

---
[1]) Siehe S. 512.

Rohr j unter Siphonwirkung gesetzt und gelangt in den Zylinder c, von wo sie durch e nach f fließt. Von da wird das Fällmittel durch die Pumpe k und die Röhren l und m wieder nach g geleitet. Rohr l mündet in f höher als e, und die Förderung der Pumpe soll gleich der des Siphons sein. Die Fällflüssigkeit läuft dauernd und so schnell um, wie es gewünscht wird. Da der Durchmesser des Trichters d nur wenig größer ist als der des Rohres e, so wird die Strömungsgeschwindigkeit nicht merklich da herabgesetzt, wo die Zellulosefäden in die Fällflüssigkeit eintreten. Die gefällten Fäden gehen durch Rohr e und gelangen aus dem Behälter f zunächst über die Führungswalze o, die eine geriefte oder gerauhte Oberfläche hat und durch Reibung von der Walze p bewegt wird. p hat einen Überzug von Gummi, der o trocken hält, so daß die Fäden nicht ankleben. Sie gelangen dann durch das Rohr q, wo sie mit konzentrierter Säure nachbehandelt werden, die durch Kapillaritätswirkung aus s aufsteigt. Hier wird die Koagulierung vollendet. Der Faden wird dann über einen hin- und hergehenden Führer t auf die Walze n aufgewickelt, die durch Reibung von der Walze u aus bewegt wird. Durch u wird aus dem Troge v verdünnte Säure auf den aufgewickelten Faden gebracht und dadurch eine Waschung erzielt.

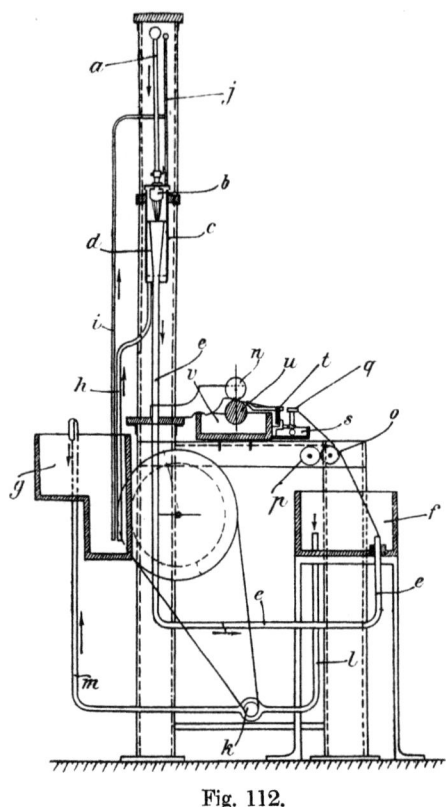

Fig. 112.

Nach Linkmeyer und Pollak.

163. Rudolf Linkmeyer und Max Pollak, Brüssel (Belgien). Verfahren zur Herstellung von künstlichen, der Naturseide ähnlichen Textilfäden aus Zelluloselösungen.

Schweiz. P. 40 164.

Das Verfahren beruht auf der Beobachtung, daß sich wässerige Zelluloselösungen unter gewissen Bedingungen während des Überganges in den starren Zustand in einer die Koagulation verursachenden Flüssigkeit zu einem äußerst feinen Faden ausziehen lassen und auf diese Weise ein künstlicher seidenähnlicher Faden entsteht, welcher hinsichtlich Feinheit und Weichheit die natürlichen Seidenkokonfäden übertrifft. Nach dem vorliegenden Verfahren läßt man die Zelluloselösung aus Öffnungen, welche im Verhältnis zur schließlichen Fadenstärke weit sind, in ein Fällbad eintreten, welches nur langsam härtend wirkt, zieht in diesem Bad den flüssigen Zellulosestrahl zu feinen Fäden aus und koaguliert dann unmittelbar darauf die ausgezogenen Fädchen in einem zweiten, energisch härtenden Bad vollständig. Insbesondere eignen sich für dieses neue Verfahren die Kupferoxydammoniaklösungen der Zellulose mit möglichst hohem Gehalt an Zellulose und nach Möglichkeit niederem Gehalt an Ammoniak. Um einen möglichst festen und glänzenden Faden zu erzielen, wendet man zweckmäßig für das langsam härtende Bad Lösungen an, welche mit dem Ammoniak keine Salzverbindung eingehen können, z. B. Lösungen von Salzen oder Alkalien, doch kann man auch andere Fällmittel benutzen, z. B. verdünnte Säuren (in diesem Fall erhält man einen weniger festen Faden), überhaupt alle als Fällmittel bekannten Stoffe. Als energisch härtendes Bad benutzt man zweckmäßig Säuren oder konzentrierte ätzalkalische Laugen. Im letzteren Falle entsteht ein Faden von besonders hoher Festigkeit und Elastizität sowohl im trockenen als auch im feuchten Zustande. Die Zelluloselösung läßt man zweckmäßig unter Anwendung von Druck aus den Öffnungen in das langsam härtende Bad treten; wird dafür Sorge getragen, daß der Druck bei allen Öffnungen immer der gleiche ist, so erfolgt der Austritt der Zelluloselösung und das Ausziehen der Fäden außerordentlich gleichmäßig. Sobald das Verhältnis zwischen Abzugsgeschwindigkeit der fertigen Fäden und Austritt der Zelluloselösung geregelt ist, treten Fadenbrüche überhaupt nicht mehr ein. Die Abzugsgeschwindigkeit der Fäden kann noch dadurch erhöht werden, daß den Fällbädern eine fließende Bewegung in der Richtung der Fadenbewegung gegeben wird.

Nach Friedrich.

164. Ph. Friedrich in Halensee. Verfahren zur Herstellung feiner künstlicher Fäden.

Brit. P. 28 256[1909]; franz. P. 409 789; österr. P. 47 777; schweiz. P. 50 501; Ver. St. Amer. P. 1 022 097 (C. R. Linkmeyer).

Bei der Herstellung feiner künstlicher Fäden durch Koagulieren einer Spinnlösung, die in ein Fällbad austritt, hat man bisher entweder ein einziges, stark wirkendes Fällbad angewendet, in welchem der austretende Faden sofort gebildet und gehärtet wird (direktes Verfahren), oder man hat zwei verschieden starke Fällflüssigkeiten angewendet: zunächst ein weniger konzentriertes und nur langsam wirkendes Bad, in welchem der Faden nur teilweis koaguliert wird, noch streckbar bleibt und feiner ausgezogen werden kann, und dann ein hochkonzentriertes, in welchem der Faden vollkommen gehärtet wird. Beide Verfahren haben Nachteile. Bei dem direkten Verfahren müssen sehr feine Spinnöffnungen verwendet werden von ungefähr der Dicke der zu bildenden

Fäden. Diese feinen Öffnungen geben zu Betriebsstörungen Anlaß. Bei dem andern Verfahren können allerdings die Spinnöffnungen größer sein, doch ist es hier schwierig, den halberstarrten Faden in das zweite Fällbad zu bringen. Nach vorliegendem Verfahren wird nun in einem einzigen Bade das Ausziehen der Fäden und das Koagulieren vorgenommen. Wesentlich ist, daß Spinnlösungen von hoher Viskosität angewendet werden, wie z. B. sie nach den franz. P. 400 321, 10 723 und 404 372[1]) erhältlich sind. Eine Anzahl Glasröhren, denen die Spinnlösung aus einem Behälter zugeführt wird, und deren Durchmesser an ihrem unteren Ende etwa 0,35—0,4 mm beträgt, tauchen in eine an einem Ende trichterartig erweiterte, geneigte Rinne von etwa 40 cm Länge, die in eine fast horizontal liegende Rinne von 1 m Länge übergeht. In der trichterförmigen Erweiterung befindet sich eine genügende Menge Fällflüssigkeit. Der aus den Spinnöffnungen austretende Strahl der Spinnflüssigkeit wird durch das Fließen der Fällflüssigkeit und den Zug einer Abzugswalze am Ende der Rinne zu einem feinen Faden ausgezogen, und wenn die gewünschte Feinheit erreicht ist, ist der Faden sogleich ganz fest. Auf diese Weise läßt sich aus Viskoselösungen und aus Kupferoxydammoniakzelluloselösungen in einer Minute ein Faden von 35 m Länge spinnen.

Eine Vorrichtung zur Ausführung des Verfahrens ist in der amer. Patentschrift dargestellt.

Nach Mertz.

165. **Emil Mertz in Basel.** Einrichtung zur Herstellung künstlicher Seide aus Zellulose.

Schweiz. P. 35 642.

Eine Aufzählung sämtlicher bei der Herstellung von Seide aus Kupferoxydammoniakzelluloselösung notwendiger Einzelvorrichtungen, von dem Öffner für die Baumwollballen an bis zur Presse, die die fertigen Stränge zum Versenden fertig macht. Die Baumwolle wird gebleicht und mercerisiert und in ammoniakalischem Kupferoxydhydrat aufgelöst, das mittels elektrolytischen Kupfers, Kupfersulfats, Ätznatrons, Olivenöls und Glyzerins hergestellt ist. Man erhält ein sehr konzentriertes Lösungsmittel und eine stark glänzende Seide. Nach dem Spinnen wird mit verdünnter Schwefelsäure, Seifenwasser und reinem Wasser gewaschen und getrocknet und dann werden die Spulen in einer feuchten Kammer auf 90 Hygrometergrade mit Feuchtigkeit gesättigt, was das Abspulen erleichtert. (1 Zeichnung.)

Nach Kracht.

166. **A. W. Kracht.** Herstellung künstlicher Fäden aus mit Kupfersalzen verbundener Zellulose.

Franz. P. 355 064.

Eine 5—10%ige Lösung von Zellulose in Kupferoxydammoniak, die wenig Ammoniak enthält, läßt man aus weiten Öffnungen in ein kon-

---

[1]) Siehe S. 220, 221 und 217.

zentriertes Natriumkarbonatbad austreten. Die gebildeten Fäden werden zu der gewünschten Feinheit ausgezogen und in ein zweites Bad von etwa 35%iger Natron- oder Kalilauge gebracht. Hier wird das Ammoniak durch Kali oder Natron ersetzt, ohne daß die Kupferzelluloseverbindung zersetzt wird. In diesem zweiten Bade erhalten die Fäden eine große Widerstandsfähigkeit und können dann in verschiedener Weise weiter behandelt und verarbeitet werden. Sie können z. B. in sauren und neutralen Bädern gewaschen und darauf getrocknet werden.

Nach Bernstein.

167. **Henry Bernstein in Philadelphia.** Herstellung künstlicher Seide.

Ver. St. Amer. P. 798 868.

Ungefähr 1 Unze gefälltes Kupferhydroxyd, 2 Pfund Ammoniakflüssigkeit, 2 Unzen trockene Zellulose und etwa 10% der Flüssigkeit, die beim Abkochen von Rohseide erhalten wird, werden kalt gemischt und langsam erhitzt. Nach etwa 3 Stunden ist eine vollkommen klare Lösung entstanden, die durch enge Öffnungen in etwa 80%ige Essigsäure gepreßt wird. Die Fäden werden auf Spulen aufgewickelt, der Luft ausgesetzt und dann in einer gelatinösen Mischung, die im wesentlichen aus rizinusölsulfosaurem Natron besteht, gewaschen. Zur Herstellung des rizinusölsulfosauren Natrons werden 5 Teile Rizinusöl mit 1 Teil Schwefelsäure behandelt und dann mit 1 Teil Natronhydrat neutralisiert oder verseift. Die Fäden werden schließlich gezwirnt, abgeteilt usw. Die Seide soll sehr gleichmäßig glänzend, fest und unempfindlich gegen Wasser sein, sich auch leicht färben lassen.

Vgl. hierzu die Herstellung von Kunstseide aus Eiweißstoffen S. 421, 429, 433 u. ff.

Nach Dreaper.

168. **W. Porter Dreaper in Beckenham.** Verbesserungen in der Herstellung künstlicher Seide und ähnlicher Fäden.

Brit. P. 27 222[1905].

Lösungen von Zellulose oder Hydrozellulose in einer ammoniakalischen Lösung von Kupferkarbonat, die auch noch andere Stoffe, z. B. Seidenabfälle, enthalten können, werden durch feine Öffnungen in Fällbäder aus Salzen, sauren Salzen oder Alkohol gebracht. Die Fäden werden aufgewickelt, vom Fällungsmittel durch Waschen befreit und unter Spannung oder sonstwie getrocknet. Man kann die Fäden auch in die Luft austreten lassen und dann durch ihre Schwere in die Fällflüssigkeit bringen. Der als Fällmittel verwendete Alkohol ist 70%ig.

Nach Berenguer.

169. **E. Berenguer in Lissabon.** Verbesserungen in der Herstellung konzentrierter Zelluloselösungen und von Fäden daraus.

Brit. P. 10 545[1907].

Zellulose wird sofort nach ihrer Gewinnung in Wasser gebracht und vor dem Austrocknen geschützt. Sie soll auf diese Weise leichter löslich bleiben. Die Zellulose wird dann in Ammoniaklösung gebracht und Kupferkarbonat im Überschuß eingetragen. Die gebildete Kupferhydratlösung wirkt im Entstehungszustande sehr energisch, und man erhält konzentrierte Zelluloselösungen. Als Fällbad dient ein Gemisch aus 8 kg Alkohol, 2 kg Schwefeläther, 500 g Salpetersäure und 8 l Wasser.

Nach Foltzer.

170. Josef Foltzer in Tagolsheim, Oberels. Vorrichtung zur Herstellung künstlicher Fäden aus Zellulose.

D.R.P. 209 923 Kl. 29a vom 25. VIII. 1908 (gelöscht).

Zur Herstellung künstlicher Fäden aus Kupferoxydammoniakzelluloselösung werden im allgemeinen die in die Fällflüssigkeit gepreßten Zellulosefäden auf Walzen aufgewickelt oder spiralförmig in Behälter gelegt, längere Zeit gewaschen, mit Schwefelsäure oder Essigsäure entkupfert, dann getrocknet und aufgehaspelt. Nach einem neueren Verfahren[1]) werden auch, um auf kontinuierliche Weise einen fertigen entkupferten und trockenen Faden herstellen zu können, die aus der Fällflüssigkeit austretenden Zellulosefäden auf endlosen Tüchern mitgenommen und in der in der Textilindustrie bekannten Weise auf erwärmten Walzen oder Trommeln getrocknet. Die auf diesen endlosen Bändern aufsteigenden Fäden werden im Gegenstrom durch entsprechende Bäder entkupfert und gewaschen. Diese Verfahren haben den Nachteil, daß beim Abzug der vollgesponnenen Walzen viel Arbeit, Fadenbruch und Zeitverlust entsteht. So haben auch die sehr langen Maschinen, die mit endlosen Bändern arbeiten, den Nachteil, daß man bei Bruch des Fadens nicht zurechtkommen kann, oder aber es werden die abgerissenen aufwärts steigenden Fäden von den hinunterlaufenden Bändern mitgenommen und um die Bänder der Walzen herumgewickelt. Desgleichen ergeben sich mit dem endlosen Tuch, das für Säure- und Natronbäder nicht widerstandsfähig genug hergestellt werden kann, viele Schwierigkeiten, auch wird die auf heißen Trommeln und Walzen getrocknete Kunstseide durch ihr Aufliegen und durch die zum Erzeugen des Glanzes nötige große Spannung der Fäden plattgedrückt, wodurch in den Litzen und Geweben die nachteiligen Flimmerpunkte und schwachen Stellen entstehen.

Diese Nachteile lassen sich vermeiden, wenn man die Anordnung so trifft, daß die aus dem Spinnbad tretenden Fäden durch Rinnen hindurchgeleitet werden, über denen in geeigneten Abständen hintereinander mehrere Tropfröhren angeordnet sind, die die verschiedenen zur Weiterbehandlung des Fadens nötigen Flüssigkeiten zuführen. Man bedient sich zu diesem Zweck der in Fig. 113 und 114 in seitlicher und oberer Ansicht dargestellten Vorrichtung in folgender Weise: Der aus dem Fällbad a tretende und von der Walze b mitgenommene Faden wird

---

[1]) Siehe S. 154.

durch eine oder mehrere Tropfrinnen cc geführt. Diese Tropfrinnen sind so angeordnet, daß der im Punkt d von der Walze in die Rinne abgegebene Faden einem ihm in kleinem Strahl zufließenden Fällbad des Behälters e ausgesetzt ist, das den Faden in der Rinne bis zum Punkt f mitnimmt und ausfällt. Durch kleine Tropflöcher bei f läuft das Bad des Behälters e aus der Rinne in das Gefäß g und kann von

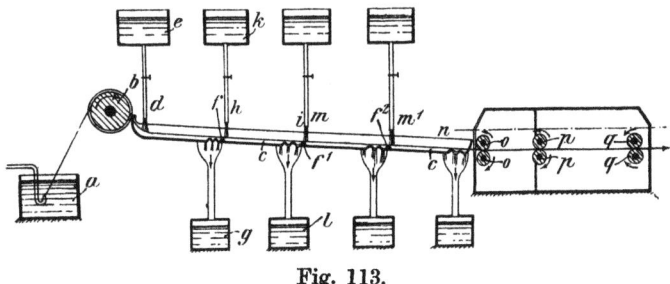

Fig. 113.

da unter Umständen in den Behälter e zurückgeführt werden. Ebenso wird von h bis i der Faden von einem zweiten Bad (z. B. einem Auswasch- oder einem Entkupferungsbad) mitgenommen, das vom Behälter k durch diesen Teil der Rinne bei f^1 in das Gefäß l fließt. Dasselbe wiederholt sich zwischen den Punkten mm^1 und m^1n. Durch diese Anordnung kann der Faden auf einer Vorrichtung mit vier oder mehr verschiedenen Bädern behandelt werden, ohne daß diese Bäder mit-

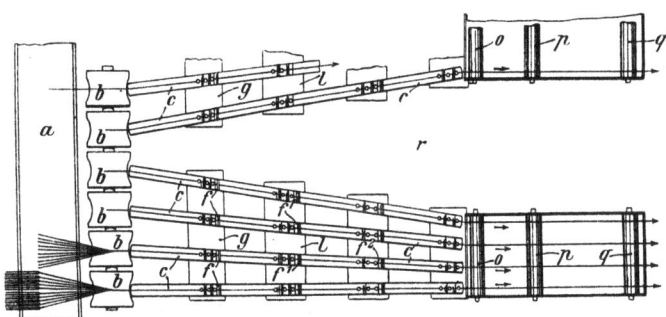

Fig. 114.

einander in Berührung kommen. Zudem wird der Faden auf diese Art fast ohne Reibung von der Walze b den Abzugszylindern oo zugeführt. Zwischen den Punkten fh, f^1m und f^2m^1 können in der Rinne kleine Erhöhungen oder Vertiefungen angebracht werden, über welche der Faden hinweggleitet, und die ein Zusammenfließen der verschiedenen Bäder verhüten sollen. Statt Tropfrinnen könnten auch Tropfröhren aus Glas, die mit diesen Anordnungen versehen sind, in Anwendung kommen. Weiter gehen die Fäden zwischen den Abzugszylindern oo, pp und qq

gestreckt hindurch, und da diese Zylinder in einen Trockenkanal eingebaut sind, wird die Kunstseide bei qq fertig und trocken abgezogen. Das Trocknen geht so vor sich, daß der Faden zwischen oo und pp angetrocknet, zwischen pp und qq fertig getrocknet wird. Würde der Faden zwischen o und q ohne Zwischenzylinder pp getrocknet werden, so könnte ein Zerreißen kaum verhütet werden, da beim Fertigtrocknen ein hoher Zug entsteht und der trockene Faden von q vom nassen, weichen Produkt im Punkt o weggerissen würde. Zwischen oo und qq kann der Faden zum Trocknen auch über eine Haspel geführt werden. Durch Durchgänge r wird jeder Teil der Vorrichtung dem Arbeiter zugänglich. Die Mitnehmerwalze b kann auch in bekannter Weise im Fällbad a angebracht werden, so daß die Fäden, unter Umständen auch die abgerissenen, von ihr mitgeführt werden und so ein Ansetzen wegfällt. Die im Spinnbad zusammenfallenden Fädchen, die einen Seidenfaden bilden können durch Berieseln der im Bad selbst angebrachten Walze b auf den gewünschten Durchmesser geschwemmt, vereinigt und nachher weiterbehandelt werden.

Patentansprüche: 1. Vorrichtung zur Herstellung künstlicher Fäden aus Zellulose, gekennzeichnet durch schräge, den aus dem Spinnbad austretenden Faden leitende Rinnen, über denen in Abständen hintereinander mehrere Tropfröhren angeordnet sind, die verschiedene Flüssigkeiten (z. B. Fäll-, Entkupferungs- und Auswaschbäder) zuführen.

2. Vorrichtung nach Anspruch 1, dadurch gekennzeichnet, daß unmittelbar vor dem Ausfluß der auf die erste folgenden Tropfröhren am Boden der Rinnen Erhöhungen ($f f^1 f^2$) und vor diesen Siebböden angeordnet sind, durch die hindurch die von der vorhergehenden Tropfröhre kommende, von den Erhöhungen ($f f^1 f^2$) aufgehaltene Flüssigkeit aus der Rinne abläuft.

Nach Follet und Ditzler.

171. Pierre Follet und Godefroid Ditzler in Verviers, Belg. Verfahren und Vorrichtung zur Herstellung von künstlichen Seidenfäden aus Zellulose- oder anderen Textilstofflösungen.

D.R.P. 210 280 Kl. 29a vom 14. VII. 1908 (gelöscht); österr. P. 43 640; franz. P. 395 223; brit. P. 21 285[1908]; schweiz. P. 44 075.

Bei der Herstellung künstlicher Seide aus einer Auflösung von Zellulose in einer ammoniakalischen Kupferoxydlösung ist es Gebrauch, die gebildeten Fäden bei ihrem Austritt aus den Spinndüsen einem gewissen Ausstrecken zu unterwerfen, was dadurch möglich gemacht ist, daß das Gerinnen des Fadens gerade erst im Augenblicke des Aufrollens auf eine in einem, eine Fällflüssigkeit (z. B. ein Säurebad) enthaltenden Behälter sich drehende Spule geschieht. Dieses gebräuchliche Verfahren bietet den Übelstand, daß nur eine sehr geringe Ausstreckung des gebildeten Fadens geschehen kann und außerdem die getrennte Auswaschung des Fadens durch nachheriges Ausspülen auf besonderen Waschmaschinen stattfinden muß.

Die vorliegende Erfindung hat zum Gegenstande ein Verfahren zur Behandlung von Fäden aller Art, die durch Auflösen von Zellulose, Fibroin oder einem anderen ähnlichen Stoff in einer ammoniakalischen Oxyd- oder geeigneten Metallsalzlösung erhalten werden. Das Verfahren bietet gegenüber dem bekannten den wichtigen Vorteil dar, daß die Fäden, je nach der gewünschten Feinheit, aufeinanderfolgenden und abgestuften Ausstreckungen unterworfen werden, und daß außerdem durch Behandlung mit an Stärke abnehmenden Fällungsbädern ohne jede Nachbehandlung sofort ein Faden geschaffen wird, der im Augenblicke seines Aufrollens auf die Spule vollständig gewaschen und gereinigt ist. Die Ausführung dieses Verfahrens erfolgt auf einer Vorrichtung, bei der der Faden bei seinem Austritt aus der Spinndüse nach teilweiser Gerinnung auf eine oder mehrere mit Gerinnungsbädern von teilweiser oder abschwächender Wirkung getränkte Walzen gelangt, wobei durch genannte Walzen ein gewisser Druck auf den Faden ausgeübt wird, dergestalt, daß aus ihm die Abscheidung der noch nicht geronnenen Masse hervorgerufen wird. Die Walzen drehen sich mit verschiedener Umfangsgeschwindigkeit, um gleichzeitig das Ausstrecken des noch nicht ganz geronnenen Fadens zu bewirken. Unter diesen Bedingungen kann die Wirkung der Gerinnungsbäder die entgegengesetzte von der bis jetzt stattgehabten, d. h. schwächer werden, und zwar dergestalt, daß man den Vorgang beenden

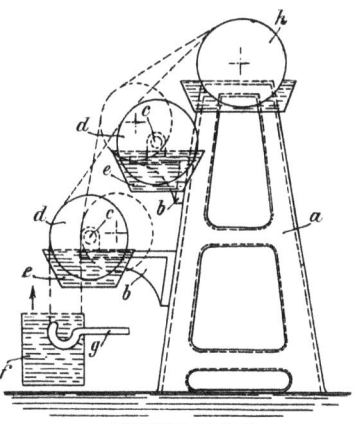

Fig. 115.

kann durch das Aufbringen des Fadens auf mit klarem Wasser benetzte Walzen, wodurch eine gründliche Reinigung oder Waschung des Fadens vor seinem endgültigen Aufrollen auf die Spule erfolgt. In Fig. 115 ist schematisch die Anordnung einer zur Ausführung des Verfahrens passenden Spinnvorrichtung veranschaulicht. a bezeichnet ein Gestell mit an einer Seite vorgesehenen Tragarmen b, auf denen Wellen c und auf diesen Walzen d befestigt sind, die in mit den verschiedenen zur Behandlung dienenden Flüssigkeiten angefüllten Becken umlaufen. Die Wellen c sowie die Walzen d sind nebst den Becken e derart auf den Tragarmen b befestigt, daß sie auf den letzteren verschiedene Stellungen einnehmen, d. h. vor- oder rückwärts bewegt werden können, wie punktiert auf der Zeichnung dargestellt. Die Walzen d und ihre Wellen c werden von Hand angetrieben, um die Drehgeschwindigkeiten wechseln zu können. Infolge Drehens in den Becken e und fortwährenden Eintauchens in die darin enthaltene Flüssigkeit bedecken sich diese Walzen mit einer dünnen Schicht davon. Unter der untersten Walze d befindet sich ein Behälter f, in welchen die Spinndüsen g einmünden, in welche die Zelluloselösung auf bekannte Weise eingedrückt wird. Das Gefäß f enthält ein Gerinnungsbad von einheitlicher Wirkung mit z. B. einem Gehalt an Säure von 15—20%. Die Becken e weisen ähnliche Bäder auf, deren Säuregehalt von dem untersten anfangend bis zum obersten abnimmt, so daß das letztere nur noch reines Wasser enthält, in welchem eine Spule umläuft, auf die sich der Faden aufwickelt. Dieser, welcher aus der Düse g austritt, erleidet eine erste Gerinnung in dem Bad des Gefäßes f und geht alsdann über die verschiedenen Walzen d, bevor er auf die Spule h läuft. Da der aus der Düse g austretende Faden sehr schnell das Bad des Gefäßes f durchschreitet, so gerinnt er nur auf der Außenseite, während sein Inneres flüssig bleibt und nicht gefällt wird. Hierauf gelangt der Faden auf die Walzen d, wo er einem je nach dem von den verschiedenen Walzen zueinander gebildeten Winkel wechselnden Zug ausgesetzt ist. Dieser letztere bringt einen Druck in dem Innern des Fadens hervor, was eine teilweise Auspressung des noch flüssigen Teiles zur Folge hat. Indem nun dieser flüssige Teil unter Druck mit der bereits geronnenen Außenseite in Berührung tritt, wird diese letztere etwas erweicht und so eine Ausstreckung des Fadens unter der Wirkung der verschiedenen Umdrehungsgeschwindigkeiten der Walzen d so lange herbeigeführt, als das Innere des Fadens noch etwas Flüssigkeit enthält. Die unter dem Druck zusammen mit dem ausgeübten Zug ausgepreßten Stoffe gerinnen beim Laufen über die Walzen d, und zwar unter der Wirkung des Gerinnungsbades, welches durch die Umdrehung der Walzen auf die Oberfläche mitgerissen wird. In dem Maße, wie der Faden sich demzufolge der Spule h nähert, vollendet sich dessen Gerinnung oder Fällung in Gegenwart der Fällungsbäder, welche mehr und mehr schwächer werden. Beim Aufrollen auf die Spule h werden die Fäden in vollständig reinem Wasser gewaschen. Die vor dem Aufwickeln des Fadens auf die Auswaschwalzen oder auf die Spule h auf ihn ausgeübten Streckungen können nach Belieben wechseln und hängen von den verschiedenen Geschwindigkeiten der Walzen d, den ihnen gegebenen verschiedenen Lagen sowie der mehr oder weniger großen Konzentration der Fällbäder ab, in welche die Walzen d eintauchen.

Patentansprüche: 1. Verfahren zur Herstellung von künstlichen Seidenfäden aus Zellulose- oder anderen Textilstofflösungen, dadurch gekennzeichnet, daß die Fäden nach dem Austritt aus den Spinndüsen unter fortgesetzter Ausstreckung der Einwirkung einer Anzahl an Stärke immer mehr abnehmender Fällungsbäder ausgesetzt und an letzter Stelle mit reinem Wasser ausgewaschen werden.

2. Vorrichtung zur Ausführung des Verfahrens nach Anspruch 1, gekennzeichnet durch mehrere mit verschiedener Umfangsgeschwindigkeit sich drehende Walzen, welche in die die Fällflüssigkeiten enthaltenden Becken eintauchen und mit den zugehörigen Becken zueinander verstellbar angeordnet sind.

Nach J. P. Bemberg, Akt.-Ges.

172. J. P. Bemberg, Akt.-Ges. in Barmen-Rittershausen. Maschine zum Verspinnen viskoser Flüssigkeiten unter Anwendung bewegter Flüssigkeiten zur Förderung des Fadens.

D.R.P. 220 051 Kl. 29a vom 16. V. 1907; österr. P. 45 320; franz. P. 390 178; brit. P. 8711, 15 448 und 15 449[1908]; Ver. St. Amer. P. 957 460; schweiz. P. 44 507 und 44 963.

Die praktische Durchführung des Vorschlages, die Kunstseidefäden zur Vermeidung des Reibungswiderstandes in der Fällflüssigkeit mittels eines kräftigen Flüssigkeitsstromes durch die Spinnvorrichtung zu treiben, scheiterte bisher an den hierbei häufig eintretenden Fadenbrüchen.

Mit der vorliegenden Erfindung soll dieses Hindernis im wesentlichen dadurch beseitigt werden, daß der Faden an der Austrittsstelle aus der Spinnbrause zunächst von einer nur langsam fließenden Flüssigkeitsschicht umgeben ist und erst, nachdem er durch den Erstarrungsvorgang genügende Festigkeit erlangt hat, von dem schnellen Flüssigkeitsstrom erfaßt und fortgeführt wird. Um hierbei heftige Wirbelbewegungen in unmittelbarer Nähe der Spinnbrause zu vermeiden, ist in dem die Fällflüssigkeit aufnehmenden Zylinder unterhalb der Spinnbrause ein abgedichteter Ring angeordnet, unterhalb dessen die Fällflüssigkeit bei ihrem Kreislauf wieder in den Zylinder eintritt und so von der Spinnbrause weg und in die Spinnrichtung abgelenkt wird, wobei durch Anwendung eines doppelten Abdichtungsringes zugleich der Abzug der in der Umlaufflüssigkeit enthaltenen Luftblasen ermöglicht werden kann. Auf diese Weise wird es möglich, den Spinnvorgang durch Anwendung eines kräftigen Flüssigkeitsstromes erheblich zu beschleunigen. Dabei macht sich jedoch die Schwierigkeit geltend, daß der vom Flüssigkeitsstrom schnell vorwärtsgeführte Faden auch eine schnelle Umdrehung der Förderwalzen bedingt, welche, da sie in Flüssigkeit laufen müssen, infolge der starken Adhäsion der Flüssigkeit an der glatten Walzenoberfläche stets eine gewisse Flüssigkeitsschicht mit sich reißen, die bis zu den über die Förderwalzen laufenden zarten Fasern emporgeführt wird und zerstörend auf diese einwirkt. Dieser Übelstand wird nun bei vorliegender Erfindung dadurch behoben, daß man als Förderwalze ein Zahnrad benutzt, bei dem ein Mitführen der Flüssigkeit auf den Spitzen der Zähne nicht stattfindet, weil die Flüssigkeit leicht in die Zahnlücken abfließt, wo sie mit den Fasern nicht mehr in Berührung kommt, also unschädlich bleibt. Um hierbei die von der gezahnten oder gerippten Förderwalze erzeugten Wellen zu brechen, wird auch als Gegentrommel eine entsprechend gezahnte oder gerippte Walze verwendet. Um ferner zu vermeiden, daß der Faden an den Rippen oder Zähnen der Förderwalze bei zeitweiliger unrichtiger Zuführung beschädigt werden könnte, werden die Fäden vor und hinter dem Förderrad über Gleitplättchen geführt, die zugleich einem anderen Zweck nutzbar gemacht werden können. Bei der durch vorliegende Erfindung erzielten schnellen Fortbewegung des Fadens würde nämlich bei der erforderlichen Nachbehandlung des Fadens mit anderen Flüssigkeiten die Durchführung durch die übliche kurze Flüssigkeitsschicht nicht genügen. Wendet man aber eine zur ausreichenden Einwirkung der Flüssigkeit auf den Faden genügend lange Flüssigkeitsschicht an, so wird wiederum die Flüssigkeitsreibung so stark, daß dadurch der Hauptvorteil der vorliegenden Erfindung, der gerade in der Beseitigung des starken Reibungswiderstandes der Fällflüssigkeit besteht, größtenteils aufgehoben wird.

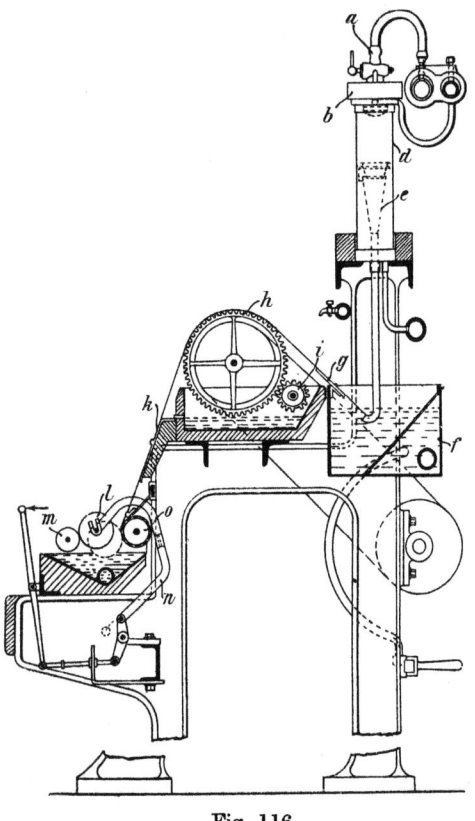

Fig. 116.

Um diese Schwierigkeit zu beseitigen, wird die Nachbehandlung des Fadens mit Flüssigkeit nach dem Austritt aus der Fällflüssigkeit auf den Gleitplättchen durch Auftropfenlassen der betreffenden Fällflüssigkeit vorgenommen, wodurch eine energischere und schnellere Einwirkung der Flüssigkeit auf den Faden erzielt wird, da die frische Flüssigkeit stets unmittelbar auf den Faden gelangt und die verbrauchte Flüssigkeit sofort über die Gleitplatte abläuft, also sich nicht erst mit der frischen mischen kann.

Die Zeichnungen stellen eine beispielsweise Ausführungsform der Erfindung, und zwar Fig. 116 in senkrechtem Querschnitt, Fig. 117—125 in Einzelheiten dar. Die Spinnflüssigkeit, z. B. konzentrierte Kupferoxydammoniakzelluloselösung, gelangt aus einem Sammelbehälter durch ein mit Hahn versehenes Zuflußrohr a (Fig. 116, 117 und 118) unter Druck in den Brausenkopf b und tritt durch die aus Blech gepreßte, infolge ihrer schwach konischen Wandung leicht auf den Brausenkopf aufschiebbare Spinnbrause c (Fig. 117 und 119) als Bündel mehr oder weniger feiner Fasern in den die Fällflüssigkeit, z. B. verdünnte Säure, enthaltenden gläsernen Fällzylinder d. Das Faserbündel sinkt sodann durch den im Boden des Fällzylinders sitzenden Glastrichter e in den Auffangbehälter f für die Fällflüssigkeit hinab, läuft über die Führungsplättchen g aus Glas, Porzellan od. dgl., auf denen es noch mit weiteren Flüssigkeiten aus einem darüber angeordneten Tropfhahn behandelt werden kann, auf das gezahnte Förderrad h (Fig. 116, 123 und 124), wo das Faserbündel eine solche Geschwindigkeit erhält, daß das spätere Aufwickeln ohne jeden Zug geschehen kann. Um zu verhindern, daß der Faden am Förderrad sitzen bleibt oder sich Niederschläge bilden, läuft das Förderrad in einer geeigneten Flüssigkeit. Ein zweites kleines Gegenrädchen i bricht die von dem

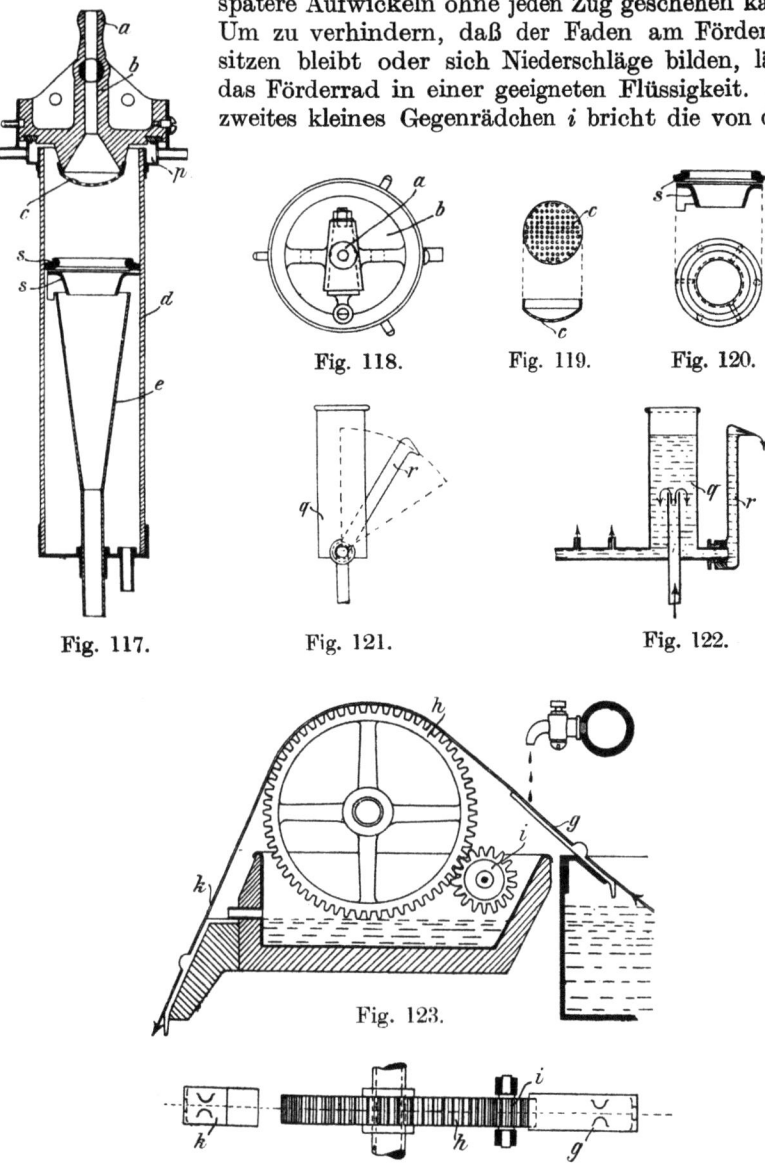

Fig. 117.   Fig. 118.   Fig. 119.   Fig. 120.

Fig. 121.   Fig. 122.

Fig. 123.

Fig. 124 u. 125.

Förderrad h geschlagenen Wellen und entfernt die sich zwischen den Zähnen des Förderrades ansammelnde Flüssigkeit sowie auch etwa mitgerissene Fasern. Hinter dem Förderrad kann der Faden nochmals über ein Führungsplättchen *k* zur weiteren Behandlung mit einer geeigneten Flüssigkeit aus dem Trog der Fördervorrichtung gleiten, um endlich auf eine Aufwickelvorrichtung *l*, *m*, *n*, *o* zu gelangen. Die frische Fällflüssigkeit, z. B. verdünnte Säure, fließt durch ein Zuflußrohr in den auf den Fällzylinder *a* aufgekitteten Hohlring *p* (Fig. 117), auf dem zugleich der Brausenkopf *b* mittels Bajonettverschlusses befestigt ist, tritt über den inneren Rand des Hohlringes in den Fällzylinder und strömt durch den Glastrichter *e* in den Auffangbehälter *f*, von wo sie mittels Pumpe durch einen zwischengeschalteten Druckregler (Fig. 121 und 122), bestehend aus Steigrohr *q* und mittels Stopfbüchse od. dgl. neigbarem Überlaufrohr *r*, zum Fällzylinder *d* zurückgetrieben wird. Hier tritt jedoch die gebrauchte Fällflüssigkeit nicht wieder durch den (für den Zufluß frischer Fällflüssigkeit dienenden) Hohlring *p* ein, sondern durch ein am Boden mündendes Rohr, steigt in dem Zylinder *d* empor und tritt über den Rand des Glastrichters *e*. Die umlaufende Fällflüssigkeit erhält durch den Druckregler eine solche Geschwindigkeit, daß sie den Zug der später wirkenden Fördervorrichtung wirksam unterstützt. Da die aus der Spinnbrause austretenden empfindlichen Fasern zunächst nur mit der ruhig fließenden frischen Fällflüssigkeit in Berührung kommen und die starke Strömung der umlaufenden gebrauchten Fällflüssigkeit erst auf den Faden einwirkt, nachdem er auf dem Weg von der Spinnbrause zum Glastrichter in der frischen Fällflüssigkeit eine gewisse Festigkeit erlangt hat, so ist eine Beschädigung der Fasern durch die starke Flüssigkeitsreibung vermieden. Zugleich bietet diese Anordnung den Vorteil, daß man die frische Fällflüssigkeit sparsam zufließen lassen kann, ohne die Umlaufgeschwindigkeit der Fällflüssigkeit herabsetzen zu müssen. Um zu verhindern, daß in der frischen Fällflüssigkeit über dem Gleittrichter Wirbel entstehen, oder ein starkes Mitreißen der frischen Fällflüssigkeit durch die umlaufende gebrauchte erfolgt, ist über dem Glastrichter noch ein mit Gummi abgedichteter Doppelring *s*, *s* angebracht, der den Strom der gebrauchten Fällflüssigkeit nach unten ablenkt, dagegen den etwa darin enthaltenen Luftblasen den Abzug durch den Spalt zwischen unterem Ring und Fällzylinder gewährt. Die Spinnmaschine kann sowohl für das gewöhnliche Spinnverfahren mit sofortiger Erstarrung wie für das Thielesche Streckspinnverfahren[1]) dienen.

Patentansprüche: 1. Maschine zum Verspinnen viskoser Flüssigkeiten unter Anwendung bewegter Flüssigkeiten zur Förderung des Fadens, dadurch gekennzeichnet, daß der Faden an der Austrittsstelle aus der Spinnbrause zunächst von einer langsam fließenden Fällflüssigkeit umgeben ist und erst, nachdem er durch den Erstarrungsprozeß genügende Festigkeit erlangt hat, von dem schnellen Flüssigkeitsstrom erfaßt und fortgeführt wird.

2. Maschine nach Anspruch 1, dadurch gekennzeichnet, daß in dem die Fällflüssigkeit aufnehmenden Zylinder (*d*) unterhalb der Spinn-

---

[1]) Siehe S. 155 u. f.

brause ein abgedichteter Ring (s) angeordnet ist, unterhalb dessen die Fällflüssigkeit bei ihrem Kreislauf wieder in den Zylinder eintritt.

3. Maschine nach Anspruch 1 und 2, dadurch gekennzeichnet, daß ein doppelter Abdichtungsring (s, s) angeordnet ist, der den Abzug der in der Umlaufflüssigkeit enthaltenen Luftblasen ermöglicht.

4. Maschine nach Anspruch 1, dadurch gekennzeichnet, daß zur Unterstützung der die Fäden fördernden Flüssigkeit Zahnräder (h) als Förderwalzen benutzt werden.

5. Maschine nach Anspruch 1 und 4, dadurch gekennzeichnet, daß gegen die in eine Flüssigkeit eintauchenden gezahnten Förderwalzen (h) an der Stelle ihres Austritts aus der benetzenden Flüssigkeit entsprechend gezahnte Walzen (i) laufen.

6. Maschine nach Anspruch 1, dadurch gekennzeichnet, daß die Fäden über schräge Gleitplatten (k, g) geführt werden, auf die zwecks weiterer Behandlung Fällflüssigkeiten getropft werden können.

173. J. P. Bemberg, Akt.-Ges. in Barmen-Rittershausen. Verfahren zum Spinnen viskoser Flüssigkeiten unter Anwendung bewegter Flüssigkeiten zur Förderung des Fadens.
D.R.P. 303 047 Kl. 29b vom 26. VIII. 1916; brit. P. 113 010 (E. Elsässer, Langerfeld); schweiz. P. 75 436 (ebenso).

Die Patentschrift 220 051 (s. vorstehend) beschreibt eine Maschine, welche das Spinnen viskoser Flüssigkeiten unter Anwendung bewegter Flüssigkeiten zur Förderung des Fadens gestattet. Luftblasen in der zur Fällung der Kupferoxydammoniakzelluloselösung dienenden Flüssigkeit sind außerordentlich störend bei der Fadenbildung. Solche Luftblasen entwickeln sich aber unausgesetzt aus der unter vermindertem Druck stehenden Fällflüssigkeit, da stets Luft darin enthalten ist. Diesen Störungen sucht die bekannte Vorrichtung durch einen besonderen doppelten Abdichtungsring abzuhelfen, der den Abzug der in der Umlaufflüssigkeit enthaltenen Luftblasen ermöglicht. Der Zweck wird indessen nur unvollkommen erreicht, da sich eben stets neue Blasen bilden und in mannigfacher Weise die Kontinuität der Fädchen stören.

Es hat sich nun gezeigt, daß diese lästigen Störungen in einfachster Weise vermieden werden können, wenn man von vornherein eine Fällflüssigkeit verwendet, die keine gelösten Gase enthält, also auch keine Blasen entwickeln kann. Im Falle der Verwendung von reinem Wasser z. B. entzieht man ihm vor der Verwendung alle gelöste Luft durch Evakuieren, das man durch Erwärmen noch unterstützen kann. Bei Verwendung solcher Flüssigkeiten, die frei von gelösten Gasen sind, geht das Spinnen äußerst gleichmäßig und ohne jegliches Abreißen vor sich.

Patentanspruch: Verfahren zum Spinnen viskoser Flüssigkeiten unter Anwendung bewegter Flüssigkeiten zur Förderung des Fadens, darin bestehend, daß als Flüssigkeit eine solche verwendet wird, die frei ist von gelösten Gasen, u. U. solche, der durch Evakuieren, Erwärmen od. dgl. die darin gelöst gewesenen Gase vorher entzogen worden sind.

Nach Vereinigte Kunstseidefabriken A.-G.

174. Vereinigte Kunstseidefabriken A.-G. in Kelsterbach a. M. Verfahren zur Erzeugung künstlicher Fäden und Films sowie künstlichen Roßhaars mittels hochprozentiger Zelluloselösungen.

D.R.P. 230 941 Kl. 29b vom 18. I. 1908 (gelöscht); Ver. St. Amer. P. 986 017 (F. Lehner); österr. P. 57 698.

Kupferoxydammoniakzelluloselösungen sind bekanntlich bei gewöhnlicher Temperatur leicht zersetzlich, sie lassen sich, bei gewöhnlicher Temperatur aufbewahrt, infolge von Oxydation der gelösten Zellulose nach kurzer Zeit nicht mehr verspinnen. Bei ihrer Aufbewahrung sowohl wie auch bei ihrer Herstellung müssen deshalb niedrige Temperaturen von 0—5° beobachtet werden.

Demgegenüber wurde nun festgestellt, daß ammoniakalische Lösungen von Kupferchlorür zur Herstellung beständiger und hochprozentiger Spinnlösungen geeignet sind. Die Löslichkeit von Zellulose in Kupferchlorürammoniak ist an sich bekannt; eine Ausnutzung dieser Tatsache zwecks Erzeugung künstlicher Fäden hat jedoch bisher nicht stattgefunden. Infolge des Reduktionsvermögens des Kupferchlorürs wird die Zellulose auch beim Auflösen in Kupferchlorürammoniak im Gegensatz zum Kupferoxydammoniak vor Oxydationswirkungen bewahrt, selbst wenn man ohne Kühlung bei gewöhnlicher Temperatur und auf hochprozentige Lösungen arbeitet. Kupferchlorür kann aber auch zum Anreichern von Kupferoxydammoniakzelluloselösungen an Zellulose und zum Beständigmachen derartiger Lösungen dienen. Wird in eine bei gewöhnlicher Temperatur hergestellte Kupferoxydammoniaklösung Zellulose so lange eingetragen, bis sich nichts mehr davon löst, so können nach Zusatz von Kupferchlorür bei gleichbleibendem Ammoniakgehalt weitere Mengen von Zellulose darin aufgelöst werden, und zwar zu derartig hochprozentigen Lösungen, wie sie mit Kupferoxydsalzen nicht erhältlich sind. Dazu kommt, daß auch solche Lösungen beständig sind. Mischt oder vermahlt man trockene Zellulose mit trockenem Kupferchlorür in molekularem Verhältnis innig, so erhält man ein bei Luftabschluß unbegrenzt haltbares und jederzeit verwendbares Pulver, das mit konzentrierter wäßriger Ammoniakflüssigkeit sofort eine gut verwendbare Spinnlösung ergibt. Ein Teil des Kupferchlorürs kann durch Kupferhydroxyd ersetzt werden. Man kann zu diesem Zweck auch so verfahren, daß man Zellulose mit Kupferchlorid imprägniert und durch schweflige Säure Kupferchlorür auf der Zellulosefaser ausfällt. Nach dem Waschen mit Wasser und Trocknen wird auch auf diese Weise ein in Ammoniakflüssigkeit leicht lösliches Produkt erhalten. Schließlich kann man die Zellulose zunächst mit Ammoniakflüssigkeit imprägnieren, worauf man Kupferchlorür zu der Masse gibt und das Ganze durch Kneten zur Lösung bringt. An Stelle von Zellulose lassen sich zellulosehaltige Stoffe, Zellulosehydrat oder Hydrozellulose verwenden. Zusätze von Seidenfibroin, Kasein u. dgl. sind nicht ausgeschlossen, aber nicht vorteilhaft.

Beispiel 1. In 900 g wäßriger Ammoniaklösung von 0,900 spez. Gew., worin 100 g Kupferchlorür aufgelöst wurden, werden 50 g fein zerteilte Zellulose, z. B. gut gebleichte Baumwolle, bei gewöhnlicher Temperatur eingetragen. Unter gutem Rühren erhält man sehr rasch eine vollkommen klare homogene Lösung von blauer Farbe, die auch unter dem Mikroskop keine ungelösten Fasern erkennen läßt. Die Lösung wird durch Gewebe aus Wolle oder durch genügend feine Drahtsiebe filtriert und unter geringem Druck durch Kapillaren oder schlitzartige Öffnungen in eine Fällflüssigkeit gepreßt und koaguliert. Als Fällflüssigkeit eignet sich sehr gut konzentrierte warme Kali- oder Natronlauge. Die Gebilde werden durch Waschen mit Säuren und Wasser von Kupferverbindungen befreit und schließlich unter Spannung getrocknet. Als Fällflüssigkeit können auch Säuren oder Lösungen von Salzen Verwendung finden; die Bildung der Fäden oder Films erfolgt dabei indessen nicht so rasch. Außerdem sind die auf diese Weise erhaltenen Gebilde von geringerer Festigkeit.

Beispiel 2. Zu einer Kupferoxydammoniaklösung von etwa 2—3% Kupfer wird Zellulose so lange zugegeben, bis sich nichts mehr davon löst. Der Grad der Löslichkeit hängt von der Art der Zellulose sowie von der Konzentration der benutzten wäßrigen Ammoniakflüssigkeit ab. Ist das Lösungsvermögen erschöpft, d. h. erfolgt nur mehr ein bloßes Aufquellen der Zellulose, so wird Kupferchlorür in Pulverform zugegeben, das mit der aufgequollenen Zellulose in Lösung geht. Durch abwechselnden weiteren Zusatz von Zellulose und Kupferchlorür kann man die Konzentration der Lösung an Zellulose bis auf das Doppelte steigern, ohne den Ammoniakgehalt zu ändern. Die Lösung wird dabei immer zähflüssiger, sie wird schließlich filtriert und nach Beispiel 1 weiterverarbeitet.

Patentanspruch: Verfahren zur Erzeugung künstlicher Fäden und Films sowie künstlichen Roßhaars mittels hochprozentiger Zelluloselösungen, dadurch gekennzeichnet, daß aus Kupferchlorür für sich oder in Verbindung mit anderen Kupferverbindungen, wie Kupferhydroxyd oder Kupferkarbonat, wäßriger Ammoniakflüssigkeit und Zellulose hergestellte Lösungen in üblicher Weise versponnen werden.

Nach Hanauer Kunstseidefabrik G. m. b. H.

175. Hanauer Kunstseidefabrik G. m. b. H. in Groß-Auheim. Verfahren zur Herstellung von Kunstfäden aus Kupferoxydammoniakzelluloselösung.

D.R.P. 220 711 Kl. 29b vom 25. VII. 1907 (gelöscht); Ver. St. Amer. P. 988 430 (E. Bechtel).

Da die bekannte Kupferoxydammoniakzelluloselösung beim freien Auslauf aus einem Gefäß in dünnem Strahle die Neigung zeigt, Tropfen zu bilden, so war man bisher bei ihrer Verwendung zur Herstellung von Fäden genötigt, sie unter Druck aus Kapillaren austreten zu lassen, wobei außerdem noch niedrige Temperaturen innegehalten werden mußten.

Die vorliegende Erfindung hat nun den Zweck, Kapillaren sowohl als auch niedrige Temperaturen zu umgehen. Ihr Wesen besteht darin, daß der Zelluloselösung Stoffe schleimiger oder gelatinöser Natur zugesetzt werden. Am besten haben sich bisher rizinusölsaures Natron, Glyzerin oder Gelatine erwiesen. Der Lösung wird auf diese Weise ihre Neigung, im freien Fall Tropfen zu bilden, vollständig genommen. Sie läßt sich nunmehr etwa wie Honig zu Fäden ausziehen. Die Vorteile des neuen Verfahrens sind folgende: Fortfall der Kapillarröhrchen beim Verspinnen der Lösung, Fortfall der Filtration, weil selbst größere Fremdkörper ein fortlaufendes Spinnen des Fadens ohne Abreißen gestatten und Erhöhung der Geschmeidigkeit und des Glanzes des Fadens. Beispiel: Zu 200 kg einer 8%igen Kupferoxydammoniakzelluloselösung werden 1,6 kg in 3 l warmen Wassers gelöstes rizinusölsaures Natron oder 0,5 kg in 2 Litern 15%igen Ammoniaks gelöstes rizinusölsaures Kupfer zugesetzt und etwa 1—2 Stunden tüchtig gerührt. Die zur Erreichung einer fadenziehenden Lösung erforderliche Menge dieser Zusatzmittel richtet sich natürlich ganz nach der Beschaffenheit der zur Verfügung stehenden Lösung. Gewöhnlich genügen aber 10% (auf Zellulose berechnet).

Patentanspruch: Verfahren zur Herstellung von Kunstfäden aus Kupferoxydammoniakzelluloselösung, dadurch gekennzeichnet, daß gewöhnliche Kupferoxydammoniakzelluloselösung mit solchen Stoffen versetzt wird, welche, wie rizinusölsaures Natrium, Glyzerin oder Gelatine, die Zähigkeit der Lösung erhöhen, und daß die so erhaltene Mischung ohne Anwendung von Kapillaren und Druck versponnen wird.

176. Hanauer Kunstseidefabrik G. m. b. H. in Groß-Auheim. Herstellung glänzender Zellulosegebilde aus Kupferoxydammoniakzelluloselösungen.

D.R.P. 222 873 Kl. 29b vom 31. V. 1908 (gelöscht).

Es ist bekannt, Zellulose zur Herstellung von seidenähnlichen Fäden und sonstigen glänzenden Gebilden aus ihren Kupferoxydammoniaklösungen mit Hilfe von Säuren, Laugen oder Salzen zu fällen. Die Koagulation beruht darauf, daß das Lösungsmittel für die Kupferzellulose, das Ammoniak, den zunächst flüssigen Gebilden entzogen wird.

Es wurde nun gefunden, daß unter den Salzen diejenigen des Ammoniaks in wäßriger Lösung besonders vorteilhaft wirken, und zwar im Sinne der folgenden Gleichung:

$$Cu(OH)_2(NH_3)_2 \cdot C_6H_{10}O_5 + (NH_4)_2SO_4$$
$$= Cu \cdot 4(NH_3) \cdot SO_4 + C_6H_{10}O_5 + 2 H_2O.$$

Sie treten also nicht nur, wie andere Salze, rein physikalisch, sondern auch chemisch mit den zu koagulierenden viskosen Lösungen in Wechselwirkung, indem sie den Fäden bei der Koagulation sowohl das Kupfer als auch das Ammoniak unter Bildung von Kupfertetraminsalzen entziehen, die sich durch Auswaschen mit Wasser, dem gegebenenfalls nur wenig Essigsäure beizumischen ist, völlig entfernen lassen. Man erhält auf diese Weise mittels indifferenter Salzlösungen unmittelbar, ohne daß Ammoniakdämpfe auftreten, kupferfreie Fäden, die sonst nur mittels starker Säuren erhältlich sind, und vermeidet dabei Hydrozellulosebildung und Sprödewerden der Fäden, die die Säurebäder im Gefolge haben. Glanz und Festigkeit der gewonnenen Gebilde können dadurch erhöht werden, daß man sie in an sich bekannter Weise mit Lauge nachbehandelt, indem man z. B. die auf die Spinnwalze aufgelaufenen Fäden in konzentrierter, gegebenenfalls gekühlter Lauge umlaufen läßt.

Patentanspruch: Herstellung glänzender Zellulosegebilde aus Kupferoxydammoniakzelluloselösungen, dadurch gekennzeichnet, daß man diese nach der Formung in wäßrige Lösungen von Ammoniumsalzen eintreten läßt.

177. Hanauer Kunstseidefabrik G. m. b. H. in Groß-Auheim. Vorrichtung zur Herstellung von künstlicher Seide und ähnlichen Fäden mit mehreren hintereinander angeordneten, in Bädern laufenden Walzen.

D.R.P. 233 370 Kl. 29a vom 15. X. 1908 (gelöscht).

Die Erfindung bezieht sich auf eine Vorrichtung, welche bei der Herstellung von künstlicher Seide und ähnlichen Fäden Verwendung findet, und bei der der herzustellende Faden über mehrere hintereinander angeordnete, in Bädern laufende Walzen geführt wird. Die Erfindung besteht in der Ausbildung der bei der Vorrichtung Verwendung findenden Fadenführungswalzen als Haspel, deren Stäbe zum Teil als Schraubenspindeln ausgebildet sind und außer der Drehung um die Haspelachse noch eine Drehung um ihre eigene Achse erhalten. Hierdurch wird gegenüber bereits bekannten ähnlichen Vorrichtungen der große Vorteil erreicht, daß der auf die Führungswalzen geleitete Faden in einer einzigen Schicht, aber in mehreren nebeneinander liegenden Windungen aufgewickelt wird, ohne daß er jemals während des Durchführens durch die verschiedenen Bäder von den Walzen abgenommen werden muß. Infolgedessen wird ein Reißen des Fadens während seiner Behandlung in den verschiedenen Bädern nach Möglichkeit vermieden. Dies ist für die vorliegende Vorrichtung von besonderer Bedeutung, weil diese in erster Linie für die Herstellung von Kunstseidefäden aus Kupferoxydammoniakzelluloselösungen bestimmt ist, also für die Behandlung nasser Fäden, bei der ein Reißen der Fäden sehr leicht eintritt, wenn man genötigt ist, den Faden während seiner Führung über die Walzen von diesen abzuheben.

In der Zeichnung ist eine Einrichtung nach vorliegender Erfindung, soweit es zu deren Verständnis nötig ist, beispielsweise in einer Ausführungsform dargestellt. Fig. 126 ist ein Aufriß und Fig. 127 ein Grundriß dieser. Fig. 128 ist eine Ansicht der Einrichtung in Richtung des Pfeiles in Fig. 126 gesehen. Fig. 129 zeigt eine Einzelheit. Die Einrichtung besteht im wesentlichen aus mehreren hintereinander angeordneten Trommeln, von denen in der Zeichnung nur zwei dargestellt sind, und die bei der beispielsweise dargestellten Ausführungsform nach Art einer

Käfigtrommel ausgebildet sind. Die Stäbe 1 werden zweckmäßig aus Glas hergestellt. Jede der Trommeln trägt vier oder mehr Schraubenspindeln 2 aus Glas, die nahe dem Umfang der Trommelscheibe zwischen je zwei Stäben 1 angeordnet sind. Die Trommeln sind in Lagern 3

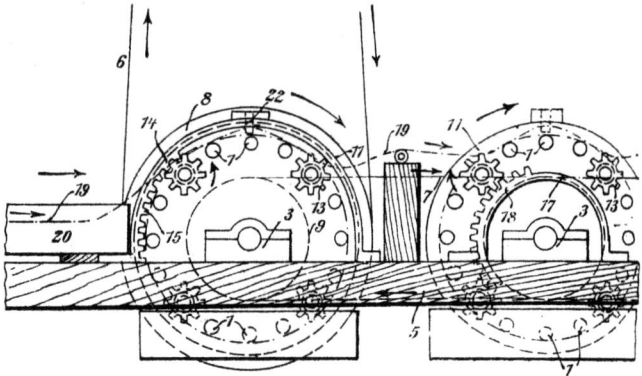

Fig. 126.

auf die durchgehenden Schwellen 4, 5 gelagert und werden durch die über die Riemenscheiben 8, 9, 10 laufenden Riemen 6, 7 in Umdrehung versetzt. Die Glasstäbe 1 sitzen fest zwischen den Trommelwänden 11, 12, während die Schraubenspindeln 2 in diesen drehbar gelagert sind. Die Spindeln 2 erhalten ihre Umdrehung durch Zahnrädchen 13, die

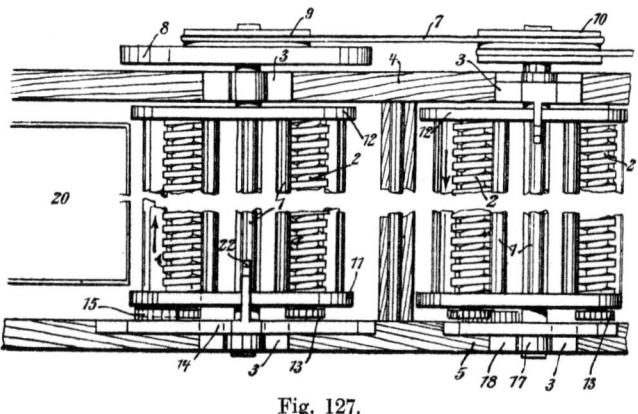

Fig. 127.

auf dem aus der Trommelwand 11 herausragenden Ende der Schraubenspindeln 2 angeordnet sind. Um eine einmalige, sich selbsttätig wiederholende Umdrehung der Schraubenspindeln 2 zu ermöglichen, sitzt auf der Längsschwelle 5 konzentrisch zur ersten Trommel ein Bogen 14, der auf seiner Innenseite eine Verzahnung 15 trägt, und konzentrisch zur zweiten Trommel ein zweiter Bogen 17, der auf seiner Außenseite mit einer Verzahnung 18 versehen ist. Die Teillinien der Verzahnungen entsprechen in ihren Längen dem Umfang des Teilkreises für die Zahnrädchen, so daß bei einer einmaligen Drehung der Trommeln durch Eingreifen der Zahnrädchen 13 in die Verzahnungen 15, 18 die Spindeln je eine Umdrehung erhalten.

Der Arbeitsvorgang beim Aufwickeln der künstlichen Fäden ist nun folgender: Der beispielsweise zu spinnende Faden 19, der aus der Kapillare durch das Bad 20 gezogen wird, wird mit seinem Ende um die Spitze 21 des Reiters (Fig. 129) gewickelt. Nach einmaliger Umdrehung wird der Faden 19 in eine Leitgabel 22 gelegt. Diese ist so eingestellt, daß der durchhängende Teil des Fadens 19 jeweilig in die Nut der betreffenden Schraubenspindeln 2 zu liegen kommt. Nach weiterer Umdrehung der Trommel kommt das Zahnrädchen 13 der betreffenden Schraubenspindel in Eingriff mit dem Zahnrädchen 15, wodurch das Zahnrad und damit

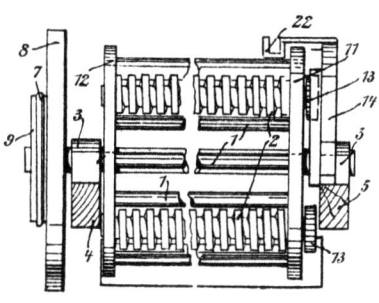

Fig. 128.

die Schraubenspindel eine Umdrehung von links nach rechts oder rechts nach links erhalten und dadurch die Schraubenspindel 2 den eingelegten Faden mitnimmt. Dadurch wird die Nut, die in der Ebene der Leitgabel liegt, wieder frei zur Aufnahme der folgenden Partie des Fadens. Ist nun die erste Trommel vollständig bewickelt, dann wird das Fadenende vom ersten Reiter weggenommen und auf den Reiter einer Spindel der zweiten Trommel in gleicher Weise befestigt und durch die Drehung dieser Trommel mitgenommen. Über dieser Trommel ist nun auf der Längsschwelle 4 eine gleiche feststehende Führungsgabel 22 angebracht, die den gleichen Zweck hat wie die Führungsgabel über der Trommel 1. Der vollgewickelten ersten Trommel entsprechend muß der auf

Fig. 129.

die zweite Trommel aufzuwickelnde Faden nun durch die Spindel von links nach rechts geführt werden. Die Spindeln müssen demnach ebenfalls von links nach rechts bewegt werden. Dies wird dadurch erreicht, daß auf dem bereits erwähnten Bogen 17 die Verzahnung 18 außen angebracht ist. Schaltet man nun beliebig viele solcher Trommeln hintereinander, so kann ein aufgenommener Faden von beliebiger Länge durch mehrere Bäder von Laugen und Spülwasser, durch Trockentrommeln u. dgl. hindurchgeführt werden, ohne daß eine Unterbrechung bei der Fadenherstellung eintritt. Dabei werden alle die obenerwähnten Nachteile vermieden.

Patentanspruch: Vorrichtung zur Herstellung von künstlicher Seide und ähnlichen Fäden mit mehreren hintereinander angeordneten, in Bädern laufenden Walzen, dadurch gekennzeichnet, daß als Führungswalzen Haspel Verwendung finden, deren Stäbe zum Teil als Schraubenspindeln ausgebildet sind und außer der Drehung um die Haspelachse eine Drehung um ihre eigene Achse erhalten.

178. Hanauer Kunstseidefabrik G. m. b. H. in Groß-Auheim. Verfahren zur Herstellung oxyzellulosearmer Zellulosegebilde aus kupfertetraminsulfathaltigen Kupferoxydammoniakzelluloselösungen.

D.R.P. 240 242 Kl. 29 b vom 30. V. 1908 (gelöscht).

Die zur Herstellung von künstlichem Roßhaar und Kunstseide dienenden Kupferoxydammoniakzelluloselösungen muß man bei der Herstellung, Aufbewahrung und Weiterverarbeitung kühl halten, um unliebsame störende Zersetzungen der Lösungen und der darin enthaltenen Zellulose zu verhüten.

Es wurde festgestellt, daß diejenigen Kupferoxydammoniakzelluloselösungen, in denen sich Kupfertetraminsulfat in gesättigter oder nahezu gesättigter Lösung befindet, nicht nur ohne Schädigung Erwärmung vertragen, sondern sogar nach dem Erwärmen bei der Koagulation wertvollere Zelluloseprodukte als ohne Erwärmung liefern; denn die aus derartigen, erwärmt gewesenen Zelluloselösungen ausgeschiedenen Fäden u. dgl. weisen einen geringeren Gehalt an Oxyzellulose und in Verbindung damit höhere Festigkeit auf. Man muß jedoch bei der Erwärmung Sorge tragen, daß die Temperatur nicht zu hoch, d. h. nicht über 40—50° steigt, weil sonst wegen zu reichlichen Entweichens von Ammoniak eine vorzeitige Abscheidung von Zellulose eintreten könnte.

Zu 100 l einer 20%igen Ammoniaklösung werden 2,7 kg Kupfertetraminsulfat, 2,0 kg Kupfer in Form von Kupferhydrat und 5 kg Baumwolle gegeben und durch inniges Vermischen zur Lösung gebracht. Die so hergestellte Zelluloselösung wird im geschlossenen Gefäß unter Rühren 4—5 Stunden auf 40—45° erwärmt. Nach der üblichen Filtration ist sie spinnfertig und kann in bekannter Weise zu Fäden verarbeitet werden.

Patentanspruch: Verfahren zur Herstellung oxyzellulosearmer Zellulosegebilde aus kupfertetraminsulfathaltigen Kupferoxydammoniakzelluloselösungen, dadurch gekennzeichnet, daß man mit Kupfertetraminsulfat gesättigte oder nahezu gesättigte Kupferoxydammoniakzelluloselösungen vor oder während der Verarbeitung erwärmt[1]).

Nach Bechtel.

179. Philipp Bechtel in Ilbenstadt, Kr. Friedberg in Hessen. Verfahren zur Herstellung künstlicher Fäden aus Zelluloselösungen.

D.R.P. 229 711 Kl. 29 b vom 8. VIII. 1909 (gelöscht).

Die Herstellung künstlicher Fäden erfolgt meist in der Weise, daß Zelluloselösungen nach Filtration durch kapillare Mundstücke in geeigneten Koagulierungsmitteln versponnen werden. Es wurde nun ge-

---

[1]) Vgl. hierzu Berl, Zeitschr. f. angew. Chemie 1910, S. 987.

funden, daß man diese Verfahren wesentlich dadurch verbilligen kann, daß man mechanisch zerkleinerte Zellulose der chemisch gelösten Zellulose vor dem Verspinnen beimischt, wobei natürlich die Zerkleinerung der Zellulose parallel zur Dicke des zu erzielenden Fadens laufen muß. Man spart dadurch erheblich an Lösungsmittel. Man fügt z. B. zu 100 g in Kupferoxydammoniak gelöster Zellulose 50 g mittels gewöhnlicher in der Papierfabrikation verwendeter Mahlholländer auf eine Faserlänge von 0,3—0,5 mm zerkleinerter Sulfitzellulose unter stetem Rühren. Damit keine größeren Zellulosefasern in die Mischung kommen, treibt man die gemahlene Zellulose vorher durch ein geeignetes Metallsieb von entsprechender Maschenweite. Nach etwa zweistündigem Rühren ist die Mischung, in der sich die einzelnen Fäserchen ausnehmend fein verteilen, spinnfähig. Sie kann auf übliche Weise durch etwa 0,5 mm weite Kapillarröhrchen versponnen und dann weiter aufgearbeitet werden. Die Menge der zu verwendenden mechanisch zerkleinerten Zellulose richtet sich nach dem Endprodukt, das erzielt werden soll. Dabei geben selbst Lösungen mit 50% Zusatz und mehr noch vortreffliche Fäden.

Patentanspruch: Verfahren zur Herstellung künstlicher Fäden aus Zelluloselösungen, dadurch gekennzeichnet, daß man den betreffenden Lösungen mechanisch zerkleinerte Zellulose zusetzt und das Gemisch auf übliche Weise mittels Kapillaren versponnen.

Nach Glanzfäden-Act.-Ges.

180. Glanzfäden-Actien-Gesellschaft in Berlin. Verfahren zur Herstellung von Zellulosegebilden wie Kunstseide u. dgl. aus Kupferoxydammoniakzelluloselösungen mit Hilfe von Erdalkalichloridbädern.

D.R.P. 241 683 Kl. 29 b vom 16. V. 1909 (gelöscht).

Es ist bekannt, Erdalkalichloridbäder zum Ausfällen von Zellulosegebilden aus Kupferoxydammoniakzelluloselösung zu benutzen[1]), womit man gegenüber dem früheren Verfahren zur Fällung mit Hilfe von Alkalilaugen den Vorteil eines angenehmeren Arbeitens mit einem billigeren Rohstoff erzielte. Bisher wurden indes stets verdünnte Erdalkalichloridlösungen verwendet, die aber den Nachteil zeigten, daß die damit ausgefällten Zellulosegebilde überhaupt nicht in größerem Maßstabe hergestellt werden konnten, weil beispielsweise der gesponnene Faden auf der Spinnwalze zusammengeklebt war.

Es wurde festgestellt, daß dieser Übelstand durch Verwendung einer gesättigten oder fast gesättigten Erdalkalichloridlösung beseitigt werden kann, und zwar in einem solchem Maße, daß der Mehrverbrauch an Erdalkalichlorid für die Bäder gegenüber dem damit erzielten besseren Erzeugnisse gar nicht in Betracht kommt. Beispiel: Es wird aus porösem Chlorkalzium eine gesättigte Lösung von etwa 34% $CaCl_2$ hergestellt, die durch Filtrieren von den der Handelsware beigemischten Fremd-

---
[1]) Siehe S. 248, 261.

körpern getrennt wird. Diese Lösung wird dann in üblicher Weise als Fällbad für Kupferoxydammoniakzelluloselösungen angewendet, und die so erhaltenen Zellulosegebilde werden durch Waschen mit Wasser und 2%iger Salzsäurelösung entkupfert und gereinigt.

Patentanspruch: Verfahren zur Herstellung von Zellulosegebilden, wie Kunstseide u. dgl., aus Kupferoxydammoniakzelluloselösungen mit Hilfe von Erdalkalichloridbädern, dadurch gekennzeichnet, daß man als Fällbad gesättigte oder nahezu gesättigte Lösungen verwendet.

Nach Ditzler.

181. Godefroid Ditzler in Verviers, Belgien. Verfahren zur Gewinnung von Kunstseide, Films od. dgl. Produkten mittels einer ammoniakalischen Kupferoxydzelluloselösung.

D.R.P. 244510 Kl. 29b vom 25. I. 1911 (gelöscht); Priorität: Belgien 21. IV. 1910. Brit. P. 9336[1911] (The Palatine Artificial Yarn Company Ltd., Manchester).

Es ist festgestellt worden, daß die nach den üblichen Verfahren hergestellten Kupferoxydammoniakzelluloselösungen sich in Berührung mit der Luft infolge der oxydierenden Wirkung des Luftsauerstoffes auf die Zellulose verändern. Die auf diese Weise durch Sauerstoff oder irgendein anderes Mittel oxydierte und veränderte Zellulose erzeugt beim nachherigen Fällen durch saure oder alkalische Mittel einen filmartigen, weniger zähen Niederschlag als Zellulose, die keiner oxydierenden Wirkung ausgesetzt war. Dieser Umstand erklärt übrigens, weshalb Kunstseidefäden oder Films mit der Dauer der Lufteinwirkung auf die Zelluloselösungen an Stärke, Zähigkeit und Elastizität beträchtlich verlieren. Um diese Übelstände zu beseitigen, wird die Auflösung der Zellulose sowie alle übrigen Maßnahmen bis zur Fällung der Lösung unter Ausschluß jeder Oxydation vorgenommen. Dies wird praktisch durch Anwendung eines Vakuums, eines neutralen Gases oder einer isolierenden Flüssigkeit erreicht. Man kann beispielsweise auf folgende Weise verfahren: Die Auflösung der Zellulose geschieht in einem geschlossenen Mischapparat, in welchen vorher ein neutrales Gas, z. B. Stickstoff, eingeleitet worden ist. Die auf diese Weise erhaltene Lösung wird dann bis zu ihrer Fällung durch eine geeignete Flüssigkeit unter Ausschluß aller oxydierenden Mittel, z. B. in einer Stickstoffatmosphäre oder unter einer Schicht von Mineralöl oder Benzol, die die Zelluloselösung isoliert, behandelt. Außer den schon genannten Vorteilen bietet das Verfahren die Möglichkeit, die Zelluloselösungen ohne Veränderung lange Zeit aufzubewahren.

Patentansprüche: 1. Verfahren zur Gewinnung von Kunstseide, Films od. dgl. Produkten mittels einer ammoniakalischen Kupferoxydzelluloselösung, dadurch gekennzeichnet, daß die Auflösung der Zellulose sowie alle nachfolgenden Maßnahmen bis zur Fällung der Zelluloselösung unter Ausschluß der Luft vorgenommen werden.

2. Ausführungsform des Verfahrens nach Anspruch 1, dadurch gekennzeichnet, daß die Zelluloselösungen in einem Vakuum oder neutralen

Gase, z. B. Stickstoff, hergestellt werden, worauf sie in einer neutralen Atmosphäre oder unter einer isolierenden Flüssigkeitsschicht weiter behandelt werden[1]).

Nach Eck.

182. Theodor Eck in Lodz. Vorrichtung zur Herstellung von künstlichen Fäden, künstlichem Roßhaar usw. in ununterbrochenem Arbeitsgange.

D.R.P. 300 254 Kl. 29a vom 22. IV. 1913 (gelöscht).

Die Erfindung verfolgt den Zweck, die Herstellung der Kunstseide in der Weise zu vereinfachen, daß alle Arbeiten bis zum Zwirnen auf nur einer Maschine in ununterbrochenem Arbeitsgange ausgeführt werden; sie bleibt im Prinzip bei der bisherigen Arbeitsweise des Spinnens auf Zylinder, nur mit dem Unterschiede, daß bisher der frisch koagulierte Faden auf einen Zylinder kreuzweise aufgewickelt wird, während er nach der Erfindung mittels einer zweiten geteilten Walze und mittels Führungsrechens seitlich verschoben und gleichzeitig durch die chemischen Bäder usw. geführt wird. Als erläuterndes Beispiel ist das Kupferoxydammoniakverfahren angeführt, die Vorrichtung kann aber auch für jedes andere Spinnverfahren gebraucht werden. Die gut filtrierte Kupferoxydammoniakzelluloselösung gelangt unter Druck aus dem Hauptzuleitungsrohr a (Fig. 130) in den Spinnkopf b, woselbst die Lösung aus einer Anzahl mit feinen Öffnungen versehener Spinndüsen c in das warme alkalische Fällbad der Wanne d eingespritzt wird. Das aus 12—20 Einzelfädchen bestehende Fadenbündel wird mittels des festen Fadenführers e auf die umlaufende Walze f geführt. Der blaue, mit Lauge getränkte Faden wird in mehreren Windungen abwechselnd über die obere Walze f und unter die mit gleicher Geschwindigkeit umlaufende Scheibe l (Fig. 133) geführt. Die Verschiebungen der Windungen nach der Seite hin vermittelt der mit Führungszapfen versehene Rechen h; die Zapfen des Rechens trennen die einzelnen Windungen voneinander und halten den Lauf der Windungen an bestimmter Stelle fest. Der längere Gang des frisch gefällten Fadens an der Luft hat den Zweck, die Koagulation zu vollenden; die Weiterführung der Koagulation kann aber auch dadurch geschehen, daß der Faden mittels der Scheibe l in mehreren Windungen durch ein entsprechend starkes Fällbad nochmals geführt wird, welches sich in einem Behälter unterhalb der Scheibe l befindet. Der genügend koagulierte Faden wird nun mittels des Führungsrechens seitlich auf die Scheibe 2 verschoben, durchläuft im Kasten l (Fig. 131) Waschwasser (siehe i, Fig. 130) und wird von der drehbaren Walze g wieder auf die Walze f geführt; ein zweiter Führungsrechen j verhindert das Zusammenlaufen der Fadenwindungen; bei Herstellung z. B. von Roßhaar kann die Walze g durch einen Glasstab ersetzt werden. In den Kasten l (Fig. 131 und 133) fließt bei E (Fig. 130 und 131) ununterbrochen eine geringe Menge Wasser, welches dem Faden den größten Teil der Fällflüssigkeit und Ammoniak entzieht; bei A (Fig. 130 und 131)

---

[1]) Vgl. hierzu Berl, Zeitschr. f. angew. Chemie 1910, S. 987.

fließt das verdünnte ammoniakhaltige Fällbad in ein gemeinschaftliches Rohr k (Fig. 130) ab, es wird zur Rückgewinnung des Ammoniaks mittels Destillation benützt, darauf eingedampft und wieder in Gebrauch genommen; durch Anordnung mehrerer solcher Waschkasten nebeneinander kann die Ausbeute an Ammoniak und Fällbad weitergeführt werden. Zur Zersetzung des nur wenig Alkali mitführenden, aus Kupferzellulose bestehenden Fadens gelangt dieser seitlich verschoben in den aus zwei Abteilungen bestehenden, mit verdünnter warmer Schwefelsäure gefüllten Kasten m. In die Abteilung 4 (Fig. 131) des Kastens m fließt bei E fortgesetzt die Säure tropfenweise ein, und durch eine Überlauföffnung U der Scheidewand nach der Abteilung 3, in welcher die Säure zum größten Teil zur Auflösung des Kupferhydrats und des vom

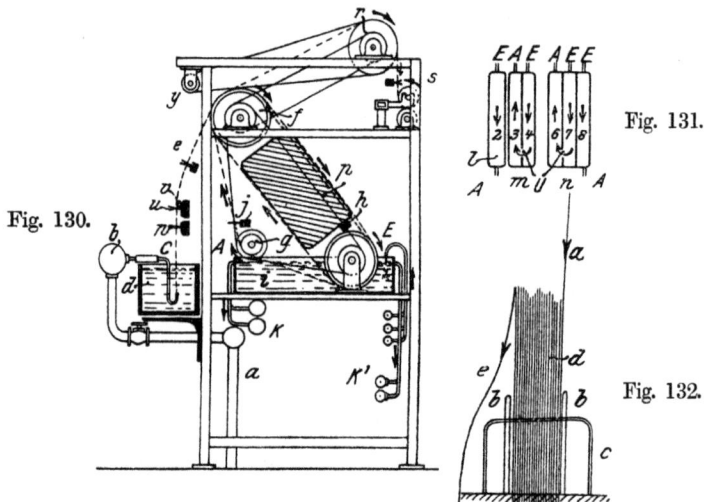

Fig. 130.

Fig. 131.

Fig. 132.

Faden mitgeführten Alkalis verbraucht wird. Im Kasten 3 wird dem Faden das Kupfer fast gänzlich entzogen und die aus diesem Kasten bei k^1 (Fig. 130) abfließende saure Lösung von schwefelsaurem Kupfer wird zur Rückgewinnung des Kupfers benützt. Wie sich gezeigt hat, ist zur Entfernung des letzten Restes von Kupfer aus dem Faden eine gewisse Zeit erforderlich; man läßt deshalb den mit Säure getränkten Faden noch eine Anzahl Windungen mittels der Scheibe 5 durch die Luft gehen, bevor man ihn in den Waschkasten n einführt. In die Abteilung 7 des Kastens n fließt bei E fortlaufend eine größere Menge Waschwasser, welches durch Überlauf in die Abteilung 6 und von dort überlaufend bei A in den Kanal abfließt; bereits in der Abteilung 6 wird der Faden bis auf einen geringen Säurerest ausgewaschen, in der Abteilung 7 vollkommen rein gewaschen. Um den Seidenfaden in gewünschter Weichheit zu erhalten, geht er in der Abteilung 8 des Kastens n (Fig. 131) durch Seifenlösung. Der nun von Kupfer und Säure gänzlich freie Seidenfaden wird schließlich zum Zwecke des Trocknens ebenfalls windenförmig mittels der Scheibe 9 (Fig. 133) an der Heizfläche der Trockenplatte p vorbeigleiten gelassen, und zwar so, daß die ersten Windungen nur zum Teil an der Heizfläche laufen, die letzten Windungen aber die ganze Flächenlänge gleitend berühren. Zur Erhöhung des Glanzes erhält der Faden während des Vorbeigehens am Heizkörper größere Spannung durch größeren Umfang der Walze f und der Scheibe 9 an dieser Stelle. Der trockene Faden gelangt über die Rillenscheibe r auf die Spulvorrichtung s; der Faden kann aber auch mittels Spinntöpfe oder einer anderen Zwirnvorrichtung gleichzeitig gezwirnt werden. Die Anzahl Windungen, mit welchen der Faden die einzelnen Abteilungen durchläuft, richtet sich nach der Stärke des Fadens, nach der Stärke der Säure und nach der Länge des Verweilens des Fadens in den Bädern bei i (Fig. 130); sie schwankt für jede Abteilung von 2—4 Windungen bei Herstellung von Kunstseide. Bei Herstellung von Kunstroßhaar oder Seidenbändchen sind mehr Windungen erforderlich. Um eine größere Anzahl Windungen beim Säuern, Waschen und Trocknen auf möglichst kleinem Raume umlaufen lassen zu können, wird zweckmäßig so verfahren, wie es Fig. 132 zeigt. Die erste Fadenwindung a wird von Zapfen b des Führungsrechens h (Fig. 130 und 133) auf den schrägliegenden Draht c geleitet, der ebenfalls am Führungsrechen befestigt ist; sämtliche folgende Fadenwindungen werden dicht aneinander gereiht und laufen sich berührend nebeneinander, so daß

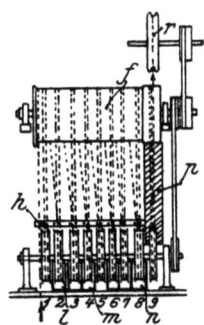

Fig. 133.

sich aus einer Anzahl Fäden ein Fadenband d bildet; durch die schiefe Ebene des Stäbchens c wird verhindert, daß die Fadenwindungen übereinander laufen. Der letzte Faden e des Fadenbandes d löst sich von diesem leicht ab und wird in den folgenden Kasten übergeführt.

Patentansprüche: 1. Vorrichtung zur Herstellung von künstlichen Fäden, künstlichem Roßhaar usw. in ununterbrochenem Arbeitsgange, dadurch gekennzeichnet, daß der koagulierte Faden in Windungen über sich drehende Walzen (f, g Fig. 130) und eine Anzahl sich gleichfalls drehender Scheiben (1—9, Fig. 133) geführt und durch Führungsrechen (h, j Fig. 130) seitlich geleitet wird, wobei er der Reihe nach durch Behälter (l, m, n Fig. 131) mit verschiedenen Bädern läuft, um dann über eine Trockenplatte (p) und Rillenwalze (r) nach der Spulvorrichtung (s) zu gelangen.

2. Vorrichtung zur Herstellung von künstlichen Fäden nach Anspruch 1, besonders von dickeren Fäden, z. B. Roßhaar oder Seidenbändchen, dadurch gekennzeichnet, daß zwecks längerer Einwirkung der verschiedenen Bäder und des Trockenkörpers eine größere Anzahl Windungen über schrägliegende Stäbchen geführt wird, um die Windungen dicht aneinander in Form eines Bandes reihen zu können (Fig. 132).

Vorbereitung von Zellulose für das Auflösen in Kupferoxydammoniaklösung.

Die in Kupferoxydammoniakflüssigkeit aufzulösende Zellulose bedarf der Vorbehandlung. Diese ist in folgenden Patenten beschrieben:

Nach Fremery und Urban.

183. Dr. Max Fremery und Joh. Urban in Oberbruch, Station Dremmen.
Vorbereitung der Zellulose zwecks direkter Auflösung.
D.R.P. 111 313 Kl. 29b vom 17. III. 1899 (gelöscht); brit. P. 6557^{1899}; österr. P. 3636 Kl. 29; Ver. St. Amer. P. 657 818; franz. P. 286 925.

Versuche haben ergeben, daß die Zellulose in Form von entfetteter Baumwolle, ferner Zellulosehydrat, wie es erzeugt werden kann z. B. durch Pergamentieren von Zellulose in Schwefelsäure von 59° Bé in der Kälte oder durch Ausfällen geringprozentiger Lösungen von Zellulose in Chlorzink oder Kupferoxydammoniak, auch Hydrozellulose, wie sie z. B. nach den bekannten Girardschen Verfahren (Ber. d. Deutsch. Chem. Ges. 9, S. 65) leicht erzeugt wird, der Einwirkung von direkten Lösungsmitteln, wie Kupferoxydammoniak oder Chlorzink, weit zugänglicher wird, d. h. daß die Lösung rasch und leicht erfolgt und bei Anwendung der entsprechenden Menge Kupfer und Ammoniak fast zu einem doppelt so hohen Prozentsatz als sonst führt, wenn die Zellulose oder deren genannte Derivate einer vorgängigen energischen Behandlung mit oxydierenden oder reduzierenden Bleichmitteln unterworfen wird. Als Bleichmittel können schwefligsaure Salze oder Chlor als Hypochlorit, in wäßriger Lösung naszierendes Chlor oder Chlorwasser in Anwendung kommen. Die Konzentration des Bleichmittels und die Dauer seiner Einwirkung richtet sich in jedem Falle nach der besonderen Art des verwendeten Zellulosematerials. Während z. B. eine verhältnismäßig schwache Bleiche bei Baumwolle bereits den gewünschten Effekt hervorruft, bedarf Ramiefaser einer kräftigeren Behandlung, noch höherprozentig muß die Bleichflüssigkeit bei Holzstoffzellulose sein, um den gewünschten Effekt zu erzielen, in jedem Falle aber muß die Behandlung energischer sein, als dies zu anderen Zwecken üblich ist.

Käufliche entfettete Baumwolle, z. B. Verbandwatte, löst sich nur zu etwa 4% in Kupferoxydammoniak oder Chlorzink. Die Lösung erfolgt auch nur sehr langsam. Derselbe Ausgangsstoff während längerer Zeit, z. B. 18 Stunden, in einer Bleichflüssigkeit belassen, deren Konzentration etwa 18 g Chlorkalk im Liter entspricht, löst sich nach dem Waschen und Trocknen bis zu etwa 8% und in wenigen Stunden in Kupferoxydammoniak. Wird die Bleichung noch energischer vorgenommen, so entsteht beispielsweise bei dem Auflösen in Kupferoxydammoniak nicht mehr eine zähe, viskose Masse, sondern ein dünnflüssiges Produkt, welches zur technischen Weiterverarbeitung von Zelluloselösungen, z. B. auf Kunstseide, nicht mehr geeignet ist, indem es der nötigen Spinnbarkeit ermangelt und nur Fäden von geringem Glanze und geringer Festigkeit liefert.

Patentanspruch: Verfahren, die Löslichkeit von Zellulose, von Zellulosehydrat oder von Hydrozellulose in direkten Lösungsmitteln, wie Kupferoxydammoniak oder Chlorzink, zu erhöhen, dadurch gekennzeichnet, daß man vor Einwirkung des direkten Lösungsmittels obige Materialien einer energischen Vorbehandlung mit oxydierenden oder reduzierenden Bleichmitteln unterwirft.

Nach Fremery, Urban und Bronnert.

184. Dr. Max Fremery und Johann Urban in Oberbruch und Dr. Emil Bronnert in Mülhausen i. Els. Verfahren zur Überführung der Zellulose in eine in Kupferoxydammoniak besonders leicht lösliche Form.

D.R.P. 119 098 Kl. 29b vom 9. V. 1899 (gelöscht); österr. P. 8596; brit. P. 13 300[1899]; franz. P. 292 988; Ver. St. Amer. P. 646 351.

Das Verfahren schließt sich eng an das des eben erwähnten Patentes 111 313 an und ist aus dem Patentanspruch deutlich zu erkennen.

Patentanspruch: Verfahren zur Überführung von Zellulose irgendwelcher Art in eine in Kupferoxydammoniak besonders leicht lösliche Form, dadurch gekennzeichnet, daß die genannten Stoffe bei niederer Temperatur mit konzentrierten Ätzalkalien einer gründlichen Hydratierung unterworfen werden und nachher in üblicher Weise durch kurze Einwirkung verhältnismäßig verdünnter Bleichflüssigkeiten gebleicht, ausgewaschen, abgeschleudert und ohne vorheriges Trocknen in dieser hydratierten aufgeschlossenen Form in Auflösung gebracht werden, am besten unter Beobachtung molekularer Verhältnisse zwischen Kupfer und Zellulose.

185. Dr. Emil Bronnert in Mülhausen i. Els., Dr. Max Fremery und Johann Urban in Oberbruch. Verfahren zur Überführung der Zellulose in eine in Kupferoxydammoniak besonders leicht lösliche Form.

D.R.P. 119 099 Kl. 29b vom 13. V. 1899 (gelöscht), Zus. z. D.R.P. 119 098; brit. P. 18 884[1899]; österr. P. 8596.

In welcher Weise das Verfahren des Hauptpatentes (s. vorstehend) abgeändert wird, geht deutlich aus dem Patentanspruch hervor.

Patentanspruch: Abänderung des Verfahrens des Hauptpatentes 119 098, darin bestehend, daß die Auflösung der Zellulose in Kupferoxydammoniak behufs Herstellung von spinnbaren Lösungen derart geschieht, daß die Zellulose vorerst durch Behandeln mit schwacher Alkalilösung entfettet, dann unter Vermeidung von Oxydation schwach gebleicht, hierauf mit kalter konzentrierter Alkalilauge gründlich mercerisiert, schließlich mit viel Wasser gewaschen, abgeschleudert und dann sofort ohne vorheriges Trocknen in Kupferoxydammoniak von entsprechend hohem Kupfergehalt zur Lösung gebracht wird.

Nach Foltzer.

186. J. Foltzer. Vorbereitung von Zellulose für die Herstellung von Kunstseidefäden.

Franz. P. 345 687.

Um Zellulose zu erhalten, die sich in weniger als 24 Stunden in der Kälte zu 8—10% in direkten Lösungsmitteln, wie Kupferoxydammoniak- oder Chlorzinklösung auflöst, behandelt man 100 kg Baumwolle mit 1000 l einer Lösung, die 30 kg Natriumkarbonat und 50 kg Ätznatron enthält. Die Baumwolle befindet sich in einem geschlossenen Behälter zwischen gelochten Blechen, und die auf 119° C erhitzte Lösung wird mittels einer Pumpe im Kreislauf unter einem Druck von $^1/_2$ Atmosphäre durch die Baumwolle durchgetrieben. Besondere Wärmvorrichtungen halten die Lösung auf konstanter Temperatur. Nach 4 Stunden ist die Einwirkung beendet. Die Einwirkung der Lösung ist schneller, wenn das zu behandelnde Material einen Feuchtigkeitsgehalt von mindestens 12—15% hat.

Nach Crumière.

187. Emile Crumière in Paris. Verfahren zur Herstellung künstlicher Seide aus Kupferoxydammoniaklösungen.

D.R.P. 187 263 Kl. 29b vom 13. XII. 1905; franz. P. 361 048 mit Zus. 6629; brit. P. 22 422[1906]; Ver. St. Amer. P. 908 754.

Man hat versucht, durch Einwirkung von Oxydationsmitteln auf die Zellulose deren Löslichkeit in Kupferoxydammoniak zu erhöhen. Nach vorliegendem Verfahren wird nun Ozon oder ozonisierte Luft als Oxydationsmittel verwendet, und zwar in der Weise, daß man die Zellulose in einem Bad von Soda- oder Pottaschelösung der Wirkung eines durch die Lösung hindurchgehenden Stromes von Ozon oder ozonisierter Luft aussetzt. Die so vorbereitete Baumwolle oder Zellulose löst sich in Kupferoxydammoniak schnell und in bedeutender Menge auf. Die Lösung ist durchaus gleichmäßig, ebenso der gebildete Faden, der außerdem große Festigkeit und Elastizität besitzt.

Man stellt z. B. eine Lösung von Soda in Wasser her (15—20 l auf 1 kg Baumwolle) und läßt während einer Dauer von 5 Minuten einen Strom von Ozon oder ozonisierter Luft hindurchgehen, hierauf bringt man die Baumwolle in die ozonisierte kaustische Sodalösung, läßt weiter während etwa 30 Minuten Ozon hindurchströmen und hält während der ganzen Zeit die Masse in Bewegung. Dann unterbricht man die Ozonzuführung und kocht das Ganze ungefähr 30 Minuten lang. Die so vorbereitete Baumwolle wird noch gewaschen und getrocknet. Sie ist dann fertig für die Auflösung zwecks Herstellung künstlicher Seide.

Patentansprüche: 1. Verfahren zur Herstellung künstlicher Seide aus Kupferoxydammoniaklösungen od. dgl. von Baumwolle, Ramie oder anderen Faserstoffen, welche vor der Auflösung mit Oxydationsmitteln behandelt werden, dadurch gekennzeichnet, daß als Oxydationsmittel

Ozon in Gegenwart alkalischer Flüssigkeiten, wie Soda oder Pottasche, verwendet wird.

2. Eine Ausführungsform des Verfahrens nach Anspruch 1, dadurch gekennzeichnet, daß die zu behandelnden Faserstoffe in ein Bad von Soda oder Pottasche getaucht werden, durch welches ein Strom von Ozon oder ozonisierter Luft geleitet wird.

Nach mehreren der Auslandspatente findet die Auflösung der Zellulose in dem Kupferoxydammoniak in Gegenwart metallischen Kupfers statt, durch das eine Abnahme des Kupfergehaltes der Lösung verhindert wird.

Nach Schäfer.

188. G. L. Schäfer in New York und A. Schäfer in Basel. Verfahren zur Vorbereitung von Zellulose für die Herstellung künstlicher Seide.

Ver. St. Amer. P. 879 416.

Zellulose, die in Kupferoxydammoniakflüssigkeit gelöst werden soll, wird in folgender Weise vorbehandelt. Zu 500 l Wasser werden 30 kg Natriumkarbonat und 40 l Kalilauge 24° Bé gegeben, und das Ganze wird auf 50—60° C unter Rühren erhitzt. Dazu gibt man 5 l Teerbenzin und rührt, bis eine gleichmäßige Mischung entstanden ist. Diese Mischung wird in einen geschlossenen Kocher gebracht, in dem sich die Zellulose befindet, die ganz von der Flüssigkeit bedeckt sein muß. Nach Zusatz von noch 2 l Teerbenzin wird unter etwa 1 Atm. Druck ungefähr 2 Stunden gekocht, dann wird mit viel Wasser gewaschen, abgeschleudert und mit schwacher Wasserstoffsuperoxydlösung behandelt. Nach abermaligem Waschen und Abschleudern wird mit verdünnter Schwefelsäure behandelt, die Hauptmenge der Flüssigkeit entfernt und kurze Zeit mit verdünnter Wasserstoffsuperoxydlösung gebleicht. Nach dem Waschen und Zentrifugieren wird noch feucht in Kupferoxydammoniaklösung gebracht. Es kann auch nach dem Kochen und der Entfernung des Wassers die Zellulose in sehr verdünnte Salzsäure gebracht werden, wonach die Hauptmenge der Flüssigkeit entfernt und die Zellulose mit Wasserstoffsuperoxydlösung behandelt wird. Die bis auf 20% Wasser getrocknete Zellulose wird in kleine Stücke zerteilt und ist dann fertig zum Auflösen. Sie löst sich leicht, gibt klare Lösungen und beim Verspinnen gute Resultate.

Nach Müller und Wolf.

189. Carl Anton Müller und Dr. David Wolf in Teplitz-Turn. Verfahren zur Herstellung von Kunstseide.

D.R.P. 256 351 Kl. 29b vom 24. X. 1911 (gelöscht); brit. P. 5659[1912].

Bei diesem Verfahren wird zur Herstellung der Kupferoxydammoniakzelluloselösung die aus der Hopfenranke stammende Faser verwendet. Man trennt die Faser vom Holz durch Kochen mit Soda und Schmierseife.

Herstellung von Kupferoxydammoniaklösung und von Kupferhydroxydzellulose.

Zahlreich sind die Vorschläge zur Herstellung und Verbesserung von Kupferoxydammoniaklösungen, mit denen zusammen auch die Verfahren zur Herstellung von Kupferzelluloseverbindungen besprochen seien. Für diese beiden Gebiete kommen folgende Patente in Betracht:

Nach Bronnert, Fremery und Urban.

190. Dr. Emil Bronnert in Niedermorschweiler bei Mülhausen i. E., Dr. Max Fremery und Johann Urban in Oberbruch, Reg.-Bez. Aachen. Herstellung von Kupferoxydammoniaklösungen von hohem Kupfergehalt.

D.R.P. 115 989 Kl. 12 vom 11. I. 1900; österr. P. 10 263; Ver. St. Amer. P. 658 632; brit. P. 1763[1900].

Die Herstellung von Kupferoxydammoniaklösungen von hohem Kupfergehalt und verhältnismäßig niedrigem Ammoniakgehalt gelingt, wenn man in den wie sonst mit Ammoniakflüssigkeit und Kupferspänen beschickten hohen Zylindern während etwa 10 Stunden kalte Preßluft aufsteigen läßt und zugleich die Temperatur auf $0°$ bis $+5°$ C hält. Man erreicht dies dadurch, daß man um die Zylinder einen Kühlmantel legt, in welchem stark gekühlte Salzlösung umläuft. Die erhaltenen Lösungen sind nur in der Kälte haltbar, über $+5°$ scheidet sich rasch so viel Kupferhydroxyd aus, daß der verbleibende Kupfergehalt nur noch etwa 2—2,5% beträgt.

Patentansprüche: Verfahren zur Herstellung von 4—5% Kupfer enthaltenden Lösungen von Kupferoxydammoniak, darin bestehend, daß die Auflösung des Kupfers in Ammoniak unter dem oxydierenden Einfluß von Luft oder Sauerstoff derart vorgenommen wird, daß dabei die Temperatur der Flüssigkeit durch geeignete Vorrichtungen auf $0°$ bis $+5°$ C gehalten wird.

Nach Prud'homme.

191. Maurice Prud'homme. Alkalische Kupferlösungen, welche konzentrierte spinnbare Zelluloselösungen geben.

Franz. P. 344 138.

Ammoniakalische Kupferlösung nimmt besondere Eigenschaften an, wenn man sie mit Ätznatron oder Ätzkali in geeigneten Mengen versetzt. Anscheinend kann man nicht mehr als 2 Mol. Ätzalkali auf 1 Mol. Kupfersulfat zusetzen. Die Lösung stellt man z. B. her aus 10 g kristallisiertem Kupfersulfat, die man in 30 ccm Wasser löst, gibt dazu 80—100 ccm Ammoniak $21°$ Bé und 13 g Ätzkali $36°$ Bé oder 9 g Ätznatron $40°$ Bé. So erhaltene Lösungen lösen Zellulose fast augenblicklich auf, und zwar das Vierfache des vorhandenen Kupfers. Die Menge der gelösten Zellulose ist um so größer, je mehr sich die Menge des Ätzalkalis der von 2 Mol. auf 1 Mol. Kupfersalz nähert. Sie wächst auch, wenn stärkeres

Ammoniak verwendet wird. Die Zelluloselösungen sind sehr homogen und lassen sich verspinnen. Die Auflösung der Zellulose wird durch Erniedrigung der Temperatur erleichtert.

Nach Lecoeur.

192. Albert Lecoeur in Rouen. Verfahren zur Herstellung von Kupferoxydammoniak, das zur Gewinnung künstlicher Seide bestimmt ist.

D.R.P. 185 294 Kl. 29b vom 9. II. 1906 (gelöscht); österr. P. 30 496; franz. P. 362 986; brit. P. 8910[1906]; Ver. St. Amer. P. 863 801.

Das beste Kupferoxydammoniak für die Gewinnung künstlicher Seide und ähnlicher Erzeugnisse ist dasjenige, welches den größten Gehalt an gelöstem Kupferhydroxyd und möglichst geringe Mengen fremder Salze besitzt. Wenn man Schweizers Reagens aus metallischem Kupfer, Luft oder Sauerstoff und Ammoniak herstellt, so enthält die Lösung Salze, z. B. Nitrite, welche für die Auflösung der Zellulose schädlich sind, da sie Zersetzung der Lösung bewirken. Wenn man bei niedriger Temperatur arbeitet, so entstehen zwar geringere Mengen fremder Salze, auch ist die Lösung reicher an Kupferoxydammoniak, aber auch sie ist nicht haltbar. Ihre Zersetzung findet bei gewöhnlicher Temperatur unter Bildung von Kupferhydroxyd statt. Diese Unbeständigkeit bildet den schwersten Übelstand bei der Herstellung von Zelluloselösungen zwecks Gewinnung von Fäden, Fasern und anderen Gebilden mit seidenartigem Aussehen. Die Praxis lehrt, daß, wenn man nicht abkühlt, sich die Zersetzung des Kupferoxydammoniaks noch schneller vollzieht. Außerdem bilden sich durch Auflösung von Kupferhydroxyd in Ammoniak zwei verschiedene ammoniakalische Oxyde. Das eine davon ist kristallisierbar und seine Bedeutung als Lösungsmittel für Zellulose fast gleich Null. Das andere, welches sich von dem vorgenannten durch Dialyse abtrennen läßt, ist dagegen kolloidal und besitzt eine beträchtliche Auflösungsfähigkeit für Zellulose.

Nach vorliegender Erfindung werden die schädlich wirkenden Salze und das kristallisierbare Kupferoxydammoniak durch Dialyse abgeschieden. Die dialysierte Flüssigkeit besteht sodann lediglich aus dem kolloidalen Kupferoxydammoniak, welches bei gewöhnlicher Temperatur aufbewahrt werden kann, ohne irgendeiner Zersetzung zu unterliegen. Diese Lösung ergibt klebrige, vollkommen gleichmäßige Zelluloselösungen, die ohne Kühlung haltbar sind.

Patentanspruch: Verfahren zur Herstellung von Kupferoxydammoniak, das zur Gewinnung von künstlicher Seide bestimmt ist, dadurch gekennzeichnet, daß man die auf übliche Weise gewonnene Lösung des Kupferhydroxyds in Ammoniak, welche als Verunreinigungen Kristalloide enthält, einem Dialysierverfahren unterwirft, um diese Stoffe auszuscheiden und eine gereinigte Lösung zu gewinnen, die ohne Veränderung bei gewöhnlicher Temperatur aufbewahrt werden kann.

193. A. Lecoeur. Herstellung konzentrierter Lösungen reinen kolloidalen ammoniakalischen Kupferoxydhydrats.

Franz. P. 374 277; brit. P. 16 442[1906]; Ver. St. Amer. P. 863 802.

Bei der Einwirkung von Luft und Ammoniak auf Kupfer entsteht u. a. salpetrige Säure, und man hat schließlich in der Flüssigkeit ammoniakalisches Kupferoxyd, Ammoniumnitrit und Kupfernitrit. Setzt man von Anfang an so viel Natronlauge zu, als der im Verlauf des Verfahrens gebildeten salpetrigen Säure entspricht, so erhält man Natriumnitrit, ammoniakalische Kupferoxydhydratlösung und Ammoniakgas. Natriumnitrit liefert mit Ammoniak und Kupfer in der Kälte Stickstoff, Kupferoxyd, Ätznatron und Wasser. Man erhält also das Ätznatron immer wieder und braucht es nur in geringen Mengen zuzusetzen. Die erhaltene Lösung wird, um das kolloidale ammoniakalische Kupferoxydhydrat zu gewinnen, im Dialysierapparat gereinigt[1]). Sie ist dann bei gewöhnlicher Temperatur beständig.

Nach Société anonyme „Le Crinoid".

194. Société anonyme „Le Crinoid". Verfahren zur Herstellung kolloidaler ammoniakalischer Kupferoxydhydratlösungen für die Herstellung von Zellulosefäden u. dgl.

Franz. P. 401 741; brit. P. 14 143[1908] (A. Lecoeur); Ver. St. Amer. P. 947 715.

Es wird aus Kupfersulfat- oder anderen Kupfersalzlösungen durch Zusatz von Ammoniak und Ätzalkalien sowie Dialysieren ein kolloidales ammoniakalisches Kupferoxydhydrat mit 15 g Kupferoxyd = 12 g Kupfer im Liter hergestellt, von dem 1 l 30 g Zellulose löst (Lösung A). Ferner wird durch Einwirkung von Luftsauerstoff und Ammoniak auf Kupfer (franz. P. 374 277, s. vorstehend) eine Lösung von kolloidalem ammoniakalischen Kupferoxydhydrat hergestellt, die so viel Kupferoxyd enthält, daß 1 l 110—120 g Zellulose auflöst (Lösung B). Beide Lösungen werden in solchen Verhältnissen miteinander gemischt, als die Beschaffenheit des zu erzielenden Fadens erfordert, z. B. so, daß 1 l des Gemisches 80—90 g Zellulose auflöst.

Nach Mertz.

195. E. Mertz in Basel. Behälter zur Herstellung von ammoniakalischem Kupferoxydhydrat.

Schweiz. P. 34 760; franz. P. 364 911.

Der Behälter hat die Form eines Kegelstumpfes. Dadurch rutschen die Kupferstücke leicht nach, wenn die zu unterst liegenden aufgelöst sind. Oben hat der Behälter eine mittels eines Schraubenbügels verschließbare Einfüllöffnung und unten seitlich eine Entleerungsöffnung. Er ist ferner mit einem Mantel versehen, durch den Kühlflüssigkeit läuft. (2 Zeichnungen.)

---

[1]) Der Dialysierapparat ist im franz. P. 365 990 beschrieben.

Nach Société anonyme la soie nouvelle.
196. Société anonyme la soie nouvelle. Verbesserungen in der Herstellung von Metallammoniakverbindungen.

Franz. P. 369 973; Ver. St. Amer. P. 850 695; brit. P. 20 408[1906] (J. J. M. A. Vermeesch).

In einem geschlossenen Gefäß, das in seinem oberen Teil eine Kühlschlange enthält, werden Kupferspäne mit Ammoniaklösung übergossen. Durch einen Injektor wird in dem unteren Teil des Gefäßes ein inniges Gemisch mit Ammoniak gesättigter Luft und der Flüssigkeit aus dem oberen Teil des Gefäßes zugeleitet und ein Kreislauf des Gefäßinhaltes bewirkt. Nicht in Reaktion getretenes Ammoniak wird oben aus dem Gefäß abgeleitet und in einen Kondensator geführt, wo es durch herabrieselndes Wasser aufgenommen wird. Dies ammoniakhaltige Wasser wird in einer anderen Kolonne mit Druckluft behandelt, dadurch wird die für den Vorgang notwendige, mit Ammoniak gesättigte Luft gewonnen. (1 Zeichnung.)

Nach Schaefer.
197. A. Schaefer in Lachen (Schweiz). Verfahren zur Herstellung einer Kupferoxydammoniaklösung.

Schweiz. P. 45 321; Ver. St. Amer. P. 884 298 (auch G. L. Schaefer).

Eine Lösung, die man durch Einwirkung von Sauerstoff und wäßrigem Ammoniak bei einer Temperatur von -8 bis $+4°$ C auf Kupfer erhält, wird mit dem nach Absorption hierbei entweichender Ammoniakdämpfe in einer Kupfersulfatlösung gebildeten Produkte vermischt. Zur Ausführung des Verfahrens dienen zwei hintereinander zu schaltende zylindrische Kessel, die mit verschließbaren Einfüll- und Entleerungsöffnungen, einem Siebboden, Kühlmantel, Leitungen für Wasser und Gaszu- und -ableitungen versehen sind, und mindestens zwei mit Kühlschlangen, Hähnen, Gaszuleitungsrohren und Entleerungsrohren ausgestattete Behälter zur Absorption der aus den zylindrischen Kesseln entweichenden Ammoniakdämpfe. (Nach dem Ver. St. Amer. P. wird die mit Ammoniakdämpfen behandelte Kupfersulfatlösung durch Ätzalkalizusatz vollständig in das Hydrat übergeführt.) (1 Zeichnung.)

Nach Glanzfäden-Act.-Ges.
198. Glanzfäden-Act.-Ges. in Berlin. Verfahren zur Herstellung haltbarer Kupfersalze für Kupferoxydammoniakzelluloselösungen.

D.R.P. 269 787 Kl. 29b vom 16. XII. 1908; österr. P. 58 299; franz. P. 410 882; brit. P. 29 385[1909]; schweiz. P. 51 246 (Ph. Friedrich); Ver. St. Amer. P. 1 000 827 (Linkmeyer).

Man kann ohne künstliche Kühlung ein haltbares Kupfersalz erhalten, wenn man Kupfersulfatlösungen mit einer zur vollständigen Fällung der Kupfersalze ungenügenden Menge Natronlauge versetzt und dann gelöstes Bikarbonat oder andere saure Salze zusetzt, wobei die Fällung der Kupfersalze durch weiteren Zusatz von Natronlauge nach dem Bikarbonatzusatz vollendet werden kann. Man erhält aus dem so hergestellten Kupfersalz, das vielleicht ein Gemisch von basischem Sulfat, basischem Karbonat und Hydroxyd ist, aber auch eine besondere — möglicherweise lose — Verbindung sein kann, mit Leichtigkeit 15%ige Spinnlösungen, die sich besonders gut zur Herstellung von Kunstseiden u. dgl. eignen, weil die Lösungen infolge des niedrigen Ammoniak- und des hohen Zellstoffgehaltes außerordentlich viskos und fadenziehend sind und schon mit bedeutend schwächeren Fällmitteln als sonst Gebilde unmittelbar ausgefällt werden können. Besonders gut eignet sich das neue Kupfersalz auch zur Auflösung von Zellstoff, der mit anderen Pflanzenstoffen versetzt ist. Die Temperatur, d. h. die Reaktionswärme braucht weder bei der Fällung des Kupfersalzes noch bei der Auflösung des Zellstoffs herabgesetzt zu werden. Ebenso wird viel Ammoniak infolge der leichten Löslichkeit erspart.

Beispiel: Einer Lösung von 370 g zermahlenem Kupfersulfat ($CuSO_4 + 5 H_2O$) in 2 l Wasser setzt man erst 130 ccm Natronlauge von 40° Bé mit 1500 ccm Wasser verdünnt, dann 25 g in Wasser gelöstes doppelkohlensaures Natron und endlich noch weitere 45 ccm Natronlauge von 40° Bé hinzu. Im ganzen werden also 175 ccm Natronlauge von 40° Bé in zwei Gaben verwendet. Nun trennt man die Flüssigkeit von dem entstandenen Kupferniederschlag ab, wobei man jetzt schon 200 g fein zerschnittene Zellulose hinzufügen kann, um leichter auspressen zu können. Das Kupferoxydhydrat verbindet sich hierbei lose mit dem Zellstoff. Das möglichst trocken abgepreßte Zellstoffkupfersalz verarbeitet man nun mit 660 ccm Ammoniak von spez. Gew. 0,888 (= 175 g NH_3) zu einem gleichmäßigen Brei und setzt dann zur Neutralisierung der Kohlensäure (in Gestalt von Kupferkarbonat) und des basischen Sulfats noch 48 ccm Natronlauge hinzu, wodurch sofort völlige Auflösung eintritt.

Patentanspruch: Verfahren zur Herstellung haltbarer Kupfersalze für Kupferoxydammoniakzelluloselösungen, dadurch gekennzeichnet, daß der Kupfersulfatlösung zunächst eine zur vollständigen Fällung des Kupferhydroxyds ungenügende Menge Alkalihydroxyd und darauf Alkalibikarbonat zugesetzt wird.

Nach British Cellulose Syndicate Ltd. und Mertz.

199. British Cellulose Syndicate Limited und Victor Emil Mertz in Manchester. Verfahren zur Herstellung einer haltbaren und hochprozentigen Lösung von ammoniakalischem Kupferoxyd.

D.R.P. 250 596 Kl. 29 b vom 14. I. 1910 (Prior. Engl. 16. I. 1909) (gelöscht);
franz. P. 411 592; brit. P. 1148[1909]; Ver. St. Amer. 954 984.

Eine Abscheidung von Kupferoxydul oder -oxyd aus ammoniakalischen Kupferoxydlösungen läßt sich verhindern, wenn man durch Zusatz geeigneter organischer Stoffe einerseits und langsam Sauerstoff abgebender Körper andererseits einen konstanten Gehalt an aktivem Sauerstoff in statu nascendi in der Lösung herbeiführt, wodurch nicht nur sehr viel Kupfer von Ammoniak aufgelöst wird, sondern auch selbst bei Zimmertemperatur monatelang gelöst bleibt. Als organische Zusätze eignen sich alle mehrwertigen Alkohole und deren Derivate sowie die Salze der organischen Säuren, welche auf Kupfer in alkalischer Lösung nicht reduzierend wirken, z. B. Glyzerin, Acetin, Chlorhydrin, Dextrin, Zitronensäure, Weinsäure, Glykolsäure usw., während sich von den leicht und langsam Sauerstoff abgebenden Körpern die Salze der Persäuren des Schwefels, des Bors und anderer, insbesondere die Natrium- und Ammoniumsalze, wie Ammoniumpersulfat und Natriumperborat, bewährt haben. Hingegen sind die Superoxyde, wie Natriumperoxyd, Magnesiumperoxyd, Wasserstoffsuperoxyd usw. nicht brauchbar, da sie bei Gegenwart von Ammoniak und organischer Substanz den Sauerstoff äußerst rasch, mitunter sogar explosionsartig, abgeben. Durch den Zusatz von Sauerstoffsalzen wird außerdem eine beträchtliche Temperaturerniedrigung der Lösung erzielt, die gleichzeitig die Lösung des Kupfers erheblich beschleunigt. Die Temperaturerniedrigung beträgt bei Ammoniumsulfat bei 1—10%iger Lösung in Ammoniak im Durchschnitt 7° C.

Beispiel. Man übergießt feine Kupferspäne oder elektrolytisches Kupfer mit etwa 12—15%igem Ammoniak, setzt 3—5% Azetin zu und so viel Perborat oder Ammoniumpersulfat, daß ein Teil ungelöst bleibt; 3—10%, je nach Löslichkeit und Konzentration des Ammoniaks, sind in der Regel ausreichend. Nach wiederholtem Umschwenken entsteht eine kräftig lebhaft dunkelblau gefärbte Lösung, die je nach Umständen und bei längerem Stehen bis zu 5% und mehr Kupfer, an Sauerstoff und Ammoniak gebunden, enthält und selbst bei Zimmertemperatur keine Zersetzung erleidet.

Patentansprüche: 1. Verfahren zur Herstellung einer haltbaren und hochprozentigen Lösung von ammoniakalischem Kupferoxyd, gekennzeichnet durch die gemeinsame Verwendung von Salzen der Persäuren, wie Natriumperborat, Ammoniumpersulfat usw. oder einer geeigneten Mischung solcher Sauerstoffsalze und mehrwertigen Alkoholen oder Salzen organischer Oxysäuren und Derivaten von beiden, wie Glyzerin, Acetin, Chlorhydrin, Weinsäure, Zitronensäure, Glykolsäure usw.

2. Ausführungsform des Verfahrens nach Anspruch 1, dadurch gekennzeichnet, daß das Persalz gegenüber den organischen Stoffen im Überschuß vorhanden ist und die 3—10fache Menge der mehrwertigen Alkohole oder der Salze organischer Säuren (Oxysäuren) ausmacht.

Nach Chemische Fabrik Bettenhausen Marquart & Schulz.

200. Chemische Fabrik Bettenhausen Marquart & Schulz in Cassel-Bettenhausen. Verfahren zur Herstellung haltbarer Lösungen von Kupferoxydammoniak.

Österr. P. 41 720; franz. P. 399 911; schweiz. P. 45 290; brit. P. 4872[1909].

Es wurde gefunden, daß sich die Haltbarkeit der Kupferoxydammoniaklösungen durch Zusatz organischer Stoffe erhöhen läßt. Als besonders geeignet haben sich die mehratomigen Alkohole, wie Glyzerin und Mannit, die Zuckerarten, wie Traubenzucker, Milchzucker und Rohrzucker, sowie die Kohlenhydrate, wie Stärke und Dextrin, und schließlich die Gummiarten erwiesen. Es wurde ferner gefunden, daß sich ein weiterer sehr erheblicher Vorteil erzielen läßt, wenn man die oben angeführten Stoffe nicht erst nachträglich zu den fertigen Lösungen zusetzt, sondern schon bei deren Bereitung mitverwendet. Die Bildung des Kupferoxydammoniaks wird hierdurch nicht nur bedeutend beschleunigt, sondern es lassen sich auch ohne jede Kühlung Lösungen von erheblich höherem Kupfergehalt als sonst, und zwar solche von 5% und darüber mit Leichtigkeit erzielen. Zur Erzielung der Haltbarkeit genügt bereits ein Zusatz von 1—2% der angeführten Stoffe. Kupferoxydulammoniak ist in den Lösungen nicht vorhanden.

Nach Foltzer.

201. Joseph Foltzer in Tagolsheim, Ober-Elsaß. Verfahren zur stetigen Herstellung von Kupferoxydammoniak.

D.R.P. 229 677 Kl. 12 n vom 4. IV. 1908 (gelöscht).

Bei diesem Verfahren fällt eine Außenkühlung des Reaktionsbehälters weg und das Kupfer taucht nicht mehr in eine gegen Wärmeerzeugung zu schützende Ammoniakflüssigkeit ein. Die zur Erzielung von Kupferoxydammoniak nötige Ammoniakflüssigkeit wird aus einem Behälter a (Fig. 134) durch einen oder mehrere mit Luft gespeiste Injektoren A angesaugt und ihr Strahl B auf ein von Kupferspänen b reichlich bedecktes, in einem geschlossenen Raum D sich befindendes Sieb gerichtet. Hierdurch bildet sich Kupferoxydammoniak, das über die Kupferspäne hinwegrieselt und in den Behälter a zurückfließt. Das während der Kupferoxydammoniakbildung frei gewordene Ammoniakgas zieht durch Rohr 2 ab und wird zum Teil im Behälter F von reinem Wasser aufgenommen, der Rest durch den Regulierhahn 3 ins Freie gelassen oder in einem Schwefelsäurebad aufgefangen, größtenteils aber mit der frisch eintretenden Luft durch den Regulierhahn 4 wieder angesaugt und in den Apparat D zurückgeführt, so daß sich die Kupferspäne in einem mit Ammoniakgas möglichst gesättigten Medium be-

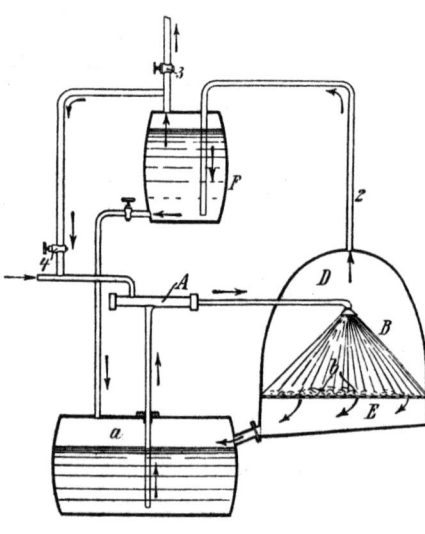

Fig. 134.

finden. Es wird nun so stetig weitergearbeitet, bis die Kupferoxydammoniaklösung ein spez. Gew. von etwa 1,004—1,005 bei $+ 20°$ C zeigt. Dann wird das im Behälter F aufgefangene Ammoniak dem im Behälter a befindlichen Kupferoxydammoniak beigefügt. Es entsteht hierdurch ein zum Lösen der Zellulose nachteiliges Verdünnen des Kupferoxydammoniaks, so daß vor dem Auflösen das noch fehlende Kupfer beigegeben werden muß.

Patentanspruch: Verfahren zur stetigen Herstellung von Kupferoxydammoniak, dadurch gekennzeichnet, daß zum Zwecke der Vermeidung einer äußeren Kühlung des Reaktionsgefäßes und der Erzielung einer möglichst ammoniakarmen Lösung das Kupfer in einer mit Ammoniakgas gesättigten Atmosphäre in großer Fläche von Ammoniakflüssigkeit von oben duchrieselt wird.

Nach Bernstein.

202. Henry Bernstein in Philadelphia. Herstellung von Cuprammoniumlösung.

Ver. St. Amer. P. 965 273.

Das gewöhnliche Verfahren, Cuprammoniumlösungen herzustellen, besteht darin, daß man ein Gemisch von metallischem Kupfer und Ammoniak mit Luft behandelt. Dies Verfahren liefert nur etwa $2^1/_2\%$ Kupfer enthaltende Lösungen. Bessere Ergebnisse werden erzielt, wenn bei der Herstellung der Lösung niedrige Temperaturen eingehalten werden (unter 5° C). Der Erfinder erhält 4%ige und stärkere Lösungen, die bei gewöhnlicher Temperatur beständig sind dadurch, daß er unter Zusatz von Zuckerarten arbeitet. Er nimmt wäßriges Ammoniak (20%), setzt dazu etwa 2% Zucker, Melasse u. dgl. und gibt die Lösung zu 16—20%iger Ammoniakflüssigkeit. Das Gemisch wird in einem geeigneten Behälter mit Kupfer in Form von Streifen oder Spänen in Berührung gebracht, und dann wird Luft durch die Flüssigkeit geleitet. In der Flüssigkeit kann ein hoher Prozentsatz Zellulose gelöst werden, die Lösung ist bei gewöhnlicher Temperatur beständig.

203. Henry Bernstein in Philadelphia. Herstellung von Cuprammoniumlösungen.

D.R.P. 248 303 Kl. 29b vom 15. VII. 1910 (gelöscht); österr. P. 60 034; Ver. St. Amer. P. 965 557; franz. P. 418 282; brit. P. 15 991[1910]; schweiz. P. 53 440.

Das Verfahren wird wie das vorstehende ausgeführt unter Verwendung von Melasse, auf deren Gehalt an nicht kristallisierendem Zucker, an Invertzucker und Kalisalzen Wert gelegt wird. Es werden 5 und 6% Kupfer enthaltende Lösungen erzielt, die bei gewöhnlicher Temperatur etwa 8% Zellulose lösen. Die Lösungen zeigen hohe Viskosität.

Die deutsche Patentschrift enthält Vergleichsversuche, die die Überlegenheit der Melasse über Rohrzucker, Gummiarabikum, Glyzerin und Traubenzucker erkennen lassen. Die Ansprüche des deutschen Patentes lauten:

1. Verfahren zur Herstellung von Kupferoxydammoniaklösungen, dadurch gekennzeichnet, daß man Ammoniakwasser, welches Melasse enthält, in einen mit metallischem Kupfer beschickten Behälter bringt und Preßluft oder irgendein Gasgemisch, das freien Sauerstoff enthält, aufsteigen läßt.

2. Ausführungsform des Verfahrens nach Anspruch 1, dadurch gekennzeichnet, daß Melasse zunächst in Ammoniakwasser geeigneter Stärke aufgelöst, dann diese Melasselösung mit Ammoniakwasser auf die gewünschte Stärke verdünnt und sodann in einen mit Kupferspänen, -streifen od. dgl. gefüllten Behälter eingetragen wird, wonach man durch die Flüssigkeit Preßluft oder irgendein anderes, freien Sauerstoff enthaltendes Gas aufsteigen oder hindurchziehen läßt.

Nach Bronnert.

204. Dr. Emil Bronnert in Mülhausen i. E. Verfahren zur Herstellung von in Ammoniak löslicher Kupferhydroxydzellulose.

D.R.P. 109 996 Kl. 29 vom 2. V. 1899 (gelöscht); österr. P. 3638 Kl. 29; franz. P. 278 371; Ver. St. Amer. P. 646 381; brit. P. 13 331[1899].

Es hat sich gezeigt, daß technisch verwertbare Lösungen von Zellulose auf einfache und bequeme Weise sofort erhalten werden können, wenn die Zellulose in Form von Kupferhydroxydzellulose in Ammoniak gelöst wird. Am besten wird zur Herstellung der Kupferhydroxydzellulose so verfahren, daß die fein zerteilte Zellulose aufgeschlossen wird durch Überführung in die auch zur Cross und Bevanschen Viskoseherstellung benutzte sehr reaktionsfähige Natronzellulose. Diese wird dann in geeigneten Mischmaschinen mit der molekularen Menge von kristallisiertem Kupfersulfat zusammengerieben. Durch doppelte Umsetzung entsteht dabei schwefelsaures Natrium und eine lose Verbindung von Kupferhydroxyd und Zellulose. Diese lose Verbindung ist durch Wasser genau wie die Natronzellulose zersetzlich unter Abscheidung von Zellulosehydrat und Kupferhydroxyd. In Ammoniak ist sie sofort löslich zu einer selbst bei höherer Temperatur ihre Viskosität bewahrenden Flüssigkeit. Es werden z. B. 162 g trockene Zellulose (1 Mol.) fein zerschnitten und bei gewöhnlicher Temperatur mit einer Lösung von 80 g reinem Natronhydrat in 500 g Wasser gut durchgemischt. Nach etwa einstündigem Stehen werden sodann 249 g (= 1 Mol.) krist. Kupfersulfats in fein gepulvertem Zustande zugefügt und unter Vermeidung erheblicherer Erwärmung innig gemischt. Das erhaltene homogene hellblaue Produkt ist direkt in konz. wäßriger Ammoniakflüssigkeit löslich, wobei der größte Teil des gebildeten Natriumsulfates zurückbleibt. Zweckmäßig werden dabei die Verhältnisse so gewählt, daß auf je 1 Mol. Kupferhydroxydzellulose beiläufig 16—20 Mol. Ammoniakgas kommen. Zur Verwendung kann gelangen: Baumwolle, Zellstoff oder auch Zellulosehydrat irgendwelcher Art. Auch Hydrozellulose (nach Girard aus Zellulose durch Tränken mit 2%iger Salzsäure, Trocknen bei 60—80° und Waschen erhalten) liefert nach vorstehendem Verfahren bis zu 12 und mehr Prozent Zellulose haltende prächtige Lösungen von kollodiumähnlichem Charakter. Da diese Hydrozellulose in Schweizerscher oder Wrightscher Flüssigkeit sonst nur in ganz unbedeutendem Maße löslich ist, so ist hierin ein wichtiger Beweis zu erblicken für die Richtigkeit der Annahme einer in Ammoniak als solche löslichen Kupferhydroxydverbindung der Zellulose.

Patentansprüche: 1. Verfahren zur Herstellung von in Ammoniak löslicher Kupferhydroxydzellulose, dadurch gekennzeichnet, daß 1 Mol. der bekannten Dinatriumzellulose $C_6H_8Na_2O_5$ mit 1 Mol. Kupfersulfat ($CuSO_4 + 5 H_2O$) oder einer äquivalenten Menge eines anderen geeigneten Kupfersalzes zusammengerieben werden unter Vermeidung erheblicherer Erwärmung.

2. Ausführungsform des unter 1. geschützten Verfahrens, darin bestehend, daß statt Dinatriumzellulose die analog dieser erhältliche Dinatriumhydrozellulose oder irgendein Dinatriumzellulosehydrat zur Verwendung kommt.

Nach Bemberg.

205. J. P. Bemberg, Akt.-Ges. in Barmen-Rittershausen. Verfahren zur Herstellung von in Ammoniak löslichen Zelluloseprodukten.

D.R.P. 162 866 Kl. 29b vom 29. IX. 1900 (gelöscht).

Das Verfahren besteht im wesentlichen darin, Zellulosematerial mit metallischem Kupfer (Zementkupfer) innig zu mischen und letzteres sodann auf der Zellulose in Hydrat überzuführen. Diese Überführung kann z. B. in der Weise erfolgen, daß man die Zellulose-Kupfermischung mit Kupfervitriol, Chloralkali und wenig Wasser behandelt und das erhaltene grüne basische Kupfersalz durch Alkali in Hydrat überführt. Die Hydratisierung des Kupfers geht bei diesem Verfahren beträchtlich schneller und durchgreifender vor sich als bei Abwesenheit der Zellulose, weil die hierzu erforderliche Oxydation des Kupfers durch dessen feine Verteilung und die der Luft dargebotene große Oberfläche beträchtlich rascher und energischer verläuft. Eine Mercerisierung der Zellulose und eine chemische Verbindung zwischen Zellulose und Kupferhydroxyd findet hierbei nicht statt, da die Konzentration des Alkalis bedeutend geringer sein kann, als zur Erzielung der Mercerisierwirkung erforderlich ist. Das erhaltene, in wässerigem Ammoniak leicht lösliche Produkt ist dementsprechend durchaus haltbar und wasserbeständig und läßt sich daher beliebig lange ohne Einbuße an Haltbarkeit auf Lager halten, versenden und nach Bedarf weiter verarbeiten, ganz abgesehen davon, daß das Produkt frei von Alkalisalzen erhalten werden kann, welche bekanntermaßen die Löslichkeit der Zellulose herabsetzen, und daß die direkte Verwertung des aus den Zersetzungsflüssigkeiten der Zelluloselösungen wiedergewonnenen Zementkupfers gegenüber der Benutzung von Kupfersalzen eine wesentliche Vereinfachung des Betriebes darstellt. Eine besonders wertvolle Ausführungsform des vorliegenden Verfahrens, welche die Umwandlung des Kupfers bedeutend rascher und vollständiger auszuführen gestattet, als die bekannten Hydratierungsweisen, besteht darin, das Zellulose-Kupfergemisch mit Ammoniak, Sauerstoff (Luft) und einer noch keine Lösung der Zellulose herbeiführenden Menge Wasser zu behandeln. Eine direkte Erzeugung von Kupferoxydammoniak- oder Zelluloselösung durch die gegenseitige Einwirkung von Kupfer, Sauerstoff, Wasser, Ammoniak und Zellulose, wie bei den bekannten Verfahren, findet bei diesem Verfahren wegen der benutzten geringen Wassermenge nicht statt; es entsteht vielmehr ein Zwischenprodukt, dessen Bildung folgendermaßen zu erklären sein dürfte: Durch Einwirkung des Luftsauerstoffs und des vorhandenen Wassers wird zunächst das Kupfer in Kupferhydroxydul übergeführt, was sich durch die anfänglich entstehende gelbbraune Färbung des Gemisches zu erkennen gibt. Ohne Zuhilfenahme weiterer Hilfsmittel würde nun die weitere Oxydation des Kupfers sehr langsam vor sich gehen. Sind dagegen Ammoniak und ganz geringe Wassermengen zugegen, so verläuft die Oxydation sehr schnell, indem das von der Zellulose in großen Mengen aufgesaugte und dadurch in innige Berührung mit dem Kupfer tretende Ammoniak sauerstoffübertragend wirkt; es findet unter starker Wärmeentwicklung eine intermediäre Bildung von Kupferoxydulammoniak statt, welches, ähnlich wie bei Kupferchlorür, äußerst leicht Sauerstoff aufnimmt. Statt des zu erwartenden Kupferoxydammoniaks entsteht aber, da dieses bei Abwesenheit größerer Mengen Wasser ein sehr unbeständiger Körper ist, sofort Kupferhydroxyd, was sich wiederum an der über olivgrün in blau übergehenden Farbe erkennen läßt. Bei richtig geleiteter Reaktion erhält man daher am Schluß eine trockene, lose Fasermasse, während bei Anwendung von wenig überschüssigem Wasser sofort durch teilweise Lösung eine schädliche Verschmierung der Masse eintritt. Das nach dieser Ausführungsform erhaltene Produkt ist ebenfalls beständig, also lager- und versandfähig, im Gegensatz zu der leicht zersetzlichen Kupferoxydammoniaklösung der Zellulose. Das Produkt löst sich in Ammoniakwasser überraschend leicht und schnell, auch ohne mechanische Hilfsmittel, zu technisch wertvollen homogenen und hochkonzentrierten Lösungen. Die Herstellung einer Lösung von 300 g Zellulose im Liter (innerhalb weniger Stunden) bietet z. B. keine Schwierigkeiten.

Die praktische Ausführung der Erfindung gestaltet sich beispielsweise wie folgt: I. 2 g Zementkupfer, 2 g Kupfervitriol und 2 g Kochsalz werden innig mit etwa 10—15 ccm Wasser zu einem feinen Brei zerrieben und mit 6 g zerschnittener, abgekochter, ungefähr 25% Wasser enthaltender Baumwolle durchgeknetet. Die gleichmäßig braune Masse wird nach einigen Stunden unter Bildung von basischem Kupfersalz vollständig grün. Der Vorgang kann durch sorgfältiges Zerkleinern der Ware, durch Besprengen mit Kupferchlorid und öfteres Durcharbeiten beschleunigt werden. Man setzt nunmehr etwa 20 ccm Natronlauge von 5° Bé (oder eine entsprechend geringere Menge konzentrierter Lauge) zu, wodurch das Gemisch unter Bildung von Kupferhydrat blau wird. Nach Auswaschen der gebildeten Salze löst sich das Gemisch glatt in Ammoniak auf.

II. Die abgekochte und fein zerschnittene Baumwolle wird mit Zementkupfer gemengt und bei Gegenwart von Luft und der zur Reaktion erforderlichen Menge Wasser (100—150% des Gewichts der Baumwolle) in flüssigem oder gasförmigem Zustande der Einwirkung von Ammoniak ausgesetzt. Die Einwirkung des Ammoniaks ist sehr rasch und energisch, so daß sogar merkliche Erwärmung eintritt. Setzt man zuviel Wasser zu, so findet eine Lösung der gebildeten Kupferverbindung statt, wodurch das Zellulosematerial angegriffen, verschmiert und das noch unveränderte Kupfer der Einwirkung der Gase entzogen wird. Ist zu wenig Wasser vorhanden, so entstehen braune bis grüne unlösliche Zwischenprodukte.

Patentansprüche: 1. Verfahren zur Herstellung einer haltbaren, in Ammoniak zu einer hochkonzentrierten Lösung löslichen Kupferhydroxydzellulose, darin bestehend, daß das Zellulosematerial mit metallischem Kupfer (Zementkupfer) gemischt und letzteres sodann auf der Zellulose in Hydrat übergeführt wird.

2. Eine Ausführungsform des unter 1 beanspruchten Verfahrens, darin bestehend, daß eine Mischung von Zellulose und Kupfer mit Kupfervitriol, Chloralkali und wenig Wasser behandelt und das erhaltene grüne basische Kupfersalz durch Alkali in Hydrat übergeführt wird.

3. Eine zweite Ausführungsform des unter 1. beanspruchten Verfahrens, darin bestehend, daß die Zellulose-Kupfermischung mit Ammoniak, Sauerstoff (Luft) und einer noch keine Lösung der Zellulose herbeiführenden Menge Wasser behandelt wird.

206. J. P. Bemberg, Akt.-Ges. in Barmen-Rittershausen. Verfahren zur Herstellung von Kupferhydroxydzellulose.

D.R.P. 174 508 Kl. 29b vom 23. II. 1905, Zus. z. D.R.P. 162 866 (gelöscht).

Das Verfahren des Hauptpatentes (s. vorstehend) wird dahin abgeändert, daß das Zellulosematerial statt mit Kupfermetall mit Kupferhydroxydul gemischt der Einwirkung von Ammoniak, Sauerstoff (Luft) und einer noch keine Lösung der Zellulose herbeiführenden Menge Wasser ausgesetzt wird. Hierdurch wird die Reaktionswärme erheblich verringert, die Oxydation in der Ammoniakatmosphäre gleichmäßiger gestaltet, die Löslichkeit des Produktes in Ammoniak beträchtlich erhöht, mithin eine höhere Konzentration und zugleich homogenere Beschaffenheit der Zelluloselösung erzielt.

Nach Mahler.

207. W. Mahler und V. Mahler in Deutschbrod (Böhmen). Abänderung des Verfahrens zur Herstellung hochprozentiger Zelluloselösungen für künstliche Seide, Fäden, Films usw.

Österr. P. 18 454 Kl. 29 b.

Statt Zellulose in Kupferoxydammoniak aufzulösen oder mercerisierte Zellulose nach dem Zusammenreiben mit gepulvertem Kupfersulfat oder einem anderen Kupferoxydsalz direkt in Ätzammoniak zu lösen[1]), mischen die Erfinder eine kalt gesättigte Lösung von Kupfersulfat oder einem anderen Kupferoxydsalz innig mit der nötigen Menge reiner, zuerst gebleichter und getrockneter, mit Ätznatronlauge mercerisierter Zellulose. Hierbei soll die Verbindung des Kupferoxydsalzes mit der vorbehandelten Zellulose inniger stattfinden. Man läßt einige Stunden liegen und befreit die so behandelte Zellulose von der überschüssigen wäßrigen Lösung möglichst vollständig, wodurch auch zugleich der größte Teil der schädlichen Ätznatronlauge entfernt wird. Auf diese Art vorbehandelte Zellulose löst sich hochprozentig in Ätzammoniak.

Nach Spence and Sons, Ltd.

208. Peter Spence & Sons Limited in Manchester, Engl. Verfahren zur Herstellung einer zum Lösen von Zellulose dienenden Kupferoxydammoniaklösung.

D.R.P. 264 952 Kl. 29b vom 12. X. 1912 (gelöscht); brit. P. 25 532^{1911}; franz. P. 449 801; belg. P. 250 441 (auch Edm. Knecht und Dr. Alfred Perl).

Nach diesem Verfahren wird das Kupfer in viel feinerer Verteilung niedergeschlagen, als es bisher zur Herstellung von wässerigen Kupferoxydammoniaklösungen gebraucht wurde, indem aus einem geeigneten Kupfersalz oder der Lösung eines solchen durch ein lösliches Reagens oder die Lösung eines solchen metallisches Kupfer im Zustand allerfeinster Verteilung niedergeschlagen und in diesem Zustand molekularer Verteilung mit Luft oder einem anderen Oxydationsmittel und Ammoniak in Gegenwart von Wasser behandelt wird. Es lassen sich auf diese Weise Kupferoxydammoniaklösungen viel schneller als nach dem zur Behandlung des Kupfers bekannten Verfahren herstellen, und die erhaltenen Lösungen haben infolge eines höheren Prozentgehaltes an Kupfer eine größere Lösungsfähigkeit. Bei der Ausführung des Verfahrens wird die Lösung eines geeigneten Kupfersalzes (z. B. Kupfersulfat) mit Titansesquioxydsulfat behandelt und auf diese Weise metallisches Kupfer im Zustand allerfeinster Verteilung niedergeschlagen. Dieses metallische Kupfer wird nach dem Abfiltrieren und Auswaschen mit einer wässerigen Lösung von Ammoniak in Gegenwart von Luft behandelt oder es wird Luft und gasförmiges Ammoniak durch Wasser geblasen, in welchem das metallische, im Zustand allerfeinster Verteilung befindliche Kupfer in der Schwebe ist. Statt in gelöster, kann das Kupfersulfat auch in fester Form verwendet werden, z. B. können 100 T. gepulvertes kristallisiertes Kupfersulfat mit der erforderlichen Menge eines Reduktionsmittels, z. B. mit 800 T. einer 20%igen Lösung von Titansesquioxydsulfat, vermischt werden. Ebenso kann an Stelle von Kupfersulfat ein anderes Kupfersalz Verwendung finden. Auch die Titansesquioxydsalze können durch Salze der niederen Oxyde anderer Metalle ersetzt werden, welche Kupfersalze zu metallischem Kupfer im gewünschten Zustande reduzieren, z. B. durch Chromoxydulsalze.

Beispiel: Eine ungefähr 20%ige Lösung von Kupfersulfat wird mit einer ungefähr 20% enthaltenden Lösung von Titansesquioxydsulfat

---
[1]) Siehe D.R.P. 109 996, S. 204.

in geringem Überschusse vermischt, sodann wird das ausgefällte, im Zustand allerfeinster Verteilung befindliche metallische Kupfer abfiltriert und gewaschen und der Einwirkung einer starken Ammoniaklösung in Gegenwart von Luft ausgesetzt. Auf diese Weise läßt sich schnell und billiger als bisher eine hochprozentige Lösung von Kupferoxydammoniak herstellen, welche zur Auflösung von Zellulose sehr geeignet ist. Während des Oxydationsprozesses verdunstet ein Teil des Ammoniaks und wird durch den Stickstoff oder durch den Stickstoff und die Luft weggeführt. Das so verlorengehende Ammoniak und der Stickstoff können gegebenenfalls in bekannter Weise wieder gesammelt und von neuem verwendet werden. Auch das infolge der Reduktion des Kupfersulfats erhaltene Titandioxydsulfat kann wieder zu Titansesquioxydsulfat reduziert und zur Reduktion weiterer Mengen von Kupfersulfat verwendet werden. Zur Reduktion der Kupfersalze zu metallischem Kupfer ist es im allgemeinen zweckmäßig, die löslichen Salze der niederen Oxyde solcher Metalle als Reduktionsmittel zu verwenden, welche von der dabei entstandenen höheren Oxydationsstufe zur niederen durch Elektrolyse oder andere Mittel wieder reduziert werden können.

Die Vorteile des Verfahrens sind aus den Ergebnissen der folgenden Vergleichsversuche ersichtlich, die unter Zugrundelegung gleicher Gewichtsmengen Kupfer verschiedenen Ursprungs erhalten wurden. Es ergab:

Kupfer nach vorliegendem	Nach 1 Stunde	Nach 3 Stunden	Nach 22 Stunden	
Verfahren hergestellt . .	0,81%	1,59%	3,69%	Kupfer in Lösung
Naturkupfer	0,43%	0,92%	2,05%	,, ,, ,,
Kupferspäne	0,24%	0,78%	2,9	,, ,, ,,

Ferner wurden Versuche gemacht, um den Unterschied in der Zeit festzustellen, welche zur Herstellung einer $2^1/_2$%igen Kupferlösung, wie sie gewöhnlich bei der Herstellung von künstlicher Seide zur Verwendung kommt, erforderlich ist. Dabei ergab sich, daß bei Verwendung des nach vorstehendem Verfahren hergestellten Kupfers die verlangte Lösung in $5^1/_2$ Stunden erhalten wurde, während bei Gebrauch von Kupferfeilspänen mindestens 10 Stunden mehr erforderlich waren. Infolge der kürzeren Zeit des Verfahrens wird weniger Ammoniak durch die Luft mitgerissen, und dementsprechend sind die Unkosten der Wiedergewinnung geringer; oder es können Lösungen mit geringerem Gehalt an Ammoniak verwendet werden. Bei künstlicher Kühlung wird die zu ihrer Aufrechterhaltung erforderliche Zeit ebenfalls geringer, und entsprechend nehmen auch die damit zusammenhängenden Unkosten ab.

Patentansprüche: 1. Verfahren zur Herstellung einer zum Lösen von Zellulose dienenden Kupferoxydammoniaklösung, dadurch gekennzeichnet, daß Kupfer im Zustande feinster Verteilung aus einem geeigneten Kupfersalz oder der Lösung eines solchen durch ein lösliches Reagens, z. B. Titansesquioxydsulfat, oder die Lösung eines solchen niedergeschlagen wird, worauf dieses im Zustande molekularer Verteilung befindliche Kupfer, nachdem es erforderlichenfalls gewaschen worden ist, mit Luft und Ammoniak in Gegenwart von Wasser behandelt wird.

2. Verfahren nach Anspruch 1, dadurch gekennzeichnet, daß das Kupfer im Zustande feiner Verteilung mittels eines löslichen Salzes des niederen Oxyds eines Metalls niedergeschlagen und das entstandene Salz der höheren Oxydationsstufe wieder zwecks erneuter Verwendung in das Salz der niederen Oxydationsstufe reduziert wird.

Nach Wassermann.

209. Max Wassermann in Kalk-Cöln. Verfahren zur Herstellung von Lösungsflüssigkeit für Zellulose.

D.R.P. 274 658 Kl. 29b vom 10. I. 1913.

Versuche haben ergeben, daß es gelingt, Lösungen mit einem bis jetzt noch nicht erreichten Kupfergehalt darzustellen, wenn man wie folgt verfährt: 100 ccm Ammoniak vom spez. Gew. 0,91 und 24° Bé werden bei niederer Temperatur mit 25 g Chlorammonium versetzt und in diese Flüssigkeit 25 g Kupferoxydul eingebracht. Diese gehen hierbei vollkommen und schnell in Lösung. Hiernach werden bei Aufrechterhaltung der niedrigen Temperatur 25 ccm Kalilauge von 28%, d. h. 24—25° Bé oder eine entsprechende Menge Natronlauge hinzugefügt und gut durchgemischt. Der sich bildende hellblaue Niederschlag setzt sich, sofern die Flüssigkeit in der Kälte aufbewahrt wird, in 2—3 Stunden vollständig ab. Die überstehende Flüssigkeit, die einen sehr erheblichen Kupfergehalt besitzt, wird nun abfiltriert und löst Zellulose und Zellstoff in hohem Grade auf.

Die angegebenen Zahlen sind nur als Beispiele gedacht, und die Mischungsverhältnisse können nach oben und unten entsprechend verändert werden. Man kann z. B. mehr oder weniger Chlorammonium anwenden und die Kupferoxydulmenge bis auf 50 g erhöhen.

Patentanspruch: Verfahren zur Herstellung von Lösungsflüssigkeit für Zellulose mit besonders hohem Kupfergehalt und dadurch bedingter, hoher Lösungsfähigkeit für Zellulose, dadurch gekennzeichnet, daß pulverförmiges Kupferoxydul unter Zugabe von entsprechenden Mengen Chlorammonium bei niedriger Temperatur in Ammoniak aufgelöst und der Mischung Kali- oder Natronlauge so lange zugesetzt wird, bis sich ein hellblauer Niederschlag bildet, der sich in der Kälte ziemlich rasch und vollständig absetzt, und von dem die überstehende Lösung abgezogen werden kann.

Über Kuproid der Fa. Wassermann & Jaeger s. Kunststoffe 1913, S. 117.

Herstellung von Kupferoxydammoniakzelluloselösung.

Nach Société générale pour la fabrication des matières plastiques.

210. La Société générale pour la fabrication des matières plastiques in Paris. Verfahren zur Herstellung von Zelluloselösungen.

D.R.P. 113 208 Kl. 29b vom 15.VII. 1899 (gelöscht); brit. P.14 525[1899]; österr. P.2739.

Vorliegendes Verfahren gestattet, in 24 Stunden eine Lösung von 65 g Zellulose im Liter ohne Anwendung von Kühlen, ohne Elektrizität und ohne Gefahr irgendwelcher Zersetzung herzustellen. Es besteht darin, 1. beständig vermöge einer besonderen Einrichtung von Apparaten in einem mit Ammoniak gesättigten Medium zu arbeiten, wodurch die Abnahme der Flüssigkeit an Ammoniak und folglich ihre Zersetzung vermieden wird, und 2. gleichzeitig mit Ammoniak geschwängerte Luft auf Kupfer und die gebildete Flüssigkeit auf die Zellulose einwirken zu lassen. Obgleich dieses Ergebnis mit Hilfe eines Gefäßes irgendwelcher Form erhalten werden kann, in welchem sich eine ammoniakalische Kupferoxydlösung, Kupfer und Zellulose befindet, und obgleich es genügt, von Zeit zu Zeit zu schütteln, ist es doch vorzuziehen, dem Apparate die Einrichtung zu geben, welche auf nachstehender Zeichnung

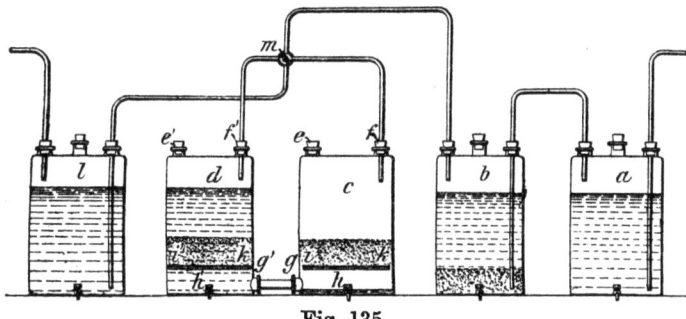

Fig. 135.

dargestellt ist. Fig. 135 stellt einen vertikalen Längsschnitt dar, Fig. 136 und 137 sind Durchschnitte eines Vierweghahnes. Der Apparat besteht aus fünf Gefäßen a, b, c, d und l (Fig. 135), welche hermetisch geschlossen sind. Der Behälter a ist mit Ammoniak, der Behälter b mit Ammoniak und Kupfer gefüllt. Die Behälter c und d sind mit einer ammoniakalischen Kupferoxydlösung, Kupfer und Zellulose gefüllt. Der Behälter l enthält angesäuertes Wasser. In das Gefäß a läßt man Luft eintreten, um die Operation zu regeln. Indem die Luft durch das darin enthaltene Ammoniak streicht, sättigt sie sich mit diesem Gas und geht alsdann durch die Flüssigkeit des Behälters b, welcher die ammoniakalische Kupferoxydlösung enthält. Aus dem Gefäß b streicht die Luft bald durch den Behälter c, bald durch den Behälter d. Nach ungefähr 24 stündigem Hindurchstreichen ist die erhaltene Lösung vollkommen homogen, wobei 1 l Flüssigkeit 65 g oder nahezu 65 g Zellulose völlig gelöst enthält. Das Gefäß l dient zur Gewinnung des überschüssigen Ammoniaks. Wenn die Operation beendigt ist, leert man die Gefäße c und d, indem man in ihnen das Kupfer läßt, welches übriggeblieben ist, gießt in diese den Inhalt des Gefäßes b, nachdem man dieser Flüssigkeit die nötige Menge Zellulose hinzugefügt und die innige Mischung

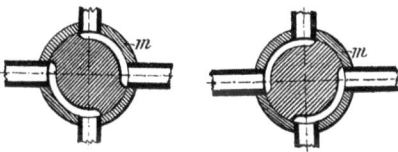

Fig. 136.　　　Fig. 137.

bewirkt hat, dadurch, daß man sie zwischen zwei Mahlsteine aus Granit mit exzentrischen Achsen führt; das Gefäß b wird mit Ammoniak gefüllt, zu welchem Kupfer, wenn davon nicht mehr genügend vorhanden ist, hinzugefügt wird. Der Apparat ist alsdann von neuem betriebsfertig, indem er gleichzeitig die notwendige Flüssigkeit für den Gebrauch des nächsten Tages erzeugt.

Um darzutun, daß nach vorliegendem Verfahren eine Lösung von vollkommener Homogenität gewonnen wird, sind noch die Gefäße c und d, welche gewissermaßen nur ein Gefäß bilden, zu beschreiben und ihre Tätigkeit zu erklären. Der obere Teil jedes dieser Gefäße ist mit zwei Öffnungen versehen, deren erstere e oder e^1 zur Einführung der Grundstoffe und deren zweite f oder f^1 abwechselnd zum Ein- und Austritt der Luft dienen. Der untere Teil jedes dieser Gefäße ist mit einem Rohrstutzen g oder g^1 versehen, durch welche die Gefäße c und d in Verbindung gesetzt werden, und ferner mit Rohren h oder h^1, welche mit Entleerungshähnen versehen sind. Oberhalb der unteren Rohre befinden sich in einer gewissen Entfernung vom Boden durchlöcherte Scheidewände $i\,k$ und $i^1\,k^1$. Angenommen, die Luft gehe, wie aus der Zeichnung ersichtlich ist, durch Rohr f des Gefäßes c, welches die Mischung der ammoniakalischen Kupferlösung, des Kupfers und der zu lösenden Zellulose enthält, während der Behälter d, dessen Öffnung f^1 geöffnet ist, nur Kupfer enthält. Da der Behälter d hermetisch geschlossen ist, so wird der Luftstrom das Gemisch durch die Scheidewand $i\,k$, hierauf durch den Kanal $g\,g^1$ in das Gefäß d und endlich durch die Scheidewand $i^1\,k^1$ treiben. Sobald alle Flüssigkeit in das Gefäß d eingetreten ist, wird die mit Ammoniak beladene Luft einen Ausweg suchen, durch die Flüssigkeit in Bläschen aufsteigen und durch die Öffnung f^1 entweichen. Wenn nach einiger Zeit die Öffnung f^1 in Verbindung mit der aus dem Gefäß b kommenden Luft gesetzt und die Öffnung f geöffnet wird, so findet eine Umkehrung statt, die Flüssigkeit wird in das Gefäß c getrieben, durchdringt hier die Mischung und entweicht durch f. Indem man diesen Vorgang abwechselnd wiederholt, wird die Lösung in vollkommener Weise erzielt und die Flüssigkeit absolut homogen.

Das abwechselnde Öffnen und Schließen von f und f^1 vollzieht sich leicht mit Hilfe des in Fig. 136 und 137 dargestellten Hahnes. Die in Fig. 136 angedeutete Stellung leitet das Gas in das Gefäß c, die in Fig. 137 angedeutete Stellung läßt das Gas nach Gefäß d treten; im ersten Falle empfängt der Behälter l den Überschuß der mit Ammoniak gesättigten Luft, welcher aus dem Gefäß d, im zweiten Falle denjenigen, welcher aus dem Gefäß c kommt. Die Vierteldrehung des Hahnes, wodurch die Ein- und Ausströmung geregelt wird, kann automatisch durch irgendwelche mechanische Vorrichtung bewirkt werden. Als zweckmäßig hat sich eine Wasserstrahlvorrichtung erwiesen, wodurch der Luftstrom geregelt werden und folglich das Durchwirbeln der Flüssigkeit in demselben Gefäß beliebig lange erfolgen kann.

Patentansprüche: 1. Verfahren zur Herstellung einer kupferoxydammoniakalischen Zelluloselösung, dadurch gekennzeichnet, daß man beständig in einem mit Ammoniak gesättigten Medium arbeitet, wodurch die Abnahme der Flüssigkeit an Ammoniak und folglich ihre Zersetzung vermieden wird, und daß man gleichzeitig die mit Ammoniak geschwängerte Luft auf das Kupfer und die gebildete Flüssigkeit auf die Zellulose einwirken läßt.

2. Zur Ausführung des in Anspruch 1 gekennzeichneten Verfahrens ein Apparat, welcher im wesentlichen aus miteinander in Verbindung stehenden Gefäßen ($a\,b\,c\,d\,l$) besteht, von denen die Gefäße (c) und (d) durch die Verbindung ($g\,g^1$) gewissermaßen ein Gefäß bilden und welche durch einen Vierweghahn (m) in Verbindung gesetzt werden, derart, daß die Flüssigkeit derselben abwechselnd durch den in (a) mit Ammoniak gesättigten Luftstrom nach (c) oder (d) getrieben werden kann, woselbst sich die Lösung der Zellulose durch die Einwirkung des in Blasen aufsteigenden Luftstromes vollzieht.

Das brit. P. 14 525^{1899} (J. Chaubet) beschreibt noch eingehender die Vorrichtung zum Vermahlen der Zellulose mit der Kupferlösung und Kippgefäße zur Umschaltung des Mehrweghahnes.

Nach Langhans.

211. Rudolf Langhans in Berlin. Verfahren zur Bereitung konzentrierter Lösungen von Kohlenhydraten mittels Kupferoxydammoniak oder Nickeloxydulammoniak.

D.R.P. 140 347 Kl. 29b vom 8. VI. 1899 (gelöscht); Ver. St. Amer. P. 672 946.

Die Löslichkeit von Zellulose und Seide in Kupferoxydammoniak oder Nickeloxydulammoniak wird durch die Gegenwart von freiem Kupferhydroxyd oder Nickeloxydulhydrat erheblich erhöht. Löst man sorgfältig bereitetes Kupferhydroxyd mit nur so viel Ätzammoniak, daß ein Teil des ersteren ungelöst bleibt, und trägt nach erreichter Sättigung gut gereinigte Zellulose portionsweise unter wiederholtem Umschütteln ein, so kann man bei hinreichender Gegenwart von freiem Kupferhydroxyd die Lösung bis zur Bildung einer sirupösen Masse, welche klar und homogen ist und eine lasurblaue Färbung besitzt, bringen. Mit der Zellulose löst sich zugleich auch das vorhandene freie Kupferhydroxyd. Dieses Verhalten der Zellulose und des Kupferhydroxyds in Verbindung mit dem Umstand, daß der gefällten Zellulose der Kupfergehalt nicht mittels Wasser, sondern nur durch Säure entzogen werden kann, gestattet, die Steigerung der Löslichkeit der Zellulose durch Bildung einer chemischen Verbindung mit Kupferhydroxyd zu erklären. Das vorerwähnte Verhalten zeigen sämtliche Glieder des üblichen Sammelbegriffs Zellulose, d. h. Zellulose irgendwelcher Herkunft (Baumwolle, Flachs, Hanf, Jute, Esparto, Manillahanf usw., Stroh, Holz, Kork usw., tierische Zellulose) und Art (Vaskulose, Parazellulose, Fibrose, Lignin, Fungin, Tunizin usw., ferner kolloidale Zellulose), sowie Zelluloseabkömmlinge, wie Oxyzellulose, Hydrozellulose u. dgl. Ebenso verhält sich Seide. Wie beim Kupferoxydammoniak die Gegenwart von Kupferhydroxyd, so wirkt bei Nickeloxydulammoniak die Gegenwart von

Nickeloxydul oder Nickeloxydulhydrat fördernd auf die Lösung von Zellulose und Seide. Entgegen den Angaben der Literatur löst sich auch Zellulose, namentlich Oxyzellulose, welche durch Alkali aufgeschlossen wurde, in Nickeloxydulammoniak; aus dieser Lösung ist sie durch Säuren wieder ausfällbar. Die Gegenwart von freiem Nickeloxydulhydrat steigert die Löslichkeit. Im allgemeinen zeigt sich die Nickelammoniumverbindung überhaupt weniger lösungskräftig als die Kupferammoniumverbindung; auch spricht die Bereitungsweise des Nickelhydroxyduls als sehr wichtiger Faktor mit; so zeigt das aus Nitrat bereitete Hydroxydul eine erheblich stärkere Wirkung als das aus Sulfat hergestellte.

Beispiel: Aus 150 g Kupfersulfat sorgfältig bereitetes Kupferhydroxyd wird in 1500 g Ätzammoniak (0,910 spez. Gew.) so lange mazeriert, als noch Kupferhydroxyd gelöst wird; dann trägt man, indem man den ungelösten Überschuß an Kupferhydroxyd mit der gebildeten gesättigten Kupferhydroxydlösung zusammenläßt, 100 g möglichst reine Zellulose in Teilen von ungefähr 25 g ein. Während die Lösung sich vollzieht, wird öfter umgeschüttelt. Nach Lösung des letzten Anteils ist auch alles Kupferhydroxyd verschwunden, und es würde nunmehr von weiter noch zugefügter Zellulose nichts mehr gelöst werden. Die Masse ist sirupös, klar, homogen und von lasurblauer Farbe. Besonders zweckdienlich hat sich die Zellulose erwiesen, welche erhalten wird, wenn man reine Baumwolle, die durch Kochen mit etwa 1%iger wäßriger Ätzalkalilösung, Waschen, Kochen mit etwa 2%iger Salzsäure und wiederholtes Waschen gereinigt worden ist, mit einer starken, 15—28%igen wäßrigen Ätzalkalilauge behandelt und nach dem Waschen trocknet.

Patentansprüche: 1. Verfahren der Bereitung konzentrierter Lösungen von Zellulose und Seide in Kupferoxydammoniak oder Nickeloxydulammoniak, dadurch gekennzeichnet, daß man das Lösemittel in Gegenwart von freiem Kupferhydroxyd oder Nickelhydroxydul einwirken läßt.

2. Ausführungsform des durch Anspruch 1 geschützten Verfahrens, bei welcher Zellulose benutzt wird, die nach zuvoriger Reinigung der Behandlung mit einer 15—28%igen wäßrigen Ätzalkalilösung, gefolgt von Waschen und Trocknen, unterzogen worden ist.

Nach Linkmeyer.

212. Société générale de la soie artificielle Linkmeyer, Société anonyme in Brüssel. Verfahren zur Auflösung von Zellulose in Kupferoxydammoniak.

D.R.P. 183 153 Kl. 29b vom 3. VI. 1904 (gelöscht); Ver. St. Amer. P. 795 526; österr. P. 46 701; franz. P. 346 722; brit. P. 4755 und 4756[1905].

Bekanntlich kann man aus Zellulose, die in Kupferoxydammoniak aufgelöst wird, künstliche Fäden mit Seidenglanz erzeugen, wenn man die Zellulose aus der Lösung wieder zur Abscheidung bringt. In großen Mengen ist die Zellulose in der für diese Fabrikation geeigneten Konzentration ohne weiteres in Kupferoxydammoniak nicht gut löslich. Man behauptet, daß eine solche Auflösung unter Umständen 8 Tage in Anspruch nehmen kann. Zur Erleichterung dieser Auflösung hat man schon eine Reihe Verfahren vorgeschlagen. Die meisten beruhen auf der kräftigen Einwirkung fixer Alkalien vor der Auflösung, durch welche zuvor eine Hydratisierung der Zellulose eintritt. Diese Verfahren zeigen alle erhebliche Nachteile, indem sie teils umständlich sind, zum Teil auch, namentlich bei Anwendung stark oxydierend wirkender Mittel, Lösungen von geringer Viskosität ergeben.

Das vorliegende Verfahren weist diese Nachteile nicht auf. Es wird dadurch eine Lösung von außerordentlich großer Viskosität erzielt, außerdem erfolgt die Auflösung schnell und sicher. Dieser Effekt wird erzielt durch Anwendung desselben Lösungsmittels in verschiedener Konzentration, indem zwei Bäder benutzt werden, deren erstes nur dazu dient, die Fasern zu lockern und Kupferoxyd chemisch mit der Faser zu verbinden, während das zweite zur wirklichen Auflösung der Zellulose dient. Es wurde nämlich gefunden, daß die Lösung der Zellulose sehr gut und schnell erfolgt, wenn man die Baumwolle, nachdem sie gebleicht oder abgekocht worden ist, nicht unmittelbar auflöst, sondern eine Zeitlang trocken oder feucht in ein Kupferoxydammoniakbad von geringer Konzentration einlegt, welches mit etwas Natronlauge versetzt ist. Der Zusatz von Natronlauge hat den Zweck, während des Aufquellens der Zellulose eine gleichzeitige Ablagerung von Kupfer herbeizuführen, wodurch ein vorzeitiges Lösen vermieden wird und nur eine wesentliche Lockerung der Fasern erfolgt, da das Kupferoxyd mit der Faser eine chemische Verbindung eingeht. Dieses Verhalten ist für den erzielten Effekt von besonderer Wichtigkeit und ein solcher beispielsweise nicht zu erhalten, wenn man in bekannter Weise die Zellulose zuerst in wenig Kupferoxydammoniak — ohne Zusatz von Natronlauge — einweicht und dann in der Hauptmenge des Lösungsmittels löst. Die Faser wirkt nämlich durch den Zusatz von Natronlauge anziehend auf das im ersten Bade enthaltene Kupferoxyd, so daß die Faser das Bad gewissermaßen auslaugt und fast sämtliches Kupfer, welches in ihm enthalten war, auf der Faser abgelagert wird. In diesem Zustande lösen sich die Fasern bei der darauf folgenden Einwirkung des eigentlichen Lösungsbades schnell und sicher auf. Es werden Lösungen erhalten von gleichmäßiger Beschaffenheit und außerordentlich guter Spinnbarkeit. Die Auflösung geht dabei so schnell vor sich, daß die Temperatur ziemlich nebensächlich ist. Es wurde beobachtet, daß die Auflösung bei 10—15° noch sehr gut gelingt.

Es werden z. B. etwa 7 g entfettete oder gebleichte Baumwolle in etwa 150—180 ccm Kupferoxydammoniak, welches ungefähr 12 g Kupfer und 90 g Ammoniak im Liter enthält und dem vorher etwa 6 ccm Natronlauge von 40—50° Bé zugesetzt wurden, eingelegt. Nachdem die Baumwolle etwa 2—3 Stunden oder auch länger in diesem Bade gelegen hat, haben sich die Fasern bedeutend gelockert, und das vom Ammoniak gelöste Kupferoxyd hat sich auf der Faser abgelagert; sie hat infolgedessen ein tiefblaues Aussehen. Das Fasergut wird nunmehr herausgenommen, abgepreßt und in 100 g Kupferoxydammoniak, welches im Liter ungefähr 16—18 g Kupfer und 200 g Ammoniak enthält, gelöst. Es entsteht sehr bald eine dickflüssige, sehr stark fadenziehende Lösung, welche u. U. mit Wasser verdünnt werden kann. Diese Lösung wird gut filtriert und kann dann auf Kunstfäden weiter verarbeitet werden.

Patentanspruch: Verfahren zur Auflösung von Zellulose in Kupferoxydammoniak, dadurch gekennzeichnet, daß die Zellulose zunächst behufs Aufquellung der Faser und Ablagerung von Kupfer auf derselben einige Zeit in ein Natronlauge enthaltendes, weniger konzentriertes Kupferoxydammoniakbad eingelegt und hierauf in einer konzentrierten Kupferoxydammoniaklösung vollständig in Lösung gebracht wird.

213. Société générale de la soie artificielle Linkmeyer, Société anonyme in Brüssel. Verfahren zur Überführung ammoniakalischer Kupferoxydzelluloselösungen in eine für die Fabrikation von künstlichen Fäden besonders geeignete Form.

D.R.P. 183 557 Kl. 29 b vom 7. IV. 1904 (gelöscht); Ver. St. Amer. P. 852 126.

Gegenstand der Erfindung ist ein Verfahren, das eine fadenziehende, viskose Lösung ergibt, die sich gut filtrieren läßt, und die außerdem, was von besonderem Vorteil ist, einen ganz geringen Prozentsatz von Ammoniak enthält. Es wurde nämlich gefunden, daß man den Zelluloselösungen einen sehr großen Teil des Ammoniaks entziehen kann, der vorher zur Auflösung der Zellulose nötig war, ohne daß eine Ausscheidung der Zellulose stattfindet. Zur Entziehung des Ammoniaks bedient sich der Luftleere. Wird diese durch eine entsprechend gebaute Pumpe erzeugt, so kann man die abgesaugten Ammoniakgase sofort wieder in Wasser lösen. Man kann infolgedessen zur Auflösung der Zellulose außergewöhnlich starke Ammoniaklösungen verwenden, wodurch eine gute Auflösung der Zellulose bewirkt wird, ohne daß hierbei ein Verlust an Ammoniak eintritt. Die Ausführung des Verfahrens geschieht am besten derart, daß die Masse in einem geeigneten Vakuumapparat unter Luftleere durchgearbeitet wird, wobei dafür Sorge getragen wird, daß die Temperatur der Lösung nicht zu sehr sinkt. Die Eigenschaft der Zellulose, sich während der oben beschriebenen Behandlung nicht auszuscheiden, ist um so überraschender, als es feststeht, daß eine Kupferoxydammoniakzelluloselösung sich schon bei einigem Stehen an der Luft mit einem Häutchen ausgeschiedener Zellulose überzieht. Bei der Behandlung im Vakuum tritt dies nicht ein, sondern die Masse bleibt vollkommen homogen und die Zellulose gelöst. Die Lösung wird durch das Verfahren natürlich verhältnismäßig reicher an Zellulose und stellt eine dickflüssige Masse dar, die bei Berührung mit Fällmitteln sehr leicht erstarrt und auch aus diesem Grunde zur Herstellung von Fäden sehr gut geeignet ist. Außerdem hat das vorliegende Verfahren den Vorteil, daß die als Ausgangsmaterial dienende ammoniakreiche Lösung dünnflüssig ist und sich leicht filtrieren läßt. Dickflüssig wird sie erst nach der Entziehung des Ammoniaks. Ein weiterer wesentlicher Vorteil besteht darin, daß man das Ammoniak in reiner freier Form durch einfaches Absaugen wieder gewinnt, während es bei den bisherigen Verfahren als Salz mit Kupfer verunreinigt im Fällungsbade enthalten ist und aus diesen Verbindungen erst frei gemacht werden muß.

Patentanspruch: Verfahren zur Überführung ammoniakalischer Kupferoxydzelluloselösungen in eine für die Fabrikation von künstlichen Fäden besonders geeignete Form, dadurch gekennzeichnet, daß der Zelluloselösung vor ihrer Weiterverarbeitung auf Fäden durch Absaugen im Vakuum Ammoniak entzogen wird, wobei die Masse zur Erleichterung der Ammoniakentziehung gerührt oder geknetet werden kann.

214. Société générale de la soie artificielle Linkmeyer, Société anonyme in Brüssel. Verfahren zur Überführung ammoniakalischer Kupferoxydzelluloselösungen in eine für die Fabrikation von künstlichen Fäden besonders geeignete Form.

D.R.P. 187 313 Kl. 29b vom 9. VI. 1904, Zus. z. P. 183 557 (gelöscht); Ver. St. Amer. P. 852 126.

Die im Hauptpatent (s. vorstehend) beschriebene Entfernung des Ammoniaks erfolgt bequemer, wenn man der Lösung entsprechende Mengen von Luft zuführt. Voraussetzung ist, daß diese Luft sehr gut mit der Lösung gemischt wird. Dabei tritt schon ohne Anwendung von Vakuum eine genügende Herabsetzung der Alkalität ein, und zwar ohne daß eine Ausscheidung der Zellulose stattfindet, sofern man die Behandlung nicht zu lange fortsetzt. An Stelle von Luft kann auch jedes andere neutrale Gas Verwendung finden. Das Verfahren kann auch mit dem im Patent 183 557 beschriebenen derart vereinigt werden, daß man die Lösung zuerst im Vakuum behandelt und dann der Einwirkung der Luft aussetzt. Es gelingt jedoch auch in umgekehrter Weise, d. h. durch Einblasen von Luft und darauffolgende Anwendung des Vakuums, eine entsprechende Herabsetzung der Alkalität zu erzielen. Man hat es durch das neue Verfahren in der Hand, jeden gewünschten Grad der Alkalität herbeizuführen. Hierdurch wird die Ausführung des in dem Hauptpatent beschriebenen Verfahrens wesentlich erleichtert.

Patentanspruch: Ausführungsform des Verfahrens nach Patent 183 557, dadurch gekennzeichnet, daß der Kupferoxydammoniakzelluloselösung Ammoniak durch Einblasen von Luft entzogen wird.

215. R. Linkmeyer. Verfahren zur Herstellung haltbarer Lösungen zum Verspinnen und für andere Zwecke.

Ver. St. Amer. P. 962 770; franz. P. 404 372; brit. P. 14 112[1909]; schweiz. P. 48 679 (Ph. Friedrich); D.R.P. 237 716 Kl. 29b vom 26. VI. 1908, Zus. z. P. 228 872 vom 20. II. 1908 (Glanzfäden-Akt.-Ges., Berlin) s. S. 220; österr. P. 59 032 (Ph. Friedrich).

Zur Herstellung haltbarer ammoniakalischer Kupferoxydzelluloselösungen hat man diesen bereits Kohlenhydrate einverleibt[1]). Es wurde gefunden, daß für denselben Zweck auch andere organische Stoffe mit

---
[1]) Siehe S. 220.

Vorteil verwendbar sind, z. B. mehrwertige Alkohole, wie Mannit. Der Zusatz dieser Stoffe liefert Lösungen, die viel höhere Temperaturen vertragen als solche mit reiner Zellulose. Die Stoffe können der fertigen Lösung zugesetzt werden oder auch in irgendeinem Stadium der Herstellung der Zelluloselösung. Neben den mehrwertigen Alkoholen können auch Kohlenhydrate, wie Zucker oder Gummiarten, verwendet werden. Es werden z. B. 400 g Kupfersulfat in Wasser gelöst und mit 240 ccm Natronlauge 38° Bé, die mit Wasser verdünnt sind, gemischt. Dann werden 20 g Mannit, in Wasser gelöst, zugesetzt, die von dem gebildeten Kupferhydroxyd aufgenommen werden. Man trägt dann 200 g fein verteilte Baumwolle ein, trennt in der Presse die Flüssigkeit von dem Festen und löst den Rückstand in 1000 ccm Ammoniakflüssigkeit spez. Gew. 910. Mit dem Ammoniak oder bald nach dessen Zusatz werden weitere Mengen der genannten organischen Stoffe zugesetzt. Man erhält vollkommen homogene Spinnlösungen.

Der Anspruch des deutschen Patentes lautet:

Abänderung des durch Patent 228 872 geschützten Verfahrens, dadurch gekennzeichnet, daß auf übliche Weise gewonnene Kupferoxydammoniakzelluloselösungen statt mit Kohlehydraten mit 4- und höherwertigen Alkoholen, z. B. Dulcit oder Mannit, versetzt werden.

Nach Friedrich.

216. E. W. Friedrich. Verfahren zur Herstellung von Zelluloselösung mittels Alkylamine.

Franz. P. 357 171; Ver. St. Amer. P. 813 878; brit. P. 17 164[1905].

Statt kupferoxydammoniakalischer Lösungen werden hier Lösungen von Kupferoxyd in einem Alkylamin (Monomethylamin u. a.) verwendet. Mit diesen Basen erhält man konzentriertere Lösungen als mit Ammoniak, auch braucht man weniger Base als Ammoniak, und die Lösungen sind viskoser und zersetzen sich nicht bei gewöhnlicher Temperatur. Die Koagulierung der Fäden aus den Lösungen erfolgt sehr rasch, die Fäden sind sehr elastisch, so daß Fadenbrüche fast nie vorkommen. Das Auswaschen der Fäden vollzieht sich sehr leicht. Vor der Auflösung kann die Zellulose durch Mercerisieren, Hydratation, Oxydation usw. aufgeschlossen werden. Man befeuchtet z. B. 320 g gut gereinigte Zellulose mit heißem Wasser, preßt stark ab und bringt die feuchte Masse in 3400 ccm Natronlauge von 30 Bé. Nach beendeter Mercerisierung gibt man langsam unter starkem Rühren 250 g gepulvertes Kupfersulfat zu, filtriert, preßt und gibt zu der fein zerteilten Masse unter Vermeidung von Temperaturerhöhungen eine 33%ige Monomethylaminlösung. Man erhält eine gelatinöse Masse und dann eine Lösung.

217. E. W. Friedrich. Verfahren zur Herstellung von Zelluloselösungen für die Fabrikation künstlicher Seide.

Franz. P. 364 066; brit. P. 6072[1906].

Zellulose, die durch Behandlung mit wässeriger Chlor- oder Chlorkalklösung oder mit Natronlauge 30° Bé oder mit Schwefelsäure 50° Bé in Oxy-, Hydro-, Hydrat- oder kolloidale Zellulose übergeführt ist, wird in ammoniakalischen oder Alkylaminlösungen basischer Kupfersalze, z. B. von basischem Kupferkarbonat, -sulfat, -phosphat oder -acetat aufgelöst. Ist die Temperatur nicht zu hoch, so erhält man Lösungen von 10% und mehr Zellulose. Die Lösungen sind fünfmal länger haltbar als die bekannten Lösungen bei derselben Temperatur. Molekulare Verhältnisse brauchen bei ihrer Herstellung nicht innegehalten zu werden. Als Fällmittel dienen Säuren, Alkalien, Salzlösungen, Kohlenwasserstoffe, Alkohol usw.

218. E. W. Friedrich in Blaton (Belgien). Verfahren zur Herstellung von ammoniakarmen Metallammoniak-Zelluloselösungen.

D.R.P. 189 359 Kl. 29b vom 12. XII. 1905 (gelöscht); franz. P. 372 002; brit. P. 27 727[1906]; Ver. St. Amer. P. 850 571.

Bei der bisher üblichen Art der Herstellung derartiger Lösungen war es, um eine vorzeitige Koagulierung zu vermeiden, notwendig, bei einem gewissen Zellulosegehalt der Lösung eine bestimmte Menge überschüssigen Ammoniaks zu verwenden. Dieses überschüssige Ammoniak konnte zwar nach Neutralisierung wieder gewonnen werden, es traten aber hierbei die bei derartigen Operationen unvermeidlichen Verluste ein; außerdem ging das Neutralisierungsmittel verloren. Man konnte nicht den Weg einschlagen, zunächst eine konzentrierte Lösung der Zellulose herzustellen, was schon an und für sich technische Schwierigkeiten bietet, und diese Lösungen dann durch Wasserzusatz auf den gewünschten Gehalt zu verdünnen, weil hierbei sehr leicht eine Wiederausscheidung der Zellulose eintrat.

Es hat sich nun als möglich erwiesen, eine Lösung von gleichem Zellulosegehalt wie die bisher üblichen, aber unter Verwendung wesentlich geringerer Mengen Ammoniak, z. B. nur der Hälfte, in der Weise herzustellen, daß man, anstatt die gesamte Lösung auf einmal herzustellen, zunächst nur einen Teil der aufzulösenden Zellulose zur Herstellung einer Lösung mit dem üblichen Gehalt an Ammoniak verwendet, dieser Lösung aber alsdann den Rest der Zellulose in einzelnen Teilmengen gleichzeitig mit neuen Mengen Ammoniak zuführt, wobei das Ammoniak an Konzentration abnimmt. Wenn man eine 5%ige Zelluloselösung nach den bisher üblichen Verfahren herstellen wollte, so mußte man auf 50 g Zellulose 1 l gewöhnliche Ammoniakflüssigkeit rechnen. Nach dem vorliegenden Verfahren kann man dagegen zur Lösung der gleichen Menge mit 500 ccm der gleichen Ammoniakflüssigkeit auskommen und den Rest durch Wasser ersetzen.

Man kann beispielsweise wie folgt verfahren. Auf 50 g hydratisierter Zellulose wird basisches Kupfersulfat nach dem durch die Formel $3\,C_6H_{10}O_5 + 4\,(CuSO_4 + 5\,H_2O) + 6\,KOH$ bestimmten Verhältnis ausgefällt. Die so präparierte Zellulose wird in vier gleiche Teile geteilt. Von diesen Teilen wird einer in 250 ccm Ammoniakflüssigkeit von 18 bis 20° Bé gelöst. Zu der so erhaltenen Lösung fügt man nach und nach die drei anderen Teile, und zwar unter gleichzeitigem Zusatz von im ganzen nochmals 250 ccm der gleichen Ammoniakflüssigkeit, die man auf die einzelnen Anteile der Zellulose verteilt, und zwar derart, daß die Ammoniakflüssigkeit für jede folgende Menge mit Wasser stärker verdünnt wird als für die vorhergehende, und daß schließlich die gesamte Flüssigkeitsmenge 1 l beträgt. Man hat nur darauf zu achten, daß bei dem letzten Anteil die Ammoniakflüssigkeit noch im Verhältnis Wasser : Ammoniakflüssigkeit wie 1 : 1 bis 1 : $^3/_4$ verdünnt wird, weil bei Anwendung schwächerer Ammoniakflüssigkeit leicht eine Koagulierung der Lösung eintreten kann. Die erhaltene Lösung wird filtriert, wobei es genügt, sie durch ein Metalltuch mit der Maschenweite 160—180 laufen zu lassen, und bildet dann eine gut spinnbare viskose und haltbare Flüssigkeit, die in üblicher Weise zu Kunstfäden, Films od. dgl. weiter verarbeitet werden kann.

Patentanspruch: Verfahren zur Herstellung von ammoniakarmen Metallammoniak-Zelluloselösungen unter absatzweisem Auflösen von Zellulose bei Gegenwart von Kupferhydroxyd oder anderen Metallverbindungen, die in ammoniakalischer Lösung Zellulose zu lösen vermögen, dadurch gekennzeichnet, daß man aus einem Teil des zu lösenden Materials, wie Zellulose, Seide od. dgl., in Gegenwart von Kupferhydroxyd od. dgl. eine ammoniakalische Lösung in den bisher üblichen Mengenverhältnissen herstellt und zu dieser Lösung absatzweise den Rest des Materials mit den entsprechenden Kupferhydroxydmengen od. dgl. und gleichzeitig weitere Mengen Ammoniak unter stets zunehmender Verdünnung des letzteren hinzufügt, dabei aber eine Ausfällung durch übermäßige Verdünnung des Ammoniaks vermeidet.

Nach Glanzfäden-Aktien-Gesellschaft.

219. Glanzfäden-Aktien-Gesellschaft in Berlin. Verfahren zur Herstellung haltbarer Spinnlösungen für Kunstfäden u. dgl. D.R.P. 228 872 Kl. 29b vom 20. II. 1908; österr. P. 46 861; franz. P. 400 321 (Ph. Friedrich); schweiz. P. 45 764; brit. P. 4104[1909]; Ver. St. Amer. P. 945 559 (R. Linkmeyer).

Es wurde gefunden, daß Kupferoxydammoniakzelluloselösungen, die wegen ihrer Wärmeempfindlichkeit sonst nur unter guter Kühlung hergestellt und aufbewahrt werden können, einen hohen Grad von Beständigkeit erlangen, wenn ihnen andere Kohlenhydrate einverleibt werden. Sie vertragen dann ohne Schädigung Temperaturen von 30—40° und können infolgedessen ohne jede Kühlung aufbewahrt werden. Dazu kommt, daß die hergestellten Produkte eine außerordentliche Wasserfestigkeit und Elastizität aufweisen. Feine daraus gewonnene Fasern kleben nicht aneinander und besitzen einen starken Seidenglanz. Die Verarbeitung der Lösungen gestaltet sich einfach; denn die aus ihnen geformten Gebilde werden merkwürdigerweise beim einfachen Verdunsten des Ammoniaks an der Luft vollkommen durchsichtig und behalten diese wertvolle Eigenschaft bei allen folgenden Maßnahmen bei. Ähnliche Gebilde konnten bisher aus reinen Kupferoxydammoniakzelluloselösungen nur durch Koagulieren mittels Alkalien erhalten werden; aber auch diesen sind die nach der Erfindung erhältlichen Produkte an Festigkeit und Elastizität überlegen. Sie können zudem ohne jede vorherige Entkupferung getrocknet werden, ohne ihre Durchsichtigkeit einzubüßen, während die auf bekannte Weise aus reinen Zelluloselösungen hergestellten Produkte unter gleichen Verhältnissen undurchsichtige spröde Massen bilden würden. Dieser Umstand ist von besonderer Wichtigkeit; denn die Fertigstellung z. B. von Kunstfäden erfordert nach dem Spinnen eine Reihe von Maßnahmen, die man bisher unmittelbar nach dem Spinnen, also unter Verhältnissen vornehmen mußte, unter denen die Fäden besonders empfindlich sind. Arbeitet man dagegen nach dem vorliegenden Verfahren, so hat man es vollständig in der Hand, die Aufarbeitung der Rohfäden vor oder nach dem ersten Trocknen vorzunehmen; denn diese sind, wie sich aus vorstehendem ergibt, auch nach dem Trocknen, und zwar vermöge der dadurch gewonnenen Widerstandsfähigkeit, ganz besonders zur Aufarbeitung geeignet. Für das neue Verfahren können die meisten Kohlenhydrate angewandt werden. Sehr gute Ergebnisse werden erzielt mit Hexosen, Hexobiosen oder Polysacchariden. Man wendet etwa 25% vom Gewicht der Zellulose an, z. B. wird in einer Knetmaschine auf eine der üblichen Weisen eine Kupferoxydammoniakzelluloselösung von 7% Zellulose bereitet, wobei man zwecks Erhöhung der Löslichkeit des Kupferoxydhydrates dem Ammoniak eine geringe Menge Glyzerin zusetzt. Es ist dann nicht mehr Ammoniak (reines NH_3) nötig, als das Gewicht der Zellulose ausmacht. Der so innerhalb kurzer Zeit ohne jede Kühlung gewonnenen Lösung fügt man ungefähr 35% vom Gewicht der Zellulose an Kartoffelsirup nach und nach zu, worauf man das Ganze noch einige Zeit durchknetet. Die Masse ist dann zur Verwendung fertig.

Patentanspruch: Verfahren zur Herstellung haltbarer Spinnlösungen für Kunstfäden u. dgl., dadurch gekennzeichnet, daß auf übliche Weise gewonnene Kupferoxydammoniakzelluloselösungen mit Kohlenhydraten versetzt werden.

220. Glanzfäden-Aktien-Gesellschaft in Berlin. Verfahren zur Herstellung haltbarer Spinnlösungen für Kunstfäden u. dgl.

D.R.P. 230 141 Kl. 29b vom 31. III. 1908; Zus. z. P. 228 872; franz. P. 10 723, Zus. z. P. 400 321 (Ph. Friedrich); brit. P. 76171[1909]; schweiz. P. 48 576; Ver. St. Amer. P. 979 013 (R. Linkmeyer); österr. P. 47 147 (Ph. Friedrich).

Durch das Hauptpatent (s. vorstehend) ist ein Verfahren zur Herstellung haltbarer Spinnlösungen für Kunstfäden u. dgl. geschützt, das darin besteht, daß Lösungen von Zellulose in Kupferoxydammoniak andere Kohlenhydrate hinzugesetzt werden. Es wurde nun gefunden, daß Lösungen mit denselben wertvollen Eigenschaften dadurch erhalten werden können, daß man zur Auflösung in dem Kupferoxydammoniak solche Stoffe verwendet, die beide Kohlenhydratarten bereits enthalten, und zwar im besonderen Pflanzenteile, die tunlichst frei von Farbstoffen und Eiweißarten sind. So werden mit Reisschalen, die als Abfall beim Entschälen der Reiskörner gewonnen werden, die besten Ergebnisse erzielt. Dabei wurde festgestellt, daß es zweckmäßig ist, durch Behandlung mit chemischen Mitteln, z. B. Kochen und Bleichen, denjenigen Teil der Extraktstoffe, der weniger fest mit der Rohfaser gebunden ist, zu entfernen. Der für die Produkte des neuen Verfahrens wertvollere Teil bleibt hierbei an die Faser gebunden. Man kocht z. B. Reisschalen unter Zusatz von Alkalien ab, bleicht sie dann weiß und wässert die Masse schließlich gut aus. Darauf bringt man die Schalen in Kupferoxydammoniak zur Auflösung; diese ist nach kurzer Zeit vollendet. Die auf diese Weise erhaltene Lösung hat dieselben wertvollen Eigenschaften wie die nach dem Verfahren des Hauptpatentes hergestellten Lösungen.

Patentanspruch: Abänderung des durch das Patent 228 872 geschützten Verfahrens, dadurch gekennzeichnet, daß man Pflanzenteile, die neben Zellulose andere Kohlenhydrate enthalten, nachdem sie durch Kochen und Bleichen aufgeschlossen und entfärbt sind, in Kupferoxydammoniaklösungen auflöst.

221. Glanzfäden-Aktien-Gesellschaft in Berlin. Verfahren zur Herstellung haltbarer Spinnlösungen für Kunstfäden o. dgl.
D.R.P. 241 921 Kl. 29b vom 7. VII. 1909, Zus. z. P. 228 872.

Nach dem Hauptpatent 228 872 und dem Zusatzpatent 237 716[1]) werden Kupferoxydammoniakzelluloselösungen mit Kohlenhydraten oder mehrwertigen Alkoholen versetzt. Wie im Hauptpatent beschrieben, erfolgt bei Gegenwart der genannten organischen Stoffe die Lösung der Zellulose in Kupferoxydammoniak, ohne daß eine Kühlung der Masse während ihrer Bereitung erforderlich wäre, auch bleibt die so gewonnene Spinnmasse äußerst haltbar und indifferent gegen die Einwirkung höherer Temperaturen. Nach dem im Hauptpatent angeführten Beispiel werden die in Frage kommenden organischen Stoffe gleich nach Ansetzung der Zelluloselösung der letzteren zugefügt, worauf die Masse so lange geknetet wird, bis eine homogene Lösung entstanden ist.

Bei der Herstellung großer Mengen von Spinnlösung, wie der Großbetrieb es erfordert, hat sich nun diese Maßnahme nicht als praktisch erwiesen, indem es Schwierigkeiten bereitet, die Spinnmasse so schnell und so gleichmäßig mit den Kohlenhydraten usw. zu versetzen, daß deren lösungsfördernde Eigenschaften voll zur Geltung kommen. Es erweist sich daher als ratsam, das Versetzen der Lösung mit den vorgeschlagenen organischen Stoffen so vorzunehmen, daß eine möglichst gleichmäßige Einwirkung der Stoffe auf die zu lösende Spinnmasse erfolgen kann, und dieses geschieht zweckmäßig, indem die Kohlenhydrate usw. bereits der ungelösten Zellulose einverleibt werden oder wenigstens beim Einsetzen des Lösungsvorganges schon in der Spinnmasse vorhanden sind.

Beispiel. 400 g Kupfersulfat werden in 1500 ccm Wasser gelöst und 240 ccm Natronlauge von 38° Bé, mit 1000 ccm Wasser verdünnt,

---
[1]) Siehe S. 220 und 217.

hinzugefügt. Darauf werden 20 g Dextrin, in Wasser gelöst, zugesetzt. Nun gibt man 200 g fein zerschnittene Baumwollfaser zu und trennt dann durch Filterpressen die Flüssigkeit, welche das entstandene Glaubersalz enthält, von dem Faserteig. Der letztere enthält jetzt das Kupferoxydhydrat nebst den organischen Stoffen. Nun gibt man 1000 ccm Ammoniak von 910 spez. Gew. zu. Auf diese Weise wird eine gleichmäßige Versetzung der Spinnmasse mit den organischen Stoffen erzielt, so daß in kurzer Zeit eine völlig gleichmäßige und haltbare Spinnlösung entsteht.

Patentanspruch: Ausführungsform des durch das Patent 228 872 und das Zusatzpatent 237 716 geschützten Verfahrens, darin bestehend, daß die organischen Stoffe entweder der Zellulose oder der Kupferoxydammoniakmischung vor deren Verarbeitung miteinander einverleibt werden.

222. Glanzfäden-Aktien-Gesellschaft in Petersdorf i. Riesengeb. Verfahren zur Herstellung haltbarer spinnbarer Kupferoxydammoniakzelluloselösungen unter Mitverwendung von Zuckerarten für Kunstfäden od. dgl.

D.R.P. 306 107 Kl. 29b vom 13. X. 1917; schweiz. P. 79 659, brit. P. 145 035.

Die Herstellung von Zellstofflösungen nach dem Kupferoxydammoniakverfahren gelang anfänglich nur dann, wenn hierbei durchweg Temperaturen von $+4^\circ$ C eingehalten wurden, auch war es erforderlich, die fertige Lösung bis zu ihrer Verspinnung bei dieser Temperatur aufzubewahren (Patentschrift 98 642)[1]. Später wurde dann die Verwendung von Zucker für die Herstellung haltbarer Zellstofflösungen bei normaler Temperatur vorgeschlagen. Die Patentschrift 228 872[2] beschreibt z. B. die Einverleibung von Kohlenhydraten in Kupferoxydammoniakzelluloselösungen, die Patentschrift 237 716[3] das Versetzen solcher Lösungen mit vier- und höherwertigen Alkoholen wie Dulcit oder Mannit und die Patentschrift 241 921 (s. vorstehend) bringt eine besondere Ausführungsform, darin bestehend, daß die organischen Stoffe der Zellulose oder der Kupferoxydammoniakmischung vor deren Verarbeitung miteinander einverleibt werden. Aus diesen Patentschriften geht eine gewisse Unsicherheit hinsichtlich der Wahl der organischen Zusatzstoffe und ihrer sachgemäßen Verwendung bei der Herstellung der Zellstofflösungen hervor, und tatsächlich hat auch eine solche bis vor kurzem bestanden. Erst auf Grund der im Großbetrieb gesammelten langjährigen Erfahrungen konnte für die bei der Lösung des Zellstoffes in Kupferoxydammoniak auftretenden verwickelten Reaktionen eine restlose Erklärung gefunden werden.

Es hat sich zunächst gezeigt, daß sich für die praktische Anwendung des Verfahrens im Großbetrieb am besten Zuckerarten eignen, da diese in der erforderlichen Reinheit beschafft werden können, um ihre mög-

---
[1]) Siehe S. 147.
[2]) Siehe S. 220.
[3]) Siehe S. 217.

lichst schnelle restlose Verbrennung innerhalb der Spinnmasse zu gewährleisten und eine Verfärbung des Zellstoffes zu verhindern, beides Punkte, von denen die Spinnsicherheit und das Aussehen des fertigen Gespinstes abhängen. Die Patentschrift 228 872 macht geltend, daß die mit Zucker versetzten Spinnmassen haltbarer sind und die daraus gesponnenen Kunstfäden höhere Festigkeit und Elastizität neben einem sehr starken Seidenglanz besitzen. Diese Behauptungen treffen aber nur dann zu, wenn bei der Herstellung der Lösung die Zuckerarten je nach ihrer charakteristischen Wirkung richtig gewählt worden sind und in bestimmten genau erwogenen Mengen zur Anwendung kommen.

Die Patentschrift 228 872 nennt in dem angeführten Beispiel Kartoffelsirup und bestimmt dessen Menge auf 35% des Zellulosegewichts. Eine derartige zubereitete Lösung würde keine Verbesserung gegenüber den ohne Zucker hergestellten Spinnmassen ergeben; allenfalls ließe sich noch eine größere Haltbarkeit nachweisen, der aber schwerwiegende Nachteile gegenüberstehen. Die Menge von 35% ist bei weitem zu hoch und hinterläßt derartige Mengen schleimiger Stoffe in der Lösung, daß die Filterstoffe, welche die Spinnmassen durchlaufen müssen, sich in kürzester Zeit zusetzen; ebenso treten an den sehr feinen Düsenlöchern sofort Verstopfungen aus dem gleichen Grunde auf. Ein Verspinnen solcher Massen hat sich daher im Großbetriebe als unmöglich erwiesen. Außerdem nimmt das Gespinst infolge der im Kartoffelsirup noch enthaltenen Verunreinigungen eine kräftig gelbe Färbung an, die nicht mehr zu entfernen ist, und der erstrebte Hochglanz der Kunstfäden wird durch die auf ihrer Oberfläche eintrocknenden Schleimmassen erheblich beeinträchtigt. Die Festigkeit der Fäden leidet ebenfalls empfindlich, indem sich die Moleküle des Kartoffelsirups, dessen Menge 35% betragen soll, bei der Fällung zwischen den Molekülen des Zellstoffes einkapseln. Der Zucker soll überhaupt nicht einen physikalischen Teil des fertigen Fadens ausmachen, sondern dieser soll aus reinem Zellulosehydrat bestehen. Es ist daher verkehrt, Zucker in größeren Mengen zu verwenden, da er dann nur als schädlicher Ballast in den Spinnlösungen wirkt.

Es ist erst jetzt klar zutage getreten, daß der Zucker ausschließlich chemische Wirkung auszuüben hat, und zwar in zwei verschiedenen Richtungen, die das Wesen der vorliegenden Erfindung ausmachen. Die erste Wirkung besteht in der Reduktion des Kupfersalzes und des Zellstoffes, die beide während der Herstellung der Spinnlösungen eine starke Neigung zur Oxydation zeigen. Wird die letztere unterbunden, so ist die Löslichkeit des Kupferoxyds in Ammoniak erheblich höher, die Auflösung der Zellulose entsprechend schneller und restloser und die entstandene Spinnlösung ist haltbar. Es eignen sich für diese erstrebte Wirkung diejenigen Zuckerarten, welche schon in ganz geringen Mengen bei normaler Temperatur scharf reduzierend wirken. Die hierfür geeigneten Arten gehören der Gruppe der Traubenzucker an, den Hexosen, Glykosen oder Monosacchariden, die alle der Formel $C_6H_{12}O_6$ entsprechen. Unter ihnen eignet sich wieder am besten der Stärkezucker und der

Invertzucker. Von letzteren Zuckerarten genügt bereits $^1/_4\%$ auf das Zellulosegewicht berechnet, um eine kräftige und genügende Gegenwirkung gegen die Oxydationsneigung des Kupfersalzes und des Zellstoffes während der Zubereitung der Spinnlösungen zu erzielen. Derartig zubereitete Spinnlösungen können verhältnismäßig hohe Temperaturen vertragen und sind dauernd haltbar, wenn sie in verschlossenen Gefäßen aufbewahrt werden.

Dagegen haben sich beim Verspinnen solcher Lösungen und in der Beschaffenheit des aus ihnen gefertigten Gespinstes Schwierigkeiten ergeben. Mit der Reduktion des Kupfersalzes und des Zellstoffes mittels Stärkezucker geht eine wasserabspaltende Wirkung zusammen (Dehydratisierung), die die Gleichmäßigkeit der Spinnmasse und ihre Spinnfähigkeit, die gerade eine vollendete Gleichmäßigkeit verlangt, beeinträchtigt. Die feinen Fädchen besitzen bei ihrem Austritt an den Düsenlöchern nicht die erforderliche Ausziehbarkeit und reißen daher im Fällbade leicht ab; auch ist der fertige Faden hart und wenig elastisch. Diese Erscheinung erklärt sich damit, daß der ursprüngliche Zellstoff infolge der wasserabspaltenden Wirkung des Stärkezuckers nicht genügend chemisch gebundenes Wasser in seinem gelösten Zustande aufnehmen kann, um beim Verspinnen der Lösung im Spinnbad als vollwertiges Zellulosehydrat gefällt zu werden, in welcher Form erst das Gespinst seine günstigsten Eigenschaften hinsichtlich Festigkeit, Elastizität und Glanz erhält.

Für die Beseitigung dieses Übelstandes dienen nun andere Zuckerarten, welche im Gegensatz zu Stärke- und Invertzucker eine ausgesprochen wasseranlagernde, hydratisierende Eigenschaft auf Zellstoff und Kupfersalze ausüben, während sie gleichzeitig deren Oxydation verhindern. Diese Zuckerarten werden von der Rohrzuckergruppe, den Disacchariden umfaßt und unter ihnen erweist sich raffinierter Rübenzucker als die vorteilhafteste Art. Die Disaccharide leisten also eine ganz besondere Arbeit in dem Aufbau der Zellstofflösungen, die der Wirkung der Traubenzucker diametral gegenübersteht. Eine mit ganz geringen Mengen von Stärkezucker versetzte haltbare Zellstofflösung wird erst dann spinnfähig, wenn durch einen Zusatz von Rohrzucker die Hydratisierung des Zellstoffes bewirkt worden ist. Diese Wirkung scheint auf katalytischem Wege einzutreten, da schon eine Menge von etwa 2% auf das Gewicht des Zellstoffes berechnet im Mittel genügt, um diesen in die erstrebte Hydratform zu überführen. Maßgebend für die Bestimmung der Rohrzuckermenge ist auch der Zustand des Zellstoffs. Wenig oder gar nicht abgebaute Zellulose verlangt eine geringe Erhöhung des Zusatzes. Da die Formel für Rohrzucker und Zellulosehydrat die gleiche ist, nämlich $C_{12}H_{22}O_{11}$, so erscheint diese gegenseitige Beeinflussung der verwandten Körper auch theoretisch erklärlich. Bei dem vorliegenden Verfahren sind die angewandten Zuckermengen (zusammen ungefähr $2^1/_4\%$) so gering, daß eine Verunreinigung der Spinnlösung durch sie nicht stattfinden kann. Sie verbrennen zu Kohlensäure und Wasser, nachdem sie ihre Wirkung erfüllt haben. Ein Ersatz des Rohrzuckers durch Traubenzucker ist nach den gemachten Feststellungen ausgeschlossen; ein Ersatz des Traubenzuckers durch Rohrzucker ist theoretisch denkbar, aber praktisch nicht durchführbar, da die reduzierende Wirkung des Rohrzuckers erst bei höheren Temperaturen einsetzt und auch dann nur etwa $1/_{30}$ der Reduktionskraft des Traubenzuckers beträgt. Wollte man die für die Haltbarkeit der Spinnmassen erforderliche Reduktion des Kupfersalzes und des Zellstoffes durch Rohrzucker bewirken, so wären solch große Mengen zu verwenden, daß die Spinnfähigkeit solcher Massen infolge der aus dem Zucker entstehenden beträchtlichen Mengen unverbrannter Schleimstoffe in Frage gestellt wird.

Patentanspruch: Verfahren zur Herstellung haltbarer, spinnbarer Kupferoxydammoniakzelluloselösungen unter Mitverwendung von Zuckerarten, dadurch gekennzeichnet, daß Zuckerarten der Traubenzuckergruppe, außerdem Zuckerarten der Rohrzuckergruppe in solchen Mengen verwendet werden, daß die Spinnbarkeit der Lösungen nicht beeinträchtigt wird.

Nach Guadagni.

223. Dr. Giuseppe Guadagni in Fivizzano, Italien. Verfahren und Vorrichtung zur Herstellung von Kupferoxydammoniakzelluloselösungen.

D.R.P. 216 669 Kl. 29b vom 18. I. 1908 (gelöscht); franz. P. 386 339; schweiz. P. 42 305; Ver. St. Amer. P. 977 863, 978 878; brit. P. 1265[1908], 12 253[1908]; österr. P. 51 799.

Bei dem Verfahren wird die bekannte Tatsache benutzt, daß die Auflösung von Zellulose in Kupferoxydammoniak durch Temperaturerniedrigung begünstigt wird. Das Verfahren wird folgendermaßen ausgeführt: Die mehrmals gewaschene, mit Wasser getränkte Zellulose wird über dem Kupferoxydammoniak gelagert. Die Lösung enthält zweckmäßig ungelöstes Kupferhydroxyd, dessen Gegenwart bekanntlich die Löslichkeit der Zellulose erheblich erhöht. Durch die Lösung wird Luft geblasen, die ihr einen Teil ihres Ammoniaks in Gasform entzieht. Der mit Ammoniakgas beladene Luftstrom dringt nun in die oberhalb der Lösung liegende feuchte Zellulose ein und sättigt das dieser anhängende Wasser mit Ammoniak. Die von Ammoniak befreite Luft entweicht aus dem Behälter. Durch die Entwicklung von Ammoniak aus der Lösung wird diese einer Abkühlung unterworfen, die bekanntlich zum guten Verlauf der Reaktion erforderlich ist. Das Durchlüften der Zellulose und das teilweise Verdampfen des ihr anhaftenden Ammoniaks im Luftstrom bewirkt eine Abkühlung auch der Zellulose, die ihre spätere Auflösung erheblich beschleunigt. Die Durchdringung der Zellulose mit Ammoniak vor ihrer Umsetzung mit Kupferhydroxyd bringt ferner, wie bekannt, die günstige Wirkung mit sich, die Reaktionsdauer stark zu vermindern und eine höhere Ausbeute zu bewirken.

Zur Ausführung des Verfahrens bedient man sich zweckmäßig einer Vorrichtung, wie sie in einer Ausführungsform in Fig. 138 und 139 dargestellt ist. Auf den Lösungsbehälter 1 ist ein nach oben sich verjüngender Aufsatz 7 aufgesetzt, der oben durch einen Deckel verschlossen ist. Im Lösungsbehälter liegt die Rührwelle 2 mit Mischflügeln 4. In dem Aufsatz 7 liegt ein Flügelboden zur Aufnahme der feuchten Zellulose, der aus einer durch Handgriff 9 von außen drehbaren Welle 10 besteht, um die in gleichmäßigen Abständen (zweckmäßig gelochte) Böden 8 angeordnet sind. Am Boden des Behälters 1 liegt das Luftzuführungsrohr 5; der Deckel ist von dem Luftableitungsrohr 11 durchsetzt. Die feuchte Zellulose wird auf die Böden 8 gelegt; darauf wird ein Luftstrom durch die Lösung im Behälter 1 geblasen, der nun, mit Ammoniak beladen, die Zellulose durchdringt, sich mit Ammoniak sättigt und abkühlt, um durch das Rohr zu entweichen. Die so vorbehandelte Zellulose wird dann durch Drehen der Welle 10 in die im

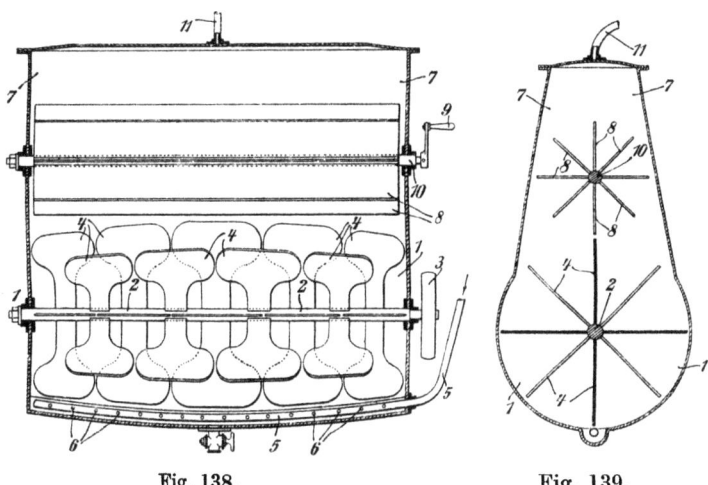

Fig. 138.   Fig. 139.

Behälter 1 befindliche abgekühlte Schweizersche Lösung fallen gelassen, mit der sie mittels der Rührvorrichtung innig durchgemischt wird.

Beispiel: In 35 kg Ammoniak von 24° Bé werden 2,5—3 kg Kupferhydroxyd suspendiert, von dem sich ein Teil auflöst. Über der Lösung werden 5 kg Baumwolle gelagert, die vorher in Wasser eingeweicht wurde und etwa 5 kg Wasser enthält. Nun wird während ungefähr $^1/_2$ Stunde Luft durch die Lösung geblasen, die hierdurch etwa 35% ihres Gehaltes an NH_3 verliert und sich dabei von 20° auf 10° abkühlt. Das Ammoniakluftgemisch wird durch die feuchte Baumwolle geführt. Durch die Wiederverdampfung eines Teils des anfangs sich in dem anhaftenden Wasser lösenden Ammoniaks wird die Baumwolle auf etwa 10° abgekühlt. Nach $^1/_2$ Stunde wird der Luftstrom abgestellt und nun die Baumwolle in die Lösung fallen gelassen, mit der sie zusammen mit dem überschüssigen Kupferhydroxyd 2—3 Stunden lang verrührt wird. Man erhält so eine Kupferoxydammoniakzelluloselösung, die 12,5—13% Zellulose enthält.

Patentansprüche: 1. Verfahren zur Herstellung von Kupferoxydammoniakzelluloselösungen, dadurch gekennzeichnet, daß zum Zweck leichterer Umsetzung bei niedriger Temperatur die feuchte Zellulose über der Schweizerschen Lösung gelagert und Luft durch letztere geblasen wird, die dann, mit Ammoniak beladen, durch die feuchte Zellulose hindurchgeführt wird, worauf letztere in die Lösung eingebracht wird.

2. Vorrichtung zur Ausführung des Verfahrens nach Anspruch 1, dadurch gekennzeichnet, daß in halber Höhe eines hohen, in seiner unteren Hälfte mit einer Rührvorrichtung versehenen Behälters mit Luftzuführung am Boden und Luftabführung am Deckel ein von außen kippbarer, zweckmäßig gelochter Boden angeordnet ist.

Das französische, schweizerische, die Ver. St. Amer. Patente und das britische 12 253[1908] betreffen auch eine Spinnvorrichtung. Eine Röhre hat nach oben gerichtet eine Anzahl absperrbarer Ansätze, die die Spinndüsen tragen. Die Spinndüsen ragen in aufrechtstehende Glasröhren, denen die Fällflüssigkeit, ein Gemisch von Schwefel- und Salzsäure, zugeführt wird. In diesen Röhren steigt der ausgefällte Faden nach oben, geht zunächst in der Luft über eine Walze, durch die er feiner ausgezogen wird, und wird dann auf eine in Wasser laufende Spule aufgewickelt. Diese Spule wird durch eine sie berührende Walze in Umdrehung versetzt. (3 Zeichnungen.)

224. G. Guadagni in Pavia. Verbesserungen in der Herstellung künstlicher Seide.

Brit. P. 25 986[1910].

Um in kürzerer Zeit als bei vorstehendem Verfahren eine konzentrierte Lösung von Zellulose in Kupferoxydammoniak herzustellen und diese Lösung leichter flüssig und spinnbarer zu machen, wird zu dem Ammoniak, welches sich in dem mit dem Rührwerk versehenen Behälter befindet, nachdem Luft hindurchgeblasen worden ist, etwa so viel konzentrierte Natronlauge zugesetzt, als dem Gewicht der aufzulösenden Baumwolle entspricht. Es ist auf die Dichte der Natronlauge zu achten, sie steht in direktem Verhältnis zu der Temperatur; der Dichte von 10 und 25° Bé entsprechen Temperaturen von 6 und 30° C. Nach der Zugabe der Natronlauge zu dem Ammoniak wird Kupferoxydhydrat und Baumwolle zugesetzt und wie in dem früheren Patent verfahren. Unter normalen Bedingungen werden auf 1 kg Zellulose 700—800 g Kupferoxydhydrat verwendet.

Nach Pawlikowski.

225. Rud. Pawlikowski in Görlitz. Verfahren zur Herstellung von Zelluloselösungen.

D.R.P. 222 624 Kl. 29 b vom 22. V. 1908 (gelöscht); franz. P. 403 488; schweiz. P. 49 399; österr. P. 49 170.

Zur Bereitung von Lösungen von Kohlehydraten, wie Zellulose, Baumwolle, Papierstoff, Leinen, Ramiefasern u. dgl., wird Kupferoxychlorid im Verein mit Ammoniakflüssigkeit benutzt. Man löst Kupferoxychlorid in einer genügenden Menge wäßrigem Ammoniak, gibt die Zellulose hinzu, schüttelt gut durch und stellt das Gemisch kalt; nach einigen Stunden hat sich alles fast restlos gelöst. Die Lösung geht schneller vonstatten als nach den bisher bekannten Verfahren, wie folgende Vergleichsversuche ergaben. Da nach allgemeiner Ansicht die Lösefähigkeit von Kupfersalzen in Ammoniak für Baumwolle dem Kupfergehalt der betreffenden Salze proportional ist, so wurden je 110 ccm Ammoniak von etwa 0,93 spez. Gew. und je 6,2 g gewöhnliche käufliche Baumwoll-Verbandwatte nebeneinander mit folgenden Mengen der nachstehenden Salze, deren Kupfergehalt durch Analyse bestimmt wurde, vermischt: 1. mit 5,5 g Kupferkarbonat von etwa 54% Kupfergehalt, 2. mit 4,8 g Kupferhydroxyd von etwa 62% Kupfergehalt, 3. mit 6,1 g basisch-unterschwefelsaurem Kupfer von etwa 49% Kupfergehalt, 4. mit 5,6 g basisch-schwefelsaurem Kupfer von etwa 53% Kupfergehalt, 5. mit 5,9 g Kupferoxychlorid von etwa 51% Kupfergehalt. Alle fünf Proben enthalten also dieselbe Gewichtsmenge Kupfer, nämlich 3 g. Sie wurden gut durchgeschüttelt und kaltgestellt. Die Probe Nr. 5 löste in etwa $1/2$ Stunde die ganze Baumwolle zu einer klaren, blauen, gut spinnbaren Flüssigkeit. Die Proben 1—4 ließen dagegen erst nach etwa 1 Stunde den Beginn des Lösens erkennen, das noch nach etwa 3 Stunden nicht vollständig beendet war.

Hieraus geht hervor, daß die Verwendung einer ammoniakalischen Kupferoxychloridlösung die vorherige Überführung der Zellulose in Dinatrium-Hydrozellulose oder die bekannte energischere Vorbehandlung der Zellulose mit oxydierenden oder reduzierenden Bleichmitteln entbehrlich macht, ferner die Dauer der Auflösung wesentlich abkürzt und auf einfache Weise klare, gut spinnbare Lösungen ergibt. Die erforderlichen Mengen von Kupferoxychlorid und Ammoniak hängen naturgemäß von der Natur und Aufbereitung der jeweils gebrauchten Fasersorten ab und lassen sich leicht durch einige Vorversuche feststellen. Die Kupferoxychloridmenge richtet sich weiterhin auch nach der verwendeten Salzsorte; denn es gibt etwa fünf verschiedene Kupferoxychloride, die sich durch ihren Gehalt an Kupferoxyd und an Kristallwasser unterscheiden. Ihr Kupfergehalt schwankt zwischen etwa 44 und 65%. Im allgemeinen sind zur Lösung von 100 g entfetteter, vorgebleichter, käuflicher Verbandwatte ungefähr 90 g Kupferoxychlorid und etwa 850—900 ccm Ammoniak von ungefähr 0,93 spez. Gew. nötig, wobei die für die Fadenbildung erforderliche Dünnflüssigkeit durch entsprechendes Hinzufügen von Wasser zur Lösung erzielt wird. Das Kupferoxychlorid kann mit einem oder mehreren anderen Kupferoxydsalzen und mit Kupferoxychlorür, Kupferoxyd, Kupferoxydul, Kupferkarbonat usw. gemischt verwendet werden. Als Fällflüssigkeit beim Verspinnen eignen sich die bekannten Reagentien wie Essigsäure, verdünnte Salz- und Schwefelsäure usw.

Patentanspruch: Verfahren zur Herstellung von Zelluloselösungen, dadurch gekennzeichnet, daß Zellulose beliebiger Herkunft in ammoniakalischen Lösungen oder Suspensionen von Kupferoxychlorid mit oder ohne Anwesenheit anderer Kupferverbindungen, wie Kupferchlorür, Kupferoxychlorür, Kupferoxydul, Kupferhydroxyd, Kupferkarbonat, aufgelöst wird.

Nach Follet und Ditzler.

226. Pierre Follet und Godefroid Ditzler in Verviers, Belg. Verfahren zur Herstellung von Fäden.
D.R.P. 223 294 Kl. 29b vom 8. X. 1907 (gelöscht), Zus. z. P. 211 871; franz. P. 382 859; schweiz. P. 41 238; brit. P. 22 753[1907].

Bei dem durch Patent 211 871[1]) geschützten Verfahren zur Herstellung von Fäden aus reinem Fibroin wird als Lösungsmittel für das Fibroin eine Lösung von Kristallen benutzt, die durch Einwirkung von Ammoniakgas auf eine Lösung von Nickelsulfat oder einem anderen äquivalenten Sulfat erhalten werden. Diese Lösungen sind gegenüber den bisher auf die gebräuchliche Art erhaltenen Metalloxydammoniaklösungen metallreich und frei von Ammoniaküberschüssen. Bei der Herstellung künstlicher Seide aus Zellulose als Grundstoff wird die Zellulose u. a. in einer Lösung von Kupferoxydammoniak aufgelöst. Verfährt man dabei in der gebräuchlichen Weise, so ist der Gehalt der Lösungen an Metall beschränkt, denn die als Ausgangsstoff dienenden wäßrigen Ammoniaklösungen enthalten selbst nur eine begrenzte, von der Temperatur abhängige Ammoniakmenge. Wenn man aber den Ammoniakgehalt der Lösungen durch Mitwirkung von Kälte erhöht, so wird zwar auch der Gehalt der Lösungen an gebundenem Metall vergrößert, aber es ist dann unerläßlich, denselben Kältegrad sowohl während der ganzen Zeit der Auflösung der Zellulose als auch während der Spinnarbeit beizubehalten, da jede Temperaturerhöhung eine Ammoniakentwicklung und damit eine Zersetzung des Lösungsmittels zur Folge hat. Dabei scheidet sich eine gewisse Metallmenge aus, wodurch das Lösungsvermögen des Lösungsmittels für die Zellulose entsprechend vermindert wird. Aus diesem Grunde müssen die auf bekannte Weise hergestellten Kupferoxydammoniaklösungen in der Praxis einen Ammoniaküberschuß enthalten. Dieser Ammoniaküberschuß macht nun besonders starke Koagulationsbäder mit einem hohen Gehalt an Schwefelsäure, und zwar bis zu 70%, erforderlich. Dabei veranlaßt aber der hohe Gehalt des Fällbades an Säure eine derartige Wärmeentwicklung bei der Neutralisierung des Ammoniaks, daß der erzeugte Zellulosefaden stark angegriffen und geschwächt wird.

Dieser Nachteil wird gemäß der vorliegenden Erfindung dadurch vermieden, daß man zur Herstellung der Zelluloselösungen die durch Einwirkung von Ammoniak auf Kupfersalzlösungen erhältlichen blauvioletten Kristalle verwendet. Diese Kristalle lassen sich bei der Normaltemperatur von 15—20° herstellen und enthalten sämtliches Ammoniak an Metall gebunden, so daß ihre wäßrigen Lösungen auch bei dieser

---
[1]) Siehe S. 438.

Temperatur kein Ammoniak abgeben und sich nicht zersetzen. Die so erhaltenen Kupferoxydammoniaklösungen lösen Zellulose viel schneller als die auf die bisher übliche Weise gewonnenen und ermöglichen bei den verschiedenen Arbeitsvorgängen (Auflösen der Zellulose und Verspinnen) ein Arbeiten bei gewöhnlicher Temperatur ohne Kühlvorrichtungen. Die Zelluloselösungen können außerdem lange Zeit, und zwar ohne Anwendung von Kälte und ohne Veränderung zu erleiden, aufbewahrt werden. Sie lassen sich selbst nach mehreren Tagen ohne jede Schwierigkeit verspinnen. Die Beschaffenheit der erhaltenen Fäden ist ebenfalls besser, weil zur Koagulation schwachsaure Fällbäder genügen und diese eine schädliche Wirkung auf die regenerierte Zellulose nicht ausüben. Bei der praktischen Ausführung der Erfindung löst man zuerst z. B. Kupfersulfat in Wasser auf, und zwar im Verhältnis von 20 g Salz zu ungefähr 100 g Wasser, und leitet dann Ammoniakgas in die Lösung ein, wodurch sich kleine dunkle, blauviolette Kristalle bilden, die man von der Lösung trennt. Diese Kristalle werden nunmehr in Wasser aufgelöst, und zwar unter Zusatz von 2—3 g Natronhydrat. Die Lösung ist bei einem Verhältnis von 70—80 g Kristallen auf 100 g Wasser gesättigt. Sie ist imstande, Zellulose rasch in etwa 2 Stunden zu ungefähr 5% zu lösen. Eine größere Zellulosemenge benötigt für die Auflösung längere Zeit. Die Lösungen sind genügend flüssig und lassen sich bei geringem Druck gut verspinnen.

Patentanspruch: Abänderung des durch Patent 211 871 geschützten Verfahrens, darin bestehend, daß man an Stelle von Fibroin Zellulose unter Zusatz von Natriumhydroxyd in wäßrigen Lösungen derjenigen Kristalle auflöst, die durch Einleiten von Ammoniakgas in Kupfersalzlösungen gewonnen werden, und die so erhaltenen Lösungen in üblicher Weise verspinnt.

Nach Boucquey.

227. G. Boucquey. Verfahren zum Auflösen von Zellulose durch ein beliebiges Kupfersalz.

Franz. P. 376 065.

Läßt man Zellulose in einem Gemisch aus Kupfersalz und Ammoniak aufquellen, dem man Ätzalkali zusetzt, und gibt man zu der aufgequollenen Zellulose eine kleine Menge Ätzalkali, das man mit etwas Wasser oder Ammoniak oder beiden versetzt hat, so erhält man sofort eine vollkommene, konzentrierte Lösung von 6—8% und mehr. Man löst z. B. Kupferazetat in 100 T. Ammoniak, dazu gibt man 100 T. Wasser und 10 T. flüssiges Ätznatron[1]). In diese Flüssigkeit gibt man 14 T. Zellulose. Hierbei tritt keine Lösung ein; gibt man aber zu der Mischung nach Aufquellen der Zellulose 5 T. flüssiges Ätznatron[2]), das man mit 10 T. Wasser und 10 T. Ammoniak verdünnt hat, so löst sich die Zellulose fast augenblicklich. Das Verfahren ist ausführbar mit einfach ent-

---

[1]) Angabe über die Stärke der Lösung fehlt.
[2]) Angabe über die Stärke der Lösung fehlt.

fetteter Zellulose ohne besondere Vorbehandlung. Das Ammoniak wird sehr verdünnt angewendet. Man erhält Lösungen, die haltbarer und viskoser sind als die in üblicher Weise gewonnenen.

Nach Hömberg.

228. Dr. Rudolf Hömberg in Charlottenburg. Verfahren zur Herstellung künstlicher Fäden, Films und anderer Zelluloseerzeugnisse aus Kupferoxydammoniakzelluloselösungen.

D.R.P. 237 717 Kl. 29 b vom 5. VIII. 1909 (gelöscht); österr. P. 50 030; Ver. St. Amer. P. 983 139.

Künstliche Fäden u. dgl. von bedeutend höherem Wert können gewonnen werden, wenn man zu den Kupferoxydammoniakzelluloselösungen vor dem Verspinnen Aldehyde oder deren Verbindungen, z. B. Formaldehyd, hinzufügt, indem man eine wie üblich hergestellte Lösung beispielsweise mit 10% einer 40%igen Formalinlösung versetzt. Die Lösungen selbst verändern sich dadurch chemisch, was man daran erkennen kann, daß sie, auf eine Platte gegossen, beim Trocknen klare, durchsichtige Schichten hinterlassen, während dieselben Lösungen ohne Formaldehydzusatz milchige, undurchsichtige Häutchen bilden. Die neuen Produkte zeichnen sich vor den auf genau gleiche Weise aus formaldehydfreien Lösungen erhaltenen Gebilden durch weicheren Griff, größere Klarheit und höhere Festigkeit aus. Ebenso ist die Wasserfestigkeit, wenn auch in geringerem Maße, erhöht.

Patentanspruch: Verfahren zur Herstellung künstlicher Fäden, Films und anderer Zelluloseerzeugnisse aus Kupferoxydammoniakzelluloselösungen, dadurch gekennzeichnet, daß derartige Lösungen nach Zusatz von Aldehyden oder Verbindungen der Aldehyde mit Ammoniak oder solcher Verbindungen der Aldehyde, welche durch Ammoniak zersetzt werden, mit Ausnahme der aldehydischen Zuckerarten und ihrer Verbindungen in üblicher Weise verarbeitet werden.

Nach Wetzel.

229. J. Wetzel. Verbesserung in der Herstellung kupferoxydammoniakalischer Zelluloselösung.

Franz. P. 423 510.

Der Ammoniakgehalt einer ammoniakalischen Kupferoxydzelluloselösung, der nach den bisherigen Annahmen mindestens 6% betragen muß, damit die Zellulose gelöst bleibt, kann auf 3% herabgesetzt werden. Eine solche höchstens 3% Ammoniak enthaltende Zelluloselösung kann durch reines Wasser von 30—75° gefällt werden.

230. J. Wetzel. Verfahren zur Herstellung kupferoxydammoniakalischer Zelluloselösung.

Franz. P. 424 293.

Eine Kupferoxydammoniakzelluloselösung mit höchstens 3% Ammoniakgehalt wird an der Luft koaguliert.

Nach Rheinische Kunstseide-Fabrik Akt.-Ges.

231. Rheinische Kunstseide-Fabrik Akt.-Ges. in Aachen. Verfahren zur Herstellung viskoser Zelluloselösungen.

Franz. P. 405 571; D.R.P. 231 652 Kl. 29b vom 5. V. 1909, 236 537 vom 1. VIII. 1908 und 237 816 vom 23. III. 1910; brit. P. 18 342[1909] (auch O. Müller), österr. P. 54 260, 54 785.

Bei diesem Verfahren wird von festem, trockenem Kupfersalz ausgegangen. Übergießt man dieses mit Ätzalkali und setzt Ammoniak zu, so löst sich die dann eingebrachte Zellulose oder der Zelluloseersatz aus Baumwollsamenschalen sofort zu einer viskosen Lösung. Die Temperatur ist ohne Einfluß auf die Reaktion und ihre Dauer, man findet vielmehr, daß die durch die Umsetzung der Reagentien entwickelte Wärme durch die Umwandlung der Zellulose wieder absorbiert wird. Es finden folgende Temperaturänderungen statt: Bringt man das Kupfersalz mit der alkalischen Flüssigkeit zusammen, so zeigt die Mischung stets eine Temperatur von 20—30° C. Gibt man Ammoniak dazu, so fällt die Temperatur auf 5—10° C. Der Zusatz der Zellulose setzt die Temperatur noch weiter herab, und nach der Umwandlung der Zellulose in eine viskose Lösung ist die mittlere Temperatur 10—14° C., ohne daß gekühlt ist. Die Lösung liefert Produkte von gutem Glanz und großer Widerstandsfähigkeit. Als Fällmittel dienen saure, alkalische oder alkalisch-alkoholische Flüssigkeiten, allein oder mit Salzen gemischt. Je nach dem verwendeten Zellulosematerial nimmt man zur Herstellung der Lösung 1 T. Zellulose, 1—3 T. Kupfersulfat, 2—4 T. Natronlauge 21° Bé und 5—15 T. Ammoniak 25° Bé. Zu dem Zelluloselösungsmittel kann man Stoffe von verschiedener chemischer Wirkung setzen, z. B. Alkohol, Essigsäure, Zucker oder Körper, die wie Weinsäure oder Zitronensäure die Fällung des Kupferoxydhydrates durch Alkalien verhindern. Auch Oxalsäure ist verwendbar. Das aus Kupfersulfat, Ammoniak und fixem Alkali hergestellte Lösungsmittel muß stark auf etwa 0° abgekühlt werden, ehe die Zellulose eingebracht wird. Bei der Auflösung der Zellulose selbst braucht nicht wie bei anderen Verfahren gekühlt zu werden. Beim Abkühlen der Kupferlösung scheiden sich Kristalle ab, die abfiltriert werden, und zwar vor dem Eintragen der Zellulose, da sonst die Kristalle Zellulose mit niederreißen.

Der Anspruch des D.R.P. 231 652 lautet:

Verfahren zur Herstellung viskoser verspinnbarer Zelluloselösungen unter Verwendung von Kupfersalz, Ammoniak und fixem Alkali, dadurch gekennzeichnet, daß das aus dem Kupfersalz, Ätzalkali und Ammoniak hergestellte Lösungsmittel vor dem Zusammenbringen mit der Zellulose oder deren Ersatzmitteln zunächst abgekühlt wird und die sich hierbei ausscheidenden Kristalle entfernt werden, worauf dann die Auflösung der Zellulose oder deren Ersatzmittel in dem Lösungsmittel bei gewöhnlicher Temperatur erfolgen kann.

Der Anspruch des D.R.P. 236 537 lautet:

Verfahren zur Herstellung von verspinnbaren Kupferoxydammoniak-Zelluloselösungen mittels Kupfersalz, Ammoniak und fixen Alkalis, dadurch gekennzeichnet, daß der Lösung vor oder nach dem Eintragen der Zellulose od. dgl. organische Säuren, wie Weinsäure, Zitronensäure oder Oxalsäure zugesetzt werden.

Der Anspruch des D.R.P. 237 816 lautet:

Abänderung des Verfahrens gemäß Patent 236 537, dadurch gekennzeichnet, daß an Stelle der freien organischen Säuren deren Alkalisalze zugesetzt werden.

Nach Hanauer Kunstseidefabrik G. m. b. H.

232. Hanauer Kunstseidefabrik G. m. b. H. in Groß-Auheim. Verfahren zur Herstellung einer für die Gewinnung von Kunstseide u. dgl. geeigneten Kupferoxydammoniakzelluloselösung.

D.R.P. 231 693 Kl. 29b vom 3. V. 1906 (gelöscht); brit. P. 10 164 [1907], Ver. St. Amer. P. 840 611 (E. Eck und E. Bechtel); franz. P. 377 326, österr. P. 50 506.

Es ist bekannt, die Löslichkeit der Zellulose in Kupferoxydammoniak dadurch zu steigern, daß man in Gegenwart von freiem, d. h. ungelöstem Kupferhydrat arbeitet. Man mazeriert Kupferhydrat mit der zehnfachen Menge von 25 %igem wässerigem Ammoniak so lange, bis sich Kupferhydrat nicht mehr löst; dann wird die Zellulose in Portionen eingetragen.

Es ist nun gefunden worden, daß diese Arbeitsweise vereinfacht und die Arbeitsdauer erheblich abgekürzt werden kann, indem man zunächst die Zellulose mit wässerigem Ammoniak tränkt, dann Kupferhydroxyd zufügt und das Ganze mechanisch durcharbeitet. Es werden z. B. 30 kg Baumwolle in einer Mischtrommel mit 500 kg 15 %igem Ammoniak übergossen und 15 kg Kupferoxyd in Form des Hydrates zugefügt. Nachdem die Trommel geschlossen worden ist, wird umgerührt, wodurch innerhalb 1 Stunde eine etwa 6 %ige Zelluloselösung erhalten wird. Das Verfahren ist insofern einfacher als die bisher übliche Arbeitsweise, als die portionenweise Zugabe eines der Agenzien wegfällt, so daß besondere Vorkehrungen zur Verhütung von Ammoniakverlusten überflüssig werden.

Patentanspruch: Verfahren zur Herstellung einer für die Gewinnung von Kunstseide u. dgl. geeigneten Kupferoxydammoniakzelluloselösung, dadurch gekennzeichnet, daß man die Zellulose zuerst mit Ammoniaklösung tränkt und dann Kupferhydroxyd zusetzt.

233. Hanauer Kunstseidefabrik G. m. b. H. in Groß-Auheim b. Hanau a. M. Verfahren zur Herstellung von Kupferoxydammoniakzelluloselösungen unter Benutzung von basischem Kupfersulfat.

D.R.P. 235 219 Kl. 29b vom 21. I. 1909 (gelöscht).

Es ist bekannt, ammoniakalische Lösungen von basisch schwefelsaurem Kupfer, das aus Kupfersulfatlösungen und Kalilauge erhalten wurde, als Lösungsmittel für Zellulose zu verwenden (vgl. Erdmann, Anorganische Chemie, 3. Aufl., S. 692). Konzentrierte Zelluloselösungen konnten aus den klaren ammoniakalischen Lösungen dieses basisch schwefelsauren Kupfers indessen nicht gewonnen werden, weil das Salz in Ammoniak sehr schwer löslich ist und infolgedessen nur zellulosearme

Lösungen liefert. Nur wenn man das basisch schwefelsaure Kupfer auf der Faser selbst erzeugt, indem man Baumwolle mit Kupfervitriol tränkt und dieses bis zur Bildung von basischem Sulfat mit Ätzkali fällt, ist die Herstellung konzentrierter Zelluloselösungen möglich. Dabei bildet sich aber Kaliumsulfat, das als Fällmittel für Zelluloselösungen den Lösevorgang erschwert.

Es wurde nun gefunden, daß man zur Erzielung technisch wertvoller konzentrierter Zelluloselösungen von isoliertem basischen Kupfersulfat ausgehen kann, wenn man dasjenige basische Kupfersulfat verwendet, das durch Fällen heißer Vitriollösungen mit Ammoniak oder Soda erhalten wird, und dieses basische Sulfat zusammen mit der Baumwolle in einer zur Lösung des Kupfers nicht hinreichenden Menge Ammoniak zur Reaktion bringt. Das auf diese Weise gewonnene basische Kupfersulfat bietet den Vorteil eines chemischen Individuums $7\,CuO \cdot 2\,SO_3 + 6\,H_2O$, das konstante Zusammensetzung aufweist, wodurch die Sicherheit des Verfahrens erhöht wird. Es ist ferner gegen Wärme bis zu 150° vollkommen beständig, während sich Kupferhydrat sehr leicht in schwarzes, in Ammoniak unlösliches Hydrat verwandelt. Außerdem zeigen die daraus hergestellten Zelluloselösungen eine solche Beständigkeit gegen Temperaturerhöhungen, daß man sie ohne Schädigung auf 60° erwärmen kann. Die Weiterverarbeitung geschieht in der für Kupferoxydammoniakzelluloselösungen bekannten Weise.

Beispiel: Zu 162 kg Baumwolle (schwach gebleicht) wird basisches Kupfersulfat in Pastenform in einer Menge gebracht, die einer Zugabe von 90 kg Kupfer entspricht. Nachdem man noch 2000 l 20%iges Ammoniak zugefügt hat, rührt oder schüttelt man um. Nach einer halben Stunde ist alles gelöst. Durch Verdünnen der so erhaltenen Lösung mit etwa 1000 l Wasser erhält man eine brauchbare, spinnfähige Kupferoxydammoniakzelluloselösung.

Patentansprüche: 1. Verfahren zur Herstellung von Kupferoxydammoniakzelluloselösungen unter Benutzung von basischem Kupfersulfat, dadurch gekennzeichnet, daß man letzteres in der Form benutzt, die der Formel $7\,CuO_3 \cdot 2\,SO_3 + 6\,H_2O$ entspricht.

2. Verfahren nach Anspruch 1, dadurch gekennzeichnet, daß man 5 Mol. Zellulose und 7 Mol. des genannten Sulfats mit einer solchen Menge von Ammoniak versetzt, die nicht hinreicht, um das Kupfersulfat allein zu lösen.

234. Hanauer Kunstseidefabrik G. m. b. H. in Groß-Auheim. Verfahren zur Herstellung konzentrierter, ammoniakarmer Kupferoxydammoniakzelluloselösungen.

D.R.P. 260 650 Kl. 29b vom 19. V. 1908 (gelöscht); österr. P. 64 081 (Vieweg).

Die Herstellung von ammoniakarmen Kupferoxydammoniakzelluloselösungen geschieht bisher in der Weise, daß man Zellulose, Kupfer oder Kupferoxydhydrat und wässeriges Ammoniak unter äußerer Kühlung zur Lösung bringt und den für die Herstellung der Lösung zunächst erforderlichen, beim Verspinnen der fertigen Lösung aber hinderlichen

Überschuß an Ammoniak vor dem Spinnen, z. B. durch Absaugen im Vakuum, entfernt.

Gegenstand der Erfindung ist ein Verfahren, mit dessen Hilfe man unmittelbar beim Lösen mit der für die fertige Spinnlösung gerade noch erforderlichen Menge Ammoniak auskommt; während man also bisher auf 1 kg Zellulose etwa 3 kg NH_3 brauchte, genügt nach dem neuen Verfahren 1 kg NH_3. Das Verfahren besteht darin, daß man die Bildung der Kupferoxydammoniakzelluloselösung in Gegenwart von Eis in Stücken vor sich gehen läßt.

Beispiel: Zu 100 kg Baumwolle werden 400 l konzentriertes, d. i. 25%iges Ammoniak und 40 kg Kupfer in Form von Kupferoxydhydrat gebracht, worauf man 500 kg Eis in Stücken einträgt. Nach etwa einstündigem Rühren ist alles gelöst. Die Ammoniakersparnis hat ihren Grund in der niedrigen Temperatur, bei der die Reaktionen vor sich gehen, und der hohen Ammoniakkonzentration am Anfang; denn Ammoniak und Eis bilden eine Kältemischung mit Temperaturen unter 0°, die Löslichkeit von Kupferhydroxyd in Ammoniak steigt aber mit fallender Temperatur. Dieselbe Menge Kupferhydroxyd braucht also zur Lösung um so weniger, je niedriger die Temperatur ist. Außerdem löst sich in 400 l 25%igem Ammoniak mehr Kupferhydroxyd als in 900 l mit der gleichen absoluten Menge NH_3. Würde man in obigem Beispiel von vornherein die Ammoniakkonzentration so wählen, wie sie nach dem Schmelzen des Eises endgültig vorhanden ist, also etwa 11%ig, so würde man selbst bei Temperaturen von — 21° nicht zum Ziele kommen. Läßt man bei der Ausführung des neuen Verfahrens das Reaktionsgefäß z. B. nach Art einer Kugelmühle rotieren, so wirken die festen Eisstücke wie die Kugeln in einer solchen Mühle, indem sie die Zellulosemassen zerrühren. Durch das langsam entstehende Schmelzwasser wird die Zelluloselösung außerdem allmählich verdünnt ohne Ausscheidung von Zellulose, wie sie eintreten würde, wenn man eine konzentrierte Zelluloselösung mit größeren Mengen Wassers auf einmal versetzen würde.

Patentanspruch: Verfahren zur Herstellung konzentrierter, ammoniakarmer Kupferoxydammoniakzelluloselösungen mit Hilfe von Kupferoxydhydrat oder basischen Kupfersalzen, konzentrierter Ammoniakflüssigkeit und Zellulose, dadurch gekennzeichnet, daß man die Komponenten in Gegenwart von Eisstücken aufeinander einwirken läßt.

Nach Eck.

235. Theodor Eck in Lodz, Rußl. Verfahren zur Herstellung einer beständigen kupferoxydhaltigen Zelluloselösung.

D.R.P. 240 082 Kl. 29b vom 22. V. 1909 (gelöscht).

Die zur Herstellung von Kunstseide verwendete Kupferoxydammoniak-Zelluloselösung zeigt den großen Nachteil der allmählichen Zersetzung, die besonders rasch bei gewöhnlicher Temperatur vor sich geht. Das Kupferoxydammoniak oxydiert die Zellulose zur spröden Oxyzellulose, wodurch die Lösung ihre ursprüngliche Zähigkeit verliert, dünnflüssig und zur Herstellung von künstlichen Fäden ungeeignet wird. Um ein Arbeiten mit Kupferoxydammoniakzelluloselösung im großen überhaupt zu ermöglichen, ist es nötig, mittels kostspieliger Kühlvorrichtungen die Zelluloselösung auf niedriger Temperatur zu erhalten; aber trotzdem tritt langsam Zersetzung ein. Durch die bisher notwendige Kühlung der Zelluloselösung macht sich aber ein weiterer Übelstand bemerkbar. Bei niedriger Temperatur bilden sich Kristalle in der Lösung, welche schwer zu entfernen sind und die feinen Düsenöffnungen verstopfen.

Es hat sich nun gezeigt, daß die genannten Übelstände beseitigt werden können, wenn zur Lösung der Zellulose ein Gemisch von Kupferoxydammoniak mit Kupferoxydulammoniak verwendet wird. Die Gegenwart von Kupferoxydulammoniak in genügender Menge verhindert die Oxydation der Zellulose vollkommen, und eine solche Zelluloselösung ist monatelang bei gewöhnlicher Temperatur unverändert haltbar; sie behält ihre für einen festen Faden notwendige Zähigkeit vollkommen bei. Die Zelluloselösung mit Kupferoxydulgehalt fällt im Vergleich mit einer Lösung ohne diesen Gehalt bei Einhaltung von gleichen Mengenverhältnissen stets zäher und dickflüssiger aus, eine Erscheinung, welche beweist, daß bei Herstellung von Kupferoxydammoniakzelluloselösung sofort beim Lösungsvorgange Oxydation der Zellulose stattfindet. Die Zelluloselösungen mit Kupferoxydulgehalt können für das Spinnen stärker verdünnt werden als die ohne einen solchen; eine 3%ige Lösung entspricht in Zähigkeit und Fließbarkeit einer 4%igen Lösung ohne Oxydul. Eine stärkere Verdünnung der Zelluloselösung bietet dadurch einen Vorteil, daß beim Spinnen des Fadens weitere Düsenöffnungen zulässig sind, die sich weniger leicht verstopfen; bei gleicher Größe der Düsenöffnung erzielt man feinere Fäden.

Eine Zelluloselösung, welche Kupferoxydulammoniakzellulose enthält, kann hergestellt werden, wenn Kupferoxydhydrat zu Kupferoxydulhydrat reduziert und dieses in Ammoniak gelöst wird. 40 kg Kupfervitriol werden gelöst und zur Ausfällung des Kupferoxydhydrats die nötige Menge Natronhydrat hinzugefügt. Das Kupferoxydhydrat wird zweimal gewaschen und der Überschuß an Waschwasser abfiltriert. Das Kupferoxydhydrat wird mit Wasser und Eis auf 266 kg eingestellt. Bei einer Temperatur von 6—10° C gibt man zur Reduktion des Kupferoxydhydrats 1,800 kg Hydrosulfit NF konz. von Meister Lucius & Brüning, gelöst in 16 l Wasser, hinzu und rührt die Paste 15 Minuten lang. Die gelbgrün gewordene dünne Paste läßt man nun in einen luftdicht verschlossenen Kessel fließen, in welchen 18 kg entfettete und gebleichte Baumwolle eingetragen wurden. Man läßt den verschlossenen Kessel 15 Minuten zur Durchtränkung der Baumwolle mit dem Hydrat rotieren. Hierauf läßt man 230 kg auf 6—10° C abgekühltes Ammoniak vom spez. Gew. 0,910 in den Kessel fließen und bringt die Baumwolle durch Rotieren des luftdicht verschlossenen Kessels in Lösung, was in etwa 6 Stunden vollkommen geschehen ist. Die Zelluloselösung wird gänzlich klar und zeigt nicht den geringsten Rückstand an ungelösten

Teilchen, ein Beweis, daß das Kupferoxydulhydrat in Lösung gegangen und mit der Zellulose eine Verbindung eingegangen ist. Man kann auch so verfahren, daß ungewaschenes Kupferoxydhydrat gleich nach der Fällung reduziert und ohne gewaschen zu werden wie oben angegeben weiter verarbeitet wird. Das Ergebnis ist aber nicht so gut. Als Reduktionsmittel kann anstatt Hydrosulfit auch Bisulfit oder schwefligsaures Ammoniak verwendet werden, jedoch mit weniger gutem Erfolge. Die nach diesem Reduktionsverfahren hergestellte Zelluloselösung enthält ungelöste Kupferoxydulteilchen. Formaldehyd reduziert Kupferoxydhydrat in der Kälte nicht; fügt man Formaldehyd dem Ammoniak zu, so fällt dieses Kupferoxydul in der Zelluloselösung aus. Die nach obigen Angaben hergestellte Zelluloselösung enthält 80% Kupferoxydammoniak und 20% Kupferoxydulammoniak; der Oxydulgehalt kann aber auch bis auf 40% erhöht werden. Es genügen aber schon 10% Kupferoxydulammoniak, um die Zelluloselösung vollkommen haltbar zu machen.

Patentanspruch: Verfahren zur Herstellung einer beständigen kupferoxydulhaltigen Zelluloselösung, darin bestehend, daß gewaschenes Kupferoxydhydrat mit geeigneten Reduktionsmitteln in der Kälte reduziert, mit dieser genügend verdünnten Hydratpaste die Baumwolle getränkt und zum Schluß Ammoniak hinzugefügt wird.

Nach Compagnie française des applications de la cellulose.

236. Compagnie française des applications de la cellulose. Verfahren zur Herstellung sehr konzentrierter Zelluloselösungen.

Franz. P. 429 841; brit. P. 28 779[1910]; schweiz. P. 57 951; Ver. St. Amer. P. 1 062 222 (Chaumat); österr. P. 62 164.

Das Verfahren besteht in der Herstellung gelatinösen Kupferoxydhydrats und der Vereinigung dieses Hydrats mit geeignet vorbehandelter Zellulose in bestimmten Verhältnissen, sowie in dem Auflösen der so gebildeten Kupferzellulose in Ammoniak unter besonderen Bedingungen. Das gleiche Ergebnis läßt sich nicht erreichen, wenn man Kupferoxydhydrat auf der Zellulose selbst fällt, indem man z. B. Kupfersalz mit Zellulose mischt und dazu Natronlauge setzt, oder wenn man Zellulose mit Ätznatron mischt und Kupfersalz zusetzt. Um die Zellulose in einen für die spätere Auflösung geeigneten Zustand zu bringen, muß das Kupferoxyd mit Zellulose vereinigt werden, die mit einer genügenden Menge Wasser verdünnt ist. Man hat sonst eine nicht gleichmäßige Kupferoxydzellulose, die an manchen Stellen freie Zellulose und an anderen überschüssiges Kupferoxyd enthält. Unter ungünstigen Bedingungen hergestellte Kupferzellulose löst sich schlecht in Ammoniak, es bilden sich gelatinöse, schwer zu verteilende Klumpen, und der Gehalt der Lösung an Zellulose nimmt ab.

Es werden z. B. 30 kg abgekochte und schwach gebleichte Baumwollabfälle im Holländer vermahlen, bis zwischen den Fingern feste Teile nicht mehr zu bemerken sind, dann wird mit Wasser auf etwa

3000 l verdünnt. Ferner werden 60 kg krist. Kupfersulfat in 300—400 l Wasser gelöst und die Lösung in 40 l Natronlauge von der Stärke, daß die theoretische Menge Kupferoxydhydrat gebildet wird, unter Umrühren bei gewöhnlicher Temperatur gegeben. Die Lauge ist mit dem drei- bis vierfachen Volumen Wasser verdünnt. Bei vorsichtigem Arbeiten findet keine Temperaturerhöhung statt und es braucht nicht gekühlt zu werden. Man kann der Natronlauge eine kleine Menge eines Körpers zusetzen, der die Wasserabspaltung aus dem Kupferoxydhydrat verhindert, z. B. Zucker. Die Kupferoxydhydratbrühe wird mit der gemahlenen Zellulose in einem geeigneten Apparat, z. B. dem Holländer selbst, gemischt, die Mischung kann auch durch Druckluft bewerkstelligt werden. Das Kupferhydroxyd wird von der Zellulose sofort absorbiert und die Kupferzellulose wird abfiltriert, abgepreßt oder abgeschleudert. Sie hat eine schöne blaue Farbe und hält sich ohne Veränderung, so daß sie in beliebig großen Mengen auf Lager genommen werden kann. Das abgepreßte oder abgeschleuderte Produkt wird dann zermahlen, bis die einzelnen Teile ungefähr die Größe eines Getreidekorns haben, und mit der notwendigen Menge Ammoniak übergossen, etwa 100 l Ammoniak von 28° Be. Dann wird 15—20 Minuten gerührt und bis zur völligen Lösung stehen gelassen, was ungefähr 24 Stunden erfordert. Ab und zu setzt man den Rührer wieder in Gang und gibt eine geringe Menge Natronlauge von 38° Be. zu, die mit dem gleichen Volumen Wasser verdünnt ist, etwa 0,5 l der Natronlauge 38° Be. auf das Kilogramm gelöster Baumwolle. Dieser Natronlaugezusatz verflüssigt die Lösung und erleichtert die spätere Filtration. Man erhält Lösungen mit bis 15% Zellulose, die frei von Klumpen und homogen sind.

Nach Traube.

237. Dr. Wilhelm Traube in Berlin. Verfahren zur Darstellung von Zelluloselösungen.

D.R.P. 245 575 Kl. 29b vom 10. I. 1911; franz. P. 438 632; brit. P. 356[1912]; österr. P. 56 625; belg. P. 241 976; schweiz. P. 58 882; Ver. St. Amer. P. 1 064 260.

Es wurde gefunden, daß die wässerigen sowie auch die alkoholischen Lösungen der Alkylendiamine, z. B. des Äthylendiamins, unverhältnismäßig große Mengen Kupferhydroxyd aufzunehmen vermögen. Während zur Lösung eines Molekulargewichtes Kupferhydroxyd auch bei Anwendung hochkonzentrierter Ammoniak- oder Aminlösungen sehr viele Molekulargewichte Ammoniak oder Amin nötig sind, wird auch in verdünnten, z. B. nur 5%igen wässerigen Äthylendiaminlösungen 1 Mol. Kupferhydroxyd von nur 2 Mol. Äthylendiamin in Lösung übergeführt.

Es wurde weiter gefunden, daß eine wie angegeben bereitete Kupferhydroxyd-Äthylendiaminlösung Zellulose, Zellulosehydrat, Oxyzellulose usw. aufzulösen vermag, ähnlich der Schweizerschen Lösung. Ein weitgehender Unterschied besteht indessen zwischen beiden Lösungen insofern, als für die Auflösung der Zellulose der Prozentgehalt an Ammoniak bei der Schweizerschen Lösung sehr hoch sein muß, während der

Prozentgehalt der Kupferhydroxyd-Äthylendiaminlösung an Äthylendiamin nur gering zu sein braucht. Schon eine nur 2—3 %ige, mit Kupferhydroxyd gesättigte Äthylendiaminlösung nimmt Zellulose auf, und bei Anwendung 5 %iger, mit Kupferhydroxyd gesättigter Äthylendiaminlösung erhält man mit großer Schnelligkeit Zelluloselösungen von hoher Viskosität. Zur Ausfällung der Zellulose aus einer solchen Lösung bedarf es nur einer um das Vielfache geringeren Menge Säure als bei Ausfällung der Zellulose aus Schweizerscher Lösung, was auf die Beschaffenheit der ausfallenden Zellulose von erheblichem Einfluß ist.

Mit Hilfe der Kupferhydroxyd-Äthylendiaminlösung können, was bisher nicht bekannt war, und was bei Verwendung der primären Monoalkylamine[1]), wie des Ammoniaks, auch nicht möglich ist, Zelluloselösungen erhalten werden, die eine verhältnismäßig nur sehr geringe Alkalikonzentration besitzen.

Beispiel I. Zu 100 T. einer 4 %igen wässerigen Äthylendiaminlösung werden 2,5 T. Kupferhydroxyd gegeben, welche unter Wärmeentwicklung alsbald in Lösung gehen. Nun fügt man zu der dunkelblauen Flüssigkeit etwa 5 T. Zellulose irgendwelcher Herkunft und erhält nach dem Durcharbeiten des Gemisches eine dicke, homogene, klare Zelluloselösung, die zur weiteren Verwendung bereit ist.

Beispiel II. In 100 T. einer 8 %igen Äthylendiaminlösung werden 5 T. Kupferhydrat gelöst und zu der so erhaltenen Flüssigkeit 7—8 T. Zellulose gefügt, die sich nach gehörigem Durcharbeiten auflösen. Man erhält eine äußerst dicke Flüssigkeit mit einem Gehalt von 7—8% gelöster Zellulose. Es können z. B. Diamine der aliphatischen Reihe, wie Trimethylendiamin, Tetramethylendiamin usw., benutzt werden.

Patentanspruch: Verfahren zur Darstellung von Zelluloselösungen, dadurch gekennzeichnet, daß man Zellulose oder ihr nahestehende Umwandlungsprodukte mit Auflösungen von Kupferhydroxyd in Lösungen von aliphatischen Diaminen behandelt.

Nach dem

238. Zusatzpatent 252 661 Kl. 29b vom 6. VIII. 1911

erfolgt die Auflösung der Zellulose in der Alkylendiaminlösung besser, wenn dieser noch einige Prozente Ammoniak zugesetzt werden.

Nach de Haën.

239. E. de Haën, Chemische Fabrik „List" in Seelze b. Hannover. Verfahren zur Herstellung haltbarer Spinnlösungen für Kunstfäden u. dgl.

D.R.P. 251 244 Kl. 29b vom 24. VI. 1911 (gelöscht); brit. P. 6408[1912]; franz. P. 441 063.

Es ist bekannt, Auflösungen von Zellulose in Kupferoxydammoniak, die wegen ihrer Empfindlichkeit gegen erhöhte Temperatur sonst nur unter guter Kühlung hergestellt werden können und unter Kühlung aufbewahrt werden müssen, diese nachteilige Eigenschaft zu benehmen.

---

[1]) Siehe S. 218, franz. P. 357 171.

Es geschieht dies dadurch, daß man andere Kohlehydrate, wie z. B. Zucker, Dextrin, gebleichte Reisschalen u. dgl., oder auch organische Säuren sowie deren Alkalisalze[1]) zugibt. Hierdurch wird es ermöglicht, die Lösungen der Zellulose in Kupferoxydammoniak bei gewöhnlicher Temperatur herzustellen, und die erhaltenen Lösungen sind dann so haltbar, daß es einer besonderen Kühlung bei der Aufbewahrung nicht bedarf. Da nun diese wertvollen Zusätze aber in ziemlich hohen Prozentsätzen angewandt werden müssen, so verteuern sie das Verfahren.

Es wurde nun gefunden, daß, wenn man gewisse Pflanzenteile, z. B. strohige Abfallteile, die sonst wertlos sind, mit geeigneten Flüssigkeiten extrahiert und diese Extrakte der Lösung zusetzt oder zur Herstellung der Lösung verwendet, die Kupferoxydammoniakmischung ohne Zellulose wie mit Zellulose unbegrenzt haltbar ist und ohne jede Schädigung Temperaturen bis zu 50° verträgt. Kostspielige Eismaschinen und Kühlanlagen kommen hierdurch in Wegfall.

Man löst z. B. etwa 25 kg Kupfersulfat in 90—95 kg Ammoniak und setzt zu dieser Lösung etwa 45 kg Natronlauge von 21° Be, mit der man vorher etwa $1/_2$—1 kg strohige Bestandteile während etwa $1/_2$ Stunde bei 15—20° C extrahiert hat, rührt gut um, und die Lösung ist fertig. Man kann nun die Baumwolle gleich der Lösung zufügen oder erst dann, wenn sie verarbeitet werden soll, da die Lösung mit und auch ohne Baumwolle unbegrenzt haltbar ist. Die aus diesen Lösungen hergestellten Fäden zeigten eine bedeutende Elastizität und starken Seidenglanz. Die Auflösung der Zellulose in dem nach obigem Verfahren hergestellten Lösungsmittel vollzieht sich fast augenblicklich. Die Zellulose kann auch durch jedes für Kupferoxydammoniakzelluloselösung sonst übliche Fällmittel wieder gefällt werden.

Patentanspruch: Verfahren zur Herstellung haltbarer Spinnlösungen für Kunstfäden u. dgl., dadurch gekennzeichnet, daß man pflanzliche Stoffe, insbesondere strohige Pflanzenteile, mit geeigneten Flüssigkeiten, so beispielsweise Alkalilauge, extrahiert und den so erhaltenen Extrakt der Kupferoxydammoniakmischung vor oder nach dem Eintragen der Zellulose zusetzt.

240. E. de Haën, Chemische Fabrik „List". Verfahren zur Herstellung einer Lösung von Zellulose in Kupferoxydammoniaklösung zur Herstellung künstlicher Fäden und anderer Produkte.

Franz. P. 436 968; brit. P. 27 835[1911].

Man weiß, daß es zur Erhöhung der Löslichkeit der Zellulose in Kupferoxydammoniak notwendig ist, aus der Lösung die bei der Umsetzung von kaustischen Alkalien, Kupfersalz und Ammoniak gebildeten fremden Salze, besonders Alkalisulfat, möglichst vollständig zu entfernen. In der Praxis hat man das bisher durch starkes Kühlen des Lösungsmittels vor dem Eintragen der Zellulose, und zwar auf Temperaturen um 0°, erreicht. Es wurde nun gefunden, daß man diese

---
[1]) Siehe S. 220, 221, 233.

teure Kühlung und den Gebrauch von Eismaschinen entbehren kann, wenn man statt des bisher verwendeten Ätznatrons Ätzkali verwendet. Dann scheidet sich das schwefelsaure Kali schon bei gewöhnlicher Temperatur vollständig in Kristallen aus und man kann nach Abtrennen der Kristalle die Lösung ohne Störung für die Herstellung einer Zelluloselösung zur Erzeugung von Kunstfäden u. a. m. verwenden. Die Abscheidung wird unterstützt durch die Anwesenheit freien Ammoniaks, welches ein notwendiger Bestandteil der Zelluloselösung ist. Die so hergestellte Lösung besitzt in hohem Grade die Fähigkeit, Zellulose zu lösen. Die höheren Kosten der Verwendung von Ätzkali werden durch den Fortfall der Kühlung aufgewogen. Man löst z. B. 2—4 T. Kupfersulfat in 10 T. Ammoniak von 25% und setzt Ätzkali zu. Die Kaliumsulfatkristalle scheiden sich bald ab, man entfernt sie durch Filtrieren unter Druck und benutzt das Filtrat zur Auflösung der Zellulose.

Nach Société La Soie Artificielle du Nord.

241. Société La Soie Artificielle du Nord. Verbesserung in der Behandlung von Zellulose mit Kupfersalzen.

Franz. P. 437 815.

Es wurde gefunden, daß durch Zusatz von Alkali zu den ersten Auflösungsbädern ein Teil der Zellulose verbrannt und unlöslich wird, wodurch ein Verlust an sehr wertvoller Substanz entsteht. Gemäß vorliegendem Verfahren wird eine gewisse Menge Kupfersulfoacetat und Natriumkarbonat in einem Gemisch von 100 T. Wasser und 100 T. Ammoniak aufgelöst. In die erhaltene Flüssigkeit trägt man die zu behandelnde Zellulose, etwa 14 T., ein, sie schwillt zunächst an und löst sich dann fast vollständig auf. Nach etwa $1/_2$ Stunde gibt man 3 T. Ätznatron in 10 T. Wasser zu, wodurch die Lösung vollständig wird. Man erhält auf diese Weise sehr konzentrierte Zelluloselösungen, zu deren Herstellung man verdünntes Ammoniak anwenden kann, was das Verfahren verbilligt und die Lösung viskoser macht. Die Lösungen können mehrere Monate aufbewahrt werden, ohne daß sie sich verändern.

Nach Spence & Sons Ltd.

242. Peter Spence & Sons Ltd. in Manchester, Engl. Verfahren zur Herstellung eines innigen Gemenges von Zellulose und Kupfer für die Herstellung von Zelluloselösungen.

D.R.P. 264 951 Kl. 29 b vom 29. X. 1912 (gelöscht); brit. P. 25 533[1911]; franz. P. 449 803; belg. P. 250 442 (auch Edm. Knecht, Dr. Alf. Perl).

Nach dem Verfahren wird metallisches Kupfer in allerfeinster Verteilung in geeigneter Menge auf und in der Zellulose aus einer Kupferlösung niedergeschlagen und das entstandene Gemenge dann der Einwirkung von Luft und Ammoniak in Gegenwart von Wasser ausgesetzt. Durch dieses Verfahren wird in leichtester und billigster Weise eine so innige Mischung der Bestandteile erzielt, wie sie sich durch mechanische Mittel bei größtem Arbeitsaufwand nie erzielen ließe. Die verhältnismäßig grobe Beschaffenheit, in welcher das Kupfer sich bei dem bisher gebräuchlichen Verfahren befindet, verhindert naturgemäß eine wirklich innige Mischung mit der Zellulose, welche bei der vorliegenden Erfindung dadurch erreicht wird, daß die Kupferteilchen sich in annähernd molekularem Zustande befinden. Nach diesem Verfahren ist nur etwa die Hälfte Kupfer nötig, um dieselbe Menge Zellulose in Lösung zu bringen im Vergleich zu einer mechanisch hergestellten Mischung.

Beispiel: Die fein verteilte Zellulosemasse wird mit einer Lösung von Kupfersulfat, die entsprechend stark genommen wird, durchtränkt. Zu dieser Masse wird eine genügend starke Lösung von Titansesquioxydsulfat hinzugefügt, welche die Kupfersulfatlösung reduziert und metallisches Kupfer im Zustand allerfeinster Verteilung auf und in der Zellulosemasse ausfällt und niederschlägt. Das Kupfer ist auf diese Weise gleichmäßig durch die ganze Zellulosemasse verteilt niedergeschlagen, und dieser gleichmäßige Niederschlag und die gleichmäßige Verteilung des Kupfers helfen wesentlich bei der schnellen Herstellung einer gleichmäßigen Zelluloselösung. Das innige Gemenge von fein verteiltem, metallischem Kupfer und Zellulose wird alsdann filtriert, gewaschen und der gemeinsamen Einwirkung von Luft und einer genügenden Menge wässeriger Ammoniaklösung ausgesetzt. Aus Versuchen hat sich ergeben, daß sich das frisch ausgefällte Kupfer leicht oxydiert und schnell in Lösung geht; so können z. B. bei Verwendung von ungefähr 700 g Kupfersulfat 600 g Baumwolle schnell gelöst werden, und es lassen sich auf diese Weise leicht 11—12%ige Zelluloselösungen herstellen. An Stelle von Titansesquioxydsulfat können andere Reduktionsmittel verwendet werden. In jedem Falle empfiehlt sich aber, niedere Metalloxyde zu verwenden, welche vom Zustande höherer Oxydationsstufe wieder reduziert werden können.

Patentansprüche: 1. Verfahren zur Herstellung eines innigen Gemenges von Zellulose und Kupfer für die Herstellung von Zelluloselösungen, dadurch gekennzeichnet, daß metallisches Kupfer in feinster Verteilung auf und in der Zellulosemasse niedergeschlagen wird.

2. Verfahren nach Anspruch 1, dadurch gekennzeichnet, daß der Kupferniederschlag auf und in der Zellulosemasse unter Verwendung niederen Metalloxydes erfolgt und das dabei entstehende höhere Metalloxyd wieder reduziert und wieder verwendet wird.

Nach Borzykowski.

243. **B. Borzykowski.** Verfahren zur Herstellung von Kupferoxydammoniakzelluloselösungen.

Franz. P. 450193; brit. P. 24996[1912]; belg. P. 251118.

Bei der Herstellung von Kupferoxydammoniakzelluloselösungen, die zur Herstellung künstlicher Zelluloseprodukte dienen, ist es wünschenswert, daß die Lösung möglichst wenig Ammoniak enthält, denn das

Ammoniak übt auf die Eigenschaften der Produkte einen schädlichen Einfluß aus und muß aus den Produkten entfernt werden. Andererseits muß eine bestimmte Menge Ammoniak in der Lösung vorhanden sein, damit Kupfer und Zellulose in Lösung gehalten werden, auch nimmt die Lösungsfähigkeit der ammoniakalischen Kupferlösung für Zellulose mit dem Kupfergehalte zu. Das vorliegende Verfahren dient nun dazu, in der gewohnten Weise hergestellte Kupferoxydammoniaklösungen so weit als möglich mit Kupfer anzureichern, ohne ihren Ammoniakgehalt zu erhöhen. Das einfachste Mittel zu diesem Zwecke wäre, der Lösung eine größere Menge Kupferhydroxyd zuzusetzen, aber dieses löst sich nur sehr wenig in der Lösung und bleibt zum größten Teile ungelöst. Es wurde nun gefunden, daß man diese Anreicherung dadurch erreichen kann, daß man das Hydrat in der Lösung selbst entstehen läßt, das sich dann leicht löst. Man fügt zu der anzureichernden Lösung Kupfersulfat und eine äquivalente Menge Alkali in wässeriger Lösung, es bildet sich dann nach bekannter Reaktion Alkalisulfat und Kupferhydroxyd und dieses löst sich sofort in der Kupferlösung auf. In einem Mischgefäß mischt man 50 T. ammoniakalisches Kupferoxydammoniak vom spez. Gew. 1,000—1,004 mit 17 T. wässeriger Kupfersulfatlösung (27 g im Liter) und gibt 10 T. Natronlauge von 15% zu. Nach kurzem Rühren setzt man zu 800 l dieser Lösung ungefähr 107 kg trockene, lockere Zellulose.

Das Verfahren ist von J. Foltzer in den „Kunststoffen", 1911, S. 303, beschrieben.

Nach O. Müller.

244. Oskar Müller. Verfahren zur Herstellung viskoser Zelluloselösungen.

Franz. P. 451 406; belg. P. 251 128.

Stellt man in bekannter Weise aus Kupfersalzen, Ammoniak und fixen Alkalien ein Lösungsmittel für Zellulose her, so muß man auf etwa 0° kühlen, bevor man die Zellulose einbringt, damit das gebildete Alkalisalz, z. B. Natriumsulfat, wenn man von Kupfersulfat und Ätznatron ausgeht, sich in Kristallen abscheidet. Macht man dies nicht, so scheiden sich die Kristalle später von selbst aus und reißen einen großen Teil der Zellulose mit nieder, es findet sich dann am Boden des Apparates ein dicker Brei, den man entfernen und wegwerfen muß. Das Kühlen der Lösung hat den großen Nachteil, daß es die Herstellung der viskosen Zelluloselösung teuer macht. Außerdem erfordert dies Verfahren die Verwendung beträchtlicher Mengen Ammoniak, damit man eine Lösung erhält, die nach Abscheidung der Kristalle sich noch zur Herstellung geformter Gebilde eignet. Es wurde nun gefunden, daß man die Entfernung der Alkalisalze durch Kristallisation vollständig umgehen und eine große Menge Ammoniak sparen kann, wenn man zunächst das Kupfersalz unter Rühren mit einer glyzerinhaltigen Kochsalzlösung vermischt und dann mit einer wässerigen Ammoniaklösung von bestimmtem Gehalt und mit einem bestimmten Gehalt an Ätzalkali behandelt. In einer solchen Lösung löst sich das Kupfersalz vollständig auf, gibt man in eine solche Lösung Zellulose, so entsteht sofort eine viskose Lösung, die man beliebig mit Wasser verdünnen kann. Man braucht so nur das Vier- bis Sechsfache an Ammoniak vom spez. Gew. 0,91, ohne daß sich eine Kristallausscheidung während oder nach der Auflösung zeigt. Die Auflösung des Kupfersalzes wie der Zellulose findet bei jeder Temperatur statt, auch beim Kühlen auf 0° scheidet sich nichts ab. Die erhaltene Lösung kann daher ohne weitere Vorbereitung zur Herstellung von Fäden und anderen Gebilden benutzt werden. Die Lösung ist, wenn sie in gut verschlossenen Gefäßen aufbewahrt wird, fast unbegrenzt haltbar. Jede Zellulose, z. B. Baumwolle oder Sulfitzellulose oder Baumwollschalen oder der Zelluloseersatz, der nach dem D.R.P. 192 690[1]) hergestellt ist, kann verwendet werden. Es werden z. B. 120 kg gemahlenes Kupfersulfat unter Rühren mit 200 l einer Lösung behandelt, die 1—2% Chlornatrium und 2,25—3 l Glyzerin enthält. Dazu gibt man 300 l Ammoniak vom spez. Gew. 0,91, worauf das Kupfersalz sich vollständig löst. Dann setzt man 200 l Natronlauge vom spez. Gew. 1,125—1,2 zu und trägt unter Schütteln 50 kg Zellulose ein. Sie löst sich sofort auf und gibt eine viskose Lösung, die ohne weiteres verarbeitet werden kann.

Fällen von Kupferoxydammoniakzelluloselösungen durch hauptsächlich saure Mittel.

Nach Bronnert, Fremery und Urban.

245. Dr. Emil Bronnert in Niedermorschweiler, Kr. Mülhausen i. Els., Dr. Max Fremery und Johann Urban in Oberbruch, Reg.-Bez. Aachen. **Verfahren zur Herstellung von festen, als Ersatz für Seide dienenden Fäden aus Zelluloselösungen.**
D.R.P. 125 310 Kl. 29 b vom 19. X. 1900 (gelöscht); brit. P. 4303[1901]; österr. P. 6150; Ver. St. Amer. P. 698 254.

Es ist bekannt, daß die in direkten Lösungsmitteln (Kupferoxydammoniak- oder Chlorzinklösung) gelöste Zellulose unter Zersetzung des Lösungsmittels durch Säuren wieder abgeschieden werden kann. Es ist auch schon mehrfach vorgeschlagen worden, eine geeignete Lösung von Zellulose durch Auspressen aus kapillaren Öffnungen in Säuren zu kontinuierlichen Fäden zu verarbeiten. Nicht bekannt hingegen war bisher die Wichtigkeit, welche sowohl die Konzentration der zur Anwendung gekommenen Säure als auch die Art der Säure selbst für die Qualität des erzeugten Fadens hat. Unter den verschiedenen in Vorschlag gekommenen Säuren verdient die Schwefelsäure wegen ihrer Billigkeit den Vorzug, wenngleich auch die für den Zellulosefaden ganz unschädliche Essigsäure sowie andere Säuren in gewissen Fällen, wo

---
[1]) Aus Baumwollsamenschalen durch Kochen mit Alkalilauge und Behandeln mit Permanganat, schwefliger Säure und schließlich wirksamem Chlor.

es auf Festigkeit der erzeugten Fäden weniger ankommt, zur Anwendung kommen mögen. Wenn nun auch im allgemeinen bekannt ist, daß verdünnte Schwefelsäure zur Fadenbildung verwendet werden kann, so ist die Verwendbarkeit zur Erzeugung von feinen Fäden, welche bezüglich Festigkeit, Elastizität und Glanz den Anforderungen an einen Seidenersatz genügen sollen, doch an ganz bestimmte Bedingungen gebunden. Verwendet man nämlich die gewöhnlich als „verdünnte Schwefelsäure" bezeichnete 10—20%ige Säure, so ist beim Auspressen der Zelluloselösung in diese die Ausscheidung der Zellulose nur unvollkommen. Die abgeschiedene Zellulose erleidet augenscheinlich eine gewisse Zersetzung. Der Faden reißt beim Abziehen häufig ab, ist klebrig und ermangelt nach dem Trocknen der nötigen Weichheit und Festigkeit.

Es hat sich nun herausgestellt, daß die Abscheidung in ganz anderer, technisch wertvoller Weise verläuft, wenn die Schwefelsäure in einer bedeutend höheren Konzentration, und zwar mit einem Gehalte von 30—65% Monohydrat, zur Verwendung kommt. Die unter diesen Umständen stattfindende sehr energische Reaktion erscheint Hand in Hand zu gehen mit einem intramolekularen Vorgang, der eine festere Fügung des abgeschiedenen Zellulosefadens zur Folge hat. Es läßt sich infolgedessen der nasse Faden beim Austritt aus der Säure, gute Filtration der Zelluloselösung vorausgesetzt, in sehr vorteilhafter Weise mit großer Geschwindigkeit abziehen, ohne daß Reißen beim Aufwickeln der nassen Fäden aufträte, und es entspricht der gewaschene und getrocknete Faden durchaus den gestellten Anforderungen. Die besten Ergebnisse werden bei gewöhnlicher Temperatur erzielt mit etwa 50%iger Säure; doch können bei geeigneter Abänderung der Temperatur der Säure behufs Regelung der Energie der stattfindenden Reaktion auch Säuren innerhalb der oben angeführten Grenzen Verwendung finden. Schwächere Säuren zeigen die bereits erwähnten Nachteile; stärkere Säuren wirken zu stark chemisch ein auf die abgeschiedene Zellulose und bedingen leicht einen raschen Zerfall des Fadens.

Patentanspruch: Verfahren zur Herstellung von starken, elastischen, als Ersatz von Seide dienenden Zellulosefäden aus Lösungen von Zellulose in direkten Lösungsmitteln, dadurch gekennzeichnet, daß zur Ausfällung der Zellulose in Form von Fäden eine 30—65%ige Schwefelsäure verwendet wird.

Nach Foltzer und Weiss.

246. **J. Foltzer und E. Weiss in Basel.** Einrichtung zur Herstellung von Fäden aus koagulierter Zellulose.

Schweiz. P. 37 584.

Die Spinnöffnung für die Kupferoxydammoniakzelluloselösung befindet sich in einem Fällbade aus Säure mindestens 250 mm unter dem Flüssigkeitsspiegel, um mit einem Bade eine ausreichende Fällung zu erzielen. Der Faden wird über einen V-förmigen Führer, der die Säure zurückhält, und eine Glaswalze in ein heraushebbares Sieb gebracht, welches sich in einem Bade aus konzentrierter Kalilauge befindet. Hier wird die Fällung beendet. In dem Kalilaugebade bleibt der Faden etwa eine Stunde, er wird dann mit verdünnter Oxalsäure gewaschen, aufgespult und unter starker Spannung getrocknet. Das Produkt soll biegsam und elastisch sein. (1 Zeichnung.)

Nach Société anonyme „La soie nouvelle".

247. Société anonyme „La soie nouvelle". Verfahren zur Herstellung glänzender Gespinstfasern aus Lösungen von Zellulose in Kupferoxydammoniak.

Franz. P. 365 057; brit. P. 9254[1906] (J. A. M. J. Vermeesch); Ver. St. Amer. P. 836 620.

Als Fällmittel dient eine durch vorsichtiges Vermischen von Glyzerin mit konzentrierter Schwefelsäure und Zusatz weiteren Glyzerins erhaltene Mischung von Glyzerinschwefelsäure (37,5%), Wasser (37,5%) und Glyzerin (25%). Dies Gemisch fällt sehr rasch und energisch, das Glyzerin macht den Faden weich, löst Kupferoxyd gut auf und hindert das Zusammenkleben der Fäden auf der Bobine. Die Fäden werden zur Entfernung der Schwefelsäure mit Lösungen neutraler Salze nachbehandelt. Auch alkalisch gemachtes Glyzerin wird vorgeschlagen.

Nach Boucquey.

248. G. Boucquey. Verfahren zur Herstellung glänzender Kunstseidefäden.

Franz. P. 368 706.

Das bekannte Fällen von Kupferoxydammoniakzelluloselösungen durch Säuren bewirkt eine Entfernung von Kupfer und Ammoniak und dadurch eine gewisse Korrosion des Fadens. Ein festerer und besserer Faden wird erzielt, wenn mit sehr verdünnten Säuren gefällt wird, denen eine gewisse Menge Zucker, Melasse oder Glykose zugesetzt ist. Verdünnte Säuren von 20—30° ohne Zucker fällen die Zellulose unvollständig und es findet immer eine gewisse Zersetzung der ausgefällten Zellulose statt. Zuckerzusatz gibt eine vollständige Fällung, vermeidet jede Zersetzung der gefällten Zellulose und jede schädliche Einwirkung der Säuren. Die damit erhaltenen Fäden sind weicher und fester als die bekannten. Nach der Fällung werden die Fäden auf eine Walze aufgewickelt, die sich in verdünnter Säure dreht. Dadurch wird das noch anhängende Kupfer und Ammoniak entfernt. Dann wird gewaschen und gebleicht, z. B. mit Natriumbisulfit.

Nach Lecoeur.

249. A. Lecoeur. Herstellung künstlicher Seide.

Franz. P. 381 939; brit. P. 18 936[1907]; Ver. St. Amer. P. 967 397.

Lösungen von Zellulose in kolloidalem Kupferoxydammoniak werden durch Lösungen von Alkalibisulfaten gefällt. Die Fällbäder werden so stark angewendet, daß sofortige Fällung eintritt. Die aus dem ersten

Fällbad kommenden Fäden werden auf eine Spule aufgewickelt, die in ein zweites, verdünnteres Bisulfatbad taucht. Man erhält weiche, elastische und sehr widerstandsfähige Fäden.

Das Ver. St. Amer. P. erwähnt als zweites Bad auch Ätzalkalilauge für die Herstellung künstlichen Roßhaares.

Nach Friedrich.

250. Ph. Friedrich. Verfahren zur Herstellung von Zellulosegebilden.

Franz. P. 403 427; schweiz. P. 48 335; brit. P. 11 700^{1909}; Ver. St. Amer. P. 1 062 106 (Linkmeyer).

Gewisse Chloride von Erdalkalimetallen, z. B. Chlorkalzium, oder von Metallen der Magnesiumgruppe, z. B. Chlormagnesium, oder die Chloride der Erdmetalle wie Chloraluminium können mit Vorteil zum Fällen von Kupferoxydammoniakzelluloselösungen benutzt werden. Man erhält besonders elastische und vollkommen durchsichtige Fäden, welche sogleich nach ihrer Fällung eine Festigkeit besitzen, die man bei Verwendung von Ätzalkalilösungen als Fällmittel nicht erzielt. Vorteilhaft wendet man die Fällbäder schwach sauer, und zwar salzsauer, an und hält sie während des Fällens schwach sauer. Man benutzt konzentrierte Lösungen der genannten Chloride, die kalt oder warm sein können. Die Erstarrung tritt augenblicklich ein, so daß die Arbeit sehr schnell vor sich geht. Den Zelluloselösungen oder den Fällbädern können Alkohole, Kohlenhydrate, Gummiarten usw. zugesetzt werden.

Nach Hanauer Kunstseidefabrik G. m. b. H.

251. Hanauer Kunstseidefabrik G. m. b. H. in Groß-Auheim b. Hanau. Verfahren zur Herstellung glänzender Fäden aus Kupferoxydammoniakzelluloselösungen.

D.R.P. 221 041 Kl. 29 b vom 6. IX. 1908 (gelöscht).

Die bekannten Fällmittel für Kupferoxydammoniakzelluloselösungen, die Säuren und Laugen erweisen sich insofern als nachteilig, als sie wegen ihrer ätzenden Eigenschaften das darin nötige Hantieren erschweren. Ferner koagulieren diese Chemikalien dicke Fäden nie sofort ganz durch. Deshalb ist es auch in der Regel nicht angängig, den Faden sofort nach dem Entstehen zu waschen, vielmehr ist zumeist erst nach einer Nachkoagulation der Faden fest genug, um einer weiteren Behandlung durch Wasser usw. unterworfen werden zu können. Schließlich können durch Laugen nicht ganz feine und feinste Fädchen erzielt werden, wenn man nicht das Streckspinnverfahren anwendet.

Es wurde gefunden, daß die sauren schwefligsauren Salze als Fällmittel die obigen Nachteile nicht zeigen. Die Anwendung der Bisulfite ermöglicht ein bequemes Arbeiten, ein sofortiges Durchkoagulieren und die Herstellung dünnster Fäden. Die Bisulfite als schwachsaure Salze wirken wie eine schwache Säure, ohne die Nachteile der häufig angewandten Schwefelsäure zu haben, die wahrscheinlich infolge von

Bildung von Hydrozellulose ein sprödes und zu künstlichem Roßhaar unbrauchbares Produkt aus der Lösung der Zellulose ausscheidet. Als Säure haben die Bisulfite noch den besonderen Vorteil, daß alles Ammoniak der Kupferoxydammoniakzellulose durch sie neutralisiert wird, daß also keine Belästigung des Arbeiters durch Ammoniak entsteht, ferner die Vorteile, daß die Wiedergewinnung des an schweflige Säure gebundenen Ammoniaks sehr leicht ist, und daß das Auswaschen des Kupfers, das zum größten Teil als Kupfertetraminsulfit in wässerige Lösung geht, leicht ist. Schließlich ist das Bisulfit billiger als Natron.

Zur Herstellung von Fäden läßt man Kupferoxydammoniakzelluloselösung in bekannter Weise in eine kalte oder warme gesättigte Lösung von z. B. Natriumbisulfit eintreten. Den erstarrten Faden wickelt man auf eine in Wasser umlaufende Walze auf. Nach dem Waschen wird der hellgrüne Faden von den letzten Spuren des Kupfers durch Waschen mit schwacher Säure befreit. Nach nochmaligem Waschen mit Wasser ist der Faden fertig zum Trocknen. Einem schnellen Erschöpfen des Koagulierungsbades wird dadurch wirksam begegnet, daß man Schwefligsäuregas in das Bad leitet, wodurch entweder das vorhandene neutrale Sulfit zum Bisulfit regeneriert wird oder die schweflige Säure mit dem Ammoniak aus der Kupferoxydammoniakzellulose Ammonbisulfit bildet. Um dem mit dem Bisulfit gefällten Faden noch erhöhte Festigkeit zu verleihen, wird er in seinem entkupferten, gallertartigen Zustande einer Nachbehandlung mit Natronlauge unterworfen. Als besonders vorteilhaft erwies sich die Behandlung des Fadens mit konzentrierter, auf etwa 70° C erwärmter Natronlauge. Von sauren Salzen ist Bisulfat als Fällmittel für Kupferoxydammoniakzelluloselösung bekannt, allein diesem kommen keineswegs die Wirkungen des Bisulfits zu. Vor allem hat dieses zum Unterschied von Bisulfat reduzierende Eigenschaften und bleicht infolgedessen gleichzeitig mit der Koagulation den Faden, so daß bei diesem Fällmittel ein erheblich weißeres Produkt erzielt wird als bei sonstigen Fällmitteln, insbesondere auch bei Bisulfat. Außerdem fällt Bisulfit so schnell und kräftig, daß die bei dem Sulfat vorgeschriebene Fertigkoagulation in einem zweiten Fällbad hier wegfällt und der Faden sofort gewaschen werden kann, eine nicht zu unterschätzende Vereinfachung der ganzen Arbeit.

Patentansprüche: 1. Verfahren zur Herstellung glänzender Fäden aus Kupferoxydammoniakzelluloselösungen, dadurch gekennzeichnet, daß man als Fällmittel konzentrierte kalte oder warme Lösungen schwefligsaurer Salze anwendet.

2. Bei dem Verfahren nach Anspruch 1 die Regenerierung des Fällbades, dadurch gekennzeichnet, daß man diesem während des Fällprozesses gasförmige schweflige Säure zuführt.

3. Verfahren nach Anspruch 1, dadurch gekennzeichnet, daß die nach der Koagulierung unmittelbar entkupferten und gewaschenen Fäden einer Nachbehandlung mit Natronlauge unterworfen werden.

Saure Fällmittel verwenden noch die S. 169 und S. 603 behandelten Verfahren.

Fällen von Kupferoxydammoniakzelluloselösungen durch hauptsächlich alkalische Mittel.

Nach Linkmeyer.

252. Rudolf Linkmeyer. Herstellung glänzender Zellulosefäden.

Franz. P. 347 960.

Wendet man statt der bisher zum Fällen von Kupferoxydammoniakzelluloselösungen verwendeten sauren oder neutralen Flüssigkeiten Ätzalkalien an, so erhält man ebenfalls einen Faden, der sich aber von den nach den bekannten Verfahren erzielten schon dadurch unterscheidet, daß er nicht undurchsichtig, milchig und bläulich, sondern blau, durchsichtig wie Glas und bereits in feuchtem Zustande sehr deutlich seidenglänzend ist. Befreit man den Faden durch Waschen mit Wasser und Säure, u. U. nachdem das Ammoniak verdampft ist, von Alkalien und Kupfersalzen, so bekommt man einen Faden, der fast seine ganze Durchsichtigkeit bewahrt hat, sehr glänzend und in feuchtem Zustande sehr widerstandsfähig ist. Ist der Faden in gespanntem Zustande getrocknet, so weist er eine Festigkeit und einen Glanz auf, wie sie bisher nicht erhalten wurden. Das Alkali des Fällungsbades wirkt anscheinend in derselben Weise wie bei der Mercerisierung.

253. Société générale de la soie artificielle Linkmeyer. Verfahren zur Herstellung glänzender Fäden aus künstlicher Seide durch Fällen von Zelluloselösungen mittels Alkali.

Franz. P. 361 061; brit. P. 3549[1906]; Ver. St. Amer. P. 857 640.

Bei der Herstellung künstlicher Seide durch Fällen kupferammoniakalischer Zelluloselösungen werden die Fäden, nachdem sie durch Fixier- oder Formbäder von Salzen, Ätznatron oder Ätzkali gezogen sind, nach vorliegendem Verfahren von der Hauptmenge des darin enthaltenen Ammoniaks befreit, bevor der Rest durch verdünnte Säure entfernt wird. Dies geschieht, wie im franz. P. 347 960 (s. vorstehend) beschrieben ist, durch Verdampfung an der Luft, besser dadurch, daß man Luft oder andere geeignete Gase durch die feucht auf durchlochte Zylinder aufgewickelten Fäden durchdrückt oder durchsaugt oder Salzlösungen verwendet, welche, wie Natrium- oder Kaliumkarbonat, Chromate, Oxalate, Phosphate, Borate oder Jodide Ammoniak absorbieren und mit dem in den Fäden enthaltenen Kupferhydroxyd wasserunlösliche Verbindungen geben, die in Säuren leicht löslich sind. Diese Lösungen werden zweckmäßig bei den auf durchlochte Rollen aufgewundenen Fäden angewendet.

254. C. R. Linkmeyer in Bremen. Verfahren zur Herstellung feiner künstlicher Fäden.

Ver. St. Amer. P. 1 022 097.

Bei der Herstellung feiner Kunstfäden durch Fällen von Kupferoxydammoniakzelluloselösungen werden bisher zwei Verfahren innegehalten. Bei dem einen wird nur eine sehr stark wirkende Fällflüssigkeit benutzt, in der der Faden sofort durch und durch koaguliert wird;

man nennt dies das direkte Verfahren. Bei dem anderen Verfahren werden zwei getrennte Fällflüssigkeiten von verschiedener Stärke benutzt, in dem ersten schwächeren Bade wird der Faden nur teilweise koaguliert, er erhält nur geringe Stärke und ist noch sehr dehnbar, so daß er zu einem dünnen Faden ausgezogen werden kann, worauf er in das zweite konzentrierte Bad kommt, in dem er fertig koaguliert wird. Beide Verfahren haben große Nachteile. Bei dem direkten Verfahren muß der Faden aus sehr feinen Öffnungen, etwa von der Größe des gewünschten Fadens, austreten. Diese feiren Spinnöffnungen geben leicht zu Betriebsstörungen Anlaß. Bei dem mit zwei Flüssigkeiten arbeitenden Verfahren können die Spinnöffnungen allerdings größer sein, da der halbstarre Faden in dem ersten Bade zu der gewünschten Dicke ausgezogen wird. Aber hier ist es schwer, den empfindlichen halbstarren Faden in das zweite Bad zu bringen. Es wurde nun gefunden, daß Kupferoxydammoniakzelluloselösungen von hoher Viskosität in einem und demselben Bade zu feinen Fäden ausgezogen und vollkommen gehärtet werden können, so daß die Fäden sofort gespult werden können, ohne ein zweites Bad durchlaufen zu müssen. Der richtige Grad der Viskosität wird daran erkannt, daß die Spinnmasse an der Luft zu Fäden von über 50 cm Länge ausgezogen werden kann. Besonders geeignet sind Lösungen, die neben Zellulose andere Stoffe pflanzlichen Ursprungs, z. B. andere Kohlenhydrate, enthalten, der Gehalt der Lösung an Ammoniak wird niedriger gehalten als dem Gewicht der gelösten Zellulose entspricht. Das Bad muß so konzentriert gehalten werden, daß der aus der Spinndüse austretende Faden ohne zu reißen durch die ersten 10 cm des Fällbades geführt werden kann. Ein Bad aus kaustischem Alkali und Alkalichlorid kann verwendet werden, doch können auch alle anderen für diesen Zweck bekannten Fällbäder Anwendung finden, z. B. Natronlauge, zuckerhaltige Natronlauge, Kalziumsaccharat, Glyzerinschwefelsäuren usw. Die zu verspinnende Lösung, die z. B. 150 g Zellulose und etwa 135 g Ammoniak im Liter enthält, wird aus einem Behälter einem ringförmig gekrümmten Rohre zugeleitet, an welches die nach unten gerichteten Spinnröhrchen angesetzt sind. Sie tauchen in einen oben offenen Trichter, der sich in ein schwach nach oben gerichtetes Rohr fortsetzt. Die Spinnöffnungen sind 0,35—0,4 mm weit. Dem erweiterten Teil des Spinntrichters läuft dauernd die Fällflüssigkeit in solcher Menge zu, daß die aus den Spinnröhrchen austretenden Fäden fortgeführt, feiner ausgezogen und einer in der Luft umlaufenden Rolle zugeleitet werden. Die Fäden werden sofort in der Feinheit koaguliert, in der sie sich bilden, und werden ohne Verlust aufgespult. Die Fällflüssigkeit, z. B. eine Lösung von 1 Liter Natronlauge 38° B. und 4 kg Kochsalz in 100 Liter Wasser, fließt aus einem höher gelegenen Behälter dauernd zu und wird in einem den Spinntrichter umgebenden Gefäß durch einen Überlauf auf gleichbleibender Höhe gehalten. Durch eine Pumpe kann sie immer wieder zurückgepumpt und wiederbenutzt werden. Es kann ein Faden von 35 m Länge in 1 Minute gesponnen werden. (1 Zeichnung.)

Nach Farbwerke vorm. Meister Lucius & Brüning.

255. Farbwerke vorm. Meister Lucius & Brüning in Höchst a. Main, übertragen auf Vereinigte Glanzstoff-Fabriken Akt.-Ges. in Elberfeld. Verfahren zur Darstellung glänzender Fäden aus einer Lösung von Zellulose in Kupferoxydammoniak.

D.R.P. 186 387 Kl. 29 b vom 14. IX. 1904; österr. P. 28 151; brit. P. 21 988[1904]; Ver. St. Amer. P. 779 175; franz. P. 350 220.

Es sind Verfahren bekannt, die es ermöglichen, aus Zellulose glänzende Fäden herzustellen. So die Verfahren von Despaissis und von Pauly[1]), die chemisch darauf beruhen, daß die Lösungen von Zellulose in Kupferoxydammoniak durch Säuren gefällt werden.

Demgegenüber wurde nun gefunden, daß die Lösung der Zellulose in Kupferoxydammoniak auch zu glänzenden Fäden verarbeitet werden kann, indem man sie durch feine und feinste kapillare Öffnungen in konzentrierte Ätzalkalilösungen austreten läßt. Der Faden wird sofort aufgewunden, nacheinander mit Säuren und Wasser gewaschen und schließlich getrocknet. Durch dieses Verfahren wird die Zelluloselösung oder richtiger die Lösung des in der Kupferoxydammoniaklösung enthaltenen Hydrationsproduktes der Zellulose durch die konzentrierte Alkalilauge gefällt, und zwar in Form einer Kupferzelluloseverbindung. Die Tatsache einer Fällung der Kupferoxydammoniaklösung der Zellulose durch Alkali wird bereits nach einem bekannten Verfahren zur Herstellung eines filzartigen Stoffes benutzt und das gefällte Produkt als gallertartige verklebende Masse beschrieben[2]). Nach dem neuen Verfahren entsteht demgegenüber die Kupferzelluloseverbindung in Form eines zusammenhängenden, nicht verklebenden Fadens, und dieser Kupferzellulosefaden ist — im Gegensatz zu dem durch Säure abgeschiedenen Zellulosefaden — durch große Elastizität ausgezeichnet, welche die Herstellung eines ununterbrochenen Fadens sehr sicher macht. Der Kupferzellulosefaden kann dann weiter durch Säuren entkupfert werden, ohne daß seine Festigkeit leidet, und ohne daß er milchig oder trübe wird. Der mit Wasser gewaschene und dann getrocknete Faden zeichnet sich durch Glanz und Feinheit aus, er kommt den bekannten Handelsprodukten in diesen Eigenschaften mindestens gleich und besitzt diesen gegenüber noch eine größere Festigkeit auch im feuchten Zustand. Die Herstellung der glänzenden Fäden erfolgt dadurch, daß man eine in üblicher Weise hergestellte Kupferoxydammoniakzelluloselösung unter Druck durch möglichst feine kapillare Öffnungen hindurch in konzentrierte Natronlauge von z. B. 40% eintreten läßt. Es bildet sich ein Faden, der sofort auf eine Trommel aufgewunden wird. Die anhaftende Alkalilauge kann zunächst mit Wasser abgespült werden, dann wird zur Entfernung des Kupfers mit Säure, z. B. 10%iger Schwefelsäure oder 12%iger Essigsäure, dann mit Wasser gewaschen und schließlich getrocknet.

---
[1]) Siehe S. 146 und 147.
[2]) Siehe D.R.P. 106 043 Kl. 29 b.

Nach Vereinigte Glanzstoff-Fabriken A.-G.

Patentanspruch: Verfahren zur Darstellung glänzender Fäden aus einer Lösung von Zellulose in Kupferoxydammoniak, dadurch gekennzeichnet, daß man diese Lösung aus feinen kapillaren Öffnungen in konzentrierte Ätzalkalilauge austreten läßt, den entstehenden Faden aufwickelt, nacheinander mit Säuren und Wasser wäscht und schließlich trocknet.

Nach Vereinigte Glanzstoff-Fabriken A.-G.

256. Vereinigte Glanzstoff-Fabriken A.-G. in Elberfeld. Verfahren zur Darstellung glänzender Fäden aus einer Lösung von Zellulose in Kupferoxydammoniak.

D.R.P. 190 217 Kl. 29 b vom 29. IX. 1904, Zus. z. P. 186 387.

Durch das Patent 186 387 (s. vorstehend) ist ein Verfahren zur Darstellung glänzender Fäden geschützt, das darauf beruht, daß beim Austreten von Kupferoxydammoniaklösungen der Zellulose oder ihrer Hydrationsprodukte durch kapillare Öffnungen in konzentrierte Alkalilösungen eine Fällung in Form von Fäden entsteht, die aufgewunden, nacheinander mit Säuren und Wasser gewaschen und schließlich getrocknet seidenähnlich sind und sich durch Festigkeit und Glanz auszeichnen.

Es wurde nun gefunden, daß an Stelle der konzentrierten Alkalilauge auch verdünnte Alkalilauge verwendet werden kann. Das Verfahren oder das erhältliche Produkt bleibt im übrigen identisch mit dem in dem Hauptpatent beschriebenen. Alkalilaugen, die weniger als 5% Alkali enthalten, sind für vorliegenden Zweck nicht brauchbar. Durch 3%ige Alkalilauge wird allerdings auch sofort ein Faden gebildet, jedoch ist seine Festigkeit gering, praktisch nicht befriedigend.

Beispiel: Eine bei gewöhnlicher Temperatur hergestellte Lösung von Zellulose in Kupferoxydammoniak, die etwa 5% Zellulose enthält, läßt man unter geringem Druck durch eine feine Öffnung austreten, an der eine etwa 8%ige Natronlauge vorbeifließt. Der entstehende Faden wird aufgehaspelt, mit Schwefelsäure und dann mit Wasser gewaschen und schließlich getrocknet. Man erhält so glänzende feste Fäden.

Patentanspruch: Ausführungsform des Verfahrens nach Patent 186 387, dadurch gekennzeichnet, daß an Stelle von konzentrierten Alkalilaugen verdünnte Alkalilaugen verwendet werden, die jedoch mindestens 5% Alkali enthalten.

257. Vereinigte Glanzstoff-Fabriken A.-G. in Elberfeld. Verfahren zur Herstellung kupferarmer, nach dem Waschen in bekannter Weise unmittelbar trockenbarer Kupferzelluloseverbindungen in Form von feinen oder gröberen Fäden oder Films.

D.R.P. 208 472 Kl. 29 b vom 23. IV. 1907; österr. P. 35 275; franz. P. 385 083 (Société anonyme française la soie artificielle); schweiz. P. 41 554; brit. P. 27 707[1907]; Ver. St. Amer. P. 1 030 251.

Durch die Patente 186 387 und 186 766[1]) sind Verfahren geschützt, mittels konzentrierter Natronlauge Kupferzellulosefäden herzustellen,

---
[1]) Siehe S. 252 und 599.

denen nach zur Entfernung der anhaftenden Natronlauge und des Ammoniaks erfolgtem Waschen das Kupfer mit Säuren entzogen wird. Die verbleibenden Zellulosefäden werden dann unter Spannung in üblicher Weise getrocknet. Für einzelne Verwendungszwecke können zwar die zunächst erhaltenen Kupferzellulosefäden auch unmittelbar getrocknet werden, doch ist dabei immer eine gewisse Vorsicht nötig, um Zersetzung des Zelluloseanteils und Schädigung der Festigkeit der Fäden zu vermeiden. Die so gewonnenen Kupferzellulosefäden enthalten Zellulose und Kupfer im Verhältnis von 1 Mol. Zellulose zu 1 At. Kupfer.

Es hat sich nun gezeigt, daß wesentlich kupferärmere, auf 1 Mol. Zellulose nur $^2/_3$ oder gar nur $^1/_2$ At. Kupfer enthaltende Gebilde mit neuen wertvollen Eigenschaften hergestellt werden können, wenn der als Koagulationsflüssigkeit dienenden konzentrierten Natronlauge gewisse Stoffe, wie Glykose, Saccharose, Laktose, Glyzerin, zugesetzt werden. Diese Stoffe sind zwar teilweise als Fällmittel für Kupferzelluloseammoniaklösungen bekannt, können aber nicht als eigentliche Koagulationsmittel gelten, da es mit ihrer Hilfe allein nicht gelingt, technisch brauchbare künstliche Fäden zu erzeugen. Bei dem vorliegenden Verfahren scheinen sie mit in das Molekül der ausfallenden Kupfernatronzellulose einzutreten. Sie äußern außerdem ihre Wirkung dahin, daß beim Waschen der Fäden mit Wasser behufs Entfernung der Natronlauge ein erheblicher Teil des Kupfers in kolloidaler Lösung mit weggeführt wird, und zwar ohne Schädigung der Festigkeit und besonders auch der Wasserfestigkeit der Fäden. Diese kupferarmen Fäden sind malachitgrün, schön durchsichtig glänzend. Sie können ohne Nachteil auch bei Temperaturen von etwa 100° unmittelbar und schnell getrocknet werden. Aus den trockenen Fäden kann der Rest des Kupfers jederzeit mit Leichtigkeit, z. B. mit Säure, entfernt werden, ohne daß dadurch den guten Eigenschaften der Fäden Abbruch getan würde. Es ergibt sich hierdurch gegenüber der früheren Arbeitsweise eine recht wesentliche Zeitersparnis.

Beispiel: Nach einem der bekannten Verfahren hergestellte Kupferzelluloseammoniaklösung wird durch feine oder gröbere Kapillarröhrchen einlaufen gelassen in ein Gemisch von 32 T. Ätznatron, 8 T. Saccharose und 100 T. Wasser. Die Fällflüssigkeit färbt sich durch suspendiertes Kupferoxydul rasch ziegelrot, wodurch etwa abreißende Fädchen leicht sichtbar werden. Die gebildeten Fädchen werden in üblicher Weise gewaschen und unmittelbar unter Spannung getrocknet. Den trockenen Fäden wird durch Waschen mit verdünnter, z. B. 2%iger Schwefelsäure das Kupfer entzogen.

Patentanspruch: Verfahren zur Herstellung kupferarmer, nach dem Waschen in bekannter Weise unmittelbar trockenbarer Kupferzelluloseverbindungen in Form von feineren oder gröberen Fäden oder Films, darin bestehend, daß überschüssiger, zur Koagulation von Kupferzelluloseammoniaklösungen in bekannter Weise dienender konzentrierter

Natronlauge Glykose, Saccharose, Laktose oder Glyzerin zugesetzt werden.

258. Vereinigte Glanzstoff-Fabriken A.-G. in Elberfeld. Verfahren zur Herstellung kupferarmer, nach dem Waschen unmittelbar trockenbarer Kupferzellulosegebilde in Form von feinen oder gröberen Fäden oder Films.

D.R.P. 218 490 Kl. 29b vom 23. IV. 1907, Zus. z. P. 208 472.

Bei der im Hauptpatent (s. vorstehend) beschriebenen Erfindung werden die erhaltenen Gebilde zu Befreiung von Natronlauge und überschüssigem Fällmittel vor dem Trocknen mit Wasser gewaschen.

Es hat sich nun gezeigt, daß die Waschung und die darauf folgende Trocknung viel rascher beendet werden können, wenn die eben geformten Gebilde durch ein Bad von Magnesiumsulfat, Aluminiumsulfat oder ähnlichen Salzen, die eine in Wasser unlösliche, für die Zellulosegebilde unschädliche Base enthalten, gezogen werden. Man hat zwar bereits bei der Herstellung von Kunstfäden aus Nitrozellulose vorgeschlagen, dem Denitrierungsbad Magnesiumsulfat zuzusetzen, und zwar zu dem Zweck, die schädliche Wirkung des freien Natrons in dem Denitrierungsbade zu beseitigen. Hier wird dagegen beabsichtigt, durch die Salze des Magnesiums usw. auf die chemische Verbindung von wesentlich reiner Zellulose mit Alkali, Kupfer und u. U. Zucker, aus der der Faden besteht, so einzuwirken, daß das Waschen und das Trocknen der Fäden beschleunigt werden können, ohne daß eine Schädigung der Fäden hervorgerufen wird. Auf diese Weise werden auch die letzten Spuren von Natron, die sonst von schädlichem Einfluß auf die Gebilde beim Trocknen sind, entfernt, während etwa abgeschiedenes Magnesium- oder Aluminiumhydroxyd völlig unschädlich ist. Das Magnesium- oder Aluminiumsulfat kann immer wieder regeneriert werden, indem das abgeschiedene Hydrat mit Schwefelsäure wieder in Lösung gebracht wird. Zweckmäßig wird dabei stets so viel Schwefelsäure dem Bade zugesetzt, daß es durch Hydroxyd gerade noch milchig getrübt bleibt. Die völlige Entkupferung der so gewonnenen Gebilde erfolgt bei feinen Fäden zweckmäßig erst nach der Verzwirnung und u. U. weiteren Verarbeitung, wodurch eine wesentliche Beschleunigung der Fabrikation und eine wirtschaftlich vorteilhaftere Wiedergewinnung des Kupfers ermöglicht wird, als wenn, wie üblich, die Entkupferung an den nassen frischgefällten Fäden auf der Walze vorgenommen wird.

Patentanspruch: Weitere Ausbildung des Verfahrens nach Patent 208 472, dadurch gekennzeichnet, daß die nach dem Verfahren des Hauptpatentes koagulierten kupferhaltigen Gebilde vor dem Trocknen durch ein Bad von Magnesiumsulfat, Tonerdesulfat oder einem ähnlichen Salz, das eine die Zellulose beim Trocknen nicht schädigende Base enthält, gezogen und dann erst in üblicher Weise getrocknet werden.

259. Vereinigte Glanzstoff-Fabriken A.-G. in Elberfeld. Verfahren zur Herstellung kupferarmer Kupferzelluloseverbindungen.

D.R.P. 229 863 Kl. 29 b vom 1. X. 1907 (gelöscht), Zus. z. P. 208 472; österr. P. 35 275; franz. P. 9253, Zus. z. P. 385 083 (Société anonyme „La soie artificielle"); brit. P. 9268[1908]; Ver. St. Amer. P. 1 030 251.

Bei dem Verfahren des Hauptpatentes[1]) wird konzentrierte Natronlauge unter Zusatz von Glykose, Saccharose, Laktose oder Glyzerin als Fällmittel verwendet, wobei das beim Spinnen in der alkalischen Zuckerlösung in Lösung gehende Kupferhydroxyd unter Rotfärbung der Fällflüssigkeit reduziert wird und als Oxydul zu Boden sinkt. Es hat sich nun gezeigt, daß, wenn die Reduktion durch Erwärmen der Fällflüssigkeit, und zwar je nach dem Kaliber der kapillaren Spinndüsen, aus denen die Zelluloselösung herausgepreßt wird, auf Temperaturen von etwa 45—85° beschleunigt wird, das Spinnen ganz bedeutend erleichtert wird. Das Kupfer wird rascher ausgeschieden, das Ammoniak energischer ausgetrieben, wobei jenes als Oxydulschlamm abgelassen, dieses unter Absaugen zur Kondensation gebracht und beide in den Kreislauf der Fabrikation zurückgebracht werden können. Weiter aber kann infolge der energischen Koagulation, ähnlich wie bei der Verwendung von zuckerfreier, reiner, erwärmter, konzentrierter Natronlauge, ohne daß ein Reißen der Fäden eintritt, eine mehr als doppelt so große Abzugsgeschwindigkeit erreicht werden, wodurch die Rentabilität der Fabrikation ganz erheblich gesteigert wird. Gegenüber der bekannten Anwendung von warmer Natronlauge ohne Zucker als Koagulierungsbad weist das vorliegende Verfahren den Vorteil auf, daß schon die kupferhaltigen Fäden, nachdem sie getrocknet sind, einen schönen Glanz besitzen, und daß die nach dem Trocknen entkupferten Fäden ebenso glänzend sind wie solche, die ohne vorheriges Trocknen von Kupfer befreit wurden, so daß also die Fabrikation ohne Nachteil für das Endprodukt vor der Entkupferung unterbrochen werden kann.

Patentanspruch: Ausführungsform des Verfahrens gemäß Patent 208 472, dadurch gekennzeichnet, daß die mit Glykose, Saccharose, Laktose oder Glyzerin versetzte, als Fällflüssigkeit dienende konzentrierte Alkalilauge auf einer Temperatur von 45—75° gehalten wird.

260. Vereinigte Glanzstoff-Fabriken A.-G. in Elberfeld. Verfahren zur Herstellung von Zelluloseprodukten aus Kupferoxydammoniakzelluloselösungen.

Österr. P. 35 272; brit. P. 22 092[1907].

Es ist bekannt, künstliche Seide, künstliches Roßhaar, Bändchen, Films u. dgl. durch Fällen von Kupferoxydammoniakzelluloselösungen mit Natronlauge und nachträgliches Entkupfern der Gebilde mit Säure herzustellen. Bekannt ist auch der günstige Einfluß einer Nachbehandlung der gefällten kupferhaltigen Gebilde mit Natronlauge in bezug auf Glanz und Festigkeit. Schließlich ist auch ein Verfahren bekannt, demzufolge auf etwa 40° C erwärmte Lauge zur Fällung benutzt wird.

---

[1]) Siehe S. 253.

Bei diesem Verfahren soll zunächst keine völlige Trennung der Kupferzellulose von ihrem Lösungsmittel bewirkt, sondern lediglich eine dünne, elastische Haut gebildet werden, die den flüssig bleibenden Inhalt umschließt. Die vollständige Koagulation geht erst langsam an der Luft vor sich, wobei die Gegenwart des Kupferoxydammoniaks das natürliche Koagulationsbestreben der Gebilde unterstützt. Die glanzlos gewordenen Gebilde müssen dann behufs Wiederherstellung des Glanzes nochmals mit Natronlauge behandelt und endlich mit Säure entkupfert werden.

Es hat sich nun ergeben, daß es vorteilhaft ist, die Temperatur der Fäll-Lauge noch weiter zu steigern, und zwar auf 45—65° C, und die Koagulation der entstandenen Gebilde sofort in der Fällflüssigkeit selbst zu vollenden. Es können dabei Laugen von 10—40% und mehr Verwendung finden. Der Zerfall der Kupferoxydammoniakzelluloselösung ist dabei fast augenblicklich. Der erzielte technische Fortschritt besteht dabei darin, daß ohne Fadenbruch eine mit der Temperatur in den angegebenen Grenzen stetig steigende Abzugsgeschwindigkeit erzielt wird, und daß das ausgetriebene Ammoniak leicht entfernt und wiedergewonnen werden kann. Auch nehmen die bei 45—65° C entstandenen Gebilde Farbstoffe stärker auf als die bei 40° C erhaltenen. Eine Nachbehandlung mit Natronlauge ist nicht nötig. Die aus der warmen Lauge kommenden Gebilde können sofort in bekannter Weise mit Wasser von Natronlauge und mit Säure von Kupfer befreit werden, ohne daß Glanz, Festigkeit und Elastizität eine Einbuße erleiden.

Patentanspruch: Verfahren zur Herstellung von Zelluloseprodukten aus Kupferoxydammoniakzelluloselösungen mittels erwärmter Ätzalkalilauge als Fällmittel, dadurch gekennzeichnet, daß die Ätzalkalilauge auf einer Temperatur von 45—65° C gehalten wird und die entstandenen Gebilde in bekannter Weise sofort in der Fällflüssigkeit selbst vollständig koaguliert werden.

261. Vereinigte Glanzstoff-Fabriken A.-G. in Elberfeld. Verfahren zur kontinuierlichen oder nur beschränkt unterbrochenen Herstellung von Zellulosefäden.

D.R.P. 259 816 Kl. 29b vom 21. X. 1910 (gelöscht); österr. P. 60 446; schweiz. P. 53 936; franz. P. 424 419; brit. P. 20 046[1910].

Die österreichische Patentschrift 35 269[1]) beschreibt ein Verfahren zur kontinuierlichen Herstellung von künstlichen Textilfäden aus wässerigen Zelluloselösungen. Das Verfahren leistet ausgezeichnete Dienste bei der früher ausschließlich geübten Fällung von Kupferoxydammoniakzelluloselösungen in Schwefelsäure und macht die dabei bislang verwendeten Glaswalzen und die durch sie bedingte Behandlungsweise überflüssig.

Vorliegende Erfindung betrifft ein Verfahren zur kontinuierlichen oder nur beschränkt unterbrochenen Herstellung von Zellulosegebilden, insonderheit Zellulosefäden, bei welchen diese Gebilde durch Ausfällen aus Kupferoxydammoniakzelluloselösungen in einem zucker-

---
[1]) Siehe S. 152.

haltigen Alkalibade erzeugt werden. Solche Fällung ist beispielsweise in der Patentschrift 208 472[1]) beschrieben. Versuche haben gezeigt, daß, wenn man nur die an diesen gefällten Zellulosegebilden (kurzweg Fäden genannt) anhängende Natronlauge mit Wasser abwäscht, was daran erkannt wird, daß die in der genannten Patentschrift erwähnten durchsichtig glänzenden malachitgrünen Fäden erhalten werden, man in einem kontinuierlichen Betriebe zu guten Gebilden gelangt, sobald man das den Gegenstand vorliegender Erfindung bildende kombinierte Verfahren ausführt.

Es hat sich gezeigt, daß für dieses Verfahren die Benutzung von zuckerhaltiger Natronlauge, wie solche z. B. bei dem Verfahren der Patentschrift 208 472 angewendet wird, notwendige Bedingung ist, und daß man die einfache Natronfällung nicht anwenden darf. Die Verwendung von zuckerhaltiger Natronlauge als Fällungsmittel ist aber in dem den Gegenstand vorliegender Erfindung bildenden kombinierten Verfahren auch nur zu verwenden, wenn man sich mit dem Waschen der Gebilde mit nur warmem (nicht heißem) Wasser in dem Maße begnügt, daß nur die anhängende Lauge abgespült oder abgespritzt wird. So weit zu waschen ist allerdings erforderlich, denn wäscht man nicht so weit, so bleibt Natron darin, und der Faden schwärzt sich beim Trocknen durch Kupferoxyd, das den Faden oxydiert und schwächt. Daß man auf solche Weise schöne, durchsichtig glänzende, kupferarme Fäden erhalten kann, die auch unmittelbar schnell getrocknet werden können, und daß aus solchen trocknen Fäden der Rest des Kupfers z. B. mit Säure leicht entfernt werden kann, ist in der Patentschrift 208 472 bereits angegeben. Die Erkenntnis aber, daß es notwendig ist, um ein kontinuierliches Verfahren zu ermöglichen, das Waschen der Fäden nur bis zur Entfernung der anhängenden Natronlauge und dazu nur mit warmem Wasser zu bewirken, ist dieser Patentschrift nicht zu entnehmen, weil dort in dem Beispiel nur von einem Waschen in üblicher Weise gesprochen ist.

Bei den Versuchen wurde ferner gefunden, daß man dieses Verfahren noch dadurch besonders sicher gestalten kann, daß man statt Glaswalzen eiserne Walzen für dieses Waschen benutzt, weil sich herausgestellt hat, daß die in den Fäden und in der anhaftenden Lauge enthaltenen Kupferverbindungen von den eisernen Walzen nicht derart chemisch beeinflußt werden, daß an den Berührungsstellen irgendwelche Mißfärbungen auftreten, trotzdem das Eisen ja leicht geneigt ist, an die Stelle von Kupfer zu treten. Nach vorliegender Erfindung kann man auch deswegen diese eisernen Walzen benutzen, weil bei dem ihren Gegenstand bildenden kombinierten Verfahren die Befreiung der getrockneten Fäden von dem Kupferrest mit Hilfe von Säure erst geschieht, sobald diese Fäden in Strangform sich befinden, also nicht mehr auf Walzen gelagert sind.

Dieses den Gegenstand vorliegender Erfindung bildende kombinierte Verfahren kann nun folgendermaßen ausgeführt werden. Zweckmäßig

[1]) Siehe S. 253.

verfährt man bei den aus Fadenbündeln bestehenden Gebilden (Glanzstoffseide) so, daß man die dem warmen Zuckernatronfällbad entsteigenden Fädchen zusammenführt und auf eisernen Trommeln aufnimmt, dann mit warmem Wasser nur so lange abspritzt, bis die anhaftende Natronlauge entfernt ist, was an dem Klarwerden des Fadens ersichtlich ist, dann unter geeignetem Rotieren der Trommeln in warmem Wasser behufs leichter Loslösung abwickelt und schließlich über die geheizte Platte oder Trommel der Zwirnspule zuführt. Zwischen Trockenvorrichtung und Zwirnspule benetzt man das warme Faserbündel behufs Kühlung, Minderung der Sprödigkeit, Spannung und des Auseinandergehens und zur Erhöhung der Zwirnbarkeit sowie zum Einschmieren des Läufers der Ringzwirnspindel z. B. mit schwachem Seifenwasser. Im Falle von dickeren Einzelfäden wird ebenso verfahren, nur kann die Netzung des getrockneten Fadens unterbleiben, da der dicke Faden nicht spröde ist und von einer Spule oder einem Haspel aufgenommen wird, da er keiner Zwirnung bedarf. Bei diesem Verfahren geschieht die Entkupferung der fadenförmigen Zellulosegebilde in der Weise, daß man sie in Strangform mit Säure (z. B. verdünnter Schwefelsäure) behandelt, danach mit Wasser wäscht und nunmehr trocknet. Dieses Waschen in Strangform ist von technischer Bedeutung.

Patentansprüche: 1. Verfahren zur kontinuierlichen oder nur beschränkt unterbrochenen Herstellung von Zellulosefäden durch Fällen von Kupferoxydammoniakzelluloselösungen mittels zuckerhaltiger Natronlauge, dadurch gekennzeichnet, daß die der Fällflüssigkeit entsteigenden Fäden auf eiserne Trommeln in üblicher Weise aufgenommen, dann mit warmem Wasser abgespritzt werden, bis sie eben klar hellgrün, aber noch nicht trübe türkisblau sind, dann von der nunmehr in warmes Wasser behufs leichter Abschwemmung der Fäden eintauchenden Walze abrollend über eine geheizte Fläche einer Zwirnspule oder einer Spule oder einem Haspel zugeführt werden, wobei in ersterem Falle zweckmäßig noch ein passendes Netzen des von der Trockenvorrichtung kommenden Fadens mit Seifenwasser stattfindet.

2. Bei dem Verfahren nach Anspruch 1 die Entkupferung der kupferarmen Zellulosegebilde erst in Strangform in passender Weise.

262. Vereinigte Glanzstoff-Fabriken A.-G. in Elberfeld und Dr. Emil Bronnert in Mülhausen-Dornach. Verfahren zur Herstellung künstlicher Fäden oder Gebilde aus Kupferzelluloselösung. D.R.P. 268 261 Kl. 29b vom 3. IX. 1912; franz. P. 454 811; brit. P. 4922[1913]; schweiz. P. 63 328; österr. P. 67 815; Ver. St. Amer. P. 1 106 077; belg. P. 254 219.

Es ist aus der Patentschrift 186 387[1]) bekannt, daß konzentrierte Natronlauge, besonders bei Erwärmung auf Kupferzelluloseammoniaklösung als vorzügliches Fällmittel wirkt. Auch schwächere Natronlauge, z. B. bis zu 5% NaOH herunter, wirkt noch als Fällmittel unter Bildung von Kupfernatriumzellulose. Die Raschheit der Fällung ist naturgemäß um so geringer, je niedriger der Alkaligehalt des Fällbades ist. Bei dem

---
[1]) Siehe S. 252.

Spinnen von Fäden ist dies ein Nachteil, da der Faden nur viel langsamer als sonst abgezogen werden kann. Versucht man noch schwächeres Alkali zu verwenden, so tritt keine richtige Fällung mehr ein; man hat daher Natronlauge unter 5% benutzt, um Kupferzelluloselösung, die in dickem Strahl in solche Lauge eingepreßt wurde, unter Verwendung von geeigneten Transportvorrichtungen in ganz feine Fadengebilde auszuziehen, die dann mit stärkerer Lauge oder Säure behandelt werden mußten behufs Durchkoagulation und Härtung. Es ist dies das sog. Streckspinnverfahren. Andererseits ist bekannt, z. B. durch die französische Patentschrift 379 000[1]), daß ein Zusatz von leichtlöslichen Salzen zur Natronlauge gestattet, die Lauge entsprechend schwächer zu wählen.

Es hat sich nun gezeigt, daß man bei Verwendung von Natriumlaktat oder glykolsaurem Natrium, die beide außerordentlich leicht löslich sind, den Gehalt des Fällbades an Ätzalkali in ganz besonderem Maße verringern kann, ohne daß die Energie der Fällkraft des Bades herabgesetzt wird. Man erhält bei Verwendung des Bades bei erhöhter Temperatur und schon bei nur $2^1/_2\%$ Ätznatrongehalt direkt so feste Fäden, daß sie mit derselben Geschwindigkeit aufgewickelt werden können, wie wenn es Fäden aus konzentrierter Natronlauge wären, was mit so schwacher Natronlauge allein gar nicht möglich ist.

Beispiel: In konzentrierter Lösung von 100 ccm milchsaurem Natrium werden 2,5 g Ätznatron gelöst, auf 50° erwärmt und die Kupferzelluloselösung durch Kapillaren von passender Weite (z. B. 0,16 bis 0,22 mm) und Länge in dieses Bad gepreßt. Die austretenden Fäden werden von Spulen aufgenommen. Beim folgenden Waschen mit Wasser behufs Entfernung der Natronlauge findet man, daß die Fäden nicht türkisblau werden von auf den Fäden sich ausscheidendem Kupferhydroxyd wie bei Verwendung von Lauge allein oder von Lauge mit Kochsalz, sondern sie werden klar grünblau, wie wenn konzentrierte Natronlauge und Zucker verwendet worden wäre wie bei dem Verfahren der Patentschrift 208 472[2]). Diese besondere Wirkung des milchsauren Natrons erklärt sich daraus, daß die Milchsäure gleich dem Zucker und dem Glyzerin wohl vermöge der in ihr enthaltenen alkoholischen Oxygruppe imstande ist, das Kupfer zum Teil von der Faser wegzulösen und ins Waschwasser zu führen, zum Teil das verbleibende in fester Lösung im Faden erhält, die klar ist. Es erklärt sich daraus, daß auch andere Salze von Oxysäuren wie Glykolsäure, Weinsäure oder Zitronensäure mit gleichem Erfolge in Form von konzentrierter Lösung unter Zusatz von einigen wenigen Prozenten Ätznatron verwendet werden können.

Mit Hilfe dieses Verfahrens sind klare kupferarme grüne Fäden oder Gebilde erhältlich. Nach der Entkupferung, z. B. mit Säure, sind diese Produkte hochglänzend und von großer Festigkeit und Elastizität. Die Verwendung der oxysauren Salze schließt natürlich die Mitverwendung von Stoffen, wie Zucker u. dgl., nicht aus. Die oxysauren Salze können außerdem noch oder auch ausschließlich der Spinnlösung einverleibt

---
[1]) Siehe S. 261.
[2]) Siehe S. 253.

werden. Man kann auch die Lösung so herstellen, daß Kupferlaktat oder -glykolat usw. in Ammoniak gelöst und dann eine äquivalente Menge Ätzalkali zugegeben wird, dann wird die Zellulose eingebracht.

Patentanspruch: Verfahren zur Herstellung künstlicher Fäden oder Gebilde aus Kupferzelluloselösung, darin bestehend, daß eine so schwache Natronlauge, z. B. von $2^{1}/_{2}\%$, verwendet wird, daß sie allein keine genügende Koagulation mehr bewirkt, daß aber die Koagulation des Fadens durch Mitbenutzung von warmen konzentrierten Lösungen von Salzen von Oxysäuren unterstützt wird.

Nach Müller.

263. **C. F. Müller.** Verfahren zur Herstellung glänzender Zelluloseprodukte.

Franz. P. 373 429.

Das Fällen von Kupferoxydammoniakzelluloselösungen mit Ätzalkali- oder Sodalösung ist kostspielig. Auf billigerem Wege erhält man gleichwertige Fäden, wenn man als Fällflüssigkeit ein Gemisch von Kalkmilch und Natronlauge nimmt. Auch analoge Stoffe können verwendet werden. Vorteilhaft ist die Anwesenheit von Natriumkarbonat in der Zelluloselösung. Je nach der Konzentration des Fällbades findet die Koagulierung schnell oder langsam statt. In schwachen Bädern kann man die Fäden feiner ausziehen, stärkere Fäden fällt man mit konzentriertem Fällbade, in dem man die Fäden noch einige Zeit läßt. Dann wäscht man sie mit Wasser, Säure und wieder mit Wasser und trocknet unter Vermeidung von Formveränderung.

Nach Société dite „La soie artificielle".

264. **Société dite „La soie artificielle".** Verfahren zur Herstellung von Zelluloseprodukten, -fäden, -häutchen usw. mittels Lösungen von Zellulose in Kupferoxydammoniak.

Franz. P. 379 000.

Es werden ätzalkalische Fällbäder von 40—60° C. angewendet, denen lösliche Salze, z. B. Kochsalz, zugesetzt sein können. Bei dieser Temperatur wird das Ammoniak energischer ausgetrieben, es bleibt infolgedessen auch weniger Kupfer gelöst, und man hat keine so stark gefärbten Bäder. Der Gehalt der Bäder an Ätzalkali kann 10% betragen, der Salzzusatz dient zur Erhöhung der Dichte des Bades und zur leichteren Abscheidung des Kupfers. Die warm gefällten Fäden geben beim Färben tiefere Töne als die kalt gefällten.

Nach Cuntz.

265. **L. Cuntz.** Verfahren zur Herstellung von Zellulosegebilden durch direkte Fällung mit Salzlösungen.

Franz. P. 383 413.

Das Verfahren bezieht sich auf das Fällen von Kupferoxydammoniakzelluloselösungen mittels Lösungen von Alkali- oder Erdalkalimetallchloriden, die mit den Hydroxyden dieser Metalle versetzt sind. Die Fällbäder bestehen z. B. aus 30 kg Kochsalz, 100 l Wasser und 3 kg Ätznatron oder aus 100 l Wasser, 6 kg kalzinierter Soda, 3 kg Ätzkalk, die man zusammen kocht, dazu gibt man 30 kg Chlorkalzium und verwendet das Bad nach völligem Klären. Die Fällbäder werden warm oder kalt angewendet. Die Fäden werden vollkommen von Ammoniak und Salzen befreit und zur Erzielung von Glanz unter Spannung getrocknet.

Nach Lecoeur.

266. A. Lecoeur. Verfahren zur Herstellung von Grègeseidenfäden.

Franz. P. 392 869; brit. P. 21 191[1908] (Soc. anon. Le Crinoid).

Um Fäden von 30, 25 und 20 Deniers zu erzielen, wird eine ammoniakalische Kupferoxydhydratlösung verwendet, die alles Kupfer als aktives Kupfer[1]) enthält und hinreichend flüssige Zelluloselösungen gibt, welche unter schwachem Druck von etwa 1 kg und nicht über 1,5 kg auf den Quadratzentimeter versponnen werden können. Als Fällbad dient ein Gemisch gleicher Teile Ätznatronlösung von 44—49% und von Sodalösung mit 23—28% wasserfreiem Natriumkarbonat bei einer Temperatur von 27—35° C. Der Faden wird auf eine Spule aufgewickelt, die in ein zweites Bad taucht, das ein Gemisch bei 25° C. konzentrierter Natriumkarbonatlösung und 18—20 %iger Natronlauge enthält. Danach wird der Faden in einem sehr verdünnten Bade von Natriumbisulfat, das 1—2% freie Säure enthält, von Ammoniak und Kupfer befreit, gewaschen, geseift und unter Spannung getrocknet.

Nach dem

267. Franz. P. 9752, Zus. z. franz. P. 392 869

wird die Spule in dem zweiten Fällbade $1/2$ Stunde und mehr gelassen, erst dann wird sie herausgenommen und in einem sehr verdünnten Natriumbisulfatbade gewaschen.

Nach Dreaper.

268. W. Porter Dreaper in Felixstowe. Verbesserungen in der Herstellung künstlicher Fäden u. dgl. aus Zellulose.

Brit. P. 20 316[1908]

Die als Zusätze zu Kupferoxydammoniakzelluloselösungen bekannten Alkohole (außer Äthylalkohol), Ketone, Aldehyde, Glyzerin und anderen Stoffen, die, wie z. B. Zucker, die Viskosität der Lösung erhöhen, werden vorteilhaft auch bei Fällbädern angewendet, die Ätzalkalien oder Natriumbisulfat enthalten. Eine 10—12% Zellulose enthaltende Lösung von Kupferkarbonat in Ammoniak oder von Chlorzink wird z. B. mit einer Lösung gefällt, die 10% Glykose und 10% Ätznatron enthält. Das Fällbad wird bei 70° C. und höherer Temperatur angewendet, auch kann

---

[1]) Dieser Ausdruck ist in der Patentschrift nicht näher erläutert.

die Temperatur des Bades an einzelnen Stellen erhöht werden. Die höhere Temperatur des Bades erleichtert die Wiedergewinnung des Ammoniaks unter vermindertem Druck.

Nach Société anonyme „Le Crinoid".

269. Société anonyme Le Crinoid in Rouen. Verbesserung an alkalischen Fällbädern für Zellulosefäden.

Brit. P. 22 413[1909]; franz. P. 410 827; Ver. St. Amer. P. 980 294 (auch A. Lecoeur und P. Rudolf).

Läßt man Kupferoxydammoniakzelluloselösungen aus Spinnöffnungen in alkalische Fällbäder treten, so färben sich die Bäder allmählich durch Kupfersalz blau. Nach kurzer Zeit ist das Bad so gefärbt, daß die blauen Fäden nicht mehr erkannt werden können und es für den überwachenden Arbeiter schwer wird, Fadenbruch festzustellen. Er ist dann gezwungen, das Bad, noch ehe es erschöpft ist, durch ein frisches zu ersetzen. Zur Behebung dieser Schwierigkeit hat man bereits dem alkalischen Fällbad Glykose, Saccharose oder analoge Stoffe zugesetzt, die bei höherer Temperatur das blaue Kupfersalz zu metallischem Kupfer oder rotem Kupferoxydul reduzieren und so einen rötlichbraunen Niederschlag bilden, von dem sich die blauen Fäden leicht abheben. Wirtschaftlicher und bei niedrigerer Temperatur läßt sich nun diese Reduktion durch eine verdünnte Formaldehydlösung erreichen, von der bereits eine sehr kleine Menge bei verhältnismäßig niedriger Temperatur das in dem alkalischen Bade gelöste Kupfersalz vollkommen reduziert, während ein Überschuß an Formaldehyd den Faden fester macht, als es alkalische Glykosebäder tun. In einem alkalischen Fällbad aus Ätznatron und Natriumkarbonat von etwa 40° C. genügt 1,5% der 40%igen Formaldehydlösung zur sofortigen Reduktion des gelösten Kupfersalzes. 5% Formaldehydlösung verbessert die Koagulierung des Fadens wesentlich, und nach dem Waschen und Trocknen ist der Faden zugfester und weniger empfindlich gegen Feuchtigkeit als ein ohne Formaldehyd hergestellter Faden.

Nach Friedrich.

270. Ph. Friedrich in Charlottenburg. Verfahren zur Herstellung von Zellulosegebilden mittels Kupferoxydammoniakzellulosenlösungen.

D.R.P. 206 883 Kl. 29b vom 27. VIII. 1907; österr. P. 38 809; schweiz. P. 40 972; brit. P. 17 967[1908]; Ver. St. Amer. P. 962 769 (R. Linkmeyer).

Es ist bekannt, aus Lösungen von Zellulose in Kupferoxydammoniak seidenglänzende Fadengebilde unmittelbar zur Abscheidung zu bringen, indem man die Lösungen durch Kapillaren in Ätzalkalilaugen eintreten läßt. Dabei wird zumeist konzentrierte und erwärmte Natronlauge angewandt, weil verdünnte Lauge zu langsam wirkt und, falls sie weniger als 5% Ätzalkali enthält, haltbare und praktisch verwertbare Gebilde, z. B. glänzende Fäden, überhaupt nicht mehr liefert. Ferner ist es nicht neu, Lösungen neutral oder alkalisch reagierender Salze, wie Chlornatrium oder Natriumkarbonat, als Koagulierungsmittel bei der Herstellung von Fäden aus Kupferoxydammoniakzelluloselösungen zu verwenden. Aber auch diese wirken nur langsam fällend und sind deshalb nur unter besonderen Bedingungen brauchbar.

Demgegenüber wurde nun gefunden, daß wässerige Lösungen der Alkalichloride die in Betracht kommenden Zelluloselösungen schnell koagulieren, wenn man ihnen Alkalihydroxyd zusetzt, wovon in der Regel schon geringe Mengen genügen. Die mittels derartiger Lösungen hergestellten Zellulosegebilde besitzen ohne weiteres ausgezeichnete Elastizität und bereits vor dem Trocknen hohe Festigkeit, sie sind außerdem glasartig durchsichtig und von hohem Glanz. Dieses Ergebnis ist um so überraschender, als z. B. mittels Chlornatriumlösungen gleicher Konzentration allein zunächst nur milchig getrübte und wenig widerstandsfähige Produkte erhalten werden, und andrerseits verdünnte Alkalilaugen für sich kaum fällend wirken. Versetzt man aber Kochsalzlösung auch nur mit 1% Ätzalkali, so wird ihre Koagulierungsfähigkeit so erhöht, daß beim Verspinnen der Zelluloselösungen die Fäden mit ziemlicher Geschwindigkeit abgezogen werden können.

Eine in üblicher Weise hergestellte Kupferoxydammoniakzelluloselösung von 6% Zellulosegehalt wird durch eine geeignete Vorrichtung in feinem Strahle in das Fällbad eingeführt. Man kann dabei z. B. in der Weise verfahren, daß man die unter Druck stehende Lösung aus einer Kapillare, die sich ein wenig über dem Flüssigkeitsspiegel des Fällbades befindet, in die Fällflüssigkeit eintreten läßt. Die Lösung legt dabei einen kurzen Weg von der Spitze der Kapillare bis zum Fällbad durch die Luft zurück, wodurch besonders bei zähen Lösungen Fadenbrüche fast vollständig vermieden werden. Das Fällbad selbst kann aus 100 l Wasser, 25 kg Chlornatrium und 4,5 kg Natriumhydrat hergestellt sein. Es wird zweckmäßig erwärmt. Der Zellulosestrahl beginnt nach seinem Eintritt in das Bad sofort zu erstarren. Dabei koagulieren dünne Fäden wie künstliche Seide sofort vollständig, dickere benötigen eine ihrem Durchmesser entsprechende längere Einwirkung; doch kann man in allen Fällen mit großer Abzugsgeschwindigkeit arbeiten. Die Fäden können sofort aufgewickelt, gewaschen, gesäuert, nochmals gewaschen und dann getrocknet werden. Sie können außerdem schon vor dem ersten Trocknen gefärbt und gebleicht werden, ohne daß ihr Wert beeinträchtigt wird. Um ihnen möglichst hohen Seidenglanz zu verleihen, muß man, wie immer in ähnlichen Fällen, dafür Sorge tragen, daß mindestens ihre ursprüngliche Länge bis nach dem ersten Trocknen erhalten bleibt. Das Verfahren bietet wesentliche technische Vorteile gegenüber den bekannten Ätzalkaliverfahren; denn die gewonnenen Produkte sind von besonderem Wert; außerdem sind schwach alkalische Salzlösungen erheblich bequemer zu handhaben als starke Ätzlaugen, von denen sie sich außerdem durch ihren niedrigeren Preis auszeichnen.

Patentanspruch: Verfahren zur Herstellung von Zellulosegebilden mittels Kupferoxydammoniakzelluloselösungen, dadurch gekennzeichnet, daß diese Lösungen nach entsprechender Formung in mit Ätzalkalien versetzten Alkalichloridbädern koaguliert werden, worauf sie in üblicher Weise gewaschen und nach eventuellem vorherigen Bleichen und Färben unter Spannung getrocknet werden.

Das österr. P. erwähnt auch ätzalkalische Erdalkalichloridbäder und als Mittel zum Alkalischmachen auch die Hydroxyde von Lithium, Rubidium und Caesium.

Nach Hanauer Kunstseidefabrik G. m. b. H. in Hanau.

271. **Hanauer Kunstseidefabrik G. m. b. H. in Hanau.** Verfahren zur Herstellung von Zelluloseprodukten aus in Kupferoxydammoniak gelöster Zellulose.

D.R.P. 187 696 Kl. 29b vom 3. V. 1906 (gelöscht); franz. P. 377 325; brit. P. 10 165[1907]; Ver. St. Amer. P. 839 825 (E. Eck und E. Bechtel).

Das Verfahren bezweckt die Nutzbarmachung der bekannten Eigenschaft der Zellulose, sich in Kupferammoniaklösung zu lösen und nach dem Koagulieren feste, mehr oder weniger haltbare Produkte zu liefern. Bisher hat man diese Eigenschaft meistens dazu verwendet, um aus einer solchen Zelluloselösung Fäden darzustellen, die je nach ihrem Verwendungszweck mehr oder weniger fein waren; nach dem vorliegenden Verfahren sollen aber nicht allein Fäden, sondern auch noch andere Gegenstände, wie Stäbe, Stangen, Bänder oder Platten aus dieser Lösung hergestellt werden, die als Ersatz für Zelluloid u. dgl. dienen können. Das Verfahren beruht auf der Beobachtung, daß Zelluloseprodukte, seien es Fäden oder andere Gegenstände, sich wesentlich mehr auf Zug und sonstige äußere Einwirkungen beanspruchen lassen, wenn man im Gegensatz zu allen bisherigen Verfahren den sich bildenden Faden od. dgl. in der koagulierenden Flüssigkeit nur so lange beläßt, als nötig ist, um der durch die Strangpresse ausgetretenen Lösung die ihr gegebene Form äußerlich zu erhalten, im übrigen aber die Koagulation in der freien Luft vor sich gehen läßt.

Das Verfahren besteht demgemäß in folgendem: Man läßt die in der Gestalt eines Fadens od. dgl. austretende Zelluloselösung in eine Alkalilauge von etwa 30° Bé fließen, mit der wichtigen Maßgabe, daß diese Lauge auf einer Temperatur von etwa 40° C. gehalten wird. Durch Einleiten in diese Lauge bildet sich auf dem ausgetretenen Zellulosestrang eine Haut, die aber nur so stark sein soll, um gerade zu verhindern, daß das Gebilde seine Form verliert. Die Erwärmung der Lauge ist deshalb notwendig, weil sie der Haut eine gewisse Geschmeidigkeit erteilt, die durch kalte Lauge nicht erzielt werden kann. Diese würde vielmehr die Haut spröde machen und zu Sprüngen Veranlassung geben, durch die der noch flüssige Inhalt des Gebildes ausfließen würde. Man spult das Gebilde mit flüssiger Seele auf, wenn dies seine Natur zuläßt; dickere Stäbe, Bänder u. dgl. läßt man auf Tafeln (die vorteilhaft aus Glas sind) aufgleiten und überläßt sie dann mindestens 1 Stunde sich selbst, wobei an der Luft zuletzt auch die flüssige Seele in feste

Form übergeht. Bei dem Durchgang durch die Natronlauge wird zwar die innige Verbindung zwischen der Zellulose und dem sie lösenden Kupferoxydammoniak gelockert, jedoch nicht so weit, daß eine wesentliche Scheidung stattfindet. Diese darf auch nicht eintreten, da die Gegenwart des Kupferoxydammoniaks die selbsttätige, durch ein äußeres Bad nicht beeinflußte Koagulation der Zellulose wesentlich unterstützt. Das feste Gebilde wird hierauf von der Spule oder der Tafel abgenommen und ungefähr $1/4$ Stunde nochmals in Natronlauge gebracht, in der es den bei der Koagulation an der Luft etwas verloren gegangenen Glanz wiedererhält. Das aus der Lauge herausgenommene, noch vollständig blau gefärbte Gebilde wird endlich in angesäuertes Wasser gebracht und nach einem Aufenthalt von etwa 10 Minuten vollständig entfärbt. Kommt es aus dem angesäuerten Wasser heraus, so hat es ein glänzendes, glashelles Aussehen. Nach diesem Verfahren gewonnene Fäden u. dgl. weisen zudem eine wesentlich höhere Festigkeit auf als die nach den bisherigen Verfahren hergestellten Fäden.

Durch das beschriebene Verfahren wird der wesentliche Vorteil erzielt, daß die Wanne, in der das Gebilde durch die Lauge gezogen wird, nur sehr kurz zu sein braucht, so daß wesentlich an Lauge und auch an Raum gespart wird; auch ist der sich bildende Faden nur eine geringe Strecke weit dem Zug der Spule ausgesetzt so daß die Gefahr eines Brechens und einer hierdurch bewirkten Betriebsstörung wesentlich verringert wird. Außerdem wird der Faden dadurch, daß er ohne weitere Hilfsmittel seinem natürlichen Koagulationsbestreben überlassen wird, fester, verliert während des Koagulierens an der Luft viel von dem ihm innewohnenden Wasser und trocknet später um so leichter.

Patentanspruch: Verfahren zur Herstellung von Zelluloseprodukten aus in Kupferoxydammoniak gelöster Zellulose, dadurch gekennzeichnet, daß man die Zelluloselösung in erwärmte Natronlauge leitet, das entstandene Gebilde sofort nach der Entstehung einer das noch flüssig gebliebene Innere einhüllenden Haut aus dem Bad entfernt und es längere Zeit an der Luft sich selbst überläßt, bis es durchaus fest geworden ist, worauf man es zum Zwecke der Wiederherstellung des bei der Koagulation an der Luft teilweise verloren gegangenen Glanzes in an sich bekannter Weise in ein Bad von Natronlauge bringt und es schließlich zwecks Entfärbung der ebenfalls an sich bekannten Einwirkung von gesäuertem Wasser aussetzt.

272. Hanauer Kunstseidefabrik Akt.-Ges. in Groß-Auheim b. Hanau a. M.
Verfahren zur Herstellung künstlicher Seidenfäden aus in Kupferoxydammoniak gelöster Zellulose unter Verwendung von Ätzalkalilauge als Fällmittel.

D.R.P. 255 549 Kl. 29b vom 14. X. 1911 (gelöscht); Ver. St. Amer. P. 1 066 785 (Bechtel).

Es ist allgemeine Überzeugung in der Fachwelt, daß man einwandfreie künstliche Seidenfäden in marktfähiger Ware aus in Kupferoxydammoniak gelöster Zellulose mit Hilfe von Alkalilauge als Fällflüssigkeit nur dann gewinnen kann, wenn man die letztere erwärmt. Dieser Ansicht entgegen hat sich nun ergeben, daß es zur Erzielung einwandfreier feinster Seidenfäden nicht nötig ist, die Alkalilauge zu erwärmen, wenn man die zu verspinnende Kupferoxydammoniakzelluloselösung, ehe sie in das Fällbad eintritt, erwärmt und in diesem erwärmten Zustande die Koagulation vollzieht. Diese Erkenntnis findet darin ihre Begründung, daß es beim einwandfreien Fällen der Zelluloselösungen mit Alkalilauge wesentlich und allein darauf ankommt, daß das in der Lösung enthaltene Ammoniak so gelockert wird, daß es leicht aus der Lösung entweichen kann, einerlei, ob diese Lösung in warme oder kalte Natronlauge austritt. Dieses Ergebnis wird, wie bemerkt, bei Benutzung von warmer Lauge teilweise auch erreicht, denn auch diese lockert die Verbindung der Lösung mit dem Ammoniak. Das Erwärmen der Kupferoxydammoniakzelluloselösung vor dem Eintreten in die Lauge, die dann, wie ausgeführt, auch kalt sein kann, hat vor der Verwendung warmer Lauge den großen Vorteil, daß die Erwärmung auf die einfachste Art und Weise bewirkt werden kann, was bei den weit größeren Mengen Fällflüssigkeiten niemals so gleichmäßig durchgeführt werden kann, wie es ein gleichmäßiges einwandfreies Endprodukt erfordert. Man braucht zum Zwecke der Erwärmung nur die Lösung, ehe sie in das Fällbad eintritt, an einer konstanten Wärmeleitung vorbeizuführen, wobei das Wärmemittel Dampf, erwärmte Luft oder sonst eine regulierte Wärmequelle sein kann. Noch bessere Ergebnisse erzielt man, wenn man die Lösung vorher erwärmt und dann auch noch in erwärmte Natronlauge eintreten läßt, denn es ist klar, daß alsdann die Dissoziation der Lösung noch viel schneller erfolgt und man infolgedessen die Abzugsgeschwindigkeit des gesponnenen Fadens wesentlich erhöhen kann. Wendet man diese doppelte Erwärmung an, so läßt sich die Abzugsgeschwindigkeit bis zu 70—80 m in der Minute steigern. Die Erfindung bezieht sich auf die in üblicher Weise hergestellte Kupferoxydammoniakzelluloselösung.

Patentanspruch: Verfahren zur Herstellung künstlicher Seidenfäden aus in Kupferoxydammoniak gelöster Zellulose unter Verwendung von Ätzalkalilauge als Fällmittel, dadurch gekennzeichnet, daß man die Zelluloselösung vor ihrem Eintritt in das erwärmte oder nicht erwärmte Fällbad selbst vorwärmt.

Nach Hömberg.

273. **Dr. Rudolf Hömberg in Charlottenburg.** Verfahren zur Herstellung von künstlichen Fäden und anderen Gebilden aus Kupferoxydammoniakzelluloselösung durch Fällen mit Ätzalkalilauge.

D.R.P. 235 366 Kl. 29b vom 23. VII. 1910 (gelöscht).

Ein bekanntes Verfahren zur Herstellung künstlicher Fäden besteht darin, daß man Kupferammoniakzelluloselösungen durch feine Kapillaren in kalte oder warme Natronlauge preßt.

Es hat sich nun gezeigt, daß man besonders wertvolle Produkte dann erhält, wenn man der ätzalkalischen Fällflüssigkeit noch Kolloide hinzufügt, die durch die Fällflüssigkeit selbst nicht gefällt werden. Solche Kolloide sind z. B. Albumine, Eiweißstoffe, Leim u. dgl., die zweckmäßig durch Behandlung mit Fermenten derart abgebaut sind, daß durch die Fällflüssigkeiten keine oder nur teilweise Fällung erfolgt. Es wird z. B. eine 10—20%ige Lösung von Kasein mit Bauchspeicheldrüse in bekannter Weise so weit abgebaut, bis sie mit der Fällflüssigkeit nicht oder nur teilweise niedergeschlagen wird. Die Fällflüssigkeit wird nun derart zusammengesetzt, daß sie z. B. aus gleichen Teilen einer konzentrierten Natronlauge (39—40° Bé) und einer 10—20%igen Kaseinlösung besteht. In diese Fällflüssigkeit, die am besten auf 50—60° C. erwärmt ist, wird Kupferhydratammoniakzelluloselösung durch Kapillaren wie üblich eingepreßt, und die entstandenen Fäden werden dann wie üblich weiterbehandelt. Hervorgehoben sei, daß die Zusatzmittel zur Fällauge, z. B. das abgebaute Kasein, selbst Fällmittel sind. Gibt man in eine Lösung von solchem Kasein Kupferoxydammoniakzelluloselösung, so entsteht sofort eine dicke Ausscheidung, die sich bei der in der Kunstseidefabrikation üblichen Weiterbehandlung, wie Spülen und Säuern, in Zellulosehydrat umsetzt. Durch die Eigenschaft der Kolloide selbst, als Fällmittel zu wirken, ist man in den Stand gesetzt, die übliche Dichte der Natronlauge wesentlich zu verringern. Die nach dem Verfahren hergestellte Kunstseide zeichnet sich durch besonders weichen Griff gegenüber der bisher hergestellten aus.

Patentanspruch: Verfahren zur Herstellung von künstlichen Fäden und anderen Gebilden aus Kupferoxydammoniakzelluloselösung durch Fällen mit Ätzalkalilauge, dadurch gekennzeichnet, daß man der Fällflüssigkeit Kolloide, wie Albumine, Eiweißstoffe, Leim u. dgl., hinzufügt, die zweckmäßig noch mit Fermenten, z. B. Bauchspeicheldrüse, abgebaut sind.

Nach Eck.

274. Theodor Eck in Lodz. Verfahren zur Herstellung von künstlichen Fäden, Films usw. mit erhöhter Festigkeit in trockenem und besonders in nassem Zustande.

D.R.P. 236297 Kl. 29b vom 17. VII. 1909 (gelöscht).

Bekanntlich ist das Verwendungsgebiet der zurzeit hergestellten künstlichen Seide beschränkt infolge ihrer geringen Festigkeit in trockenem, besonders aber in nassem Zustande. Namentlich für Webstoffe ist sie dadurch ungeeignet. Die Ursache der geringen Festigkeit des künstlichen Fadens namentlich in angefeuchtetem Zustande ist darin zu suchen, daß die Zellulose aus ihren wässerigen Lösungen durch die üblichen Fällungsmittel als Zellulosehydrat gefällt wird, welches in Wasser stark aufquillt.

Nach vorliegendem Verfahren läßt sich nun ein künstlicher Faden herstellen, welcher in nassem und trockenem Zustande bedeutend höhere Festigkeit besitzt als die nach bekannten Verfahren hergestellten. Es hat sich erwiesen, daß es möglich ist, dem Zellulosehydrat gleich bei der Koagulation das Hydratwasser zu entziehen, wenn man als Fällungsbad Natron- oder Kalilauge in gewisser Stärke anwendet und dieser wasserentziehende Mittel zusetzt. Man erzielt damit nicht nur höhere Festigkeit, sondern auch höheren Glanz und bessere Gleichmäßigkeit des Fadens als mit Natronlauge allein als Koagulationsbad. Es hat sich erwiesen, daß nur Methylalkohol bei Gegenwart von Natronhydrat imstande ist, dem Zellulosehydrat das Hydratwasser zu entziehen, und zwar in einer Mischung von 10 Teilen Natronlauge 30—40° Bé und $1^1/_2$—2 Teilen Methylalkohol 99%; zur Erhöhung des Glanzes genügen schon 5% Methylalkohol zur Lauge. Äthylalkohol allein in Gegenwart von Alkalilauge übt auf den Faden gar keine Wirkung aus. Es hängt dies mit der geringen Löslichkeit des Äthylalkohols in starken Laugen zusammen. In Mischung mit Methylalkohol ist Äthylakohol in starker Natronlauge löslich, doch bleibt seine Wirkung auf den koagulierenden Faden dem Methylalkohol gegenüber zurück. Als wasserentziehendes Mittel hat sich weiter noch Formaldehyd in Mischung mit Natronlauge erwiesen. Die Koagulation erfolgt schon bei gewöhnlicher Temperatur sehr gut, was bei Koagulation mit reiner Lauge nicht der Fall ist; die Temperatur kann aber bis auf 45° C. erhöht werden. Nach Behandlung der gesponnenen Fäden mit Schwefelsäure zur Entfernung des Kupfers und der Lauge und nachträglichem Waschen wird der Faden getrocknet. Der Faden wird dann wie üblich weiterbehandelt. Bei Herstellung starker dicker Fäden (künstliches Roßhaar) kann die Elastizität und Festigkeit noch erhöht werden, wenn man den von Kupfer befreiten und gewaschenen Faden noch in 20—40° Bé starke Natronlauge taucht, welche mit Kochsalz oder anderen Salzen gesättigt ist. Durch Säuern und Waschen wird die Lauge entfernt und der Faden, wie oben angegeben, weiterbehandelt.

Patentanspruch: Verfahren zur Herstellung von künstlichen Fäden, Films usw. mit erhöhter Festigkeit in trockenem und besonders in nassem Zustande, dadurch gekennzeichnet, daß man Kupferoxydammoniakzelluloselösung oder eine solche Lösung mit Kupferoxydulgehalt aus geeigneten Öffnungen in Natron- oder Kalilauge einspritzt, der man Methylalkohol oder ein Gemisch von Methylalkohol mit Äthylalkohol oder Formaldehyd zugesetzt hat, wonach man die Fäden nach dem Säuern und Waschen unter Umständen nochmals einer Behandlung mit konzentrierter Natronlauge, welche mit Kochsalz oder anderen Salzen gesättigt ist, unterwirft.

Nach Compagnie Française des Applications de la Cellulose.

275. Compagnie Française des Applications de la Cellulose. Verfahren zur Herstellung glänzender Zelluloseprodukte.

Franz. P. 422 565; brit. P. 27 878[1910].

Als Fällbad für Kupferoxydammoniakzelluloselösungen dient ein Gemisch von Erdalkalisaccharat und Natronlauge, z. B. 100 Teile 30%iger Natronlauge und 10 Teile Kalziumsaccharat von 100% bei

50—60°. Temperatur und Stärke der Lösung können je nach der Zusammensetzung der zu fällenden Lösung schwanken.

276. Compagnie Française des Applications de la Cellulose in Paris. Verfahren zum Fällen von Lösungen von Zellulose in Kupferoxydammoniak mittels Ätzalkalien.
D.R.P. 252 180 Kl. 29b vom 25. V. 1911; österr. P. 54 428; franz. P. 440 776; brit. P. 11 714[1911]; Ver. St. Amer. P. 1 027 689 (auch A. Chaumat).

Das Verfahren stützt sich auf die Eigenschaft gewisser löslicher arsenigsaurer Salze, Fällungsprodukte zu liefern, die den ganzen in der Zelluloselösung enthaltenen Kupfergehalt besitzen; diese Eigenschaft ist äußerst vorteilhaft. Die beiden hauptsächlichen Fällverfahren für Kupferoxydammoniakzelluloselösungen sind die saure und die alkalische Fällung. Bei der Fällung der Zelluloselösungen durch Säuren erhält man direkt aus Zellulose oder Hydrozellulose bestehende Produkte, während der ganze Kupfer- und Ammoniakgehalt der Zelluloselösung vom Fällmittel als Kupfer- und Ammoniaksalz aufgenommen werden. Im Gegensatz hierzu wird beim Fällen mit Ätzkalilauge die Zellulose nicht als Zellulose, sondern als Verbindung mit Kupfer ausgeschieden. Es folgt aber daraus nicht, daß alles Kupfer der Zelluloselösung sich in dem ausgefällten Faden vorfindet; es geht vielmehr ein Teil des Kupfers und Ammoniaks der Zelluloselösung in das Fällmittel, das sich bei der Berührung mit der Zelluloselösung blau färbt. Die kupferhaltigen Produkte, die durch Fällung mittels Ätzalkalilaugen erhalten werden, enthalten somit nur einen Teil des Kupfers der Zelluloselösung.

Es wurde nun gefunden, daß die arsenigsauren Salze eine gewisse Koagulierungsfähigkeit besitzen und daß sie die Eigenschaft haben, die ganze Kupfermenge der Zelluloselösung im Faden niederzuschlagen, ohne daß dieser seine Klarheit oder Durchsichtigkeit verliert. Die durch Fällung der Zelluloselösung durch nur aus arsenigsauren Salzen oder arseniger Säure gebildete Bäder erhaltenen Produkte sind nicht von guter Beschaffenheit. Die besten Ergebnisse werden erhalten, wenn man mit Ätzkalilaugen und löslichen arsenigsauren Salzen arbeitet. Man erhält dann kupferhaltige Produkte, die den ganzen Kupfergehalt der Zelluloselösung haben und die nach der Entfernung des Alkalis und Ammoniaks getrocknet werden können. Der Zusatz von arsenigsauren Salzen zu den Laugen macht sich darin bemerkbar, daß die erhaltenen Fäden nach der Entkupferung durch Säure sich durch große Weichheit und Elastizität auszeichnen.

Die technischen Vorteile des neuen Fällungsbades sind aber nicht vollständig aufgezählt. Da keine Spur von Kupfer im Fällungsbade verbleibt und man auch nach längerem Gebrauch nicht den geringsten Niederschlag und nicht die geringste Verfärbung bemerkt, so bleibt es immer rein und für das Fällen bereit, ohne durch chemische oder physikalische Behandlung regeneriert werden zu müssen. Infolge Nichteintretens eines Niederschlages oder einer Verfärbung des Bades ist die

Fadenbildung ohne Schwierigkeit zu überwachen, was nicht nur wegen Behandlung der Faser während des Spinnens, sondern insbesondere für die Herstellung von künstlichen Geweben auf gravierten Zylindern[1]) sehr wichtig ist, in welchem Falle man mit unreinen oder gefärbten Koagulationsbädern schwerer arbeiten kann als mit farblosen Bädern. Man erreicht auch eine große Vereinfachung in der Wiedergewinnung des verwendeten Kupfers, welches in diesem Falle in einer einzigen Form erhalten wird, indem man die von der Entkupferung der kupferhaltigen Gebilde herstammenden sauren Bäder aufarbeitet.

Beispiel: Eine Lösung von Zellulose in Kupferoxydammoniak, die 6% Zellulose und 6—7% Ammoniak enthält, wird durch feine Öffnungen in ein Fällbad gepreßt, das beispielsweise aus 30%iger Natronlauge hergestellt ist, der auf das Liter 10 g weißer, im Handel erhältlicher arseniger Säure, die sich darin sehr leicht auflöst, zugesetzt sind. Diese Mengen sind veränderbar. Nun wird das Koagulationsbad auf 60—65° erhitzt, wobei man feststellen kann, daß selbst nach 1 Monat ununterbrochener Behandlung das Bad vollständig klar, ungefärbt und kupferfrei bleibt und auch kein kupferhaltiger Niederschlag gebildet wird. Der gefällte kupferhaltige Faden wird beispielsweise auf Rollen aufgewickelt. In diesem Zustande unterscheidet er sich von dem mit Alkali allein gefällten nur durch seine volle und kräftig blaue Farbe. Mit Wasser von überschüssigem Alkali befreit, gibt er leicht das Kupfer in 5%iger Schwefelsäure ab, ohne einen Niederschlag von Kupfer und Arsen enthaltenden Produkten zu erzeugen, wobei ein gegen Wasser widerstandsfähiger und vollständig durchsichtiger Faden erhalten wird. Nach dem Trocknen und Spannen zeigt dieser Faden ein glänzendes Aussehen, eine besondere Weichheit und Elastizität.

Patentanspruch: Verfahren zum Fällen von Lösungen von Zellulose in Kupferoxydammoniak mittels Ätzalkalien, dadurch gekennzeichnet, daß man den alkalischen Fällbädern lösliche arsenigsaure Salze zusetzt.

Nach Pawlikowski.

277. Rudolf Pawlikowski in Görlitz. Verfahren zum Fällen von Gebilden aus Kupferoxydammoniakzelluloselösungen.

D.R.P. 248 172 Kl. 29b vom 2. X. 1910 (gelöscht); österr. P. 542 77 (Kosmos G. m. b. H. und Pawlikowski); franz. P. 431 074.

Wenn man bei den bekannten alkalischen Fällbädern (z. B. konzentrierter oder verdünnter Natronlauge, Soda- oder Kochsalzlösung mit Natronlauge usw.) die künstlichen Fäden entkupfern will, müssen sie vorher fast gänzlich von den Fällbadalkalien befreit werden, weil sonst die das in der Kunstseide enthaltene Kupfer auflösende Säure auch die zurückgebliebenen Alkalien innerhalb des Fadens neutralisiert. Hierdurch wird aber die Fadenfestigkeit stark beeinträchtigt. Es ist also notwendig, die Kunstseide nach dem Fällbad lange und ausgiebig mit

---
[1]) Siehe S. 617 u. ff.

viel Wasser zu behandeln. In bekannter Weise kann man dieses zeitraubende und viel Wasser erfordernde Auswaschen durch Zusatz von Magnesium- oder Aluminiumsulfat abkürzen[1]).

Es wurde nun gefunden, daß bei Verwendung einer wässerigen Lösung von Alkalialuminat als Fällflüssigkeit nur ein verhältnismäßig sehr kurzes Abspülen der Kunstseide mit wenig Wasser erforderlich wird, bis man sie zum Entkupfern mit Säure behandeln darf. Der große Waschwasserbedarf und anderseits das vorherige Waschen mit Magnesiumsulfat werden also entbehrlich. Dadurch wird aber das Transportieren der im Fabrikbetriebe sehr zahlreichen Kunstseidewalzen, deren 12000 Stück für eine tägliche Erzeugung von etwa 300 kg fertiger Kunstseide, d. h. der Produktion einer mittleren Fabrik entsprechen, zu den Magnesium- oder Aluminiumsulfatbehältern und für das nachherige Abspülen mit Wasser vor dem Entkupfern zu den Spülwassergefäßen erspart. Die erzielte Verminderung an Behandlungszeit, Löhnen und beim Transport unvermeidlichem Ausschuß von Seide und verletzten Walzen macht das Verfahren für den Betrieb wertvoll. Die Alkalialuminatlösung wird vorteilhaft beim Spinnen erhitzt. Da Alkalialuminat indes leicht aus der Luft Kohlensäure aufnimmt, empfiehlt es sich, diese Lösung mit freiem Alkalihydroxyd zur Vermeidung von teilweiser Zersetzung zu mischen, wodurch gleichzeitig die Fällkraft des Bades zunimmt und bei niedrigerer Temperatur gesponnen werden kann. Es genügen im allgemeinen schon Zusatzmengen von etwa 1—4% Alkalihydroxyd vom Gewicht des fertigen Fällbades.

Man hat bereits Alkalizinkatlösungen zum Fällen von Zelluloselösungen benutzt. Der Vorteil einer Alkalialuminatlösung besteht demgegenüber in der beträchtlich stärkeren Fällkraft bei gleicher Konzentration. Man kann also bis zur Erschöpfung in einem Fällbad der vorliegenden Erfindung eine größere Menge Kunstgebilde zum Koagulieren bringen und bei gleicher Konzentration mit größerer Fadengeschwindigkeit arbeiten. Ferner haben Versuche ergeben, daß das Zinkat einen größeren Überschuß von Natronlauge verlangt, um haltbare Fäden zu geben. Die Folge ist eine kleinere Fadenschutzwirkung des Zinks gegen die Auswaschsäure; die Fäden nach dem Spinnen müssen längere Zeit mit Wasser von den Resten des alkalischen Fällbades befreit werden, als bei Anwendung der Aluminatlösung. Im Gegensatz zum Aluminatfällbad neigen die Fäden aus dem Zinkatfällbad sehr zur Ausscheidung von Kupferoxyd innerhalb des Fadens, was ein schärferes und längeres Behandeln mit Säure und eine geringere Fadenfestigkeit zur Folge hat. Die Anwesenheit von Aluminiumverbindungen im Faden vor dem Entkupfern hat ferner den Vorteil, daß das letztere mit schwächerer, die Fadenfestigkeit weniger angreifender Säure und in recht kurzer Zeit möglich wird. Aus den Aluminiumverbindungen bildet sich innerhalb des Fadens mit der Entkupferungsschwefelsäure eine Art Alaun, der große Wasserlöslichkeit besitzt und die Auslaugung des gleichzeitig gebildeten Kupfersulfats aus dem Faden anscheinend beschleunigt.

---
[1]) Siehe S. 255.

Während des Fällens tritt auch Aluminium in den Faden ein und bringt dafür aus ihm einen beträchtlichen Teil des Kupfers heraus. Die Fäden sind also kupferärmer als bei den bekannten, kein weiteres Metall als Alkali enthaltenden Fällbädern und lassen sich also, was auf andere Weise bereits erreicht worden ist, ohne Schaden für Festigkeit und Glanz auch vor dem Entkupfern trocknen, so daß das Kupfer erst aus dem fertigen Strang entfernt werden kann. Zwecks Vermeidung des Ausfallens von Aluminiumhydroxyd kann man dem Fällbad Weinsäure, weinsaure Alkalien oder andere organische Oxysäuren oder Oxyverbindungen (z. B. Zuckerarten, Dextrin, Glyzerin usw.) zusetzen.

Patentanspruch: Verfahren zum Fällen von Gebilden aus Kupferoxydammoniakzelluloselösungen, gekennzeichnet durch die Verwendung von wässeriger Alkalialuminatlösung ohne oder mit Zusatz von freiem Alkalihydroxyd.

Nach Delpech.

278. J. Delpech. Bad zum Fällen von Fäden aus Kupferoxydammoniakzelluloselösungen.

Franz. P. 437 014.

Spinnt man eine Kupferoxydammoniakzelluloselösung in ein konzentriertes Alkalibad, das zum Teil aus Karbonat bestehen kann, so erhält man Fäden, die je nach ihrer Dicke künstliche Seide oder künstliches Roßhaar darstellen. Die Fäden sind getränkt mit Kupfer und Alkali, welche man durch geeignetes Waschen entfernt. Während des Aufwickelns der Fäden auf die Spulen ist das gefällte Produkt tief indigoblau gefärbt, bei der Berührung mit dem ersten Waschbade ändert sich die Farbe und wird heller, gleichzeitig verlieren die Fäden an Glanz. Nach der vorliegenden Erfindung wird den alkalischen Bädern Dextrin zugesetzt, welches in der Weise wirkt, daß die Fäden während des Waschens glänzend bleiben. Nach dem Trocknen haben die Fäden einen höheren Glanz als die, welche nur mit alkalischen Fällbädern erhalten worden sind.

Nach Legrand.

279. Emile Georges Legrand in Paris. Verfahren zur Herstellung alkalischer Fällungsbäder für kupferoxydammoniakalische Zelluloselösungen bei der Erzeugung von künstlichen Seidenfäden, Films, Bändern u. dgl.

D.R.P. 250 357 III. 29b vom 15. X. 1911 (gelöscht); franz. P. 445 896; brit. P. 19 001[1912]; Ver. St. Amer. P. 1 130 830.

Bei der bekannten Verwendung von Ätzalkalien als Fällungsmittel für kupferoxydammoniakalische Zelluloselösungen läßt man die Zelluloselösungen unter Druck durch entsprechende kapillare Mundstücke in konzentrierte Natronlauge austreten, die sie in Gestalt von Kupfer-Natronzellulosefäden fällt. Die nach dem Absäuern und Waschen erhaltenen Produkte sind weich und transparent, ihre Widerstandsfähigkeit und Elastizität ist größer als die von künstlicher Seide, welche durch Ausfällen mit Säuren erhalten wird. Trotzdem weist das Verfahren in der Praxis große Mängel auf. Das Bad nimmt nämlich während des Spinnens allmählich durch die Anwesenheit von gelösten Kupfersalzen eine blaue Farbe an und wird nach kurzer Zeit so stark gefärbt, daß es sehr schwer ist, einen zerrissenen Faden zu erkennen und wieder anzuknüpfen. Beim Waschen werden die äußeren Schichten des Fadens, die mit dem Wasser in direkte Berührung kommen, allmählich heller, während die inneren Schichten tief blau bleiben. Die Folge hiervon ist eine große Ungleichmäßigkeit in der Beschaffenheit der Seide. Die helleren Teile geben eine matte und durchscheinende Seide, manche Strähnen bleiben glänzend und klar, während andere ein milchig opaleszierendes Aussehen haben. Diese Ungleichmäßigkeiten treten beim Färben gleichfalls in Erscheinung, indem der Faden marmoriert aussieht, auch bemerkt man beim Trocknen Unterschiede in bezug auf Widerstandsfähigkeit und Elastizität. Diesen Mängeln hat man bereits durch Zusatz von Glykose, Saccharose, Laktose oder Glyzerin zur konzentrierten Natronlauge abzuhelfen versucht, welche als Reduktionsmittel wirken und das beim Spinnen in Lösung gehende Kupferhydroxyd reduzieren und als Oxydul ausfällen. Die erzielten Fortschritte sind indessen trotz der großen Mengen Zucker od. dgl., die man dabei verwenden muß, gering.

Es wurde nun die Beobachtung gemacht, daß durch Zusatz von Diastaselösungen zu Ätzalkalilaugen ein besonders wirksames Fällungsbad gebildet wird. Die besonders vorteilhafte Wirkung der Diastase beruht darauf, daß sie schon in verhältnismäßig geringen Mengen zugesetzt die koagulierende Wirkung des Fällungsbades sowohl verstärkt als auch nachhaltiger macht. Infolgedessen erhält man damit einen Faden von erheblich größerer Elastizität und Festigkeit als bei Verwendung von alkalischen Fällungsbädern allein oder mit Zusatz von Glukose, Saccharose od. dgl., was wiederum die Herstellung feinerer Fäden ermöglicht. Vergleichende dynamometrische Versuche haben beispielsweise ergeben, daß die bei Verwendung eines mit 4% Diastase versetzten konzentrierten alkalischen Fällungsbades erhaltene Seide eine mittlere Elastizität von 22% aufwies, wohingegen die mit Natronlauge allein von gleicher Konzentration erhaltene nur eine mittlere Elastizität von 14% und die bei Zusatz von 8% Saccharose erhaltene eine solche von 17% besaß. Des weiteren hat sich gezeigt, daß die koagulierende Wirkung eines alkalischen Fällungsbades durch Zusatz von Diastase derart verstärkt wird, daß die Konzentration des alkalischen Fällungsbades wesentlich verringert werden kann. Während man bei Verwendung eines alkalischen Fällungsbades ohne Zusätze oder bei einem solchen mit Zusätzen von Saccharose, Glyzerin od. dgl. mindestens eine Lauge von 35% NaOH-Gehalt anwenden muß, wenn die Fällung genügend rasch und vollständig sein soll, um den Faden ohne Schaden verspinnen zu können, man jedoch in der Regel mit einer Lauge von 40% Ätznatrongehalt arbeitet, erzielt man bei einem Zusatz von 3—4% Diastase schon mit einem Fällungsbad von nur 19% Ätznatrongehalt eine vollkommene Fällung und einen Faden von höherer Elastizität als bei Verwendung eines 40% NaOH-haltigen Fällbades mit einem Zusatz von 8% Saccharose. Beispielsweise wurde mit einem 19% Ätznatron enthaltenden Fällbad unter Zusatz von 3,7% Diastase eine Seide von 130 Deniers mit einer durchschnittlichen Elastizität von 21,5% erzielt. Da die Diastase im Gegensatz zu den bisher verwendeten Reduktionsmitteln von Aldehyd- oder Ketoncharakter sich in alkalischer Lösung bei Temperaturen oberhalb 50° C zu zersetzen beginnt und damit an Wirksamkeit abnimmt, muß die Temperatur des Fällbades zweckmäßig zwischen 40 und 45° C gehalten werden und darf 50° nicht übersteigen. Dies ist aber für die Beschaffenheit der erhaltenen Seide nur vorteilhaft, da hohe Temperaturen, wie sie bei Verwendung von Saccharose u. dgl. notwendig sind, die Seide schädlich beeinflussen. Die reduzierende Wirkung der Diastase beginnt bei etwa 40° C. Die in Lösung befindlichen Kupfersalze werden niedergeschlagen, wobei die Natronlauge allmählich eine rötliche Farbe annimmt, welche die blauen Fäden in dem Fällungsbad leicht zu führen und zusammenzuknüpfen gestattet. Das Kupfer setzt sich als Oxydul am Boden des Gefäßes ab und kann durch Dekantieren entfernt und als Zementkupfer wiedergewonnen werden. Die durch das Gemisch von Ätzalkali- und Diastaselösung gefällte Kupfer-Natronzellulose hat auf den Spulen ein ganz gleichförmiges Aussehen. Der Faden hat beim Austritt aus dem Spinnbad eine charakteristische dunkelgrüne Färbung, die er selbst bei fortgesetztem Waschen mit Wasser behält. Nach dem Entkupfern bewahrt er vollkommen seine Transparenz und besitzt einen lebhaften Glanz. Auch bemerkt man in den einzelnen Strähnen weder matte noch marmorierte Stellen, und die Färbung ist sehr gleichmäßig und besonders lebhaft. Diese Eigenschaften in Verbindung mit der besonders hohen Elastizität und großen Haltbarkeit eröffnen der nach dem neuen Verfahren hergestellten Seide zahlreiche neue Anwendungsgebiete, besonders in der mechanischen Stickerei und Weberei.

Patentanspruch: Verfahren zur Herstellung alkalischer Fällungsbäder für kupferoxydammoniakalische Zelluloselösungen bei der Erzeugung von künstlichen Seidenfäden, Films, Bändern u. dgl., gekennzeichnet durch einen Zusatz von Diastaselösungen zu dem ätzalkalischen Fällungsbad. Nach dem

280. Franz. Zusatzpatent 17 170; brit. P. 5154[1913]; österr. P. 62 643 wird mit Diastase und verdünnten Alkalilaugen gearbeitet.

Nach de Haën.

281. E. de Haën, Chemische Fabrik List. Verfahren zur Herstellung künstlicher Fäden mittels Kupferoxydammoniakzelluloselösungen.

Franz. P. 440 907; Ver. St. Amer. P. 1 034 235 (J. Hermans); brit. P. 4610[1912]; belg. P. 243 694.

Bekanntlich wirken alkalisch gemachte Salzlösungen auf Kupferoxydammoniakzelluloselösungen fällend. Aber die erhaltenen Fäden genügten nur in beschränktem Maße den gestellten Anforderungen, sie waren infolge ihrer geringen Biegsamkeit und Festigkeit nicht in allen Zweigen der Textilindustrie verwendbar. Nach der vorliegenden Erfindung wird zu alkalischen Salzlösungen, z. B. von Salpeter, Nitrit in genügender Menge zugesetzt. Dadurch wird nicht nur die Fällkraft beträchtlich erhöht, das erhaltene Produkt hat vor allem auch eine Festigkeit und Elastizität in feuchtem wie in trockenem Zustande, wie sie durch Fällen mit anderen kombinierten Salzlösungen, auch mit Säuren oder Alkalien, nicht erhalten werden kann. Das Fällbad kann z. B. bestehen aus 25 kg Natronsalpeter, 15 kg Natriumnitrit, 4,5 kg Natronhydrat, 55,5 kg Wasser. Messungen ergaben, daß mit diesem Fällbad hergestellte Fäden in allen Fällen eine um 50% höhere Festigkeit und Elastizität hatten als die nach den besten bekannten Verfahren erhaltenen Fäden. Nach dem vorliegenden Verfahren erzeugte Fäden zeigten eine Elastizität von 236 mm auf 1 m Fadenlänge, während mit 30%iger Schwefelsäure gefällte Fäden 128 mm, mit 40° Bé starker Natronlauge gefällte Fäden 162 mm und mit alkalischer Kochsalzlösung gefällte Fäden 104 mm Ausdehnung ergaben. Die mit dem oben angegebenen Bade erzeugten Fäden nehmen außerdem schnell und gleichmäßig Farbstoffe auf, ihre wertvollste Eigenschaft ist aber, daß sie auch in der Weberei verwendet werden können.

282. E. de Haën, Chemische Fabrik List. Verfahren zur Herstellung künstlicher Fäden mittels Kupferoxydammoniakzelluloselösungen.

Franz. P. 15 861, Zus. z. P. 440 907; brit. P. 11 613[1912]; belg. P. 245 524.

Weitere Versuche mit dem Fällbad des Hauptpatentes (s. vorstehend) haben gezeigt, daß man Fäden mit den dort genannten wertvollen Eigenschaften auch erhalten kann, wenn man die Nitrite durch andere Körper mit reduzierenden Eigenschaften ersetzt. Es können dies organische oder anorganische Körper sein, z. B. Natriumarsenit, Natriumformiat oder Natriumsulfit. Die Wirkung dieser zugesetzten reduzierenden Körper erklärt sich vielleicht in der Weise, daß die Kupferoxydammoniaklösungen eine Oxydation der Zellulose bewirken, so daß ein Teil beim Spinnen als Oxyzellulose gefällt wird, die keine große Haltbarkeit hat. Die reduzierenden Stoffe geben nun Veranlassung zur Entstehung eines oxyzellulosearmen Fadens, der eine besondere Haltbarkeit besitzt. Die Fällbäder können z. B. bestehen aus: 30 kg Natronlauge 22° Be, 30 l Wasser, 25 kg Natriumnitrat und 15 kg Natriumarsenit. Statt des Natriumarsenits kann die gleiche Menge Natriumformiat oder 10 kg Natriumsulfit verwendet werden. Die mit diesen Fällbädern erhaltenen Fäden zeigten die hohe Elastizität von 206, 247 und 207 auf 1 m Länge gegenüber 128, 162 und 104 bei Fäden, die mit Bädern aus Schwefelsäure, Natronlauge oder alkalischen Salzlösungen erhalten wurden. Dank ihrer Festigkeit und Elastizität sind die neuen Fäden in der Weberei als Kette zu verwenden.

Nach Glanzfäden-Aktiengesellschaft.

283. Glanzfäden-Aktiengesellschaft in Berlin. Verfahren zur Herstellung von Zellstoffgebilden durch Fällen von kupferoxydammoniakalischen Zellstofflösungen.
D.R.P. 286 297 Kl. 29b vom 17. VIII. 1913.

Es ist bekannt, bei der Fällung von Zellulosegebilden aus kupferoxydammoniakalischen Zelluloselösungen den ätzalkalischen Fällbädern Alkalichloride zuzusetzen. Ein solcher Zusatz beschleunigt das Erstarren des Fadens und gestattet, eine schwächere Alkalilösung zu verwenden (Patentschrift 206 883)[1]). Ein Spinnbad aus wenig Ätznatron mit größeren Mengen Kochsalz zeigt eine bedeutend wirksamere Koagulationskraft als ein reines Natronbad von hoher Konzentration und ist auch beträchtlich wirtschaftlicher. Durch den Salzgehalt des Spinnbades wird das Wasser aus den erstarrenden Fäden so kräftig und schnell herausgetrieben, daß die Zellstoffmoleküle sich in einer sehr kompakten Struktur zur festen Substanz aufbauen. Hierdurch wird ein sehr fester, glänzender und äußerst glatter Faden erzielt, dessen Eigenschaften für manche Verwendungsarten, z. B. für die Herstellung von Wirkwaren, besonders geschätzt werden. Für andere Zwecke sind dagegen diese Eigenschaften nicht erwünscht, indem hier ein weniger glattes Erzeugnis von loserer Struktur den Vorzug genießt. Ein Erzeugnis mit diesen Eigenschaften entsteht nun, wenn man einer schwachen Ätzalkalilösung anstatt Alkalichloride kohlensaures Alkali (z. B. Soda) zusetzt, dessen Menge in einem bestimmten Verhältnis zu dem jeweiligen Kupfergehalt des Bades steht. In diesem Falle setzt sich das beim Spinnen in das Spinnbad gelangende Kupferhydroxyd zu kohlensaurem Kupfer um, das von der ammoniakhaltigen Ätzalkalilauge (Natronlauge) des Bades in Lösung gehalten wird. Bei dem Erstarren des Fadens wird nun das in ihm befindliche Kupferhydroxyd durch das Kupferkarbonat des Bades zu basischem, kohlensaurem Kupfer umgesetzt unter gleichzeitiger Verdrängung des Ammoniaks durch die Lauge. Das entstehende basische Kupfersalz ist in dem Ätzalkali des Bades nicht mehr löslich, so daß gleich ein fester Faden erhalten wird. Dagegen ist es in Säuren von mäßiger Konzentration sehr leicht löslich und wird durch diese glatt aus dem Faden ausgeschieden. Beim Entkupfern des erstarrten Fadens, z. B. durch Schwefelsäure, bildet sich schwefelsaures Kupfer, während die Kohlensäure aus dem Faden ausgetrieben wird. Gerade hierauf scheint der kristallklare und doch lose Aufbau der Zellulose zu beruhen, der zu einem hochglänzenden Erzeugnis führt, dessen sämtliche Einzelfädchen vollkommen geschmeidig bleiben und nicht verkleben. Der Faden wird elastischer, voller, weißer und weicher und ist gegenüber den bekannten erheblich veredelt. Mit Hilfe eines reinen Ätznatronbades oder eines Salznatronbades lassen sich derartige Fäden bisher nicht erzeugen, und zwar weil sich die im Faden entstehenden Kupfersalze in derartigen Bädern ganz anders verhalten. Die Kupfersalze sind in diesem

---

[1]) Siehe S. 263.

Falle schwer löslich in Säuren und zersetzen sich schon in kurzer Zeit an der Luft. Das basische kohlensaure Salz, welches bei vorliegendem Verfahren entsteht, ist dagegen vollkommen haltbar, worin ein erheblicher Vorteil liegt, wie z. B. bei größeren und kleineren Betriebsstörungen, die kein sofortiges Entkupfern des gesponnenen Garnes zulassen. Es sei hier als wichtig hervorgehoben, daß ein frisch angesetztes Bad von Ätznatron und Soda, das keine Kupfersalze enthält, ein schwammiges, milchiges, minderwertiges Erzeugnis liefert, da anscheinend in diesem Falle die Soda nicht schnell genug das Kupferhydroxyd in dem erstarrenden Faden in Karbonat überzuführen vermag und mit dem im Faden enthaltenen Ammoniak in Konflikt gerät. Nur das schon vorher im Bade gebildete Kupferkarbonat vermag ohne Störung das Kupferhydroxyd im Faden zu einem basischen Salz umzusetzen. Es sind zwar schon Fällbäder bekannt, die neben einer Ätznatronlösung von 44—49% noch 23—28% Natriumkarbonat enthalten (französische Patentschrift 392 869)[1]), doch zeigen diese verschiedene, auf der Verwendung stark konzentrierter Ätzalkalien beruhende Nachteile und ergeben nur matte, fast glanzlose Fäden, d. h. Nachahmungen von Grège-Seidenfäden.

Die Erfindung besteht daher im wesentlichen darin, daß man ein Fällbad mit verhältnismäßig wenig Ätzalkali verwendet, das auch Kupferkarbonat enthält, wobei dieses entweder unmittelbar zugesetzt oder durch Zusetzen von Kupferhydroxyd und Alkalikarbonat im Bade erzeugt werden kann. Dabei ist weiter von Bedeutung die richtige Erkenntnis des Zusammenwirkens des im sich bildenden Faden enthaltenen Kupferoxydammoniaks mit dem im Spinnbade befindlichen Ätzalkali und kohlensaurem Kupfer. Indem dieses das ammoniaklösliche Kupferhydroxyd in ein wenig oder gar nicht lösliches basisches Karbonat überführt, erstarrt bei gleich niedriger Konzentration des Ätzalkalis der Faden ebenso schnell wie im Salznatronbade. Da aber schon bedeutend geringere Mengen von Alkalikarbonat als Salze diese günstige Wirkung erzielen, bleibt das neue Bad, abgesehen von der Erzielung eines verbesserten Erzeugnisses, auch in wirtschaftlicher Beziehung überlegen, zumal sich bei der Umsetzung zwischen Alkalikarbonat und Kupferhydroxyd freies Ätzalkali bildet, was dem Ätzalkaligehalt des Bades zugute kommt.

Beispiel: Man setze etwa 10 000 l Wasser etwa 4% Ätznatron und 1% kohlensaures Natron zu, also 400 und 100 kg. Hierauf löse man in dem Bade ungefähr $1/_2$% Kupferhydroxyd, also etwa 50 kg. Dieses braucht man nur einmal zuzusetzen, da beim Spinnen der Kupferoxydammoniakzelluloselösungen stets ein gewisser Anteil des Kupferhydroxyds infolge der Reibung zwischen Fäden und Bad in das Bad übergeht und sich dieses Kupferhydroxyd unter der Wirkung der in angemessenen Mengen während des Spinnens zugesetzten Soda zu Kupferkarbonat umsetzt. In einem solchen Bade ist eine Abzugsgeschwindigkeit von 45 m in der Minute zu erreichen trotz der niedrigen Konzentration des

---
[1]) Siehe S. 262.

Ätznatrons. Die Bäder werden in der Weise aufgefrischt, daß immer ein Teil des Bades zur Zeit zurückgezogen wird, so daß dauernd eine gewollte Menge von kohlensaurem Kupfer im Hauptbade verbleibt. Der abgezogene Teil wird durch Ausdampfen des Bades aufgefrischt, wobei das Ammoniak in üblicher Weise wiedergewonnen wird und das in der Siedehitze leicht zersetzliche kohlensaure Kupfer als körniges, wasserfreies Salz ausfällt, ohne daß die sonst üblichen Reduktionsmittel erforderlich wären.

Patentansprüche: 1. Verfahren zur Herstellung von Zellstoffgebilden durch Fällen von kupferoxydammoniakalischen Zellstofflösungen, dadurch gekennzeichnet, daß das Fällbad neben Ätzalkalien Kupferkarbonat enthält.

2. Ausführung des Verfahrens nach Anspruch 1, dadurch gekennzeichnet, daß das Kupferkarbonat im Bade durch Zusatz von Kupferhydroxyd und Alkalikarbonat erzeugt wird.

3. Ausführung des Verfahrens nach den Ansprüchen 1 und 2, dadurch gekennzeichnet, daß während des Spinnens dem Bade von Zeit zu Zeit die erforderliche Menge Alkalikarbonat zugefügt wird unter Belassung des beim Spinnen mit dem Faden in das Bad gelangenden Kupferhydroxyds, welches durch das Alkalikarbonat fortdauernd in Kupferkarbonat übergeführt wird.

Vgl. zu der alkalischen Fällung noch D.R.P. 173 628, S. 159, und Berl, Zeitschr. f. angew. Chem. 1910, S. 987, 1. Sp. unten.

Nachbehandlung aus Kupferoxydammoniakzelluloselösungen gefällter Fäden, Waschen, Trocknen, Zwirnen.

Für die weitere Behandlung aus kupferoxydammoniakalischer Zelluloselösung gefällter Fäden, das Entkupfern, Waschen, Trocknen u. a. m. sind folgende Patente von Interesse:

Nach Crumière.

284. Emile Crumière in Paris. Verfahren zur Entkupferung mittels ammoniakalischer Kupferoxydzelluloselösungen erzeugter künstlicher Gebilde.

D.R.P. 228 504 Kl. 29b vom 9. VI. 1907 (gelöscht); franz. P. 375 827; brit. P. 2794[1908]; Ver. St. Amer. P. 904 684.

Bei der Herstellung künstlicher Seide, künstlichen Haares oder ähnlicher Gebilde aus in Kupferoxydammoniak gelöster Zellulose ist es notwendig, aus den koagulierten Produkten die Kupfersalze zu entfernen. Dies geschieht durch Anwendung von Säure. Es war aber auf diese Weise nicht möglich, die Kupfersalze rasch und ohne Aufwand großer Säuremengen vollständig zu entfernen; denn die frisch gebildeten Fäden müssen wegen ihrer geringen Widerstandskraft vorher auf Bobinen gewickelt und in diesem Zustande entkupfert werden, wobei die Säure nur schwierig mit den einzelnen Fäden in Berührung kommt. Andererseits wird die lösende Kraft der Bäder bald erschöpft, so daß eine häufige Erneuerung erfolgen muß. Die Entkupferung vollzieht sich daher nicht nur langsam und unvollkommen, sondern auch nur unter einem großen Aufwand an Lösungsmittel. Den Gegenstand der Erfindung bildet nun ein Verfahren, das eine schnelle und vollkommene Entkupferung der Zellulosegebilde ermöglicht und dabei den Vorteil aufweist, daß man eine sehr geringe Menge des Lösungsmittels benötigt, und daß außerdem dieses Lösungsmittel dauernd brauchbar bleibt, während das bei der Herstellung der Kupferoxydammoniakzellulose verbrauchte Kupfer als metallisches Kupfer gleichzeitig wiedergewonnen wird. Das Verfahren besteht darin, daß man künstliche Seide, künstliches Haar oder irgendwelche aus der ausgefällten kupferhaltigen Zellulosemasse hergestellten Gegenstände in ein eine mit Wasser verdünnte Säure, z. B. Schwefelsäure, enthaltendes Gefäß bringt, und daß man darauf durch die Flüssigkeit einen elektrischen Strom leitet. Hierbei tritt schnell Entfärbung der Zellulosegebilde ein, das Kupfer wird durch die Säure gelöst und wandert zur Kathode, wo es niedergeschlagen wird, während die verbrauchte Säure sich kontinuierlich regeneriert. Die Wahl der Elektroden ist beliebig; man kann das Gefäß selbst als Elektrode ausbilden. Die entkupferte künstliche Seide wird in Wasser gewaschen und darauf getrocknet. Sie ist von schöner weißer Farbe und besitzt hohen Glanz.

Patentanspruch: Verfahren zur Entkupferung mittels ammoniakalischer Kupferoxydzelluloselösungen erzeugter künstlicher Gebilde, dadurch gekennzeichnet, daß man die zu entkupfernden Gebilde in einer sauren Löseflüssigkeit der Wirkung des elektrischen Stromes aussetzt.

Nach Fremery und Urban.

285. Dr. M. Fremery und J. Urban in Oberbruch. Verfahren zum Waschen von aufgespulten oder aufgewickelten Zellulosefäden, -häutchen u. dgl.

D.R.P. 111 409 Kl. 29 vom 11. III. 1899 (gelöscht); brit. P. 6641[1899]; österr. P. 6843; Ver. St. Amer. P. 661 214; schweiz. P. 19 062.

Bei der Gewinnung künstlicher Seide auf nassem Wege aus Lösungen von Zellulose ist es ungemein schwierig, aus den auf Walzen aufgespulten Zellulosefäden das Lösungsmittel sowie die die Abscheidung der Zellulose bewirkenden Chemikalien vollständig auszuwaschen. Selbst bei Aufwand großer Mengen Waschwasser sowie bei mehrtägig fortgesetztem Waschen gelingt es nicht, die Zellulose absolut rein zu erhalten, wie dies z. B. bei ihrer Verwendung als künstliche Seide erforderlich ist.

Dieses Erfordernis wird mit geringen Mengen Waschflüssigkeit und in kurzer Zeit vollkommen erreicht, wenn man die zum Auswaschen benutzte Flüssigkeit nacheinander das auf einer Anzahl übereinander angeordneter Walzen befindliche Fadenmaterial berieseln läßt. Dabei wird das Waschen systematisch derart durchgeführt, daß die unter dem Berieselungsrohr befindlichen Walzen zum Trocknen von Hand weggenommen werden, sobald festgestellt ist, daß die auszuwaschenden Chemikalien vollständig entfernt sind, die unter diesen Walzen liegenden

Walzen höher gelegt und schließlich die untersten ebenfalls höher gelegten Walzen durch noch nicht gewaschene Walzen ersetzt werden.

Patentanspruch: Verfahren zum Waschen von Zellulosefäden, -häutchen u. dgl. dadurch gekennzeichnet, daß man die oben eintretende, zum Auswaschen dienende Flüssigkeit die übereinander gelagerten Walzen oder Spulen, auf welche die Fäden oder Häutchen aufgespult oder aufgewickelt sind, nacheinander berieseln läßt.

Eine zur Ausführung des Verfahrens geeignete Vorrichtung ist in den Patentschriften abgebildet.

286. Dr. Max Fremery und Johann Urban in Oberbruch. Neuerung in dem Verfahren zum Waschen von Zellulosefäden, -häutchen u. dgl.

D.R.P. 111 790 Kl. 29 vom 5. XII. 1899 (gelöscht), Zus. z. P. 111 409; brit. P. 24 101[1899]; Ver. St. Amer. P. 705 748.

Bei dem Verfahren des Hauptpatentes (s. vorstehend) kommt es darauf an, die Zellulosegebilde von Metall oder Metallverbindungen zu befreien, was durch Waschen mit Wasser in der dort angegebenen systematischen Weise gelingt. Statt Wasser kann nun auch jede Flüssigkeit benutzt werden, die Metallreste oder Metallverbindungsreste in lösliche Form überzuführen vermag. Zweckmäßig berieselt auch hier die Waschflüssigkeit (Säure oder Salzlösung) in möglichst verdünntem Zustande und in möglichst geringer Menge die Zellulosefäden auf den übereinander gelagerten Walzen oder Spulen nacheinander systematisch nach dem Gegenstrom. Eine schädliche Bildung basischer Salze findet dann nicht statt, was bei Anwendung großer Wassermengen immerhin der Fall sein könnte. Das Verfahren ist wenig kostspielig. Etwa verbliebene Spuren Säure oder Salzlösung sind sehr leicht und rasch unter Aufwand von nur geringen Mengen reinen Wassers durch analog durchgeführtes Waschen auszuwaschen. Wird Essigsäure oder eine andere leicht flüchtige Säure angewendet, so kann ein weiteres Waschen mit reinem Wasser sogar entbehrt werden, da solche Säure beim nachfolgenden Trocknen sich verflüchtigt, ohne das Zellulosegebilde chemisch schädlich zu beeinflussen.

Patentanspruch: Bei dem Verfahren nach dem Hauptpatent 111 409 die Verwendung angesäuerten oder salzhaltigen Wassers als Auswaschwasser, wonach namentlich bei Verwendung nicht flüchtiger Säuren oder salzhaltigen Wassers eine Nachwaschung mit reinem Wasser erfolgen kann.

Waschmaschine nach Foltzer.

287. Josef Foltzer in Loewen (Belg.). Waschmaschine für auf Spulen gewickelte Kunstfäden.

D.R.P. 165 577 Kl. 29a vom 9. IV. 1905 (gelöscht); franz. P. 353 973.

Die Fig. 140 und 141 veranschaulichen schematisch ein Ausführungsbeispiel der Maschine in Seiten- und Vorderansicht. Sie besteht aus den endlosen Ketten a, welche über Kettenrollen c, d und e, f gelegt sind und ihre Bewegung von den Scheiben g, h der Antriebswelle i erhalten. Auf jedes dritte oder vierte Kettenglied ist eine nach außen offene Öse j aufgesetzt, die zur Aufnahme von mit Schalträdern k versehenen Stäben l dienen. Auf die Stäbe können eine, zwei oder mehrere Spulen m aufgeschoben werden. An den Seitengestellen der Maschine sitzen in entsprechenden Entfernungen mehrere Klinken n und o, welche in die Schalträder k eingreifen und diese beim Umlaufen der endlosen Ketten im Sinne der Pfeile b drehen, so daß alle Seiten gleichmäßig von der aus den Trögen p herabrieselnden Waschflüssigkeit getroffen werden. Die Spulen werden auf der einen Seite der Maschine eingelegt und auf der entgegengesetzten Seite weggenommen.

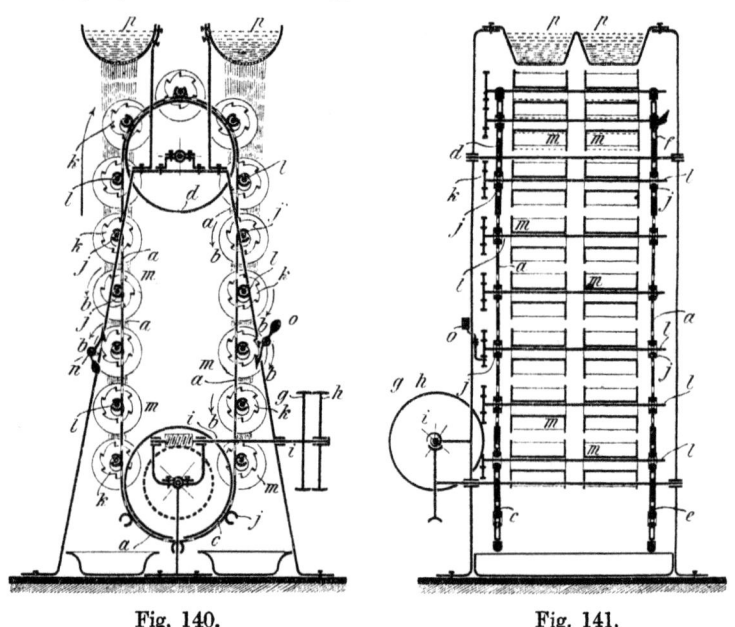

Fig. 140.   Fig. 141.

Patentansprüche: Waschmaschine für auf Spulen gewickelte Kunstfäden mit selbsttätiger Vorbewegung und gleichzeitiger Drehung der Spulen, dadurch gekennzeichnet, daß die mit Schalträdern (k) versehenen Spulenspindeln (l) in offene Lager (j) von endlosen Ketten (a) eingelegt sind, die mittels eines mit Fest- und Losscheibe versehenen Vorgeleges unterhalb siebförmig gelochter Tröge (p) für die Waschflüssigkeit hinwegbewegt werden, wobei am Maschinengestell angeordnete, mit den Schalträdern (k) der Spulenspindeln in Eingriff kommende Klinken (n, o) die Spulen beim Umlaufen der endlosen Ketten schrittweise drehen.

Eine ähnliche Waschvorrichtung beschreibt E. Mertz in dem franz. P. 364 913 und dem schweiz. P. 34 854. Da werden die Walzen während des Berieselns dadurch gedreht, daß ihre vorstehenden Ränder an Leisten vorbeigehen und sich daran reiben.

Nach Bernstein.

288. Henry Bernstein in Philadelphia. Herstellung künstlicher Seide.

Ver. St. Amer. P. 960 791.

Um das Auswaschen von Zellulosefäden, die aus Kupferoxydammoniakzelluloselösungen durch Säuren gefällt sind und von dem Lösungsmittel befreit werden müssen, zu beschleunigen, werden die Zylinder, auf die die Fäden aufgewunden sind, in einem Wasserbade von 25—50° C bewegt oder gedreht, wodurch die Gebilde so geöffnet werden, daß ein nachfolgendes Waschen mit angesäuertem Wasser unnötig wird. Das Wasser wird auch als Dampf oder versprüht zur Einwirkung gebracht.

Nach Fremery und Urban.

289. Dr. M. Fremery und J. Urban in Oberbruch. Verfahren zur Herstellung fester und glänzender Zelluloseprodukte.

D.R.P. 121 429 Kl. 29b vom 10. III. 1899 (gelöscht); brit. P. 6735[1899]; Ver. St. Amer. P. 691 257; franz. P. 286 692.

In der Patentschrift 98 642[1]) ist beschrieben, daß man Fäden mit seidenartigem Glanz aus einer Auflösung von Zellulose in Kupferoxydammoniak erhalten kann. Es hat sich jedoch herausgestellt, daß das Maximum des Glanzes, der Dehnbarkeit und Festigkeit, welche für die technische Verwertbarkeit des Produktes allein maßgebend sind, nicht erreicht wird, wenn, wie in der Patentschrift 98 642 angegeben, die nassen Fäden unter gleichzeitiger Trocknung abgehaspelt werden. Vollkommen sicher hingegen kommt man zu diesem Resultat, wenn man dafür sorgt, daß ein Zusammenziehen des Fadens zwar stattfinden kann, aber nur in dem Maße, daß während der ganzen Zeit des Trocknens eine gewisse Spannung erhalten bleibt, und daß man die aus der Zelluloselösung abgeschiedenen Fäden, Häutchen od. dgl. langsam bei einer nur mäßigen Temperatur bis ungefähr 40° C trocknen läßt. Man erreicht die zur Erzielung des hohen Glanzes notwendige Spannung am besten z. B. dadurch, wenn man die Fäden, Häutchen od. dgl. ohne vorangehende Streckung auf den Walzen selbst eintrocknen läßt, welche zweckmäßig einen möglichst großen Durchmesser besitzen. Die Kontraktion des gallertartigen Fadens infolge allmählicher Wasserabgabe geht dann nur so weit vor sich, als es der Umfang der Walze zuläßt, indem hierbei der Widerstand der zylindrischen Walze eine sehr gleichmäßige Spannung erzeugt. Nach einer solchen Behandlung können die Produkte der weiteren üblichen Behandlung (z. B. dem Anfeuchten oder der Einwirkung von Bädern mit nachfolgendem Trocknen bei höherer Temperatur) unterworfen werden, ohne daß die Festigkeit und der Glanz der Zellulose beeinträchtigt werden. Dieser Erfolg wird bei der sofortigen Trocknung bei höherer Temperatur nicht erreicht; nach den Versuchen verwandelte sich die aus ihrer Lösung ausgeschiedene Zellulose oder Hydrozellulose bei dem sonst üblichen Trocknen ohne

---
[1]) Siehe S. 147.

geeignete Spannung stets in eine porzellanartige, mürbe, glanzlose Masse von geringer Festigkeit oder zersetzte sich unter Bräunung bei Anwendung höherer Hitzegrade.

Patentansprüche: 1. Verfahren zur Herstellung fester und glänzender Zelluloseprodukte, namentlich feiner Fäden und Häutchen, in gallertartigem Zustande gewonnen durch Ausfällen von gelöster Zellulose oder Zellulosederivaten außer Nitrozellulose aus ihren Lösungsmitteln mittels geeigneter Fällflüssigkeiten, dadurch gekennzeichnet, daß das Trocknen der auf Walzen aufgewickelten gallertartigen Fäden oder Häutchen, ohne eine besondere Streckung anzuwenden, auf den Walzen selbst erfolgt, so daß die zylindrische Walze der natürlich eintretenden Kontraktion überall gleichmäßig entgegenwirkt und so eine überall gleichmäßige Spannung des Fadens aufnimmt.

2. Das durch Anspruch 1 gekennzeichnete Verfahren in der Weise ausgeführt, daß man das Trocknen auf den Walzen bei verhältnismäßig niederer, etwa 40° C nicht übersteigender Temperatur vor sich gehen läßt, welche Trocknung durch Vakuum oder verstärkten Luftwechsel beschleunigt werden kann.

290. Dr. M. Fremery und J. Urban in Oberbruch. Verfahren zur Herstellung fester und glänzender Zelluloseprodukte.

D.R.P. 121 430 Kl. 29b vom 13. VIII. 1899 (gelöscht), Zus. z. P. 121 429; brit. P. 20 630[1899]; österr. P. 11 879; Ver. St. Amer. P. 650 715.

Bei den praktischen Versuchen mit dem Verfahren des Hauptpatentes (s. vorstehend) wurde beobachtet, daß das Trocknen in zwei Phasen verläuft. Ein Teil des Wassergehaltes der Fäden verdampfte ziemlich rasch, der größere Teil dagegen nur recht langsam, so daß die Annahme gerechtfertigt erschien, daß ein Teil des Wassergehaltes sich in festerer, vielleicht chemischer Verbindung mit der Zellulose befindet. Es wurden daher weitere Versuche angestellt, welche darauf abzielten, vor dem eigentlichen Trocknen das Hydratwasser in seiner Verbindung mit der Zellulose zu lösen oder doch wenigstens zu lockern. Durch eine Steigerung der Temperatur des Trockenraumes hatte man nicht den erwünschten Erfolg, da eine Bräunung des Zellulosefadens eintrat und auch Glanz und Festigkeit eine gewisse Einbuße zu erleiden schienen. Es wurde daher versucht, die Walzen kurze Zeit in heißes Wasser (70—100° C) einzutauchen oder sie auch einem Strom von Wasserdampf auszusetzen; es wurde also eine höhere Temperatur (bis zu 100° C) bei gleichzeitiger Anwesenheit von Wasser oder Wasserdampf in Anwendung gebracht. Es wurde durch diese Einwirkung der Erfolg erzielt, daß der fester gebundene Wasseranteil derart gelockert wurde, daß nunmehr das in der Patentschrift 121 429 beschriebene Trocknen bei mäßiger Wärme in der Trockenkammer jetzt nur noch etwa ein Viertel der früher erforderlichen Zeit beanspruchte. Die Fäden oder Häutchen erlangten auch hier die geschätzte höhere Festigkeit und den seidenähnlichen Glanz.

Patentanspruch: Das durch Patent 121 429 gekennzeichnete Verfahren in der Weise ausgeführt, daß die auf die Walzen aufgewickelten

Fäden oder Häutchen zunächst in Berührung mit Wasser (flüssig oder dampfförmig) einer höheren Temperatur von etwa 70—100° C ausgesetzt werden, wodurch eine Lockerung des mit der Zellulose des Fadens oder Häutchens fester verbundenen Wassers bewirkt wird, worauf man das Trocknen der so behandelten Fäden auf den Walzen, wie im Hauptpatent angegeben, bei verhältnismäßig niederer Temperatur vor sich gehen läßt.

Nach Linkmeyer und Pollak.

291. Rudolf Linkmeyer und Max Pollak. Verfahren zur Erhöhung des Glanzes von Zellulosefäden.

Franz. P. 350 889.

Bekanntlich läßt sich Zellulosefäden, besonders solchen, die aus kupferoxydammoniakalischen Zelluloselösungen gewonnen sind, dadurch ein starker Glanz geben, daß man ihre Verkürzung beim Trocknen verhindert. Dieser Glanz läßt sich noch bedeutend dadurch steigern, daß man die gallertartigen Fäden um 5—20% ihrer anfänglichen Länge dehnt und sie unter solcher Streckung trocknet. Hierfür besonders geeignet sind Fäden, die durch Lauge aus Zelluloselösungen gefällt sind.

Nach Linkmeyer.

292. Rudolf Linkmeyer. Herstellung künstlicher Seidenfäden.

Franz. P. 357 837.

Die aus Kupferoxydammoniakzelluloselösungen in neutralen oder alkalischen Bädern gefällten Fäden müssen durch Säuren oder andere Lösungsmittel von Kupfer befreit werden. Man erhält nun sehr glänzende, feine Fäden von seidenartigem Griff dadurch, daß man die Behandlung mit Säuren unter Streckung der Faser ausführt, und zwar unter einer Streckung, die über die ursprüngliche Länge der Fäden hinausgeht. Am leichtesten läßt sich die Streckung in dem Punkt ausführen, wo die Säure einwirkt, vorher braucht man zur Streckung sehr viel Kraft, und nachher ist sie nur in sehr beschränktem Maße möglich. Ist die Einwirkung der Säure beendet, so kann man die Spannung aufheben, ohne daß der Faden sich auf die ursprüngliche Länge zusammenzieht. Die Fäden werden dann entsäuert und in üblicher Weise weiterbehandelt. Die unter Spannung gesäuerten Fäden zeigen, auch wenn sie ohne Spannung getrocknet werden, einen deutlichen Seidenglanz, während ohne Spannung gesäuerte und getrocknete Fäden vollständig glanzlos sind.

293. Rudolf Linkmeyer in Herford. Verbesserungen in der Herstellung glänzender Zellulosefäden.

Brit. P. 4765[1905]; franz. P. 361 061; Amer. P. Ver. St. 842 568.

Die aus Kupferoxydammoniakzelluloselösungen gefällten und durch Waschen mit Säuren von Salzen befreiten Fäden sind besonders in feuchtem Zustande nicht sehr fest. Dies beruht auf gewissen Zersetzungen, die durch freies Ammoniak hervorgerufen werden. Wird unmittelbar nach der Fällung das in den Fäden enthaltene Ammoniak so vollständig als möglich entfernt, so treten diese Zersetzungen nicht ein, und die Festigkeit der Fäden wird gesteigert.

Zur Ausführung dieses Verfahrens werden die Fäden sofort nach der Fällung auf durchlöcherten Zylindern mit Luft behandelt, die durch sie durchgesaugt oder durchgedrückt wird. Mit Natronlauge gefällte Fäden, die zunächst blau und durchsichtig sind, werden blasser und undurchsichtig und werden, wenn ihr Aussehen sich nicht mehr ändert, mit Schwefelsäure von 10—30% von Kupfer befreit. Sie sind dann glasartig und farblos und werden zum Schluß nochmals gewaschen.

Nach Thiele.

294. Dr. Edmund Thiele in Barmen. Verfahren zur Erhöhung der Festigkeit von Zellulosefäden.

D.R.P. 134 312 Kl. 29b vom 27. I. 1901 (gelöscht).

Das Verfahren beruht auf der Beobachtung, daß die Festigkeit künstlicher Zellulosefäden, insbesondere die Festigkeit in angefeuchtetem Zustande, bedeutend erhöht werden kann, wenn man die Fäden nach dem Trocknen durch dehydratisierend wirkende Mittel von ihrem chemisch gebundenen Wasser befreit. Diese Dehydratisierung kann am einfachsten durch Behandeln der trockenen Fäden mit wasserentziehenden Mitteln (Chlorkalziumlauge, Alkohol u. dgl.) geschehen. Oder man erhitzt die trockenen Fäden in indifferenten Mitteln, insbesondere Wasser und Wasserdampf, auf höhere Temperatur. Von wesentlicher Bedeutung ist hierbei, daß die Fäden gut getrocknet (mindestens lufttrocken) sind, bevor sie der höheren Temperatur ausgesetzt werden. Erhitzt man frisch gesponnene, noch feuchte Fäden sofort auf höhere Temperatur, wie dies bereits vorgeschlagen wurde[1]), so wird wohl das nachfolgende Trocknen etwas gekürzt, dagegen die Festigkeit nicht erhöht, sondern eher herabgesetzt. Theoretisch dürfte dies darauf zurückzuführen sein, daß das im Innern der frischen Fäden enthaltene, mechanisch gebundene Wasser beim Erhitzen sich gewaltsam Luft macht und dadurch ein Lockern und Zerreißen der Fadenoberfläche, also eine Schwächung des Fadens, herbeiführt, während beim Erhitzen des bereits durch längeres Trocknen von diesem mechanisch gebundenen Wasser befreiten Fadens nur ein langsames und allmähliches Abspalten des Hydratwassers, also ausschließlich eine Überführung des wenig festen Hydrats in das bedeutend festere Anhydrid, ohne gleichzeitige Schwächung durch Zerreißung der Fadenoberfläche stattfindet. Durch Anwendung trockener Fäden ist man schließlich auch in der Lage, eine 100° C überschreitende Temperatur anzuwenden und damit eine energische Dehydratisierung der Fäden zu bewirken. Um hierbei eine teilweise Überhitzung der Fäden zu vermeiden, empfiehlt es sich, die Erhitzung der trockenen Fäden durch überhitzten Wasserdampf auszuführen.

Beispiel: Die aus Kupferoxydammoniak-, Chlorzink-, Thiokarbonat- u. dgl. -Lösungen gesponnenen Fäden werden in üblicher Weise ge-

---
[1]) Siehe S. 284.

trocknet, danach mit starker Chlorkalziumlauge behandelt, gewaschen und wieder getrocknet. Oder man überhitzt Wasserdampf auf 105 bis 120° C und läßt ihn durch die getrockneten Fäden streichen.

Patentansprüche: 1. Verfahren zur Erhöhung der Festigkeit künstlicher Zellulosefäden, dadurch gekennzeichnet, daß die Zellulosefäden nach dem Trocknen durch dehydratisierend wirkende Mittel von ihrem chemisch gebundenen Wasser befreit werden.

2. Eine Ausführungsform des unter 1. beanspruchten Verfahrens, dadurch gekennzeichnet, daß die Zellulosefäden nach dem Trocknen mit wasserentziehenden Mitteln (Chlorkalziumlauge, Alkohol u. dgl.) behandelt werden.

3. Eine zweite Ausführungsform des unter 1. beanspruchten Verfahrens, dadurch gekennzeichnet, daß die trockenen Zellulosefäden in indifferenten Mitteln, insbesondere Wasser oder Wasserdampf, auf höhere Temperatur erhitzt werden.

4. Bei dem unter 3. beanspruchten Verfahren die Erhitzung der trockenen Zellulosefäden durch überhitzten Wasserdampf.

Nach Pawlikowski.

295. Rudolf Pawlikowski. Spule mit Einrichtung, um die aufgespulte Kunstseide nachträglich zu spannen.

Franz. P. 417 851; D. R. P. 235 325 Kl. 29a vom 24. VIII. 1910 (gelöscht) und 246 481 vom 10. IX. 1910 (gelöscht); brit. P. 16 629[1910].

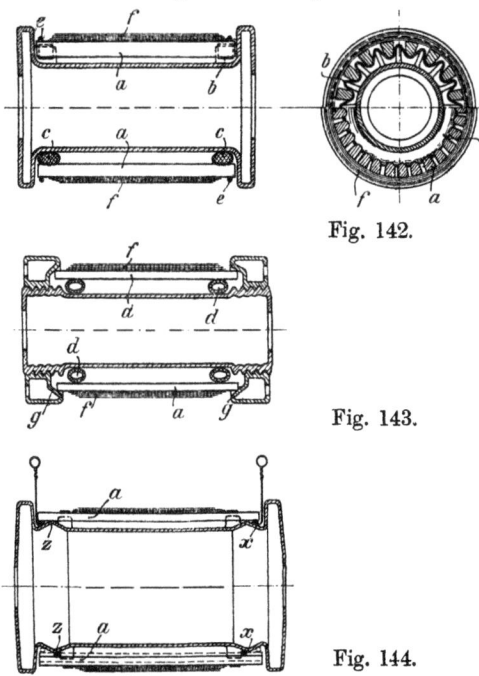

Fig. 142.

Fig. 143.

Fig. 144.

Die Spulen des Patentes dienen dazu, die aufgespulte und durch Säuren von Kupfer befreite Kunstseide beim Trocknen zu spannen. Es ruhen z. B. die den Spulenumfang bildenden Stäbe a auf einem elastischen Bande b (Fig. 142) oder einem Kautschukkranz c auf und werden zunächst durch umgelegte Bänder e dem Spuleninnern genähert. Ist die Fadenschicht f aufgebracht, so werden die Bänder e gelöst, und die Stäbe a werden nach außen gedrückt, wodurch die Seide unter Spannung gesetzt wird. Oder die Stäbe a ruhen auf Gummiringen d (Fig. 143) auf, die mit komprimierter Luft gefüllt sind. Durch sie und die konischen, aufschraubbaren Kappen *g* werden die Stäbe *a* in größerer oder geringerer Entfernung von dem Spuleninnern gehalten. Die sich ausdehnenden Ringe *d* spannen die aufgewickelte Seide *f*. Endlich kann der Spulenzylinder Erhöhungen *z* (Fig. 144) haben, auf denen die Stäbe *a* ruhen. Nach Bewicklung mit der Kunstseide werden die Ringe *x* in die im unteren Teil von Fig. 144 gezeichnete Lage gebracht und dadurch die Stäbe *a* nach außen gedrängt.

296. Rudolf Pawlikowski in Görlitz. Verfahren zur Herstellung von Kunstseidefäden.

D.R.P. 237 200 Kl. 29a vom 12. XII. 1909 (gelöscht).

Es ist bekannt, den Kunstseidefaden noch naß von der Spinnspule abzuziehen und zu zwirnen, wobei indes der Faden erst auf der Zwirnweife gesäuert, gewaschen und getrocknet wurde. Dieses langwierige Nachbehandeln bedingt ein vielfaches Hin- und Hertransportieren der Zwirnweifen mit der unvermeidlichen Gefahr, die im übrigen mechanisch schon fertig gezwirnten Fäden zu beschädigen und auf der Weife durch das nasse Nachbehandeln durcheinander zu verwirren. Beim Abhaspeln der Fäden nach dem Nachbehandeln und Trocknen reißen nämlich die Fäden sehr oft; das Anknoten der fertiggedrehten Fäden wird aber als störender Mißstand von den Weiterverarbeitern der Seide deshalb empfunden, weil die Knotenenden (im Gegensatz zum Knoten ungezwirnter Seide mit nachfolgendem Zwirnen) ohne Verzwirnung abstehen und den Faden zum Hängenbleiben in den Maschinenösen bringen. Dieses Verfahren hat sich infolgedessen auch nicht einführen können.

Um diese fühlbaren Übelstände zu vermeiden, wird gemäß der Erfindung die Seide in bekannter Weise auf der Spinnwalze gesäuert, gewaschen und im Naßprozeß vollständig fertiggemacht. Dann wird sie unter Abziehen von der drehbar aufgestellten Walze in einem Gang gezwirnt und sofort durch Umleiten um eine geheizte Trommel fertiggetrocknet. Sie kommt also sofort von der Spinnwalze in einem Arbeitsgang fertig auf dem Haspel oder der Spule an. Das Trocknen von Kunstseidefäden im Einzellauf durch Überleiten über eine Trockentrommel ist bekannt, und zwar am Schlusse der Einzelnaßbehandlung des Fadens, wobei indes erst nach dem Trocknen von der Sammelwalze gezwirnt wurde. Der Faden ging dabei also in ungezwirntem Zustand über die Trockentrommel. Nun hat aber die Erfahrung gelehrt, daß die gallertartigen nassen Einzelfäden beim Trocknen sehr leicht und oft auf dem glatten heißen Trommelumfang ankleben und reißen, dann fortlaufend auf der Heiztrommel sich aufspulen und verloren gegeben werden müssen, noch dazu unter erheblicher Störung der übrigen richtig ablaufenden. Diesen Übelstand beseitigt das neue Verfahren dadurch, daß der Faden vor dem Auflaufen auf die Trockentrommel gezwirnt wird. Durch die vorherige Verzwirnung wird der praktisch sehr große Vorteil erreicht, daß ein durch Ankleben auf der Heiztrommel abreißender Einzelfaden wieder selbsttätig von den anderen Fäden mit aufgenommen und dem Gesamtfaden von selbst wieder einverleibt wird. Erst durch die neue Kombination der zwei einzelnen an sich bekannten, im übrigen aber unter anderen Verhältnissen angewendeten Verfahren zu dem neuen Verfahren wird der technische Fortschritt erreicht, in einem Arbeitsgang die vorher beliebig lange vorbehandelten nassen Kunstseidefäden gezwirnt trocken fertigzustellen.

Patentanspruch: Verfahren zur Herstellung von Kunstseidefäden, dadurch gekennzeichnet, daß das vorher in bekannter Weise auf der Spinnspule naß vorbehandelte Garn in dem gleichen Arbeitsgang gezwirnt, auf einer Trockentrommel getrocknet und aufgespult oder aufgehaspelt wird, wobei der richtige Fadenlauf durch Reinigungswalzen hinter der Einführungs- und Abnehmerwalze gesichert werden kann. (1 Zeichnung.)

Nach Linkmeyer.

297. R. Linkmeyer. Verbesserungen an Vorrichtungen zum Zwirnen und Aufwinden künstlicher Fäden.

Brit. P. 6357[1905]; franz. P. 352 530; schweiz. P. 35 435.

Die zu verzwirnenden Fäden befinden sich in einem Spinntopf, der in einem Behälter am oberen Ende einer senkrechten Welle sitzt. Die Welle und mit ihr der Spinntopf werden in Umdrehung versetzt, und die Fäden werden durch Führungsöffnungen nach oben geleitet und dabei durch die Drehung des Spinntopfes verzwirnt. Der gezwirnte Faden wird auf Haspeln zu Strängen aufgewickelt, die dann der weiteren Behandlung unterworfen werden. (1 Zeichnung.)

Nach Spence & Sons.

298. Peter Spence & Sons Limited in Manchester, Engl. Verfahren zur Herstellung von metallähnlichen Textilfäden, Geweben u. dgl.

D.R.P. 265 204 Kl. 29b vom 12. X. 1912 (gelöscht).

Das Verfahren besteht darin, daß auf der Außenfläche und im Inneren eines aus einer Kupferoxydammoniakzelluloselösung hergestellten Fadens, Gewebes od. dgl. das aus dieser Lösung stammende Kupfer ausgeschieden und niedergeschlagen wird, indem der Faden od. dgl. mit einem Reduktionsmittel behandelt wird, welches fähig ist, metallisches Kupfer niederzuschlagen, während das aus der Zelluloselösung herstammende Kupfer noch in dem betreffenden Gebilde enthalten ist. Als Reduktionsmittel wird zweckmäßig eine Lösung von Titansesquioxydsulfat verwendet.

Die so hergestellten metallähnlichen Fäden lassen sich zu den verschiedensten Zwecken verwenden. Wenn sie in ihrem kupferähnlichen Aussehen belassen und direkt verwendet werden sollen, so muß die Säure vollständig ausgewaschen und die Fäden mit Natriumacetat behandelt werden, da sie sich sonst leicht oxydieren. Derselbe Zweck wird erzielt, indem man sie möglichst bald nach Herstellung mit anderen Metallen überdeckt. So kann z. B. ein derartig verkupferter Faden elektrochemisch mit Platin überzogen und alsdann ein schwer schmelzbares Metall darauf niedergeschlagen werden, oder andere Edelmetalle, wie Gold und Silber, können auf den Fäden niedergeschlagen und die Fäden dann zur Erzielung von Webereieffekten, zur Herstellung von Litzen usw. verwendet werden. Auch können die Fäden noch einer weiteren Behandlung unterzogen werden, so daß zuletzt ein aus reinem Metall oder einer Mischung solcher Metalle oder einem Metalloxyd oder einer Mischung von solchen bestehender Faden gebildet wird, der dann z. B. für elektrische Glühfadenlampen Verwendung finden kann.

Patentansprüche: 1. Verfahren zur Herstellung von metallähnlichen Textilfäden, Geweben u. dgl., dadurch gekennzeichnet, daß auf und in den Fäden, welche aus einer Kupferoxydammoniakzelluloselösung hergestellt worden sind, das aus der Lösung stammende Kupfer in metallischer Form niedergeschlagen wird, indem der Faden mit einem Reduktionsmittel behandelt wird, welches fähig ist, metallisches Kupfer niederzuschlagen.

2. Verfahren nach Anspruch 1, dadurch gekennzeichnet, daß die Zelluloselösung in ein alkalisches Bad eingespritzt und der Faden alsdann von Alkali befreit und getrocknet wird, während er das aus der Zelluloselösung herstammende Kupfer noch enthält, worauf er mit einer 20%igen Titansesquioxydsulfatlösung behandelt, vorsichtig gewaschen und getrocknet wird.

3. Verfahren nach Anspruch 1, dadurch gekennzeichnet, daß zuerst ein Teil des aus der Zelluloselösung stammenden Kupfers von dem Faden entfernt wird, worauf der Faden od. dgl. mit einem Reduktionsmittel behandelt und das Kupfer im Innern des Fadens niedergeschlagen wird.

4. Verfahren nach Anspruch 1, dadurch gekennzeichnet, daß ein Teil des durch das Reduktionsmittel auf dem Faden niedergeschlagenen Kupfers mittels Elektrolyse oder in anderer Weise entfernt wird.

5. Verfahren nach Anspruch 1, um Fäden, Geweben u. dgl. stellenweise metallisches Aussehen zu geben, dadurch gekennzeichnet, daß an den gewünschten Stellen Kupferoxydammoniakzelluloselösung auf das Gebilde aufgebracht, gefällt und das darin enthaltene Kupfer mittels eines Reduktionsmittels niedergeschlagen wird.

6. Verfahren nach Anspruch 1—4, dadurch gekennzeichnet, daß das erzielte metallähnliche oder metallenthaltende Gebilde mit demselben oder anderen Metallen überzogen wird.

7. Verfahren nach Anspruch 1, dadurch gekennzeichnet, daß als Reduktionsmittel die Salze der niederen Oxyde solcher Metalle verwendet werden, welche von der entstandenen höheren Oxydationsstufe reduziert und für die Zwecke dieses Verfahrens wieder benutzt werden können.

Wiedergewinnung der bei der Herstellung künstlicher Seide aus Kupferoxydammoniakzelluloselösungen verwendeten Chemikalien.

Nach Société générale de la soie artificielle Linkmeyer.

299. Société générale de la soie artificielle Linkmeyer, Société anonyme in Brüssel. Verfahren zur Wiedergewinnung von Kupferoxyd bei der Herstellung von künstlichen Gespinstfasern.
D.R.P. 184150 Kl. 29b vom 8. IV. 1905 (gelöscht); österr. P. 35268; franz. P. 353187; schweiz. P. 40614 (R. Linkmeyer und M. Pollak); brit. P. 3566[1906]; Ver. St. Amer. P. 866371.

Wendet man bei der Erzeugung von Kunstseidefäden aus Kupferoxydammoniakzelluloselösung Alkalilauge als Fällungsmittel an, so wird die Lauge blau gefärbt. Diese Färbung rührt daher, daß bei der Fadenbildung aus Kupferoxydammoniakzelluloselösung den Fäden ein Teil des Kupfers entzogen wird und in die Lauge übergeht. Es ist wichtig, diese Kupfermengen in einfacher Weise wiederzugewinnen und gleich so auszuscheiden, daß sie im Arbeitsverfahren direkt weiter verarbeitet werden können. Ein solches Verfahren zur Wiedergewinnung des Kupfers bildet den Gegenstand der Erfindung. Es besteht darin, daß das Kupfer aus der alkalischen Lösung mittels Zellulose entfernt wird. Zu diesem Zwecke wird die Zellulose einfach in die Lösung eingelegt; das Kupfer schlägt sich dann vollständig auf der Zellulose nieder, und die auf diese Weise mit Kupfer beladene Faser löst sich nach Auswaschen mit Wasser sehr schnell in Ammoniak, wobei etwa fehlende Mengen Kupfer in Form von Kupferoxydammoniak dem Auflösungsbade beigegeben werden können. Infolge der vorher entstandenen Verbindung der Zellulose mit dem Kupfer des Alkalis geht die Auflösung später sehr schnell, sicher und vollständig vonstatten. Es ergibt sich ohne weiteres, daß durch dies Verfahren ein beständiger Kreislauf des Kupfers bewirkt wird, so daß nur die in den Fäden bleibenden Mengen ersetzt werden müssen.

Patentanspruch: Verfahren zur Wiedergewinnung des Kupferoxyds in Form von Kupferoxydalkalizellulose aus den alkalischen Fällungsmitteln, welche bei der Herstellung von Kunstseidefäden aus Kupferoxydammoniakzelluloselösungen verwendet werden, dadurch gekennzeichnet, daß man in diese kupferhaltigen Fällflüssigkeiten Zellulosefasern einlegt.

Das schweiz. P. erwähnt das Erwärmen der Alkalilauge, wodurch das Ammoniak ausgetrieben und die Lauge sofort wieder benutzbar wird.

Nach Cuntz.

300. L. Cuntz. Verfahren zum Wiederbrauchbarmachen der bei der Herstellung von Zellulosegebilden verwendeten Flüssigkeiten.
Franz. P. 383412.

Bei der Verarbeitung von Kupferoxydammoniakzelluloselösungen reichern sich die Fällbäder nach und nach stark mit Kupfer an. Dies Kupfer wird dadurch wiedergewonnen, daß die Bäder mit Stärke oder stärkehaltigen Samen und Früchten behandelt werden. Es können z. B. Samen verwendet werden, die von ihrem Ölgehalt befreit sind, z. B. Palmkerne und Baumwollsamen, ferner Getreide und Getreidehülsen, frische und trockene stärkehaltige Feldfrüchte. Auf 100 l Fällbad setzt man 1 oder mehrere Kilogramm der genannten Stoffe in gemahlenem Zustande zu und rührt mehrmals gut durch. Das Kupfer wird durch die stärkehaltigen Stoffe aufgenommen. Das in den Fällbädern noch verbliebene Ammoniak wird durch Kochen ausgetrieben und wiedergewonnen.

Nach Vereinigte Glanzstoff-Fabriken A.-G.

301. Vereinigte Glanzstoff-Fabriken A.-G. in Elberfeld. Verfahren zur Verwertung der Waschflüssigkeiten bei der Fabrikation von Zellulosegebilden nach dem Kupferverfahren.

D.R.P. 239 214 Kl. 29 b vom 19. VI. 1910; österr. P. 53 098; Ver. St. Amer. P. 1 023 548; brit. P. 27 539[1910]; franz. P. 423 064.

Beim Fällen von Kupferoxydammoniakzelluloselösungen behufs Herstellung von künstlichen Gebilden, besonders beim neuerdings üblichen Fällen mit alkalischen Mitteln, entweicht das als Lösungsmittel entbehrlich gewordene Ammoniak. Bislang wurde es an der Entstehungsstelle durch Exhaustoren abgesaugt und in Schwefelsäure zur Absorption gebracht. Dieses Verfahren bedingte einerseits einen nicht unerheblichen Verbrauch von Schwefelsäure, andererseits aber einen weiteren von Ätzkalk u. dgl., um das gebundene Ammoniak wieder frei zu bekommen und in die Fabrikation zurückführen zu können. Daß die dabei entstehenden Mengen von Gips ein lästiges und kostspieliges Abfallprodukt der Fabrikation sind, liegt auf der Hand.

Es hat sich nun gezeigt, daß es von großem Vorteil ist, wenn an Stelle von Schwefelsäure die beim Waschen abfallenden wässerigen Flüssigkeiten verwertet werden. Bei dem sauren Fällverfahren bestehen die Waschwässer aus Kupfersulfat, Ammoniumsulfat und freier Schwefelsäure. Werden in diese die ammoniakhaltigen Luftmengen eingeleitet, so tritt zunächst eine Neutralisation der Waschwässer ein, dann eine Bindung des Ammoniaks durch das Kupfersulfat bis zur Sättigung als Kupferammoniumsulfat. Aus der tiefblauen Flüssigkeit läßt sich durch Erhitzen der an das Kupfer gebunden gewesene Teil des Ammoniaks ohne weiteres austreiben, der andere allerdings erst nach Zusatz von Alkali oder alkalischen Erden. Das Bindungsvermögen der sauren Waschwässer kann noch weiter erhöht werden, wenn ihnen die bekannten, ebenfalls Doppelverbindungen mit Ammoniak gebenden Salze, wie z. B. Chlorkalzium, zugesetzt werden.

Das Verfahren erlangt aber eine erhöhte praktische Bedeutung, wenn alkalische Mittel zur Fällung verwandt werden, z. B. zuckerhaltige Natronlauge. Beim nachfolgenden Waschen der Fäden mit Wasser wird neben dem anhängenden oder an das Kupferzellulosemolekül gebunden gewesenen Natron unter Mitwirkung des Zuckers ein gewisser Teil des Kupfers als Kupferhydroxyd abgelöst und bleibt in der Waschflüssigkeit suspendiert. Seine Abscheidung aus diesen Laugen stößt auf Schwierigkeiten. Führt man nun diesen z. B. in einem Turm herunterfließenden alkalischen Waschflüssigkeiten die mit Ammoniak geschwängerte Luft entgegen, so wird das Ammoniak absorbiert und als Kupferoxydammoniak gebunden. Wird dann diese Flüssigkeit einem Dampfstrom in den bekannten Kolonnenapparaten entgegengeführt, so wird das Ammoniak ausgetrieben und kann durch Absorption in Wasser in den Kreislauf der Fabrikation zurückgeführt werden. Das gelöst gewesene Kupferhydroxyd fällt dabei als braunes Kupferoxydul aus. Wird dieses von der alkalischen Mutterlauge getrennt, so kann sie weiterverwendet werden zum Austreiben des Ammoniaks aus den Kupferammoniumsulfatlaugen, u. U. unter Zugabe weiteren Alkalis.

Patentansprüche: 1. Verfahren zur Verwertung der Waschflüssigkeiten bei der Fabrikation von Zellulosegebilden nach dem Kupferverfahren, dadurch gekennzeichnet, daß die alkalischen Waschflüssigkeiten, welche Kupferhydroxyd aufgeschlämmt enthalten, der ammoniakhaltigen Luft, welche nach dem Fällen der Kupferoxydammoniakzelluloselösung von der Entstehungsstelle abgesaugt worden ist, in geeigneten Apparaten entgegengeführt werden.

2. Abänderung des Verfahrens nach Anspruch 1, dadurch gekennzeichnet, daß man solche kupferhaltigen Waschflüssigkeiten verwendet, die zunächst sauer reagieren, und ihnen ammoniakbindende Stoffe, wie Chlorkalzium, zusetzt.

302. Vereinigte Glanzstoff-Fabriken A.-G. in Elberfeld. Verfahren zur Wiedergewinnung des Kupfers aus den Waschwässern bei der Herstellung von künstlichen Zellulosegebilden aus Kupferoxydammoniakzelluloselösungen.

D.R.P. 235 476 Kl. 29b vom 19. VI. 1910; franz. P. 423 104; brit. P. 27 600[1910]; Ver. St. Amer. P. 1 049 201.

Wird aus alkalischer Kupferoxydammoniaklösung, wie sie z. B. bei der Absorption ammoniakhaltiger Gase in Waschwässern aus der Fabrikation von Zellulosegebilden aus Kupferoxydammoniakzelluloselösungen durch Fällen mit alkalischen Mitteln, z. B. alkalischer Zuckerlösung, und nachfolgendes Waschen mit Wasser entsteht, das Ammoniak durch einen Dampfstrom ausgetrieben, der der in einer geeigneten Apparatur herabrieselnden Flüssigkeit entgegengeführt wird, so reduziert sich das darin enthaltene Kupfer zu braunem Kupferoxydul, z. T. sogar zu Kupfer. Dieses kann indessen durch Absetzen von der überstehenden Flüssigkeit nur unvollkommen getrennt werden. Es hat sich nun gezeigt, daß das Kupferoxydul oder Kupfer mit Leichtigkeit praktisch quantitativ aus den verhältnismäßig großen Wassermengen gewonnen werden kann, wenn in die den Destillationsapparaten entströmenden heißen Flüssigkeiten kleine Mengen gewisser Kolloide als solche oder mit Wasser vorher angerührt eingerührt werden. Hierdurch wird das Kupferoxydul oder Kupfer zusammengeballt. Als am billigsten und praktischsten hat sich Stärke irgendwelcher Art erwiesen. Die Wiedergewinnung des Kupfers geschieht am einfachsten so, daß die mit der Stärke versetzte Flüssigkeit durch mehrere Gruben in Kaskadenanordnung durchgeführt wird, wobei der größte Teil des Schlammes sich schon in der ersten Grube als kompakte schwammige Masse zu Boden setzt und die Flüssigkeit am Ende der weiteren Gruben klar abläuft. In die heiße, schwach alkalische, der Ammoniakdestillationskolonne entströmende Brühe, welche das Kuperoxydul in feinster Suspension enthält, wird so viel mit kaltem Wasser zu einer Milch angerührte Stärke zufließen gelassen, daß auf etwa 10 cbm Brühe etwa 1 kg Stärke kommt. Die Mischung geschieht automatisch, indem ein Strahl in den anderen fließt. Je nach der Alkalinität der Wässer wird die Menge Stärke um ein geringes erhöht oder vermindert. Als Stärke kann Marktware geringster Sorte und irgendwelcher pflanzlichen Herkunft (z. B. Weizen-, Reis-, Palm- usw. Stärke) verwendet werden. Man läßt die Verkleisterung am besten in der angegebenen Weise in der heißen Flüssigkeit selbst vor sich gehen, da das Zusammenballen des Kupferoxyduls dann am besten und raschesten vor sich geht. Man erkennt die richtige Bemessung des Zusatzes am besten daran, daß bei einer entnommenen Probe sich der Schlamm sofort zu Boden setzt und die überstehende Flüssigkeit vollständig klar ist.

Patentanspruch: Verfahren zur Wiedergewinnung des Kupfers aus den Waschwässern bei der Herstellung von künstlichen Zellulosegebilden aus Kupferoxydammoniakzelluloselösungen, darin bestehend, daß die Waschwässer nach Abdestillation des Ammoniaks und genügender Verdünnung mit kleinen Mengen eines Kolloides, wie Stärke, versetzt werden, wonach das zusammengeballte Kupferoxydmagma durch einfaches Dekantieren von der alkalischen Flüssigkeit getrennt werden kann.

Weitere Angaben über Kupferseide s. J. Foltzer, Kunststoffe 1911, S. 301—03, 329—32, 345—47, 372—74, 390—91 und H. Jentgen, ebenda 1913, S. 163—64, 186—88, 227—29.

2. Aus Lösungen von Zellulose in Chorzinklösung.

Ebenfalls ein direktes Lösungsmittel für Zellulose ist Chlorzinklösung, auf deren Verwendung sich folgende Patente beziehen.

Nach Bronnert.

303. **Dr. Emil Bronnert in Mülhausen i. E.** Verfahren zur Herstellung von hochprozentigen Lösungen von Zellulose in konzentrierter Chlorzinklösung.

D.R.P. 118 836 Kl. 29b vom 8. VIII. 1899 (gelöscht); brit. P. 18 260^{1899}; österr. P. 11 066; Ver. St. Amer. P. 646 799; franz. P. 292 988.

Es ist bekannt, daß Zellulose in konzentrierter Chlorzinklösung gelöst werden kann; derartige Lösungen sind bereits mehrfach zu technischer Verwendung vorgeschlagen worden. Wynne und Powell[1]

---
[1] Brit. P. 16 805^{1884}.

wollen Zellulose in konzentriertem Chlorzink von 1,8 spez. Gew. oder entsprechenden Lösungen von anderen Zinksalzen lösen, u. U. unter Zusatz von Chloriden alkalischer Erden, wobei ausdrücklich die Notwendigkeit der gleichzeitigen Anwendung künstlicher Wärme (etwa 100° C) hervorgehoben wird. Die Verarbeitung dieser Lösungen zu Fäden soll ebenfalls im warmen Zustand geschehen. Neuerdings haben Dreaper und Tompkins[1]) die Wynne-Powellsche Arbeitsweise aufs neue empfohlen. Wenn nun auch derartige Lösungen zur Herstellung von Kohlefäden für Glühlampen tatsächlich Verwendung gefunden haben, so ist doch von einem technischen Erfolge zur Erzeugung feiner Fäden von hohem Glanze und genügender Festigkeit nichts bekannt geworden. Es ist dies nach den Erfahrungen des Erfinders auch erklärlich, wenn man die geringe Festigkeit der auf diese Weise erhaltenen Fäden in Betracht zieht. Diese geringe Festigkeit kommt einerseits daher, daß nach obigem Verfahren überhaupt nur ein geringer Prozentsatz, höchstens etwa 4%, Zellulose in Lösung gebracht werden kann, und andererseits daher, daß zur Herstellung der Lösung künstliche Wärme in Anwendung kommen muß, wobei der größte Teil der Zellulose eine tiefergreifende Zersetzung erfährt. Es ist auch vorgeschlagen worden[2]), die Zellulose vor der Auflösung in Chlorzink durch eine energische Vorbehandlung mit Oxydationsmitteln in Oxyzellulose überzuführen, welche dann leichter in Chlorzinklösung löslich ist. Da indessen zur Herstellung der Lösung ebenfalls künstliche Wärmezufuhr nötig ist, so treten auch hier die obengenannten Übelstände auf.

Der Erfinder hat nun die Beobachtung gemacht, daß auch Zellulose zu einem hohen Prozentsatz in Lösung gebracht werden kann, und zwar ohne Anwendung künstlicher Wärme, wenn sie vor der Lösung einer energischen Hydratierung unterworfen wird. Die Hydratierung wird derart ausgeführt, daß z. B. die Zellulose während etwa 1 Stunde mit kalter konzentrierter Natronlauge behandelt und dann von der überschüssigen Natronlauge durch Abpressen und Auswaschen mit viel Wasser befreit wird. Das derart gründlich hydratierte Material wird vor der weiteren Verarbeitung vorteilhaft noch mit schwacher Bleichflüssigkeit gebleicht. Um das Material dabei möglichst zu schonen, kommt zweckmäßig unterchlorigsaures Natron oder noch besser elektrolytische Bleichflüssigkeit von höchstens 0,2% Chlor zur Verwendung. Nach erfolgtem neuerlichen Waschen wird das Material zu einem bestimmten Prozentsatz an Wasser abgeschleudert, zerschnitten und in dieser hydratierten aufgeschlossenen Form ohne vorheriges Trocknen in konzentrierter Chlorzinklösung zur Auflösung gebracht. Es ist unter diesen Umständen ein leichtes, viskose Lösungen von einem Gehalt von 8% und mehr Zellulose herzustellen von einer zum Spinnen bei gewöhnlicher Temperatur wohl geeigneten Konsistenz. Zur Konservierung müssen die Lösungen kühl gehalten werden. Die aus diesen Lösungen durch Austretenlassen z. B. in Säure oder wässerige Ammo-

---
[1]) Brit. P. 17 901[1897], siehe S. 297.
[2]) D.R.P. 111 313, siehe S. 192.

niumchloridlösung von etwa 10% gewonnenen Fäden haben nach geeignetem Trocknen schönen Glanz, gute Festigkeit und verhalten sich beim Färben wesentlich wie Zellulose (z. B. Baumwolle). Wird den nach dem beschriebenen Verfahren in der Kälte hergestellten Lösungen eine nicht zu große Menge von in Chlorzink gelöster Naturseide zugesetzt, so bleibt deren Spinnbarkeit erhalten, während größere Mengen die Spinnbarkeit aufheben.

Patentanspruch: Verfahren, die Löslichkeit von Zellulose oder Zellulosehydrat in konzentrierter Chlorzinklösung zu erhöhen, dadurch gekennzeichnet, daß die genannten Stoffe bei niedriger Temperatur mit konzentrierten Ätzalkalilösungen einer gründlichen Hydratierung unterworfen, darauf in üblicher Weise durch kurze Einwirkung verhältnismäßig verdünnter Bleichflüssigkeiten gebleicht, ausgewaschen, abgeschleudert und ohne vorheriges Trocknen in dieser hydratierten aufgeschlossenen Form zur Auflösung gebracht werden.

304. Dr. Emil Bronnert in Mülhausen i. E. Verfahren zur Herstellung von hochprozentigen Lösungen von Zellulose in konzentrierter Chlorzinklösung.

D.R.P. 118 837 Kl. 29b vom 15. V. 1900 (gelöscht), Zus. z. P. 118 836; österr. P. 11 066.

Das Verfahren des Hauptpatentes (s. vorstehend) besteht darin, daß die Zellulose zunächst durch Behandeln mit konzentrierten Ätzalkalien in der Kälte gründlich mercerisiert wird. Die entstandene, vom Überschuß von Alkali durch Abschleudern befreite Natronzellulose wird dann in viel Wasser eingetragen. Die Natronzellulose zersetzt sich hierbei in Natronlauge, die durch Waschen entfernt wird, und in Zellulosehydrat. Dieses Zellulosehydrat ist zwar an und für sich schon in Kupferoxydammoniak zu spinnfähigen Lösungen löslich, indessen wird die Löslichkeit nicht unerheblich noch weiter gesteigert, wenn man auf die Hydratierung noch eine vorsichtige Behandlung mit verdünnter, am besten elektrolytischer Bleichflüssigkeit folgen läßt.

Die Erfahrung hat nun gezeigt, daß man mit gleichem Erfolge die Behandlung des Zellulosematerials mit schwacher Bleichflüssigkeit auch vor der Hydratierung vornehmen kann, wenn nur vorerst mit schwacher Sodalösung unter Druck in der für Baumwolle allgemein üblichen Weise entfettet worden war. Diese Abänderung des Verfahrens des Hauptpatents hat den Vorteil, daß das aufgeschlossene Material im höchsten Grade homogen ist und sich sofort in der Chlorzinklösung zu gut spinnfähigen Lösungen löst. Die daraus erzeugten Fäden verhalten sich Farbstoffen gegenüber wie reine Zellulose, z. B. Baumwolle. Als Bleichflüssigkeit kommt auch hier vorzugsweise schwache, etwa 2 g Chlor im Liter enthaltende elektrolytische Flüssigkeit während etwa $1/2$—1 Stunde bei gewöhnlicher Temperatur zur Verwendung. Bei genügender Verdünnung können in diesem Falle jedoch auch andere Bleichmittel, wie Wasserstoffsuperoxyd, andere Superoxyde u. dgl., gebraucht werden. Das aufgeschlossene Material wird nach gutem Waschen und Abschleudern ohne vorheriges Trocknen bei niedriger Temperatur unter Kneten in konzentrierter Chlorzinklösung gelöst.

Patentanspruch: Abänderung in dem Verfahren des Hauptpatents 118 836, darin bestehend, daß die Auflösung der Zellulose in konzentrierter Chlorzinklösung behufs Herstellung von spinnbaren Lösungen derart geschieht, daß die Zellulose zunächst durch Behandeln mit schwacher Alkalilösung entfettet, dann unter Vermeidung von Oxydation schwach gebleicht, hierauf mit kalter konzentrierter Ätzkalilösung gründlich mercerisiert, schließlich mit viel Wasser gewaschen, abgeschleudert und dann sofort ohne vorheriges Trocknen in der Kälte in konzentrierter Chlorzinklösung gelöst wird.

Nach Dreaper und Tompkins.

305. William Porter Dreaper in Braintree und Harry Kneebone Tompkins in West Dulwich (England). Verfahren zur Herstellung von Gewebefasern aus Zellulose, welche als Ersatz für Seide dienen sollen.

D.R.P. 113 786 Kl. 29b vom 3. V. 1898 (gelöscht); brit. P. 17 901[1897]; Ver. St. Amer. P. 625 033.

Gereinigte Zellulose wird in einer basischen Lösung von Zinknitrat, Zinkchlorid oder von einem geeigneten anderen Zinksalz oder auch von mehreren solcher Salze aufgelöst; die Zinksalzlösungen haben vorteilhaft ein spez. Gew. von 1,85 und sind auf etwa 90° C erwärmt; außerdem sind sie mit einer geringen Menge eines Barium-, Strontium- oder Kalziumsalzes versetzt, zu dem Zweck, die Auflösung der Zellulose zu regeln und die Stärke der hinterher ausgefällten Fasern oder Fäden zu erhöhen. Diese Lösung wird darauf sorgfältig filtriert und die Luftblasen werden aus ihr durch Kochen im Vakuum entfernt. Die so behandelte Lösung wird bei einer Temperatur unter 70° C durch ein Mundstück mit einem oder mehreren feinen Löchern in eine Flüssigkeit hineingepreßt, wie z. B. in Brennspiritus oder mit Methylalkohol denaturierten Spiritus oder in Aceton, welche Flüssigkeit die Zellulose in Form eines ununterbrochenen Fadens ausscheidet und die Reagenzien ganz oder teilweise löst. Die so gebildeten Fasern werden auf Trommeln oder Winden zweckmäßig unter Streckung aufgenommen. Die vollständige Beseitigung der Reagenzien ist notwendig und kann durch weiteres Waschen der Fasern in der Fällflüssigkeit oder in Wasser oder in beiden bewirkt werden, wobei die Fasern auf der Trommel oder in Strähnen nach dem Abnehmen von den Trommeln sich befinden können. Die Fasern werden dann getrocknet, was mit recht gutem Erfolge geschehen kann, solange die Fasern sich in einem gestreckten Zustande befinden. Die Fasern können gefärbt, geglättet oder wasserdicht gemacht werden, was in der gewöhnlichen Weise wie bei der Behandlung von Seide oder Baumwolle in Strangform oder in gewebtem Zustande geschieht. Es hat sich als sehr vorteilhaft erwiesen, die Farbe bereits der Zelluloseflüssigkeit vor der Faserformung zuzusetzen. Dadurch wird in ökonomischer Weise eine gleichmäßige Färbung erzielt gegenüber der Strangfärbung; die praktischen Versuche haben dies bestätigt; außerdem wird der Glanz der Faser nicht vermindert. Die Fasern wasserdicht zu machen, kann dadurch erreicht werden, daß man zu der Zelluloselösung geeignete Stoffe zusetzt, wodurch eine größere oder geringere Unlöslichkeit beim Trocknen oder bei der nachfolgenden Behandlung erzielt wird. So kann man z. B. Gelatine in dem Verhältnis von etwa 5 auf 100 Gewte. Zellulose zu der Lösung zusetzen und nach der Bildung der Fasern diese Gelatine in irgeneiner bekannten Weise, z. B. mit Hilfe von Formaldehyd, unlöslich machen. Bei den Versuchen für vorliegende Erfindung hat es sich gezeigt, daß die in beschriebener Weise hergestellten und behandelten Fasern nach der kombinierten Anwendung von Druck und Hitze ihre Form und Lage beibehalten und daher zur Verwendung an Stelle der in der Kreppfabrikation u. dgl. verwendeten Seide (gum silk) und an Stelle von Haar bei der Herstellung von Perücken u. dgl., wofür die angegebene Eigenschaft notwendig ist, benutzt werden können. Um feinere und weichere Produkte zu erzielen, ist es empfehlenswert, die Zelluloselösung durch eine Form zu pressen, welche eine Gruppe sehr feiner Öffnungen enthält, und die Fasern jeder Gruppe miteinander zu vereinigen und zusammen zu zwirnen und, so einen zusammengesetzten Faden zu erzeugen; auf diese Weise wird es möglich, die äußerst feinen Fäden aufzuspulen, ohne sie zu zerreißen. In dieser zusammengesetzten Form sind die Fäden als Ersatz für die weiche Seide (welche z. B. durch Abkochen besonders weich gemacht ist) geeignet; hierbei können solche Fäden für sich benutzt werden, auch kann man sie mit Fäden aus anderem Stoff gemeinschaftlich verwenden, um eine gewünschte Wirkung zu erzielen. Um wirtschaftlich zu arbeiten, ist es erforderlich, den Spiritus und die Lösungsmittel wieder zu gewinnen, zu welchem Zweck der Spiritus aus den Wasch- und Fällflüssigkeiten bei möglichst niedriger Temperatur abdestilliert wird. Wurde Zinkchlorid als Lösungsmittel angewendet, so wird die zurückbleibende Flüssigkeit in einem offenen Behälter erhitzt, bis sie einen Siedepunkt von ungefähr 140° C erlangt hat. Hierauf fügt man allmählich eine Lösung von Zinkchlorat hinzu oder leitet Chlor durch die Flüssigkeit, bis der organische Stoff oxydiert ist, worauf die Zinkchloridlösung wieder zur Behandlung neuer Mengen Zellulose bereit ist. Wurde Zinkjodid oder -bromid angewendet, so verfährt man in analoger Weise. Bei Benutzung von Zinknitrat wird die Flüssigkeit bis zur Trockne eingedampft und der Rückstand so hoch erhitzt, daß der organische Stoff zerstört wird.

Patentanspruch: Verfahren zur Herstellung von Fasern, welche als Ersatz für Seide dienen sollen, dadurch gekennzeichnet, daß man Zellulose in basischer Zinksalzlösung, die zweckmäßig Erdalkalimetallsalz enthält, auflöst, diese Lösung alsdann durch feine Öffnungen in eine Fällflüssigkeit eintreibt, die so erzeugten Fäden oder Fasern auf eine Winde oder Trommel aufwindet und sie unter erheblicher Streckung trocknet.

Nach Tompkins und Crombie.

306. H. K. Tompkins und W. A. E. Crombie in London. Herstellung von Fäden aus Zelluloselösungen.

Brit. P. 28 712[1904].

Hydrozellulose wird durch Waschen mit Wasser von Säure befreit und feucht in Chlorzinklösung aufgelöst, deren spez. Gew. mit dem Wasser der Hydrozellulose 1,88 beträgt. Auf diese Weise können 20%ige Zelluloselösungen erhalten werden. Die Lösung wird aus engen Öffnungen in Holzgeist eingepreßt, und zwar in der Weise, daß die Spinnröhre von einer an ihrem oberen Ende luftdicht schließenden, in der Höhe verschiebbaren weiteren Röhre umgeben ist, welche in die Fällflüssigkeit eintaucht. Zwischen dem unteren Ende der äußeren Röhre und der Spitze der Spinnröhre bildet sich ein von Methylalkoholdämpfen erfüllter Raum, wodurch auf dem austretenden Strahl sofort eine Fällung von Zellulose erzeugt wird. Das Gewicht des Fadens wirkt streckend und verfeinernd[1]), und der nur mit Dämpfen erfüllte Raum zwischen Spinnöffnung und Flüssigkeitsspiegel verhindert Beschädigungen des Fadens, die bei Bewegungen des Fällbades eintreten könnten.

Nach Werner.

307. W. A. P. Werner in London. Vorrichtung zur Herstellung künstlicher Fäden.

Brit. P. 1850[1901]; Ver. St. Amer. P. 697 580.

Gereinigte Zellulose wird in einer Lösung von basischem Zinknitrat, -chlorid oder einem anderen geeigneten Zinksalz von 1,8 spez. Gew., der u. U. noch Kalziumnitrat oder -chlorid zugesetzt ist, bei 90° C gelöst und die filtrierte Lösung durch Öffnungen in Gefäße ausgepreßt, welche je eine in Methylalkohol oder einer anderen Fällflüssigkeit aufrecht stehende Spule enthalten. Ist die Spule vollgewickelt, so wird sie herausgenommen, gewaschen und in geeigneter Weise getrocknet. Vor der Fadenbildung können der Lösung Farbstoffe oder Beizen zugesetzt werden, auch Gelatine, die dann durch die bekannten Mittel wasserfest gemacht wird. Der Apparat zur Fadenerzeugung besteht aus einem Gefäß zur Aufnahme der Lösung, welches von einem Wassermantel umgeben ist, damit die Lösung auf bestimmter Temperatur erhalten wird. Seitlich über dem Boden des Gefäßes, unterhalb eines Filters befinden sich Hähne mit Bohrungen von der Größe des zu bildenden Fadens. Druckluft treibt die Lösung durch die geöffneten Hähne, die austretenden Flüssigkeitsfäden fallen in darunter liegende Behälter mit der Koagulierungsflüssigkeit, die in kreisende Bewegung versetzt sind, so daß sich die Fäden um die in den Behältern stehenden Spulen herumlegen.

Die Patentschrift enthält mehrere Zeichnungen.

---

[1]) Vgl. das Streckspinnverfahren von Thiele, S. 155 u. f.

Nach Dreaper.

308. W. Porter Dreaper in Felixstowe. Verbesserung in der Herstellung von Fäden aus Zellulose.

Brit. P. 858[1908].

Es handelt sich um die Herstellung von Fäden aus Lösungen von Hydrozellulose in Chlorzinklösung. Zellulose wird durch Behandlung mit Natronlauge der bei der Mercerisierung üblichen Stärke in Hydrozellulose übergeführt. Um eine Oxydation zu vermeiden, wird nicht gebleicht. Die Hydrozellulose wird möglichst von Wasser befreit oder bei geeigneter Temperatur getrocknet. Zur Herstellung der Hydrozellulose kann auch Chlorzinklösung von etwa 10° Tw. verwendet werden, der Säure zugesetzt ist, und die warm zur Einwirkung gelangt. Vorher oder nachher kann gebleicht werden. Die Lösung der Hydrozellulose in Chlorzink wird im Vakuum bei geeigneten Temperaturen behandelt, um Luftblasen zu entfernen, und filtriert. Gefällt wird mit Kali- oder Natronlauge, der Ammoniumchlorid und Ammoniak oder andere die Fällung von Zink verhindernde Stoffe zugesetzt sein können. Auch Lösungen von Salzen können benutzt werden, z. B. angesäuerte Natriumsulfatlösung oder Alkohol und Wasser. Nach der Fällung werden die Fäden mit einer mercerisierend wirkenden Lösung behandelt, z. B. Natronlauge von 30° Be, wobei sie in geeigneter Weise gehalten oder auch gestreckt werden. Danach wird gewaschen und getrocknet, vorteilhaft unter vermindertem Druck im teilweisen Vakuum. Die Chlorzinklösung wird während des Auflösens deutlich sauer gehalten und vor dem Verspinnen durch Zusatz von z. B. Zinkoxyd basisch gemacht.

Nach Müller und Wolf.

309. C. A. Müller und D. Wolf. Verfahren zur Behandlung und Verwendung pflanzlicher Fasern.

Franz. P. 443 133; brit. P. 10 430[1912].

Die durch Kochen mit Seife und Alkalien gewonnene Bastfaser der Hopfenstengel wird gebleicht, gewaschen und in Chlorzink unter Kochen gelöst. Die erhaltene Lösung wird versponnen, u. U. nach Zusatz von Chlorkalzium. Das Auflösen der Hopfenzellulose soll sehr schnell gehen und es soll kein Rückstand bleiben.

Nach Ogawa, Okubo und Murata.

310. W. Ogawa, S. Okubo und I. Murata, Tokio, Japan. Zelluloselösungen.

Brit. P. 122 527; franz. P. 489 330.

Eine Chlorzinkzelluloselösung wird erhalten durch Auflösen von Zellulose in hochkonzentrierter Chlorzinklösung, die auf annähernd 100° C erhitzt ist. Die Chlorzinklösung wird erhalten durch Zusatz festen Chlorzinks zu einer gesättigten Lösung unter 40° C und Erhitzen auf 40° C oder höher zur Erzielung vollständiger Lösung.

3. Aus Viskose.

An die Herstellung künstlicher Seide aus Lösungen von Zellulose in Kupferoxydammoniak- oder Chlorzinklösungen schließt sich die Herstellung aus dem als „Viskose" bezeichneten wasserlöslichen Zellulosexanthogenat an. Sie hat sich als die wichtigste erwiesen und hat als aussichtsreichste zu gelten. Es seien zunächst die auf die Herstellung des Zellulosexanthogenats, seine Reinigung und Haltbarmachung bezüglichen Patente angeführt.

Herstellung und Behandlung der zur Erzeugung künstlicher Seide dienenden Viskose.

Nach Cross, Bevan und Beadle.

311. **Charles Frederick Cross, Edward John Bevan und Clayton Beadle in London.** Herstellung eines in Wasser löslichen Derivats der Zellulose, genannt „Viskoid".

D.R.P. 70 999 Kl. 8 vom 13. I. 1893 (gelöscht); brit. P. 8700^{1892}.

Es ist bekannt, daß Zellulose auf verschiedene Weise in Lösung gebracht werden kann, daß sie aber dabei in den meisten Fällen chemisch so vollständig verändert wird, daß an eine Wiederabscheidung mit ihren ursprünglichen Eigenschaften nicht gedacht werden kann. Nur bei Verwendung einer ammoniakalischen Lösung von Kupferoxyd gelingt dies, und es haben daher Lösungen von Zellulose in diesem Reagens technische Verwendung gefunden. Diese Verwendung ist indessen beschränkt, weil für die meisten Zwecke entweder der Preis des Lösungsmittels zu hoch oder die Gegenwart von Kupfer in der Lösung unzulässig ist.

Es wurde nun ein neues Verfahren zur Lösung von Zellulose und ihrer Wiederabscheidung ohne wesentliche chemische Veränderung gefunden, welches billig ist und ein zu mannigfaltigster Verwendung geeignetes Produkt liefert. Ausgangsprodukt des neuen Verfahrens bildet das wohlbekannte Produkt, welches bei der Einwirkung kaustischer Alkalien auf Zellulose, der sog. Mercerisation, entsteht, und eine gequollene, durchscheinende Masse bildet, welche aus der Zellulose durch Aufnahme von Alkali und Wasser entstanden ist. Dieser Stoff nun wird durch die Einwirkung von Schwefelkohlenstoff weiter verändert, indem er durch dessen Aufnahme noch sehr erheblich weiter anschwillt, schließlich vollkommen gelatiniert und alsdann in Wasser löslich wird. Die wässerige Lösung besitzt eine gelbliche Farbe und ist außerordentlich schleimig. Aus dieser Lösung kann die Zellulose wieder mit ihren ursprünglichen Eigenschaften abgeschieden werden.

Im nachstehenden ist das Verfahren, derartige Lösungen herzustellen, genau beschrieben. Als Rohstoff wird Zellulose in irgendeiner ihrer vom Pflanzenreich dargebotenen Formen angewendet. Man imprägniert sie mit einer Natronlauge vom spez. Gew. 1,15, welche 15% Natriumhydroxyd enthält. Man entfernt den Überschuß an Lauge durch

Auspressen oder Ausschleudern und bringt das feuchte Gut, welches alsdann das Drei- bis Vierfache seines Gewichtes an Lauge und somit etwa 40—50% an Alkali enthält, in ein geschlossenes Gefäß mit Schwefelkohlenstoff, dessen Menge etwa 30—40% des angewendeten Guts betragen soll. Die Reaktion vollzieht sich bei gewöhnlicher Temperatur in 3—4 Stunden. Der Inhalt der Gefäße kann alsdann in Wasser gelöst werden, wobei kräftiges Rühren erforderlich ist. Die erhaltene äußerst schleimige Lösung enthält außer der entstandenen wasserlöslichen Verbindung der Zellulose noch die durch Wechselwirkung von Alkali und Schwefelkohlenstoff entstandenen Produkte. Ihre Gegenwart ist für die meisten Zwecke gleichgültig, sie können indessen durch die weiter unten angegebenen Mittel beseitigt werden. Aus der erhaltenen Lösung kann die Zellulose wieder in unlöslicher Form durch die nachfolgenden Mittel abgeschieden werden: 1. durch die freiwillige Zersetzung der Lösung, welche nach einiger Zeit regelmäßig eintritt; 2. durch Erhitzen auf 80 bis 100° C; 3. durch Oxydation; diese wird schon durch den Sauerstoff der Luft bewirkt. Gießt man eine Schicht der Lösung auf eine ebene Unterlage, z. B. eine Glasplatte, und läßt sie durch Erwärmung eintrocknen, so bleibt eine durchsichtige Haut von Zellulose zurück, welche noch die mit eingetrockneten Salze enthält, von denen sie durch Waschen mit Wasser und verdünnten Säuren befreit werden kann. Sie kann dann von der Unterlage abgelöst werden und zeigt sich in ihrem gesamten chemischen Verhalten als identisch mit Zellulose.

Wenn es für irgendwelche Zwecke erforderlich erscheinen sollte, eine von den Nebenprodukten der Löslichmachung mehr oder weniger freie Zelluloselösung zu verwenden, so gelingt die Herstellung einer solchen durch Anwendung eines der nachfolgenden Reinigungsverfahren: 1. Die rohe Lösung kann mit einer schwachen Säure, z. B. Kohlensäure, Essigsäure, Milchsäure, angesäuert und der dadurch in Freiheit gesetzte Schwefelwasserstoff durch Einblasen eines Luftstromes entfernt werden; 2. durch Zusatz einer wässerigen Lösung von Schwefeldioxyd oder Natriumbisulfit wird die vorhandene Natriumschwefelverbindung in unschädliches Thiosulfat und andere farblose Salze übergeführt und gleichzeitig die Lösung gebleicht; 3. endlich kann auch die wasserlösliche Zelluloseverbindung als solche entweder durch Kochsalzlauge oder durch starken Alkohol aus ihrer rohen wässerigen Lösung gefällt, durch Waschen mit dem Fällungsmittel und Abpressen von der Mutterlauge befreit und dann aufs neue in reinem Wasser gelöst werden. Bei Verwendung von reiner Rohzellulose, wie sie z. B. als gebleichter Flachs, gebleichte Baumwolle oder Ramiefaser zu Gebote steht, gelingt es, durch das vorstehende Verfahren eine vollkommene Lösung zu erhalten; werden dagegen die in der Natur vielfach vorkommenden unreinen Zellulosen angewendet, so bleibt die Nichtzellulose ungelöst; so erhält man z. B. bei der Behandlung von Stroh oder Esparto nach vorliegendem Verfahren einen Brei, der ein inniges und für manche Zwecke verwendbares Gemisch aus gelöster Zellulose und anderen Gewebselementen darstellt. Bei Verwendung von Kalilauge statt Natronlauge ist das Endergebnis des Verfahrens dasselbe. Das wasserlösliche Derivat der Zellulose, welches in den nach dem neuen Verfahren erhaltenen Lösungen enthalten ist und aus ihnen auch, wie angegeben, abgeschieden werden kann, wird wegen seiner Fähigkeit, äußerst schleimige Lösungen zu liefern, als „Viskoid" bezeichnet.

Patentanspruch: Die Herstellung eines wasserlöslichen Derivates der Zellulose durch gleichzeitige Behandlung oder durch die aufeinander folgenden Behandlungen der Zellulose mit wässeriger Alkalilauge und mit Schwefelkohlenstoff bei niedriger Temperatur.

Nach Cross.

312. Charles Frederick Cross in London. Herstellung eines in Wasser löslichen Derivates der Zellulose, genannt „Viskoid", gemäß Patent Nr. 70 999.

D.R.P. 92 590 Kl. 12 vom 21. XI. 1896 (gelöscht); brit. P. 4713[1896].

Ein Übelstand bei der Verwendung des „Viskoid" genannten Thiokarbonats der Zellulose, welches nach dem Patente 70 999 (s. vorstehend) hergestellt wird, besteht darin, daß die Lösung einen verhältnismäßig hohen Gehalt an Alkali und Schwefelverbindungen besitzt. Dieser Übelstand rührt daher, daß zur Herstellung des Thiokarbonats auf 1 Mol. Zellulose 2 Mol. Natriumhydroxyd erforderlich sind, entsprechend $C_6H_{10}O_5 : 2\,NaOH : CS_2$.

Das vorliegende Verfahren bezweckt, die Menge des zur Herstellung des Zellulosethiokarbonats notwendigen Alkalis zu verringern, und erreicht dies dadurch, daß die Zellulose vor der Einwirkung des Alkalis einer Behandlung mit verdünnten Säuren bei höherer Temperatur (100—140°) unterworfen wird. Bei Benutzung einer so vorbereiteten Zellulose ist nur die Hälfte der bei dem älteren Verfahren erforderlichen Menge von Reagentien notwendig, indem das Verhältnis der Reagentien wie folgt ausgedrückt wird: $2\,C_6H_{10}O_5 : 2\,NaOH : CS_2$. Die Lösung „Viskoid", welche durch Behandlung der mit Säuren vorbereiteten Zellulose mit Natriumhydroxyd und Schwefelkohlenstoff erhalten wird, besitzt die gleichen Eigenschaften wie die nach Patent 70 999 erhaltene. Die große Verminderung des Gehaltes an Alkali und Schwefel erleichtert aber die Anwendung des Produktes für viele Zwecke, welche bei dem Alkali- und Schwefelgehalte des früheren Produktes ausgeschlossen waren.

Die Vorbereitung der Zellulose zur Herstellung des Thiokarbonats nach dem Patente 70 999 kann in folgender Weise ausgeführt werden. 1. Die faserige Zellulose (Halbstoff, Ganzstoff, Lumpen, Papier usw.) wird mit verdünnten Säuren (2% HCl oder H_2SO_4) einige Stunden gekocht; oder auch, die wässerige Säure wird zum Sieden erhitzt und die Zellulose unter stetigem Umrühren zugegeben, bis sie in die spröde Modifikation übergegangen ist. 2. Die Zellulose wird mit der verdünnten Säure (2% HCl) getränkt, sodann gepreßt oder in einer Schleudermaschine von der überschüssigen Flüssigkeit befreit. Sie wird jetzt bei einer Temperatur von 60—80° getrocknet. Das Trocknen wird in der Weise vorgenommen, daß das Gut in gleichmäßigem Zustande gehalten wird. Während des Trocknens geht die Zellulose in die spröde Modifikation über. 3. Die Zellulose wird in einem Digestor mit dem fünffachen Gewicht verdünnter Säure (1% H_2SO_4 oder 0,5% HCl) bei hoher Temperatur (120—140°) kurze Zeit digeriert. Das Produkt wird ausgewaschen, um es von zurückbleibender Säure zu befreien, und so lange gepreßt, bis der Wassergehalt auf 40—50% gesunken ist. Die Masse wird dann auf Alkalizellulose verarbeitet. Hierbei ist zu beachten, daß die Zusammensetzung der mit Schwefelkohlenstoff in Reaktion zu bringenden Alkalizellulose vorteilhaft den folgenden Grenzen entspricht: Zellulose 40—50%, Natronhydrat 10—12%, Wasser 50—38%. Die Natronlauge wird in entsprechender Menge und Konzentration je nach dem Wassergehalte der wie vorstehend beschrieben behandelten Zellulose zugegeben. Die Masse wird dann in einem Kollergang oder in einer Mühle zermahlen, bis ein Produkt von gleichmäßiger Zusammensetzung erhalten wird.

Patentanspruch: Verfahren zur Herstellung von Zellulosethiokarbonat gemäß dem durch das Patent 70 999 geschützten Verfahren, dadurch gekennzeichnet, daß die Zellulose zunächst mit verdünnten Säuren bei Temperaturen bis 140° behandelt wird, daß nur die Hälfte der nach dem Patent 70 999 notwendigen Menge Natriumhydroxyd und Schwefelkohlenstoff so zur Überführung in das „Viskoid" genannte Produkt erforderlich ist.

Über die Umwandlung von Natronzellulose aus nicht mit Säure behandelter Zellulose, die auf 100 T. Zellulose höchstens 36 T. Ätznatron enthält, vgl. Lilienfeld, D.R.P. 262 868 Kl. 12o vom 25. I. 1911, franz. P. 439 040, brit. P. 1378[1912].

Nach Viscose Syndicate Ltd.

313. Viscose Syndicate Limited in London. Verfahren zur Reinigung von Viskose.

D.R.P. 133 144 Kl. 8i vom 31. III. 1901 (gelöscht).

Das Verfahren beruht auf der Beobachtung, daß das Natrium- und andere Salze der Zelluloseexanthogensäure durch schwache Säuren wie Essig-, Milch-, Ameisensäure usw. bei gewöhnlicher Temperatur nicht zersetzt werden. Man kann also die Viskose mit überschüssiger Essigsäure oder anderen schwachen Säuren behandeln, ohne die Zelluloseverbindung im geringsten zu zersetzen. Andererseits werden die alkalischen Verunreinigungen durch die Säuren einfach zersetzt, indem das Alkali in das essigsaure Salz übergeführt wird, und Kohlensäure, Thiokohlensäure und Schwefelwasserstoff frei gemacht und leicht entfernt werden können. Wird die Lösung der Zelluloseverbindung außer mit der schwachen Säure auch mit einem neutralen, wasserentziehenden Mittel, z. B. Kochsalz, Alkohol usw. behandelt, so erhält man das Natriumzellulosexanthogenat als unlöslichen Niederschlag. Da der

Niederschlag in saurer Lösung gebildet wird und daher von sonst der Zellulose beigemischten Alkalien frei ist, so besitzt er eine lederartige nicht schleimige Beschaffenheit und ballt sich beim Schleudern oder Pressen nicht zusammen. Das Produkt kann also leicht von der Mutterlauge getrennt werden.

Patentansprüche: 1. Verfahren zur Reinigung von Viskose, dadurch gekennzeichnet, daß man das Rohprodukt aus der Einwirkung von Ätzalkali und Schwefelkohlenstoff auf Zellulose mit schwachen Säuren, wie Essig-, Milch-, Ameisensäure im Überschuß behandelt.

2. Ausführungsform des unter 1. geschützten Verfahrens, dadurch gekennzeichnet, daß man das Rohprodukt mit schwachen Säuren im Überschuß und einem neutralen, wasserentziehenden Mittel behandelt und das gefällte Salz der Zellulosexanthogensäure wieder löst.

Nach Société française de la Viscose.

314. Société française de la Viscose in Paris. Verfahren zum Entfernen von Luft und Schwefelkohlenstoff aus Viskose unter Anwendung eines luftverdünnten Raumes.

D.R.P. 163 661 Kl. 29b vom 2. III. 1904 (gelöscht); brit. P. 5286^{1904}; franz. P. 340 690; österr. P. 19 041; schweiz. P. 30 768; Ver. St. Amer. P. 767 421.

Die zur Herstellung von Fäden und Häutchen bestimmte Viskose und selbst die in kompakter Form befindliche muß von jeder Spur in Suspension befindlicher Luft und in Lösung gehaltenen freien Schwefelkohlenstoffes frei sein. Denn beim Spinnen der Viskose reißt z. B. der Faden am Rand der Spinndüse beim Austritt von Luftblasen oder Blasen von sulfokohlensaurem Gas in dem Fixierungsbad ab. Man hat nun bereits die in Suspension befindliche Luft in der Weise aus der Viskose entfernt, daß man letztere der Saugwirkung einer Luftpumpe ausgesetzt hat[1]). Die Viskose ist jedoch ein zähklebriger Stoff, aus dem, wenn man ihn z. B. der Ansaugung einer Pumpe unterwirft, die gesamte im Innern der Masse enthaltene Luft nicht ohne weiteres herausgesaugt werden kann. Die Entfernung aller Gase gelingt aber dann vollkommen, wenn man die Viskose in sehr dünner Schicht verteilt und sie in diesem Zustande einer Art Durchknetung unterwirft, damit sozusagen alle Moleküle der Viskose in einem gegebenen Augenblick an die Oberfläche der Schicht gelangen, und damit die gesamte in der Masse eingeschlossene Luft oder der gesamte Schwefelkohlenstoff durch die Pumpe herausgesaugt werden kann.

Das den Gegenstand der Erfindung bildende Verfahren besteht darin, daß man die Einwirkung des Vakuums auf die zu behandelnde Viskose in einem zweckmäßig konisch ausgebildeten Behälter vornimmt, der einen drehbaren Kegel und knetend wirkende Spatel enthält. Durch diese Verfahrensweise erreicht man eine wirtschaftliche, einfache, rasche und vollständige Entfernung der Luft und des Schwefelkohlenstoffes aus der Viskose.

---
[1]) Brit. P. 1020^{1898}.

Der Apparat, in dem die Viskose gemäß der Erfindung behandelt wird, ist in einer Ausführungsform auf den Zeichnungen dargestellt. Fig. 145 ist ein Querschnitt des Apparates, Fig. 146 ein Schnitt nach der Linie A-A der Fig. 145, und Fig. 147 eine Einzelheit. Der Apparat besteht aus einem konischen Behälter 1, der auf drei Füßen 2 ruht. Im Innern des Behälters kann sich ein Kegel 3 aus poliertem Stahl z. B., der auf einer Welle 4 aufgekeilt ist, drehen. Die Welle 4 wird von außerhalb z. B. durch eine Riemenscheibe 5 und einen Schneckenantrieb 6 und 7 getrieben. Der obere Teil des Behälters ist mit zwei Rohren versehen, von denen das eine 8 die Viskose zuführt, während das andere mit einer Vakuumpumpe in Verbindung steht. Wenn ein gutes Vakuum in dem Apparat hergestellt ist, öffnet man den Hahn des Rohres 8, das mit dem Viskosebehälter in Verbindung steht. Man setzt den Kegel 3 mit einer Geschwindigkeit von ungefähr 6 Umdrehungen in der Minute in Bewegung. Die aus dem Rohr eintretende Viskose verteilt sich in sehr dünner Schicht über dem Kegel und fließt infolge der Flieh- und Schwerkraft zu dem unteren Teil des beweglichen Kegels. Bevor sie schließlich in die Rinne 10 gelangt, wird sie noch durch die Spatel 11 gegen den Kegel 3 angepreßt. Der Flüssigkeitszufluß wird derart geregelt, daß in die Rinne 10 nur eine vollständig von jeder Spur Luft und Schwefelkohlenstoff befreite Viskose hingelangt. Eine Stellschraube 12 (Fig. 147) gestattet, von außen dem Spatel mehr oder weniger Spannung zu erteilen. Ein Schauloch 13 gestattet, die Tätigkeit des Apparates zu regeln. Von der Rinne 10 fließt die Viskose in einen luftleeren Behälter, der mit dem Behälter 1 durch das Ablaßrohr 14 in Verbindung steht. Die Reinigung des Apparates kann ohne Demontierung erfolgen. Es genügt vollständig, eine genügende Menge Wasser unter Druck durch das Rohr zu treiben und dem beweglichen Kegel eine rasche

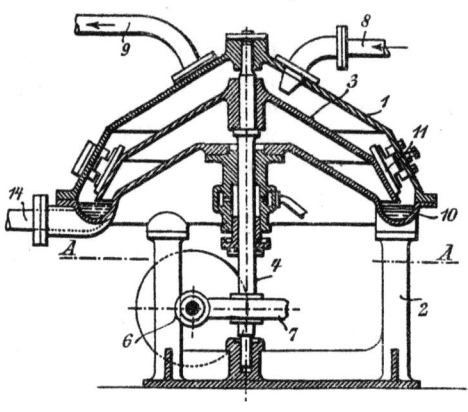

Fig. 145.

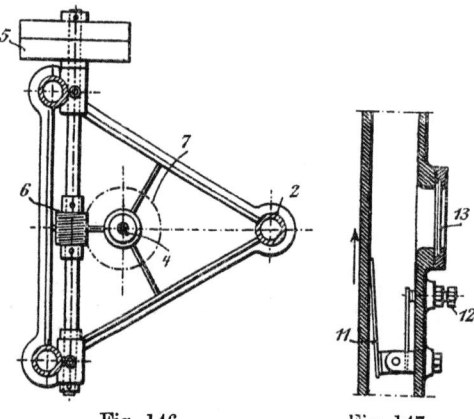

Fig. 146.   Fig. 147.

Umdrehungsbewegung zu erteilen. Die Waschwässer werden durch komprimierte Luft aus dem Apparat gedrückt.

Patentanspruch: Verfahren zum Entfernen von Luft und Schwefelkohlenstoff aus Viskose unter Anwendung eines luftverdünnten Raumes, dadurch gekennzeichnet, daß man die Viskose unter gleichzeitiger Einwirkung des Vakuums in dünner Schicht über einen innerhalb eines zweckmäßig konisch ausgebildeten Behälters sich drehenden Kegel fließen läßt und dabei der knetenden Einwirkung von Spateln aussetzt.

315. Société francaise de la Viscose. Kocher für die Behandlung von Viskose.

Franz. P. 339 564; brit. P. 2357 [1904].

Der Kocher besteht aus einem offenen, halbkugelförmigen Kessel, der in einem Wasserbade erhitzt wird. Das Wasserbad hat eine Einrichtung, das Wasser stets in Umlauf zu halten, und einen Temperaturregler. Um eine möglichst gleichmäßige Temperatur in der erhitzten Masse zu erhalten und sie gut zu zerkleinern, bewegt sich in dem Kessel an einer senkrechten Welle ein Rührwerk mit drei übereinander angeordneten, zwischen sich Winkel von 120° lassenden Schabern, deren Enden der Kesselwandung entsprechend geformt sind. (2 Zeichnungen.)

316. Société française de la Viscose in Paris. Verfahren zur Herstellung gereinigter Viskoselösungen.

D.R.P. 187 369 Kl. 29b vom 13. VIII. 1904 (gelöscht); franz. P. 334 636.

Bekanntlich ist die Viskose ein Produkt, das erhalten wird, wenn man Zellulose mit einem Alkali, z. B. Natronlauge behandelt und auf das entstandene Produkt Schwefelkohlenstoff einwirken läßt. Die in dieser Weise erhaltene Viskose ist eine Flüssigkeit, die Zellulosexanthogenat der Formel $CS{<}{O(C_6H_9O_5) \atop SNa}$ und verschiedene Verunreinigungen enthält, und zwar 1. die in der Natronlauge oder in dem Schwefelkohlenstoff, die man für die Herstellung benutzt hat, enthaltenen Verunreinigungen, 2. den Überschuß der angewendeten Natronlauge und des Schwefelkohlenstoffs, 3. die durch das Aufeinanderwirken dieser verschiedenen Stoffe erhaltenen Reaktionsprodukte, 4. die durch die Wirkung des Luftsauerstoffes auf die verschiedenen Stoffe entstandenen Produkte. Alle diese Verunreinigungen sind in Wasser und in Alkalilösungen löslich. Unter der Einwirkung der Zeit oder einfach der Wärme wandelt sich das Zellulosexanthogenat um und durchgeht nacheinander die folgenden Zwischenstufen:

$$CS{<}{O(C_6H_9O)_5 \ 2 \atop SNa}$$

$$CS{<}{O(C_6H_9O_5) \ 3 \atop SNa} \qquad CS{<}{O(C_6H_9O_5) \ 4 \atop SNa}$$

$$CS{<}{O(C_6H_9O_5) \ 6 \atop SNa} \qquad CS{<}{O(C_6H_9O_5) \ 8 \atop SNa}$$

Die drei ersten Stoffe, nämlich die Xanthogenate C_6, C_{12}, C_{18} sind in Wasser löslich und in Salzlösungen unlöslich. Die beiden folgenden, die Xanthogenate C_{24} und C_{36}, sind in Wasser und Salzlösungen unlöslich oder sehr wenig löslich. Wenn das Xanthogenat die Stufe C_{48} erreicht, zersetzt es sich und bildet Zellulose zurück. Das Xanthogenat hat in Gegenwart der Verunreinigungen, die in der in der oben beschriebenen Weise erhaltenen Viskose enthalten sind, die Neigung, sehr rasch in die Verbindung C_{48} überzugehen, d. h. als Zellulose auszufallen und infolgedessen unverwertbar zu werden. Um der Viskose hinreichende Beständigkeit zu verleihen, ist es infolgedessen unerläßlich, sie von allen Verunreinigungen, die sie enthält, zu befreien. Außerdem muß man bekanntlich die Flüssigkeit beim Spinnen der Viskose durch eine Spinndüse in eine die Gerinnung hervorrufende Lösung, z. B. in schwefelsaures Ammoniak, eintreten lassen. Das Xanthogenat gerinnt, und der erhaltene Faden wird mit einer Säure behandelt, die ihn unter Zersetzung des Xanthogenats in den Zellulosefaden umwandelt. Wenn man diese Behandlung mit unreiner Viskose ausführt, lösen sich alle Verunreinigungen in dem Bad von schwefelsaurem Ammoniak auf, das rasch nicht mehr benutzt werden kann. Nun ist dieses Bad sehr teuer; es ist daher wichtig, um den Herstellungspreis zu vermindern, die Verunreinigungen in dem Bad zu vermeiden. Außerdem bleiben bei der Gerinnung des Xanthogenats in dem Bad von schwefelsaurem Ammoniak viele Verunreinigungen in dem Faden eingeschlossen, was diesem die für die verschiedenen Behandlungen beim Spinnen und Abhaspeln der Spulen erforderliche Festigkeit nimmt.

Die Erfindung besteht nun darin, die Viskose zu reinigen, um die erwähnten Nachteile zu beseitigen. Das Reinigungsverfahren beruht auf den an sich bekannten Eigenschaften des Xanthogenats, d. h. auf der Löslichkeit der Xanthogenate C_{12} und C_{18} in Wasser und auf der fast vollkommenen Unlöslichkeit der höheren Xanthogenate C_{24} und C_{36}; ferner auf der Unlöslichkeit aller Xanthogenate in Salzlösungen. Das Verfahren beruht gleichfalls auf der bekannten raschen stufenweisen Umwandlung des Xanthogenats C_6 in die Xanthogenate C_{12}, C_{18}, C_{24} und C_{36} durch die Einwirkung der Wärme. Gemäß dem Verfahren nimmt man unreine Viskose und erhitzt sie auf eine Temperatur von 45—50° C; hierbei erfolgt die beschriebene Umwandlung. Man läßt die Temperatur ungefähr 15 Minuten lang einwirken, bis fast das gesamte Xanthogenat in das Xanthogenat

$$C_{24} : CS\hspace{-2pt}\diagdown\hspace{-6pt}\diagup\hspace{-2pt}\begin{matrix}O(C_6H_9O_5)\ 4\\ SNa\end{matrix} \quad \text{oder in} \quad C_{36} : CS\hspace{-2pt}\diagdown\hspace{-6pt}\diagup\hspace{-2pt}\begin{matrix}O(C_6H_9O_5)\ 6\\ SNa\end{matrix}$$

übergegangen ist. Diese beiden Stufen sind übrigens die günstigsten zum Spinnen. Das Gerinnsel wird dann in dünnem Strahl in eine Salzlösung einfließen gelassen. Die Verunreinigungen lösen sich auf, während die Xanthogenate ungelöst bleiben. Man löst das unlösliche Produkt eine Zeitlang in der Salzlösung, damit alle Verunreinigungen sich durch Dialyse auflösen; man trennt dann das Xanthogenat von der

Flüssigkeit und wäscht mit Wasser. Da das Produkt sich fast einzig und allein aus den fast unlöslichen Xanthogenaten C_{24} und C_{36} zusammensetzt, entstehen nur sehr geringe Verluste. Das Produkt wird nun in einer Lösung von Natronlauge wieder aufgelöst, in der es bekanntlich löslich ist, und es entsteht dann eine Lösung der Stoffe

$$CS\diagup^{O(C_6H_9O_5Na)\,4}_{SNa} \quad \text{oder} \quad CS\diagup^{O(C_6H_9O_5Na)\,6}_{SNa}.$$

Die auf diese Weise erhaltene Flüssigkeit ist eine Auflösung von reinem Xanthogenat, die man nun in bekannter Weise durch die Spinndüsen treten läßt, durch schwefelsaures Ammoniak zum Gerinnen bringt und dann mit einer Säure zersetzt, um Zellulosefäden zu erhalten. Von der aus der amerikanischen Patentschrift 716 778[1]) bekannten Herstellung von C_{24}-Xanthogenat unterscheidet sich das vorliegende Verfahren dadurch, daß infolge der Abwesenheit von freiem Alkali vor der Behandlung mit Salzlösungen schon die Gerinnung der Viskose erfolgt; dies ist aber erforderlich, um eine brauchbare Lösung der von Verunreinigungen befreiten Viskose in Alkalien erzeugen zu können.

Patentanspruch: Verfahren zur Herstellung gereinigter Viskoselösungen, dadurch gekennzeichnet, daß man durch Erwärmen von roher Viskoselösung bis zu 50° gewonnene, wasserunlösliche Viskose mit wässerigen Salzlösungen behandelt und nach dem Auswaschen in Alkalilauge auflöst.

317. Société française de la Viscose in Paris. Verfahren zum Anreichern und Reifmachen von Viskoselösungen.

D.R.P. 223 736 Kl. 29 b vom 1. II. 1907; österr. P. 35 267; franz. P. 374 123; brit. P. 8179[1907]; Ver. St. Amer. P. 986 306 (L. Naudin).

Bekanntlich verlangt die Verwendung von Viskose zur Herstellung von Fäden, dünnen Häutchen u. dgl. einen besonderen Reifezustand. Um diesen zu erzielen, hat man verschiedene Mittel vorgeschlagen, unter anderem: Erhitzen der Rohviskose auf 70—90° bei großem Alkaliüberschuß oder deren längeres Aufbewahren in auf 15—18° erwärmten Gefäßen. Bei diesen beiden Verfahren verbleiben in der Viskose große Mengen von Nebenprodukten, wie Karbonate, Sulfokarbonate u. dgl. Auch hat man die Viskose bis zur Gerinnung bei Gegenwart von kohlensäure- und schwefelhaltigen Stoffen erhitzt, sie dann gewaschen, um die genannten Nebenprodukte zu entfernen, und schließlich den Rückstand in Alkali gelöst, um die Viskose zurückzubilden. Der Gehalt der so gewonnenen Lösungen an Zellulose steigt jedoch auch im besten Falle nicht über 10%. Ihre gewerbliche Verwertung wird dadurch stark beschränkt. Um den Gehalt von Viskoselösungen an Zellulose anzureichern, würde ein einfaches Verdampfen des als Lösungsmittel dienenden Wassers nicht zum Ziele führen, denn durch andauerndes Erhitzen auf die Siedetemperatur des Wassers würde das Xanthogenat völlig zersetzt werden. Dieser Übelstand wird nun gemäß vorliegender Erfindung durch

---
[1]) Siehe S. 336.

Zuhilfenahme der Luftleere vermieden, wodurch sich der Siedepunkt des Wassers bekanntlich wesentlich herabsetzen läßt. Auf diese Weise gelingt es, Viskoselösungen bis auf einen Gehalt von 12—15% Zellulose anzureichern und sie gleichzeitig zur Reife zu bringen.

Die Ausführung des Verfahrens geschieht folgendermaßen: Die Viskose wird nach dem Filtrieren in ein Gefäß befördert, das man auspumpen und nach Bedarf auch unter Druck setzen kann, und das im Innern eine Rührvorrichtung enthält, die es ermöglicht, das Gemisch während der Verdampfung kräftig durchzurühren. Das Gefäß ist mit doppelten Wandungen versehen, zwischen denen man nach Belieben heißes Wasser oder eine andere Heizflüssigkeit kreisen lassen kann. Man regelt Temperatur und Luftverdünnung so, daß die Verdampfung des Wassers bei 32—35° C stattfindet, und setzt das Rührwerk in Bewegung. Die Viskose gerät ins Kochen; durch den entweichenden Wasserdampf werden Luft und flüchtige schwefelhaltige Produkte fortgeführt. Hierbei konzentriert sich die Masse, um gleichzeitig zu reifen. Nach 1—2 Stunden, je nach dem Grade der gewünschten Konzentration, ist die Eindickung beendet und die Viskose zu weiterer Verarbeitung geeignet. Bis zu 50% des in der Viskose enthaltenen Wassers können auf diese Weise als Dampf von der Luftpumpe abgesaugt werden. Unterbricht man nach Entfernung der Luft und der flüchtigen schwefelhaltigen Produkte die Verbindung des Verdampfers mit der Luftpumpe, so kann erforderlichenfalls das Vakuum aufrecht erhalten werden, um das Ausreifen der Viskose zu beenden, ohne daß eine weitere Eindickung erfolgt.

Patentanspruch: Verfahren zum Anreichern und Reifmachen von Viskoselösungen, dadurch gekennzeichnet, daß man die Verdampfung des darin enthaltenen Wassers im luftverdünnten Raum unter entsprechender Wärmezufuhr bei möglichst niederer Temperatur bewirkt und nach genügender Konzentrierung die Destillation unterbricht, wobei man nach Absperrung des Verdampfers von der Luftpumpe erforderlichenfalls die Masse zwecks vollständigen Ausreifens unter Minderdruck hält und sie schließlich unter diesem erkalten läßt.

Das Ver. St. Amer. P. 986 306 enthält 1 Zeichnung.

Nach Continentale Viscose Compagnie G. m. b. H.

318. Continentale Viscose Compagnie, G. m. b. H. in Breslau. Verfahren zur Gewinnung gereinigter Viskose mittels Abscheidung der höheren Zellulosexanthogenate aus gereiften, unreinen Viskoselösungen in wasserunlöslicher Form.

D.R.P. 209 161 Kl. 29b vom 20. X. 1903 (gelöscht).

Durch das Patent 187 369[1]) ist ein Verfahren zur Reinigung von roher Viskose geschützt, das darin besteht, daß Rohviskose nach dem Erwärmen bis auf 50° mit wässerigen Salzlösungen behandelt und das ausgefällte reine Xanthogenat nach dem Auswaschen in Alkalilauge wieder aufgelöst wird.

---

[1]) Siehe S. 307.

Demgegenüber beruht die vorliegende Erfindung auf der Beobachtung, daß aus reifen Rohviskoselösungen die höheren Xanthogenatformen bereits durch gasförmige Kohlensäure bei gewöhnlicher Temperatur ausgefällt werden können, so daß sie sehr leicht mit reinem Wasser oder ganz verdünnten Salzlösungen ausgewaschen, von den färbenden oder sonstigen störenden Nebenprodukten befreit und darauf mit großer Leichtigkeit in schwacher Alkalilauge gelöst werden können, ohne an wertvollen Eigenschaften einzubüßen. Zur Ausführung des Verfahrens wird die durch einfaches Stehenlassen oder auf eine der sonst bekannten Weisen gereifte Viskose u. U. unter Rühren mit einem Strom gasförmiger Kohlensäure behandelt. Die dabei niedergeschlagene, schwach grünlich gefärbte Gallerte wird darauf durch Waschen von den Nebenprodukten befreit und in verdünnter Alkalilauge wieder gelöst. Bei diesem Verfahren erfolgt die Ausscheidung der wasserunlöslichen Xanthogenate durch Kohlensäure um so schneller, je reifer die Viskose ist. Da sich aber das Verfahren im allgemeinen durch große Einfachheit und Schnelligkeit auszeichnet, so ist es möglich, das Xanthogenat fast genau in dem Reifegrad zur Ausscheidung zu bringen, der für den jeweiligen Verwendungszweck der gereinigten Viskose am geeignetsten erscheint. Es braucht nicht, wie bei den bisher geübten Verfahren, mit einem merklichen Fortschreiten des Reifens während der Ausfällung, Waschung und Wiederauflösung des gereinigten Xanthogenates gerechnet zu werden. Durch die bisher erforderliche Rücksichtnahme auf dieses Nachreifen während der Reinigung wurde praktisch der Erfolg der Reinigung wieder in Frage gestellt, weil die Viskose in einem früheren als dem zur jeweiligen Verwendung geeigneten Reifezustand gereinigt werden mußte und die mit dem erforderlichen Nachreifen wieder einsetzenden Zersetzungs- und Oxydationsvorgänge neue Dunkelfärbung und Verunreinigung durch Nebenprodukte bewirkten.

Patentanspruch: Verfahren zur Gewinnung gereinigter Viskose mittels Abscheidung der höheren Zellulosexanthogenate aus gereiften, unreinen Viskoselösungen in wasserunlöslicher Form, dadurch gekennzeichnet, daß die Abscheidung durch Einwirkung von gasförmiger Kohlensäure erfolgt, worauf die gebildete Gallerte durch Waschen von den Nebenprodukten befreit und darauf von neuem in verdünntem Alkali gelöst wird.

Nach Vereinigte Kunstseide-Fabriken Akt.-Ges.

319. **Vereinigte Kunstseide-Fabriken Akt.-Ges. in Frankfurt a. M.** Verfahren zur Herstellung reifer Viskoselösungen.

D.R.P. 183 623 Kl. 29b vom 21. VI. 1902 (gelöscht); brit. P. 17 502[1902]; franz. P. 323 473.

Die Lösungen des Zellulosethiokarbonats, der Viskose, in Wasser lassen sich bekanntlich in der Technik verschieden anwenden, z. B. zur Erzeugung von Films oder glänzenden Fäden, indem man die Lösung aus enger Öffnung in Chlorammoniumlösung einfließen läßt. Bei der unmittelbaren Verarbeitung der Rohviskoselösung zeigt sich nun der

Mißstand, daß die sich mitausscheidenden schwefelhaltigen Nebenprodukte störend wirken, indem die erzeugten Fabrikate eine weißgelbliche, glanzlose Mißfarbe besitzen, weshalb ein vorheriges Ausfällen und Wiederauflösen des Zellulosethiokarbonats zwecks Reinigung notwendig ist. Ferner besitzen die wässerigen Lösungen der Viskose die unangenehme Eigenschaft, sich sehr rasch von selbst zu zersetzen. Das sich ausscheidende Zellulosehydrat bildet eine feste Gallerte, wodurch eine vorteilhafte Verarbeitung im Großbetrieb ungemein erschwert wird.

Größere Haltbarkeit der Viskoselösung und direkt farblose Zellulosehydratausscheidung werden bei Anwendung des nachstehend beschriebenen Verfahrens erreicht: 100 Gewte. Zellulose, nach den bekannten Angaben von Cross und Bevan[1]) auf Viskose verarbeitet, werden in etwa 1800 Gewtn. Kali- oder Natronlauge von 1,22 spez. Gew. aufgelöst. Die Lösung erfolgt leichter als mit Wasser allein; sie ist auch dünnflüssiger, würde jedoch, auf Zellulosehydrat unmittelbar weiter verarbeitet, bei dessen Ausscheidung ein weißgelbliches, nicht farbloses Produkt liefern. Es wird deshalb die erhaltene alkalische, gallertartige Lösung unter stetem Rühren auf 60—80° C erhitzt. Dabei treten Umsetzungen ein; das Alkali scheint auf die Schwefelverbindungen einzuwirken, die Lösung färbt sich dunkler, bleibt jedoch klar, ein charakteristischer Leimgeruch tritt auf, die Lösung koaguliert jedoch weder jetzt noch beim Erkalten. Für die spätere Verwendung ist es wichtig, so lange und so hoch zu erwärmen, bis eine vollständige Umsetzung stattgefunden hat. Dies wird auf einfache Weise dadurch festgestellt, daß ein Tropfen der heißen Lösung auf eine Glasplatte verstrichen und in konzentrierte, wässerige Chlorammoniumlösung eingetaucht, sogleich ein vollständig farbloses, klares, festes Häutchen gibt. Solange dies noch trüb, weißlich erscheint, ist die Umsetzung unvollständig. Bei weniger hohem Erhitzen, z. B. auf nur 50—60° C, dauert die Umsetzung mehrere Stunden, während sie bei höherer Temperatur, 70—90° C, rasch erfolgt. Die nachherige Haltbarkeit der Lösung ist bedingt durch ihren Gehalt an Alkali. Eine Alkalimenge in der Lösung, entsprechend dem Gewichte der zur Viskoseherstellung verwendeten Zellulose, wirkt schon sehr verzögernd auf eine spätere Koagulierung. Am vorteilhaftesten hat sich die Anwendung einer 3—4fachen Gewichtsmenge Ätzkali oder Ätznatron auf 1 T. Zellulose erwiesen. Die Verwendung dieser Lösung ist die gleiche wie die der Viskoselösung, nur ist der vorhandene Überschuß an Alkali nachher zu neutralisieren, was jedoch keine Schwierigkeiten bietet. Das ausgeschiedene Zellulosehydrat zeigt sich klar und farblos.

Patentanspruch: Verfahren zur Herstellung reifer Viskoselösungen aus Lösungen von Rohviskose in Kali- oder Natronlauge, dadurch gekennzeichnet, daß man die Rohviskoselösungen auf über 40° C liegende Temperaturen erwärmt.

---

[1]) Siehe S. 309.

320. Vereinigte Kunstseide-Fabriken, A.-G. in Kelsterbach a. M. Verfahren zur Herstellung von in Mineralsäuren zu glänzenden Fäden, Häutchen u. dgl. verarbeitbaren, von Sulfidverbindungen freien Zelluloselösungen mit Hilfe von Aluminium- oder Chromsalzen aus Viskoselösungen.
D.R.P. 200 023 Kl. 29b vom 23. IV. 1907 (gelöscht); österr. P. 37 137; franz. P. 389 284; brit. P. 8742[1908].

Die Schwierigkeiten, die bei der Fadenbildung durch Ausspritzen von Viskoselösung in konzentrierte Salzlösungen zu überwinden sind, und die auf die unvollkommene Koagulierfähigkeit der Viskose durch Salzlösungen zurückzuführen sind, machen die Gewinnung einer Viskoseflüssigkeit wünschenswert, die die Abscheidung eines festen, glänzenden Fadens beim Spinnen in Mineralsäure gestattet. Die Unmöglichkeit, rohe Viskose hierzu zu verwenden, beruht auf der Anwesenheit von an Alkali gebundenen Schwefelverbindungen, die bei der Berührung mit Säuren eine Entwicklung von Schwefelwasserstoff und Abscheidung von Schwefel verursachen. Es ist nun bekannt, Rohviskose dadurch von Sulfiden und anderen Verunreinigungen zu befreien, daß man sie zunächst durch Erwärmen koaguliert und darauf mit Lösungen von Salzen, wie Kochsalz, Natriumbikarbonat, Aluminiumsulfat, Natriumsulfit u. a. behandelt. Ferner wurde schon vorgeschlagen, zum Reinigen von Rohviskose schwache Säuren, wie Essigsäure, Milchsäure, Ameisensäure u. dgl., im Überschuß unmittelbar auf die noch nicht koagulierte Viskoselösung einwirken zu lassen.

Demgegenüber hat sich gezeigt, daß die Zerstörung der Sulfidverbindungen in verdünnten Viskoselösungen besonders vorteilhaft und ohne schädliche Beeinflussung des Zellulosexanthogenats erfolgt, wenn man Aluminium- oder Chromsalze unmittelbar auf die nicht koagulierte Viskoselösung einwirken läßt. Man erhält dadurch ein Produkt, das für die Herstellung künstlicher glänzender Fäden, Häutchen usw. ebenso geeignet ist wie das nach den bekannten Verfahren gereinigte. Die dabei stattfindende Reaktion vollzieht sich gemäß der typischen Umsetzung:

$$3\,Na_2S + Al_2(SO_4)_3 + 6\,H_2O = 3\,H_2S + Al_2(OH)_6 + 3\,Na_2SO_4.$$

Um diese Umsetzung für den angegebenen Zweck anzuwenden, verfährt man folgendermaßen: Rohviskoselösung, die nach einem der bekannten Verfahren bereitet ist, und zwar derart, daß möglichst wenig Ätznatron zur Anwendung gelangt, wird zunächst mit einer gewissen Menge Schwefelsäure versetzt, die dazu dienen soll, einen Teil überschüssigen Natronhydrats abzustumpfen. Gießt man die Säure in Lösungen von höchstens $1^0/_{00}$ zu, so wird eine Abscheidung von Zellulose vermieden. Hierauf fügt man zu der Lösung, die zweckmäßig auf eine Verdünnung von etwa 1% Zellulosegehalt gebracht ist, gerade soviel Aluminiumsalz hinzu, als zur Zersetzung der Sulfide nötig ist, was man am Aufhören der Bildung von Schwefelwasserstoffblasen oder an der neutralen Reaktion der Flüssigkeit erkennt. Auf 1 kg Zellulose, die mit der doppelten Menge Natronlauge von 1,2 spez. Gew. (ungefähr 18%

NaOH) durchtränkt war und mit der nötigen Menge Schwefelkohlenstoff in Viskose übergeführt ist, kommen z. B. 300 g Schwefelsäure vom spez. Gew. 1,84 und 800 g technischer Alaun. Aus der so entstandenen sehr verdünnten neutralen Lösung, die vollständig von allen verunreinigenden Sulfiden befreit ist, scheidet sich freiwillig beim Stehen unter zeitweiligem Umrühren eine verhältnismäßig reine Zelluloseverbindung aus, und zwar als flockiger oder breiförmiger Niederschlag, der sich nach dem Schleudern oder Auspressen als ein mehr oder weniger trockenes Pulver darstellt. Dieses enthält als fremde Beimischung stets eine gewisse Menge Aluminiumhydrat, ferner eine geringe Menge von der trotz des Schleuderns noch anhaftenden Mutterlauge. Da diese aber sehr verdünnt ist, so kann von einem Auswaschen des Niederschlages nach dem Schleudern Abstand genommen werden. Es ist augenscheinlich, daß bei dieser Abscheidung der von den Sulfiden gänzlich befreiten Zelluloseverbindung aus der verdünnten, neutralen Lösung die wasserentziehende Wirkung der zugefügten Salzlösung nicht in Betracht kommt. Die Ausfällung erfolgt bei gewöhnlicher Temperatur in der Regel in etwa 24 Stunden. Erwärmt man aber nach der beschriebenen Umsetzung auf 40—50° C, so tritt sie schon nach 3—6 Stunden ein. Gelindes Erwärmen ist zweckmäßig zum Austreiben etwaiger Reste von Schwefelkohlenstoff, die, aus der angewandten frischen Rohviskoselösung stammend, etwa noch beigemengt sind.

Zum Unterschied von frischgefälltem Zellulosexanthogenat, das auf andere bekannte Weise aus Rohviskose dargestellt wird, ist das gewonnene Zelluloseprodukt in Wasser nicht löslich. Es löst sich jedoch leicht und vollständig in Natronlauge. Dieses Verhalten deutet darauf hin, daß bei der beschriebenen Behandlung nicht allein die verunreinigenden Sulfide zerstört werden, sondern daß auch die Zusammensetzung des Zellulosexanthogenats eine Veränderung erleidet, vermutlich im Sinne der Bildung einer hydratisierten Zellulose. Darauf weist auch die Tatsache hin, daß aus der mit dem Aluminiumsalz behandelten Viskoselösung sich rasch unlösliches Zellulosehydrat niederschlägt, falls man vor der beginnenden Fällung die Temperatur auf über 50° C steigert. Der Übergang der bei gewöhnlicher Temperatur ausgeschiedenen Verbindung in eine unlösliche Modifikation erfolgt auch, wenn man die Masse nach vollendeter Ausfällung noch verhältnismäßig kurze Zeit, z. B. über Nacht, sich selbst überläßt.

Das auf beschriebene Art gewonnene pulverige Produkt gibt mit mäßig konzentrierter Natronlauge Lösungen von beliebiger Konzentration, die durch geeignete Koagulierung mit Mineralsäuren sich zu glänzenden Fäden, Häutchen usw. verarbeiten lassen. Die damit gewonnenen Gespinste weisen die besondere wertvolle Eigenschaft auf, ungleich den aus anderen Xanthogenatlösungen gefällten frischen Zellulosefäden nach dem Auswaschen mit Wasser beim Trocknen verhältnismäßig wenig einzuschrumpfen, was den Vorteil bedingt, daß bei der Trocknung in gespanntem Zustand weder ein Reißen der Fäden noch auch nur eine Beeinträchtigung ihrer Festigkeit infolge zu starker Dehnung eintreten kann.

Patentansprüche: 1. Verfahren zur Herstellung von in Mineralsäuren zu glänzenden Fäden, Häutchen u. dgl. verarbeitbaren, von Sulfidverbindungen freien Zelluloselösungen mit Hilfe von Aluminium- oder Chromsalzen aus Viskoselösungen, dadurch gekennzeichnet, daß man diese Salze unmittelbar auf die nicht koagulierten Viskoselösungen einwirken läßt.

2. Verfahren nach Anspruch 1, dadurch gekennzeichnet, daß aus den von Sulfidverbindungen gemäß Anspruch 1 befreiten Viskoselösungen zweckmäßig in verdünntem Zustande durch Stehenlassen ein Zellulosederivat in flockiger oder breiartiger Form langsam, u. U. unter Erwärmen, abgeschieden und der erhaltene Niederschlag durch Schleudern oder Pressen von der wässerigen Flüssigkeit befreit, in fester Form gewonnen und in Alkalilauge aufgelöst wird.

Nach J. P. Bemberg, A.-G.

321. **J. P. Bemberg, A.-G. in Barmen-Rittershausen.** Verfahren zur Reinigung von Rohviskose.

D.R.P. 197 086 Kl. 29b vom 29. III. 1907 (gelöscht).

Behandelt man Rohviskose mit wenig schwefliger Säure oder Bisulfit, so erfolgt keine vollständige Zersetzung der lästigen Nebenprodukte. Wendet man dagegen überschüssige Säure an, so findet zwar eine vollkommene Zersetzung dieser Produkte statt, das erhaltene saure Viskoseprodukt ist jedoch wenig haltbar und daher an sich für viele Zwecke unbrauchbar. Es muß vielmehr durch umständliche Behandlung mit einem neutralen, wasserentziehenden Mittel, Waschen und Abpressen gereinigt werden, Maßnahmen, die durch die zähe, lederartige Beschaffenheit des ausgefällten Produktes sehr erschwert werden.

Die vorliegende Erfindung beruht auf der Beobachtung, daß sich diese umständliche und schwierige Nachbehandlung der sauren Viskose in einfachster Weise umgehen läßt, wenn man die Behandlung mit der sauren Lösung solange fortsetzt, bis die Viskose zusammenschrumpft und hart wird. Sie kann dann leicht abgepreßt und durch einfaches Auswaschen mit ganz verdünnter Bisulfitlösung gereinigt werden. Das so erhaltene, in schwacher Natronlauge lösliche Produkt ist sehr haltbar. Das z. B. aus 100 g Zellulose erhaltene rohe Einwirkungsprodukt von Schwefelkohlenstoff und Alkalizellulose wird, ohne erst in Wasser gelöst zu werden, mit etwa 1 l einer Natriumbisulfitlösung von etwa 25° Bé übergossen und 5—6 Stunden sich selbst überlassen. Die anfangs stark aufgequollene Viskose schrumpft nach einiger Zeit zusammen und ist nach Verlauf der angegebenen Zeit so hart, daß sie sehr leicht abgepreßt werden kann. Nach dem Abpressen wird sie noch mehrmals mit einer dünnen Bisulfitlösung von etwa 1% gewaschen, bis sie völlig weiß geworden ist. Die so erhaltene Viskose löst sich nicht in Wasser, sie quillt darin nur stark auf und löst sich leicht und vollkommen bei Zusatz von Natronlauge. Wesentlich bei dieser Reinigung ist, daß Bisulfit stets im Überschuß vorhanden ist; die erste Bisulfitlösung muß also nach dem Abfiltrieren noch sauer reagieren. Statt 25° starker Bisulfitlauge kann auch stärkere und entsprechend weniger genommen werden, der Prozeß geht dann etwas schneller vor sich.

Patentanspruch: Verfahren zur Reinigung von Rohviskose mit einer überschüssigen Lösung von schwefliger Säure oder Bisulfit ohne vorherige Auflösung der Rohviskose, dadurch gekennzeichnet, daß die Behandlung der Rohviskose mit dem Reinigungsmittel solange fortgesetzt wird, bis die Viskose zusammenschrumpft und hart wird, worauf sie durch Abpressen und Waschen von den Verunreinigungen befreit werden kann.

Nach Leclaire.

322. Ch. C. Leclaire. Vervollkommnungen in der Herstellung der Viskose.

Franz. P. 402 804.

Ein kugeliger oder ellipsoidaler Kessel ist am oberen Ende einer schräg stehenden Welle so angeordnet, daß er außer der Drehbewegung eine Bewegung nach aufwärts und abwärts ausführen kann. Die Welle, an der der Kessel befestigt ist, hat im Innern Leitungen, durch die die Chemikalien eingeführt werden und der Kessel unter Druck oder Vakuum gesetzt werden kann. An dem Kessel ist eine Öffnung zum Einbringen des zu bearbeitenden Papierstoffs und eine Öffnung zur Abführung der Viskose angebracht. An diese zweite Öffnung kann beim Entleeren ein biegsamer Schlauch angeschlossen werden. Der Kessel ist mit Heiz- und Kühleinrichtung versehen und hat im Innern Kugeln zur Zerkleinerung und Durchmischung des Inhalts. (3 Zeichnungen.)

323. Ch. C. Leclaire in Paris. Verfahren zur Herstellung von Viskose und ähnlichen Verbindungen.

Brit. P. 20 593[1909].

Die verschiedenen, bei der Herstellung von Viskose notwendigen Maßnahmen werden in einem und demselben drehbaren, luftdicht verschließbaren Kessel vorgenommen, in den die flüssigen oder gasförmigen Reagentien unter Druck eingeführt werden, und aus dem die während der Reaktion entstehenden Gase oder Dämpfe durch Absaugen entfernt werden. Der Kessel hat einen Mantel, durch den Heiz- und Kühlflüssigkeit strömt, und enthält Kugeln zur Zerkleinerung und Durchmischung seines Inhalts. Innen kann er durch elektrische Lampen erleuchtet werden. Die Zuführung für die Reagentien kann mit einem Zerstäuber verbunden sein. (1 Zeichnung.)

Eine ähnliche Einrichtung beschreibt das franz. P. 419 852 desselben Erfinders. (4 Zeichnungen.)

In dem franz. P. 10 929, Zus. z. 402 804, werden statt Papier Papierschnitzel oder -streifen, Hüllen von Papierkonfetti oder gesiebter Papierstoff verwendet. Gleichzeitige Zugabe von Alkalilauge und Schwefel-

Nach Lyncke.

324. H. Lyncke in Berlin. Herstellung löslichen gepulverten Alkalizellulosexanthogenats.

Brit. P. 8023[1908], D.R.P. 237 261 Kl. 12o vom 22. IX. 1907 (gelöscht).

Das rohe Alkalizellulosexanthogenat, das durch Einwirkung von Schwefelkohlenstoff auf Alkalizellulose erhalten wird, wird, ohne in Wasser gelöst zu werden, mit etwa dem dreifachen Gemisch Äthylalkohol von 96% in einer Knetmaschine durchgearbeitet. Das Produkt zerfällt in kleine krümelige Stückchen, die bei 70—80° oder niedrigeren Temperaturen getrocknet werden, worauf sie noch weiter zerkleinert werden können. Auch Methylalkohol kann benutzt, es kann ferner etwas Äther oder Aceton den Alkoholen zugesetzt werden. Die Anwesenheit von etwas Säure erleichtert die Reinigung.

Nach Pellerin.

325. A. Pellerin. Verfahren zur Herstellung von Zellulosexanthogenatlösungen.

Franz. P. 417 568; brit. P. 15 752[1910].

Den zur Herstellung von Kunstfäden, Häutchen, plastischen Massen usw. dienenden Zellulosexanthogenatlösungen werden Glyzerin, Glykose oder andere Körper mit alkoholischen Funktionen zugesetzt, um den Produkten größere Weichheit und Elastizität zu verleihen. Es werden z. B. 162 g trockene Zellulose mit 98 g reinem oder der doppelten Menge 50%igem Glyzerin versetzt. Dazu gibt man 120 g Ätznatron, das in so viel Wasser aufgelöst sind, daß eine Lösung von 40° Bé entsteht. Man mischt das Ganze gut durch und gibt dann 156 g Schwefelkohlenstoff dazu. Das Gemisch wird in geschlossenem Gefäß durchgearbeitet und dann einige Stunden stehengelassen. Man versetzt mit Wasser oder schwacher Natronlauge, bis die Masse einen Gehalt von 6—7% Zellulose hat, läßt reifen und verwendet die Lösung zur Erzeugung von Kunstfäden. Statt das Glyzerin oder die Glykose am Anfang des Arbeitsganges zuzusetzen, kann man auch das Xanthogenat in der üblichen Weise herstellen und dann Glyzerin oder Glykose am Ende, vor dem Verspinnen, zusetzen. Man stellt z. B. aus 100 g trockenem Holzzellstoff, 300 g Natronlauge 25° Bé und 60—70 g Schwefelkohlenstoff das Xanthogenat her und gibt dann die nötige Menge Glyzerin oder Glykose zu. Theoretisch können sich aus dem Glyzerin oder den anderen Alkoholen Xanthogenate bilden, die mit dem Zellulosexanthogenat gemischte Xanthogenate liefern. Die erhaltenen Fäden usw. sind um so weicher und elastischer, je mehr die zugesetzten Stoffe geeignet sind, Weichheit und Elastizität zu verleihen.

Nach Lilienfeld.

326. Dr. Leon Lilienfeld in Wien. Verfahren zur Herstellung von im trockenen Zustande haltbaren, in Alkalien, Ammoniak und evtl. in Wasser, insbesondere beim Erwärmen, löslichen Zelluloseabkömmlingen aus Viskose.

D.R.P. 228 836 Kl. 12o vom 28. X .1906 (gelöscht); Ver. St. Amer. P. 980 648.

Die in bekannter Weise durch Einwirkung von Alkali und Schwefelkohlenstoff auf Zellulose hergestellte Viskose (Zellulosexanthogenat oder Alkalizellulosexanthogenat) ist ein Produkt, welches bekanntlich nur geringe Haltbarkeit besitzt. Auch die nach den verschiedenen bekannt gewordenen Verfahren gereinigte Viskose zersetzt sich sowohl in Form der zwecks Reinigung gewonnenen Niederschläge wie ihrer Lösungen in verhältnismäßig kurzer Zeit. Dasselbe gilt von den Derivaten der gereinigten oder ungereinigten Viskose, z. B. denjenigen, welche bei der Behandlung mit Salzen schwerer Metalle (Zink usw.) erhalten werden.

Es wurde nun gefunden, daß aus Viskose und ihren Derivaten durch Behandlung mit den oxydierende Eigenschaften besitzenden Manganaten, Permanganaten oder mit diesen ähnlich wirkenden Oxydationsmitteln Produkte entstehen, welche in trockenem Zustande haltbar sind und sich in verdünnten Alkalien und bei Einhaltung entsprechender Arbeitsbedingungen bei ihrer Herstellung auch in Ammoniak und gegebenenfalls auch in warmem Wasser lösen. Bei der in den Werken „Cellulose" von Cross und Bevan, 2. Aufl. (1903), S. 26. Z. 12 ff. sowie „Researches on Cellulose" (1901) derselben Verfasser, S. 32 und 33, unten beschriebenen Behandlung von Zellulosexanthogenat mit Jod oder mit Hypochloriten erhält man nicht die gemäß vorliegendem Verfahren herstellbaren Produkte. Jod und Hypochlorite gehören deshalb nicht zu den erwähnten Oxydationsmitteln. Die vorliegenden Produkte und deren Derivate sowie die Lösungen der Produkte und ihrer Derivate eignen sich zu allen Zwecken, für welche gelöste Zellulose oder lösliche Zellulosederivate Eignung besitzen; sie können für sich oder im Gemisch mit anderen hierfür geeigneten Körpern (Eiweiß, Leim, Kohlehydrate usw.) zur Verwendung gelangen. Das Wasserunlöslichmachen der mit Hilfe der vorliegenden Produkte erzeugten Schichten, Häute, Fäden, Massen usw. kann je nach Bedarf entweder durch geeignete Fällungsmittel (Säuren, Metallsalze usw.) oder Dampf oder trockene Hitze oder Ablagern bzw. längere Berührung mit der Luft geschehen.

Beispiele: 1. 10 kg eines in 3—15%iger Natronlauge gelösten, in bekannter Weise hergestellten Zinksalzes der Viskose, welche etwa 300 bis 360 g Zellulose enthalten, werden, wenn nötig, durch Filtrieren oder Kolieren geklärt und unter gutem Schütteln allmählich mit einer Lösung, enthaltend etwa 2—3 l Wasser und 50—180 g Kaliumpermanganat oder die äquivalente Menge Kaliummanganat, versetzt. Das Reaktionsgemisch bekommt vorübergehend eine gallertartige Beschaffenheit, wird aber schließlich leicht beweglich. 2. Rohe Viskose wird in bekannter

Weise durch Fällen mit Kochsalz, Salmiak oder Ammoniumsulfat usw. gereinigt. Der gewonnene Niederschlag wird ohne weiteres oder nach Auswaschen mit Kochsalzlösung auf einem Filter gesammelt oder in einer Presse abgepreßt und in verdünnter Natronlauge aufgelöst. 20 Gewte. einer solchen Lösung, entsprechend etwa 1 Gewt. Zellulose, werden mit $^1/_4$—$^1/_4$ Gewt. Kaliumpermanganat oder der äquivalenten Menge Kaliummanganat unter Schütteln oder Rühren versetzt. In beiden Fällen wird nach längerem Stehen (z. B. 12—24 Stunden) das Reaktionsgemisch zweckmäßig von den ungelösten Bestandteilen (Braunstein usw.) durch Kolieren, Zentrifugieren, Filtrieren od. dgl. befreit (man kann auch direkt fällen und den Braunstein durch geeignete Lösungsmittel, z. B. Bisulfitlauge usw., in Lösung bringen) und mit einer Säure, z. B. mit verdünnter Salzsäure oder mit Essigsäure versetzt; man kann dann vorteilhaft etwas Natriumbisulfitlösung oder etwas schweflige Säure zusetzen oder den durch Manganverbindungen dunkelgefärbten Niederschlag mit Wasser waschen und dann durch Behandlung mit Bisulfitlauge in zweckmäßig saurer Lösung entfärben. Der Niederschlag wird dann zweckmäßig mit Wasser oder mit Wasser und Alkohol usw. ausgewaschen und im Vakuum oder an freier Luft getrocknet. Will man die Trocknung beschleunigen, so kann man den u. U. mit Alkohol gewaschenen Niederschlag noch mit Äther erschöpfen. Durch Wiederauflösen in Lauge oder Ammoniak und Wiederausfällen mit Säuren kann man den Körper, wenn man will, einer weiteren Reinigung unterziehen.

Patentanspruch: Verfahren zur Herstellung von im trockenen Zustande haltbaren, in Alkalien, Ammoniak und evtl. in Wasser, insbesondere beim Erwärmen, löslichen Zelluloseabkömmlingen aus Viskose, dadurch gekennzeichnet, daß man rohe oder gereinigte Zellulosexanthogenate in Lösung mit Oxydationsmitteln, wie Kaliumpermanganat, Kaliummanganat, behandelt und das Reaktionsprodukt aus dem Reaktionsgemisch durch entsprechende Fällungsmittel ausfällt.

327. Leon Lilienfeld in Wien. Verfahren zur Herstellung von Zellulosexanthogenatlösungen.

Franz. P. 474 793, brit. P. 14 339[1914], D.R.P. 323 891 Kl. 29 b vom 12. 6. 1914.

Bekanntlich erfährt Viskose, die längere Zeit auf 90° C erhitzt oder mit Mineralsäuren behandelt ist, eine Zersetzung, sie scheidet Zellulosehydrat aus, welches nach Waschen mit Wasser schwefelfrei ist und sich, wenn auch schwer, in konzentrierten Ätznatronlösungen löst. Man kennt auch ein Verfahren zum Reinigen der rohen Viskose, das darin besteht, daß man sie kurze Zeit auf 45—50° C erhitzt, in Salzlösung einlaufen und mit der Salzlösung längere Zeit in Berührung läßt, nach Waschen wieder in Alkali löst und das Xanthogenat fällt. Das vorliegende Verfahren beruht auf der Beobachtung, daß man mittels roher Viskosen polymerisierte Xanthogenate erhalten kann, die leicht und vollständig in mäßig konzentrierten Alkalilaugen löslich sind und deren Lösungen vorteilhafte technische Anwendungen finden können, wenn man rohe

Viskosen, besonders nach geeigneter Verdünnung, auf 60—80° C erhitzt und sie bei dieser Temperatur erhält, bis das polymerisierte Xanthat sich gebildet hat. Es ist unlöslich in Wasser, leicht löslich in verdünnten Ätzalkalilösungen, wenn man den Niederschlag sorgfältig mit Wasser wäscht, bis er vollkommen farblos und ganz rein ist, und ihn dann in Ätzalkalien löst. Die Tatsache, daß der sorgfältig gewaschene Niederschlag organisch gebundenen Schwefel enthält, daß seine Lösungen beim Behandeln mit Mineralsäuren oder beim Erhitzen usw. dasselbe Zellulosehydrat abscheiden, das man beim Fällen von Viskose mit Mineralsäuren oder beim Erhitzen während bestimmter Zeit erhält, und daß seine Lösungen beim Behandeln mit Kupferoxydsalzen eine gelbe Färbung geben und durch Jodlösungen gefällt werden, führt zu dem Schluß, daß man es mit einer der höheren Formen des Zellulosexanthogenats zu tun hat. Die Lösungen dieses Xanthogenats zeichnen sich durch Beständigkeit aus. Man kann sie mehrere Wochen bei Zimmertemperatur stehenlassen, ohne daß Koagulierung eintritt. Spritzt man Lösungen dieser Art durch kapillare Öffnungen, Spinndüsen oder Schlitze in Mineralsäuren, so koagulieren sie mit großer Schnelligkeit zu transparenten, klaren und außerordentlich festen Fäden oder Films, die nach dem Waschen und Trocknen großen Glanz und im trocknen und feuchten Zustande bemerkenswerte Festigkeit besitzen. Infolge der großen Reinheit der erhaltenen Xanthogenatlösungen beladen die Fällbäder sich nur sehr wenig mit Verunreinigungen, sie können vorteilhaft und sehr lange benutzt werden. Zur Ausführung des Verfahrens nimmt man rohe Viskose, besonders gereifte, deren Konzentration nicht zu hoch ist, z. B. solche mit nicht über 5% Zellulose oder Zellulosehydrat, und erhitzt sie auf 60—80° C, vorzugsweise unter fortwährendem Umrühren. Bei dieser Temperatur verwandelt die Viskose sich in eine Gelatine. Man hält sie bei 60—80° C, wieder unter fortgesetztem Umrühren, bis sich ein Niederschlag ausscheidet, der in der Mutterlauge suspendiert bleibt. Man kann ihn alsbald mit kaltem Wasser leicht und rasch auswaschen, ohne daß er quillt, nach dem Waschen kann man den Niederschlag leicht in Natronlauge lösen und man erhält sehr flüssige Lösungen mit 8—10% festem Ätznatron. Sehr langes Erhitzen muß man vermeiden, sonst wandelt das ausgeschiedene Xanthogenat sich in das bekannte Zellulosehydrat um, das man bisher durch Erhitzen der Viskose während entsprechender Dauer auf ungefähr 90° C erhalten hat. Man darf aber auch nicht zu kurz erhitzen, sonst läßt sich der abgeschiedene Körper oder die Gelatine nicht direkt mit kaltem Wasser waschen, sie würde darin quellen und vollständig oder teilweise in Lösung gehen, man müßte dann statt direkt mit Wasser mit Salzlösungen behandeln. Man erkennt dss Ende der Reaktion daran, daß die dicke Gelatine, die dem Glasstabe oder Rührer einen gewissen Widerstand leistet, sich verdünnt und einem Niederschlage Platz macht, der gleichmäßig in der verdünnten Mutterlauge verteilt ist und dem Rührer einen geringeren Widerstand leistet. Während die Gelatine an dem Glasstabe oder Rührer haftet, läuft das Reaktionsgemisch aus Mutterlauge und

Niederschlag gut ab, wenn die Reaktion beendet ist. Je nach der Konzentration der Viskose und der Temperatur dauert es 5 bis höchstens 15 Minuten vom Beginn der Ausscheidung der Gelatine bis zum Ende der Reaktion, wo das in Wasser unlösliche und in Alkalilaugen lösliche Xanthogenat sich gebildet hat.

Nach Becker.

328. Dr. Franz Becker in Dessau. Verfahren zur Herstellung gereinigter Viskose.

D.R.P. 234861 Kl. 29b vom 16. VIII. 1910 (gelöscht).

Nach vorliegendem Verfahren erhält man eine gereinigte Viskose, ohne Zusätze oder Erhitzen und ohne kostspieliges Bearbeiten der Rohviskose, indem man letztere einem Dialysierverfahren unterwirft und auf diese Weise die Nebenprodukte entfernt. Die Ausführung des Verfahrens ist sehr einfach und gestaltet sich beispielsweise folgendermaßen: Das durch Wechselwirkung von Alkalizellulose und Schwefelkohlenstoff entstandene Produkt, das Rohzellulosexanthogenat, wird in eine möglichst hochprozentige dickflüssige Viskose verwandelt und in unreifem Zustand in beliebigen, geeigneten Dialysierapparaten gegen Wasser oder verdünnte Alkalilauge dialysiert. Diese Apparate sind am besten so eingerichtet, daß sie die Rohviskose ruhend oder in Bewegung in dünner Schicht mit möglichst großer Oberfläche der Einwirkung des dialysierenden Mittels aussetzen. So kann man z. B. den Osmoseapparat, wie er in der Zuckerindustrie zur Reinigung der Melasse durch Dialyse gebraucht wird, benutzen. Die Wirkung der Dialyse auf die Rohviskose besteht darin, daß letzterer bei genügend langer Dauer der Dialyse alle kristalloiden Schwefelverbindungen entzogen werden. Ist reines Wasser zum Dialysieren verwendet worden, so erhält man eine reine wässerige Lösung von Natriumzellulosexanthogenat, welche auch frei ist von überschüssigem Alkali. Sie zeigt jedoch große Neigung zur Abscheidung der Zelluloseverbindung, weshalb man ihr zweckmäßig einen Zusatz von Natronlauge gibt, um sie haltbarer zu machen. Die gereinigte Viskose ist nach dem Filtrieren und etwaigem Reifen zu jeder beliebigen Verwendung geeignet. Man kann die Viskose auch im Zustand der Reife, z. B. gegen Natronlauge dialysieren, so daß man sie sofort nach der Reinigung und Filtrierung verbrauchen kann. Die Verwendung von frisch bereiteter Rohviskose hat indessen den Vorteil, daß man die Dialyse gleichzeitig mit der Reifung ausführen kann, so daß die Reinigung auch mit keinem Zeitverlust verbunden ist. Die neue gereinigte Viskose soll als Ersatz der Rohviskose bei der Herstellung von künstlicher Seide, künstlichem Roßhaar, Films oder Apprêts Verwendung finden.

Patentanspruch: Verfahren zur Herstellung gereinigter Viskose, dadurch gekennzeichnet, daß man Rohviskose in jedem beliebigen Konzentrations- und Reifegrad der Dialyse gegen Wasser oder Alkalilauge unterwirft.

Nach Société anonyme pour la fabrication de la Soie de Chardonnet.

329. La Société anonyme pour la fabrication de la soie de Chardonnet in Besançon, Doubs, Frankr. Verfahren zum raschen Verspinnbarmachen von rohen Zellulosexanthogenatlösungen.
D.R.P. 270 051 Kl. 29b vom 12. III. 1911; franz. P. 430 445; brit. P. 1436^{1911}; schweiz. P. 54 834.

Bei der technischen Benutzung von Zellulosexanthogenatlösungen, z. B. Viskoselösungen, hat sich die Schwierigkeit gezeigt, daß das Produkt nicht unmittelbar nach seiner Herstellung verwendet werden kann, um aus ihm die Produkte regenerierter Zellulose in der gewünschten Form und namentlich die für Textilzwecke bestimmten Fäden zu erhalten. Vor der Verwendung der Zellulosexanthatlösungen ist es erforderlich, das Produkt der Operation des sog. „Reifens" zu unterwerfen. Diese Behandlung besteht darin, daß man die Xanthatlösung einige Zeit sich selbst überläßt. Die hierfür erforderliche Zeit schwankt mit der Temperatur, welcher die Xanthatlösung ausgesetzt wird, beträgt aber in jedem Fall einige Tage. Aus der Notwendigkeit des Reifens ergeben sich verschiedene erhebliche Schwierigkeiten, welche davon herrühren, daß man das Produkt längere Zeit lagern lassen muß und hierbei sehr genau die Temperatur auf einer bestimmten Höhe zu halten hat, damit das Produkt im Augenblick der eigentlichen Verwendung die für die Benutzung notwendigen günstigen Eigenschaften besitzt.

Das vorliegende Verfahren bezweckt, die aus dem Reifungsvorgange sich ergebenden Nachteile zu vermeiden. Es wird nach dem vorliegenden Verfahren unmittelbar eine Xanthatlösung erhalten, welche die zur Gewinnung der gewünschten Produkte und namentlich der Textilfäden notwendigen Eigenschaften besitzt. Die Behandlung nach der vorliegenden Erfindung bewirkt, daß die bisher notwendige Reifung der Xanthatlösung durch Aufbewahren in der Ruhe unterbleibt. Die Xanthatlösung wird nach ihrer Herstellung dem vorliegenden Verfahren unterworfen und kann dann unmittelbar zur Verspinnung in einer bekannten Weise verwendet werden.

Man hat bereits versucht, die Xanthatlösung mit Säuren oder sauren Salzen zu behandeln[1]). Nach diesem Verfahren wird nicht nur das überschüssige freie, ungebundene Alkali der Lösung angegriffen, vielmehr erstreckt sich die Wirkung auch auf das mit der Zellulose verbundene Alkali des Xanthates. Es gelingt nach diesem Verfahren also nicht, ein Angreifen des Xanthates zu vermeiden. Eine homogene Mischung der Xanthatlösung mit der Säure oder einem sauren Salze ist nicht zu erzielen. Es bildet sich stets an irgendeinem Punkte der Mischung ein Überschuß von Säure, so daß also das Xanthat zersetzt wird. Wenn aber ein Überschuß von Säure oder saurem Salze angewendet worden ist, gelingt es nicht, in einfacher Weise die Lösung wiederherzustellen. Im Gegensatz zu diesem bekannten Verfahren werden nach dem vorliegenden neutrale Salze zur Erzielung eines für die weitere Verarbeitung

---
[1]) Ver. St. Amer. P. 896 715, s. S. 341.

der Xanthatlösung geeigneten Zustandes benutzt. Man kann alle neutralen Salze verwenden, welche die als Lösungsmittel dienende Base zu binden vermögen, ohne eine Zersetzung oder Koagulation des Xanthats herbeizuführen. Besonders haben sich Ammoniumsalze, z. B. Ammoniumsulfat oder Ammoniumchlorid, als geeignet erwiesen. Hierbei wird freies Ammoniak gebildet. Bei der Verwendung von Magnesiumsalz bildet sich unlösliche Magnesia, die durch Filtration od. dgl. von der Xanthatlösung getrennt werden kann. Man kann auch Salze verwenden, deren Base in Ätznatron löslich ist. Bei der Verwendung eines Zinksalzes wird beispielsweise Zinkoxyd frei, welches in Lösung geht. Die Art des zugesetzten neutralen Salzes ist derartig zu wählen, daß nur überschüssige Base gebunden wird und eine Koagulation des Xanthates nicht eintritt. Dadurch, daß keine Koagulation der Xanthatlösung eintritt, unterscheidet sich das vorliegende Verfahren von der bereits bekannten Anwendung der Salze oder Säuren zur Koagulation der Xanthatlösung nach der Verspinnung oder der bisher angewendeten Ansäuerung. Die Benutzung der Salze nach dem vorliegenden Verfahren erfolgt demnach in derartiger Menge, daß eine Koagulation der Xanthatlösung nicht stattfindet und eine unmittelbar zum Verspinnen ohne vorherige Reifung durch Lagerung geeignete Lösung entsteht.

Zur Ausführung des Verfahrens kann man beispielsweise die in bekannter Weise erhaltene Xanthatlösung, welche etwa 8% NaOH enthält, unmittelbar nach der Herstellung in einem eine gründliche Durchmischung gestattenden Mischapparat mit einer Lösung von Ammoniumsulfat versetzen. Die Menge des eingeführten Ammoniumsulfats soll ungefähr 3% der Lösung betragen. Die Menge des zugesetzten Salzes kann je nach der Menge der ursprünglichen, in der Xanthatlösung vorhandenen Natronmenge schwanken und soll in allen Fällen ganz gering sein, um keine Koagulation der Masse hervorzurufen. Die Masse soll gelöst bleiben, so daß sie durch die Düsen u. dgl. zum Spinnen getrieben werden kann.

Man kann das Verfahren im luftleeren Raum ausführen, um die Entwicklung von Blasen zu vermeiden und entwickelte Gase, wie z. B. Ammoniak, möglichst vollständig zu entfernen. Eine Erwärmung während der Behandlung wird zwecks Vermeidung der Koagulation vorteilhaft unterlassen.

Patentanspruch: Verfahren zum raschen Verspinnbarmachen von rohen Zellulosexanthogenatlösungen, dadurch gekennzeichnet, daß die überschüssige Base durch Umsetzen mit neutralen Salzen chemisch gebunden wird.

Nach Burette.

330. **A.-J. Burette.** Verbesserungen in der Herstellung von Zellulosexanthat.

Franz. P. 430 221.

Nach den bekannten Verfahren hergestellte Viskose kann nicht direkt versponnen werden, sondern muß der Reifung unterworfen werden.

Dabei muß ein Teil des Schwefelkohlenstoffs wieder abgespalten werden. Die Notwendigkeit dieses indirekten Verfahrens beruht auf dem bisher innegehaltenen Arbeitsverfahren. Die Masse bekommt während der Schwefelung plastische Beschaffenheit, durch das beim Mischen vorgenommene Durchkneten verwandelt sie sich in kompakte, mehr oder weniger voluminöse Massen. Eine genügende Schwefelung der inneren Teile läßt sich nur dadurch erreichen, daß die äußeren Teile, die der Einwirkung des Schwefelkohlenstoffs mehr ausgesetzt sind, zu stark geschwefelt werden. Die Produkte sind Mischungen wechselnder Zusammensetzung, die einen größeren oder geringeren Überschuß an Schwefelkohlenstoff enthalten. Das vorliegende Verfahren will direkt zu einem homogenen Xanthat gelangen, welches durch einfaches Auflösen eine unmittelbar spinnfähige Viskose liefert. Dazu wird die Alkalizellulose sehr gleichmäßig auf 250 Gewt. für 100 Gewt. in Arbeit genommener Zellulose abgepreßt. In so trockenem Zustande ballt sie nicht mehr bei der Behandlung mit Schwefelkohlenstoff zusammen. Die in Flocken zerteilte Alkalizellulose wird ferner während der Schwefelung vor dem Zusammensinken geschützt. Sie wird in dünnen Schichten ohne Rühren der Einwirkung des Schwefelkohlenstoffs ausgesetzt, z. B. in Kästen aus gelochtem Blech von 15—20 cm Tiefe. Diese Kästen sind in einem Behälter so angeordnet, daß sie sich nicht gegenseitig verschließen. Der Schwefelkohlenstoff wird in Dampfform zur Einwirkung gebracht. Zu diesem Zwecke hat der Behälter einen dichten Verschluß, ferner Einrichtungen, um ihn luftleer zu machen[1]) und den Schwefelkohlenstoff im unteren Teile zuzuführen, von wo er sich verteilt, ohne das Niveau der Kästen zu erreichen. Es werden nur 15—20 T. Schwefelkohlenstoff auf 100 T. Zellulose angewendet. Das erhaltene Xanthat ist infolge seiner schwammigen Struktur leicht löslich, es enthält wenig Beimengungen und gibt durch Lösen in Ätzalkali eine nach dem Filtrieren und Entfernen der Luftblasen direkt verspinnbare Viskose.

Nach Bernstein.

331. Arnold Bernstein. Verfahren zur Herstellung einer Viskoselösung mittels Holzzellulose.

Franz. P. 462 147; belg. P. 259 495; Ver. St. Amer. P. 1 121 605.

Die Viskose wird von Nebenprodukten, die sich bei der Einwirkung von Schwefelkohlenstoff auf Alkalizellulose bilden, durch Waschen mit reinem oder angesäuertem Wasser befreit. Die Zellulose wird mit 18%iger Natronlauge 2—3 Stunden behandelt und nach Ablassen der Lauge gepreßt, bis die Masse das 3—4fache der ursprünglichen Zellulose beträgt. Man bringt nun die fein verteilte Alkalizellulose in einen drehbaren Behälter, der nach Art eines Butterfasses angetrieben werden kann. Die entsprechende Menge Schwefelkohlenstoff wird zugesetzt

---

[1]) Über die Einwirkung von Schwefelkohlenstoff auf Alkalizellulose im Vakuum vgl. noch P. Joliot, Franz. P. 470 141.

und nach Bildung des Xanthates gibt man die Masse in einen vertikalen Behälter mit konischem Boden, der mit einem Siebe und einem Entleerungshahn versehen ist. Man füllt den Behälter mit kaltem Wasser und setzt den in dem Behälter vorgesehenen Rührer in Gang. Nach einigen Minuten öffnet man den Entleerungshahn. Es läuft eine rötliche Flüssigkeit ab. Dem kalten Wasser kann man eine geringe Menge einer organischen Säure zusetzen, z. B. Essigsäure. Das Verfahren entfernt nicht nur einen großen Teil der schädlichen Nebenprodukte, sondern auch vollkommen den Schwefelkohlenstoff, der sich durch das kalte Wasser kondensiert und mit ihm abläuft. Es bilden sich mithin in der Lösung der behandelten Viskose keine weiteren Nebenprodukte. Das gereinigte Xanthat gelangt in das Lösungsgefäß, wo es durch schwache Natronlauge gelöst wird. Die Fäden, die mit der so behandelten Viskose hergestellt sind, sind von besserer Beschaffenheit als die, die man mit nicht gereinigter Viskose erhält.

Nach Courtaulds Ltd., Glover und Wilson.

332. Courtaulds Limited, London, W. H. Glover, Braintree, Essex und L. Ph. Wilson, Coventry. Verfahren zur Herstellung eines Oxydationsproduktes der Natriumzellulose.

Schweiz. P. 70 744.

Bei der Herstellung von Viskose, Lösungen von Natriumzellulosexanthogenat wird zunächst Natriumzellulose durch Eintauchen von Zellulose in Natronlauge von 1,2 spez. Gew. hergestellt. Die überschüssige Natronlauge wird dann entfernt, die Natriumzellulosemasse vermahlen und in Büchsen verpackt, um sie auszureifen oder zu mercerisieren. Die Dauer des Ausreifens oder Mercerisierens und die Temperatur, gewöhnlich zwischen 15 und 20° C, bestimmen die Viskosität der Viskose und richten sich nach den verschiedenen Sorten Zellulose, die zur Anwendung gelangen. Es war bisher angenommen worden, daß die dabei eintretenden Änderungen einer langsamen direkten Einwirkung der Natronlauge auf die Zellulose zuzuschreiben seien, daß die Luft eine schädliche Einwirkung auf die Zellulose ausübe und daß niedrige Temperatur für die Lagerung und zur Erzielung befriedigender Ergebnisse erforderlich sei. Alle bisherigen Fabrikationsweisen beruhen auf diesen Annahmen. Die Natriumzellulose wurde in dicht verschlossene Kessel verpackt, die vorzugsweise nicht mehr als 100 kg aufnahmen, um den Zutritt der Luft sowie zu starkes Erhitzen infolge der exothermischen Natur der Reaktion zu vermeiden. Das Ausreifen dauerte gewöhnlich mehrere Tage.

Es wurde nun gefunden, daß die Oxydation wesentlich zu den Änderungen, die während des Ausreifens eintreten, mitwirkt. Die gewünschte Wirkung z. B. wird nicht erhalten, wenn man Zellulose, z. B. Holzstoff, in Natronlauge während einiger Tage vollständig eintaucht, eine Zeitdauer, die hinreichend wäre, die Wirkung zu erzielen, wenn nach einem kurzen Eintauchen die Natriumzellulose der Einwirkung der Luft in einem mehr oder weniger beschränkten Raume ausgesetzt würde. Eine Behandlung mit Natronlauge von verhältnismäßig kurzer Dauer, z. B von 4—5 Stunden, ist hinlänglich, um die gewünschte Wirkung zu erzielen, wenn Sauerstoff oder ein anderes Oxydationsmittel zugeführt wird. Vorliegende Erfindung beruht daher auf der absichtlichen Behandlung der Natriumzellulose mit einem Oxydationsmittel wie z. B. einem löslichen Peroxyd (Natriumperoxyd, Wasserstoffsuperoxyd oder einer Mischung solcher Peroxyde), einem Hypochlorit, einem Sauerstoff- oder Luftstrome, dem Strome einer Mischung eines oder mehrerer inerter Gase mit Sauerstoff oder Luft usw. Es werden z. B. 2 kg Natriumperoxyd in 200 kg einer $17^1/_2\%$igen Natronlauge gelöst und in die so erhaltene Flüssigkeit werden 5 kg Holzstoff in Vlies- oder Blattform bei einer Temperatur von 18° C während 4—5 Stunden eingetaucht. Das aus der Flüssigkeit herausgenommene Produkt wird dann soweit gepreßt, bis es noch ungefähr 15 kg wiegt und hierauf vermahlen. Es kann sofort durch Einwirkung von Schwefelkohlenstoff in Xanthogenat übergeführt werden. Oder es wird aus Holzstoff hergestellte Natriumzellulose, die in der in der Viskosefabrikation üblichen Weise gemahlen worden ist, in einen Kessel gebracht, den man in Umdrehung versetzt und mittels eines Wassermantels auf einer Temperatur von 40° C hält. Kurz nachdem der Kesselinhalt die Kesseltemperatur angenommen hat, wird ein starker Luftstrom während 4 Stunden durch den Kesselinhalt geblasen. Man läßt dann kaltes Wasser durch den Wassermantel des Kessels fließen, um den Kesselinhalt abzukühlen, und nachdem die Temperatur des letzteren auf die für die Xanthogenatbildung geeignete Temperatur gesunken ist, kann Schwefelkohlenstoff zugesetzt werden, um die Umwandlung in Viskose zu vollziehen. Durch das beschriebene Verfahren kann die Zeit, um Natriumzellulose auszureifen, erheblich herabgesetzt werden, und zwar bis auf wenige Stunden, während dabei das Verfahren besser überwacht werden kann und auch Zellulosearten, die bisher als ungeeignet betrachtet wurden, mit Erfolg verwendet werden können.

Nach Courtaulds Ltd. und Wilson.
333. **Courtaulds Limited, London und L. Ph. Wilson, Coventry, Großbrit.**
Verfahren zur Herstellung eines Oxydationsproduktes der Natriumzellulose.
Schweiz. P. 71 681.

Bei der Herstellung gewisser Zelluloseverbindungen, z. B. Viskose, bestehen die ersten Herstellungsstufen darin, daß man durch Behandeln von Zellulose mit Natronlauge Natriumzellulose herstellt, die man vor der Umwandlung in Xanthogenat ausreifen läßt oder mercerisiert, wobei infolge der Einwirkung der Atmosphäre eine Oxydation eintritt. Dieses Ausreifen wurde stets vorgenommen, trotzdem man bisher glaubte, dem Eintreten einer Oxydation vorbeugen zu müssen. In dem Schweizer Patent 70 744 (s. vorstehend) ist dargetan, daß eine wirkungsvolle Oxydation wünschbar ist und daß die Fabrikation wesentlich beschleunigt werden kann durch Zufuhr von Oxydationsmitteln, wie z. B. Luft, Sauerstoff, Peroxyden und Hypochloriten. Es wurde nun gefunden, daß die Oxydation wesentlich unterstützt wird durch den Zusatz eines Katalysators. Katalysatoren sind z. B. die Oxyde oder Hydroxyde gewisser Metalle, besonders die Eisen-, Nickel- und Kobaltoxyde oder -hydroxyde. Es werden z. B. 5 kg Holzstoff in Vliesen oder Blättern in eine Ferrosulfatlösung, die 0,6% kristallisiertes Ferrosulfat enthält, eingetaucht, ausgepreßt, bis die zurückbleibende Masse noch 8,5 kg beträgt und getrocknet. Die Zellulose enthält ungefähr 21 g Ferrosulfat. Die so behandelte Zellulose wird darauf zunächst während 2 Stunden in eine Natronlaugelösung von 17,5% NaOH-Gehalt eingetaucht, wobei sich eine eisenhydroxydhaltige Natriumzellulose bildet, die man bis zu einem Gewicht von ungefähr 16 kg auspreßt. Hierauf wird sie gemahlen und oxydieren gelassen, indem sie 15—20 Stunden, was ungefähr den vierten Teil der bisher gebrauchten Zeit darstellt, in den üblichen geschlossenen Büchsen eingeschlossen oder einem Luftstrome bei ungefähr 40° C während ungefähr 1 Stunde ausgesetzt wird. Als Katalysatoren können auch Cer- oder Vanadinoxyde oder -hydroxyde verwendet werden.

Nach Société anonyme Soie de St. Chamond.

334. Société anonyme Soie de St.-Chamond in St. Chamond, Frankreich. Verfahren zur Herstellung einer Viskoselösung zur Erzeugung künstlicher Seide usw.

Schweiz. P. 71 312; franz. P. 474 777; brit. P. 24 291[1914].

In üblicher Weise hergestellte Viskose enthält viel nicht mit Zellulose verbundenes Ätznatron und eine Fällung von Zellulosehydrat erhält man nur durch Neutralisieren dieses Ätznatrons, man verbraucht also viel Fällungsmittel. Nach der Erfindung wird das Alkalizellulosexanthogenat nicht mehr in Wasser oder verdünnter Alkalilauge gelöst, sondern in einer wässerigen Lösung eines oder mehrerer saurer Salze, besonders solcher schwacher Säuren. Dadurch wird das freie Ätznatron des Xanthates und ein Teil des mit der Zellulose verbundenen Alkalis neutralisiert[1]) und das Xanthat dem neutralen Xanthat nahegebracht, d. h. dem, welches im Molekül nur 1 Atom Alkalimetall enthält. Besonders verwendet werden Alkalibikarbonate oder -bisulfite oder saure Phosphate in solcher Menge, daß das freie und ein Teil des gebundenen Alkalis neutralisiert werden. Man verwendet z. B. von Natriumbisulfit 10—15 kg auf 100 kg Zellulose, oder 8—12 kg Natriumbikarbonat oder 13—20 kg Dinatriumphosphat. Man erhält so eine Viskoselösung, die kein freies Alkali mehr enthält, sie braucht daher weniger Fällungsmittel als die übliche alkalische Lösung.

---

[1]) Siehe Ver. St. Amer. P. 896 715, S. 341.

Nach Linkmeyer und Hoyermann.

335. Rudolf Linkmeyer in Barby a. E. und Hans Hoyermann in Hannover. Verfahren zur Herstellung verbesserter, haltbarer Viskoselösungen.

D.R.P. 312 392 Kl. 29b vom 17. XI. 1917.

Bekanntlich gehen die Lösungen von Zellulosexanthogenaten (Viskose) nach Erlangung des für die Fadenbildung besonders geeigneten, sog. Reifezustandes, sehr bald unter weiterer Umsetzung in einen für den Zweck weniger geeigneten, sog. überreifen Zustand über.

Es hat sich gezeigt, daß man durch Zusatz von Stoffen, die Amid- oder Imidgruppen enthalten, oder sich in der Viskoselösung unter Bildung solcher Gruppen umsetzen können, nicht allein die Haltbarkeit der Viskose verbessern, sondern daß man auch durch diese Beimischungen einen erheblichen technischen Erfolg durch Verbesserung der aus Viskose herzustellenden Gebilde, wie Fäden, Films u. dgl. erzielen kann, namentlich, wenn man den Fällungsbädern Formaldehyd zusetzt. Als besonders geeignet für diese Zusätze sind bisher folgende Verbindungen erprobt worden: Harnstoff, Harnstoffderivate, Cyanamid, Dicyandiamid, Guanidin und Guanidinderivate, Säureamide wie Acetamid usw., die Urethane und Cyanate, sowie die entsprechenden schwefelhaltigen Verbindungen, wie Thioharnstoffe, Senföle und Rhodanverbindungen. Diese Verbindungen können als solche oder soweit sie dazu befähigt sind, mit durch Kondensation mit Aldosen maskierter Amidgruppe der Viskoselösung zugemischt werden. Die Haltbarkeit der Viskoselösungen wird dadurch so weit vermehrt, daß man noch nach Wochen gute Fadenbildung damit erzielen kann und daß die Fäden sich durch große Stärke auszeichnen, gegen Wasser aber, namentlich bei der Benutzung eines Formaldehyd enthaltenden Fällungsbades, besonders unempfindlich sind. Es wird z. B. zu einer in bekannter Weise hergestellten Viskoselösung nach erreichtem Reifezustand oder auch früher eine kleine Menge der benannten Zusätze, am besten vorher in Wasser gelöst, eingerührt. Bei Harnstoff z. B. genügen etwa 2% vom Gewicht der Zellulose; Cyanamid wird vorteilhaft in Verbindung mit Aldosen angewandt. Zu dem Zwecke werden z. B. 50 g Kalkstickstoff mit einer Zucker- oder Melasselösung, welche 100 g Zucker in 250 g Wasser enthält, verrührt. Nach beendeter Einwirkung (der Zucker bildet mit dem Cyanamid eine Verbindung) wird die klare Lösung vom Unlöslichen getrennt und mitgelöster Kalk durch Kohlensäure gefällt. Dieses Präparat wird dann der Viskoselösung zugegeben, und zwar in Mengen, so daß etwa 4% Zucker auf die gelöste Zellulose verwendet wird.

Patentansprüche: 1. Verfahren zur Herstellung verbesserter, haltbarer Viskoselösungen, dadurch gekennzeichnet, daß man den Viskoselösungen Stoffe zusetzt, die Amid- oder Imidgruppen enthalten oder sich unter Bildung solcher Gruppen umsetzen können.

2 Verfahren nach Anspruch 1, dadurch gekennzeichnet, daß Harnstoff, Harnstoffderivate, Cyanamid, Dicyandiamid, Guanidin, Guanidin-

derivate, Säureamide, Urethane, Cyanate, Thioharnstoff, Senföle und Kondensationsprodukte der dafür geeigneten genannten Körper mit Aldosen verwandt werden.

Hier sind noch zu erwähnen die nachfolgenden

Verfahren zur Reinigung der Zellulose, zur Herstellung von Alkalizellulose und zur Aufarbeitung der dabei abfallenden Laugen.

Nach Girard.

336. P. Girard. Verfahren zur Reinigung von Zellulose, die zur Herstellung künstlicher Fäden bestimmt ist.

Franz. P. 443 897; belg. P. 247 992.

Man hat als Ersatz für die teure Baumwolle zur Kunstfädenherstellung Holzstoff zu verwenden gesucht, der jedoch immer eine gewisse Menge von Lignozellulosen, Harzen, Gummistoffen, chinonartigen Körpern usw. enthält. Diese Stoffe sind schädlich, besonders für die Herstellung von Zellulosexanthogenat. Es wurde gefunden, daß von Harzen und chinonartigen Körpern befreiter Holzstoff sich für die verschiedenen Stufen der Fabrikation besser eignet und ein weicheres, elastischeres und haltbareres Produkt liefert. Nach der vorliegenden Erfindung wird der zerkleinerte oder in Blätter gebrachte Holzstoff mit Flüssigkeiten behandelt, die die Zellulose nicht lösen, aber energisch die Harze lösen, z. B. mit Methyl-, Äthyl- oder Amylalkohol, Aceton, Tetrachlorkohlenstoff, Chlorderivaten von Äthan oder Äthylen, z. B. Trichloräthylen, die einzeln oder zusammen angewendet werden und mit 5—10% käuflicher wässeriger Formaldehydlösung versetzt sind. Die Verwendung des Formaldehyds hat zwei Zwecke: er dient als Antispetikum, und das in ihm enthaltene Wasser verhindert, daß die Zellulosefasern unter dem Einfluß des Lösungsmittels zusammenkleben. Das Wasser läßt der Masse ihre ganze Porosität und das Lösungsmittel kann in das Innere der Zellulosestücke eindringen.

Nach La Soie Artificielle.

337. La soie artificielle, société anonyme française in Paris. Vorrichtung zur Herstellung von Alkalizellulose.

D.R.P. 270 618 Kl. 12o vom 2. IV. 1912; franz. P. 442 019; brit. P. 7893[1912]; Ver. St. Amer. P. 1 044 434 (Bloch-Pimentel), Schweizer P. 59 409.

Zur Herstellung von Viskose pflegt man Zellulosepappfolien in Alkalilauge zu stellen, quellen zu lassen und dann von der überschüssigen Lauge abzuschleudern oder abzupressen. Vorteilhaft nimmt man das mit Lauge gefüllte Gefäß nur wenig höher, als die Zelluloseblätter selbst sind, so daß die Folien leicht aufrecht hineingestellt werden und wieder herausgenommen werden können; dabei kann anhängende und das Netzen durch die Alkalilauge hindernde Luft auch leicht entweichen.

Die Vorrichtung gestattet in ähnlicher Weise zu arbeiten, d. h. durch aufrechtes Hineinstellen der Folien die Lauge einwirken zu lassen,

330 Herstellung aus Viskose.

weiter aber gestattet sie, die überschüssige Lauge in demselben Gefäß abzupressen, wozu eine hydraulische Presse vorteilhaft geeignet ist, und so die Ausgabe für Arbeitslohn zu verringern und die lästige und gefährliche Manipulation der mit Lauge vollgesaugten Folien mit der Hand zu vermeiden. Fig. 148 ist ein Längsschnitt mit der Stellung der einzelnen Teile vor dem Abpressen. Fig. 149 zeigt den Apparat an einem Ende im Augenblick nach dem Abpressen. Die Tauchwanne A ist von der üblichen Art, wenn Zelluloseblätter in aufrechter Stellung in Natronlauge getaucht eingebracht werden sollen. Zweckmäßig benutzt die Vorrichtung eine Anzahl senkrechter Zwischenplatten E, die gelocht oder gerillt sind, als Zwischenlagen, gleichsam Abteilungen bildend, und führt sie durch die Stange c, auf welcher die vorteilhaft nach Art der hydraulischen Pressen betätigte Preßplatte F sich bewegt, dank dem Stempelschaft der Pumpe B. Die Zellulosepappblätter, auf welche die Alkalilauge einwirken soll, werden senkrecht zwischen die Platten C eingebracht und von diesen in ihrer Lage gehalten. Die Herausnahme nach dem

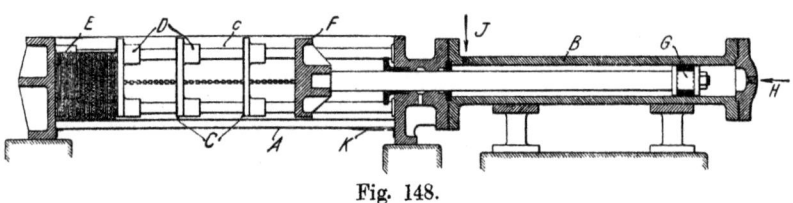

Fig. 148.

Abpressen wird durch dieselben Platten nach dem Herausnehmen sehr erleichtert. Das Ausquetschen wird durch den auf der Stempelstange G der Pumpe B sitzenden Preßstempel F besorgt. Der vom Stempel der Presse zum Abpressen auf einen bestimmten Grad erforderliche Abstand wird durch die auf den Platten C oder gesondert von den genannten Stangen c aufmontierten Nasen D bestimmt.

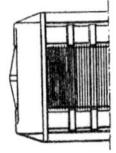

Fig. 149.

Das Arbeiten mit dem Apparat gestaltet sich dann folgendermaßen: Die zu tauchenden Pappstücke werden in passender Zahl in senkrechter Lage zwischen die beweglichen Platten E gebracht und diese zwischen die Platten C gesteckt. Die Tauchlauge wird dann in die Wanne A eingelassen und wirkt dort unter geeigneten Bedingungen auf die Zellulose ein. Der Laugenüberschuß wird nach Beendigung der Behandlung abgelassen, die Presse in Gang gesetzt, bis die Platte C und der Preßtisch F an die Zwischenstücke D anstoßen. Fig. 149 zeigt die Stellung am Ende des Troges nach erfolgtem Abpressen. In der Zeichnung konnten die einzelnen Blätter nicht durch Linien angezeigt werden, da der Raum bei dem betreffenden Maßstabe zu klein ist. Der Laugenüberschuß wird durch den Auslauf K am Boden der Wanne abgelassen, der geschlossen oder geöffnet werden kann. Der Stempel der Presse gestattet leicht beim Zurückgehen das Herausnehmen der abgepreßten

Pappschichten in senkrechter Richtung mittels der durchlochten Bleche. *H* und *J* sind Ein- und Auslaßöffnungen für das Wasser oder andere zum Betriebe des Preßstempels nötige Flüssigkeit.

Patentansprüche: 1. Vorrichtung zur Herstellung von Alkalizellulose, gekennzeichnet durch eine zum Abpressen mit kräftigem Druck geeignete Presse in derartiger Vereinigung mit dem Behälter für die Tränkung der Zellulose, daß die überflüssige Alkalilauge mit Hilfe eines kräftigen mechanischen Druckes in diesem Behälter selbst abgepreßt werden kann.

2. Ausführungsform nach Anspruch 1, bestehend aus einem horizontalen Tauchbadbehälter, in den Folien in aufrechter Stellung zwischen perforierte oder ähnliche Platten gebracht werden, wobei gleichsam Unterabteilungen gebildet werden.

3. Ausführungsform nach Anspruch 1, dadurch gekennzeichnet, daß die Zwischenplatten mit einer Anordnung versehen werden, die einen bestimmten Abstand voneinander nach dem Abpressen festzulegen und so eine Alkalizellulose von bestimmtem Alkaligehalt zu gewinnen erlaubt.

338. La soie artificielle société anonyme française in Paris. Verfahren zur Regenerierung von Natronabfallaugen, welche Zellulosederivate gelöst enthalten.

D.R.P. 252 179 Kl. 29 b vom 10. I. 1912; franz. P. 449 457; brit. P. 1573[1912]; schweiz. P. 58 424.

Das Wesen der Erfindung besteht darin, daß die verunreinigten Laugen mit Schwermetallsalzen in geeigneter Weise behandelt werden. Am besten eignen sich dazu die Kupferverbindungen. Zweckmäßig verfährt man dabei so, daß man Kupferoxydhydrat als solches, oder gelöst in Ätzkali oder in Ammoniak, oder in einer alkalischen Flüssigkeit, z. B. durch Einbringen von Kupfervitriol, Kupferammonsulfat oder einer sonst passenden Kupferverbindung entstehend, verwendet. Die gelösten Zellulosederivate gehen bei passender Konzentration und Temperatur der Lauge rasch Kupfernatronverbindungen ein, die in Natronlauge selbst unlöslich sind. Sie scheiden sich deshalb als anfänglich gelatinöse, aber bald dichter werdende Massen aus und können durch Filtration oder andere mechanische Verfahren, wie z. B. Abschleudern von der Lauge, getrennt werden. Wenn die Menge des Kupfers der Menge der gelösten Zellulosederivate durch Vorversuche richtig angepaßt war, so ist die Lauge nachher fast frei von solchen.

Beispiel: Vorversuch: 100 ccm Abfallauge werden solange mit einer Lösung von 10 g krist. Kupfersulfat im Liter unter starkem Schütteln versetzt, bis eine Probe der abfiltrierten Flüssigkeit keinen Niederschlag von Kupferzellulosederivaten mehr gibt. Dieser Punkt ist schon daran kenntlich, daß sich die Lauge durch sich lösende Mengen überschüssigen Kupferhydroxydes blau färbt. Hat man z. B. 90 ccm Kupferlösung verbraucht, so hat man 0,90 g kristallisiertes Kupfersulfat auf 100 ccm Natronlauge nötig, d. h. 9 kg auf 1 cbm zu reinigender

Lauge. Ist dieser Vorversuch ausgeführt, so bringt man in einen mit Rührwerk versehenen Kessel 1 cbm der Abfallauge, z. B. mit 16—17% Ätznatrongehalt, und fügt dazu 1 cbm Wasser, in dem 9 kg krist. Kupfersulfat gelöst wird, im Verlauf von $^1/_2$ Stunde unter kräftigem Rühren langsam zu. Nach weiteren 2 Stunden Rührens ist die Umsetzung vollendet, der Niederschlag genügend dicht, um in einer Filterpresse Kuchen zu bilden, wenn das Magma durchgetrieben wird. Die abfließende, in dem betreffenden Fall etwa 8%ige Lauge ist klar. Spuren Kupfer können, wenn sie störend sind, leicht durch Zugabe von etwas Schwefelnatrium zur Lauge und z. B. nochmalige Filtration über den Kuchen in der Presse entfernt werden. Statt der Kupferverbindungen können auch andere in Natronlauge so gut wie unlösliche Schwermetallhydroxyde, z. B. Nickel-, Kobalt- oder Eisenhydroxyd, angewendet werden. In allen Fällen muß die Fällung längere Zeit an der Luft gerührt werden, um gründlich zu werden. Die Niederschläge filtrieren leicht schon in der Kälte. Um die Lauge nicht mit Salzen zu verunreinigen, benutzt man am besten die frisch gefällten, durch Dekantieren gewaschenen Hydroxyde.

Patentanspruch: Verfahren zur Regenerierung von Natronabfalllaugen, welche Zellulosederivate gelöst enthalten, dadurch gekennzeichnet, daß diese Laugen bei passender Konzentration und Temperatur mit Schwermetallsalzen, vorzugsweise Kupferverbindungen, verrührt werden und die Lauge von dem entstandenen unlöslichen Niederschlag in passender Weise getrennt wird.

Nach Küttner.

339. Firma Fr. Küttner in Pirna a. E. Verfahren zum Reinigen von Natronlaugen, die durch kolloidal gelöste Stoffe verunreinigt sind.

D.R.P. 287 092 Kl. 29b vom 1. VII. 1914.

Es ist auf verschiedene Weise versucht worden, Natronlaugen, welche bei der Behandlung von Zellulose, Holzstoff und ähnlichen Stoffen abfallen, zu reinigen; denn diese Laugen sind infolge der aufgenommenen organischen Stoffe unbrauchbar. Man hat vorgeschlagen, die Natronlaugen einzudampfen, zu kalzinieren und zu kaustizieren, wodurch die organischen Stoffe beseitigt wurden. In der Patentschrift 252 179 (s. vorstehend) ist beschrieben, die Hemizellulosen aus der Natronlauge dadurch zu entfernen, daß man Kupfersalze hineinbringt, wodurch in der Lauge sich die Kupfernatronverbindungen der Hemizellulose usw. bilden, die sich ausflocken und abfiltrieren lassen.

Es ist nun gefunden worden, daß die schädlichen, gelösten Verunreinigungen der Natronlauge aus Kolloiden bestehen und durch Dialyse entfernt werden können. Das auf dieser Erkenntnis beruhende neue Verfahren unterscheidet sich von dem vorher beschriebenen deshalb besonders vorteilhaft, weil es gestattet, mit einfachen Mitteln die Laugen von den Kolloiden zu befreien, ohne fremde Stoffe in die Lauge zu bringen. Wenn man außerdem nach dem Prinzip des Gegenstromes arbeitet, so erhält man schließlich eine reine Lauge, die in ihrer Konzentration der Ausgangslauge nahekommt. Die Ausführung des Verfahrens geschieht beispielsweise in der Weise, daß man die zu dialysierende Natronlauge in Blasen aus Pergamentpapier oder in eiserne Zellen bringt, die mit Pergamentpapierwänden versehen sind und die man von Wasser umspülen läßt. Man verwendet eine geeignete Dialysierapparatur, wobei man Sorge tragen muß, daß stets mehrere Zellen hintereinander angeordnet sind, so daß das Wasser, welches die eine Zelle umflossen hat, um die nächste Zelle herumgeleitet wird. Das Wasser wird sich bei seinem Gang um die Zellen an Natronlauge anreichern, so daß es schließlich eine Natronlauge darstellt, welche fast die Konzentration der zu reinigenden Lauge angenommen hat. Es ist ferner nötig, Sorge zu tragen, daß die zu reinigende Lauge in entgegengesetzter Richtung wie der Wasserstrom von Zelle zu Zelle fließt, oder daß man die Rohrleitungen und Hähne, welche die Zellen mit den Dialysiermembranen einerseits und andererseits die Gefäße miteinander verbinden, so schaltet, daß sich die beiden Flüssigkeiten im Gegenstrom bewegen. Es muß dabei bewirkt werden, daß stets die frische, unreine Lauge mit dem laugehaltigen Wasser in Berührung kommt, weches schon alle anderen Zellen durchströmt hat, und umgekehrt, daß das frische Wasser nur an diejenige unreine Lauge herankommt, an der bereits alle anderen laugehaltigen Wasser vorbeigelaufen sind. Da die Natronlauge sehr begierig Kohlensäure anzieht, muß man in geschlossenem Gefäß arbeiten. Als dialysierende Membran dient Pergamentpapier, man kann aber auch andere Membranen, wie Osmosetuch, Asbestdiaphragmen, poröse Ton- oder Zementplatten oder geeignet imprägnierte oder mit Niederschlägen versehene Tonplatten verwenden.

Patentansprüche: 1. Verfahren zum Reinigen von Natronlaugen, die durch kolloidal gelöste Stoffe verunreinigt sind, dadurch gekennzeichnet, daß man die Lauge einem Dialysierprozeß gegen Wasser oder verdünnte reine Lauge unterwirft.

2. Ausführung zur Reinigung von Natronlauge, dadurch gekennzeichnet, daß man Wasser und die zu reinigende Lauge nach dem Prinzip des Gegenstromes aneinander vorbeifließen läßt.

Über die technische Herstellung von Viskose vgl. u. a. Ferenczi, Zeitschr. f. angew. Chemie 1899, S. 11—14, und Beltzer, Kunststoffe, 1912, S. 41 und 69. Über kontinuierliche Herstellung von Alkalizellulose s. Beltzer, Kunststoffe 1912, S. 202. Eine eingehende Monographie über Viskose hat B. M. Margosches verfaßt (Leipzig, Verlag der Zeitschr. f. d. ges. Textilind.).

Über die Bestimmung des Reifegrades der Viskose durch Titrieren mit Chlorammoniumlösung vgl. Hottenroth, Chem.-Ztg. 1915, S. 119.

Verfahren zur Herstellung künstlicher Seide aus Zellulosexanthogenat (Viskose) im allgemeinen.

Für die Herstellung künstlicher Fäden aus Viskose kommen folgende Verfahren in Betracht:

Nach Stearn.

340. Charles Henry Stearn. Verfahren zur Herstellung von Fäden, Bogen, Films u. dgl. aus Viskose.

D.R.P. 108 511 Kl. 29 vom 18. X. 1898 (gelöscht); brit. P. 1020^{1898}; schweiz. P. 19 135; Ver. St. Amer. P. 622 087.

Die Erfindung bezieht sich auf die Verarbeitung des im Handel unter dem Namen „Viskoid" oder „Viskose" erhältlichen wasserlöslichen Zellulosederivates zu Fäden, Bogen, endlosen Längen usw. für verschiedenartige Verwendung, z. B. als Bogen für Druck- und Schreibzwecke, als Films für photographische und kinematographische Zwecke, als Garn zur Herstellung von Geweben u. a. m. Zu diesem Zwecke wird die Viskoselösung, welche durch sorgfältige Bereitung und schließliche Filtration möglichst homogen gestaltet ist, in bekannter Weise durch ein Fällbad geleitet, welches aus Ammonsalzen, insbesondere Chlorammonium, bereitet ist. In der Anwendung eines Fällbades aus Ammonsalzen, insbesondere Chlorammonium, besteht das Wesen der vorliegenden Erfindung. Die Herstellung des wasserlöslichen Zellulosederivates „Viskoid" (Viskose) ist durch die Patentschrift 70 999 [1]) bekannt geworden; ebenso die Möglichkeit, das Derivat mittels Kochsalzlauge oder starken Alkohols aus seiner Lösung zu fällen. Die Patentschrift beschreibt die zur Reinigung der Viskose ausgeführte Fällung mit Alkohol.

Es wurde festgestellt, daß, wenn man zur angegebenen Verarbeitung des Viskoids ein Fällbad aus Kochsalz, Alkohol oder den übrigen für die Fällung von Zellulose bekannten Reagentien benutzt, die geformte (fadenförmige, bogenförmige usw.) Ausfällung noch längere Zeit einen klebrigen Zustand beibehält, außerdem das Ausziehen der Viskoselösungen aus der Formöffnung (Loch, Schlitz) langsam erfolgen muß. Es wurde dann gefunden, daß diese und andere die technische Verwendung zum vorliegenden Zwecke beeinträchtigenden Übelstände wirksam behoben werden, wenn man zur Fällung Ammonsalze, insbesondere Chlorammonium, anwendet. Durch die Behandlung mit diesen Mitteln verschwindet sofort die Klebrigkeit, derart, daß die Fäden sofort verzwirnt und aufgespult, die Films usw. sogleich aufgebäumt werden können. Zugleich besitzt das gefällte Material eine solche Festigkeit, daß die Bildung einer nur oberflächlichen Haut schon gestattet, die Fäden sehr rasch auszuziehen. Es wird hierdurch ermöglicht, die Erfindung so auszuführen, daß man durch sehr rasches Durchziehen die Form gibt und dann die Vervollständigung der Umwandlung bis in den

---

[1]) Siehe S. 301.

innersten Kern durch eine Nachbehandlung mit Ammonsalzlösung (Chlorammonium) bewirkt. Es wurde sehr zweckmäßig gefunden, die Nachbehandlung in der Art auszuführen, daß man anfangs mit kalter, dann mit kochender Lösung behandelt. Der Erfinder schreibt den ganz wesentlichen technischen Fortschritt, der im obigen dargelegt ist, der stattfindenden eigentümlichen Reaktion zu: es bildet sich nämlich durch die Einwirkung des Ammonsalzes (Chlorammoniums) ein absolut alkalifreies Thioprodukt (10—17% Schwefelgehalt auf Zellulose berechnet), welches als Zellulose-Ester der Zellulosexanthogensäure angesprochen wird.

In Ausführung der Erfindung wird am zweckmäßigsten in der nachstehenden Weise verfahren: Zur Bereitung der Viskose wird reinste gebleichte Zellulose von möglichst lockerer Struktur genommen und die wässerige Lösung des durch die Alkali- und Schwefelkohlenstoffbehandlung erhaltenen Produktes nach längerem, unter Kühlung vorgenommenen Rühren sorgfältig filtriert, wonach man die Lösung noch mittels Luftpumpe entlüften kann. Die filtrierte Lösung, welche man zweckmäßig mit einem Gehalt von 9,5—10% an Zellulose herstellt, wird nun in bekannter Weise zur Herstellung von Fäden durch ein feines Loch, zur Herstellung von Bogen, Films usw. durch einen feinen Schlitz in das Chlorammoniumbad gespritzt und der Faden oder Film im Bade aufgespult oder aufgebäumt, oder man läßt das Gebilde sich lose auf dem Boden des Bades anhäufen. Am zweckdienlichsten hat sich die Anwendung eines Chlorammoniumbades von 1,050—1,060 spez. Gew. ergeben. Das Produkt wird nunmehr etwa 6—12 Stunden lang in ein kaltes, frisches Chlorammoniumbad gelegt und hiernach einige Minuten lang mit Chlorammonium gekocht. Schließlich befreit man durch Kochen mit Wasser von anhaftendem Chlorammonium. Es empfiehlt sich, das Produkt der folgenden Nachbehandlung zu unterziehen: man taucht einige Zeit in eine kochende Lösung von Natriumkarbonat (Waschsoda), wäscht mit Wasser, behandelt mit einem Bleichbad (z. B. einer Lösung von unterchlorigsaurem Natrium), bis die Färbung weggenommen ist, wäscht gründlich mit Wasser, behandelt mit verdünnter Säure, wäscht wieder und trocknet unter Gespannthalten. Die erhaltenen Produkte sind durchaus ebenmäßig und von befriedigender Stärke; sie ertragen die Behandlung mit einer heißen, starken Sodalösung (Seifenlösung) und sind zu einem äußerst billigen Preise herstellbar.

Patentansprüche: 1. Ein Verfahren, Fäden, Films u. dgl. herzustellen durch Passieren einer Viskoselösung in oder durch ein Fällbad, dadurch gekennzeichnet, daß man die filtrierte Viskoselösung in bzw. durch ein aus Ammoniumsalzen, insbesondere Chlorammonium, bereitetes Bad leitet.

2. Eine Ausführungsform des unter 1. geschützten Verfahrens, bei welcher das im Passierbad erhaltene Produkt einer Nachbehandlung, zunächst während mehrerer Stunden in einem kalten, schließlich für einige Minuten in einem kochenden Bade aus Ammonsalzen, insbesondere Chlorammonium, unterzogen wird.

341. Ch. H. Stearn in Westminster und F. T. Woodley in Plumstead. Herstellung von Fäden, Blättern oder Films aus Zellulose.
Brit. P. 2529[1902]; Ver. St. Amer. P. 725 016.

Gereinigte und von salzartigen Beimengungen befreite Viskose läßt sich aus ihrer Lösung in Wasser oder Natronlauge durch sehr schwache Säuren fällen, während rohe Viskose durch einen Überschuß von z. B. Essigsäure nicht gefällt wird. Dies Verhalten kann zur Ausfällung der Viskose, z. B. bei der Herstellung künstlicher Fäden, benutzt werden. Rohe Viskose wird z. B. durch gesättigte Salzlösung oder die Lösung einer Ammoniumverbindung gefällt und mit verdünntem Salzwasser ausgewaschen, bis die alkalischen Nebenprodukte entfernt sind. Das Zellulosexanthat wird dann in Alkalilauge oder Wasser bei gewöhnlicher Temperatur gelöst, wobei die Alkalimenge so zu bemessen ist, daß der geeignete Flüssigkeitsgrad erreicht ist. Die Lösung wird dann noch 1—2 Tage bei 15—20° C gehalten, wodurch sie vollkommen durch schwache Säuren fällbar wird, und dann in bekannter Weise auf Fäden verarbeitet. In dem Fällbade verwendet man verdünnte Schwefelsäure von etwa 9%, Salzsäure von etwa 7%, Essigsäure von 10—20% und verstärkt die Säuren entsprechend der Neutralisierung, die sie durch das Alkali der Lösung erfahren. Das Fällbad wird auf 10—20° C gehalten. Statt der Säure kann eine saure, leicht dissoziierende Verbindung, z. B. Aluminium- oder Chromsulfat, verwendet werden.

342. Ch. H. Stearn in Westminster. Herstellung von Fäden aus Zellulose.
Brit. P. 7023[1903]; Ver. St. Amer. P. 716 778; franz. P. 330 753.

Die Viskose, das Zellulosenatriumxanthogenat, verändert sich beim Lagern in der Weise, daß die mit dem Zelluloserest in Verbindung getretenen Komplexe sich allmählich abspalten. Gibt man der zuerst entstehenden Verbindung die Formel $C_6H_9O_5CS_2Na$, so entstehen auf diese Weise nach und nach Verbindungen der Formeln $C_{12}H_{19}O_{10}CS_2Na$, $C_{18}H_{29}O_{15}CS_2Na$, $C_{24}H_{39}O_{20}CS_2Na$ usw., die in ihren Eigenschaften von der ursprünglichen Verbindung abweichen. Während die ursprüngliche Verbindung in Wasser, Salzwasser, Natronlauge, Essig- oder Milchsäure leicht und ohne Zersetzung löslich ist, ist die C_{12}-Verbindung löslich in Wasser, Natronlauge und schwachen Säuren, wird aber durch Salzwasser in eine gelatinöse Masse verwandelt. Die C_{24}-Verbindung ist unlöslich in Wasser und den genannten Säuren, aber löslich in Natronlauge von geeigneter Stärke. Wird die überschüssige Natronlauge neutralisiert, so wird die Verbindung als gelatinöse Masse gefällt. Die Art dieser Umwandlung hängt von der Zeit und der Temperatur ab, bei höherer Temperatur vollzieht sie sich schneller, bei einer Temperatur von 15,5° C ist nach etwa 7 Tagen das C_{24}-Xanthogenat entstanden. Dieses ist das geeignetste für die Erzeugung von Fäden, weil es durch verhältnismäßig milde Fällungsmittel in die gelatinöse Form übergeht. Das beste Fällungsmittel ist eine Lösung von Ammoniumsulfat, doch können auch andere Neutralisierungsmittel, welche die Fäden nicht schädlich beeinflussen, angewendet werden. Zum Spinnen wird eine etwa 6% Zellulose enthaltende Lösung verwendet. Nach der Fadenbildung wird zur Zersetzung der Viskose erhitzt und schließlich 1 Stunde mit Dampf von etwa 100° C behandelt. Dann wird mit Wasser gewaschen und zur Erzielung von Glanz unter Streckung getrocknet.

Nach Vereinigte Kunstseidefabriken A.-G. in Frankfurt a. M.

343. Vereinigte Kunstseidefabriken A.-G. in Frankfurt a. M. Herstellung farbloser Zellulosefäden.

Brit. P. 17 503[1902]; franz. P. 323 474; Ver. St. Amer. P. 724 020.

Bei der Fällung der Viskose mit Chlorammoniumlösung geht die Umwandlung in Zellulosehydrat nur langsam vor sich. Versuche, einen schnell fest werdenden Faden dadurch zu erzeugen, daß als Fällungsmittel Schwefelsäure verwendet wird, scheiterten bisher daran, daß der Faden eine stumpfe gelblichweiße Farbe hatte, die von der Zersetzung der Viskose oder ihrer Nebenprodukte herrührte. Dieser Übelstand wird nun dadurch beseitigt, daß der mit etwa 10%iger Schwefelsäure gefällte Faden mit entschwefelnden Mitteln nachbehandelt wird. Geeignet hierzu sind Sulfhydrate, Sulfide, Sulfite und Bisulfite der Alkalien oder alkalischen Erden. Man verwendet deren konzentrierte Lösungen in der Kälte oder bei 60—80° C, weil dann die Entschwefelung schnell selbst mit verdünnten Lösungen vor sich geht. Vorteilhaft wird eine 8%ige Lösung von Natriumsulfhydrat, Ammoniumsulfid, Natriumsulfit oder -bisulfit angewendet, und zwar so, daß die Fäden mit der umlaufenden Lösung behandelt werden. Nach 10—30 Minuten sind die Fäden farblos und glänzend geworden, sie werden dann mit heißem Wasser gewaschen und getrocknet.

344. Vereinigte Kunstseidefabriken A.-G. in Kelsterbach b. Frankfurt a. M. Spinnbad zur Herstellung künstlicher glänzender Fäden, Films, Bänder usw. aus Viskose.

D.R.P. 254 525 Kl. 29b vom 10. X. 1911; brit. P. 330[1913]; franz. P. 438 718; österr. P. 57 715; schweiz. P. 58 883; Ver. St. Amer. P. 1 073 891 (auch Fr. Dietler); niederl. P. 1739.

Für die Bereitung der Fällbäder zur Herstellung von künstlichen Fäden, Bändern und Films aus Viskose sind bis jetzt ausschließlich Mineralsäuren, entweder für sich allein oder in Mischung mit Salzen, verwendet worden. Organische Säuren haben bisher für diesen Zweck keine Verwendung gefunden, weil man der Ansicht gewesen ist, daß sie auf das Xanthogenat nicht einwirken, sondern lediglich auf die anorganischen Verunreinigungen.

Es hat sich nun ergeben, daß diese Ansicht in bezug auf die Ameisensäure den Tatsachen nicht entspricht. Ameisensäure, schon in mäßiger Konzentration, setzt die Viskose rasch in Zellulosehydrat um. Sie kann infolgedessen direkt für sich allein oder in Kombination mit Salzlösungen als Fällmittel für Viskose zur Bereitung von künstlicher Seide, Bändern, Films usw. benutzt werden. Ihre Wirkung auf die Viskose geht verhältnismäßig langsam, aber genügend energisch vor sich, um einen Faden zu erzielen, der sich mit großer Geschwindigkeit aufspulen läßt, sehr wenig freien Schwefel enthält (weil die Zersetzung der schwefelhaltigen Nebenprodukte keine plötzliche, sondern eine allmähliche ist), schon auf der Spinnbobine einen charakteristischen Glanz besitzt und dessen Weiterverarbeitung außerordentlich einfach ist. Man läßt die Spule oder den Spinnkuchen einige Zeit (je nach der Stärke des Spinnbades etwa 1—2 Stunden) bei gewöhnlicher Temperatur stehen. Der Faden ist unlöslich in Wasser und kann dann gewaschen, gezwirnt, gehaspelt und gebleicht werden.

Ein geeignetes Spinnbad erhält man z. B. in folgender Weise: Man versetzt die in der Kälte gesättigte Lösung irgendeines Salzes, z. B. Kochsalz, mit Ameisensäure (konz. techn. Handelsware), und zwar derart, daß das Spinnbad im Liter bis gegen 200 g Ameisensäure enthält. Der Säuregehalt richtet sich nach dem Alkaligehalt der verwendeten Viskose und nach der Geschwindigkeit, mit welcher die gebildeten Fäden durch das Bad gezogen werden sollen. Die Ameisensäure wirkt also nicht nur auf die Verunreinigungen der Viskose ein, sondern auch auf das Zellulosexanthogenat selbst. Diese Einwirkung ist keine plötzliche, wie bei den starken Mineralsäuren, sondern schrittweise eine sich allmählich steigernde. Infolgedessen wird der Faden in einer Form abgeschieden, welche ein Mindestmaß von Nachbehandlung erfordert.

Patentansprüche: 1. Spinnbad zur Herstellung künstlicher glänzender Fäden, Films, Bänder usw. aus Viskose, bestehend aus Ameisensäure.

2. Spinnbad nach Patentanspruch 1, dadurch gekennzeichnet, daß der Ameisensäure eine Salzlösung zugesetzt ist.

345. Vereinigte Kunstseidefabriken Akt.-Ges. in Kelsterbach a. M. Verfahren zur Herstellung hochglänzender Fäden, Films u. dgl. aus Viskose.

D.R.P. 267 731 Kl. 29b vom 27. VI. 1911; österr. P. 60 450; schweiz. P. 59 380; franz. P. 443 621; Ver. St. Amer. P. 1 121 903 (F. E. Dietler); belg. P. 252 405.

Die Verwendung angesäuerter Spinnbäder zur Herstellung eines wasserlöslichen Xanthogenatfadens aus Viskose und die darauffolgende Überführung des Xanthogenats in wasserunlösliches Zellulosehydrat ist bereits vorgeschlagen worden, ohne daß aber angegeben wurde, welcher Art dieses Fällbad sein soll, und in welchen Mengen Säure zugesetzt werden muß, um einen brauchbaren glänzenden Faden zu erhalten. Wendet man ein Spinnbad aus einer gesättigten Salzlösung an und setzt ihm Säure zu, so erhält man, wie Versuche gezeigt haben, nicht in jedem Fall einen brauchbaren Faden. Wählt man z. B., wie es bekannt ist[1]), Schwefelsäure und löst darin Natriumbisulfat auf, so daß der Gehalt an freier Schwefelsäure etwa 20% beträgt, so bewirkt ein solches Spinnbad eine sofortige Umsetzung der Viskose in wasserunlösliches Zellulosehydrat, ohne daß aber der Faden glänzend wird. Nimmt man den Schwefelsäurezusatz zu gesättigter Natriumsulfatlösung geringer, z. B.

---

[1]) Siehe S. 342.

6—7%, so tritt zwar keine Umsetzung der Viskose in wasserunlösliches Zellulosehydrat mehr ein, sondern nur ein Aussalzen der Viskose. Es ergeben sich aber Schwefelabscheidungen in Form eines bläulichen Schillers in den obersten Schichten des Produktes. Löst man den Schwefel heraus, so bleiben matte Stellen zurück, die den Glanz des Endproduktes verringern. Ein Ansäuern von gesättigter Salzlösung mit nur geringem Schwefelsäurezusatz, z. B. 0,5%, läßt das Aussalzen, die Fällung, zu langsam vor sich gehen.

Alle diese Nachteile werden vermieden, wenn man den Schwefelsäurezusatz zur gesättigten Salzlösung zwischen 1 und 5% hält. Löst man also z. B. in 100 T. Wasser 10 T. neutrales schwefelsaures Natron und setzt dieser Salzlösung 1—5 T. Schwefelsäure 1,84 spez. Gew. zu, so erhält man ein Spinnbad, welches nicht nur ein rasches Ausfällen des Xanthogenats bewirkt, sondern auch keinerlei Schwefelausscheidungen auf der Oberfläche des Produktes bedingt. Um die Umsetzung des letzteren in wasserunlösliches Zellulosehydrat zu bewirken, wird es der üblichen Nachbehandlung unterworfen (Erwärmen, Behandlung in einem Kochsalz-Sulfhydratbad o. dgl.). Das gewonnene Endprodukt ist hochglänzend, fest und elastisch.

Patentanspruch: Verfahren zur Herstellung hochglänzender Fäden, Films u. dgl. aus Viskose mittels eines Spinnbades aus gesättigter Salzlösung und Schwefelsäure, dadurch gekennzeichnet, daß der gesättigten Salzlösung 1—5% Schwefelsäure zugesetzt werden.

Nach Henckel von Donnersmarck.

346. Fürst Guido Henckel von Donnersmarck in Neudeck, O.-S. Verfahren zur Herstellung von künstlichen Fäden aus Viskose.
D.R.P. 152 743 Kl. 29b vom 2. VII. 1903 (gelöscht); brit. P. 16 604[1903]; österr. P. 16 112; franz. P. 334 515.

Die rohe Viskose enthält eine beträchtliche Menge von Alkalisulfiden, welche bei der bekannten Fällung der Viskose mit Ammoniumsalzen mit letzteren in Reaktion treten und u. a. Veranlassung zur Bildung von Ammoniumsulfid und Ammoniumsulfhydrat geben. Während man nach den Angaben der Ver. St. Amer. Patentschrift 724 020[1]) vermuten sollte, daß die Anwesenheit von Alkalisulfiden bei der Herstellung von Fäden aus Viskose unschädlich sei, hat sich ergeben, daß die Behandlung mit Ammoniumsalzen den Fäden noch eine länger anhaltende Klebrigkeit beläßt, infolge deren sie beim Verspinnen zusammenhaften und ein steifes, hartgriffiges Gespinst liefern. Diese Klebrigkeit oder Weichheit verbleibt auch dann, wenn man die Fäden einer Nachbehandlung mit verdünnten Säuren unterzieht.

Zur Beseitigung des besprochenen Übelstandes läßt man gemäß vorliegender Erfindung die aus dem Ammoniumsalzbade kommenden Fäden vor dem Verspinnen die Lösung eines solchen Metallsalzes durchlaufen, welches mit Alkalisulfiden oder Alkalihydrosulfiden unter Bildung eines

---
[1]) Siehe S. 337.

unlöslichen Sulfides reagiert. Sehr zweckdienlich ist z. B. eine etwa 10%ige Lösung von schwefelsaurem Eisenoxydul. Durch diese Behandlung wird der größte Teil des in Sulfidform vorhandenen Schwefels als Eisensulfid teils in der Lösung und teils in und auf dem Faden gefällt, während die Säure des Metallsalzes das Ammoniak in wiedergewinnbarer Form bindet. Indem nun das auf den Fäden gefällte unlösliche Metallsulfid diese mit einem isolierenden Häutchen aus nicht klebendem Stoff überzieht, vollzieht sich die Verspinnung, ohne daß ein Zusammenhaften der Fäden eintritt. Dabei wird ein sehr weichgriffiges Gespinst erzeugt. Ein zweckdienlicher Ersatz für das oben angeführte Eisenoxydulsulfat besteht in löslichen Zink- und Manganoxydulsalzen; im allgemeinen sind alle Salze verwendbar, welche sich mit den in der Viskose enthaltenen Schwefelammoniumverbindungen unter Bildung eines fixen Ammonsalzes zu unlöslichen Sulfiden umsetzen. Die Bildung der u. U. gefärbten Metallsulfidniederschläge übt keine schädliche Wirkung auf die Beschaffenheit des Produktes aus; man kann sie nach gehöriger Erstarrung der Fäden leicht dadurch entfernen, daß man das Gespinst durch verdünnte Säuren hindurchführt.

Patentanspruch: Verfahren zur Herstellung von künstlichen Fäden aus Viskose, dadurch gekennzeichnet, daß man der bekannten Behandlung der Viskosefäden mit Ammoniumsalzen eine Behandlung mit einer zur Umsetzung der dabei gebildeten Schwefelammoniumverbindungen geeigneten Metallsalzlösung folgen läßt, zu dem Zwecke, die für den Spinnprozeß schädliche klebrige Beschaffenheit der Fäden zu beseitigen.

347. Fürst Guido Henckel von Donnersmarck in Neudeck, O.-S. Verfahren zur Herstellung von künstlichen Fäden aus Viskose.

D.R.P. 153 817 Kl. 29b vom 28. I. 1904, Zus. z. P. 152 743 (gelöscht).

Es wurde gefunden, daß das durch das Patent 152 743 (s. vorstehend) geschützte Verfahren, nach welchem die Viskosefäden behufs Sicherung gegen Zusammenkleben mit Metallsulfid überzogen werden, auch in der Weise ausgeführt werden kann, daß man das Metallsalz direkt dem Ammoniumsalzbade zusetzt. Wendet man z. B. Eisensulfat an, von welchem man der gesättigten Ammonsalzlösung bis zu 10% zusetzen kann, so kommen die Fäden ebenso schwarz gefärbt aus dem Fällungsbade, wie sie bei Anwendung getrennter Bäder das Eisensalzbad verlassen. Die Nachbehandlung erfolgt in gleicher Weise, wie in dem Hauptpatent beschrieben.

Patentanspruch: Ausführungsform des durch Patent 152 743 geschützten Verfahrens, dadurch gekennzeichnet, daß man die Metallsalze unmittelbar dem Ammoniaksalzbade hinzufügt.

Nach Ernst.

348. Ch. A. Ernst in Lansdowne. Herstellung von Fäden aus Viskose.

Ver. St. Amer. P. 792 888.

Als Fällflüssigkeit für die Viskosefäden wird Methylalkohol benutzt, dem 6% Essigsäure zugesetzt ist. Die Mischung wird mit Natriumacetat gesättigt. Die ausgeschiedenen Fäden werden sofort aufgewickelt und in einem Gemisch aus Methylalkohol und Essigsäure wird die Viskose zersetzt. Danach wird gewaschen und getrocknet. Das Verfahren soll ein schnelles Arbeiten gestatten und das Produkt nicht beeinträchtigen.

349. Ch. A. Ernst in Lansdowne. Herstellung von Fäden aus Viskose.
Ver. St. Amer. P. 798 027.

Ausfällen von Viskosefäden mit Säure liefert leicht ein weiches Produkt, wenn die mit der sauren Flüssigkeit durchtränkten Fäden einige Zeit der Luft ausgesetzt werden. Eine genügende Befreiung der Fäden von freiem Alkali, welches die Fäden leicht verklebt, läßt sich dadurch erreichen, daß als Fällflüssigkeit eine Lösung von Natrium- und Ammoniumbikarbonat sowie von Ammoniumsulfat verwendet wird. Das freie Alkali der Viskoselösung wird durch die Kohlensäure der Bikarbonate gebunden, und das Ammoniumsulfat wirkt koagulierend. Die Umwandlung der Fäden in Zellulose geschieht durch Ammoniumsulfat.

350. Ch. A. Ernst in Lansdowne. Erzeugung von Fäden aus Viskose oder ähnlichen viskosen Stoffen.
Ver. St. Amer. P. 863 793.

Um das „Reifenlassen" der Viskose zu umgehen und die weitere Einwirkung des Schwefelkohlenstoffes auf die Zellulose zu vermeiden, die zu störenden Ausscheidungen führt, wird das Zellulosexanthogenat in schwacher Natronlauge gelöst, der eine geeignete Menge Natriumsulfit zugesetzt ist. Als Fällbad dient Natriumbisulfitlösung, und mit Natriumbisulfitlösung wird der gefällte Faden nachbehandelt, bis die Umwandlung in Zellulose vollkommen ist.

351. Ch. A. Ernst in Lansdowne (S. W. Pettit). Herstellung von Fäden aus Viskose.
Ver. St. Amer. P. 896 715.

Zellulosexanthogenat wird in Natronlauge von 5% oder mehr gelöst und mit einer Säure oder einem sauren Salze wird ein Teil des Alkalis neutralisiert[1]). So behandelte Viskose bleibt einen Tag und länger vollkommen klar gelöst und gleichmäßig; sie ist jedoch unbeständiger als vor dem Säurezusatz. Gefällt wird mit einem schwachen Säurebad, worauf die Fäden sofort aufgespult werden. Auf den Spulen werden sie dann mit einem Fixierungsmittel, z. B. Natriumbisulfitlösung, nachbehandelt.

Nach Pissarev.

352. S. Pissarev. Herstellung von Fäden oder Häutchen aus Viskose.
Franz. P. 357 056; brit. P. 16 583[1905]; österr. P. 29 835.

Zur Fällung der Viskose werden nicht wie bisher Säuren, Alkohol, Kochsalz oder Ammoniumsalze, sondern Salze organischer Basen, z. B.

---
[1]) Siehe schweiz. P. 71 312 S. 327.

von Anilin, Naphthylamin, Pyridin usw. verwendet. Die Basen lassen sich aus den Fäden leicht wieder entfernen; außerdem hat das Verfahren den Vorteil, daß mit der Fällung die Färbung der Fäden mit z. B. Anilinschwarz durch Oxydieren in der bekannten Weise verbunden werden kann.

Nach Société française de la Viscose.

353. Société française de la Viscose. Verbesserung im Spinnen von Viskosefäden.

Franz. P. 361 319; brit. P. 8045[1906].

Um das Zusammenkleben der einzelnen Viskosefäden beim Spinnen zu verhindern, wird eine Mischung von Natrium- oder Kaliumaluminat und Alkalisilikat zu der zu verspinnenden Lösung gegeben, oder sie wird an Stelle der bisher zu dem gleichen Zweck verwendeten Eisenoxydulsulfatlösung in der Weise benutzt, daß die Fäden unmittelbar nach ihrer Bildung in die Mischung gebracht werden. Das erstere Verfahren ist vorzuziehen.

Nach Müller.

354. Dr. Max Müller in Altdamm. (Übertragen auf Verein. Glanzstoff-Fabriken A.-G.). Verfahren zur Herstellung glänzender Fäden, Bänder, Films, Platten aus Viskose.

D.R.P. 187 947 Kl. 29b vom 2. V. 1905; österr. P. 33 678; franz. P. 365 776; schweiz. P. 42 306; brit. P. 10 094[1906]; Ver. St. Amer. P. 836 452.

Es ist bekannt, daß man glänzende Fäden, Films, Bänder od. dgl. aus Viskose erzeugen kann, wenn man deren Lösungen aus geeignet geformten Querschnitten in Ammoniumsulfatlösung oder in Säuren treten läßt. Bei Verwendung von Schwefelsäure für den angegebenen Zweck zeigt es sich, daß verdünnte Säure nur langsam einwirkt und das vorhandene Wasser dem Faden oder Film eine schleimige Beschaffenheit verleiht, die bei der weiteren Verarbeitung großen Materialverlust hervorbringt. Unterstützt man die Wirkung verdünnter Säure durch Wärme, so ist der Faden zwar fester und leichter zu bearbeiten; da aber die gasförmigen Zersetzungsprodukte der Viskoselösung, z. B. Schwefelwasserstoff, Kohlensäure, in warmer Flüssigkeit nahezu unlöslich oder doch schwer löslich sind, so entweichen sie als Gase und treten gelegentlich als Bläschen durch die Wandungen des die erste Stufe der Fadenbildung darstellenden Schlauches von Zellulosehydrat hindurch. Eine große Reihe von Versuchen, bei denen Schwefelsäure verschiedener Konzentration (von 5—40% Schwefelsäuregehalt) verwendet wurde, zeigte, daß alle erhaltenen Fäden bei mikroskopischer Betrachtung nicht mehr die Form eines glatten, mit einigen Längsstreifen versehenen Gebildes haben, sondern daß sie entfernte Ähnlichkeit aufweisen mit einem Faden, der mit feinen Schuppen dicht besetzt ist. In ganz ähnlicher Weise wirkt konzentrierte Schwefelsäure auf die Viskoselösung ein. Hier entweichen die gasförmigen Produkte in Ermangelung eines Lösungsmittels, und die Bildung eines glänzenden Fadens, Bandes o. dgl. wird völlig vereitelt. Verdünnt man aber die Schwefelsäure so weit, daß die störende Gasentwicklung vermieden wird, und arbeitet man zu gleicher Zeit der erweichenden Einwirkung des Verdünnungswassers auf den eben entstehenden Faden dadurch entgegen, daß man eine angemessene Menge eines Salzes hinzufügt, so erhält man ein Erzeugnis von hervorragenden Eigenschaften hinsichtlich Stärke, Glanz und Elastizität. Es eignen sich dazu alle löslichen Sulfate, auch die der Schwermetalle, und naturgemäß auch alle diejenigen Salze und Oxyde, überhaupt alle Stoffe, die sich in Berührung mit Schwefelsäure in Sulfate verwandeln.

Ein sehr geeignetes Fällungsbad erhält man z. B., wenn man 40 kg Natriumbisulfat in 60 kg Wasser auflöst und 7 kg Schwefelsäure von 66% hinzufügt. Die Säurekonzentration entspricht etwa 20%. Die Sulfate an sich, ohne Zusatz von Säure, sind zur Erzeugung glänzender Gebilde von Zellulosehydrat aus Viskoselösung ungeeignet, ausgenommen allein das Ammoniumsulfat. Dieses verwandelt die Viskose zunächst in zellulosexanthogensaures Ammonium, das sich sofort weiter unter Abscheidung von Zellulosehydrat zersetzt. Da die Viskoselösungen einen hohen Gehalt an freiem Natron besitzen, so ist es unausbleiblich, daß fast das gesamte Ammoniak in Gasform entweicht, zumal die Fälllösungen bei erhöhter Temperatur angewendet werden müssen. Das Verfahren wird daher bei dem hohen Handelswert des Ammoniaks durch die Verluste oder durch die kostspielige Apparatur zu dessen Wiedergewinnung erheblich verteuert. Andere Sulfate sind für sich allein für den vorliegenden Zweck ungeeignet; denn die einen, z. B. Zink- oder Magnesiumsulfat, geben mit Viskoselösung durch Wechselzersetzung unlösliche Salze der Zellulosethiokarbonsäure, aus denen erst durch weitere geeignete Einwirkung Zellulosehydrat abgeschieden werden kann. Die anderen, z. B. Kalium- oder Natriumsulfat, fällen einfach Viskose, die in Salzlösung unlöslich ist, aus, und erst die weitere Behandlung der „ausgesalzenen" Viskose durch chemische Mittel oder Wärme kann die Bildung von Zellulosehydrat herbeiführen. Es gelingt z. B. mit konzentriertester Glaubersalzlösung nicht, glänzende Fäden aus Viskoselösung herzustellen; dagegen ist das eben beschriebene, aus Bisulfatlösung und Schwefelsäure zusammengesetzte Fällbad schon bei Zimmertemperatur hierzu geeignet. Der geringe Handelswert der angewendeten Materialien und die Annehmlichkeit, die gesamte Ausgabe an Bisulfat, Schwefelsäure und Ätznatron mit Leichtigkeit in Form von Glaubersalz nutzbar zu machen, sind geeignet, dem Bisulfatverfahren gegenüber der Verwendung von Ammoniumsulfat den Vorrang zu sichern. Um das nach diesem Verfahren erzielte hochglänzende Zersetzungsprodukt der Viskose in Form von Fäden, Bändern usw. zu erhalten, läßt man die genügend gereinigte und konzentrierte Viskoselösung aus geeignet geformten Querschnitten in die beschriebene Zersetzungslösung eintreten und sammelt das ausgeschiedene Zellulosehydrat durch Aufspulen, Aufhaspeln oder in anderer Weise, um es für die weitere Bearbeitung in handliche Form zu bringen.

Patentanspruch: Verfahren zur Herstellung glänzender Fäden, Bänder, Films, Platten aus Viskose, dadurch gekennzeichnet, daß man

Viskoselösung aus entsprechenden geformten Öffnungen in Schwefelsäure treten läßt, in welcher ein Salz, vorzugsweise ein Sulfat, aufgelöst ist. Das Verfahren hat praktisch große Bedeutung erlangt.

Nach Vereinigte Glanzstoff-Fabriken-Akt.-Ges.

355. Vereinigte Glanzstoff-Fabriken Akt.-Ges. in Elberfeld. Verfahren zur Herstellung von Zellulosefäden, Films u. dgl. aus Zellulose durch Einspritzen von Viskose in ein Mineralsäurebad.

D.R.P. 240 846 Kl. 29 b vom 26. IX. 1908; franz. P. 394 586 (Société française de la Viscose); Ver. St. Amer. P. 970 589 (L. Ph. Wilson); schweiz. P. 43 016; brit. P. 21 405[1907] (auch G. Courtauld & Co. Ltd.) und 5595[1908].

Es ist bekannt, daß beim Einpressen von geeigneter Viskoselösung in reine Schwefelsäure zwar Fadenbildung eintritt, die Fäden aber wertlos sind, weil der sich abscheidende Schwefel den Faden trübe und unansehnlich macht, und er es auch bleibt, wenn man ihn mit schwefellösenden Mitteln behandelt. Die Patentschrift 187 947 (s. vorstehend) brachte die Erkenntnis, daß die Trübung des Fadens abnimmt in dem Maße, als das Schwefelsäurebad an Salzgehalt zunimmt. Es tritt somit gleichzeitig eine Aussalzung und eine Zersetzung ein, ohne daß der genauere Mechanismus der Reaktion ersichtlich wäre, jedenfalls aber so, daß die Zersetzung in unschädlicher Weise erfolgt. Immerhin entspricht auch dieser Faden noch nicht den höchsten Anforderungen an Glanz. Es mag dies daran liegen, daß noch eine gewisse Oxydation des Schwefelwasserstoffes an der Luft stattfindet. Es hat sich nun gezeigt, daß ein technisch ungemein wertvolles, außerordentlich glänzendes Produkt erhalten wird, wenn man dem sauren Salzbade einen organischen Stoff zusetzt, der geeignet ist, die Oxydation des entweichenden Schwefelwasserstoffes in irgendeiner Weise zu verhindern. Als solche Stoffe sind in erster Linie zu nennen die reduzierend wirkende Glykose, ferner Glyzerin und andere mehrwertige Alkohole, auch Fettsäuren. Da diese Stoffe ebenfalls fällend, nicht aber direkt zersetzend auf die Viskose wirken, also ähnliche Funktionen haben wie die Salze, so kann bei Verwendung dieser Stoffe der sonst nötige hohe Salzgehalt der Bäder entsprechend herabgesetzt werden. Es wird dadurch auch das lästige und zu mancherlei Unzuträglichkeiten Anlaß gebende Auskristallisieren des Salzes vermieden. Als Sulfat kann vorteilhaft Ammoniumsulfat, in gewissen Fällen auch Magnesiumsulfat als mitaussalzender Körper in Anwendung gebracht werden.

Beispiele: I. 8 H_2SO_4, 7,5 Glykose, 17,5 Ammonsulfat, 100 Wasser.
II. 8 H_2SO_4, $7^1/_2$ Glykose, 6 $MgSO_4$.

Patentanspruch: Verfahren zur Herstellung von Zellulosefäden, Films u. dgl. aus Zellulose durch Einspritzen von Viskose in ein Mineralsäurebad, dadurch gekennzeichnet, daß man als Fällbad eine Lösung von Säure mit Salzen (Ammoniumsulfat, Magnesiumsulfat) und organischen Stoffen (Glykose, mehrwertige Alkohole, Fettsäuren) verwendet.

356. Vereinigte Glanzstoff-Fabriken A.-G. in Elberfeld. Verfahren zur Herstellung von Textil- und anderen Fäden, Bändern, Films usw. aus Viskose.

D.R.P. 260 479 Kl. 29 b vom 16. IX. 1911; österr. P. 63 722; brit. P. 406[1911] (S. Courtauld & Co. Ltd., London und S. S. Napper, Coventry); schweiz. P. 57 506; franz. P. 434 501; Ver. St. Amer. P. 1 045 731.

Die Regenerierung von Zellulose in Form von Textil- und anderen Fäden, Bändern oder Films aus Viskose geschieht durch sog. Fällbäder. Es sind zwei verschiedene Klassen solcher Bäder für den Zweck benutzt worden, nämlich: I. Bäder aus Salzlösungen, z. B. heißer wässeriger Lösung von Ammonsulfat, aus welcher die Viskose zunächst als Xanthat gefällt wird; II. Bäder, in welchen unter Umständen direkt die Zellulose in einer hydratierten Form regeneriert werden kann. Es ist eine ganze Reihe von verschiedenen Bädern dieser zweiten Klasse in Anwendung gekommen. Sie bestehen aus verdünnter Schwefelsäure unter Zusatz verschiedener Stoffe, z. B. Metallsulfate, Glykose u. dgl. allein oder zusammen und kommen meist ebenfalls bei erhöhter Temperatur zur Verwendung.

Die vorliegende Erfindung besteht in einer Verbesserung der Bäder nach Klasse II, nämlich darin, daß man den Bädern eine kleine Menge eines Zinksalzes, vorzugsweise Zinksulfat, oder von Zink selbst, oder einer Zinkverbindung, welche durch die Einwirkung der Säure des Bades in ein Zinksalz verwandelt wird, zusetzt und dann diese Bäder zur Regenerierung der Zellulose aus Viskose benutzt.

Beispiel I. Schwefelsäure 8,5 Gwte., Glykose 9 Gwte., Ammonsulfat 4 Gwte., Natriumsulfat 12 Gwte., Zinksulfat 1 Gwt., Wasser 65,5 Gwte.

Beispiel II. Schwefelsäure 8 Gwte., Glykose 10 Gwte., Natriumsulfat 12 Gwte., Zinksulfat 1 Gwt., Wasser 69 Gwte.

Die Durchführung der Regeneration der Zellulose aus Viskose mittels solcher Bäder kann in der üblichen bekannten Weise geschehen.

Obgleich gefunden wurde, daß die in den Beispielen erwähnte Menge von Zinksalz gute Resultate gibt, will die Erfinderin sich auf diese Menge nicht festlegen; sie hat gefunden, daß die Menge des dem Bade zugesetzten oder im Bade gebildeten Zinksalzes praktisch 5% vom Gewichte des Bades nicht überschreiten sollte, da eine größere Menge eher eine verschlechternde Wirkung hat. Die Benutzung des Zinksalzes im Fällbade führt zu einem Produkt, welches weniger heraustehende abgerissene Fadenenden enthält und in nassem Zustande etwas fester ist als ein Produkt, welches in einem Bade ohne Zinksalzzusatz gesponnen ist.

Patentanspruch: Verfahren zur Herstellung von Textil- und anderen Fäden, Bändern, Films usw. aus Viskose, darin bestehend, daß Fällbäder verwendet werden, welche unter Umständen direkt Zellulose fällen, und denen außer Glykose oder ähnlich wirkenden Stoffen eine geringe Menge eines Zinksalzes zugesetzt oder in denen eine geringe Menge eines Zinksalzes gebildet worden ist.

357. Vereinigte Glanzstoff-Fabriken A.-G. in Elberfeld. Verfahren zur Herstellung von Fäden, Films oder Platten.

D.R.P. 274 550 Kl. 29b vom 14. IV. 1912; österr. P. 61 811; schweiz. P. 62 315; franz. P. 454 011; brit. P. 2992[1913]; Ver. St. Amer. P. 1 102 237; belg. P. 253 454.

Es hat sich als vorteilhaft erwiesen, zum Ausfällen geformter Gebilde aus Viskoselösungen gewisse organische Säuren, welche mit dem Natron der Viskose zerfließliche Salze bilden, in Mischung mit löslichen Salzen derselben Säuren zu verwenden. Diese Salze können gleichfalls die Natriumsalze sein. Als solche billigen Säuren kommen die nichtflüchtigen Säuren der Fettsäurereihe, wie Milchsäure und Glykolsäure, in Betracht. Versetzt man z. B. 1 l gesättigte Lösung von milchsaurem Natron mit z. B. 140 g Milchsäure, so ist dies bei Verwendung von Viskoselösung ein vorzügliches Fällbad für das Zentrifugenverfahren, welches eine befriedigende Abzugsgeschwindigkeit gestattet. Die weitere Behandlung des gefällten Fadens kann beliebig nach den bekannten Verfahren geschehen.

Patentanspruch: Verfahren zur Herstellung von Fäden, Films oder Platten, darin bestehend, daß Viskoselösung durch ein erwärmtes Fällbad geleitet wird, welches aus einer mit Milchsäure oder Glykolsäure versetzten Lösung eines Salzes (zweckmäßig des Natriumsalzes) derselben Säure besteht.

Das österr. P. spricht von möglichst weit gereifter Viskose.

358. Vereinigte Glanzstoff-Fabriken Akt.-Ges. in Elberfeld. Verfahren zur Herstellung von Fäden, Films oder Platten.

D.R.P. 283 286 Kl. 29b vom 16. IV. 1913, Zus. z. P. 274 550.

Es hat sich gezeigt, daß statt der im Hauptpatent 274 550 (s. vorstehend) angeführten Milchsäure und Glykolsäure auch andere Oxysäuren, die leichtlösliche Natronsalze bilden, in der zulässigen Reinheit billig zu haben und leicht zu regenerieren sind, unter gewissen Umständen mit Vorteil zur Herstellung von Zellulosefäden oder Films verwendbar sind. Es sind dies besonders die Weinsäure und die Zitronensäure. Gleich der Milchsäure und Glykolsäure zeichnen sie sich durch Nichtflüchtigkeit gegenüber der bereits empfohlenen Essigsäure oder Ameisensäure aus. Das Arbeiten mit den letzteren ist wegen der die Augen und die Schleimhäute stark reizenden Dämpfe auch bei bester Ventilation im Großbetriebe unmöglich. Die mittels Fruchtsäuren in Gegenwart von gesättigten Lösungen ihrer Natriumsalze erhaltenen Produkte zeichnen sich dank des milden Eingriffs der Säure durch große Klarheit und Festigkeit aus, zwei Eigenschaften, die besonders bei den Films, die bereits vielseitigste Anwendung finden, von größtem Wert sind. Selbstverständlich muß auch hier der Reifegrad der verwendeten Viskose behufs Erzielung des höchsten Effektes passend gewählt werden, indessen sind Unterschiede im Alter der Viskose von nicht so großer Bedeutung wie bei der Verwendung von Salzlösungen bei Gegenwart stärkerer Mineralsäuren.

Beispiel: Zitronensaures Natron 300, Zitronensäure 300, Wasser 1000 werden auf 50° erwärmt und die in üblicher Weise, z. B. etwa

100 Stunden bei 15°, gereifte Rohviskoselösung durch die üblichen feinen Düsen eingepreßt und die ausgetretenen Fäden aus dem Fällbad in bekannter Weise durch Aufwickeln auf Spulen oder Zentrifugen entfernt. Der anfangs klare, wasserlösliche Faden wird rasch weißlich; die völlige Zersetzung wird durch eine Passage in einem zweiten Bad, aus dem ersten z. B. durch fünffache Verdünnung mit Wasser hergestellt, leicht herbeigeführt. Es wird in üblicher Weise mit Wasser gewaschen und unter Spannung getrocknet, dann entschwefelt und gebleicht.

Patentansprüche: 1. Abänderung des Verfahrens nach dem Hauptpatent 274 550, dadurch gekennzeichnet, daß die dort benutzten Säuren (Milchsäure oder Glykolsäure) durch Zitronensäure oder Weinsäure ersetzt werden.

2. Verfahren nach Anspruch 1, dadurch gekennzeichnet, daß man das in Verwendung kommende Salz teilweise der Viskoselösung vor dem Verspinnen zusetzt.

359. Vereinigte Glanzstoff-Fabriken A.-G. in Elberfeld. Verfahren zur Herstellung glänzender Fäden aus frischer, nicht gereinigter Viskose mittels Mineralsäure.

D.R.P. 282 789 Kl. 29b vom 27. XI. 1913; österr. P. 75 044; franz. P. 467 165.

Es ist bekannt, daß Viskose (zellulosexanthogensaures Natron) durch Schwefelsäure unter Abscheidung von Zellulosehydrat zum Zerfall gebracht werden kann. Es ist auch bereits empfohlen worden, diese Reaktion zu benutzen, um Viskose zu Fäden zu formen, wobei der sich abscheidende Schwefel in bekannter Weise mit Schwefelnatrium weggelöst werden kann. Nach einer Angabe der Literatur gelingt es nur unter Verwendung von durch Fällung und Neuauflösung von Nebenprodukten gereinigter Viskose, mit einiger Sicherheit zu genügend glänzenden Fäden zu gelangen. Die Technik verschmähte indessen bald dies umständliche Verfahren, als es ihr gelang, die durch die Schwefelsäure allein unter den gewöhnlichen Bedingungen eintretenden Nebenreaktionen und schädliche Beeinflussung des Glanzes der erhaltenen Fäden zurückzudrängen durch Zugabe einer angemessenen Menge eines leichtlöslichen Salzes, unter Umständen auch noch organischer Stoffe, wie Zucker. Wie die französische Patentschrift 446 449[1]) ausführt, pflegte die Technik dazu eine Rohviskose zu verwenden, die bis zu 7 Tagen bei 15° gereift war und einer Phase C_{24} statt der anfänglichen C_6 entsprechen soll. Die französische Patentschrift 446 449 bestätigt, daß eine Viskose in dieser Phase sich durch Schwefelsäure allein nicht mit Erfolg zu glänzenden Fäden formen läßt. Sie empfiehlt die Verwendung einer Viskose einer Phase zwischen C_{12} und C_{18} und irgendwelche saure Bäder bei einer Temperatur von 15°. Es hat sich nun gezeigt, daß diese Behauptung in ihrer Allgemeinheit keineswegs zutrifft.

Dagegen hat es sich gezeigt, daß sich frische, ungereinigte Viskose, also vor Erreichung der Phase C_{12} und C_{18}, recht wohl mit Sicherheit direkt mit Schwefelsäure oder einer anderen Mineralsäure in äquivalenter

---
[1]) Siehe S. 353.

Menge zu stark glänzenden Fäden formen läßt, wenn einerseits die Schwefelsäure recht schwach, z. B. nur 10%ig und darunter, gehalten wird und die Dauer des Durchgangs des ausgepreßten Viskosestrahls durch die Säure möglichst kurz gewählt wird. Bei einer Abzugsgeschwindigkeit von 40 m ist ein Durchgang von nur 3 cm passend. Die Temperatur des Fällbades ist bei dem kurzen Wege und der beim Aufwickeln auf die in der üblichen Entfernung von etwa 1 m umlaufende Spule eintretenden Kühlung durch die umgebende Luft von keiner wesentlichen Bedeutung. Es genügt daher Zimmertemperatur. Die aufgespulten Fäden sind nach einigem Stehen durchaus durchkoaguliert und können dann in üblicher Weise gewaschen, vorzugsweise unter Vermeidung von Einlaufen getrocknet und entschwefelt werden. Die Beschaffenheit der Fäden entspricht der nach dem Säure-Salzverfahren erhältlichen.

Patentanspruch: Verfahren zur Herstellung glänzender Fäden aus frischer, nicht gereinigter Viskose mittels Mineralsäure, dadurch gekennzeichnet, daß die Säure verhältnismäßig schwach, zu 10% und darunter, genommen und die Dauer der Passage des Viskosestrahles durch das Bad möglichst kurz gewählt wird.

Das österr. P. spricht von Viskose, die 4—5 Tage bei 15—20° C belassen ist und etwa zur Stufe C_{12}—C_{18} heranreift.

360. Vereinigte Glanzstoff-Fabriken A.-G. in Elberfeld. Verfahren zur Herstellung glänzender Fäden, Bänder, Films oder Platten aus Viskose.

D.R.P. 287 955 Kl. 29b vom 15. II. 1912; österr. P. 63 635.

Aus der Patentschrift 187 947[1]) ist ein Verfahren zur Herstellung glänzender Fäden, Bänder usw. aus Viskose bekannt, welches darin besteht, daß man Viskoselösung aus entsprechend geformten Öffnungen in Schwefelsäure treten läßt, in welcher ein Salz, vorzugsweise ein Sulfat, aufgelöst ist. Dort ist ein bestimmtes Verhältnis zwischen Säure und Salz nicht vorgeschrieben. Je nach dem Alter und der Alkalinität der Viskose pflegte man das Verhältnis etwas zu ändern, ebenso die Temperatur des Bades. Dabei ergab sich, daß bei unpassend gewählten Bedingungen der Glanz und die Weichheit des fertigen Fadens zuweilen zu wünschen übrig ließ. Diesem Übelstande kann zufolge vorliegendem Verfahren vorgebeugt werden, indem dem jeweiligen Zustande der Viskose unter Umständen Rechnung getragen wird, die keine scharfen Grenzen benötigen. Diese Umstände treten ein, wenn die Menge des Neutralsalzes gegenüber der Schwefelsäure erhöht wird. Zweckmäßigerweise spinnt man bei Temperaturen von etwa 45—50° C und hält die infolge Zutretens von Natronlauge aus der Viskose stetig abnehmende Acidität des Bades so, daß sie noch unter der dem normalen reinen Bisulfat $NaHSO_4$ eigenen Acidität bleibt, somit stets ein Überschuß von neutralem Sulfat z. B. vorhanden ist. Ist der Säuregehalt größer, und spinnt man nicht stets Viskose von gleichem Reifezustand, so kommt es leicht vor, daß das Endprodukt nicht so glänzend und rauher ist als

---
[1]) Siehe S. 342.

sonst. Die Fäden werden mit steigendem Neutralsalzüberschuß füllig und weich, während sie bei steigendem Überschuß von freier Säure über die halbgebundene Säure härter werden. Statt die z. B. auf Spulen gesponnenen Fäden direkt mit reinem Wasser von Salz und Säure zu befreien, ist es zweckmäßig, zunächst ein Vorwaschen mit einer dünnen Bisulfatlösung vorzunehmen oder mit einem Gemisch aus dem verwendeten Fällbad und einem mehrfachen Volumen Wasser. Gewisse Verunreinigungen werden von einer solchen Flüssigkeit dem Faden leichter entzogen als durch Wasser, und der fertige Faden hat direkt einen klareren Farbton und größere Weichheit.

Das Verfahren des Patents 267 731[1]) schließt zwar auch schon ein ähnliches Verhältnis zwischen Säure und Salz, wie vorliegendes Verfahren, in sich. Indessen wird dort zwecks Erzeugung eines wasserlöslichen Fadens der Säuregehalt des Bades weit herabgedrückt und keine erhöhte Temperatur verwandt. Das Verfahren stellt daher eben nur die unterste Grenze eines technisch möglichen Arbeitens dar, ganz im Gegensatz zu vorliegendem Verfahren, wo mit höchstem Nutzen und in einem Zuge dank der höheren Temperatur und der höheren Acidität bei genügender Salzkonzentration direkt der wasserunlösliche Faden hergestellt werden kann.

Beispiel: Rohviskose von mittlerer Reife (etwa 4 Tage bei 18—20°C) wird in bekannter Weise durch feine Düsen in ein wässeriges Fällbad eingepreßt, welches im Liter etwa 160 g Schwefelsäuremonohydrat und mehr als 240 g, also z. B. 320 g neutrales schwefelsaures Natrium (Na_2SO_4) enthält und auf 45—50° C gehalten wird. Die sich bildenden Fäden werden nach Durchlaufen des Bades auf einer Strecke von etwa 100 mm von einer mit großer Geschwindigkeit (40—50 m) außerhalb des Bades umlaufenden Spule aufgenommen und auf dieser direkt mit Wasser von anhängenden Chemikalien befreit, sodann getrocknet und in üblicher Weise weiterverarbeitet, oder auch vor dem eigentlichen Waschen mit Wasser noch im Fällbad vorgewaschen, das mit etwa der vierfachen Menge Wasser verdünnt worden ist. Das letztere geschieht vorteilhaft, wenn sehr viele Fädchen zu einem Bündel vereinigt werden sollen.

Patentansprüche: 1. Verfahren zur Herstellung glänzender Fäden, Bänder, Films oder Platten aus Viskose unter Verwendung eines Fällbades aus Schwefelsäure, in welchem ein Salz, vorzugsweise ein Sulfat, aufgelöst ist, dadurch gekennzeichnet, daß in dem Fällbad der Gehalt der in größerer Menge als zur Erzielung eines noch wasserlöslichen Gebildes zulässig ist, vorhandenen Schwefelsäure derart gewählt wird, daß in der Salzlösung die Säure halb gebunden ist und noch überschüssiges neutrales Salz, z. B. Sulfat, verbleibt.

2. Für das Verfahren nach Anspruch 1 die Benutzung eines nach der Fällung des Fadens anzuwendenden Nachbehandlungsbades von genügender Konzentration, das z. B. 3—4% Schwefelsäure, mehr oder weniger mit neutralem Natriumsulfat gesättigt, enthält.

---
[1]) Siehe S. 338.

361. Vereinigte Glanzstoff-Fabriken A.-G. in Elberfeld. Verfahren zur Herstellung von glänzenden Fäden aus Rohviskose mittels warmer Mineralsäure.

Schweiz. P. 70 123; franz. P. 467 164; österr. P. 72 215.

Es wurde gefunden, daß man aus Rohviskose in einem Säurebade ohne jeden Zusatz glänzende Fäden spinnen kann, wenn Rohviskose, die wenigstens 8 Tage bei 15—20° C gestanden hat und filtriert worden ist, in eine mindestens 40° C warme, wenigstens 20%ige Schwefelsäure eingepreßt, auf Spulen gewickelt, mit warmem Wasser gewaschen, unter Spannung getrocknet und entschwefelt wird. Man kann die wenigstens 8 Tage alte Rohviskose nötigenfalls mehrmals filtrieren, bevor man sie in die Schwefelsäure einpreßt. Das Waschen der Fäden mit warmem Wasser kann während der Wicklung auf die Spulen oder erst nachher stattfinden. Zum Abziehen kann man die allgemein übliche Abzugsgeschwindigkeit von 40 m anwenden, wobei man keiner besonderen Badlänge bedarf, es genügt hierzu vollkommen die normale Badlänge von 10—15 cm. Man erhält so glänzende Fäden guter Beschaffenheit.

362. Vereinigte Glanzstoff-Fabriken A.-G. in Elberfeld. Verfahren zur Herstellung von glänzenden Fäden aus Rohviskose mittels Mineralsäuren.

Schweiz. P. 70 124.

Es wurde gefunden, daß man Rohviskose mit gutem Erfolg verspinnen kann, wenn man nach folgendem Verfahren arbeitet. Rohviskose, die wenigstens 4 Tage bei 15—20° C sich überlassen geblieben und filtriert worden ist, preßt man durch Spinndüsen hindurch und führt den erhaltenen Faden durch ein raumwarmes Bad einer höchstens 10%igen Mineralsäure. Die Dauer des Durchganges des Viskosefadens durch das Bad wählt man möglichst kurz, wickelt dann den Faden auf Spulen, wäscht mit warmem Wasser, trocknet unter Spannung und entschwefelt. Zweckmäßig kann man als Fällmittel etwa 25° C warme 10%ige Schwefelsäure verwenden. Die Dauer des Durchganges des Viskosefadens durch das Bad kann vorteilhaft dadurch bestimmt werden, daß man den Faden auf eine Länge von z. B. nur 3 cm durch dieses Bad hindurchzieht. Der Faden kann während des Aufwickelns auf die Spulen oder nachher mit warmem Wasser gewaschen werden. Man kann unter der gewöhnlichen üblichen Abzugsgeschwindigkeit, die etwa 40 m beträgt, arbeiten. Anstatt 10%ige Schwefelsäure kann man auch eine entsprechende Lösung einer anderen Mineralsäure äquivalenter Konzentration verwenden. Man erhält glänzende Fäden guter Beschaffenheit aus Rohviskose unter Anwendung eines lediglich aus Säure ohne jeden anderen Zusatz bestehenden Fällbades. Die angegebene Konzentration und Temperatur der Säure ist dem Alter der verwendeten Viskose angepaßt, d. h., da es sich hier um jüngere Viskose handelt, ist die Konzentration der Säure verhältnismäßig gering und die Temperatur der Säure entsprechend niedrig.

Nach Société Pinel frères.

363. Société Pinel frères. Koagulierungsbad für künstliche Seide.

Franz. P. 400 577.

Die bei der Fällung von Fäden aus Viskose bisher benutzten Lösungen neutraler oder angesäuerter Mineralsalze haben den Nachteil, leicht zu kristallisieren. Dies wird vermieden, wenn organische, nicht kristallisierende Stoffe verwendet werden, besonders Glykose. Das Fällbad kann z. B. bestehen aus Glykose 30 g, Schwefelsäure 66° 15 g, Wasser 55 g. Die Zusammensetzung des Bades kann in weiten Grenzen schwanken.

Nach Waite.

364. Ch. N. Waite. Herstellung von Fäden und Films aus Viskose.

Ver. St. Amer. P. 816 404.

Als Fällmittel für Viskoselösungen dient gesättigte Natriumbisulfitlösung mit 11—12,5% wirksamer schwefliger Säure, der 10 Gewichtsprozente einer gesättigten Lösung von Ammoniumsulfat oder Kochsalz zugesetzt sind. Das Natronhydrat der Viskose wird neutralisiert und der Schwefel wird in Hyposulfit übergeführt.

365. Ch. N. Waite. Herstellung von Fäden und Films aus Viskose.

Ver. St. Amer. P. 849 823.

Das im Ver. St. Amer. P. 816 404 (s. vorstehend) angegebene Bad wird bei etwa 60° C angewendet, und danach werden die Fäden unter Spannung und in Gegenwart der noch in ihnen vorhandenen schwefligen Säure gedämpft. Je nach der Dicke der Fäden dauert das Dämpfen 1—2 Stunden. Danach wird gewaschen und getrocknet. Das Verfahren ist besonders wertvoll bei sehr feinen Fäden, die zu mehreren zusammengesponnen werden und ohne Neutralisieren des in der Viskose enthaltenen Ätznatrons leicht zusammenkleben.

Nach Chavassieu.

366. H. L. J. Chavassieu in Lyon. Verfahren zur Herstellung von Gegenständen aus Zellulose und Eiweißstoffen.

Schweiz. P. 47 266; brit. P. 26 155[1908]; franz. P. 395 402 mit Zus.-P. 11 354; Ver. St. Amer. P. 950 435; D.R.P. 238 843 Kl. 12 p vom 2. XII. 1908.

Zur Herstellung der Gegenstände aus Zellulose und Eiweißstoffen dienen Fibrin, Kasein, Wolle, Seide, Myosin, Därme, Pflanzen- und Keratineiweiß, Haare, Horn, Haut, Leder usw. Es werden z. B. 100 kg zerkleinertes Fibrin einige Augenblicke in eine 10%ige Lösung von 10 kg Ätznatron getaucht, abgeschleudert und gepreßt. Das erhaltene Alkalifibrin wird nun zerkleinert und 30—40 Minuten der Einwirkung von 20—30 kg Schwefelkohlenstoff unterworfen. Hierbei färbt sich das Produkt gelb. Man entfernt nun den überschüssigen Schwefelkohlenstoff, z. B. mittels des Vakuums. Nach einigen Stunden löst sich die Masse in dem in ihr enthaltenen Wasser zu einer mehr oder weniger viskosen, wasserlöslichen Lösung von Fibrinxanthat. Diese Lösung wird gemischt mit einer Lösung von Zellulosexanthogenat (Viskose). Man läßt nun das Gemisch durch eine Spinndüse in ein Koagulierungsbad aus neutralem Ammoniumsulfat treten, das die Eiweißzelluloseverbindung fällt, und behandelt die erhaltenen Fäden mit verdünnter Schwefelsäure. Sie werden dann in eine 2—5%ige Chinonlösung getaucht, die ihre Festigkeit, Elastizität, Weichheit und Wasserfestigkeit erhöht und ihren Griff günstig beeinflußt. Zum Schluß werden sie gewaschen und getrocknet. Statt des Chinons kann auch Hydrochinon oder Tannin verwendet werden.

367. Nach dem

franz. Zus.-P. 12 620, Ver. St. Amer. P. 984 539, brit. P. 18 315[1910]

ist die aufeinanderfolgende Einwirkung von Ätzalkali und Schwefelkohlenstoff nicht unbedingt erforderlich. Sie kann z. B. bei Verwendung von Kaseinen durch die Benutzung von Alkalisulfokarbonaten ersetzt werden.

Nach Brandenberger.

368. J. E. Brandenberger in Thaon-les-Vosges. Verfahren zum Koagulieren von Viskose.

Brit. P. 24 045[1911]; franz. P. 436 188; österr. P. 55 764.

Zum Koagulieren von Viskose sind alle Sulfate, auch Ammoniumsulfat, die Alkalichloride und -bisulfate, vorgeschlagen worden. Ammoniumsulfat ist zweifellos eins der besten Fällmittel, doch steht sein verhältnismäßig hoher Preis seiner allgemeinen Anwendung entgegen.

Vorliegende Erfindung bezieht sich auf das Fällen von Viskose mit löslichen Thiosulfaten, z. B. Natrium-, Kalium- oder Ammoniumthiosulfat. Die Einwirkung der Thiosulfate auf Viskose findet bei gewöhnlicher Temperatur statt, doch beschleunigt eine Temperaturerhöhung die Zersetzung. Neben der zersetzenden Wirkung wirken die Thiosulfate noch dadurch, daß sie ausgezeichnete Lösungsmittel für Alkalipolysulfide sind, welche die Viskose verunreinigen. Neben der Fällung des Xanthogenats findet also gleichzeitig eine Reinigung statt. Ein brauchbares Fällbad besteht z. B. aus 1 T. krist. Natriumthiosulfat in 1 T. Wasser bei 50° C.

369. J. E. Brandenberger. Verfahren zum Koagulieren und Regenerieren von Zellulose aus Viskoselösungen.

Franz. P. 457 633.

Das Verfahren besteht darin, daß als Koagulierungsmittel Kohlensäure verwendet und die Zellulose durch Wasserdampf regeneriert wird. Bereits ein Gas mit 5% Kohlensäure und weniger koaguliert ziemlich rasch eine Viskoseschicht, je größer der Gehalt an Kohlensäure ist, desto schneller verläuft die Koagulierung. Praktisch werden Feuergase mit 5—15% Kohlensäureanhydrid verwendet. Das Arbeitsverfahren gestaltet sich wie folgt: Handelt es sich um das Spinnen von Fäden oder die Erzeugung von Bändern, so spinnt man in eine Atmosphäre gereinigter Feuergase und dämpft danach das zunächst ausgeschiedene Xanthat.

Schließlich wird nach bekannten Verfahren gewaschen. Natürlich kann man statt der Feuergase jedes Gas verwenden, das genügend Kohlensäureanhydrid enthält, z. B. natürlich vorkommende Gase, Kalkofengase, Gase aus Gärräumen usw.

Nach Boisson.

370. A. Boisson. Verfahren zum Koagulieren von Zellulosexanthogenatlösungen.
Franz. P. 436 590.

Bei der Herstellung künstlicher feiner Fäden aus Zellulosexanthogenat ist es bekannt, als Fällmittel Ammoniumsulfat oder Säuren zu verwenden. Man hat auch vorgeschlagen, ein Gemisch von Schwefelsäure und Bisulfat als Fällmittel bei gewöhnlicher Temperatur zu benutzen. Nach dem vorliegenden Verfahren verwendet man ein Natriumbisulfatbad ohne Säurezusatz in der Hitze. Enthält das technische Bisulfat Säure, so neutralisiert man, damit das Salz der Formel SO_4NaH entspricht, es kann Natriumsulfat im Überschuß enthalten, aber niemals Schwefelsäure. Das Bad wird bei einer Temperatur von etwa 60° verwendet, es wird in einer besonderen Apparatur benutzt[1]). Nach diesem Bade kann ein zweites Bisulfatbad ähnlicher Zusammensetzung angewendet werden bei gewöhnlicher Temperatur, oder es wird als zweites Bad eine Säure benutzt, z. B. Salzsäure. Auch Schwefelsäure kann als zweites Bad verwendet werden.

371. Nach dem
Zusatzpatent 15 431
wird ein Bad aus irgendeinem Sulfat angewendet und danach ein Bad einer von Schwefelsäure verschiedenen Säure.

In dem weiteren
372. Zusatzpatent 16 655
wird ausgeführt, daß, wenn die Base des Sulfates durch das Natron des Xanthates ersetzt wird, dieses Sulfat das erste Bad bilden muß und die Säure das weitere Bad. Man kann so als erstes Bad Ammoniumsulfat anwenden und als zweites Bad Salzsäure. Wird ein Sulfat mit fixer Base vor dem Natron des Xanthates verwendet, so fällt das zweite Bad weg und man arbeitet mit einer Mischung von Säure und Salz. Man kann auch eine Mischung von Salzsäure und Natriumsulfat oder zwei ähnliche Bäder nacheinander benutzen.

Nach Chemische Fabrik von Heyden Akt.-Ges.

373. Chemische Fabrik von Heyden Aktiengesellschaft. Verfahren zur Herstellung von Fäden, Films, Bändern usw. aus Viskose.
Franz. P. 446 449; belg. P. 247 552; schweiz. P. 60 741; brit. P. 26 472[1912].

Bekanntlich polymerisieren sich Zellulosexanthogenatlösungen von selbst je nach Zeit und Temperatur, man nennt das das Reifen der Vis-

---
[1]) Nähere Angaben darüber sind nicht gemacht.

kose. Bei den Verfahren, bei denen man Ammoniaksalze als Koagulationsbäder verwendet, weiß man, daß die zu verspinnenden Lösungen der vierten Stufe entsprechen müssen, d. h. C_{24} statt C_6 zu Anfang. Man arbeitet praktisch hauptsächlich bei einer Temperatur von 15° C, und dies Reifen dauert 7 Tage. Diese C_{24}-Phase ist dadurch gekennzeichnet, daß die gereifte Viskose unlöslich in schwachen Säuren und Wasser ist, sich dagegen in überschüssiger Natronlauge löst. Viskose in diesem Molekularzustand kann durch ein Ammoniaksalzbad rasch gefällt werden und man erhält ein gutes Produkt in einem technischen Verfahren. Benutzt man als Koagulierungsmittel wässerige Lösungen von Säuren oder Salzlösungen, auch Ammoniaksalzlösungen mit irgendeiner Säure, so erhält man sehr schlechte Resultate, wenn man Lösungen des C_{24}-Xanthats anwendet. Die erhaltenen Fäden, Films usw. haben keine Festigkeit und Elastizität, auch hat man zahlreiche Schwierigkeiten bei der Fabrikation. Die Zersetzung der Xanthatlösungen ist zu schnell, man erhält fast sofort ein Zellulosehydrat, ohne daß das Xanthat genügend lange erhalten blieb. Zum Teil läßt sich dieser Übelstand vermeiden, wenn man die Temperatur des Fällbades herabsetzt, aber das Produkt ist auch dann noch dem unterlegen, welches man durch Fällen des C_{24}-Xanthats mittels Ammoniaksalze erhält. Wendet man dagegen Zellulosexanthogenatlösungen an, die weniger gereift sind als der C_{24}-Stufe entspricht, so verlangsamt man die Zersetzung in Zellulose derartig, daß alle wässerigen Lösungen von Säuren oder alle Salzlösungen, die mit einer beliebigen Säure versetzt sind, als Koagulationsbad verwendet werden können. Vorteilhaft wendet man diese Bäder bei Temperaturen bis 50° C an, man erhält ein Produkt, welches sehr schnell gesponnen werden kann und sehr billig ist. Das Produkt hat außerdem hervorragende Eigenschaften bezüglich Festigkeit, Glanz und Elastizität. Man nimmt vorteilhaft eine Lösung von genügend gereinigter Viskose und läßt sie ungefähr 72 Stunden bei 15° C stehen. Man erhält so ein Xanthogenat, dessen Molekularzustand zwischen der zweiten und dritten Stufe schwankt, d. h. zwischen C_{12} und C_{18}. Bei diesem Reifezustand kann man vorteilhaft und bei Temperaturen bis 50° C Bäder irgendwelcher Säuren anwenden, z. B. eine gesättigte Lösung von Natriumsulfat, die mit 10% Schwefelsäure oder 3% Salzsäure versetzt ist, oder eine gesättigte Kochsalzlösung, die mit Ameisen- oder Essigsäure versetzt ist.

374. Chemische Fabrik von Heyden Aktiengesellschaft. Verfahren zur Herstellung von Seidefäden aus Viskose.

Franz. P. 449 536; belg. P. 250 077; brit. P. 22 436[1912]; schweiz. P. 61 381.

Nach der Erfindung werden Kunstseidefäden in der Weise erhalten, daß man Viskose in ein Koagulationsbad aus starken Säuren bringt, z. B. aus verdünnter Schwefelsäure. Die besonderen Bedingungen der Einführung der Lösung, Größe und Temperatur des Bades, Schnelligkeit des Durchnehmens des Fadens durch das Bad sind so gewählt, daß die Fäden, die aus dem ersten Bade kommen, noch wasserlöslich sind. Die erhaltenen Fäden können auf Haspel, Spulen usw. aufgewickelt werden, ohne zu zerreißen und zu verkleben. Diese noch wasserlöslichen Fäden werden in unlösliche Kunstseidefäden dadurch übergeführt, daß man sie mit Mineralsäuren, z. B. Schwefelsäure von 4—10% in einem zweiten Bade behandelt. Man erhält so sehr glänzende, feste Fäden von großer Elastizität, Haltbarkeit und seidenartigem Aussehen. Würde man die Bedingungen des ersten Bades in der gewöhnlichen Weise wählen, d. h. die Zeit, während der die Fäden mit der Säure in Berührung sind, so würden die in dem ersten Bade gebildeten Fäden aus unlöslicher Zellulose bestehen. Die in einer Operation gebildeten Fäden wären weder so dauerhaft noch so glänzend wie Fäden, welche nach dem vorliegenden Verfahren erhalten sind. Arbeitet man nach dem vorliegenden Verfahren, so ist es nicht erforderlich, die Viskoselösung wie bei dem Verfahren der Ver. St. Amer. Patentschrift 896 715[1]) vor dem Einbringen in das Fällbad durch schwache Säuren zu neutralisieren. Außerdem sind Säuren wie Essigsäure oder die Salze schwacher Säuren wie Natriumbisulfit teurer und durch ihren Geruch unangenehmer als die starken Mineralsäuren wie Schwefelsäure. Fällbäder, die mit schwachen Säuren hergestellt sind, haben den Nachteil, daß das Zellulosexanthogenat zu langsam in dem ersten Bade koaguliert wird und noch langsamer in dem zweiten Bade. Bei dem vorliegenden Verfahren kann man sich statt der Schwefelsäure auch anderer starker Mineralsäuren bedienen, z. B. der Salz- oder Phosphorsäure in verschiedenen Stärken; es ist aber notwendig, für eine gegebene Stärke die Versuchsbedingungen, Zeit des Durchnehmens des Fadens durch das Bad und Schnelligkeit des Aufwickelns, auszuprobieren. Das zweite Bad, in welchem die Umwandlung des löslichen Fadens in einen wasserunlöslichen erfolgt, kann aus einer Mineralsäure oder aus einer Salzlösung, z. B. aus einer Lösung von Kochsalz oder Natriumsulfat oder -bisulfat bestehen. Dazu kann man mehr oder weniger Mineralsäure setzen, man kann aber auch diesen Zusatz weglassen. In diesem Falle muß man dafür sorgen, daß die Dauer des Passierens der Fäden durch das erste Bad, die Schnelligkeit des Aufwickelns und des Laufens des Fadens zwischen dem ersten Bade und dem in dem zweiten Bade befindlichen Haspel so eingestellt wird, daß der in dem ersten Bade gebildete Faden löslich ist und aus diesem Bade genug Mineralsäure mitnimmt, um nach und nach das in dem wasserlöslichen Faden enthaltene Alkali zu neutralisieren. Man kann auch das zweite Bad weglassen, wenn man die Konzentration des ersten Bades, die Dauer des Durchgehens des Fadens durch dieses Bad, die Schnelligkeit des Aufwickelns und den Lauf des Fadens zwischen dem ersten Bade und dem Haspel so einstellt, daß die Menge Säure oder säureartig wirkender Lösung, die durch den Faden mitgenommen wird, genügt, allmählich und vollständig das Alkali in dem aufgewickelten, löslichen Faden zu neutralisieren, der dadurch unlöslich wird. Natürlich hängen die Arbeitsbedingungen und die Behandlung in dem ersten Bade von der Zusammensetzung und dem Reifegrade der verwendeten Viskoselösung ab und müssen von Fall zu Fall ausprobiert werden.

---
[1]) Siehe S. 341.

375. Chemische Fabrik von Heyden Aktiengesellschaft. Verfahren zur Herstellung von Viskoseseide.

Franz. P. 451 156; schweiz. P. 62 314; österr. P. 75 455; belg. P. 251 405; brit. P. 27 732[1912].

Es ist bekannt, daß man brauchbare Fäden dadurch herstellen kann, daß man Viskose, d. h. rohe Lösungen von Zellulosethiokarbonat in verdünntem Ätznatron oder Ätzkali in Bäder von Ammonsalzlösungen oder sauren Sulfaten in Gegenwart freier Schwefelsäure einbringt. Würde man dieselben Viskoselösungen in verdünnte Schwefelsäure einbringen, ohne dazu Salze zu setzen, so würden Fäden leicht gebildet werden, sie wären aber glanzlos und brüchig und könnten nicht verwendet werden. Die vorliegende Erfindung besteht darin, daß den Viskoselösungen eine geringe Menge Ammoniak zugesetzt oder ein Teil des zur Herstellung der Viskoselösung dienenden Ätzalkalis durch Ammoniak ersetzt wird. Die durch Einbringen einer solchen Lösung in verdünnte Schwefelsäure erhaltenen Fäden sind zuerst weich und glanzlos, sie werden aber nach einiger Zeit durchscheinend und fest genug, um unmittelbar nach dem Waschen abgespult zu werden. Viskoselösungen, welche Ammoniak enthalten, sind auch sehr geeignet, um in konzentrierten Salzlösungen in Gegenwart oder Abwesenheit von freier Säure versponnen zu werden, da man viel verdünntere Salzlösungen anwenden kann. Ferner ist es nicht notwendig, die Fäden auf den Bobinen oder Kopsen zu waschen. Das Verfahren wird nicht geändert, wenn man das Ammoniak gereinigten Viskoselösungen zusetzt.

Nach Fr. Küttner.

376. Fr. Küttner. Verfahren zur Herstellung künstlicher Seide mit Hilfe von Viskose.

Franz. P. 451 276; belg. P. 251 829; brit. P. 27 676[1912].

Man erhält mit Schwefelsäure und einem darin gelösten Salze eine Kunstseide, die an Widerstandsfähigkeit, Glanz, Gleichmäßigkeit und Deckkraft überlegen ist, wenn man ein heißes Fällbad anwendet, welches aus einer fast gesättigten Lösung von Natriumsulfat und Natriumbisulfat besteht. Die verwendete Viskose muß, wie es bekannt ist, einen schwachen Reifungsgrad haben, um wasserlösliche Fäden zu geben. Das am besten geeignete Bad besteht aus 27% Natriumbisulfat und 12% Natriumsulfat und wird bis auf 50° C erhitzt. Das Erhitzen ist durchaus notwendig und wichtig, weil dieses Salzbad bei Zimmertemperatur eine zu schwache Fällwirkung hätte, um brauchbare Fäden zu geben. Da die Konzentration des Bades so hoch ist, daß die von den Fäden mitgeführte Flüssigkeit an deren Oberfläche auf der Spule kristallisiert, ist es notwendig, die Spulen nach dem Fällen in einer wässerigen, sauren Flüssigkeit umlaufen zu lassen, z. B. in einer verdünnten Bisulfitlösung von etwa 7%. Wasser kann man nicht verwenden, weil der gebildete Faden aus Zellulosexanthogenat besteht und wasserlöslich ist, er geht erst allmählich durch die Wirkung des mitgenommenen Bisulfats in unlösliches Zellulosehydrat über. Man wäscht dann die Fäden stark auf den Bobinen, trocknet und behandelt in der gewohnten Weise. Mit einer gesättigten Natriumsulfatlösung, die mit Schwefelsäure versetzt ist, erhält man keine Fäden mit den oben angegebenen wertvollen technischen Eigenschaften, da das Natriumsulfat bei der Sättigung nur eine etwa 13%ige Lösung gibt. Eine solche Lösung genügt nicht, um aus Viskose Fäden herzustellen, die den in der Weberei an Glanz, Widerstandsfähigkeit und Deckkraft zu stellenden Forderungen entsprechen. Die nach dem vorliegenden Verfahren erhaltenen Fäden haben eine Widerstandsfähigkeit von 20 kg auf den Quadratmillimeter, sie sind also allen anderen Seiden überlegen. Der Querschnitt der Fäden zeigt eine abgeplattete Form mit Rinnen, während die im Handel befindliche Viskoseseide im Querschnitt pflastersteinartige, eckige Gebilde aufweist. Die bandartige Form erklärt die große Deckkraft der neuen Seide, sie ist im gleichen Gewicht bedeutend kräftiger als die bekannten Seiden. Da die verwendeten Chemikalien sehr billig sind, ist auch der Herstellungspreis der Seide niedrig, sie zeigt ferner den Vorteil, daß Fadenbrüche beim Spinnen selten vorkommen. (2 Zeichnungen.)

377. Fr. Küttner. Verfahren zur Herstellung von Kunstseidefäden aus Viskose.

Franz. P. 453 569; belg. P. 253 139.

Die Herstellung von Kunstseidefäden aus Viskose durch Fällen mit einem Ammoniumsulfatbade ist bekannt, doch entsprechen die so erhaltenen Fäden nicht den Anforderungen der Textilindustrie. Die vorliegende Erfindung bezweckt, den aus dem Ammoniumsulfatbade kommenden Fäden die Eigenschaften zu geben, die sie zur Verwendung in der Textilindustrie geeignet machen. Zu diesem Zwecke läßt man die Spulen auf die die Fäden aufgewickelt sind, in einem zweiten Bade umlaufen, welches aus einer wässerigen sauren Salzlösung, besonders Natriumbisulfat, besteht. Die Spulen können auch mit dieser Lösung betropft oder bespritzt werden. Man kann als zweites Bad auch eine beliebige anorganische oder organische Säure benutzen.

Nach Leduc, Jacquemin und der Société anonyme des Soieries de Maransart.

378. L. Leduc, H. Jacquemin und die Société anonyme des Soieries de Maransart. Verfahren zur Fällung von Viskose für die Erzeugung künstlicher Seidenfäden, von Films und anderen Produkten aus regenerierter Zellulose.

Franz. P. 454 061; belg. P. 253 537; brit. P. 3169^{1913}; österr. P. 62 810.

Cross und Bevan[1]) haben gezeigt, daß Kochsalz Alkalizellulosexanthogenat aus wässeriger Viskoselösung fällt, ohne es zu zersetzen. Hierauf ist ein Verfahren zur Reinigung roher Viskose aufgebaut worden. Kochsalz ist aber noch niemals, auch nicht nach Zusatz von irgendeiner starken oder schwachen Säure, zum Fällen von Viskose für die Herstellung von Fäden, Films usw. benutzt worden. Die bekannten Ver-

---
[1]) Siehe S. 302.

fahren verwenden zum Fällen von Viskose besonders Ammoniaksalze, Schwefelsäure und Salz oder saure Salze wie Bisulfate. Andere Verfahren empfehlen den Zusatz von Glykose, Sulfiten usw. zu besonderen Zwecken. Die vorliegende Erfindung bezieht sich auf ein Fällbad aus einem anderen Salze als Ammoniaksalz und einer anderen starken Mineralsäure als Schwefelsäure. Eine besonders geeignete Mischung ist die folgende: 9 l konzentrierte Kochsalzlösung und 1 l konzentrierte Salzsäure des Handels mit 3—4% freier Chlorwasserstoffsäure (30—40% HCl?). Die Salzsäure hat vor der Schwefelsäure große Vorteile infolge ihrer Flüchtigkeit. Sie wirkt weniger zerstörend auf die Apparate, die Kleider und die Personen, auf die sie während der Bearbeitung der Seide spritzt. Sie erleichtert ferner das Waschen der Seide, zerstört nicht die noch säurehaltige Seide beim Trocknen an der Luft oder bei höherer Temperatur und ist endlich nicht teurer als Schwefelsäure. An Stelle des Kochsalzes können alle löslichen Alkalisalze verwendet werden, ferner Erdalkali- und sogar Schwermetallsalze, Chloride, Sulfate und andere und besonders die Salze und Oxyde, die sich in Chloride in Gegenwart von Salzsäure umwandeln. Das Fällbad darf nur schwach erhitzt werden. Die verhältnismäßig niedere Temperatur verhindert die rasche Entwicklung von Gasen wie Schwefelwasserstoff oder Kohlensäure, und es wird so ein glatter, glänzender und fester Faden erhalten. Eine vorherige Reinigung der rohen Viskose ist nicht unbedingt erforderlich. Die mit dem Kochsalz-Salzsäurebade gefällten Fäden zeigen durch die Zersetzungsprodukte der Viskose eine ziegelrote Farbe, die an Stärke noch zunimmt, wenn man die Fäden einige Zeit an der Luft stehen läßt. Um diese Unreinigkeiten zu entfernen, ist es vorteilhaft, die Fäden durch ein zweites Bad von derselben Zusammensetzung zu nehmen wie das erste. Trotzdem das erste Bad allmählich schwächer wird, ist der Faden doch immer genügend koaguliert, ehe er zu der Spule, dem Haspel oder einer anderen Aufwickelvorrichtung gelangt. Das zweite Bad wird nur wenig schwächer und verunreinigt sich nur wenig. Es kann daher später als erstes Bad dienen. Das erste Bad kann übrigens nach dem Abfiltrieren oder Dekantieren der Unreinigkeiten und Zusatz von Salzsäure weiter verwendet werden.

Nach Steimmig.

379. **Dr.-Ing. Franz Steimmig in Hannover,** übertragen auf Hugo Küttner in Pirna. Verfahren zur Gewinnung von Zellulosegebilden, insbesondere Fäden und Films aus Viskose.

D.R.P. 290 832 Kl. 29 b vom 16. II. 1913; schweiz. P. 64191; belg. P. 257 581; brit. P. 11 104[1913]; franz. P. 458 979; Ver. St. Amer. P. 1 200 774; öster. P. 76 721.

Man unterscheidet bei der Herstellung von Zellulosegebilden im allgemeinen saure und alkalische Fällungsbäder, von denen die letzteren zweifellos den Vorzug verdienen, weil das Alkali das Zellulosegebilde nicht oder doch in viel geringerem Maße angreift als Säure, zumal diese in erheblicher Konzentration angewandt wird. Tatsächlich zeigen denn auch die Fortschritte auf dem Gebiete der Kupferseide einen völligen Umschwung zugunsten der alkalischen Fällbäder. Anders ist es in der Viskoseseidefabrikation. Hier werden praktisch ausschließlich saure Fällbäder benutzt, und dies ist auch erklärlich, wenn man bedenkt, daß Viskose eine alkalilösliche Zelluloseverbindung enthält, also durch Alkalien nicht in einen unlöslichen Zustand übergeführt werden kann. Trotzdem wäre es von Vorteil, auch für die Herstellung von Zellulosegebilden aus Viskose ein alkalisch wirkendes Fällbad zu besitzen. Bereits lange bekannt ist, daß man Viskose durch konzentrierte Kochsalzlösung koagulieren kann[1]), jedoch kann diese Koagulationswirkung nicht praktisch verwertet werden, um in fortlaufendem Betriebe Zellulosegebilde zu erzeugen, da der sich schnell steigernde Alkaligehalt der Flüssigkeit die Koagulation bald verhindert.

Es wurde nun gefunden, daß man aus auf die Viskose koagulierend wirkenden neutralen Alkali- oder Erdalkalisalzlösungen praktisch hervorragend brauchbare Fällbäder machen kann, wenn man ihnen eine gewisse Menge eines Ammonsalzes, z. B. Ammonsulfat, zusetzt. Es hat sich z. B. herausgestellt, daß eine konzentrierte Kochsalzlösung mit einem Gehalt von nur 10% Ammonsulfat ein äußerst brauchbares Fällbad ergibt. Diese Wirkung war völlig unerwartet, denn man mußte nach den Erfahrungen mit dem Verfahren der Patentschrift 108 511[2]) annehmen, daß nur eine ganz konzentrierte Lösung von 30—40% Ammonsulfat, d. h. dem 3—4fachen des obigen Gehalts, als Fällbad brauchbar wäre, zumal es nicht möglich ist, mit einer 10%igen Ammonsalzlösung allein einen Faden zu erhalten. Zwar ist das Fällbad ursprünglich neutral, und das in der Viskose enthaltene freie Alkali wird beim Spinnen an den Säurerest des Ammonsalzes gebunden und somit neutralisiert, aber das in der Viskose ebenfalls enthaltene Schwefelalkali bildet Schwefelammon, und dies ergibt zusammen mit dem im Bade gelösten freien Ammoniak die Alkalinität des Bades. Infolgedessen wirkt dieses Bad in ganz besonderem Maße günstig auf den Faden, selbst bei fortschreitender Steigerung des Schwefelalkaligehaltes. Gegenüber dem aus der Patentschrift 108 511 bekannt gewordenen Fällbade zeichnet sich dieses neue Fällbad durch seine erheblich größere Billigkeit aus, so daß es sogar erfolgreich mit den sauren Salzbädern konkurrieren kann.

Die gemäß der Erfindung zu den neutralen Metallsalzfällbädern zuzusetzende Menge von Ammonsalz ist nur geringen Schwankungen unterworfen. Sie richtet sich nach der Art des zu erzielenden Zellulosegebildes und wird z. B. bei starken Fäden (Roßhaar) eine andere sein müssen als bei schwachen (Kunstseide). Die Zusatzmenge ist jedesmal praktisch zu ermitteln. Es liegt jedoch im Interesse der Billigkeit, sie so niedrig wie möglich zu halten. Auch die Ermittlung des am besten koagulierenden Neutralsalzes, ob Kochsalz, Glaubersalz, Chlormagnesium oder Chlorkalzium, muß der Praxis überlassen bleiben. Genau wie bei den sauren Fällbädern ist es ferner zweckmäßig, die neuen Fällbäder noch

---

[1]) Vgl. Patentschrift 70 999, S. 301.
[2]) Siehe S. 334.

mit einer dritten Komponente zu versehen, z. B. mit einem reduzierenden Salz oder einem oxydierenden Körper, um den Glanz des Fadens zu erhöhen. Auch kann man natürlich die in den Patentschriften 152 743 und 153 817[1]) erwähnten Metallsalze, die mit Schwefelalkali unlösliche Sulfide geben, dem Fällbad hinzufügen, jedoch ist das nicht unbedingt nötig, da es sich herausgestellt hat, daß die neuen Fällbäder im Gegensatz zu den Angaben der genannten Patentschriften keine klebrige Beschaffenheit der Fäden hervorrufen. Nachdem die Fäden oder Films die Fällbadflüssigkeit verlassen haben, werden sie zweckmäßig auf einen sich drehenden Körper aufgewickelt, der in einer geeigneten Salzlösung läuft. Durch diese Flüssigkeit werden die Zellulosegebilde gereinigt, worauf man sie am besten in ganz verdünnter Säure völlig fixiert und dann mit Wasser wäscht und trocknet. Die weitere Verarbeitung bis zum Fertigprodukt geschieht in der üblichen Weise. Das erzielte Produkt zeichnet sich außer durch die größere Billigkeit seines Herstellungsverfahrens auch durch ganz besondere Festigkeit und Zähigkeit aus.

Patentanspruch: Verfahren zur Gewinnung von Zellulosegebilden, insbesondere Fäden und Films aus Viskose, dadurch gekennzeichnet, daß man die Koagulation durch neutrale Alkali- oder Erdalkalisalzlösungen bewirkt, denen ein Ammonsalz, z. B. Ammonsulfat, zugesetzt ist.

380. In dem brit. P. 5238[1914]

führt der Erfinder aus, daß bei dem eben beschriebenen Verfahren die gebildeten Fäden leicht aus unzersetzter Viskose bestehen, die mit einer dünnen Haut von Zellulose umgeben sind. Zur Erzielung ganz in Zellulose umgewandelter Fäden ist es wesentlich, die Fäden zum Schluß in einem sauren Bade zu zersetzen. Es wurde nun gefunden, daß, wenn zuerst ein warmes Bad von hoher Konzentration verwendet wird, das wie bei dem eben beschriebenen Verfahren aus einem neutralen Salze und einem Ammoniumsalze besteht, und man die Fäden in diesem Bade bildet und danach einige Stunden der Luft aussetzt, man das saure Bad weglassen kann. Für normale Viskose, d. h. solche, welche weder zu frisch noch zu alt ist, ist z. B. folgendes Bad anwendbar: 70 Gwte. krist. Natriumsulfat und 10 Gwte. Ammoniumsulfat werden in 20 Gwtn. Wasser gelöst und das Bad wird auf etwa 30—50°C erhitzt. In dies Bad wird die Viskose gespritzt und der Faden wird auf Spulen gewunden, die in einem Bade von derselben Temperatur umlaufen, welches aber nicht so hoch erhitzt zu sein braucht wie das erste Bad. Die Fäden sind genügend zersetzt, so daß sie nicht zusammenkleben, auch wenn mehrere Lagen übereinander liegen. Die Spulen mit den Fäden bleiben dann etwa 6 Stunden an der Luft stehen, nach dieser Zeit sind sie ganz in Zellulose verwandelt und bedürfen keiner Nachbehandlung mit Säure. Sie werden dann gewaschen, gereinigt und in bekannter Weise gebleicht. Je frischer die Viskose ist, desto konzentrierter muß das Bad sein. Bei sehr reifer Viskose genügen niedrigere Konzentrationen.

---
[1]) Siehe S. 331 u. 340.

Nach Borzykowski.
381. Benno Borzykowski in Charlottenburg. Verfahren zur Herstellung künstlicher Gebilde aus Viskose.

Brit. P. 12 090[1913]; belg. P. 257 325 und 259 137; franz. P. 459 125; schweiz. P. 64 900; Ver. St. Amer. P. 1 143 569.

Nach bekannten Verfahren werden Fäden, Films usw. aus Viskose mittels saurer Lösungen oder Mineralsalze hergestellt. Die Produkte entsprechen aber nicht den zu stellenden Anforderungen. Sie werden im Laufe der Zeit fleckig oder brüchig und verlieren ihren Glanz, sie können dann auch nicht mehr gleichmäßig gefärbt werden infolge der Zersetzungsprodukte des Xanthats, die Schwefel auf der Faser ablagern. Es wurde versucht, diese Nachteile durch Zusatz höherer Alkohole wie Glykose oder beträchtlicher Mengen von Fettsäuren zu beheben, oder dadurch, daß man die Produkte zuletzt mit Salzen behandelte, die Affinität zu Schwefel haben.

Die vorliegende Erfindung beruht auf der Beobachtung, daß durch Zusatz von organischen Nitrosobasen, z. B. p-Nitrosodimethyl- oder -diäthylanilin oder ähnlichen oder ihren Salzen zu den gewöhnlichen Fällbädern für Viskose, z. B. Alkalichloriden, Sulfaten od. dgl. in neutralen oder sauren Lösungen den erzielten Produkten technisch wertvolle Eigenschaften verliehen werden. Schon ein geringer Zusatz der Nitrosokörper zu den kalten oder warmen Fällbädern verhindert die Zersetzung des Zellulosexanthogenats, welche zu der Abscheidung von Schwefel führt, weil er die Oxydation verhindert, und der erzielte Faden, Film od. dgl., der in dem Fällbade erhalten wird, ist schon in nassem und rohem Zustande durch Glanz, Durchsichtigkeit und Beständigkeit ausgezeichnet. Beim Spinnen der Viskose kann der Faden unmittelbar, nachdem er das umlaufende Fällbad verlassen hat, auf Spulen, Haspel usw. aufgewickelt werden. Die Spulen oder Haspel drehen ich in einem schwach alkalischen Bade, z. B. von Natriumsulfid. Auf diese Weise wird der Schwefel entfernt, und gleichzeitig scheiden sich die oben genannten Basen aus der Lösung auf den Fäden aus, werden da zu Aminobasen reduziert, z. B. zu p-Aminodimethyl- oder -diäthylanilin und bilden so einen vor Oxydation schützenden Überzug. Gleichzeitig verhindern sie, daß die feinen Fäden miteinander verkleben, so daß ein Faden von feiner seidenartiger Struktur erhalten wird. Bei darauffolgender Behandlung mit schwachen Säuren wird Zellulosehydrat erhalten, und gleichzeitig gehen die Aminobasen als Salze in Lösung. Sie können, wenn das Bad genügend angereichert ist, wiedergewonnen werden und bilden ein wertvolles Nebenprodukt. Die durch dies Verfahren aus Viskose erhaltenen Produkte sind durch ihre große Festigkeit und ihren Glanz bemerkenswert, sie haben eine helle Farbe und sind ungewöhnlich beständig und elastisch. Die Fäden sind daher für alle Textilzweige brauchbar, besonders zum Weben als Schuß und als Kette. Die fertigen Artikel ändern an der Luft oder am Lager ihre Eigenschaften und ihr Aussehen nicht und können gleichmäßig gefärbt werden. Die

Zusammensetzung des Fällbades kann schwanken, es kann z. B. bestehen aus 15 Tn. Kochsalz, die in 100 Tn. Wasser gelöst sind, 10 Tn. Ammoniumsulfat und 0,5 Tn. p-Nitrosodimethylanilin, letzteres wird zunächst in Schwefelsäure gelöst. Die Viskosefäden werden in diesem Bade vollkommen zersetzt, sie gehen auf eine Spule, die sich in einer auf 60—70° C erhitzten Lösung von 10 Tn. Ammoniumsulfat und 0,5 Tn. Natriumsulfid in 100 Tn. Wasser mit geeigneter Geschwindigkeit dreht. Von dem Fäll- oder Zersetzungsbade gehen die Fäden durch eine geeignete Führung zu Haspeln, die sich ebenfalls in der alkalischen Lösung drehen, danach werden die fertigen Fäden abgeteilt.

382. B. Borzykowski in Cleveland, Ohio, U. S. A. Viskose.

Brit. P. 116 268; franz. P. 489 881.

Verarbeitet wird Viskose in frischem oder schwach gereiftem und nicht gereinigtem Zustande. Als Fällbäder dienen verdünnte Säuren, die z. B. weniger als 5% Schwefelsäure enthalten, und kalte oder starke Salzlösungen von höherer Dichte als 18° Be, und man gibt den Fäden einen langen Weg von mindestens 10 cm durch das Fällbad. Säuren bis 10% Schwefelsäure oder saure Salze wie Aluminiumsulfat können den Salzlösungen zugesetzt werden. Ferner können den Fällbädern Alkohole, Metallsalze oder organische Stoffe wie Nitrosobasen zur Verhütung der Abscheidung von Schwefel auf den Fäden zugesetzt werden. Man erhält z. B. klare Fäden durch Fällen in einem Bade aus 2,5—3% Schwefelsäure, die Fällstrecke beträgt 25—30 cm und die Abzugsgeschwindigkeit 40 m in der Minute. Künstliche Seide wird hergestellt durch Fällen mit Natrium- oder Ammoniumsulfatlösung von mindestens 22° Be, die 2—3% Salz- oder Schwefelsäure enthält, bei 35—50° C.

Nach Lacroix.

383. G. Lacroix in Machelen-Haren. Fällbad zur Herstellung von Gebilden aus Viskose, besonders Fäden oder Films.

Belg. P. 256 901.

Man setzt ein Salz, besonders Natriumacetat, zu Essigsäure.

Nach Petit.

384. F. Petit. Verfahren zur Herstellung von Derivaten des Zellulosexanthates.

Franz. P. 461 900; brit. P. 24 376[1913].

Für die Herstellung glänzender Fäden aus Viskose benutzt das vorliegende Verfahren Salzlösungen, die mit Mineralsäure oder organischer Säure versetzt sind. Die Menge Säure und die Stärke der Salzlösung werden so gewählt, daß beim Heraustreten aus der Spinnöffnung oder beim Verlassen des Bades der Faden aus Xanthat besteht. Dieser Xanthatfaden geht erst bei der weiteren Behandlung in einen Zellulosefaden über. Mit einer Salzlösung, die mit Mineralsäure versetzt ist, erhält man ein Xanthat, welches sich ziemlich rasch unter der Einwirkung der Mischung oder der Temperatur in einen Zellulosefaden verwandelt. Die Salzlösungen müssen genügend konzentriert und die Menge der Säure muß so sein, daß die Umwandlung des Xanthates in Zellulose sehr schwach ist. Es wird z. B. verwendet: 1. eine gesättigte Salzlösung, die mit 4% technischer Salzsäure versetzt ist; 2. eine Lösung mit 30% Magnesiumsulfat, die 10% Schwefelsäure enthält; 3. eine Lösung mit 30% Natriumsulfat, die 11% Schwefelsäure oder 12% technische Salzsäure enthält; 4. eine Lösung, die 25% Chlorammonium und 12% technische Salzsäure enthält; 5. eine Lösung, die 15% gewöhnlichen Alaun und 15% technische Salzsäure enthält. Verwendet man eine Salzlösung, die mit organischer Säure versetzt ist, so beschleunigt man zweckmäßig die Zersetzung des Xanthates in Zellulose durch einen Zusatz von Mineralsäure oder deren sauren Salzen in einem zweiten Bade. So wird z. B. eine gesättigte Lösung von Kochsalz mit 10% Essig- oder Ameisensäure verwendet, oder eine Lösung von 25% Ammoniumsulfat mit 10% Essigsäure, oder eine Lösung mit 25% Magnesiumsulfat und 10% Essig- oder Milchsäure.

Das brit. P., dessen Angaben über Zusammensetzung der Bäder etwas abweichen, beschreibt eine Vorrichtung, bei der der Faden nach dem ersten Bade durch Leiten über einen Stab einer gewissen inneren Kompression ausgesetzt wird.

385. Nach dem

Franz. P. 18 764, Zus. z. P. 461 900

können auch folgende Fällbäder angewendet werden: 1. eine Lösung von Kochsalz, die ungefähr 25% Salz und 15% Phosphorsäure (Handelslösung von 45°) enthält; 2. eine Lösung von Kochsalz, die etwa 25% Kochsalz und 15% Chlorammonium enthält und mit 6% Salzsäure (Handelslösung) versetzt ist.

Nach Verhave.

386. Thomas Hermanus Verhave in Haag, Niederlande. Spinnbad zur Herstellung von Kunstfäden aus Viskose.

Schweiz. P. 71 447; brit. P. 2485[1915]; niederl. P. 3352; Ver. St. Amer. P. 1 280 338.

Bekanntlich kann man aus Viskose gute, glänzende Kunstseidefäden nur dann erhalten, wenn die Viskose vor dem Verspinnen einige Zeit sich selbst überlassen wurde. Dabei kondensieren sich die Zellulosexanthogenatmoleküle zu größeren Agglomeraten, ein Vorgang, der als das „Reifen" bezeichnet wird. Je mehr die Viskose gereift ist, sei es durch längere Dauer des Reifungsvorganges, sei es durch höhere Temperatur, um so besser läßt sie sich fällen. Bei genügend langer Reifung erfolgt die Fällung sogar freiwillig. Es hat sich nun ergeben, daß eine Viskose, die 7—8 Tage bei einer Temperatur von 16° aufbewahrt ist sich am besten zum Verspinnen eignet. Eine derartige Viskose braucht zur Fällung nur ganz geringe Mengen freier Wasserstoffionen, was den Vorteil hat, daß der neugebildete Faden beim Austritt aus der Spinndüse auf seinem weiteren Wege durch das Spinnbad nicht durch eine zu große Säurekonzentration geschädigt wird. Wenn indessen die Viskose, um genügend dünnflüssig zu sein, viel freie Natronlauge enthält, so würde bei Anwendung von sehr wenig Säure bald eine alkalische Reaktion des Spinnbades eintreten. Ein gutes Spinnbad muß aber eine Konzentration der Wasserstoffionen aufweisen, die möglichst konstant bleibt und sich daher in dem Maße, wie eine Neutralisation durch die Hydroxylionen der Viskose eintritt, von selbst erneuert. Dieser Erfolg läßt sich durch verschiedene Weise erzielen, z. B. dadurch, daß man genügend große Mengen einer schwachen Säure in einem Lösungsmittel löst, in dem eine starke Dissoziation eintritt, z. B. in Wasser, oder in dem man eine starke Säure in einer organischen, wenig ionisierend wirkenden Flüssigkeit löst, oder endlich, indem man eine starke Säure in einem gut ionisierenden Mittel löst und die Ionisierung der Säure zurückdrängt. Um z. B. die Ionisierung von Schwefelsäure zurückzudrängen, muß der Schwefelsäurelösung ein Stoff zugesetzt werden, der in einer wässerigen Flüssigkeit eine reichliche Menge von SO_4-Ionen, aber keine H-Ionen ergibt, d. h. ein schwefelsaures Salz. Dieses Zurückdrängen der Konzentration der H-Ionen wurde bisher nicht in genügendem Maße vorgenommen. Die Menge der anwesenden SO_4-Ionen gegenüber der Menge der Wasserstoffionen war bisher deswegen noch nicht genügend, weil man in der Regel Natriumsulfat als Zusatz anwandte. Um die Ionisierung der Säure genügend zurückzudrängen, müßte noch mehr Natriumsulfat gelöst werden, was aber wegen der beschränkten Löslichkeit des Natriumsulfats nicht möglich ist. Bei dem Spinnbad vorliegender Erfindung ist nun der genannte Zweck dadurch erreicht, daß mindestens noch ein weiteres Sulfat in der Flüssigkeit gelöst ist, um die Konzentration der SO_4-Ionen genügend zu erhöhen. Diese Konzentration ist derart, daß bei einem Schwefelsäuregehalt von mindestens 7% mindestens 2 gut lösliche Sulfate in solcher Menge vorhanden sind, daß die Flüssigkeit auf je 2 g Säurewasserstoffionen 3mal 96 = 288 g Sulfationen enthält, welche als Schwefelsäure, Sulfate oder Bisulfate vorhanden sein können. Das Spinnbad der Patentschrift 187 947[1]) enthält auf 3 g Wasserstoffionen (Säurewasserstoff, als Schwefelsäure oder Bisulfate anwesend) nur 3, 3mal 96 = 317 g Sulfationen (als Schwefelsäure oder Bisulfate anwesend) und etwa die gleichen Verhältnisse liegen bei den Verfahren der Patentschriften 240 846 und 260 479[2]) vor. Eine zweckmäßige Zusammensetzung eines Spinnbades für eine Viskose der oben angegebenen Reife ist beispielsweise folgende: 16 T. Na_2SO_4, 30 T. $MgSO_4$, 7 H_2O, 9 T. H_2SO_4, 45 T. Wasser. Die Salze können jedoch auch durch andere gut lösliche Sulfate ersetzt werden.

---
[1]) Siehe S. 342.
[2]) Siehe S. 344 u. 345.

Nach Silkin Kunstseideindustrie G. m. b. H.

387. Silkin Kunstseideindustrie G. m. b. H. in Pilnikau (Böhmen). Verfahren zur Herstellung künstlicher Fäden u. dgl. aus Zellulosexanthogenatlösungen.

Österr. P. 67 113.

Zur Erzielung guter Fäden aus Zellulosexanthogenatlösungen ist es vor allem notwendig, daß die feinen Einzelfädchen, welche zusammen den eigentlichen Faden bilden, nicht miteinander verkleben und so einen harten, wenig brauchbaren Faden bilden. Um dies Verkleben zu verhindern, hat man dem Fällbad größere Mengen Ammoniumsulfat zugesetzt[1]), wodurch aber das Fällbad verteuert wird. Man hat ferner den Faden zwei aufeinander geschichtete Flüssigkeiten von verschiedenem spez. Gew., die nicht oder kaum miteinander mischbar sind, passieren lassen, von denen die untere den Faden bilden oder das Zellulosexanthogenat koagulieren, die obere das Aneinanderkleben verhüten soll[2]). Hier dürfte das Auswaschen der Fäden von der leichteren Flüssigkeit Schwierigkeiten machen. Man hat ferner versucht, durch Zusatz von Metallsalzen die Schwefelverbindungen der Viskose zu zerstören[3]). Bei allen diesen Verfahren wird eine Abscheidung von Schwefel für schädlich erachtet. Sie ist aber nur schädlich, wenn sie nur teilweise oder unvollständig erfolgt.

Bei der vorliegenden Erfindung wird nun nicht allein für eine vermehrte Abscheidung von Schwefel Sorge getragen, sondern es wird auch gleichzeitig der bei der Fällung entstehende Schwefelwasserstoff in Schwefel übergeführt. Setzt man der Viskose Alkalithiosulfate zu, so entsteht bei der Fällung durch die einwirkende Fällsäure Schwefel und schweflige Säure. Letztere wirkt auf den gleichzeitig entstehenden Schwefelwasserstoff im Entstehungszustande unter Bildung von Schwefel und Wasser ein, so daß die schädliche Bildung von Gasbläschen in dem noch weichen Faden verhindert wird. Der ausgeschiedene Schwefel hüllt den Faden in gleichmäßig dicker Schicht ein und verhindert das Verkleben. Zur Ausführung des Verfahrens setzt man entweder der Alkalizellulosexanthogenatlösung schon vor dem Verspinnen eine zweckentsprechende Menge einer alkalischen oder neutralen Lösung von Thiosulfaten zu, wobei an festem Thiosulfat etwa 5—10% von dem Gewicht der in Lösung gebrachten Zellulose zu verwenden sind, oder man bildet den Faden durch ein saures Bad und führt den säurehaltigen Faden sofort in ein zweites Bad, das eine 2—3%ige Lösung von Thiosulfat enthält. Durch die dem Faden anhaftende Säure tritt eine Schwefelfällung ein, die den Einzelfaden einhüllt. Der so gebildete schwefelhaltige Faden wird hierauf nach bekannter Weise weiter behandelt und entschwefelt.

---

[1]) Siehe S. 334.
[2]) Siehe S. 532.
[3]) Siehe S. 339 u. 340.

Nach Lange und Walther.

388. Dr. H. Lange und Dr. G. Walther in Crefeld. Verfahren zur Fällung von Viskose behufs Herstellung von künstlichen Fäden und anderen Gebilden.

D.R.P. 307 811 Kl. 29b vom 20. VI. 1913; franz. P. 473 256; schweiz. P. 71 019; niederl. P. 2207.

Sehr gute Ausfällung der Viskose läßt sich bewerkstelligen durch Salze der Oxymethylester der schwefligen Säure, denen man folgende Konstitution zuschreibt:

$$\begin{array}{c} CH_2OH \\ | \\ OSO_2Na \end{array}$$

und sonstige Aldehydbisulfite sowie Reduktionsprodukte der Aldehydbisulfite, wie Sulfoxylate

$$\begin{array}{c} CH_2OH \\ | \\ OSONa, \end{array}$$

ferner durch die ähnlich zusammengesetzten Ketonbisulfite und auch durch Kondensationsprodukte zwischen Phenolen oder Naphtolen einerseits und Aldehyden und Sulfiten andererseits, wie solche in Friedländer, Band IV, S. 97, beschrieben sind. Der Faden fällt homogen, geschmeidig, dehnbar und durchsichtig aus. Einen Vorteil bedeuten die während des Fällens vollständig klar bleibenden Bäder, weil Unregelmäßigkeiten während des Spinnens sofort gesehen und abgestellt werden können. Die Bäder reinigen auch den entstehenden Faden, von dem beim Passieren des Bades braune, sich rasch entfärbende Schlieren abfließen. Zersetzungsgase, wie Schwefelwasserstoff, durch welche der Faden leicht geschädigt wird, treten nicht auf; ebenso findet keine Abscheidung von Schwefel statt. Die Fällbäder wirken äußerst milde, so daß die Abscheidung der Fäden sehr günstig ist. Obwohl noch wasserlöslich, zeigt der Faden doch große Festigkeit und Elastizität. Selbst nach tagelangem Stehen auf der Spule büßt er seine guten Eigenschaften nicht ein und hält jede Weiterbehandlung, wie Zwirnen und Umhaspeln, sehr gut aus. Ein besonderer Vorteil des Verfahrens ist, daß die Grenzen des Reifezustandes der Viskose bei Anwendung der neuen Fällbäder wesentlich weiter sind als bei den bekannten Bädern, welche gewöhnlich bei junger oder überreifer Viskose versagen. Man braucht sich nicht in der Weise wie bisher an einen bestimmten Reifezustand der Viskose zu halten.

Die weitere Verarbeitung des Spinnproduktes zu fertiger Kunstseide läßt sich sehr leicht bewerkstelligen, da das unangenehme Zusammenkleben oder Splittern der Einzelfäden, wodurch Materialverluste entstehen, kaum eintreten. Durch nachfolgende Behandlung mit verdünnten Säuren, durch Erhitzen oder Dämpfen wird der so gefällte Faden wasserunlöslich. Durch das neue Verfahren kann die Überführung der Xanthogenatzellulose in Viskoseseide sehr langsam bewirkt werden, was für die Eigenschaften des Fadens von günstigem Einfluß ist.

Für die Fällbäder seien folgende Beispiele angeführt: I. 300 g Glykose werden warm in 1000 g Natriumbisulfitlösung 35—36° Bé gelöst und beim Spinnen auf 60° C erwärmt. II. 300 g Formaldehyd 40%ig werden mit 1000 g Natriumbisulfitlösung 36° Bé vermischt und beim Spinnen auf 50° C erwärmt. III. 186 g Aceton werden mit 200 g Wasser verdünnt, mit 1000 g Natriumbisulfitlösung 36° Bé verrührt und beim Spinnen auf 50° C erwärmt. IV. 377 g Benzaldehyd werden in 1000 g Natriumbisulfitlösung 36° Bé gelöst und beim Spinnen auf 50° C erwärmt. V. 400 g Rongalit werden in 1000 g Wasser gelöst und beim Spinnen auf 55° C erwärmt. VI. Das nach Friedländer, Band IV, S. 98, als Beispiel 4 aus 94 g Phenol, 250 g Natriumsulfit und 76 g Formaldehyd 40%ig gewonnene Produkt wird in 500 g Wasser gelöst und beim Spinnen auf 55—60° C erwärmt. Die Bäder werden je nach Bedarf verdünnt oder in anderer Konzentration und auch bei anderer Temperatur benutzt. Auch anorganische und organische Salze, wie Glaubersalz oder Natriumacetat und ähnlich wirkende Salze sowie Zuckerarten können den Bädern beigefügt werden.

Patentanspruch: Verfahren zur Fällung von Viskose behufs Herstellung von künstlichen Fäden und anderen Gebilden, dadurch gekennzeichnet, daß man Viskose durch geeignete Vorrichtungen in Bäder einführt, welche Aldehydbisulfite (Oxymethylester der schwefligen Säure), deren Reduktionsprodukte, wie Sulfoxylate, Ketonbisulfite, oder auch Kondensationsprodukte aus Phenolen oder Naphtolen einerseits und Aldehyden und Sulfiten andererseits ohne oder mit Zusatz von anorganischen oder organischen Salzen oder Zuckerarten enthalten und das gewonnene Ausfällungsprodukt nachträglich in geeigneter Weise zersetzt und fertigstellt.

Nach Société anonyme des Celluloses Planchon.

389. **Société anonyme des Celluloses Planchon.** Fällbad für die Herstellung von Viskosefäden.

Franz. P. 474 727.

Das Doppelsulfit von Ammonium und Natrium, das durch Neutralisation von Natriumbisulfitlösung mit Ammoniak und Abkühlen erhalten wird, wird in Form einer gesättigten Lösung als Fäll- und Zersetzungsbad für die Herstellung von Fäden und Films aus Viskose verwendet. Bei 30—40° C wirkt die Lösung als Fällbad, sie verliert praktisch kein Ammoniak, wenn sie mit überschüssigem Natriumbisulfit schwach sauer gehalten wird. Bei 80—90° C verwandelt die Lösung Zellulosexanthat in etwa $1/2$ Stunde in Zellulosehydrat und entfernt Schwefel und Polysulfide von den Fäden. Aus den verbrauchten Bädern wird das Ammoniak durch Destillation mit Kalk wiedergewonnen.

Nach Société anonyme Française Kodak.

390. **Société anonyme Française Kodak.** Verbesserung in der Behandlung von Viskose.

Franz. P. 477 735; Ver. St. Amer. P. 1 117 604 (D. E. Reid).

Die Viskose wird, ehe sie mit Fällflüssigkeit behandelt wird, in ihre endgültige Form, Film oder Faden gebracht und oberflächlich koaguliert, so daß die Form des Gebildes durch das Koagulierungsbad nicht mehr geändert wird. Die oberflächliche Koagulierung erfolgt durch Hitze, dann wird in gesättigte Natriumsulfitlösung eingebracht und weiter durch Bäder mit fallendem Gehalt an Natriumsulfit genommen. Schließlich wird mit 20%iger Ammoniumsulfatlösung behandelt und durch 5%ige Salzsäure oder eine andere Mineralsäure unlöslich gemacht. Nach Behandeln mit 2,5%iger Natriumhypochloritlösung wird gewaschen. Die Verwendung der Natriumsulfitlösungen abnehmender Stärke entfernt die Schwefelverbindungen aus der Viskose und bewirkt eine stufenweise vollständige Koagulierung.

Nach Biroll.

391. M. Biroli in Pavia. Verfahren zur Herstellung glänzender Fäden aus Viskose.

Ver. St. Amer. P. 1 226 178.

Man läßt Viskose in ein Bad aus Natriumbisulfat eintreten, um einen Xanthogenatfaden zu bilden, der dann durch ein Bad aus organischer Säure mit oder ohne Zusatz geeigneter Salze fixiert wird.

Über die Verwendung der phosphorigen und unterphosphorigen Säure bei der Herstellung von Fäden aus Viskose s. Chesnais, S. 588.

Über die Herstellung von Kunstseide aus Viskose, die mit Resinaten versetzt ist, vgl. S. 34, und über die Herstellung von Viskose unter Mitverwendung von Benzin, Benzol, Naphtha oder Terpentinöl bei der Schwefelkohlenstoffeinwirkung und Fällen der Fäden durch Schwefelsäure und Alkohol vgl. A. K. Semenov, Rev. gén. mat. col. 1. VII. 1912, S. 186.

Besondere mechanische Einrichtungen für die Herstellung von Viskoseseide.

Zahlreich sind die mechanischen Einrichtungen, die für die Fadenbildung aus Viskoselösungen angegeben worden sind. Auf sie beziehen sich die nachfolgenden Patente:

Nach Société française de la Viscose.

392. Société française de la Viscose in Paris. Drehbare Spinndüse für künstliche Seide.

D.R.P. 164 321 Kl. 29a vom 6. VIII. 1904 (gelöscht); brit. P. 17 152[1904]; franz. P. 345 274.

Bei dieser Spinndüse weist der in einer Fassung drehbar gelagerte als Rohr ausgebildete Düsenkopf an seinen beiden Enden Schraubennuten mit Links- und Rechtsgewinde auf, welche die zwischen der Fassung und dem Rohr nach außen zu entweichen bestrebte Viskose stets nach der Mitte des Rohres zurückführen. Auf Fig. 150 ist der Erfindungsgegenstand im Schnitt dargestellt. Das Zuführungs- und Sammelrohr 1 der Viskose ist mit einem Körnerventil 2 versehen. Der Düsenträger 3 wird durch die Schraube 4 gehalten. Durch Lösen dieser Schraube kann der Düsenträger um die Achse aa gedreht und erforderlichenfalls zwecks Reinigung oder Erneuerung aus dem Bade herausgehoben werden. In diesen Metallträger 3 ist ein Kanal 5 gebohrt, durch welchen die Viskose in den Filterraum 6 und von dort aus durch den Kanal 7 des Rohres 8 in den Düsenkopf 9 geleitet wird. Die Düsenfassung 10 ist mit ihrem Zapfen 11 im Träger 3 gelagert und kann um die Achse bb gedreht werden. Die Festlegung geschieht durch Anziehen der Mutter 12. An Stelle dieser Verbindung kann auch ein Kugelgelenk treten, welches eine Bewegung der Düsenfassung 10 nach allen Richtungen gestattet. Im Innern der Fassung 10 kann sich das Rohr 8 drehen. Hierzu ist eine biegsame Transmission 13 vorgesehen, welche dem Herausheben der Düse aus dem Bade oder ihrem Einsenken in das Bad kein Hindernis entgegensetzt, wobei selbstverständlich die Drehbewegung keine Unterbrechung erleidet. Das Rohr 8 ist auf seinem Außenmantel mit einer linksgängigen Schraubennut 14 sowie mit einer rechtsgängigen Schraubennut 15 versehen. Diese Einrichtung dient dazu, die zwischen der Fassung 10 und dem Rohr 8 nach außen zu entweichen bestrebte Viskose stets nach der Mitte des Rohres zurückzuführen. Die unter einem bestimmten Druck die Düse 9 verlassenden Viskosefäden 17 durchlaufen das Erstarrungsbad, laufen über eine Rolle 18 und über eine auf der Zeichnung nicht dargestellte Winde oder Spule. Die Drehbewegung der Düse bezweckt das Zusammendrehen der Fäden in dem Augenblicke, wo sich sie bilden. Dieses Zwirnen wird

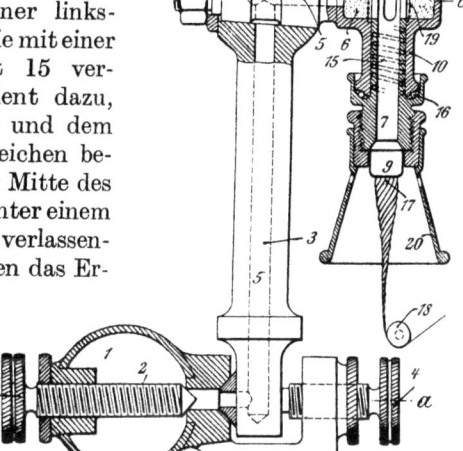

Fig. 150.

um so wirksamer ausfallen, je höher die Drehgeschwindigkeit der Düse ist. Um jede Verstopfung des Düsenkopfes zu verhindern, wird die Viskose in der Kammer 6 des Düsenträgers 10 einer letzten Filtration unterworfen und hierzu durch die in einem Metallgewebe 19 enthaltene Watte geleitet. Um das Zerreißen der aus dem Düsenkopf heraustretenden Fäden zu vermeiden, ist das Rohr 8 mit einem Mundstück 20 versehen, welches mittels eines Bajonettverschlusses oder in anderer Weise befestigt ist. Dieses Mundstück teilt der Flüssigkeit eine der Drehung der Fäden gleiche Drehbewegung mit, wodurch dem Zerreißen der Viskosefäden vorgebeugt wird.

Patentanspruch: Drehbare Spinndüse für künstliche Seide, dadurch gekennzeichnet, daß der in einer Fassung (10) drehbar gelagerte, als Rohr ausgebildete Düsenkopf (8) an seinen beiden Enden Schraubennuten mit Links- und Rechtsgewinde aufweist, welche die zwischen der Fassung und dem Rohr nach außen zu entweichen bestrebte Viskose stets nach der Mitte des Rohres zurückführen.

393. Société française de la Viscose in Paris. Hahn zum Regeln der in Spinndüsen für künstliche Seide einfließenden Viskosemengen.

D.R.P. 163 467 Kl. 29a vom 9. VIII. 1904 (gelöscht); franz. P. 345 293.

Viskose ist bekanntlich sehr dickflüssig und bewegt sich nicht leicht durch Röhren. Die neue Hahnkonstruktion weist mehrere Einzelheiten auf, welche in ihrer Vereinigung ein genaues Regeln der Viskosemenge ermöglichen und die Druckverluste der unter Pressung eingeführten Viskose auf ein geringes Maß herabsetzen. Fig. 151 ist ein senkrechter Schnitt durch den Hahn, Fig. 152 ist ein Schnitt nach der Achse des Kanals 11.

In dem aus Stahl hergestellten Hahngehäuse 1 steckt das verhältnismäßig starke Kegelküken 2. Das Hahngehäuse 1 ist durch Schrauben 3 mit dem Flansch 4 des Viskosezuführungsrohres 5 verbunden. Das Küken trägt einen Schlüssel 6, an welchem ein Zeiger 7 befestigt ist, der sich über einer Skala 8 bewegt. Das Küken 2 weist eine Höhlung 9 auf, die sich in der Verlängerung des im Gehäuse 1 befindlichen Kanals 10 befindet. Senkrecht zur Achse des Kanals 10 ist im Gehäuse 1 ein Kanal 11 gebohrt. In der Kükenwandung befindet sich eine Bohrung 12, deren Durchmesser nur einige Millimeter beträgt. Diese Bohrung verbindet die Höhlung 9 mit dem Kanal 11, der zu dem in punktierten Linien angedeuteten Düsenträger führt (Fig. 151). Unter diesen Verhältnissen besitzt der Hahn nur eine sehr geringe Empfindlichkeit. Denn der Querschnitt der Bohrung 12 läßt sich kaum regeln, da schon bei der geringsten Drehung des Schlüssels 7 eine Freilegung erfolgen müßte.

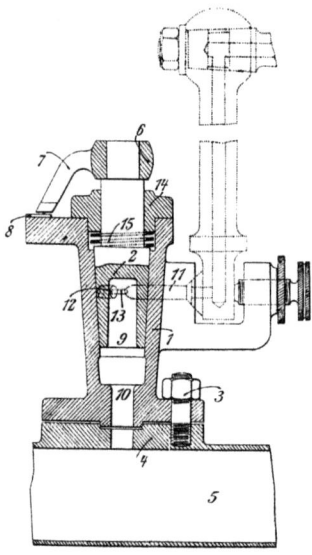

Fig. 151.

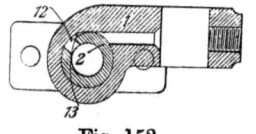

Fig. 152.

Um dem Hahn die zur Erzielung eines regelmäßigen Ausflusses erforderliche Empfindlichkeit zu verleihen, ist in der Metalldicke der Kükenwandung ein halbkegelartiger kleiner Kanal 13 eingeschnitten, dessen Tiefe von der Bohrung 12 ausgehend abnimmt und der sich in der Schließrichtung des Kükens erstreckt. Hieraus folgt, daß bei einer verhältnismäßig großen Drehbewegung des Kükens nur ein geringer Querschnitt des kleinen Kanals 13 freigelegt wird, so daß der Ausfluß der unter Druck zugeführten Viskose leicht geregelt werden kann und außerdem infolge des unmittelbaren Übertretens der Viskose aus dem Kükeninnern in den Austrittskanal kein Druckverlust entsteht. Der von der Viskose herrührende Druck pflanzt sich von unten nach oben fort. Die Viskose hat keine besonderen Schlitze zu passieren, hat aber infolge des Druckes das Bestreben, das Küken aufwärts zu treiben, wodurch Undichtigkeiten entstehen könnten. Um diesem Übelstande zu begegnen, ist in bekannter Weise zwischen dem Deckel 14 des Gehäuses 1 und dem Küken 2 eine Schraubenfeder 15 eingeschaltet, die gegen das Küken drückt und so jedes Austreten von Flüssigkeit verhindert, wenn das Küken gut eingeschliffen ist.

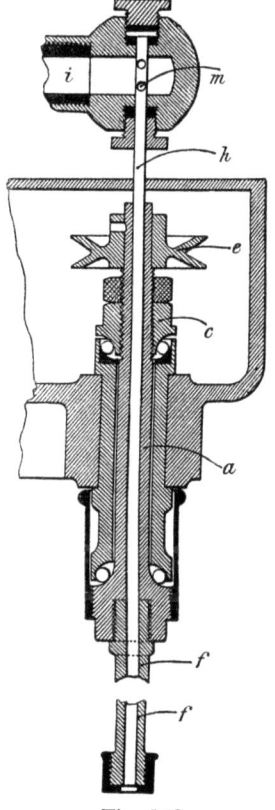

Patentanspruch: Hahn zum Regeln der in Spinndüsen für künstliche Seide einfließenden Viskosemenge, dadurch gekennzeichnet, daß das in bekannter Weise durch Federwirkung auf seinen Sitz gepreßte Hahnküken einen unten offenen Hohlraum (9) enthält und der Durchgang im Küken auf einer Seite und am Umfang des letzteren eine kanalartige halbkegelförmige Verlängerung (13) aufweist, um ein leichtes Regeln der Durchflußmenge zu ermöglichen.

394. Société française de la Viscose. Sich drehende Spinnvorrichtung für künstliche Seide.

Franz. P. 361 877; schweiz. P. 38 455.

Die zu verspinnende Viskose wird aus dem Zuführungsrohr i (Fig. 153) durch die Löcher m dem Rohre h zugeführt, das in die Bohrung des Stückes a hineinreicht; a ist oben und unten mit Kugellagern versehen und erhält seinen Antrieb von der Scheibe e aus. Das obere Kugellager ist durch c einstellbar. Das in den unteren Teil von a eingeschraubte Stück f trägt die (nicht gezeichnete) Spinndüse. Als Vorteil der Vorrichtung wird geringe Reibung und der Umstand hervorgehoben, daß keine Viskose ungenutzt verloren gehen kann.

Fig. 153.

395. Société française de la Viscose in Paris. Vorrichtung zum Ausrücken der Spinntöpfe für Viskosespinnmaschinen.

D.R.P. 160 244 Kl. 29a, vom 12. VIII. 1904 (gelöscht).

Bei der Spinnerei der Viskose wird der Faden beim Austritt aus der Spinndüse und den Gerinnungsbädern in Spinntöpfen, welche eine rasche

Umdrehungsbewegung ausführen, aufgeschichtet. Sobald ein Spinntopf mit dem Faden gefüllt ist, wird er durch einen leeren ersetzt, was durch Hand geschieht. Beim andauernden Betriebe dreht sich nun die Spindel, auf die der Spinntopf aufgesetzt ist, ohne Unterbrechung. Die Auswechslung der Spinntöpfe ist infolgedessen mit Gefahr und mit Nachteilen verbunden. Mittels der Vorrichtung des vorliegenden Patentes werden die Spinntöpfe, sobald sie ausgewechselt werden sollen, von der Spindel mechanisch durch eine drehbare Scheibe abgehoben. Infolgedessen dreht sich der Spinntopf, nachdem er von der Spindel abgehoben ist, noch einige Zeit auf der beweglichen Scheibe und verringert rasch seine Umdrehungsbewegung, so daß er gefahrlos abgehoben werden kann.

Patentanspruch: Vorrichtung zum Ausrücken der Spinntöpfe für Viskosespinnmaschinen, gekennzeichnet durch eine unter dem Spinntopf drehbar gelagerte, heb- und senkbare Scheibe, zum Zweck, den Spinntopf von der sich drehenden Spindel abzuheben und stillzusetzen. (3 Zeichnungen.)

396. Société française de la Viscose. Spinnkopf mit auswechselbarem Einsatz zum Verspinnen von Viskose.

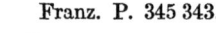

Franz. P. 345 343.

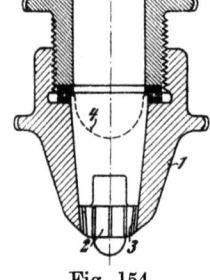

Fig. 154.

In der Metallfassung 1 (Fig. 154) befindet sich der Einsatz 2 aus gehärtetem Stahl oder Glas, in den die Vertiefungen 3 eingeschnitten sind. Diese Vertiefungen, die die Spinnöffnungen bilden, sind nach der Spitze zu enger. 4 ist ein Sieb, welches gröbere Verunreinigungen zurückhält. Die Spinnöffnungen sind leicht vollkommen gleichmäßig zu schneiden und die Vorrichtung ist bequem rein zu halten.

397. Société française de la Viscose in Paris. Vorrichtung zum Spinnen von künstlicher Seide aus Viskose.

D.R.P. 192 406 Kl. 29a vom 19. VII. 1906 (gelöscht); Ver. St. Amer. P. 923 777 (auch A. Delubac); franz. P. 377 424; österr. P. 34 101.

Die Erfindung besteht in der Anordnung einseitig gelagerter, an ihrer Oberfläche mit Rillen versehener Rollen, über welche der aus der Spinndüse kommende Faden nach Durchlaufen des Fällbades geleitet wird. Zur Erleichterung des Auflegens des Fadens sind hierbei eine oder mehrere der durch die Rillen gebildeten Leisten derart verlängert, daß dadurch ein oder mehrere hervorstehende Knöpfe von 5—6 mm Höhe gebildet werden, um das Auflegen der Fäden zu erleichtern.

Fig. 155 stellt schematisch die Vorrichtung dar, in der die den Gegenstand der Erfindung bildenden Rollen a Verwendung finden sollen. Fig. 156 und 157 zeigen eine solche Rolle mit ihren Knöpfen b im Längs- und Querschnitt. Von der ersten hinter dem Fällbad c angeordneten Rolle a gelangt der Faden hintereinander in verschiedene Bäder $d\,e\,f$, zwischen denen sich je eine Rolle a der beschriebenen Art befindet, worauf schließlich der Faden in bekannter Weise auf eine Trockentrommel aufgewickelt wird. Der Arbeiter hält den Faden beim Auflegen auf die Rollen in der rechten Hand und führt ihn mit der linken Hand weiter, indem er nach Möglichkeit der Ausflußgeschwindigkeit folgt. Gleichzeitig nähert er den Faden der Rolle, auf welche er aufgelegt werden soll, und ohne ihn loszulassen, läßt er ihn von einem der Knöpfe erfassen. Der Faden schiebt sich alsdann von selbst auf die Rollen auf, wobei der Arbeiter das Ende beständig in der Hand behält, der Ausflußbewegung weiter folgt und dann den Faden auf die nächste Rolle auflegt.

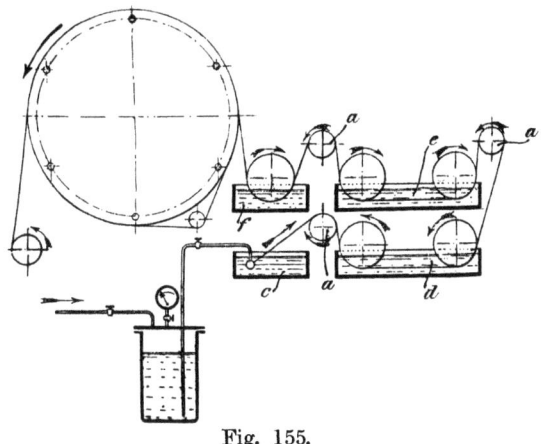

Fig. 155.

Patentanspruch: Vorrichtung zum Spinnen von künstlicher Seide aus Viskose, dadurch gekennzeichnet, daß zwischen den Bädern einseitig gelagerte und an ihrer Oberfläche mit Rillen versehene Rollen (a) zum Tragen der Fäden angeordnet sind, deren Oberfläche an mehreren Stellen nach vorn verlängert und mit abgerundeten Knöpfen (b) versehen ist, um den Faden leichter auflegen zu können.

Das Ver. St. Amer. P. erläutert das Austreiben der Viskose durch Druckluft näher. c enthält Fällflüssigkeit, d

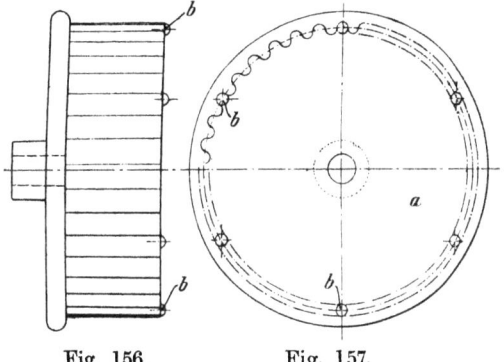

Fig. 156.   Fig. 157.

Wasser von 70° C, das mit 7% Schwefelsäure versetzt ist, e reines Wasser und f ein Gemisch aus Wasser, Seife, Öl und Soda, um den Faden zu neutralisieren und sein Ankleben an der Trockentrommel zu verhindern, auf die der Faden nach Verlassen von f gewickelt wird. Die rechts unten neben der Trockentrommel angeordneten Rollen sitzen in Zwischenräumen zu mehreren auf einer Achse und dienen dazu, den Faden in Schraubenlinien um die Trommel zu führen.

Nach Ernst.

398. Charles A. Ernst in Lansdowne. Apparat zur Herstellung von Fäden aus Viskose und ähnlichen Stoffen.

Ver. St. Amer. P. 808 148 und 808 149.

Eine höhere Festigkeit und besseren Glanz will der Erfinder den aus Viskose und ähnlichen Stoffen gebildeten Fäden dadurch erteilen, daß er die Streckung der Fäden auf den gewünschten Feinheitsgrad nicht wie bei den bekannten Apparaten unmittelbar nach der Bildung der Fäden, wenn diese noch sehr plastisch sind, sondern erst später, wenn die Fäden bereits etwas fester geworden sind, vornimmt. Er erreicht dies dadurch, daß er zwischen Preßmundstück und Spule zwei Stäbe einschaltet, an denen die Fäden vorbei oder über welche sie hinweggeleitet werden. Die größte Streckung findet dann zwischen der Spule und dem ihr zunächst liegenden Stabe statt, eine geringere Streckung auf dem Wege zwischen den beiden Stäben und die geringste zwischen dem Preßmundstück und dem ihm am nächsten liegenden Stabe. Die Stäbe können in dem Fällungsbade oder außerhalb liegen. (7 Zeichnungen.)

Nach Waddell und Pettit.

399. Montgomery Waddell in New-York und Silas Wrigth Pettit in Philadelphia. Vorrichtung zum Aufwickeln von künstlichen Seidenfäden bei ihrer Herstellung.

D.R.P. 204 215 Kl. 29a vom 12. III. 1907 (gelöscht); franz. P. 375 633; Ver. St. Amer. P. 846 879; brit. P. 5881[1907].

Bei dieser Vorrichtung kann der Faden beim Aufwickeln weder eine merkliche Verdünnung erleiden noch durch Verkleben mit den benachbarten Fadenteilen beschädigt werden. Die aus Zellulose oder einem ähnlichen Stoffe in bekannter Weise erzeugten Fäden werden, anstatt, wie üblich, auf Spulen, auf Wickelringe aufgewunden. Diese Ringe erhalten ihren Antrieb am Umfange und sind von so großem Durchmesser, daß auch bei konstanter Umdrehungsgeschwindigkeit der Faden in den aufeinanderfolgenden Lagen nicht wesentlich ausgereckt, also im Durchmesser nicht verdünnt wird. Weiter tauchen die Ringe in die Fixierflüssigkeit ein, so daß der aufgewundene Faden fortlaufend mit der Flüssigkeit in Berührung bleibt oder kommt und daher gegen Zusammenkleben mit den benachbarten und folgenden Fadenlagen geschützt ist.

Die Vorrichtung besteht aus einer Reihe bekannter Gefäße für die Fixierflüssigkeit mit Spinn- und Filtrierköpfen auf einer Seite. Am anderen Ende des oder der Gefäße sind quer dazu ein Paar Wellen a und b (Fig. 158 und 159) mit beliebigem, geeignetem Antriebe angeordnet. Auf diesen Wellen ruhen die Spul- oder Wickelringe c und werden von ihnen im Sinne der Drehbewegung mitgenommen. Mit seinem unteren Teile ragt der Ring c in das Fixierbad d hinein, so daß der bereits aufgewickelte Faden weiter fortdauernd vom Bade d benäßt erhalten wird und daher selbst bei engster Bewicklung nicht verkleben kann. Die hin- und hergehende Stange e dient in bekannter Weise zum

Führen und Ablegen des Fadens in Schichten oder Reihen auf dem Ringe c.

Bei dieser Einrichtung ist es von wesentlicher Bedeutung, daß die Spulenringe zur Aufnahme des Fadens von verhältnismäßig großem Durchmesser sind, so daß, obwohl sich der Ring mit konstanter Geschwindigkeit dreht, doch eine merkliche Ausreckung (Verdünnung) des Fadens der oberen Wickelschichten gegenüber dem Faden der unteren Wickelschichten nicht stattfindet, mithin auch die Fäden der äußeren Schichten gleichen Durchmesser behalten wie die der inneren Schichten.

Patentanspruch: Vorrichtung zum Aufwickeln von künstlichen Seidenfäden bei ihrer Herstellung, gekennzeichnet durch einen mit seinem Umfange in das Fixierbad eintauchenden Wickelring (c), der seinen Antrieb durch zwei mit gleichbleibender Wickelgeschwindigkeit umlaufende, unmittelbar auf die Ringkränze wirkende und den Faden unberührt lassende Wellen (a, b) empfängt.

Die ausländischen Patente betreffen noch die Bewegung der verschiedenen Teile der Vorrichtung, die Einrichtung, um die Fällflüssigkeit

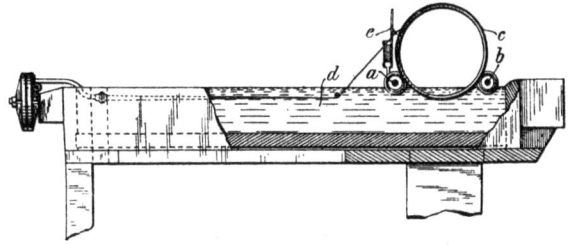
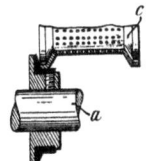

Fig. 158. Fig. 159.

in Umlauf zu setzen und eine besondere Vorrichtung, um das ungleichmäßige Bewickeln der Wickelringe zu verhindern. (8 Zeichnungen.)

Die Filtrier- und Spinnvorrichtung des brit. P. 7690[1908] derselben Erfinder besteht aus zwei Scheiben, die Filterstoffe zwischen sich aufnehmen und zusammengepreßt werden. Der einen wird die zu filtrierende Spinnlösung zugeführt, die den Filterstoff durchdringt, an der Außenseite der anderen Scheibe austritt und nach dem Spinnkopf geht. (3 Zeichnungen.)

400. M. Waddell in New-York (S. W. Pettit). Vorrichtung zur Bildung von Fäden.
Ver. St. Amer. P. 849 822.

Die Vorrichtung besteht aus einem drehbaren Rohre, welches die Fällflüssigkeit zuführt und einem dies Rohr umgebenden und mit ihm drehbaren Rohre, das die Viskose zuführt. Das äußere Rohr ist an dem Ende, welches in den Fälltrog eintaucht, konisch erweitert und durch eine entsprechende Verdickung des inneren Rohres verschlossen. Die Verdickung trägt am Rande, da wo sie an das äußere Rohr stößt, einen Kranz feiner Rillen, die die Austrittsöffnungen für die Viskose bilden.

Ein Filter für die Viskose ist wie im Ver. St. Amer. P. 849 870 (s. nachstehend) angeordnet. (5 Zeichnungen.)

401. M. Waddell (S. W. Pettit). Apparat zur Bildung von Fäden.
Ver. St. Amer. P. 849 870.

Die Vorrichtung besteht aus einem schräg in das Koagulierungsbad eintauchenden, sich drehenden Spinnkopf mit zahlreichen Öffnungen, der an einem hohlen Träger befestigt ist, durch den die Viskose zugeleitet wird. Über die ganze Länge des Trägers erstreckt sich in dessen Innern ein Filter, durch welches die Viskose geht, ehe sie nach dem Spinnkopf gelangt. In dem Koagulierungsbad dreht sich eine Walze, auf die der gezwirnte Faden aufgewickelt wird. Alle beweglichen Teile werden von einer Scheibe aus angetrieben. Die Walze zum Aufwickeln der Fäden kann auch außerhalb des Koagulierungsbades in einem anderen Bade untergebracht sein. Ehe der Faden auf die Walze kommt, legt er einen längeren wagerechten Weg ohne plötzliche Richtungsänderung zurück. (6 Zeichnungen.)

402. Spinnköpfe beschreibt derselbe Erfinder in dem
Ver. St. Amer. P. 823 009.

Ein an einem Ende geschlossener Zylinder aus Platin mit nach außen gebogenen Rändern wird durch eine Schraubkappe an einem Rohre befestigt. Das geschlossene Ende hat zahlreiche Öffnungen, durch die die Fäden austreten. Zwischen dem Zylinder und dem Rohre ist ein Seiher aus Platin befestigt, dessen Öffnungen feiner sind als die Öffnungen für die Fäden. Eine Verstopfung der letzteren wird dadurch verhindert. Die Viskose kommt möglichst wenig mit anderen Stoffen als Platin in Berührung, um sie vor Zersetzung zu schützen. (6 Zeichnungen.)

403. Ähnliche Einrichtungen beschreibt **Ch. A. Ernst** in dem
Ver. St. Amer. P. 858 648,

nach welchem der Seiher und die die Spinnöffnungen tragende Platte aus Hartgummi bestehen. (6 Zeichnungen.)

Nach Courtauld & Co., Tetley und Clayton.

404. H. G. Tetley in London und J. Clayton in Braintree. Verbesserungen an Vorrichtungen zur Herstellung künstlicher Seide u. dgl.
Brit. P. 19 158[1908].

Die von der Welle 7 (Fig. 160) aus mittels des Zahnrades 27 angetriebene, schwenkbar gelagerte Pumpe 16 fördert Viskose aus dem Rohr 10 nach der Spinnvorrichtung 19, die in dem Teil 17 ein Filter enthält. Durch den Spinnkopf 20 tritt die Viskose in ein Fällbad 2. Der gebildete einzelne oder zusammengesetzte Faden gelangt auf Haspel 53, die von derselben Welle aus angetrieben werden wie die Pumpe 16 und auf Trägern oberhalb der Fällbäder angeordnet sind. Die (nicht vollständig gezeichneten Träger) sind T-förmig und zwischen zwei Reihen von Spinnvorrichtungen, Fällbädern und Haspeln angeordnet. Die Träger enthalten zwei Lager für die Haspel, ein niedrigeres 55 und ein höheres 54. Liegt der Haspel in dem Lager 55, so wird er von einer mit ihm in Berührung stehenden Scheibe bewegt, liegt er in dem Lager 54, so ist er in Ruhe. Von der die Haspel in Bewegung setzenden Welle werden auch die Fadenführer 62 angetrieben.

(Außer der dargestellten enthält die Patentschrift 4 Zeichnungen.)

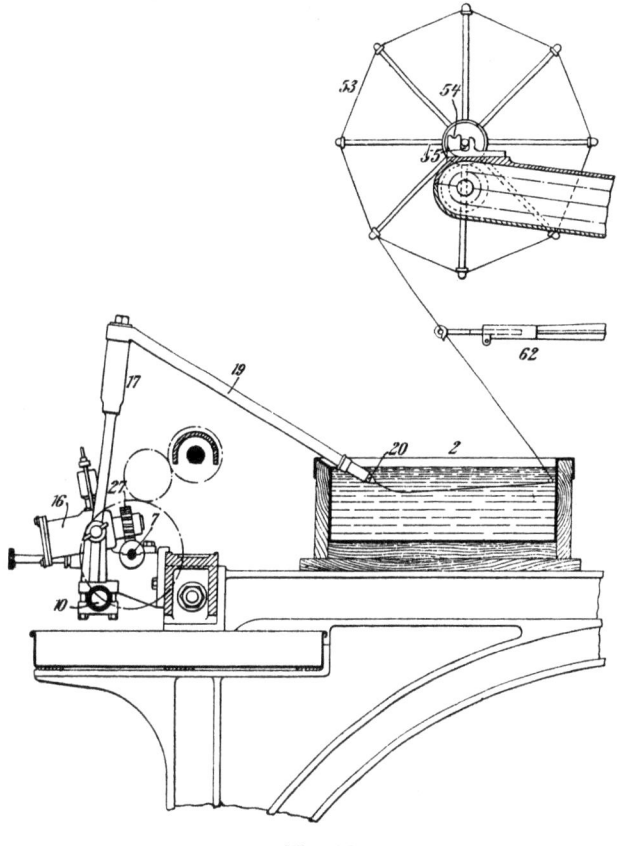

Fig. 160.

405. Samuel Courtauld & Co. Ltd. in London. Vorrichtung zur Herstellung von künstlicher Seide und ähnlichen Fäden mit einer hohlen, zwischen ihren Lagerstellen angetriebenen, die Spinndüse tragenden Spindel.

D.R.P. 236 242 Kl. 29a vom 8. VI. 1909; franz. P. 406 344; brit. P. 19 157[1908] (H. G. Tetley und J. Clayton); Ver. St. Amer. P. 979 434 (J. Clayton und S. Courtauld & Co., Ltd.).

Die Erfindung bezieht sich auf Vorrichtungen, mit deren Hilfe künstliche Seide und ähnliche Fäden hergestellt werden, indem man einen Stoff, wie eine dickflüssige Zelluloselösung, z. B. Viskose, durch Öffnungen einer drehbaren Düse in ein Bad austreten läßt und ausfällt, um so eine Anzahl von Fäden zu bilden, welche miteinander zwecks Bildung eines Fadens versponnen werden. Den Gegenstand der Erfindung bildet insbesondere eine Vorrichtung, durch welche die Arbeitsweise derartiger drehbarer Düsen in wirksamerer, sparsamerer und zweckmäßigerer Weise ausgeführt wird als bisher, wobei eine geringere Antriebskraft infolge des Fehlens von Stopfbüchsen und von langen Führungsflächen erfordert wird. Die Teile sind fernerhin so angeordnet, daß die Möglichkeit vermieden wird, daß Viskose in die Führungsteile gelangt, während das Triebwerk derart eingerichtet ist, daß ein Reinigen

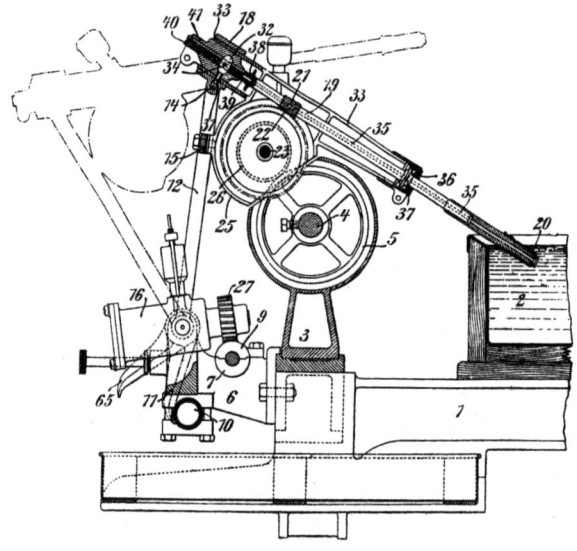

Fig. 161.

und Säubern von Luft leicht bewirkt werden kann. Schließlich kommt auch die Antriebskraft in wirksamerer Weise als bisher zur Geltung. Bei der Erfindung wird das Rohr oder die Spindel von einem schwingenden Rahmen getragen, welcher in einem an dem Viskosezuführungsrohr befestigten Träger gedreht werden kann, so daß die Düse in eine geeignete Stellung zwecks Besichtigung oder zu anderen Zwecken gebracht wird, und daß gleichzeitig die Räder, welche die Bewegung zum Antriebe des Rohres oder der Spindel übertragen, außer Verbindung gebracht werden. Die Pumpe ist jedoch auch so an dem Rahmen angebracht, daß sie auf ihm schwingen kann, um das Triebwerk, welches sie antreibt, außer Eingriff zu bringen und so den Betrieb der Pumpe gewünschtenfalls unabhängig von dem Schwingen des Rahmens anzuhalten, so daß, während der Rahmen geschwungen werden kann, um das Rohr oder die Spindel in und außer Eingriff zu bringen, ohne den

Betrieb der Pumpe zu beeinflussen, gewünschtenfalls die Pumpe in und außer Gang unabhängig von dem Rohr oder der Spindel gesetzt oder beide gleichzeitig in und außer Betrieb gebracht werden können. Der Rahmen kann das Filter tragen und die verschiedenen Teile können in der bisherigen Weise durchlocht sein für den Durchgang der Viskose von dem Viskoserohr zu der Pumpe und von der Pumpe durch das Filter und den Rahmen zu der Spindel und von dort zu der Düse. Der Faden, welcher durch Verzwirnen der gesponnenen Fäden durch Drehung des Rohres oder der Spindel gebildet wird, kann über geeignete Führungen zu einer Wickelrolle oder einer anderen Aufwickeleinrichtung in irgendeiner geeigneten Weise geführt werden.

Fig. 161 ist ein Schnitt durch eine der drehbaren Düsen und ihre Spindel und durch die Vorrichtungen, welche die Viskose zuführen,

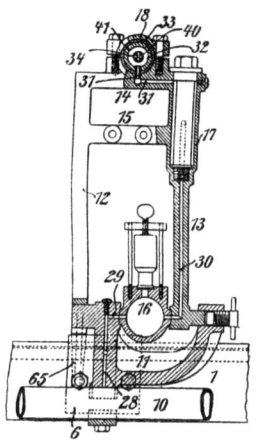

Fig. 162.

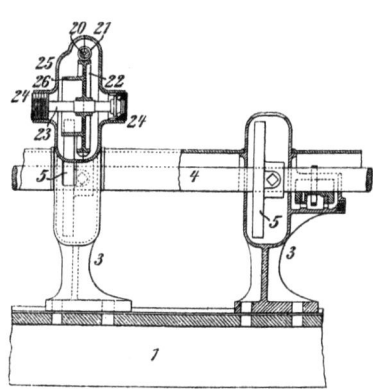

Fig. 163.

sowie durch eine der Pumpen und das Triebwerk in Verbindung mit dieser Pumpe und der Spindel. Fig. 162 ist ein Schnitt, welcher eine Pumpe und eine Spindel in ihrer Stellung in dem Rahmen sowie den stützenden Träger veranschaulicht. Fig. 163 ist ein Längsschnitt, welcher das Getriebe darstellt, durch welches die Spindeln angetrieben werden. Auf einem geeigneten Rahmenwerk 1 befinden sich Pfosten für eine Antriebswelle 4, welche Reibungsscheiben 5, und zwar je eine zum Antrieb jeder Spindel der Spritzdüsen, trägt. Unterhalb dieser Welle 4 und ihrer Pfosten ragen Träger 6 von dem Rahmenwerk hervor, welche eine die Pumpe antreibende Welle 7 tragen, welche an dem Ende zweckmäßig durch ein Satzrad mit der Antriebswelle 4 in Verbindung steht. An dieser die Pumpe antreibenden Welle 7 befinden sich Schnecken 9, und zwar je eine für jede Pumpe. 10 ist ein Rohr für die Zuführung der Viskose. An diesem Rohre 10 sind gegenüber jeder der Schnecken 9 an der die Pumpe treibenden Welle 7 Fortsetzungen 11 des Trägers 6 befestigt. Diese Fortsetzungen haben Lager, durch welche ein Rahmen getragen wird, wie aus Fig. 162 ersichtlich ist, wobei dieser Rahmen zweckmäßig aus zwei Armen 12 und 13 und zwei Querstücken 14 und 15 besteht. Dieser Rahmen kann auf oder in diesen Lagern als Mittelpunkten geschwungen werden. In Lagern oder in einem dieser Arme (dem mit 13 bezeichneten) und in dem Träger 11, welcher an dem Viskosezuführungsrohr 10 befestigt ist, ist die Pumpe 16 gelagert, so daß sie in diesen Lagern als Mittelpunkten geschwungen werden kann. Von den Armen 13 trägt jeder ein Filter 17. Das obere Querstück 14 zwischen den Armen 12 und 13 trägt in einer Klammer 18 ein Ende des Gehäuses 33 mit einem Lager für ein Ende der Spindel 19, welche in der Düse 20 endigt, durch welche die Viskose in das Bad gespritzt wird. An der Spindel 19 der Düse 20 befindet sich, zweckmäßig in der Nähe des mittleren Teiles ihrer Länge, eine Schnecke 21, welche in ein entsprechendes Schneckenrad 22, das auf einer Spindel 23 getragen wird, eingreift. Diese Spindel befindet sich in Lagern 24 (zweckmäßig Kugellagern), welche von einem Gehäuse 25 getragen werden, das seinerseits an dem unteren Querstück zwischen den Armen 12 und 13 befestigt ist. An dem Schneckenrad 22 ist eine Reibungsscheibe 26 befestigt, welche, wenn der Rahmen gegen das Bad geschwungen wird, gegen die entsprechende Reibungsscheibe 5, die von der Antriebswelle 4 getragen wird, zu liegen kommt. Wenn die Pumpe 16 in Betrieb gesetzt wird, so wird sie geschwungen, so daß das Schneckenrad 27 der Pumpe in die entsprechenden Schnecken 9, die von der die Pumpe antreibenden Welle 7 getragen werden, eingreift, und dann wird die Viskose von dem Viskoserohr 10 gepumpt durch eine Öffnung in diesem Rohr und durch eine Öffnung 28 (Fig. 162) in dem Träger 11, welcher den oben genannten Rahmen trägt, durch die Öffnungen 29 zu der Pumpe 16 und von dort durch eine Öffnung 30 an einem der Arme und durch das Filter 17 und von dort durch eine Öffnung 31 in dem oberen Querstück 14 des Rahmens zu einer Kammer 32 an einem Stück 41 in dem Gehäuse 33, welches Stück das einstellbare Lager für das eine Ende der Spindel der Düse trägt und von dort durch die seitlichen Öffnungen 34 in dem Lager der Spindel in die Durchbohrung 35 in der Spindel, welche auf diese Weise an dem einen Ende mit der Kammer 32 und an dem anderen Ende mit der Düse 20 in Verbindung steht. Die Spindel 19, welche die Düse trägt, ist in ihrem Gehäuse in der Fig. 163 dargestellten Weise angebracht. Das Ende des Gehäuses, welches sich der Düse 20 am nächsten befindet, hat einen an ihm befestigten Kugelsitz 36 und einen anderen an der Spindel 19 befestigten Kugelsitz 37, wobei Antifriktionskugeln zwischen diese Sitze gelegt sind. Das Ende der Spindel 19, an welchem die Viskose eintritt, hat einen Sitz 38, zweckmäßig von konischer Form, in welchen ein entsprechend verjüngtes Ende 39 einer Schraube 40 eintritt. Diese letztere ist hinreichend weit durchlocht, um eine Fortsetzung der Öffnung 35 in der Spindel bis zu der Kammer 32 durch die Queröffnungen 34 zu bilden, wobei die Schraube 40 durch das Stück 41 an dem Ende des Gehäuses 33 der Spindel so geschraubt ist, daß das Lager leicht eingestellt werden kann. Tröge können an irgendeiner geeigneten Stelle angebracht werden, um die Viskose aufzufangen, welche aus den Düsen herabtropfen kann. 65 sind Sperrungen, welche verhindern sollen, daß sich die Rahmen zu weit drehen, und außerdem zu deren Stütze dienen, wenn die Düsen von den Bädern gehoben werden.

Patentansprüche: 1. Vorrichtung zur Herstellung von künstlicher Seide und ähnlichen Fäden mit einer hohlen, zwischen ihren Lagerstellen angetriebenen, die Spinndüse tragenden Spindel, dadurch gekennzeichnet, daß das die Spinndüse tragende Ende der Spindel in einem Kugellager gelagert ist und das rückwärtige Ende der Spindel von einem axial durchbohrten feststehenden Stützzapfen getragen wird, dem die Spinnmasse durch radiale Öffnungen zugeführt wird.

2. Vorrichtung nach Anspruch 1, dadurch gekennzeichnet, daß auf dem Zuführungsrohr (10) für die auszufällende Masse ein Rahmen schwingbar gelagert ist, dessen oberes Querstück (14) das Lager für das die Spinnmasse aufnehmende Ende der hohlen Spindel trägt, und dessen anderes Querstück (15) Schnecken und Reibräder zum Antrieb der Spindel trägt.

406. H. G. Tetley in London und J. Clayton in Braintree. Verbesserungen an Vorrichtungen zum Pumpen und zum Regeln des Durchflusses halbflüssiger Stoffe.

Brit. P. 17 876[1907].

Die Vorrichtung dient zum Fördern der Viskose bei Viskosespinnmaschinen. In dem Gehäuse 1 (Fig. 164 und 165) dreht sich, von der Welle 8 angetrieben, der Zylinder 7. Zwischen ihm und dem Gehäuse 1 sind durch die Stücke 5 und 6 zwei getrennte Räume 3 und 4 gebildet, von denen 3 der Zuführungsraum, 4 der Ableitungsraum für die Viskose ist. Die Viskose strömt durch die Bohrung 13 dem Raume 3 zu und wird aus dem Raume 4 durch die Bohrung 14 weitergeleitet. Die ganze Vorrichtung ist drehbar in Ansätzen des

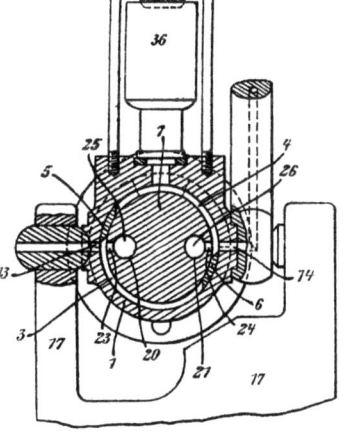

Fig. 164. Fig. 165.

Trägers 17 gelagert, durch Anheben wird die Bewegung der Welle 8 unterbrochen und die Vorrichtung stillgesetzt. In dem Zylinder 7 befinden sich die Bohrungen 20 und 21, die durch die Löcher 23 und 24 mit den Räumen 3 und 4 in Verbindung stehen. In ihnen bewegen sich die Kolben 25 und 26, die durch den Hebel 29 miteinander verbunden sind. Der Hebel 29 ist an dem Stift 31 befestigt, der sich in einer Bohrung des Zylinders 7 befindet. Die Bewegung der Kolben 25 und 26 erfolgt dadurch, daß sie an einer schiefstehenden Platte 32 vorbeigeführt werden, die mit dem Deckel 33 fest verbunden ist. Befinden sich die Öffnungen 23 und 24 in Verbindung mit dem Zuführungsraum 3, so wird Viskose angesaugt, sind sie dagegen in Verbindung mit dem Ableitungsraum 4, so wird Viskose fortgedrückt. Um die Bewegung der Pumpe möglichst gleichmäßig zu machen, ist an den Raum 4 ein Windkessel 36 angeschlossen, der aus Glas besteht, damit man den Stand der Viskose erkennen kann. Statt zweier Kolben können in dem Zylinder 7 auch 4 Kolben angeordnet sein.

(Außer den hier wiedergegebenen enthält die Patentschrift 9 Zeichnungen.)

407. S. Courtauld & Co., London und J. Clayton, Coventry. Verbesserungen an Behältern zur Aufnahme von Fäden besonders für Apparate zum Spinnen künstlicher Seide.

Brit. P. 25 097[1908]; franz. P. 409 078.

Um bei Spinntöpfen zur Aufnahme von Fäden, die aus Viskose und anderen Zellulosepräparaten gesponnen werden, den Deckel leicht und sicher einsetzen und schnell wieder entfernen zu können, liegt er auf einem im oberen Teil des Spinntopfes umlaufenden Vorsprung auf und wird durch einen darüber gelegten federnden Drahtbügel, der in Nuten am inneren Bande des Topfes eingreift, festgehalten. Wird der Drahtbügel zusammengedrückt, so kann er leicht entfernt werden, worauf der Deckel herausgehoben werden kann. (2 Zeichnungen.)

Nach Henckel von Donnersmarck.

408. Fürst Guido Henckel von Donnersmarck, Neudeck in O.-Schl., übertragen auf Verein. Glanzstoff-Fabriken A.-G., Elberfeld. Pumpe für Maschinen zur Herstellung von Fäden aus Zellulose oder ähnlichen Faserstoffen.

D.R.P. 189 139 Kl. 29a vom 5. VII. 1903 (gelöscht); österr. P. 21 182 (Société générale de soie artificielle par le procédé Viscose in Brüssel); brit. P. 16 605[1903] (Ch. H. Stearn).

Die Pumpe zeichnet sich neben ihrer einfachen Bauart, infolge deren sie leicht gereinigt werden kann, insbesondere auch dadurch aus, daß die zu pumpende Flüssigkeit unter einem genügend großen Druck so in der Pumpe gehalten werden kann, daß der Eintritt von Luft von außen in die in der Pumpe enthaltene Flüssigkeit verhindert wird. Dies ist bei der Herstellung von Zellulosefäden von großer Wichtigkeit und konnte bei den bisher bekannten Pumpen solcher Art nicht erreicht werden. Nach der vorliegenden Erfindung wird die z. B. aus einer Zelluloselösung bestehende Flüssigkeit unter Druck gesetzt und durch das Einlaßventil in die nach der Erfindung ausgeführte Pumpe mit einem beträchtlichen hohen Druck eingeführt, wobei das Auslaßventil durch einen Gegendruck geschlossen bleibt, der erst durch den mittels des Pumpenkolbens ausgeübten Druck überwunden wird. Sobald der Pumpenkolben zu arbeiten aufhört, wird der Durchfluß der Flüssigkeit unmittelbar durch Schluß des Auslaßventils wieder unterbrochen.

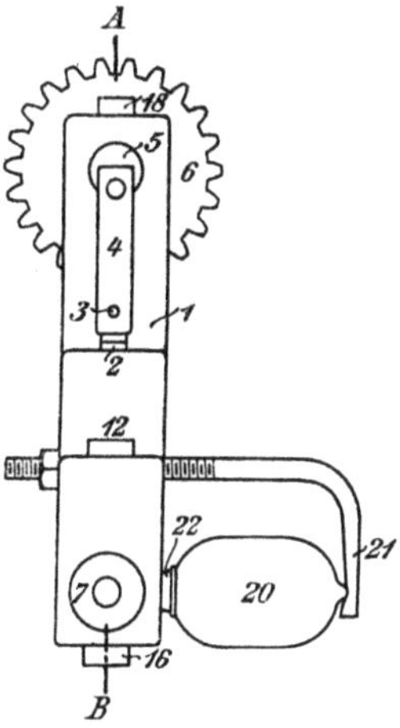

Bei der nach der Erfindung ausgeführten Pumpe können engere Rohre als bisher verwendet werden, durch welche die Flüssigkeit mit großer Geschwindigkeit hindurchgeführt wird. Veränderungen des Widerstandes im Filter, der Dickflüssigkeit, der Temperatur des Bades und des Raumes, des Druckes und der Größe der Durchflußöffnungen beeinträchtigen außerdem nicht die Arbeit, vorausgesetzt, daß die Geschwindigkeit der Pumpe und der Prozentgehalt an Zellulose gleichbleibend gehalten wird. Um eine gleichmäßige Geschwindigkeit der Flüssigkeit zu erzielen, ist an die Ausflußöffnung der Pumpe ein Windkessel angeschlossen, welcher ungefähr ein siebenmal größeres Fassungsvermögen hat als die Pumpe.

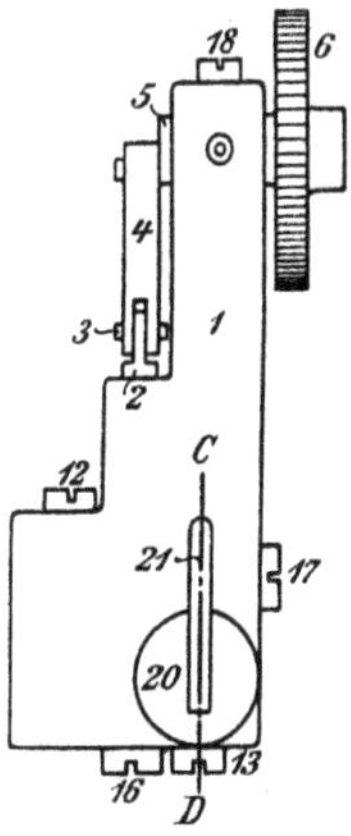

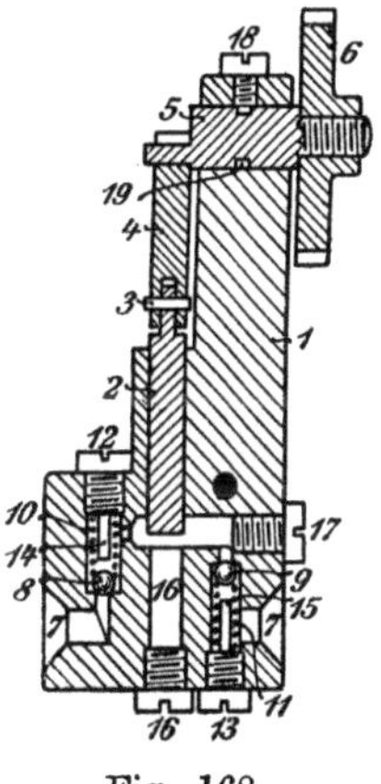

Auf der Zeichnung ist die Pumpe in einem Ausführungsbeispiel dargestellt. Fig. 166 und 167 zeigen die Seitenansichten. Fig. 168 ist ein Vertikalschnitt nach der Linie $A-B$ in Fig. 166, und Fig. 169 ein Schnitt nach der Linie $C-D$ in Fig. 167. Die Fig. 170 zeigt in Seiten- und Oberansicht die Pumpe in Verbindung mit einer Vorrichtung zur Herstellung von Zellulosefäden.

Fig. 166. Fig. 167.

Fig. 168. Fig. 169.

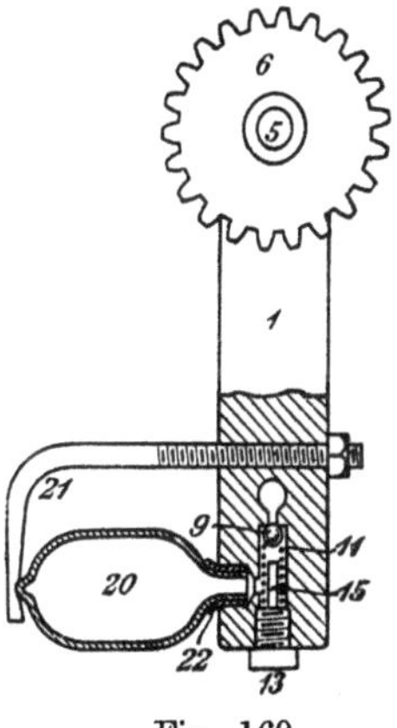

Wie aus Fig. 168 ersichtlich, ist der Pumpenkörper 1 mit einer zylindrischen Bohrung versehen, in welcher der Kolben 2 dicht geführt ist. Dieser Kolben 2 ist mittels eines Zapfens 3 an der Kurbel 4 der Welle 5 befestigt, welche mittels des Rades 6 durch irgendeinen Antrieb $6^{\times}$ (Fig. 170) in Umdrehung versetzt wird. Sowohl das Einlaßrohr 23 als auch das die Fadenbildungsvorrichtung 25, 26, 27 mit der

384   Herstellung aus Viskose.

Zelluloselösung versorgende Ausflußrohr 24 ist je mit einem konischen Ende versehen und mit dem letzteren in den konischen Öffnungen 7 derart befestigt, daß sie ein Lager für den Pumpenkörper bilden, um welches der letztere gedreht werden kann. Um die Pumpe anzulassen oder anzuhalten, braucht nur durch Drehen des ganzen Pumpenkörpers (z. B. mittels Hebels $1^\times$) das Zahnrad 6 in oder außer Eingriff mit dem Antrieb $6^\times$ gebracht zu werden. In Fig. 170 ist die Pumpe mit vollen Linien in der eingerückten Lage und mit punktierten Linien in der aus-

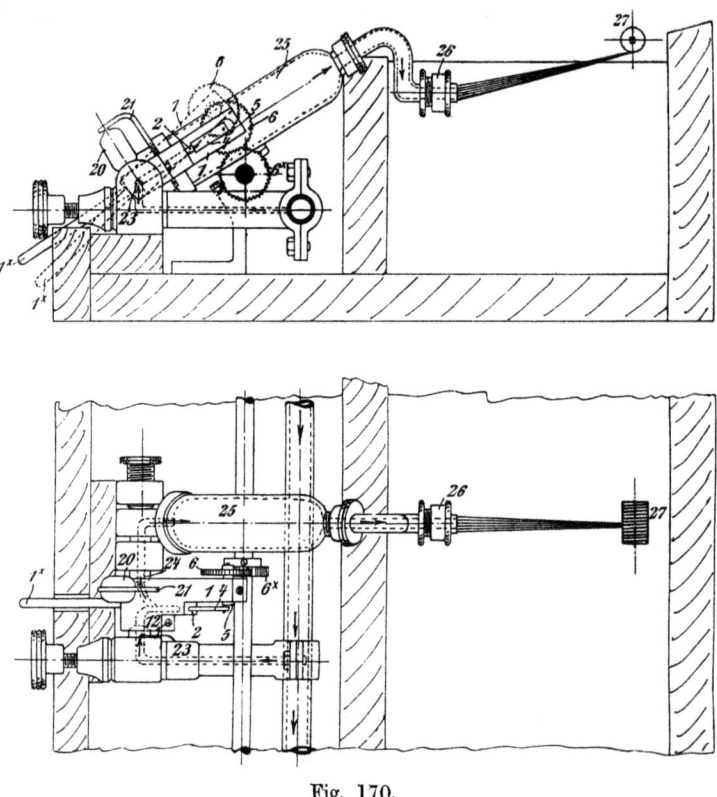

Fig. 170.

gerückten Lage dargestellt. Die Ein- oder Auslaßventile bestehen, wie aus Fig. 168 u. 169 ersichtlich, aus Stahlkugeln 8 und 9, welche durch die Federn 10 und 11 auf die Ventilsitze gedrückt werden. Der auf die Ventilkugel 8 wirkende Federdruck ist so groß, daß das Ventil sich trotz der Dickflüssigkeit der Lösung schnell schließen kann. Der Federdruck des Auslaßventils 9 ist so bemessen, daß das Ventil bei dem in dem Pumpenraum für gewöhnlich herrschenden Druck geschlossen gehalten und beim Betrieb der Pumpe durch den entstehenden größeren Druck geöffnet wird. Das Eindringen von Luft in die Pumpe wird also durch den im Pumpenraum herrschenden Druck verhindert, unter welchem die Flüssigkeit in die Pumpe eintritt. Dieser Druck ist aber nicht genügend groß, um das Auslaßventil zu öffnen. Die Schrauben 12, 13 verschließen die Öffnungen, durch welche die Stahlkugeln 8, 9 in ihre Ventilkammern eingeführt werden, und sind zwecks Führung der Federn 10, 11 mit Ansätzen 14, 15 versehen. Durch Abschrauben dieser Schrauben kann das Innere des Pumpenkörpers leicht durch Einführen von Wasser gereinigt werden. Eine Schraube 16 ist noch vorgesehen, um die in der Richtung des Kolbens liegende Öffnung zu verschließen, und durch eine Schraube 17 wird die Öffnung verschlossen, welche in derselben Ebene mit dem zwischen den beiden Ventilkammern vorgesehenen Raum liegt. 18 ist eine Schraube, welche in eine Nut 19 der Welle 5 eingreift, so daß nach Abschrauben dieser Schraube die Welle herausgenommen werden kann. Wie aus obigem hervorgeht, können die einzelnen Teile der Pumpe leicht auseinandergenommen und wieder zusammengesetzt werden.

Wie aus Fig. 166 und 169 ersichtlich, ist an die Austrittsöffnung noch ein Windkessel 20 angeschlossen, welcher durch die einstellbare gebogene Stange 21 festgehalten wird, wobei durch den Dichtungsring 22 ein luftdichter Abschluß des Windkessels erzielt ist. Bei der dargestellten Ausführungsform ist das Auslaßventil durch eine Feder geschlossen gehalten und öffnet sich nach unten. Es ist selbstverständlich, daß die Ventilanordnung auch so abgeändert werden kann, daß das Ventil sich nach oben öffnet und durch ein Gewicht niedergedrückt wird.

Patentansprüche: 1. Pumpe für Maschinen zur Herstellung von Fäden aus Zellulose oder ähnlichen Faserstoffen, dadurch gekennzeichnet, daß die zu fördernde Flüssigkeit durch das Eintrittsventil unter Druck in die Pumpe eingeführt wird, während das Austrittsventil entgegen diesem Druck durch Federkraft, Gewichte od. dgl. geschlossen gehalten und erst beim Betrieb der Pumpe geöffnet wird, um so das Eindringen von Luft in die Pumpe zu verhindern.

2. Pumpe nach Anspruch 1, dadurch gekennzeichnet, daß ein Windkessel an die Auslaßöffnung der Pumpe angeschlossen ist.

3. Pumpe nach Anspruch 1 und 2, dadurch gekennzeichnet, daß der Pumpenkörper um die zu der Ein- und Austrittsöffnung führenden Zu- und Ausflußrohre drehbar ist, um das auf der Antriebswelle befestigte Zahnrad in oder außer Eingriff mit seinem Antrieb bringen zu können.

Nach Société générale de soie artificielle par le procédé viscose.

409. Société générale de soie artificielle par le procédé viscose in Brüssel. Vorrichtung zum Filtern und Fördern von Zelluloselösungen (Viskose) u. dgl.

Österr. P. 25 175; brit. P. 5766[1905] (Topham).

Die in den Zeichnungen in einer Ausführungsform dargestellte Vorrichtung findet ihre Anwendung bei der Herstellung von Zellulosefäden, künstlicher Seide od. dgl. Fig. 172 zeigt einen Längsschnitt, Fig. 171 einen Querschnitt nach der Linie $A-B$ der Fig. 172, und Fig. 173 eine Seitenansicht von rechts; Fig. 174 veranschaulicht eine Innenansicht eines Seitenteiles des Filters und Fig. 175 einen Längsschnitt der Pumpe, während Fig. 176 einen darauf senkrechten Schnitt der Pumpe darstellt, teilweise in Ansicht.

In den Fig. 171, 172 und 173 bedeutet 1 ein Rohr, durch welches die unter Druck stehende Viskose durchströmt, und auf diesem Rohre

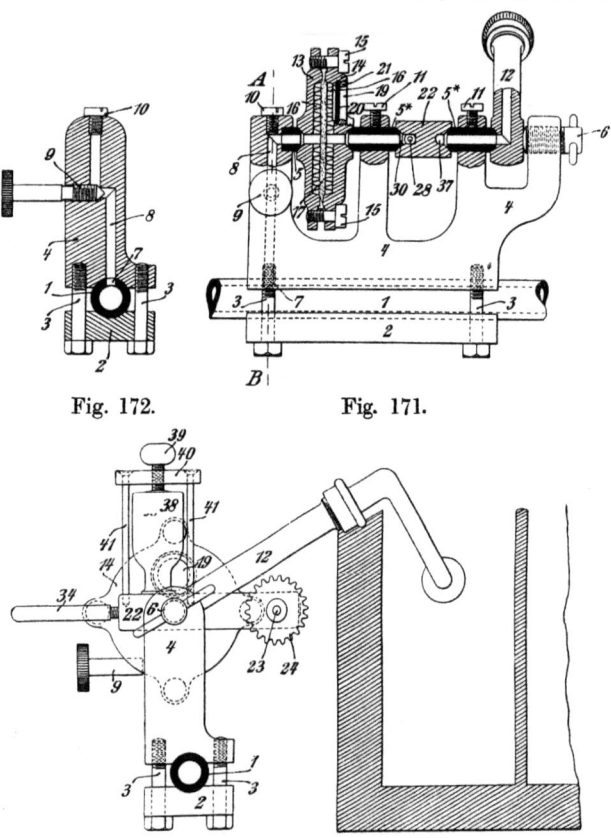

Fig. 172.   Fig. 171.

Fig. 173.

ist mittels eines Klemmstückes 2 und Schrauben 3 eine entsprechende Anzahl von Lagerständern 4 aufgesetzt, von denen jeder eine Vorrichtung, die den Gegenstand der Erfindung bildet, trägt. Jede solche Vorrichtung enthält ein Filter, eine Pumpe und einen Düsenarm, an dessen Ende eine Düse sitzt, durch welche die Viskose in der gewünschten Querschnittsform in die Niederschlagflüssigkeit gespritzt wird. Der Ständer 4 trägt die Lager, welche die hohlen Zapfen 5, $5^\times$ enthalten, die in entsprechende Lagerausnehmungen des Filters, der Pumpe und des Düsenarmes hineinragen, um diese Teile in Stellung zu erhalten, wenn die Schraube 6 angezogen wird. Selbstverständlich sind die Zapfenstücke 5, 5× in der Richtung ihrer Längsachse beweglich, und jedes von ihnen enthält eine Längsbohrung als Kanal für die Viskose, welche aus dem Rohre 1 durch eine Öffnung 7 in einen in dem Lagerständer 4 gelegenen Kanal 8 einströmt, wobei das Ventil 9 die Durchflußgeschwindigkeit regelt. Durch Herausdrehen der Schraube 10 kann man zu Reinigungszwecken zum Kanal 8 gelangen. Durch Anziehen der Schrauben 11 werden die unter ihnen befindlichen Zapfenstücke 5× in ihrer Stellung festgehalten, so daß die Schraube 6 gelöst und der Düsenarm 12 entfernt werden kann, ohne daß die Lagerung des Filters und der Pumpe dadurch beeinflußt wird.

Das Filter besteht aus den beiden Teilen 13 und 14, welche durch Schrauben 15 oder auf andere Weise miteinander verbunden sind. Diese beiden Seitenteile sind mit ringförmigen, schmalen Kämmen 16 versehen, die das Filtermaterial 17 zwischen sich festklemmen, so daß dieses zu einer kompakten Masse wird. Radiale Kanäle 18 (Fig. 174) gestatten der Viskose, in die Räume zwischen diesen ringförmigen Kämmen 16 des einen Seitenteiles 13 zu gelangen, von wo aus sie durch das Filtermaterial 17 in die Räume zwischen den ringförmigen Kämmen des Seitenteiles 14

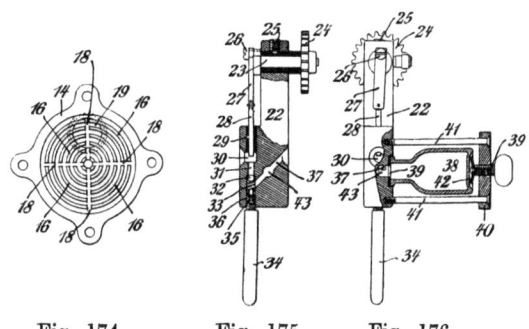

Fig. 174.   Fig. 175.   Fig. 176.

strömt und schließlich durch radiale Kanäle 18, ähnlich wie beim Seitenteile 13, weiter zur Pumpe befördert wird. Um sich überzeugen zu können, ob an der Austrittsseite des Filters der erforderliche Druck herrscht, befindet sich in dem Seitenteile 14 eine Öffnung 19, welche durch eine Membrane 20 aus Gummi oder anderem biegsamen Stoff, die durch einen Schraubring 21 festgehalten wird, verschlossen ist. Solange an der Austrittsseite des Filters der gewünschte Druck erhalten ist, drückt die Viskose auf die Innenseite dieser Membrane 20 und spannt sie, so daß sie sich bei der Berührung hart anfühlt. Wenn das Filter verstopft ist oder wenn die Pumpe die Viskose rascher abzieht, als sie durch das Filter hindurchtreten kann, wird die Membrane 20 nach innen gezogen oder wird sich bei Berührung mit dem Finger weicher anfühlen, so daß man sich jederzeit vergewissern kann, ob die Vorrichtung ordnungsgemäß wirkt oder nicht. Das Filter kann entweder so verwendet werden, wie es in den Figuren dargestellt ist; es kann aber auch zwischen Pumpe und Düse eingeschaltet werden oder man kann zu beiden Seiten der Pumpe, je ein Filter anordnen.

Der Pumpenkörper 22 (Fig. 175 und 176) trägt eine Kurbelwelle 23, die durch das in irgendeiner Weise angetriebene Zahnrad 24 in Umdrehung versetzt wird. Die Welle 23 ist in einer Lagermuffe gelagert, die durch die Schraube 25 in ihrer Stellung festgehalten wird, und trägt einen exzentrisch angeordneten Kurbelstift 26, der durch die Schubstange 27 mit dem Plunger 28 verbunden ist, der in einer Hülse 29 geführt wird und in den Raum 30 hineinragt, in welchen die Viskose unter Druck eintritt. In der Richtung der Längsachse des Plungers 28 ist die Kammer oder der Kanal 31, an deren oder dessen Ende das Druckventil 32, welches durch eine Feder 33 auf seinen Sitz festgedrückt wird, angeordnet ist. Die Feder 33 stützt sich mit ihrem anderen Ende gegen die Schraube 34, die in den Pumpenkörper 22 eingeschraubt ist, so daß durch Herausdrehen der Schraube 34 das Druckventil aus dem Pumpenkörper entfernt werden kann. Durch teilweises Zurückziehen der Schraube 34 gelangt die ringförmige Nut 35 außerhalb des Pumpenkörpers, und Unreinigkeiten können dann durch die Längsnuten 36 und die genannte ringförmige Nut 35 nach auswärts gelangen. Die Spannkraft der Feder 33, die auf das Ventil 32 wirkt, ist höher als die, mit welcher die Viskose in die Pumpe eintritt. Der Plunger 28 treibt die Viskose durch das Druckventil 32 und durch den Kanal 37 zum Düsenarme und zu den Einrichtungen, durch welche die Viskose in die gewünschte Form gebracht wird.

Als Beispiel mag angeführt werden, daß die Viskose unter einem Druck von 1,7 kg/qcm in die Pumpe gelangt, und das Druckventil 32 erfordert zu seiner Eröffnung einen Druck von 3,3 kg/qcm, entgegen der Kraft der Feder 33; dabei ist der Hub des Plungers 28 um ein Drittel länger als der Kanal 31 und wird um ein Drittel rascher angetrieben als die eintretende Viskose Strömungsgeschwindigkeit hat. Die durch den Plunger 28 in den Kanal 31 gepreßte Viskose strömt durch das Ventil 32 mit großer Kraft und spült alle dort angesammelten Verunreinigungen hinweg.

Der Windkessel 38, der in Fig. 176 die Form einer Flasche besitzt, wird mittels einer Schraube 39, die durch das durch die Stiftschrauben 41 getragene Querstück 40 hindurchgeht, und die Feder 42 festgeklemmt, so daß die Mündung dieses Windkessels 38 an dem die Öffnung 43 umgebenden elastischen Ring 39 dicht anliegt. Durch diese Öffnung 43 steht der Windkessel mit dem Kanal 37 in Verbindung. Der Windkessel kann leicht entfernt und gereinigt werden, was stets von Zeit zu Zeit geschehen soll, um zu vermeiden, daß allenfalls in ihm zurückbleibende Viskose fest wird, so daß losgelöste Teile davon die Wirkungsweise der Düsen und damit der ganzen Einrichtung ungünstig beeinflussen.

Nach Leclaire.

410. Ch. C. Leclaire. Regelungsvorrichtung für konstanten Flüssigkeitszufluß zu Leitungen, deren Querschnitt wechselt.

Franz. P. 399 727.

In dem Zylinder 1, Fig. 177, befindet sich die zu verspinnende Flüssigkeit, und in ihm bewegt sich der Kolben 2 geradlinig auf der Achse 4, die durch die Räder 18, 19 und 20 gedreht wird, wenn die in dem Ansatz 23 sitzende Feder 28 den Kolben 25 mit dem halbkugeligen Ende 26 auf den Sitz 29 drückt und dadurch 18 und 23 kuppelt. Wird der Kolben 2 nach links verschoben, so fließt die zu verspinnende Flüssigkeit durch a und c aus. Ist 2 links am Ende seines Weges angelangt, so wird durch Zusammendrücken der Feder 28 26 von seinem Sitze gehoben und die Kupplung zwischen 4 und den Rädern 18, 19, 20 gelöst. Durch Drehen an dem Griff M wird nun, nachdem c verschlossen worden ist, 2 nach rechts verschoben und dabei durch b neue Spinnflüssigkeit nach 1 gesaugt. Ergibt sich beim Verspinnen oder der Bewegung des Kolbens 2 nach links ein abnormer Widerstand, so wird 26 von seinem Sitze abgehoben und 4 dadurch stillgesetzt.

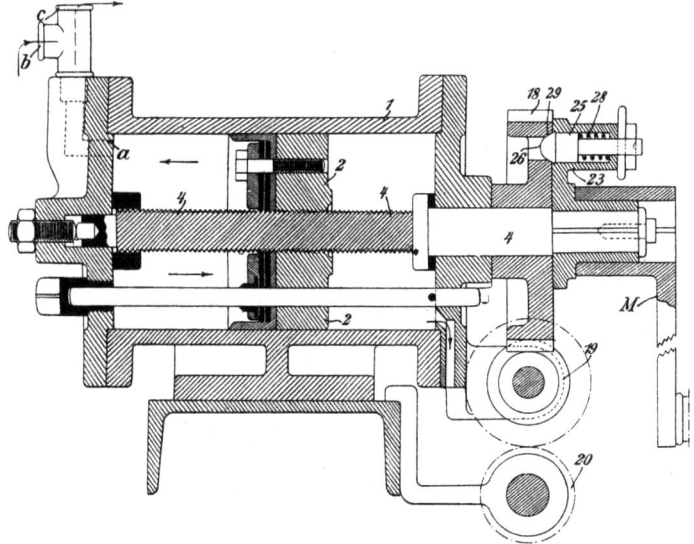

Fig. 177.

411. Ch. C. Leclaire. Drehbare oder feste Spinnvorrichtung für künstliche Seide mit Anordnung zum Reinigen der Spinnöffnungen.

Franz. P. 406 724.

Das Patent betrifft eine Vorrichtung, bei der die Spinnöffnungen durch hin- und hergehende Nadeln dauernd offengehalten werden und ein hohler Faden[1] erzielt wird. Die zu verspinnende Viskose oder andere geeignete Lösung tritt bei feststehender Spinnvorrichtung durch Rohr 14 (Fig. 178) ein, geht durch die Aussparungen 15 der Platte 3 hindurch

---

[1] Hohle Kunstseidenfäden erwähnt bereits die brit. Patentschrift 12 879[1899] (Dr. J. Stark, Bayerische Glühlampen-Fabrik G. m. b. H., E. M. Reissiger und G. Lüdecke in München). Vergl. ferner S. 533.

und tritt durch die Löcher *a* des Spinnkopfes 1 aus. Die Löcher *a* sind in einem Kreise angeordnet und werden dauernd durch die Nadeln 2 offen gehalten, die in der Platte 3 befestigt sind. Die Platte 3 erhält durch die Stange 6 mit der Öse 7 und die Achse 9 mit dem Exzenter 8 von dem Rade 10 her eine hin- und hergehende Bewegung. Die Bewegung der Nadeln 2 kann verändert werden. Bei einer beweglichen Spinnvorrichtung erhalten die Nadeln 2 (Fig. 179) ihre hin- und hergehende Bewegung durch die unter Federwirkung stehende schräge Fläche 24, die von der Fläche 25 durch die sich drehende Achse 26 hin- und hergeschoben wird. Um den Spinnkopf ist ein Mantel 31 angeordnet, welcher Flügel 32 und 33 trägt und die Fällflüssigkeit dauernd in Bewegung hält, um eine kräftige Einwirkung auf die gefällten Fäden zu erzielen. (Die Patentschrift enthält 3 weitere Zeichnungen.)

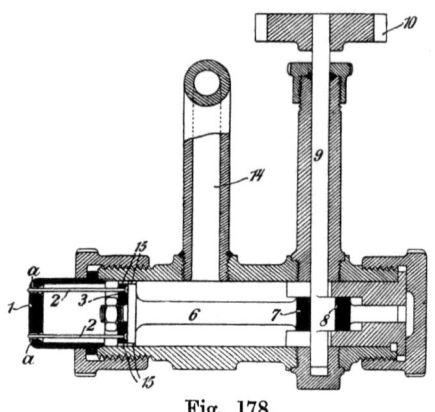

Fig. 178.

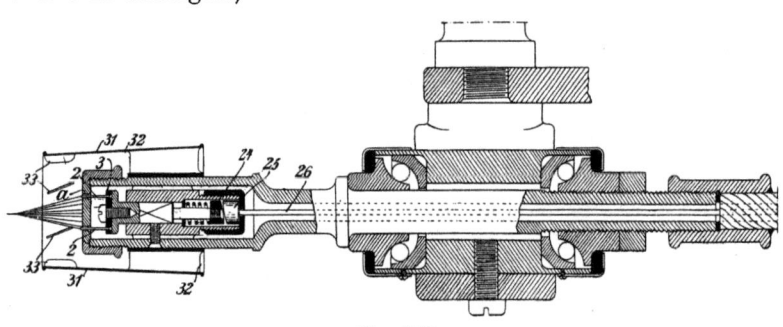

Fig 179.

Nach dem

412. Zusatzpatent 11 840

werden flache, prismatische oder gewellte Fäden hergestellt und es werden zu diesem Zwecke Spinnöffnungen von recht- oder vieleckigem Querschnitt und flache oder prismatische Nadeln verwendet, deren Querschnitt, falls es erforderlich ist, mit der der Spinnöffnungen übereinstimmt, jedoch immer so viel Spielraum läßt, daß die Spinnlösung frei um die Nadel ausfließen kann. Zur Erzeugung gewellter Fäden erhält die Spinnöffnung schraubengangartige Windungen. Durch verschiedene Kombination lassen sich die mannigfaltigsten Wirkungen erzielen. (10 Zeichnungen.)

413. Ch. C. Leclaire. Vervollkommnungen an Vorrichtungen zum Spinnen künstlicher Fäden.

Franz. P. 414 520.

Der Antrieb der Zuführungspumpe für die Viskose erfolgt durch eine Wasserturbine, die gleichzeitig den Spinnkopf in Umdrehung versetzt. (3 Zeichnungen.)

414. Ch. C. Leclaire. Spinntopf zur Herstellung künstlicher Seide.

Franz. P. 425 953.

Der Spinntopf besteht aus Ebonit oder einem anderen leichten, von Säuren nicht angreifbaren Stoff und ist durch eine Metalleinlage, z. B. aus Aluminium verstärkt. Der Deckel des Spinntopfes ist am Rande mit radialen Bohrungen versehen, in denen Kugeln liegen, die durch Federn nach außen gedrückt werden. Die Kugeln greifen in eine Nut im Rande des Spinntopfes und halten dadurch den Deckel fest. (1 Zeichnung.)

415. Ch. C. Leclaire. Spinnvorrichtung zur Herstellung gezwirnter künstlicher Fäden.

Franz. P. 431 681.

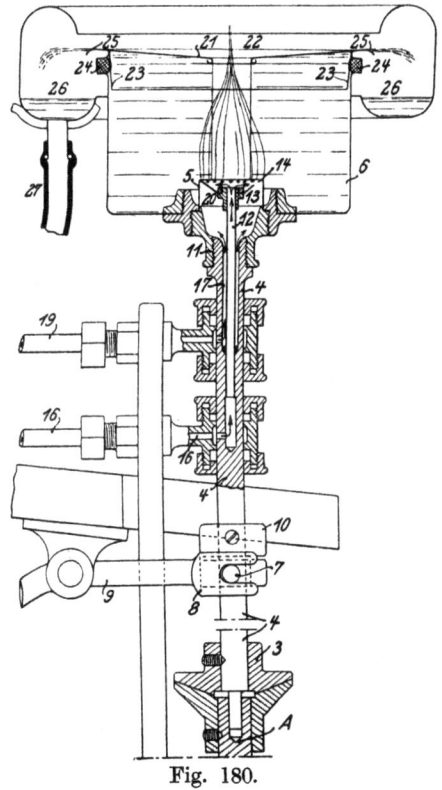

Bei der Vorrichtung dreht sich die die Viskose oder andere zu verspinnende Flüssigkeit zuführende Röhre mit derselben Geschwindigkeit und in demselben Sinne wie das mit der Fällflüssigkeit gefüllte Gefäß, welches die aus der Spinndüse austretenden Fäden durchlaufen müssen. Die Fällflüssigkeit ist auf diese Weise den aus der Spinndüse austretenden Flüssigkeitsstrahlen gegenüber bewegungslos, erreicht sicher alle Teile der Flüssigkeitsstrahlen in dem Maße, wie diese sich bilden, und wirkt auf alle Fäden ebenso stark ein, als wenn die Spinndüse fest wäre. Die Fällflüssigkeit wird dauernd zugeführt und gelangt in das sie aufnehmende Gefäß von der Mitte der Spinndüse aus. Durch Zentrifugalkraft getrieben, erreicht sie sicher alle Flüssigkeitsstrahlen bei ihrem Austritt aus der Spinndüse. Die Spinnvorrichtung (Fig. 180) sitzt auf der drehbaren Welle 4, die mittels

Fig. 180.

des Reibungskegels 3 mit der sich drehenden Welle A gekuppelt werden kann. Ein- und Ausrücken erfolgt mittels des Hebels 9 und der Gabel 8, die an dem Stift 7 angreift. Die Welle 4 ist in ihrem oberen Teil mit einer Längsbohrung versehen, an ihrem oberen Ende trägt sie die Spinndüse 5 und das Gefäß für die Fällflüssigkeit 6. Die Fällflüssigkeit wird von der Leitung 16 aus durch das hohle Rohr 12 dem Innern der Spinndüse zugeführt. Die Spinnöffnungen liegen in einem Kreise und werden durch Löcher 14 gebildet. Die zu verspinnende Flüssigkeit wird von der Leitung 19 über die Bohrung 17 zu den Spinnöffnungen geleitet, die Fällflüssigkeit tritt durch Öffnungen aus, die konzentrisch zu den Löchern 14 angeordnet sind. Das Gefäß 6 hat einen abnehmbaren Deckel 21, der in der Mitte ein Loch 22 hat, welches kleiner als die Spinndüse ist und zum Durchtritt des Fadenbündels dient. Der innere Rand des Deckels schließt durch eine Gummidichtung dicht mit der Wand des Gefäßes 6, der äußere Rand 25 hat einen Überlauf nach dem festen Gefäß 26 oder nach einem Ablauf, der sich um 6 herumzieht und durch das Rohr 27 mit dem Behälter für die Fällflüssigkeit in Verbindung steht. Gearbeitet wird in folgender Weise: Während Spinndüse und Gefäß 6 sich nicht drehen, läßt man die Viskose durch die Löcher 14 austreten und Fällflüssigkeit durch das Rohr 12 nach 6 fließen. Es bildet sich in 6 ein Fadenbündel, das man durch die Öffnung 22 des Deckels 21 herauszieht und auf die Spule wickelt. Nach Aufsetzen des Deckels 21 auf die Dichtung 24 ergießt sich die aus der Öffnung 22 austretende Fällflüssigkeit in den äußeren festen Behälter 26 und geht zum Gefäß für die Fällflüssigkeit zurück. In diesem Augenblick kuppelt man 4 und 3, und die Spinndüse sowie das Gefäß 6 beginnen sich mit derselben Geschwindigkeit zu drehen. Die Fällflüssigkeit befindet sich so den aus den Löchern 14 austretenden Viskosefäden gegenüber in Ruhe, erreicht sie gleichmäßig während ihres Ganges von der Mitte der Spinndüse nach der Peripherie und vom Niveau der Spinndüse zu der Öffnung 22. Diese innige Berührung der Fällflüssigkeit mit den Viskosefäden ist zur Bildung der Fäden, ehe sie nach 22 gelangen, sehr nützlich.

Nach Lequeux.

416. G.-A.-N. Lequeux. Entkupplungsvorrichtung für den Pumpenkolben bei Viskosespinnmaschinen.

Franz. P. 415 619.

Der Kolben der die Viskose nach den Spinndüsen treibenden Pumpe wird durch eine Schraubenspindel verschoben. Ist der Kolben am Ende der Bewegung angelangt, durch die der Pumpenzylinder entleert ist, so wird der Abflußhahn geschlossen und der Zuflußhahn geöffnet. Gleichzeitig wird durch Öffnen eines Spannschlosses die Verbindung zwischen Schraubenspindel und Pumpenkolben gelöst. Die durch den Zuflußhahn in den Pumpenzylinder eintretende, unter Druck stehende Viskose treibt den Pumpenkolben in die Anfangsstellung zurück. In ihr wird er wieder mit der Schraubenspindel gekuppelt. (7 Zeichnungen.)

Nach Catala.

417. V. Catala. Vorrichtung zum Verspinnen viskoser Flüssigkeiten, besonders von Viskose.
Franz. P. 430 876.

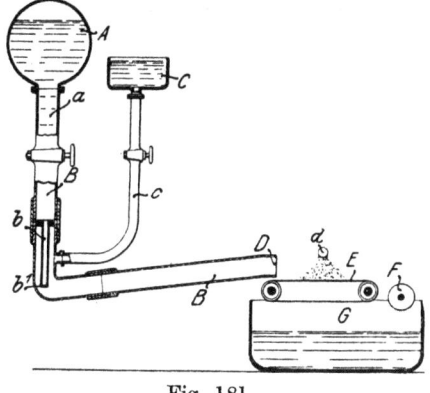

Fig. 181.

Die zu verspinnende Flüssigkeit gelangt aus dem Behälter A (Fig. 181) unter geringem Druck durch das mit Hahn versehene Rohr a nach dem aus Glas bestehenden Raum B und tritt durch die Spinnöffnung b' aus. Etwas oberhalb von b wird die Fällflüssigkeit von dem Behälter C aus durch das Rohr c zugeführt. Der gebildete Faden geht durch das knieförmig gebogene Rohr B weiter und gelangt bei D auf das aus Metall, z. B. Aluminium, bestehende Transportband E, auf dem er ausgewaschen wird. Die aus d zuströmende Waschflüssigkeit wird in dem Behälter G aufgefangen und u. U. wiederverwendet. Der Faden wird dann auf der Walze F aufgewickelt.

Nach Denis.

418. M. Denis in Mons, Belg. Maschine zum gleichzeitigen Spinnen, Waschen und Trocknen von Viskosefäden.
Belg. P. 259 219.

Vor ihrem Eintritt in die Spinnöffnungen muß die Viskoselösung durch zwei Gruppen von Filtriereinrichtungen hindurchgehen, von denen die eine augenblicklich außer Betrieb gesetzt werden kann, während die Filtration durch die andere Gruppe weitergeht. Beim Austreten aus der Spinndüse geht der Faden durch ein Koagulationsbad von geringem Volumen, dessen Umlauf und Niveau regelbar sind.

Nachbehandlung von Viskoseseide, Waschen, Bleichen, Spulen, Zwirnen, Chemikalienwiedergewinnung.

Hierfür kommen folgende Patente in Betracht:

Nach Ernst.

419. Ch. A. Ernst in Landsdowne. Verfahren zum Bleichen künstlicher Seide.
Ver. St. Amer. P. 805 456.

Es besteht darin, daß die Fäden zunächst in Wasser getaucht und danach mit einer neutralen, etwa 5%igen Lösung eines sulfonierten Öles, z. B. von Türkischrotöl bei 40°C behandelt werden. Schon durch dies Bad wird ein großer Teil der schwefelhaltigen Verunreinigungen von den Fäden entfernt. Danach wird mit warmem Wasser gewaschen und mit einer Natriumhypochloritlösung gebleicht, die u. U. mit Essigsäure angesäuert ist. Hiernach wird gewaschen und getrocknet. Durch die geschilderte Behandlung soll die Festigkeit der Fäden nicht leiden.

420. Ch. A. Ernst in Landsdowne (S. W. Pettit). Verfahren zur Herstellung gezwirnter Fäden aus Viskose oder anderem Material.

Ver. St. Amer. P. 876 533.

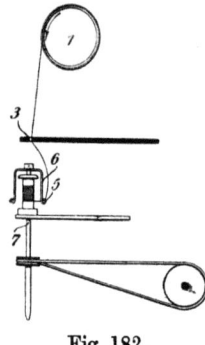

Fig 182.

Der aus mehreren einzelnen Fäden bestehende, ungezwirnte, aus dem Fällbade kommende Faden wird so aufgespult, daß die Fäden der folgenden Lagen die der vorhergehenden in spitzem Winkel schneiden und wird auf der Spule gewaschen und getrocknet. Die Spule 1 (Fig. 182) wird dann in Umdrehung versetzt und der Faden durch das Auge 3 und den Führer 5 des Flyers 6 der sich drehenden Spindel 7 zugeführt, die die Spule trägt. Die Entfernung zwischen 1 und 3 und die Größe von 3 werden so bemessen, daß die durch den Flyer dem Faden erteilte Zwirnung nicht bei 3 endet, sondern sich bis an die Spule fortpflanzt. Dadurch soll erreicht werden, daß ein bei einer der vorhergehenden Maßnahmen gerissener Faden mitgenommen und mitverzwirnt wird. (Die Patentschrift enthält außer der hier wiedergegebenen noch 1 Zeichnung.)

Nach Waddell.

421. M. Waddell in New York (S. W. Pettit in Philadelphia). Maschine zum Verzwirnen von Kunstseidefäden.

Ver. St. Amer. P. 867 623.

Die ungezwirnten Fäden befinden sich parallel gelagert auf Wickelringen, wie sie in der deutschen Patentschrift 204 215[1]) beschrieben sind. Diese Ringe werden in der in genannter Patentschrift angegebenen Weise in Umdrehung versetzt und der ungezwirnte Faden wird einer Zwirnspindel zugeführt. Ein Tritt auf einen Fußhebel hebt die Wickelringe von den sie antreibenden Rollen und setzt sie dadurch still und bremst gleichzeitig die Bewegung der Spindel. (3 Zeichnungen.)

Nach Waite.

422. Ch. N. Waite in Lansdowne. Herstellung von Fäden aus Viskose.

Ver. St. Amer. P. 759 332.

Das übliche Auswaschen der Viskose mit Salzlösung und Behandeln der Fäden mit verdünnter Säure nimmt nicht alles Ätznatron fort,

---

[1]) Siehe S. 374.

welches dann schädlich wirken kann, auch verbleibt bei dieser Behandlung leicht freier Schwefel, welcher den Glanz und die Farbe des Produktes beeinträchtigt.

Erfinder beseitigt diese Nachteile dadurch, daß er die Fäden mit Dampf in Gegenwart von schwefliger Säure behandelt. Oder er behandelt bei 50—60° mit einer gesättigten Natriumbisulfitlösung, die 5—10% Ammoniumsulfat enthält, und dämpft dann. Während des Dämpfens werden die Fäden unter Spannung gehalten. Die Viskose wird durch die Hitze zersetzt und die gebildete Natronlauge durch die schweflige Säure und die Säure des Ammoniumsulfats neutralisiert, etwa ausgeschiedener Schwefel wird in farbloses, lösliches Hyposulfit übergeführt.

Nach Société française de la Viscose.

423. Société francaise de la Viscose in Paris. Garnwinde für Kunstseide.

D.R.P. 168 171 Kl. 29a vom 10. VIII. 1904 (gelöscht); franz. P. 345 320.

Das Patent bezieht sich auf eine Aufwindevorrichtung bei selbsttätig und stetig betriebenen Spinnvorrichtungen für künstliche Seide aus Viskose. Mittels dieser Vorrichtung wird die gesponnene künstliche Seide abwechselnd ohne Aussetzen der Arbeit zwei Winden oder Weifkronen zugeführt derart, daß, während auf die eine der Winden der künstliche Seidenfaden aufgewickelt wird, die andere Winde zur Verbringung an eine andere Stelle abgenommen werden kann. Die abwechselnde Bewicklung der Winden geschieht unter Vermittlung eines den Fadenführer tragenden schwingbaren Hebels, der durch eine Zählvorrichtung bewegt wird. (2 Zeichnungen.)

424. Société francaise de la Viscose in Paris. Vorrichtung zum Fixieren von Viskosefäden.

Österr. P. 19 037; brit. P. 5730[1904]; schweiz. P. 30 322; D.R.P. 175 636 Kl. 29a vom 9. III. 1904 (gelöscht); franz. P. 340 812; Ver. St. Amer. P. 773 412 (L. Naudin).

Bekanntlich erhält man auf Viskosefäden einen seidenähnlichen Glanz, wenn man die Fixierung des Fadens mit einer verdünnten Mineralsäure unter Spannung ausführt, d. h. der Faden muß gleichzeitig einem Zuge sowie der Einwirkung einer Säure unterworfen werden. Bis jetzt wurde der Zug durch Handarbeit ausgeübt, und man konnte auf eine vollkommene Regelmäßigkeit in der Arbeit und in der erzeugten Wirkung nicht rechnen; gewisse Teile von einem und demselben Gebinde wurden glänzender als die anderen.

Die Erfindung bezieht sich auf eine Vorrichtung, durch welche die genannten Nachteile vermieden werden. Sie ist in Fig. 183 im Längsschnitt und in Fig. 184 im Querschnitt dargestellt. Die Vorrichtung besteht aus einem Behälter 1, in dem zwei Achsen 2 und 3 parallel angeordnet sind. Die Achsen tragen Holzwalzen 4, 5, die leicht mit ihnen drehbar sind und die Fadensträhne der Viskose halten. Am oberen Teile des Behälters ist ein mit Brausen versehenes Rohr 6 vorgesehen, das verdünnte Schwefelsäure in den Behälter spritzt. Die Achse 3 ist mit der Stange eines Kolbens 7 verbunden, der sich in einem Zylinder 7′ bewegt, welcher mit von einer Welle 12 gesteuerten Ventilen versehen ist. Der Kolben 7 wird durch Druckwasser, komprimierte Luft oder Vakuum betätigt. Man öffnet zunächst die Hähne 8, 9. Das Wasser tritt bei 8 ein und wird bei 9 ausgetrieben. Der Kolben steigt und hebt hierbei die Achse 3 hoch, was gestattet, die Strähne an ihre Stelle zu bringen. Dann schließt man den Hahn 8 und öffnet den Hahn 10. Die untere Walze sinkt herab und beschwert die Strähne durch ihr Eigengewicht. Man versetzt dann die Achse 11 durch die Transmission in Umdrehung. Die Achse bringt mittels Schraubengetriebe die die

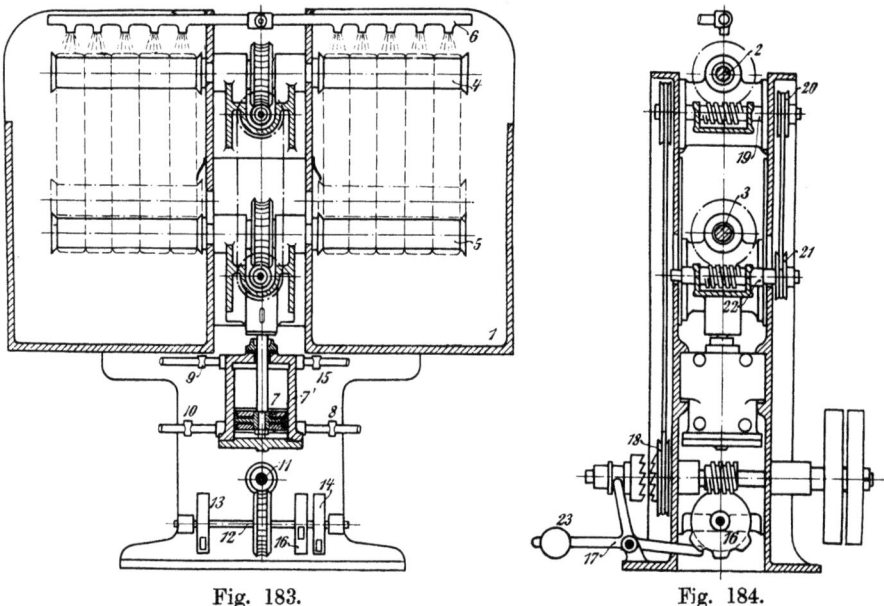

Fig. 183. Fig. 184.

Nockenscheiben tragende Welle in Umdrehung. Das Nockenrad 13 schließt den Hahn 9 und das Nockenrad 14 öffnet den Hahn 15. Die Strähne werden auf diese Weise durch hydraulische Kraft während einer Zeit gestreckt, die durch die Dauer der Umdrehung des Nockenrades bestimmt ist. Wenn die Nockenräder 13 und 14 ihre Wirkung beendigt haben, schließt sich der Hahn 15 und der Hahn 9 öffnet sich. In dieser Stellung werden die Strähne nur durch das Eigengewicht der unteren Walze 3 gestreckt. In diesem Augenblick bewegt das Nockenrad 16 den Hebel 17, wodurch die auf der Achse 11 lose sitzende Rillenscheibe 18 mitgenommen wird. Die Scheibe 18 betätigt die mit Schnecke ausgerüstete Welle 19, wodurch die obere Achse 2 in Umdrehung versetzt wird. Gleichzeitig wird die Achse 3 durch die Rollen 20 und 21 und die eine Schnecke tragende Welle 22 in Umdrehung versetzt. Durch die gemeinsame Bewegung der beiden Wellen werden die Strähne bewegt und es wird infolgedessen eine gleichmäßige Einwirkung der Schwefelsäure auf die verschiedenen Teile der Fäden erzielt. Nachdem das Nockenrad 16 seine Umdrehung vollführt hat, wird die Rolle 18 durch die Wirkung des Gegengewichtes 23 ausgerückt: die Wellen 2 und 3 bleiben stehen und die Nockenräder 13 und 14 bewegen die Hähne 9 und 15, wie oben beschrieben; die Strähne befinden sich von neuem unter hydraulischem Druck. Dieses abwechselnde Spannen und Bewegen der Strähne wiederholt sich, so oft es gewünscht wird. Um die Behandlung der Strähne zu beendigen, genügt es, die Welle 11 auszurücken, die untere Welle durch hydraulischen Druck wieder zu heben, die fixierten Gebinde zu entfernen und andere an ihre Stelle zu setzen.

Patentanspruch: Vorrichtung zum Fixieren von Viskosefäden unter Spannung mit Hilfe verdünnter Säurelösungen, dadurch gekennzeichnet, daß zwei parallele als Träger für die Strähne dienende Achsen angeordnet sind, die durch die Wirkung von Nockenrädern abwechselnd einander genähert oder entfernt und in Umdrehung versetzt werden.

Nach Henckel von Donnersmarck.

425. Fürst Guido Donnersmarck'sche Kunstseiden- und Acetatwerke in Sydowsaue bei Stettin. Verfahren zur Herstellung von Viskoseseide.

D.R.P. 212 954 Kl. 29a vom 26. VI. 1907; übertragen auf Vereinigte Glanzstoff-Fabriken A.-G. in Elberfeld (gelöscht); franz. P. 398 424; brit. P. 1407[1909] (Graf A. Luxburg); schweiz. P. 47 395.

Bei der Herstellung von Viskoseseide werden die Viskose- (Zellulosexanthogenat-) Lösungen auf bekannte Weise in Fällungsbäder von Ammonsalzen, Schwefelsäure, sauren schwefelsauren Salzen od. dgl. eingespritzt und die hierbei entstehenden Fäden durch verschiedenartige Vorrichtungen aufgenommen. Zwei wesentlich verschiedene Verfahren sind hierbei in Anwendung, welche als Zentrifugenspinnverfahren einerseits und Spulenspinnverfahren andererseits bezeichnet werden können. Beim ersten Verfahren wird der frisch gesponnene Faden durch geeignete Führung lotrecht abwärts und zentrisch in einen rasch umlaufenden, zentrifugenartigen Spinntopf geführt, dessen Innenwandung er sich unter einer der Umdrehungszahl des Spinntopfes entsprechenden Drehung anlegt. Es entsteht so unmittelbar beim Spinnvorgang eine Flachspule gezwirnter Rohseide. Beim Spulenspinnverfahren wird der aus dem Fällbad tretende Faden unmittelbar auf eine sich drehende Spule aufgenommen, wobei also die Einzelfädchen des Seidenfadens noch parallel liegen und erst durch eine folgende Arbeit gezwirnt werden müssen. Trotz des Vorteils der mit dem Spinnen in einem Arbeitsvorgang vereinigten Zwirnung hat sich das Zentrifugenspinnverfahren in der Praxis wenig bewährt und sich dem Spulenspinnverfahren unterlegen gezeigt. Einer geforderten bestimmten Drehung für das laufende Meter Faden entspricht natürlich bei gegebener Umdrehungszahl des Spinntopfes eine bestimmte Spinngeschwindigkeit (gemessen an der in der Zeiteinheit gesponnenen Fadenlänge). Da der Umdrehungsgeschwindigkeit der Spinntöpfe praktische Grenzen gesetzt sind und die Drehung der Kunstseide nicht unter gewisse Beträge sinken darf, hat sich herausgestellt, daß man mit dem Spulenspinnverfahren unverhältnismäßig größere Spinngeschwindigkeit erzielen kann, da die Umdrehung der Spinnspulen ja nur durch die Reißfestigkeit und Elastizität des frisch gefällten Fadens praktisch begrenzt wird. Handelt es sich ferner darum, z. B. Viskoseseide mit hoher Drehung herzustellen, so begibt man sich bei dem Zentrifugenspinnverfahren noch des einzigen Vorteils der Vereinigung von Spinnen und Zwirnen in einem Arbeitsvorgange. Der aus dem Spinntopfe kommende Faden muß dann, wie beim Spulenspinnverfahren, einer Nachzwirnung auf besonderen Maschinen unterworfen werden. Durch das Angeführte allein ist der überhaupt nur in gewissen Fällen vorhandene Vorteil des Zentrifugenspinnverfahrens mehr als ausgeglichen. Weiterhin kommt anscheinend die ungleich einfachere, billigere und betriebssicherere Maschinerie zugunsten des Spulenspinnverfahrens in Betracht.

Der Vollständigkeit wegen sei noch ein Drehspinnverfahren erwähnt, bei welchem die Spinndüse selbst in Drehung versetzt wird, so daß die aus der Düse austretenden Einzelfäden sofort eine Zwirnung erhalten und das Fällungsbad schon als verzwirnter Faden durchlaufen, worauf das Aufwinden auf Spulen oder Haspel erfolgen soll. In der Viskoseseideindustrie hat sich dieses Verfahren jedoch keinen Eingang verschaffen können. Die für das Zentrifugenspinnverfahren bestehenden Nachteile der bezeichneten Art treten in noch größerem Maße auch beim Drehdüsenspinnverfahren hervor, in erster Linie die große Kompliziertheit der Apparatur. Man ist hierbei zwar imstande, der Spinndüse eine hohe Geschwindigkeit zu geben; es gelingt jedoch bei diesem Verfahren nicht, für das laufende Meter Faden jede beliebige bestimmte Drehung zu erzielen, da die Fällungsflüssigkeit dem Zwirnungsvorgang unberechenbare Widerstände entgegensetzt. Da das Fällungsbad zum Zwecke der Fortbewegung des entstehenden Fadens meist auch fließend angewandt werden muß, so wird auch die Gleichmäßigkeit der Zwirnung gestört. Das Verfahren ermöglicht daher lediglich eine Vorzwirnung, und der von der Spule oder dem Haspel kommende Faden muß für die meisten Zwecke auf besonderen Maschinen nachgezwirnt werden.

Die hier zu beschreibende Erfindung bezieht sich auf alle Verfahren, bei denen eine nachträgliche Zwirnung des gesponnenen Fadens erfolgen muß, insbesondere also auf das Spulenspinnverfahren.

Die weitere Herstellung der auf den Spinnspulen aufgewickelten Viskoseseide verlief nun bisher im wesentlichen in der Weise, daß die ungezwirnten Viskosefäden auf den Spinnspulen zunächst von allen der Seide vom Spinnen her anhaftenden Salzen und Säuren ausgewaschen, darauf gespult und nach dem Trocknen auf Zwirnmaschinen bekannter Bauart gezwirnt werden. Der gezwirnte Rohfaden wird dann auf bekannten Haspelmaschinen von der Spule in Strangform übergeführt. Für die meisten Verwendungszwecke bedarf die Rohseide dann noch einer nachträglichen chemischen Wasch- und Bleichbehandlung. Durch diese vielfachen Bearbeitungen, welche umfangreiche maschinelle Anlagen, deren Betrieb unverhältnismäßig zahlreiche Arbeitskräfte erfordert, zur Voraussetzung haben, wird der Faden naturgemäß stark mechanisch angegriffen. Die Gestehungskosten so hergestellter Viskoseseide werden durch die mit jeder Einzelarbeit verbundenen unvermeidlichen Materialverluste weiterhin ungünstig beeinflußt.

Es wurde nun gefunden, daß man mit großem technischen Vorteil die gesponnene und ungewaschene Viskoseseide, welche also noch alle vom Spinnen herrührenden Verunreinigungen (Säuren, Salze usw.) enthält, unter Zwirnung in Strangform und auf gleiche Stranglänge bringen kann, wenn man auf Spulen von verhältnismäßig kleinem Durchmesser spinnt, diese Spulen beim Abziehen der Viskosefäden über den Spulenkopf in rasche Drehung versetzt und die Fäden unmittelbar unter Benutzung hin und her gehender Fadenführer auf Haspel überführt. Die Haspel versieht man in bekannter Weise mit Zählwerken und selbsttätigen, bei Fadenbruch wirkenden Sperrvorrichtungen, um genau bestimmte Fadenlängen aufwickeln zu können. In Fig. 185 ist eine zur Ausführung dieses Verfahrens dienende Vorrichtung dargestellt, die an sich jedoch nicht den Gegenstand der Erfindung bildet. a ist ist die Spinnspule, b der Fadenführer, c der Haspel, auf den gewunden wird. Durch diesen einfachen Arbeitsvorgang wird die Kunstseide vom Augenblicke ihres Entstehens vom Spinnvorgang an mit der denkbar größten Schonung verarbeitet, indem der

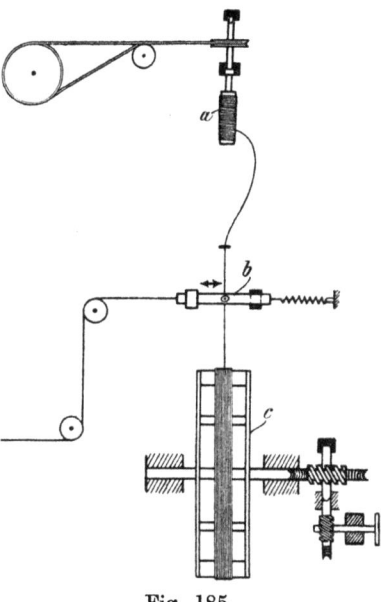

Fig. 185.

Faden nach dem Spinnen nur noch ein einziges Mal durch Abarbeitung von der Spinnspule auf die Haspel einem Arbeitsvorgange unterworfen wird, während bei den früheren Arbeitsweisen der Faden dreimal behandelt werden mußte. Zuerst mußte von der Spinnspule auf Holzspulen umgespult, dann von der Holzspule auf der Zwirnmaschine auf Papierspulen abgezwirnt und schließlich die gezwirnte Spule abgehaspelt werden. Durch das vorliegende Verfahren werden zahlreiche Arbeitskräfte und große maschinelle Anlagen erspart, und die Abfälle werden auf das denkbar geringste Maß zurückgeführt, da die gesponnene Viskoseseide nur einmal durch die Hand der Arbeiterin geht und auch das häufige Anknüpfen, welches die Verarbeitung auf mehreren Arbeitsmaschinen bedingen muß, in Fortfall kommt. Die Güte der Viskoseseide wird hierdurch wesentlich verbessert, und ihr Wert wird durch die geringe Anzahl von Knüpfstellen erhöht.

Die Weiterverarbeitung der fertig gezwirnten Stränge, wie Waschen, Bleichen, Säuern, Trocknen, kann danach in bekannter Weise auf dem Haspel vorgenommen werden, so daß die fertigen Kunstseidenstränge erst im fertigen Zustande nach dem Trocknen von dem Haspel abgenommen werden. Man verwendet zu diesem Zwecke wasser- und säurebeständige Vorrichtungen, z. B. mit Bleifolie überzogene Haspelkronen, und sorgt dafür, daß den Seidenlagen durch Anwendung von Glasstäben auf den Auflagestäben eine möglichst geringe Berührungsfläche gegeben wird. Man kann zu diesem Zwecke aber auch z. B. verstellbare Haspelkronen anwenden, welche eine zeitweise Umlegung der Kunstseide während des Waschens und Bleichens gestatten, und zwar so, daß die Berührungsstellen zwischen den Kunstfäden und den Haspelstäben wechseln.

Wenn man dieses beschriebene Verfahren anwendet, so gelingt es, die Viskoseseide in einem Arbeitsgange, vom Spinnen ab gerechnet, fertigzustellen, indem die Seide nur einmal von der Spinnspule auf beschriebene Weise auf den Haspel in bestimmter Länge abgezwirnt wird, während derselbe Strang später nach Beendigung der mechanischen und chemischen weiteren Behandlung in reinem und trockenem Zustande als fertige Viskoseseide von dem Haspel abgenommen wird. Hierdurch wird eine außerordentliche Vereinfachung der Kunstseidenherstellung erreicht unter gleichzeitiger äußerster Schonung der Kunstfäden.

Patentanspruch: Verfahren zur Herstellung von Viskoseseide, dadurch gekennzeichnet, daß die ungedrehten Viskosefäden ohne Vorbehandlung unmittelbar von den Spinnspulen in einem Arbeitsgange verzwirnt und auf Haspel aufgewunden werden, auf denen sie unmittelbar in an sich üblicher Weise nachbehandelt, also gewaschen, gebleicht, gesäuert, getrocknet oder anderen Nachbehandlungen unterworfen werden können.

Das britische Patent, das nicht allein von Viskoseseide spricht, erwähnt auch ein Vorbehandeln auf den Spulen.

Nach Courtaulds Ltd.

426. Courtaulds Ltd. in London. Verfahren, Sulfidlösungen von durch Aufnahme von Schwefel sich bildenden Polysulfiden freizuhalten oder zu befreien.

D.R.P. 279 310 Kl. 12i vom 27. 7. 1913 (Prior. Großbritannien 24. XII. 1912); brit. P. 29 711[1912] (L. Ph. Wilson).

Das Verfahren, das sich vorzugsweise zur Behandlung solcher Sulfidlösungen eignet, die zu Entschweflungen benutzt werden, beruht auf der Erkenntnis, daß Polysulfidlösungen der Alkalien und Erdalkalien oder Alkali- und Erdalkalisulfidlösungen, welche Polysulfid enthalten, von den vorhandenen Polysulfiden befreit werden, wenn man sie in

Gegenwart alkalisch reagierender Stoffe wie z. B. von Hydraten oder Karbonaten der Alkalien oder Erdalkalien mit geeigneten reduzierenden Stoffen wie Glykose, Dextrin, Stärke usw. behandelt. Man erhält so Lösungen, welche nur noch verschwindende, praktisch nicht mehr in Betracht kommende Mengen von Polysulfid enthalten. Sind z. B. 100 Pfund Seide in einer 1%igen Natriumsulfidlösung behandelt worden, so setzt man 2,5—3 Pfund Handelsglykose und 3 Pfund Ätznatron, beides in Lösung, zu und nimmt die nächste Portion Seide unmittelbar durch das Bad.

Patentansprüche: 1 Verfahren, Sulfidlösungen von durch Aufnahme von Schwefel sich bildenden Polysulfiden freizuhalten oder zu befreien, dadurch gekennzeichnet, daß man die Sulfidlösungen in Gegenwart alkalisch reagierender Stoffe, z. B. Alkalien oder alkalischer Erden mit Glykose oder ähnlich wirkenden organischen Stoffen behandelt.

2. Die Anwendung des durch Anspruch 1 geschützten Verfahrens bei der Entschwefelung von Viskoseseidenfäden oder der sog. Denitrierung von Nitroseidenfäden mit der Maßgabe, daß den dabei verwendeten warmen Schwefelalkalibädern in dem Maße alkalische und reduzierende Stoffe nach Anspruch 1 zugesetzt werden, als freier Schwefel in das Bad eingebracht wird oder sich darin bildet.

Weitere Angaben über die Herstellung von Viskoseseide machten Fr. J. G. Beltzer, Kunststoffe 1912, S. 41—45, 69—71, 85—87, 111—13, und H. Jentgen, ebda. 1913, S. 229—30, 249—52.

4. Aus Lösungen von Zellulosehydrat in Ätzalkali.

Nach Vereinigte Kunstseidefabriken A.-G.

427. Vereinigte Kunstseidefabriken A.-G. in Frankfurt a. M. Verfahren zur Herstellung künstlicher glänzender Fäden, Films und Apprets.

D.R.P. 155 745 Kl. 29b vom 31. V. 1902 (gelöscht); brit. P. 17 501[1902]; österr. P. 20 407.

Die Erfindung bezweckt die Herstellung künstlicher glänzender Fäden, Films und Apprets mit Hilfe von Zellulosehydratlösungen. Solche Lösungen werden durch Auflösung von Zellulosehydrat in einer 3—4%igen wässerigen Ätzkali- oder Ätznatronlösung gewonnen. Die Herstellung solcher Lösungen ist bekannt, jedoch haben diese bis jetzt zu dem erwähnten Zwecke niemals Anwendung gefunden. Ferner ist bekannt, daß das Zellulosehydrat aus diesen Lösungen durch Zusatz von Säuren oder Salzen, welche die Bindung des Alkalis herbeiführen, chemisch unverändert wieder abgespalten werden kann. Auf Grund dieses bekannten Vorganges werden bei der Verwendung von Alkalizellulosehydratlösungen zum Zwecke der Herstellung künstlicher glänzender Fäden, Films oder Apprets solche Säuren oder Salzlösungen als Fällflüssigkeiten benutzt.

Zur Durchführung des Verfahrens werden z. B. 100 Gwte. Kunstseideabfall, wie er sich bei deren Fabrikation und Verwendung ergibt, in 1200 Gwtn. Natronlauge von 1,120 spez. Gew. gelöst. Läßt man nun auf bekannte Weise die so erhaltene gallertartige Lösung durch einen engen Schlitz oder ein Kapillarröhrchen in mäßig konzentrierte Säuren, gesättigte konzentrierte saure Salzlösungen, z. B. Bisulfat oder auch Ammoniumsalze, treten, so scheidet sich das Zellulosehydrat in zusammenhängender Form ab, es gibt einen farblosen, ziemlich festen, glänzenden Film oder Faden, der, wie bekannt, weiter behandelt wird.

Oder: In 100 T. Schwefelsäure von 60° Bé werden 10 T. Baumwolle in der Form von gewaschenen, trockenen Baumwollabfällen rasch eingetragen, gut durchgearbeitet, bis alles gleichmäßig verteilt ist, und das Ganze in dünnem Strahl sofort in viel Wasser unter stetem Rühren eingegossen. Das ausgeschiedene Zellulosehydrat wird gut gewaschen, abgepreßt und in 100 T. Natronlauge von 1,120 spez. Gew. gelöst.

Auch von dem Zellulosethiokarbonat, der Viskose, kann man ausgehen. Zersetzt man deren Lösung durch längeres Erhitzen auf 90° C oder dadurch, daß man wässerige Viskoselösung unter stetem Rühren in verdünnte Mineralsäuren usw. gießt, so scheidet sich Zellulosehydrat ab, welches mit Wasser gut gewaschen und ausgepreßt wird, um die Beiprodukte zu entfernen. Das so erhaltene feuchte Zellulosehydrat wird nun in möglichst wenig 30%iger Natronlauge gelöst. Diese Lösung kann je nach Art ihrer Verwendung mit Wasser entsprechend verdünnt werden. Aus einer derartigen Alkalizellulosehydratlösung erfolgt die Abscheidung des Zellulosehydrates in gleicher Weise wie bei den anderen oben angeführten Lösungen. Zum Zwecke der Erhöhung des Glanzes, der Klebkraft oder der Festigkeit des ausgeschiedenen Produktes benutzt man mit Vorteil einen Zusatz alkalisch gelöster Stoffe, welche sich durch alkalibindende Mittel ausscheiden lassen, wie z. B. natürliche Seide, Kasein, Albumin usw.

Patentansprüche: 1. Verfahren zur Herstellung künstlicher glänzender Fäden, Films und Apprets, gekennzeichnet durch die Anwendung einer Alkalizellulosehydratlösung, welche durch Auflösen von Zellulosehydrat in einer 3—4%igen wässerigen Ätzkali- oder Ätznatronlösung gewonnen und in einem Fällbad von Säuren, sauren Salzen und Ammoniumsalzen auf bekannte Art zu Fäden, Filmsund Apprets verarbeitet wird.

2. Bei dem unter 1. gekennzeichneten Verfahren die Anwendung von in alkalischen Laugen gelösten Stoffen, wie natürliche Seide, Kasein, Albumin usw., als Zusätze zur Alkalizellulosehydratlösung.

5. Aus Zellulosefettsäureestern und ähnlichen Körpern.

Von geringerer Bedeutung als die Nitro-, Kupfer- und Viskoseseide ist die künstliche Seide, die man aus Fettsäureestern der Zellulose hergestellt hat. Die z. B. aus Acetylzellulose hergestellte Kunstseide hat zwar den Vorteil, wenig wasserempfindlich zu sein, sie wird aber leicht durch Alkalien und auch Säuren verändert und selbst durch

Spuren davon in ihrer Haltbarkeit beeinträchtigt. Außerdem dürfte der Preis der Zellulosefettsäureester ihrer Verarbeitung auf Kunstfäden im großen hinderlich sein. Die Wichtigkeit dieser Produkte liegt auf dem Gebiete der Lacke, Anstriche, Überzugs- und Isoliermassen u. dgl.

Nach Mork, Little und Walker.

428. **H. S. Mork in Boston, A. D. Little in Brookline und W. H. Walker in Newton.** Künstliche Seide.

Ver. St. Amer. P. 712 200.

Wasserfeste, stark glänzende und keiner Denitrierung bedürfende Kunstseide stellen die Erfinder aus Zelluloseestern organischer Säuren, besonders Tetraacetylzellulose her. Die Zelluloseester werden für sich allein oder nach Zusatz geschmeidig und elastisch machender Stoffe (Ölsäure, acetyliertes Rizinusöl, Thymol, Phenol usw.) auf Fäden verarbeitet.

Dieselben Erfinder geben in dem

429. Ver. St. Amer. P. 792 149

folgendes Beispiel: 100 g Zelluloseacetat werden zu 1000 g Chloroform und 50 g Kresol gegeben und das Ganze wird umgerührt, bis Lösung eingetreten ist. Nach Zusatz einer Lösung von 50 g Ölsäure in 200 g Chloroform wird sorgfältig filtriert. Die Lösung wird durch feine Öffnungen in ein Fällungsbad aus z. B. Paraffinen, Petroleumnaphtha, Terpenen, Terpentin, Kampferöl usw. gepreßt, die gebildeten Fäden werden aufgewickelt und unter Spannung erhitzt, bis die flüchtigen Stoffe entfernt sind. Die Fäden werden dann gefärbt, auch kann der Zelluloseester vor der Auflösung oder die Chloroformlösung vor der Fadenbildung gefärbt werden. Als wesentlich wird die Verwendung eines leicht flüchtigen und eines schwer flüchtigen Lösungsmittels bezeichnet.

Nach Mork.

430. **H. S. Mork in Boston.** Verfahren zur Behandlung von Zelluloseacetaten.

Brit. P. 20 672[1910].

Das Verfahren besteht, soweit es sich auf Kunstseide aus Zellulosetriacetat bezieht, in einer mit alkalischen Mitteln ausgeführten teilweisen Verseifung, durch die es ermöglicht wird, mit einer größeren Zahl von Farbstoffen als bisher direkt aus wässeriger Lösung zu färben. Auch wird durch diese Behandlung die Dehnbarkeit und Stärke der Faser beträchtlich gesteigert.

Etwas Ähnliches betrifft das Ver. St. Amer. P. 1 074 092 desselben Erfinders.

431. **H. S. Mork, Boston.** Verfahren zur Herstellung von Fäden, Häutchen und Massen aus Zelluloseacetat.

Ver. St. Amer. P. 1 107 222.

Das Acetat wird in einem Lösungsmittel gelöst, welches zum großen Teil aus Acetylentetrachlorid besteht. Gefällt wird mit einem Gemisch aus aliphatischen Kohlenwasserstoffen, z. B. Petroleum und Acetylentetrachlorid; der Siedepunkt der Kohlenwasserstoffe ist höher als der des Acetylentetrachlorids.

Nach Lederer.

432. Leonhard Lederer. Verfahren zur Herstellung geformter Zelluloseverbindungen.
Franz. P. 330 714.; brit. P. 7341[1903].

Man löst acidylierte Zellulose z. B. in Essigsäure, Phenol, Chloroform u. dgl. und läßt die Lösung aus Öffnungen in Stoffe eintreten, welche, wie z. B. Alkohol, Benzol, Ligroin, sich mit dem Lösungsmittel der Acidylzellulose mischen, ohne diese selbst aufzulösen. Das entstandene, zunächst plastische Gebilde (Faden) wird nach einiger Zeit herausgezogen und bei mäßiger Wärme getrocknet. Man kann auch Mischungen von Lösungsmitteln für die acidylierte Zellulose anwenden und ihnen Farbstoffe, Gelatine, Terpentinöl, Kampfer sowie feste farbige oder farblose Stoffe, z. B. Metallpulver usw. zusetzen. Die erhaltenen Gebilde haben eine bemerkenswerte Zugfestigkeit, zeigen einen schönen Glanz und sind undurchlässig für Wasser.

433. Dr. Leonhard Lederer in Sulzbach, Oberpfalz. Verfahren zur Herstellung von geformten Zelluloseverbindungen aus aliphatischen Zelluloseestern.
D.R.P. 188 542 Kl. 29 b vom 3. II. 1905 (gelöscht).; brit. P. 6751[1905].

Durch das Patent 175 379 ist ein Verfahren zur Herstellung von Lösungen der Zelluloseestern mittels Acetylentetrachlorid geschützt. Dieses Lösungsmittel ist auch ganz besonders zur Herstellung von geformten Zelluloseverbindungen, wie Blöcken, Platten, Stäben, Röhren, Bändern, Fäden u. dgl., geeignet, da die damit erzeugten Produkte eine wesentlich höhere Elastizität besitzen als mit Hilfe anderer Zelluloseester lösender Mittel hergestellte. Es rührt dies anscheinend davon her, daß das Acetylentetrachlorid hierbei eine ähnliche Rolle spielt wie Kampfer in dem Zelluloid. Bei der Herstellung geformter Produkte aus Zelluloseestern dient das Acetylentetrachlorid zunächst als Erweichungs- oder Verflüssigungsmittel. Durch Pressen in Formen oder durch geeignete Öffnungen hindurch wird der Masse, der beliebig andere Stoffe sowie auch Füllmittel zugesetzt werden können, die gewünschte Form gegeben. Mittels derartiger Behandlung wird jede Zersetzung, die beim Verdunsten der Lösungen bei Anwendung höherer Temperaturen unter gewissen Umständen eintritt und die Elastizität des geformten Produktes beeinträchtigt, vollständig vermieden. Um dünne Fäden zu erzeugen, läßt man die Lösung des Zelluloseesters in feinem Strahl in Alkohol oder eine andere, Zelluloseester nicht lösende Flüssigkeit treten. Man kann aber auch ohne Anwendung eines Fällungsmittels arbeiten.

Beispiele: 1. 10 Te. Zelluloseacetat werden mit einem Gemisch von 3 Tn. Alkohol und 16 Tn. Acetylentetrachlorid durchfeuchtet, in Formen gepreßt und dann an der Luft oder in einem warmen Raum getrocknet. 2. 10 Te. Zelluloseacetat werden in 80 Tn. Acetylentetrachlorid, dem 5 Te. Alkohol zugefügt sind, gelöst und die Lösung wird sodann auf Glasplatten ausgegossen und eingetrocknet.

Patentanspruch: Verfahren zur Herstellung von geformten Zelluloseverbindungen aus aliphatischen Zelluloseestern unter Anwendung von Acetylentetrachlorid als Verflüssigungsmittel.

434. Dr. Leonhard Lederer in Sulzbach, Oberpfalz. Verfahren zur Herstellung von geformten Zellulosegebilden.

D.R.P. 210 778 Kl. 29 b vom 1. VIII. 1906 (gelöscht); brit. P. 19 107^{1906}; franz. P. 368 766; Ver. St. Amer. P. 1 028 748.

Für die Herstellung von Fäden aus den Estern der Zellulose wurden bisher die Nitro- und Acetylester benutzt. Es wurde nun gefunden, daß für diesen Zweck die in dem Patent 179 947 der Kl. 12 o beschriebenen, durch Einwirkung von Essigsäureanhydrid oder Acetylchlorid auf die Nitroderivate der Zellulose erhaltenen acetylierten Nitrozellulosen sich besonders gut eignen und den Nitro- und Acetylzellulosen wesentlich überlegen sind. Die aus diesen acidylierten Nitrozellulosen hergestellten Fäden haben hohen Glanz und große Festigkeit; sie brennen weit ruhiger ab als die aus Nitrozellulose gewonnenen Fäden und lassen sich auch weit leichter denitrieren. Vor allem sind sie aber, was nicht vorauszusehen war, nach dem Denitrieren den aus Nitrozellulose oder aus Acetylzellulose hergestellten Fäden in ihrem Verhalten zu Farbstoffen sehr erheblich insofern überlegen, als sie ganz besonders leicht ohne jede Vorbehandlung Farbstoffe aufnehmen.

Um Fäden aus gemischten Zelluloseestern zu erzeugen, verfährt man in üblicher Weise, indem man ihre aus feiner Öffnung austretende Lösung entweder in mit heißer Luft erfüllte Räume oder in Fällungsmittel treten läßt. Die Fäden werden darauf behufs Denitrierung mit Schwefelalkalien, Kupferchlorür od. dgl. behandelt. Man kann die Produkte endlich durch Behandeln mit Alkalien oder Schwefelsäure teilweise oder völlig entacetylieren, wobei man schließlich zu reiner Zelluloseseide gelangt.

Patentansprüche: 1. Verfahren zur Herstellung von geformten Zellulosegebilden, darin bestehend, daß man Lösungen acidylierter Nitrozellulosen, wie Acetylnitrozellulose, in dünnem Strahle in überhitzte Räume oder in Fällungsmittel treten läßt und die erhaltenen Fäden hierauf denitriert.

2. Eine Ausführungsform des nach Anspruch 1 geschützten Verfahrens, darin bestehend, daß man den Fäden nach der Denitrierung mittels Alkali oder Säure ihre Acidylgruppen teilweise oder völlig entzieht.

Über Zelluloseacetonitrate siehe Berl und Watson Smith, Berl. Ber. 1908, S. 1839—1840.

435. Dr. Leonhard Lederer in Sulzbach, Oberpfalz. Verfahren zur Herstellung von für die Gewinnung von Kunstfäden und ähnlichen Gebilden geeigneten Lösungen.

D.R.P. 240 751 Kl. 29 b vom 4. VII. 1908 (gelöscht); österr. P. 42 440; franz. P. 402 072.

Für die Herstellung künstlicher Seide werden in der Technik hauptsächlich Lösungen von Zellulose, Nitrozellulose oder Acetylzellulose und nach der britischen Patentschrift 19 107^{1906} (s. vorstehend) außerdem gemischte Zelluloseester, insbesondere acetylierte Nitrozellulose, benutzt. Die aus Zellulose und aus Nitrozellulose gewonnene Kunstseide färbt sich vorzüglich an, verliert jedoch in nassem Zustand sehr viel an Zugfestigkeit. Im Gegensatz hierzu nimmt Acetatseide Farbstoff nicht ohne weiteres an, sie ist aber gegen Nässe ganz unempfindlich. Es war nun von Interesse, gemischte Kunstfäden herzustellen, die die Vorzüge der beiden Kunstseidenarten z. T. auf sich vereinigen mußten, ein Gedanke, der auch dem Verfahren des britischen Patents 1907[1906] zugrunde liegt.

Dazu erschien es als das nächstliegende, von Lösungen auszugehen, die Nitro- und Acetylzellulose gleichzeitig enthalten. Es hat sich nun herausgestellt, daß man derartige Lösungen auf einfache und billige Weise erhalten kann, wenn man etwa 6 Te. Nitrozellulose und 2 Te. Acetylzellulose in 27 Tn. Aceton und 16 Tn. Acetylentetrachlorid auflöst. Überraschenderweise erhält man nämlich mit Hilfe dieser Lösungsmittel auch aus solchen Acetylzellulosen, die in Aceton unlöslich sind und trotzdem Acetylentetrachlorid für sich allein Nitrozellulose nicht zu lösen vermag, eine durchaus homogene Flüssigkeit, aus der Kunstfäden und besonders Films hergestellt werden können, die nach der Denitrierung unmittelbar Farbstoff aufnehmen, in ihrem Äußern von dem ursprünglichen Material nicht zu unterscheiden sind und wegen ihrer geringen Entflammbarkeit sich hervorragend als Ersatz für Zelluloidfilms in der Photographie u. dgl. eignen. Wendet man Lösungen mit steigendem Gehalt von Acetylzellulose an, so erhält man Produkte von so beträchtlich verminderter Entflammbarkeit, daß die Denitirierung unterbleiben kann.

Patentanspruch: Verfahren zur Herstellung von für die Gewinnung von Kunstfäden und ähnlichen Gebilden geeigneten Lösungen, dadurch gekennzeichnet, daß Nitro- und Acetylzellulose gemeinsam in Acetylentetrachlorid-Acetongemischen gelöst oder Lösungen von Acetylzellulose in Acetylentetrachlorid und von Nitrozellulose in Aceton miteinander gemischt werden.

Der Gegenstand des

436. Zusatzpatentes 248 559 Kl. 29 b vom 26. III. 1909 (gelöscht) desselben Erfinders ergibt sich hinreichend aus dem

Patentanspruch: Ausführungsform des durch das Patent 240 751 geschützten Verfahrens, dadurch gekennzeichnet, daß an Stelle von Acetylentetrachlorid und Aceton völlig oder teilweise Chloroform und Essigester verwendet werden.

Nach Fürst Guido Donnersmarck.

437. Fürst Guido Donnersmarck'sche Kunstseiden- & Acetatwerke in Sydowsaue, Kr. Greifenhagen, Verfahren zur Herstellung von künstlichen Fäden und ähnlichen Gebilden, insbesondere von künstlicher Seide aus Zelluloseacetat.

D.R.P. 237 599 Kl. 29 b vom 16. X. 1907; übertragen auf Internationale Celluloseester Ges. m. b. H. (gelöscht).

Obwohl die für Verarbeitung zu Kunstfäden wertvollen Eigenschaften der Acetylzellulose allgemein anerkannt sind, ist es bisher nicht gelungen, Kunstfäden, insbesondere Kunstseide, aus Zelluloseacetat in industriell befriedigender Weise herzustellen. Wählt man nämlich den durch die Kunstseidenindustrie gewiesenen Weg, Zelluloseacetatlösungen unter Druck durch geeignete feine Öffnungen in Fällbäder eintreten zu lassen, so beobachtet man meist, selbst bei Verwendung langer Fällstrecken im Spinnbade, daß das entstehende Fadengebilde so geringe Festigkeit aufweist, daß die fabrikmäßige Herstellung von Fäden auf diese Weise ausgeschlossen erscheint. Versuche haben ergeben, daß man z. B. bei Verwendung einer Lösung von Acetylzellulose in Acetylentetrachlorid und eines Fällbades aus Wasser oder Alkohol nur unverarbeitbare Fadenbruchstücke erhält. Bei Verwendung von Chloroform als Lösungsmittel sind die Ergebnisse noch schlechter. Bessere, wenn auch keineswegs vollwertige Fäden werden bei Verwendung von Eisessig als Lösungsmittel und Wasser als Fällmittel erhalten. In allen Fällen aber zeigte es sich, daß nach dem Durchgange der Fäden durch die Fällbäder im Innern der erzielten Fadenstücke noch große Mengen unveränderter Spinnlösung enthalten waren, d. h. daß die immerhin verhältnismäßig kurze Zeit, während der die Fäden im Spinnbade verweilten, nicht genügte, um die in die Fällflüssigkeit gespritzten Flüssigkeitsstrahlen durch und durch zu koagulieren. Es bildete sich vielmehr immer nur eine mehr oder weniger dünne Oberflächenhaut, die dem Eindringen der Fällflüssigkeit ins Innere des so gebildeten Schlauches solchen Widerstand entgegensetzte, daß die Erstarrung des Gebildes nicht genügend schnell fortschreiten konnte, um das Reißen des Fadens durch sein Eigengewicht zu verhindern. Bei dem angeführten dritten Beispiel waren die Ergebnisse allerdings besser, und zwar deshalb, weil sich das Lösungsmittel in der Spinnlösung leicht mit dem Wasser des Fällbades mischt. Auch ist die Durchdringbarkeit der zunächst gebildeten Oberflächenschicht für Eisessig besser als z. B. für Acetylentetrachlorid.

Aus diesen Beobachtungen ergibt sich der Grundsatz, dessen Beobachtung allein zu einem befriedigenden Spinnen für Zelluloseacetatlösungen führen kann: die Wahl des Lösungsmittels für Herstellung der Spinnlösung einerseits und der Fällflüssigkeit andererseits muß so getroffen werden, daß Lösungsmittel und Fällflüssigkeit leicht mischbar sind, und daß das Lösungsmittel leicht durch dünne, ausgefällte Zelluloseacetatschichten hindurchzudiffundieren vermag. Bei den Kombinationen Acetylentetrachlorid und Wasser oder Chloroform und Wasser ist keine der Bedingungen erfüllt, bei der Kombination Acetylentetrachlorid und Alkohol nur die erste, bei Eisessig und Wasser die erste Bedingung vollkommen, die zweite besser als bei den vorgenannten Beispielen, aber noch nicht vollkommen.

Es wurde nun gefunden, daß diese Bedingungen in vorzüglicher Weise erfüllt werden, wenn man in der zuletzt erwähnten Kombination die Essigsäure durch Ameisensäure ersetzt. Die Spinnergebnisse übertreffen die mit Essigsäurelösung erzielten bedeutend. Nebenher werden noch andere gewichtige Nachteile, die der Verwendung der Essigsäure als

Lösungsmittel beim Verspinnen von Zelluloseacetat anhaften, vermieden. In erster Linie ist die Löslichkeit der Acetylderivate in Essigsäure viel geringer als in Ameisensäure. Durch Wasser ausgefälltes und getrocknetes Zelluloseacetat, also das gewöhnliche Handelsprodukt, löst sich nur so schlecht in Essigsäure, daß an ein Verspinnen solcher Lösungen nicht gedacht werden kann. Die Verwendung der Essigsäure ist also auf Verspinnen mit Essigsäure verdünnter Reaktionsgemische der Acetylierung praktisch beschränkt. Außerdem haftet auch diesen Lösungen stets der Übelstand größerer oder geringerer Trübung an, die bei Anwendung von Ameisensäure wegfällt. Aus gefälltem und getrocknetem Zelluloseacetat sowohl wie durch Verdünnung des Reaktionsgemisches der Acetylierung lassen sich leicht innerhalb der durch die Verspinnbarkeit gegebenen Grenzen beliebig konzentrierte wasserklare Lösungen herstellen, die gegen Feuchtigkeit, im Gegensatz zu den Eisessiglösungen, völlig unempfindlich sind. Die Ausführung des Verfahrens erfolgt in der aus der Kunstseidefabrikation allgemein bekannten Weise. Selbstverständlich können zu beliebigen Zwecken geeignete Zusätze zur Spinnlösung wie auch zum Wasser des Fällbades gemacht werden. Beispielsweise sei die Zugabe von Ätzkalk zur Fällflüssigkeit erwähnt, um die Säure zu binden.

Beispiel: Eine 60%ige Auflösung von Zelluloseacetat in höchstkonzentrierter Ameisensäure wird mittels der bekannten Vorrichtungen in ein Bad aus reinem Wasser gespritzt, das durch zugegebenes Eis zweckmäßig kühl gehalten wird. Der Faden wird nach dem Verlassen des Bades auf einer Spule aufgenommen und dann in bekannter Weise weiterverarbeitet.

Patentanspruch: Verfahren zur Herstellung von künstlichen Fäden und ähnlichen Gebilden, insbesondere von künstlicher Seide, aus Zelluloseacetat, dadurch gekennzeichnet, daß eine Lösung von Zelluloseacetat in Ameisensäure durch an sich bekannte Vorrichtungen in ein aus Wasser oder einer wässerigen Flüssigkeit bestehendes, u. U. mit Zusätzen versehenes Fällbad gespritzt wird, aus dem der Faden in an sich bekannter Weise aufgenommen und dann weiterverarbeitet wird.

Die Herstellung der Zelluloseacetatlösungen mittels Ameisensäure betrifft das D.R.P. 237 718 Kl. 29b vom 16. X. 1907 (gelöscht), franz. P. 400 652, schweiz. P. 46 329, brit. P. 6554[1909], Ver. St. Amer. P. 922 340 (auch Dr. A. Schloss).

Nach Farbenfabriken vorm. Friedr. Bayer Co. in Elberfeld.

438. **Farbenfabriken vorm. Friedr. Bayer & Co. in Elberfeld.** Neue künstliche Seide.

Brit. P. 28 733[1904]; franz. P. 350 442.

Lösungen von Triacetylzellulose (brit. P. 21 628[1901]), z. B. eine 15%ige Lösung in Chloroform, werden durch kapillare Öffnungen in über den Siedepunkt des Lösungsmittels erhitzte Räume oder in Fällflüssigkeiten, z. B. Alkohol oder Benzol, eingepreßt. Der erhaltene Faden hat großen Glanz, ist fest und weich, widerstandsfähig gegen Säuren und Alkalien und nicht entzündbarer als die bekannte Kunstseide aus Kollodium.

439. Farbenfabriken vorm. Friedr. Bayer & Co. in Elberfeld. Verfahren zur Herstellung von Lösungen von Zelluloseacetaten.

Franz. P. 418 309; brit. P. 16 932[1910]; Ver. St. Amer. P. 988 965.

Bekanntlich kann man Lösungen von Zelluloseacetaten mit Hilfe von Acetylentetrachlorid herstellen. Es war zu erwarten, daß die Chlorderivate des Äthylens, Trichloräthylen und Dichloräthylen, auch die Zelluloseacetate lösen würden. Dies ist jedoch nicht der Fall. Trichloräthylen löst Zelluloseacetate nicht, auch nicht bei Zusatz von Alkohol. Dichloräthylen für sich löst Zelluloseacetate auch nicht, erhält aber durch Zusatz von Alkohol die Eigenschaft, Zelluloseacetate in der Wärme zu lösen, besonders chloroformlösliche Acetate, die nur teilweise in Aceton löslich sind, während die in Aceton leicht löslichen Acetate sich in dem Gemisch bereits bei gewöhnlicher Temperatur lösen. Die Lösungen dienen zur Herstellung von Films, Firnissen der verschiedensten Art, von Kunstseide usw. Es werden z. B. 120 Te. Zelluloseacetat (D.R.P. 159 524) mehrere Stunden mit einem Gemisch aus 150 Tn. Alkohol und 730 Tn. Dichloräthylen erhitzt und in Lösung gebracht. Dichloräthylen siedet niedriger als Acetylentetrachlorid und verdunstet daher leichter.

Auch folgendes Patent dürfte hier noch zu erwähnen sein, obgleich in ihm künstliche Seide nicht genannt ist.

440. Farbenfabriken vorm. Friedr. Bayer & Co. in Elberfeld. Verfahren zur Herstellung gepreßter oder geformter Zelluloseverbindungen aus Zelluloseestern.

Brit. P. 13 464[1910].

Pentachloräthan mit anderen Lösungsmitteln wie Aceton, Chloroform und Alkohol zusammen löst Acetylzellulose. Es werden z. B. 120 Te. Acetylzellulose (brit. P. 21 628[1901]) in einem Gemisch aus 100 Tn. Pentachloräthan, 130 Tn. Alkohol und 650 Tn. Chloroform gelöst und filtriert.

Nach Knoll & Co.

441. Knoll & Co. in Ludwigshafen a. Rh. Verfahren zur Herstellung haltbarer Zellulosederivate und deren Lösungen.

D.R.P. 196 730 Kl. 29 b vom 11. IV. 1906.

Bei den bekannten Verfahren zur Herstellung solcher organischer Säurederivate der Zellulose, bei denen Schwefelsäure, Phosphorsäure oder Sulfosäuren als Kontaktstoffe angewandt werden, erhält man Lösungen von kürzerer Haltbarkeitsdauer, die beim unmittelbaren Verspinnen oder Eindunsten, mit oder ohne Zusatz von Kampfer und seinen Ersatzmitteln, brüchige oder rasch brüchig werdende Massen liefern.

Zur Vermeidung dieser Übelstände wurde bisher der entstandene Zelluloseester sofort nach seiner Bildung aus der Lösung abgeschieden und nach sorgfältigem Waschen mit Wasser von neuem in einem geeigneten Lösungsmittel aufgelöst. Da aber, wie durch die Untersuchungen von Cross, Bevan & Briggs (Ber. d. deutsch. chem. Ges. 38, 3531) erwiesen ist, die als Kontaktmittel angewandte Säure z. T. in Esterform in die Zellulose eintritt und infolgedessen durch Auswaschen nicht zu entfernen ist, so sind die nach den erwähnten Verfahren insbesondere mit mehrbasischen Säuren hergestellten Produkte, wenn sie nur mit Wasser gewaschen werden, nach längeren Zeiten der Selbstzersetzung ausgesetzt.

Es wurde nun gefunden, daß man auch unter Umgehung der langwierigen und kostspieligen Umlösung Zelluloselösungen erhalten kann, die monatelang in viskosem Zustande haltbar sind und sich unmittelbar zu brauchbaren Fäden verspinnen und zu haltbaren geschmeidigen Häuten eindunsten lassen, wenn man sofort nach der Auflösung der Zellulose in den viskosen Lösungen die als Kontaktstoffe angewandte Säure durch geeignete Basen oder deren Salze mit schwachen Säuren abstumpft. Versuche, dasselbe Ziel durch Waschen der fertigen Fäden oder Häute mit Lösungen geeigneter Basen oder ihrer Salze mit schwachen Säuren oder durch Verspinnen der Zelluloselösungen in solche Basen- oder Salzlösungen zu erreichen, zeigen schon eine wesentliche Besserung der Eigenschaften der erhaltenen Produkte in dem genannten Sinne, besitzen aber nicht die Vorzüge des zuerst angegebenen Weges.

Beispiel: In eine in bekannter Weise mittels Schwefelsäure (z. B. durch Lösen von 1 T. Zellulose in 4 Tn. Essigsäureanhydrid und 4 Tn. Eisessig durch Einwirkung von 0,1 T. Schwefelsäure bei Zimmertemperatur nach dem Verfahren der Patentschrift 159 524) hergestellte Lösung von Acetylzellulose wird, solange sie sich noch in einem gleichmäßig dickflüssigen Zustande befindet, die zur Abstumpfung der Schwefelsäure erforderliche Menge fein gepulverten Natriumacetats, beispielsweise 0,2 Te., u. U. in wenig Eisessig gelöst, in kleinen Anteilen unter gutem Rühren eingetragen. An Stelle des Natriumacetats kann auch die entsprechende Menge Ammoniak, Ammoniumacetat oder eine beliebige andere Base oder eines ihrer Salze mit schwachen Säuren benutzt werden. Die Lösung wird gegebenenfalls filtriert und kann ohne Waschung und Umlösung der Acetylzellulose unmittelbar auf Fäden, Films und Zelluloidmassen verarbeitet werden.

Patentanspruch: Verfahren zur Herstellung haltbarer Zellulosederivate und deren Lösungen, dadurch gekennzeichnet, daß organische Säureester der Zellulose, welche mittels Kontaktstoffe mit schädlicher Säurenachwirkung bereitet wurden, gleich nach dem Bildungs- oder Auflösungsprozeß oder gleich nach der Verarbeitung primär erhaltener Lösungen zu Fäden oder Häuten mit geeigneten Basen oder deren Salzen mit schwachen Säuren behandelt werden.

442. Knoll & Co. in Ludwigshafen a. Rh. Verfahren zur Herstellung haltbarer Zellulosederivate und deren Lösungen.
D.R.P. 201 910 Kl. 29 b vom 19. II. 1907, Zus. z. P. 196 730.

In Patent 196 730 (s. vorstehend) ist gezeigt, daß man die schädliche Nachwirkung der Schwefelsäure und anderer bei der Herstellung von Acetylzellulose verwandter Kontaktstoffe mit schädlicher Säurenachwirkung dadurch beseitigen kann, daß man dem Acetylierungsgemisch gleich nach Beendigung der Acetylierung starke Basen oder deren Salze mit schwachen Säuren zufügt.

Es hat sich nun gezeigt, daß auch Nitrate geeignet sind, die erwähnte Wirkung hervorzurufen, und daß die hierbei freiwerdende Salpetersäure nicht allein keinen schädlichen Einfluß auf die Haltbarkeit der Lösungen und die Elastizität der daraus erhältlichen Produkte ausübt, sondern sogar infolge ihrer bleichenden Wirkung das Aussehen dieser Produkte verbessert und ihren Wert erhöht. Diese Tatsache erklärt sich dadurch, daß zunächst ein beträchtlicher Teil der an sich in sehr geringer Menge vorhandenen Salpetersäure durch Oxydation der im Acetylierungsgemisch enthaltenen Verunreinigungen beseitigt wird, wobei eine vorteilhafte Klärung der ganzen Masse eintritt. Der etwa noch vorhandene Rest der Säure wirkt aber außerdem nitrierend auf die Acetylzellulose ein (vgl. Haeußermann, Chem.-Ztg. 1905, S. 667) und wird so unschädlich gemacht. Die auf diese Weise gewonnenen Lösungen bleiben monatelang unverändert und eignen sich gut zur unmittelbaren Verarbeitung auf Fäden, Films, Zelluloidmassen u. dgl.

Beispiel: In eine in bekannter Weise durch Lösen von 1 T. Zellulose in 4 Tn. Essigsäureanhydrid, 4 Tn. Eisessig und 0,1 T. Schwefelsäure bei Zimmertemperatur nach dem Verfahren der Patentschrift 159 524 hergestellte Lösung von Acetylzellulose wird, solange sie sich noch in einem gleichmäßig dickflüssigen Zustande befindet, die zur Abstumpfung der Schwefelsäure erforderliche Menge, z. B. 0,2 Te. fein gepulvertes Ammoniumnitrat, in kleinen Teilmengen unter gutem Umrühren und u. U. gelindem Erwärmen eingetragen. Die Lösung wird nötigenfalls filtriert und kann dann ohne Waschen und Umlösen der Acetylzellulose unmittelbar auf Fäden, Films und Zelluloidmassen verarbeitet werden.

Patentanspruch: Weitere Ausbildung des durch das Patent 196 730 geschützten Verfahrens, dadurch gekennzeichnet, daß zur Beseitigung der schädlichen Säurenachwirkung Salze der Salpetersäure angewandt werden.

443. Knoll & Co. in Ludwigshafen a. Rh. Verfahren zur Behandlung geformter Acetylzellulose zum Zwecke der Erhöhung der Elastizität und der Aufnahmefähigkeit für Farbstoffe.
D.R.P. 234 028 Kl. 29 b vom 21. II. 1908 (gelöscht); brit. P. 7743[1909]; Ver. St. Amer. P. 981 574 (Knoevenagel).

Das Patent 199 559[1]) schützt das Verfahren, Acetylzellulose und daraus hergestellte Gegenstände, wie z. B. Kunstfäden, in wässerigen

---
[1]) Siehe S. 649.

Lösungen leicht und satt dadurch zu färben, daß die Acetylzellulose mit organischen Stoffen und insbesondere mit deren Lösungen in Wasser vorbehandelt und dann nach dem Abpressen oder Waschen mit Wasser in wässerigen Lösungen in bekannter Weise gefärbt wird.

Es wurde nun gefunden, daß durch Behandlung geformter Acetylzellulose mit Lösungen anorganischer Säuren eine ähnliche Oberflächenveränderung wie durch Gemenge organischer Stoffe und deren Lösungen in Wasser hervorgerufen wird, die sich durch besonders starke Quellung zu erkennen gibt. Mit dieser Quellung geht eine besonders starke Erhöhung des Absorptionsvermögens für Farbstoffe beim Färben nach bekannten Verfahren Hand in Hand. Auch wird in gleicher Weise das Aufnahmevermögen von Aminen und Phenolen erhöht, die dann auf der Faser nach bekannten Verfahren in Farbstoffe übergeführt werden können, oder die selbst schon Farbstoffe sind und auf der Faser nach bekannten Verfahren vertieft werden können. Zugleich wird durch diese Behandlung der Acetylzellulose mit Lösungen anorganischer Säuren die Elastizität der Acetylzellulose ganz wesentlich erhöht, obwohl keine nennenswerte hydrolytische Spaltung bei so behandelter Acetylzellulose nachzuweisen ist. Die Eigenschaft der Acetylzellulose, leicht und satt angefärbt zu werden, bleibt nach dieser Behandlung mit Lösungen anorganischer Säuren selbst dann vollständig erhalten, wenn die Lösungen anorganischer Säuren durch Auswaschen, z. B. mit Wasser, völlig wieder entfernt werden. Die erhöhte Färbbarkeit geht aber wieder verloren, wenn man die so behandelte Acetylzellulose auftrocknen läßt, ein Zeichen, daß es sich bei den mit Lösungen anorganischer Säuren behandelten Produkten um Acetylzellulose und nicht um Verseifungsprodukte der Acetylzellulose handelt. Die erhöhte Elastizität bleibt aber selbst nach dem Auftrocknen vollständig erhalten.

Beispielsweise läßt man Fäden oder Films aus Acetylzellulose in konz. wässeriger Salzsäure oder einer anderen ähnlich wirkenden Säure von passender Konzentration etwa fünf Minuten quellen. Wird die Acetylzellulose alsdann mit Wasser gewaschen, so hat sie auch nach dem Auftrocknen vorzügliche Elastizitätseigenschaften und kann nach dem Waschen, bevor sie aufgetrocknet ist, mit Farbstoffen besonders leicht und satt in wässerigen Lösungen gefärbt werden. Z. B. wird Methylenblau so reichlich absorbiert, daß nahezu schwarze Farbtöne erzielt werden, was nach dem Verfahren gemäß Patent 199 559 nicht in demselben Maße erreicht wird. Auch Amine und Phenole, z. B. Anilin und β-Naphthol, werden nach solcher Quellung von Acetylzellulose viel leichter und reichlicher, z. B. aus verdünnten wässerigen Lösungen aufgenommen, als das nach dem Verfahren des Patentes 198 008[1]) der Fall ist, so daß auch hier gegenüber dem Patent 198 008 durch die Behandlung der Acetylzellulose mit wässerigen anorganischen Säuren nach im übrigen bekannten Verfahren sattere Farbtöne auf der Faser erzeugt werden können.

---

[1]) Siehe S. 649.

Patentanspruch: Verfahren zur Behandlung geformter Acetylzellulose zum Zwecke der Erhöhung der Elastizität und der Aufnahmefähigkeit für Farbstoffe, darin bestehend, daß geformte Acetylzellulose mit Lösungen anorganischer Säuren behandelt wird.

444. Knoll & Co. in Ludwigshafen a. Rh. Verfahren zur Herstellung nicht brüchig werdender geformter Massen, Films, Tülle u. dgl. aus Acetylzellulose.

D.R.P. 255 704 Kl. 39b vom 13. IX. 1911 (gelöscht).

Das Verfahren ergibt sich mit hinreichender Deutlichkeit aus den Patentansprüchen: 1. Verfahren zur Herstellung nicht brüchig werdender geformter Massen, Films, Tülle u. dgl. aus Acetylzellulose, dadurch gekennzeichnet, daß den Lösungen aus Acetylzellulose kurz vor der Verarbeitung auf die geformten Gegenstände mit oder ohne Beimischung von Füllstoffen wie Kollodiumwolle Salze zugesetzt werden, deren Menge 15% der in Lösung befindlichen Acetylzellulose übersteigt.

2. Ausführungsform nach Anspruch 1, dadurch gekennzeichnet, daß die nach dem dort angegebenen Verfahren hergestellten Produkte lange Zeit hindurch mäßiger Temperatur zwecks langsamer Verdunstung der Essigsäure ausgesetzt und erst dann mit Wasser oder anderen Auswaschbädern in Berührung gebracht werden.

445. Knoll & Co. in Ludwigshafen a. Rh. Verfahren zur Herstellung von Gebilden aus Acidylzellulosen.

D.R.P. 274 260 Kl. 29b vom 18. VII. 1912.

Lösungen von Acidylzellulosen in mit Wasser mischbaren Lösungsmitteln werden zur Herstellung von Fäden, Häuten, Überzügen, Tüllen usw. nach dem vorliegenden Verfahren mit Fällbädern aus konzentrierten wässerigen Salzlösungen behandelt. Zu Fällbädern sind bei Acidylzellulosen für die genannten Zwecke bisher Wasser oder mit Lösungsmitteln für Acidylzellulosen mischbare organische Flüssigkeiten benutzt worden, in denen die Acidylzellulosen unlöslich sind.

Es wurde gefunden, daß die mit starken Salzlösungen gefällten Gebilde besonders gleichmäßig koagulieren und leicht auswaschbar sind sowie starken Glanz, große Klarheit, hohe Elastizität und außerordentliche Festigkeit besitzen und sich ihrer Gleichmäßigkeit halber gut färben lassen, während beim Ausfällen in reines Wasser, wie solches nach der Patentschrift 237 599[1]) bekannt ist, nur ein viel weniger festes und klares Fadengebilde zu erzielen ist. Die Benutzung von Salzen zur besseren Ausfällung der Acidylzelluloselösung ist zwar aus der französischen Patentschrift 426 436[2]) bekannt, doch werden dort die Salze zu den Lösungen der Acidylzellulose zugesetzt, und es können, wie es dort heißt, auch der Koagulierungsflüssigkeit Salze zugesetzt werden. Es wird jedoch in diesen Salzlösungen nicht annähernd der Effekt erzielt, den man durch die direkte Verwendung von fast gesättigten

---
[1]) Siehe S. 406.
[2]) Siehe S. 418.

Salzlösungen erreicht. Erst bei sehr hoher Konzentration der Lösung tritt, und das ist das Wesen der vorliegenden Erfindung, eine gleichmäßige, durch den Faden hindurchgehende Koagulierung auf, was nicht zu erwarten und auch bisher nicht bekannt war.

Das Verfahren kann insbesondere mit den in direktem Acidylierungsverfahren von Zellulosen gewonnenen primären Eisessig- oder Ameisensäurelösungen ausgeführt werden. Dazu geeignete Lösungen können aber auch durch Auflösen fertiger Acidylzellulosen in den genannten oder anderen geeigneten Lösungsmitteln hergestellt sein. Die Konzentration der fällenden Salzbäder und ihre Temperatur können in gewissen Grenzen abgeändert werden.

Um Fäden herzustellen, preßt man beispielsweise eine primäre Acetylzelluloselösung, die im wesentlichen Eisessig als Lösungsmittel enthält, in ein Fällbad, das für die Wiedergewinnung der Essigsäure vorteilhaft aus konzentrierter wässeriger Natriumacetatlösung besteht. Nach dem Durchlaufen des Bades können die Fäden direkt aufgehaspelt und ausgewaschen werden. Auch kann das Fällen, Auswaschen und Trocknen des Fadens in einem Gange hintereinander vorgenommen werden, so daß gleich der fertige, trockene Faden aufgehaspelt wird. An Stelle des Natriumacetats können konzentrierte Lösungen anderer Acetate, wie Kalziumacetat, Ammoniumacetat usw., oder auch geeignete Salze anderer Säuren verwandt werden. Arbeitet man mit Lösungen von Acidylzellulosen in Ameisensäure, so bedient man sich zum Zwecke der Wiedernutzbarmachung der Ameisensäure mit Vorteil der Formiatsalzlösungen als Fällbäder.

Das Verfahren hat den besonderen Vorteil, daß beim Verarbeiten von beispielsweise Essigsäure- oder Ameisensäurelösungen der Acetylzellulose die Säuren unter Vermeidung einer wesentlichen Verdünnung, durch einfache Zugabe von geeigneten Salzen oder Basen zu den gebrauchten Fällflüssigkeiten, als essig- oder ameisensaure Salze wiedergewonnen werden können.

Patentanspruch: Verfahren zur Herstellung von Gebilden aus Acidylzellulosen, dadurch gekennzeichnet, daß Lösungen von Acidylzellulosen durch konzentrierte Lösungen von Salzen gefällt werden.

446. Knoll & Co. in Ludwigshafen a. Rh. Verfahren zum Erzielen haltbarer weißer Färbung an aus primärer Acetylzelluloselösung ausgefällten Gebilden.

D.R.P. 276 013 Kl. 29b vom 14. XI. 1912 (gelöscht).

Es ist noch nicht gelungen, brauchbare Gebilde aus primärer essigsaurer Acetylzelluloselösung in haltbarer weißer Färbung herzustellen. Es wurde nun gefunden, daß man dieses Ziel dadurch erreichen kann, daß man der primären Acetylzelluloselösung geeignete aromatische Säuren, Säureester, Äther oder deren Gemenge zusetzt, die weder Lösungsmittel für Acetylzellulose sind, noch auf primäre Acetylzelluloselösung zersetzend einwirken, diese Mischung kurze Zeit erwärmt, bis sie völlig klar ist, und die daraus in bekannter Weise durch Fällung mit

Wasser, wässerigen Salzlösungen oder anderen Fällungsmitteln hergestellten Gebilde, z. B. Fäden, Folien, Flaschenkappen usw., auswäscht. Beim Auswaschen nimmt die Acetylzellulose eine gleichmäßige und dauernde, auch nach dem Auftrocknen haltbare Weißfärbung an. Werden den Lösungen Farbstoffe zugesetzt oder die ausgefällten weißen Gebilde in gequollenem Zustande mit Farbbädern behandelt, so erzielt man undurchsichtige, farbige Gebilde. Durch Zusatz geeigneter Mittel zum Geschmeidigmachen läßt sich die Elastizität der Acetylzellulosegebilde beliebig beeinflussen.

Man verfährt z. B. in folgender Weise, die aber abgeändert werden kann: Primäre Acetylzelluloselösung, z. B. bereitet nach dem Verfahren der Patentschrift 203 178 Kl. 12°, wird mit 3—10% benzoesaurem β-Naphthol (Benzonaphthol), 1—5% weinsaurem Äthyl und 0,5—5% Ölsäure versetzt und unter häufigem Umrühren $1/4$—$1/2$ Stunde mäßig erwärmt, bis die Mischung völlig klar ist. Aus dieser Mischung stellt man dann die gewünschten Gebilde usw. her, die in bekannter Weise entsäuert werden und dabei die Weißfärbung annehmen.

Gleiche Ergebnisse erhält man, wenn an Stelle von Benzonaphthol aromatische Säuren, Säureester, Äther oder deren Gemenge, z. B. Benzoesäureäthyl-, -methyl- oder -propylester, Phthalsäure, Anisol oder Benzylchlorid usw. in etwa gleichen Mengen zugesetzt werden. Statt die betreffenden Säuren, Ester oder Äther der fertigen primären Acetylierungslösung zuzusetzen, kann man sie auch dem Acetylierungsgemisch einverleiben und sie den Acetylierungsprozeß mit durchmachen lassen.

Patentansprüche: 1. Verfahren zum Erzielen haltbarer weißer Färbung an aus primärer Acetylzelluloselösung ausgefällten Gebilden, dadurch gekennzeichnet, daß man der primären Acetylzelluloselösung vor der Verarbeitung auf diese Gebilde geeignete aromatische Säuren, Ester oder Äther zusetzt.

2. Abänderung des Anspruchs 1, dadurch gekennzeichnet, daß man die aromatischen Säuren, Ester oder Äther vor der Acetylierung der Zellulose dem Acetylierungsgemisch zusetzt.

3. Herstellung von undurchsichtigen, farbigen Gebilden durch Verwendung von Farbstoffen bei den unter 1 und 2 gekennzeichneten Verfahren.

447. Knoll & Co. in Ludwigshafen a. Rh. Verfahren zum Unlöslichmachen von Acetylzellulosen in Essigsäure, Chloroform und anderen Lösungsmitteln.

Österr. P. 64 085.

Es wurde gefunden, daß die nach bekannten Acetylierungsverfahren unter Anwendung der verschiedensten Katalysatoren wie Schwefelsäure, Neutralsalze, Bisulfate, organische Sulfosäuren, Sulfinsäuren usw. zunächst gebildeten, in Essigsäure, Chloroform, Aceton usw. löslichen Acetylzellulosen bei längerer Berührung mit diesen Katalysatoren je nach der Art und Anwendungsweise des Katalysators und nach Menge und Temperaturen mehr oder weniger rasch in Acetylzellulosen verwandelt werden, welche sich durch Unlöslichkeit in Chloroform und Essigsäure auszeichnen. Es können fertige feste Acetylzellulosen, z. B. Fäden, Films u. dgl. mit Benzol, wenig Sulfoessigsäure und einem Lösungsmittel für Sulfoessigsäure, z. B. Essigsäureanhydrid oder Essigsäure übergossen und so lange damit in Berührung gelassen werden, bis entnommene Proben die gewünschte Unlöslichkeit zeigen. Die Überführung in die unlösliche Form kommt hier einer Härtung gleich, welche die Gebilde für Lösungsmittel und auch für chemische Prozesse weniger angreifbar macht.

448. Knoll & Co., Chemische Fabrik in Ludwigshafen a. Rh. Verfahren zur Herstellung von Acetylzellulosefäden.

D.R.P. 286 173 Kl. 29 b vom 10. X. 1912 (gelöscht).

Bei der kontinuierlichen Herstellung von Kunstseidefäden aus Acetylzellulose, besonders solcher aus ihren primären Lösungen, verfährt man meist in der Weise, daß man das aus der Fällflüssigkeit austretende Fadenbündel nach genügender Auswaschung über eine Trockenwalze oder Rinne laufen läßt und direkt aufhaspelt. Der so erhaltene Faden läßt sich zwecks weiterer Verzwirnung jedoch äußerst schwer von der Aufwickelspule abarbeiten, da die getrockneten Acetylzellulosefäden stark elektrisch sind und sich daher beim Abzwirnen ballonartig auseinanderspreizen, wodurch sie zu stetem Fadenbruche Veranlassung geben. Durch einfaches Benetzen der Walze ist diesem Übelstande jedoch nicht beizukommen, und auch ein nochmaliges Befeuchten des von der Trockenwalze oder Rinne kommenden Fadens genügt schon deshalb nicht, weil der aufgetrocknete Faden schwer genetzt wird. Außerdem würden bei den Fäden stets die inneren Schichten auf der Spule oder dem Haspel eine größere Feuchtigkeit aufweisen als die äußeren Schichten, wodurch zu Unterschieden in der Zwirnung, infolge des verschiedenen Gewichts der Fäden, Veranlassung gegeben würde.

Es wurde nun gefunden, daß dieser Übelstand sich beseitigen läßt, wenn man die Fäden nach dem Auswaschen, vor oder nach der Trocknung, durch ein Seifenbad oder ein Bad von wasserlöslichem Öl laufen läßt, wobei natürlich im ersteren Falle die Konzentration der Bäder weit geringer zu sein braucht als im letzteren Falle.

Durch Anwendung dieser Bäder werden die einzelnen Fäden lose zusammengeklebt und der Gesamtfaden läßt sich bei der Zwirnung glatt von der Walze oder dem Haspel abheben. Die Verwendung von Seifen- oder Ölbädern in der Textilindustrie ist bekannt, doch ist die Anwendung solcher Bäder zu dem vorliegenden besonderen Zwecke des Unwirksammachens der Elektrizität der Fäden neu, käme auch nur bei Fäden aus Nitrozellulose, solange solche noch aus Nitrozellulose bestehen, in Frage. Diese Fäden können jedoch wegen ihrer Feuergefährlichkeit nicht in einem Gange aufgehaspelt und getrocknet werden, wie es bei der Acetylzellulose möglich ist.

Patentanspruch: Verfahren zur Herstellung von Acetylzellulosefäden, dadurch gekennzeichnet, daß die in einem Gange ausgefällten, gewaschenen, getrockneten und aufgehaspelten Fäden, vor oder nach Passieren der Trockenwalze oder Rinne, durch ein Bad von Seife oder wasserlöslichem Öl geführt werden.

Nach Vereinigte Glanzstoff-Fabriken A.-G.

449. Vereinigte Glanzstoff-Fabriken A.-G. in Elberfeld. Verbessertes Verfahren zur Verwendung der Abfälle der Kunstseideherstellung aus allen Arten von Zellulose.

Brit. P. 15 700^{1910}; franz. P. 420 856; österr. P. 49 177.

Es wurde gefunden, daß die Zellulosehydrate, die bei der Herstellung denitrierter Zellulosefäden, Fäden aus Kupferoxydammoniakzelluloselösung und aus Viskose als Abfälle sich ergeben und in großen Mengen und zu billigen Preisen zu haben sind, sich zur Herstellung von Formylzellulose gut eignen. Man braucht sie nur in Ameisensäure von 95—100% einzutragen und leicht zu erwärmen, um direkt auf die einfachste und billigste Weise eine Lösung von Formylzellulose zu erhalten, die direkt zur Herstellung von Fäden, Films usw. dienen kann. Es ist wesentlich, bei welcher Temperatur die Lösung hergestellt wird. Sie tritt ein bei gewöhnlicher Temperatur und wird beschleunigt durch Erhitzen auf 40—50° C. Bei noch höherer Temperatur tritt sie noch schneller ein, doch sind die Lösungen dünn, wahrscheinlich infolge weiterer Hydrolyse der Zellulosehydrate und Bildung höher hydratisierter Zelluloseformiate. Zweckmäßig werden 6%ige Lösungen bei etwa 25° C hergestellt, aus der klaren Lösung wird die überschüssige Ameisensäure bei mäßiger Wärme unter Benutzung des Vakuums abdestilliert, bis die gewünschte Konsistenz erreicht ist. Bei diesen Verfahren können Farbstoffe oder Stoffe, die die Biegsamkeit, Plastizität usw. erhöhen, zugesetzt werden.

Vgl. hierzu auch das österr. Zusatzpatent 60 447 und Nr. 500, S. 462.

Nach Dreyfus und Schneeberger.

450. H. Dreyfus und L. Schneeberger. Verfahren zur Herstellung künstlicher Seide.

Franz. P. 413 787.

Das Patent betrifft die Weiterverarbeitung der nach dem französischen Patent 413 671 durch Einwirkung von Chloriden oder Anhydriden von Fettsäuren auf Zellulose, Oxyzellulose, Hydrozellulose usw. in Gegenwart von Bleikammerkristallen erhältlichen Zellulosederivate in der Weise, daß man die nach dem genannten Patent erhaltenen viskosen Lösungen oder saure oder neutrale Lösungen der genannten Zellulosederivate durch geeignete kapillare Öffnungen in die Luft oder in heiße Räume oder in Fällflüssigkeiten wie Wasser oder Petroleumdestillate austreten läßt.

Nach Dreyfus.

451. Dr. H. Dreyfus in Basel. Verfahren zur Herstellung von künstlicher Seide u. a. m.

Brit. P. 20 979[1911].

In der britischen Patentschrift 20 977[1911] ist die Herstellung von Zelluloseacetaten beschrieben, von denen einige vor anderen dadurch ausgezeichnet sind, daß sie in verdünntem Alkohol löslich sind und beim Abkühlen glasartig durchsichtige Massen ergeben. Diese Produkte sind sehr geeignet zur Herstellung der oben genannten Stoffe. Es werden z. B. 100 Te. in Alkohol-Benzol und ebenso in verdünntem Alkohol löslicher Acetylzellulose in 500 Tn. Alkohol von etwa 75% gelöst und die Lösung wird mit $1/2$—3% Rizinusöl oder anderen Zusätzen versetzt. Durch Austretenlassen der Lösungen durch kapillare Öffnungen oder Öffnungen von beliebiger Form können künstliche Seide, künstliches Roßhaar, Bänder usw. erzeugt werden. Durch Zusatz von Füllmitteln oder Farbstoffen können die verschiedensten Effekte erzielt werden.

Nach Wohl.

452. A. Wohl. Herstellung von Lösungen von Zelluloseestern.

Franz. P. 425 900; brit. P. 3139[1911].

Als Lösungsmittel für Acetylzellulosen und andere Zelluloseester werden Ameisensäuremethyl- und -äthylester und Essigsäuremethylester vorgeschlagen, auch in Mischung mit Methyl- oder Äthylalkohol und anderen Lösungsmitteln. Das D.R.P. 246 651 Kl. 29b vom 13. III. 1910 (gelöscht) und das österr. P. 53 099 desselben Erfinders beziehen sich auf Ameisensäuremethylester.

Vgl. noch das Ver. St. Amer. P. 972 464 von H. S. Mork und der Chemical Products Comp. Boston.

Nach Chemische Fabrik von Heyden Akt.-Ges.

453. Chemische Fabrik von Heyden A.-G. Neues Verfahren zur Herstellung künstlicher Seide aus Fettsäureestern der Zellulose.

Franz. P. 426 436; brit. P. 3973[1911]; schweiz. P. 55 344; österr. P. 54 574.

Eine rasche Koagulierung der aus Lösungen von Zellulosefettsäureestern gebildeten Fäden wird dadurch erzielt, daß den Lösungen bereits Fällungsmittel zugesetzt werden. Als solche Fällungsmittel sind verwendbar Wasser, wässerige Lösungen von Basen und Salzen, Alkohole, verdünnte organische und anorganische Säuren, Kohlenwasserstoffe und ihre Halogenderivate u. a. m. Wird z. B. eine Lösung von Acidylzellulose in Essigsäure oder Ameisensäure verwendet, so versetzt man diese Lösung mit Wasser. Sind als Lösungsmittel Chloroform, Aceton u. dgl. benutzt, so setzt man z. B. Alkohol oder Tetrachlorkohlenstoff zu. Die besten Resultate gibt eine Acidylzellulose, die niedriger acidyliert ist, als einer Triacidylzellulose entspricht. So liefert die Acetylzellulose mit 55—59% Essigsäure bessere Fäden als die Triacetylzellulose mit 62% Essigsäure.

Nach Dammann.

454. Ernst Dammann in Berlin-Tempelhof. Verfahren zur Herstellung von Kunstseide, künstlichen Fäden oder Films aus primären Lösungen der Acetatzellulose.

D.R.P. 287 073 Kl. 29 b vom 12. VI. 1913; brit. P. 13 872[1914], franz. P. 473 126.

Die Herstellung von Kunstseide aus Acetatzellulose auf nassem Wege geschah bisher dadurch, daß man primäre Acetatzelluloselösungen durch Kapillaren in Wasser spritzte; auf diese Weise konnten jedoch noch keine brauchbaren Fäden erzielt werden. Man hat ferner wässerige Lösungen von Basen als Mittel vorgeschlagen, die Fällung und die Fadenbildung zu verbessern, indem man diese alkalischen Lösungen entweder der Zelluloseacetatlösung hinzufügte oder als Fällbad verwendete. Dabei legte man besonderen Wert darauf, nur solche Basen zu verwenden, die auf das Zelluloseacetat nicht verseifend einwirken. Man wollte also nur eine Neutralisation des Lösungsmittels herbeiführen[1]). Ein technischer Erfolg wurde auf diese Weise noch nicht erzielt.

Die vorliegende Erfindung geht von dem Gedanken aus, daß man nicht nur das Lösungsmittel beseitigen, sondern daß man zur Fadenbildung gerade die verseifende Wirkung der Laugen benutzen soll. Es hat sich nämlich herausgestellt, daß die Verseifung beim Spinnen nur an der Oberfläche der gebildeten Fäden einsetzt, daß sie jedoch nicht bis in das Innere der Fäden vordringt, denn die aufgewickelten Fäden zeigen noch stark saure Reaktion. Um eine nur oberflächlich verseifende Wirkung und somit klare Fäden aus Acetatzellulose zu erhalten, ist Natronlauge oder konzentrierte Natronlauge wegen ihres allzu starken basischen Charakters offenbar nicht geeignet. Wenn man aber die Lauge mit Kochsalz sättigt, so entstehen glänzende, seidenartige Fäden. Man nimmt z. B. eine Lösung mit 20% gewöhnlichem Salz und 5% Ätznatron. Sinngemäß kann man natürlich auch Laugen verwenden, die mit anderen Salzen gesättigt sind, z. B. Natronlaugen mit Natriumacetat, Ammoniak mit Ammoniumacetat und ähnliche Kombinationen von Salz und Laugen. Wesentlich ist dabei, daß man die Bäder so zusammensetzt, daß man neben die aussalzende Wirkung durch die Salze eine verseifende durch die Lauge setzt.

Patentanspruch: Verfahren zur Herstellung von Kunstseide, künstlichen Fäden oder Films aus primären Lösungen der Acetatzellulose, dadurch gekennzeichnet, daß man diese aus entsprechend geformten Öffnungen in ein Bad treten läßt, welches aus einer mit Salz gesättigten Natronlauge besteht.

---

[1]) Franz. P. 426 436 (siehe vorstehend).

Nach Vieweg.

455. W. Vieweg. Verfahren zur Herstellung künstlicher Seide aus Lösungen von Zelluloseacetat.

Franz. P. 474 163.

Zelluloseacetatfäden können rasch koaguliert werden durch Verwendung konzentrierter wässeriger Alkalilösungen, wie 25%iger Ammoniaklösung oder 20%iger Ätznatronlösung als Fällmittel. Das Zelluloseacetat wird nicht zerstört, man kann rascher spinnen. Die Fäden können durch Zusatz von Dextrose, Äthylalkohol, Glyzerin, Aldehyden und besonders 10% Rohrzucker zu den Koagulierungsbädern glänzender und durchscheinender gemacht werden.

Nach Lilienfeld.

456. Dr. Leon Lilienfeld, Wien. Verbesserte Herstellung künstlicher Fäden.

Brit. P. 6387^{1913}; österr. P. 73 001; franz. P. 459 972.

Zelluloseäther, d. h. Zellulosederivate, in denen eine oder mehrere Hydroxylgruppen des Zellulosemoleküls durch Alkoholradikale ersetzt sind, werden für sich oder unter Zusatz von weichmachenden Mitteln, Farbstoffen, Füllstoffen, organischen oder anorganischen Pigmenten auf Kunstfäden verarbeitet. Man löst die Äther z. B. in Benzol, Alkohol, Alkohol-Benzol od. dgl. mit oder ohne Zusatz anderer Zellulosederivate, wie Nitrozellulose, Acetylzellulose, Formylzellulose od. dgl., und mit oder ohne ein weichmachendes Mittel, wie Öl, Fett, Phenolphosphorsäureester od. dgl. und bringt die Mischung durch Austretenlassen durch feine Öffnungen in Fäden.

Nach Beatty.

457. Wallace Appleton Beatty in New-York. Künstlicher Faden und andere Produkte.

Ver. St. Amer. P. 1 156 969.

Er wird hergestellt aus einem Gemisch von z. B. 25 Tn. Dioxydimethyldiphenylmethan und 25 Tn. Zelluloseacetat, die in vorzugsweise Aceton zu der geeigneten Konsistenz gelöst werden. Die Lösung wird durch die üblichen kapillaren Öffnungen in eine geeignete Flüssigkeit gepreßt, in der die Fäden nicht löslich sind, z. B. in Benzol. Die erhaltenen Fäden sind fest, transparent und biegsam, unlöslich in Wasser, sehr widerstandsfähig gegen Feuchtigkeit und nicht entzündlich, sie brennen nur, wenn man sie dauernd in die Flamme hält. Die Fäden können zu dickeren Fäden vereinigt werden, sie können aber auch bei genügender Stärke für sich verwendet werden.

Über die Herstellung von Acidylzellulosen und ihre Verwendung s. die Zusammenstellungen von E. J. Fischer, Kunststoffe 1912, S. 48—52 und 64—69 und 1914, S. 102—105 und 123—126.

c) Die Herstellung künstlicher Seide aus Stoffen tierischen Ursprungs, Eiweißkörpern, den Bestandteilen natürlicher Seide u. dgl., Pflanzenschleimen und Kunstharzen.

Von geringerer technischer Bedeutung als die bisher geschilderten Verfahren, welche künstliche Seide aus Zellulose und Zellulosederivaten herstellen, sind die Verfahren, welche Ausgangsstoffe tierischen Ursprungs oder Pflanzenschleime verwenden. In größerem Maßstabe hergestellt ist wohl nur die Gelatineseide von A. Millar (s. unten), welche als Vandura- oder Vanduara-Seide von einer englischen Gesellschaft in den Handel gebracht wurde, trotz ihres niedrigen Preises die Zelluloseseiden aber nicht verdrängen konnte, weil sie, besonders in feuchtem Zustande, nur geringe Festigkeit besaß.

Die in Betracht kommenden Verfahren sind die folgenden:

Nach Millar.

458. Adam Millar in Glasgow. Herstellung von für Textilzwecke geeigneten und in Wasser unlöslichen Fäden und Gespinsten aus Gelatine.

D.R.P. 88 225 Kl. 29 vom 11. VII. 1895 (gelöscht); franz. P. 248 830; brit. P. 15 522[1894]; Ver. St. Amer. P. 611 814; schweiz. P. 12 728.

Gelatine im chemischen Sinne, d. h. tierischer Leim, Hausenblase oder auch Handelsgelatine od. dgl., wird in heißem Wasser aufgelöst und durch Zusatz von Kaliumbichromat oder ähnlich wirkenden Chemikalien derartig präpariert, daß die Leimsubstanz, wenn sie getrocknet und evtl. dem Lichte ausgesetzt ist, ihre Löslichkeit in Wasser verliert. Die obige Lösung wird, nachdem sie zur erforderlichen Konsistenz eingedampft ist, in heißem Zustande in ein Gefäß gebracht, dessen Boden mit einer Anzahl feiner, warzenförmiger Öffnungen ausgestattet ist, aus welchen die Gelatinemasse unter dem erforderlichen Druck in Form der gewünschten Fäden herausgepreßt wird.

In Fig. 186 und 187 ist in zwei rechtwinklig gegeneinander gerichteten Schnitten ein zum Ausziehen der Gelatinemasse geeigneter Apparat schematisch veranschaulicht. Zur Aufnahme der präparierten Leimmasse dient das zylindrische Gefäß A, welches am Boden mit einer Anzahl feiner Röhrchen B versehen ist, je mit einem Absperrhahn B_1 und einer verlängerten Mündung mit sehr feiner Ausflußöffnung. Nach oben ist das Gefäß A luftdicht mit einem Deckel oder einer Haube C mit zwei Hahnstutzen $C_1 C_2$ verschlossen, während das Gefäß außen mit einem ebenfalls zylindrischen Mantel D mit einem Zuflußrohr D_1 und einem Abflußrohr D_2 umgeben ist. Die dünn auslaufenden Mündungsenden der Rohre B sind durch ein zylindrisches, geschlossenes Gefäß E hindurchgeführt, so daß die Enden der Rohre durch die untere Gefäßwand hindurchreichen. An seinen beiden Enden ist der Zylinder E mit einem Einlaßhahn E_1 und einem Auslaßhahn E_2 versehen.

Die Füllung des Gefäßes A mit präparierter Leimmasse geschieht durch den Hahn C_1, welcher darauf geschlossen wird, während die Masse durch einen Strom von heißem Wasser, welcher in dem äußeren Mantel D umläuft, im flüssigen Zustande erhalten wird. Dieser Heißwasserstrom ist in der Weise zu regeln, daß die Temperatur während der Dauer des Prozesses möglichst genau auf 93° C gehalten wird. Der Zylinder E, durch welchen die Mündungsenden der Rohre B hindurchgehen, wird ebenfalls von warmem Wasser durchflossen und durch Regeln des Ab- und Zuflusses auf 38° C erhalten, bei welcher Temperatur sich das Ausziehen der Gelatine in Fäden am besten vollziehen läßt. Bei der Tem-

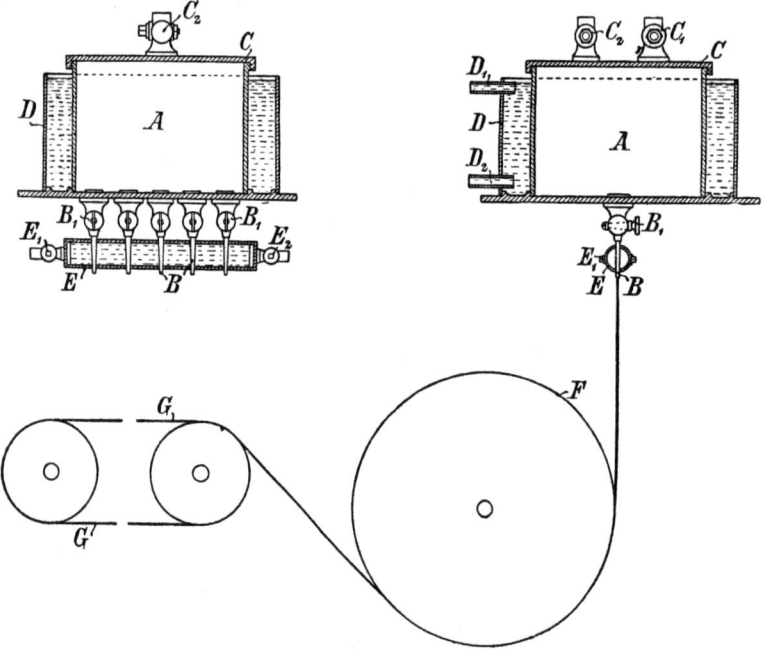

Fig. 186 u. 187.

peratur von 38° C ist die gehörig konzentrierte Leimmasse bereits zu steif, um ohne Druckanwendung aus den feinen Mündungen der Röhrchen B auszufließen. Es ist zu diesem Zwecke erforderlich, auf die flüssige Masse in dem Gefäß A einen entsprechenden Druck auszuüben, was am geeignetsten mittels komprimierter Luft zu bewerkstelligen ist. Durch den Druck dieser durch den Hahn C_2 eingeführten komprimierten Luft wird die Gelatinemasse mit einer Temperatur von 38° C, d. h. im erstarrenden Zustande, in Form feiner Fäden aus den unteren feinen Mündungen der Rohre B ausgetrieben. Diese Fäden können von einer Trommel F, deren Umdrehungsgeschwindigkeit entsprechend zu regeln ist, nach Bedürfnis zu noch größerer Feinheit ausgezogen werden und werden von dort auf einem endlosen Tuche G, welches sich in der gleichen Geschwindigkeit wie die Peripherie der Trommel F bewegt, weitergeführt. Am anderen Ende des Transportbandes G können die fertigen Fäden entweder einzeln abgehaspelt werden oder in der Art von Seidengarn zu mehreren in beliebiger Weise zusammengesponnen werden.

Am vorteilhaftesten ist es, die Chemikalien, welche dazu dienen, die Gelatine in Wasser unlöslich zu machen, wie Kaliumbichromat, Alaun, Chromalaun, Tannin, Gallussäure, Chromsäure, Wolframsäure sowie die Salze dieser Säuren, Formaldehyd u. dgl., der Gelatinemasse im erwärmten flüssigen Zustande, wie beschrieben, beizufügen, indessen können auch die fertigen Fäden aus Gelatine durch nachträgliche Behandlung mit den oben erwähnten Stoffen in Wasser unlöslich gemacht werden. Die Festigkeit und Steifigkeit der erzeugten Fäden kann nach Bedürfnis durch Zusatz entsprechender Mengen von Glyzerin, Rizinusöl od. dgl. zu der flüssigen Masse verändert werden, auch kann diese Masse durch Zusatz fein geriebener Farbstoffe oder flüssiger Farbextrakte nach Belieben gefärbt werden.

Patentanspruch: Die Herstellung von für Textilzwecke geeigneten und in Wasser unlöslichen Fäden und Gespinsten aus Gelatine durch Behandlung derselben mit doppelchromsaurem Kali oder ähnlich wirkenden Chemikalien.

459. Adam Millar in Glasgow. Verbesserungen in der Herstellung von Fäden für Textilzwecke.

Brit. P. 6700[1898]; schweiz. P. 18 042; Ver. St. Amer. P. 625 345.

Die Erfindung besteht in der Herstellung von Fäden für Textilzwecke aus Eieralbumin, Fibrin, der gelatinösen Stoffe aus Seepflanzen und aus anderen Proteinstoffen. Der betreffende Stoff, aus welchem der Faden gemacht werden soll, wird in ein Gefäß gebracht und durch ein Lösungsmittel, z. B. Wasser, flüssig oder durch Hitze plastisch gemacht. Wenn Kasein aus Milch angewendet wird, löst man es in Eisessig oder einem anderen passenden Lösungsmittel so auf, daß die Lösung etwa 50% Handelskasein enthält. Das Gefäß ist mit feinen Öffnungen versehen, durch die die Lösung oder die plastische Masse in dünnen Fäden austritt; diese flüssigen oder plastischen Fäden fallen auf ein endloses bewegtes Band von bedeutender Länge, auf welchem sie soweit getrocknet werden, daß sie abgenommen und auf einer Spule aufgewunden werden können. Um die Fäden in Wasser unlöslich zu machen, unterwirft man sie der Einwirkung von Formaldehyd oder von Kalialaun-, Chromalaun- oder Kaliumbichromatlösung, oder man behandelt sie nach einem der Verfahren, die zum Unlöslichmachen von Albumin oder Gelatine allbekannt sind und in der Photographie vielfach angewendet werden.

Die Erfindung besteht ferner darin, mit dem Albumin oder analogen Stoffen Metallverbindungen, besonders Verbindungen der Alkali- und Erdalkalimetalle, z. B. Kalziumphosphat und Aluminiumphosphat, zu vereinigen. Diese Metallsalze können auch — in Mengen von 5—20% —

mit Gelatine allein ohne Zusatz von Albumin oder anderen Proteinstoffen verwendet werden. Die aus den genannten Stoffen hergestellten Fäden sind in ihrer chemischen Zusammensetzung der Seide, Wolle, dem Haar und anderen unlöslichen tierischen Produkten ähnlich, sie sind biegsamer, elastischer und fester, als wenn sie aus Gelatine, Albumin oder analogen Stoffen ohne Zusatz der genannten Metallverbindungen hergestellt werden. So gibt z. B. 1 T. Aluminiumchlorid auf 300 Te. trockenes Albumin der daraus hergestellten Lösung größere Viskosität und dem daraus hergestellten Faden größere Festigkeit. Um den Albuminfaden wasserunlöslich zu machen, setzt man etwa 1% einer 40%igen Formaldehydlösung der Eiweißlösung zu oder man behandelt die fertigen Fäden mit Formaldehydlösung oder mit den Dämpfen von Formaldehyd. Zur Ausführung dieser Erfindung verfährt man wie in den Patenten 15 522[1894][1]) und 2713[1897][2]) angegeben. Wenn Kalialaun, Chromalaun oder Kaliumbichromat zum Unlöslichmachen der Fäden verwendet werden, so wendet man 5% der Lösung an (?). Die Fäden lassen sich nach den gebräuchlichen Verfahren färben[3]), oder der Farbstoff wird der flüssigen Masse zugesetzt, bevor die Fäden gebildet werden.

460. Adam Millar in Glasgow. Verfahren zur Herstellung von langen Fäden aus Seidenraupen.

D.R.P. 93 795 Kl. 29 vom 24. II. 1897 (gelöscht); brit. P. 2713[1897]; Ver. St. Amer. P. 594 888; schweiz. P. 13 972.

Ein wohlbekanntes Produkt wird von den Seidenraupen erhalten durch Verarbeitung der Weichteile dieser Insektenkörper bei einem bestimmten Lebensalter der Insekten zur Gewinnung der darin enthaltenen gelatinösen Masse. Letztere wird in Fäden ausgezogen und auf Pappen oder ähnliche Unterlagen aufgewickelt, wobei es sich herausgestellt hat, daß diese Fäden im trockenen Zustande sehr zähe und fest sind und im Gebrauch durch Wasser nicht angegriffen werden.

Den Gegenstand der vorliegenden Erfindung bildet ein Verfahren, diese Art von Fäden in größeren zusammenhängenden Längen zu gewinnen, so daß sie für viele Gebrauchszwecke geeigneter werden als die verhältnismäßig kurzen Fäden, welche nach den bekannten Verfahren hergestellt werden. Nach dem neuen Verfahren wird die gelatinöse, aus den Körpern der Seidenraupen gewonnene Masse unter entsprechendem Druck in ein Gefäß gebracht, welches mit feinen Auslaßöffnungen oder kleinen Rohransätzen versehen ist, aus denen die Masse in Fadenform austritt und auf ein oder mehrere Tücher oder Bänder ohne Ende gelangt, durch welche die Fäden in zusammenhängenden Längen ausgezogen und während der Bewegung genügend getrocknet werden, um in Docken oder Spulen aufgehaspelt werden zu können. Eine diesem Zwecke dienende Vorrichtung ist in Fig. 188 in Seitenansicht dargestellt.

---

[1]) Siehe S. 421.
[2]) Siehe nachstehend.
[3]) Nach Mitteilungen aus der Praxis ließ sich Vandura-Seide nur in der Masse färben. Die Fäden aus Eiweißstoffen würden demgegenüber einen Vorzug haben.

In einem am unteren Ende mit einem Auslaßhahn B versehenen Metallzylinder A bewegt sich mit einer Kolbenstange D ein Kolben C. Die Kolbenbewegung wird durch einen mit einem Gewicht F ausgestatteten Hebel E bewirkt; für das obere Ende der Kolbenstange ist eine Führung G vorgesehen. Um den Zylinder A befindet sich ein konzentrischer Außenmantel; der Raum zwischen diesem und dem Zylinder ist mit auf geeignete Temperatur erwärmtem Wasser angefüllt. Der Ablaßhahn B ist unten mit einem oder mehreren feinen, warzenähnlichen

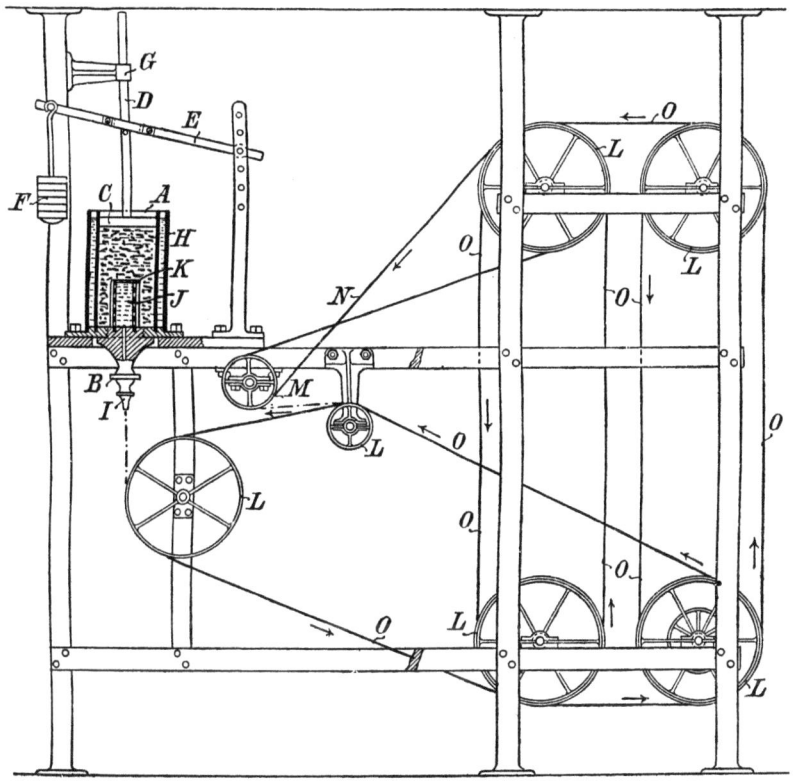

Fig. 188.

Rohransätzen I versehen. Außerdem befindet sich über dem Auslaßhahn B innerhalb des Zylinders A ein weiteres Rohrstück J, welches oben geschlossen und mit einer größeren Anzahl feiner Bohrungen in seinen zylindrischen Wandungen versehen ist. Um das Rohrstück J ist außen ein Stück feiner Gaze K herumgelegt und unten und oben mit Draht derartig fest verbunden, daß es eine Art Durchschlag bildet. Der Zylinder A wird mit der gelatinösen Masse der Seidenraupen gefüllt, welche zu diesem Zwecke getötet werden, wenn sie vollständig ausgewachsen sind und anfangen zu spinnen. Die aus den Raupen herausgenommenen, mit dem gelatinösen Stoff gefüllten Weichteile werden in zwei oder mehrere Stücke zerschnitten und so in den Zylinder gebracht. Nach genügender Füllung des Zylinders wird der Kolben C eingesetzt und durch den beschwerten Hebel E herabgedrückt. Wenn nun der Abflußhahn geöffnet ist, wird die flüssige Masse durch das Gazegewebe filtrieren, sich innerhalb des Rohrstückes J ansammeln und unten in Fadenform durch die feinen Rohrmündungen I austreten. Die Häutchen aus den Weichteilen sowie etwaige Fremdkörper sammeln sich auf dem Boden des Zylinders an. Die Gelatinefäden fallen oder werden in anderer Weise auf das Band ohne Ende O gebracht, welches von bedeutender Länge, vielleicht 60—70 m, und schraubenförmig über die Gruppen von Trommeln und Riemscheiben L gelegt ist, von denen die obere Reihe mittels eines Treibriemens von einer Dampfmaschine oder einem beliebigen anderen Motor ihren Antrieb erhält. Die anderen Reihen von Trommeln oder Riemscheiben werden durch das Band ohne Ende bewegt. Das endlose Band O ist auf seiner Oberseite mit Firnis oder einem ähnlichen Anstrich überzogen, derartig, daß die Gelatinefäden darauf nicht anhaften, sondern leicht davon abgehoben werden können, wenn das Band die sämtlichen Trommeln ziemlich durchlaufen hat. Der Raum, in welchem die Maschine arbeitet, ist auf einer Temperatur von etwa 27° C oder mehr zu erhalten, damit die Fäden genügend austrocknen, um sich gut von dem Band O ablösen und auf die kleine Trommel M aufspulen zu lassen. Diese Trommel M wird von einer der Trommelreihen, auf denen das endlose Band läuft, durch eine Schnur oder Riemen N angetrieben, und zwar mit einer dem Band O entsprechenden Geschwindigkeit. Um die oberflächlich getrockneten Gelatinefäden der Luft so lange als möglich auszusetzen, hat diese Spultrommel M auf ihrer Achse hin- und hergehende Bewegung, damit die Fäden in Schraubenwindungen darauf aufgewickelt werden. Wenn auf der Spultrommel eine genügende Fadenmenge aufgewickelt ist, wird sie herausgenommen und an ihrer Stelle eine neue eingesetzt. Die vollgespulten Rollen werden in einem wärmeren Raume vollständig getrocknet und darauf die Fäden in Strähnen oder Docken gebracht. Die mit der Gelatinemasse der Seidenraupen immer gemeinschaftlich vorhandene Gummisubstanz kann von den Fäden durch Einweichen oder Kochen in Seifenwasser oder eine andere zweckentsprechende Maßnahme entfernt werden.

Die nach dem beschriebenen Verfahren hergestellten Fäden können als Ersatz für Pferdehaare in der Fabrikation von Sieben, Haargeweben oder von Spitzen, Flechten, Tressen oder anderen Besatzarten sowie als Ersatz von Borsten in der Bürstenfabrikation Verwendung finden. Für andere Zwecke, bei denen die natürliche Steifigkeit und Elastizität der so hergestellten Fäden nachteilig sein würde, können die Fäden in einer ganz besonderen Feinheit hergestellt und durch Zusammenflechten oder Zusammenspinnen von mehreren, ein Faden von größerer Biegsamkeit hergestellt werden. Solche mehrfach zusammengesetzten Fäden können an Stelle von Leinen-, Baumwollen- und Seidengarnen für verschiedene

Textilzwecke Benutzung finden. Die Feinheit der in der beschriebenen Weise aus der Gelatinemasse gewonnenen Fäden ist abhängig von der Weise der Bohrungen der kleinen Ausflußröhrchen, von der Temperatur der Gelatinemasse in dem Zylinder und von der Geschwindigkeit der Bewegung des endlosen Bandes. In dem Zustande, in welchem der Gelatinefaden die Ausflußöffnung verläßt, ist er dehnbar genug, um äußerst dünn ausgezogen werden zu können, bevor er auf das Transportband gelangt.

Patentanspruch: Verfahren zur Herstellung von seidenen Fäden in großen Längen durch Verarbeitung von Seidenraupen oder der aus ihren Weichteilen gewonnenen gelatinösen Substanz unter Druck in einem geschlossenen Gefäß mit entsprechend feinen Auslaßöffnungen, aus denen die Masse, in Gestalt von Fäden heraustretend, über Trockenbänder oder Rollen weitergeführt und am Ende auf Spulrollen aufgewickelt wird.

Nach Mugnier.

461. Joseph Mugnier in Lyon. Verfahren zur Herstellung von tüllartigen Geweben.

D.R.P. 148587 Kl. 29b vom 11. V. 1901 (gelöscht); brit. P. 9482[1901].

Die bekannten Verfahren zur Gewinnung von Fäden aus den gallerthaltigen Stoffen pflanzlichen Ursprungs hatten den Nachteil, daß die aus solchen Fäden hergestellten Tüllgewebe unter dem Einflusse der Luftfeuchtigkeit weich wurden und zusammenfielen. Außerdem waren die nach dem bekannten Verfahren hergestellten Fäden und Gewebe von geringer Festigkeit und Geschmeidigkeit.

Durch das vorliegende Verfahren werden diese Nachteile beseitigt. Das wird dadurch erreicht, daß mit der aus den verschiedenen geeigneten Pflanzen gewonnenen Gallerte entsprechende Mengen Gluten, Glyzerin und Borax vereinigt oder ihr zugesetzt werden, worauf die Gallertmassen versponnen und zum Gewebe verarbeitet werden. Die in den Fäden des fertigen Gewebes etwa noch zurückgebliebenen, in Wasser löslichen Bestandteile sowie die bekannten Zusätze (Gluten, Glyzerin, Borax, Gelatine usw.) werden dann noch durch eine entsprechende Behandlung in kaltem Wasser entfernt, so daß die getrockneten Gewebe zwar nicht gewaschen werden dürfen, aber gegen Luftfeuchtigkeit widerstandsfähig sind. Insbesondere eignet sich als Ausgangsstoff zur Gewinnung der Gallertmasse das Lichenin, ein aus verschiedenen Flechtenarten gewonnener Extraktivstoff, ferner Pektin, ein in den fleischigen Teilen verschiedener Pflanzen, gewisser Früchte und Wurzeln enthaltener und unter diesem Namen bekannter Pflanzenschleim, endlich das Karraghin (Extrakt aus dem Karragheen) und das Cerasin, ein Bestandteil der in kaltem Wasser löslichen Gummiarten. Ebenfalls verwendbar sind noch die Gelose, ein im Handel unter der Bezeichnung Agar-Agar oder Haï Thao bekannter Extrakt aus verschiedenen Algen, welchen die für das vorliegende Verfahren wertvolle Eigenschaft gemein ist, daß sie nicht in kaltem, sondern nur in heißem oder kochendem Wasser löslich sind und nach dem Erkalten zu einer Gallerte erstarren. Da aber die aus dieser Gallerte erzeugten Fäden gegen Luftfeuchtigkeit nicht genügend widerstandsfähig sind und das Gewebe unter dem Einflusse letzterer schnell in sich selbst zusammenfällt, so ist es erforderlich, die Gallerte von ihren in kaltem Wasser löslichen Bestandteilen zu befreien. Zu diesem Zweck wird die Gallerte in kleine Stücke zerteilt, in kaltem Wasser längere Zeit liegengelassen und zuletzt z. B. mittels Filterpressen filtriert, u. U. unter Wiederholung dieses Waschens. Die gewaschene Gallerte, welche, falls sie nicht die richtige Konsistenz besitzt, wiederholt mit kochendem Wasser aufgearbeitet werden kann, wird nunmehr auf Fäden oder Gewebe verarbeitet, und zwar unter Zusatz gewisser, die Fadenbildung befördernder Stoffe, wie z. B. Glyzerin und Borax, und unter etwaiger Beimengung von Stoffen, welche, wie insbesondere Gluten, eine verdickende Wirkung haben und die Aufnahmefähigkeit erhöhen.

Zur Herstellung der Gewebe eignet sich z. B. folgendes Bad bei einer Temperatur von 70° C: Man stellt eine Lösung von gut gewaschener Gelose in warmem Wasser her, die 5—6% von letzterem enthält, fügt 3—4% Borax, $1^1/_2$% Gluten, 1% Glyzerin und ebensoviel Gelatine hinzu. Die Färbung kann entweder durch Zusatz von entsprechenden Farbstoffen zu obiger Flüssigkeit bewirkt werden, oder es kann der fertige Faden oder das fertige Gewebe gefärbt werden. Die Appretur des fertigen Gewebes wird am zweckmäßigsten durch natürliche Gelatine, deren Überschuß beim nachträglichen noch zu beschreibenden Waschen des Gewebes mit Wasser entfernt wird, hervorgerufen. Da die Zusätze und insbesondere Glyzerin und Borax die Widerstandsfähigkeit des Gewebes beeinträchtigen, und zwar insofern, als durch den Gehalt an Glyzerin das Gewebe hygroskopisch, durch den an Borax dagegen spröde und brüchig wird, so müssen diese zur Erleichterung der Fadenbildung der Gallerte zugesetzten Stoffe durch nachträgliches Waschen mit kaltem Wasser entfernt werden. Diese Waschung wird in der Weise vollzogen, daß man die Gewebe zwischen zwei mit einem das Anhaften der Gewebe verhindernden Firnisanstrich versehene Leinwandlagen bringt, das ganze um eine gelochte Trommel wickelt und diese in kaltem Wasser während 8—10 Stunden sich drehen läßt. Nach dieser Zeit werden die Leinwandlagen aufgewickelt und zwecks Trocknung auf glatte Unterlagen gelegt. Bei diesem Waschen wird aber auch noch der Rest der in kaltem Wasser löslichen Bestandteile und ebenso der Überschuß der Gelatine entfernt. Wünscht man festere Gewebe herzustellen, so kann man dies in der Weise erreichen, daß man während des Waschens zwei oder mehrere Gewebelagen aufeinander bringt, welche beim Waschen miteinander zu einem einzigen dichteren Gewebe verschmelzen.

Patentansprüche: 1. Verfahren zur Herstellung von tüllartigen Geweben aus Pflanzenschleim, dadurch gekennzeichnet, daß der aus dem letzteren hergestellten Gallerte Glyzerin, Borax, Gluten vereinigt oder nur einzeln zugesetzt werden, zum Zweck, die Geschmeidigkeit und

Festigkeit der zu verspinnenden Masse zu erhöhen und die Bildung fester Fäden zu erleichtern.

2. Für die nach Anspruch 1 hergestellten Gewebe eine nachträgliche Behandlung mit kaltem Wasser, wobei zur Vermeidung des Zusammenfallens sich die Gewebe zweckmäßig zwischen gefirnißten Leinwandlagen befinden können, zum Zweck, die restlichen im Wasser löslichen Bestandteile der Gewebe und deren Zusätze (z. B. Glyzerin, Borax, Gelatine usw.) zu entfernen und dadurch das Gewebe gegen Luftfeuchtigkeit widerstandsfähig zu machen.

Nach Todtenhaupt.

462. **Dr. Friedrich Todtenhaupt in Dessau.** Verfahren zur Herstellung künstlicher Fäden für Haare und Gewebe.

D.R.P. 170 051 Kl. 29 b vom 3. VIII. 1904 (gelöscht); brit. P. 25 296[1904]; franz. P. 356 404; österr. P. 28 290; Ver. St. Amer. P. 836 788.

Es ist beobachtet worden, daß Kasein mit einer ganz bestimmten Menge Wasser und einer in diesem löslichen Base bei gewöhnlicher Temperatur, besser aber beim Erwärmen dicke, fadenziehende Lösungen gibt, die durch mehr oder weniger feine Öffnungen in ein Säurebad gepreßt oder aus entsprechender Höhe in ein solches fallen gelassen, zusammenhängende Fäden geben, welche sich leicht auf eine Walze aufspulen und trocknen lassen und nach Behandlung mit Formaldehyd das fertige Produkt darstellen. Die Fäden können dann zwecks Herstellung von Zwirnen, Gespinsten, künstlichen Roßhaaren u. dgl. allen den Behandlungen unterworfen werden wie die natürlichen und aus anderen Stoffen künstlich hergestellten Textilfäden, sie sind weniger brennbar als alle aus Zellulose nach anderen Verfahren erzeugten. Als alkalische Flüssigkeiten kommen alle in Wasser löslichen Basen in Betracht, z. B. Kalilauge, Natronlauge, Ammoniak, Kalkhydrat, Amin- oder Ammoniumbasen; selbstredend bedarf es bei den fertigen Verbindungen dieser Basen mit Kasein nur der nötigen Menge Wasser. Die Menge der zu einer fadenziehenden Lösung nötigen Basen wie auch die des Wassers ist bei den Handelskaseinen infolge ihrer verschiedenen Herstellungsart verschieden und richtet sich auch nach dem Wassergehalt und der Reinheit des zur Verwendung gelangenden Kaseins; je reiner das Produkt, desto weniger Base ist nötig, die Menge dieser wird bei einiger Übung leicht durch Vorproben gefunden. Als Fällflüssigkeiten kommen alle Säuren in Betracht, die mit den obigen Basen oder der für den bestimmten Fall angewendeten lösliche Salze bilden. Der Grad der Konzentration des Säurebades kann beliebig gewählt werden; jedoch empfiehlt es sich, die käuflichen Säuren zu verdünnen. Hierzu kann Wasser, besser aber irgendeine leichte Flüssigkeit, z. B. Methylalkohol, Äthylalkohol u. dgl., genommen werden, zu dem Zwecke, daß die das Bad passierenden Fäden leicht benetzt werden und untersinken; auch kann dem so bereiteten Bade sogleich Formaldehyd hinzugefügt werden. Den ein solches Bad durchlaufenden Fäden aus basischen Kaseinlösungen werden durch die

Säuren die die Lösung bewirkenden Basen entzogen, so daß zunächst Fäden aus reinem Kasein entstehen. Diese geben an den Alkohol einen großen Teil ihres Wassergehaltes ab und werden durch den Formaldehyd denaturiert.

Beispiele: 1. 100 g reines, in Alkali klar lösliches Handelskasein werden zerrieben, allmählich 320 g Wasser hinzugerührt, dann 20 g 10%ige Ammoniakflüssigkeit und auf dem Dampfbade so lange erhitzt, bis eine klare Lösung entstanden ist. Nach dem Erkalten kann man diese Lösung durch sehr feine Öffnungen mittels Druck pressen oder aus einer Höhe von 20—50 cm durch Öffnungen, die bis 6 mm weit sein können, oder unmittelbar aus einem offenen Gefäß in ein Bad fallen lassen, das aus 100 g roher Salzsäure, 100 g Formaldehydlösung und 400—600 g Spiritus besteht, aus dem die Fäden dann, wie bekannt, versponnen werden.

2. 100 g trübe in Alkali lösliches Kasein werden wie vorher mit 400—500 g Wasser und 200 g Ammoniakflüssigkeit behandelt. Fällbad: 50 g rohe konz. Schwefelsäure, 100 g Formalin, 400—800 g Spiritus.

3. 10 l Magermilch werden mit so viel Säure versetzt, bis beim Erwärmen alles Kasein ausgefallen ist. Dieses wird dann auf einem Tuche gesammelt und gewaschen. Nach dem Abtropfen bringt man die schwammige, feuchte Masse in eine Abdampfschale, gibt 700 g Ammoniakflüssigkeit hinzu und erhitzt auf dem Wasserbade, bis die Lösung erkaltet die nötige fadenziehende Konsistenz hat. Fällbad: 50 g Eisessig, 400—800 g Spiritus. Die Fäden werden nach dem Trocknen mit Formaldehyd behandelt und erneut getrocknet.

Patentanspruch: Verfahren zur Herstellung künstlicher Fäden für Haare und Gewebe aus Kasein, dadurch gekennzeichnet, daß letzteres in einer alkalischen Flüssigkeit gelöst und dann in Form dünner Fäden in ein Säurebad gepreßt oder in ein solches Bad fallen gelassen wird.

Die französische Patentschrift 356 404 beschreibt noch die Fällung von Lösungen des Kaseins in Säuren und Salzen sowie in Glyzerin und Wasser. In letzterem Falle dient Alkohol als Fällmittel.

463. Dr. Friedrich Todtenhaupt in Dessau. Verfahren zur Herstellung künstlicher Fäden für Haare und Gewebe.

D.R.P. 178 985 Kl. 29b vom 22. IX. 1905 (gelöscht); Zus. z. P. 170 051.

Das Verfahren des Hauptpatentes (s. vorstehend) besitzt den Nachteil, daß die durch die Behandlung der basischen Fäden mit Säuren in den entstandenen Kaseinfäden gebildeten Salze sich sehr schwer auswaschen lassen. Werden diese Salze aber nicht vollständig entfernt, so sind die Fäden nach dem Trocknen brüchig. Dies kann zwar durch einen Zusatz von Glyzerin u. dgl. zur Spinnlösung vermieden werden, doch sind die Fäden dann weniger wasserfest.

Es hat sich nun gezeigt, daß das Auswaschen der Fäden durch einen Zusatz von Zellulose ganz bedeutend erleichtert wird. Dieser Zusatz geschieht in der Weise, daß man sich eine Lösung von Zellulose mittels irgendeines der für diese gebräuchlichen basischen Lösungsmittel (z. B. Kupferoxydammoniak) oder eine Lösung von Viskose herstellt und entweder die fertige dicke Lösung·der fertigen Kaseinlösung zusetzt, oder in einer mehr oder weniger verdünnten Zelluloselösung so viel Kasein mit Hilfe der nötigen Menge von Basen löst, bis man eine fadenziehende Flüssigkeit erhält. Die bekannten Zelluloselösungen lassen sich mit der Kaseinlösung leicht in jedem Verhältnisse mischen, vorausgesetzt, daß zu deren Herstellung die gleiche Base verwendet wird. Für vorliegenden Zweck und um die billige und leicht herzustellende Kaseinspinnlösung nicht unnütz zu verteuern, genügt ein Zusatz von 5—10% trockener Zellulose, auf das trockene Kasein berechnet. Nach dem Trocknen erlangen derart hergestellte Fäden eine große Festigkeit und Elastizität, besonders auch beim Anfeuchten mit Wasser. Durch dieses Verfahren ist man in der Lage, elastische, nicht brüchige Fäden selbst von der Stärke eines Roßhaares herzustellen, was aus reinem Kasein nach dem Verfahren des Hauptpatentes nur sehr schwer möglich ist.

Patentanspruch: Ausführungsform des Verfahrens nach Patent 170 051, dadurch gekennzeichnet, daß die dort beschriebene Kaseinlösung mit Lösungen von Viskose oder Zellulose in basischen Lösungsmitteln versetzt wird.

464. Dr. Friedrich Todtenhaupt in Harburg, Elbe. Verfahren zur Herstellung künstlicher Fäden.

D.R.P. 203 820 Kl. 29 b vom 14. XII. 1907 (gelöscht), Zus. z. P. 170 051.

In der Patentschrift 170 051[1]) ist ein Verfahren beschrieben, nach dem aus alkalischen Kaseinlösungen durch Fällen mit Säuren künstliche Fäden verschiedener Stärke als Ersatz für Naturseide und Naturhaare hergestellt werden können. Bei der Herstellung dieser Lösungen mittels Basen zum Zwecke ihrer Verarbeitung auf Fäden ist besonders zu beachten, daß die Lösungen genügend viskos, d. h. fadenziehend sind, was man bisher nur bei wässerigen Lösungen erreichen konnte. Je nach der Reinheit des benutzten Kaseins waren dabei auf 1 T. trockenes Kasein immerhin 3, 4—7 Te. Wasser nötig. Das Vorhandensein dieser Wassermengen in den Spinnlösungen hat den Nachteil, daß das daraus in Fadenform gefällte Kasein ebenfalls sehr wasserhaltig ist, und daß die erhaltenen Fäden beim Trocknen aneinander festkleben, ein Übelstand, der nur bei Beobachtung besonderer Vorsicht vermieden werden kann. Nun ist es zwar bekannt, daß heißer Alkohol Kasein in geringer Menge löst. Derartige Lösungen sind indessen nicht fadenziehend dick, sondern sehr dünn, und nach dem Erkalten nicht viskos, sondern gelatinös, so daß an ihre Verarbeitung auf Fäden nicht zu denken ist.

Demgegenüber haben Versuche ergeben, daß die im Handel befindlichen reinen, in Wasser mehr oder weniger klar löslichen Kaseine, insbesondere die mittels Ätzalkalien oder basischer Salze gereinigten oder auch nur mit diesen behandelten Kaseine mit Basen oder basischen

---

[1]) Siehe S. 429.

Salzen und Wasser bei Zusatz von Alkoholen oder deren Gemischen dickflüssige Lösungen geben, die sich vorzüglich verspinnen lassen, weil sie weit viskoser als die rein wässerigen Lösungen sind. Ersetzt man in einer der in der Patentschrift 170 051 beschriebenen Lösungen 5—10% des Wassers durch irgendeinen Alkohol, so ist die Lösung zum Spinnen viel zu dünn; man muß vielmehr den Wassergehalt erst erheblich herabsetzen, um eine brauchbare Lösung zu erzielen. Bei passender Wahl der Alkoholmenge, z. B. 80 Te. Alkohol auf 20 Te. Wasser, kann man mit Leichtigkeit Lösungen herstellen, die auf 1 T. Kasein nur 1,5 T. Flüssigkeit enthalten. Das Verhältnis zwischen Alkohol und Wasser kann im übrigen verschieden gewählt werden; es richtet sich sowohl nach dem zu verarbeitenden Kasein als auch nach der Verspinnungstemperatur; es kann leicht jeweilig durch Vorversuche festgestellt werden. Aus derart hergestellten Lösungen gelingt es ohne weiteres, durch Fällen mit Säuren oder sauren Salzen Fäden von großer Feinheit herzustellen, die sich bündelweise vereinigen und ohne aneinanderzukleben unmittelbar auf den Walzen trocknen lassen.

Patentanspruch: Ausführungsform des Verfahrens gemäß Patent 170 051, dadurch gekennzeichnet, daß zur Herstellung von Kunstfäden wässerig-alkoholische Kaseinlösungen verwendet werden.

465. Dr. Friedrich Todtenhaupt in Dessau. Verfahren zur Herstellung von künstlicher Seide und künstlichen Haaren aus Kasein.

D.R.P. 183 317 Kl. 29 b vom 6. IV. 1906 (gelöscht); österr. P. 28 290.

Es ist bekannt, daß sich Kasein in vielen Säuren, besonders wenn sie möglichst konzentriert sind, auflöst. Aus diesen Lösungen wird das Kasein meistens beim Verdünnen mit Wasser ausgefällt. Die so zubereiteten Lösungen sind jedoch nicht fadenziehend und können mithin auch keine fadenartigen Gebilde beim Ausfällen geben. Es ist trotzdem versucht worden, Fäden aus Kasein in der Weise herzustellen, daß man das Kasein in Eisessig löst und diese Lösung in feinem Strahle auf ein fortlaufendes Band fallen läßt, auf welchem sie so weit getrocknet werden, daß sie abgenommen und aufgespult werden können. Diese Art der Herstellung hat sich jedoch nicht bewährt und ist verlassen worden.

Es hat sich nun gezeigt, daß man unter Zuhilfenahme von Chlorzink als Lösungsmittel eine sehr gut fadenziehende Lösung von Kasein erhält, die in ein Fällbad gepreßt, zusammenhaltende, nicht aneinanderklebende Fäden liefert, welche sich gut aufwickeln lassen und nach der bekannten Behandlung mit Formaldehyd allen Verarbeitungsweisen genau so unterworfen werden können wie natürliche Seide und nach anderen bekannten Verfahren hergestellte Textilfäden. Man kann zur Ausführung des Verfahrens sowohl das frisch aus der Milch mittels Lab oder Säuren gefällte Kasein als auch jedes beliebige Handelskasein verwenden. Bei Benutzung von frisch gefälltem Kasein setzt man ihm zweckmäßig trockenes Chlorzink zu; bei trockenem Handelskasein nimmt man besser konzentrierte Chlorzinklösungen und erwärmt dann auf dem Dampfbade, bis eine vollständig klare oder schwach opalisierende Lösung entstanden ist, der man beliebig Glyzerin, Farbstoffe od. dgl. zufügen kann. Die Menge des Chlorzinks ist, besonders wenn man das trockene Handelskasein benutzt, je nach dessen Herstellungsart und Reinheit verschieden. Im Durchschnitt sind zur Bereitung einer brauchbaren Lösung auf 10 Te. trockenes Kasein 5—8 Te. Chlorzink und 10—20 Te. Wasser nötig. Als Fällbad kann man reines Wasser benutzen, aber auch verdünnte Säuren oder Basen oder Salzlösungen; ebenso lassen sich verdünnter Methylalkohol, Äthylalkohol oder ähnliche leichte Flüssigkeiten verwenden. Die Behandlung mit Formaldehyd geschieht entweder im Fällbade selbst, indem man ihn diesem von vornherein zusetzt, oder nachher mit flüssigem oder gasförmigem Formaldehyd.

Patentanspruch: Verfahren zur Herstellung von künstlicher Seide und künstlichen Haaren aus Kasein, dadurch gekennzeichnet, daß Kasein mittels Chlorzink zu einer fadenziehenden Lösung verarbeitet und dann in bekannter Weise in Form dünner Fäden in ein Fällbad gepreßt oder in ein solches Bad fallen gelassen wird.

Nach Jannin.

466. L. E. Jannin. Herstellung künstlichen Haares aus Gelatine.

Franz. P. 342112.

Ein Gemisch aus etwa 1 kg Gelatine, 1 l Wasser und 100 g Glyzerin wird bei 80—100° aus Spinnöffnungen von gewünschter Größe ausgepreßt und der Faden durch Formaldehyd oder Chromalaun unlöslich gemacht. Die Masse wird vor dem Spinnen in dem gewünschten Tone gefärbt.

Nach dem Zusatzpatent 7824 werden nur 20 g Glyzerin verwendet. Das Trocknen wird zur Erzielung von Haaren für Bürstenfabrikation unter Spannung und zur Herstellung von Polstermaterial ohne Spannung vorgenommen.

Nach Société anonyme pour l'étude industrielle de la soie Serret.

467. Société anonyme pour l'étude industrielle de la soie Serret. Verfahren zur Herstellung künstlicher Seide.

Franz. P. 354336.

Seide, Spinnerei- oder Webereiabfälle oder andere Seidenreste werden in einer Säure, einem Alkali oder einem Salz unter Bedingungen aufgelöst, daß noch keine Veränderung der Seidensubstanz eintreten kann. Bei Verwendung von Säure z. B. neutralisiert man sofort nach erfolgter Auflösung, oder man verdünnt mit Wasser oder bringt auf 0°. Die Seidenlösung wird in bekannter Weise zu Fäden versponnen.

Nach Chatelineau und Fleury.

468. H. C. M. L. Chatelineau und A. A. R. Fleury. Plastisches und transparentes Produkt zur Herstellung von Fäden, Häutchen usw.

Franz. P. 354 942.

Die Masse besteht im wesentlichen aus Kasein und Phenolen wie Phenol, Kresol, Guajakol, die rein oder in Mischungen mit anderen Körpern, die sich darin lösen und gelöst bleiben, angewendet werden können. Auch können Farbstoffe und Körper, welche die Elastizität erhöhen, zugesetzt werden. Für künstliche Seide mischt man z. B. 3 Gwte. Karbolsäure mit 1 Gwt. Kasein, läßt nach dem Durchrühren 24 Stunden stehen, erhitzt dann $^1/_2$ Stunde auf dem Wasserbade und erhält eine flüssige, klare Masse, die sich auf Fäden verarbeiten läßt. Zur Erhöhung der Festigkeit und Elastizität können der flüssigen Masse Zellulosenitrate, -hydrate oder -acetate zugesetzt werden.

Nach Timpe.

469. H. Timpe. Herstellung von Textilfäden usw. aus den Proteinkörpern der Milch.

Franz. P. 365 508.

Kasein oder das durch Labgerinnung gewonnene Parakasein werden mit Aceton angerührt und durch Alkali in Lösung gebracht, oder man löst erst und gibt dann in Aceton. Die Mischung wird erhitzt, bis sie stark zu schäumen beginnt, dann läßt man sie stehen und trennt den gebildeten Niederschlag, z. B. durch Zentrifugieren oder im Scheidetrichter ab. Die Lösung wird durch Verdunstung und Abkühlung konsistent, beim Erwärmen wird sie wieder klar und kann dann auf Fäden verarbeitet werden. Unlöslich gemacht werden die Fäden durch Formaldehyd oder dessen Dämpfe.

470. Dr. Hermann Timpe in Braunschweig. Verfahren zur Herstellung einer plastischen Masse für Kunstseide und andere geformte Gebilde.

D.R.P. 275 016 Kl. 29 b vom 5. X. 1913 (gelöscht).

Es ist bekannt, daß Kasein beim Behandeln mit Ammoniak oder Alkalien eine zähe, fadenziehende Masse bildet, die jedoch nach dem Trocknen hart und spröde wird und daher eine technische Verwertung, insbesondere zur Herstellung von Kunstfäden, nicht zuläßt. Ebenso verhalten sich die nach den verschiedenartigsten Verfahren gereinigten oder vorbereiteten Kaseine, die Albumine und andere Eiweißkörper. Es ist dieses eine Eigenschaft, die den eigentlichen Eiweißkörpern allgemein zukommt und in deren chemischer Konstitution begründet ist. Um ein dem Fibroin der Seidenraupe in physikalischer Hinsicht ähnliches Produkt zu erhalten, wird man daher höchstens auf Zersetzungsprodukte der Eiweißkörper angewiesen sein. Durch die Einwirkung verdünnter Laugen auf Eiweißkörper werden letztere in die verschiedenartigsten Spaltungsprodukte zerlegt, wobei die Konzentration der Lauge und die Temperatur für die Endprodukte von wesentlicher Bedeutung sind.

Nach dem Verfahren, welches den Gegenstand der vorliegenden Erfindung bildet, wird ein Produkt von genügender Festigkeit und Geschmeidigkeit erhalten, welches an sich ohne vorherige Behandlung mit Ammoniak eine in der Wärme plastische Masse bildet, welche sich zu feinen Fäden ausziehen läßt, dabei nicht klebt, so daß sich die Fäden sofort in ununterbrochenem Betriebe weiterverarbeiten lassen. Wird frische Magermilch bei gewöhnlicher Temperatur mit so viel konzentrierter Natronlauge schnell vermischt, bis der Gehalt der Milch an Natronhydrat mindestens 2% beträgt, so gerinnt die Milch sogleich zu einer körnigen Gallerte, die sich sehr leicht filtrieren läßt. Der in dem Filtrat enthaltene Eiweißkörper, welcher mittels verdünnter Säure gefällt wird, bildet den Ausgangspunkt für die Herstellung der plastischen Masse. Wird dieser Eiweißkörper, der seinem Verhalten nach als ein Alkalialbuminat zu bezeichnen ist, nach vorheriger Reinigung wieder in etwa 3%iger Natronlauge gelöst und bei einer Temperatur von 18 bis 20° C etwa 8 Stunden stehen gelassen, so scheidet sich nochmals aus der Lösung ein geringer Bodensatz ab. Aus der Lösung aber scheidet sich durch Fällen mit verdünnten Säuren ein zusammenhängendes festes Produkt ab, welches beim Erhitzen zäh elastisch wird und sich zu langen feinen Fäden ausziehen läßt. Eine besondere Zähigkeit erlangt aber das Produkt, wenn die alkalische Lösung vor der Fällung noch mit etwa $1/4$% einer Wasserstoffsuperoxydlösung behandelt wird. Ist die Temperatur höher als 20° C, so geht die Umwandlung schneller vor sich, bei tieferen Temperaturen dagegen entspreche d langsamer.

Der Gang des Verfahrens ist daher folgender: Frische Magermilch wird bei gewöhnlicher Temperatur mit so viel konzentrierter Alkalilauge vermischt, daß der Gehalt an Natronhydrat 2% beträgt oder die äquivalente Menge von Kaliumhydroxyd. Sobald diese Konzentration erreicht ist, gesteht die Milch augenblicklich zu einer körnigen Gallerte, die sogleich filtriert wird. Die Filtration muß sehr schnell geschehen, da sich sonst die alkalische Lösung gelb bis braun färbt und das daraus gewonnene Eiweiß nicht nur dieselbe Farbe annimmt, sondern auch in seinen sonstigen Eigenschaften verändert wird. Das Filtrat wird daher schnell mittels Säure neutralisiert, wodurch das Albuminat ausfällt. Dieses wird mit warmem Wasser gewaschen, bis das Waschwasser keine merklich saure Reaktion mehr zeigt und alsdann wieder in etwa 3%iger Alkalilauge gelöst, wodurch sich nunmehr auch bei längerem Stehen keine Gelbfärbung mehr zeigt. Diese alkalische Albuminatlösung läßt man bei einer Temperatur von 18—20° C etwa 8 Stunden stehen, bei höherer Temperatur kürzere Zeit, bei tieferer Temperatur länger, bis das durch Säuren gefällte Produkt eine beim Erwärmen plastische, fadenziehende Masse bildet, wovon man sich von Zeit zu Zeit durch eine Probe überzeugt. Die Lösung wird sodann durch Säure gefällt, nachdem diese vorher mit etwa $^1/_4\%$ einer verdünnten Wasserstoffsuperoxydlösung vermischt war. Bei der Fällung wird sich infolge der durch die Neutralisation bewirkten Temperaturerhöhung das Fällungsprodukt zusammenballen und leicht von der sauren Flüssigkeit trennen lassen. Die plastische Masse wird dann noch durch Waschen und Kneten mit warmem Wasser von anhaftender Säure befreit und kann dann sogleich im erhitzten Zustande zu Fäden ausgezogen oder in Formen gepreßt werden. Nach dem Erkalten ist die geformte Masse fest und wird dann noch mit Formaldehyd oder sonstigen unlöslich machenden Stoffen in bekannter Weise behandelt.

Patentanspruch: Verfahren zur Herstellung einer plastischen Masse für Kunstseide und andere geformte Gebilde, dadurch gekennzeichnet, daß Magermilch durch Zusatz von etwa 2% Alkali zersetzt, aus der durch Filtrieren erhaltenen klaren Lösung das Eiweiß durch verdünnte Säuren gefällt, gewaschen und durch andauernde Einwirkung einer etwa 3%igen Alkalilauge bei bestimmter Temperatur in eine zähe, fadenziehende Masse verwandelt wird, welche aus der alkalischen Lösung durch Säuren gefällt, geformt und auf bekannte Weise durch Einwirkung von Formaldehyd, Chromsalzen oder ähnlich wirkenden Körpern unlöslich gemacht wird.

Nach Bernstein.

471. H. Bernstein in Philadelphia. Herstellung künstlicher Seide.

Ver. St. Amer. P. 712 756.

Es werden 6,5 Te. Gelatine und 3 Te. der beim Abkochen von Rohseide erhaltenen Flüssigkeit (Seidenleim, Bastseife) gut gemischt, etwa 1 Stunde auf ungefähr 50° C erhitzt, und die Masse wird danach durch Düsen ausgepreßt. Die erhaltenen Fäden trocknen schnell und werden gezwirnt und aufgespult. Um sie unlöslich zu machen, werden sie mit Formaldehyddämpfen behandelt und sind dann fertig zum Gebrauch. Sie können in geeigneter Weise gefärbt werden. Dickere Fäden können als Roßhaarersatz verwendet werden.

Nach Helbronner und Vallée.

472. Dr. André Helbronner und Ernest Vallée in Paris. Verfahren zur Herstellung von löslichem Ossein.

D.R.P. 197 250 Kl. 29 b vom 1. X. 1905 (gelöscht); österr. P. 40 163; franz. P. 361 796; schweiz. P. 41 005.

Das Verfahren besteht im wesentlichen darin, daß man Ossein bei Temperaturen nicht über 60° C am besten bei gewöhnlicher Temperatur, mit Alkalilauge behandelt. Die Zeitdauer der Einwirkung richtet sich nach dem Konzentrationsgrade der verwendeten Alkalilauge. Man erhält schließlich eine durchsichtige, gleichmäßige Masse, die für sich oder nach dem Auflösen in geeigneten Lösungsmitteln verwendbar ist.

Beispiel: 1 kg in kleine Stücke zerkleinertes Ossein wird zunächst der Einwirkung einer Schwefligsäurelösung während ungefähr 12 Stunden unterworfen. Diese Behandlung hat den Zweck, das Ossein zu bleichen und es von einem etwaigen Kalkgehalt zu befreien. Durch Auswaschen mit fließendem Wasser werden die löslichen Stoffe entfernt und die feuchte Masse dann mit Natronlauge, zweckmäßig aus 5 l Wasser und 800 g Natron von 30% behandelt. Die Behandlung dauert ungefähr vier Tage bei gewöhnlicher Temperatur, darauf wird die Masse innig vermischt, um die Klümpchen, die sich etwa gebildet haben, zu beseitigen, filtriert und von den Gasblasen, die sie enthält, befreit. Das entstandene Produkt löst sich in Wasser, Lösungen von Ätzalkalien oder Alkalikarbonaten, wässerigen Ammoniaklösungen, Essigsäure, ammoniakalischen Lösungen von Metalloxyden u. dgl. Es unterscheidet sich von der Gelatine dadurch, daß es auch in kaltem Wasser löslich ist. Löst man das umgewandelte Ossein in der Schweizerschen Flüssigkeit (Lösung von Kupferoxydammoniak) auf, so kann man der erhaltenen Lösung Zellulose zusetzen, da sie bekanntlich in der Schweizerschen Flüssigkeit löslich ist. Auf diese Weise erzielt man ein technisch verwertbares Gemisch aus einem Eiweißkörper und aus Zellulose[1]). Die Ammoniaknickellösung des Osseins, welche die Einführung von natürlichen Seidenabfällen gestattet, führt ebenfalls zu einem neuen, in der Fabrikation künstlicher Fäden oder Fasern verwendbaren Produkt.

Patentanspruch: Verfahren zur Herstellung von löslichem Ossein zwecks Gewinnung von Lösungen, die zur Erzeugung von künstlichen Fäden, Films, plastischen Massen oder ähnlichen Gegenständen sowie zur Imprägnierung von Geweben oder Papieren Verwendung finden sollen, dadurch gekennzeichnet, daß Ossein bei Temperaturen nicht über 60° C mit Alkalilauge behandelt und darauf gegebenenfalls in geeigneten Lösungsmitteln, z. B. Wasser, Ätzalkalien, Alkalikarbonaten, wässerigen Ammoniaklösungen, Essigsäure, ammoniakalischen Lösungen von Metalloxyden u. dgl., gelöst wird.

473. Dr. André Helbronner und Ernest Vallée in Paris. Verfahren zur Herstellung künstlicher Fasern, Platten, Formstücke, plastischer Gegenstände, Überzüge u. dgl. aus Lösungen mit Alkalien nach dem Verfahren des Patents 197 250 behandelten Osseins.

D.R.P. 202 265 Kl. 29 b vom 1. X. 1905 (gelöscht); österr. P. 40 676; schweiz. P. 41 555.

In der Patentschrift 197 250 (s. vorstehend) ist ein Verfahren beschrieben, nach dem das Ossein mittels Alkalien in ein neues Produkt übergeführt werden kann, das sich in Wasser, in Lösungen von Ätzalkalien oder Alkalikarbonaten, in Säurelösungen, in ammoniakalischen Lösungen von Metalloxyden (Kupfer-, Nickel-, Silber-, Quecksilber- usw. -oxyden), in mit Glyzerin versetztem Kupfervitriol, in erwärmtem und konzentriertem Chlorzink usw. auflöst.

---
[1]) Vgl. hierzu Nr. 167, S. 169; Nr. 366 u. 367, S. 351 u. 352; Nr. 463, S. 430.

Gemäß vorliegender Erfindung sollen diese Lösungen für praktische Zwecke verwendbar gemacht werden, indem man sie ausfällt oder zum Gerinnen bringt. Dieses Ausfällen oder Koagulieren kann durch eine Anzahl anorganischer oder organischer Stoffe, beispielsweise gewisse neutrale oder saure Metallsalze wie Ammoniumsulfat, Chlorzink, Kupfervitriol, die alkalischen Persulfate, mit Gerbsäure oder Oxalsäure versetztes Chlornatrium, Alkohol, Aceton, Gerbsäure usw., zustande gebracht werden, wobei diese Stoffe entweder einzeln oder im Gemisch miteinander Verwendung finden können. Auf diese Weise kann man z. B. künstliche Fasern oder Fäden dadurch erhalten, daß man die zu koagulierenden Lösungen durch Zieheisen, Spritzdüsen od. dgl. hindurch in die Fällflüssigkeit eintreten läßt.

Patentanspruch: Verfahren zur Herstellung künstlicher Fasern, Platten, Formstücke, plastischer Gegenstände, Überzüge u. dgl. aus Lösungen mit Alkalien nach dem Verfahren des Patents 197 250 behandelten Osseins, dadurch gekennzeichnet, daß man diese Lösungen nach der Formgebung mittels neutraler oder saurer Metallsalze wie Ammoniumsulfat, Chlorzink, Kupfervitriol, mittels alkalischer Persulfate, Gerbsäure, mit Gerbsäure oder Oxalsäure versetzten Chlornatriums oder mittels organischer Flüssigkeiten wie Alkohol und Aceton zum Gerinnen bringt, wobei die Gerinnungsmittel einzeln oder in Gemischen verwendet werden können.

Nach dem schweizerischen Patent wird durch Zusatz von Farbstoffen zu der zu verarbeitenden Osseinlösung ein gefärbter Faden erzielt.

Über Fäden aus Knochenfaser s. J. R. Hunter, brit. P. 2441 und 2455[1905].

Nach Follet und Ditzler.

474. Pierre Follet und Godefroid Ditzler in Verviers. Verfahren zur Herstellung von Fäden aus reinem Fibroin.

D.R.P. 211 871 Kl. 29b vom 6. XI. 1906 (gelöscht); franz. P. 382 859; brit. P. 22 753[1907].

Die Erfindung hat ein Verfahren zur Herstellung von Fäden aus reinem Fibroin zum Gegenstande, bei dem ein besonderes Lösungsmittel benutzt wird, das gestattet, das Fibroin in sehr großer Menge (z. B. 25—30%) aufzulösen und infolgedessen besonders konzentrierte Lösungen herzustellen, mit deren Hilfe man imstande ist, Fäden zu erzeugen, die eine mit der Seide vergleichbare Elastizität besitzen, d. h. eine derartige Elastizität, die gestattet, die Fäden auch nach dem Erstarren bis zu dem gewünschten Feinheitsgrad auszuziehen. Das Verfahren ist im wesentlichen dadurch gekennzeichnet, daß reines Fibroin, das in bekannter Weise durch Degummieren von natürlicher Seide oder Seidenabfällen erhalten wird, in einer wässerigen Lösung der durch Einwirkung von Ammoniakgas auf eine Lösung von Nickelsulfat erhaltenen violetten Kristalle unter Zusatz einer geringen Menge Natronlauge aufgelöst wird; die auf diese Weise erhaltene Lösung wird versponnen und in geeigneter Weise gefällt. Sie liefert elastische Fäden, die nunmehr ausgezogen werden, bis sie den gewünschten Feinheitsgrad erlangt haben, wobei gleichzeitig ihr Glanz und ihre Gleichförmigkeit erhöht werden.

Bei der praktischen Ausführung des Verfahrens verfährt man folgendermaßen: Die Seide oder die Seidenabfälle werden zunächst nach einem beliebigen bekannten Verfahren zwecks Entfernung der natürlichen oder von den Vorbehandlungen stammenden Verunreinigungen degummiert. Das erhaltene Produkt ist reines Fibroin, das gut gespült wird. Dieses Fibroin muß nunmehr in dem oben erwähnten besonderen Lösungsmittel aufgelöst werden. Um dieses Lösungsmittel herzustellen, leitet man Ammoniakgas in eine Lösung, die in 100 g Wasser ungefähr 20 g Nickelsulfat enthält. Während der Einwirkung des Ammoniakgases scheiden sich aus der Lösung kleine violette Kristalle ab, die man abtrennt und in 100 g Wasser auflöst. Man fügt der erhaltenen Lösung dann unter den angegebenen Mengenverhältnissen 3—4 g Natronhydrat zu. In diesem Lösungsmittel löst man das Fibroin auf; wie bereits angegeben, löst sich dieses in Mengenverhältnissen von 25—30% auf unter Bildung einer konzentrierten Lösung, die leicht versponnen werden kann. Man fügt der Lösung zweckmäßig 3—4 g Glyzerin zu, filtriert und verspinnt in üblicher Weise durch Fällen in verdünnter Schwefelsäure od. dgl. Die erhaltenen Fäden werden nach dem Erstarren allmählich ausgezogen, bis sie die gewünschte Feinheit erhalten haben. Sie können nach dem Waschen den weiteren gewöhnlichen Behandlungsweisen, z. B. dem Färben, Bleichen usw. unterworfen werden.

Patentansprüche: 1. Verfahren zur Herstellung von Fäden aus reinem Fibroin, dadurch gekennzeichnet, daß das Fibroin unter Zusatz einer geringen Menge Natronlauge in der wässerigen Lösung der Kristalle aufgelöst wird, die durch Einwirkung von Ammoniakgas auf eine Lösung von Nickel-, Kupfer- oder einem anderen gleichartigen Sulfat oder anderen Salzen dieser Metalle erhalten worden sind, worauf die so erhaltene konzentrierte Lösung von reinem Fibroin auf bekanntem Wege in Fäden übergeführt wird.

2. Ausführungsweise des Verfahrens nach Anspruch 1, dadurch gekennzeichnet, daß die nach dem Verfahren des Anspruches 1 hergestellten elastischen Fäden nach dem Erstarren stufenweise ausgezogen werden, bis sie in den gewünschten Feinheitsgrad übergeführt sind, unter gleichzeitiger Erhöhung des Glanzes und der Gleichförmigkeit des Fadens.

Nach Boistesselin und Gay.

475. **H. du Boistesselin und Ch. Gay.** Verfahren zur Herstellung einer animalischen Kunstseide.
Franz. P. 403 193.

Das Verfahren bezieht sich auf die Verarbeitung tierischer Albuminstoffe wie Kasein, Fischgräten u. dgl. Es werden z. B. 10 g Kasein mit 600—800 g Natronlauge von 30—32° Bé behandelt. Das Kasein quillt und löst sich. Die Lösung wird mit Salzsäure, die auf das Zehnfache verdünnt ist, langsam neutralisiert, wobei jeder Überschuß an Säure vermieden wird. Man erhält ein weißes, halb durchsichtiges Produkt, das nach dem Pressen vollständig löslich in kaltem Wasser ist. Die Erfinder nennen dies Produkt „Kaseid". Ferner werden Fischgräten zunächst durch Salzsäure von Mineralstoffen befreit, und zwar wird auf 1 kg Gräten ungefähr 1 kg Salzsäure von 22° Bé genommen, das mit Wasser auf 5° Bé verdünnt ist. Die Gräten werden dann mit kaltem Wasser gewaschen und durch Behandlung mit Dampf von vermindertem Druck von Ossein befreit. Danach wird mit Wasser von etwa 60° gewaschen und dann in der oben für Kasein angegebenen Weise weiterbehandelt. Das erhaltene Produkt wird „Fibrisin" genannt. Eine Lösung von Kaseid oder Fibrisin in Wasser verspinnt sich sehr gut unter wenig erhöhtem Druck und wird durch starke Säuren, Eisenoxydsalze, Kochsalz usw. gefällt. Man erhält einen wasserfesten, nicht brüchigen Faden, der die Eigenschaften der Naturseiden besitzt.

Über künstliche Seide aus Fleisch siehe Kunststoffe, 1. Jahrg. 1911, S. 220, und über die Verwendung von Eiweißstoffen bei der Herstellung von Kunstseide siehe Fr. J. G. Beltzer, Lehnes Färber-Ztg. 1910, S. 364.

Nach Baumann und Diesser.

476. C. R. Baumann in Gavirate, Ital., und G. G. Diesser in Zürich.
Verfahren zur Gewinnung von Seidenfibroin.
D.R.P. 230 394 Kl. 29 b vom 22. XII. 1907 (gelöscht).

Zur Gewinnung des Seidenfibroins ist eine Reihe chemischer Mittel vorgeschlagen worden, die indessen bisher keine brauchbaren Ergebnisse geliefert haben, weil sie mehr oder weniger tiefgehende Spaltungen des Fibroins unter Bildung wasserlöslicher Produkte bewirken. Dies gilt im besonderen auch für die Essigsäure, die man zu diesem Zwecke empfohlen hatte.

Demgegenüber wurde nun gefunden, daß die Ameisensäure, obgleich sie der Essigsäure in chemischer Beziehung sehr nahesteht, sich hierbei unerwarteterweise ganz anders verhält. In ameisensaurer Lösung hält sich das Fibroin, namentlich dasjenige der ursprünglichen Drüse, in unverändertem Zustande. Eine derartige Lösung kann daher ganz im Gegensatz zu der essigsauren, z. B. zur Herstellung lackähnlicher und wasserbeständiger Überzüge benutzt werden. Das neue Lösungsmittel ist namentlich für dasjenige Fibroin geeignet, das der Drüse der Seidenraupe unmittelbar entnommen ist. Aus Rohseide gewonnenes Fibroin löst sich dagegen viel langsamer, und der Seidenfaden kommt in der Kälte wesentlich nur zum Quellen, während er in der Hitze rasch gelöst wird. Das Serizin bleibt beim Lösen der Drüse in Ameisensäure ungelöst als Schlauch zurück.

Patentansprüche: 1. Verfahren zur Gewinnung von Seidenfibroin, dadurch gekennzeichnet, daß man der Seidenraupe entnommene Spinndrüsen mit Ameisensäure behandelt.

2. Verfahren zur Gewinnung von Seidenfibroin, dadurch gekennzeichnet, daß man Rohseide und Seidenabfälle in der Kälte oder bei höherer Temperatur der Einwirkung von Ameisensäure aussetzt.

3. Verfahren nach Anspruch 2, dadurch gekennzeichnet, daß man fertige Gewebe aus Seide mit Ameisensäure behandelt, um durch oberflächliches Lösen des Fibroins und darauffolgende Entfernung der Ameisensäure die Zwischenräume zwischen Kett- und Schlußfäden mit Fibroin in festem Zustand auszufüllen.

477. C. R. Baumann in Garivate, Ital., und G. G. Diesser in Zürich.
Verfahren zur Gewinnung von Hautfibroin, Eiweißkörpern u. dgl.

D.R.P. 236 907 Kl. 29 b vom 16. IX. 1908 (gelöscht); Zus. z. P. 230 394.

Zur Gewinnung des Seidenfibroins ist in der Patentschrift 230 394 (s. vorstehend) ein Verfahren beschrieben worden, das darauf beruht, daß Ameisensäure sich gegenüber den in Betracht kommenden Rohstoffen ganz anders, und zwar weitaus günstiger verhält als Essigsäure.

Es hat sich nun herausgestellt, daß das dort beschriebene Verfahren einer erheblich erweiterten Ausgestaltung und Anwendung fähig ist. Insbesondere wurde festgestellt, daß der Ameisensäure auch ein Lösungsvermögen für Hautfibroin zukommt. Wenn auch, wie bekannt ist, Essigsäure Hautfibroin sowie im allgemeinen Eiweißstoffe zu lösen vermag und essigsaure Eiweißlösungen u U. unter Mitverwendung von Härtungsmitteln auf Fäden od. dgl. verarbeitet werden können, so könnten doch wegen der chemischen Einwirkung der Essigsäure auf jene Stoffe, die dadurch Spaltungen erfahren, zufriedenstellende Ergebnisse nicht erzielt werden. Demgegenüber ist das in Ameisensäure gelöste Eiweiß chemisch nicht gespalten. Verdunstet man derartige ameisensaure Lösungen, so erhält man durchsichtige Films, die vollständig wasserunlöslich sind, und zwar auch dann, wenn das Eiweiß vorher wasserlöslich war. Verdunstet man dagegen die analogen essigsauren Lösungen auf einer Glasplatte, so erhält man krümelige, wasserlösliche Massen, die technisch wertlos sind. Bringt man getrocknete, entfettete oder auch frische tierische Därme mit Ameisensäure zusammen, so quellen sie zunächst auf, um nach längerer Zeit vollständig in Lösung zu gehen. Hieraus lassen sich beim Verdunsten Häutchen gewinnen, die nach wie vor wasserunlöslich sind. Daraus kann geschlossen werden, daß die Ameisensäure, wenigstens in der Kälte, keine tiefergehende Spaltung des Moleküls bewirkt. Es ist zweckmäßig, hierbei so zu verfahren, daß man den Darm anfangs nur mit einer geringen Menge Ameisensäure behandelt, bis er gequollen ist, und daß man nachher erst so viel Ameisensäure zugibt, daß Lösung erfolgt. Auch andere fibroinhaltige Teile tierischer Körper kann man auf die beschriebene Weise auf Lösungen verarbeiten.

Es hat sich weiter herausgestellt, daß Ameisensäure ganz allgemein Eiweißstoffe oder eiweißähnliche Stoffe zu lösen vermag, und daß dabei die an sich wasserlöslichen Verbindungen, z. B. Albumin, in wasserunlösliche Produkte übergehen, die in dieser Hinsicht dieselbe wertvolle Eigenschaft aufweisen wie das aus der ameisensauren Lösung beim Verdunsten wieder abgeschiedene Fibroin. Diese Eigenschaft der Ameisensäure ermöglicht die unmittelbare Herstellung von Kunstseide aus Eiweiß ohne Mitbenutzung von Formaldehyd. Hierbei verfährt man am besten so, daß man die Lösung in der Kälte herstellt, da in der Wärme auf die Dauer auch Ameisensäure tiefergehende Spaltungen bewirkt. Aber auch in der Kälte darf man die Säure nicht zu lange einwirken lassen, weil sonst die nach dem Verjagen der Säure erhaltenen Rückstände Neigung zu Sprödigkeit zeigen. Um dem entgegenzuwirken, sind Zusätze von Glyzerin, Kampfer, Schellack, Tragant, Agar-Agar, Gelatine oder auch Tannin in geringen Mengen angezeigt.

Beispiel: Man löst 100 g Eieralbumin in 900 g konz. Ameisensäure. Alsdann fügt man 0,1 g in Ameisensäure gelöstes Glyzerin hinzu, wobei man zur Lösung 10 g konz. Ameisensäure verwendet hat, und läßt auf dem Wasserbade verdunsten. Es sei bemerkt, daß man statt der angegebenen 10 g auch eine andere passend erscheinende Menge Ameisensäure verwenden kann. Ferner kann man statt des Glyzerins auch Tragant, Agar-Agar, Gelatine od. dgl. benutzen.

Patentansprüche: 1 Ausführungsform des Verfahrens nach Patent 230 394, dadurch gekennzeichnet, daß man Hautfibroin oder fibroinhaltige Teile des tierischen Körpers oder sonstige Eiweißstoffe, insbesondere Albumin, mit Ameisensäure behandelt, wobei man die betreffenden Rohstoffe zweckmäßig erst in Ameisensäure quellen läßt und nachher Ameisensäure bis zur Lösung hinzufügt.

2. Ausführungsform des Verfahrens nach Anspruch 1, darin bestehend, daß man zwecks Vermeidung von Nachteilen, die eine Einwirkung der Säure bei höherer Temperatur oder eine zu lang fortgesetzte Einwirkung der Säure hervorrufen, beim Auflösen des Fibroins usw. in der Ameisensäure geringe Mengen von Glyzerin, Kampfer, Schellack, Agar-Agar, Gelatine mitverwendet.

3. Ausführungsform des Verfahrens nach Anspruch 2, darin bestehend, daß man zur ameisensauren Lösung von Fibroin, Eiweißstoffen und eiweißähnlichen Stoffen ameisensaure Lösungen anderer Stoffe, wie Glyzerin, Kampfer, Schellack, Tragant, Agar-Agar oder Gelatine, zusetzt.

Nach Diesser.

478. Gottfried Diesser in Zürich-Wollishofen. Verfahren zur Erhöhung der Elastizität der aus Lösungen von Albumin in Ameisensäure gewonnenen Körper.

D.R.P. 258 855 Kl. 29 b vom 31. V. 1912 (gelöscht); brit. P. 16 616[1912]; österr. P. 64 086; franz. P. 446 348.

Die aus den Lösungen von Albumin in Ameisensäure erhältlichen Produkte sind, wie bekannt, spröde. Bei Versuchen, durch geeignete Zusätze Elastizität zu erzielen, ergab sich die Tatsache, daß der Zusatz von Formaldehyd zur ameisensauren Lösung eine wesentlich erhöhte

Elastizität des Endproduktes bedingt, während nach den bisher vorliegenden Erfahrungen über die Einwirkung von Formaldehyd auf Albumin eher das Gegenteil zu erwarten gewesen wäre. Unter Zusatz von Formalin aus Ameisensäure hergestellte Körper sind zähe, fest und hygroskopisch. In trockener Hitze verlieren sie ihre Feuchtigkeit, um sie sofort an der Luft wieder aufzunehmen. Die Hygroskopizität ist derart, daß auf einer empfindlichen Wage, die langsam schwingt, ein konstantes Gewicht kaum zu erzielen ist, eine Eigenschaft, welche die neuen Körper mit der echten Seide teilen, abgesehen von der auch sonst bestehenden Ähnlichkeit oder Gleichheit in färbereitechnischer Beziehung, in ihrer elektrischen Isolierfähigkeit usw. Daraus ergibt sich ohne weiteres der Verwendungszweck der neuen Produkte. Der ameisensauren Lösung des Albumins können natürlich zur Erzielung bestimmter Zwecke noch weitere Zusätze gegeben werden.

Beispiel 1: Man löst etwa 10 g Albumin in 90 g Ameisensäure von 90—100%, filtriert, fügt etwa 10 oder mehr Gramm Formalin hinzu, gießt auf eine Glasplatte aus, erhitzt auf dem Wasserbad, neutralisiert mit wenig Ammoniak und läßt das gebildete Häutchen an der Luft trocknen.

Beispiel 2: Man löst 10 g Kleber in 90 g konz. Ameisensäure, fügt Formalin, z. B. 10 g, zur Lösung, verjagt das Lösungsmittel und läßt den gebildeten Körper trocknen.

Patentanspruch: Verfahren zur Erhöhung der Elastizität der aus Lösungen von Albumin in Ameisensäure gewonnenen Körper, dadurch gekennzeichnet, daß man auf die ameisensauren Lösungen des Albumins Formaldehyd, gegebenenfalls unter Beifügung anderer Zusätze, einwirken läßt.

479. G. Gottfried Diesser in Zürich, Schweiz. Verfahren zum Lösen von Pflanzeneiweiß in Ameisensäure.

D.R.P. 260 245 Kl. 29 b vom 26. VI. 1912 (gelöscht); brit. P. 16 615[1912]; österr. P. 62 460; franz. P. 446 349.

Zweck des vorliegenden Verfahrens ist die Gewinnung von in Wasser unlöslichen Fäden, Häutchen usw. mit Eiweißcharakter. Es ist bekannt, daß Ameisensäure tierisches Albumin, z. B. Eieralbumin, ohne weitergehende Spaltung schon in der Kälte aufzulösen vermag. Wesentlich anders verhält sich das Pflanzenalbumin. So löst sich z. B. hochprozentiger Kleber nur schwer in Ameisensäure bei gewöhnlicher Temperatur. Er ist erst beim Erhitzen in vollständige Lösung zu bringen, wobei, je nach der Einwirkungsdauer der Ameisensäure, eine hell- bis dunkelbraune Färbung der Lösung entsteht. Aus diesen Lösungen lassen sich zwar auch wasserunlösliche Gebilde gewinnen, doch ist die Farbe störend; auch sonst zeigen so hergestellte Produkte nicht ganz die gleichen Eigenschaften wie die aus Eieralbumin hergestellten.

Es hat sich ergeben, daß man diese Schwierigkeiten umgehen kann, wenn man den Kleber zunächst in einer alkalischen Flüssigkeit löst, ausfällt, auswäscht und dann erst mit Ameisensäure zusammenbringt.

Die aus dieser Lösung zu erzielenden Häutchen sind in dünnen Schichten nahezu wasserhell, wasserunlöslich, hochglänzend und, namentlich bei Zusatz von Formalin, außerordentlich elastisch.

Beispiel: Man löst 65 g gewöhnlichen oder entfetteten Kleber in 2 l Natronlauge, beispielsweise $2^1/_2\%$ig, dekantiert, säuert bis zur schwachsauren Reaktion an, wäscht den entstandenen Niederschlag aus, entfernt den Überschuß von Wasser und löst in konzentrierter Ameisensäure, beispielsweise im Verhältnis 1 : 10, mit oder ohne Zusatz von Formaldehyd.

Patentanspruch: Verfahren zum Lösen von Pflanzeneiweiß in Ameisensäure, dadurch gekennzeichnet, daß man Kleber zunächst in alkalischer Flüssigkeit auflöst, durch Säuren fällt und dann den Niederschlag in Ameisensäure löst.

480. G. Diesser in Zürich. Verfahren, um dem aus der Lösung von Albumin in Ameisensäure erhältlichen Produkte elastische Eigenschaften zu verleihen.

Österr. P. 63 438.

Es ist bekannt, daß Albumin von Ameisensäure schon in der Kälte gelöst wird. Der beim Verdunsten der Säure verbleibende Rückstand ist wasserunlöslich, hat aber die Eigenschaft, beim Trocknen spröde zu werden. Man hat versucht, diesem Körper durch die verschiedensten Zusätze Elastizität zu geben. Dabei ergab sich, daß die Kondensationsprodukte aus Phenolen und Formaldehyd hierzu ganz besonders geeignet sind. Man versetzt z. B. 2 g einer 10%igen Lösung von Albumin in Ameisensäure (spez. Gew. 1,22) mit 1 Tropfen Phenol und 1 Tropfen einer kalt gesättigten Lösung von Oxalsäure in Ameisensäure (1,22). Man läßt die Ameisensäure verdunsten, z. B. durch Erhitzen, legt das abgezogene Häutchen zunächst bei Zimmertemperatur in Formalin, erhitzt hierauf während einiger Minuten und spült schließlich in kaltem Wasser längere Zeit nach. Die Mengenverhältnisse von Phenol, Oxalsäure, Formalin, auch die Versuchsanordnung können abgeändert werden.

Nach Naamlooze Vennootschap Hollandsche Zyde Maatschappy in Amsterdam.

481. Naamlooze Vennootschap Hollandsche Zyde Maatschappy in Amsterdam. Verfahren zur Herstellung einer plastischen Masse für künstliche Seide und sonstige geformte Gebilde aus Milch.

D.R.P. 236 908 Kl. 29 b vom 24. VI. 1910 (gelöscht); franz. P. 431 052; brit. P. 14 266[1911] (Timpe); österr. P. 53 882; schweiz. P. 57 738; Ver. St. Amer. P. 1 087 700 (auch H. Timpe).

Das Bestreben, aus Eiweißkörpern seideähnliche Fäden herzustellen mit den den tierischen Fasern eigenen Vorzügen, ist bisher wenig erfolgreich gewesen. Die umfassendsten Versuche in dieser Richtung sind wohl mit Kasein und Kaseinpräparaten angestellt worden. Das entstandene Produkt war aber stets hart und spröde, und man erhielt keinen feinen Faden, wie er zur Erzeugung einer guten Seide nötig ist. Man konnte ihm wohl durch chemische Zusätze wie Glyzerin u. dgl. etwas Geschmeidigkeit verleihen, aber das geschah wieder auf Kosten der Haltbarkeit. Es kamen also seither zur Erzeugung einer wirklich seidenartigen Faser Kaseinprodukte nicht in Frage.

Demgegenüber ergibt das vorliegende Verfahren eine vollständig seidenartige Faser von größter Feinheit und Festigkeit. Aus der Patentschrift 190 838 Kl. 53e ist bekannt, daß das Kasein der Kuhmilch durch die Einwirkung pyrophosphorsaurer Salze zersetzt wird. Ein Teil wird hierbei unlöslich abgeschieden. Der in Lösung verbleibende Teil bildet nun die Grundlage für das neue Verfahren. Dieses Spaltungsprodukt kann durch Reagenzien, die für die Fällung der Kaseine und Albuminate in Frage kommen, gefällt werden. Das entstandene Fällungsprodukt ist zur Herstellung feinster seidenartiger Fäden vorzüglich geeignet, während der durch pyrophosphorsaure Salze unlöslich abgespaltene Körper zwar durch Ammoniak und Alkalien gelöst und in Fadenform gebracht werden kann, aber nur dicke Fäden und ein hartes, sprödes und daher unverwendbares Produkt ergibt. Die Abscheidung und Beseitigung dieses durch pyrophosphorsaure Salze erhaltenen unlöslichen und festen Spaltungsproduktes aus den Eiweißstoffen der Milch ist deshalb unbedingt erforderlich zur Erlangung eines elastischen Materials, welches neben großer Festigkeit die erforderliche Zähigkeit und Ausziehbarkeit besitzt.

Der Gang des Verfahrens ist folgender: Zu Milch, am zweckmäßigsten Magermilch, wird eine Lösung von pyrophosphorsaurem Salz langsam zugefügt, so daß auf 1 l Milch wenigstens 3 g trockenes pyrophosphorsaures Natron oder die äquivalente Menge eines anderen Pyrophosphates kommen. Die Milch gerinnt hierbei und bildet anfangs eine Gallerte. Nach kurzem Stehen, besonders in der Wärme, scheidet sich aber der feste Körper von den Molken genügend ab, so daß eine Trennung beider möglich ist. Aus den Molken wird das in Lösung befindliche Eiweißspaltungsprodukt durch verdünnte Säuren oder ein anderes der bekannten Fällungsmittel abgeschieden und nach erfolgtem Abpressen der anhaftenden Flüssigkeit durch Zusatz geringer Mengen Ammoniak oder Alkali in eine zähe plastische Masse übergeführt. Soll das Material zu Fäden geformt werden, so wird der durch Säuren gefällte Eiweißkörper erst mit Wasser ausgewaschen, in verdünnter Alkalilauge nochmals vollständig gelöst und nach dem Filtrieren der Lösung durch verdünnte Säuren gefällt. Das so gereinigte Produkt wird durch Pressen von Feuchtigkeit befreit und dann durch Zusatz geringer Mengen von Ammoniak oder Alkali in die plastische Form übergeführt. Diese Masse, welche sich zu feinsten Fäden ausziehen läßt, wird auf bekannte Weise geformt und durch Einwirkung von Formaldehyd oder durch ein anderes Mittel gehärtet.

Patentanspruch: Verfahren zur Herstellung einer plastischen Masse für künstliche Seide und sonstige geformte Gebilde aus Milch, dadurch gekennzeichnet, daß die Eiweißkörper der Milch durch die Einwirkung pyrophosphorsaurer Salze in bekannter Weise zersetzt, hierauf in gleichfalls bekannter Weise das in Lösung verbliebene Eiweißspaltungsprodukt für sich ausgefällt, und daß dieses sodann entweder direkt oder nach nochmaliger Lösung und Fällung durch Zusatz von Ammoniak oder Alkali in die plastische Form übergeführt wird.

Nach Fuchs.

482. A.-F. Fuchs. Plastiche Masse, die sich zu in Wasser unlöslichen, seide- oder haarähnlichen Fäden ausziehen läßt und Verfahren zu ihrer Herstellung.

Franz. P. 433 956.

Die Masse wird gewonnen durch Einwirkung von Ammoniumsulfat auf Gelatine. In einem mit Dampfmantel versehenen Gefäß läßt man bei etwa 80—100° auf ungefähr 7 l Ammoniumsulfatlösung von 20% unter fortwährendem Umrühren auf 5 l Gelatinelösung von 10% einwirken. Es sammelt sich am Boden des Gefäßes eine plastische Masse an, die durch Dekantieren abgetrennt wird. Die überstehende Flüssigkeit, die noch Ammoniumsulfat enthält, wird auf dieses Salz verarbeitet. Die plastische Masse wird in einen zweiten Behälter gebracht, durch um den Behälter geleiteten Dampf flüssig gehalten und unter Druck durch ein Rohr, das in einer Spitze endigt, ausgepreßt. Die Spitze braucht nicht sehr fein zu sein, durch einen um sie gelegten Mantel, durch den Wasser geleitet wird, wird sie auf geeigneter Temperatur gehalten. Durch die Temperatur wird die Feinheit der gebildeten Fäden bestimmt. Der Druck, unter dem die plastische Masse austritt, wird durch Preßluft erzeugt. Der gebildete Faden läuft über eine Trommel und dann durch mehrere Bäder, in denen er wasserunlöslich gemacht wird, z. B. durch ein 1%iges Kalium- oder Ammoniumbichromatbad, durch ein 1%iges Natriumbisulfitbad und schließlich durch eine 15%ige Ammoniumsulfatlösung. Ammoniumsulfat kann auch den vorhergehenden Bädern zugesetzt werden. Die erhaltenen Fäden können bei 100° C getrocknet werden, ohne zu schmelzen. (2 Zeichnungen.)

Nach Lance.

483. D. Lance. Verfahren zur Herstellung von Fäden, Haaren, Häutchen, Bändern, Geweben, Gazen, Spitzen usw. aus reiner oder mit Zellulose versetzter Seide.

Franz. P. 435 156.

Es finden Lösungen von roher oder gebrauchter Seide in ammoniakalischer Zink-, Nickel- oder Kupferkarbonatlösung Verwendung, der Lösungen von Zellulose in ammoniakalischer Kupferlösung zugesetzt sein können. Gefällt werden die Fäden mit sauren Lösungen, z. B. verdünnter Salzsäure, die freies Chlor enthält, welches bleichend wirkt.

Nach dem

484. Zusatzpatent 15 008

werden diesen Lösungen pflanzliche oder tierische Eiweißstoffe wie Gluten, Blutfibrin, Ossein usw., die in Wasser unlöslich sind, zugesetzt.

Die Eiweißkörper werden wie die Seide oder Zellulose in ammoniakalischen oder Methylaminlösungen oder Mischungen davon zur Lösung gebracht in Gegenwart von Oxyden oder Karbonaten von Kupfer oder Nickel oder Mischungen dieser Metalle. Derartige Lösungen sind mit Seide oder Zelluloselösungen in allen Verhältnissen mischbar und sind wie jene durch Säuren fällbar. Da die Eiweißkörper und auch die Seide im gelösten und frisch gefällten Zustande leicht oxydierbar sind, so ist es zweckmäßiger, die Karbonate von Kupfer oder Nickel zur Herstellung der Lösungen zu benutzen als die Oxyde oder Hydroxyde; die damit hergestellten Lösungen verändern sich selbst bei Temperaturen von 15 bis 20° nicht. Aus demselben Grunde werden die sauren Bäder schwach angewendet, und zwar solche von organischen Säuren (Essig-, Zitronen-, Wein-, Milchsäure) oder von Mineralsäuren, besonders schwachen Säuren wie Borsäure, Phosphorsäure, arsenige Säure usw. Mehrbasische Säuren kann man in Form saurer Salze anwenden. Bei den dem Fällen folgenden Maßnahmen bis zum Trocknen der Fäden muß in neutralem oder reduzierendem Mittel gearbeitet werden, um eine oxydierende Wirkung auszuschließen. Zu diesem Zwecke setzt man den Bädern reduzierende Stoffe, z. B. Methanal oder Äthanal zu, und verlängert ihre Einwirkung bis zur Beendigung des Trocknens.

Nach Galibert.

485. E.-M.-S. Galibert. Verfahren zur Herstellung von künstlichen Fäden, Films und Häutchen aus gemischten, hoch konzentrierten Lösungen von Seidenabfällen aller Art und von Zellulose.

Franz. P. 440 846.

Die Löslichkeit natürlicher Seide in ammoniakalischem Kupferchlorür ist seit langem bekannt, aber eine Verwendung solcher Lösungen zur Herstellung künstlicher Seidenfäden hat praktisch bisher nicht stattgefunden. Ferner ist die Löslichkeit von Zellulose in ammoniakalischem Kupferchlorür bekannt. Solche Lösungen von Seide und Zellulose sind nun im Gegensatze zu den mit ammoniakalischem Kupferoxyd bereiteten ohne Temperaturherabsetzung haltbar und können sehr konzentriert, mit einem Gehalt bis 50% an festen Stoffen, hergestellt werden. Stellt man einerseits eine Lösung in üblicher Weise, z. B. mittels Natriumkarbonat, Seifenwasser oder Nickelsalze in ammoniakalischer Lösung entbasteter Seide in Kupferchlorürammoniak her, und andererseits eine Lösung von Zellulose in demselben Lösungsmittel und mischt diese beiden Lösungen, so erhält man entweder eine viskose, klare, violettblaue Lösung oder sofort oder nach einigen Stunden eine vollkommene Fällung der Seide. Man muß die Menge Kupfersalz so berechnen, daß diese Fällung nicht eintritt und man eine spinnbare Lösung bekommt, die Seide und die Zellulose können zusammen oder getrennt gelöst werden. Das Serizin der Seide hindert die Auflösung und das Verspinnen nicht; die unvollkommen entbastete Seide wird getrocknet und mit so viel Zellulose gemischt, daß das Gemisch 14—17 Gewichtsprozente an Stickstoff enthält. Die Mischung wird mit Kupferchlorür allein oder in Mischung mit anderen Kupfersalzen getränkt, dann werden Kohlenhydrate oder mehratomige Alkohole im Verhältnis von 10—15% vom Gewicht der Zellulose zugesetzt und schließlich wird Ammoniak zugegeben. Die erhaltene viskose aber fließbare Lösung ist fertig zum Verspinnen auf den üblichen Maschinen, sie hält sich mehrere Wochen auch ohne Temperaturerniedrigung unverändert.

486. E.-M.-S. Galibert. Neues Verfahren zur Herstellung löslicher Seide.

Franz. P. 441 606.

Entschälte oder nicht entschälte Seide quillt bekanntlich unter der Einwirkung von Alkalien beträchtlich auf und wird durchscheinend. Erhitzt man, so wird die Reaktion beschleunigt und die Seide wird tiefgehend verändert. So behandelte Seide verbindet sich mit Schwefelkohlenstoff und liefert eine viskose Flüssigkeit, deren Viskosität proportional ist der Menge der verwendeten Seide und des zur Behandlung der Alkaliseide benutzten Schwefelkohlenstoffs. In dem Produkt liegt eine neue Verbindung und nicht eine einfache Lösung vor. Zur Ausführung des Verfahrens nimmt man rohe oder entbastete Seide und imprägniert sie mit Natronlauge, die 10—30 Gewichtsprozente Na_2O enthält. Nach 2—10stündigem Stehen mit oder ohne Rühren wird das Produkt abgepreßt oder abgeschleudert, so daß noch mindestens die gleiche Menge Alkalilösung in dem Produkte verbleibt. Dann wird das Produkt zerkleinert und mit flüssigem oder gasförmigem Schwefelkohlenstoff behandelt. Nach 2—4 Stunden, je nach der Temperatur, ist die Reaktion beendet und das Produkt kann in Wasser gelöst werden. Die Lösung kann unter geeigneten Bedingungen zu feinen Fäden versponnen werden.

Nach Ubertin.

487. Joseph Ubertin in Bastia, Corsica. Neues Verfahren zur Herstellung von Seide aus allen Arten von Stoffen.

Franz. P. 444 462.

Frisches Fleisch oder Fleisch von allen möglichen Säugetieren, Vögeln oder Fischen, tierische und pflanzliche Abscheidungen im frischen Zustande, Milch, Urin von allen Tieren, das Blut der Schlachthäuser, der Blutkuchen und das Serum, alle reifen Früchte und die grasigen Teile von Pflanzen, Blätter und Blüten, grasartige Pflanzen und auch anorganische Stoffe werden fein gepulvert und mit genau berechneten Mengen Wasser und Alkali oder Erdalkali in geschlossenen Gefäßen erwärmt. Die dicke Masse wird gut durchgerührt, damit Klumpenbildung vermieden wird und durch Einleiten von Induktionsströmen elektrolysiert. Die Elektrolyse wird fortgesetzt, bis kein Niederschlag mehr zu sehen ist und die Flüssigkeit eine gleichmäßige Farbe angenommen hat, die der Farbe des verwendeten Stoffes in frischem Zustande entspricht. Dann werden mit feinen Spitzen aus Gold oder Platin von der Oberfläche der Flüssigkeit Fäden in senkrechter Richtung hochgezogen, die feiner als Spinnenfäden sind und auf Haspeln, Spulen oder Walzen aufgenommen werden. Die Fäden werden dann abgewunden und je nach dem beabsichtigten Zwecke zu mehreren vereinigt.

Nach Sarason.

488. Dr. Leopold Sarason in Berlin-Westend. Verfahren zur Herstellung von Kunstfäden.

D.R.P. 258 810 Kl. 29 b vom 23. II. 1912; belg. P. 249 325; schweiz. P. 59 641; brit. P. 21 586[1912]; österr. P. 62 968; franz. P. 448 429.

Nach vorliegendem Verfahren werden Lösungen von Alginsäure zur Herstellung von Kunstfäden benutzt. Es wurde gefunden, daß derartige Lösungen, die nach bekannter Arbeitsweise aus feinen Öffnungen in geeignete koagulierende Bäder gespritzt werden, zusammenhängende und verspinnbare Fäden ergeben, die als künstliche Seide, künstliches Roßhaar u. dgl. Verwendung finden können. Man bedient sich zweckmäßigerweise wässeriger Auflösungen der alginsauren Alkalien mit einem Gehalt von etwa 10% an festen Bestandteilen. Als brauchbare Fällungsmittel haben sich u. a. Lösungen von Metallsalzen erwiesen und unter diesen wieder als die besten die löslichen Kalk-, Strontium- und Bariumsalze[1]). Besonders gute Ergebnisse erzielt man dadurch, daß man die koagulierenden Bäder bei erhöhter Temperatur (etwa 70—80° C) einwirken und die Trocknung unter Spannung erfolgen läßt. Während durch die erhöhte Temperatur die Verspinnbarkeit begünstigt wird, bewirkt die Trocknung unter Spannung eine Herabsetzung des Quellungsvermögens des Endproduktes. Gegenüber den bisher geübten Verfahren besitzt das vorliegende u. a. den Vorzug der Einfachheit und Billigkeit.

Patentansprüche: 1. Verfahren zur Herstellung von Kunstfäden, dadurch gekennzeichnet, daß man aus feinen Öffnungen gespritzte Lösungen von Alginsäure in bekannter Weise der Einwirkung von koagulierenden Mitteln aussetzt.

2. Ausführungsform des Verfahrens nach Anspruch 1, dadurch gekennzeichnet, daß man zur Koagulierung Metallsalzlösungen, insbesondere Kalzium-, Strontium- oder Bariumsalzlösungen, verwendet.

3. Ausführungsform der Verfahren nach Anspruch 1 und 2, dadurch gekennzeichnet, daß man die koagulierenden Bäder erwärmt.

4. Ausführungsform der Verfahren nach Anspruch 1, 2 und 3, dadurch gekennzeichnet, daß man die Fäden unter Spannung trocknet.

---

[1]) Die britische Patentschrift 21 586[1912] nennt unter den Fällmitteln auch Zinksulfat und Kalialaun, die österr. Patentschrift 62 968 auch Natriumbisulfat und für ammoniakalische Lösungen Aldehyde.

489. Dr. Leopold Sarason in Berlin-Westend. Verfahren zur Herstellung von Kunstfäden.

D.R.P. 260 812 Kl. 29 b vom 14. VI. 1912, Zus. z. Pat. 258 810.

Es hat sich herausgestellt, daß man die Lösungen der Alginsäure durch Zusatz von Metallverbindungen verbessern kann, welche, wie beispielsweise die molybdänsauren oder wolframsauren Salze, das Metall im Anion enthalten. So fügt man z. B. 20% des Trockengewichts der Alginsäure molybdänsaures Ammonium zu. Die Masse wird hierdurch viskoser und nach dem Trocknen fester und elastischer, die Verspinnbarkeit wird gesteigert.

Patentanspruch: Verbesserung der zur Ausführung des Verfahrens des Patentes 258 810 erforderlichen Massen, gekennzeichnet durch einen Zusatz von solchen Metallverbindungen, die das Metall im Anion enthalten.

Nach Chemische Fabrik Griesheim-Elektron.

490. Chemische Fabrik Griesheim-Elektron in Frankfurt a. M. Verfahren zur Herstellung einer auf Hornersatz, Films, Kunstfäden, Lacke u. dgl. verarbeitbaren plastischen Masse.

D.R.P. 281 877 Kl. 39 b vom 4. VII. 1913; österr. P. 70 348.

Es wurde gefunden, daß man die aus der Polymerisation von Halogenvinyl hervorgehenden Produkte in technisch wertvolle Massen überführen kann, wenn man sie in gelösten oder erweichten Zustand überführt und aus diesen Zuständen wieder in die feste Form zurückverwandelt. Man bringt die Polymerisationsprodukte z. B. durch Lösungsmittel vollkommen in Lösung und zieht daraus Fäden.

Patentanspruch: Verfahren zur Herstellung einer auf Hornersatz, Films, Kunstfäden, Lacke u. dgl. verarbeitbaren plastischen Masse, dadurch gekennzeichnet, daß man die Polymerisationsprodukte von Halogenvinyl mit oder ohne Zusatzstoffe zunächst erweicht oder in Lösung bringt und sodann wieder in die feste Form zurückverwandelt.

Das österr. P. erwähnt auch die Verwendung der Polymerisationsprodukte organischer Vinylester.

d) Auf die Herstellung künstlicher Seide bezügliche allgemeiner Anwendung fähige Verfahren und Einrichtungen.

Das Nachstehende bezieht sich auf Verfahren und Einrichtungen, die für keine der in einer der vorhergehenden Gruppen behandelten Arbeitsweisen angegeben sind und wohl allgemeinerer Anwendung fähig sein dürften.

Vorbehandlung von Zellulose für die Kunstseideherstellung, besondere Zellulosearten.
Nach Glum.

491. Otto Glum & Co. in Düren. Verfahren zur Herstellung in Lösungsmitteln leicht löslicher und leicht lösliche Derivate liefernder Zellulose durch Erhitzen.

D.R.P. 217 316 Kl. 29 b vom 16. X. 1908 (gelöscht).

Seitdem der Verbrauch an Lösungen der Zellulose und ihrer Derivate in den Fabrikationen von Kunstseide, Zelluloid, rauchlosem Pulver usw. bedeutend geworden ist und immerfort wächst, ist man bestrebt, zur Verbilligung der Fabrikationen die Zellulose in einen Zustand überzuführen, der möglichste Ersparnis an Lösungsmitteln herbeiführt. Man hat dieses Ziel zu erreichen gesucht, indem man inerte Gase von hoher Temperatur oder überhitzten Wasserdampf lange Zeit auf Zellulose einwirken ließ[1]). Die Behandlung der Zellulose nach diesem Verfahren leidet aber an dem Übelstande, daß selbst durch langanhaltende Einwirkung, die das Verfahren naturgemäß verteuert, ein gleichmäßiges Produkt nicht erzielt werden kann, da die heißen Gase oder Dämpfe die Zellulose nur schwer und ungleichmäßig durchdringen.

Es ist nun gelungen, ein Verfahren zu finden, durch das die genannten Übelstände vollständig beseitigt werden. Die danach erhältliche Zellulose ist nicht nur für sich in allen gebräuchlichen Lösungsmitteln hochgradig und gleichmäßig löslich, sondern sie liefert auch Derivate, die die gleiche wertvolle Eigenschaft Lösungsmitteln gegenüber aufweisen. Die Zellulose wird zu diesem Zwecke in ein Bad aus einer höhere Temperaturen vertragenden Flüssigkeit, z. B. Glyzerin oder Öl, eingetragen, die die Zellulose leicht und vollständig zu durchdringen vermag, und hierin auf Temperaturen über 100°C erhitzt. Höhe der Temperatur und Zeitdauer der Erhitzung, die in Wechselwirkung stehen, sind abhängig von der Art der zu behandelnden Zellulose und von ihrer äußeren Beschaffenheit. Wird die Behandlung längere Zeit fortgesetzt oder die Temperatur über eine bestimmte Grenze hinaus erhöht, so zerfällt die Zellulose, d. h. sie verliert ihre faserige Struktur. Man hat es also in der Hand, den letztgenannten Zustand herbeizuführen oder zu vermeiden.

Beispiele: Man behandelt trockene Baumwolle 3 Stunden lang mit Glyzerin bei 120° und erhält so eine leicht lösliche Zellulose, die ihre ursprüngliche Struktur fast ganz beibehalten hat. Oder man behandelt trockene Baumwolle in einem reichlich Öl fassenden Bade bei 140° länger als 4 Stunden. Es tritt dabei ein die höhere Löslichkeit nicht beeinflussender Zerfall der Faser ein, der sich besonders erst nach dem Entfetten der Zellulose nach bekanntem Verfahren und dem Trocknen bemerklich macht. Bei niedrigerer Temperatur oder kürzerer Zeitdauer der Behandlung bleibt auch in diesem Falle die Struktur gut erhalten. Nach der Behandlung wird die Zellulose von der betreffenden Flüssigkeit

---
[1]) Siehe S. 36.

unter deren eventueller Wiedergewinnung befreit und, wenn nötig, gebleicht und getrocknet. Die auf diese Weise erhältliche Zellulose erfordert zu ihrer vollständigen Lösung nur ungefähr die Hälfte des sonst nötigen Lösungsmittels. Ebenso ist für die daraus nach üblichem Verfahren hergestellten Derivate, z. B. Nitrozellulose, Zellulosexanthogenat u. dgl., nur etwa die Hälfte des sonst gebräuchlichen Lösungsmittels erforderlich, um Lösungen gleicher Konsistenz zu erhalten.

Patentanspruch: Verfahren zur Herstellung in Lösungsmitteln leicht löslicher und leicht lösliche Derivate liefernder Zellulose durch Erhitzen, dadurch gekennzeichnet, daß Zellulose vor ihrer Lösung oder Überführung in ihre Derivate bei Temperaturen über 100° in bei diesen Temperaturen beständigen Flüssigkeiten wie Glyzerin oder Öl behandelt wird.

Nach Opfermann, Friedemann und der Akt.-Ges. für Maschinenpapier-Fabrikation.

492. Dr. Erich Opfermann in Aschaffenburg, Dr. Erich Friedemann in Elberfeld und Aktien-Gesellschaft für Maschinenpapier-Fabrikation in Aschaffenburg. Verfahren zur Reinigung und Vorbereitung von Handels-Holzzellstoff für die Zwecke der Herstellung von Kunstfäden und Nitrozellulosen od. dgl.

D.R.P. 219 085 Kl. 29 b vom 16. IV. 1909, übertragen auf Akt.-Ges. für Zellstoff- und Papierfabrikation in Aschaffenburg; franz. P. 402 462; brit. P. 10 604[1909].

Bei der Herstellung von Kunstfäden und Nitrozellulosen hat sich Holzzellstoff als Ersatz für Baumwolle bisher nur in beschränktem Maße als brauchbar erwiesen, da selbst die besten Handelssorten im Gegensatz zur Baumwolle noch verschiedene Verunreinigungen wie Inkrusten, Holzgummi und Harz enthalten. Diese Verunreinigungen erschweren aber die Verarbeitung des Holzzellstoffes erheblich und beeinträchtigen die Beschaffenheit und Eigenschaften der fertigen Fabrikate. Man hat zwar schon den Vorschlag gemacht, diese Verunreinigungen dadurch zu beseitigen, daß man den Holzzellstoff mit ätzenden Alkalien behandelt. Diese sind zwar geeignet, Inkrusten, Holzgummi und Harz zu lösen, gleichzeitig greifen sie jedoch den Holzzellstoff derart an, daß bei einer nachfolgenden Bleiche eine erhebliche Neubildung von Oxyzellulose eintritt, die einerseits die Herstellung hochnitrierter Zellulosen erschwert und andererseits bei der Kunstseidefabrikation nach dem Kupferoxydammoniakverfahren zur Bildung stark oxyzellulosehaltiger Lösungen von mangelhafter Spinnbarkeit und Viskosität Veranlassung gibt.

Diese Übelstände werden gemäß der Erfindung dadurch vermieden, daß man den Holzzellstoff mit verdünnten Lösungen von kohlensauren Alkalien u. U. unter vorsichtigem Zusatz von ätzenden oder Schwefelalkalien unter Druck kocht. Dadurch wird gleichzeitig bei der nachfolgenden Bleiche eine Ersparnis an Bleichmitteln um etwa 50% erzielt. Die Konzentration der Alkalilauge beträgt je nach der Beschaffenheit des angewandten Zellstoffes etwa $1/2$—2%, die Kochdauer etwa 3—6

Stunden bei einem Druck von etwa 2—3 Atmosphären. Ein geringer Zusatz von ätzenden oder Schwefelalkalien erhöht die Weichheit des Produktes, ohne seine Festigkeit zu verringern. Die Ausführung des Verfahrens gestaltet sich beispielsweise so, daß man 50 kg Holzzellstoff mit 1000 l einer Lösung, die im Liter 10 g wasserfreie Soda enthält, 6 Stunden lang bei 2,5 Atm. Druck kocht und darauf den Stoff völlig auswäscht.

Patentanspruch: Verfahren zur Reinigung und Vorbereitung von Handels-Holzzellstoff für die Zwecke der Herstellung von Kunstfäden und Nitrozellulosen od. dgl., dadurch gekennzeichnet, daß man den Holzzellstoff mit Lösungen von kohlensauren Alkalien evtl. unter vorsichtigem Zusatz von ätzenden oder Schwefelalkalien unter Druck kocht. Vgl. hierzu S. 194 u. 195.

Nach Gocher Ölmühle.

493. Gocher Ölmühle Gebr. van den Bosch in Goch, Rheinpr. Verfahren zur unmittelbaren Herstellung farbiger Zellulosegebilde.

D.R.P. 178 308 Kl. 29 b vom 2. IV. 1905 (übertragen auf Rheinische Kunstseide-Fabrik A.-G. Cöln); franz. P. 366 126; brit. P. 6924[1906]; schweiz. P. 35 911; Ver. St. Amer. P. 931 634 (O. Müller).

Bei der Herstellung von künstlichen Fäden, Fasern, Streifen, Films od. dgl. aus Zellulose (z. B. Baumwolle, Sulfitzellulose) erhielt man an sich farblose oder weiße Zellulosegebilde, welche in beliebiger Weise, ähnlich wie es bei natürlichen Fasergebilden geschieht, gefärbt wurden. Dieses Färben konnte unter Umständen auch dadurch geschehen, daß Zelluloselösungen, aus welchen die Zellulosegebilde hergestellt wurden, mit dem entsprechenden Farbstoff versehen wurden.

Versuche haben nun ergeben, daß man bei Anwendung eines bestimmten Zellulorohstoffes, nämlich des aus den Baumwollensamenschalen erhältlichen Zellulosestoffes oder Zellstoffersatzes, unmittelbar farbige Zellulosegebilde wie Films, Fäden u. dgl. herstellen kann. Zur Ausführung des Verfahrens wird die Baumwollensamenschalenzellulose (Zellstoffersatz), in der man bei ihrer Herstellung die gewünschten in ihr vorhandenen Farbmengen belassen hat, in den üblichen Lösungsmitteln (Ätzalkali mit Schwefelkohlenstoff, Schweizers Reagens, Chlorzink) gelöst und die Lösung in bekannter Weise durch geeignete Öffnungen in eine geeignete (z. B. saure) Fällflüssigkeit eintreten gelassen. Die erhaltenen Fäden, Films od. dgl. können je nach Wunsch einer weiteren Behandlung unterzogen werden. Als Fällflüssigkeit kann eine Lösung einer Säure oder saurer Salze, die auch andere Salze enthalten kann, Verwendung finden. Auf diese Weise erhält man Zellulosegebilde, welche je nach den in der angewendeten Baumwollensamenschalenzellulose bei ihrer Herstellung belassenen Farbstoffmengen in einer vom Rot bis zum zartesten Gelb gehenden Farbe erscheinen. Die Tiefe der Farbe kann auch dadurch geregelt werden, daß man die entsprechende Menge der bei der Herstellung der Baumwollensamenschalenzellulose erhaltenen alkalischen Farbstofflösung vor, bei oder nach dem Auflösen der genannten Zellulose zusetzt. Überdies kann die angewendete Baumwollensamenschalenzelluloselösung auch noch andere Zellulose (z. B. Baumwolle) gelöst enthalten, wobei es gleichgültig ist, ob die Schalenzellulose gemeinschaftlich mit der anderen Zellulose gelöst oder die Lösungen getrennt hergestellt und dann gemischt werden. Wesentlich ist immer das Vorhandensein gelöster Baumwollensamenschalenzellulose (Zellstoffersatz).

Den für die Herstellung der Zellulosegebilde nach vorliegender Erfindung zu benutzenden Zellstoffersatz kann man beispielsweise folgendermaßen erhalten: Die Baumwollsaatschalen werden, gleichgültig ob ihnen noch Baumwollfasern anhängen oder nicht, in einer Natronlauge von 3—10° Bé einige Stunden gekocht, wobei die Wirkung der Lauge durch Anwendung von Druck befördert werden kann. Die Kochflüssigkeit wird darauf von der Masse getrennt und diese mit Wasser ausgewaschen. Hiernach kann man die Masse in einem chlorhaltigen Bad (z. B. von Natriumhypochlorit) mit einem Gehalt von etwa 3—4% wirksamem Chlor zweckmäßig bei etwa 35° C längere Zeit mazerieren. Die Masse erhält dadurch eine knorpelartige Beschaffenheit. Je nach der Zeitdauer der Einwirkung gewinnt man auf diese Weise ein Produkt, in welchem mehr oder weniger des dem Ausgangsmaterial anhaftenden Farbstoffes belassen ist, was, wie oben beschrieben, den verschiedenen Färbungsgrad der aus diesem Material herzustellenden Gebilde bedingt. Von dem Chlorbad wird die Saatschalensubstanz getrennt. Es folgt dann ein Auswaschen mit Wasser, dessen Wirkung man gewünschtenfalls durch Anwendung von bekannten Antichlormitteln unterstützen kann. Die so erhaltene knorpelartige Substanz ist nunmehr für vorliegendes Verfahren geeignet.

Patentanspruch: Verfahren zur unmittelbaren Herstellung farbiger Zellulosegebilde, dadurch gekennzeichnet, daß man eine Lösung von Baumwollensamenschalenzellulose durch Eintreten in eine Fällflüssigkeit unter Benutzung einer entsprechenden Öffnung zu den gewünschten Gebilden formt.

Hinsichtlich der Gewinnung des Zellstoffs s. noch schweiz. P. 42536.

Nach Weertz.

494. M. Weertz in Bradford. Verbesserung in der Herstellung von Zelluloselösungen.

Brit. P. 12422[1910].

Als Ausgangsstoff zur Herstellung der Lösung dienen die sog. Pflanzenseiden, z. B. Kapokfaser und Bombaxfaser, die nach dem Entfetten und Bleichen in den bekannten Lösungsmitteln für Zellulose gelöst werden. Die Lösungen sollen sich zu sehr feinen Fäden verspinnen lassen.

Nitrierte Kapokfaser in Äther gelöst zum Überziehen von Fasern s. franz. P. 12938, Zus. z. 409627. J. Tissier.

Nach Davoine.

495. H. Davoine. Verbesserungen in dem Verfahren zur Herstellung künstlicher Seide.

Franz. P. 470 606.

Als Zellulose wird die von Hedychium coronarium aus der Familie der Zingiberaceen verwendet und in bekannter Weise verarbeitet. Die daraus erhaltenen Fäden sind widerstandsfähiger als die bisherigen Kunstseiden, sie sind glänzender und ihr Preis ist niedriger.

Nach Verein für Chem. Industrie.

496. Verein für Chem. Industrie in Mainz in Frankfurt a. M. Verfahren zur Vorbereitung der Zellulose für die Herstellung von Spinnlösungen.

D.R.P. 290 131 Kl. 29 b vom 31. V. 1913.

Die Herstellung einer brauchbaren Spinnlösung ist eine der wichtigsten Vorbedingungen zur Herstellung einer guten Kunstseide. Die Natur der zu verwendenden Zellulose und die Art, wie diese in Lösung gebracht wird, spielen eine große Rolle. Gut lösliche Zellulosesorten ergeben leicht spinnbare Verbindungen. Die daraus erhaltenen Kunstseidenfäden weisen jedoch im allgemeinen eine nur geringe Festigkeit auf, während andererseits gerade die am schwersten löslichen Zellulosearten die haltbarsten Kunstfäden ergeben. Man erklärt sich dies dadurch, daß man annimmt, das Molekül der schwer löslichen Zellulosen sei sehr groß, und bei sehr starker Einwirkung des Lösungsmittels trete ein Abbau ein, indem Zellulosen von geringer Molekulargröße entstehen. Der Zellstoff oder die Holzzellulose soll beispielsweise in der Hauptsache aus einer solchen teilweise abgebauten Zellulose bestehen. Er ergibt nach der Verarbeitung zu Kupferoxydammoniak- oder Nitrokunstseide nur Fäden von sehr geringer Haltbarkeit. Andere Pflanzenbestandteile, vor allem das Samenhaar der Baumwollpflanzen, aus denen die verspinnbare Baumwolle besteht, sollen dagegen ein sehr hohes Molekulargewicht aufweisen. Das Zellulosemolekül ist hier sehr groß, so daß nach der Verarbeitung Fäden von ausgezeichneter Haltbarkeit entstehen. Dagegen sind aber gerade diese Zellulosearten außerordentlich schwer so in Lösung zu bringen, daß eine gut verspinnbare Lösung entsteht. Die Kunst bei der Herstellung der Zelluloselösungen besteht darin, die Zellulose so zu behandeln, daß ihre Spinnverbindung genügend leicht löslich wird, ohne durch ein Zuviel in diesem Bestreben die von der Natur bewirkte Molekularaggregation der Zellulose zu sehr zu beeinträchtigen und dadurch der Festigkeit des aus der Faser zu erhaltenden Fadens zu schaden. Eine derartig schädliche Aufschließung der Zellulose findet z. T. schon bei der Vorbehandlung zwecks Reinigung statt. Noch gefährlicher für die Zellulose können Oxydationsmittel oder geringe Mengen von Säuren werden, die von irgendeiner Säurebehandlung, z. B. nach dem Bleichen infolge ungenügenden Waschens, in der Faser zurückgeblieben sind.

Diese bewirken nämlich beim Trocknen der Zellulose die Bildung von Oxy- und Hydrozellulose, welche die Faser brüchig und zur Herstellung haltbarer künstlicher Fäden ungeeignet machen.

Es hat sich nun gezeigt, daß die mit geringen Mengen von Säure, z. B. Schwefelsäure, behandelte Zellulose ihre Eigenschaften nur in vorteilhafter Weise verändert, wenn man dafür Sorge trägt, daß die Bildung von Oxy- und Hydrozellulose unbedingt vermieden wird. Mit etwa $^1/_{100}$ bis zu $^1/_5\%$ Schwefelsäure getränkte und bei niedriger Temperatur getrocknete Baumwolle nimmt z. B. 10—30% an Festigkeit zu (Dr. W. Zänker und Karl Schnabel, Lehnes Färberztg. 1913, S. 280), ohne daß es nach den von Schwalbe (Dr. C. Schwalbe, Ber. d. deutsch. chem. Ges. 40, 1907, S. 1347, 4523) und anderen vorgeschlagenen Verfahren möglich ist, Oxy- oder Hydrozellulose auch nur in Spuren nachzuweisen. Erst beim Erhitzen des trockenen, schwefelsäurehaltigen Fasermaterials tritt die Bildung der Oxy- und Hydrozellulose ein.

Gerade wie die mercerisierte Baumwolle bei der Herstellung von Viskoselösungen ein besseres Lösungsvermögen zeigt, so ist die mit Säuren oder sauer reagierenden Salzen auf die angegebene Weise behandelte Zellulose nunmehr erheblich leichter löslich. Ein Auseinanderfallen der Molekularaggregate im Zellulosemolekül hat bei der Behandlung mit Schwefelsäure trotzdem anscheinend noch nicht stattgefunden, wie sich darin zeigt, daß die erhaltenen Kunstfäden auch bei der guten Löslichkeit der Zellulose eine vorzügliche Festigkeit besitzen. Eine der Hauptschwierigkeiten der Kunstseidenfabrikation, nämlich eine stets gleiche Viskosität der Spinnlösung und damit eine stets gleiche Fadenqualität zu erhalten, wird durch das neue Verfahren zu einem sehr großen Teile behoben. Durch die angegebene Vorbehandlung wird auch die trotz aller Sorgfalt nicht zu umgehende Ungleichmäßigkeit des natürlichen Ausgangsmaterials ziemlich unschädlich gemacht. In der Verwendung der Chemikalien können Ersparnisse erzielt werden, da man auch mit geringeren Mengen von Chemikalien Lösungen von demselben Gehalt an Zellulose und der gleichen Viskosität zu erzielen vermag.

Es ist noch erwähnenswert, daß man auch ungebleichte Zellulose in der angegebenen Weise behandeln, lösen, verspinnen und dann erst den fertigen Kunstfaden bleichen kann, weil die Widerstandsfähigkeit des Materials sehr groß ist.

Beispiel: Die zur Verarbeitung auf Kunstseide bestimmte Baumwolle wird in der üblichen Weise gebleicht, wobei man strengstens dafür Sorge trägt, daß jede Bildung von Oxy- oder Hydrozellulose vermieden wird, was durch die angegebene Prüfungsweise von Schwalbe überwacht werden kann. Nach dem Bleichen wird gespült und wie üblich mit Schwefelsäure abgesäuert. Hiernach wird mit sehr weichem Wasser, Kondenswasser oder destilliertem Wasser so lange gespült, bis die Waschflüssigkeit auch nach dem Einengen einer größeren Portion keine saure Reaktion mehr zeigt. Die Baumwollfaser selbst zeigt auch dann noch eine stark saure Reaktion, die man auf die von Zänker und Schnabel (a. a. O.) angegebene Art festzustellen vermag. Sie enthält noch gerade so viel Schwefelsäure, wie nötig ist, um den beschriebenen neuen Effekt zu erzielen. Sie braucht nur noch an der Luft oder auf andere Art bei niedriger Temperatur getrocknet zu werden und ist danach zur Verarbeitung zu Spinnlösungen fertig. Zweckmäßig ist es, die Baumwolle dann noch einige Tage an einem trocknen Orte an der Luft liegenzulassen, ehe man das Lösen vornimmt. Selbstverständlich darf die Zellulose auch nach dem Trocknen keine Reaktion auf Oxy- oder Hydrozellulose zeigen. Man bleicht daher am besten nur so stark, daß die Faser auch nach der Bleiche noch einen deutlich gelben Farbton aufweist.

An Stelle der Schwefelsäure können selbstverständlich auch beliebige andere Säure, saure oder säureabspaltende Salze verwendet werden. Vor dem Lösen der so behandelten Zellulose ist es im allgemeinen nicht unbedingt erforderlich, die Säure durch Spülen oder Neutralisieren zu entfernen. Die Zellulose kann vielmehr sofort verarbeitet werden.

Patentanspruch: Verfahren zur Vorbereitung der Zellulose für die Herstellung von Spinnlösungen, darin bestehend, daß sie mit so geringen Mengen von Säuren oder sauren Salzen in der Weise behandelt und getrocknet wird, daß eine Bildung von Oxy- oder Hydrozellulose nicht eintritt.

Besondere Lösungsmittel für Zellulose, Reinigen von Zellulosepräparaten, Herstellung von Zelluloselösungen.

Nach Langhans.

497. Rudolf Langhans in Berlin. Verfahren zur Umwandlung von Zellulose in eine formbare Masse durch aufeinanderfolgende Anwendung von Schwefelsäure verschiedener Konzentrationsstufen.

D.R.P. 72 572 Kl. 21 vom 17. VI. 1891 (gelöscht); franz. P. 217 557; Ver. St. Amer. P. 571 530.

Das Verfahren besteht darin, gereinigte Zellulose nacheinander mit Schwefelsäure von verschiedenen Konzentrationsstufen zu behandeln, um daraus eine gelatinöse und formbare Masse (Sulfozellulose) herzustellen, dann aus dieser Masse die verlangten Körper zu formen und schließlich letztere in Wasser zu bringen, worin deren Substanz gerinnt und welches die Schwefelsäure auszieht, um selbst an deren Stelle zu treten und mit der umgewandelten Zellulose Hydrozellulose zu bilden.

Die Zellulose wird zunächst gereinigt. Bei Verwendung natürlicher Zellulose wie Baumwolle wird diese erst mit einer schwachen Alkalilösung und darauf mit verdünnter Salzsäure behandelt, dann mit Wasser ausgesüßt und schließlich getrocknet. Die gereinigte Zellulose wird nun kurze Zeit mit Schwefelsäure durchtränkt, welche einen solchen Verdünnungsgrad hat, daß sie die Zellulose noch nicht zu gelatinieren vermag und deren Bau unverändert läßt. Bei einer Lufttemperatur von

15° C ist hierzu eine Säure von 40—50% Schwefelsäurehydrat geeignet. Hierauf folgt eine Behandlung mit Schwefelsäure, welche hinreichend stark ist, um die Zellulose zu lösen und in Sulfozellulose überzuführen, was sich mit einer Säure erreichen läßt, die 70—80% Schwefelsäurehydrat enthält. Von dieser setzt man unter Umrühren und Kneten so viel zu, daß eine steife Gelatine erzielt wird. Infolge der voraufgegangenen Durchtränkung der Zellulose mit schwächerer Säure geht die Vermischung und Verbindung mit der starken Säure leicht vonstatten. Damit nun während des ferneren Verfahrens, d. i. der Erzeugung der Fäden usw., welche eine gewisse Zeit in Anspruch nimmt, keine Zersetzung eintrete, wird die in der Masse enthaltene starke Säure durch Zusatz und Einkneten einer angemessenen Menge schwächerer Schwefelsäure wieder verdünnt. Je nach dem Konzentrationsgrad der starken Säure ist hierzu eine Säure von 63 bis herab zu 45% Schwefelsäurehydrat zu verwenden, und man setzt so viel davon zu, als nötig ist, um den für die weitere Verarbeitung erforderlichen Grad von Konsistenz zu erzielen. (Eine Verdünnung mit Wasser würde nachteilig sein wegen der dadurch eintretenden Erhitzung, welche der Zersetzung Vorschub leisten würde.) Man kann auch gleich zu Anfang bei rascher und sorgfältiger Durchknetung Säure von etwa 70—75% und darauf solche von 55—50% Säurehydrat verwenden. Im ganzen lassen sich auf die eine oder die andere Weise durch 100 g Säurehydrat und Wasser bis zu 10 g Zellulose auflösen und in die gewünschte Masse umwandeln.

Als Endprodukt des beschriebenen Verfahrens erhält man einen homogenen glasigen Kleister von starker Klebkraft, welcher die besondere Eigenschaft hat, mit Wasser sofort zu gerinnen, und zwar unter Bewahrung der Form, welche die Masse vorher besaß. Vor der Verwendung der Masse ist es angezeigt, daraus die durch das Kneten hineingekommenen Luftblasen zu entfernen, was sich mittels einer Luftpumpe oder einer Schleudermaschine erreichen läßt. Aus der erzeugten Masse formt oder gießt man nun die Körper, welche man zu haben wünscht. Oder man bringt die Masse in eine mit geeigneten Düsen oder Löchern versehene Spritze, drückt sie durch jene hindurch und erzeugt auf solche Weise Fäden oder Bänder von unbegrenzter Länge und überall gleichem Querschnitt, die hinreichende Festigkeit haben, um sofort ein Aufhaspeln zu ertragen. Schließlich legt man die Fäden oder anderweitigen Körper in Wasser, welches man wiederholt erneuert. Auch können wässerige Lösungen hierzu benutzt werden. Dabei entzieht das Wasser der Gelatine die Säure und verbindet sich selbst mit der umgewandelten Zellulose zu Hydrozellulose. Unter Voraussetzung normaler Zimmertemperatur erfolgt bei Fäden und dünnen Platten die Umsetzung in einigen Stunden. Stärkere Stücke erfordern dazu eine Zeit bis zu mehreren Tagen. Die beendigte Entsäuerung und Umsetzung erkennt man daran, daß die Körper Lackmuspapier nicht mehr röten. Mit Vorteil erfolgt dann eine Behandlung mit Alkohol oder Äther, um das überschüssige Wasser zu entfernen. Schließlich trocknet man langsam an der Luft.

Die so hergestellten Fäden besitzen eine glänzende Oberfläche, sind glasartig durchsichtig und von bedeutender Zug- und Biegungsfestigkeit, so daß sie sich zur Anfertigung von Geweben verwenden lassen. Bei Benutzung zu diesem Zweck ist es jedoch vorteilhaft, die Fäden mit Harzen oder Fetten zu imprägnieren, um ein Aufquellen durch Feuchtigkeit zu verhindern. Dies geschieht bei oder nach der Entwässerung durch Lösungen der Harze und Fette in geeigneten Lösungsmitteln, wie Alkohol, Äther, Benzin u. a. m. Auch können die Fäden gefärbt werden, sei es nach ihrer Herstellung oder durch Hinzufügung von Farben zu der Masse, woraus sie bestehen.

Patentansprüche: 1. Verfahren zur Umwandlung von Zellulose in eine formbare Masse von vollkommener Homogenität, dadurch gekennzeichnet, daß der durch starke Schwefelsäure von 70—80% Schwefelsäurehydrat in Sulfozellulose übergeführten Zellulose nachträglich eine schwächere Schwefelsäure von 45—63% Schwefelsäurehydrat beigemengt wird, um die Sulfozellulose während der Formung chemisch beständig zu halten.

2. Das durch Anspruch 1 gekennzeichnete Verfahren mit der Maßnahme, daß die zu verarbeitende Zellulose vorher mit Schwefelsäure von 40—50% Schwefelsäurehydrat durchtränkt wird.

498. Rudolf Langhans in Berlin. Verfahren zur Herstellung einer verspinnbaren Masse aus Zellulose.

D.R.P. 82 857 Kl. 29 vom 16. IV. 1893 (gelöscht).

Es gelang, durch Anwendung von reiner Zellulose oder ähnlichen Kohlenhydraten, welche durch Behandlung mit Phosphor- und Schwefelsäurehydraten in Lösung gebracht sind, eine Masse zu erhalten, die, mit geeigneten Flüssigkeiten behandelt, die reine Zellulose in gewässerter Form zurückläßt. Zu diesem Zwecke werden Zellulose oder ähnliche Kohlenhydrate mittels wässeriger Alkalilösung und hierauf mit wässeriger Salz- oder Schwefelsäurelösung gereinigt; hiernach werden die Zellulosen mit Wasser bis zur neutralen Reaktion gewaschen und bei 40° getrocknet. Diese Zellulosen werden einige Zeit mit verdünnten wässerigen Lösungen von Phosphor-Schwefelsäurehydraten durchtränkt, welche man z. B. erhält, wenn man zu wässeriger Phosphorsäure von 33% P_2O_5-Gehalt so lange Schwefelsäuremonohydrat hinzufügt, bis die Lösung 20% H_2SO_4-Gehalt aufweist; die Menge des angewendeten Phosphor-Schwefelsäurehydrats soll nicht mehr betragen, als nötig ist, die Zellulosen vollständig zu durchfeuchten; die Dauer der Einwirkung genügt, wenn die Fasern aufzuquellen beginnen. Alsdann wird die Masse mit doppelt gewässerter Schwefelsäure behandelt, und zwar mittels Knetens in einem Knetwerk, und dadurch eine gleichmäßigere Einwirkung erzielt. Ist die Masse homogen geworden, so stellt sie einen zähen Teig dar. In diese Masse wird nun reines konzentriertes Phosphorsäurehydrat eingebracht und durch Kneten gleichmäßig in dem Teig verteilt; dieser verwandelt sich hierbei in einen glashell durchscheinenden zähen Sirup, welcher sich leicht in Fäden ausziehen läßt. Zwecks Erzielung einer größeren Beständigkeit in der Zusammensetzung dieser Masse ist es vorteilhaft, gewisse Umlagerungen in ihr vorzunehmen, die darin gipfeln, die schnelle selbsttätige Überführung der sauren Zellulosen in Dextrin oder Zuckerkörper zu verlangsamen oder aufzuhalten. Dies erzielt man 1. durch Hinzukneten einer wässerigen Phosphorsäure von 45% H_3PO_4-Gehalt. Sie spaltet die vorhandenen gelösten sauren Zellulosen in säureärmere Zellulosekörper, die beständiger und langsamer umwandlungsfähig sind. 2. An Stelle von wässerigen Säurelösungen können erfolgreich die Phosphor-, Schwefel- oder Salpetersäureester des Äthylalkohols oder Glyzerins verwendet werden. Diese Ester wirken auf die vorhandenen sauren Zellulosen säureabspaltend, indem sie unter Vereinigung mit dem abgespaltenen Säurekomplex Äthersäuren bilden. 3. Schwieriger kann eine derartige Umlagerung erzielt werden, indem man in die Masse in kleinen Anteilen abs. Alkohol oder Glyzerin hineinrührt und das Ganze rasch verknetet (wobei Esterbildung eintritt), bis die Masse die gewünschte Konsistenz erreicht hat.

Patentansprüche: 1. Verfahren zur Herstellung einer verspinnbaren Masse aus Zellulose oder Holzstoff, dadurch gekennzeichnet, daß diese Materialien nach vorangegangener Reinigung der Einwirkung eines Gemisches von konzentrierter Schwefelsäure und Phosphorsäure oder der folgeweisen Einwirkung dieser Agenzien ausgesetzt werden, bis ein zäher Sirup entstanden ist, der zu Fäden ausgezogen wird.

2. Die Behandlung des nach Anspruch 1 hergestellten Sirups mit den Äthyl- oder Glyzerin-Estern der Phosphorsäure, Schwefelsäure oder Salpetersäure oder mit Alkoholen.

In einem Artikel im „Textile Record of America" 1896, S. 815 und 817, empfiehlt der Erfinder die Nachbehandlung der Fäden mit einer wässerigen Lösung von Chromgelatine; eine dünne, auf dem Faden zurückbleibende Schicht davon erteilt dem Faden nach dem Trocknen hohen Glanz und macht ihn wasserunlöslich. Nach einer Angabe in der Zeitschr. f. Farben- u. Textil-Industrie 1905, S. 383, sind nach den Langhansschen Verfahren hergestellte Produkte nicht in den Handel gekommen.

Nach Hofmann.

499. Dr. Karl Hofmann in München. Verfahren zur Herstellung von Zelluloselösungen, die zur Erzeugung künstlicher Fäden, künstlichen Roßhaars oder von Films geeignet sind.

D.R.P. 227 198 Kl. 29b vom 27. VIII. 1909 (gelöscht).

Es ist bekannt, daß Essigsäure auch im wasserfreien Zustand die Zellulose nicht merklich auflöst, während konzentrierte starke Mineralsäuren die Zellulose zwar lösen, aber auch bei gewöhnlicher Temperatur alsbald so weit abbauen, daß sich brauchbare Fäden aus derartigen Lösungen nicht erhalten lassen (vgl. Zeitschr. f. Farben- u. Textil-Industrie 1905, S. 383 u. 1907, S. 2). Verwendet man Mischungen z. B. gleicher Raumteile konzentrierter Schwefelsäure und Essigsäure, so erhält man allerdings dickflüssige Lösungen; aber auch diese enthalten die Zellulose in stark hydrolysierter Form und lassen sich nicht auf Fäden u. dgl. verarbeiten. Demgegenüber wurde nun gefunden, daß konzentrierte Phosphorsäure in Mischung mit konzentrierter Essigsäure entsprechend ihrer im Vergleich zur Schwefelsäure schwächeren Säurenatur die Zellulose viel weniger abbaut und doch zu einem zähen Sirup auflöst, aus dem in der üblichen Weise durch Wasser, Laugen, Salzlösungen oder auch durch Alkohole Fäden, Haare oder Films gewonnen werden, die nach Glanz, Festigkeit und chemischer Beschaffenheit den unter dem Namen Glanzstoff und Viskoseseide bekannten Produkten ähnlich sind, wie die nach C. Schwalbes Angaben in den Ber. d. deutsch. chem. Ges. 40, 1347 u. 4523 bestimmte Kupferzahl = 0,8 zeigt. Dabei tritt nicht etwa Acetylierung der Zellulose ein; denn von den Acetylzellulosen unterscheidet sich der aus Essigsäure-Phosphorsäurelösung erhaltene Stoff durch seine Unlöslichkeit in Chloroform, Tetrachlorkohlenstoff und Anilin, durch sein Bindungsvermögen für basische Farbstoffe sowie durch seine Zusammensetzung. Bei Prüfung nach Ost (Zeitschr. f. angew. Chem. 1906, I, S. 995) konnte gebundene Essigsäure nicht nachgewiesen werden.

Das besondere Lösungsvermögen von Phosphorsäure-Essigsäuremischungen für Zellulose beruht wahrscheinlich auf der Bildung von Phosphoressigsäure, die bei tiefer Temperatur in Kristallen der Zusammensetzung: $PO_4H_3 \cdot P_2O_9H_6 : (OCCH_3)_2$ daraus abgeschieden werden kann. Zur Verwendung kommen in dem neuen Verfahren außer konzentrierter Essigsäure, sog. Eisessig, konzentrierte Phosphorsäure, die man aus Phosphorsäure beliebiger Herkunft und Konzentration gewinnen kann. Dabei erhitzt man zweckmäßig so lange, bis ein eingetauchtes Thermometer 220° zeigt, wobei eine teilweise Umwandlung in Pyrophosphorsäure erfolgt. Durch Zusatz von wasserbindenden Mitteln wie Essigsäureanhydrid oder Natriumacetat kann man den Wassergehalt der Mischung auf das erforderliche Mindestmaß herabdrücken. An Stelle der gewöhnlichen, chemisch nicht veränderten Zellulose kann die durch Säuren, Laugen oder Bleichmittel vorbereitete Oxyzellulose oder Zellulosehydrat verwendet werden.

Beispiel: 300 ccm konz. Phosphorsäure werden mit 300 ccm Eisessig vermischt und die Mischung mit 20—25 g Zellulose bei gewöhnlicher Temperatur so lange verrührt, bis eine viskose Masse entstanden ist. Diese läßt sich durch Auspressen aus kapillaren Öffnungen oder engen Schlitzen in die gewünschte Form bringen und durch wässerige oder alkoholische Flüssigkeiten koagulieren. Zur Erhöhung der Festigkeit und des Glanzes werden Fällen, Waschen und Trocknen unter Spannung vorgenommen.

Patentanspruch: 1. Verfahren zur Herstellung von Zelluloselösungen, die zur Erzeugung künstlicher Fäden, künstlichen Roßhaares oder von Films geeignet sind, dadurch gekennzeichnet, daß Zellulose, Zellulosehydrat oder Oxyzellulose mit Essigsäure unter Zusatz von Phosphorsäure behandelt werden.

2. Ausführungsform des durch Anspruch 1 geschützten Verfahrens, dadurch gekennzeichnet, daß die Phosphorsäure z. T. in Form von Pyrophosphorsäure verwendet wird.

Nach Vereinigte Glanzstoff-Fabriken Akt.-Ges.

500. Vereinigte Glanzstoff-Fabriken Akt.-Ges. Verfahren zur Herstellung viskoser, beständiger Zelluloselösungen.

Österr. P. 54 819; franz. P. 424 621; brit. P. 309^{1911}; schweiz. P. 56 146; Ver. St. Amer. P. 1 055 513 (E. Bronnert).

Es ist bekannt, daß die bei der Kunstseidenfabrikation abfallenden Hydrate bestimmter Zusammensetzung sich in Ameisensäure ohne Zusatz eines Kondensationsmittels nach einiger Zeit bei gewöhnlicher Temperatur unter Veresterung zu einer technisch wichtigen Lösung von Zelluloseformiat in Ameisensäure verarbeiten lassen. Gewöhnliche gebleichte oder mercerisierte Zellulose löst sich unter diesen Verhältnissen nicht. Es hat sich nun gezeigt, daß man bei Verwendung eines Gemisches von Ameisensäure und konzentrierter Phosphorsäure auch gewöhnliche Zellulose in Lösung bringen kann. Auch die als Abfälle von der Kunstseidefabrikation bekannten Zellulosehydrate gehen unter diesen Umständen in Lösung, möglicherweise unter Bildung neuer saurer Komplexe. Es ist auch bekannt, daß Essigsäure und Phosphorsäure geeignet sind, Lösung von Zellulose zu bewirken (s. vorstehend). Demgegenüber besitzt das Gemisch Phosphorsäure-Ameisensäure nicht nur den Vorteil größerer Billigkeit, sondern die Lösung geht leicht schon in einigen Stunden vor sich. Es werden z. B. in 1 kg Ameisensäure (etwa 99%), vermischt mit 1 kg konz. Phosphorsäure, 200 g entfettete, schwach gebleichte Baumwolle eingerührt. Nach einigen Stunden hat sich ohne weiteres Rühren die Zellulose in eine bräunliche, sirupöse, viskose Flüssigkeit verwandelt. Ersetzt man die Baumwolle in diesem Beispiele durch Kunstseidenabfälle, so entsteht in der halben Zeit schon ein nur leicht gelb gefärbter Sirup. Die Lösungen sollen in üblicher Weise zu Fäden usw. verarbeitet werden.

Nach Berl.

501. Dr. Ernest Berl in Brüssel. Verfahren zur Herstellung von zur Kunstseide-, Tüll- und Filmerzeugung und zu plastischen Massen geeigneten Pseudolösungen von Zellulose oder ihr nahestehenden Derivaten.

D.R.P. 259 248 Kl. 29 b vom 11. VI. 1912; franz. P. 454 753; belg. P. 253 945; brit. P. 4966^{1913}; österr. P. 66 207; Ver. St. Amer. P. 1 082 490.

Es ist bekannt, daß Schwefelsäure gewisser Konzentration auf Zellulose und die ihr nahestehenden Produkte eine quellende und lösende Wirkung auszuüben vermag. Man hat von dieser Eigenschaft bei der Herstellung des Pergaments, bei der sauren Mercerisation usw. Gebrauch gemacht. Langhans[1]) hat versucht, die lösende Wirkung der Schwefel-

---
[1]) Patentschrift 72 572, siehe S. 457.

säure auf Zellulose zur Herstellung von spinnbaren und gießbaren Massen heranzuziehen. Arbeitet man nach der in dieser Patentschrift wiedergegebenen Vorschrift, so erhält man sehr rasch dünnflüssig werdende Massen, in denen sich reichlich Teile unangegriffener Zellulose befinden. Die Filtration derartiger Produkte erweist sich infolgedessen als schwierig durchführbar. Nimmt man die Koagulation, wie in der Patentschrift angegeben, mit Wasser vor, so erhält man Produkte von höchst geringer Festigkeit.

Im Gegensatze hierzu lassen sich wertvolle Quellungen und Lösungen bei Verwendung von Zellulose oder ihr nahestehender Derivate erzeugen, die zur Herstellung von Kunstfäden, künstlichem Tüll, Films und plastischen Massen geeignet sind, wenn man bei der Quellung auf die stete Einhaltung tiefer Temperaturen bei Anwendung von Schwefelsäure bestimmter Konzentration (60—77% H_2SO_4-Gehalt) bedacht ist. Es wird unter diesen Bedingungen die abbauende und wasserentziehende Wirkung der Schwefelsäure auf die Zellulose auf ein praktisch unschädliches Maß beschränkt. Naturgemäß wird dieser vorteilhafte Einfluß tiefer Temperatur während der Koagulation aufrechterhalten werden müssen. Andernfalls tritt die abbauende Wirkung der Schwefelsäure in den Vordergrund und die erhaltenen Produkte ermangeln der Festigkeit. Es hat sich gezeigt, daß die Koagulationstemperatur ungefähr die gleiche wie die Quellungstemperatur oder noch tiefer sein muß, um zu wertvollen Stoffen zu gelangen. Es kommen demnach als koagulierende Stoffe solche in Betracht, welche auf die notwendige tiefe Temperatur (mindestens — 10° C oder noch tiefer) abgekühlt werden können. Als vorteilhaft erweisen sich aliphatische Alkohole, wie Methylalkohol, Äthylalkohol und deren wässerige Lösungen, Lösungen von Sulfaten (wie Ammonsulfat), von Phosphaten, ferner verdünnte Schwefelsäuren, deren Schmelzpunkt — 10° nicht übersteigt.

Beispiel I: 1 T. gekühlter, getrockneter und feinst zerfaserter Baumwolle wird in einem Knetapparat mit 12 Tn. Schwefelsäure von 74% H_2SO_4 bei einer Temperatur von etwa — 15° durchgeknetet und einige Zeit der Ruhe überlassen. Es erfolgt die Bildung einer viskosen Masse, welcher im Vakuum die eingeschlossene Luft entzogen werden kann. Nach erfolgter Filtration wird die Koagulation durch Eintragen in auf — 20° gekühlten 50%igen Alkohol bewirkt.

Beispiel II: 1 T. mercerisierter Baumwolle wird mit 12 Tn. H_2SO_4 von 70% in der Knetmaschine bei einer — 15° nicht übersteigenden Temperatur bis zur vollständigen Aufquellung zu einer viskosen Masse durchgearbeitet. Die Koagulation wird durch eine sehr stark unterkühlte wässerige Lösung von Methylalkohol durchgeführt.

Beispiel III: Hydrozellulose wird mit Schwefelsäure, wie in Beispiel I oder II beschrieben, bis zur Erhaltung einer homogenen zähflüssigen Masse durchgeknetet und die Koagulation mittels fast zum Gefrierpunkte abgekühlter 25%iger Schwefelsäure bewirkt.

Beispiel IV: Fein zerteilter, sorgfältig getrockneter Holzzellstoff wird mit ebenfalls stark gekühlter, 65%iger Schwefelsäure bis zur Erhaltung einer homogenen Masse durchgearbeitet und mit auf $-18°$ gekühlter Ammonsulfatlösung koaguliert.

Beispiel V: Kunstseideabfälle werden in auf -10 bis $-15°$ gekühlte 60%ige Schwefelsäure eingetragen, bei der tiefen Temperatur bis zu vollständiger, homogener Quellung durchgearbeitet und die Koagulation nach einer der im vorhergehenden beschriebenen Methoden ausgeführt.

Patentansprüche: 1. Verfahren zur Herstellung von zur Kunstseide-, Tüll- und Filmerzeugung und zu plastischen Massen geeigneten Pseudolösungen von Zellulose oder ihr nahestehenden Derivaten mit Hilfe von Schwefelsäure als Lösungsmittel, dadurch gekennzeichnet, daß Schwefelsäuren von 60—77% H_2SO_4-Gehalt in stark gekühltem, die Temperatur von $-10°$ C nicht übersteigendem Zustande zur Einwirkung gebracht werden.

2. Verarbeitung der nach Anspruch 1 erhaltenen Lösungen, dadurch gekennzeichnet, daß die Koagulation mit auf die gleiche oder noch tiefere Temperatur gekühlter Koagulationsflüssigkeit durchgeführt wird.

3. Ausführungsform des Verfahrens nach Anspruch 2, dadurch gekennzeichnet, daß für die Koagulation aliphatische Alkohole, wie Methylalkohol, Äthylalkohol und deren wässerige Lösungen, ferner Lösungen von Sulfaten, z. B. Ammonsulfat, endlich verdünnte Schwefelsäuren, deren Schmelzpunkt $-10°$ nicht übersteigt, zur Anwendung gelangen.

Nach Willstätter.

502. Dr. Richard Willstätter in Berlin-Dahlem. Verfahren zur Herstellung von mit Wasser, Alkohol oder Salzlösungen fällbaren Lösungen aus Zellulose oder zellulosehaltigen Stoffen in konzentrierter Salzsäure.

D.R.P. 273 800 Kl. 29 b vom 25. V. 1913 (übertragen auf Th. Goldschmidt A.-G. Essen-Ruhr); franz. P. 471 479; Ver. St. Amer. P. 1 141 510.

Es wurde gefunden, daß Salzsäuren von ungewöhnlich hoher Konzentration, die sich zwar nicht im Handel befinden, aber durch Aufbesserung der technischen Sorten mit Chlorwasserstoff bei niedriger Temperatur gewonnen werden können, ein wesentlich anderes Verhalten gegen die Zellulosen und die Zellulose enthaltenden Stoffe zeigen als rauchende Säure des Handels mit 37—38% HCl. Es ist mit den hochkonzentrierten Säuren gelungen, sehr rasch und reichlich Zellulose, Hydro-, Hydrat- und Oxyzellulosen sowie Zellulose, die in gebundener Form vorliegt, in Lösung zu bringen; aus Holz und anderen zellulosehaltigen Stoffen wird nämlich ungefähr ebenso rasch und vollständig die Zellulose herausgelöst. Die geeigneten Säuren z. B. von 40,8 und 41,4% HCl liefern 12—15%ige Zelluloselösungen oder homogene Mischungen mit Zellulose. Die Grenze der Anwendbarkeit findet sich also jenseits des Prozentgehaltes unserer üblichen rauchenden Salzsäuren, nämlich beim spez. Gew. 1,199 (15°), d. i. bei einem Prozentgehalt von 38,9; gut geeignet sind erst Säuren mit mindestens 39,5% ClH.

Die Chlorwasserstoffsäure wirkt bei niedriger und bei gewöhnlicher Temperatur nur ziemlich langsam hydrolytisch abbauend auf die Zellulose ein. Daher läßt sich die Polyose durch Absaugen von Chlorwasserstoff mit oder ohne Verdünnen oder unmittelbar durch Verdünnen, z. B. mit Alkohol, Wasser, Salzlösungen, verdünnten Säuren oder Alkalien, als elastische oder gelatinöse Masse ausfällen, oder sie läßt sich beim Auspressen durch Düsen in Fadenform bringen. Die Lösungen sind geeignet zur Zellstoffgewinnung, zur Herstellung von Zelluloseestern und elastischen Massen, für Films, Ersatzmittel von Seide u. dgl.

1. Beispiel: 1 T. Baumwolle wurde mit 12—15 Tn. Salzsäure (Dichte 1,209 bei 15°) bei 15° kurze Zeit geknetet, bis rückstandslos eine viskose Flüssigkeit entstanden ist. Daraus wird das Chlorwasserstoffgas (zusammen mit Luftblasen) zum großen Teil abgesaugt und wiedergewonnen. Sodann preßt man die Lösung durch Düsen in Wasser als Koagulationsflüssigkeit.

2. Beispiel: 1 T. Zellstoff wird mit 6—8 Tn. Salzsäure (Dichte 1,212 bei 15°) in einem Knetapparat zu einer fast klaren, viskosen Masse angeteigt und zur Verminderung der Viskosität kurze Zeit stehengelassen. Dann erfolgt nach bekannten Verfahren die Koagulation des Kolloids.

3. Beispiel: 1 T. feines Holzmehl wird bei gewöhnlicher Temperatur mit 7 Tn. Salzsäure (Dichte 1,212 bei 15°) eine halbe Stunde lang verrührt, sodann eine viertel bis halbe Stunde stehengelassen. Die Flüssigkeit wird darauf von unlöslichem Lignin abfiltriert und gefällt.

Patentanspruch: Verfahren zur Herstellung von mit Wasser, Alkohol oder Salzlösungen fällbaren Lösungen aus Zellulose oder zellulosehaltigen Stoffen in konzentrierter Salzsäure, dadurch gekennzeichnet, daß zum Lösen Salzsäure von höherer Konzentration als 39% Anwendung findet.

Nach v. Weimarn.

503. Dr. Peter von Weimarn in St. Petersburg. Verfahren zur Überführung von Zellstoffen aller Art in den Zustand verschiedenartiger plastischer oder gallertartiger Massen oder einer kolloidalen Lösung.

D.R.P. 275 882 Kl. 29b vom 27. IV. 1912 (gelöscht).

In Wissenschaft und Technik hat die Überzeugung Wurzel gefaßt, daß verschiedene Zellstoffarten nur durch Einwirkung einer verhältnismäßig geringen Anzahl bestimmter Reagenzien in Lösung gebracht werden können, um aus ihr durch Koagulation verschiedene plastisch-gallertartige Massen zu erhalten. Von Lösungen der neutralen Salze wird hierbei verwendet: Zinkchlorid allein oder mit Salzsäure gemischt; ferner ist vorgeschlagen worden, dem Zinkchlorid einen Zusatz von Erdalkalichloriden zu geben. Diese Salze sind der Chlorzinklösung zugesetzt worden, um den Abbau des Zellulosemoleküls abzuschwächen, was bei Schwalbe, „Die Chemie der Zellulose" 1911, S. 154, klar zum

Ausdruck kommt. Später wurden von Dubosc als Lösungsmittel für Zellstoff Lösungen von Rhodanammonium und -kalium in Vorschlag gebracht, jedoch wird die Löslichkeit des Zellstoffes in einem solchen Reagens von Croß und Bevan bestritten. Überhaupt kann der Fachliteratur (C. Schwalbe, „Die Chemie der Zellulose", J. G. Beltzer et Jules Persoz, „Les matières cellulosiques", Paris et Liège 1911, und Walter Vieweg, „Neue Zellstoff-Forschung", Chem.-Ztg. 31, 85. 1907) mit vollkommener Klarheit entnommen werden, daß außer Croß und Bevan auch andere Fachleute die Löslichkeit des Zellstoffes in Lösungen neutraler Salze nicht für wahrscheinlich gehalten haben. Man hat sogar (Vieweg, a. a. O., S. 86) zur Erklärung der Löslichkeit von Zellstoff in Rhodanidlösungen zu einer Analogie mit dem Viskoseverfahren Zuflucht genommen und dieserhalb die durchaus unwahrscheinliche Dissoziation von Ammoniumrhodanidlösung $CS_2 + 2\,NH_3 = NH_4CNS + H_2S$ für möglich gehalten.

Was die Lösungen saurer Salze oder saure Salzlösungen (wässerige Säure- und Salzlösungen) anbelangt, so hielt es bereits Schwalbe für möglich (a. a. O. S. 78), daß saure Salze den Zellstoff lösen, während Deming (Chem. Zentralbl. 1911, II, 1435) gezeigt hat, daß saure Salzlösungen (eine Salzlösung in einer wässerigen Lösung von Salzsäure und Ameisensäure) neue Lösungsmittel für den Zellstoff vorstellen, und daß die Wirkung von Chlorzinklösungen auf die Wirkung von Salzsäure, welche in den Lösungen zufolge Hydrolyse enthalten ist, zurückgeführt werden muß. Antimontrichlorid und Zinntetrachlorid können bekanntlich in Wasser nicht existieren: sie zerfallen in Salzsäure und in kolloidale Antimon- oder Zinnsäure und z. T. in Oxychloride von Antimon und Zinn. Eine Lösung von Zinnchlorür oxydiert sich beim Kochen und wird durch Wasser zerlegt, man kann aus einer solchen gekochten Lösung durch Eindampfen und Konzentrieren das neutrale Salz oder dessen kristallinisches Hydrat nicht zurückerhalten. H. G. Deming war bestrebt, den Zellstoff dadurch zu lösen, daß man der Lösung Säuren zugab oder aber durch Wahl solcher Verbindungen, welche leicht freie Säuren abscheiden, und zwar derart, daß der Prozeß nicht umgekehrt werden kann. Durch die energische Einwirkung der Säuren hat sich nun bei Deming die Hydrolyse des Zellstoffes leicht bis zur Bildung von Glykose fortgesetzt. Der Zellstoff quillt vor Übergang in eine kolloidale Lösung, gleichviel welches der erwähnten Lösungsmittel verwendet wird, zu einer plastischen Gallerte auf. Betreffs der Quellfähigkeit des Zellstoffes in Lösungen neutraler Salze (von Zinkchlorid abgesehen) ist nur bei Hübner und Pope (s. Schwalbe, a. a. O., S. 83) ein Hinweis zu finden, daß ein solches Quellen des Zellstoffes auch bei konzentrierten Kaliumjodid- und Kalium- oder Bariumquecksilberjodidlösungen stattfindet. Jedoch ist auch dieser Hinweis technisch nie verwertet worden.

Demgegenüber besteht das Wesen vorliegender Erfindung in der Feststellung der Tatsache, daß auch die neutralen Salze in ihrer Gesamtheit den Zellstoff (z. B. Watte, Papier) sowohl in einen gallertartig-plastischen Zustand, als auch in den Zustand einer kolloidalen Lösung zu bringen vermögen, wenn man dafür Sorge trägt, daß die Arbeitsbedingungen (Konzentration, Druck, Temperatur, Einwirkungsdauer) den Eigenschaften des jeweilig verwendeten Salzes angepaßt werden. Je lösbarer das Salz ist (diese Eigenschaft steht in engem Zusammenhang mit der Hydratation), d. h. je weiter die Konzentration der Lösung getrieben werden kann, desto leichter lösbar ist in dieser Lösung der Zellstoff. Daraus folgt, daß man vor allem bestrebt sein muß, die Löslichkeit künstlich, z. B. durch Erhöhung des Druckes, u. U. gleichzeitige Erhöhung von Druck und Temperatur usw. zu steigern. Da der Zellstoff vor Übergang in den Zustand einer kolloidalen Lösung verschiedenartige plastische oder gallertartige Zwischenzustände annimmt, so kann man durch Einstellung des Lösungsvorganges in einem beliebigen Stadium stets die gewünschte Zustandsform erhalten.

Die praktische Ausführung des Verfahrens ist sehr einfach. Man füllt z. B. ein Gefäß mit Wasser an, bringt sodann den Zellstoff, z. B. in Form von Watte, in einer Menge von etwa 3 g auf je 100 ccm Wasser hinein und setzt ein Salz (z. B. Strontiumjodid, Bariumrhodanid u. dgl.) unter Erwärmung des Gefäßinhaltes zu. Bei genügender Konzentration und entsprechender Temperatur beginnt die Überführung der Watte in einen gallertartig-plastischen Zustand. Diese Überführung geht unter Umständen schneller vor sich, wenn man den Inhalt des Gefäßes durchmischt. Will man den Zellstoff in einer bestimmten Zustandsform erhalten, so unterbricht man zu entsprechendem Zeitpunkt das Heizen und die Salzzugabe, kühlt ab, wartet die Bildung eines Niederschlages ab, gießt die Lösung von dem Niederschlag und wäscht letzteren mit Wasser, Spiritus oder einer anderen Flüssigkeit, welche geeignet ist, das absorbierte Salz zu entfernen. Die Auswaschflüssigkeiten und die abgezogene Lösung werden von neuem verwertet, nachdem man die Konzentration erhöht oder das Salz eingedampft hat. Anstatt die Bildung eines Niederschlages abzuwarten, kann man die Lösung z. B. mit Wasser verdünnen und die gallertartige Substanz von der verdünnten Lösung durch Filtration abscheiden. Will man dagegen eine kolloidale Lösung erhalten, so setzt man das Erwärmen und das Zusetzen von Salz so lange fort, bis der Lösungsvorgang beendet ist. Aus dieser kolloidalen Lösung kann man Zellstoff in den verschiedensten gallertartigen Zustandsformen durch sehr verschiedene Mittel zurückgewinnen, z. B. durch Verdünnung mittels Wasser, Spiritus, Salzlösungen, durch Eingießen der Zellstofflösung in diese Flüssigkeit usw. Für gewisse Salze, z. B. Natriumjodid, Kalziumbromid und -jodid, Strontiumjodid, Barium-, Kalzium-, Strontium-, Natriumrhodanid und andere, kann das beschriebene Verfahren bei Atmosphärendruck durchgeführt werden, während für andere Salze, z. B. Chlornatrium, Chlorkalium, Natriumsulfat usw., ein erhöhter Druck nötig ist. Die Druckerhöhung kann beliebig erreicht werden, z. B. durch Verwendung von komprimierten Gasen, durch Ausführung des Verfahrens in einem geschlossenen Behälter usw.

Da bei der Spaltungstemperatur des Zellstoffes, welche bei 200° liegt, störende Nebenerscheinungen auftreten, so wird die Lösbarkeit vorzugsweise durch Druckerhöhung bei nur mäßiger Temperaturerhöhung erreicht. Bei Verwendung von Chlornatrium als Lösemittel beginnt der Lösungsprozeß des Zellstoffes bei einer konzentrierten Salzlösung beispielsweise bei 170° C und 8 Atm. Arbeitsdruck. Den Arbeitsdruck kann man möglichst niedrig halten, indem man das Aufquellen des Zellstoffes in der Salzlösung bei niedriger oder mäßig erhöhter Temperatur vornimmt. Je länger das Aufquellen in der angedeuteten Weise, z. B. bei Zimmertemperatur, stattfindet, desto leichter und bei desto mäßigerer Temperatur, Konzentration und Druck, vollzieht sich der Übergang des Zellstoffes in den Zustand einer kolloidalen Lösung.

Die Versuche des Erfinders haben gezeigt, daß der beschriebene Zellstoffüberführungs- oder Lösungsvorgang für alle bekannten Salze stattfindet. Der Erfinder hat Versuche mit Haloidsalzen (Chlornatrium, Kalziumbromid, Strontiumjodid, Kalziumjodid), Schwefelsäuresalzen (Natrium-, Kalzium-, Aluminiumsulfat u. a.), Nitraten (Aluminium-, Kaliumnitrat usw.), Rhodaniden (Mangan-, Strontiumrhodanid usw.), Essigsäuresalzen (z. B. von Alkalimetallen), sowie mit Salzen der Sauerstoff-Haloidsäuren (z. B. Bleichlorat usw.) gemacht, und glaubt sich berechtigt, auf Grund dieser umfangreichen Versuche zu behaupten, daß sein in Vorschlag gebrachtes Verfahren der Verarbeitung von Zellstoff allgemeine Anwendung findet. Die Lösungen von Zellstoff in Salzlösungen erstarren beim Erkalten bereits bei etwa 1% Zellstoffgehalt wie Gelatine oder Agar zu durchsichtigen oder halbdurchsichtigen Gallerten, die außerordentlich elastisch sind. Die nach dem obigen Verfahren erhaltenen plastisch gallertartigen Massen können z. B. in bekannter Weise zur Erzeugung von Kunstseide, photographischen Films usw. verwendet werden.

Patentanspruch: Verfahren zur Überführung von Zellstoffen aller Art in den Zustand verschiedenartiger plastischer oder gallertartiger Massen oder einer kolloidalen Lösung, dadurch gekennzeichnet, daß der Zellstoff mit wässerigen Lösungen neutraler Salze, wobei Lösungen der Zinksalze und der Rhodanide von Ammonium und Kalium, des Kaliumjodids und Kalium-Bariumquecksilberjodids ausgeschlossen sind, bei geeigneter, von der Natur des Salzes abhängigen Konzentration, Temperatur, Druck und Einwirkungsdauer bearbeitet wird.

Nach Zellstofffabrik Waldhof und Hottenroth.

504. Zellstofffabrik Waldhof und Dr. Valentin Hottenroth in Mannheim-Waldhof. Verfahren zur Herstellung von Lösungen aus Zellulose oder zellulosehaltigen Stoffen.

D.R.P. 306 818 Kl. 29 b vom 3. I. 1917; schweiz. P. 76 329, mit Zus.-P. 77 322; brit. P. 132 815.

Obwohl die lösende Wirkung von konzentrierter Salzsäure auf Zellulose schon sehr lange bekannt ist, konnte doch diese Säure bis vor wenigen Jahren praktisch keine Verwendung als Zelluloselösungsmittel finden, weil auch die höchstkonzentrierte Salzsäure des Handels (mit etwa 39% HCl) die Zellulose nur schwierig und ganz unvollkommen auflöst. Erst das Arbeiten mit Salzsäure von mehr als 39% HCl ermöglichte es, die Zellulose wirklich restlos zur Auflösung zu bringen [1]). Für diese Zwecke ist eine Aufbesserung der technischen Salzsäure durch Einleiten von Chlorwasserstoff bei niederer Temperatur erforderlich. Diese Aufbesserung der technischen Salzsäure bleibt immer eine umständliche, lästige und unbequeme Arbeit, die außerdem das Verfahren naturgemäß verteuert. Auch ist diese überkonzentrierte Salzsäure noch weniger bequem zu handhaben als die gewöhnliche konzentrierte Säure, da sie bei Temperatursteigerungen leichter Chlorwasserstoff entbindet.

Vorliegende Erfindung beruht nun auf der Beobachtung, daß man auch mit Salzsäure, welche weniger als 39% HCl enthält, bei gewöhnlicher Temperatur leicht und bequem vollkommene Auflösung der Zellulose erzielen kann, wenn man die Auflösung bei Gegenwart von Schwefelsäure vornimmt. Es ist überraschend, daß z. B. eine Säure, welche nur 34,7% HCl und 5,5% SO_4H_2 neben 59,8% Wasser enthält, Zellulose leicht und schnell aufzulösen vermag, während Schwefelsäure allein erst bei einer Konzentration von etwa 68% SO_4H_2, und Salzsäure allein, wie erwähnt, erst bei einer solchen von 39,5% lösend auf die Zellulose einwirkt. Infolge dieser Verhältnisse kann auch nicht ein einfacher Ersatz eines Teiles der Salzsäure angenommen werden, anderenfalls ja auch 40%ige Schwefelsäure die Zellulose ebenso auflösen müßte, wie 40%ige Salzsäure, was aber nicht der Fall ist, da 40%ige und selbst 60%ige Schwefelsäure bei gewöhnlicher Temperatur auch bei tagelangem Stehen die Zellulose überhaupt nicht merklich angreift. Ebenso wie für Zellulose (in reiner oder gebundener Form) läßt sich das Verfahren auch zur Auflösung von Hydro-, Oxyzellulose usw. verwenden.

Das vorliegende Verfahren hat gegenüber dem oben erwähnten den Vorteil, daß man die unbequeme Herstellung höherkonzentrierter Salzsäuren und die damit verbundene Verteuerung des Verfahrens erspart, daß man mit einer Säure arbeitet, die nicht schwieriger als die gewöhnliche konzentrierte Salzsäure zu handhaben ist, und daß man gegebenenfalls nach erfolgter Lösung einen Teil der Säure (nämlich die zugesetzte Schwefelsäure) leicht durch Fällung beseitigen kann. Auch findet die Auflösung der Zellulose in Gegenwart der Schwefelsäure derart schnell und leicht statt, daß die Annahme einer Art katalytischer Wirkung der Schwefelsäure naheliegt.

Beispiel I: 10 l gewöhnliche konz. Salzsäure (Dichte 1,19 = 37,2 Gewichtsprozent HCl) werden mit 1 l Schwefelsäure, welche 80 Gewichtsprozent SO_4H_2 enthält, vermischt. In dieses Gemisch (welches also 32,5% HCl neben 10,1% SO_4H_2 enthält) wird 1 kg Baumwolle, am besten unter Wasserkühlung, eingetragen und gut durchgeknetet. Nach kurzer Zeit hat die Zellulose sich zu einer klaren viskosen Flüssigkeit gelöst, aus welcher sie z. B. in Fadenform durch Auspressen aus Düsen in Wasser gewonnen werden kann.

---
[1]) Siehe D.R.P. 273 800, S. 464.

Beispiel II: In 8 l eines Säuregemisches, welches 29% HCl und 18% SO_4H_2 enthält, wird 1 kg Zellstoff eingetragen und (zweckmäßig unter Kühlung) durchgerührt. Nach 15—20 Minuten erhält man eine klare viskose Lösung, die nach Belieben weiterverwendet wird.

Patentanspruch: Verfahren zur Herstellung von Lösungen aus Zellulose oder zellulosehaltigen Stoffen, dadurch gekennzeichnet, daß als Lösungsmittel ein Gemisch aus Salzsäure und Schwefelsäure verwendet wird, welches weniger als 39% Chlorwasserstoff enthält.

Nach dem schweiz. Zusatzpatent und dem brit. Patent löst das Zellulosematerial sich schneller und vollkommener in dem Salzsäure-Schwefelsäuregemisch, wenn man es vorher mit Alkalien behandelt, z. B. 17%iger Natronlauge.

Nach Ostenberg.

505. Z. Ostenberg, San Francisco (International Cellulose Comp., Reno, Nev.). Verfahren zum Auflösen von Zellulose.

Ver. St. Amer. P. 1 218 954.

Als Lösungsmittel dient eine Mischung hochkonzentrierter Salzsäure und einer konzentrierten anorganischen Säure, z. B. von Phosphorsäure, welche mit der Salzsäure nicht reagiert, bei Temperaturen unter 50° C. Nicht weniger als 25% Chlorwasserstoff sollen in dem Gemisch vorhanden sein.

506. Z. Ostenberg, San Francisco, Cal. (International Cellulose Comp., Reno, Nev.). Verfahren zur Herstellung von Zelluloselösungen.

Ver. St. Amer. P. 1 242 030.

Man behandelt Zellulose mit der Mischung aus einem Chlorid und Schwefelsäure von mehr als 60% Stärke.

507. Zeno Ostenberg, San José, Cal. Verfahren zum Lösen von Zellulose.

Ver. St. Amer. P. 1.315 393.

Zum Lösen dient eine Mischung von Salzsäure, Schwefelsäure und Phosphorsäure.

Nach Elektro-Osmose, Akt.-Ges.

508. Elektro-Osmose, Akt.-Ges. (Graf-Schwerin-Gesellschaft) in Berlin. Verfahren zur Reinigung und Veredlung von Zellulosepräparaten.

D.R.P. 296 053 Kl. 78c vom 17. VI. 1914.

Nach dem Verfahren sollen Zellulosepräparate, besonders Zelluloseester von die Haltbarkeit und Verwendbarkeit beeinträchtigenden Elektrolyten befreit werden. Dem Verfahren kann Viskose, Acetyl- und Formylzellulose sowie Nitrozellulose unterworfen werden. Zelluloseester werden so hergestellt, daß Zellulose mit Säuren zusammengebracht wird unter Benutzung eines sog. Katalysators. Als solcher kommen hauptsächlich Schwefelsäure, schwefelsaure Salze, Eisenchlorid u. a. m. in Betracht. Die fertigen Produkte enthalten von der Herstellung her immer noch Reste von Säuren, die auf die Haltbarkeit und Verwendbarkeit der Fertigprodukte ungünstig einwirken, z. B. Kunstseideprodukte sind zuweilen wenig haltbar. Trotz andauernden Auswaschens ist es nicht gelungen, die von den Stoffen zurückgehaltenen Elektrolytreste zu beseitigen und vollständig katalysatorfreie Produkte zu erhalten. Nach der vorliegenden Erfindung wird dies dadurch erreicht, daß man die Zellulosepräparate zwischen Diaphragmen dem elektrischen Stromgefälle aussetzt. Die durch Adsorption zurückgehaltenen Katalysatorreste werden durch die Einwirkung des elektrischen Stromes gelöst. Es findet eine Trennung der Elektrolytreste durch Desadsorption statt, die Reste werden, soweit es sich um Säuren handelt, durch das Diaphragma in den Anodenraum geschafft. Das Diaphragma muß dabei indifferent oder zweckmäßig elektropositiv sein. Zweckmäßig befinden die zu behandelnden Produkte sich in gequollenem Zustand, d. h. man behandelt sie vor dem Trocknen. Bei Viskose, die in Wasser quillt, ist auch eine nachträgliche Behandlung angängig.

Patentansprüche: 1. Verfahren zur Reinigung und Veredlung von Zellulosepräparaten, dadurch gekennzeichnet, daß man die Stoffe in gequollenem Zustande zwischen Diaphragmen der Wirkung des elektrischen Stromes unterwirft.

2. Kontinuierliches Verfahren nach Anspruch 1, dadurch gekennzeichnet, daß das Gut zwischen den mit vorgeschalteten Diaphragmen versehenen Elektroden hindurchgeführt wird.

Eine Vorrichtung zur Ausführung des Verfahrens ist in der Patentschrift abgebildet.

Nach dem

509. Zusatzpatent 305 118 Kl. 78c vom 18. III. 1917

werden die sauren Bestandteile, die nur sehr langsam wandern, elektrisch aktiver gemacht, wenn man alkalisch reagierende Elektrolyte in kleinen Mengen zusetzt. Zweckmäßig hält man die zwischen den Diaphragmen der Einwirkung des elektrischen Stromes ausgesetzten Stoffe durch z. B. Ammoniak oder Natriumhydroxyd schwach alkalisch und sorgt dafür, daß die schwache Alkalität während des ganzen Arbeitsvorganges bleibt. Die Reinigung der Stoffe kann dann in viel kürzerer Zeit durchgeführt werden als ohne solche Zusätze.

Patentanspruch: Abänderung des Verfahrens gemäß Patent 296 053, dadurch gekennzeichnet, daß das Verfahren bei Gegenwart alkalisch reagierender Stoffe vorgenommen wird.

Filtrier- und Entlüftungseinrichtungen für die Spinnlösung, Zuführung der Spinnlösung zu der Spinnmaschine.
Nach Rheinische Kunstseide-Fabrik.

510. Rheinische Kunstseide-Fabrik Akt.-Ges. in Aachen. Filtriervorrichtung, insbesondere für Kunstseide - Spinnlösung.
D.R.P. 246 780 Kl. 12d vom 14. II. 1911 (gelöscht).

Das Wesen der Erfindung besteht darin, daß der oberhalb der auswechselbaren Filterfläche auf dem Filterkasten angeordnete Deckel mit einem U-förmigen Eintrittskanal für das zu filtrierende Gut versehen ist, so daß auch bei seitlicher Anordnung des Zuleitungskanales ein Aufbringen des Filtergutes auf die Filterfläche von oben möglich ist. Dabei wird zweckmäßig die Anordnung so getroffen, daß die Eintrittsöffnung für das Gut sich seitlich am Filterkasten, der Austrittsöffnung gegenüber, befindet und durch einen in der Wandung des Filterkastens liegenden Kanal mit dem U-förmigen Eintrittskanal des Deckels in Verbindung steht, der auf dem Kasten festgeschraubt werden kann. Auf diese Weise wird ermöglicht, das Filter sehr hoch in dem Filterkasten anzuordnen und dadurch sehr weite Zuführungs- und Abführungsöffnungen für das Gut vorzusehen, ohne den beanspruchten Raum wesentlich vergrößern zu müssen.

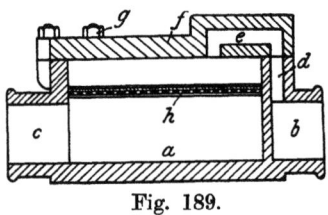

Fig. 189.

Auch braucht die Zuführung des Gutes nicht am Rande der Filterplatte, sondern kann von oben her über der Platte erfolgen, so daß eine bessere Verteilung des Gutes auf der Filterplatte ermöglicht wird. Andererseits wird durch diese Konstruktion die Auswechslung des Filters leicht und ohne jeden Verlust von Spinnflüssigkeit ermöglicht, da zur vollständigen Freilegung des Filters nur das Abschrauben des Deckels erforderlich ist, mit dem zugleich der Eintrittskanal entfernt und wieder befestigt wird. In Fig. 189 ist eine Ausführungsform des Erfindungsgegenstandes in senkrechtem Schnitt gezeigt. Der Filterkasten a ist an den einander gegenüberliegenden Schmalseiten mit der Eintrittsöffnung b und der Austrittsöffnung c versehen. Von der Eintrittsöffnung b steigt ein in der Wandung des Kastens a liegender Kanal d in die Höhe und mündet in einen U-förmig gekrümmten Kanal e. Dieser befindet sich in dem Deckel f des Filterkastens, welcher mittels Schrauben od. dgl. g auf dem Kasten a befestigt werden kann. Im Innern des Kastens a befindet sich in dessen oberem Teile über der Austrittsöffnung c die mit dem auswechselbaren Filter versehene Filterplatte h. Die Befestigung der Platte h ist beliebig.

Das zu filtrierende Gut dringt bei b in den Kasten ein, steigt durch die Kanäle d und e in die Höhe und gelangt aus dem letzteren von oben her auf das Filter, worauf die filtrierte Lösung nach dem Durchtritt durch das Filter durch die Öffnung c abfließt. Soll das Filter ausgewechselt werden, so braucht man nur die Schrauben g zu lösen und den Deckel und mit ihm den Kanal e abzunehmen, so daß die ganze Fläche des Filters h freigelegt wird.

Patentansprüche: 1. Filtriervorrichtung, insbesondere für Kunstseide-Spinnlösung, dadurch gekennzeichnet, daß der oberhalb der auswechselbaren Filterfläche (h) angeordnete Deckel (f) des Filterkastens (a) mit einem U-förmigen Eintrittskanal (e) für das zu filtrierende Gut versehen ist, so daß auch bei seitlicher Anordnung des Zuleitungskanales (b) ein Aufbringen des Gutes auf die Filterfläche (h) von oben möglich ist.

2. Filtriervorrichtung nach Anspruch 1, dadurch gekennzeichnet, daß die Zuleitung (b) für das Gut sich seitlich am Filterkasten (a), der Austrittsöffnung (c) gegenüber, befindet und durch einen in der Wandung des Filterkastens liegenden Kanal (d) mit dem U-förmigen Eintrittskanal (e) des Deckels (f) in Verbindung steht.

Nach La Soie de Basècles.

511. La Soie des Basècles Société anonyme in Basècles (Belg.). Filter für dicke oder zähe Flüssigkeiten aus linsenförmigen, aufeinandergeschichteten Elementen mit radialen Rippen.

D.R.P. 245 440 Kl. 12d vom 15. V. 1910 (gelöscht).

Innerhalb der linsenförmigen, aufeinandergeschichteten Elemente sind radiale Kanäle angeordnet, die das Filtrat nach einem zentralen Abflußkanal leiten. Die Elemente bestehen in an sich bekannter Weise aus einem schalenförmigen und einem plattenförmigen Teil, von denen ersterer jedoch in seiner Höhlung mit radialen Führungsrippen versehen ist, auf deren freien Kanten der plattenförmige Teil aufliegt, so daß der Boden des schalenförmigen Teils und der plattenförmige Teil gegen den auf ihre äußeren Seiten wirkenden Druck gestützt werden. Diese beiden Teile sind von konischen, dicht nebeneinander angeordneten Löchern durchbrochen, deren kleinere Weiten gegen das Innere der Elemente gerichtet sind und deren außen liegende größere Weiten durch die Filtertücher abgedeckt sind, wodurch die Filterfläche möglichst vollkommen ausgenutzt wird. Bei diesem Aufbau der Filterelemente, zwischen die die zu filtrierende Flüssigkeit vom äußeren Rande eintritt, ist schädlicher Raum soviel als möglich vermieden, was deshalb wichtig ist, weil damit der Verlust der zu behandelnden Flüssigkeit beim Zerlegen des Filters gering gehalten wird und andererseits der Aufbau sich rasch ausführen läßt, wobei die Abdichtung der Filtertücher z. T. beim Zusammendrücken der Elemente erhalten wird.

Fig. 190 ist ein Längsschnitt des Filters, Fig. 191 zeigt einen Querschnitt. Fig. 192 veranschaulicht einige linsenförmige Elemente in ihren Einzelheiten im Schnitt. Die Filterelemente A, die aus Metall, z. B. Aluminium, bestehen, sind jedes aus zwei übereinanderliegenden Teilen zusammengesetzt, und zwar: 1. einer mit radialen

Rippen versehenen Platte a (Fig. 191 und 192), die leicht konisch gestaltet ist, derart, daß die Stirnflächen zweier benachbarter Platten am Umfange der Elemente beim Aufeinanderschichten der letzteren zwischeneinander einen Raum von einigen Millimetern frei lassen, während sie in der Mitte sich berühren; 2. einer Platte b, die durch Schrauben an ersterer Platte befestigt ist und den zwischen den oben erwähnten Rippen befindlichen Raum vollkommen bedeckt. Die beiden Teile a und b sind von konischen Öffnungen c durchsetzt, die so dicht wie möglich nebeneinander vorgesehen sind, und durch die die allen Filterelementen gleichmäßig zufließende filtrierte Flüssigkeit nach einer mittleren Durchbrechung d abfließt, die erheblich größer ist und den Sammelraum für den Abfluß der filtrierten Flüssigkeit bildet. Ein Filterstoff e aus einer oder mehreren Lagen von Baumwolle, Gaze od. dgl. ist über die Platten a und b gezogen und wird durch in kreisförmigen Nuten liegende Drähte oder Metallbänder f festgehalten, die den Stoff auf das Metall drücken. Rings um die mittlere Durchbrechung d ist der Stoff zwischen zwei Elementen eingeklemmt. Die linsenförmigen Elemente A sind in einem Gehäuse h übereinandergeschichtet, worin sie durch den Kolben i (Fig. 190) einer am unteren Ende des Gehäuses angeordneten hydraulischen Presse aufeinandergedrückt werden, derart, daß die Flüssigkeit nur durch die Filterstoffe e hindurchgelangen kann. Der Kolben i ist an seinem oberen Ende mit einem zylindrischen Kopf j versehen, der gleichzeitig den durch die Durchbrechungen d gebildeten

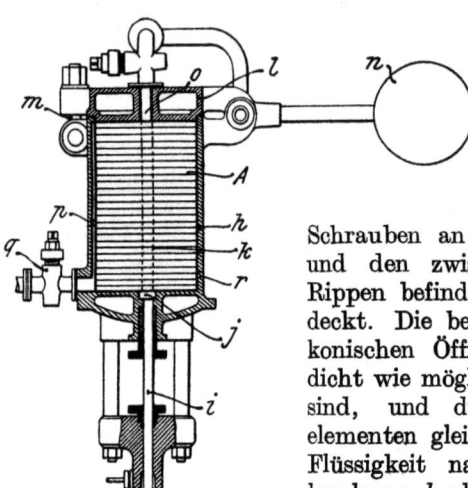
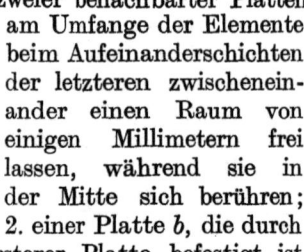

Fig. 190.

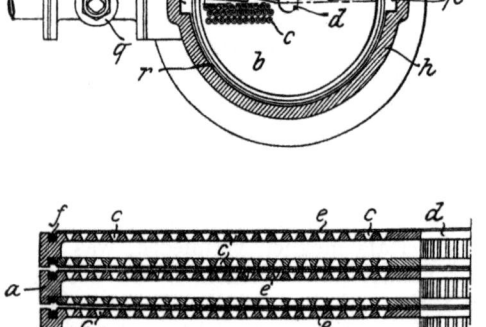

mittleren Sammelkanal k verschließt. Der hydraulische Druck wird während der ganzen Zeit des Filtrierens aufrechterhalten. Das Gehäuse ist oben durch einen Deckel l verschlossen, der durch Gelenkschrauben m in seiner Stellung festgehalten wird; ein Gegengewicht n erleichtert das Abheben dieses Deckels. Eine in der Mitte des Deckels vorgesehene Öffnung o, die an den mittleren Kanal k anschließt, ist mit einer äußeren Rohrleitung verbunden und hat den Zweck, der filtrierten Flüssigkeit den Abfluß zu gestatten. Das Gehäuse h ist ferner mit Nuten p oder senkrechten Kanälen versehen, die sich über die ganze Höhe des erwähnten Gehäuses bis auf einige Millimeter vom Ende erstrecken. In diese Kanäle tritt die zu filtrierende Flüssigkeit von außen durch Vermittlung eines Hahnes q unter Druck ein, und sie verteilen sie über die linsenförmigen Elemente A. Die Anzahl der Nuten und der Hähne kann je nach der Leistungsfähigkeit des Filters verschieden sein. Die innere Fläche des Gehäuses h und der Boden des Deckels l sind mit einer Ausfütterung r aus Kupfer versehen, die die Berührung der Flüssigkeit mit dem Metall des Gehäuses und des Deckels verhütet.

Patentanspruch: Filter für dicke oder zähe Flüssigkeiten aus linsenförmigen, aufeinandergeschichteten Elementen mit radialen Rippen und Aussparungen, welch letztere das Filtrat nach dem zentralen Abflußkanal führen, dadurch gekennzeichnet, daß jedes Element aus einem schalenförmigen und einem plattenförmigen Teile in folgender Weise zusammengesetzt ist: Der schalenförmige Teil (a) trägt in seiner Höhlung die radialen Führungsrippen, der plattenförmige Teil (b) wird auf dem schalenförmigen in der Weise befestigt, daß er auf die freien Kanten der Rippen zum Aufliegen kommt, und der Boden des schalenförmigen Teiles und der plattenförmige Teil sind durch dicht nebeneinanderliegende konische Löcher (c) durchbrochen, deren kleinere Weiten gegen das Innere des Elementes gerichtet und deren größere Weiten durch Filterkörper (Filtertücher e) abgedeckt sind.

Nach Boisson.

512. A. Boisson. Vorrichtung zum Filtrieren von Zelluloselösungen, die zur Herstellung glänzender Fäden dienen sollen.

Franz. P. 436 555.

Die Vorrichtung, die in der Spinndüse etwas vor der Platte mit den Spinnöffnungen angebracht wird, besteht aus einer zweiteiligen Kammer, die den Filterstoff — Leinwand, Watte oder Metallgewebe — aufnimmt. Der Filterstoff wird gestützt durch ein Metallgewebe, das auch selbst als Filter dienen kann. Durch eine Schraubkappe wird das Filter und die Platte mit den Spinnöffnungen auf dem Rohr, welches die Spinnlösungen zuführt, festgehalten. (2 Zeichnungen.)

Nach Hartogs.

513. Dr. Jacques Coenraad Hartogs in Arnhem, Niederlande. Vorrichtung zum Filtrieren von spinnbaren Zelluloselösungen. D.R.P. 257144 Kl. 29a vom 15. V. 1912 (gelöscht).

Die Erfindung bezieht sich auf eine Vorrichtung zum Filtrieren von spinnbaren Zelluloselösungen, und zwar besonders eine solche, bei der das Einschließen von Luftbläschen während des Filtrierens der Zelluloselösungen verhindert wird. Diese Luftbläschen verursachen nämlich ein Zerreißen der Fäden.

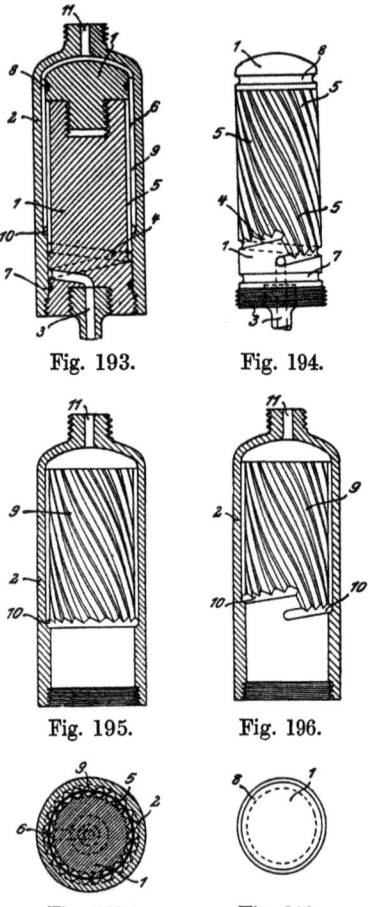

Fig. 193. Fig. 194. Fig. 195. Fig. 196. Fig. 197. Fig. 198.

Nach der Erfindung wird eine zu filtrierende Zelluloselösung durch einen Kanal zu einer um einen Kern herumlaufenden, schraubenförmig verlaufenden Rinne geführt. Diese Rinne bildet nur eine einzige Windung um den Kern. Der Kern ist nun weiter auf seinem ganzen Umfange derart mit nebeneinanderliegenden schrägen Kanälen versehen, daß diese in der schraubenförmigen Rinne ausmünden und den Kern zu einer mehrgängigen Schraubenspindel ausbilden. Der Filterbelag ist zwischen dem Kern und einem mit ähnlichen Kanälen versehenen Mantel eingeklemmt. Die Kanäle in der Innenwand des Mantels verlaufen gleichfalls schraubenartig, jedoch in entgegengesetzter Richtung wie die des Kernes, so daß der Filterbelag nur an den Kreuzpunkten der Schraubengänge des Kernes und des Mantels festgeklemmt wird. Auf der Zeichnung ist ein Ausführungsbeispiel der Vorrichtung dargestellt, und zwar ist Fig. 193 ein senkrechter Längsschnitt durch die Vorrichtung, wobei (ebenso wie in Fig. 195 und 196) der Schnitt im Verlaufe der schraubenförmigen Längskanäle gedacht ist, Fig. 194 eine Ansicht des Kernes der Vorrichtung, Fig. 195 und 196 sind senkrechte Längsschnitte durch den Mantel in zwei Ausführungsformen, Fig. 197 ist ein Querschnitt der Fig. 193 und Fig. 198 eine Oberansicht des Kernes gemäß Fig. 194.

Die Vorrichtung besteht aus einem Kern 1 mit darübergestülptem Mantel 2. Der Kern ist mit einem Zuführungskanal 3 versehen, welcher in eine schraubenförmig um den Kern verlaufende, eine einzige Windung bildende Rinne 4 ausmündet. Von der Rinne 4 als Ausgangspunkt ist der Kern ringsum mit nebeneinanderliegenden schraubenförmigen Kanälen 5 versehen, welche sich aber nicht bis zum Ende des Kernes erstrecken. Um den Kern herum wird ein Filter 6 angeordnet, welches in den ringförmigen Einschnitten 7 und 8, etwa durch Festbinden mittels einer Schnur, befestigt wird, um zu verhindern, daß bei dem Aufstülpen des Mantels der Filterbelag wieder abgestreift wird. Der Mantel 2 der Vorrichtung ist derart ausgebildet, daß er den unteren Teil des Kernes bis über der Rinne 4 genau umschließt. Die Innenwand des Mantels ist ebenfalls mit ähnlichen Kanälen 9 versehen wie der Kern, diese verlaufen jedoch in entgegengesetzter Richtung, d. h. wenn die Kanäle des Kernes einen rechtsgängigen Schraubengang darstellen, so bilden die Kanäle des Mantels einen linksgängigen. Die untere Begrenzung der Kanäle 9 kann durch einen ringförmigen Querkanal 10 (Fig. 195) oder auch durch einen schraubenartigen Kanal 10 (Fig. 196) gebildet werden. Der über den Kern gestülpte Mantel schließt also den Filterbelag derart ein, daß ein Ausbauchen des letzteren durch den Flüssigkeitsdruck nicht zu befürchten ist. Die in den Kanal 3 eingepreßte Zelluloselösung steigt nun in der Rinne 4 und allmählich auch in den Kanälen 5 des Kernes empor, welche letzteren bis über die Rinne 4 vollkommen durch den nicht mit Kanälen versehenen unteren Teil der Mantelinnenfläche abgedeckt sind. Die Lösung füllt darauf allmählich die Kanäle 5 des Kernes, tritt durch das Filter 6 in die Kanäle 9 des Mantels und in die Öffnung 11, aus welcher die Flüssigkeit heraustritt. In beiden Ausführungsformen des Querkanals 10 bildet dieser Kanal eine Verbindung der Längskanäle 9, derart, daß, wie auch beim Kern 1, ein System kommunizierender Gefäße entsteht und die Flüssigkeit gezwungen wird, gleichmäßig hochzusteigen. Da die Flüssigkeit an dem Kernstück 1 nicht in einen nächstfolgenden Kanal 5 steigen kann, ohne die vorhergehenden ein wenig angefüllt zu haben, ist es klar, daß die Luft durch die Flüssigkeit stetig höher getrieben wird. Auch in den Kanälen auf Mantel 2 können keine Luftblasen zurückbleiben. Die Flüssigkeit kann also nicht eher aus der Vorrichtung heraustreten, bevor alle Luft daraus entfernt ist. Das Füllen der Vorrichtung soll stets in senkrechter Lage stattfinden. Ist sie aber einmal gefüllt, so kann sie in jeder Lage benutzt werden.

Patentanspruch: Vorrichtung zum Filtrieren von spinnbaren Zelluloselösungen, dadurch gekennzeichnet, daß zwischen einem Kern (1) mit schraubenförmig verlaufenden, stetig ansteigenden Umfangkanälen (5) und einem daraufgestülpten Mantel (2) mit entsprechenden, jedoch in entgegengesetzter Richtung verlaufenden Innenkanälen (9) der Filterbelag (6) eingeklemmt ist, wobei die Flüssigkeit durch eine schraubenförmig um den Kern umlaufende Rinne (4) zutritt, derart, daß die Flüssigkeit nicht in einen nächstfolgenden Kanal (5) steigen kann, ohne die vorhergehenden ein wenig angefüllt zu haben, so daß die Filterwirkung nicht eher anfängt, als bis das Unterende aller Kanäle des Kernes (5) gefüllt ist, indem der Innenkanal (10) des Mantels erst oberhalb des höchsten Punktes der Rinne (4) beginnt.

Nach Bernstein.

514. A. Bernstein. Verfahren und Vorrichtung zum Entfernen von Luft aus Lösungen, die zur Herstellung künstlicher Fäden dienen.

Franz. P. 424 796.

Die von Luft zu befreienden Lösungen werden zentrifugiert und unter Verdrängung der in den Leitungen vorhandenen Luft in senkrecht stehende Vorratsgefäße übergeführt. Durch das Schleudern werden auch feste Bestandteile aus den zu verspinnenden Lösungen ausgeschieden, die durch die Luftblasen in der Lösung schwebend erhalten wurden. Die Entfernung der Luft führt zu einer Konzentrierung der Lösung und zu festeren Fäden. Das Verfahren kann kontinuierlich oder intermittierend ausgeführt werden. (3 Zeichnungen.)

Nach Thilmany.

515. Alfred Thilmany in Godesberg a. Rh. Vorrichtung zur Entlüftung viskoser oder kolloidaler Lösungen und ähnlicher Massen.

D.R.P. 317 869 Kl. 29a vom 20. II. 1919.

Die Vorrichtung besorgt das Entlüften ohne jede Aufsicht und kann in die geschlossene Leitung eingeschaltet werden. Eine Trommel a (Fig. 199), welche dem Luftdruck standhält, birgt in ihrem Innern eine zweite Trommel b, welche mit Hilfe der Bolzen m in a festgestellt ist. Die Trommel b hat einen Siebmantel mit etwa 1-mm-Löchern. Sie birgt in ihrem Innern eine dritte Trommel c, welche einen gleichen Siebmantel hat. Zwischen beiden Mänteln ist etwa 1 mm Raum. Die Trommel c hat an einem Ende die Hohlachse d, welche die Kopfplatte von b einfach durchbohrt, in der Kopfplatte a jedoch mittels Stopfbüchse gegen die äußere Luft abgedichtet ist. Diese Hohlachse dient als Zuführungs-

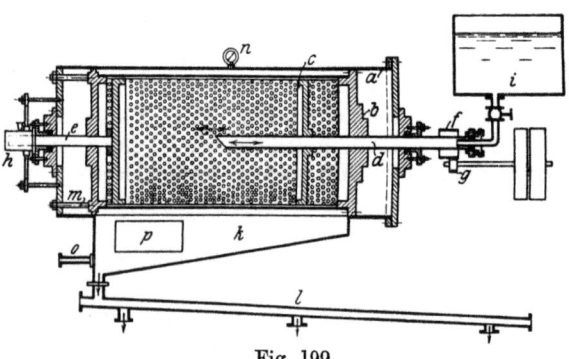

Fig. 199.

rohr in die innerste Trommel. Die andere Trommelachse durchbricht ebenfalls die andere Kopfwand von b und ist ebenfalls mittels Stopfbüchse gegen a abgedichtet. Die Achse e ist massiv und trägt an ihrem Ende bei h eine Schneckenbüchse, um der sich drehenden Trommel c eine hin- und hergehende Bewegung zu geben, gleich einer Farbwalze der Druckerpressen. Der Mantel a sitzt in einem kegelförmigen Abflußbecken k, durch welches das entlüftete Gut der Rohrleitung l zugeführt wird. Das Vakuum wird bei o angesetzt. p ist eine Kontroll- und Reinigungsklappe. Das Manometer n dient zum Ablesen des Vakuums. Der Antrieb der inneren Trommel erfolgt durch das Kammrad f, g.

Zum Betriebe setzt man die Vorrichtung unter gutes Vakuum, öffnet dann den Hahn des Vorratsbehälters i und setzt die Trommel in Bewegung. Die Masse strömt durch das Rohr d in die Siebtrommel und wird durch die Löcher des Mantels gesaugt, zwischen den beiden Mänteln zerrissen, zerrieben, gemahlen, geknetet und wiederum durch die Löcher des zweiten Mantels gesaugt. Durch diese Behandlung wird jede, auch die feinste Luftsuspension evakuiert, und es fließt die luftfreie Masse bei k nach l ab. Die Maschine kann für jede Leistung gebaut werden. Durch nachfolgendes Wasser kann das Innere leicht gereinigt werden.

Patentanspruch: Vorrichtung zur Entlüftung viskoser oder kolloidaler und ähnlicher Massen, dadurch gekennzeichnet, daß die Masse einer im Innern einer Siebtrommel umlaufenden und gleichzeitig hin- und hergehenden zweiten Siebtrommel zugeführt wird und durch beide Siebmäntel hindurchgesogen, dabei zerrieben, zermahlen und entlüftet, von einem, beide Trommeln umgebenden Gehäuse aufgefangen und nach unten abgeführt wird, wobei die ganze Vorrichtung samt den Vorratsbehältern unter Luftleere gehalten wird.

Vgl. noch die Filtrier- und Entlüftungsvorrichtung S. 49.

Nach Topham.

516. Charles Fred Topham in Kew-Gardens (Engl.). Vorrichtung zum Regeln des Zuflusses von flüssigen oder halbflüssigen Stoffen.

D.R.P. 138 507 Kl. 29 b vom 21. V. 1901 (gelöscht); brit. P. 10 029[1901]; österr. P. 12 388.

Die Vorrichtung eignet sich namentlich zum Regeln des Zuflusses der zur Herstellung künstlicher Fäden dienenden Lösungen zu dem die Fäden bildenden Mundstück. Die Regelung erfolgt mit Hilfe eines Schwimmers, welcher von der geförderten Flüssigkeit mehr oder weniger hochgehoben wird, je nach dem Druck, unter dem diese steht, und dadurch die Durchlaßventile mehr oder weniger offen hält, derart, daß in gleichen Zeiten stets gleiche Mengen an gelöster Zellulose nach dem Mundstück gelangen. Dergleichen durch Schwimmer beeinflußte Doppelventile, welche dazu dienen, in gleichen Zeiten gleiche Mengen Flüssigkeit durchgehen zu lassen, sind bekannt. Allein sie haben den

Nachteil, daß sie sich während des Betriebs leicht klemmen und dann zu erheblichen Störungen Veranlassung geben.

Zweck der vorliegenden Erfindung ist nun, diesen Mißstand zu beseitigen, so daß ein stets gleichmäßiges Funktionieren der Vorrichtung gesichert ist. Dieser Zweck wird dadurch erreicht, daß der Schwimmer, welcher das Doppelventil beeinflußt, mit Schraubenflügeln besetzt ist, so daß er beim Durchfluß der Flüssigkeit in Umdrehung versetzt wird, was alsdann natürlich ein Klemmen der Vorrichtung unmöglich macht. Die Flüssigkeit, welche aus dem Mundstück D (Fig. 200) in Fäden austreten soll, wird mit Hilfe von Pumpen durch das Rohr e zugeleitet; sie durchläuft dabei ein Ventil A, gelangt dann in den mit einem Schwimmer B versehenen Zylinder C, um von dort durch das Rohr d nach dem Mundstück D zu gelangen. Die Durchgangsweite des Ventils A wird durch die Auf- und Abbewegung des durch die Durchgangsgeschwindigkeit der Flüssigkeit beeinflußten Schwimmers B geregelt. Das Ventil ist ein Doppelventil, welches aus den beiden Kegeln 2 und 3 besteht und aus dessen Öffnungen 4 und 5 die Flüssigkeit sowohl in auf- als auch in absteigender Richtung austritt, so daß das Ventil im Gleichgewicht ist. Der Schwimmer B ist derart angeordnet, daß der Flüssigkeitsstrom bestrebt ist, ihn mitzunehmen, die fest mit ihm verbundenen Kegel zu heben und dadurch die Öffnungen 4 und 5 zu drosseln. Auf diese Weise dient der Schwimmer B als Regler und bewirkt einen stets gleichmäßigen Zufluß, einerlei, unter welchem Druck die Flüssigkeit gefördert wird. Der zylindrische Raum zwischen dem Schwimmer B und den Zylinderwänden C ist im Querschnitt so bemessen, daß er der Flüssigkeit nur einen engen Durchgang bietet, was die Empfindlichkeit der Vorrichtung wesentlich erhöht. Der Schwimmer B kann mit Hilfe von Quecksilber od. dgl. so eingestellt werden, daß er das Ventil eine dem Gewicht der herzustellenden Fäden entsprechende Gleichgewichtsstellung einnehmen läßt. Damit sich nun Ventil und Schwimmer B nicht klemmen, ist dieser mit Schraubenflügeln versehen, derart, daß er beim Durchgang der Flüssigkeit in Umdrehung gesetzt wird. Ein oben in den Zylinder

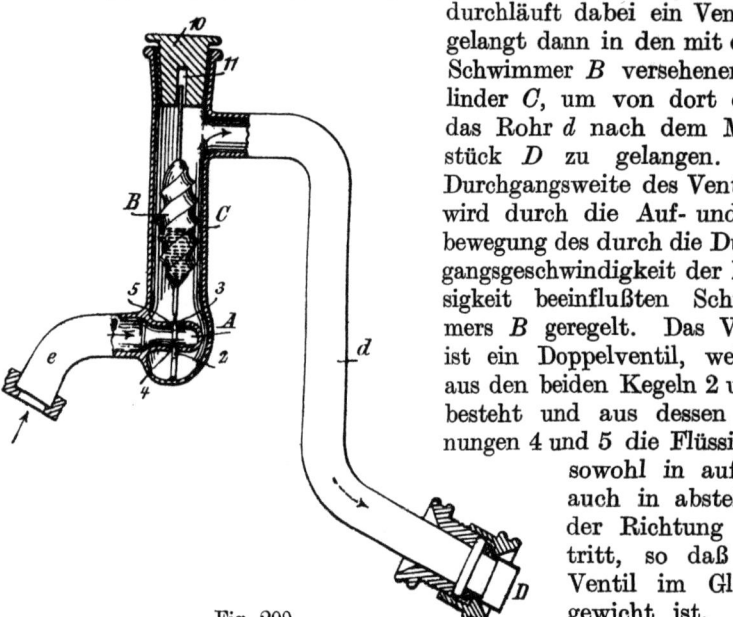

Fig. 200.

eingelassenes Stück 10 dient mit seiner Bohrung 11 dem Schwimmer *B* oben als Führung.

Patentanspruch: Vorrichtung zum Regeln des Zuflusses von flüssigen oder halbflüssigen Stoffen, z. B. des Zuflusses von Zelluloseflüssigkeit zu einem Fäden bildenden Mundstück mit Hilfe eines durch Schwimmer beeinflußten Doppelventils, dadurch gekennzeichnet, daß der Schwimmer zur Vermeidung des Klemmens mit Schraubenflügeln versehen ist, mit deren Hilfe er durch die aufsteigende Flüssigkeit in Umdrehung versetzt wird.

Nach Küttner.

517. Fr. Küttner. Pumpe zum Spinnen künstlicher Fäden.

Franz. P. 450 906; belg. P. 251 256; brit. P. 28 320[1912].

Beim Spinnen künstlicher Fäden benutzt man zur Zuführung der Spinnlösung zu den Spinnöffnungen und zum Austreiben der Spinnlösung aus ihnen Preßluft oder Kolbenpumpen. Nach der vorliegenden Erfindung benutzt man zu demselben Zweck eine Pumpe mit Zahnrädern, und zwar arbeiten zwei Zahnräder zusammen, die in einem geeigneten Behälter liegen und bei ihrer Drehung die Flüssigkeit mit sich nehmen. Eine derartige Pumpe hat vor den bisher verwendeten eine ganze Reihe von Vorzügen. Die Zuführung der Masse zu den Spinndüsen

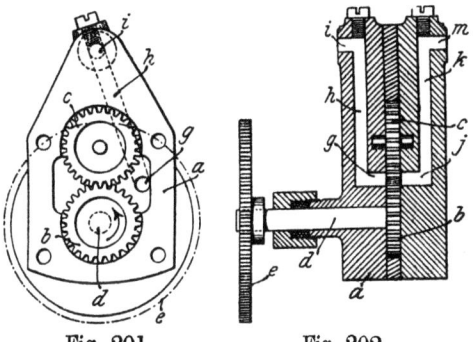

Fig. 201.   Fig. 202.

und das Austreiben aus den Düsen sind vollkommen gleichmäßig, und diese Gleichmäßigkeit ist von großem Einfluß auf die Güte des erzeugten Fadens. Ferner teilt eine Pumpe mit Zahnrädern die zu fördernde Masse in sehr kleine Teile und arbeitet sie durch, und zwar unmittelbar vor dem Spinnen, man erhält so eine große Regelmäßigkeit im Titer, in der Drehung und der Elastizität des erzeugten Fadens, die einen großen Einfluß auf die Güte des Produktes hat. Endlich ist eine Pumpe der vorliegenden Art im Gegensatz zu Kolbenpumpen sehr einfach und billig, sie bedarf keiner Dichtungen, keiner Ventile oder ähnlicher Einrichtungen und kann leicht auseinandergenommen und gereinigt werden. Je nachdem man die Zahl der Zähne und Umdrehungen wählt, kann man in der Zeiteinheit jede gewünschte Menge Spinnflüssigkeit fördern. In der Zeichnung stellt Fig. 201 eine Pumpe mit abgenommenem Deckel und Fig. 202 einen Längsschnitt durch eine Pumpe dar. Ein Gehäuse *a* enthält in einer geeigneten Aussparung zwei gezahnte Räder *b* und *c*. Das Zahnrad *b* wird durch die Welle *d* in Umdrehung versetzt, welche von einem beliebigen Antrieb e bewegt wird. Das Zahnrad c wird mitgenommen. Die beiden Räder b und c sind in enger Berührung mit der Wandung des Gehäuses, in dem sie liegen. Die Aussparung in dem Gehäuse a steht auf der einen Seite der Zahnräder durch eine Öffnung g in Verbindung mit der Leitung h und dem Ansatz i, der zu dem Vorratsbehälter für die Spinnlösung führt. Durch die Bohrung j, den Kanal k und den Ansatz m steht die Aussparung auf der anderen Seite mit den Spinndüsen in Verbindung. Dreht sich die Welle d, so dreht sie das Zahnrad b im Sinne des Pfeils und damit auch das Zahnrad c. Diese Bewegung saugt Spinnlösung aus dem Vorratsbehälter durch die Leitung i und führt sie durch h und g zu den Zahnrädern, die sie durch die Leitungen j, k und m zu den Spinndüsen abgeben. Die Zahl der Zähne der Zahnräder und die Zahl der Umdrehungen können beliebig sein, ist es erforderlich, die Flüssigkeit stärker durchzuarbeiten, so kann man mehrere Paare von Zahnrädern anwenden. Die Pumpe eignet sich auch für andere Flüssigkeiten, wenn es sich darum handelt, regelmäßig zu fördern und dabei durchzuarbeiten.

Spinndüsen, ihre Herstellung und Reinigung.

Spinndüse nach Bernstein.

518. Alexander Bernstein in Berlin, Düse zur Herstellung von künstlicher Seide und ähnlichen Erzeugnissen.

D.R.P. 216 391 Kl. 29a vom 6. II. 1909, übertragen auf Sächsische Kunstseidewerke Akt.-Ges. Elsterberg i. V. (gelöscht).

Die Düsen, welche bisher für die Herstellung von künstlicher Seide und ähnlichen Erzeugnissen benutzt worden sind, haben Kapillarlöcher von unveränderlichem Querschnitt, durch welche die gelatinösen Lösungen hindurchgepreßt werden. Hierin liegt ein erheblicher Nachteil; denn der Druck, unter welchem sich die Lösungen befinden, ist für alle Düsen derselbe; die Dehnung des Fadens ist durch die maschinelle Einrichtung gegeben; um also auf einer bestimmten Düse einen Faden von bestimmter Stärke erzeugen zu können, müßte der Querschnitt der Löcher in der Düse verstellbar sein. Die Wandungen der Kapillarlöcher sollen glatt sein; und schließlich ist es wünschenswert, daß sich Verstopfungen einzelner Löcher schnell beseitigen lassen.

Allen diesen Anforderungen entspricht die nachstehend beschriebene Düse, von welcher Fig. 203 ein Längsschnitt und Fig. 204 eine untere Ansicht ist.

A ist ein Rohr, das durch einen Hahn mit dem Hauptrohr verbunden ist, in welchem sich die gelatinöse Lösung befindet. Das Rohr A trägt ein Gewinde, an welchem die Düse B angeschraubt wird. Hierbei werden zwei Lederscheiben C und C^1 zusammengepreßt, zwischen denen sich eine Siebplatte D befindet. Der untere, erweiterte Teil der Düse trägt zwei Platten E und F, die mit Durchbohrungen L und L^1 versehen sind.

Diese Platten können aus Metall, Hartgummi oder irgendeinem geeigneten Stoff hergestellt sein, welcher der chemischen Einwirkung der Lösungen widersteht. Von diesen Platten ist die obere E an der Düse befestigt, die untere F dagegen drehbar angebracht, und zwar so, daß sie durch eine Schraube G an die obere Platte festgezogen werden kann. Die Durchbohrungen L und L^1 stimmen in ihrer Lage in den beiden Platten vollkommen überein; sie sind zylindrisch da, wo die Platten sich berühren, und erweitern sich konisch nach außen. In der Lage, welche in Fig. 203 angegeben ist, sind daher Öffnungen der Düse vorhanden, welche dem Durchmesser der zylindrischen Durchbohrung entsprechen. In Fig. 204 ist eine Drehung der Platte F angenommen, durch welche die Durchlaßöffnung sich verkleinert, und es sind der Deutlichkeit halber nur die zylindrischen Durchbohrungen gezeichnet.

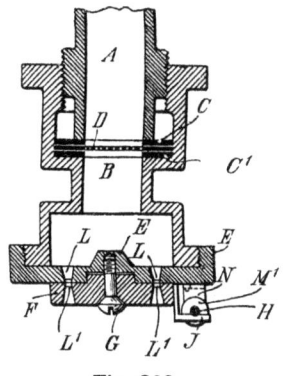

Fig. 203.

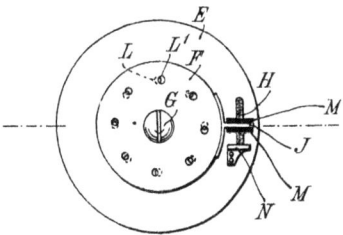

Fig. 204.

Es ist klar, daß man durch diese Drehung die Durchlaßöffnungen, welche aus zwei Kreisabschnitten bestehen, nach Belieben verkleinern kann, und zwar bis auf Null. Um die genaue Einstellung der Durchlaßöffnungen zu bewirken, trägt die Platte F einen Bügel J, während auf der Platte E eine Schraube H befestigt ist, an der zwei Muttern MM^1 den Bügel J bewegen können. Die Schraube H ist unter Vermittlung eines Konsols N mit der Platte E verbunden.

Der Faden hat in dem Augenblick, in welchem er die Düse verläßt, einen länglichen zweispitzigen Querschnitt, der sich jedoch selbsttätig und namentlich auch infolge der sofort eintretenden Streckung mehr oder weniger stark abrundet. Im übrigen ist es nicht nötig, daß der Faden einen vollständig runden Querschnitt hat, im Gegenteil wird das Aussehen der Kunstseide nicht schädlich durch Abweichen vom runden Querschnitt beeinflußt, wohl aber wird die Wiedergewinnung des Lösungsmittels der Nitrozellulose bei flachem Fadenquerschnitt erleichtert, weil die Oberfläche des Fadens in diesem Falle im Verhältnis zum Querschnitt größer ist als bei kreisrundem Faden. Da die Durchbohrungen der Platten E und F ziemlich groß sind, hier etwa 2 mm angenommen, so können die Löcher ohne Schwierigkeit ausgeschliffen werden, so daß glatte Wandungen entstehen, während beim Auflösen von eingeschmolzenen Drähten in Glas dies nicht mit Sicherheit zu erreichen ist. Die beschriebene Anordnung hat noch folgenden Vorteil. Wenn sich eines der Löcher verstopft, so wird die Zweigleitung A durch den Hahn vom Hauptrohr abgeschlossen und die Platte F so gedreht, daß die volle Durchlaßöffnung von 2 mm vorhanden ist. Die Verstopfung ist dann sofort beseitigt, während gegenwärtig die Düsen auseinandergenommen und die Verstopfung durch Auskochen entfernt werden muß. In solchen Fällen, in denen die Löcher nicht im Kreise, sondern in gerader Linie angeordnet werden sollen, tritt an Stelle der drehbaren Platte ein Schieber, dessen Einstellung in gleicher Weise erfolgt.

Patentanspruch: Düse zur Herstellung von künstlicher Seide und ähnlichen Erzeugnissen, gekennzeichnet durch zwei übereinanderliegende und zueinander derartig bewegliche Platten, daß die eine Platte den Querschnitt der Durchlaßöffnungen der anderen zu regeln gestattet.

Spinndüse nach Reents und Eilfeld.

519. Wilhelm Reents und Friedrich Eilfeld in Plauen i. V. Düse zur Herstellung künstlicher Seidenfäden mit am unteren Ende nach innen kegelförmig erweiterten Öffnungen zum Austritt der Seidenfäden.

D.R.P. 221 572 Kl. 29a vom 30. VI. 1909 (gelöscht).

Die Erfindung ist eine Düse zur Herstellung künstlicher Seidenfäden und betrifft eine Einrichtung zum Regeln der Fadenstärke. In der unteren Verschlußplatte der Düse, welcher die zur Herstellung der Seide dienende Masse unter Druck zugeführt wird, ist eine Anzahl vorzugsweise konzentrischer, äußerst feiner Öffnungen angebracht, welche sich in bekannter Weise nach innen kegelförmig erweitern, und mit denen dünne, ebenfalls kegelförmig zulaufende und gemeinsam verschiebbare Nadeln im Eingriff stehen, die sich in der Stellung, in welcher sie die Öffnungen völlig frei lassen, nicht genau über diesen befinden, sondern sich an deren kegelförmige Wandungen anlehnen. Wird nun eine durch Feder- oder ähnliche Wirkung ständig nach oben gehaltene, sämtliche Nadeln tragende Platte durch einen von der Außenseite der Düse aus mittels eines über einer Skala spielenden Zeigers verstellbaren Exzenter nach unten, d. h. nach der Verschlußplatte der Düse hin, gedrückt, so gleiten die Nadelspitzen an den kegelförmigen Wandungen der feinen Öffnungen nach unten und verschließen letztere mehr oder weniger in der Weise, daß sich annähernd halbmondförmige Durchtrittsöffnungen für die Seidenfäden ergeben, so daß sich diese in verschiedenen Stärken erzeugen lassen.

Die Zeichnung veranschaulicht in vergrößertem Maßstabe die Düse zur Herstellung künstlicher Seidenfäden in einer beispielsweisen Ausführungsform. Die Fig. 205 und 206 sind Längsschnitte in zueinander senkrechten Ebenen bei freien Durchtrittsöffnungen für die Seidenfäden, und Fig. 207 ist ein der Fig. 206 entsprechender Schnitt bei geschlossenen Öffnungen. Die Fig. 208 und 209 zeigen die Vorrichtung in Ansicht und

Draufsicht, während in Fig. 210 ein Schnitt nach der Linie $A—B$ der Fig. 207 dargestellt ist. Die Fig. 211 und 212 sind Längsschnitte eines Teiles der Vorrichtung in größerem Maßstabe bei verschiedenen Nadelstellungen, und in den Fig. 213 und 214 ist der Eingriff der Nadel in die kegelförmigen Öffnungen der Verschlußplatte, abermals vergrößert, veranschaulicht.

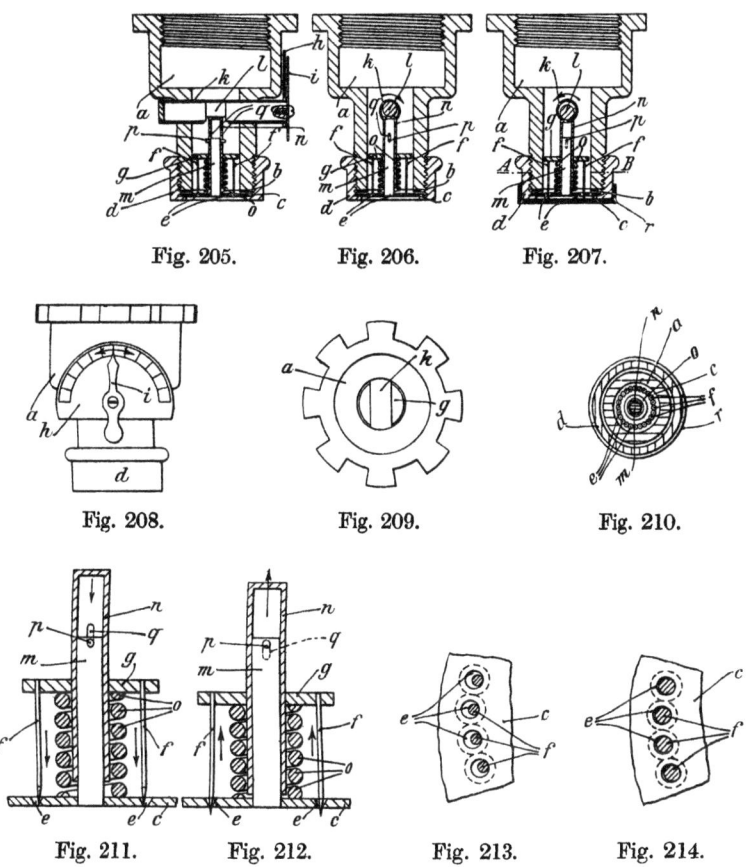

Fig. 205. Fig. 206. Fig. 207.

Fig. 208. Fig. 209. Fig. 210.

Fig. 211. Fig. 212. Fig. 213. Fig. 214.

Auf das untere Ende der in bekannter Weise zum Anschluß an eine Druckleitung oder ein unter Druck stehendes, die zur Herstellung der künstlichen Seidenfäden dienende Masse enthaltendes Gefäß eingerichteten Düse a ist unter Zwischenschaltung einer Dichtung b die Verschlußplatte c aufgesetzt, die in ihrer Lage durch die Überwurfmutter d festgehalten wird. In dieser Platte befinden sich, vorzugsweise in konzentrischer Anordnung, eine Anzahl nach außen enger und sich nach innen kegelförmig erweiternder Öffnungen e, durch welche die Seidenmasse hindurchgepreßt und zu Fäden geformt wird, die in einem Wasserbade sofort erhärten und zu einem stärkeren Faden vereinigt werden. Wie besonders die Fig. 211, 212, 213 und 214 zeigen, stehen mit diesen Öffnungen feine, nach unten zugespitzte Nadeln f, die an einer gemeinsamen Platte g befestigt sind, derart im Eingriff, daß sich ihre Spitzen in der Höchststellung gegen die kegelförmigen Wandungen der Öffnungen e legen, letztere also völlig frei lassen, während sie diese mehr oder weniger verschließen und dem freien Öffnungsquerschnitt eine nahezu halbmondförmige Gestalt geben, wenn sie der Platte c genähert werden, bis in der tiefsten Stellung (Fig. 207 und 212) die Öffnungen ganz verschlossen sind. Es läßt sich also die Fadenstärke durch entsprechende Einstellung der Nadeln beliebig regeln. Diese Einstellung erfolgt von der Außenseite der Düse mittels eines über einer Skala h spielenden Zeigers i, der mit einer in der nur unten teilweise offenen Büchse k gelagerten Exzenterwelle l starr verbunden ist, so daß der Exzenter ganz nach Belieben von seiner höchsten Stellung (Fig. 205 und 206) aus mehr oder weniger der tiefsten Stellung (Fig. 207) genähert werden kann. Gegen den Exzenter legt sich eine die Platte g tragende und auf einem festen Bolzen m verschiebbare Büchse n, die durch die Feder o ständig nach oben gedrückt wird. Daraus geht hervor, daß je nach der Exzenterstellung die Nadeln f verschieden weit in die Öffnungen e eintreten und daher deren freien, die Fadenstärke bestimmenden Querschnitt entsprechend beschränken. Einesteils zur Geradführung der Nadeln und andernteils um ein Abspringen der Büchse n von dem Bolzen m zu verhüten, ist in letzterem ein Stift p angebracht, der sich in länglichen Schlitzen q der Büchse n führt. Da nun sowohl letztere als auch die in die Öffnungen eingreifenden Nadeln sehr fein ausgeführt sind, und mithin eine Reinigung kaum möglich ist, so muß dafür Sorge getragen werden, daß bei der Unterbrechung der Arbeit die Seidenmasse nicht in den Öffnungen erstarrt und diese verstopft, und zu diesem Zweck ist ein besonderer Deckel r vorgesehen (Fig. 207), der sich luftdicht an die Überwurfmutter d anschließt und demnach, sobald die Düse außer Betrieb gesetzt wird, den Zutritt der Luft zu den Öffnungen e verhindert.

Patentansprüche: 1. Düse zur Herstellung künstlicher Seidenfäden mit am unteren Ende nach innen kegelförmig erweiterten Öffnungen zum Austritt der Seidenfäden, dadurch gekennzeichnet, daß mit den Öffnungen (e) zum Zwecke der Veränderung ihres Querschnitts kegelförmig verlaufende, in verschiedenen Höhen einstellbare Nadeln (f) im Eingriff stehen.

2. Düse nach Anspruch 1, dadurch gekennzeichnet, daß die Einstellung der Nadeln mittels einer Exzenterwelle (l) erfolgt, die von außen durch einen über einer Skala (h) spielenden Zeiger (i) drehbar ist und sich gegen eine durch Federwirkung nach oben gedrückte, mit einer die Nadeln tragenden Platte (g) festverbundene Büchse (n) legt, welche auf einem festen, eine Geradführung für die Büchse aufweisenden Bolzen (m) verschiebbar ist.

Herstellung von Spinndüsen nach Woegerer.

520. C. Woegerer. Verfahren zur Herstellung von Spinndüsen zur Herstellung künstlicher Seide.

Ver. St. Amer. P. 988 424.

Auf dem Umfange eines Glasstabes, der durch Hitze erweicht ist, werden in der Richtung der Achse des Glasstabes feine Metalldrähte eingeschmolzen. Der Stab mit den Drähten wird dann quer zur Achse in feine Scheiben zerschnitten, die in geeigneten Fassungen eingeschmolzen werden. Dann wird durch Säuren das Metall herausgelöst. (6 Zeichnungen.)

Nach Gebr. Franke und Oscar Müller.

521. Gebr. Franke in Chemnitz und Oscar Müller in Cöln a. Rh. Mit Erweiterung versehene Düse für Kunstseidespinnvorrichtungen.

D.R.P. 250 595 Kl. 29a vom 3. IX. 1910 (gelöscht); brit. P. 4080[1911].

Die bekannten Spinnvorrichtungen, bei denen mehrere Spinndüsen fingerförmig an einem gemeinsamen Zuführungsrohr für die Spinnlösung sitzen, haben den Nachteil, daß der Druck nicht überall derselbe bleibt und infolge davon ungleichmäßige Fäden erhalten werden. Nach der Erfindung wird dies dadurch vermieden, daß das Zuführungsrohr für die Spinnflüssigkeit vor den Spinndüsen eine ballonförmige Erweiterung trägt, an die sich die trichterförmig gestalteten Kapillarröhrchen anschließen. In dieser Erweiterung soll stets ein gleichmäßiger Druck herrschen. (3 Zeichnungen.)

Patentanspruch: Mit Erweiterungen versehene Düse für Kunstfädenspinnmaschinen, dadurch gekennzeichnet, daß die Erweiterung ballonartig ausgebildet ist und sich allmählich verengernde trichterförmige Einzelrohre nach den Kapillarröhrchen führen.

Nach Guadagni.

522. G. Guadagni in Pavia. Verbesserung an Spinnöffnungen für Maschinen zur Herstellung künstlicher Seide.

Brit. P. 30 306[1910].

Die Erfindung bezieht sich auf Spinnköpfe, bei denen eine Mehrzahl von Spinnöffnungen in einer gemeinsamen Scheibe angeordnet ist. Bei den bekannten Einrichtungen dieser Art kann bisher nur ein Faden mit stets derselben Anzahl von Einzelfäden hergestellt werden. Außerdem brechen da leicht die Kapillaren oder verstopfen sich und dann muß der ganze Spinnkopf ausgewechselt werden. Bei der vorliegenden Einrichtung befinden sich die Spinnöffnungen in einem auswechselbaren Stück, jede Spinnröhre ist von der anderen unabhängig und leicht auszuwechseln, auch können undurchbohrte Stücke eingesetzt und so die Zahl der Einzelfäden verringert werden. Träger der Spinnöffnungen ist

488   Allgemeine Verfahren und Vorrichtungen.

eine eiserne oder aus anderem geeigneten Stoff bestehende Scheibe, die mit der nötigen Anzahl von Löchern versehen ist. Die Löcher haben einen Durchmesser von etwa 4 mm. Auf diese Scheibe wird Gummi aufvulkanisiert in der Weise, daß an den Stellen, wo die Löcher der Scheibe sind, der Gummibelag am oberen Teile trichterförmig gestaltet ist. In diese Löcher werden nun die gläsernen Spinnröhrchen gesteckt, die nach oben gleichfalls trichterförmig erweitert sind. Sie sitzen in der trichterförmigen Erweiterung des Gummibelages sehr dicht. Die Scheibe mit den Röhrchen wird dann in eine Fassung gesetzt, die auf die Zuführungsröhre für die Spinnflüssigkeit aufgeschraubt werden kann. (2 Zeichnungen.)

Nach Latapie.

523. A. Latapie. Spinndüse zur Herstellung künstlicher Seide.

Franz. P. 431 096.

Die bisher in der Kunstseidefabrikation verwendeten Spinndüsen sind schwierig herzustellen und benötigen die Benutzung des teuren Platins. Die Spinndüse der Erfindung ist sehr billig. Sie besteht im wesentlichen aus einer Anzahl im Kreise angeordneter Glaskapillaren, die in eine Masse eingebettet sind, welche mit ihnen ein Stück bildet. Diese Masse kann bestehen: 1. aus hydraulischem oder anderem Zement, der mit einem gegen Schwefelsäure widerstandsfähigen Überzuge versehen ist, z. B. Asbest und Natriumsilikat; 2. aus Guttapercha und Paraffin; 3. aus Kautschuk, Talg, gelöschtem Kalk und Mennige; 4. aus einem Zement aus reinem gepulvertem Asbest, der mit sirupdickem, schwach alkalischem Natriumsilikat verrührt ist; 5. aus jeder Legierung, welche der Einwirkung von Schwefelsäure, in die die Spinndüse eintaucht, widersteht, z. B. von Blei und Wismut, von Blei, Antimon und Wismut usw.

Nach Boisson.

524. A. Boisson. Vorrichtung zur Herstellung glänzender Fäden aus Zelluloselösungen.

Franz. P. 436 556.

Die Spinndüse nach diesem Patent besteht aus einer mit Löchern versehenen Platte, die durch Schraubkappen an der Zuführungsleitung befestigt ist. Vor der Spinnöffnung ist in der Leitung ein Filter angebracht. (2 Zeichnungen.)
Nach dem

525. franz. Zusatzpatent 15 925

wird eine Spinndüse benutzt, die aus einer einfachen Scheibe besteht, welche Löcher in verschiedener Anzahl hat. Die Scheibe besteht aus einem hinreichend widerstandsfähigen Stoff wie Glimmer, Gold-Iridium, Ebonit usw.

526. franz. Zusatzpatent 16 058.

Bei der Einrichtung des Hauptpatentes ist die die Fäden bildende, gelochte Scheibe an dem Ende der Zuführungsröhre für die Zelluloselösung durch eine Schraubkappe befestigt. Das hat verschiedene Nachteile, da die Verschraubung dauernd in das Fällbad eintaucht. Nach der vorliegenden Erfindung fällt die Verschraubung weg, die Befestigung der Spinnscheibe geschieht hier durch eine Art Bajonettverschluß mittels eines Bügels, der auf einer ansteigenden Fläche gleitet. Das Schließen und Öffnen der Spinnvorrichtung kann dadurch einfach und schnell erfolgen. (2 Zeichnungen.)

Nach Buffard.

527. Ch.-Fr. Buffard. Mehrfache Spinndüse zur Herstellung künstlicher Seide.

Franz. P. 442 630.

Zur Herstellung zusammengesetzter Fäden verwendete man bisher Spinnvorrichtungen, bei denen man mehrere Spinnöffnungen aus ausgezogenen Glasröhren auf einem gemeinsamen Rohre anordnete, oder man benutzte Metallkappen, deren Ende aus Platin war und die nötige Anzahl Löcher enthielt. Es ist nun schwer, in ein Platinblech so feine Löcher zu bohren, wie man sie braucht, die Löcher werden selten ganz

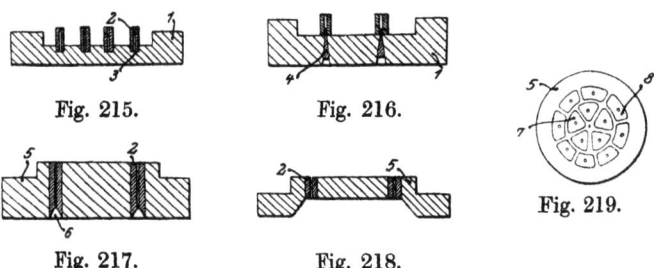

Fig. 215.   Fig. 216.

Fig. 217.   Fig. 218.   Fig. 219.

gleichmäßig. Auch brechen die Bohrwerkzeuge leicht. Nach der vorliegenden Erfindung sucht man kapillare Glasröhrchen oder Röhrchen aus widerstandsfähigem Metall aus von dem Durchmesser, den man haben will, bringt sie in einer Form an und verbindet sie durch Zement oder ein anderes beim Erstarren sich ausdehnendes Bindemittel. Die so vereinigten Röhrchen halten den beim Spinnen wirkenden Druck, ohne sich zu verschieben, aus. Die Fig. 215 und 216 zeigen, wie die Kapillarröhrchen 2 in der Form 1 untergebracht werden, man kann sie geradlinig, rautenförmig oder im Kreise anordnen. Die Röhrchen sitzen in der Form in Vertiefungen 3 oder auf geeigneten Haltern 4. Die Fig. 217 und 218 zeigen die eingegossenen Röhrchen, 5 ist das umgebende Bindemittel. Die äußere Form der Röhrchen wird so gewählt, daß sie nach dem Eingießen gut festhalten, ihre innere Öffnung entspricht der Form des zu erzeugenden Fadens. Man setzt z. B., wie in Fig. 219 gezeigt,

490   Allgemeine Verfahren und Vorrichtungen.

eine runde Spinndüse in der Mitte aus dreieckigen Röhrchen 7 und am Rande aus trapezförmigen 8 zusammen.

528. Ch.-Fr. Buffard. Spinndüse zur Herstellung künstlicher Seide.

Franz. P. 442 631.

Die Erfindung bezieht sich auf eine Spinndüse mit mehreren Öffnungen, die dadurch hergestellt wird, daß in einem Glaskern Metalldrähte in der Achse der Löcher, die man zu erhalten wünscht, eingebettet werden, und daß man danach die Drähte durch Säure herauslöst. Da die Drähte von vornherein kalibriert sind, so erhält man billig und leicht Spinndüsen mit mehreren Löchern von gewünschtem Durchmesser. In

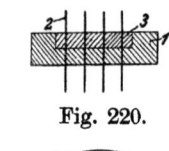

Fig. 220.

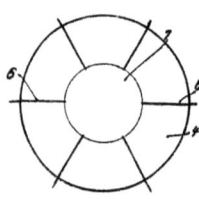

Fig. 221.

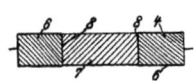

Fig. 222.

Fig. 220 bezeichnet 1 eine Form mit Löchern, in die man senkrecht oder geneigt die Drähte 2 einspannt. Dann gießt man in die Höhlung 3 Glas, welches die Drähte umschließt. Nach dem Herausnehmen des Glaskerns aus der Form löst man die Drähte durch Säure heraus und hat dann an ihrer Stelle Kanäle von der gewünschten Dicke. Die Drähte können z. B. aus Kupfer sein, man kann sie elektrolytisch mit einem säurefesten Metall, z. B. Nickel oder Platin, überziehen, um sie widerstandsfähiger gegen Formveränderungen beim Einschmelzen zu machen. In diesem Falle bleibt nach dem Weglösen des Kupfers ein feines Röhrchen von Nickel oder Platin. In Fig. 221 stellt 4 einen Ring aus Glas dar, der eine Öffnung 7 hat. Er ist an mehreren Stellen von Drähten 6 umspannt, die sich im rechten Winkel darumlegen (Fig. 222). Man füllt den Hohlraum 7 mit Glas, setzt dann das Ganze in eine Form und erhitzt in einem Ofen, bis die Glasteile 4 und 7 verschmolzen sind. Die Drähte bilden einen zur Ebene des Körpers senkrechten Teil 8, der von oben nach unten durchgeht. Man schleift dann den Körper oben und unten ab, bis die Enden der Teile 8 freiliegen, dann bearbeitet man mit Säure. Statt des Glases könnte man auch einen säurefesten Zement verwenden.

Nach Burill.

529. P. Burill. Spinndüse zur Herstellung künstlicher Seide.

Franz. P. 442 632.

Die jetzt angewendeten Spinndüsen bestehen aus einer Platte oder Schraubkappe mit feinen Löchern. Jede Spinndüse wird am Ende der die Spinnlösung zuführenden Röhre durch eine Verschraubung festgehalten, die sich an einen entsprechend geschnittenen Teil der Zuführungsröhre für die Spinnlösung anlegt. Damit sie gegen Säure und

Hitze widerstandsfähig sind, bestehen die Düsen meist aus Platin. Um sie sicher befestigen zu können, muß man sie ziemlich groß machen, was die Einrichtung teuer macht, auch ist die Befestigung am Ende der Zuführungsröhre ziemlich gewichtig und führt leicht zu Bruch. Gegenstand der Erfindung ist eine Spinndüse, die aus einer einfachen Platte besteht, die gelocht und am Ende einer Glasröhre eingeschmolzen ist. Man bringt am Ende einer Glasröhre eine Ausbuchtung an, in die man die Platte aus Platin, Nickel oder einer säurebeständigen Ferrosiliziumverbindung einlegt. Über der Platte biegt man dann die Röhre um, so daß die Platte festsitzt. Die Glasröhre kann am Ende eine kegelförmige Erweiterung haben, in die man die Platte einlegt. Sie wird wieder durch Umbördeln festgehalten. Die Einrichtung ist billig und dauerhaft. (2 Zeichnungen.)

Nach Girard und Buffard.

530. Paul Girard und Charles Buffard. Spinndüse zur Herstellung künstlicher Fäden.

Franz. P. 445 783.

Bei dieser Spinndüse ist eine größere Anzahl Spinnöffnungen in einer Platte aus säurewiderstandsfähigem Stoff vereinigt. Die Platte ist mit der entsprechenden Anzahl Löcher versehen, in welche die mit je einem Loch versehenen Plättchen für den Durchtritt der Fäden eingepaßt werden. Die Plättchen werden durch Zement auf ihren Sitzen festgehalten, sie können flach oder gewölbt sein. (6 Zeichnungen.)

Nach Criggall.

531. J. E. Criggal in Wolverhampton. Verbesserung an Düsen zum Verspinnen von Zellulose-, z. B. Viskoselösungen für die Herstellung künstlicher Seide.

Brit. P. 18 965[1912].

Bisher hat man die Spinnöffnungen in gepreßten Platinblechen angebracht. Dabei muß man den Teil, in welchem die feinen Spinnöffnungen sitzen, dünn machen, damit Öffnungen von der erforderlichen Feinheit angebracht werden können. Die anderen Teile der Spinndüsen müssen dagegen stark sein, damit sie an den Zuführungsröhren befestigt werden können. Da nun die Spinndüsen aus einem Stück Metallblech hergestellt werden, war es nicht möglich, den gelochten Teil so dünn herzustellen, daß hinreichend feine Löcher darin gebohrt werden können, außerdem macht die Herstellung der Spinndüse aus Platin die Einrichtung teuer, und da der gelochte Teil nicht überall gleich stark war, hatten die einzelnen Spinnöffnungen nicht immer dieselbe Länge, es kam daher vor, daß die erzeugten Fäden in der Dicke ungleichmäßig waren.

Die Erfindung vermeidet diese Übelstände. Die Spinndüse wird aus zwei Teilen hergestellt, die durch Umlegen von Flanschen miteinander

492　Allgemeine Verfahren und Vorrichtungen.

verbunden werden. Die einzelnen Teile bestehen aus beliebigen Metallen oder Metallverbindungen, die von der Zelluloselösung nicht angegriffen werden und sie auch nicht angreifen. Der gelochte Teil kann sehr dünn und durchweg gleichmäßig hergestellt werden, der andere Teil kann so stark sein, daß er sicher befestigt werden kann, er kann z. B. aus einem billigeren Metall bestehen als aus Platin. In Fig. 223 ist der gelochte Teil 1 der Spinndüse mit dem Flansch 2 dargestellt. Fig. 224 zeigt den an die Zuführungsröhre anzuschließenden Teil 3 mit dem Flansch 4, der zur Verbindung mit der Zuführungsröhre dient, und dem Flansch 6, an dem der gelochte Teil befestigt wird. Fig. 225 zeigt, wie der gelochte Teil 1 an dem Flansch 6 befestigt ist, in Fig. 226 ist der Flansch 6 mit dem darübergreifenden Teil 2 an den Teil 3 angedrückt. Fig. 227 zeigt eine Voransicht der fertigen Spinndüse und Fig. 228 eine Ansicht von unten.

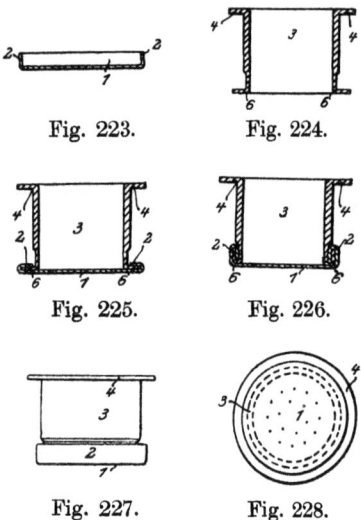

Fig. 223.　Fig. 224.

Fig. 225.　Fig. 226.

Fig. 227.　Fig. 228.

Nach Laroche.

532. J.-L. Laroche. Spinndüse mit mehreren Löchern zum Spinnen von Kunstfäden.

Franz. P. 459 849.

Die Spinndüse ist dadurch gekennzeichnet, daß die Löcher in Glas oder anderem unangreifbaren Stoffe so gebohrt sind, daß die auf Fäden zu verarbeitende Masse durch zunächst verhältnismäßig weite Öffnungen austritt, deren Querschnitt dann abnimmt und die schließlich regelmäßig zylindrisch sind. Fig. 229, 230 und 231 zeigen einzelne Stufen der Herstellung der Düse, Fig. 232 zeigt, daß die Form des Loches mehr oder weniger ausgeweitet und der ausgeweitete Teil mehr oder weniger ausgesprochen geschweift sein kann je nach der Natur des zu verspinnenden Stoffes. In der Zeichnung zeigt a stark vergrößert die Masse, in der die Löcher angebracht sind. Sie werden mit den Hilfsmitteln gebohrt, die zum Bohren der Ziehdiamanten für Metallfäden verwendet werden. In der ersten Phase (Fig. 229) stellt man ein regel-

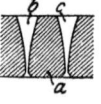 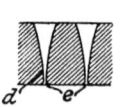 

Fig. 229.　Fig. 230.　Fig. 231.　Fig. 232.

mäßig geschweiftes Loch b oder c her. In der zweiten Phase (Fig. 230) stellt man durch einen Bohrer einen vollkommen zylindrischen Teil d her. Es kommt vor, daß der Rand des zylindrischen Teils nicht ganz sauber ist, es bilden sich durch Abspringen kleine Fehlstellen e. In der dritten Phase (Fig. 231) schleift man in der üblichen Weise die Fläche ab, auf die die Löcher ausmünden und bringt so die Ungleichmäßigkeiten zum Verschwinden. Man erhält so Düsen, die für dieselbe Nummer mit Löchern von genau gleichem Querschnitt in dem zylindrischen Teil versehen sind, der den Durchmesser der Fäden bestimmt. Eine solche Regelmäßigkeit konnte mit den bekannten Düsen nicht erzielt werden, sie gestattet, Fäden zu spinnen, die auf ihrer ganzen Länge genau die gleiche Dicke und vollkommen runden Querschnitt haben.

Nach Glanzfäden Akt.-Ges.

533. **Glanzfäden Akt.-Ges. in Petersdorf und Berlin.** Spinndüse für die Herstellung von Kunstfäden.

D.R.P. 310 743 Kl. 29a vom 4. XII. 1917.

Die Düse ist aus Speckstein hergestellt, der alle Erfordernisse einer solchen Düse erfüllt und es ermöglicht, Düsen herzustellen, die an Güte Platin- und Glasdüsen mindestens gleichkommen, diesen aber vorzuziehen sind, da sie ungefähr nur $1/10$ des Preises der Platindüsen oder $1/5$ des der Glasdüsen kosten. Sie besitzen auch nicht die Sprödigkeit des Glases und schließen, was für Platindüsen nicht unwichtig ist, jede Diebstahlsgefahr aus, da sie für Dritte keinen Wert haben. In den Speckstein sind die feinen Löcher außerordentlich leicht zu bohren, bei dünner Schicht sogar zu stechen. Nach Fertigstellung der Düse wird sie durch Glühen erhärtet, wodurch sie allen chemischen und mechanischen Widerständen, z. B. hauptsächlich solchen, welche durch die dauernde Reibung des austretenden Fadens im Lochkanal entstehen, widersteht. Solche Düsen erlangen einen bedeutenden Härtegrad und sind gegen Säuren u. dgl. beständig.

Patentansprüche: 1. Spinndüse für die Herstellung von Kunstfäden, dadurch gekennzeichnet, daß sie aus Speckstein hergestellt ist.

2. Spinndüse nach Anspruch 1, dadurch gekennzeichnet, daß sie nach dem Bohren der kleinen Düsenöffnungen durch Ausglühen gehärtet ist.

Eine Spinndüse zur Herstellung von Streifen aus Viskoselösungen beschreiben noch Courtaulds Ltd., London, und J. E. Criggal im brit. P. 127155.

Über Spinndüsen für künstliche Seide s. noch Kunststoffe 1916, S. 4 und 19; über das Bohren feiner Löcher auch Technische Rundschau vom 30. VII. 1919.

Nach Denis.

534. Maurice Denis in Mons, Belgien. Verfahren und Vorrichtung zum Durchstoßen und Reinigen des Kapillarrohres von Spinndüsen zur Herstellung künstlicher Seide. D.R.P. 263 786 Kl. 29a vom 11. II. 1913 (gelöscht).

Bisher wurde bei der Herstellung von künstlicher Seide nach dem Kollodiumverfahren das Freimachen und Reinigen der Spinndüsen auf chemischem und mechanischem Wege herbeigeführt. Es wurden die verstopften Spinndüsen zunächst der Wirkung geeigneter Säure unter Druck und bei geeigneten Temperaturen ausgesetzt, um die in dem Kapillarrohr enthaltenen Körperchen anzugreifen und zu lösen, und hierauf wurden die auf solche Weise zu Staub verwandelten Niederschläge durch einen entsprechend ausgezogenen Metalldraht entfernt. Diese Reinigungsart bietet verschiedene technische Schwierigkeiten und benötigt Handarbeit, die teuer und unwirtschaftlich ist. Die Säuren, die dazu dienen, die Fremdkörper, die in dem Kapillarrohr von 0,08—0,12 mm Durchmesser enthalten sind, anzugreifen, werden durch die Anwesenheit von Luftblasen verhindert, diese Körper zu zersetzen, der Metalldraht, der noch einen geringeren Durchmesser als das Kapillarrohr hat, stößt hierbei auf einen nicht weichenden Widerstand, krümmt sich und biegt sich um, ohne daß er im Innern des zu reinigenden Kapillarrohres zur vollen Wirkung gelangt.

Nach der Erfindung wird das Durchstoßen und das Reinigen durch einen elektrischen Funken bewirkt. Dieser wird durch das Kapillarrohr hindurchgeschickt und zerstört durch Verbrennen, Schmelzen und Verflüchtigen die Fremdkörper, welche sich in dem Kapillarrohr festgesetzt haben. Beispielsweise genügt ein Funken von 14 mm Länge, der durch eine Induktionsspule durch einen Strom von 6 Volt erzeugt wird, um ungefähr in 10 Sekunden eine solche Spinndüse zu reinigen und auszubrennen, deren Kapillarrohr durch einen Metallkörper verstopft ist.

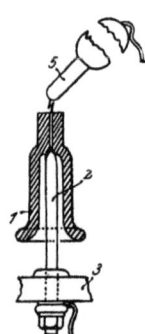

Fig. 233.

Das Glasrohr 1 (Fig. 233), das die Spinndüse bildet, wird, nachdem das getrocknete Kollodium entfernt ist, auf eine Metallspitze 2 gestellt, die in größerer Anzahl auf einem geeigneten Gestell 3 angeordnet sind. Jede Spitze 2 steht in Verbindung mit einer der Klemmen einer Induktionsspule. Die andere Klemme dieser Spule ist in Verbindung mit einer Spitze 5. Sobald man nun die Spitze 5 einer Spinndüse 1 nähert, schlägt ein Funken zwischen den Spitzen 2 und 5 durch, und es werden durch Verbrennen oder Schmelzen die Unreinigkeiten in dem Kapillarrohr entfernt.

Patentansprüche: 1. Verfahren zum Durchstoßen und Reinigen des Kapillarrohres von Spinndüsen zur Herstellung künstlicher Seide, dadurch gekennzeichnet, daß das Kapillarrohr von einem elektrischen

Funken durchschlagen wird, der durch Schmelzung, Verbrennung oder Verflüchtigung die das Kapillarrohr versperrenden Fremdkörper entfernt.

2. Vorrichtung zur Ausübung des Verfahrens nach Anspruch 1, dadurch gekennzeichnet, daß auf einem geeigneten Gestell (3) eine oder mehrere mit einer der Klemmen eine Induktionsspule in Verbindung stehende Metallspitzen (2) angeordnet sind und daß die andere Klemme der vorerwähnten Induktionsspule mit einer zweckmäßig beweglichen Spitze (5) verbunden ist, die alsdann, nach Einführen der Spitze (2) in das die verstopfte Spinndüse bildende Glasrohr, der Düse genähert werden kann.

Spinnverfahren und Spinnvorrichtungen.

Die Strehlenertschen Spinnapparate.

535. Robert Wilhelm Strehlenert in Stockholm. Verfahren und Vorrichtung zum Spinnen künstlicher Seide.

D.R.P. 96 208 Kl. 76 vom 10. II. 1897 (gelöscht); brit. P. 3832[1897]; Ver. St. Amer. P. 702 163; schweiz. P. 13 695.

Die bisher gebräuchlichen Herstellungsweisen künstlicher Seide leiden an dem Übelstande, daß der aus der ausgepreßten oder ausgezogenen Masse gebildete Faden leicht zwischen dem Preßmundstück und der Bobine, auf welcher er aufgewickelt wird, abreißt und dann von Hand wieder angeknüpft werden muß. Dieses häufige Abreißen des Fadens hat einen kontinuierlichen Betrieb unmöglich gemacht, und die Schwierigkeit, den einmal abgerissenen Faden wieder zu erfassen und von neuem um die Bobine zu legen, hat großen Zeitverlust und infolgedessen Verteuerung des Fabrikates verursacht. Durch das nachstehend beschriebene Verfahren erreicht man einerseits, daß sich der Faden vor dem Aufrollen zwirnt, und andererseits, daß ein abgerissener Faden von einem anderen benachbarten Faden aufgefangen wird, so daß infolgedessen die Möglichkeit eines kontinuierlichen Betriebes gegeben ist.

Die Vorrichtung ist in Fig. 234 und 235 im Vertikalschnitt dargestellt, und zwar zeigt Fig. 234 eine Vorrichtung für nicht kontinuierlichen, Fig. 235 dagegen eine solche für kontinuierlichen Betrieb. In beiden Fällen besitzt die Vorrichtung eine Anzahl von Preßmundstücken *A*, die mit einem oder mehreren Löchern zum Durchpressen der für die Herstellung künstlicher Seide bereiteten Lösung versehen sind. Diese Mundstücke, die man einzeln oder in Gruppen anbringen kann, stehen in Verbindung mit hohlen Zylindern *B*, die mit Zahnrädern *C* versehen sind und in entsprechenden Öffnungen eines gemeinsamen, in dem Gestell *F* gelagerten Zahnrades *D*, das mittels einer geeigneten Triebvorrichtung *E* gedreht wird, drehbar gelagert sind. Die Zahnräder können in Kugellagern gelagert sein, wie dies die Zeichnung andeutet. Die an den Zylindern befestigten Zahnräder *C* greifen in einen am Gestell angebrachten gemeinsamen Zahnkranz *G* ein, so daß die Zylinder *B* bei der Umdrehung des Zahnrades D sowohl eine kreisförmige Bewegung als auch eine in dieser Kreisbahn umlaufende Bewegung erhalten. In den Zylindern B (Fig. 234) sind Preßkolben H verschiebbar, die nach Füllung der Zylinder mit der zubereiteten Lösung mittels eines hydraulischen Kolbens I und einer gemeinsamen Scheibe J in die Zylinder hineingepreßt werden, um die Lösung durch die Mundstücke A hinauszutreiben. Die Auspressung kann nach Beobachtung des Druckes der hydraulischen Leitung am Manometer K geregelt werden. Die in Fig. 235 dargestellte Vorrichtung für kontinuierlichen Betrieb besitzt einen in der Zeichnung nicht dargestellten Behälter für die zubereitete Flüssigkeit, welche unter Druck mittels Röhren oder Kanäle in die Mundstücke geleitet wird. Zur Überführung der Flüssigkeit aus dem festen Rohr in die sich drehenden und kreisenden Mundstücke dient ein drehbares Klauenstück L, dessen Enden mittels geeigneter Stopfbüchsen abgedichtet werden können.

Die zweckmäßig in der Horizontalebene kreisenden Mundstücke können in eine Flüssigkeit hineintauchen, welche sich in einem unter ihnen angebrachten Trichter oder konischen Gefäß M befindet, von dessen schmälerem Teil ein Rohr N zu dem Behälter führt, in dem sich die zur Aufwicklung des Fadens bestimmten Bobinen befinden. In dem Knie zwischen dem Trichter M und dem Rohr N liegt eine Nutenrolle O zur Leitung des Fadens. Auch kann man den Faden ohne Rolle über dieses Knie laufen lassen. In den Trichter gießt man eine Flüssigkeit, vorzugsweise Wasser, um die Fäden sogleich beim Spinnen

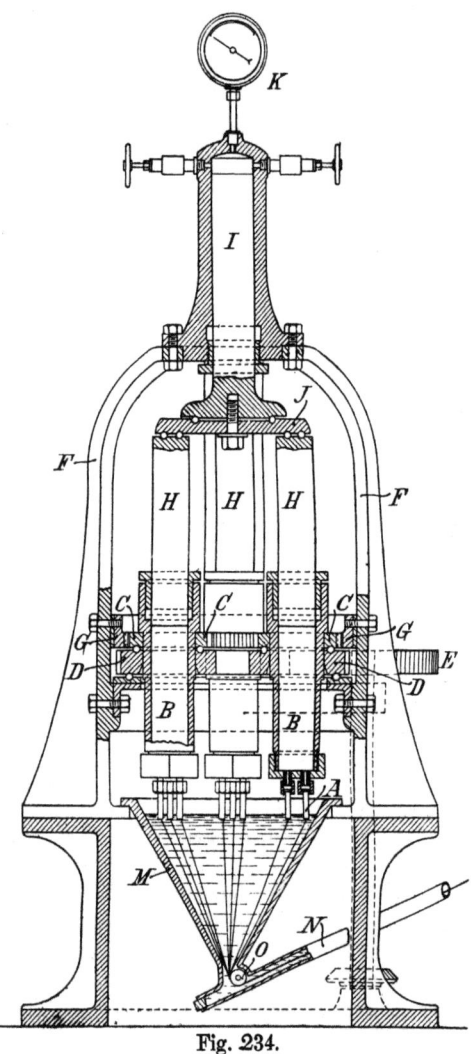

Fig. 234.

Die Strehlenertschen Spinnapparate.

auszuwaschen; diese Wasserzufuhr geschieht so, daß man das über den Rand des Trichters gelegte Röhrenende (in der Zeichnung nicht dargestellt) schräg einführt, so daß die Flüssigkeit des Trichters in derselben Richtung sich dreht wie der Zylinder, während sie durch das Rohr N in gleicher Richtung mit dem Faden abgeführt wird. Die aus den Mundstücken eines jeden Zylinders ausgepreßten Fäden werden zunächst unter sich zusammengedreht, worauf die so hergestellten Fäden oder, falls jeder Zylinder nur ein Mundstück hat, die Fäden aller Zylinder zu einem einzigen Faden zusammengedreht werden. Sollten beim Spinnen ein oder mehrere Fäden derselben Gruppe eines Zylinders abreißen, so wird das untere Ende des abgerissenen Fadens von dem sich zusammendrehenden Faden mitgenommen, das freie obere, aus dem Mundstück hervorkommende Ende aber wird von dem benachbarten Faden erfaßt, bleibt daran kleben und begleitet den Faden zur Nutenrolle, so daß dem Fehler selbsttätig abgeholfen wird. Dieses Erfassen eines freien Fadenendes durch einen folgenden gespannten Faden wird ermöglicht teils durch die kreisförmige Bewegung der Zylinder sowie deren gleichzeitige Rotation und teils dadurch, daß die Fäden in eine sich drehende Flüssigkeit austreten, welche das Ausschleudern der Fäden in radialer Richtung verhütet. Die Verwendung von Wasser ist nicht notwendig, denn auch ohne Wasser wird ein zerrissener Faden von den benachbarten unzerrissenen Fäden aufgefangen und mitgenommen.

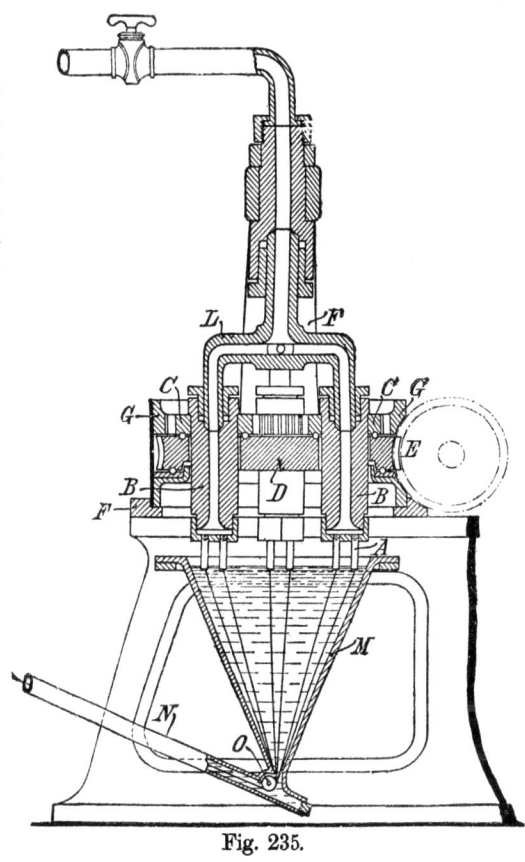

Fig. 235.

Patentansprüche: 1. Verfahren zum Spinnen künstlicher Seide, bei welchem ein Wiederzusammenfügen eines gebrochenen Fadens von Hand dadurch entbehrlich gemacht wird, daß eine Anzahl von einzelnen aus Mundstücken ausgepreßten Fäden gegenseitig umeinander gewunden

498   Allgemeine Verfahren und Vorrichtungen.

wird, um beim Bruch eines der zu einem Faden zu vereinigenden Einzelfäden diesen selbsttätig wieder an die anderen anzulegen.

2. Vorrichtung zur Ausführung des unter 1. bezeichneten Verfahrens, bei welcher das Anlegen eines gebrochenen Fadens an die anderen Fäden dadurch selbsttätig geschieht, daß die mit einem oder mehreren Mundstücken für den Austritt der Seidenlösung versehenen Preßköpfe (B) neben ihrer rotierenden Bewegung noch eine solche im Kreise herum erhalten, um erst die Fäden eines jeden Preßkopfes (bei mehreren Mundstücken) und darauf die Fäden sämtlicher Preßköpfe zu vereinigen.

3. Vorrichtung der unter 2. bezeichneten Art, bei welcher einem Schleudern der aus den Mundstücken in ein mit Flüssigkeit gefülltes Gefäß eintretenden Fäden dadurch vorgebeugt werden soll, daß die Flüssigkeit eine Drehung in derselben Richtung wie die Preßköpfe empfängt und in derselben Richtung abfließt, in welcher der gedrehte Faden abgezogen wird.

536. Robert Wilhelm Strehlenert in Stockholm. Vorrichtung zum Spinnen künstlicher Seide.

D.R.P. 101 844 Kl. 76 vom 10. XII. 1897 (gelöscht), Zus. z. D.R.P. 96 208; brit. P. 58^{1899}; schweiz. P. 17 950.

Bei der praktischen Ausführung der durch Patent 96 208 (s. vorstehend) geschützten Erfindung hat es sich herausgestellt, daß sich Änderungen und Vereinfachungen der Vorrichtung denken lassen, um unter Beibehaltung des gegebenen Zweckes ein kontinuierliches Spinnen durch unmittelbares Auffangen eines abgerissenen Fadens durch den benachbarten zu ermöglichen. Von der Einrichtung des Hauptpatentes ausgehend, bei welcher die zubereitete Seidenlösung durch sich drehende Mundstücke ausgepreßt wird, welchen Mundstücken oder Gruppen von Mundstücken eine Bewegung in geschlossener Bahn mitgeteilt wird, gelangt man durch eine kleine Abänderung zu der in Fig. 236 dargestellten vereinfachten Spinnmaschine. Hier wird an jeder Maschine nur ein Mundstück A verwendet, das mit mehreren Auspreßlöchern versehen ist. Da jedes dieser Löcher einem Mundstück mit nur einem Auspreßloch entspricht, und da diese Löcher nicht in der Drehachse des Mundstücks liegen, so werden die Löcher bei der Umdrehung des Mundstücks um sich selbst sich in einer geschlossenen Bahn bewegen, und die ausgepreßten Fäden werden umeinander gedreht. Das Mundstück A ist deshalb wie nach dem Hauptpatent mit einem Zylinder oder einem Rohr B vereinigt, das mit der Druckleitung der zubereiteten Lösung in Verbindung steht. Dieser Zy-

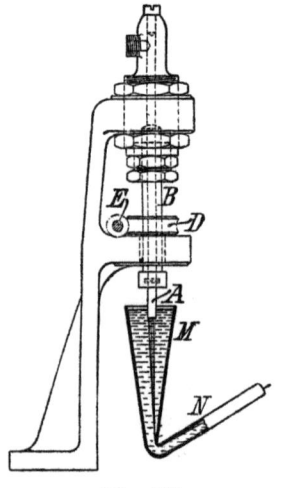

Fig. 236.

linder wird mittels eines Schraubengetriebes DE oder auf andere geeignete Weise um seine Achse gedreht. Die aus den Löchern herausgepreßten Strahlen, die nach dem Koagulieren Fäden bilden, werden an einer Rolle oder in einem Knierohr auf einen Punkt zusammengeführt, und das Herauspressen erfolgt am besten unter der Oberfläche einer Flüssigkeit, z. B. von Wasser. Dieses Wasser nimmt das Lösemittel der Seide auf und ist deshalb dadurch zu erneuern, daß man frisches Wasser in den Trichter oder das Gefäß, in welches die Mundstücke hineinragen, einfließen und dann durch das Knierohr N des Trichters abfließen läßt. Die in dem Hauptpatent beschriebenen Zylinder mit Mundstücken lassen sich daher durch einen umlaufenden Zylinder mit mehreren mit Auspreßlöchern versehenen Mundstücken ersetzen, die sich nicht in einer geschlossenen Bahn bewegen.

Patentanspruch: Vorrichtung zum Spinnen künstlicher Seide die durch Patent 96 208 geschützten Art, dadurch gekennzeichnet, daß des mit mehreren Austrittsöffnungen für die Seidenlösung versehene preßmundstück nur eine rotierende Bewegung, nicht aber eine solche im Kreise herum erhält.

537. Robert Wilhelm Strehlenert in Stockholm. Vorrichtung zum Spinnen künstlicher Seide.

D.R.P. 102 573 Kl. 76 vom 10. XII. 1897 (gelöscht), zweiter Zus. z. D.R.P. 96 208; schweiz. P. 17 950.

Die Erfindung betrifft eine Vorrichtung zum Spinnen künstlicher Seide nach dem durch Patent 96 208[1]) geschützten Verfahren, welches im wesentlichen dadurch gekennzeichnet ist, daß eine Anzahl von einzelnen aus Mundstücken ausgepreßten Fäden gegenseitig umeinander gewunden wird. Dies geschieht nach vorliegender Erfindung dadurch, daß die Seidenlösung durch stillstehende Mundstücke oder ein stillstehendes Mundstück in eine in Drehung versetzte Flüssigkeit ausgepreßt wird.

Im Hauptpatent ist unter Anspruch 3[2]) eine Vorrichtung zur Ausführung des im Anspruch 1 desselben Patentes angegebenen Verfahrens angegeben, bei welcher einem Schleudern der aus den Mundstücken in ein mit Flüssigkeit gefülltes Gefäß eintretenden Fäden dadurch vorgebeugt wird, daß die Flüssigkeit eine Drehung in derselben Richtung wie die Preßköpfe erhält. Bei der vorliegenden Ausführung der Vorrichtung ist dieser Zweck in einem höheren Grade dadurch erzielt, daß der oder die Preßköpfe stillstehen, während die Flüssigkeit sich allein dreht. Hierdurch wird erzielt, daß ein gebrochener Faden durch die sich drehende Flüssigkeit selbsttätig wieder mit den anderen Fäden vereinigt wird, ohne daß ein Zusammenfügen von Hand erforderlich wäre.

Eine solche Vorrichtung ist als Beispiel in Fig. 237 dargestellt. An den stillstehenden Preßzylinder B schließt sich das feststehende Mundstück A an, welches mit mehreren Ausflußöffnungen versehen ist, aus

---
[1]) Siehe S. 495.
[2]) Siehe S. 498.

welchen die Seidenlösung ausgepreßt wird. Unterhalb des Mundstücks A ist der sich nach oben erweiternde Behälter M angeordnet zur Aufnahme der Flüssigkeit, in welche die Fäden hineingepreßt werden sollen. An das untere Ende dieses Behälters schließt sich das Abzugsrohr N an, aus welchem der aus mehreren einzelnen Fäden zusammengedrehte Faden abgezogen wird. Die in dem Behälter M enthaltene Flüssigkeit wird dadurch in Umdrehung versetzt, daß das Zuflußrohr C schräg angeordnet ist. Die hierdurch hervorgerufene Umdrehung der Flüssigkeit genügt, um ein abgerissenes und im Auspressen begriffenes Fadenende um und an die nicht abgerissenen, sich weiter bewegenden Fäden zu legen, so daß der zusammengedrehte Faden durch das Rohr N abgezogen und zu einer Spule geleitet werden kann, um auf diese aufgewunden zu werden.

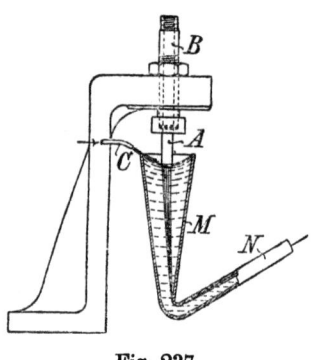

Fig. 237.

Patentanspruch: Vorrichtung zum Spinnen künstlicher Seide nach dem durch Patent 96 208 geschützten Verfahren, bei welcher ein Wiederzusammenfügen eines gebrochenen Fadens von Hand dadurch entbehrlich gemacht wird, daß die Seidenlösung aus einem stillstehenden Mundstück mit mehreren Austrittsöffnungen oder mehreren stillstehenden Mundstücken in eine in Drehung versetzte Flüssigkeit ausgepreßt wird.

538. Robert Wilhelm Strehlenert in Djursholm (Schweden). Vorrichtung zum Auffangen von Textilfasern beim Spinnen von künstlicher Seide.

D.R.P. 143 763 Kl. 29b vom 10. IV. 1902 (gelöscht); brit. P. 28 364[1902]; Ver. St. Amer. P. 716 138.

Vorliegende Erfindung betrifft einen Apparat, mittels dessen die Arbeitsweise der in der Patentschrift 102 573 (s. vorstehend) beschriebenen Vorrichtung, bei welcher eine Drehung der Koagulierungsflüssigkeit in der wagerechten Ebene durch tangentiale Einführung des Wasserstrahles herbeigeführt wird, verbessert werden soll. Durch diese Drehung werden die einzelnen zu einem gemeinsamen Faden zusammenzudrehenden Fäden nach dem Zentrum der Drehungsebene hingedrängt, so daß ein gebrochener Faden sofort wieder mit einem der benachbarten Fäden in Berührung kommt und mit ihnen zusammengedreht und gemeinsam abgeführt wird. Außer dieser Drehung des Wassers im Koagulierungsgefäß findet auch eine Strömung des Wassers in der Richtung des Fadenabzugs statt, weil das behufs Drehung in wagerechter Ebene beständig zugeführte Wasser wieder abgelassen werden muß. Diese Strömung ist nur gering und daher nicht geeignet, die Fäden, deren Abzug sie zwar erleichtert, nach unten zu ziehen. Wollte man einen solchen Abzug durch die Wasserströmung herbeiführen, so müßte eine starke Strömung unter Verwendung einer großen Wassermenge erzeugt werden. Ein solches Verfahren verbietet sich aber aus wirtschaftlichen Gründen, weil zur Wiedergewinnung des für die Spinnmasse benutzten Lösungsmittels die Destillation einer großen Wassermenge erforderlich würde. Wenn daher bei der bekannten Einrichtung alle zu einem gemeinsamen Faden zusammenzudrehenden Fäden brechen, so werden diese einzelnen Fäden zwar durch die erwähnte Drehung des Wassers in wagerechter Ebene nach wie vor miteinander in Berührung gebracht, aber ihr Abzug hört auf. Es ist dann nur möglich, nach Unterbrechung des Betriebes die gebrochenen Fäden mit der Hand aus dem Koagulierungsgefäß herauszuziehen, um sie mit dem Faden auf der Spule zu verbinden.

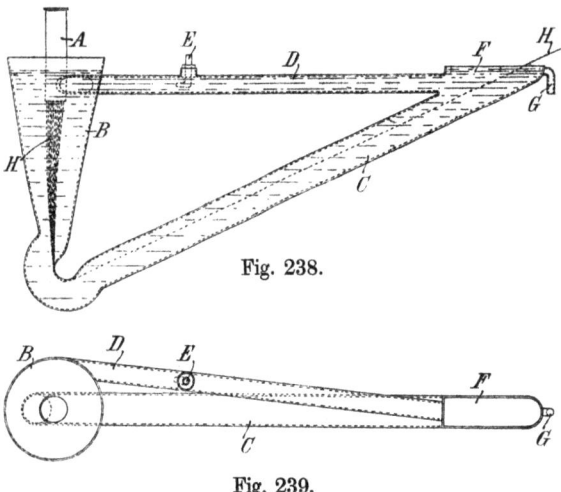

Fig. 238.

Fig. 239.

Um diesen zeitraubenden und betriebsstörenden Übelstand zu beseitigen, wird nun ein Apparat benutzt, mittels dessen ohne besonderen Aufwand von Wasser eine so starke Strömung erzeugt wird, daß diese befähigt ist, die gebrochenen Fäden in der Gangrichtung mitzuziehen. Zu dem Zweck ist der Apparat so eingerichtet, daß das Wasser sich im Kreislauf im Koagulierungsgefäß bewegen kann. Hierbei wird der Kreislauf durch die abziehenden Fäden selbst erzeugt, indem die Fäden die anliegenden Wasserschichten durch Reibung mitführen. Eine zur Durchführung dieses Verfahrens geeignete Vorrichtung ist auf den Figuren 238 und 239 in Seiten- und Oberansicht dargestellt. Die Preßdüse A ist in dem Spinntrichter B angeordnet, welcher zur Aufnahme der Koagulierungsflüssigkeit bestimmt ist, und welcher in die Auffangröhre C für die Spinnfäden H mündet. Das obere Ende dieser Röhre C und der Spinntrichter B stehen durch eine Röhre D miteinander in Verbindung. Das aus der Düse heraustretende Fadenbündel verursacht durch die

Adhäsion der Flüssigkeit an den Fäden in der Flüssigkeit eine Strömung, die infolge der Verbindung von B und C in der Flüssigkeit eine Zirkulation hervorbringt. Die Röhre D, welche die Koagulierungsflüssigkeit in den Trichter B bringen soll, wird am besten tangential zur Peripherie des Trichters B angeordnet. Die Koagulierungsflüssigkeit wird in die Röhre D durch eine Knieröhre E geleitet, die in der Röhre D angebracht ist und in der Richtung nach dem Trichter B hin mündet. Durch diese Anordnung wird der Vorteil erreicht, daß in dem Trichter B die Flüssigkeitsströmung sowohl größer als auch schneller wird, da der durch die Röhre E herausströmende Flüssigkeitsstrahl aus dem oberen oder erweiterten Teile der Röhre C Flüssigkeit durch D mit sich reißt, also gleichsam wie ein Injektor wirkt. Man braucht nach dieser Anordnung keine größere Menge neuer Flüssigkeit zuzuführen als für das Koagulieren der Fäden nötig ist. Trotzdem ist aber die Nutzleistung der zum Auffangen der gerissenen Fäden bestimmten Flüssigkeitsmenge so kräftig, daß dadurch auch ganze Fadenbündel aufgefangen und von dem senkrechten Kreislauf selbsttätig durch die Maschine geführt werden, sofern die letztere in Betrieb gesetzt wird, oder falls Unterbrechungen des Betriebes infolge Brechens aller Fäden vorkommen sollten. Um zu verhindern, daß das Fadenbündel H mit dem Flüssigkeitsstrome durch die Röhre D zurückfließt, ist die Mündung bei F verdeckt, z. B. durch ein feines Drahtgewebe od. dgl. Die überflüssige Koagulierungsflüssigkeit fließt durch Abfluß G ab.

Patentansprüche: 1. Vorrichtung zum Auffangen von in ein Koagulierungsgefäß ausgepreßten Textilfasern beim Spinnen von künstlicher Seide, dadurch gekennzeichnet, daß zwischen dem Spinntrichter und der Auffangröhre eine Rückleitung für die Flüssigkeit angeordnet ist zum Zweck, die an den Spinnfäden adhärierende Flüssigkeit mittels der Rückleitung in Umlauf zu versetzen und dadurch ein Mitnehmen der Spinnfäden zu bewirken.

2. Ausführungsform der Vorrichtung nach Anspruch 1, dadurch gekennzeichnet, daß das Zuflußrohr für die Koagulierungsflüssigkeit derartig in die Rückleitung einmündet, daß erstere nach dem Spinntrichter hingeleitet wird, zum Zweck, den Umlauf der Flüssigkeit einzuleiten oder zu beschleunigen.

3. Ausführungsform der Vorrichtung nach Anspruch 1 und 2, dadurch gekennzeichnet, daß die Rückleitung tangential zur Peripherie des Spinntrichters in diesen einmündet, um außer dem Umlauf der Koagulierungsflüssigkeit auch eine Rotation derselben hervorzurufen.

539. Robert Wilhelm Strehlenert in Berlin. Vorrichtung zur Herstellung künstlicher Seide.

D.R.P. 148 038 Kl. 29 b vom 9. IV. 1903 (gelöscht).

Bei den bekannten Vorrichtungen zur Herstellung von künstlicher Seide mit sich drehenden Preßmundstücken macht sich der Übelstand bemerkbar, daß ein Teil des Dichtungsmaterials, das notwendigerweise in der Stopfbüchse zwischen dem sich drehenden Preßzylinder und dem

Die Strehlenertschen Spinnapparate.

festen seitlichen Zuführungsrohr der Seidenlösung vorgesehen werden muß, sich ablöst und, von der Seidenlösung nach unten mitgenommen, oft eine Verstopfung der Austrittslöcher des Mundstückes veranlaßt. Dieser Übelstand wird nach vorliegender Erfindung dadurch vermieden, daß das nach unten führende Preßrohr fest angeordnet und mit dem seitlichen Zuführungsrohr fest verbunden ist. Das sich drehende Mundstück ist hierbei mit einem das Preßrohr umgebenden Mantel fest verbunden, der den Drehantrieb erhält und oben in einer Stopfbüchse geführt ist. Bei einer derartigen Anordnung ist es unmöglich, daß das Dichtungsmaterial in das Mundstück gelangen kann, da die Seidenlösung auf dem Wege zum Mundstück nicht mehr an der Dichtungsstelle vorbeifließt. Der Teil der Seidenlösung, der von unten her durch das Mantelinnere an die Dichtungsstelle herantritt, befindet sich in Ruhe, so daß ein Mitführen von Dichtungsmaterial ausgeschlossen ist.

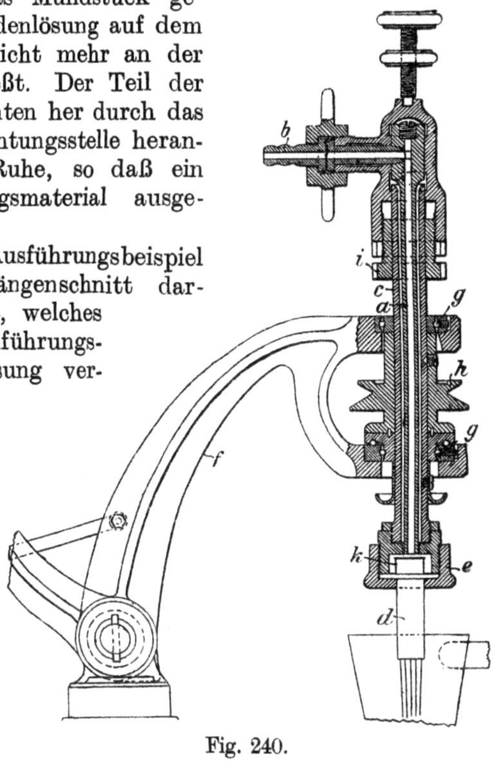

In Fig. 240 ist ein Ausführungsbeispiel der Einrichtung im Längenschnitt dargestellt. Das Preßrohr a, welches fest mit dem seitlichen Zuführungsrohr b für die Seidenlösung verbunden ist, wird von einem Mantel c derartig umgeben, daß ein gewisser Luftzwischenraum verbleibt. Der Mantel c trägt an seinem unteren Ende das Mundstück d, das durch eine abschraubbare Kappe e mit ihm fest verbunden ist. Er ist am Gestell f in Kugellagern g drehbar gelagert, trägt den Antriebswirtel h und ist oben in der mit den festen Teilen verbundenen Stopfbüchse i geführt.

Fig. 240.

Die Seidenlösung tritt unter Druck durch Rohr b in das stillstehende Rohr a und wird von hier in die sich drehende Kappe e gedrückt. In dieser tritt sie durch ein zylindrisches Metallsieb k in dessen Inneres und von hier in das Mundstück d, von wo sie in üblicher Weise austritt. Infolge des Druckes steigt die Seidenlösung unten zwischen sich drehender Kappe e und festem Preßrohr a hindurch in den Luftzwischenraum zwischen Preßrohr a und Mantel c und hier empor. Am oberen Ende dieses Zwischenraumes, aber nur hier, kann die Seidenlösung mit dem Dichtungsmaterial der Stopfbüchse in Berührung treten.

504   Allgemeine Verfahren und Vorrichtungen.

Dies ist jedoch, wie oben angegeben, unschädlich, da sich die Seidenlösung hier in Ruhe befindet und infolge des von unten wirkenden Druckes nicht wieder nach unten zum Mundstück gelangen kann.

Patentanspruch: Vorrichtung zur Herstellung künstlicher Seide mit sich drehendem Preßmundstück, dadurch gekennzeichnet, daß die Zuführung der Seidenlösung mittels eines feststehenden Rohres (a) bewirkt wird, welches von einem sich drehenden, oben in einer Stopfbüchse geführten, das Preßmundstück tragenden Mantel umgeben ist.

Die Tophamschen Vorrichtungen.

540. Charles Fred Topham in London. Vorrichtung zur Herstellung künstlicher Fäden aus Zelluloselösung od. dgl. und zur Anordnung der gesponnenen Fäden in Strähnform.

Österr. P. 9548 Kl. 76; D.R.P. 125 947 Kl. 29a vom 22. XII. 1900 (gelöscht) und 127 046 Kl. 76c vom 22. XII. 1900 (gelöscht); brit. P. 23 157^{1900}, 23 158^{1900}; Ver. St. Amer. P. 702 382; schweiz. P. 24 301.

Vorliegende Erfindung bezieht sich auf Vorrichtungen, durch welche Gespinstfäden aus Lösungen von Zellulose oder anderem Stoff dadurch gebildet werden, daß man die Lösungen durch kleine Öffnungen hindurchpreßt, worauf die erhaltenen Fäden versponnen und durch Aufwickeln

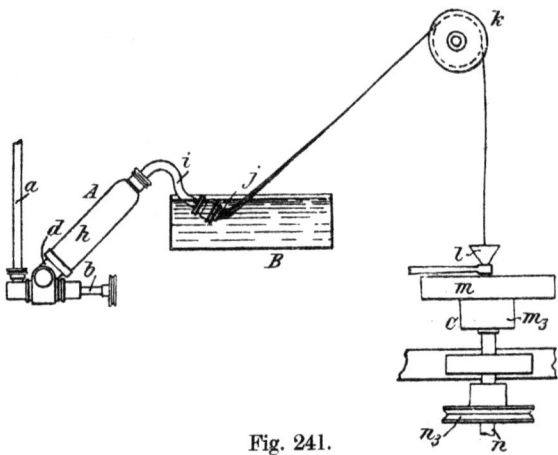

Fig. 241.

in Strähne geformt werden. Fig. 241 stellt die allgemeine Anordnung der Vorrichtungen dar. Gegenstand der Erfindung ist die Vorrichtung zum Filtrieren und Entlüften der Lösung und die Vorrichtung, durch welche die gebildeten Fäden versponnen und in Strähne geformt werden. Erstere (A) ist in Fig. 243 im Querschnitt dargestellt; Fig. 242 zeigt einen Schnitt durch das Rohrstück, an welchem das Filter drehbar angelenkt ist; Fig. 244 veranschaulicht im Aufriß und teilweise im Schnitt die Vorrichtung C zur Herstellung der Strähne; B (Fig. 241) ist ein Gefäß für die Fällflüssigkeit, aus welcher die Fäden zur Spinnvorrichtung gelangen.

Die Lösung tritt aus der Zuleitung a in ein Rohrgehäuse mit Ventil b. In einem seitlichen Ansatze des Gehäuses ist ein Gelenkstück d drehbar und durch eine Schraube e feststellbar angeordnet. Mit dem Gelenkstücke ist durch Schraubengewinde das Filterrohr f verbunden. Von dessen Längsbohrung führen eine oder mehrere seitliche Durchbohrungen an die Außenseite des Teiles f, welcher mit Längs- und Querrinnen versehen und mit Filterstoff g bedeckt ist, welcher Baumwolle sein kann. Darüber ist ein Gewebe g_2 gelegt und durch Schnüre g_3 befestigt. Das Filterrohr f wird von einem Gehäuse h umschlossen, das an einem Ende auf den Teil d aufgeschraubt ist und am anderen Ende

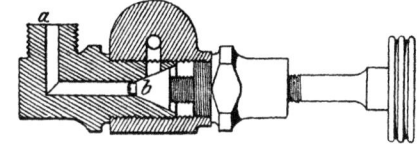

Fig. 242.

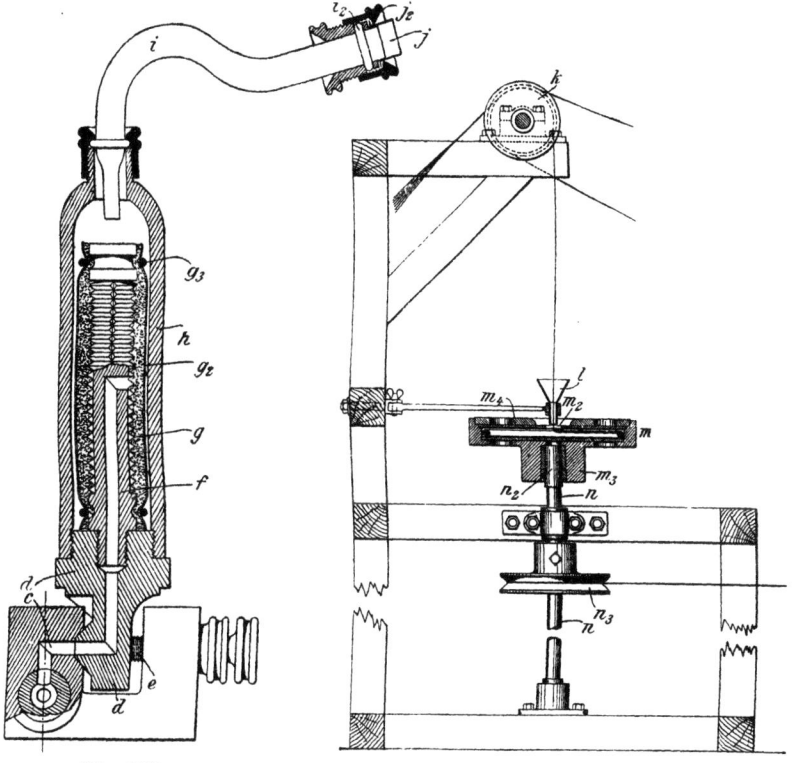

Fig. 243.   Fig. 244.

ein Düsenrohr i trägt, dessen eines Ende in das Gehäuse h hineinragt, so daß um den vorspringenden Teil ein freier Raum geschaffen ist. Die aus dem Rohre f austretende Lösung verteilt sich in den Längs- und Querrinnen, wird beim Durchtritte durch die sehr ausgedehnte, außerhalb des Teiles f angebrachte Filterschichte g wirksam filtriert und gelangt vollkommen rein in das Gehäuse h. Etwa in der Lösung vorhandene Luftbläschen können nicht in die Düse eindringen, weil sie sich in dem rings um das vorspringende Ende des Rohres i gebildeten Raum ansammeln, indem sie an der Innenwand des Gehäuses h nach oben steigen. Die Entfernung der Luft aus diesem Raume kann durch Abschrauben der kappenförmigen Mutter, durch welche das Rohr i niedergehalten wird, von Zeit zu Zeit bewirkt werden.

Die Fäden, welche durch die Fällflüssigkeit im Gefäße B gegangen sind und nun versponnen werden sollen, gehen über eine Rolle k und werden durch den Trichter l und eine zentrale Öffnung m_2 in eine Trommel m eingeführt, welche sich mit großer Geschwindigkeit dreht. Hierdurch werden die einzelnen Fäden verzwirnt und infolge der Zentrifugalkraft gezwungen, sich in Form von Strähnen an der Innenseite der Trommel anzulegen. Letztere ist derart angeordnet, daß sie leicht entfernt und durch eine andere ersetzt werden kann, zu welchem Zwecke ihre hohle Nabe m_3 von dem kegelförmigen oberen Teile n_2 der Welle n getragen wird, die mit der Treibrolle n_3 versehen ist. Die Trommel m trägt einen Deckel m_4, welcher für die Entnahme des Garnsträhnes abgehoben werden kann. Die Rolle k wird vorzugsweise durch eine Vorrichtung angetrieben, die eine Drehung mit verschiedener Geschwindigkeit gestattet, so daß sie sich zuerst, bis die Fäden in die Trommel eingeführt sind, langsam und später beim normalen Betriebe mit großer Geschwindigkeit drehen kann. Das Verhältnis der Geschwindigkeit der Rolle k zu jener der Trommel m bestimmt die Stärke des Drahtes, welcher den Fäden gegeben wird. Die Trommel m kann auch eine auf- und abgehende Bewegung nebst der raschen umlaufenden Bewegung erhalten, so daß die Fäden in gleichmäßig steigenden und fallenden Schichten gelegt werden; diese Längsbewegung ist jedoch nicht notwendig, wenn die Trommel seicht ist.

Patentansprüche: 1. Vorrichtung zur Herstellung künstlicher Fäden aus Zelluloselösung od. dgl., gekennzeichnet durch einen zylindrischen Behälter (h), in welchem an der Unterseite das außen mit Quer- und Längsrinnen versehene Filterrohr (f) eingesetzt ist, welches von einem aus einer Baumwollage (g) mit äußerem Gewebe (g_2) bestehenden Filter umgeben ist, während das Düsenrohr (i) so weit in die obere Mündung des Behälters (h) hineinragt, daß zwischen diesem und dem Düsenrohre ein ringförmiger Raum verbleibt, in welchem sich die aus der Lösung austretenden Luftbläschen ansammeln können und aus welchem die angesammelte Luft von Zeit zu Zeit entfernt werden kann.

2. Vorrichtung nach Anspruch 1, bei welcher das Rohr (f) mit dem Filter (g) und die Hülse (h) auf einem Gelenkstücke (d) sitzen, das drehbar in einem mit dem Materialzuführungskanal (c) versehenen Teil gelagert ist.

3. Vorrichtung zur Anordnung der erhaltenen Fäden in Strähnform, dadurch gekennzeichnet, daß die Fäden in eine umlaufende und u. U. dabei sich auf und ab bewegende Trommel (m) geleitet werden.

4. Vorrichtung nach Anspruch 3, bei welcher über der Trommel (m) ein trichter- oder rohrförmiger Fadenführer (l) angeordnet ist und die mit einer zentralen Zuführungsöffnung (m_2) versehene Trommel (m) abhebbar auf dem Endzapfen einer angetriebenen Welle (n) sitzt.

Die Thieleschen Verfahren und Vorrichtungen.

541. Dr. Edmund Thiele in Barmen. Verfahren und Vorrichtung zur Aufsammlung und Weiterverarbeitung von künstlicher Seide.

D.R.P. 133 427 Kl. 29a vom 22. III. 1901 (gelöscht).

Die bisher übliche Aufsammlung künstlicher Seide durch Aufwickeln auf eine in dem Abscheidungsbade oder außerhalb davon befindliche Walze hat verschiedene Nachteile. Die bei der Erstarrung sehr empfindliche Faser leidet durch das mechanische Aufwickeln stark, bei Stockungen im Ausfluß der Lösung aus den Spinnöffnungen reißt der Faden durch die Drehung der Walze sofort ab, endlich erschwert die Aufwicklung die gleichmäßige Einwirkung der verschiedenen Flüssigkeiten, mit denen die abgeschiedenen Fäden behandelt werden.

Diese Übelstände sollen durch den Erfindungsgegenstand beseitigt werden, dessen wesentliche Teile aus den nachfolgenden Patentansprüchen ersichtlich sind.

Patentansprüche: 1. Verfahren zur Aufsammlung von künstlicher Seide, dadurch gekennzeichnet, daß man die Seidenfäden in einem mit Flüssigkeit gefüllten zylindrischen Gefäße (Spinntopf) herabsinken läßt, dessen Weite etwa dem Durchmesser der durch freiwillige Lagerung der Fäden entstehenden regelmäßigen Schraubenwindungen entspricht, wobei die Fäden unmittelbar im Spinntopf gesponnen oder nach dem Spinnen und nach Bedarf nach Abstreifen von einer die Fäden von den Spinnöffnungen abziehenden Walze aufgesammelt werden können.

2. Spinntopf zur Ausführung des unter 1. beanspruchten Verfahrens, dadurch gekennzeichnet, daß dessen Boden kegelförmig erhöht ist, um die Ablagerung des Fadens in Schraubenwindungen zu erleichtern.

3. Spinntopf zur Ausführung des unter 1. beanspruchten Verfahrens, dadurch gekennzeichnet, daß in dessen Achse ein spitzer Kern angeordnet ist, welcher entsprechend dem Höherwerden der Fadenschicht gehoben werden kann, zum Zwecke, eine Verwirrung der Fadenwindungen bei der Weiterverarbeitung der aufgesammelten Fäden zu vermeiden.

4. Spinntopf zur Ausführung des unter 1. beanspruchten Verfahrens, dadurch gekennzeichnet, daß er durchbrochen ist, indem er z. B. aus einem System zylinderförmig angeordneter Stäbe besteht, zum Zwecke, bei Störungen in der Ablagerung der Fäden bequemer zu diesen gelangen zu können.

5. Spinntopf zur Ausführung des unter 1. beanspruchten Verfahrens, dadurch gekennzeichnet, daß er mit Siebböden und Zu- und Abfluß-

508 Allgemeine Verfahren und Vorrichtungen.

rohren versehen ist, zum Zwecke, die aufgesammelten Fäden im Spinntopf selbst weiterbehandeln zu können.

6. Spinntopf zur Ausführung des unter 1. beanspruchten Verfahrens, dadurch gekennzeichnet, daß er zwecks Zwirnens der aus mehreren Öffnungen heraustretenden Fäden während ihrer Ablagerung gedreht wird.

7. Einrichtung zur Ausführung des unter 1. beanspruchten Verfahrens, dadurch gekennzeichnet, daß die Spinnöffnung entsprechend dem Anwachsen der Fadenschicht gehoben oder der Spinntopf gesenkt wird, um die Fallhöhe des sich ablagernden Fadens stets gleich zu erhalten.

8. Einrichtung zur Weiterberarbeitung der nach dem Verfahren Anspruch 1 aufgesammelten Fäden, dadurch gekennzeichnet, daß mehrere Spinntöpfe um eine gemeinsame Drehachse angeordnet sind, zum Zwecke, durch Drehung der Spinntöpfe um diese Drehachse und Zusammenführen der aus den Töpfen heraustretenden Fäden ein Verzwirnen der letzteren zu erzielen. (2 Zeichnungen.)

542. Dr. Edmund Thiele in Barmen-Rittershausen. Verfahren und Vorrichtung zur Herstellung künstlicher Seide.

D.R.P. 148 889 Kl. 29 b vom 25. XII. 1902 (gelöscht); brit. P. 16 588[1903]; österr. P. 18 082; franz. P. 334 507; schweiz. P. 29 680; Ver. St. Amer. P. 750 502.

Gegenstand der Erfindung ist ein Verfahren zur Erzeugung künstlicher Seidenfäden in einer freihängenden Flüssigkeitssäule, d. h. einer Flüssigkeitssäule, welche in einem unten in eine enge Öffnung endigenden Gefäß nur durch den Luftdruck getragen wird. Durch diese Neuerung wird zunächst erreicht, daß das Fällungsbad unter einem je nach der Höhe der Flüssigkeitssäule und der Durchflußgeschwindigkeit der Fällflüssigkeit beliebig veränderlichen verminderten Druck steht, welcher den Austritt des Fadens aus der Spinnöffnung wesentlich erleichtert. Ferner gestattet das neue Verfahren, den in der Badflüssigkeit herabsinkenden Faden aus ihr zu entfernen, ohne daß, wie bei den üblichen unten geschlossenen Spinngefäßen, die Fadenrichtung umgekehrt werden muß. Eine derartige Umkehrung der Fadenrichtung durch Leitwalzen, Knierohre u. dgl. bedingt außerdem stets Fadenbrüche und verhindert die Wiedervereinigung abgerissener, herabsinkender Faserenden mit dem wieder aufwärts geführten Hauptfaserbündel. Auch diese Mängel sind durch das neue Verfahren beseitigt, da das Faserbündel nach Durchlaufen der hängenden Flüssigkeitssäule sich sofort ohne Richtungsänderung außerhalb des Bades befindet

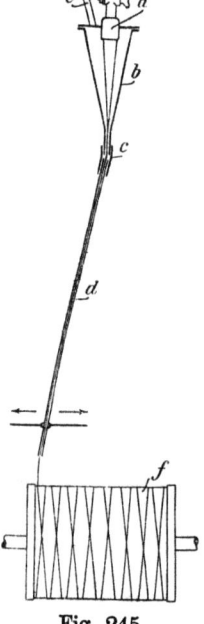

Fig. 245.

und infolge dieser sofortigen Zugänglichkeit bequem weiterbehandelt, insbesondere aufgewickelt werden kann.

Fig. 245 stellt eine Vorrichtung zur beispielsweisen Ausführung des Verfahrens dar. Die Spinnflüssigkeit tritt durch die Brause a in Fadenform aus. Das gebildete Faserbündel durchläuft den oben geschlossenen, unten offenen Trichter b mit dem durch Schlauchverbindung gelenkig angesetzten Trichterrohr d und wird hierbei durch das darin enthaltene Fällbad zum Erstarren gebracht. Zur steten Erneuerung des Fällbades und zur besseren Führung des Faserbündels läßt man durch das Zuleitungsrohr e langsam frisches Fällbad zufließen, welches durch die untere Öffnung des Trichterrohres d wieder abfließt. Bei der Aufwicklung des erzeugten Faserbündels auf die sich drehende Trommel f ermöglicht das gelenkig mit dem Spinntrichter verbundene Trichterrohr d das langsame Hin- und Herführen des Fadens über die Trommel, also seine gleichmäßige Verteilung auf dieser.

Patentansprüche: 1. Verfahren zur Herstellung künstlicher Seide, dadurch gekennzeichnet, daß die Fadenbildung in einer freihängenden Flüssigkeitssäule bewirkt wird.

2. Vorrichtung zur Ausführung des unter 1. beanspruchten Verfahrens, bestehend aus einem oben luftdicht geschlossenen Trichter (b), in dessen oberen Teil die Spinnbrause (a) und das Zuflußrohr (e) für die Fällflüssigkeit eintreten, und einem mit dem Trichter (b) evtl. gelenkig verbundenen Rohr (d).

543. Dr. Edmund Thiele in Brüssel. Vorrichtung zur Herstellung künstlicher Seide.

D.R.P. 178 942 Kl. 29b vom 27. X. 1905 (gelöscht), Zus. z. P. 148 889; österr. P. 31 778; franz. P. 367 980; brit. P. 16 078[1906]; schweiz. P. 35 436; Ver. St. Amer. P. 838 758.

Um bei der Kunstseideerzeugung nach dem Hauptpatent (s. vorstehend) einen stets gleichmäßigen, jedoch ohne Unterbrechung oder Störung des Spinnbetriebes auch abänderbaren Unterdruck in dem von der Fällflüssigkeit durchflossenen barometerartigen Spinngefäß zu erzielen, läßt man nach vorliegender Erfindung die Fällflüssigkeit durch einen tiefer stehenden, offenen Hilfsbehälter fließen, dessen Flüssigkeitsspiegel in bekannter Weise, z. B. durch ein Überfallrohr, konstant erhalten werden kann. Durch die tiefe Anordnung des Hilfsbehälters wird erreicht, daß der Unterdruck im Spinngefäß trotz Anwendung eines offenen, mit der freien Atmosphäre in Verbindung stehenden Hilfsbehälters erhalten bleibt, weil die Flüssigkeitssäule im Spinngefäß nicht, wie bei einem höher stehenden Behälter, den Druck der in letzterem stehenden Fällflüssigkeit empfängt, sondern im Gegenteil die Fällflüssigkeit aus dem tieferen Hilfsbehälter emporsaugen muß. Durch Heben oder Senken des Hilfsbehälters oder des die Flüssigkeitshöhe regelnden Überfallrohres kann man den Unterdruck im Spinngefäß ohne Schwierigkeit während des Betriebes verändern. Senkt man die Flüssigkeitsoberfläche im Hilfsbehälter unter diejenige im Spinngefäßuntersatz, so erhält man eine Verringerung des Unterdrucks unter gleichzeitiger Umkehrung der Richtung des Flüssigkeitsstromes; denn die neue Vorrichtung stellt ein aufrecht stehendes mit der Fällflüssigkeit gefülltes Heberrohr dar, in dessen einem Schenkel am Knieende die Fadenbildung erfolgt und dessen offene Schenkelenden in die Fällflüssigkeit eintauchen. Je nachdem man also den Flüssigkeitsspiegel am einen oder am anderen Ende des Knierohres höher hebt, kann man den Flüssigkeitsstrom in entgegengesetzten Richtungen durchfließen lassen.

Fig. 246 stellt beispielsweise eine Ausführungsform der Vorrichtung schematisch dar. Die Spinnlösung tritt durch Spinnbrause a in Fadenform in das Spinngefäß b ein. Der Faden durchläuft dieses Gefäß und wird hierauf auf die Walze c aufgewickelt. Die Fällflüssigkeit fließt vom Sammelbehälter d in den offenen Hilfsbehälter e, dessen Flüssigkeitsspiegel durch das Überfallrohr f konstant erhalten wird, und tritt durch Rohr g in das oben geschlossene Spinngefäß ein, um dieses zu durchlaufen und schließlich aus dem Untersatz h abzufließen. Bei der dargestellten Ausführung ist der Spiegel im Hilfsbehälter etwas höher als derjenige im Untersatz h, so daß die Fällflüssigkeit in der beschriebenen Richtung fließt. Senkt man dagegen den Flüssigkeitsspiegel in e durch Tieferstellen des Überfallrohres f

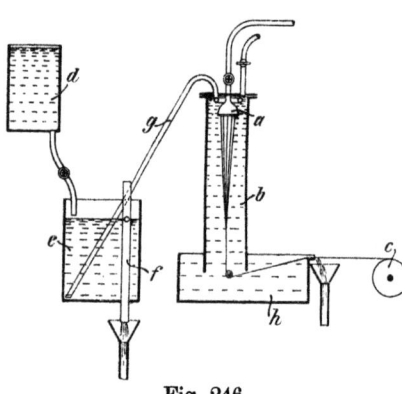

Fig. 246.

oder des ganzen Behälters, so wird der Flüssigkeitslauf umgekehrt. Man muß dann die Fällflüssigkeit aus dem Sammelbehälter d unmittelbar in den Untersatz h abfließen lassen.

Patentanspruch: Ausführungsform der Vorrichtung zur Herstellung künstlicher Seide nach Patent 148 889, dadurch gekennzeichnet, daß das Spinngefäß (b) heberartig mit einem tiefer stehenden Hilfsbehälter (e) in der Weise verbunden ist, daß die Fällflüssigkeit aus dem Hilfsbehälter in das Spinngefäß oder umgekehrt gesaugt wird, je nachdem der Flüssigkeitsspiegel im Hilfsbehälter höher oder tiefer als im Spinngefäßuntersatz (h) liegt.

Die Cochiussche Spinnvorrichtung.

544. Friedrich Cochius in Düren, Rhld. Apparat zur Herstellung von Kunstfäden.

D.R.P. 163 293 Kl. 29b vom 15. IV. 1902 (gelöscht); franz. P. 331 404; brit. P. 9017[1903]; österr. P. 24 957; schweiz. P. 34 222.

Bei den bis jetzt gebräuchlichen Vorrichtungen zur Herstellung von künstlichen Fäden läßt man die Lösung, aus der die Fäden gewonnen

Die Cochiussche Spinnvorrichtung. 511

werden, von unten oder von oben in die Koagulierungsflüssigkeit durch feine Preßmundstücke (Düsen) eintreten. Bei dem Eintritt der Lösung von unten besteht der Nachteil, daß der noch halbflüssige Faden nur einen kurzen Weg durch die Koagulierungsflüssigkeit zurücklegt, weil die senkrecht stehende Röhre (Behälter) zur Verhütung einer unbequemen Bedienung (Fadenabziehen von der Düsenöffnung) nicht übermäßig lang sein darf. Bei dem Eintritt der Lösung von oben werden winklig gebogene Trichterröhren (Behälter) benutzt, bei denen der halbflüssige Faden nach kurzer Strecke an der Biegung des Rohres in einem

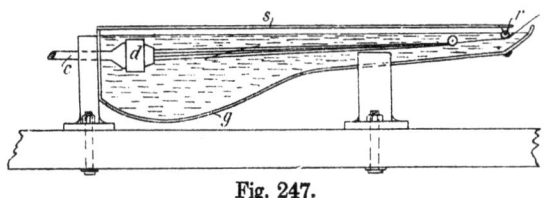

Fig. 247.

Winkel nach oben gezogen werden muß. Infolge der hierbei stattfindenden Reibung an der Rohrwandung verliert aber der Faden seine runde Form, da er sich noch im weichen Zustande befindet.

Diese Übelstände werden bei dem vorliegenden Apparat dadurch vermieden, daß die Düsen von der Site, und zwar von der Stirnseite eines wagerecht liegenden Behälters (Troges) so eingeführt werden, daß die heraustretenden Fäden die ganze Länge des mit Koagulierungsflüssigkeit gefüllten Behälters durchwandern müssen, ehe sie sich an einer Rolle zu einem Fadenstrang vereinigen und von dort weitergeführt werden. Auf diesem Wege von den Düsen bis zur Führungsrolle erstarren die Fäden hinreichend, und die sich etwa abzweigenden Fädchen

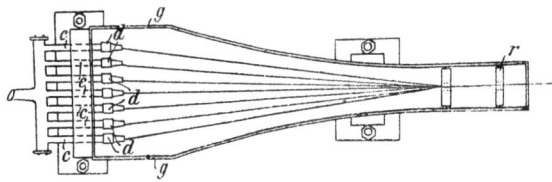

Fig. 248.

werden bei ihrer in dem nach dem Austrittsende sich verjüngenden Troge stattfindenden Vorwärtsbewegung durch die Koagulierungsflüssigkeit hindurch wieder zu einem Fadenstrang vereinigt, bevor sie die Koagulierungsflüssigkeit verlassen. Die neue Vorrichtung vereinigt also in einfacher und bequemer Weise die wagerechte, ohne Knickung vor sich gehende Bewegung der Fäden mit der innerhalb der Koagulierungsflüssigkeit erfolgenden Fadenstrangbildung.

Fig. 247 stellt einen senkrechten Längsschnitt und Fig. 248 die obere Ansicht des Apparates, bei Verwendung von mehreren einfachen Düsen dar. Die auf bekannte Weise hergestellte und filtrierte Lösung wird durch das Rohrstück c, das durch die Stirnwand des Behälters g geführt ist, nach den Düsen d gepreßt, aus welchen die in die Koagulierungsflüssigkeit tretenden Fäden mit Hilfe eines gebogenen Drahtes, Bleches oder von Hand zu einer am entgegengesetzten Ende des Behälters befindlichen Rolle r geführt werden, wo die Fäden sich zu einem einzigen Fadenstrang vereinigen. Von hier wird dieser Strang auf Rollen, Bobinen, Spulen und Haspel usw. in bekannter Weise aufgewickelt oder verarbeitet.

Um ein Verdunsten der in die Koagulierungsflüssigkeit hineingepreßten Lösungsmittel, z. B. Ätheralkohol bei Nitrozelluloselösung, soweit wie möglich zu verhindern, ist der Behälter g auf seiner oberen Seite zweckmäßig mit einem aufklapp- oder abnehmbaren, durchsichtigen Glasdeckel s versehen. An dem äußersten Ende des Deckels, wo der Faden aus der Flüssigkeit heraustritt, ist eine Rolle r, die praktisch mit einer kleinen Einschnürung versehen ist, angeordnet, um den durchgehenden Faden besser führen zu können. Ebenso läßt sich auch noch vor dieser Rolle im Troge g selbst eine Fadenführung anbringen.

Patentanspruch: Apparat zur Herstellung von Kunstfäden, dadurch gekennzeichnet, daß die Preßmundstücke (Düsen) (d) in einen länglichen, wagerecht liegenden, nach dem Austrittsende sich verjüngenden Behälter (Trog) (g) an der einen Stirnseite eingeführt sind, so daß die heraustretenden Fäden durch die in dem Behälter befindliche Koagulierungsflüssigkeit ohne Knickung hindurchstreichen und hierbei genügend erstarren und die sich etwa abtrennenden Fädchen unter der Einwirkung der Vorwärtsbewegung noch vor dem Heraustreten aus der Koagulierungsflüssigkeit wieder zu einem Fadenstrang vereinigt werden.

Die brit. und die franz. Patentschrift beschreiben noch Vorrichtungen, um beim Zuführen der Spinn- und Koagulierungsflüssigkeiten den Abfluß der Koagulierungsflüssigkeit abzusperren und umgekehrt den Zufluß der Spinn- und Koagulierungsflüssigkeiten abzuschließen, wenn eine teilweise Entleerung des Fälltroges (zur Reinigung oder Erneuerung der Spinndüsen) nötig ist.

Die Vorrichtung der Société générale de la soie artificielle Linkmeyer.

545. La Société générale de la soie artificielle Linkmeyer, Société anonyme in Brüssel. Vorrichtung zur Herstellung künstlicher Seide.
D.R.P. 168 830 Kl. 29a vom 21. VI. 1904 (gelöscht); österr. P. 28 581.

Den Gegenstand vorliegender Erfindung bildet eine Vorrichtung zur Herstellung von Kunstseide mittels solcher Verfahren, bei denen der Faden während des Austretens aus der Düse mit gasförmigen oder flüssigen Fällungsmitteln behandelt wird. Es wird durch diese Vorrichtung der Zweck angestrebt, daß das Fällungsmittel den Faden in möglichst dünner Schicht rings umgibt und ihn vermöge seiner Strömung in glattem und gespanntem Zustande nach bestimmten Punkten, z. B. einer Fördertrommel od. dgl. hinführt. Hierdurch wird nicht nur der

Verbrauch an Fällungsmitteln verringert, sondern auch das sehr unangenehme Durcheinanderwirbeln der von verschiedenen nebeneinanderliegenden Spinndüsen gelieferten Fäden verhütet.

In Fig. 249 ist eine beispielsweise Ausführungsform der Erfindung in senkrechtem Schnitt dargestellt. Aus der Spinndüse a, deren unteres Ende schlank kegelförmig ist, wird der Faden b z. B. durch Preßluft ausgepreßt. Das untere Ende der Düse a ist von einem Behälter c umgeben, in dessen oberen Boden sie mit Abdichtung eingesetzt ist. Das unterste Ende der Düse a ist stärker kegelförmig als der obere Teil, und seine Seitenkante d bildet mit der parallelen Seitenkante e einer im unteren Boden des Behälters angeordneten Bohrung eine symmetrische Ringdüse f. Dem Behälter c wird durch das Rohr g ein flüssiges oder gasförmiges Fällungsmittel unter Druck zugeführt, das durch die Düse f ausströmt, so daß der Strom des Fällungsmittels den Faden b rings umgibt und je nach der Stellung der Düse an seinen Bestimmungsort trägt.

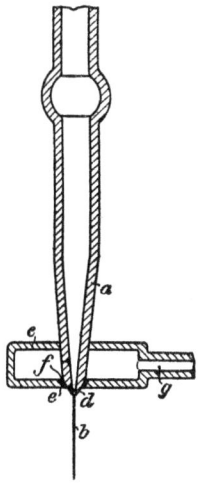

Fig. 249.

Patentanspruch: Vorrichtung zur Herstellung künstlicher Seide, dadurch gekennzeichnet, daß eine gegen den oberen Boden eines Behälters abgedichtete Düse mit einer Bohrung im unteren Boden desselben eine kegelförmige Ringdüse bildet, so daß das aus dieser letzteren unter Druck ausströmende Fällungsmittel den Spinnfaden in röhrenförmigem Strahle umhüllt, trägt und dabei seine Erstarrung in an sich bekannter Weise herbeiführt.

Das Hömbergsche Spinnverfahren.

546. Rudolf Hömberg in Charlottenburg. Verfahren zur Erzeugung eines besonderen Glanzes auf künstlichen Fäden.

Belg. P. 168 556 vom 17. II. 1903.

Bekanntlich nimmt Baumwollstückware, wenn sie einen Kalander durchläuft, dessen Walzen fein gerieffelt sind, seidenähnlichen Glanz an, und das äußere Ansehen der Ware ändert sich. Dies führte zu der Vermutung, daß sich auch bei Fäden oder Fasergut eine Änderung im äußeren Ansehen vollziehen würde, wenn man der Oberfläche der Fäden eine von der Zylindermantelfläche wesentlich abweichende Gestalt erteilt, was eine eigenartige Reflektierung des Lichtes und damit auch einen besonderen Glanz der Fäden zur Folge haben sollte. Dieser besondere Glanz der Fäden würde besonders dann zur Geltung kommen, wenn die präparierten Fäden oder das präparierte Fasergut zu Geweben verarbeitet worden sind. Diese Annahmen haben sich vollkommen bestätigt.

Bei der vorliegenden Erfindung kommen besonders die künstlichen Fäden in Betracht, und der Zweck der Erfindung ist, künstliche Fäden, z. B. Kunstseide, kantig, gewellt oder auch mehr oder weniger bandförmig zu gestalten, wodurch dem Material ein besonderer Glanz erteilt wird. Es ist bekannt, daß man künstliche Fäden erzeugen kann, indem man die sog. Spinnmasse durch feine Kapillaren treibt und den austretenden, durch besondere Mittel und Vorrichtungen erstarrenden Faden dann aufhaspelt. Diese Kapillaren, die von Glas gearbeitet sind, haben nun bis jetzt einen runden Querschnitt. Im Gegensatz hierzu sind nun Kapillaren hergestellt worden, deren Öffnungen nicht kreisrund, sondern schlitzförmig, kantig oder gewellt sind. Dadurch vollzieht sich nun eine Änderung des Aussehens des gesponnenen Fadens, indem die Fäden selbst eine andere Form oder einen anderen Querschnitt annehmen, was ihnen einen besonderen Glanz verleiht, der sie von den Fäden unterscheidet, die aus Kapillaren mit runden Öffnungen gesponnen sind. Die genannten Kapillaren herzustellen, bietet keine Schwierigkeit. Es werden feine Metalldrähte mit kantigem, wellenförmigem, flachem usw. Querschnitt in Glas eingebettet und eingeschmolzen, worauf man das Metall durch Säure herauslöst. Man erhält so die gewünschten Kapillaren mit eigenartigem Querschnitt, welche beim Spinnen Fäden von eigentümlicher Form erzielen lassen, die sich durch einen besonderen Glanz auszeichnen. Man kann auch künstliche Fäden von der angeführten Form herstellen, indem man den aus Kapillaren mit runden oder auch nicht runden Öffnungen austretenden Faden vor dem Erstarren gegen eine Fläche laufen oder reiben läßt, die u. U. noch feine Vertiefungen oder Erhöhungen aufweist. Auch hierdurch ist es möglich, den Fäden die charakteristische Gestalt zu geben, die ihnen einen eigenartigen Glanz verleiht.

Patentanspruch: Verfahren zur Erzeugung von besonderem Glanz auf künstlichen Fäden, dadurch gekennzeichnet, daß man die Spinnmasse aus Kapillaren mit kantiger, welliger, schlitzförmiger usw. Öffnung austreten läßt oder den aus Kapillaren mit runder oder nicht runder Öffnung austretenden, noch nicht erstarrten Fäden durch Laufenlassen gegen Flächen einen veränderten Querschnitt gibt.

Der Spinnapparat von Ryon und Waite.

547. E. H. Ryon in Waltham und Ch. N. Waite in Lansdowne. Apparat zur Herstellung künstlicher Seidenfäden.

Ver. St. Amer. P. 732 784.

Die bekannten Spinnvorrichtungen, welche z. B. durch mit Gewichten belastete Kolben, Preßluft od. dgl. Zelluloselösungen aus Öffnungen herauspressen, arbeiten nicht ganz gleichmäßig, weil sie bei höherer Temperatur, wenn die Viskosität der Lösung geringer ist, mehr Lösung austreten lassen als bei niederer Temperatur. Dadurch entstehen leicht ungleichmäßige Fäden. Nach vorliegender Erfindung soll dieser Übelstand dadurch behoben werden, daß dem Preßorgan eine ganz gleichmäßige Bewegung erteilt wird, so daß eine gegebene Menge Zelluloselösung in bestimmter Zeit aus den Spinnöffnungen ausgepreßt wird. Zu diesem Zweck wird entweder in einem feststehenden Zylinder ein beweglicher Kolben während der Spinndauer gleichmäßig verschoben oder gegen einen feststehenden Kolben wird ein die Zelluloselösung enthaltender Zylinder gleichmäßig bewegt. Die Lösung tritt durch ein den Kolben durchsetzendes Rohr aus. (4 Zeichnungen.)

Das Cooleysche Verfahren.

548. John Francis Cooley in Boston, Grafschaft Suffolk (Massachusetts). Verfahren und Vorrichtung zur Herstellung seidenartig glänzender Gespinstfasern.

Österr. P. 14 566 Kl. 29 b; Ver. St. Amer. P. 745 276; brit. P. 6385[1900].

Die Erfindung beruht auf der Entdeckung einer eigentümlichen Einwirkung eines konvektiven elektrischen Entladungsstromes auf Flüssigkeiten, welche feste Körper gelöst enthalten. Wenn nämlich Lösungen in dünnen Strahlen oder Tropfen durch ein solches Feld geführt werden, so werden durch dessen Wirkung die Bestandteile voneinander getrennt. Im allgemeinen verdampft dabei der flüssige Bestandteil, während der feste in Form von Fasern oder Körnern niederfällt. Dieses Verfahren wird nach vorliegender Erfindung auf die Herstellung seidenartig glänzender Gespinstfasern angewendet, indem man klebrige Lösungen der Einwirkung konvektiver Entladungsströme aussetzt. Hierbei kann als Ausgangsstoff u. a. Kollodium dienen.

Fig. 250 stellt teils in Ansicht, teils im Schnitt eine Form eines Apparates zur Ausführung des Verfahrens dar, Fig. 251 zeigt die Zuführungsvorrichtung in größerem Maßstabe im Schnitt.

Man wendet am besten eine Kollodiumlösung, wie sie für Heilzwecke verwendet wird, an, die auf die Hälfte ihres Volumens eingedampft ist. Hiermit werden ausgezeichnete Fasern erzielt, aber es hat sich herausgestellt, daß die Faserbildung noch verbessert wird, wenn man zu der erwähnten eingedampften Lösung ungefähr 5 Volumprozent Benzol zufügt und gut vermischt. Hierdurch scheint nämlich die Schnelligkeit der Trocknung und der Härtung in geringem Grade vermindert und so der Faser die Möglichkeit gegeben zu werden, unter der anziehenden und abstoßenden elektrischen Wirkung sich zu verdünnen und zu strecken und so eine Verminderung des Faserquerschnitts herbeizuführen.

A ist ein Rohr aus Glas oder anderem Stoff, welches an seiner Mündung in eine kleine Düse endigt, die zum Ausströmen der Flüssigkeit in freiem und dünnem Strom in das Feld der konvektiven Entladung dient. Das Rohr endigt oben in eine Erweiterung a, welche zusammen mit dem Einlaufrohr dazu dient, die Flüssigkeit dem Rohr A zuzuführen. Zur Regelung der Flüssigkeitsmenge kann die Verdickung a mit einem Kegelventil oder Stopfen c versehen und damit der Durchflußquerschnitt verändert werden. Das Einlaßrohr b läßt die zu behandelnde Flüssigkeit unter genügendem Druck zufließen, um ihren Ausfluß an dem offenen Ende des Rohres A zu sichern, und zwar entweder in einem geringen Abstand von einer der Elektroden oder in einer mittleren Stellung zwischen beiden Elektroden oder in unmittelbarer Berührung mit einer der beiden Elektroden allein oder mit beiden zugleich. Um zu verhindern, daß sich feste Teile schon an der Mündung ausscheiden und diese verstopfen oder sonst das Verfahren behindern, ist das Rohr A von einem zweiten Rohr B umgeben, durch welches Äther geleitet wird, der den aus A austretenden Strom unmittelbar an der Mündung von A umhüllt und hierdurch bewirkt, daß die Oberfläche des unter dem Einflusse des konvektiven Entladungsstromes ausgeschiedenen Körpers

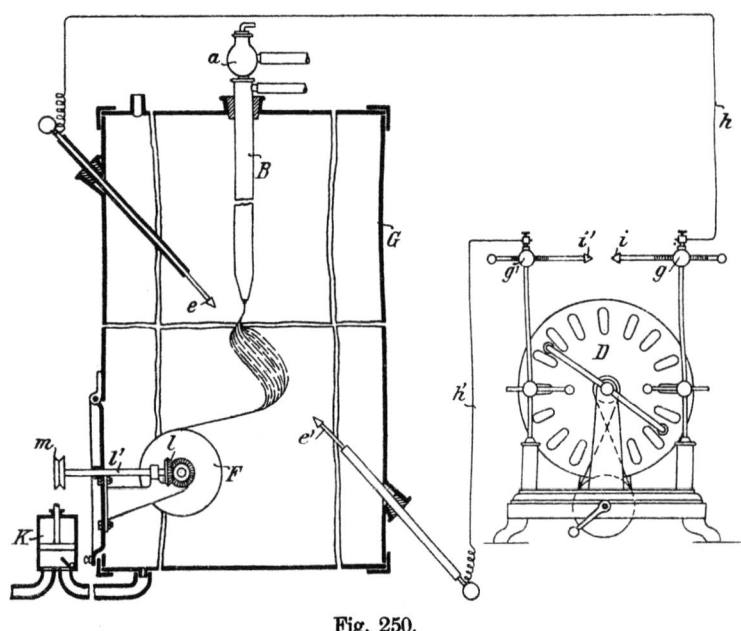

Fig. 250.

weich bleibt. Die Mündung des Rohres A (und vorzugsweise auch die Mündung des einschließenden Rohres B) kann konisch sein, so daß durch Längsverschiebung des einen gegen das andere der Ringquerschnitt an der Mündung zwischen beiden Röhren eingestellt und geregelt werden kann. In den Raum zwischen den beiden Röhren wird Äther eingeführt. D stellt irgendeine geeignete Quelle für hochgespannte statische Elektrizität, z. B. eine Wimshurstsche oder Holtzsche Maschine dar, deren positiver Pol beispielsweise bei g und deren negativer bei g' liegt. Der Pol g ist durch einen Draht h mit der einstellbaren Elektrode e und der andere g' durch Draht h' mit der einstellbaren Elektrode e' verbunden, so daß durch Regeln des Zwischenraumes zwischen den freien Enden der Elektroden e, e' entsprechend eine Veränderung der Feldstärke zwischen ihnen erreicht werden kann. Um diese Regelung

Das Cooleysche Verfahren. 517

der Feldstärke noch wirksamer zu machen, können weitere Elektroden i und i' gegeneinander einstellbar angeordnet werden, durch welche das konvektive Feld zwischen den Elektroden e, e' in größerem oder geringerem Maße kurzgeschlossen werden kann. In der Nähe des Feldes, aber in vorliegendem Beispiel außerhalb davon, ist eine Art Sammelvorrichtung zur Aufnahme der durch die konvektive Wirkung erzeugten Fasern aufgestellt. Die in der Zeichnung gewählte Sammelvorrichtung besteht aus einem Haspel F, der eine ständige Drehung, z. B. durch das Winkelgetriebe l, von der Welle l' und der Triebrolle m erhält.

Die ganze Einrichtung wird am besten in einem Gehäuse G von passender Größe eingeschlossen. Im besonderen geschieht es auch, wenn die Wiedergewinnung der ausgetriebenen flüssigen, flüchtigen Produkte wünschenswert ist, z. B. bei dem Gebrauch von Kollodium zur Herstellung der Fasern. Dann werden die Dämpfe der Lösungsmittel aus dem Innern des Behälters abgesaugt, z. B. durch eine Pumpe K, wobei ein Teil der Luft oder des sonstigen, das Gehäuse füllenden Gases mitgeht. Die Lösungsmittel werden dann in beliebiger Weise kondensiert. Auch andere bei dem Verfahren etwa entstehende Dämpfe oder Dünste können so abgezogen werden und frische atmosphärische oder sonstige Gase an deren Stelle gebracht werden. Wenn das Kollodium in einer Folge von kleinen Tropfen, in zerstäubtem Zustand, in einem dünnen Strom, in mehreren Strömen oder einer dünnen Schicht von der Mündung der Zuführungsvorrichtung ausgeht und die elektrische Maschine in Betrieb ist, so fällt die Flüssigkeit frei in das konvektive Feld zwischen den Polen e, e', und die elektrische Wirkung verursacht, daß Fäden schnell entstehen und schnell trocknen und erhärten, weil ihr flüssiger flüchtiger Bestandteil von ihnen abgetrennt und entfernt wird, und sie bilden Fasern, welche sich trennen, da sie sich gegenseitig abstoßen, und welche durch den Pol e' abgezogen werden. Aber bevor die Fasern den Pol e' berühren können, werden sie gefaßt und zu dem Haspel F geführt, auf welchem sie aufgewunden werden.

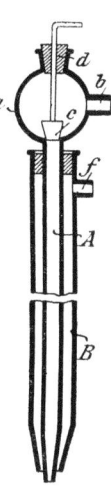

Fig. 251.

Patentansprüche: 1. Verfahren zur Herstellung seidenartig glänzender Gespinstfasern, darin bestehend, daß klebrige Lösungen in fein verteiltem Zustande in das Feld einer konvektiven elektrischen Entladung eingeführt werden, wodurch das Lösungsmittel verflüchtigt und die gelösten Körper als mehr oder weniger feine Fasern ausgeschieden werden.

2. Ausführungsform des Verfahrens nach Anspruch 1, dadurch gekennzeichnet, daß an der Ausflußstelle der Lösung — etwa Kollodium, dem behufs Verminderung der Flüchtigkeit des Lösungsmittels Benzol zugesetzt wurde — eine zweite als Zusatz dienende Flüssigkeit, welche vorzugsweise als eine in der Hauptflüssigkeit lösliche und möglichst dielektrische gewählt wird (etwa Äther), in der Weise zugeführt wird,

daß sie die Hauptflüssigkeit an der Ausflußstelle umhüllt und dadurch die Ausscheidung und das Ansetzen von festen Bestandteilen an der Ausflußstelle verhindert.

Die Patentschrift enthält noch weitere Ansprüche und Zeichnungen.

Die Granquistschen Spinnvorrichtungen.

549. Carl Arvid Granquist in Stockholm. Vorrichtung zur Herstellung künstlicher Seide.

D.R.P. 111 333 Kl. 76 vom 5. I. 1899 (gelöscht); österr. P. 5640 Kl. 76; brit. P. 23 729[1899].

Die gebräuchlichen Vorrichtungen zur Herstellung künstlicher Seide haben den Nachteil, daß die äußerst feinen Löcher, durch welche die zur Bildung der einzelnen Fädchen dienende halbflüssige Masse gepreßt wird, sich leicht verstopfen, wodurch dann beim Zusammenzwirnen der einzelnen feinen Fädchen zu einem stärkeren Faden dieser eine ungleichmäßige Stärke erhält, weil er bald aus einer großen, bald aus einer geringen Anzahl einzelner Fädchen zusammengesetzt ist. Durch die vorliegende Erfindung soll nun ein Reinigen und leichtes Auswechseln der verstopften Mundstücksöffnungen ermöglicht werden, so daß die Masse immer durch eine gleiche Anzahl Löcher gepreßt und der so entstehende Faden gleichmäßig stark wird.

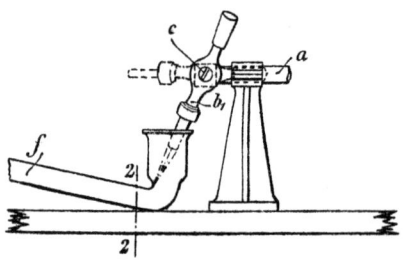

Fig. 252.

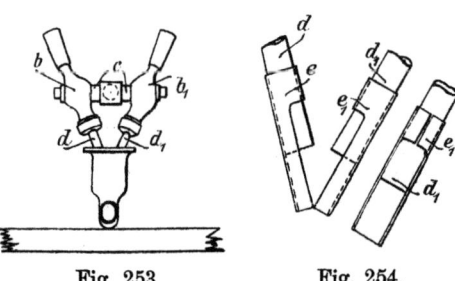

Fig. 253.   Fig. 254.

Fig. 252 zeigt die Seitenansicht einer Ausführungsform der Vorrichtung, Fig. 253 einen Schnitt nach 2-2 der Fig. 252 und Fig. 254 die Anordnung der Mundstücke, von zwei Seiten aus gesehen.

Als Stoff zur Herstellung künstlicher Seide wird eine der bekannten Lösungen verwendet. Die hergerichtete und filtrierte Lösung wird durch die Röhren a und c in die beiden Mundstückhalter bb_1 gepreßt, welche um das Rohr c drehbar derart angeordnet sind, daß sie gleichzeitig als Absperrhähne für die Lösung dienen. An diesen Haltern bb_1 sind die mit einer oder mehreren äußerst feinen Öffnungen versehenen Mundstücke aus Glas dd_1 so befestigt, daß sie gegeneinander spitze Winkel bilden (Fig. 253) und unter der Oberfläche der Erstarrungsflüssigkeit

Die Granquistschen Spinnvorrichtungen. — Vorricht. nach Gocher Ölmühle.

ganz dicht aneinander ausmünden, so daß die einzelnen Fädchen bei dem Auspressen der halbflüssigen Masse zusammenkleben und beim Durchlaufen durch das mit geeigneter Flüssigkeit gefüllte Rohr f erstarren, wobei der Faden durch Ziehen die nötige Feinheit und den gewollten Glanz erhält. Die Mundstückshalter bb_1 sind an dem Zuleitungsrohr c drehbar befestigt und als Absperrhähne so eingerichtet, daß beim Aufwärtsdrehen der Halter die Zuleitung der Lösung abgesperrt wird und die verstopften Mundstücke der aufgedrehten Halter gereinigt oder durch neue ersetzt werden können. Die Mundstückshalter können auf dem Flüssigkeitszuleitungsrohr auch nicht drehbar angebracht sein. Fig. 254 zeigt im vergrößerten Maßstabe die Anordnung von halb ausgeschnittenen Röhren ee_1, die auf die Mundstücke federnd aufgeschoben werden können und eine bessere Führung der Fäden bezwecken.

Patentansprüche: 1. Vorrichtung zur Herstellung künstlicher Seide, dadurch gekennzeichnet, daß die Mundstückshalter (bb_1) drehbar oder nicht drehbar auf dem Flüssigkeitszuleitungsrohr (c) angebracht sind und miteinander spitze Winkel bilden.

2. Vorrichtung der unter 1 bestimmten Art, dadurch gekennzeichnet, daß die Flüssigkeitszuführung zu den Mundstückshaltern (bb_1) beim Aufwärtsdrehen derselben abgesperrt wird, um die Mundstücke (dd_1) bequem reinigen zu können.

3. Vorrichtung der unter 1. bestimmten Art, dadurch gekennzeichnet, daß die Mundstücke (dd_1) der Mundstückshalter zwecks guter Führung der Fäden mit verschiebbaren Verlängerungsstücken (ee_1) versehen sind.

Eine Vorrichtung desselben Erfinders zum Spinnen von Seidenfäden (D.R.P. 111 248 Kl. 76 vom 5. I. 1899 (gelöscht); brit. P. 23 729[1899]) arbeitet in der Weise, daß die Fäden über eine zylindrische, sich drehende Rolle in schräger Richtung geleitet werden.

Vorrichtungen nach Gocher Ölmühle.

550. Gocher Ölmühle, Gebr. van den Bosch in Goch, Rhld. Vorrichtung zur Herstellung von Fäden, Films und ähnlichen Gebilden aus Lösungen.

D.R.P. 186 203 Kl. 29a vom 13. VIII. 1905 (gelöscht).

Die Erfindung betrifft eine Vorrichtung zur Herstellung künstlicher Gebilde, z. B. Fäden, Films aus viskosen Lösungen, bei welcher in bekannter Weise jede einzelne Austrittsöffnung (Düse, Sammeldüse) ausgeschaltet oder ausgewechselt werden kann, ohne den Arbeitsgang der Vorrichtung zu stören oder die Vorrichtung ganz abzustellen. Das Neue liegt in dieser Einrichtung, sämtliche Spinndüsen mit einem Male abstellen zu können.

Die Vorrichtung besteht aus einem wagerechten Rohr d (Fig. 255), welchem die Lösung durch ein Rohr a zugeführt wird. Letzteres ist zweckmäßig mit einer aus feinmaschigem Drahtnetz bestehenden Filtervorrichtung, einem Schauglas, einem Absperrventil p und einem mit Ventil r versehenen Lufteinlaßrohr versehen. Das Rohr d besitzt so viele Öffnungen, als die Lösungen Austrittsöffnungen haben sollen, und ist mit einem oder zwei Überwurfsrohren e versehen, die den Öffnungen des Rohres d entsprechende Öffnungen von gleicher Anzahl besitzen, an welchen jedoch Austrittsrohre h angebracht sind. Die ineinander gelagerten oder aufeinander geschliffenen Rohre haben an beiden Enden einen gemeinschaftlichen Verschluß f, der indes so angeordnet ist, daß sich die Überwurfsrohre e mit den an ihren Austrittsöffnungen angebrachten Austrittsrohren h um das Rohr d drehen können. An den Rohren h ist je ein Gelenkhahn i angebracht, der in seiner Fortsetzung ein Gewinde k besitzt, in das ein Rohransatz (oder Düsenrohr) l aus Glas mit Metallfassung eingeschraubt ist, welches an seinem oberen Ende zweckmäßig noch mit einer Filtervorrichtung m und an seinem unteren Ende mit einer oder mehreren Öffnungen n von dem gewünschten Querschnitt ausgestattet ist.

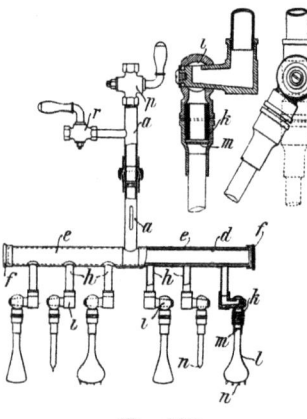

Fig. 255.

Die Vorrichtung arbeitet folgendermaßen: Wenn die betreffende Lösung in dem Rohr d steht und die Öffnungen der Rohre d und e genau übereinander gebracht sind, so kann die Lösung ungehindert durch die Austrittsrohre h und die entsprechenden Ansätze l austreten. Dreht man indes die Überwurfsrohre e mit den daran befestigten Rohren h so weit, daß die Öffnungen des Rohres d von den Flächen der Überwurfsrohre e bedeckt werden, so ist die Lösung in dem Rohr d eingeschlossen und am Austritt gehindert. Durch diese einfache Drehung kann somit die ganze Vorrichtung zum Stillstand gebracht werden. Soll dieses nicht bewirkt werden, sondern nur ein Düsenrohr oder eine Öffnung außer Betrieb gesetzt werden, so wird der betreffende, an dem Gelenkhahn i befindliche Ansatz l hochgeschlagen, wodurch gleichzeitig ermöglicht ist, diesen abzuschrauben und zu reinigen oder, falls erforderlich, durch einen neuen zu ersetzen. Soll die ganze Vorrichtung außer Betrieb gesetzt werden, so schließt man den Hahn p und öffnet gleichzeitig den Hahn r, so daß Luft eintreten und die noch in den Rohren zurückbleibende Lösung durch die Öffnungen n ausfließen kann. Man läßt so lange Luft eintreten, bis keine Lösung mehr austritt. Sodann werden die Ansätze l mittels der Gelenkhähne i nach oben geschlagen, so daß etwa noch in der Vorrichtung verbliebene Lösung nicht mehr zu den Auslaßöffnungen n gelangt, auch werden die Überwurfsrohre e mit den daran befestigten Rohren h nach oben gedreht. Die etwa zurückbleibende Lösung kann nur bis zu dem eigentlichen Trägerrohr d gelangen, so daß man nicht nur die Glasrohre l abschrauben, sondern auch, wenn nötig, die Gelenkhähne i und die Rohre h reinigen kann.

Patentanspruch: Vorrichtung zur Herstellung von Fäden, Films und ähnlichen Gebilden aus Lösungen, bei welcher die Ausschaltung der Düse durch Drehung bewirkt wird, dadurch gekennzeichnet, daß behufs Anordnung beliebig vieler Düsen das Zuflußrohr (a) mit einem Rohr (d) in Verbindung gebracht ist, um das ein zweites, mit mehreren, in bekannter Weise um Gelenkhähne (i) drehbaren Düsen (l) versehenes Rohr (e) drehbar angeordnet ist.

551. Gocher Ölmühle, Gebr. van den Bosch in Goch (Deutschland).
Vorrichtung zur Herstellung künstlicher Fäden.

Schweiz. P. 39 711; franz. P. 373 887; brit. P. 3606[1907]; österr. P. 36 922 (Rheinische Kunstseide-Fabrik Akt.-Ges. in Köln a. Rh.).

Gegenstand der Erfindung ist eine Vorrichtung zur Herstellung künstlicher Fäden, die eine mit einer Zuleitung versehene Kammer für eine Lösung, aus welcher die künstlichen Fäden durch Fällung hergestellt werden sollen, besitzt, deren Boden zueinander parallele feine Kanäle für den Austritt der Lösung in Strahlenform aufweist. Der obere Teil der Kammer ist von einer zweiten Kammer für eine Fällflüssigkeit umgeben, wobei diese zweite Kammer feine Bodenkanäle besitzt, die zu den Kanälen der ersten Kammer parallel liegen, damit die Strahlen aus allen Kanälen gleiche Richtung haben.

In Fig. 256 ist der Gegenstand der Erfindung in einer beispielsweisen Ausführungsform im Vertikalschnitt dargestellt. b ist eine Kammer, welche eine Zuleitung a besitzt. In ihrem auswechselbaren Boden d, der an der Kammerwand durch Gewinde c befestigt ist, sind feine, zueinander parallele Kanäle d^1 angeordnet. Der obere Teil der Kammer b ist von einer zweiten Kammer g umgeben. Der Boden k dieser zweiten Kammer bildet mit

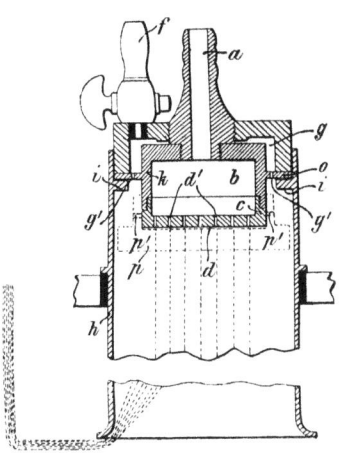

Fig. 256.

dem oberen Teil der Kammer b ein Stück und stößt bei o flach gegen die äußere Wand von g. In dem Boden k sind feine Kanäle g^1 angeordnet, die zu den Kanälen d^1 parallel liegen. f ist eine absperrbare Zuleitung zur Kammer g. h ist ein Leitzylinder, der Ansätze i besitzt, auf welche sich der Boden k aufstützt, so daß beide Kammern in den Leitzylinder eingesetzt sind. p soll eine Verschlußkappe bedeuten, die seitliche Kanäle p^1 besitzt. Die Kammer b ist zur Füllung mit der schleimigen zähen Spinnlösung bestimmt, die Kammer g zur Füllung mit der Fällflüssigkeit. Die aus der Kammer g nach unten austretenden Fällflüssigkeitsstrahlen werden gleiche Richtung haben wie die aus der Kammer b tretenden Lösungsstrahlen. Hierdurch soll verhindert werden, daß die feinen, in der Zeichnung durch gestrichelte Linien angedeuteten Fäden sich verwirren und etwa vor Erstarrung miteinander verschmelzen, was möglich wäre, wenn die Fällflüssigkeit so zu den Lösungsfäden zugeführt würde, daß sie deren Richtung seitlich beeinflussen könnte. Es soll so möglich sein, einen aus mehreren, z. B., wie in der Zeichnung angegeben ist, 7 Einzelfäden zusammengesetzten Gesamtfaden herzustellen, dessen Einzelfäden nicht miteinander verschmolzen sind. Da der Boden d auswechselbar ist, kann man die Anzahl und die Feinheit der zu erzielenden Fäden abändern. Es könnten mehrere Lösungs- und Fällflüssigkeitskammern in einem gemeinsamen Leitzylinder angeordnet sein. Die Höhe der Leitzylinder richtet sich nach der Erstarrungsgeschwindigkeit der Lösung. In vielen Fällen wird eine Höhe von 30—50 cm genügen. Die Fäden werden unterhalb des unteren Randes des Leitzylinders, der vorteilhaft in einem Gefäß so aufgehängt ist, daß die sich im Gefäß sammelnde Fällflüssigkeit bis zu den unteren Öffnungen der Kanäle d^1 reicht, herumgeführt und können dann aufgespult werden.

Vorrichtungen nach Mertz.

552. E. Mertz. Maschine zum Spinnen künstlicher Seide.
Franz. P. 364 912; schweiz. P. 34 741.

Die Maschine gestattet, den Walzen, auf die die gesponnenen Fäden aufgewickelt werden, während des Spinnens eine verschiedene Geschwindigkeit zu geben und dadurch die Nummer des gesponnenen Fadens zu verändern. Es geschieht dies durch Verschieben des die Maschine antreibenden Riemens auf einer konischen Riemenscheibe. Weiter geschieht die Bewickelung der Spulen in der aus Fig. 257 ersichtlichen Weise, was für das Abspulen vor-

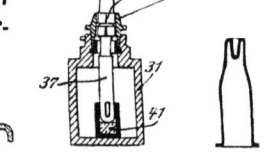

Fig. 257.   Fig. 258.   Fig. 259.

teilhaft sein soll. Die Spinnöffnungen sitzen auf dem Zuführungsrohr 31 (Fig. 258) und werden durch in der Längsrichtung des kegelförmigen Dornes 37 verlaufende Kanäle 38 und die Umfassung 33 gebildet. 33 ist durch Bajonettverschluß leicht auswechselbar. Eine weitere Reinigung der Kanäle 38 wird dadurch ermöglicht, daß der Dorn 37 an seinem unteren Ende auf einem Gummipolster 41 ruht, gegen das er gedrückt wird, wenn die Kanäle 38 verstopft sind. Dadurch wird zwischen 37 und 33 ein breiter Raum geschaffen, durch den die Verunreinigungen nach außen weggeführt werden. Oder die Spinnöffnungen befinden sich einzeln oder zu mehreren auf dem nach unten eingebogenen Ende von Glasröhren, die durch eine geeignete Dichtung auf den Zuführungsröhren für die

Spinnlösung befestigt sind (Fig. 259). Verunreinigungen oder Luftblasen sammeln sich in dem Ringraum oberhalb der Spinnöffnungen an.
Die Patente enthalten 12 Zeichnungen.
Diese Vorrichtung ist von dem Erfinder in dem

553. Schweiz. Zusatzpatent 34 741/648 dahin abgeändert worden, daß durch eine besondere Bewegung des Fadenführers die einzelnen Windungen auf den Spulen möglichst parallel liegen und die Fäden der einzelnen Lagen sich in möglichst spitzem Winkel schneiden. (4 Zeichnungen.)

Vorrichtungen nach Friedrich.

554. **E. W. Friedrich in Brüssel.** Vorrichtung zur Herstellung künstlicher Fäden.

D.R.P. 172 264 Kl: 29a vom 8. IX. 1904 (gelöscht); brit. P. 17 381^{1905}; franz. P. 357 172; österr. P. 30 705; Ver. St. Amer. P. 827 434; schweiz. P. 35 080.

Bei dieser Vorrichtung werden die aus Zelluloselösungen durch Einführung in eine Erhärtungsflüssigkeit in bekannter Weise hergestellten einzelnen Fäden durch die Bewegung dieser Flüssigkeit derart zusammengedreht, daß diese Zusammendrehung erst erfolgt, nachdem die Fäden bereits erhärtet sind. Es wird so ein Zusammenkleben der einzelnen Fäden vermieden, wie es bei bekannten Vorrichtungen eintreten kann, bei denen die Flüssigkeit in ihrer Gesamtheit in Drehung versetzt wird, so daß schon beim Austritt in diese Flüssigkeit ein Zusammendrehen der Fäden stattfinden kann. Aus dem Rohr a (Fig. 260) tritt die zur Herstellung der Fäden dienende Masse durch die mit einer Anzahl feiner Öffnungen versehene Düse b in das Rohr c ein, in das gleichzeitig durch das Rohr d die Koagulierungsflüssigkeit eintritt. Es bilden sich dünne Fäden, die bei dem Hochsteigen im Rohr dadurch zusammengedreht werden, daß der Teil e des Rohres schraubenförmig[1]) ausgebildet ist. Hierdurch wird die aufsteigende Flüssigkeit in Drehung versetzt, wodurch die Fäden umeinander geschlungen werden. Sollte hierbei ein Einzelfaden reißen, so wird er wieder mit um den Hauptfaden geschlungen. Durch geeignete Wahl der Anzahl der Drehungen des Rohres hat man es in der Hand, wie oft man die Fäden umeinander schlingen will, was bei den Vorrichtungen, bei denen die gesamte Flüssigkeit in Drehung versetzt wird, ebenfalls nicht der Fall ist.

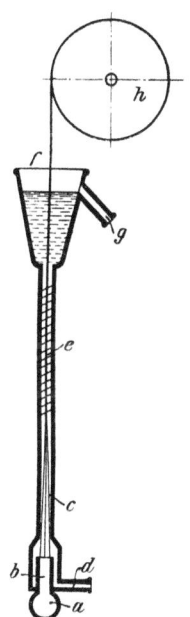

Fig. 260.

Der fertige Faden tritt aus dem oberen Teile des Gefäßes bei f aus und wird z. B. mittels der Rolle h weitergeführt. Die Koagulierungsflüssigkeit fließt durch g ab. Die Bewegung des Fadens und der

---

[1]) Siehe besonders schweiz. P. 35 080.

Erstarrungsflüssigkeit kann auch von oben nach unten oder in anderer geeigneter Weise geschehen, doch ist die Bewegung von unten nach oben am zweckmäßigsten, weil hierbei jede Luftblasenbildung in den Röhren verhindert wird. Auch gestattet diese Bewegunsrichtung dem Faden, seinem Bestreben, infolge seines geringen spezifischen Gewichtes nach oben zu steigen, nachzugeben, was für die Fadenbildung vorteilhaft ist.

Patentansprüche: 1. Vorrichtung zur Herstellung künstlicher Fäden, dadurch gekennzeichnet, daß die in bekannter Weise aus einer mit kapillaren Öffnungen versehenen Düse in ein Rohr austretenden einzelnen Fäden zunächst in einer parallel dem Fadenlaufe in dem Rohr bewegten Flüssigkeit jeder für sich zum Erstarren gebracht und alsdann durch eine Drehbewegung der Flüssigkeit umeinander geschlungen werden.

2. Ausführungsform der Vorrichtung nach Anspruch 1, dadurch gekennzeichnet, daß die Bewegung des Fadens und der Erstarrungsflüssigkeit von unten nach oben erfolgt.

555. E. W. Friedrich in Brüssel. Vorrichtung zur Trennung von Kunstfäden von der Erstarrungsflüssigkeit und zum Aufspulen dieser Fäden.

D.R.P. 172 265 Kl. 29a vom 8. IX. 1904 (gelöscht); franz. P. 357 172; schweiz. P. 35 080.

Um eine möglichst schnelle Trennung der Fäden von der anhaftenden Erstarrungsflüssigkeit zu erzielen und sie alsbald aufzuspulen, läßt man die Fäden auf ein saugfähiges endloses Tuch auflaufen, das fortwährend durch Quetschwalzen von der aufgesaugten Flüssigkeit befreit wird und so seine Saugfähigkeit dauernd behält. Auf dem Tuche liegt in einiger Entfernung von der Stelle, wo der Faden auf das Tuch gelangt, eine Spule auf, die zur Aufwicklung des Fadens dient und, da sie ihre Drehung durch Reibung an dem Tuche erhält, dem Faden weder voreilen noch gegen ihn zurückbleiben kann. (1 Zeichnung.)

Vorrichtung nach Leclaire.

556. Ch. C. Leclaire. Sich drehende Spinnvorrichtung.

Franz. P. 359 026.

Die Vorrichtung, durch die der gebildete Faden sofort gezwirnt wird, befindet sich an dem oberen Ende eines sich drehenden senkrecht stehenden Rohres, welches durch den Boden des die Fällflüssigkeit enthaltenden Gefäßes hindurchgeht und an seinem unteren Ende angetrieben wird. Statt in ein Fällbad kann auch in Luft oder einen unter Druck oder Vakuum stehenden Raum gesponnen werden. Die zu verspinnende Lösung wird durch ein seitliches Rohr sehr nahe bei den Spinnöffnungen zugeführt, um Erhitzung und Zersetzung der Spinnlösung zu vermeiden. Durch einen Hebel kann der Spinnkopf aus dem Fällbade gehoben werden, wenn er gereinigt werden soll. (4 Zeichnungen.)

Vorrichtung nach Linkmeyer.

557. Rudolf Linkmeyer in St. Gilles b. Brüssel. Apparat zur Gewinnung von Kunstfäden.

D.R.P. 222131 Kl. 29b vom 23. I. 1906 (gelöscht).

Die Erfindung betrifft einen Apparat zur Gewinnung von Kunstfäden, bei dem Fadenbruch nicht entstehen kann, und der durch seine große Fadengeschwindigkeit und Schonung des Materials sehr wirtschaftlich arbeitet. Das Wesen der Erfindung besteht darin, daß das Spinnen der Fäden — von ihrem Eigengewicht unterstützt — durch ein Fließen der Fällflüssigkeit in der Bewegungsrichtung der Fäden, die, nach abwärts gezogen, die Flüssigkeitsmasse in Strömung und Kreislauf versetzen, bewerkstelligt wird, und zwar in der Weise, daß die Fäden die Aufwärtsbewegung der Flüssigkeit nicht mitmachen.

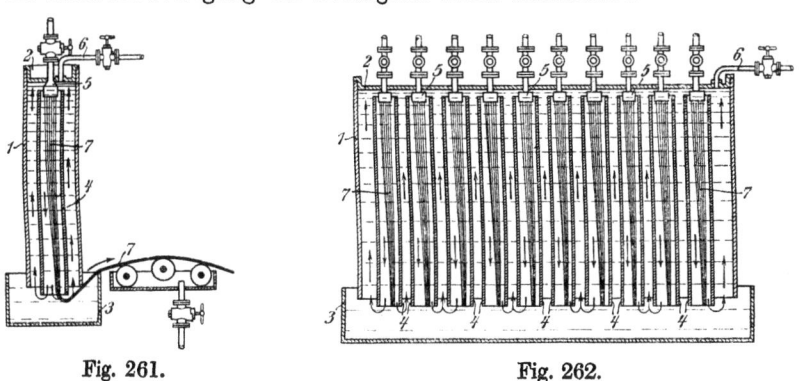

Fig. 261.   Fig. 262.

Zur Ausführung dieses Grundgedankens dient eine Vorrichtung, bestehend aus einem Gefäß, das in einen Untersatz hineinragt. Im Innern des Gefäßes sind Röhren angeordnet, in denen die Flüssigkeit und die Fäden sich nach abwärts bewegen. Diese Röhren münden unten ebenfalls in den Ansatz; die obere Mündung dient zur Aufnahme der mit den Spinnöffnungen versehenen Mundstücke. Die ganze umlaufende Flüssigkeitssäule wird vom Luftdruck getragen.

In der Zeichnung ist der Gegenstand der Erfindung beispielsweise veranschaulicht. Es zeigt Fig. 261 einen senkrechten Querschnitt, Fig. 262 eine Stirnansicht des Apparates. Der Apparat besteht aus einem langen schmalen Kasten 1, dessen breite Vorder- und Rückwände am besten aus Glasscheiben gebildet werden. Das obere Ende des Kastens 1 ist durch einen Deckel 2 luftdicht abgeschlossen, während das untere offene Ende in den mit der Fällflüssigkeit gefüllten Untersatz 3 hineinragt. Im Innern des Kastens 1 sind ein oder mehrere hohle Glaszylinder 4 senkrecht angeordnet. Diese hohlen Glaszylinder münden unten ebenfalls in den Ansatz; in das obere Ende ragen die mit Spinnöffnungen versehenen Mundstücke 5 hinein, aus denen die Zelluloselösung in das den Kasten 1 ausfüllende Fällungsbad ausfließt. An den Deckel 2 des

Kastens kann das Saugrohr 6 einer Vakuumpumpe angeschlossen werden, um den Kasten 1 durch Ansaugen mit dem Fällungsbad anzufüllen. In dieser Weise wird die ganze Säule der Fällungsflüssigkeit vom Luftdruck getragen. Die aus dem Mundstück 5 austretenden Fäden 7 werden durch den Glaszylinder 4 abwärts gezogen und nach dem Austreten aus dem Fällungsbad in bekannter Weise über mehrere Reihen Walzen geleitet und nachher aufgewickelt. Durch die kontinuierliche Bewegung der Fäden 7 in den Glaszylindern 4 läuft die Gesamtmenge des Fällbades in den letzteren in Richtung der Fadenbewegung um. Die Aufwärtsbewegung der Flüssigkeitsmasse erfolgt außerhalb des Rohres 4 im Gefäß 1, wie sie durch die Pfeile angedeutet ist. Diese Aufwärtsbewegung machen aber die Fäden nicht mit. Durch diese Anordnung werden die auf den Fadenabzug störend wirkenden Gegenströmungen in den Glaszylindern 4 vermieden.

Patentanspruch: Apparat zur Gewinnung von Kunstfäden, dadurch gekennzeichnet, daß in einem oben geschlossenen, unten in einen Untersatz (3) hineinragenden, mit Fällflüssigkeit zu füllenden Gefäße (1), welches oben mit einem zur Luftpumpe führenden Rohr (6) versehen sein kann, eine oder mehrere, oben und unten offene, bis in den Untersatz reichende Röhren (4) angebracht sind, in welche am oberen Ende die mit Spinnöffnungen versehenen Mundstücke (5) hineinreichen.

Verfahren nach Cuntz.

558. L. Cuntz. Verfahren zur Herstellung von Zellulosegebilden aus Zelluloselösungen.

Franz. P. 383 411.

Wässerige Zelluloselösungen (z. B. Viskoselösungen, Lösungen von Zellulose in Chlorzink oder Kupferoxydammoniak) werden nicht sofort nach dem Austreten aus der Spinnöffnung koaguliert, sondern zunächst geformt. Dies kann geschehen z. B. in Aceton, Benzol, Petroleum, Schwefelkohlenstoff, Ölen, wie Terpentinöl, überhaupt in Stoffen, die sich mit der Zelluloselösung nicht verbinden und damit keinen Niederschlag geben. Das geformte Gebilde tritt dann in das Fällbad ein, das aus Säuren, Alkalien, Salzlösungen oder Mischungen davon besteht. Die Formung kann auch in der Luft erfolgen. Die gefällten Fäden werden in der üblichen Weise nachbehandelt. Um künstlicher Seide möglichst hohen Glanz zu verleihen, muß nach der Fadenbildung und beim Trocknen jede Kontraktion vermieden werden.

Vorrichtungen nach Dreaper.

559. W. Porter Dreaper in Felixstowe. Verbesserungen an Vorrichtungen zur Herstellung künstlicher Seide.

Brit. P. 13 868[1907].

Es handelt sich um eine Vorrichtung zur Ausführung des Thieleschen Streckspinnverfahrens[1]), bei dem zuerst eine schwächere und dann

---
[1]) Siehe S. 155 u. ff.

eine stärkere Fällflüssigkeit verwendet wird. Einem aufrecht stehenden, oben geschlossenen Zylinder A (Fig. 263) wird die zu verspinnende Lösung durch E zugeführt. In das Rohr B tritt die schwach wirkende Fällflüssigkeit durch D ein, während die stärker wirkende Fällflüssigkeit durch C zunächst in den Raum zwischen B und A gelangt. Beide Flüssigkeiten durchfließen A in derselben Richtung, ohne sich zu früh miteinander zu vermischen. Es wird dadurch eine gleichmäßige Fällung erzielt.

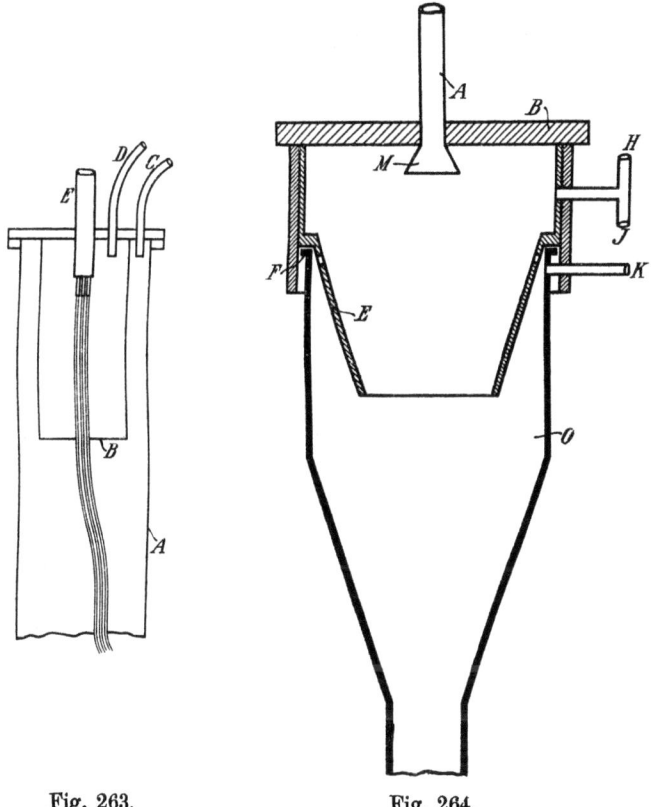

Fig. 263.   Fig. 264.

560. W. Porter Dreaper in Felixstowe. Verbesserungen an Apparaten zur Herstellung künstlicher Seide u. dgl.
Brit. P. 21 872[1908].

Die Vorrichtung ist eine Verbesserung der im britischen Patent 13 868[1907] (s. vorstehend) beschriebenen. Die zu verspinnende Lösung wird durch A (Fig. 264) und die Brause M zugeführt. Die erste, schwächere Fällflüssigkeit tritt durch J, die zweite stärkere durch K ein. H dient zum Ansaugen der Lösung und zur Entfernung der Luft aus der Spinnvorrichtung. Aus dem Raum O entweicht die Luft bei F, falls da nicht abgedichtet ist, oder durch Löcher im oberen Teile von E.

Vorrichtung nach Chandelon.

561. Th. Chandelon. Einrichtung zur Herstellung künstlicher glänzender Fäden.

Franz. P. 394 009; brit. P. 19 276[1908]; österr. P. 38 990.

Eine Gruppe von Spinnöffnungen, bei der Herstellung eines Grègefadens z. B. zwanzig, tauchen in eine gemeinsame Rinne, die von der Erstarrungsflüssigkeit durchströmt wird. Der gebildete, aus der Zahl der Spinnöffnungen entsprechend vielen Einzelfäden bestehende Faden wird durch die Rinne auf eine Walze geführt und dort aufgewickelt. Reißt ein Einzelfaden, so wird er durch die Walze, die sich in der Richtung der Fällrinne dreht, mitgenommen und mit den anderen Fäden aufgewickelt. Die Zuführungsrohre zu den Spinnöffnungen sind für sich absperrbar, eine gemeinsame Hauptleitung speist die Zuführungsrohre. (5 Zeichnungen.)

Vorrichtung nach Crombie.

562. W. A. E. Crombie. Vorrichtung zur Herstellung von Fäden aus Lösungen.

Franz. P. 405 782; brit. P. 16 557[1908].

Dem mit einem kegelförmigen Ansatz B versehenen Fälltroge A (Fig. 265) wird die Fällflüssigkeit durch das Rohr H zugeführt, das hinter der durchlochten Wand J mündet, um Strömungen im Fällbade

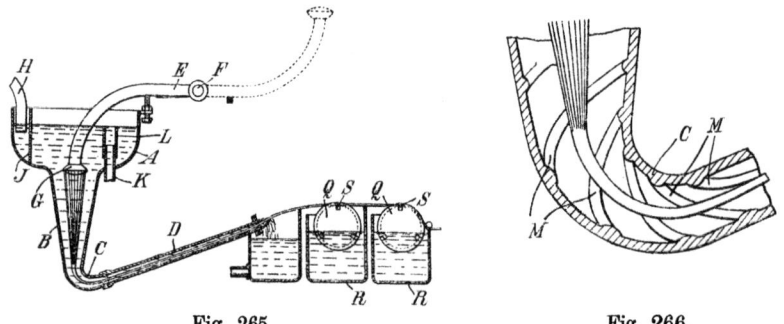

Fig. 265.   Fig. 266.

zu vermeiden. Die Spinnlösung wird durch die Rohre F und E und die Brause G zugeführt. Ein gleichmäßiger Flüssigkeitsstand in A wird durch das Abflußrohr K und den verschiebbaren Ansatz L aufrechterhalten. Das Rohr D ist innen mit schraubenförmig verlaufenden Wülsten M (Fig. 266) versehen, die auch durch Rinnen ersetzt sein können, um den Faden vor Berührung mit der Wandung von C und D zu schützen und ihm eine Drehung zu verleihen. Die aus D austretenden Fäden werden über Rollen Q geführt, die in der Richtung der Fäden mit Rillen versehen sind und in Tröge R tauchen, welche bei ihrer Drehung die zur weiteren Behandlung der Fäden nötigen Chemikalien oder

Waschflüssigkeit auf die Fäden bringen. Einschnitte S, die in der Richtung der Walzenachse verlaufen, dienen zur Einführung eines Messers zum Abschneiden der Fäden, falls sie sich verwirren und um die Walzen wickeln.

Vorrichtung nach Crombie und Schubert.

563. **W. A. E. Crombie und F. Schubert.** Vorrichtung zur Erzeugung von Fäden aus Lösungen.

Franz. P. 409 387; brit. P. 24 922[1908].

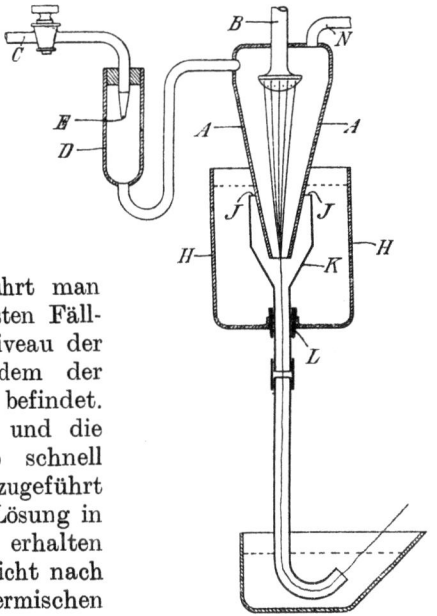

Die Vorrichtung arbeitet mit 2 Fällflüssigkeiten. Dem Behälter A (Fig 267) wird die erste Fällflüssigkeit von C über das Glasrohr D zugeführt. Die zweite Fällflüssigkeit ist in dem Troge H enthalten, sie reicht höher als J, der Trichter K ist bei L höher und tiefer zu stellen, dadurch wird der Raum J enger oder weiter. Die Spinnlösung fließt durch B zu. Man füllt durch Saugen bei N den Raum A mit Fällflüssigkeit und schließt N. Dann führt man eine genügende Menge der ersten Fällflüssigkeit so ein, daß das Niveau der zweiten Lösung sich unter dem der zugeführten Zelluloselösung befindet. A und D bilden einen Siphon, und die erste Fällflüssigkeit fließt so schnell aus D ab, als sie durch E zugeführt wird, d. h. so rasch, daß die Lösung in A auf der gewünschten Stärke erhalten bleibt und die zweite Lösung nicht nach A gelangt. Beide Lösungen vermischen sich nur langsam durch Diffusion.

Fig. 267.

Spinnmaschine nach Borzykowski.

564. **Benno Borzykowski in Charlottenburg.** Spinnmaschine für Kunstfäden.

D.R.P. 248 349 Kl. 29a vom 16. IX. 1910 (gelöscht); franz. P. 420 682.

Die Maschine unterscheidet sich von bekannten Maschinen mit mehreren gleichzeitig angetriebenen Spulen dadurch, daß ihre gleichzeitig zu bewickelnden Spulen Stirn an Stirn neben- und parallel übereinander angeordnet sind und die aus den Düsen oder Fällbädern austretenden Fäden aufspulen. Hierdurch ist ein wesentlich einfacherer Aufbau der ganzen Maschine, als bisher bekannt, möglich, indem eine einzige Hauptleitung angeordnet werden kann, aus der die Spinnmasse für die auf beiden Seiten des Spinntisches neben- und übereinander angeordneten Spulenreihen gepreßt wird. Ferner kann der Antrieb sämtlicher über- und nebeneinander angeordneter Spulen von einer einzigen Haupt-

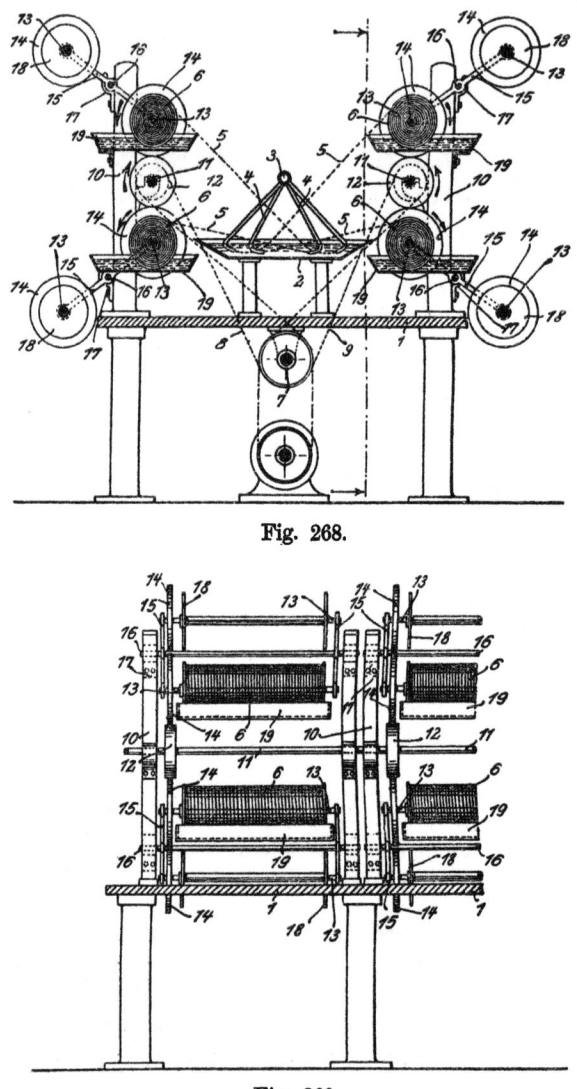

Fig. 268.

Fig. 269.

antriebswelle erfolgen, für sämtliche zweiseitig neben- und übereinander angeordnete Spulen ein einziges langes oder für je mehrere Spulen je ein Fällbad zur Anwendung gelangen. Der Erfindungsgegenstand ist in Fig. 268 in Stirnansicht mit teilweisem Schnitt und in Fig. 269 in

Seitenansicht mit teilweisem Schnitt dargestellt. In der Mitte des Spinntisches 1 ist oberhalb des Fällbadgefäßes 2 die Hauptleitung 3 für die Spinnmasse gelagert. An ihr sind in das Fällbad reichende, zweckmäßig schräg nach abwärts gerichtete Düsen 4 angeordnet. Die aus ihnen austretenden Fäden 5, die durch das Fällbad hindurchgegangen sind, werden auf die beiderseits des Spinntisches neben- und übereinander angeordneten Spulen 6 aufgespult. Der Antrieb der Spulen 6 erfolgt von der zweckmäßig unterhalb des Spinntisches gelagerten Hauptantriebswelle 7 aus etwa durch Riementrieb 8 und 9, durch den zunächst eine in den Ständern 10 gelagerte Antriebswelle 11 mit Reibungsscheibe 12 in Umdrehung versetzt wird, von der aus durch auf den Spindeln 13 vorgesehene Reibungsräder 14 die Drehung dieser und der darauf befindlichen Spulen 6 erfolgt. Die Spindeln 13 sind in Haspeln 15 auf beiden Enden drehbar gelagert. Die Zapfen 16 befinden sich in der Mitte der Haspel 15 und sind in den Lagern 17 des Gestelles 10 gelagert. Während die Spulen 6 in Bewegung sind und nötigenfalls in die in den Bädern 19 befindliche Flüssigkeit tauchen, werden die Spulen 18 auf die dazugehörenden stillstehenden Spindeln aufgesteckt.

Patentanspruch: Spinnmaschine für Kunstfäden, dadurch gekennzeichnet, daß die Wickelspulen, die gleichzeitig die aus den Düsen oder Fällbädern austretenden Fäden aufspulen, Stirn an Stirn nebeneinander und parallel übereinander angeordnet sind.

Nach Hartogs.

565. Dr. J. C. Hartogs in Amsterdam. Verfahren zur Herstellung künstlicher Fäden durch Hindurchführen der aus den Spinndüsen heraustretenden Fäden durch verschiedene Flüssigkeiten.

D.R.P. 237 744 Kl. 29 b vom 19. VIII. 1910, übertragen auf N. V. Nederlandsche Kunstzijdefabriek, Arnhem; franz. P. 432 400; brit. P. 16 720^{1911}; schweiz. P. 56 329; österr. P. 57 613; Ver. St. Amer. P. 1 119 155.

Bei der Herstellung künstlicher Fäden, namentlich beim Spinnen von Kunstseide, hat man besonders auf folgende Punkte zu achten: auf das Koagulieren oder Zersetzen der spinnbaren Flüssigkeit, das Fixieren der koagulierten Masse, die Bewahrung der Weichheit der fertigen Fäden und die Verhinderung des unbeabsichtigten Zusammenklebens der einzelnen Fäden. Diesen Anforderungen an den Spinnvorgang versuchte man bisher dadurch gerecht zu werden, daß man entweder alle Maßnahmen in einer Spinnflüssigkeit vor sich gehen ließ oder aber mehrere Bäder nacheinander benutzte.

Nach der vorliegenden Erfindung soll hinsichtlich der vier genannten Punkte den jeweiligen Anforderungen vollständig entsprochen werden, ohne daß verschiedene Gefäße zur Aufnahme der notwendigen verschiedenen Flüssigkeiten benutzt werden. Die Erfindung besteht darin, daß neben der eigentlichen Fäll- oder Koagulierungsflüssigkeit eine nicht oder wenig damit mischbare zweite Flüssigkeit verwendet wird, vorzugsweise eine solche von anderem spezifischen Gewicht, so daß die beiden Flüssigkeiten übereinander geschichtet werden können. Die zweite Flüssigkeit muß gegen die Fadensubstanz indifferent und von solcher Beschaffenheit sein, daß sie auf den einzelnen Fäden eine Hülle erzeugt, durch die ein Zusammenkleben der Fäden verhindert wird, wie es sonst vor ihrer vollständigen Fixierung durch die vom Faden mitgerissene Fällflüssigkeit leicht eintritt. Es ist nämlich nicht möglich, die Fäden bis zu ihrer vollständigen Fixierung vollständig getrennt zu halten, weil diese Fixierung lange Zeit in Anspruch nimmt und andererseits das Durchführen der Fäden durch die Koagulierungsflüssigkeit mit großer Geschwindigkeit geschehen muß. Dagegen ist es gemäß vorliegender Erfindung leicht, die Fäden auf dem kurzen Wege durch die Koagulierungsflüssigkeit und die umhüllende indifferente Flüssigkeit vollkommen getrennt zu halten, während weiterhin die Hülle ein Zusammenkleben verhindert, auch wenn die Fixierung noch nicht beendet ist, so daß zu dieser Fixierung vollständig Zeit bleibt, ohne daß besondere Vorsichtsmaßregeln erforderlich sind. Man kann z. B. die Zellulose in einer wässerigen sauren Flüssigkeit ausscheiden und dann die gesponnenen Fäden in der Weise, daß sie sich nicht berühren, durch eine Flüssigkeit von anderem spezifischen Gewicht, z. B. Benzol, Öl, Ölsäure, Nitrobenzol, Chloroform, Tetrachlorkohlenstoff od. dgl., zur Weiterbehandlung hindurchführen. Die Schutzhülle kann dann nach vollständiger Beendigung der Fixierung durch geeignete Waschflüssigkeiten oder in anderer Weise entfernt werden.

Die Anwendung verschiedener geschichteter oder in kommunizierenden Gefäßen befindlicher Flüssigkeiten ist bei der Herstellung von Kunstfäden zwar schon vorgeschlagen worden[1]). Indessen handelte es sich dort um zwei verschieden schnell wirkende Koagulierungsflüssigkeiten, bei denen in vielen Fällen wegen ihrer Mischbarkeit eine Schichtung praktisch übrigens kaum durchführbar sein dürfte, nicht aber wie hier um die Anwendung einer Schicht aus einer zweiten indifferenten umhüllenden Flüssigkeit, welche ein Zusammenkleben der noch nicht vollständig fixierten Fäden hindern soll. Auch insofern bei den bekannten Verfahren Olein verwendet wird, handelt es sich dabei nur um dessen Benutzung als langsam wirkende Koagulierungsflüssigkeit, auf deren Einwirkung noch eine Behandlung mit einer energisch wirkenden Fällflüssigkeit folgt, so daß eine Bildung einer Schutzhülle nicht eintreten kann, während bei vorliegendem Verfahren die Zersetzung des Ausgangsmaterials und die Ausscheidung der Zellulose im wesentlichen bereits beendet ist, wenn die Fäden in die Schicht aus Öl od. dgl. eintreten.

Das Verfahren läßt sich vorteilhaft zum Verspinnen von Viskoselösungen in verdünnter Schwefelsäure benutzen. Es war bisher nicht möglich, brauchbare Kunstseide aus Viskoselösungen durch Spinnen in verdünnter Schwefelsäure ohne Zusätze zu erhalten. Nach vorliegendem

---

[1]) Siehe S. 155 u. ff.

Verfahren wird die Viskose in reiner verdünnter Schwefelsäure koaguliert. Dann werden die Einzelfäden beispielsweise durch obenauf schwimmende Ölsäure hindurchgeführt, worauf man sie einige Zeit sich selbst überläßt, wodurch sie vollständig fixiert werden, ohne daß die Einzelfäden aneinanderkleben können. Das Öl, die Ölsäure oder die andere als Schicht benutzte Flüssigkeit kann man dann beispielsweise durch Waschen mit 1%iger Sodalösung oder mit einer lösend wirkenden organischen Flüssigkeit, wie z. B. Benzol, entfernen. Man erhält so ein Produkt, welches den bisher hergestellten überlegen ist.

Patentansprüche: 1. Verfahren zur Herstellung künstlicher Fäden durch Hindurchführen der aus den Spinndüsen heraustretenden Fäden durch verschiedene Flüssigkeiten, dadurch gekennzeichnet, daß die Fäden aus der Fällflüssigkeit, nachdem die Abscheidung der Zellulose aus dem Ausgangsmaterial und die Fadenbildung im wesentlichen beendet ist, in eine nicht oder wenig mit der Fällflüssigkeit mischbare indifferente Flüssigkeit gelangen, welche auf den Einzelfäden eine deren Zusammenkleben während der fixierenden Nachwirkung der ihnen noch anhaftenden Fällflüssigkeit verhindernde Hülle erzeugt, bis zu deren Bildung die Fäden getrennt gehalten werden.

2. Ausführungsform des Verfahrens nach Anspruch 1, dadurch gekennzeichnet, daß Viskoselösungen in verdünnter Schwefelsäure oder anderen verdünnten Säurelösungen koaguliert und die erhaltenen Einzelfäden durch eine über oder unter der Fällflüssigkeit liegende Schicht einer indifferenten Flüssigkeit hindurchgeführt werden. (2 Zeichnungen.)

566. Dr. Jacques Coenraad Hartogs in Amsterdam. Verfahren und Vorrichtung zur Herstellung von Kunsthohlfäden mit einem oder mehreren Kernen.

D.R.P. 247 418 Kl. 29 b vom 13. VII. 1911, übertragen auf N. V. Nederlandsche Kunstzijdefabriek, Arnhem (gelöscht).

Es sind bereits Versuche zur Herstellung von Kunsthohlfäden mit Kernen angestellt worden, sie haben jedoch nicht zum Erfolg geführt, weil die Innenwand des noch nicht vollkommen geronnenen Hohlfadens am Kern haftete, so daß das Merkmal eines Hohlfadens wieder verloren ging.

Damit nun der einmal hergestellte Hohlfaden auch tatsächlich hohl bleibt, auch wenn ein Kern oder mehrere in den Faden gesponnen werden, wird gemäß vorliegendem Verfahren sowohl die Innenwand als die Außenwand des Hohlfadens und ebenso auch der Kern mit der Gerinnflüssigkeit während des Spinnens in Berührung gebracht, so daß sich an allen diesen Stellen eine geronnene Schicht bildet und ein Anhaften des Kerns an der Innenwand des Fadens verhindert wird. Ebenso wird, wenn mehrere Kerne hergestellt werden, jeder von diesen für sich mit einer geronnenen, vollkommen festen Umhüllungsschicht umgeben.

In der Zeichnung sind einige Beispiele von Vorrichtungen zur Ausführung des Verfahrens in vergrößertem Maßstabe dargestellt, und zwar ist Fig. 270 ein Längsschnitt durch eine Vorrichtung zum Spinnen eines Hohlfadens mit einem Kern, Fig. 271 ein Querschnitt durch den mit Kern versehenen Hohlfaden im Spinnrohr, Fig. 272 ein Längsschnitt durch eine Vorrichtung zum Spinnen von Hohlfäden mit mehreren Kernen und Fig. 273 ein Querschnitt durch den mit mehreren Kernen versehenen Hohlfaden im Spinnrohr.

Bei der bekannten Vorrichtung zum Spinnen hohler Fäden tritt die Spinnlösung aus einer Ringöffnung aus, während eine Gerinnflüssigkeit durch ein konzentrisch in die Ringöffnung eingesetztes dünnwandiges Rohr austritt. Es ist nicht erforderlich, daß das Rohr auf gleicher Höhe ausmündet wie die Wandung der Ringöffnung. Die Spinnflüssigkeit bildet somit einen Hohlfaden, dessen Hohlraum mit der

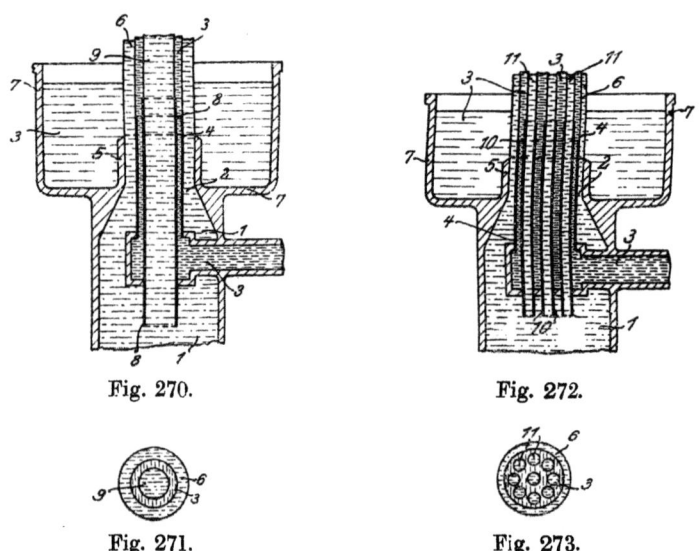

Fig. 270. Fig. 272.

Fig. 271. Fig. 273.

Gerinnflüssigkeit gefüllt ist. Es ist ferner ein Gefäß derart um die Ringöffnung angeordnet, daß die darin befindliche Gerinnflüssigkeit die Außenfläche des Hohlfadens umspült. Die innere und die äußere Zylinderfläche des Hohlfadens werden demnach gleich nach der Herstellung koaguliert, d. h. mit einer festen geronnenen Schicht versehen. Das Zusammenkleben der Innenwände des Hohlfadens ist dadurch ausgeschlossen. Der zwischen den geronnenen Schichten eingeschlossene Spinnstoff gerinnt dann allmählich durch Diffusion der Gerinnflüssigkeit.

Die in Fig. 270 dargestellte Vorrichtung zur Herstellung eines Hohlfadens mit Kern gemäß vorliegender Erfindung ist diesen bekannten Vorrichtungen ähnlich. Die Spinnlösung 1 tritt aus einer Ringöffnung 2 aus, während eine Gerinnflüssigkeit 3 durch ein konzentrisch in die Ringöffnung eingesetztes dünnwandiges Rohr 4 austritt, das auf gleicher oder anderer Höhe wie die Außenwandung 5 der Ringöffnung münden kann. Die Außenseite des so gebildeten Hohlfadens 6 wird durch die im Gefäß 7 befindliche Gerinnflüssigkeit umspült und erhärtet.

Soweit ähnelt die Vorrichtung den bekannten Vorrichtungen zur Herstellung von Hohlfäden ohne Kern. Der Unterschied liegt darin, daß innerhalb des Rohres 4 ein zweites Rohr 8 eingesetzt ist, welches auf derselben oder auf anderer Höhe ausmündet wie das Rohr 4 und konzentrisch darin angeordnet ist, wobei aber ein schmaler Zwischenraum frei bleibt, durch den die Gerinnflüssigkeit hindurchfließt. Das Rohr 8 ist durch den schräg oder wagerecht verlaufenden Teil des Rohres 4 hindurchgeführt und darin abgedichtet, so daß das Rohr 8 mit der Spinnflüssigkeit 1 in Verbindung steht. Es ist ersichtlich, daß durch diese Anordnung ein Hohlfaden 6 gebildet wird, dessen Außenfläche durch das im Behälter 7 befindliche Gerinnbad und dessen Innenfläche durch die aus dem Rohr 4 austretende Gerinnflüssigkeit koaguliert wird, während die Außenwand des durch das Rohr 8 gebildeten Kerns 9 ebenfalls durch die aus dem Rohre 3 fließende Gerinnflüssigkeit koaguliert wird. Der Kern 9 bleibt somit lose im Hohlfaden liegen, ohne an dessen Wänden anzuhaften.

In vielen Fällen empfiehlt es sich, den Kern aus mehreren Fasern herzustellen; der Faden hat sodann die Steifheit von Kunstroßhaar, während der biegsame Kern bei scharfer Umbiegung nicht bricht, auch falls der dickere Hohlfaden selbst geknickt werden sollte. Die Vorrichtung zur Herstellung von Hohlfäden mit zusammengesetztem Kern (Fig. 272) ist wieder in der Hauptsache dieselbe wie für Hohlfäden mit einfachem Kern (Fig. 270). Der einzige Unterschied ist, daß anstatt eines einzigen konzentrisch angeordneten Rohres 8 (Fig. 270) eine Anzahl Rohre 10 im Rohre 4 angeordnet ist. Es ist ersichtlich, daß auch bei dieser Anordnung die aus den Rohren 10 austretenden Kernfasern 11 ebenso wie die Außen- und Innenfläche des Hohlfadens selbst mit dem Gerinnbade in Berührung kommen und mit einer geronnenen Umhüllungsschicht versehen werden. Bei der Herstellung von Kunstfäden in der oben beschriebenen Weise kann das Spinnen und Strecken der Fäden gleichzeitig stattfinden.

Patentansprüche: 1. Verfahren zur Herstellung von Kunsthohlfäden mit einem oder mehreren Kernen, dadurch gekennzeichnet, daß während des Spinnens nicht nur die Außenwand und die Innenwand des Hohlfadens, sondern auch der Kern oder die Kerne mit der Gerinnflüssigkeit in Berührung kommen, wodurch beide Wände des Hohlfadens und der Kern oder die Kerne koaguliert werden und ein Zusammenkleben der Innenwand des Fadens mit dem Kern verhindert wird.

2. Vorrichtung zur Ausführung des Verfahrens nach Anspruch 1, dadurch gekennzeichnet, daß innerhalb des Rohres, durch welches die Gerinnflüssigkeit zum Innern des Hohlfadens zugeführt wird, ein oder mehrere andere Rohre angeordnet sind, durch welche die Spinnlösung zur Bildung der Kerne austritt.

Verfahren nach Courtaulds Ltd. und Wilson.

567. Courtaulds Ltd. in London und L. P. Wilson. Verfahren zur Herstellung röhrenförmiger Fäden aus Lösungen von Zellulose oder Zelluloseverbindungen und von zusammengesetzten Fäden sowie Vorrichtungen dazu.

Brit. P. 17 495[1914].

Ein röhrenförmiger Faden wird erzeugt durch Fällen von Viskose, welche durch einen einstellbaren ringförmigen Schlitz um einen inneren Teil von gewünschter Form in ein Fällbad austritt, das zu der inneren und der äußeren Fläche der Fäden Zutritt hat. Zusammengesetzte Fäden können dadurch erhalten werden, daß man in das Innere des röhrenförmigen Fadens einen Faden einführt, der vorher in demselben Bade erzeugt sein und erforderlichenfalls gefärbt oder gezwirnt sein kann. (Zeichnung.)

Nach Hübner.

568. J. Hübner in Cheadle Hulme, Chester. Verfahren und Vorrichtung zur Herstellung von Fäden aus Zellulose.

Brit. P. 14 599[1910]; franz. P. 431 112.

Die zu verarbeitende Flüssigkeit wird jedem Spinnkopf gesondert zugeführt, sie gelangt in ein offenes Gefäß und durch ein Filter und ein senkrechtes weites Rohr unter konstantem Druck zu dem Spinnkopf. Unter dem Spinnkopf ist ein offener Trichter angebracht, dem die Fällflüssigkeit durch ein Rohr von oben her zugeführt wird, überschüssige Fällflüssigkeit wird durch ein ebenfalls am oberen Randes des Trichters angeordnetes Rohr abgeleitet. Die Fäden gehen über Leitwalzen durch verschiedene Bäder, in denen die Koagulierung vollendet wird und die Fäden gewaschen werden. Eine im letzten Bade angebrachte Walze hält die Fäden gespannt. Da die Zelluloselösung nur unter dem Druck einer gleichbleibenden Flüssigkeitssäule steht, erfolgt die Fadenbildung sehr regelmäßig. (1 Zeichnung.)

Nach Elsässer.

569. Dr. E. Elsässer in Langerfeld, Westf. Spinnmaschine für künstliche Fäden, bei der die Fäden nach Durchlaufen des Fällbades in Kreuzwicklung auf einen Haspel auflaufen.

D.R.P. 244 375 Kl. 29 a vom 19. XI. 1910, übertragen auf J. P. Bemberg Akt.-Ges. in Barmen-Rittershausen.

Beim Spinnen künstlicher Fäden macht sich die Schwierigkeit geltend, daß der bei Beginn des Spinnens oder bei Fadenbruch aufgelegte Fadenanfang leicht wieder von der Spule abgleitet. Die Erfindung beseitigt diesen Übelstand dadurch, daß die Fäden mehrerer nebeneinanderliegender Spinnvorrichtungen auf einen gemeinsamen, zweckmäßig zusammenklappbaren, in die Fäll- oder Behandlungsflüssigkeit eintauchenden Haspel nebeneinander in Kreuzwicklung auflaufen, der sodann als Ganzes weiterbehandelt wird. Bei einem solchen großen, gemeinsamen, in die Flüssigkeit eintauchenden Haspel mit Kreuzwicklung kann man die Anfänge sämtlicher Fäden der nebeneinander angeordneten Spinndüsen mit einem Male auf die Mitte des Haspels auflegen, wo sie wegen ihrer großen Masse festhaften. Die Verteilung der Fäden auf die einzelnen Stellen des Haspels, wo sie sich aufwickeln sollen, erfolgt dann selbsttätig durch den Zug und die Kreuzwickelbewegung des Haspels.

Patentanspruch: Spinnmaschine für künstliche Fäden, bei der die Fäden nach Durchlaufen des Fällbades in Kreuzwicklung auf einen Haspel auflaufen, dadurch gekennzeichnet, daß die Fäden mehrerer nebeneinanderliegender Spinnvorrichtungen auf einen gemeinsamen, in die Fäll- oder Nachbehandlungsflüssigkeit eintauchenden Haspel nebeneinander in Kreuzwicklung auflaufen, der sodann als Ganzes weiterbehandelt wird. (1 Zeichnung.)

Nach Oscar Müller und Gebr. Franke.

570. Oscar Müller in Cöln a. Rh. und Gebr. Franke in Chemnitz. Verbesserung an Spinnmaschinen für künstliche Fäden.

Brit. P. 4078[1911]; franz. P. 450 696; belg. P. 251 000; D.R.P. 257 237 Kl. 29 a vom 4. IX. 1910 (gelöscht).

Die Erfindung bezieht sich auf eine besondere Art der Bewicklung der Spulen. Die aus den Spinnöffnungen a (Fig. 274) austretenden Fäden gelangen über den hin und her gehenden Fadenführer c auf die Spulen d, die durch Zahnräder in Umdrehung versetzt sind. Der Faden-

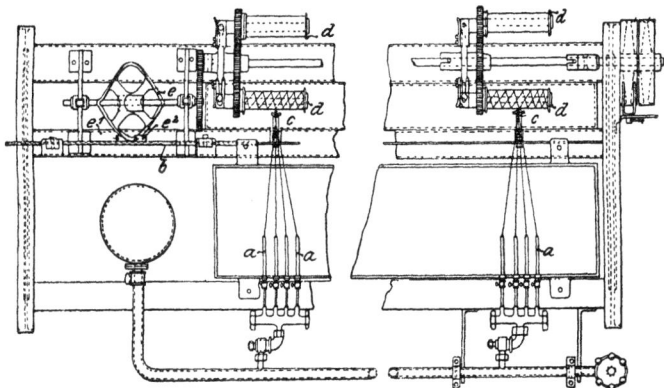

Fig. 274.

führer erhält durch die Hubscheibe e eine Bewegung, die die Spulen an den Enden stärker bewickelt als in der Mitte. Die Hubscheibe e wird von dem Antrieb der Spulen in Umdrehung versetzt, der Ring der Hubscheibe läuft zwischen den Rollen e^1 und e^2 (Fig. 275), welche auf der den Fadenführer c hin und her bewegenden Stange b sitzen. Der Faden wird in Kreuzwindungen auf den Spulen abgelegt, die Spulen bewegen sich schneller, wenn der Faden auf den Enden aufläuft, als wenn die Mitte der Spulen bewickelt wird. Vor den Fadenführer kann eine von dem Antriebsmechanismus der Spulen in Umdrehung versetzte Zwirnvorrichtung eingeschaltet werden. Ist eine Spule voll bewickelt, so wird der Spulenträger so gedreht, daß eine leere Spule an die Stelle der vollen tritt. Als Vorteil der neuen Art der Spulenbewicklung wird hervorgehoben, daß sie beim Behandeln der Spulen mit Flüssigkeiten eine gleichmäßige Einwirkung gestattet.

Der Anspruch des D.R.P. lautet:

Spinnmaschine für Kunstfäden, bei der die aus den einzelnen Düsen der Spinnvorrichtung austretenden Einzelfäden entweder unmittelbar oder nach Durchgang durch eine Zwirnvorrichtung mittels eines hin und her bewegten Fadenführers als Fadenbündel in Kreuzwindungen auf Spulen geführt werden, dadurch gekennzeichnet, daß eine einzige entsprechend geformte Hubscheibe (e) die Fadenführer (c) an den Enden der Spule schneller bewegt als in der Mitte, so daß die Spule eine bauchige Form annimmt.

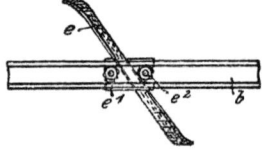

Fig. 275.

571. Oscar Müller in Cöln a. Rh. und Gebr. Franke in Chemnitz. Verbesserungen an Spinnmaschinen für künstliche Fäden.

Brit. P. 2222^{1912}.

Die Maschine ist gebaut wie die vorstehend geschilderte. Die Neuerung bezieht sich auf die Anordnung der Spulenträger. Sie sitzen beweglich auf Zapfen und werden durch Federn in ihrer Lage festgehalten. Durch Schwenken können sie außer Eingriff mit dem sie antreibenden Zahnrad gebracht werden, wenn sie ausgewechselt werden sollen. (2 Zeichnungen.)

Nach Linkmeyer.

572. Carl Rudolf Linkmeyer in Hirschberg i. Schles. Vorrichtung zum gleichzeitigen Spinnen und Zwirnen von Kunstfäden in einem Arbeitsgange mittels sich drehender, mit einer Spinndüse versehener Hohlspindel.

D.R.P. 249 002 Kl. 29a vom 17. VI. 1911 (gelöscht).

Bei der Herstellung von künstlichen Fäden wird zumeist in der Weise verfahren, daß man die Fäden zunächst ohne Drehung, also parallel zueinander, auf einen Garnträger wickelt. In einem zweiten Arbeitsgang werden dann die Fäden von dem Garnträger abgezogen und gezwirnt. Dadurch, daß das Fadenbündel dann irgendwelche Drehung nicht besitzt, ist das Abspulen bei diesem Verfahren mit gewissen Schwierigkeiten verknüpft, indem sehr leicht ein Teil der feinen Elementarfäden reißt und auf der Spule verbleibt, während die übrigen Fäden weiter abgezogen werden und schließlich ebenfalls reißen, und das Abspulen dadurch vereitelt wird. Es ist auch versucht worden, das Spinnen und Zwirnen in einem Arbeitsgang zu vereinen; bei den bekannten Vorrichtungen, welche hierzu dienen, machen sich so erhebliche Übelstände bemerkbar, daß dieses Verfahren bisher irgendwelche Bedeutung für die Praxis nicht erlangen konnte. Diese beim Spinnen und Zwirnen gleichzeitig auftretenden Übelstände führten zum Bau sich drehender Düsen, die von vornherein ein völlig fertiggezwirntes Fadengut erzeugten. Hierbei mußten aber die Drehdüsen mit sehr hohen Drehzahlen arbeiten, was wiederum starke Abnutzung der Dichtungsflächen, Störungen beim Spinnen durch die auftretende Schleuderkraft und schnelle Bewegung der Düse hervorrief, so daß ein einwandfreies Erzeugnis mit der sich schnell drehenden Düse nicht hergestellt werden konnte. Es ist auch versucht worden, dem Faden dadurch Drehungen zu geben, daß er durch ein mit Schraubenwindungen versehenes Rohr gezogen wird; ein gleichzeitig mit dem Faden das Rohr durchfließender Wasserstrom sollte die Drehung herbeiführen. Von einem wirklichen Drehen kann jedoch bei dieser Einrichtung nicht gesprochen werden, da eine der zwei Grundbedingungen für das Zwirnen — entweder die Auf- oder die Abwickelstelle um die Achse des Fadens zu drehen — nicht erfüllt ist.

Wenn man nun davon absieht, einen fertig gezwirnten Faden sofort zu erzeugen und nur den Gedanken verfolgt, einen mit weniger Drehung versehenen Faden herzustellen, so geht das folgende Abspulen dieser Fäden außerordentlich sicher vonstatten, und es läßt sich mit Hilfe der im folgenden beschriebenen Vorrichtung ein technisch wertvolles Erzeugnis erhalten. Man kann außerdem den Bau der Spindel anders gestalten, weil keine Schleuderkraft auftritt. Der in dieser Weise auf der Spinnmaschine hergestellte Faden ist also als eine Art mit Drehung versehenes Vorgespinst anzusehen, ähnlich dem Vorgarn natürlicher Spinnfasern. Etwa abreißende Einzelfasern gliedern sich durch die leichte Drehung, welche das Faserbündel besitzt, dem Hauptfaden immer wieder von selbst an.

Von den beiden Möglichkeiten, welche bestehen, um den gedachten Zweck auf der Spinnmaschine zu erreichen, nämlich entweder die aufgewickelte Spule oder die Entstehungsstelle um die Achse des Fadens zu drehen, bedient sich die vorliegende Einrichtung der letzteren.

Bei den bisher bekannten Vorrichtungen dieser Art läßt man eine die Spinnmasse zuführende Spindel in das Fällbad eintauchen; das Fällbad ist in einem besonderen Behälter enthalten. Die Vorrichtungen werden durch diese Anordnung verwickelt und umständlich in der Bedienung. Die Spindel muß dann außerdem aufklappbar eingerichtet werden, um die Spinndüse gegebenenfalls aus dem Bade entfernen zu können, was jedesmal erforderlich ist, wenn die Spinndüse gegen eine andere ausgetauscht werden soll. Zudem bringt das Drehen der Spindel in den Fällbädern selbst verschiedenartige Nachteile mit sich, indem das Bad, in welchem, wie die Praxis ergibt, sich Fäden- und Zelluloseteilchen ansammeln, immer aufgerührt und in fortwährender Bewegung und hierdurch trübe gehalten wird.

Der neuen Vorrichtung haften diese Nachteile nicht an. Sie besteht (Fig. 276) aus einer aufrecht stehenden hohlen Spindel, welche in Drehung versetzt wird. An dem nach oben gerichteten Ende dieser Spindel befindet sich die Spinndüse und oberhalb davon, ebenfalls mit der Spindel verbunden, der Behälter, welcher das Fällbad aufnimmt. Behälter und Spinndüse müssen die Drehungen der Spindel mitmachen und sind so ausgeführt, daß sie leicht beim Wechsel der Spinndüse abgenommen werden können. Die Anordnung eines besonderen Fällbadbehälters fällt daher hier fort.

Der Arbeitsgang ist nun folgender. Die in dem Rohre m unter Druck stehende Spinnmasse durchläuft die hohle Spindel d und tritt in Form von Fäden aus den Öffnungen der Düse b, welche den Boden des Behälters a bildet. Durch das im Behälter a vorhandene Fällmittel werden die gedrehten Fäden sofort erhärtet. Die Fäden werden dann über einen Glasstab p mittels einer Wickelspule s gezogen. Durch den Fadenführer r werden die Fäden auf der Wickelspule s in regelmäßigen Lagen geordnet. Durch ein Rohr und daran angeschlossene Hähnchen u läuft dem sich drehenden Flüssigkeitsbehälter stets eine geeignete Menge Ersatzfällflüssigkeit zu. Beim Auswechseln der Spinndüse wird dieses Hähnchen geschlossen, so daß der Zulauf aufhört, ebenfalls wird der Spinnmassenhahn l bei diesem Vorgang geschlossen. Die verbrauchte Fällflüssigkeit sowie etwaige Fadenreste werden durch den Behälter nach außen geschleudert und durch einen Schutzkasten n aufgefangen. Aus diesem läuft die Fällflüssigkeit mittels Rohr o zu einem gemeinsamen Behälter, in welchem die Fällflüssigkeit wieder regeneriert und dem Arbeitsgang wieder zugeführt wird.

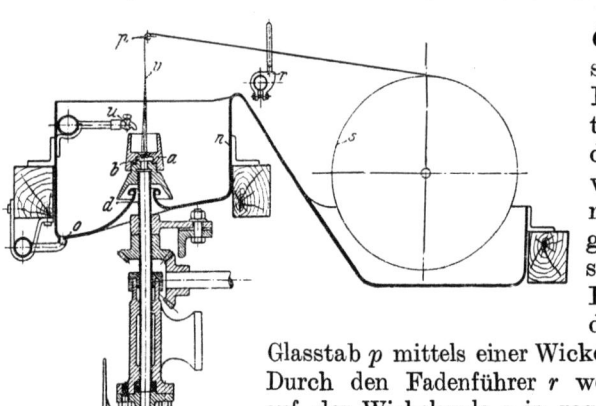

Fig. 276.

Die Vorteile der neuen Vorrichtung bestehen auch noch darin, daß eine sehr geringe Menge Fällflüssigkeit angewandt zu werden braucht, daß infolge der niedrigen Drehzahl die sich drehenden Teile keiner wesentlichen Abnutzung unterliegen, und daß schließlich die Fällung selbst in einem sich drehenden, nach oben offenen und deshalb leicht zu bedienenden kleinen Behälter erfolgt.

Patentanspruch: Vorrichtung zum gleichzeitigen Spinnen und Zwirnen von Kunstfäden in einem Arbeitsgange mittels sich drehender, mit einer Spinndüse versehener Hohlspindel, dadurch gekennzeichnet, daß die Spinndüse nach oben in einen Fällbadbehälter mündet, der gemeinsam mit der Hohlspindel gedreht wird.

Nach Pellerin.

573. A. Pellerin. Verfahren und Vorrichtung zur Herstellung fadenartiger oder häutiger Gebilde aus Zellulose.

Franz. P. 442 022; brit. P. 7562[1913]; schweiz. P. 64 190; D.R.P. 271 215 Kl. 29a vom 30. III. 1913 (gelöscht), Prior. Frankr. 1. IV. 1912; belg. P. 255 192; Ver. St. Amer. P. 1 184 206.

Das Verfahren besteht darin, daß man eine Lösung von Zellulose unter Druck durch eine große Anzahl feiner Öffnungen in einen Strom von Koagulier- und Fällflüssigkeit austreten läßt, dessen Geschwindigkeit im Verhältnis zu der der Zelluloselösung man so einstellt, daß die Fäden im Maße ihrer Entstehung weggeführt werden. Gibt man der

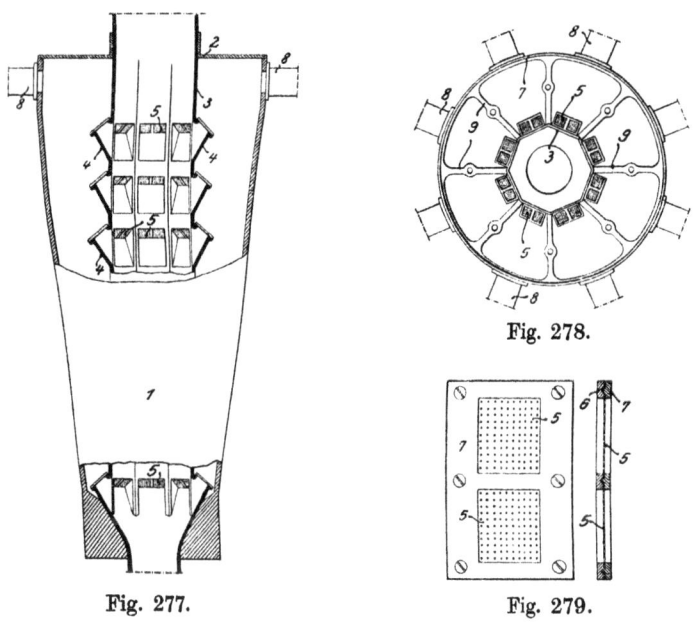

Fig. 277.   Fig. 278.   Fig. 279.

Fällflüssigkeit eine größere Geschwindigkeit als den Strahlen der austretenden Zelluloselösung, so werden die Fäden etwas ausgezogen und man kann sie sehr fein machen. Das Verfahren bietet noch den Vorteil, daß es dauernd alle in Freiheit gesetzten oder gefällten Stoffe wegführt, so daß die Fäden in einem dauernd erneuerten und reinen Medium gebildet werden, es ermöglicht, zu einem billigen Preise große Mengen fadenartiger oder häutiger Zellulosegebilde herzustellen, die versponnen oder für die Herstellung von Kunstseide usw. weiter gereinigt werden können. In der Zeichnung stellt Fig. 277 einen senkrechten, Fig. 278 einen wagrechten Schnitt durch die Vorrichtung dar, Fig. 279 sind Einzelheiten der Spinndüsen in Ansicht und Schnitt. Die Vorrichtung besteht aus einem kegelförmigen Behälter 1, der mit einem Deckel 2 und einem herausnehmbaren zentralen Rohr 3 versehen ist. Um das Rohr 3 ist im rechten Winkel eine große Anzahl geneigter Röhren 4 angeordnet. Auf der Öffnung jeder dieser Röhren 4 ist, wie aus Fig. 279 ersichtlich ist, zwischen den Rahmen 6 und 7 eine Platte 5 mit den Spinnöffnungen angeordnet. Die Platte 5 ist vorzugsweise aus Platin und trägt eine große Zahl feiner Öffnungen. Die gegeneinander gerichteten Flächen der Rahmen 6 und 7 können mit feinen Rillen oder Vertiefungen versehen sein, damit die Platte 5 festgehalten wird. Der Behälter 1, das Rohr 3 und die Ansätze 4 werden vorteilhaft aus Nickel hergestellt und in geeigneter Weise dichtgemacht. Die Zelluloselösung wird unter einem Drucke von einigen Kilogrammen auf den Quadratzentimeter durch mehrere Rohre 8 in den Behälter 1 eingeführt. Der Behälter 1 ist durch Scheidewände 9 in einzelne Abteilungen geteilt, deren jede für sich abgeschlossen und außer Betrieb gesetzt werden kann. Das zentrale Rohr 3 ist oben mit dem Behälter für die Fäll- und Koagulierflüssigkeit verbunden und enthält am unteren Ende eine Einrichtung zum Auffangen der erzeugten Gebilde. Wenn der Apparat arbeitet, so fließt die Zelluloselösung mit erhöhter Geschwindigkeit durch die feinen Öffnungen in Form außerordentlich zahlreicher Fäden, die sofort durch die die Röhre 3 durchströmende Flüssigkeit gefällt und koaguliert werden. Die Fäden bilden in der Flüssigkeitssäule eine zylindrische Lage, die mit der Flüssigkeitssäule weggeführt wird. Durch geeignete Einstellung der beiden Flüssigkeitsströme kann man die Zellulosegebilde feiner ausziehen. Verwendet man in der Platte 5 statt der runden Löcher feine Schlitze, so erhält man Zellulosehäutchen.

Die Ansprüche des D.R.P. lauten:

1. Vorrichtung zur Herstellung von Fäden oder häutchenartigen Gebilden aus Zellulose durch Einspritzung einer Zelluloselösung durch feine Öffnungen in einen Strom der Fällflüssigkeit, dadurch gekennzeichnet, daß die für die Einspritzung der Zellulose bestimmten fein durchlöcherten Platten in mehreren Kränzen um die Wandung einer Röhre gelegt sind, durch welche die Fällflüssigkeit hindurchgeht, wobei diese Platten mit Bezug auf diese Röhre in den Höhlungen oder Rohrstutzen, welche um die Röhre gelegt sind, derart schief angeordnet sind, daß eine beträchtlich große Anzahl von Fäden gleichzeitig in einem und demselben Strom gebildet werden können.

2. Vorrichtung nach Anspruch 1, dadurch gekennzeichnet, daß die Fadenbildner, welche um die Röhre herumgelagert sind, in mehreren Gruppen verteilt sind, die jede für sich mit einem besonderen und geschlossenen Zuführungsbehälter für die Zelluloselösung verbunden ist, derart, daß eine oder mehrere Gruppen der Fadenbildner außer Wirkung gebracht werden können.

Nach Ping.

574. H. J. Ping in Manchester und F. W. Schubert in Middleton. Verbesserung in der Herstellung von Fäden aus viskosen Flüssigkeiten oder Lösungen.

Brit. P. 22 635[1911].

Die Erfindung arbeitet mit zwei verschiedenen, langsam und schnell fällenden Flüssigkeiten, die miteinander unmittelbar in Berührung sind und in einem Fällzylinder barometerartig gehalten werden. Der Trog a (Fig. 280) enthält die langsam wirkende zweite Fällflüssigkeit, die durch den Hahn b zugeführt wird. Der Fällzylinder c ist an seinem oberen Ende luftdicht abgeschlossen, durch Schließen des Rohres o und Saugen an dem gegenüberliegenden Rohre p wird der Zylinder c bis etwa zur Linie q mit Flüssigkeit aus dem Troge a gefüllt. Die rasch wirkende, erste Fällflüssigkeit wird durch das Rohr o zugeführt. Die Zuführung der zu verspinnenden Lösung geschieht durch die Brause h, die durch den Hahn n abgesperrt werden kann

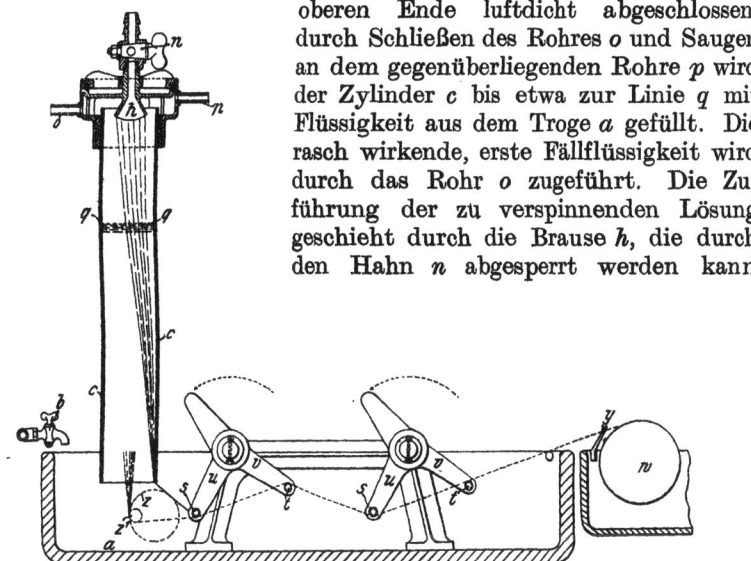

Fig. 280.

Die gebildeten Fadenbündel werden über die Leitwalze z oder den Stab z' und die Streckvorrichtungen s, t geleitet, die an Armen u, v sitzen, und gelangen dann über den Fadenführer y nach der Aufwickelwalze w. Die durch die zweite Fällflüssigkeit abwärts gehenden Fäden nehmen Fällflüssigkeit mit nach unten, es zieht sich dadurch aus dem Tröge a dieselbe Flüssigkeit wieder nach oben und es wird auf diese Weise immer frische zweite Flüssigkeit an den Punkt geführt, wo die Fäden in die zweite Flüssigkeit eintreten. Durch diese Bewegung der zweiten Fällflüssigkeit wird auch dem Bestreben der ersten Flüssigkeit entgegengewirkt, mit den Fäden nach unten zu gehen.

544 Allgemeine Verfahren und Vorrichtungen.

Nach Mewes.

575. Rudolf Mewes in Berlin. Verfahren zur Herstellung künstlicher voller oder hohler Seidenfäden aus plastischer Masse.

D.R.P. 252841 Kl. 29a vom 20. X. 1910 (gelöscht).

Das Wesen der Erfindung besteht gegenüber den bekannten Verfahren darin, daß die Fäden nicht lediglich durch Druck aus einer Düse gespritzt und dann durch Haspeln ausgesponnen werden, sondern darin, daß beim Ausspritzen zugleich ein Walzen der plastischen Masse erfolgt, aus welcher der künstliche Seidenfaden gebildet wird. Dies Durchwalzen der Seidenfädenmasse durch feine, von den Walzen gebildete Rillen gewährt die Annehmlichkeit, daß die zu bearbeitende Masse infolge der Drehung der Walzen durch die feine Öffnung hindurchgezogen und daher mit erheblich geringerem Spritzdruck gearbeitet werden kann. Dies gewährleistet aber wieder eine Erzeugung in großen Mengen ohne technische Schwierigkeiten. Außerdem kann man das Walzen mehrmals hintereinander mit stetig kleiner werdender Öffnung, also mit stetig abnehmender Dicke des Fadens unter Ausziehen von einem zum anderen aufeinander folgenden Walzenpaare, deren Durchmesser entweder entsprechend zunehmen können oder deren Drehgeschwindigkeit bei gleichbleibendem Walzendurchmesser entsprechend vergrößert wird, vornehmen. Die einzelnen Walzen der Walzenpaare erhalten je nach der Zahl der herzustellenden Fäden eine oder mehrere sich unmittelbar gegenüberliegende halbringförmige Rillen, zwischen denen für die Herstellung von Hohlfäden eine feine Nadel liegen kann, so daß ein runder Faden entstehen muß, wenn die plastische Masse durch Drücken und Walzen durch die feine zwischen den Walzen vorhandene ringförmige Öffnung getrieben wird.

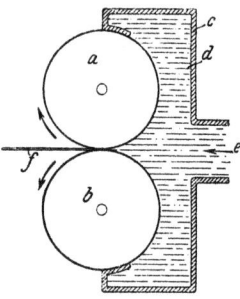

Fig. 281.

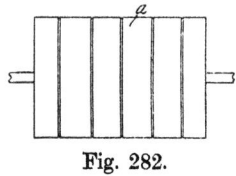

Fig. 282.

Eine Einrichtung zur Ausführung obigen Verfahrens ist in der Zeichnung in Fig. 281 im Querschnitt dargestellt, während Fig. 282 eine Walze in Ansicht zeigt. Es bedeuten a und b die mit Rillen versehenen Walzen, c das an letztere sich eng anschließende Gehäuse, d die plastische Masse, welche bei e gegebenenfalls unter Druck eintritt und f den entstandenen Faden. Der Vorgang ist folgender: Die zu verarbeitende Masse gelangt bei e gegebenenfalls unter Druck in den Behälter c, wo sie in die Rillen der Walzen gepreßt und bei deren Drehung als Faden herausgezogen wird.

Patentanspruch: Verfahren zur Herstellung künstlicher voller oder hohler Seidenfäden aus plastischer Masse, dadurch gekennzeichnet, daß die plastische Masse durch Öffnungen, welche von gegenüberliegenden Rillen eines oder mehrerer Walzenpaare gebildet sind, gespritzt und gleichzeitig zu Fäden gewalzt wird, welche alsdann in bekannter Weise aufgehaspelt und weiterverarbeitet werden.

576. Rudolf Mewes in Berlin. Verfahren und Vorrichtung zur Herstellung künstlicher Seidenfäden mit Hilfe von feinen Düsen oder Löchern.

D.R.P. 276 082 Kl. 29a vom 13. XI. 1909.

Das Wesen der Erfindung besteht darin, daß die zu massiven Fäden auszuziehende Masse durch düsenförmige oder siebartige Löcher mit Hilfe der Zentrifugalkraft durchgedrückt, ausgeworfen und dabei zu Fäden ausgezogen wird. Das Ausziehen zu feinen Fäden erfolgt dadurch, daß die durch die düsenförmigen Löcher ausgeschleuderte Masse in der umgebenden Luft oder Erstarrungsflüssigkeit Widerstand findet, so daß sie die von einer sich drehenden Trommel ihr erteilte Geschwindigkeit nicht beibehalten kann, während die Trommel mit gleicher Geschwindigkeit sich weiterdreht. Durch die entstehende Differenz der Bewegungen muß der Faden gedreht werden, ohne daß es hierzu noch der bisher üblichen Spinnvorrichtung bedarf. Da es mit Hilfe der Zentrifugalkraft möglich ist, sehr große Drucke der Flüssigkeit gegen die Wand der Trommel zu erzeugen und die Zahl der Löcher groß werden kann,

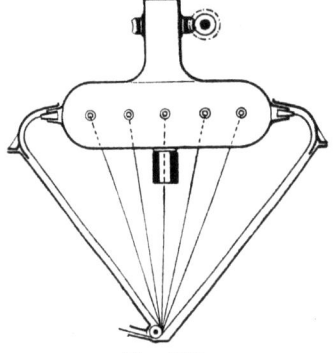

Fig. 283.

so ist durch das vorliegende Verfahren eine bisher technisch nicht durchführbare Massenfabrikation größten Umfangs erreichbar. Das Verfahren kann man auch so durchführen, daß man die Trommel stillstehen läßt und die Masse im Innern in zentrifugierende Bewegung versetzt, so daß sie durch die Löcher herausgeschleudert wird. Hierbei ist es aber zweckmäßig, um ein feineres Ausziehen der herausgedrückten Masse zu erhalten, die Erstarrungsflüssigkeit, in welche sie eintritt, in zentrifugierende Bewegung zu versetzen und dadurch die austretenden Strahlen mit fortzureißen. Zu diesem Zwecke muß die zweite, die innere Trommel e umschließende äußere Trommel f (Fig. 285) in Drehung versetzt werden, während sie bei der ersten Art der Durchführung des Verfahrens (Fig. 283) stillstehen kann. Man kann die Erstarrung der austretenden Fäden auch dadurch bewirken, daß man den Faden mit der Erstarrungsflüssigkeit umhüllt durch Zentrifugalkraft aus einer den Faden umhüllenden Düse austreten läßt.

Das vorliegende Verfahren bietet in einfacher Weise die Möglichkeit, die Seidenfäden während des Auswerfens im Innern mit Farbflüssigkeit zu füllen, indem man in die Ausströmlöcher von hinten her einen Farbstrahl einführt, welcher von der Drehachse her durch die Zentrifugalkraft der Spinnflüssigkeit zugedrückt und in das Innere des sich ausziehenden Fadens hineingetrieben wird. Es wird dadurch ein massiver, von innen gefärbter Faden erhalten.

Die zur Durchführung des Verfahrens dienenden Vorrichtungen sind in den Fig. 283—285 schematisch veranschaulicht. Fig. 283 dient zum Ausschleudern massiver Fäden und bedarf keiner Erläuterung. In Fig. 284 steht die äußere Trommel a still und nur die innere Schleudervorrichtung b dreht sich; c ist die Führungsdüse, d der ausgeschleuderte Faden. In Fig. 285 ist das Ausschleudern von innen gefärbter Fäden veranschaulicht; durch o tritt in die aus g ausgeschleuderten Fäden von innen die Farbflüssigkeit ein; i bezeichnet die Kupplung für die Drehung der Trommel e.

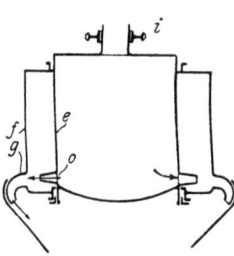
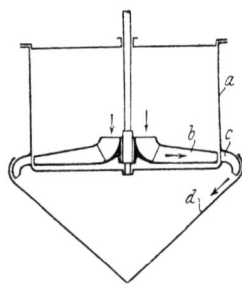

Fig. 284. Fig. 285.

Patentansprüche: 1. Verfahren zur Herstellung künstlicher Seidenfäden mit Hilfe von feinen Düsen oder Löchern, dadurch gekennzeichnet, daß mit Hilfe der Zentrifugalkraft die auszuziehende Masse durch die düsen- oder siebförmigen Löcher durchgedrückt, ausgeworfen und dabei zu Fäden ausgezogen wird.

2. Verfahren nach Anspruch 1, dadurch gekennzeichnet, daß die Trommel mit den Düsen feststeht und die Masse im Innern der Trommel in zentrifugierende Bewegung gesetzt wird.

3. Verfahren nach Anspruch 1 und 2, dadurch gekennzeichnet, daß ein Farbstoff durch Zentrifugalkraft in das Innere des sich bildenden massiven Fadens hineingeschleudert wird.

4. Vorrichtung zur Durchführung des Verfahrens nach Anspruch 1, dadurch gekennzeichnet, daß die Ausströmungsöffnungen für die auszuziehende Masse in einer sich drehenden Trommel angebracht sind.

5. Vorrichtung zur Durchführung des Verfahrens nach Anspruch 2, dadurch gekennzeichnet, daß in einer feststehenden Trommel mit Düsen ein Zentrifugalrad zum Zentrifugieren der Masse angebracht ist.

6. Vorrichtung nach Anspruch 1—5, dadurch gekennzeichnet, daß für solche Stoffe, deren Fäden durch eine Erstarrungsflüssigkeit geführt werden müssen, die sich drehende Trommel von einer zweiten stillstehenden oder sich drehenden Trommel umgeben ist und in dem Zwischenraum zwischen beiden die Erstarrungsflüssigkeit enthalten ist.

7. Vorrichtung nach Anspruch 3, dadurch gekennzeichnet, daß in die Ausströmlöcher von hinten her durch einen Strahl Farbstoff eingeführt wird, so daß ein massiver, von innen gefärbter Seidenfaden entsteht.

8. Verfahren zum Abkühlen der Fäden, dadurch gekennzeichnet, daß die Erstarrungsflüssigkeit durch eine den Faden umhüllende Ringdüse unter dem Drucke der Zentrifugalkraft austritt.

577. Rudolf Mewes in Berlin. Verfahren und Vorrichtung zur Herstellung künstlicher Seidenfäden mit Hilfe von feinen Düsen oder Löchern.

D.R.P. 288 667 Kl. 29a vom 23. VII. 1914, Zus. z. D.R.P. 276 082.

Das Verfahren bezweckt, auf die nach dem Verfahren des Hauptpatentes (s. vorstehend) erhaltenen und aus der Schleuderrichtung wagerecht oder nahezu wagerecht austretenden Fäden einen Flüssigkeitsstrom, wie bei Spinndüsen bekannt ist, wirken und dabei die Fäden während der Bewegung so nach unten ablenken zu lassen, daß die Fäden mit einer festen Leitvorrichtung nicht in Berührung kommen. Zu diesem Zwecke wird von oben her längs der Schleudertrommel ein Luftstrom oder ein Strom einer koagulierenden Flüssigkeit geführt, welcher die an Masse leichten Fäden nach unten zieht und dann nach einem geeigneten Punkte hin zusammendrängt, von dem aus sie vereinigt und infolge der Drehung der Schleudertrommel gleich gezwirnt weitergeführt und aufgehaspelt werden. Die Strömungsgeschwindigkeit des Luft- oder Flüssigkeitsstromes muß mit steigender Umdrehungszahl der Schleudertrommel gleichfalls gesteigert werden, um ein Hinschleudern der Fäden bis zu den Wandungen des Führungskanals für die Luft oder die Flüssigkeit und ein Festkleben an diesen Wandungen zu verhüten. Die Erzeugung des erforderlichen Luftstromes kann durch ein besonderes Gebläse oder auch durch bei Spinndüsen schon in Anwendung gekommene Schleuderflügel in der Weise geschehen, daß man am oberen Rande der Schleudertrommel einen Ventilator oder Schaufelkranz befestigt, der bei der Drehung der Trommel sich mitdreht und die Außenluft in den Leitkanal treibt. In derselben Weise kann man eine Zentrifugalpumpe durch die Trommel antreiben und durch die Pumpe dann die Koagulierungsflüssigkeit nach unten treiben lassen, um dadurch die mit großer Geschwindigkeit ausgeschleuderten Fäden frei nach unten zu führen, ohne daß sie an die Wandungen des Leitkanals gelangen.

Bei dieser Arbeitsweise ergibt sich der wichtige Vorteil, daß die Fäden gleichzeitig sich in ähnlicher Weise, wie dies bei dem Verfahren nach der deutschen Patentschrift 157 157[1]) geschieht, noch selbsttätig

---
[1]) Siehe S. 157.

ausziehen und eine geringere Dicke erhalten, als dem Austrittsquerschnitt aus der Schleuderöffnung entspricht. Man kann also auf diese Weise mit größeren Durchbohrungen und mit geringeren Reibungswiderständen als nach dem Hauptverfahren arbeiten.

Patentansprüche: 1. Verfahren gemäß Patent 276 082, dadurch gekennzeichnet, daß die ausgeschleuderten Fäden durch einen von oben her auf die Fäden blasenden Luft- oder Flüssigkeitsstrom aus der Schleuderrichtung nach unten frei abgelenkt werden, um eine Berührung mit den Wandungen des Leitkanals und ein Ankleben zu verhüten.

2. Vorrichtung zur Ausführung des Verfahrens nach Anspruch 1, dadurch gekennzeichnet, daß die Ventilatorschrauben oder Schleuderflügel an dem Außenmantel der Schleudertrommel selbst angeordnet sind. (1 Zeichnung.)

Nach Whritner.

578. **Harry C. Whritner in New-York.** Vorrichtung zur Herstellung künstlicher Seide.

Ver. St. Amer. P. 1 155 777.

Die Zuführungsrohre für die Spinnlösung endigen in ballonartig aufgetriebenen Glasansätzen, an welchen fingerartig Ansätze mit den Spinndüsen sitzen. Die die Spinndüsen tragenden Glasballons können um ihre Achse gedreht werden, so daß sofort mit dem Fadenaustritt eine Zwirnung erfolgt. (Zeichnungen.)

Nach Althouse.

579. **Charles Scott Althouse, Reading, Penns.** Vorrichtung zur Herstellung von Fäden.

Ver. St. Amer. P. 1 202 766.

Aus einem Vorratsbehälter 1 (Fig. 286) geht die Zelluloselösung über ein Ansatzstück 2 nach dem Zentrifugalseparator 3, der dazu dient, etwa vorhandene Verunreinigungen zu entfernen, ohne den Druck zu verändern. Über ein weiteres Ansatzstück 4 geht die Spinnlösung nach der Spinndüse 5. Sie befindet sich in einem Trichter 6, dem die Fällflüssigkeit durch das Rohr 8 zugeleitet wird. Um den Trichter 6 ist ein weiterer Trichter 11 angeordnet, den der aus dem ersten Trichter austretende Faden durchläuft. Der Abfluß aus dem zweiten größeren Trichter wird so eingestellt, daß er mehr beträgt, als in den zweiten Trichter aus dem ersten abläuft. Dadurch wird auf den Faden während seines Durchganges durch den zweiten Trichter ein Zug ausgeübt. Der Faden wird schließlich auf die Spule 15 aufgewickelt.

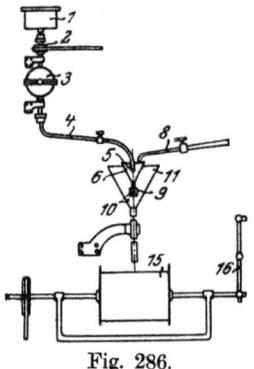

Fig. 286.

Nach Martin und Vennin.

580. V. Martin und A. Vennin. Einrichtung zum Spinnen künstlicher Seide.
Franz. P. 461 432; brit. P. 18 680[1913].

Um beim Spinnen in Zentrifugen ohne Zeit- und Materialverlust zu arbeiten, sind nach der Erfindung auf einer Welle mehrere Zentrifugen angeordnet, die rasch ein- und ausgerückt werden können. Die Zentrifugen können untereinander (Fig. 287) oder nebeneinander angeordnet sein (Fig. 288). Ihre Bewegung erhalten sie durch Zahnräder oder Reibungsscheiben 8, die durch Federn 9 an die Kegelräder 10 gedrückt werden. Bei Fig. 287 gleitet die Führung des Kegelrades 10 lose auf der Welle 11, es ist infolge davon nur die obere Zentrifuge in

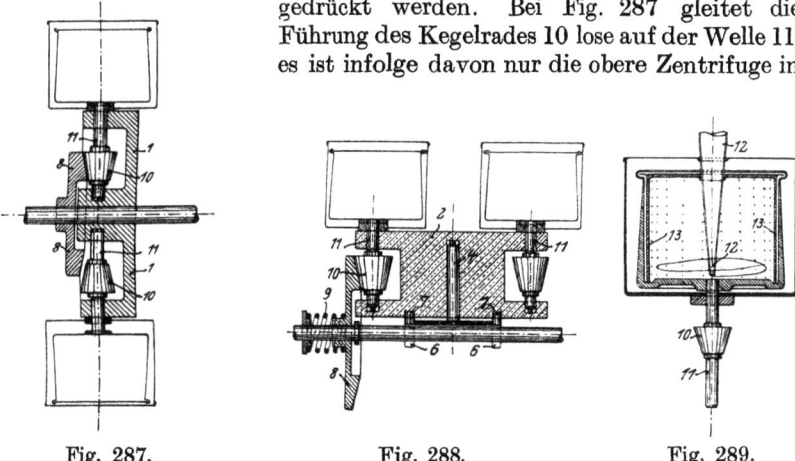

Fig. 287.   Fig. 288.   Fig. 289.

Eingriff mit dem Zahnrad 8; in Fig. 288 sind die Zahnräder 10 fest mit der Welle 11 verbunden. Bei Fig. 287 werden die Zentrifugen um die horizontale Welle in der Mitte geschwenkt, bei Fig. 288 um den senkrechten Zapfen 4. Gearbeitet wird mit der Vorrichtung so, daß die sich drehende Zentrifuge mit Fäden gefüllt wird. Soll die Fadenmasse aus einer Zentrifuge entfernt werden, so wird der Führungstrichter 12 (Fig. 289) entfernt, die leere Zentrifuge eingeschaltet und der Führungstrichter wieder eingeführt. Arbeitet die neue Zentrifuge, so nimmt der Spinner die Magazinkapsel 13 aus der vollen Zentrifuge, bringt sie zum Abhaspeln und ersetzt sie durch eine leere.

Nach Vilan und la Société: La Soie artificielle du Nord.

581. Paul Vilan und la Société: La Soie artificielle du Nord. Spinn- und Zwirnvorrichtung für Kunstseide, Viskose od. dgl. und Textilfäden aller Art.
Franz. P. 465 322; belg. P. 262 367.

Die Erfindung bezweckt die Behebung der Übelstände, die sich bei den bekannten Vorrichtungen dadurch ergeben, daß bei der Auswechslung der Spinnzentrifugen alle Wellen stillgesetzt werden müssen. Es entstehen Zeitverluste für ein großes Personal und Verluste an Zelluloselösung während des etwa 30 Minuten dauernden Stillstandes der

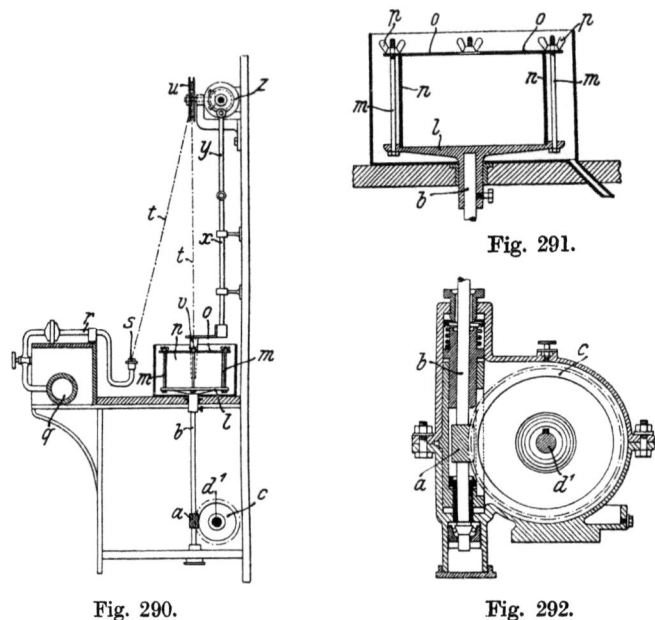

Fig. 291.

Fig. 290. Fig. 292.

Spinnvorrichtung, der sich alle drei Stunden wiederholt. Die neue Vorrichtung ermöglicht bei einer Geschwindigkeit von 3—10 000 Touren in der Minute das Anhalten und Wiederingangsetzen jeder einzelnen, eine Spinnzentrifuge tragenden Welle. In der Zeichnung stellt Fig. 290 eine Seitenansicht der gesamten Spinnvorrichtung dar, Fig. 291 ist ein senkrechter Schnitt durch eine Spinnzentrifuge und ihren Antrieb und Fig. 292 ist ein senkrechter und Fig. 293 ein wagerechter Schnitt durch den Antrieb. Der Antrieb der Wellen erfolgt durch ein Schneckenrad a, das fest auf der Welle b sitzt und mit einem anderen Rade c in Eingriff steht. Eine konische Kupplung d ist auf der Welle d' angeordnet und wird durch die Feder e verschoben. Die Kupplung d wird ausgerückt durch den Hebel f, der die Feder zusammendrückt und in dieser Stellung durch einen Stift g gehalten wird, welcher in die Löcher h und i des festen Stückes j eingreift. Dasselbe Ergebnis wird erreicht durch eine Reibungskupplung, die auf einer gemeinsamen Transmission angeordnet ist und ermöglicht, jede Welle besonders und nach Belieben ein- und auszu-

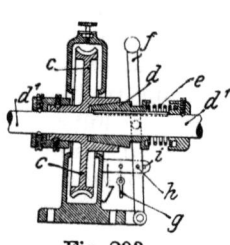

Fig. 293.

rücken. Auf diese Weise kann ein Arbeiter allein die Spinnplatten abnehmen ohne die anderen Wellen stillzusetzen oder die Produktion der Spinnvorrichtung zu beeinträchtigen. Jede Welle kann auch einzeln von einem Elektromotor angetrieben werden. Ferner wird bei der vorliegenden Erfindung die so kostspielige Ebonitzentrifuge ersetzt durch eine Platte l aus Aluminium oder anderem Stoff, die fest auf der Welle b sitzt. Die Platte l trägt 4 mit Gewinde versehene Stäbe m, zwischen denen ein hoher Zylinder n ohne Boden und mit dem übergreifenden Deckel o angebracht ist. Der Deckel o hat 4 Löcher, durch die die Stangen m hindurchgehen, sie werden durch die Schrauben p gehalten. Nach Lösen der Schrauben p wird der mit Faden gefüllte Zylinder n abgenommen und durch einen leeren Zylinder ersetzt. Da die Zylinder n billig sind, kann man von ihnen so viele anschaffen, daß der Faden bis zum Umspulen in dem Zylinder verbleiben kann. Eine weitere Verbesserung bezieht sich darauf, daß die Zuführung der Zelluloselösung zu der Hauptleitung q durch Druckluft und nicht durch Pumpen bewirkt wird. Von der Hauptleitung q gelangt die Zelluloselösung durch die Leitungen r nach den Spinndüsen s, der Faden t geht über eine Rolle u nach dem Verteilungsrohr v im Innern der Zentrifuge. Das Rohr v wird durch die Stange x, y und den Antrieb z auf und ab bewegt.

Bei dem
582. Franz. P. 18 730, Zus. zu P. 465 322

wird statt des im Hauptpatent verwendeten hohlen Zylinders n, der durch die Stäbe m an der Platte l befestigt wird, der entsprechende Teil der Vorrichtung durch einen leicht und schnell lösbaren Bajonettverschluß an der Unterlageplatte befestigt. (1 Zeichnung.)

Nach Courtaulds Ltd. und J. Clayton.

583. **Société Courtaulds Limited und James Clayton.** Verbesserungen an Apparaten zur Herstellung künstlicher Seide.
Franz. P. 481 399; brit. P. 104 363.

Bei den Apparaten zur Herstellung künstlicher Seide, bei denen man eine Zelluloselösung unter Druck in ein Fällbad eintreten läßt und mehrere der so gebildeten Fäden durch Fadenführer von oben nach unten in eine Spinnzentrifuge einführt, in welcher die Fäden zusammengezwirnt und in die Form eines Stranges gebracht werden, hat man bisher meist die röhrenförmigen Fadenführer eine herauf- und heruntergehende Bewegung ausführen lassen. Der dazu dienende Mechanismus wurde von oben her bewegt und nahm viel Platz an den Seiten des oberen Teiles der Spinnvorrichtung ein. Diese Arbeitsweise hat den Übelstand, daß die herauf- und heruntergehenden Bewegungen der röhrenförmigen Fadenführer Unregelmäßigkeiten in der Zwirnung ergeben.

Die vorliegende Erfindung hat zum Hauptzweck, diesen Übelstand abzustellen. Nach ihr sind die Spinnzentrifugen so angeordnet, daß sie eine Bewegung von oben nach unten und von unten nach oben ausführen statt der bisherigen hin- und hergehenden Bewegung der röhrenförmigen Fadenführer. Man vermeidet dadurch den schädlichen Einfluß der röhrenförmigen Fadenführer auf die Zwirnung der Fäden und man erhält ein regelmäßiger gezwirntes oder gesponnenes Produkt, während das Aufrollen wirksam durch die herauf- und heruntergehende Bewegung der Spinnzentrifugen erzielt wird. Diese herauf- und heruntergehende Bewegung der Spinnzentrifugen wird durch geeignete Einrichtungen erzielt, besonders durch die nachstehend beschriebene. Ein vorteilhaftes Verfahren ist das folgende: Es wird angenommen, daß die Vorrichtung aus einer doppelten Reihe sich drehender Spinnvorrichtungen besteht, die auf zwei Seiten in der Längsachse des Spinnstuhles angeordnet sind. Die sich drehenden Spinnzentrifugen 1 (Fig. 294) sind auf den senkrechten Achsen 2a des elektrischen Motors 2 angeordnet, der von den Schienen 3 getragen wird. Diese Schienen 3 verschieben sich in senkrechten Führungen 4, die auf dem Untergestell befestigt sind. Die Schienen und die an ihnen angebrachten Einrichtungen erhalten durch Hebel 5 eine senkrecht herauf- und

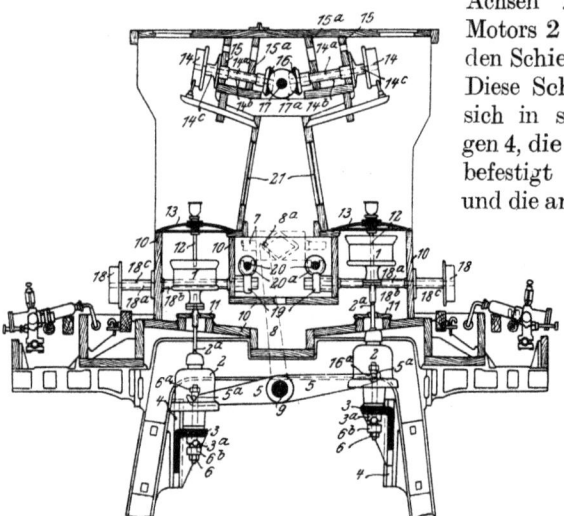

Fig. 294.

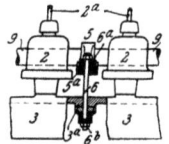

Fig. 295.

heruntergehende Bewegung Die Hebel 5 werden in geeigneter Weise bewegt. Sie tragen an ihren Enden 5a Gabelungen, die nach unten mit V- oder messerförmigen Vorsprüngen in Eingriff stehen, welche in geeigneten Zwischenräumen längs der Schienen angeordnet sind. Die Vorsprünge greifen unter T-förmige Stücke 6a (Fig. 295) an Bolzen 6, die durch Löcher in den Schienen 3 hindurchgehen und unten ein analoges T-Stück tragen, welches an dem Bolzen 6 durch Schrauben 6b befestigt ist. Jeder der oben erwähnten Hebel 5, der die Spinnzentrifugen bewegt, ist zweckmäßig, wie aus der Zeichnung hervorgeht, ein zweiarmiger Hebel, dessen einer Arm die Schienen 3 und die Spinnzentrifugen der einen Seite bewegt, während der andere Arm die Schienen 3 und die Spinnzentrifugen der anderen Seite bewegt Die Hebelarme werden in geeigneter Weise bewegt, z B. von einem Elektromotor der Vorrichtung oder von einer anderen zur Verfügung stehenden Kraftquelle, die z. B. die Stange 7 verschiebt, von der aus über den Stift 8a die Bewegung des Armes 8 und damit des Hebels erfolgt. Die Spinnzentrifugen können in einer Ummantelung 10 untergebracht sein. Die Wellen 2a der Motoren und die Achsen der Spinnzentrifugen gehen durch Löcher in den Deckeln 11. Die röhrenförmigen Fadenführer 12 werden von Deckeln 13 getragen. Die Deckel 13 verhindern nach Möglichkeit den Luftzutritt, lassen aber den Zugang zu den Spinnzentrifugen. Das Fehlen einer oberen Transmission, um die röhrenförmigen Fadenführer sich heben und senken zu lassen, bietet den Vorteil, daß man im oberen Teil der Vorrichtung auf beiden Seiten die Teile 14b der Wellen 14a für die sich drehenden Scheiben 14, die die Fäden nach unten leiten, länger machen kann. Die Teile 14b werden von doppelten Trägern 15, 15a getragen, die in einer gewissen Entfernung voneinander angeordnet sind. Sie können, wie aus der Zeichnung hervorgeht, auf einen bestimmten Abstand von dem äußeren Träger 15 des Teiles 14b verlängert werden durch einen Ansatz 14c, der fest ist. Dadurch wird verhindert, daß der Faden sich um die Welle wickelt, wenn er aus dem Führer herausgleitet. Die inneren Enden der Wellen können nach innen verlängert und mit Kegelrädern 16 versehen werden, und zwar so, daß jedes Paar Kegelräder auf zwei gegeneinander gerichteten Wellen von den beiden Seiten der Vorrichtung her durch ein Kegelrad 17a bewegt wird. 17a sitzt auf der Welle 17, die durch analoge Kegelräder alle Fadenführer bewegt. Benutzt man tiefer angeordnete Fadenführer, die die Fäden unmittelbar nach Verlassen der Fällbäder aufnehmen, wie es in 18 dargestellt ist, so können diese Fadenführer ebenfalls mit langen Wellen 18a, Tragstücken 18b und festen Teilen 18c versehen werden, die sich nach innen hin erstrecken und dort die Bewegungsorgane, z. B. Schneckenräder 19 und Gewinde 20a auf Wellen 20 tragen. Die Wellen 20 verlaufen zu beiden Seiten der Längsachse der Vorrichtung, so daß alle unteren Führer auf einer Seite der Vorrichtung durch dasselbe Gewinde ihren Antrieb erhalten. Da jede Transmission zur Bewegung der röhrenförmigen, herauf- und heruntergehenden Führer fehlt, kann man leicht zum Innern der Vorrichtung gelangen, wenn man die die Öffnungen 21 verschließenden Teile entfernt. Durch die Öffnungen 21 entweichen die in der Vorrichtung sich entwickelnden Dämpfe.

Röhre nach Mancelin.

584. F. Mancelin. Röhre für die Herstellung künstlicher Seide.

Franz. P. 469 890.

Bei der Herstellung künstlicher Seide verwendet man bekanntlich als Fadenführer eine Röhre, die an ihrem oberen Ende erweitert ist, in ihrem zylindrischen Teile regelmäßig voneinander entfernte Einschnürungen hat und in ihrem unteren Teile trichterförmig ausgebildet und mit runden Rändern versehen ist. Diese Röhre, in die der Faden geht, erhält in ihrer oberen Erweiterung die warme, saure Flüssigkeit, die auf den Faden bei seiner Bildung einwirkt. Ein solches Rohr wurde bisher aus Glas hergestellt, was z. B. durch Bruch viele Unbequemlichkeiten mit sich brachte.

554   Allgemeine Verfahren und Vorrichtungen.

Die Röhre nach der vorliegenden Erfindung besteht aus Metall oder einer Metallverbindung, von der oben erwähnten bekannten Einrichtung unterscheidet es sich weiter dadurch, daß sie keine Einschnürungen zu haben braucht. Sie ist also viel widerstandsfähiger, hält besser Erschütterungen aus und leidet nicht unter der hohen Temperatur der durchlaufenden Flüssigkeit. Man verschwendet kein Material und erhält eine bessere Seide als mit der Glasröhre. Die Röhre kann vernickelt, angestrichen oder gefirnißt sein, vorteilhaft besteht sie aus einem Stoff, dessen Zusammensetzung nach der Natur und Temperatur der verwendeten Säure sich richtet. Die Röhre kann auch aus mehreren Stücken zusammengesetzt sein. (1 Zeichnung.)

Fadenführer nach Courtaulds Ltd. und J. Clayton.

585. **Courtaulds Ltd. in London und J. Clayton in Coventry.** Fadenführer für künstliche Seide.

Brit. P. 104 225; franz. P. 481 410.

Die Erfindung bezieht sich auf Mittel, durch welche die Trichter oder Fadenführer, die in Maschinen zum Spinnen künstlicher Seide benutzt werden, um während des Spinnens den aus dem Fällbade kommenden Faden in die umlaufenden Zwirnzentrifugen überzuführen, mit großer Leichtigkeit in die richtige Stellung gebracht werden können.

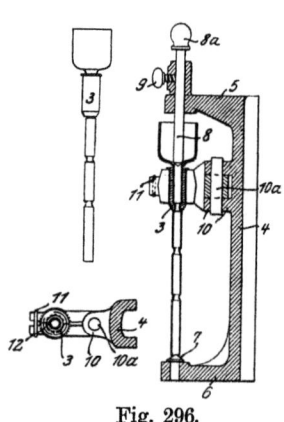

Fig. 296.

Ein Träger 4 (Fig. 296) ist mit den Armen 5 und 6 versehen. Der untere Arm 6 trägt ein mit einem Kegel 7 versehenes Tragstück, und der obere Arm hat ein in einen Kegel endigendes Trägerstück, welches aus dem Stab 8 besteht, der zur bequemeren Handhabung mit dem Knopf 8a versehen ist und durch die Schraube 9 festgestellt werden kann. Der Arm 10, der den Stulp 3 trägt, besteht aus zwei Teilen, die durch die Angel 10a zusammengehalten werden und hat ferner eine Bohrung zur Aufnahme des Stulps 3. Sind Fadenführer und Stulp an ihrem Orte, so wird der bewegliche Teil des Arms 10 gegen den festen gedreht und beide Teile werden durch das Band 11 zusammengehalten. Sind die Teile so gesichert, so wird Pech in den Zwischenraum 12 zwischen dem Innern von 3 und dem Außenteil des röhrenförmigen Teils des Fadenführers eingegossen, und man legt ein Gummiband oder Kitt um den unteren Teil dieses Raumes, der das Pech festhält, bis es erstarrt ist.

Fadenführer nach Dubot.

586. E. Dubot in Bagnolet, Seine. Fadenführer für künstliche Seide.

Brit. P. 126 263; franz. P. 497 420 mit Zus. 21 008.

Er besteht aus einem trichterförmigen und einem rohrförmigen Teil, die miteinander fest verbunden sind. Der rohrförmige Teil besteht aus Glas, der Trichterteil aus emailliertem Metall oder einer emaillierten Legierung.

Aufwickelverfahren und -vorrichtungen, Spinnspulen und -walzen, Haspeln, Spulen und Zwirnen.

Walze nach Röhrens.

587. J. Röhrens, W. Röhrens und H. Röhrens. Glaswalze für das Spinnen künstlicher Fäden.

Franz. P. 364 269; österr. P. 27 038.

Die Walze besteht nicht wie die früher verwendeten ganz aus Glas, sondern nur der zylindrische Teil ist aus Glas, während die Seitenteile, zwischen die der Glasmantel gespannt wird, aus gegen Säuren und Laugen widerstandsfähigem Metall besteht. Das Einspannen des Mantels zwischen den Seitenteilen geschieht durch Zugstangen, die dicht am Mantel angeordnet sind und einen Kautschuküberzug tragen, so daß der Mantel elastisch unterstützt ist. (2 Zeichnungen.)

Nach Vereinigte Glanzstoff-Fabriken A.-G.

588. Vereinigte Glanzstoff-Fabriken A.-G. in Elberfeld. Aufwickeltrommel für Fäden.

D.R.P. 236 584 Kl. 76d vom 24. II. 1910; franz. P. 426 089.

Die Erfindung ermöglicht es, den Faden in selbsttätigem Betriebe kontinuierlich seitwärts zu fördern. Der Faden läuft in Form einer Schraubenlinie um diese Trommel herum, wird an dem einen Ende stets in derselben Ebene bleibend erfaßt und aufgewickelt und sofort seitlich befördert. Er kann auf diesem Wege einem bestimmten Prozesse unterworfen werden, beispielsweise kann er mit Chemikalien behandelt, ausgewaschen oder getrocknet werden. Am Ende der Trommel läuft der Faden dann — auch wieder stets in derselben Ebene — kontinuierlich ab und kann als fertiges Erzeugnis einer Haspel- oder Zwirnvorrichtung zugeführt werden.

In der Textilindustrie, besonders in der Herstellung künstlicher Textilfäden als geklebte strohartige Bändchen, ebenso in der Herstellung von Kunstseide nach bekannten Verfahren ist es erforderlich, im Laufe des Herstellungsvorganges den Faden einer ganzen Reihe von Behandlungen zu unterwerfen. Beispielsweise muß bei dem strohartigen Bändchen zunächst eine Reihe von Fäden zusammengeklebt und dieses zu-

556   Allgemeine Verfahren und Vorrichtungen.

sammengeklebte Bündel unter stetiger Beibehaltung der Länge getrocknet werden. Ähnlich ist es bei den bekannten Verfahren der Kunstseideherstellung erforderlich, die Fäden einer ganzen Reihe von Prozessen nacheinander zu unterwerfen und sie dabei stets in Spannung zu halten. Die bis jetzt bekannten Verfahren zur Herstellung derartiger Fäden stellen alle einen mehr oder weniger unterbrochenen Betrieb dar, indem man den Faden auf Haspel oder auf Spulen gibt, die in ihrem Material den betreffenden Chemikalien, mit denen der Faden behandelt werden muß, angepaßt werden müssen und dadurch mitunter zu großen Unbequemlichkeiten führen. Ohne Zweifel ist es ein erstrebenswertes Ziel, für diese Prozesse einen kontinuierlichen Betrieb zu erzielen, d. h. den Faden der Reihe nach durch die einzelnen Prozesse hindurchzuführen, ohne daß ein Umspulen oder Umhaspeln erforderlich wird. Meist scheitern derartige Versuche daran, daß die Einwirkung der betreffenden Chemikalien zu lange Zeit dauern muß und eine Maschine, die den Faden in kontinuierlichem Betrieb und in gerader Linie durch verschiedene Prozesse führen sollte, eine praktisch nicht verwendbare Länge haben müßte. Die vorliegende Erfindung gibt dagegen die Möglichkeit, diese große Länge des Fadens in die Form einer Schraubenlinie zu bringen und dadurch die ganze Vorrichtung in außerordentlicher Weise zusammenzudrängen und zugänglich zu machen.

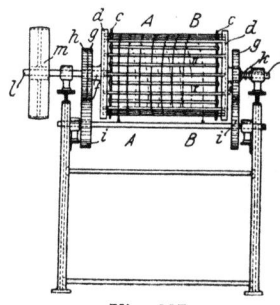

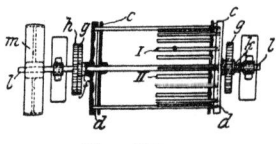

Fig. 297.   Fig. 298.

Der grundsätzliche Arbeitsvorgang, der durch die im folgenden beschriebene Vorrichtung geleistet werden soll, ist der, daß ein Faden auf einen trommelartig umlaufenden Körper aufgewickelt und dabei derart seitwärts in Richtung der Längsachse der Trommel verschoben werden soll, daß er stets in einer Ebene A—A auf- und in einer seitwärts in beliebiger Entfernung gelegenen parallelen Ebene B—B abgewickelt wird (Fig. 297), ohne dabei einer gesonderten zweiten Trommel mit Seitenverschiebung der Stäbe zu bedürfen und ohne daß ein Kreuzen und Verfangen der Fäden stattfindet. Im Prinzip wird dies dadurch erreicht, daß man zwei Gruppen von Trommelsegmenten ineinanderbaut. Nimmt man zunächst an (an Hand der Fig. 297—300), daß Gruppe II fest ist, d. h. aus Segmenten besteht, welche fest in zwei Scheiben c befestigt sind, dann wird System I durch radiale Schlitze der Scheibe c (s. Fig. 299), lose in der Kurvenscheibe d (Fig. 300—302) geleitet — immer parallel bleibend —, die folgenden Bewegungen ausführen: 1. eine Bewegung radial nach außen, 2. eine Bewegung axial nach der Seite hin, 3. eine Bewegung radial nach innen und 4. axial entgegengesetzt der Bewegung 2. Somit wird 1. der Faden durch die Segmentgruppe I erfaßt, so weit, bis er frei von der Oberfläche der Gruppe II wird. 2. Der auf der beweglichen Segmentgruppe befindliche Faden wird um das gewünschte Maß in Richtung der Trommelachse verschoben. 3. Der Faden wird wieder von Gruppe I der Gruppe II abgegeben. 4. Die nunmehr von dem Faden freie bewegliche Gruppe I kehrt wieder in ihre Anfangsstellung zurück.

Eine besondere Ausbildung dieses Bewegungsprinzips würde sich z. B. folgendermaßen gestalten. Die feste Segmentgruppe besteht aus Stäben, die an zwei Scheiben c (Fig. 297—300) befestigt sind. Die

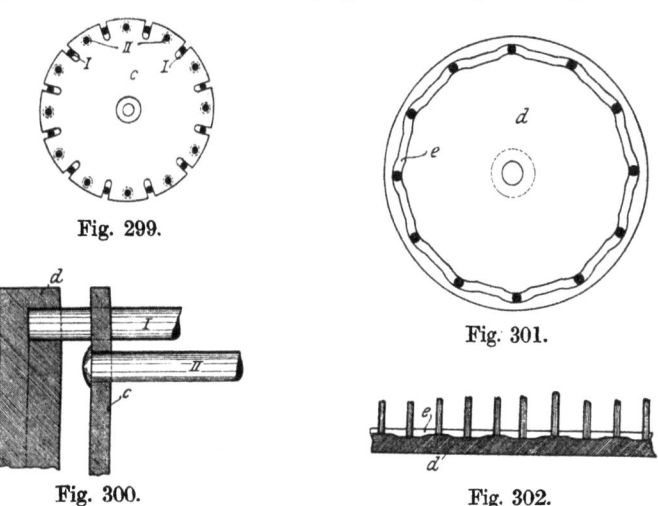

Fig. 299.

Fig. 301.

Fig. 300.   Fig. 302.

beweglichen Segmentstäbe sind lose durch die radialen Schlitze der festen Kopfscheiben c (Fig. 299) geführt und erhalten ihre Bewegung radial zur Trommel und parallel zur Trommelachse durch zwei Kurvenscheiben d (Fig. 297, 298, 300, 301 und 302), die Kurvenrinnen e nach Fig. 301 und 302 tragen. Die Kurvenscheiben d besitzen angegossene Büchsen f (Fig. 297 und 298). Auf diesen Büchsen sitzt je ein Zahnrad g, welches mittels Differentialtriebes von der Hauptwelle l und Riemscheibe m durch die Zahnräder h und i angetrieben wird. Die Zähnezahlen sind beispielsweise so zu wählen, daß bei einer Gesamtumdrehung der Trommel die beweglichen Segmente um $1/_{12}$ des Umfanges zurückbleiben. Die Gestalt der Kurvenscheiben d ist aus Fig. 301 und 302 zu entnehmen. Es geht aus der Zeichnung ohne weiteres hervor, daß die in den Schlitzen der Scheibe c (Fig. 299) radial verschiebbaren Stäbe der beweglichen Gruppe den Wellenbergen und Wellentälern der Kurve folgen müssen und so einmal einen größeren oder einen kleineren Umfang als die feste Stabgruppe besitzen werden. Die Trommelsegmente werden einmal über die festen Stäbe gehoben, einmal unter diesen verschwinden. Um nun mit der Kurvenscheibe d auch gleichzeitig eine axiale Verschiebung ausführen zu können, sind auf dem Grunde der Kurvenrinne Erhöhungen und Vertiefungen eingelegt (Fig. 302), denen die beweglichen Segmentstäbe folgen müssen. Um vorzeitigem Verschleiß der Stäbe vorzubeugen und eine größere Genauigkeit der Bewegungen zu erhalten, wird die eine Kurvenscheibe durch eine Feder k (Fig. 297 und 298) angedrückt. In der teilweisen Abwicklung dieser Rinne (Fig. 302) sind einige Stellungen der beweglichen Stäbe angegeben.

Anstatt einer festen und beweglichen Stabgruppe können auch die Stäbe beider Gruppen in Schlitzen der Scheibe c (Fig. 306) durch Kurvenscheiben geführt werden, und zwar so, daß, wenn die radiale Bewegung ausgeführt ist, die eine Gruppe ihre höchste, die andere ihre

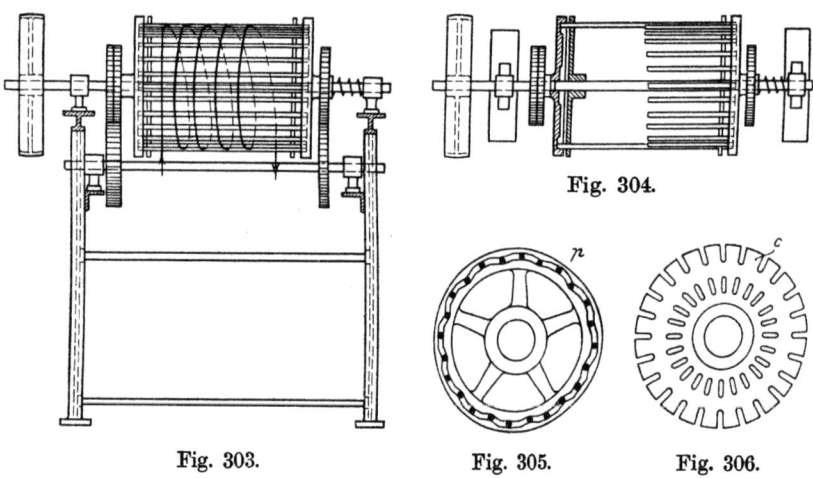

Fig. 303.   Fig. 304.   Fig. 305.   Fig. 306.

tiefste Stellung einnimmt. Diese Art der Ausführung ist in den Fig. 303 und 304 niedergelegt. Durch entsprechende Gestaltung der Kurvenscheiben p (Fig. 305) wird es möglich, bei dem Arbeitsvorgang eine Dehnung des Fadens vollständig zu vermeiden. Die Gestalt der Schlitzscheibe für diese besondere Art der Ausführung ist in Fig. 306 dargestellt. Für den Fall, daß man bei dieser Anordnung gleiche Verschiebung erzielen wollte wie bei der ersten geschilderten Ausführung mit einer festen Stabgruppe, müßte bei einer Umdrehung der Trommel das Voreilen der Scheibe c (Fig. 306) gegenüber der Kurvenscheibe p (Fig. 305) um $\dfrac{2\pi}{24}$ stattfinden.

Patentansprüche: 1. Aufwickeltrommel für Fäden, dadurch gekennzeichnet, daß die Oberfläche der Trommel in zwei Gruppen von Segmenten zerlegt ist, welche radial zur Trommel und parallel zur Trommelachse bewegt werden und dabei wechselweise den aufgewickelten Faden erfassen und unter Seitwärtsverschiebung gegenseitig wieder abgeben.

2. Aufwickeltrommel nach Anspruch 1, dadurch gekennzeichnet, daß die eine Segmentgruppe aus Stäben besteht, welche fest in zwei Scheiben (c, Fig. 297—300) sitzen, die andere Gruppe aus Stäben, die in Schlitzen dieser Scheiben (c) geführt sind und ihre Bewegungen durch Kurvenscheiben (d) erhalten.

3. Aufwickeltrommel nach Anspruch 1, dadurch gekennzeichnet, daß beide Segmentgruppen aus beweglichen Stäben bestehen, die in radial geschlitzten Scheiben (c, Fig. 306) geführt sind und ihre Bewegungen durch Kurvenscheiben (p) erhalten.

589. Vereinigte Glanzstoff-Fabriken A.-G. in Elberfeld. Aufwickeltrommel für Fäden.

D.R.P. 239 821 Kl. 76d vom 26. V. 1910, Zus. z. P. 236 584.

Das Patent 236 584 (s. vorstehend) betrifft eine Aufwickeltrommel für Fäden, die es ermöglicht, den Faden in selbsttätigem Betriebe kontinuierlich seitwärts zu fördern. Die Oberfläche dieser Aufwickeltrommel ist in zwei Segmentgruppen von Stäben zerlegt, welche radial zur Trommel und parallel zur Trommelachse bewegt werden, dabei wechselweise den aufgewickelten Faden erfassen und unter Seitwärtsverschiebung gegenseitig wieder abgeben. Eine weitere Ausbildung dieser Aufwickeltrommel soll nach vorliegender Erfindung darin

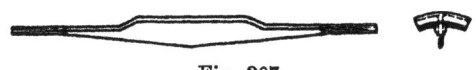

Fig. 307.

bestehen, daß zur Erzielung verschieden großer Trommeldurchmesser in Richtung der Trommelachse die einzelnen Stäbe der Trommel Ausbiegungen oder verschieden große Durchmesser od. dgl. erhalten. Sollte es beim Umlaufen des Fadens um die Trommel wünschenswert erscheinen, an einer Stelle der Trommel eine Spannung oder Entspannung des Fadens zu erhalten, so kann man dies dadurch erreichen, daß man an gewünschter Stelle den Trommeldurchmesser auf die oben angegebene Weise vergrößert oder verringert. Eine beispielsweise Ausführung ist in Fig. 307 dargestellt, in welcher die Veränderung des Trommeldurchmessers durch Einlegen T-förmiger Segmentstäbe erreicht wird, deren Auflagerkante ansteigt und wieder abfällt.

Patentanspruch: Aufwickeltrommel für Fäden nach Patent 236 584, dadurch gekennzeichnet, daß zur Erzielung verschieden großer Trommeldurchmesser in Richtung der Trommelachse die einzelnen Stäbe der Trommel Ausbiegungen oder verschieden große Durchmesser erhalten.

590. Vereinigte Glanzstoff-Fabriken A.-G. in Elberfeld. Aufwickeltrommel für Fäden.

D.R.P. 239 822 Kl. 76d vom 26. V. 1910, Zus. z. P. 236 584.

Vorliegende Erfindung hat die Verbesserung einer Aufwickeltrommel für Fäden zum Zweck, wie sie in dem Hauptpatent 236 584[1]) beschrieben ist. Diese Aufwickeltrommel nach dem Hauptpatent ermöglicht es, einen Faden in selbsttätigem Betriebe kontinuierlich seitwärts zu fördern. Zu diesem Zwecke ist die Oberfläche der Trommel in zwei Gruppen von Segmenten zerlegt, die radial zur Trommel und parallel zur Trommelachse bewegt werden.

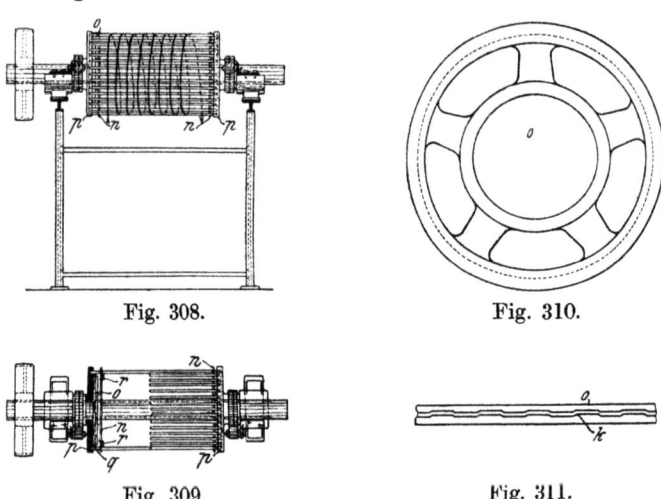

Fig. 308.   Fig. 310.

Fig. 309.   Fig. 311.

Das Wesen der vorliegenden Erfindung besteht darin, daß zwecks Erzielung einer axialen Bewegung der Segmente diese mit Stiften versehen sind, die in einer besonderen zylindrischen Kurve laufen. Eine schematische Gesamtanordnung der Aufwickeltrommel ist aus Fig. 308 und 309 ersichtlich, und zwar zeigt Fig. 308 eine Ansicht der Aufwickeltrommel von vorn und Fig. 309 eine Ansicht von oben (teilweise geschnitten). Fig. 310 stellt die Kurvenscheibe zur Vermittlung der axialen Bewegung dar; aus Fig. 311 ist die Anordnung der Kurvenrinne ersichtlich. Fig. 312 zeigt die Führung eines Segmentstabes in den zwei nebeneinander angebrachten Kurvenscheiben für axiale und vertikale Bewegung, und Fig. 313 eine Scheibe für die unbeweglichen Segmentstäbe. Die axiale Verschiebung der Segmentstäbe wird nicht wie nach dem Hauptpatent durch wechselseitig entsprechende Erhöhungen und Vertiefungen am Grunde der Kurvenrinne zweier gegenüberstehenden Scheiben bewerkstelligt, sondern diese Bewegung wird durch Stifte q (Fig. 309 und 312) herbeigeführt. Diese Stifte werden

---

[1]) Siehe S. 555.

in einer Zylinderkurve k (Fig. 311 und 312) geführt, die auf dem Umfang einer an p (Fig. 309 und 312) befestigten Scheibe o ausgefräst ist. Durch diese Anordnung und Verwendung einer besonderen Kurvenscheibe zur Erzeugung der axialen Bewegung wird ein geringer Verschleiß der Segmentstabköpfe erzielt, die Bewegung wird genauer, auch ohne die Verwendung einer Feder. Um ein Drehen der Segmentstäbe um ihre eigene Achse zu verhindern, werden sie mittels eines Sicherungsstiftes r (Fig. 309) in den kleinen geschlossenen Schlitzen s der Scheibe n (Fig. 313) geführt.

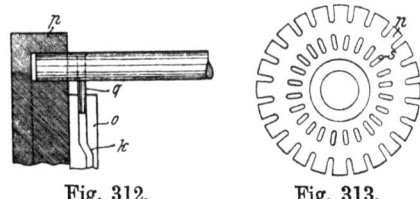

Fig. 312.   Fig. 313.

Patentanspruch: Aufwickeltrommel für Fäden nach Patent 236 584, dadurch gekennzeichnet, daß zwecks Erzielung einer axialen Bewegung der Segmente dieselben mit Stiften versehen sind, die in einer besonderen zylindrischen Kurve (k) laufen.

Nach Dinger.

591. F. Albert Dinger in Berlin-Wilmersdorf. Haspel zur nachgiebigen oder streckenden Behandlung von Fäden, insbesondere Kunstfäden.

D.R.P. 253 371 Kl. 29a vom 22. IV. 1911 (gelöscht).

Fig. 314 zeigt die Längenansicht der Vorrichtung und Fig. 315 den Querschnitt durch sie. An den in bekannter Weise angeordneten Faden-

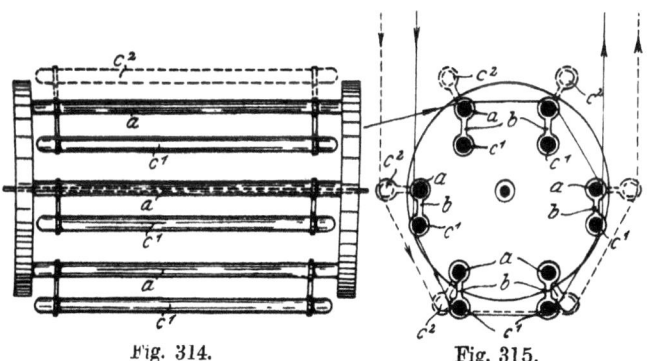

Fig. 314.   Fig. 315.

trägern a hängen parallel dazu und lose pendelnd in geeigneten Ringösen b die Fadenträger c^1. In Ruhe und bei mäßiger Drehung des Haspels nehmen die Pendelträger die Lagen c^1, bei schnellerer Drehung etwa die Lagen c^2 ein. Aus diesen Darstellungen geht ohne weiteres hervor, daß der Umfang des Haspels mit solcher Einrichtung ohne Umstände nachgiebig bleibt und dadurch, daß der lose um eine Längsachse drehbar gelagerte Pendelträger beim Auftreffen auf den Faden sich nachgiebig in der Richtung des Fadenabzuges mitdreht. Nachdem er vorher den Faden immer an neuen Stellen leicht klopfend angeschlagen hat, entstehen außerordentlich günstige Vorgänge für die Behandlung feinster Fäden. Auf diese Weise wird es möglich, Fäden, wie z. B. künstliche Seidenfäden, während ihrer Herstellung mit sehr hoher Abzugsgeschwindigkeit zu behandeln. Ferner wurde der Erfindungsgedanke mit Vorteil angewendet zur ununterbrochenen Fadenförderung in axialer Richtung von der Aufgabe — nach der Abzugstelle. Diese für die Kunstfadentechnik vorteilhafte Wirkung wird gegenüber dem Bekannten, z. B. Patent 236 548, Kl. 76[1]), in einfacher Weise ermöglicht, wenn, wie Fig. 316 zeigt, unterhalb der Ablaufstelle des Fadens ein Kurvenstück o dafür sorgt, daß die Pendelträger, sobald und solange sie aus der Richtung der festen Fadenträger heraustreten, während ihres Unterlaufes in einer Kurve zur axialen Richtung abgedrängt werden. Auf diese Weise wird der in n auflaufende Faden nach einer reichlich halben Haspelumdrehung auf dem Haspel die Lage p einnehmen und von p aus fortlaufend in gewindeartigen Umwicklungen p^1 die Einrichtung umlaufen, bis er nach vollendeter Behandlung abfällt oder zum Abzug kommt. Obwohl schon die glatten Flächen der Pendelträger den vorbeschriebenen Fadenverlegungsvorgang ermöglichen, können gewünschtenfalls an Stelle glatter Pendelträger solche mit Gewindeeinschnitten oder Zahnungen angewandt werden. Die Vorrichtung kann auch dazu dienen, das jetzt von Hand erfolgte sog. Klopfen der Kunstfadensträhnen, wenn sie aus Bädern kommen oder getrocknet werden, vorzunehmen.

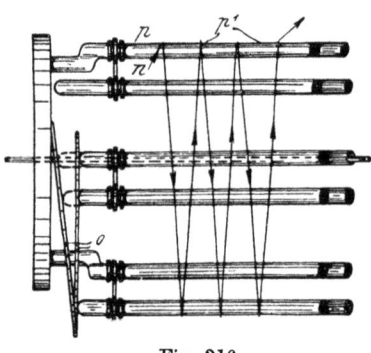

Fig. 316.

Patentansprüche: 1. Haspel zur nachgiebigen oder streckenden Behandlung von Fäden, insbesondere Kunstfäden, dadurch gekennzeichnet, daß an den üblichen Fadenträgern (Haspelstäbe a) Fadenträger (c^1) pendelnd angeordnet sind.

2. Haspel nach Anspruch 1, dadurch gekennzeichnet, daß die pendelnden Fadenträger mit den üblichen Fadenträgern aus einem Stück bestehen.

3. Haspel nach Anspruch 1, dadurch gekennzeichnet, daß zum Zwecke axialer Fadenverlegung die Pendelträger während ihres Unterlaufes in kraftschlüssige Berührung mit einem Kurvenstück gebracht sind und so aus ihrer gewöhnlichen Stellung abgelenkt werden.

---

[1]) Siehe S. 555.

Nach Girard.

592. P. Girard. Spinneinrichtung, mit der man die Elastizität und Plastizität der durch Fällen von Zelluloselösungen erhaltenen Fäden, Fasern oder Films erhöhen kann.
Franz. P. 451 913; belg. P. 247 209; brit. P. 4596[1913].

Das allgemein übliche Verfahren zur Erzeugung von glänzenden Fäden, Films usw. aus Zelluloselösungen besteht darin, daß man die Lösungen beim Austreten aus den Spinnöffnungen in einem geeigneten Bade fällt und die erhaltenen Fäden oder Films auf Vorrichtungen aufnimmt, die sich mit einer bestimmten Geschwindigkeit drehen. Handelt es sich z. B. um Fäden, so gehen diese über eine bestimmte Anzahl von Fadenleitern, die zwischen den Spinnöffnungen und den Spulen angeordnet sind und den Zweck haben, die Fäden zu führen und gleichmäßig auf den Spulen zu verteilen. Bei dieser Arbeitsweise nun wird der Faden gewissen ziehenden Kräften ausgesetzt, die mit der Schnellig-

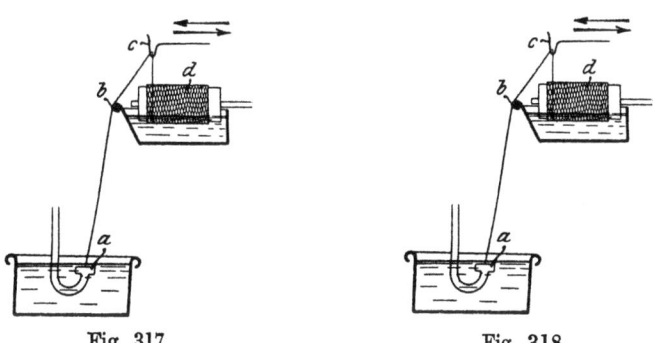

Fig. 317. Fig. 318.

keit des Aufwickelns und der Zahl und Lage der verschiedenen Fadenleiter, die auf seinem Wege angeordnet sind, wachsen. Dieses Ausziehen ist schädlich für die Eigenschaften des Fadens, besonders für seine Elastizität und Plastizität. Die vorliegende Erfindung bezweckt nun, diese Schädigungen auf ein Mindestmaß herabzusetzen, dabei aber die Spinn- und Aufwickelgeschwindigkeiten zu erhöhen, also die Produktion der Maschinen zu vergrößern und ein Produkt von bisher unbekannten Eigenschaften zu liefern. Dies wird erreicht durch Einrichtungen und Mittel, die nachstehend beschrieben sind. Gewöhnlich gehen die Fäden, die aus den Spinnöffnungen *a* (Fig. 317) kommen, über einen ersten festen Fadenleiter *b*, der aus einem Glasstab besteht und von da auf einen Fadenführer *c*, der sich hin und her bewegt parallel zur Achse der Bobine, auf die der Faden sich aufrollt. Nach der vorliegenden Erfindung wird der Fadenleiter *b* durch einen Arm *e* mit der Stange *f* verbunden (Fig. 318), die den Fadenführer trägt, so daß die hin und her gehende Bewegung, die dem Fadenführer *c* erteilt wird, auch auf den Leiter *b* übertragen wird; die Entfernung zwischen *b* und *c* bleibt immer dieselbe. Meistens besteht der Leiter b aus einem möglichst dünnen Glasstabe, besser noch aus einem Stabe mit dreieckigem Querschnitt (Fig. 319), der, falls es erwünscht ist, mit leichten Rollen g aus Ebonit, Glas, Porzellan oder anderem Stoff versehen ist, die sich leicht drehen (Fig. 320). Der Fadenführer c besteht aus einer Spitze aus Metall, Glas oder anderem Stoff, die eine Verdickung c^1 trägt (Fig. 321), auf welcher eine Glasröhre h ruht. Sie dreht sich sehr leicht auf dem Teile c^2 des Führers. Der Faden, der über die Röhre h geht,

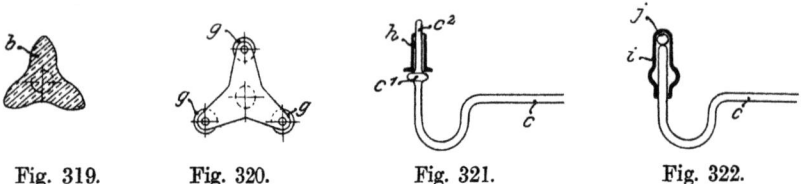

Fig. 319.   Fig. 320.   Fig. 321.   Fig. 322.

erteilt ihr eine Drehbewegung, die fast vollständig die Streckkräfte aufhebt, denen der Faden bei den früher benutzten Vorrichtungen ausgesetzt war. Dieser Führer mit drehender Röhre kann in verschiedener Art ausgeführt werden, z. B. wie in Fig. 322 gezeichnet mit einer Kappe i, die sich auf einer Kugel j am Ende der Spitze von c dreht. Beim direkten Spinnen wickeln sich die aus der Spinndüse austretenden Fäden auf Spulen d auf, der Leiter b dient dann nur zur Führung.

Eine ähnliche Einrichtung betrifft das

Franz. P. 450985 von Fr. Küttner.

Dort liegen aber die beiden Fadenführer in gleicher Höhe.

Nach Manquat.

593. **Jean Manquat in Lyons.** Verbesserungen an Maschinen zum Winden künstlicher Seide.

Brit. P. 12710^{1912}.

Um beim Spinnen künstlicher Seide die Produktion zu steigern, verwendet man gewöhnlich zwei Spulen. Ist die eine genügend bewickelt, so wird die andere schnell in Tätigkeit gesetzt, damit der Betrieb keine Unterbrechung erleidet. Dies geschieht bisher von Hand, aber wenn der Arbeiter auch noch so geschickt ist, zeigen sich doch immer Differenzen in der Menge und der Beschaffenheit der Fäden auf der ersten und der letzten Spule, es zeigt sich, daß sie nicht alle zu derselben Zeit ausgerückt sind und daß die Umfangsgeschwindigkeit einer vollen Spule größer ist als die einer frischen für eine konstante Winkelgeschwindigkeit. Außerdem erfordert das Umschalten von Hand viel Zeit, da eine große Zahl Spulen unter der Aufsicht eines Arbeiters steht. Die Erfindung bezweckt, die genannten Übelstände zu beseitigen, sie ermöglicht, zu derselben Zeit alle vollen Spulen an einer Seite der Vorrichtung auszurücken und zu derselben Zeit alle leeren Spulen einzurücken. In der Zeichnung stellt Fig. 323 eine Seitenansicht und Fig. 324 einen Querschnitt durch die Maschine dar, a' bezeichnet die leeren Spulen, b den Behälter mit dem Koagulierungs- und Fixierungsbade, in den die Spulen teilweise eintauchen. Durch den Behälter geht in der Längsrichtung eine Stange c, die von Trägern d gehalten wird und durch einen Handgriff e axial bewegt werden kann. Zwischen jedem Rollenpaar a und a' sind Platten f von $\cup$-förmigem Querschnitt angebracht. Sie sind fest mit der Wand des Behälters b verbunden. Auf der Stange c sitzen ferner Messer g, die sich drehen, wenn der Handgriff e bewegt wird und zwischen die Schenkel der Platten f greifen. Die Glasringe oder Fadenführer h, durch die die verschiedenen Fäden $i\,i'$ gehen, sind an einem Träger j befestigt, der in der Längsrichtung von dem Arbeiter

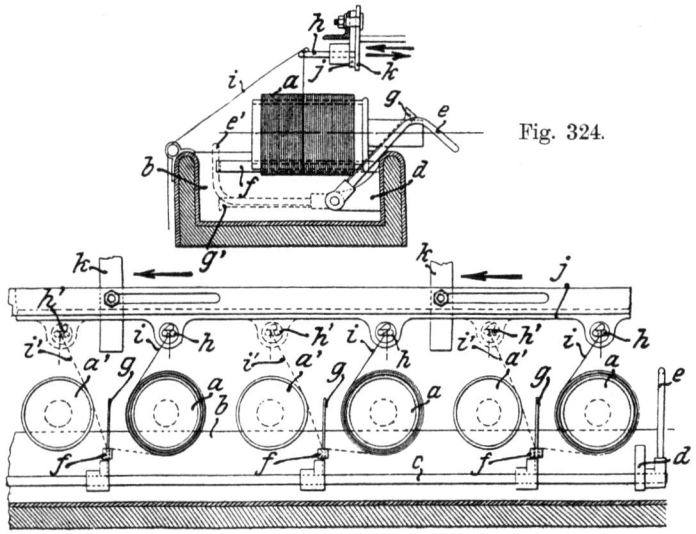

Fig. 324.

Fig. 323.

hin und her geschoben werden kann. Der Umfang der Bewegung ist ungefähr gleich der Entfernung zwischen den Achsen der einzelnen Spulen. Der Träger j ist an Stangen k befestigt. Die Vorrichtung arbeitet in folgender Weise: Die Glasringe h befinden sich in der Stellung, die in Fig. 323 in vollen Linien gezeichnet ist, die Spulen a werden bewickelt, während die Spulen a' in Ruhe sind. Sind die Spulen a vollständig bewickelt, so werden die Spulen a' eingeschaltet, darauf werden die Messer g in die mit vollen Linien gezeichnete Stellung gehoben und der Träger j von rechts nach links verschoben, so daß die Fadenführer die in der Fig. 323 in gebrochenen Linien gezeichnete Stellung einnehmen. Werden in diesem Augenblick die Messer g dadurch niedergedrückt, daß man den Handgriff e in die in Fig. 324 mit e' bezeichnete Lage bringt, so werden die Fäden i zerschnitten und kommen in Berührung mit den Spulen a'. Sie bleiben an ihnen haften und werden nun auf sie ebenso aufgewickelt wie vorher auf die Spulen a. Sind die Spulen a' bewickelt, so wird der Träger j nach rechts verschoben, wodurch die Bewegung umgekehrt wird.

Nach Société anonyme des Celluloses Planchon.

594. Société anonyme des Celluloses Planchon in Lyons. Verbesserungen an Maschinen zur Herstellung künstlicher Seide oder ähnlicher Fäden.

Brit. P. 13 360[1913]; franz. P. 468 809; Ver. St. Amer. P. 1 093 146 (Planchon).

Die Erfindung bezieht sich auf die Art Vorrichtungen, bei denen die Fäden von den Spinnröhren auf Bobinen oder Spulen aufgewickelt werden. Bei solchen Maschinen ist es bekannt, ein Paar Spulen diametral gegenüber auf einem Träger anzubringen, der frei auf einer wagerechten Welle, die die Spulen durch ein geeignetes Getriebe antreibt, angeordnet ist. Der Träger kann um 180° gedreht werden, so daß, wenn die eine Spule voll ist, die andere in die Anfangsstellung für das Aufwinden gebracht werden und die volle weggenommen und durch eine leere ersetzt werden kann. Bei diesen bekannten Maschinen werden die Träger auf der Welle von Hand oder durch Sperrklinken od. dgl. gedreht, durch Mechanismen, die den Träger von der Welle frei machen und ihn wieder damit verbinden, wenn er entsprechend gedreht ist. Nach der vorliegenden Erfindung werden die Träger automatisch in geeigneten regelmäßigen Zwischenräumen durch die Wirkung der Maschine gedreht. Fig. 325 zeigt eine Ansicht der Maschine nach der Erfindung, Fig. 326 eine Oberansicht von Fig. 325, Fig. 327 einen Schnitt nach A—A der Fig. 325 und Fig. 328 zeigt die Vorrichtung, durch die der Faden beim Wechsel der Spulen automatisch abgerissen wird. Die Spulen 1, 1a sind paarweise auf doppelten Trägern 2 angeordnet, die sich um eine wagerechte Welle 3 drehen können. Die Spulen haben Seitenteile 11 und werden mit einer dünnen Lage nicht gekreuzter Fäden bewickelt. Die Spulen sind von ihren Trägern leicht zu lösen, Federn 2a (s. Fig. 327) halten sie fest. Die verschiedenen Träger sind untereinander und mit der Scheibe 4 durch Verbindungsstücke 5 verbunden. Durch diese Stücke kann eine beliebige Zahl von Rollenpaaren verbunden werden. Die Rolle 4 ist ferner verbunden mit einer Muffe 6. Diese trägt eine Knagge 7 und eine Scheibe 8 mit zwei diametral gegenüberliegenden Anschlägen 9 und 9a. Das Ganze kann frei um die innere Welle 3 sich drehen. Die Welle 3, die von der Scheibe 10 gedreht wird, hat neben den Seitenteilen 11 der Spulen Friktionsrollen 12, die die Spulen entsprechend der Schnelligkeit, mit der die Fäden gebildet werden, in Umdrehung versetzen. Die Fäden werden auf der Oberfläche der Spule durch die Fadenführer 14a auf der Schiene 14 verteilt. Die Schiene 14 trägt an ihrem Ende das Gewinde 15, das in der Fassung 16 in dem Zahnrade 17 läuft, wodurch die Schiene 14 in der einen oder anderen Richtung verschoben wird. Die Welle 18 treibt die Welle 3 durch die Scheiben 19 und 10, außerdem sämtliche Spulen durch die Scheiben 20 und 4. 18 treibt ferner die Fadenführerschiene 14 durch ein Riemenumkehrgetriebe aus den Riemenscheiben 21a auf der Welle 18, vollen und gekreuzten Riemen 21b und 21, festen und losen Scheiben 21c auf der Welle 21d, Riemen 22, Rolle 21f auf der Welle 21g und Zahnrad 23 ebenfalls auf 21g. Die Umkehrung des Riemens wird bewirkt durch die Knagge 7, die den Hebel 24 bewegt, der durch eine nicht gezeichnete Feder an die Knagge angedrückt wird. Der Hebel 24 ist an der Führungsleiste 24a angelenkt, welche die Führungsstifte 24b für die Riemen trägt.

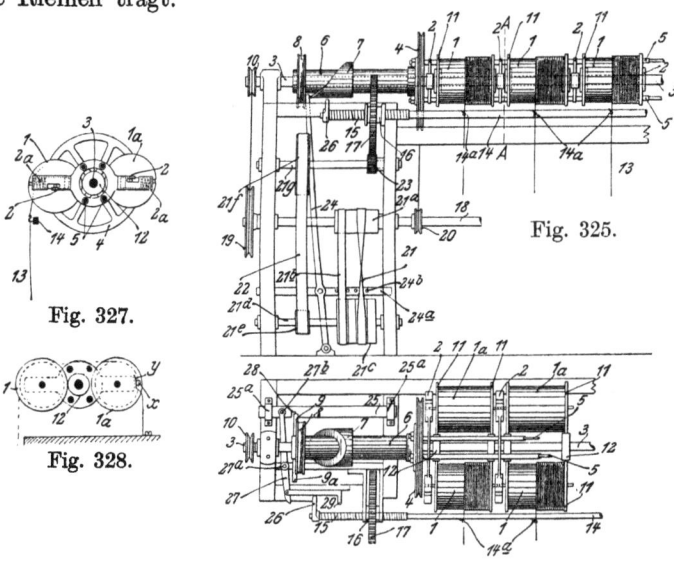

Fig. 325.

Fig. 327.

Fig. 328.

Fig. 326.

Die Vorrichtung arbeitet in folgender Weise: Die Spulen und die Knagge 7 werden durch einen der Anschläge 9 gehalten, der auf einer Schiene 25 ruht, die in Führungen 25a gleitet. Die Spulen 1 werden von rechts nach links bewickelt, die Spulen 1a laufen leer. Ist die Bewicklung der Spulen 1 fast fertig, so kommt das Ende 15 der Fadenführerschiene 14 an den Schluß seiner Bewegung nach links, stößt mit dem Anschlag 26 an den Hebel 27, der bei 27a angelenkt ist und mit seinem anderen Ende bei 27b auf der Schiene 25 sitzt und verschiebt die Schiene 25 nach rechts. Die Schiene 25 hat einen Einschnitt 28, der den Anschlag 9 durchläßt und ermöglicht, daß die Knagge 7 und der Spulenrahmen durch die Rolle 4 gedreht werden. Sie führen eine halbe Umdrehung aus, worauf der Anschlag 9a an die Schiene 25 stößt, deren Einschnitt 28 nach rechts verschoben ist. Bei dieser halben Umdrehung nehmen die leeren Spulen 1a, ohne daß sie aufhören, sich zu drehen, den Platz der vollen Spulen 1 ein und werden bewickelt, und zwar von links an. Die Knagge 7 hat auch eine halbe Umdrehung gemacht und hat die Bewegungsrichtung der Schiene 14 umgekehrt, die Fadenführer bewegen sich nun von links nach rechts. Während die Spulen 1a bewickelt werden, werden die Spulen 1 entfernt und durch leere ersetzt. Ist die Bewicklung beinahe vollendet, so stößt der Anschlag 26 an den Vorsprung 29, der mit dem Hebel 27 verbunden ist, die Schiene 25 wird nach links verschoben und läßt den Anschlag 9a durch, und die oben geschilderten Bewegungen werden in umgekehrtem Sinne wiederholt. Der Faden reißt nicht genau in dem Augenblicke des Stellungswechsels der Spulen ab. Kehrt sich der Rahmen um, so läuft der Faden tangential zu den beiden Spulen, wie in Fig. 328 gezeichnet ist, und läuft einen Augenblick weiter auf die Spule 1a, die hinten liegt. Der Stift x der Spule 1a greift hinter eine exzentrische Feder y, die als Bremse wirkt, und gleichzeitig die Spule etwas von der Treibrolle 12 entfernt, so daß sie sich nicht weiterdreht und der Faden an der vorderen Spule hängenbleibt und ohne Hilfe des Arbeiters zwischen den beiden Spulen abreißt.

Spule nach Burill.

595. Paul Burill. Spule und Spulenträger für künstliche Seide.

Franz. P. 442 593.

Die Spule besteht aus einem Aluminiumzylinder mit vielen Löchern, Umbördelungen an den Enden und hinter diesen Umbördelungen mit umlaufenden, nach außen vortretenden halbkreisförmigen Vertiefungen. In diese Vertiefungen greifen Kugeln ein, die durch Federn oder einen federnden Ring an dem Spulenträger befestigt sind und dazu dienen, den Zylinder rasch an dem Spulenträger zu befestigen oder von ihm zu lösen. (5 Zeichnungen.)

Spule nach Küttner.

596. Fr. Küttner. Spule zur Herstellung künstlicher Seide.

Franz. P. 450 818; brit. P. 28 083[1912]; belg. P. 251 191.

Bisher verwendet man zur Aufnahme künstlicher Seidenfäden im allgemeinen Spulen aus gefirnißtem Karton. Da nun bekanntlich die Spulen mit den darauf befindlichen Fäden der Einwirkung verschiedener saurer Bäder, dem Waschen, dem Aufenthalte in der Trockenkammer usw. ausgesetzt werden, ist es nicht zu vermeiden, daß die Wand der Spule nach kurzer Zeit verbeult und verdrückt wird. Das beeinflußt natürlich die Gleichmäßigkeit der erzeugten Fäden, auch ist der Verbrauch an Spulen beträchtlich. Außerdem bekommen die Spulen Risse, in denen sich die das Fällbad zusammensetzenden Stoffe ansammeln, die dann durch Waschen nicht zu entfernen sind und den Faden beim Trocknen schädigen. Besonders unangenehm ist dies, wenn die in den Spulenwandungen angesammelten Stoffe aus sauren Bädern herrühren. Um diesen Übelständen abzuhelfen, hat man bereits Spulen aus Metall hergestellt. z. B. aus Aluminium, denn andere Metalle werden von Säuren angegriffen. Aber die Aluminiumoberfläche oxydiert sich und die Fäden bleiben dann an der Spule hängen und reißen.

Nach der vorliegenden Erfindung besteht die Spule innen aus Metall, z. B. Aluminium, und außen aus Karton, der gefirnißt wird. Die beiden die Spule zusammensetzenden Zylinder schließen eng aneinander. (Zeichnung.)

Spule nach Adolff.

597. Emil Adolff. Spule zum Aufwickeln künstlicher Seide.
Franz. P. 466 210; belg. P. 262 989.

Man hat zum Aufspulen künstlicher Seide bereits Spulen aus Papiermaché verwendet. Die vorliegende Erfindung bezweckt, solche Spulen widerstandsfähiger zu machen. Bekanntlich wird die auf den Spulen befindliche Kunstseide mit sauren Bädern behandelt, dadurch werden die Spulen in kurzer Zeit zerstört und beim Trocknen erleiden sie durch den auf sie ausgeübten Zug starke Formveränderungen. Um das Eindringen der Säure an den Enden der Spulen zu verhindern, bringt der Erfinder hier Ringe aus beliebigem, widerstandsfähigen Stoff an oder er preßt an den Enden den Papierstoff stärker als im übrigen und poliert die Enden der Spulen. Um zu verhindern, daß beim Trocknen der Spulen Formveränderungen eintreten, wird die Wand der Spule im Innern nach der Mitte zu stärker oder es werden innen ein oder mehrere Verstärkungsringe angebracht. (6 Zeichnungen.)

Über Spulen vgl. noch S. 286 und 287.

Spulenträger nach Manquat.

598. Jean Manquat. Spulenträger für Vorrichtungen zum Spinnen künstlicher Seide.
Franz. P. 440 965.

Zum Festhalten der Spulen auf den Spulenträgern dienen federnde Drahtbügel, deren einer Schenkel mit einer halbkreisförmigen Biegung in eine entsprechend gestaltete Vertiefung des Trägers eingreift und dadurch befestigt wird. Zusammendrücken der Schenkel läßt den Bügel wieder leicht aus dem Träger herausnehmen. (2 Zeichnungen.)

Nach Rheinische Kunstseide-Fabrik Akt.-Ges.

599. Rheinische Kunstseide-Fabrik Akt.-Ges. in Köln a. Rh. Maschine zum Abspulen von künstlichen Seidenfäden von stehenden Spulen.
D.R.P. 218 586 Kl. 29a vom 15. VII. 1908 (gelöscht).

Die Maschine bezweckt, die künstlichen Seidenfäden oder Fadenbündel, welche bei der Herstellung auf Spulen oder zylinderförmige Walzen aufgewickelt werden, derart von stehenden Spulen abzuspulen, daß die Fadenbündel keinen starken Zug auszuhalten haben. Durch das rasche Abziehen der Fadenbündel werden sie in eine sich drehende Bewegung versetzt, die ein Abschwingen der Fadenbündel von der Spule verursacht. Um den bei diesem Abschwingen entstehenden Fadenballon der Schwere des noch feuchten Fadens entsprechend so regeln zu können, daß der ablaufende Faden den Spulenrand nicht berührt, ist gemäß vorliegender Erfindung die lotrecht über der Ablaufspule angeordnete Fadenführungsöse in der Höhe einstellbar.

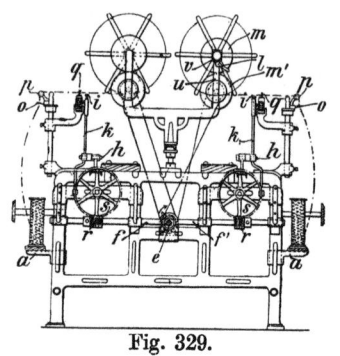

Fig. 329.

Die Einrichtung der Maschine ist auf den Zeichnungen dargestellt. Fig. 329 ist eine Seitenansicht, Fig. 330 eine Vorderansicht. An beiden Längsseiten der zweiseitig arbeitenden Maschine werden die gewellten Spulen, die zur Herstellung von künstlichen Fäden dienen, auf konische Holzstücke z, welche auf den Laufbrettern a angebracht sind, in bekannter Weise aufgesteckt. Die Kronen, welche die ablaufenden Fäden aufnehmen, befinden sich auf dem mittleren höheren Teil der Maschine. Die Ösen und das Leitröllchen sind auf einem gemeinsamen Trägerarm angeordnet, welcher durch eine Stellschraube höher oder niedriger eingestellt werden kann. Hierdurch ist es möglich, den noch etwas feuchten Faden durch das schnelle Abziehen infolge seiner Zentrifugalkraft so weit abschwingen zu lassen, daß er die Spulenränder nicht streift. Auf diese Weise können Fäden jeder Stärke durch das Abschwingen von der Spule entfernt werden.

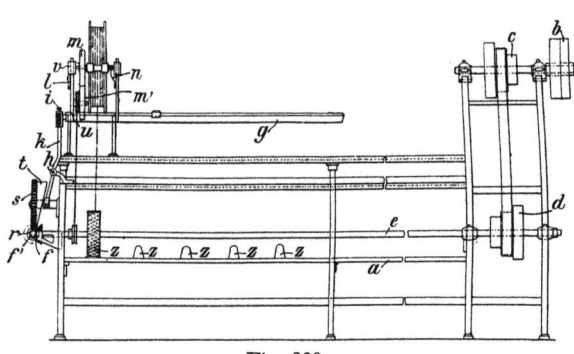

Fig. 330.

Der Antrieb der Maschine erfolgt durch die Riemenscheibe b und wird weiter durch die Stufenscheiben c, d auf die Welle e übertragen, welche die Bewegung durch ein Kegelräderpaar auf Welle f und f^1 weitergibt. Das auf jeder dieser Wellen angeordnete Schneckengetriebe r, s versetzt durch die am Schneckenrad s angebrachte Kurvenscheibe t

(Fig. 330) die Führungsstangen g in die zum Aufwickeln der Fäden nötige Hin- und Herbewegung, wodurch diese gleichmäßig zueinander auflaufen. Die Hebelvorrichtung h ermöglicht, indem durch eine Stellschraube i der Hebel k verkürzt oder verlängert und dadurch sein Angriffspunkt an der Stange g tiefer oder höher gestellt wird, ein Aufwickeln der Fäden innerhalb einer bestimmten Fläche. Hierdurch hat man es in der Hand, die Fäden in kleineren oder größeren Abständen untereinander auflaufen zu lassen. Die Kronen haben Einzelantrieb, der von der Welle e aus durch Schnurriemen oder Reibungsscheiben erfolgt. Das Ein- und Ausschalten der Kronen wird auf folgende Weise bewirkt: Die Achse der Seitenkrone ist auf der einen Seite in einer vorgekröpften Feder n gelagert und auf der anderen in einem auf einem senkrechten Flacheisenständer u verschiebbaren Schlitten v. Auf der Achse der Krone sitzt gleichzeitig das Reibungsrad m, das einen (in der Zeichnung nicht dargestellten) Mitnehmerstift trägt, gegen den die Feder n die Krone drückt, die auf diese Weise von dem Reibungsrad m mitgenommen wird. Der Schlitten v ruht auf dem Kopf des Hebels l, der exzentrisch drehbar an dem Ständer u gelagert ist, und durch einen Ausschlag des Hebels l nach unten oder oben wird auch der Schlitten v senkrecht nach unten oder oben verschoben. Durch diese Bewegung kann die Berührung der Reibungsränder m und m^1 aufgehoben und dadurch die Krone angehalten werden.

Die Wirkungsweise der Vorrichtung ist folgende: Das Fadenende der auf den Laufbrettern aufgesteckten Spulen wird durch die Öse o über das Leitröllchen p und Öse q geführt und um das Ende eines Kronenarmes geschlungen. Durch Hebel l bringt man das Reibungsrad m in Verbindung mit dem Reibungsrad m^1, welches seinen Antrieb durch Schnurriemen von der Welle e aus erhält. Durch den verhältnismäßig großen Umfang der Kronen gegenüber dem der Spulen wird schon bei geringer Umdrehungszahl der Krone der Faden mit genügender Geschwindigkeit von der Spule abgezogen und in kreisender Bewegung von der Spule abgeschwungen.

Patentanspruch: Maschine zum Abspulen von künstlichen Seidenfäden von stehenden Spulen, dadurch gekennzeichnet, daß die lotrecht über der Spulenachse angeordnete Fadenführungsöse in der Höhe einstellbar ist, so daß die Fäden infolge ihrer Zentrifugalkraft so weit abschwingen können, daß sie den oberen Spulenrand nicht berühren.

Nach Société anonyme fabrique de soie artificielle de Tubize.

600. Société anonyme fabrique de soie artificielle de Tubize. Haspeleinrichtung für künstliche Seide.

Franz. P. 370 717; brit. P. 3025[1906].

Von Haspeln der gebräuchlichen Art wird die Seide ohne Benutzung von Spulen auf Haspeln aufgewickelt, die mit einem Tourenzähler versehen sind und nach Aufwickeln einer bestimmten Fadenlänge selbsttätig angehalten werden. (2 Zeichnungen.)

Nach Mertz.

601. E. Mertz in Basel. Vorrichtung zum Spulen künstlicher Seide oder anderen Textilmaterials.

Schweiz. P. 34 742.

Von den Spulen, auf die die Seide bei der Fabrikation aufgewickelt worden ist, werden die Fäden auf kleinere Spulen umgespult, von wo sie gezwirnt werden können. Die zu diesen kleinen Spulen gehörenden Fadenführer erhalten durch an der Führungsstange angebrachte Hebel, die durch Räder von verschiedenem Umfange angetrieben werden, eine hin und her gehende Bewegung, deren Umfang innerhalb zweier Endpunkte allmählich ab- und zunimmt, wodurch die Enden der bewickelten Spulen eine konische Form erhalten und eine gute Kreuzung der einzelnen Fadenlagen erzielt wird. (4 Zeichnungen.)

Nach Fougeirol.

602. E. Fougeirol. Drehbare, mit Kappe versehene Achse zum Abspulen künstlicher Seide.

Franz. P. 337 693.

Das Abspulen künstlicher Seide geschieht bisher so, daß die Glaswalze, auf die die Seide bei der Herstellung aufgewickelt wurde und auf der sie nachbehandelt, gewaschen und getrocknet wurde, senkrecht gestellt, der Faden über einen senkrecht über der Achse der Walze angeordneten Führer abgezogen und auf einer Holzspule aufgewickelt wird. Der Faden reibt sich dabei an den Rändern der Walze, die nicht ausgebrochen sein dürfen, und durch dies Reiben wird der Faden leicht rauh. Der Erfinder ordnet nun innerhalb der Glaswalze eine drehbare Achse an, die an ihrem oberen Ende eine über die Ränder der Glaswalze übergreifende Kappe aus z. B. poliertem Zink trägt. Jede schädliche Reibung des Fadens auf seinem Wege zwischen Glaswalze und Holzspule wird hierdurch vermieden. (1 Zeichnung.)

Nach Weertz.

603. M. Weertz in Bradford. Verbesserung an Apparaten zur Herstellung künstlicher Seide.

Brit. P. 10 211[1910].

Die gesponnenen Fäden werden direkt auf Haspel gebracht, die an den Stellen, mit denen die Seide in Berührung kommt, aus Aluminium oder Nickel oder aus mit Nickel überzogenem Metall bestehen. Auf diesen Haspeln wird die Seide gewaschen, getrocknet und danach direkt von den Haspeln gezwirnt. (2 Zeichnungen.)

Vorrichtung nach Fox und Myers.

604. Th. W. Fox in Clarendon Crescent und W. Myers in Acresfield. Verbesserung an Vorrichtungen zur Behandlung künstlicher Fäden.

Brit. P. 1022[1911].

Man kennt Vorrichtungen zur Herstellung künstlicher Fäden, bei denen der Faden von der Spule abgewunden, durch die Drehung der Spulenträger gezwirnt und schließlich gehaspelt wird und die einzelnen Maßnahmen gleichzeitig ausgeführt werden. Ferner sind Vorrichtungen bekannt, bei denen der Faden gezwirnt und gehaspelt wird, die Haspel aber für sich beweglich sind. Vorliegende Erfindung bezieht sich auf eine Vorrichtung, bei der der Faden von der Spule abgewunden, durch die Drehung des Spulenträgers gezwirnt, bei seinem Gange durch die Maschine mit Wasser, Säure oder einer anderen Flüssigkeit behandelt und schließlich gehaspelt wird und diese einzelnen Maßnahmen gleichzeitig ausgeführt werden. Die zu beiden Seiten der Vorrichtung angeordneten aufrecht stehenden, drehbaren Spulenträger sind von Spritzblechen umgeben, die die von den bewickelten Spulen bei der Drehung abgeschleuderte Flüssigkeit auffangen. Der über den Spulenkopf abgezogene Faden wird durch die Drehung der Spule gezwirnt, er geht dann über einen Fadenführer nach dem Haspel, der verstellbare Arme hat und durch Reibungsräder bewegt wird. Durch einen Fußhebel kann der Haspel ein- und ausgeschaltet werden. Zwischen dem Fadenführer hinter der Spule und einem Fadenführer vor dem Haspel ist ein Gefäß mit Wasser oder Säure angeordnet, in welchem sich eine Walze dreht, die die Flüssigkeit auf den Faden überträgt. Oder der Faden wird durch geeignete Führung durch die Flüssigkeit geleitet. (3 Zeichnungen.)

Waschen und Trocknen von Kunstfäden.

Verfahren nach Friedrich.

605. Ernst Willy Friedrich in Brüssel. Verfahren zum Waschen und Trocknen von Kunstfäden auf den Spulen.

D.R.P. 178 410 Kl. 29a vom 16. VI. 1905 (gelöscht); franz. P. 366 793; brit. P. 12 842[1906]; österr. P. 31 802.

Naturgemäß müssen die künstlichen Fäden, die sich z. B. bilden, wenn man eine Zelluloselösung durch feine Öffnungen in eine Erstarrungsflüssigkeit austreten läßt, aus dieser durch Spulen aufgewunden werden. Da nun aber die Kunstfäden in diesem Zustande eine äußerst geringe Festigkeit haben, so ist es selbstverständlich, daß man das Fadenmaterial in diesem aufgewundenen Zustande zu waschen und zu trocknen versuchte. Dies bot nun bisher die größten Schwierigkeiten, denn erstens müssen die im Kunstfaden noch enthaltenen Chemikalien auf das sorgfältigste entfernt werden, wenn man den Bestand eines Fadengebildes durch das nachfolgende Trocknen nicht überhaupt in

Frage stellen will, und zweitens bieten die ziemlich engen Lagen der Fäden auf den Spulen dem Eindringen der Waschflüssigkeit großen Widerstand. Diese Schwierigkeiten hat man wohl bis jetzt dadurch zu überwinden versucht, daß man das Waschwasser in Form eines Regens auf die mit dem Fadenmaterial versehenen Spulen auffallen ließ.

Gegenstand vorliegender Erfindung ist nun ein Verfahren, bei dem die angeführten Schwierigkeiten als überhaupt nicht vorhanden zu betrachten sind, und mittels dessen man ein einwandfreies Fadenmaterial erhält. Das Verfahren beruht darauf, daß man die Spulen während des Waschens in Umdrehung versetzt, und zwar derart, daß die Waschflüssigkeit durch das ganze Fadenmaterial hindurch gleichmäßig verteilt wird und Zeit hat, auch in die tieferen Lagen einzudringen. Zu diesem Zwecke werden die Spulen um ihre im wesentlichen wagerecht gelegte Achse in langsame Umdrehung versetzt. Hierbei läßt man die Spulen nur teilweise, beispielsweise etwa zur Hälfte, eintauchen. Die Behandlung künstlicher Fäden mit Flüssigkeiten, derart, daß sie innerhalb einer solchen in Umdrehung versetzt werden, ist zwar schon vor-

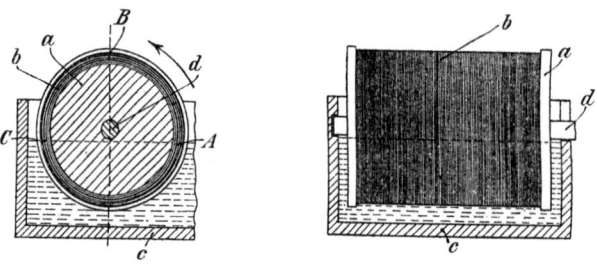

Fig. 331.   Fig. 332.

geschlagen worden, aber abgesehen davon, daß es sich dabei weniger um eigentliche Waschverfahren als um eine Koagulierung während des Aufspulens handelte, wurde die Spule vollständig in die Flüssigkeit eingetaucht, wodurch die nachstehend zu erörternde Wirkung nicht erzielt werden konnte. Man verwendet, um zweckentsprechend arbeiten zu können, am besten Spulen von größerem Durchmesser. Dadurch hat man den Vorteil, daß die Fadenlage im Verhältnis zur Fadenmenge sehr dünn ist.

Das Verfahren wird beispielsweise zweckmäßig folgendermaßen ausgeführt: Wie aus der vorstehenden Zeichnung ersichtlich, in der Fig. 331 einen Querschnitt durch eine Waschvorrichtung, Fig. 332 einen dazu senkrechten Schnitt durch den Waschtrog mit Seitenansicht der Spule darstellt, werden eine oder mehrere derartige Spulen a, die mit Fadenmaterial b in beliebiger Weise belaufen sind, in einen Waschtrog c derart eingesetzt, daß sie sich darin um ihre wagerecht liegende Achse d drehen können, die durch die Wandung des Waschtroges hindurchgeführt ist und von außen her in beliebiger Weise angetrieben wird. Man läßt dabei die Spulen etwa zur Hälfte eintauchen, so daß die Flüssigkeit nahezu bis an die Achse reicht. Darauf setzt man die Spulen in der Richtung der Fäden so langsam in Umdrehung, daß die Waschflüssigkeit durch die Zentrifugalkraft nicht mitgenommen wird. Gerade auf dieser Langsamkeit der Umdrehung beruht die neue technische Wirkung. Denn da bei der langsamen Umdrehung der Spulen die Zentrifugalkraft fast gleich Null ist, so hat die durch Absorption und Adhäsion mit hochgenommene Waschflüssigkeit genügend Zeit, in die unteren Fadenlagen einzudringen. Das Waschmittel wird demnach während der Drehung der Spulen eine Eigenbewegung unter dem Einfluß der Schwerkraft ausführen, und zwar wird diese Eigenbewegung, wenn die Umdrehung der Spulen in der Pfeilrichtung erfolgt, der Bewegung der Spulen und damit des Fadenmaterials vom Verlassen der Flüssigkeit bis zum höchsten Punkte des Weges, d. h. also von $A—B$, entgegengesetzt sein. Während der weiteren Bewegung vom höchsten Punkte bis zum Wiedereintritt in die Waschflüssigkeit, d. h. von $B—C$, wird dagegen die Eigenbewegung in derselben Richtung erfolgen wie die Bewegung der Fäden, und die Waschflüssigkeit wird daher der Bewegung der Fäden voraneilen. Hierdurch wird eine kräftige Durchdringung des ganzen Fadenmaterials mit der Waschflüssigkeit erzielt. Auf der anderen Seite hat die eingedrungene und in dem oberen Teile der Umdrehung mitgenommene Flüssigkeit beim Wiedereintreten des Fadenmaterials in die Waschflüssigkeit, also während der Bewegung von $C—A$ durch die Waschflüssigkeit hindurch, infolge der langsamen Drehung ausreichend Zeit, sich durch neue Waschflüssigkeit zu ersetzen, da sie durch die aufgenommenen Chemikalien ein höheres spezifisches Gewicht bekommen hat als die Waschflüssigkeit. Auf diese Weise wird ein vollkommenes und rationelles Auswaschen der Kunstfäden mittels einer einfachen und daher billigen Einrichtung erreicht.

Um die so gewaschenen Kunstfäden zu trocknen, muß man sie auch während des Trocknens auf den Spulen lassen, denn wie schon gesagt, haben die Fäden bis zu diesem Zeitpunkte eine so geringe Haltbarkeit, daß praktisch ein Abspulen unmöglich ist. Würde man nun einfach die bewickelten Spulen in einen Trockenraum stellen, so würde sich naturgemäß der Rest der Waschflüssigkeit an der tiefsten Stelle der Spule ansammeln. Die Praxis hat aber ergeben, daß diese Stellen der Kunstfäden später eine geringere Haltbarkeit und auch ein anderes Verhalten Farbstoffen gegenüber haben als die zuerst trocken gewordenen Stellen der Kunstfäden. Um diese Übelstände zu vermeiden, hat es sich als am zweckmäßigsten erwiesen, wenn man den Spulen bei horizontaler Lage der Achsen und in der Richtung der Fäden auch während des Trocknens eine langsame Drehung gibt, so daß der Rest des Waschwassers wohl mit hochgenommen wird, aber Zeit hat, sich gleichmäßig im gesamten Fadenmaterial zu verteilen. Mit anderen Worten, die Drehung muß so langsam sein, daß die Zentrifugalkraft nicht zur Wirkung kommt. Durch diese Art des Trocknens erhält man ein in seiner Festigkeit und seinem Verhalten Farbstoffen gegenüber ganz gleichmäßiges Fadenmaterial, und die Trocknung verläuft noch einmal so rasch als bei Stillstand der Spulen. Die Anordnung beim Trocknen kann der beim Waschen ganz entsprechend sein, nur sind natürlich die Spulen frei und nicht in eine Flüssigkeit eintauchend gelagert.

Patentanspruch: Verfahren zum Waschen und Trocknen von Kunstfäden auf den Spulen, dadurch gekennzeichnet, daß die Spulen, die während des Waschens nur teilweise in die Waschflüssigkeit eintauchen, in langsame Umdrehung um die im wesentlichen wagerecht liegende Achse versetzt werden, so daß einerseits beim Waschen die Waschflüssigkeit durch die Zentrifugalkraft nicht mitgenommen wird und in die unteren Fadenlagen einzudringen vermag und andererseits beim Trocknen der Rest der Waschflüssigkeit sich gleichmäßig im Fadenkörper verteilen kann.

Verfahren nach Gocher Ölmühle.

606. **Gocher Ölmühle, Gebr. van den Bosch in Goch, Rhld.** Verfahren zur Herstellung von künstlichen Fäden.

D.R.P. 188 910 Kl. 29a vom 15. XI. 1905 (gelöscht); franz. P. 374 790; brit. P. 4015[1907] (O. Müller); schweiz P. 42 026; österr. P. 32 553.

Die Nachbehandlung künstlicher Fäden aus Zelluloselösungen soll nach vorliegender Erfindung derart ausgeführt werden, daß die Fäden beim Waschen, Färben usw. möglichst unempfindlich gegen Wasser, selbst gegen kochendes Wasser werden, eine größere Festigkeit und Weichheit und den Glanz der Naturseide erhalten. Zu diesem Zwecke werden gewellte Spulen benutzt, auf welche die erzeugten Fäden aufgespult werden. Hierbei wird der Faden über Kreuz geführt, so daß nur an den Kreuzungsstellen Faden auf Faden liegt und Hohlräume entstehen, durch die die Flüssigkeit in innige Berührung mit dem Faden treten kann. Durch diese Kreuzwicklung entstehen bei den Spulen Quadrate, die sich bei dem weiteren Aufspulen immer mehr vertiefen. Die Versuche zeigten, daß diese Vertiefungen nur dann eine genügende Einwirkung der für die Nachbehandlung anzuwendenden Flüssigkeiten gestatten, ohne dabei eine schädliche, zu lange Berührung der Flüssigkeit mit den Fäden eintreten zu lassen, wenn gewellte Spulen für diese Kreuzwicklung angewendet werden. Bei Parallelwicklung und Benutzung von glatten Spulen werden die Fäden nur teilweise von den Nachbehandlungsflüssigkeiten beeinflußt, weil letztere unterhalb des Fadens nicht umlaufen können. Damit sie wenigstens einigermaßen auf die Gesamtmasse des Fadens einwirken können, muß die Nachbehandlung erhebliche Zeit dauern. Wendet man Kreuzwicklung bei glatten Spulen an, so können die Nachbehandlungsflüssigkeiten ebenfalls nicht genügend umlaufen. Sie bleiben in den quadratischen Vertiefungen stehen und üben so eine unerwünschte Wirkung auf die künstlichen Fäden aus. Man kann deshalb bei Kreuzwicklung auf glatten Spulen nach der Nachbehandlung den Faden nicht mehr richtig abspulen, sondern erhält ein zusammengeklebtes, gewebeartiges Gebilde.

Die Nachbehandlung solcher Fäden, die aus z. B. 12—80 Einzelfäden bestehen, kann im Strang nicht stattfinden, weil die Fäden sich völlig verwirren und von dem Strang nicht mehr auf Spulen gebracht werden können. Die Anwendung der Kreuzwicklung auf gewellte Spulen hilft allen solchen Übelständen ab, indem die quadratischen Vertiefungen die Nachbehandlungsflüssigkeiten nicht dauernd aufnehmen, sondern ihnen einen leichten, glatten Durchgang gestatten, weil sie nach unten hin in die Oberflächenkanäle der Spulen münden, die nach beiden Seiten hin offen sind und offen bleiben. Da die Fäden, indem sie sich von Wellenrücken zu Wellenrücken ziehen, die Wellenböden überspringen, wird auch jede übermäßige Spannung verhindert.

In Fig. 333 ist in einem Beispiel die Art der Aufspulung des Fadens bei einer gewellten Spule gezeigt, die aus den Wellenrücken a und aus den Wellenböden b besteht. Der künstliche Faden erhält von c aus eine Kreuzführung d, e. Durch die bei dieser Wicklung gebildeten Hohlräume f treten die zum Waschen, Bleichen usw. dienenden Flüssigkeiten.

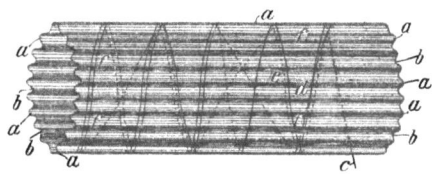

Fig. 333.

Patentanspruch: Verfahren zur Herstellung von künstlichen Fäden, dadurch gekennzeichnet, daß diese unmittelbar nach ihrer Formung auf längsgewellte Spulen mittels Kreuzwicklung aufgespult werden, worauf der so aufgewickelte Faden den üblichen oder gewünschten weiteren Behandlungen, wie Behandlung in Bädern, Trocknen usw. unterworfen wird.

Verfahren nach Henckel von Donnersmarck.

607. Fürst Guido Donnersmarcksche Kunstseiden- und Acetatwerke in Sydowsaue b. Stettin. Verfahren und Vorrichtung zum Auswaschen und Auslaugen von Garnspulen, insbesondere von solchen, deren Fäden aus Zelluloselösungen bereitet sind.

D.R.P. 187 090 Kl. 29a vom 3. V. 1905 (gelöscht).

Den Gegenstand der vorliegenden Erfindung bildet ein Verfahren, um auf Spulen gewickelte Fäden, welche aus gallertartigen Massen durch Fällung entstanden sind, z. B. künstliche Seide, auf möglichst vorteilhafte Weise auszulaugen. Die bisher bekannt gewordenen Arbeitsweisen der Spulenwäscherei bestehen darin, daß man die Spulen einfach in Wasser stellt oder fließendes Wasser über die Spulen strömen läßt, oder aber, daß man Wasser auf festliegende oder bewegte Spulen tropfen läßt und das abtropfende Wasser zur Vorwäscherei darunterliegender Spulen benutzt. Die Spulen müssen in letzterem Falle von unten nach oben fortbefördert werden, und es ist eine gründliche Auslaugung nur durch Anwendung von viel Zeit, Wasser und Arbeitskraft möglich. Die erstgenannte Arbeitsweise ist durch großen Wasserverbrauch unvorteilhaft, so daß das Auswaschen im Gegenstrom einen entschiedenen Vorteil darstellt. Das oben angegebene Verfahren hat aber den Nachteil, daß durch den erforderlichen Transport während des Waschens und durch die sehr schwer regelbare Fallwirkung der Tropfen Verletzung des Materials nicht ausgeschlossen ist, während andererseits eine gleichmäßige und ununterbrochene Ausscheidung der Chemikalien nicht stattfinden kann.

Den Gegenstand der vorliegenden Erfindung bildet nun ein Verfahren zum Auslaugen derartiger Garnspulen, durch welches diese Auslaugung mit ganz geringem Wasseraufwand und in schonendster Weise erzielt wird, indem man das Auslaugen in Wasser mit dem Gegenstromprinzip ausführt. Dies erreicht man dadurch, daß die übereinander liegenden Gruppen oder batterieweise gelagerten Spulen sich in einem bleibend gefüllten Wasserbehälter befinden und die Auslaugung nach dem Prinzip der Verdrängung nach dem spezifischen Gewicht erfolgt, während die Spulengruppen oder Batterien absetzend oder stetig langsam aufwärts rücken. Wesentlich ist, daß die Spulen sich während der Auslaugung unter Wasser befinden.

In der Zeichnung sind zwei Ausführungsformen geeigneter Vorrichtungen für das Verfahren dargestellt, an denen das Verfahren erläutert werden möge. Um möglichst an Raum zu sparen, werden die Spulen reihenweise auf Stäbe oder abgedichtete Rohre aufgesteckt, welche durch eine Grundplatte verbunden und mit dieser ein geschlossenes Ganzes sind. Zur Erleichterung der Handhabung und der Beschickung solcher Batterien kann die Einrichtung auch so getroffen sein, daß die Spulen außerhalb des Batteriebrettes zunächst auf ein hohles Rohr gesteckt werden, welches unten einen Flansch trägt, um das Herabgleiten der Spulen zu verhindern, und oben mit einem Griff versehen ist. Diese hohlen, mit Spulen beschickten Rohre lassen sich dann leicht dorthin bringen, wo die Batteriebretter mit den Stäben oder Rohren zum Aufstecken stehen, und es können dann die mit Spulen beschickten Rohre einfach auf die Stäbe usw. aufgesteckt werden. Die fertig beschickten Batterien, in denen sich die Spulen auf den Stäben oder Rohren aufgesteckt befinden, werden nun in einen Wasserbehälter gebracht, in dem das Wasser und die Spulenbatterien sich im Gegenstrome gegeneinander bewegen.

In den Zeichnungen zeigt Fig. 334 ein Einzelrohr a des Batteriebrettes c (Fig. 335), auf das die Spulen b übereinander aufgesteckt sind. Fig. 335 zeigt schematisch ein solches Batteriebrett mit den Rohren a von oben gesehen. Fig. 336 zeigt eine Anordnung, wie oben beschrieben, nämlich ein Hilfsrohr d im Schnitt, welches an seinem unteren Ende einen Flansch d^1 trägt und an dem oberen Teil mit dem Bügel d^2 versehen ist. Auch hier sind die Spulen mit b bezeichnet. Das ganze Rohr ist von einer solchen Weite, daß es auf die Rohre oder Stäbe a aufgesteckt werden kann. In Fig. 337 sind e in solcher Weise beschickte Batterien, die gegebenenfalls in einem geeigneten Rahmen oder Gehäuse untergebracht sind. f ist ein turmförmiger Auslaugebehälter, welcher durch das Rohr g oberhalb mit Wasser versorgt wird. Durch h ist ein Flaschenzug oder eine sonstige Hebevorrichtung angedeutet, um die Batterien aus dem Wasserbehälter herausheben zu können. i ist eine Schleuse mit zwei Türen i^1 und i^2. Um die Batterien e aneinander

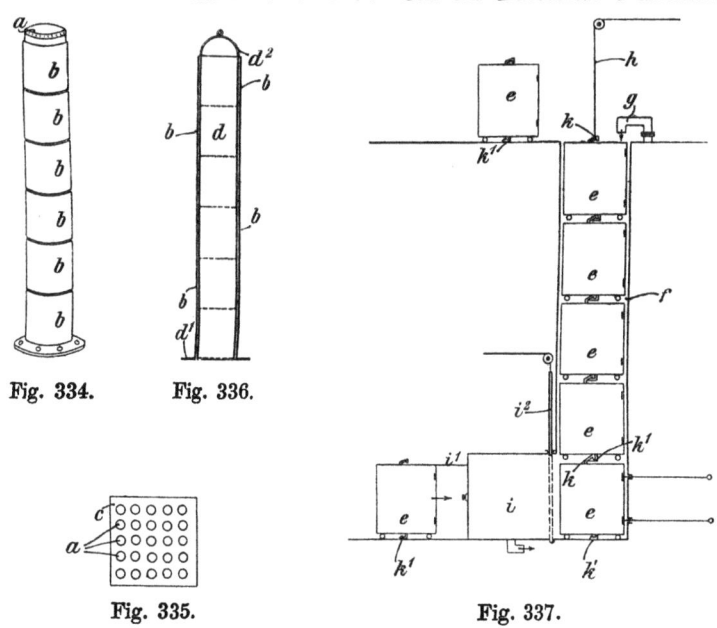

Fig. 334. Fig. 336.

Fig. 335. Fig. 337.

kuppeln zu können, sind sie an ihrer oberen und unteren Seite mit einem entsprechenden Haken k und k^1 versehen.

Die Arbeitsweise ist folgende: Die Batterien werden unten durch die Schleuse i eingefahren und verbinden sich durch die Haken k und k^1 zu einer Kette. Der Auslaugebehälter f ist mit Wasser gefüllt und es verdrängt das Wasser die in den Fäden enthaltenen Salze derart, daß, wenn die Batterien oben ankommen, sie ausgewaschen sind. Es wird dann die oberste Batterie hochgezogen, durch die Schleuse eine neue Batterie eingefahren, unten angekuppelt und sodann die oben herausgezogene Batterie

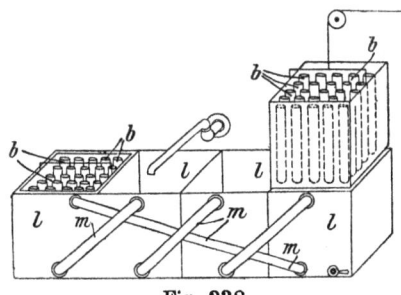

Fig. 338.

weggefahren. In Fig. 338 ist eine andere Ausführungsform dargestellt, in welcher die Auslaugung nicht in einem lotrechten, sondern in einem wagerechten Gefäß geschieht. Die Gefäße l sind in an sich bekannter Weise durch Rohre m derart miteinander verbunden, daß

37*

sie hintereinander geschaltet sind, und es findet die Wasserzuführung zu jeweilig demjenigen Gefäße statt, welches die am meisten gewaschene Batterie enthält. Auch hier sind entsprechende Hebevorrichtungen zum Auswechseln der Batterien vorgesehen.

Patentansprüche: 1. Verfahren zum Auswaschen und Auslaugen von Garnspulen, insbesondere von solchen, deren Fäden aus Zelluloselösungen bereitet sind, dadurch gekennzeichnet, daß Spulen, Spulengruppen oder Batterien von Spulen mit einer Wassermasse überdeckt werden und die Wasserbewegung zur Bewegung der Spulen im Gegenstrom geschieht.

2. Vorrichtung zur Ausführung des Verfahrens nach Anspruch 1, dadurch gekennzeichnet, daß die Spulen, Spulengruppen oder Batterien turmförmig übereinandergesetzt in einem mit Wasser gefüllten Gefäß untergebracht werden, durch welches sich das Wasser von oben nach unten bewegt, während die Spulen absetzend oder stetig von unten nach oben bewegt werden.

3. Vorrichtung nach Anspruch 2, dadurch gekennzeichnet, daß das Wassergefäß an seinem unteren Ende eine Schleuse besitzt, um während der Füllung des Gefäßes neue Spulenbatterien unten einführen zu können, während die ausgewaschenen an der Oberseite herausgenommen werden.

Vorrichtung nach Küttner.

608. Firma Fr. Küttner in Pirna a. E. Vorrichtung zum Auswaschen von aufgespulter Kunstseide.

D.R.P. 271 656 Kl. 29a vom 21. VII. 1912 (gelöscht).

Beim Waschen aufgespulter Kunstseide mittels der bekannten Einrichtungen hat sich der Übelstand gezeigt, daß die aufgewickelte Seide infolge des Herausfallens der Spulen aus dem Rahmen, in dem sie auf Latten aufgesteckt waren, beschädigt und durch Aufstoßen oder sonst verletzt wurde. Auch wurden die Spulen selbst, wenn sie im Rahmen verblieben, da sie über den Rahmen hinausragen, schon beim Transport leicht beschädigt.

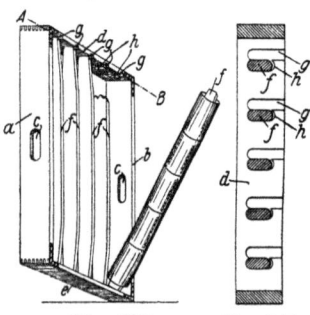

Fig. 339. Fig. 340.

Die vorliegende Erfindung vermeidet die geschilderten Übelstände, und zwar durch die besondere Ausgestaltung der zur Ausübung des Verfahrens benutzten Einrichtung. In der Zeichnung ist Fig. 339 eine schaubildliche Darstellung eines Spulenrahmens, Fig. 340 ein Schnitt nach A—B von Fig. 339. Der Rahmen besteht aus vier Leisten, von denen a und b mit Öffnungen c versehen sind, die als Handgriffe wirken. Wesentlich ist die Konstruktion der beiden Leisten d und e. Die Konstruktion der Leiste d ist deutlich in Fig. 340 zu erkennen. Als Spulenträger dienen die Latten *f*, von denen eine abgebrochen gezeichnet ist, damit das Lager in der Leiste *d* besser hervortritt; eine andere ist mit fünf aufgesteckten Spulen schräg herausfallend dargestellt. Die Beschickung des Rahmens erfolgt in der Weise, daß die mit Spulen besteckten Latten erst mit dem einen Ende in entsprechende Aussparungen der Leiste *e*, dann mit dem anderen in die Schlitze *g* eingerührt und hier nach rechts in die Lager *h* gedrückt werden. Die Leisten *f* sind also lose und herausnehmbar in dem Rahmen befestigt. Der Rahmen selbst wird an seinen Ecken nicht, wie bisher, durch Metallverbindung zusammengehalten, sondern in der Weise, daß die Leisten mit Zähnen ineinandergreifen, durch die noch ein Holzzapfen geführt wird. Die Höhe der Leisten *a*, *b*, *d* und *e* ist hierbei höher als der Durchmesser der auf die Latten *f* aufgezogenen Spulen.

Patentansprüche: 1. Vorrichtung zum Auswaschen von aufgespulter Kunstseide, dadurch gekennzeichnet, daß die einzelnen Spulen auf Latten stecken, welche unmittelbar in besonderen Ausnehmungen des Rahmens angebracht werden.

2. Vorrichtung nach Anspruch 1, dadurch gekennzeichnet, daß die zum Tragen der Spulen bestimmten Latten mit ihrem einen Ende in entsprechende Öffnungen der einen Rahmenquerleiste eingelassen werden und die anderen Enden der Latten in der gegenüberliegenden Rahmenleiste durch einen Zugangskanal (*g*) in entsprechende, seitlich der Zugänge liegende Aussparungen (*h*) gebracht werden.

Vorrichtung nach Courtaulds und Clayton.

609. Courtaulds Ltd. in London und James Clayton in Warwick. Verbesserungen an Apparaten zum Bleichen, Färben, Waschen und sonstigen Behandeln von Garn- oder Seidensträngen mit Flüssigkeiten.

Brit. P. 9067[1913].

Die Strähne sind auf Trägern angeordnet, die auf Schienen laufen und so bewegt werden, daß sie gehoben, in einer Richtung verschoben und danach gesenkt und in ihre vorherige Stellung zurückgeführt werden und nach und nach durch den ganzen Apparat hindurchgehen. Dabei werden die Träger für die Strähne gedreht. Sämtliche Bewegungsorgane sind in Kammern eingeschlossen, um sie vor der Berührung mit sie angreifenden Flüssigkeiten zu bewahren. Um diesen Zweck noch vollkommener zu erreichen, wird in die Kammern, die die Bewegungsorgane schützen, eine unter Druck stehende Flüssigkeit, z. B. Druckluft, eingeleitet, sie tritt an den Stellen aus, an denen die bewegenden Teile durch die Kammern hindurchgehen und verhindert so, daß dort sich schädliche Flüssigkeit ansammeln kann. Die durch den Apparat hindurchgehenden Träger werden erst in einer Richtung und dann in der entgegengesetzten Richtung in Umdrehung versetzt. Während des Durchgehens der Träger durch den Apparat wird Flüssigkeit, bei Kunstseide z. B. Entschweflungs-, Wasch- oder Bleichflüssigkeit, aus einem hochliegenden Troge über die Strähne gegeben und unten in einem Troge aufgefangen. (7 Zeichnungen.)

Weitere Nachbehandlung von Kunstfäden, Wasserfestmachen, Pergamentieren, Entglänzen, Undurchsichtigmachen, Beschweren, Appretieren usw.

Das Bardysche Pergamentierverfahren.

610. Bardy. Verfahren, die Widerstandsfähigkeit von Zellulosefäden aller Art gegen Wasser zu erhöhen.

Franz. P. 313 464.

Das Verfahren besteht darin, daß die Fäden mit Schwefelsäure, die mit dem gleichen Volumen Wasser verdünnt ist und auf 15—20° C gehalten wird, pergamentiert werden. (Monit. scientif., choix de brevets, 1903, S. 57.)

Die Verfahren nach Eschalier.

611. Xaver Eschalier in Villeurbanne. Verfahren zur Erhöhung der Festigkeit von Kunstfäden und ähnlichen Gebilden.

D.R.P. 197 965 Kl. 29 b vom 16. XI. 1906 (Verein. Glanzstoff-Fabriken A.-G. [gelöscht]); österr. P. 40 067; franz. P. 374 724 mit Zus. 8122; brit. P. 25 647[1906].

Zu diesem Zwecke hat man bereits versucht, Formaldehyd zu verwenden, dessen erhärtende Wirkung auf Gelatine seit langem bekannt war. Diese Versuche haben aber zu einem befriedigenden Ergebnis nicht geführt. Um eine bemerkenswerte Erhöhung der Festigkeit von Kunstfäden zu bewirken, vor allem in feuchtem Zustande, muß man die Aldehyde auf die Fäden unter besonderen Bedingungen wirken lassen, die der Erfindung gemäß darin bestehen, daß man die Fäden mit einer Lösung tränkt, die gleichzeitig einen Aldehyd, insbesondere Formaldehyd oder dessen Polymere, und eine Säure oder sonstige sauer reagierende Stoffe enthält, darauf die Fäden in einem trocken gehaltenen Raum, gegebenenfalls bei erhöhter Temperatur, austrocknet und sie schließlich durch Waschen von den ihnen anhaftenden Teilen der Tränkungsmittel befreit.

I. Kunstseide oder ähnliche Gebilde werden zunächst mit einem Bade von folgender Zusammensetzung durchtränkt: Formaldehyd, käufliche 40%ige Lösung 5—25 Te., 80%ige käufliche Milchsäure 5—15 Te., Wasser 90—60 Te. Darauf werden sie in einen geschlossenen Behälter gebracht, der u. U. luftleer gemacht werden kann und in dem Gefäße mit trockenem oder geschmolzenem Chlorkalzium oder konzentrierter Schwefelsäure aufgestellt sind. Der Behälter wird alsdann ungefähr 4—5 Stunden lang auf etwa 40—50° C erwärmt, worauf man erkalten läßt. Die Temperatur und die Zeitdauer der Erhitzung können in weiten Grenzen verändert werden. Man kann das Verfahren sogar bei gewöhn-

Die Verfahren nach Eschalier. 583

licher Zimmertemperatur ausführen. Es dauert dann aber entsprechend länger. Die Gebilde werden schließlich mit Wasser gewaschen und getrocknet. Kunstseide aus nitrierter Zellulose erfordert geringere Mengen der Reagenzien als solche aus wässerigen Zelluloselösungen. Mit dem Austrocknen kann man auch bei etwa 30° C beginnen, hierauf während 5—6 Stunden auf 40—50° C gehen und dann erkalten lassen. Man bewirkt hierdurch eine gleichmäßigere Verteilung der Tränkungsmittel auf den Fäden od. dgl. Auch kann man die Fäden od. dgl. auf drehbare Vorrichtungen bringen, die man während der ganzen Dauer des Verfahrens oder wenigstens während des Trocknens in Bewegung erhält.

II. Man benutzt als Bad eine Lösung von folgender Zusammensetzung: Formaldehyd in 40%iger käuflicher Lösung 5—20 Te., Chromalaun oder Aluminiumalaun 5—15 Te., Wasser 90—65 Te. Die zur Verwendung kommenden Alaune können Natrium-, Kalium- oder Ammoniaksalze sein. Im übrigen wird das Verfahren wie unter I. angegeben, durchgeführt, jedoch werden die Fasern od. dgl. zunächst in angesäuertem und erst dann in reinem Wasser gewaschen und schließlich getrocknet. Für Fäden aus Nitrozelluloselösungen wurden die besten Ergebnisse mit folgendem Bade erreicht: 40%iger Formaldehyd 10 Te., Chromalaun (violett) 10 Te., Wasser 80 Te.

III. Man erhält sehr gute Ergebnisse, wenn man die beiden vorstehenden Verfahren vereinigt und die Kunstseide oder die zu behandelnden Stoffe in folgendem Bade tränkt: 40%ige käufliche Formaldehydlösung 5—20 Te., Aluminiumalaun 2—10 Te., 80%ige käufliche Milchsäure 2—10 Te., Wasser 91—60 Te. Für Viskoseseide eignet sich folgende Lösung: 40%ige Formaldehydlösung 15 Te., gewöhnlicher Kalialaun 5 Te., 80%ige Milchsäure 5 Te., Wasser 75 Te.

IV. Anstatt die Säure unmittelbar dem Bade zuzusetzen, kann man sie auch während des Arbeitsganges entstehen lassen, indem man dem Bade z. B. ein Oxydationsmittel in solcher Menge hinzufügt, daß ein Teil des Aldehyds in die entsprechende Säure übergeführt wird, und zwar u. a. auf folgende Weise:

Die Kunstseide od. dgl. wird mit einer wässerigen Formaldehydlösung durchtränkt, die 5—20% Aldehyd enthält. Man bringt sie dann bei Gegenwart wasserentziehender Stoffe in den verschlossenen Behälter und leitet in diesen so viel Ozon ein, daß ein Teil des Formaldehyds in Ameisensäure übergeführt wird. Nach der Säurebildung kann man erwärmen, um die Wirkung des Bades zu erhöhen. Verwendet man konzentrierte Schwefelsäure als wasseraufnehmendes Mittel, so kann man das Ozon auch im Behälter selbst erzeugen, in dem man der Schwefelsäure Bariumsuperoxyd zusetzt. Anstatt des Wassers kann man bei vorliegendem Verfahren jedes andere Lösungsmittel benutzen, das keine schädliche Einwirkung auf die zu behandelnden Gebilde ausübt, z. B. Alkohol, Aceton, Glyzerin od. dgl.

Patentanspruch: Verfahren zur Erhöhung der Festigkeit von Kunstfäden und ähnlichen Gebilden, besonders in feuchtem Zustande, dadurch gekennzeichnet, daß die erstarrten oder vollkommen fertigen, aus Zellulose in üblicher Weise gewonnenen Fäden oder die aus diesen hergestellten Gewebe mit einer einen Aldehyd, insbesondere Formaldehyd, und eine Säure oder sonstige sauer reagierende Stoffe, z. B. Salze, Ester enthaltenden Lösung getränkt werden und diese Lösung auf den Gebilden in einem trocken gehaltenen Raume, gegebenenfalls bei erhöhter Temperatur, zum Eintrocknen gebracht wird, worauf der den Fäden anhaftende Teil des Tränkungsmittels durch Spülen mit nötigenfalls angesäuertem Wasser entfernt wird und die Gebilde in üblicher Weise fertiggestellt werden.

Das franz. P. 374 724 erwähnt auch die Behandlung von Gebilden aus Eiweißstoffen.

612. Derselbe Erfinder führt in dem

österr. P. 40 080

aus: Man erzielt zwar eine etwas geringere Erhöhung der Festigkeit als nach dem Verfahren des Patentes 40 067, dafür kommt aber die erste Trocknung und die dafür erforderliche besondere Einrichtung in Fortfall. Zu diesem Zwecke läßt man auf die Zellulosefäden einen Aldehyd und eine Säure oder einen wasserentziehenden Stoff gleichzeitig oder nacheinander einwirken, alsdann wäscht man die Fäden in noch feuchtem Zustande, um sie von den Reagenzien zu befreien, und trocknet sie schließlich endgültig. Man erhält die besten Ergebnisse bei Benutzung von Essigsäure.

Bei Bearbeitung von Viskosefäden kann man auch Paraldehyd statt Formaldehyd benutzen, indem man folgendermaßen verfährt: Die Fäden werden mit dem gleichen Gewicht von Paraldehyd durchtränkt, hierauf in eine Lösung von Chlorzink 60° Bé getaucht, die durch Zusatz von Zinkoxyd bis zur Sättigung basisch gemacht ist, $^1/_2$ Stunde in diesem kalten Bade gelassen, dann gewaschen und getrocknet.

613. X. Eschalier. Verfahren zur Verstärkung von Zellulose- und Albuminkörpern.

Franz. P. 9904, Zus. z. franz. P. 374 724.

Aldehyd und Säure oder wasserentziehendes Mittel brauchen nicht gleichzeitig zur Einwirkung zu gelangen, man kann sie auch nacheinander in beliebiger Reihenfolge anwenden. Auch kann das Waschen und Trocknen vor oder nach der Einwirkung jeder Substanz oder Mischung vorgenommen werden. Es werden fertige Kunstseidefäden oder solche vor dem letzten Trocknen mit Säure imprägniert, z. B. mit einer Lösung von Milchsäure und Alaun, die so bemessen ist, daß auf dem Faden 5—6% seines Gewichts an Säure und ebensoviel Alaun zurückbleiben. Die feuchten, ganz oder teilweise getrockneten Fäden werden in ein geschlossenes Gefäß gebracht, in dem sich ein wasserentziehendes Mittel, z. B. Schwefelsäure befindet, und auf 50—60° C erhitzt. Durch eine Öffnung in der Wand des Behälters werden Formaldehyddämpfe eingeblasen, und zwar die von 10—25 Tn. 40%iger

Formaldehydlösung auf 100 Te. Fäden. Die Öffnung wird dann verschlossen und das Erhitzen 5—6 Stunden fortgesetzt. Danach wird gründlich gewaschen und getrocknet.

614. X. Eschalier. Verfahren zur Verstärkung von Zellulose- und Albuminkörpern.
Franz. P. 10 760, Zus. z. franz. P. 374 724.

Im Hauptpatent[1]) sind Alkohol, Aceton, Glyzerin usw. als Lösungs- und Verdünnungsmittel für die auf die Fäden zur Einwirkung zu bringenden Chemikalien genannt. Diese Stoffe eignen sich nun sowohl für die Behandlung der Fäden mit den Verstärkungsmitteln in Bädern wie auch durch Eintrocknenlassen. Besonders vorteilhaft ist Aceton, das ohne wasserentziehendes Mittel eine ebenso gute, wenn nicht bessere Wirkung gibt als die gemeinsame Verwendung von Aldehyd, Säurelösung und wasserentziehendem Mittel. Man bringt trockene Kunstseide z. B. in ein Bad aus 150—200 Gewichtsteilen Aceton, 5—20 Gewichtsteilen Formaldehydlösung 40% und 0,50—0,15 Gewichtsteilen Schwefelsäure 66° Bé oder Salzsäure 23° Bé auf 10 Te. Fäden. Man taucht die Fäden vollständig ein und hält das Bad unter Rückfluß 3—5 Stunden im Kochen. Dann tut man die Fäden in Wasser, wäscht und trocknet. Für das Färben werden die Fäden mit ätzalkalischer Hypochloritlösung behandelt. Statt Schwefel- oder Salzsäure können alle Säuren verwendet werden, die weder die verwendeten Chemikalien noch die Fäden schädlich beeinflussen.

Die Eschalierschen Verfahren sind als „Sthenoseverfahren", die danach behandelte Seide als „Sthenoseseide" bezeichnet worden.

Verfahren nach Friedrich.

615. E. W. Friedrich. Verfahren zur Erhöhung der Widerstandsfähigkeit künstlicher Fasern, besonders der Wasserfestigkeit.
Franz. P. 369 957; brit. P. 21 144[1906].

Um künstlichen Fasern höhere Festigkeit in feuchtem Zustande zu verleihen, hat man z. B. empfohlen, sie mit wasserentziehenden Mitteln, wie Chlorkalziumlösung, Alkohol usw. zu behandeln[2]). Durch diese Mittel wird aber das chemisch gebundene Wasser nicht entfernt. Auch die Behandlung mit überhitztem Wasserdampf führt nicht zum Ziel, gibt dagegen leicht Veranlassung zu Zersetzungen. Man kann nun die Hydro- oder Polyhydrozellulose, die die künstlichen Fasern bildet, in einfache Zellulose verwandeln, die mit Wasser nicht anschwillt und ihre Festigkeit beim Benetzen behält, wenn man stark wasserentziehende Mittel in Form von Dämpfen oder in Gasform wasserfrei bei höheren Temperaturen zur Anwendung bringt. Solche Mittel sind Alkohol, Äther, Schwefelkohlenstoff, Benzol usw. Man behandelt z. B. die trocke-

---
[1]) Siehe S. 582.
[2]) Siehe S. 286, Nr. 294.

nen oder mit wasserfreiem Alkohol befeuchteten Fäden in einem Behälter mit den Dämpfen absoluten Alkohols bei 78° C, bis die Alkholdämpfe aus dem Behälter entweichen. Wird die Temperatur auf 100 bis 150° C erhöht, so wird die Wirkung noch verstärkt. Diese Verfahren liefern Fäden, deren Festigkeit in feuchtem Zustande 60—80% von der in trockenem Zustande beträgt, die Verfahren sind anwendbar für Fäden, die durch Koagulieren aus Kollodium durch Verdunsten erhalten worden sind.

Beim Koagulieren von Fäden kann eine Erhöhung der Festigkeit und besonders der Wasserbeständigkeit dadurch erzielt werden, daß man einen möglichst wasserfreien, besonders von chemisch gebundenem Wasser freien Faden fällt. Man erreicht dies dadurch, daß man dem Koagulierungsbade Kondensationsmittel, nicht nur hygroskopische, sondern wasserentziehende Stoffe zusetzt. Man kann auch das Koagulierungsbad aus solchen Mitteln allein herstellen. Solche Mittel sind Methyl- und Äthylschwefelsäure, Glyzerinschwefelsäure oder -phosphorsäure, alkoholische Kali- oder Natronlauge, Natriumglyzerinat usw. Die mittels solcher Stoffe gefällten Fäden werden noch widerstandsfähiger, wenn man sie in der oben angegebenen Weise nachbehandelt.

Verfahren nach Gebauer.

616. Julius Gebauer in Charlottenburg. Verfahren zur Erhöhung der Elastizität sowie der Festigkeit von künstlichen Fäden, Gespinsten und Geweben aus künstlichen Fäden in feuchtem Zustande.

D.R.P. 232 605 Kl. 29 b vom 10. I. 1908 (gelöscht); franz. P. 403 264; brit. P. 30 510[1909].

Die Verwendung von künstlichen Fäden ist bis jetzt wegen ihrer für manche Zwecke nicht genügenden Elastizität und Dehnbarkeit, besonders aber wegen ihrer beim Feuchtwerden stark verminderten Festigkeit beschränkt.

Durch das den Gegenstand der Erfindung bildende Verfahren werden diese Übelstände in einem bisher nicht erreichten Grade vermindert. Das Verfahren besteht im wesentlichen darin, daß man Kunstfäden, Gespinste oder Gewebe aus derartigen Fäden unter Zuhilfenahme von Kautschuk erzeugt oder damit behandelt und darauf vulkanisiert. Der Kautschuk kann also entweder der Spinnmasse zugegeben werden oder in Lösung auf die aus den Kapillaren beim Spinnen austretenden Fäden oder auch auf die fertigen Fäden oder die daraus hergestellten Gespinste, Gewebe, Geflechte u. dgl. aufgebracht werden. In allen Fällen aber muß die kautschukhaltige Ware vulkanisiert werden, und zwar am einfachsten nach einem der üblichen Verfahren mit Schwefelchlorür u. dgl. Zu diesem Zwecke kann natürlich der Schwefel in geeigneter Form als solcher oder als Schwefelverbindung dem Kautschuk auch unmittelbar beigefügt werden, wobei sofort sowohl Kautschuk als auch Schwefel enthaltende Produkte erhalten werden, die in üblicher Weise vulkanisiert werden können.

Es ist bekannt, Kautschuk ohne nachträgliches Vulkanisieren bei der Herstellung von Kunstfäden u. dgl. zu benutzen. Auf diese Weise gewonnene Produkte weisen indessen mit der Empfindlichkeit des unvulkanisierten Kautschuks verbundene Mängel, wie geringe Lagerfähigkeit, ferner Empfindlichkeit gegen Temperaturschwankungen und gegen die Einflüsse von Luft und Chemikalien auf, Übelstände, die durch das Vulkanisieren beseitigt werden. Dabei werden Elastizität und Feuchtigkeitsfestigkeit der Produkte durch das neue Verfahren in einem Maße erhöht, wie es bisher mit üblichen Imprägnierungsmitteln nicht möglich war.

Patentansprüche: 1. Verfahren zur Erhöhung der Elastizität sowie der Festigkeit von künstlichen Fäden, Gespinsten und Geweben aus künstlichen Fäden in feuchtem Zustande, dadurch gekennzeichnet, daß die Fäden entweder aus kautschukhaltigen Lösungen gesponnen oder beim Spinnen durch Kautschuklösungen hindurchgeführt oder aber fertige Fäden, Gespinste oder Gewebe mit Kautschuklösungen nachbehandelt und darauf mit geeigneten Vulkanisierungsmitteln wie Schwefelchlorür versetzt und auf übliche Weise vulkanisiert werden.

2. Abänderung des Verfahrens nach Anspruch 1, dadurch gekennzeichnet, daß die Vulkanisierungsmittel den Kautschuklösungen von vornherein beigemischt und in den erhaltenen Produkten in üblicher Weise zur Wirkung gebracht werden.

617. Julius Gebauer in Charlottenburg. Verfahren zur Erhöhung der Elastizität sowie der Festigkeit von künstlichen Fäden, Gespinsten und Geweben aus künstlichen Fäden in feuchtem Zustande.

D.R.P. 235 220 Kl. 29 b vom 10. I. 1908, Zus. z. P. 232 605 (gelöscht); franz. Zusatzp. 11 164/403 264.

Den Gegenstand der vorliegenden Erfindung bildet eine weitere Vervollkommnung des Verfahrens des Hauptpatentes (s. vorstehend) in der Weise, daß die in Betracht kommenden Gebilde vor dem Vulkanisieren einer Behandlung mit Albumin wie Eiweiß oder Blut- oder Pflanzenserum unterworfen werden, und daß das Albumin durch Dämpfen unter Druck während einer der Stärke der Kunstfäden usw. entsprechenden Zeitdauer, und zwar gleichzeitig mit der Vulkanisierung koaguliert wird. Durch die Mitverwendung des Albumins wird das Verfahren des Hauptpatentes insofern verbessert, als die gleichen Wirkungen mit Kautschuk allein unter Umstände nur bei höherer Temperatur und mit verhältnismäßig viel Schwefel zu erzielen sind, wobei man Gefahr läuft, die Fasern infolge Bildung von Hartgummi zu verhärten. Auch für das Färben der Fasern ist das neue kombinierte Verfahren von besonderem technischen Werte, weil die Farben besser fixiert werden.

Patentanspruch: Weitere Ausbildung des durch das Patent 232 605 geschützten Verfahrens, dadurch gekennzeichnet, daß die gemäß dem Verfahren des Hauptpatentes gewonnenen kautschukhaltigen Gebilde vor dem Vulkanisieren mit Albuminlösungen behandelt werden und das Albumin in ihnen gleichzeitig mit der Vulkanisierung koaguliert wird.

Verfahren nach Bourgeois, Nieuviarts und de Clercq.

618. J. Bourgeois, E. Nieuviarts und Ch. de Clercq. Verfahren, um Films, Häutchen, Fäden usw. aus Chardonnetseide undurchlässig zu machen.

Franz. P. 434 602.

Das Verfahren besteht darin, daß man die zu behandelnden Fäden usw. in einem Bade von Petroleum umlaufen läßt. Das imprägnierte Gut trocknet beim Herauskommen aus dem Bade von selbst und fast sofort. Besonderes Trocknen ist nicht nötig. Man kann dasselbe Ziel auch erreichen durch Zusatz geeigneter Mengen von Petroleum bei der Herstellung der Seide, Films usw.

Verfahren nach der Société La Soie artificielle.

619. Société La Soie artificielle in Paris. Verfahren zur Herstellung eines Einwirkungsproduktes von Trioxymethylen auf Zellulose.

Schweiz. P. 74 231; brit. P. 9196[1915]; franz. P. 477 655.

Gebilde aus Zellulose werden in ihrer Widerstandsfähigkeit gegen Wasser und wässerige Flüssigkeiten dadurch verbessert, daß man sie mit Trioxymethylen in Gegenwart von Eisenchlorid oder einer organischen Säure und u. U. einem wasserentziehenden Mittel wie Alaun oder Chlorkalzium behandelt. Man behandelt z. B. mit Formaldehyd und Eisenchlorid, trocknet im luftleeren Raum möglichst vollkommen und erhitzt im Dampfbad.

Verfahren nach Chesnais.

620. A. Chesnais. Verfahren zur Herstellung und Verstärkung von Zelluloseprodukten.

Franz. P. 463 693.

Bekanntlich haben Kunstseide und andere ähnliche Produkte die Eigenschaft, Wasser aufzunehmen. Man hat bereits versucht, diese Eigenschaft zu beheben, besonders durch Benutzung von Ameisensäure unter verschiedenen Formen. Die bisher empfohlenen Mittel scheinen aber technisch nicht anwendbar zu sein und haben im allgemeinen den Nachteil, nur oberflächlich auf die Zellulosekörper zu wirken, der Kern bleibt wasserempfindlich, und dadurch kommt nicht nur eine mangelhafte Widerstandsfähigkeit in nassem Zustande, sondern auch schweres Färben.

Nach dem vorliegenden Verfahren soll sowohl auf das Äußere wie auf das Innere der Zellulosekörper eingewirkt werden. Die Erfindung besteht in der Anwendung der unterphosphorigen Säure oder anderer Verbindungen der phosphorigen Säure, die das Zellulosemolekül dehydratisieren, in Lösung von 5—20% bei Temperaturen von 20—50° C. Die genannte Säure kann in verschiedener Weise angewendet werden, sie kann dem Alkalixanthogenat zugesetzt oder dem Koagulations- oder Fixierbade zugegeben, oder sie kann auf die schon fixierten Zelluloseprodukte zur Einwirkung gebracht werden. Man zerteilt z. B. die aus dem Schwefelungsbehälter kommende Xanthatmasse durch Separatoren und behandelt sie mit unterphosphoriger Säure, deren Stärke und Temperatur nach der Natronlaugenmenge schwanken, die in dem Xanthat enthalten ist. Die unterphosphorige Säure kann auch als Koagulations- oder als Fixierungsbad angewendet werden, oder um zugleich zu fällen und zu fixieren. Mit der unterphosphorigen Säure kann man auch schon fixierte Zelluloseprodukte behandeln, z. B. Fäden in Form von Kuchen, auf Bobinen oder in Flotten, und an freier Luft oder unter Vakuum, um die Einwirkung zu beschleunigen. In allen Fällen hat die unterphosphorige Säure die Wirkung, das Molekül des Xanthates unlöslich zu machen und ihm neue Eigenschaften zu verleihen. Man kann auch die Salze der unterphosphorigen Säure anwenden oder andere geeignete Phosphorverbindungen in flüssiger Form oder gasförmig. Das Verfahren ist anwendbar auf Zellulosen aller Art, z. B. auch Nitro- oder Kupferzellulosen.

Verfahren nach Fessmann.

621. Louis Fessmann in Augsburg. Verfahren zum Verarbeiten von Fasern, die nach dem Kunstseide- oder einem ähnlichen Verfahren hergestellt sind.

D.R.P. 316 045 Kl. 29a vom 26. XI. 1918.

Das Verfahren bezweckt eine Verminderung der Wasseraufnahmefähigkeit derartiger Fasern. Bekanntlich leiden alle Gewebe, die aus Garnen der vorgenannten Gebilde hergestellt sind, an einer großen Wasseraufnahmefähigkeit, wodurch naturgemäß der Verwendungszweck dieser Gewebe nicht unerheblich eingeschränkt wird. Es ist ferner bekannt, daß man die bisher zur Verwendung kommenden Fasergarne aus Baumwolle u. dgl. einer ziemlich scharfen Drehung unterzieht, so daß sich die Hohlräume besser schließen und das Eindringen des Wassers verzögert oder verringert wird. Es ist auch unzweifelhaft, daß die Wasseraufnahmefähigkeit eines Gewebes von der Dichte der zur Verwendung kommenden Fasern oder Garne abhängig ist, d. h. je weniger hygroskopisch die Fasern sind und je weniger Lufträume sie einschließen, um so geringer wird auch die Wasseraufnahmefähigkeit. Kunstseide gewöhnlicher Art zeigt im allgemeinen einen vollen Querschnitt, vorausgesetzt, daß der Spritzvorgang einen normalen Verlauf nahm. Ist letzteres nicht der Fall, so ist die Bildung von Hohlräumen nicht ausgeschlossen. Außerdem wird das künstliche Fadengebilde in seiner Homogenität dadurch beeinflußt, daß bei Verwendung bestimmter Fällungslösungen (Kupferoxydammoniakzelluloselösung) Luftbläschen auftreten, welche die Fadenbildung außerordentlich ungünstig beeinflussen, d. h. die sehr nachteilig auf die Homogenität der Fadengebilde einwirken. Alle Fällflüssigkeiten, die gelöste Gase enthalten, stehen der gleichmäßigen Fadenbildung gleichfalls im Wege. Es kann daher nicht allein vorkommen, daß die Fadengebilde Hohlräume aufweisen, sondern es wird deren Oberfläche mehr oder weniger porig ausfallen, und zwar um so mehr, je größer die Menge der aus der Fällflüssigkeit aufsteigenden Gas- oder Luftbläschen ist. Werden nun Fasern mit muldenförmigen Vertiefungen, porösen Stellen u. dgl. versponnen, so ist es klar, daß die miteinander versponnenen Fadengebilde gegenseitig Lufträume einschließen, die eben die Wasseraufnahmefähigkeit in hohem Maße begünstigen.

Gemäß der vorliegenden Erfindung wird eine Verdichtung des Faserguts oder die Verminderung der Luft- oder Hohlräume dadurch erzielt, daß man die Fasern vor dem Verspinnen unter verhältnismäßig hohem Druck zwischen Stahlwalzen hindurchführt, wodurch die Wasseraufnahmefähigkeit der Fasern ganz wesentlich verringert wird. Dabei empfiehlt es sich, die Fasern in ganz dünnen Lagen durch die Preßwalzen hindurchzuführen, derart, daß sich die Verdichtung möglichst vollständig vollziehen kann.

Patentanspruch: Verfahren zur Verarbeitung von Fasern, die nach dem Kunstseide- oder einem ähnlichen Verfahren hergestellt sind, dadurch gekennzeichnet, daß die Fasern zur Verminderung der Wasseraufnahmefähigkeit in einer dünnen Lage unter hohem Druck zwischen Walzen hindurchgeführt werden.

Verfahren nach Meyer.

622. Dr. Leo Meyer in Charlottenburg. Verfahren zum Wasserdicht- und Weichmachen von Textilstoffen.

D.R.P. 314 968 Kl. 8 k vom 13. XII. 1918.

Bei der Behandlung von Textilersatzstoffen, besonders Kunstseide und Stapelfaser, mit Seifen und Metallsalzen zeigte sich der Übelstand, daß die Fasern klebten, was auf das Entstehen unlöslicher fettsaurer Verbindungen zurückzuführen ist, die sich auf der Faser niederschlagen. Nach der Erfindung soll dieser Übelstand vermieden werden, wenn die nach der Behandlung mit Metallsalzen getrockneten Fasern mit alkalischen Mitteln nachbehandelt werden. Beispielsweise wird mit basisch ameisensaurer Tonerde von 4° Bé imprägniert, geschleudert, bei einer Temperatur von 40—45° C getrocknet und dann mit Ammoniak zur Bildung des Hydrates behandelt und nochmals geschleudert. Die Nachbehandlung mit Seifenlösung erfolgte bei 50° C. Die Stärke der Seifenlösung richtet sich nach dem Grade der verlangten Weichheit. Zweckmäßig wendet man Seife im Überschuß an. Nach der Seifenbehandlung wird geschleudert und bei 40—50° getrocknet.

Patentanspruch: Verfahren zum Wasserdicht- und Weichmachen von Textilstoffen unter Verwendung von Metallsalzlösungen und Seife, dadurch gekennzeichnet, daß man nach der Behandlung mit Metallsalzlösungen trocknet und danach mit alkalisch wirkenden Mitteln nachbehandelt und darauf eine Behandlung mit Seife oder ähnlich wirkenden Mitteln folgen läßt.

Verfahren nach Borzykowski.

623. Benno Borzykowski in Charlottenburg. Verfahren zur Herstellung von matten, glanzlosen Gebilden, wie Kunstfäden, Kunstseide, Haare, Roßhaare usw., aus Zelluloselösungen.

D.R.P. 262253 Kl. 29b vom 12. VII. 1912.

Nach bekannten Verfahren werden verspinnbare Lösungen in geeigneten Fällmitteln zu Fäden oder anderen Gebilden geformt, wobei glänzende Produkte erhalten werden. Der Glanz der Kunstprodukte ist an sich eine wertvolle Eigenschaft und hat z. B. der Kunstseide ein bedeutendes Anwendungsgebiet ermöglicht. Jedoch für viele Zwecke ist der Glanz des Kunstproduktes störend, z. B. bei Nachahmung der natürlichen Seide sowie bei der Herstellung von Haaren für Zöpfe, Perücken, von künstlichem Roßhaar usw. Die glänzenden Kunstprodukte müssen nachträglich entglänzt werden, was jedoch nur z. T. gelingt, z. B. durch Behandlung mit einem nicht trocknenden Öl und indifferenten Pulvern (Ptschr. 137461, Kl. 29b; Ver. St. Amer. Ptschr. 729749).

Es wurde nun gefunden, daß man direkt beim Spinnen oder Fällen von Spinnlösungen in stark alkalischen Bädern ein mattes, vollkommen glanzloses Produkt von großer Festigkeit und Elastizität erhalten kann, indem man den alkalischen Fällmitteln gewisse Metalle, deren Oxyde oder Salze in geringer Menge zusetzt. In Betracht kommen Schwermetalle, deren Oxyde in Ätzalkalien löslich sind, z. B. Blei oder Zinn. Diese Salze in alkalischer Lösung verursachen das Mattwerden des Spinnproduktes. Zu demselben Ergebnis gelangt man, wenn die Gefäße, in welchen sich das alkalische Fällmittel befindet, mit den betreffenden Metallblechen ausgelegt sind. Man kann auch so vorgehen, daß man direkt hinter einem üblichen Fällbad den Faden durch die betreffende alkalische Metallösung bei gewöhnlicher oder erhöhter Temperatur durchzieht. Man kann schließlich dasselbe erzielen, wenn man das fertige Spinngut in der kalten oder warmen alkalischen Metallösung nachbehandelt.

Beispiele: 1. Eine Kupferoxydammoniakzelluloselösung wird durch Spinndüsen in ein warmes Bad von Kali- oder Natronlauge von 30 bis 40° Bé gesponnen, welche sich in einem mit Bleiblech ausgelegten Gefäß befindet. Die Fäden werden in üblicher Weise entkupfert und nachbehandelt und ergeben im gezwirnten oder ungezwirnten Zustande, als Seide, Haare oder Roßhaare, ein mattes, glanzloses, dem Naturprodukt ähnliches Gebilde.

2. Die fertigen kupferhaltigen Kunstfäden im Strang werden mit einer Lösung von 0,1 kg Bleihydroxyd in 10 l Kali- oder Natronlauge 30° Bé 10—20 Minuten lang behandelt, mit Wasser abgespült, mit Säure vom Kupfer befreit, gewaschen und getrocknet.

3. Die fertigen kupferhaltigen Kunstfäden werden mit einer Lösung von 0,12 kg zinnsaurem Natrium in 10 l Natronlauge 25—30° Bé wie unter Beispiel 2 behandelt.

Patentanspruch: Verfahren zur Herstellung von matten, glanzlosen Gebilden, wie Kunstfäden, Kunstseide, Haare, Roßhaare usw., aus Zelluloselösungen, darin bestehend, daß man dem aus starker Alkalilauge bestehenden Fällbade alkalische Lösungen solcher Metalle zusetzt, deren Oxyde in Ätzalkalien löslich sind, oder daß man die in üblicher Weise erhaltenen Fäden mit den alkalischen Lösungen der bezeichneten Metalle nachbehandelt.

Undurchsichtigmachen nach Wagner.

624. **Albert Wagner in Berlin.** Verfahren zur Herstellung von künstlichen Faserstoffen für mehrfarbige Gewebe.

D. R. P. 137255 Kl. 29 b vom 5. VI. 1901 (gelöscht).

Die mehrfarbigen Gewebe, welche farblose oder hellgefärbte künstliche Faserstoffe enthalten, weisen den Übelstand auf, daß die mehrfarbige Wirkung, besonders bei dickeren Fäden, nur wenig hervortritt. Es hat sich nun herausgestellt, daß dieser Mangel von der starken Durchsichtigkeit der ungefärbten oder mit Lasurfarben in hellen Tönen gefärbten künstlichen Faserstoffe herrührt, welche die unter ihnen liegenden dunkler gefärbten Gewebefäden durchscheinen lassen, wodurch erklärlicherweise die mehrfarbige Wirkung des Gewebes beeinträchtigt werden muß.

Zur Beseitigung des erwähnten Übelstandes werden nach vorliegendem Verfahren ungefärbte oder hellfarbige undurchsichtige Körper in die Fasern während ihrer Erzeugung eingeführt, welche das Durchscheinen verhindern und daher den Mehrfarbeneffekt wesentlich erhöhen. Bei der großen Feinheit der künstlichen Fasern würden grobkörnige Zusatzkörper die Erzeugung und Verarbeitung der Fasern unmöglich machen. Es sind daher nur äußerst feinpulverige Körper verwendbar, welche zweckmäßig in der Spinnlösung selbst aus löslichen Komponenten abgeschieden werden. Da die gleichmäßige Verteilung der Zusatzkörper in der zähen Spinnlösung mit Schwierigkeiten verknüpft ist, werden diese Körper am besten erst beim Spinnen der Fäden aus löslichen Komponenten niedergeschlagen, welche auf Spinnlösung und Fällflüssigkeit verteilt sind. Um die künstlichen Faserstoffe noch stärker von dem dunklen Grunde des Gewebes abzuheben, empfiehlt es sich, zur Beseitigung des Durchscheinens glänzende undurchsichtige Körper zu verwenden, z. B. äußerst feinen Metallstaub, Bronzen, echtes Gold, perlmutterglänzende und irisierende Stoffe.

Die praktische Ausführung des Erfindungsgedankens bietet nach vorstehenden Angaben keine weiteren Schwierigkeiten. 1. Beispielsweise setzt man einer Kollodiumlösung fein gesiebtes Talkum- oder Goldbronzenpulver zu und verspinnt die erhaltene Mischung nach gutem Durchrühren durch Einspritzen in Chloroform. Das Spinnen und die Weiterverarbeitung der erhaltenen Fasern kann in üblicher Weise ausgeführt werden. 2. Oder man läßt eine schwefelsäurehaltige Eisessiglösung von Zelluloseacetat in ein chlorbariumhaltiges Fällbad austreten, wodurch sich in der Faser Bariumsulfat niederschlägt. 3. Oder man setzt zu der Kollodiumlösung eine Lösung von Chlorkalzium in Alkohol und spritzt die Mischung aus feinen Öffnungen in eine mit Alkohol versetzte Lösung von Natriumphosphat. Die Walze zum Aufwickeln der erzeugten Fäden läßt man zweckmäßig in wässeriger Lösung von Natriumphosphat laufen. 4. Oder man fügt zu der Kollodiumlösung wenig in Alkohol gelöstes Eisenbromid und spritzt die gut durchgerührte Mischung in eine mit Salzsäure angesäuerte Lösung von gelbem Blutlaugensalz, so daß eine hellblaue Färbung entsteht. 5. Oder die Kollodiumlösung wird mit wenig in Alkohol gelöstem Nickelnitrat gemischt und die Mischung in eine Lösung von Schwefelnatrium gespritzt, so daß eine hellbraune Färbung gebildet wird.

Patentansprüche: 1. Verfahren zur Herstellung von künstlichen Faserstoffen für mehrfarbige Gewebe, dadurch gekennzeichnet, daß in die Fasern während ihrer Erzeugung ungefärbte oder hellfarbige undurchsichtige Körper eingeführt werden, zum Zwecke, das Durchscheinen der darunterliegenden, dunkler gefärbten Gewebefäden durch die nicht oder nur schwach gefärbten künstlichen Faserstoffe zu vermeiden, also den mehrfarbigen Effekt zu erhöhen.

2. Eine Ausführungsform des unter 1. beanspruchten Verfahrens, dadurch gekennzeichnet, daß die undurchsichtigen Körper in der Spinnlösung aus löslichen Komponenten abgeschieden werden.

3. Eine Ausführungsform des unter 1. und 2. beanspruchten Verfahrens, dadurch gekennzeichnet, daß die beiden löslichen Komponenten des undurchsichtigen Körpers auf Spinnlösung und Fällflüssigkeit verteilt werden, zum Zwecke, die Abscheidung des undurchsichtigen Körpers in der Faser erst im Augenblicke der Erzeugung der Faser zu vollziehen.

4. Eine Ausführungsform des unter 1. beanspruchten Verfahrens, dadurch gekennzeichnet, daß zur Beseitigung des Durchscheinens der künstlichen Faserstoffe glänzende Körper, z. B. äußerst feiner Metallstaub, Bronzen, echtes Gold, perlmutterglänzende oder irisierende Stoffe, in die Fasern eingeführt werden, zum Zwecke, die Fäden von dem dunkleren Grundgewebe schärfer abzuheben.

Verfahren nach Culp.

625. **Dr. Saly Culp in Barmen.** Verfahren zur Verdickung der Natur- und Kunstseidenfäden ohne Erschwerung.

D.R.P. 274 044 Kl. 8 m vom 20. XII. 1912 (gelöscht).

Das Verfahren besteht darin, daß man die Faser eine Zeitlang einer Gasentwicklung aussetzt, die für den gewünschten Zweck geeignet ist. Z. B. behandelt man die Seide $^1/_2$ Stunde in einem Kreidebade, das 30 bis 50 g Kreide im Liter Wasser enthält. Man drückt darauf die Seide gut ab oder schleudert sie und geht dann mit ihr auf ein 10%iges Salzsäurebad, steckt unter und zieht von Zeit zu Zeit um, bis die Gasentwicklung aufgehört hat. Wiederholt man zwei oder mehrere Male ab wechselnd die Behandlung der Seide auf dem Kreide- und Säurebade, wobei man nach dem Säurebade jedesmal gut spült, ehe man wieder auf das Kreidebade geht, so erzielt man eine entsprechende Verdickung der Seidenfäden. Nach dem letzten Säurebade spült man die Seide, bis die Säure entfernt ist. Behandelt man die Seide auf einem auf etwa 60—75° erwärmten Kreidebade, so ist es kaum nötig, eine Wiederholung vorzunehmen, denn die Seidenfäden nehmen in der Wärme aus dem Kreidebade so viel Kreide auf, daß die Gasentwicklung so stark ist beim nachfolgenden Säurebad, daß die Verdickung der Fäden bei dieser einmaligen Behandlung schon sichtbar ist. Man hat auch darauf zu achten, daß die Wassermenge des Kreidebades in bezug auf die Gewichtsmenge der Seide nicht zu groß ist, höchstens bis zur 30fachen. Denn je kürzer das Bad, desto größere Mengen Kreide vermag der Seidenfaden aufzunehmen. Anstatt den kohlensauren Kalk auf den Seidenfaden niederzuschlagen, kann man ihn auch in der Faser niederschlagen und darauf im Säurebad zersetzen. Zu diesem Zweck behandelt man zunächst die Seide in einem neutral gemachten, verdünnten Chlorkalziumbad, darauf in einem verdünnten Sodabad und zersetzt den so niedergeschlagenen kohlensauren Kalk in einem Säurebad wie oben. Die Nachbehandlung ist dieselbe wie angegeben. Gefärbt wird wie üblich. Ein weiteres zweckmäßiges Verfahren würde darin bestehen, daß man auf die Natur- und Kunstseidenfäden in einem erwärmten Wasserbade aus einer Bombe z. B. Kohlensäuregas längere Zeit einwirken läßt.

Beim Nacharbeiten des beschriebenen Verfahrens wurde sowohl Natur- wie auch Kunstseide wie oben beschrieben behandelt und dann mit unbehandelter Natur- oder Kunstseide zusammen gefärbt. Es wurde dann unter ganz gleichen Bedingungen die behandelte und unbehandelte Naturseide zu Band verwoben, die behandelte und unbehandelte Kunstseide zu Litze verflochten. Dabei stellte sich heraus, daß die nach obigem Verfahren behandelte Faser an Volumen erheblich zugenommen hatte. Dadurch ist es möglich, beim Weben oder Flechten mit feineren Titres als bei der unpräparierten Natur- und Kunstseide gleichwertige Fabrikate zu erhalten.

Patentanspruch: Verfahren zur Verdickung der Natur- und Kunstseidenfäden ohne Erschwerung, dadurch gekennzeichnet, daß man die Faser in einem geeigneten Bade einer Gasentwicklung aussetzt, die erzeugt wird z. B. durch Niederschlagen von kohlensaurem Kalk auf oder in der Faser und Zersetzen des Niederschlages durch eine verdünnte Säure oder durch Einleiten von Kohlensäure aus einer Bombe.

Nach Deutsche Gasglühlicht-Akt.-Ges.

626. Deutsche Gasglühlicht-Akt.-Ges. (Auer-Ges.), Berlin. Behandeln künstlicher Seide.

Brit. P. 116 103.

Beim Herrichten künstlicher Seide für textilindustrielle Zwecke werden Metallhydrate in der Faser durch Ammoniak oder andere alkalisch wirkende Gase in der Weise fixiert, wie man Stoffe für die Herstellung von Glühlichtstrümpfen imprägniert. Das Ammoniak kann mit Luft oder anderen indifferenten Gasen verdünnt sein. Gefärbte Seide kann auch behandelt werden; um nach Muster zu färben, kann ein Muster verwendet werden, welches vorher in der Farbe gefärbt ist, die das Beschweren ergibt. Die Nebenprodukte der Thorherstellung können verwendet werden, sie enthalten Cer, Lanthan und Didym, die Strohfärbung, die sie ergeben, kann durch Bleichen beseitigt werden.

Über Beschweren von Kunstseide mit Bittersalz und Türkonöl unter Zusatz von etwas Gelatine s. Zeitschr. f. d. ges. Textilindustrie 1914, S. 368, und über die Verwendung von Bariumsulfat sowie Gerbsäure und Kochsalz ebenda 1914, S. 393 u. 622.

Verfahren nach Compagnie française des applications de la cellulose.

627. Compagnie française des applications de la cellulose. Verfahren zum Appretieren von Zellulosekörpern.

Franz. P. 417 599.

Künstliches Haar oder künstliche Seide hat für viele Zwecke nicht die genügende Steifigkeit, sie trägt sich nicht von selbst und muß z. B. in der Hutfabrikation durch Metalldrähte unterstützt werden. Behandelt man das künstliche Haar jedoch mit einer Lösung von Nitrozellulose oder anderen Zelluloseestern in den bekannten Lösungsmitteln, so erhält man nach dem Trocknen ein steifes Produkt, das seinen ganzen Glanz behalten hat und von Wasser nicht beeinflußt wird. Überzieht man z. B. eine Hutform, die aus Kunsthaar hergestellt ist, mit einer Lösung von 10 g Nitrozellulose in 100 g Amylacetat, so ist nach dem Trocknen die Form, die sich vorher nicht allein trug und von Wasser benetzt wurde, selbst in Wasser steif und hat nichts von ihrem Glanze verloren.

Verfahren nach Hübner.

628. Julius Hübner in Cheadle Hulme. Verfahren zum Appretieren von künstlicher Seide.

Brit. P. 19 166[1910].

Alle bisher bekannten Verfahren zum Fertigmachen künstlicher Seide, die bezwecken, dem Produkt das Gefühl und die Elastizität der Naturseide zu geben, trocknen unter Spannung. Sie geben aber ein nur teilweise befriedigendes Resultat. Das vorliegende Verfahren schlägt den Weg ein, den Wassergehalt der Faser zu erhöhen. Die Fäden oder Garne aus künstlicher Seide werden zu diesem Zwecke mit einem hygroskopischen Stoff behandelt und dann nicht gewaschen. Die Fäden usw. werden in der üblichen Weise hergestellt und gewaschen, dann werden sie durch ein lauwarmes Bad von Marseillerseife genommen oder mit Türkischrotöl od. dgl. behandelt. Sie gelangen dann für etwa 5 Minuten in ein Bad, welches etwa 1% oder mehr Glyzerin, Glykose od. dgl.

enthält und mit Essigsäure, Weinsäure oder dgl. angesäuert ist. Die Seide wird dann ausgerungen oder abgeschleudert, aber nicht gewaschen. Man kann auch das Bad mit dem hygroskopischen Stoff unangesäuert verwenden und dann mit Essigsäure, Weinsäure od. dgl. nachbehandeln. Dann wird bei niedriger Temperatur getrocknet. Das Glyzerin oder die Glykose hindern die Faser am Schrumpfen während des Trocknens.

Verfahren nach Friedel.

629. J. A. E. Friedel. Verfahren, Artikeln aus Kunstseide Weichheit und größere Festigkeit zu geben.

Franz. P. 463 160.

Artikel aus Kunstseide, z. B. kunstseidene Strümpfe, sind zu hart und steif. Um sie weicher zu machen, werden sie nach dem vorliegenden Verfahren auf eine Form gezogen und in Wasser getaucht. Danach kommen sie in einen Ofen, der so hoch erhitzt ist, daß das Wasser schnell verdampft. Nimmt man dann den Strumpf von der Form, so ist er weich und zeigt ein moiréartiges Aussehen. Statt des Wassers könnte auch nicht zu heißer Dampf verwendet werden.

Verfahren nach Courtaulds Ltd. und Linfoot.

630. Courtaulds Ltd., London und Maurice Linfoot, Braintree. Verbesserungen beim Behandeln künstlicher Seide und Apparat dazu.

Brit. P. 18 556[1914].

Schwach gezwirnte Seide mit nur zwei Drehungen auf den Zoll wird von einer Rolle abgewickelt, über eine die Appretierflüssigkeit aufbringende Walze geleitet, über eine erhitzte Trockenvorrichtung geführt und auf einer Sammelrolle aufgewickelt. Die Trockenvorrichtung besteht aus einem geheizten Kasten mit großer Oberfläche, die Fäden liegen nicht sofort ganz auf, sondern werden zunächst in einiger Entfernung von der Oberfläche des Kastens geführt, damit ein Vortrocknen stattfindet und die überschüssige Flüssigkeit verdampfen kann. (6 Zeichnungen.)

Zum Appretieren von Kunstseide empfahl J. Chittik statt Stärke oder Gelatine ein Gemisch von 95% Bienenwachs und 5% Ammoniak, das in Wasser gelöst wird und durch heißes Wasser leicht wieder entfernt werden kann (Textile Manufacturer 1914, S. 134). Zum Appretieren wurden ferner vorgeschlagen ein Gemisch von Leim, Gelatine, Olivenöl, Soda, Türkonöl und mit Diastafor behandeltem Kartoffelmehl (Zeitschr. f. d. ges. Textilindustrie 1914, S. 395), ferner Diastafor (ebenda 1914, S. 434) und Gelatinelösung, der man 2—3% Glyzerin und 1—2% Monopolseife zugesetzt hat (Österr. Wollen- u. Leinen-Ind. 1912, S. 151). Weiter behandeln die Ausrüstung ganz oder zum Teil aus Kunstseide hergestellter Gewebe Österr. Wollen- u. Leinen-Ind. 1916, S. 617—619, und das Appretieren künstlicher Seide „Kunststoffe" 1914, S. 373.

Die Behandlung kunstseidener Ketten mit Gelatine, Monopolseife und Glyzerin s. Leipz. Monatsschr. f. Text.-Ind. 1914, S. 170 und 1915, S. 139. Über Veredeln kunstseidener Gewebe s. auch O. **Hampel**, Kunststoffe 1913, S. 264.

Außer auf künstliche Seide haben die sie herstellenden Fabriken die Lösungen von Zellulose, Zelluloseabkömmlingen usw. auch auf künstliches Roßhaar, Kunststroh, künstlichen Hanfbast u. a. m. verarbeitet. Auch Nachahmungen weitmaschiger Gewebe hat man aus den zur Kunstseidefabrikation benutzten Lösungen hergestellt, und das wohl wichtigste neue Produkt ist die als Wolle- und Baumwolleersatz oder -streckungsmittel gedachte Stapelfaser. Für diese Produkte kommen die nachfolgenden Patente in Betracht.

e) Die Herstellung künstlichen Roßhaares, künstlicher Borsten u. dgl.

Nach Vereinigte Kunstseidefabriken A.-G.

631. Vereinigte Kunstseidefabriken A.-G. in Frankfurt a. M. Verfahren zur Herstellung von künstlichem Roßhaar.

D.R.P. 125 309 Kl. 29b vom 7. VIII. 1900 (gelöscht); brit. P. 20 461 [1900]; österr. P. 5195 Kl. 29; Ver. St. Amer. P. 680 719.

Die bekannten Lösungen von Zellulose, Nitrozellulose, Zellulosederivaten überhaupt für sich oder mit anderen Stoffen gemischt, welche geeignet sind, durch Einwirkung einer Fällflüssigkeit oder auch an der Luft einen fortlaufenden Faden zu erzeugen, ergeben auch das Ausgangsmaterial für die Herstellung künstlicher Roßhaarfäden. Das natürliche Roßhaar besteht bekanntlich aus einem unzwirnten, geschlossenen ziemlich dicken Faden. Sucht man einen künstlichen Roßhaarfaden aus obigen Stoffen dadurch herzustellen, daß man ihn aus einer der Dicke des natürlichen Roßhaares entsprechenden Ausflußöffnung unter Berücksichtigung des Schwindmaßes bildet, so zeigt dieser Faden den Übelstand, daß er nur geringe Zugfestigkeit besitzt und spröde ist. Ein Knüpfen dieses Einzelfadens und ein Zusammenknüpfen mehrerer Fäden ist unmöglich, weil er an den geknüpften Stellen ungemein leicht abreißt.

Durch nachstehendes Verfahren wird dieser Übelstand behoben. An Stelle der Erzeugung eines einzelnen dicken Fadens aus oben genannten Stoffen teilt man den Faden in zwei oder mehr entsprechend dünne (jedoch etwas dickere, als bei der Herstellung künstlicher Seide in Anwendung kommende) Fäden, welche man sofort oder unmittelbar nach dem Austreten aus dem Spinnröhrchen in eine Erstarrungsflüssigkeit oder Luft zu einem Faden zusammenlaufen läßt. Diese Vereinigung muß so kurze Zeit nach dem Austritte aus dem Spinnröhrchen geschehen, daß die einzelnen Fäden noch die Fähigkeit besitzen, sich gegenseitig so zu verschmelzen, daß sie einen vollständig geschlossenen dicken, roßhaarähnlichen Faden bilden. Dieser künstliche Roßhaarfaden wird in bekannter Weise weiter behandelt, u. U. denitriert, gefärbt und bietet einen vollkommenen Ersatz für das natürliche Roßhaar. Dadurch ist der Roßhaarfaden auch geeignet (insbesondere auch durch seine unbeschränkte Länge) zum Verweben in der Textilindustrie und mit Leuchtsalzen imprägniert zu Glühstrümpfen und karbonisiert zu Glühfäden verwendet werden zu können.

Patentanspruch: Verfahren zur Herstellung von künstlichem Roßhaar, dadurch gekennzeichnet, daß man zwei oder mehr künstliche Fäden aus Lösungen von Zellulose, Nitrozellulose oder Zellulosederivaten, die etwas dicker sind als die Fäden bei der Herstellung künstlicher Seide, unmittelbar nach ihrer Bildung zusammenlaufen läßt, so daß die Fäden noch die Fähigkeit besitzen, sich gegenseitig zu einem vollständig geschlossenen Einzelfaden zu vereinigen.

Das brit. P. 20461 [1900] beschreibt eine Vorrichtung zur Ausführung des Verfahrens.

632. Vereinigte Kunstseidefabriken, A.-G. in Frankfurt a. M. Verfahren zur Herstellung von künstlichem Pferdehaar.

D. R. P. 129420 Kl. 29 b vom 2. X. 1900 (gelöscht); brit. P. 17759 [1900]; österr. P. 8359; Ver. St. Amer. P. 713999.

Das Verfahren ist aus den Patentansprüchen deutlich zu erkennen:

Patentansprüche: 1. Verfahren zur Herstellung von künstlichem Pferdehaar, dadurch gekennzeichnet, daß ein Faden von der dem Pferdehaar entsprechenden Dicke aus Baumwolle, Ramie, Zellulose, Viskose, Nitrozellulose, künstlicher Seide oder dgl. durch ein entsprechendes bekanntes Lösungsmittel, wie Kupferoxydammoniak, Chlorzink, Ätheralkohol oder Schwefelsäure hindurchgeführt und dadurch die einzelnen Fasern des Fadens so erweicht oder aufgelöst werden, daß sie sich zu einem einzigen vollkommen homogenen Faden von glatter, geschlossener Oberfläche vereinigen, wonach dieser Faden durch eine Erstarrungsflüssigkeit gezogen oder der Luft ausgesetzt wird, um die weitere Einwirkung des Lösungsmittels aufzuheben und die Form des geschlossenen Fadens zu erhalten.

2. Eine Ausführungsform, bei welcher der nach dem Verfahren des Anspruchs 1 gewonnene Faden mit Gummilösung, Gelatine oder Kollodium weiterbehandelt wird, um etwaige fehlerhafte Stellen des Fadens zu verbessern.

633. Vereinigte Kunstseidefabriken A.-G. in Kelsterbach a. M. Verfahren zur Herstellung geschlossener roßhaarähnlicher Fäden aus Abfällen von gezwirnten Kunstfäden mittels gelöster Nitrozellulose oder Zellulose.

D.R.P. 181784 Kl. 29 b vom 31. I. 1905 (gelöscht).

Durch Zusammenlaufenlassen mehrerer noch weicher und klebender künstlicher Fäden unmittelbar beim Spinnen oder durch Aufquellenlassen eines stärkeren, aus mehreren Einzelfäden bestehenden fertigen Fadens in geeigneten Lösungsmitteln und Zusammenkleben der Einzelfädchen zu einem geschlossenen Faden hat man bis jetzt runde Fäden erzeugt, welche an Aussehen dem Roßhaar ähnelten und dieses wohl auch an Glanz übertrafen. Man hat nun andererseits auch versucht, den fertigen gezwirnten Kunstseidefaden des Handels mit einem Klebstoff, der die einzelnen Fasern zusammenkittet, zu imprägnieren und damit einen geschlossenen Faden zu erzeugen.

Die vorliegende Erfindung bezweckt demgegenüber aus Abfällen von gezwirnten Kunstseidefäden, welche einen haarigen Charakter zeigen und deshalb schwierig verwertbar sind, geschlossene Fäden herstellen, deren Aussehen dem des künstlichen Roßhaares sehr nahe kommt, die dabei aber wesentlich mehr Glanz aufweisen als die bisher aus gezwirnten Kunstseidefäden auf analoge Weise hergestellten roßhaarähnlichen Fäden. Diese mindere Sorte Kunstseide, Glanzstoff und dgl. entzwirnt man, und zwar u. U. mehrere Fäden zusammen auf einer beliebigen Zwirnmaschine bis auf einige Drehungen auf den Meter durch sogenanntes Aufzwirnen. Der so gewonnene neue aufgedrehte Faden wird nun in bekannter Weise durch einen Behälter gezogen, in welchem sich Kollodium befindet. Er wird damit durchtränkt und bei seinem Austritt aus dem Behälter durch Abstreifen von dem Überschuß an Kollodium befreit. Nach längerer Führung durch die Luft erstarrt das anhängende Kollodium. Der runde, geschlossene Faden wird nunmehr auf Haspeln oder Spulen langsam (um ein Kleben zu verhüten) aufgewickelt und darauf getrocknet. Er kann dann denitriert und gefärbt werden, ohne aufzugehen. An Stelle des Kollodiums können auch andere bekannte wasserfeste Vereinigungsmittel genommen werden, z. B. Lösungen von Zellulose in Kupferoxydammoniak oder Chlorzink, Viskose und Zellulosetetraacetat. Da in diesen Fällen ein Erstarren an der Luft nicht erfolgt, so muß man den Faden noch durch geeignete Säuren, Chlorammoniumlösung und dgl. führen, um die Zellulose auszufällen. Nach darauffolgendem Waschen und Trocknen ist der Faden gleichfalls gebrauchsfähig.

Patentanspruch: Verfahren zur Herstellung geschlossener roßhaarähnlicher Fäden aus Abfällen von gezwirnten Kunstfäden mittels gelöster Nitrozellulose oder Zellulose, darin bestehend, daß die vorhandene Zwirnung derartiger Abfälle durch entgegengesetzte Drehung aufgehoben wird und die Fäden hierauf in an sich bekannter Weise mit gelöster Nitrozellulose oder Zellulose zum Zweck einer festen gleichmäßigen Vereinigung getränkt werden.

Nach Vereinigte Glanzstoffabriken A.-G.

634. Vereinigte Glanzstoff-Fabriken A.-G. in Elberfeld. Verfahren zur Herstellung dicker, roßhaarartiger Fäden oder Films aus einer Lösung von Zellulose in Kupferoxydammoniak.

D.R.P. 186 766 Kl. 29 b vom 25. XI. 1904 (gelöscht); österr. P. 32 377; Ver. St. Amer. P. 856 857; franz. P. 351 206; brit. P. 1284 [1905].

Es war bisher üblich, Zellulose aus Lösungen mittels saurer Fällungsmittel, z. B. Essigsäure oder Schwefelsäure von 30—65%, also unter

Zersetzung des Lösungsmittels, abzuscheiden unter gleichzeitiger Formung der Zellulose in die gewünschten Gebilde. Diese Verfahren genügten zur Erzeugung von feinen, als künstliche Seide bekannt gewordenen Fäden, nicht aber von brauchbaren dicken, roßhaarartigen Gebilden oder von Films, da solche stets spröde und glanzlos ausfielen.

Es wurde nun gefunden, daß solche Gebilde, wenn sie unter Verwendung von Basen verschiedener Art, insbesondere konzentrierter Kali- oder Natronlauge als Fällungsmittel erzeugt werden, den mit Säure erhaltenen gegenüber wesentliche Unterschiede aufweisen. Sie sind nämlich im Gegensatz zu diesen elastisch, glanzreich und in einem hohen Grade wasserfest, somit technisch sehr wertvoll. Im rohen Zustande sind die durch Alkali gewonnenen Abscheidungen kupferhaltig und demnach gefärbt. Ist diese Färbung störend, so kann das Kupfer z. B. mit Säuren entfernt oder die blaue Farbe der kupferhaltigen Gebilde durch Behandlung mit Schwefelwasserstoffgas, schwefliger Säure, Chromsäurelösung und dgl. in bekannter Weise beseitigt oder verändert werden.

Bei den bekannten Verfahren war es nicht möglich, einen dicken, harten, brauchbaren Faden aus einem Gusse zu erzeugen. Bei Berücksichtigung der großen Unterschiede in der Beschaffenheit feiner und dicker Fäden bei Anwendung des bisher gebräuchlichen Fällmittels, der Schwefelsäure, mußte der Fachmann, welcher das Verfahren zur Herstellung feiner Fäden mit Hilfe von Alkalilauge kannte, annehmen, daß auch in dem vorliegenden Falle ähnliche Unterschiede auftreten würden. Daß dem nicht so ist, und daß überraschenderweise dicke Fäden in diesem Fall ganz ausgezeichnete und wertvolle Eigenschaften besitzen, welche die bislang einzig geübte langwierige und unvollkommene Herstellungsweise dicker Fäden durch Zusammenkleben mehrerer feiner Fädchen überflüssig und entbehrlich machen, war eine neue Erkenntnis von großer technischer Bedeutung.

Beispiel I. 240 kg nach dem Verfahren der Patentschrift 119 098[1]) vorbereitete Zellulose werden z. B. in 3000 l Kupferoxydammoniak in bekannter Weise bei niederer Temperatur gelöst und durch Kapillarröhrchen von entsprechender Weite — etwa 0,5 mm — in konzentrierte Natronlauge von etwa 30% ausgepreßt. Der entstandene Kupferzellulosefaden wird aufgespult, durch Waschen von anhängender Natronlauge befreit und unter Spannung getrocknet.

Beispiel II. Kupferoxydammoniakzellulose, hergestellt nach dem Verfahren der Patentschrift 98 642[2]) wird durch schlitzförmige Öffnungen in Natronlauge eingebracht. Nach erfolgter Gerinnung wird der entstandene Film gewaschen, zwischen Papierblätter gelegt und mit diesen fest um einen starren Zylinder gerollt oder gepreßt, so daß eine Formveränderung nicht eintreten kann.

Patentanspruch: Verfahren zur Herstellung dicker, roßhaarartiger Fäden oder Films aus einer Lösung von Zellulose in Kupfer-

---

[1]) Siehe S. 193.
[2]) Siehe S. 147.

oxydammoniak, darin bestehend, daß diese Lösung aus entsprechend weiten runden oder schlitzförmigen Öffnungen in konzentrierte Basenlösungen wie konzentrierte Natron- oder Kalilauge eingebracht und die dabei erhaltenen wasserfesten kupferhaltigen Gebilde in üblicher Weise von Natronlauge befreit und durch Spannen vor Formveränderung geschützt, bei gewöhnlicher Temperatur getrocknet werden.

635. Vereinigte Glanzstoff-Fabriken A.-G. in Elberfeld. Verfahren zur Herstellung dicker, roßhaarartiger Fäden oder Films aus einer Lösung von Zellulose in Kupferoxydammoniak.

R.D.P. 188 113 Kl. 29 b vom 17. I. 1905, Zus. z. P. 186 766 vom 25. XI. 1904 (gelöscht); österr. P. 33 277; brit. P. 1745 [1905]; franz. P. 351 207, Ver. St. Amer. P. 804 191.

Durch das Patent 173 628[1]) ist ein Verfahren geschützt, nach welchem Kupferoxydammoniakzelluloselösungen durch verdünnte Natronlauge behufs Herstellung feinster nicht opalisierender Fädchen gefällt werden. Das Verfahren versagt, wenn es sich darum handelt, dicke, roßhaarähnliche Fäden oder Films herzustellen. Andererseits gelingt es leicht, solche nach dem Verfahren des Hauptpatents 186 766 (s. vorstehend) zu erhalten. Dabei hat es sich gezeigt, daß es keineswegs gleichgültig ist, wie die erhaltenen Gebilde weiter behandelt werden. Entfernt man von dem frischgefällten Gebilde sofort die anhängende Natronlauge durch geeignetes Waschen, so entstehen wohl Gebilde, welche größere Wasserfestigkeit und Elastizität als die bisher bekannten besitzen, doch sind diese wertvollen Eigenschaften noch einer wesentlichen Steigerung fähig, wenn die Gebilde nachfolgend beschriebenem Verfahren unterworfen werden.

Dieses Verfahren besteht darin, daß die Gebilde nach der Fällung nicht sofort gewaschen werden, sondern noch einige Zeit in der Fällflüssigkeit verbleiben oder auch mit frischer konzentrierter Natronlauge weiter behandelt werden. Im ersteren Falle ist durch geeignete Zufuhr frischer konzentrierter Natronlauge dafür zu sorgen, daß der Ammoniakgehalt der Natronlauge nicht über 60 g im Liter Lauge steigt, da die Gebilde sonst infolge beginnender Wiederauflösung eine rauhe Oberfläche annehmen. Das Belassen in der ammoniakhaltigen oder frischen konzentrierten Natronlauge muß um so länger dauern, je dicker die Gebilde sind, entsprechend dem größeren Widerstand, den sie dem Durchdringen der Natronlauge entgegensetzen. Die verschiedenen Eigenschaften der nicht nachbehandelten und der nachbehandelten Produkte sind erklärlich, wenn man annimmt, daß durch die Weiterbehandlung mit Natronlauge sich, der augenfälligen Quellung entsprechend, eine Kupfernatriumzellulose bildet, die nach dem Auswaschen zu einer fester gefügten Kupferzellulose führt als die sofort nach dem mit konzentrierter Natronlauge vorgenommenen Ausfällen gewaschene.

Nicht nachbehandelte Kupferzellulosefäden von etwa 300 Deniers verlieren 50—60% an Festigkeit, wenn sie mit Wasser benetzt werden,

---

[1]) Siehe S. 159.

während solche, die etwa $^1/_2$ Stunde nachbehandelt worden sind, nur noch etwa 30% verlieren. Ähnliche Unterschiede weisen auch die entsprechenden entkupferten Fäden auf, wobei noch ein Unterschied bei den nicht nachbehandelten Fäden besteht, je nachdem die Entkupferung vor oder nach dem Trocknen des Kupferzellulosefadens stattfand, und zwar zugunsten des erst nach dem Trocknen entkupferten. Alle aus nachbehandelter Kupferzellulose erhaltenen Zellulosegebilde färben sich kräftiger mit Farbstoffen als solche aus nicht nachbehandelter Kupferzellulose.

Das Verfahren eignet sich besonders zur Herstellung von dicken, hochelastischen, glasartig durchsichtigen Fäden, sog. künstlichem Roßhaar und ebensolchen Films. Erstere finden z. B. nach der Schwefelung und dem Entwickeln von Anilinschwarz auf der Faser oder auch nach Entkupferung Verwendung in der Besatzindustrie, letztere nach Entkupferung zu photographischen Zwecken. Auch nach der Verkohlung können die Fäden und Films — jene zu elektrischem Glühlicht, diese zu Telephonzwecken — vorteilhaft benutzt werden. Um Formänderungen zu vermeiden, sind die Gebilde, wie üblich, unter Spannung bei gewöhnlicher Temperatur zu trocknen.

Patentanspruch: Ausführungsform des Verfahrens nach Patent 186 766, dadurch gekennzeichnet, daß die durch Fällen von Kupferoxydammoniakzelluloselösung mit konzentrierter Natronlauge gewonnenen Gebilde zunächst mit konzentrierter Natronlauge, die u. U. bis zu 6% Ammoniak enthalten darf, weiterbehandelt und erst dann gewaschen werden.

636. Erste österreichische Glanzstoff-Fabrik A.-G. in Wien. Verfahren zur Herstellung von durchsichtigen, festen und elastischen Zellulosefäden und -films.
Österr. P. 33 278.

Das D.R.P. 98 642[1]) beschreibt ein Verfahren, um künstliche Seide aus in Kupferoxydammoniak gelöster Zellulose herzustellen. Es wird dabei die Zelluloselösung durch kapillare Röhrchen in eine die Zellulose abscheidende Fällflüssigkeit, z. B. verdünnte Essigsäure gepreßt und der abgeschiedene Zellulosefaden auf eine in einem Bad von verdünnter Säure, z. B. Essigsäure umlaufende Walze naß aufgewickelt und nach Auswaschen des Ammoniaks und Kupfers unter Spannung getrocknet. Wendet man das Verfahren an auf Fäden von größerer Dicke oder für Films, indem man größere Kapillaren oder schlitzartige Öffnungen beim Auspressen in die Fällflüssigkeit verwendet, so geht zwar die Koagulation recht gut vor sich, die nach dem sauren Waschen bleibenden Fäden sind aber von einem so matten Glanze und verhältnismäßig so wenig elastisch, daß sie technisch wertlos sind. Die Films sind ebenfalls nicht glasartig klar, dabei brüchig, unelastisch.

Ganz anders sind die Ergebnisse, wenn nach vorliegendem Verfahren gearbeitet wird. Es besteht darin, daß die z. B. durch Schwefel-

---
[1]) Siehe S. 147.

säure von 30—65% in technisch ökonomischer Weise ihres Kupfers und Ammoniaks beraubten Fäden oder Films nach dem Auswickeln auf einen starren Zylinder in einem Bad von konzentrierter Natronlauge einige Zeit umlaufen gelassen werden und dann erst z. B. auf der im Patent 6843[1]) beschriebenen Vorrichtung bis zur Entfernung der Natronlauge mit Wasser, u. U. unter Zusatz z. B. kleinster Mengen Essigsäure gewaschen und unter Spannung getrocknet werden. Der Effekt ist überraschend. Die direkt kupferfreien Fäden sind glasartig durchsichtig, von großer Festigkeit und Elastizität. Diese merkwürdige Tatsache läßt sich wie folgt erklären. Beim früher üblichen Verfahren des Umlaufenlassens in verdünnter Säure des in Schwefelsäure von 35—60% gesponnenen Fadens trat beim Austritt des Kupfers und des Ammoniaks aus dem Zellulosemolekül unter Volumvergrößerung eine Aufnahme von Wasser ein, und die Abspaltung des Hydratwassers beim Trocknen veränderte die physikalische Struktur des Fadens derart, daß der Glanz verloren ging. Nach dem neuen Verfahren hingegen wird bei dem Austritt des Kupfers und des Ammoniaks beim Spinnen in der 35—60-prozentigen Schwefelsäure in diesem Augenblicke des Nascierens des Zellulosemoleküls diesem keine Gelegenheit zu einer derartigen Wasseraufnahme gegeben. Es tritt vielmehr zunächst das Natrium an die Stelle des Kupfers und u. U. des Ammoniaks, und es entsteht ein plastischer Faden von Natronzellulose, bei dessen Zersetzung mit verdünnter Säure beim Auswaschen des Natrons jedenfalls nur so wenig Wasser aufgenommen wird, daß beim üblichen Trocknen unter Spannung die Struktur des Fadens keine nachteilige Veränderung erleidet und der Glanz und die große Festigkeit und Elastizität erhalten bleiben.

Beim Einpressen von Kupferzelluloseammoniaklösungen direkt in Natronlauge entstehen Abscheidungen von Kupferzellulose, die ebenfalls wertvoll sind, besonders nach ihrer Weiterbehandlung, und ähnliche Eigenschaften zeigen wie die Fäden und Films nach dem vorliegenden Verfahren. Das erstgenannte Verfahren hat indessen den Nachteil, einen Umweg nötig zu machen über die Zellulose, der bei dem vorliegenden Verfahren vermieden wird, indem direkt reine Zellulose erhalten wird unter wirtschaftlich zweckdienlichster Wiedergewinnung des Kupfers und des Ammoniaks ohne Belästigung der Arbeiter durch Ammoniakdämpfe.

Patentanspruch: Verfahren zur Herstellung von durchsichtigen, festen, elastischen Zellulosefäden oder -films mittels Auspressens von in Kupferoxydammoniak gelöster Zellulose in Schwefelsäure durch zylindrische oder schlitzförmige Öffnungen, dadurch gekennzeichnet, daß die erhaltenen Zellulosefäden und -films auf eine in konzentrierter Natronlauge umlaufende Walze aufgewickelt, dann mit Wasser oder schwacher Säure gewaschen und unter Spannung getrocknet werden.

---
[1]) Siehe S. 280.

Nach Waite.

637. Ch. N. Waite. Herstellung mit Viskose überzogener wasserfester Fasern.

Ver. St. Amer. P. 791 385, 791 386.

Zur Herstellung von sogenanntem „künstlichen Roßhaar" wird ein Faden von geeigneter Dicke durch eine Viskoselösung gezogen und, nachdem die Viskose alle Zwischenräume des Fadens gut ausgefüllt hat, getrocknet. Diese Behandlung wird wiederholt, bis der Faden das gewünschte Gewicht erreicht hat. Nach dem letzten Trocknen wird in Wasser erweicht und die Viskose in bekannter Weise zersetzt. Nach vollzogener Umwandlung wird gewaschen und getrocknet. Je nach dem Alter der verwendeten Viskose wird die Arbeitsweise etwas abgeändert. Das Produkt zeigt guten Glanz und harte Oberfläche. Wasserfestigkeit wird durch Behandlung mit einem geeigneten Firnis, z. B. schwer flüchtigem Petroleumöl, erzielt.

Nach Henckel von Donnersmarck.

638. Graf Guido Henckel Fürst von Donnersmarck in Neudeck, O.-Schl. Verfahren zur Herstellung eines roßhaarähnlichen Produktes.

D.R.P. 189 140 Kl. 29 b vom 13. XI. 1903, übertragen auf Verein. Glanzstoff-Fabriken A.-G. Elberfeld (gelöscht); österr. P. 29 999.

Es ist bekannt, daß man die nach Patentschrift 70 999[1]) herstellbare Lösung von Viskose für Appreturzwecke verwenden kann. Insbesondere ist in der britischen Patentschrift 3898 [1898] die Herstellung von künstlicher Seide durch Imprägnieren und Überziehen von Rohgarnfäden, z. B. von Baumwollgarn, mit den verschiedenen bekannten Zelluloselösungen und unter anderem auch mit Viskoselösung angegeben worden, und es wird in dieser Patentschrift darauf hingewiesen, daß man durch das Hindurchführen eines Baumwollfadens durch eine Zelluloselösung von 5% Zellulosegehalt aufwärts bis zur gesättigten Lösung und durch nachträgliches Koagulieren und Fixieren der Zellulose auf der Faser mittels bekannter Mittel einen Kunstseidenfaden von Glanz und hoher Festigkeit erhalten kann. Es wurde nun festgestellt, daß es auf die angegebene Weise zwar möglich ist, die Eigenschaften der Rohgarnfäden zu verändern, ohne daß es jedoch gelingt, ein gleichmäßiges Garn herzustellen. Dagegen wurde bei Anwendung eines bestimmten Fabrikationsverfahrens ein neues Produkt von hervorragender Bedeutung erhalten, nachdem diejenigen Mittel ausfindig gemacht waren, die einmal in ununterbrochener Arbeit die Herstellung gleichmäßiger zylindrischer Fäden erzielen lassen und es ferner ermöglichen, die Rohgarnfäden in beliebiger Weise schwächer oder stärker zu beschweren, so daß es nach vorliegender Erfindung möglich ist,

---
[1]) Siehe S. 301.

im Gegensatze zu dem in der britischen Patentschrift 3898 [1898] angegebenen Verfahren zur Herstellung eines Kunstseidenproduktes Garne zu erzeugen, die bis zum achtfachen Gewicht des Rohfadens beschwert sind.

Man führt dieses Verfahren folgendermaßen aus: Der Rohgarnfaden wird durch mit Viskoselösung gefüllte Behälter geführt, welche für den Austritt der Lösung feine, nach Belieben regelbare Ausflußöffnungen haben, durch deren Mitte der Rohgarnfaden zugleich mit der Viskoselösung austritt. Je nach der Konzentration der Viskoselösung und der Anwendung verschieden großer Ausflußöffnungen oder der Einstellung dieser Öffnungen nach Maßgabe des gewünschten Beschwerungsgrades hat man es in der Hand, den Rohgarnfaden mehr oder weniger stark mit einer gleichmäßigen zylindrischen Appretur zu versehen. Indem man die Fäden in senkrechter Richtung durch die Öffnungen austreten läßt, unterstützt man die gleichmäßige Verteilung der Lösung auf dem Faden. Die Verteilung kann außerdem noch dadurch verbessert werden, daß man den Faden auf seinem Wege von der Austrittsöffnung zum Koagulationsbade eine kurze Strecke in senkrechter Richtung durch die Luft führt. Er tritt dann in eine Koagulationsflüssigkeit ein, z. B. in eine Lösung von Ammonsalzen, in Säurebäder oder ähnliche bekannte Lösungen, und wird nach dem Verlassen des Koagulationsbades durch Behandlung mit Säuren in bekannter Weise fixiert, durch Waschen von Säure und Nebenbestandteilen befreit, getrocknet und fertiggestellt. Man erhält auf diese Weise einen dem tierischen Haar vergleichbaren Faden, der durch die auf dem Innenfaden gebildete und mit diesem gleichsam verschweißte Zellulosefilmschicht überraschende Elastizität und Steifigkeit besitzt und ein vollkommenes sofort verwendbares Textilprodukt darstellt. Zudem ist das neue Produkt durch Bleichbarkeit, Färbbarkeit und hohen Glanz ausgezeichnet.

Patentanspruch: Verfahren zur Herstellung eines roßhaarähnlichen Produktes aus Rohgarnfäden aller Art unter Anwendung von Viskoselösungen, durch welche die Fäden hindurchgeführt werden, dadurch gekennzeichnet, daß man die Fäden zugleich mit der anhaftenden Lösung in senkrechter Richtung von oben nach unten durch die Mitte einstellbarer Öffnungen austreten läßt und sie alsdann in bekannter Weise in ein Koagulationsbad leitet.

Das Viszellingarn der Fürst G. Donnersmarckschen Kunstseide- und Acetatwerke in Sydowsaue bei Stettin dürfte nach diesem Verfahren hergestellt worden sein.

639. Fürst Guido Donnersmarcksche Kunstseiden- und Acetatwerke.
Verfahren zur Herstellung elastischer Fäden.

Franz. Pat. 370 741; brit. Pat. 23 683 [1906].

Zwei oder mehr Fäden aus Baumwolle, Zellulose, Nitrozellulose, Ramie, Kunstseide usw., einzeln, verzwirnt oder nicht verzwirnt, werden durch eine Zelluloselösung, z. B. Viskose, Kollodium oder Acetylzelluloselösung durchgezogen, dadurch miteinander verklebt, und dann wird unter stetigem Zusammenhalten der Fäden die Zellulose gefällt. Wird z. B. Viskose verwendet, so wird das Behandeln mit der Viskoselösung so oft wiederholt, bis die gewünschte Beschwerung des ursprünglichen Fadens erreicht ist. Dann wird der Faden durch heiße Luft geführt oder besser mit Säuren, sauren Salzen, Salzen, besonders Ammoniaksalzen, behandelt und fertig gemacht. Wird Acetylzellulose als Verklebungsmittel verwendet, so dient Alkohol als Fällflüssigkeit, die Fäden haben dann die isolierenden Eigenschaften der Acetylzellulose.

Nach Dreaper und Tompkins.

640. **W. P. Dreaper in Braintree und H. K. Tompkins in West-Dulwich (Engl.).** Herstellung gekräuselter Gewebe wie Krepp und von Artikeln, die gewöhnlich aus gekräuseltem Menschen- oder Roßhaar gemacht werden, aus Zellulose.

Prit. P. 10 487 [1897].

Baumwolle oder eine andere Form der Zellulose wird in einem hydrolysierenden Mittel, z. B. Zinkchlorid- oder Zinknitratlösung, der eine geringe Menge anderer Metallsalze, z. B. der Chloride oder Nitrate von Kalzium, Barium oder Strontium, zugesetzt sein kann, oder in Phosphorsäure oder nach geeigneter Behandlung mit Schwefelsäure in Wasser allein aufgelöst. Die Lösung wird durch eine Öffnung in Alkohol oder Aceton gepreßt, die die Zellulose fällt und das Lösungsmittel aufnehmen. Die Fäden werden dann gewaschen und getrocknet. Das Färben kann durch Zusatz von Farbstoff zu der Zelluloselösung geschehen, oder der getrocknete Faden wird mit Baumwollfarbstoffen gefärbt. Um den Faden wasserdicht zu machen, wird er mit Spiritus-, Öl- oder Japanfirnis oder mit alkalischer Schellacklösung cder mit Gelatine oder Leim und den bekannten Mitteln, diese Stoffe unlöslich zu machen, behandelt. Auch Nitrozellulose- oder Zelluloidlösung können zu diesem Zwecke benutzt werden. Das Kräuseln geschieht mit entsprechend geformten Walzen mit den verwebten trockenen oder gedämpften Fäden oder in der für Haar üblichen Weise.

Nach Bruggisser & Cie.

641. **M. Bruggisser & Cie. in Wohlen, Aargau.** Neues grobhaarähnliches Gelatinegebilde.

Schweiz. P. 20 433.

Gegenstand der Erfindung ist ein durchscheinendes, grobhaarähnliches Gelatinegebilde, welches behufs Verstärkung eine faserige Einlage, z. B. Seide oder Baumwolle, hat und ein roßhaarartiges Aussehen besitzt. Dieses Gebilde kann weiß oder farbig sein. Es ist vorzugsweise dazu bestimmt, allein oder mit anderen Stoffen zusammen in Geflechtform gebracht zur Hutfabrikation verwendet zu werden.

Nach Schaumann und Larsson.

642. F. Schaumann und A. W. Larsson. Künstliches Haar und Verfahren zu seiner Herstellung.

Franz. P. 333 246.

Ein Faden aus Seide, Leinen, Hanf usw. wird zugleich mit einer Nitrozelluloselösung, der die bekannten die Explosivität herabsetzenden Stoffe zugesetzt sind, aus einer Öffnung zum Austreten gebracht. Oder ein Faden der genannten Art wird durch eine solche Lösung, der eine Lösung von Schellack und zur Erhöhung der Elastizität etwas Rizinusöl zugesetzt sein kann, genommen und dann durch eine Röhre von gewünschtem Durchmesser gezogen, die an den Enden trichterförmig gestaltet ist. Der Faden wird dann durch ein geeignetes Koagulierungsmittel, z. B. Wasser, genommen, oder der Überzug wird an der Luft zum Erstarren gebracht. Das Produkt soll besonders zu Borsten für Zahnbürsten verwendet werden.

Nach Diamanti und Champion.

643. H. Diamanti und H. Champion. Spinnvorrichtung zur Herstellung künstlichen Haares.

Franz. P. 377 494.

An der Vorderseite eines metallenen Kastens sind oben nebeneinander 25 Spinnöffnungen angebracht, aus denen die künstlichen Fäden, die das Haar bilden, austreten. Die Fäden werden oben in den Kasten durch einen Schlitz gebracht und gelangen auf eine Reihe unter einander angeordneter endloser Bänder, auf welchen sie von oben nach unten im Zickzackwege durch den Kasten geführt werden. Dabei werden sie einem von unten kommenden trockenen Luftstrome entgegengeführt, der sie von Lösungsmitteldämpfen befreit. Beim Austritt aus dem Kasten werden die Fäden auf Spulen aufgewickelt. Der Durchgang der warmen Luft durch den Kasten wird durch Klappen geregelt. (1 Zeichnung.)

Nach Lecoeur.

644. A. Lecoeur. Verfahren zur Herstellung künstlichen Haares.

Franz. P. 392 868.

Beim Fällen von Kupferoxydammoniakzelluloselösungen wird ein Gemisch gleicher Teile bei 25—30° C gesättigter Sodalösung, die 20 bis 25% wasserfreies Natriumkarbonat enthält, und einer Ätznatronlösung von 25—30% benutzt. Das gefällte Haar wird auf eine Spule gewickelt, die in ein Bad aus konzentrierter Natriumkarbonatlösung taucht, die mit 7—8%iger Ätznatronlösung versetzt ist. Danach wird das Haar in einem Natriumbisulfatbade, das etwa 4% freie Säure enthält, von Kupfer befreit. Nach vollständiger Entfärbung wird gewaschen und getrocknet.

Nach Crumière.

645. E. Crumière. Verfahren zur schnellen Herstellung künstlichen Haares und sehr widerstandsfähiger, elastischer sowie durchscheinender Bänder.

Franz. P. 377 118; brit. P. 6766 [1908].

Man läßt eine Lösung von Zellulose in Kupferoxydammoniak aus einer runden oder schlitzförmigen Öffnung in eine schwache Lösung von Essigsäure, Schwefelsäure usw. treten und taucht das erhaltene Gebilde einige Augenblicke in ein warmes Chlorzinkbad von 1,70 Dichte. Danach wäscht man mit schwach angesäuertem Wasser und dann mit Wasser und trocknet. Das Chlorzinkbad wird z. B. durch Erhitzen konzentriert, das Zink wird aus den Waschwässern in der üblichen Weise wiedergewonnen.

646. E. Crumière. Verfahren zur schnellen Herstellung künstlichen Haares und sehr widerstandsfähiger, elastischer sowie durchscheinender Bänder.

Franz. P. 9067; Zus. z. franz. P. 377 118; brit. P. 7126 [1908]; Ver. St. Amer. P. 911 868.

Wird das vorstehend beschriebene Verfahren dahin abgeändert, daß die Kupferoxydammoniakzelluloselösung direkt in Chlorzinklösung versponnen wird, so bereitet zwar die Fadenbildung keine Schwierigkeiten, der entkupferte Faden hat aber keine Festigkeit. Setzt man jedoch dem Chlorzinkbade Natron- oder Kalilauge zu, so daß man Natrium- oder Kaliumzinkat in Lösung hat, so ist die Fadenbildung gut, und auch der Faden ist nach dem Entkupfern, Waschen und Trocknen fest und elastisch. Nach einiger Zeit nimmt das Koagulierungsbad durch gelöstes Kupfer eine blaue Färbung an, die das Überwachen der Fadenbildung erschwert. Diese Färbung verschwindet, wenn man das Bad mit Zinkstreifen kocht. Dadurch wird das Kupfer gefällt und Zink geht als Alkalizinkat in Lösung. Diese Einwirkung des Zinkes findet auch in der Kälte statt, aber weniger schnell.

Nach Jannin.

647. Louis Emile Jannin in Paris. Vorrichtung zur Herstellung künstlichen Roßhaares.

D.R.P. 183 001 Kl. 29a vom 20. II. 1906 (gelöscht).

Es ist bekannt, künstliches Roßhaar in der Weise herzustellen, daß man konzentrierte Gelatinelösungen unter Druck durch Düsen hindurchpreßt und die entstehenden Fäden aufspult. Bei diesem bekannten Verfahren war man bisher gezwungen, nur verhältnismäßig verdünnte Gelatinelösungen anzuwenden, demzufolge sehr feuchte Fäden entstanden, die schwer trockneten, unregelmäßig wurden und leicht eine Formänderung erfuhren, so daß ein unansehnliches Garn erzielt wurde. Derartige Fäden müssen bekanntlich, bevor sie auf die Spule gelangen,

Nach Jannin.

getrocknet werden, damit sie auf der Spule nicht kleben bleiben. Man hat bisher zu diesem Zweck den Faden auf besonderen, beispielsweise aus Riemen bestehenden wandernden Bahnen bis zur vollkommenen Trocknung einen möglichst langen Weg zurücklegen lassen. Hierbei konnten aber die Fäden leicht auf der wandernden Bahn festkleben.

Den Gegenstand der vorliegenden Erfindung bildet nun eine Vorrichtung, mit deren Hilfe ein regelmäßiger, dem natürlichen Roßhaar ähnlicher Faden erzielt werden soll. Auch hier wird von einer Gelatinelösung ausgegangen. Diese ist aber konzentrierter, als sie bisher verwendet wurde. Man stellt sie sich dar, indem man beispielsweise 1 kg Gelatine in 1 kg Wasser und 100 g Glyzerin löst, sie wird gegebenenfalls mit Hilfe von Kohlensäuredruck durch Düsen hindurchgepreßt. Der aus der Düse austretende Faden ist infolge des hohen Konzentrationsgrades der Gelatinelösung verhältnismäßig trocken. Er wird nun, bevor er auf die Spule gebracht wird, unter Spannung gehalten,

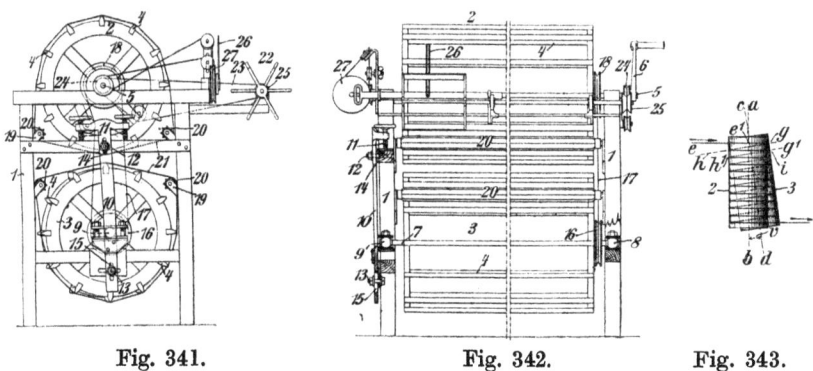

Fig. 341. Fig. 342. Fig. 343.

damit er nicht zusammenschrumpft, nicht unregelmäßig eintrocknet und insbesondere auch nicht auf der Spule und auf den ihn zu der Spule führenden Vorrichtungen haften bleibt. Die Vorrichtung, welche dazu dient, den Faden in gespanntem Zustande vor dem Spulen zu halten, ist in der Zeichnung dargestellt, und zwar in Fig. 341 in einer Seitenansicht, in Fig. 342 in einer Vorderansicht, während Fig. 343 eine Einzelheit veranschaulicht, welche später erläutert werden soll.

Die Vorrichtung besteht aus zwei Trommeln, um welche herum der aus der Düse austretende Faden, bevor er auf die Spulen aufgewickelt werden soll, mehrere Male geführt wird. Zwischen diesen beiden Trommeln sind mehrere sich mit der gleichen Umfangsgeschwindigkeit wie die Trommeln drehende Walzen angeordnet, welche dem Zwecke dienen, eine Schwingung des von der einen Trommel auf die andere übergehenden Fadens und ein Zusammenkleben der einzelnen Fäden zu verhindern. Insbesondere ist dieses Zusammenkleben zu befürchten, da man, um einen möglichst langen Weg zu erzielen, gezwungen ist, die über die Trommeln geführten Fäden in geringen Abständen voneinander laufen zu lassen. Um die auf die Trommeln sich wickelnden Fäden in entsprechende Entfernung voneinander zu bringen, werden die Trommeln, wie dies noch nachstehend beschrieben ist, zueinander unter einem schrägen Winkel gelagert. Diese Trommeln tragen auf ihrer Oberfläche einzelne voneinander entsprechend entfernte, zweckmäßig abgeschrägte Leisten, damit der Faden nur an möglichst wenigen Stellen aufliegt, und die Leisten sind außerdem mit Stoffen, welche wie Löschpapier, Gewebe oder ähnliche Gebilde porös sind, überzogen, um zu vermeiden, daß der Faden auf ihnen haften bleibt. Mit Hilfe einer derartigen Vorrichtung ist man in der Lage, unter großer Raumersparnis den Faden, bevor er auf die Spule gelangt, einen langen Weg, beispielsweise mehrere hundert Meter, zu führen und ihn während dieses Weges gespannt zu halten, ohne Gefahr zu laufen, daß der Faden an der Vorrichtung festklebt oder mit benachbarten Fäden zusammenklebt. Da auch die Trocknung, die nach Bedarf durch Ventilatoren unterstützt werden kann, sehr regelmäßig ist, so ist auch das Erzeugnis in jeder Beziehung gleichmäßig.

Das Gestell 1 trägt zwei Trommeln 2 und 3, auf deren Oberfläche einzelne an ihren Kanten abgeschrägte Leisten 4 angebracht sind. Diese Leisten sind mit Löschpapier oder ähnlichen Stoffen überzogen. Die Welle 5 der oberen Trommel 2 ist mit einer Kurbel 6 versehen und im Gestell 1 gelagert. Die Welle 7 der unteren Trommel 3 ruht in kugelartigen Lagern 8 und 9, von denen das eine fest ist, während das andere an einem Träger 10 befestigt ist. Um die Welle 7 in der durch die Schrauben 11 einstellbaren Lage festzuhalten, dienen die Schrauben 12 und 13, welche die in dem Träger 10 angeordneten Schlitze 14 und 15 durchdringen. Die Welle 7 ist außerdem mit einer Schnurscheibe 16 versehen, über welche eine Schnur 17 geführt wird, die über eine zweite Schnurschraube 18, welche auf der Welle 5 sitzt, geführt ist und zum Antrieb der Trommel 3 dient. Mit Hilfe der Stellschrauben 11 und der Schrauben 12 und 13 wird das kugelartige Lager 9 der Welle 7 der unteren Trommel 3 derart verstellt, daß, wie dies aus Fig. 343 ersichtlich, die beiden Trommeln gegeneinander geneigt sind. Der aus einer auf der Zeichnung nicht dargestellten Düse kommende Faden wickelt sich infolge der geneigten Stellung der beiden Trommeln 2 und 3 auf diese beiden Trommeln schraubenförmig auf, und zwar zunächst normal zur Achse $a—b$ im Sinne des Bogens $e—g$, läuft hierauf auf die Trommel 3, wickelt sich dort normal zur Achse $c—d$, der Richtung $g—h$ folgend, auf, steigt wieder nach aufwärts zur Trommel 2, um sich auf diese im Sinne des Bogens $h'—i$ aufzulegen und so fort, so daß die einzelnen Fäden auf jeder der beiden Trommeln voneinander um ein bestimmtes Stück entfernt sind. Diese Entfernung steht im bestimmten Verhältnis zu dem Winkel v, unter dem die Achsen der beiden Trommeln zueinander geneigt sind. Um ein Schwingen der von der einen zur anderen Trommel geführten Fäden zu vermeiden, werden diese beim Übergange von der Trommel 2 nach der Trommel 3 und umgekehrt über mehrere in Trägern 19 gelagerte Stiftwalzen 20 geführt, welche dieselbe Umfangsgeschwindigkeit wie die Trommeln 2 und 3 besitzen und von diesen mit Hilfe der Schnüre oder Riemen 21 angetrieben werden. Nachdem der Faden in der vorbeschriebenen Weise die Trommeln 2 und 3 nach wiederholter Auflage auf sie durchlaufen hat, wird er auf die abnehmbare Spule 22 aufgerollt. Zum Antrieb der Spule 22 dient eine über die Schnurrollen 24 und 25 geführte Schnur 23. Die Spule 22 ist außerdem mit einem Fadenführer 26 versehen, der durch eine Kurvenscheibe 27 seine Hin- und Herbewegung erhält.

Patentansprüche: 1. Vorrichtung zur Herstellung künstlichen Roßhaares aus konzentrierten, unter Druck durch Düsen hindurchgepreßten Gelatinelösungen, dadurch gekennzeichnet, daß der aus der Düse austretende Faden wiederholt über zwei sich gleichzeitig drehende, an ihrem Umfang mit Leisten versehene und in einem Winkel zueinander geneigte Trommeln, und zwar bei jeder Wicklung von der einen Trommel zur anderen laufend, geführt ist, bevor er auf Spulen aufgewickelt wird.

2. Vorrichtung nach Anspruch 1, dadurch gekennzeichnet, daß zwischen den beiden Trommeln (2, 3) Führungsrollen (20) angeordnet sind, zu dem Zwecke, durch Führung der Fäden über diese Rollen bei dem Übergang von der einen Trommel auf die andere Schwingungen und dadurch das Festkleben einzelner Fäden aneinander zu vermeiden.

3. Vorrichtung nach Anspruch 1, dadurch gekennzeichnet, daß die auf der Oberfläche der Trommeln angeordneten Leisten mit Löschpapier, Geweben oder einem anderen saugfähigen Stoff belegt sind oder selbst aus solchem Stoffe bestehen.

Nach Borzykowski.

648. B. Borzykowski. Künstliche Haare.

Franz. P. 424 428; Ver. St. Amer. P. 1 010 222; schweiz. P. 56 107.

Zellulose, z. B. Ramiefaser, Holzstoff, Baumwolle, Lein, Hanf, Fruchtschalen, wird in Säuren, z. B. Schwefelsäure, Essigsäure, Salpetersäure usw., in der Kälte oder bei erhöhter Temperatur gelöst und durch Öffnungen in eine Fällflüssigkeit, wie Wasser, Alkohol oder Benzol gepreßt. Für bestimmte Zwecke befreit man das ausgefällte Produkt durch Waschen oder Trocknen von Säure, löst es von neuem in einem geeigneten Lösungsmittel, wie Chloroform, Aceton, einem Gemisch von Alkohol, Äther und Kampfer usw., und fällt abermals.

Nach Société anonyme des Celluloses Planchon.

649. Société anonyme des Celluloses Planchon. Flach gepreßtes künstliches Haar.

Franz. P. 410 721.

Künstliches Haar aus Viskose, Kollodium, Kupferoxydammoniakzellulose, Acetylzellulose usw. wird zwischen Preßwalzen hindurchgeführt, die unter Umständen noch gestreift, gewellt, gemustert oder mit Buchstaben oder Zahlen versehen sind. Man erhält einen flachen

Nach Galibert.

650. E.-M.-S. Galibert. Verfahren zum Überziehen von Gespinstfasern aller Art mit Lösungen von Zellulose in Kupferoxydammoniak oder von reiner Seide oder von Gemischen von Zellulose mit Seide durch Durchziehen von Fäden durch Spinnöffnungen, die mit den Lösungen von Zellulose usw. gefüllt sind.

Franz. P. 442 117.

Läßt man einen Faden durch eine Zelluloselösung von genügender Dicke gehen und benutzt eine Spinnöffnung, deren Weite wenig größer ist als der Durchmesser des Fadens, so erhält man unter gewissen Bedingungen nicht eine zusammenhängende Schicht um den Faden, sondern es rollt sich ein neuer Faden in Spiralen um den ersten Faden. Die zu verwendende Vorrichtung besteht aus einer senkrechten Röhre, die an ihrem oberen Ende fein ausgezogen ist und zwei horizontale Röhren mit Hähnen trägt. Der untere Teil des senkrechten Rohres ist erweitert und kann eine gläserne Spinndüse aufnehmen, deren fein ausgezogener Teil den gleichen oder einen geringeren Durchmesser hat als der obere Teil. Die Schnitte der verschiedenen Röhren sind vollkommen gleich. Die Zuführung der Lösungen geschieht durch die Enden der wagrechten Röhre mit oder ohne Druck je nach der Viskosität der Flüssigkeit. Werden gemischte Lösungen von Seide oder Zellulose in Kupferlösungen angewendet, so braucht kein Druck benutzt zu werden. Der zu behandelnde Faden befindet sich auf einer Trommel oder Spule $1/2$—1 m über dem oberen Teil der senkrechten Röhre; er wird durch die Spinnvorrichtung geführt und aus dem unteren Teil herausgezogen. In diesem Augenblick öffnet man die Hähne in den wagrechten Röhren, die Kupferlösung füllt den Apparat, fließt aber nicht unten durch das senkrechte Rohr ab. Zieht man an dem Faden, so bildet sich der künstliche Faden, der sich um den ersten Faden in Spiralen legt, die je nach der Geschwindigkeit des Fadenabzuges enger oder weiter sind. Nach dem Austreten aus der Spinnvorrichtung geht der Faden durch ein Entkupferungsbad und wird nach dem Waschen aufgespult (1 Zeichnung).

Vgl. hierzu: W. Massot: Zur Kenntnis einiger Erzeugnisse der Kunstseidenindustrie, Chemiker-Ztg. 1907, S. 799, wo die physikalischen Eigenschaften von künstlichem Roßhaar, künstlichem Haar, Viszellin (mit Viskose überzogene Baumwollfäden), Kunststroh angegeben sind, A. Herzog: Zur Kenntnis der Eigenschaften einiger künstlicher Roßhaarersatzstoffe, Kunststoffe, 1911, S. 181 und 206, ferner G. Herzog, ebenda 1916, S. 235, und Schall: Die Herstellung künstlicher Haare, Kunststoffe, 1914, S. 361 und 374.

f) Die Herstellung rohseideartiger Kunstseide.

Nach Porter Dreaper.

651. W. Porter Dreaper in Felixstowe. Verbesserungen in der Herstellung künstlicher Seide.
Brit. P. 11 959 [1908].

Bei der Herstellung Naturseide enthaltender Gewebe ist es vorteilhaft, Rohseide zu verwenden und danach erst durch Kochen mit Seifenlösung zu entbasten. Dies Verfahren erleichtert das Weben, besonders in der Kette. Versucht man feine Kunstseidenfäden von etwa 40 Deniers da in Textilstoffen zu verwenden, wo die Benutzung von Rohseide vorteilhaft ist, so ergeben sich Schwierigkeiten. Diese werden dadurch beseitigt, daß die feinen Kunstseidefäden vor dem Verweben durch Behandlung mit z. B. Seifenlösung und Trocknen oder durch ein geeignetes Bindemittel, z. B. ein lösliches Öl, zu mehreren miteinander verklebt und dann erst verwebt werden. Danach werden die Fäden durch Reiben oder durch Mittel, die das Klebmittel auflösen, voneinander getrennt.

g) Die Herstellung künstlichen Hanfbastes, künstlichen Strohes u. dgl.

Nach Vereinigte Kunstseidefabriken Akt.-Ges.

652. Vereinigte Kunstseidefabriken, Akt.-Ges. in Kelsterbach a. M. Verfahren zur Herstellung von künstlichem Hanfbast.
D.R.P. 184 510 Kl. 29b vom 3. I. 1906 (gelöscht); österr. P. 33 840; franz. P. 363 782; brit. P. 7520 [1906]; Ver. St. Amer. P. 853 093 (Lehner).

Vorliegende Erfindung bezweckt die Nachahmung des natürlichen Hanfbastes aus glänzenden Fäden beliebiger Art, wie natürliche Seide, künstliche Seide, Glanzstoff, Viskoseseide, mercerisierte Baumwolle usw., und zwar in der Weise, daß nicht allein das Aussehen des natürlichen Hanfbastes, sondern möglichst auch seine physikalischen und chemischen Eigenschaften, vor allem die Wasserbeständigkeit und die Möglichkeit, die so hergestellten Bastbändchen nach ihrer Verarbeitung zu Bändern, Hüten usw. nach Belieben färben zu können, erreicht werden. Dieser Zweck wird nach vorliegendem Verfahren durch mechanische oder chemische Behandlung des Binde- oder Klebmittels für die zusammenzufügenden Fäden erreicht, und zwar vor, während oder nach der Herstellung des künstlichen Hanfbastes. Man setzt zu diesem Zweck dem Binde- oder Klebmittel entweder ein Deckmittel zu, das aus Kreide, Zinkweiß, Schwerspat, amorphem Schwefel oder dgl. bestehen kann, oder man erzeugt dieses Deckmittel durch chemische Behandlung des Bindemittels.

Das Verfahren besteht somit im wesentlichen in folgendem: Ein oder mehrere glanzreiche Fäden aus Naturseide, Kunstseide, Glanzstoff, Viskoseseide, mercerisierter Baumwolle und dgl. werden durch ein nach der Verarbeitung in Wasser unlösliches Bindemittel, wie Kollodium, gelöste Zellulose oder Viskose, gezogen. Nach Abstreifen des überschüssigen Bindemittels wird es in bekannter Weise durch Trocknen oder Zersetzen (Hindurchziehen durch Säuren) fixiert und das so erhaltene Bändchen auf einen Haspel oder eine Spule aufgewickelt. Dem Bindemittel wird zum Zweck des nötigen Abglänzens entweder vor, während oder nach der Herstellung der Bändchen ein Stoff zugesetzt, welcher eine gewisse deckende Wirkung ausübt, z. B. Schwerspat, pulverisierte Kreide, Zinkweiß, amorpher Schwefel und dgl., und ein entsprechender Farbstoff, um die gelbliche Färbung des Hanfbastes zu erzielen.

Das Verfahren kann aber auch in der Weise ausgeführt werden, daß dieses Deckmittel durch chemische Behandlung des Bindemittels mit geeigneten Stoffen erzeugt wird, entweder in einem Arbeitsvorgang für sich oder gleichzeitig mit dem Fixieren des Bindemittels. Wird als solches z. B. wässerige Viskoselösung benutzt, welche noch nicht in den Zustand der sogenannten Reife übergegangen ist, so wird beim Durchziehen des Bändchens durch Mineralsäuren Schwefel ausgeschieden. Dieser ausgeschiedene Schwefel genügt zum Abglänzen des erzeugten Bändchens, so daß ein weiterer Zusatz von Deckmittel zum Bindemittel nicht nötig ist.

Patentansprüche: 1. Verfahren zur Herstellung von künstlichem Hanfbast durch Zusammenkleben glanzreicher Fäden, wie Seide, Kunstseide, Glanzstoff, Viskoseseide, mercerisierte Baumwolle und dgl., zu einem Band, dadurch gekennzeichnet, daß dem Binde- oder Klebmittel vor, während oder nach der Herstellung des künstlichen Hanfbastes ein Deckmittel (Kreide, Zinkweiß, Schwerspat, amorpher Schwefel und dgl.) zugegeben wird, um eine Abglänzung des Produktes zu erzielen.

2. Ausführungsform des Verfahrens nach Anspruch 1, dadurch gekennzeichnet, daß das Deckmittel durch chemische Behandlung des Bindemittels, zweckmäßig beim Fixieren desselben, ausgeschieden wird.

3. Ausführungsform des Verfahrens nach Anspruch 1 und 2 unter Verwendung von ungereifter wässeriger Viskoselösung als Bindemittel, dadurch gekennzeichnet, daß das Bändchen mit Mineralsäuren behandelt wird, wodurch nicht allein die Fixierung des Bindemittels, sondern auch die Ausscheidung von Schwefel stattfindet, der das Deckmittel bildet.

Über die mikroskopische Untersuchung von Kunstbändern siehe A. Herzog: Kunststoffe, 1916, S. 103—105 und Fig. 364 und 365 auf S. 646.

Nach Girard.

653. Paul Girard. Verfahren zur Herstellung künstlichen Strohs mittels Zellulose, ihrer Derivate oder analoger Stoffe.

Franz. P. 430 939.

Eine Lösung von Nitrozellulose, von Zellulose in Kupferoxydammoniak, von Zellulosexanthogenat, -acetat oder -phosphoacetat und dgl. wird unter Druck durch eine Öffnung ausgepreßt, in der ein elektrisch geheizter Dorn sitzt. Die Lösung tritt um diesen Dorn herum aus und das gebildete Röhrchen wird innerlich und äußerlich durch die Hitze des Dorns koaguliert. Äußerlich wird die Koagulation noch durch ein Fällbad vollendet, in welches das Zelluloseröhrchen eintritt. Durch diese Behandlung wird es am Zusammenfallen verhindert (1 Zeichnung).

Nach Brandenberger.

654. J. E. Brandenberger. Zelluloseprodukt zur Nachahmung von Stroh oder anderen in der Putzindustrie verwendeten Stoffen.

Franz. P. 436 186.

Eine Zelluloselösung wird in Bandform gefällt und das Band nach dem Fixieren und Trocknen gaufriert oder in anderer Weise verziert. Das Band wird dann in feine Streifen von der Breite zerschnitten, die man für die weitere Verarbeitung haben will. Das Färben und Appretieren des Produktes kann in jeder beliebigen Weise erfolgen (4 Zeichnungen).

655. J. E. Brandenberger. Zelluloseprodukt zur Nachahmung von Stroh und anderen in der Putzindustrie verwendeten Stoffen.

Franz. P. 436 187.

Ein durchbrochenes oder nichtdurchbrochenes Gewebe wird auf beiden Seiten mit einer feinen Lage von Zellulose überzogen, die durch Ausfällen einer wässerigen Zelluloselösung erhalten worden ist. Um die Zelluloseschichten auf dem Gewebe gut haften zu machen, wird ein Klebstoff verwendet und die Lagen werden durch Pressen vereinigt. Das so überzogene Gewebe wird dann in feine Streifen von der gewünschten Breite zerschnitten. Durch Verwendung verschieden hergerichteter Gewebe oder verschiedenartige Nachbehandlung des geklebten Produktes lassen sich die verschiedensten Wirkungen erzielen (3 Zeichnungen).

Nach Vereinigte Glanzstoff-Fabriken A.-G.

656. Vereinigte Glanzstoff-Fabriken A.-G. Elberfeld. Verfahren zur Erzeugung röhrenförmiger Gebilde aus Zelluloseverbindungen.

Schweiz. P. 73 559; brit. P. 100 631.

Die zur Erzeugung von Gebilden mit röhrenförmigem Querschnitt aus gelöster Zellulose, welche als Stroh-, Hanf-, Tagalfaserimitat usw.

Verwendung finden sollen, bisher gemachten Vorschläge sind wegen der Schwierigkeit der technischen Ausführung bisher ohne Erfolg geblieben. Diese Schwierigkeit beruht hauptsächlich darauf, daß im Fäll- oder Koagulationsbad bei röhrenförmigen Gebilden, deren innerer Längshohlraum nur an den beiden Enden nach außen hin offen ist, die Flüssigkeit des Bades die Innenfläche der Längshohlräume nicht leicht oder gar nicht benetzen kann. Man hat sich daher bislang damit begnügt, bandförmige Gebilde zu erzeugen und diese als Strohersatz zu verwenden. Auch ist es bekannt, künstliche Jute dadurch herzustellen, daß in Streifen geschnittene Papiermassen einer spiralförmigen Zusammenrollung und Zwirnung unterworfen und auf diese Weise zu röhrenartigen Gebilden verarbeitet werden. Ein gleiches kann auch mit den bekannten, obenerwähnten, einfachen bandförmigen Zellulosestreifen nach vorheriger Netzung geschehen. Nach vorheriger Netzung kann man auch bandförmige Zellulosehydrate oder Zelluloseesterstreifen zwirnen.

Das den Gegenstand vorliegender Erfindung bildende Verfahren zur Erzeugung röhrenförmiger Gebilde aus Zelluloseverbindungen beruht darauf, daß aus formgebenden Organen austretende Bahnen von koagulierbaren Zelluloseverbindungen im Fällbad einem Zwirnen unterworfen werden und daß dann das Erzeugnis ausgewaschen und unter Spannung getrocknet wird. Dieses Verfahren unterscheidet sich von demjenigen, bei welchem bandförmige Zellulosestreifen nach vorheriger Netzung gezwirnt werden dadurch, daß die Zellulosehydrat- oder Zelluloseesterstreifen sofort nach ihrem Entstehen im Fäll- oder Koagulationsbade gezwirnt werden. Dieses Zwirnen kann z. B. in der Weise ausgeführt werden, daß man die Streifen oder Lamellen einem sogenannten Spinntopf oder einer Spinnzentrifuge zuführt. Je stärker die Zwirnung gewählt wird, desto steifer und geschlossener pflegen die neuen röhrenförmigen Gebilde zu sein. Sowohl durch Abänderung der Art der Zelluloselösung, z. B. durch Verwendung von Viskose, Kupferoxydammoniakzellulose, Nitrozellulose, Zelluloseacetat usw., als auch durch die bestimmte Form und Weite des Spinnschlitzes, der gerade, krumm oder mit aller Art Zackungen versehen sein kann, als auch durch die Wahl des Fällmittels, ferner durch Beeinflussung der nachträglich beim Trocknen eintretenden Schrumpfungen und Spannungen, als endlich auch durch die Stärke der auf beliebige Art bewerkstelligten Zwirnung können verschiedene Abstufungen des Effektes erhalten werden, die für die verschiedensten technischen Verwendungsmöglichkeiten sehr wichtig sind. Je nach der mehr oder weniger großen Ähnlichkeit können die Produkte daher als Stroh-, Hanf-, Tagalfaserimitat usw. in den Handel gebracht werden. Dadurch, daß sich beim Zwirnen die gelatinösen, dünnen Lamellen teilweise innig übereinander legen, können beim Trocknen interessante und technisch wertvolle Lichteffekte erzielt werden. Der Effekt ändert sich natürlich mit der Dicke der einzelnen Lamellen, ihrer Lage zueinander und den in ihnen enthaltenen Molekularspannungen. Die Dicke der Lamellen ist durch die Schlitzweite, die Zusammensetzung der Zelluloselösung und die Abzugsgeschwindigkeit bedingt, letztere ist zugleich mit der Art des Fällbades von maßgebender Bedeutung für die in der trockenen Lamelle auftretenden Spannungserscheinungen. Endlich kann man auch kompliziertere, röhrenähnliche Gebilde in der Weise erzeugen, daß man die aus den Schlitzdüsen auftretenden Lamellen zusammen mit bereits fertig koagulierten Gebilden, wie z. B. Fäden, Fadenbündeln oder Filmbändchen, verzwirnt, indem diese fertigen Gebilde gleichsam als Seele dem röhrenförmigen Gebilde einverleibt werden. Nach dem beschriebenen Verfahren kann man ein Gespinst mit wärmeisolierenden, zahlreichen, mehr oder weniger gegeneinander abgeschlossenen Hohlräumen erhalten; ein solches Gespinst besitzt große Weichheit.

Entglänzen von Kunststroh nach Mann.

657. **Clara Mann, geb. Großbeckes in Barmen.** Verfahren zum Mattieren von Kunststroh.

Schweiz. P. 72 044.

Das aus Zellulosefäden bestehende Kunststroh wird nach dem Färben mit Seifenlösung unter Zusatz von Gerbstoffen behandelt. Zweckmäßig wird diese Behandlung vorgenommen, nachdem das Kunststroh bereits vor dem Färben mit Türkischrotöl oder den sonstigen bekannten Mitteln gemäß dem Schweiz. P. 68 971 imprägniert und dann getrocknet worden ist.

h) Die Herstellung von Gewebenachahmungen.

Nach Ratignier und der Société H. Pervilhac et Cie.

658. **M. Ratignier und Société H. Pervilhac et Cie. in Villeurbanne, Frankr.** Verfahren zur Erzeugung von Gewebenachahmungen durch Einbringen von erstarrenden Massen, wie Kollodium, in das Muster vertieft enthaltende Formen.

D.R.P. 200 509 Kl. 75d vom 3. IV. 1907; österr. P. 33 498; schweiz. P. 40 674; brit. P. 13 518 [1907]; franz. P. 384 934.

Das Verfahren kennzeichnet sich dadurch, daß die bekannten Ausgangsstoffe für die Kunstseideherstellung, wie Kollodium- oder Viskoselösung oder eine Auflösung von Zellulose in Kupferoxydammoniak, auf eine in ständiger Bewegung begriffene Walze auflaufen, deren Oberfläche eine Gravur aufweist, die dem zu erzeugenden Muster entsprechend das Tüll-, Gaze- oder Musselingewebe oder das Muster einer Spitze oder Stickerei wiedergibt. In einiger Entfernung von dem Trichter, der z. B. die Zelluloselösung gleichmäßig über die Oberfläche der gravierten Walze verteilt, sind ein oder mehrere Abstreicher oder Messer ähnlich den bekannten Rakeln im Zeugdruck angeordnet, die derart eingestellt sind, daß sie auf der Oberfläche nur eine außerordentlich dünne Schicht der Zelluloselösung zurücklassen, jeden Überfluß dagegen abschaben. Hinter diesen Abstreichern wird aus einem geschlitzten oder gelochten Rohr auf die mit der Zelluloselösung bedeckte Walze eine Flüssigkeit aufgespritzt, durch die die Masse zum Erstarren gebracht wird. Derartige Flüssigkeiten sind in großer Anzahl bekannt, man kann unter ihnen eine geeignete Auswahl treffen, und diese richtet sich nach dem zur Erzeugung des Gewebes verwendeten Stoff. War dieser eine Lösung von Zellulose in Kupferoxydammoniak, so nimmt man verdünnte Schwefelsäure oder Alkalilösungen, bei Kollodiumlösung kaltes Wasser, bei Viskose Chlorzinklösung usw. Die überschüssige und von der Walze abtropfende Flüssigkeit wird in einem mit Abflußrohr versehenen Behälter gesammelt, während die genügend fest gewordene Masse an einer weiteren Stelle der Walze abgenommen und auf ein endloses Tuch gebracht wird, dessen Triebrollen sich zweckmäßig mit derselben Oberflächengeschwindigkeit drehen wie die Formwalze. Die jetzt von der Gewebenachahmung befreite Walze wird mit einer geeigneten Waschflüssigkeit, z. B. Wasser, bespritzt, und danach wird aus einem geschlitzten Rohr ein zweckmäßig heißer Luftstrom auf die Walze geblasen, um sie vollständig zu trocknen und zur Aufnahme und zum Festhalten neuer Masse geeignet zu machen. Die zweckmäßig aus Metall herzustellenden Formwalzen können selbstverständlich in bekannter Weise nach dem Abdrehen des Formmusters neu graviert werden.

Patentansprüche: 1. Verfahren zur Erzeugung von Gewebenachahmungen durch Einbringen von erstarrenden Massen, wie Kollodium, in das Muster vertieft enthaltende Formen, dadurch gekennzeichnet, daß gravierte, in ständiger Umdrehung um ihre Längsachse begriffene Walzen als Formen verwendet werden.

2. Ausführungsform des Verfahrens nach Anspruch 1, dadurch gekennzeichnet, daß auf die Walze ununterbrochen eine geeignete erstarrende Masse aufläuft und auf der Oberfläche der Walze mit einer die Erstarrung herbeiführenden Flüssigkeit behandelt wird, worauf die gebildete und feste Gewebenachahmung von der Walze abgenommen und letztere an den frei gewordenen Stellen gewaschen und getrocknet wird. (3 Zeichnungen.)

Ältere, demselben Zwecke dienende Verfahren sind in dem österr. P. 138, dem franz. P. 368 393 und dem franz. P. 384 751 beschrieben. Statt der in dem Ratignier-Pervilhacschen Verfahren benutzten einen Zuführungswalze für die Zelluloselösung werden bei der von

659. J. M. de Sauverzac in dem franz. P. 420 086

angegebenen Einrichtung vier Zuführungsvorrichtungen benutzt, die in gleichen Abständen voneinander um die rotierende, gravierte Walze angeordnet sind. Es können auch je nach der gewünschten Dicke des Produktes noch mehr Zuführungsrohre vorgesehen sein.

Die nacheinander aufgebrachten Schichten haften aneinander, das Produkt wird gleichmäßig und läßt sich leicht von der gravierten Walze entfernen.

Vgl. hierzu auch Kunststoffe 1911, S. 200.

Eine ähnliche Einrichtung wie die des D.R.P. 200 509 beschreibt ferner die

660. Compagnie Française des applications de la cellulose

in dem österr. P. 58 795; brit. P. 5077 [1911]; Ver. St. Amer. P. 995 652 (Clement Baj in Lyon).

Die Länge des Zuführungsschlitzes für die das Gewebe bildende Lösung und die Zahl der das Reinigungsmittel zuführenden Öffnungen werden einander entsprechend eingestellt. Der die Lösung zuführende Trog wird parallel zur Achse des gravierten Zylinders hin und her bewegt, um die Lösung gleichmäßig zu verteilen. Die Reinigungsvorrichtung besteht aus einem Rohr mit Löchern, von denen eine beliebige Anzahl durch einen Kolben in dem Rohr verschlossen werden kann, je nachdem eine größere oder kleinere Strecke des Zylinders mit der Waschflüssigkeit behandelt werden soll. Der gereinigte Zylinder wird durch eine Saugvorrichtung von anhaftender Flüssigkeit befreit (4 Zeichnungen).

Künstliche gegossene Tülle sind als Ondine in den Handel gekommen (Kunststoffe 1912, S. 356).

Verfahren nach Schmid & Co. und Foltzer.

661. Traugott Schmid & Co., Horn am Bodensee, und Josef Foltzer, Metz.

Verfahren zur Herstellung von Textilgebilden ähnlichen Produkten.

Schweiz. P. 69 514; franz. P. 463 400 (B. Borzykowski).

Eine erhärtbare Masse, z. B. aus einer Zelluloselösung oder aus Kasein, Fibrin, Maisin usw., wird durch einen Auflegeapparat in der Dicke des gewünschten Stoffes entsprechender Schicht auf eine glatte Unterlage, z. B. einen Zylinder, eine Scheibe oder ein endloses Tuch aufgetragen. Die auf der Unterlage aufgetragene Masse staut sich dann vor einer gravierten Preßwalze, welche unmittelbar oder in einiger Entfernung hinter dem Auflegeapparat angeordnet oder unmittelbar mit diesem verbunden sein kann. Durch diese gegen die Unterlage gepreßte, angetriebene gravierte Walze wird die Masse in Form von Gebilden abgepreßt, die den Gravierungen entsprechen. Das genügend fest gewordene abgepreßte Produkt wird auf der Oberfläche des Zylinders weitergeführt, taucht in eine Härteflüssigkeit und wird schließlich durch Zylinder abgezogen, in Waschflüssigkeiten gewaschen und aufgewickelt. Ein Anhaften der Gebilde in den Hohllinien der Preßwalze wird dadurch verhütet, daß man in die Hohllinien eine geeignete Fäll- oder Härtungsflüssigkeit spritzt, den Überschuß auf der Walzenoberfläche aber sorgfältig durch Abstreifmesser entfernt. Vor dem Aufbringen neuer Masse wird der Zylinder sorgfältig abgewaschen und getrocknet. Ein Ankleben der Gebilde kann auch dadurch verhindert werden, daß bei Anwendung einer durch Hitze erhärtbaren Masse die Preßwalze auf die erforderliche Temperatur erwärmt wird. Besondere Wirkungen lassen sich dadurch erzielen, daß der Lösung oder plastischen Masse gefärbter Faserstaub beigemischt oder solcher Faserstaub mit der Fällflüssigkeit in die Hohllinien der Preßwalze eingetragen wird, so daß diese Fasern beim Abpressen und gleichzeitigen Ausfällen der Masse an der Oberfläche der Gebilde anhaften. Auch flüssiger Gummi, Talkum, Metallpulver usw. können zur Bildung der Oberflächenschichten herangezogen werden. Das Trocknen wird auf Zylindertrockenmaschinen, zwischen glatten oder gerieften Metallblechen oder Metallgeweben oder zwischen Kardengarnituren vorgenommen. Die Gebilde können auch in einer Zentrifuge oder auf einer, u. U. zwischen zwei gelochten Hülsen aufgewickelt und in dieser Form auf einer sich schnell drehenden Spindel aufgesteckt getrocknet werden, so daß durch die Fliehkraft ein Schrumpfen verhütet wird (1 Zeichnung).

Nach dem

662. Schweiz. Zusatzpatent 70 719

werden die nach der Formung des durchbrochenen Produktes noch zwischen den Maschen anhaftenden Häutchen und ausgefällten Filmteilchen durch eine Abstreifvorrichtung entfernt. Das abgepreßte Textilgebilde wird nicht mit dem die Unterlage bildenden Zylinder weitergeführt, sondern bleibt in den Gravuren der Preßwalze eingedrückt und wird von dieser bis zu einem endlosen Bande mitgenommen, durch das es abgeführt wird. Die Masse kann aus Zellulose (z. B. Baumwollfasern oder Zellstoff), die von der Lösungsflüssigkeit nicht vollständig aufgelöst, sondern nur aufgeschlossen wurde, bestehen, es kann der Masse Stärke und Gluten, z. B. in Lauge aufgeschlossen, sowie glänzendes, einheitlich oder verschieden gefärbtes Glaspulver (Spiegelglas) beigemischt werden. Mit solchen teigartigen Massen erhält man weichere und weniger glasige Produkte, die kleinen Flächen des Glaspulvers bewirken besondere Lichteffekte. Die Masse kann auch künstliche Metallgebilde darstellen, diese Wirkung kann durch Beimischung von Metallpulver zu der Masse auch auf elektrischem Wege oder durch Galvanisieren erreicht werden. Ferner kann die Masse metallisiert und mit einer Kupferschicht überzogen werden, wenn der plastischen Masse vorher Eisenpulver beigemengt wurde und das fertige Produkt in eine Kupferlösung getaucht wird; durch das Vorhandensein des Eisens setzt sich eine Kupferschicht auf den Stoffimitaten ab, die dann u. U. noch mit einem Lack überzogen werden kann. Es können auch weiche, leichte und poröse Produkte hergestellt werden, indem eine Masse bereitet wird, die aus zwei verschiedenen Lösungen und verschiedenen Ausgangsprodukten zusammengesetzt ist (z. B. aus einer Zelluloselösung und einer Fibrinlösung) und wovon später aus den fertigen Gebilden eines dieser Ausgangsprodukte (z. B. das Fibrin) herausgelöst wird. Es bleibt dann ein zusammenhängendes mikroskopisches Skelett, das sich sehr leicht färben läßt und einen besonders weichen Griff besitzt. (5 Zeichnungen.)

i) Die Herstellung künstlicher Baumwolle und wollartiger Kunstfasern.

Die ersten Angaben über die Erzeugung einer wolle- oder baumwolleartigen Kunstfaser machte Francis Beltzer im Moniteur scientifique du Docteur Quesneville, 1908, S. 20. Dort heißt es: „Es war mir möglich, Proben von künstlichen Gespinstfasern zu prüfen, welche im Gewirr (en vrac) hergestellt, vollkommen in holzartiger Form regeneriert und fertig zum Verspinnen waren. Das Aussehen dieser Fasern war das von Wolle guter Beschaffenheit. Die neue Spinnfaser, die sich von der Zellulose ableitet, kann durch Fällung geeigneter Zelluloselösungen als Fadengewirr mittels Salz- oder Meerwasser erhalten werden. Es ergibt sich hieraus, daß die faserige Struktur der Zellulose sich auch noch in ihren Lösungen erhalten hat. Der Herstellungspreis dieser regenerierten Faser würde 0,50 Fr. für das Kilo nicht übersteigen, ihre Verspinnung würde wie die von Baumwolle oder Naturwolle erfolgen. Wenn in naher Zukunft die Herstellung dieser Kunstfaser eingerichtet sein wird, wird die Faser billiger sein als gewöhnliche Baumwollen, und sie wird das Aussehen schöner, fester und glänzender Wolle haben."

Genauere Angaben über die Erzeugung dieser Faser finden sich im nachstehenden Patent.

Nach Pellerin.

663. **Augustin Pellerin in Neuilly s. S.** Verfahren zur Herstellung von Kunstfäden in Form eines Fadengewirres.
Österr. P. 55 749; franz. P. 410 776; schweiz. P. 54 646; Ver. St. Amer. P. 1 128 624.

Die Erfindung bezieht sich auf die Herstellung eines neuen industriellen Produktes, welches aus einer fadenartigen Masse von künstlicher Seide besteht und welches in der Textilindustrie benutzt werden kann, um wie Baumwolle und Wolle gekratzt und versponnen zu werden, oder welches auch andere Verwendungen, beispielsweise als Polstermaterial, finden kann. Bisher stellte man künstliche Seide lediglich in Form von Fäden dar, welche fertig waren, direkt für die Weberei benutzt zu werden. Es war daher notwendig, daß die Fäden sehr widerstandsfähig und sehr regelmäßig waren. Zu diesem Zweck mußte man sehr reine Zelluloselösungen anwenden, die frei von Luftblasen waren und man mußte die Fäden mit großer Sorgfalt herstellen, entweder einen nach dem andern oder immer nur eine kleine Anzahl auf einmal. Hieraus folgte, daß der Herstellungspreis der künstlichen Seidenfäden, die immerhin minderwertig waren gegenüber den Fäden von Naturseide, sehr viel höher war als derjenige von Baumwolle oder Wolle. Nach dem vorliegenden Verfahren läßt man eine Zellulosexanthogenatlösung durch einen filtrierenden Körper hindurchgehen, der eine große Anzahl von außerordentlich feinen Öffnungen besitzt, beispielsweise durch ein Gewebe. Man erhält auf diese Weise ein Gewirr von Fäden, welches durch die feinen Öffnungen hindurch in das Fällbad z. B. auf einen durch das Bad hindurchgeführten Riemen ohne Ende fällt. Auf diese Weise entsteht eine Fadenmasse, die aus einer großen Anzahl von Fäden gebildet wird. Diese Fäden sind sehr dünn und liegen ohne Ordnung durcheinander. Es lassen sich Zellulosexanthogenatlösungen verwenden, die nicht gereinigt sind und bisher für die Herstellung von Fäden ungeeignet waren. Denn es ist von wenig Bedeutung, ob die Fäden der Fadenmasse nach der Erfindung regelmäßig und kontinuierlich sind. Es ist nicht mehr nötig, das Ausgangsmaterial zu filtrieren und den Lösungen die Luftbläschen zu nehmen. Es ist ferner ohne Bedeutung, wenn bei den tausenden von kleinen Öffnungen des filtrierenden Körpers auch eine gewisse Anzahl sich bei der Fadenbildung verstopft. Es ist daher keinerlei Vorsicht mehr bei dem Auffangen der Fäden nötig, denn die Fäden können durcheinander gemischt werden, ohne daß dies einen schädlichen Einfluß ausübt. Wenn die Fäden später für das Spinnen verwendet werden, so wird das erhaltene Fadengewirr einfach gekratzt und dann die Fäden gesponnen, wie dies bei den gewöhnlichen Textilwaren der Fall ist. Wird die Fadenmasse aus unreiner Zellulosemasse hergestellt, so läßt sie sich leichter reinigen, als die Fäden aus künstlicher Seide, weil sie, auf dasselbe Gewicht berechnet, eine viel größere Oberfläche bieten und besser durch die Reinigungsflüssigkeit angegriffen werden. Das neue Produkt eignet sich daher auch sehr gut für die Herstellung aller reinen Zelluloseprodukte, verspinnbarer Lösungen, Explosivprodukte, Esterzellulosen usw. Bei der Herstellung der Fadenmasse verwendet man vorteilhaft ein saures Fällbad, z. B. auf 20° B. verdünnte Schwefelsäure.

In Deutschland ist das Verfahren nicht geschützt worden. Es wurde in Arques la Bataille ausgeübt.

664. Augustin Pellerin. Verbesserungen in der Herstellung von Fäden aus hydratisierter Zellulose.

Franz. P. 466 292; Schweiz. P. 71 446; brit. P. 121 734.

Es handelt sich um Verbesserungen in den Verfahren der französischen Patente 410 776[1]) und 442 022[2]), bei denen eine zum nachträglichen Karden und Zwirnen geeignete wirre Fadenmasse erzeugt wird, die auf einem endlosen Transportband aufgenommen wird oder auf Trommeln aufläuft. Um bei diesen Verfahren den Faden nach Belieben zu verfeinern, ihn zu strecken und dadurch ihm höheren Glanz zu geben, wird er gleich nach seiner Bildung einer Streckung unterworfen, die beliebig eingestellt werden kann. Aus der Spinndüse treten die Fäden in ein Fäll- und Fixierbad und gelangen als Fadenmasse zu einer Abzugsvorrichtung, deren Schnelligkeit beliebig geändert werden kann, ohne daß man den Gang der Maschine unterbrechen muß.

---

[1]) Siehe vorstehend.
[2]) Siehe S. 541.

Die Abzugsvorrichtung besteht aus einer umlaufenden Trommel, die durch Vorgelege verschiedene Geschwindigkeit erhält. Durch einen Schaber wird die Fadenmasse von der Trommel abgenommen (2 Zeichnungen).

Nach Bourbon und Cassier.

665. **J. Bourbon** und **P. Cassier**. Verfahren zur Herstellung künstlicher Baumwolle.

Franz. P. 429 679.

Das Verfahren besteht darin, daß eine Zelluloselösung von geeigneter Viskosität in eine Zentrifuge gebracht wird, ähnlich der, die zur Herstellung von Fadenzucker angewendet wird. Bei der Drehung der Zentrifuge wird die Zellulose in Form äußerst fein gekardeter Baumwolle abgeschieden, die im Maße ihrer Entstehung aus dem Apparat entfernt wird.

Nach Bloch.

666. **Alfred Bloch**. Herstellung von Zellulosewatte (künstlicher Baumwolle).

Franz. P. 447 068.

Die zu verarbeitende Zellulose wird in einem schwach alkalischen Bade von Fettstoffen befreit, stark ausgedrückt und mit einer Chlorkalklösung von 2,5 g im Liter gebleicht. Man nimmt sie dann durch ein schwaches Natrium- und Kaliumkarbonatbad. Ein schnell bleichend wirkendes Bad besteht z. B. aus 10 kg Chlorkalk, 6 kg Aluminiumsulfat, $^2/_3$ kg Magnesiumsulfat, 200 l Wasser. Die Zellulose wird dann sorgfältig gewaschen und abgeschleudert. Sie wird dann in Schweizerscher Lösung gelöst und unter Druck filtriert. Die Abflußöffnung des Filters befindet sich über dem Einsatz einer Zentrifuge, wie sie in dem belgischen Patent vom 18. VIII. 1911 von Bloch beschrieben ist. Ist die erhaltene Baumwolle runzlig, so setzt man auf 1 l Lösung 1 g Rizinusöl hinzu. In den Fälltrog der Zentrifuge gibt man eine große Menge Wasser und zur Unterstützung der Fällung einen Zusatz von Schwefelsäure. Um den Fälltrog bringt man eine Art Carde an, deren Spitzen die Baumwolle zurückhalten und verhindern, daß unvollkommen gefällte Fäden sich verkleben.

Nach Feßmann.

667. **Louis Feßmann in Augsburg**. Verfahren zur Herstellung von künstlicher Baumwolle, Kunstseide und dgl. auf dem Wege des Kunstseideverfahrens.

D.R.P. 317 181 Kl. 29a vom 5. IX. 1918.

Die üblichen Verfahren zur Herstellung von Kunstseidefäden bestehen in der Hauptsache darin, daß Zellulose zunächst in lösliche Form übergeführt wird, worauf man diese Lösung durch feine Düsen preßt und den Flüssigkeitsstrahl unmittelbar in die Erstarrungslösung überführt, um das Lösungsmittel zu beseitigen. Die auf diese Weise gewonnenen Kunstseidefäden besitzen nun eine durch die Art des gehandhabten Verfahrens bestimmte Struktur, die von der Natur des mechanisch gesponnenen Seiden- oder Baumwollfadens nicht unerheblich abweicht. Während letzterer aus einer Anzahl miteinander versponnener Einzelfasern von verschiedenen Längen besteht, stellt der Kunstseidefaden ein zusammenhängendes Gebilde dar, dessen Gefügebeschaffenheit durch die Beseitigung des Lösungsmittels stark hygroskopisch und damit sehr wasseraufnahmefähig wird. Die gespritzten Kunstseidefäden, die das Rohmaterial für die weiteren textiltechnischen Maßnahmen bilden, sind daher in ihrem Charakter, sowohl nach der physikalischen als auch nach der rein technologischen Seite hin, ganz verschieden von den natürlichen Seide- oder Baumwollfäden. Insbesondere zeigen alle nach dem bisherigen Verfahren hergestellten Kunstprodukte den großen Nachteil, daß sie sehr wasseraufnahmefähig sind. Der Kunstseidefaden, der in endlosen Längen erzeugt werden kann, ist vergleichbar mit einem äußerst dünnen Stäbchen, dessen Querschnitt dem der verwendeten Spritzdüse entspricht, uud da der Faden naturgemäß zunächst an der Oberfläche erstarrt, so muß der Kern des Fadens eine Veränderung erleiden, d. h. die Homogenität wird nicht gleichwertig sein. Je feiner nun der erzeugte Faden sein wird, um so geringer werden diese Nachteile in Erscheinung treten. Dazu kommt noch, daß der gespritzte Faden als ein in sich abgeschlossenes Produkt niemals denjenigen mechanischen Beeinflussungen unterworfen werden kann, welchen z. B. die Baumwollfasern beim Verspinnen ausgesetzt sind, d. h. ein aus einzelnen Fasern zusammengesetzter Faden wird andere Eigenschaften haben als ein Kunstseidefaden. Insbesondere bestehen hinsichtlich der Elastizität erhebliche Unterschiede.

Um nun die Vorzüge des mechanisch gesponnenen Fadens zu erreichen, werden gemäß der Erfindung keine gespritzten Fäden von unendlicher Länge erzeugt, sondern es wird zur Bildung von watte- oder flockenartigen Erstarrungsprodukten übergegangen. Diese flockenartigen, auf dem üblichen Wege der Kunstseideherstellung gewonnenen Erzeugnisse können daher genau in derselben Weise verarbeitet werden wie Baumwolle, wobei außerdem noch der Vorteil erreicht wird, daß die Düsen erheblich feiner gehalten werden können, weil es nicht darauf ankommt, Fadengebilde von unendlicher Länge zu erzielen. Das Verfahren besteht im wesentlichen darin, daß man die Zelluloselösung unter einem derartig geringen Druck in die Erstarrungsflüssigkeit übertreten läßt, daß sie gewissermaßen beim Übertritt schlierenartig zerfließt und flockige Gebilde ergibt. Dieses Zerfließen des Zellulosestrahles kann noch dadurch begünstigt werden, daß man jeweils zwei oder mehrere Spritzdüsen so gegeneinander richtet, daß sich die austretenden Flüssigkeitsstrahlen treffen und sich an ihrer Prellfläche schlierenartig verbreitern. Ein anderer Weg zur Erzeugung der Flocken ist der, daß man in geringem Abstand von der Düsenöffnung aus Glas oder Metall bestehende Prellflächen anordnet, an welchen die Verteilung des Flüssigkeitsstrahles erfolgt.

Patentansprüche: 1. Verfahren zur Herstellung von künstlicher Baumwolle, Kunstseide und dgl. auf dem Wege der Kunstseideverfahren, dadurch gekennzeichnet, daß man zwei oder mehrere Spritzdüsen derart gegeneinander richtet, daß sich die einzelnen Flüssigkeitsstrahlen direkt vor der Mündung treffen und hierdurch zu schlierenartigen Gebilden verteilt werden.

2. Verfahren nach Anspruch 1, dadurch gekennzeichnet, daß man vor den Spritzdüsen aus Glas oder Metall bestehende Prellflächen anordnet, durch welche die schlierenartige Verteilung des Spritzgutes erfolgt.

3. Verfahren nach Anspruch 1 und 2, dadurch gekennzeichnet, daß man die Zelluloselösung unter stark vermindertem Druck in die Erstarrungslösung übertreten läßt.

Nach Krais.

668. Dr. Paul Krais in Tübingen. Verfahren zur Herstellung wollartiger Kunstfasern und Gespinste.

D.R.P. 302611 Kl. 29b vom 1. II. 1917.

Durch Mahlen mit Wasser im Kollergang oder durch andere geeignete Mittel kann man Wolle, Haare, Horn, Leder und deren Abfälle, d. h. Staub, Schnitzel, kurze Fasern, die an sich zu klein sind, um die für die genannten Stoffe sonst üblichen Verwendungen zu gestatten, zu äußerst feiner Verteilung bringen. Während nun die Verarbeitung solcher feinst gemahlenen Stoffe zu Papier Schwierigkeiten bietet oder unmöglich ist, weil die einzelnen Teilchen keinen Zusammenhang haben, und während sie andererseits zum Spinnen durch Düsen, etwa in Mischung mit den gebräuchlichen viskosen Lösungen für Kunstseide, nicht geeignet sind, weil sie die Düsen verstopfen, hat sich erwiesen, daß es gelingt, spinnbare Fasern aus diesen Stoffen herzustellen, wenn man mit Lösungen geeigneter anderer Stoffe, wie Gelatine, Leim, Acetylzellulose oder sonstigen viskosen Lösungen von Zellulose oder Zelluloseverbindungen unter Zusatz von geschmeidigmachenden Mitteln Films herstellt und diese dann in feine Fasern zerschneidet, die zum Spinnen geeignet sind, oder die Films in Streifen schneidet oder in Streifenform herstellt, so daß diese sich nach Art der Papiergarne verspinnen lassen. Auf diesen Wegen lassen sich neue Fasern und Gespinste herstellen, die, insbesondere wenn Gelatine oder Leim die bindenden Mittel sind, in hohem Maße die Eigenschaften der Wolle besitzen. Um Gelatine oder Leim unlöslich zu machen, setzt man der Mischung die nötige Menge einer Chromverbindung, z. B. Bichromat oder Chromalaun zu. Durch Nachbehandlung der Films mit Formaldehyd, Tannin oder dessen Ersatzmitteln oder mit Tonerdesalzen lassen sich die Films, Fasern oder Gespinste noch härten, so daß ein hoher Grad von Unempfindlichkeit gegen heißes Wasser erzielt werden kann. Neben geschmeidig machenden Mitteln wie Glyzerin und dessen Ersatzmitteln, ferner den bei der Filmherstellung gebräuchlichen Esterverbindungen, wie Triphenylphosphat, lassen sich auch Öle und Fette, besonders solche, die nicht trocknen und die leicht Emulsionen bilden, bis zu einem gewissen Grad beimischen. Ein Film wird z. B. folgendermaßen hergestellt:

Auf eine mit dünner Wachsschicht überzogene Glasplatte von 13×18 cm Fläche wird folgende Mischung aufgetragen, gleichmäßig verteilt und dann bei mäßiger Temperatur getrocknet: 12 ccm 5%iger Gelatinelösung, 3 ccm 10%iger Paste aus feinst gemahlener Wolle, 0,5 ccm Glyzerin, 1,2 ccm 5%iger Chromalaunlösung. Man erhält nach dem Trocknen einen sehr knickfesten und elastischen Film von etwa 0,07 mm Dicke, der sich leicht von der Wachsschicht abnehmen läßt. Je nach der Menge der Mischung kann man dickere oder dünnere Films, herstellen. So wurden Films von nur 0,03 mm noch brauchbar gefunden. Diese Films lassen sich mit geeigneten Schneidevorrichtungen in äußerst dünne Fasern zerschneiden, die man dann für sich allein oder mit anderen Fasern vermischt verspinnen kann. Oder man kann sie in Streifen schneiden oder in Streifenform herstellen und dann nach Art der Papiergarne verspinnen.

Patentanspruch: Verfahren zur Herstellung wollartiger Kunstfasern und Gespinste, dadurch gekennzeichnet, daß man Films aus feinst gemahlenen Woll-, Haar-, Horn- oder Lederabfällen mit geeigneten Bindemitteln herstellt und diese in Fasern schneidet oder in Streifenform verspinnt.

669. Dr. Paul Krais in Tübingen. Verfahren zur Herstellung wollartiger Kunstfasern und Gespinste.

D.R.P. 303 731 Kl. 29 b vom 29. III. 1917, Zus. z. D.R.P. 302 611.

Statt die im Hauptpatent (s. vorstehend) für die Vereinigung der feingemahlenen Abfälle von Wolle, Haaren, Horn oder Leder genannten Bindemittel zu verwenden, kann man auch die feingemahlenen Abfälle mit Papiermasse mischen, aus dem Gemisch Papier herstellen und letzteres in üblicher Weise pergamentieren, also z. B. durch Behandlung mit Schwefelsäure vom spez. Gew. 1,7 oder mit warmer Chlorzinklösung vom spez. Gew. 1,9 und dann auswaschen. In diesen Fällen wirkt die pergamentierte Papiermasse als Bindemittel. Man kann auf diese Weise Pergamentpapiere herstellen, die z. B. einen Wollgehalt von 50% und mehr besitzen, sehr fest sind, durch geeignete Behandlung und Zusätze geschmeidig und wasserfest gemacht werden können und für die im Hauptpatent genannten Zwecke zur Verwendung geeignet sind.

Patentanspruch: Weitere Ausbildung des Verfahrens des Hauptpatents, dadurch gekennzeichnet, daß als Bindemittel Papierstoff, der pergamentiert wird, angewendet wird.

Nach Glanzfäden-Akt.-Ges.

670. Glanzfäden-Akt.-Ges. in Petersdorf i. Riesengeb. Verfahren zur Herstellung von Wolleersatz aus Zellstoff- und ähnlichen Lösungen.

D.R.P. 312304 Kl. 29b vom 15. VII. 1917; schweiz. P. 84238.

Bei der Herstellung von künstlichen Fäden aus Zellstofflösungen richtet sich bei den verschiedenen bekannten Verfahren das Hauptaugenmerk auf die Erzielung eines hochglänzenden, glatten Fadens. Allerdings bestehen auch einige Verfahren, welche den Zweck verfolgen, den künstlichen Fäden einen matten Glanz zu verleihen oder den Glanz abzustumpfen. Als Mittel hierfür sind vorgeschlagen die Einverleibung von Blei- und Zinnsalzen in den Faden[1]) oder der Gebrauch eines Spinnbades, welches außerordentlich hohe Mengen von Natronsalzen enthält. Wenn es auch hierdurch gelingt, den Glanz der künstlichen Fäden zu mildern, so entsteht doch ein Produkt, welches mit Rücksicht auf seine Glätte wieder der Kunstseide vollkommen ähnelt. Auch bedeuten derartige Behandlungsweisen eine erhebliche Mehrbelastung des Artikels, und soweit Metallsalze in Frage kommen, entstehen hygienische Bedenken, falls das Gespinst Bekleidungszwecken dienen soll. Tatsächlich sind diese Mittel auch nur in Vorschlag gebracht worden für die Erzeugung eines Haarersatzes. Es findet sich ferner in der Literatur ein Hinweis, daß man durch Fällen von Zelluloselösungen im Gewirr eine wollartige Faser herstellen kann. Die fragliche Veröffentlichung ist jedoch so unbestimmt, daß genaue Arbeitsbedingungen aus ihr nicht entnommen werden können.

Infolge der durch die Kriegslage bedingten Knappheit an Wolle und Baumwolle, die auch nach Friedensschluß voraussichtlich noch mehrere Jahre bestehen bleiben wird, ergab sich nun die Notwendigkeit eines Ersatzes aus Rohstoffen, die in genügender Menge im Inland zur Verfügung stehen. Kunstseide wurde früher ausschließlich durch Auflösung von Baumwolle hergestellt; in den letzten Jahren gelang es jedoch, auch aus Holzzellstoff ein gutes hochglänzendes Produkt zu fertigen. Mithin lag hier schon ein Gespinst vor, das in beliebigen Mengen aus heimischen Rohstoffen hergestellt werden konnte. Man hatte auch schon den bei der Kunstseidenherstellung entstehenden Ausschuß so geschnitten, kardiert und meistens im Gemisch mit anderen Fasern zu Garn versponnen. Es handelte sich jedoch hierbei immer um Kunstseide mit der bekannten glänzenden und glatten Eigenschaft, die Wolle nicht zu ersetzen vermag. Die anfallenden Mengen waren überdies naturgemäß ganz geringe, und ein absichtliches Herstellen von Ausschuß verbietet sich infolge des außerordentlich hohen Herstellungspreises der Kunstseide.

Die vorliegende Erfindung erreicht nun die Herstellung eines Stoffes, welcher die Eigenschaften von Schafwolle in hohem Grade besitzt und

---

[1]) Siehe S. 591.

sich namentlich für Strickgarne in hervorragender Weise eignet. Die nach vorliegendem Verfahren hergestellte Ersatzwolle besitzt den milden Glanz der besten Wollesorten, sie ist weich und voluminös wie diese und als Garn versponnen reichlich so fest und unverwüstlich im Gebrauch. Das daraus gefertigte Strickgarn wird nach dem Waschen noch weicher, während Wolle leicht zum Verfilzen neigt. Schließlich gelingt es, auf Grund des neuen Verfahrens und seiner technischen Durchführung den Herstellungspreis des Wolleersatzes unter demjenigen von guter Wolle zu halten.

Das neue Verfahren benutzt zunächst Holzzellstofflösungen u. dgl., wie sie nach den bekannten Verfahren hergestellt und auf Kunstseide versponnen werden. Bei letzterer Fabrikation wird der Faden aus Spinndüsen mit gewöhnlich von 10—30 Spinnlöchern in das Fällbad gespritzt und dann auf Bobinen von mäßigem Umfang aufgespult. Dies ist erforderlich für die Aufrechterhaltung einer gleichmäßigen Spannung des Fadens während der anschließenden Maßnahmen, wie Ausscheiden der Lösungsmittel, Waschen und Trocknen des Gespinstes, da erst bei voller Aufrechterhaltung der bei diesen Vorgängen auftretenden Spannung der Faden den typischen Glanz und die erforderliche Festigkeit der Kunstseide erhält; auch ist die volle Auflage der frisch gesponnenen Fäden auf kleinen zylindrischen Körpern mit voller Mantelfläche schon deshalb nötig, um eine Verwirrung der feinen Elementarfäden zu verhüten und ein nachheriges Umspulen zwecks Verzwirnung zu ermöglichen. Diese Erfordernisse bedingen einen großen Aufwand an technischen Mitteln und Arbeitshänden bei verhältnismäßig geringer Fabrikation und daher den großen Einstandspreis der Kunstseide.

Bei dem vorliegenden Verfahren für die Herstellung eines Wolleersatzes wird die gleiche Spinnmasse aus großen Spinndüsen mit einer beliebig hohen Anzahl Spinnlöcher in das Fällbad gespritzt und auf großen Haspeln mit einem Umfang von etwa 1200 mm oder mehr aufgewunden. Ein einziger Spinnkopf kann auf diese Weise in 24 Stunden 20 kg Gespinst und mehr liefern, während die entsprechende Leistung bei Erzeugung von Kunstseide im Mittel nur 1 kg beträgt. Die aufgewundenen Garnlagen werden von Zeit zu Zeit von den Haspeln heruntergezogen und durch eine einmalige Operation von den sämtlichen in ihnen enthaltenen Lösungs- und Spinnbadchemikalien befreit, so daß die sich daran anschließende Trocknung der Garnbündel schon das gebrauchsfertige Produkt ergibt, welches wie Schafwolle weiter verarbeitet werden kann.

In der Weiterbehandlung der an den Spinnmaschinen auf großen Haspeln aufgewundenen Garnlagen, deren Fäden aus mehreren hundert Einzelfädchen bestehen können, liegt das Hauptmoment des neuen Verfahrens. Ein Herauslösen der in den Fäden enthaltenen Chemikalien ohne jede Spannung bei diesem Vorgang würde ein blindes und brüchiges Produkt ergeben. Es muß daher eine gelinde Spannung aufrechterhalten werden, die noch genügt, um ein festes Gespinst mit nur mildem, wolleartigem Glanz zu erzielen. Es konnte nun festgestellt werden, daß die erforderliche richtige Spannung dann eintritt, wenn die Stränge durch chemische starke Traufebäder sowie Waschbäder in dieser Form von sämtlichen Chemikalien befreit werden. Die lebendige Kraft der Traufebäder hält hierbei den aufgehängten Strang in einer Spannung, welche dem beim Ausscheiden der Chemikalien auftretenden Zusammenziehen der Fäden in dem Maße entgegenwirkt, daß ein festes Gespinst entsteht, treibt diese Spannung jedoch nicht so weit, daß ein Produkt entstände, welches das Aussehen von Kunstseide annimmt. Das Gespinst erhält vielmehr durch diese Behandlung genau den Charakter von Schafwolle und eignet sich als bester Ersatz für diese. Gleichzeitig gestattet die geschilderte Behandlungsweise einen ganz besonders kurzen und wirtschaftlichen Arbeitsgang, indem eine beliebig lange Reihe von Traufebädern, deren Größe und Zusammensetzung sich nach der Leistungsfähigkeit und der Eigenart der bei der Herstellung der Spinnmasse angewandten Lösungsverfahren richten, hintereinander geschaltet werden und die frisch gesponnenen Garnstränge mittels einer Fördervorrichtung durch sämtliche Traufenbäder hindurchgeführt werden, derart, daß auf dem einen Ende der Bäderreihe die Garnstränge eintreten und am anderen Ende, von sämtlichen Chemikalien befreit, als reines Zellstoffgespinst mit dem erstrebten Wollecharakter abgeliefert werden.

Patentansprüche: 1. Verfahren zur Herstellung von Wolleersatz aus Zellstoff- und ähnlichen Lösungen, dadurch gekennzeichnet, daß die in üblicher Weise gebildeten künstlichen Fäden von den in ihnen enthaltenen Lösungs- und Spinnbadchemikalien unter einer Spannung befreit werden, welche durch die lebendige Kraft von auf sie einwirkenden Traufenbädern erzeugt wird.

2. Eine Ausführungsform des Verfahrens nach Anspruch 1, dadurch gekennzeichnet, daß das mittels Düsen mit einer möglichst großen Anzahl von Spinnlöchern in bekannter Weise gefertigte Gespinst in Strangform so durch eine Reihe von chemischen und Waschtraufenbädern geführt wird, daß die Ausscheidung sämtlicher Chemikalien unter der erstrebten Spannung in einem Zuge erfolgt.

Nach Freise.

671. Heinrich Freise in Bochum. Verfahren zur Herstellung wollähnlicher Spinnfasern durch Zerschneiden von Filmstreifen.

D.R.P. 318741 Kl. 29a vom 13. XII. 1918.

Nach bekannten Verfahren werden Filmstreifen mit ebenen glatten Flächen zwecks nachherigen Verspinnens zerschnitten, so daß glatte, schlichte Fasern entstehen, die an und für sich wenig elastisch sind. Die aus solchen Fasern angefertigten Gespinste und Gewebe haben daher neben der geringen Festigkeit auch noch eine geringe Elastizität und mithin geringe Haltbarkeit.

Dieser Nachteil wird nach der Erfindung dadurch beseitigt, daß die Filmstreifen in der Längsrichtung mit kleinen Wellen versehen werden, so daß man durch das Zerschneiden wie Wolle gekräuselte, federnde Fasern erhält. Gegenüber den aus Filmstreifen hergestellten glatten Fasern sind die gekräuselten und daher wollähnlichen Fasern und die Gespinste und Gewebe daraus infolge der Kräuselung der Fasern sehr elastisch dehnbar und daher sehr haltbar und ferner geschmeidig und locker.

Es ist zwar bekannt, gekräuselte Kunstfasern herzustellen. Nach den älteren Verfahren werden aber durch feine Düsen ausgepreßte Fäden gewellt. Das ist schwierig und umständlich, auch zerreißen die Fäden dabei leicht. Die Filmstreifen sind dagegen ohne Schwierigkeit zu wellen und besitzen wegen ihrer großen Fläche hinreichenden Widerstand.

Die Filmstreifen werden aus beliebigen geeigneten Stoffen und in beliebiger geeigneter Weise hergestellt. Nach der Erfindung werden die Filmstreifen nun, am zweckmäßigsten vor ihrer völligen Erhärtung, durch geeignete Mittel, z. B. Rillenwalzen, in der Längsrichtung mit Wellen versehen, die mit denen der Wollhaare übereinstimmen. Die Filmstreifen sind so breit, wie die Wollhaare lang sind. Nach dem Wellen werden die Filmstreifen auf einer Unterlage oder zwischen dieser und einer andrückbaren Auflage langsam vorbewegt. Die Unter- und Auflage ist derart gewellt, daß die Wellen dicht schließend in die der Filmstreifen fassen. Am Ende dieser Führungen werden die Filmstreifen durch Messer oder Scheren in an und für sich bekannter Weise nach und nach in ganz schmale Querstreifen zerlegt und so in feine Fasern zerschnitten. Die Länge der Fasern wird durch die jeweilige Breite der Filmstreifen bestimmt. Die gewellten Führungen bewirken, daß beim Zerschneiden der Filmstreifen deren Wellen erhalten bleiben, so daß wie Wolle gekräuselte Fasern entstehen.

Patentanspruch: Verfahren zur Herstellung wollähnlicher Spinnfasern durch Zerschneiden von Filmstreifen, dadurch gekennzeichnet, daß die Filmstreifen in einer dem Stapel entsprechenden Breite mit in der Längsrichtung verlaufenden Wellen versehen werden, die der Kräuselung der Wollhaare entsprechen, und alsdann auf einer der Wellenform entsprechenden Unterlage in ihrer Längsrichtung gegen das Messer, welches sie zu Fasern zerschneidet, bewegt werden.

k) Die Stapelfaser und ihre Herstellung.

Unter Stapelfaser versteht man eine auf künstlichem Wege aus Zelluloselösung gefällte Faser, die nicht wie die Kunstseide in unendlicher, sondern in begrenzter Länge hergestellt wird. Man legt bei ihrer Herstellung nicht so großen Wert auf Glanz wie bei Kunstseide, begnügt sich mit einem wollartigen milden Glanz oder auch mit dem Aussehen der Baumwolle. Ausgangsmaterial bildet wohl ausschließlich die Viskose. Für die Herstellung der Stapelfaser kommen nachfolgende Patente in Betracht.

Verfahren nach Girard.

672. Paul Girard in Lyon, Frankr. Verfahren und Vorrichtung zur Herstellung einer Fadenmasse aus künstlicher Seide.

D.R.P. 266 140 Kl. 29a vom 21. II. 1912; Franz. P. 438 131 mit Zus. 15 399; brit. P. 5386[1912]; belg. P. 243 409 (auch Sonnery); Ver. St. Amer. P. 1 164 084.

Es ist bekannt, Abfälle von künstlicher Seide nach Art der Schappespinnerei zu behandeln und gleichfalls künstliche, unmittelbar im wirren, untergeordneten Zustande gewonnene Fäden nach den erforderlichen Vorarbeiten zu verspinnen. Diese Verfahren leiden an dem Übelstand, daß das Ausgangsprodukt zur Herstellung der künstlichen Fäden aus Fasern ungleicher Länge besteht, die sich in ungeordneter Lage zueinander befinden. Die Fasermasse muß daher zuerst gekämmt werden, um die Fasern in eine parallele Lage zueinander zu bringen, worauf sie ihrer verschiedenen Länge nach sortiert werden müssen, bevor ihre Verspinnung beginnen kann. Ein anderer Übelstand dieser Fadenbildung besteht darin, daß die gewonnenen Fäden nicht fein genug sind und damit nicht die genügende Deckfähigkeit besitzen, um z. B. Samt herzustellen, und zwar aus dem Grunde, weil man bis jetzt stets bestrebt war, lange Fäden zu gewinnen, die gezwirnt werden. Da der künstliche Faden nun sehr brüchig ist, muß der Einzelfaden eine verhältnismäßig bedeutende Stärke besitzen, um diese Behandlung auszuhalten, und unter einer Stärke von 6—7 Deniers können Einzelfäden zu diesem Zwecke nicht hergestellt werden, im Vergleich zu den 1 bis 3 Deniers der natürlichen Seide besserer Beschaffenheit. Infolgedessen sind auch die Abfallfäden nicht feiner. Des weiteren bringt das Kämmen und Sortieren viele Abfälle mit sich, und zu feine Fäden zerreißen hierbei.

Gemäß der vorliegenden Erfindung sollen diese Übelstände vermieden und künstliche Fäden hergestellt werden, die an Feinheit denen aus guter natürlicher Seide nicht nachstehen, und zwar ohne daß vor dem Verspinnen ein Kämmen oder Sortieren erforderlich wäre. Zu diesem Zweck werden wie üblich mittels der im Erstarrungsbad angeordneten Spritzdüsen mit zahlreichen Düsenöffnungen feine Fäden gebildet, die in parallelen Schichten von parallelen Fäden auf Spulen oder Haspel aufgewickelt und nach ihrer Aufwicklung ein- oder mehrfach parallel zur Spulenachse durchschnitten werden, um eine oder mehrere aus parallelen Fäden gleicher Länge gebildete Fadenmassen zu erzielen. Der Kern der Erfindung liegt somit darin, daß, anstatt wie üblich, die gewonnenen langen Einzelfäden unmittelbar zu verarbeiten, diese in Fadenmassen von parallelen Einzelfäden gleicher Länge zerschnitten und nach Art der Schappespinnerei ohne die üblichen Vorarbeiten versponnen werden. Es genügt, die gewonnenen Fadenmassen auf die Anlegemaschine zu bringen und die Fadenstücke übereinander zu schuppen, um sie in Bänder umwandeln zu können, die sich unmittelbar verspinnen lassen. Das Verfahren gemäß der Erfindung befindet sich also im vollständigen Gegensatz zu den bekannten

632   Die Stapelfaser und ihre Herstellung.

Verfahren zum Verarbeiten künstlicher Seidenfäden, bei denen man die Schappespinnerei nur als Notbehelf benutzt, um die bedeutenden Abfälle nutzbar zu verwenden.

Auf den Zeichnungen ist beispielsweise eine Einrichtung zur Durchführung des Verfahrens gemäß der Erfindung veranschaulicht, und

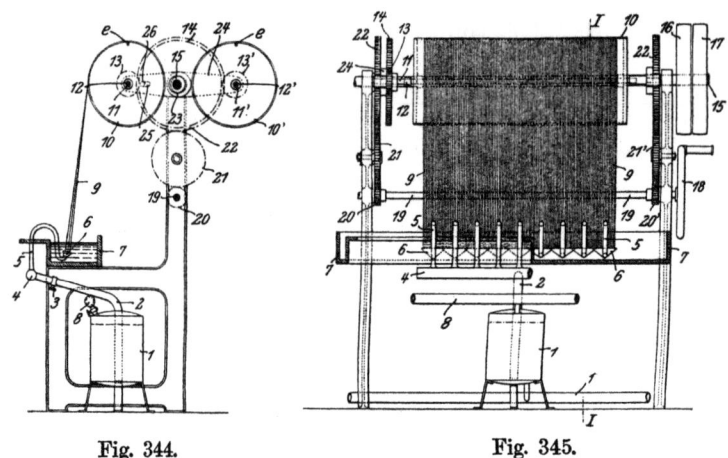

Fig. 344.   Fig. 345.

zwar zeigt Fig. 344 eine Schnittansicht der Gesamteinrichtung nach der Linie I—I der Fig. 345, die ihrerseits eine Vorderansicht einer Einzelgruppe von Arbeitsteilen zur Durchführung des Verfahrens gemäß der Erfindung veranschaulicht, wobei die Gesamteinrichtung eine Reihe solcher Einzelgruppen umfassen kann. Fig. 346 zeigt die Einzelheiten einer Spritzdüse in Vorderansicht, und die Fig. 347 und 348 veranschaulichen zwei Abänderungen dieser Spritzdüse im Schnitt nach den Linien VII—VII und VIII—VIII der Fig. 346. Fig. 349 zeigt eine Ansicht einer rohrförmig ausgebildeten Spritzdüse und Fig. 350 einen Querschnitt nach der Linie X—X der Fig. 349.

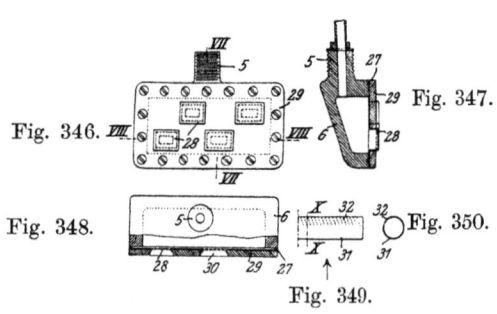

Die zur Bildung der künstlichen Einzelfäden dienende Viskose befindet sich in bekannter Weise in einem Behälter 1, dem sie durch ein darunter angeordnetes Rohr zugeführt wird, und der durch ein Rohr 2 mit einem Verteilungsbehälter 4 in Verbindung steht, von wo aus die Viskose durch geeignete Zweigleitungen 5 zu den verschiedenen, in dem Erstarrungsbad angeordneten Spritzdüsen 6 unter Vermittlung einer in 8 an den

Behälter 1 angeschlossenen Druckluftleitung gedrückt wird. Während die bis jetzt üblichen Mundstücke zur Herstellung künstlicher Seidenfäden höchstens 15—25 Düsenöffnungen aufweisen, weil diese Anzahl von Einzelfäden zur Bildung des fertigen Fadens genügt, ist gemäß der Erfindung im Mundstück eine unverhältnismäßig größere Anzahl (bis zu mehreren Tausend) solcher Düsenöffnungen vorgesehen. Die aus dem Mundstück 6 der Düsenöffnung austretenden Einzelfäden, bilden in Vorderansicht (Fig. 345) eine Schicht 9 von Einzelfäden, die auf eine Spule oder Haspel 10 aufgewickelt wird, und zwar nicht kreuzweise, wie bis jetzt üblich, sondern derart, daß sämtliche Fäden parallel zueinander aufgewickelt werden. Die Spulen 10, 10′ sind paarweise in bekannter Weise derart angeordnet, daß die im Betrieb befindliche Spule 10, nachdem eine genügend starke Fadenschicht auf sie aufgewickelt worden ist, ohne Betriebsunterbrechung durch die Spule 10′ ersetzt werden kann. Ist die auf die Spule aufgewickelte Fadenmenge genügend groß, dann wird letztere ein- oder mehrfach parallel zur Spulenachse durchschnitten, um eine oder mehrere aus parallelen Fäden gleicher Länge gebildete Fadenmassen zu erzielen. Zu diesem Zweck sind, wie aus Fig. 344 ersichtlich, die Spulen an ihrem Umfang parallel zu der Spulenachse mit Längsnuten e versehen, in die ein Messer zwecks Durchschneidens der aufgewickelten Fadenschicht eingeführt werden kann. In manchen Fällen, z. B. wenn die Fäden vor dem Verspinnen entschwefelt oder in anderer Weise, z. B. in Wasser, behandelt werden sollen, ist es zweckmäßig, die Fadenmasse nicht auf der Spule oder dem Haspel zu zerschneiden, um die parallele Lage der Fäden nicht zu zerstören. In diesem Falle nimmt man die Fadenmasse ungeteilt von der Spule ab und behandelt die erzielten Strähnen wie gewünscht, worauf sie nach dem Trocknen mittels einer Schere oder dgl. zerteilt werden. Wird die Fadenmasse auf der Spule zerschnitten, so kann man die einzelnen, abgetrennten Schichten einfach auf den Boden oder in einen Sammelbehälter fallen lassen, da die Einzelfäden genügend fest aufeinanderhaften, um hierdurch ihre parallele Lage nicht zu zerstören.

In den Fig. 346—350 sind die Einzelheiten des Mundstücks 6 der Spritzdüse veranschaulicht. Das Mundstück nach den Fig. 346—348 ist an einer offenen Seite mit einer Abdichtung 27 versehen, gegen die sich das mit den Düsenöffnungen versehene Düsenblättchen 28 anlegt, welches durch einen aufgeschraubten Deckel 29 fest in Stellung gehalten wird. In diesem Deckel sind Öffnungen 30 vorgesehen, um die durchlochten Teile des Düsenblättchens freizulegen. Da diese freien Teile wegen der geringen Stärke des Düsenblättchens gewisse Abmessungen nicht überschreiten dürfen, werden sie einander gegenüber versetzt angeordnet, derart, daß die auf die Spule aufgewickelte Fadenmasse überall von gleicher Stärke ist. Bei der Ausführung nach Fig. 347 springen die durchlochten Teile der Düsenblättchen 28 gegenüber dem Deckel 29 vor, um ein bequemes Reinigen der Düsenöffnungen zu ermöglichen und einen freien Austritt für die Fäden zu erhalten. Bei der

Ausführungsform nach der Fig. 348 hingegen sind die Ränder der Öffnungen 30 zu diesem Zweck abgeschrägt, während das Düsenblättchen flach ausgebildet ist. Die Mundstücke können gleichfalls, wie aus den Fig. 349 und 350 ersichtlich, aus einem mit Durchlochungen 32 versehenen Rohr 31 von beliebigem Querschnitt gebildet werden, wobei die Anordnung der Durchlochungen jedoch derart getroffen sein muß, daß die aus den Mundstücken austretende Fadenschicht überall von gleichmäßiger Stärke ist. Auch könnten diese Rohre 31 flüssigkeitsdicht in den Öffnungen 30 des Mundstücks 6 angeordnet werden.

Patentansprüche: 1. Verfahren zur Herstellung einer Fadenmasse aus künstlicher Seide, dadurch gekennzeichnet, daß durch mehrere im Erstarrungsbad angeordnete Spritzdüsen mit zahlreichen Düsenöffnungen feine Fäden gebildet werden, die in parallelen Schichten auf Spulen oder Haspeln aufgewickelt und nach ihrer Aufwicklung ein- oder mehrfach parallel zur Spulenachse durchschnitten werden, um eine oder mehrere aus parallelen Fadenstücken gleicher Länge gebildete Fadenmassen zu erzielen.

2. Vorrichtung zur Durchführung des Verfahrens nach Anspruch 1, dadurch gekennzeichnet, daß die Spulen oder Haspeln an ihrem Umfang Längsnutzen aufweisen, an denen entlang die aufgewickelte Fadenmasse durchschnitten wird.

3. Vorrichtung zur Durchführung des Verfahrens nach Anspruch 1, dadurch gekennzeichnet, daß die Düsenblättchen im Mundstück gegeneinander versetzt angeordnet sind, derart, daß die auf die Spule aufgewickelte Fadenmasse überall von gleicher Stärke ist.

Vgl. auch „Kunststoffe" 1913, S. 219, Schappe-Imitate und Leipziger Färber-Ztg. 1913, S. 37.

Verfahren nach Vindrier.

673. P. Vindrier. Verfahren zur Herstellung künstlicher verspinnbarer Textilfasern.

Franz. P. 442 015.

Bisher hat man sich in der Kunstseidenindustrie bemüht, lange Fäden zu erzeugen, die durch Zwirnen miteinander vereinigt wurden und sich der natürlichen Seide möglichst näherten. Auch Kunstseidenabfälle hat man nach Art der Schappen aus Naturseide oder der Bourretteseiden bearbeitet, um daraus Fäden für die Weberei zu gewinnen. Beide Verfahren sind ziemlich kostspielig, da sie beim Zwirnen und beim Kämmen verschiedene Maßnahmen erfordern, z. B. um den Fasern die für die übliche Schappespinnerei notwendige parallele Lage zu geben. Vorliegende Erfindung bezweckt, nichtzusammenhängende Fäden zu erhalten, die so dünn sind, daß sie die gewöhnliche Dicke von Seiden-, Baumwollen- oder anderen Textilfäden nicht überschreiten, und zwar unter solchen Bedingungen, daß diese Fäden, in parallelen

Lagen aus einzelnen Fasern angeordnet, schließlich auf den kontinuierlichen oder selbsttätigen Spinnmaschinen versponnen werden können und die Operationen vor dem Spinnen möglichst eingeschränkt werden. Um dies zu erreichen, werden die künstlichen Fasern beliebigen Ursprungs beim Herauskommen aus den Spinndüsen oder dem Koagulationsbade parallel in mehr oder weniger zahlreichen Gruppen auf Spulen, Trommeln oder Haspel von veränderlichem Umfange, je nach der Länge, die man dann den Fadenlagen geben will, aufgenommen. Dann werden diese künstlichen endlosen Fäden einmal oder mehrmals parallel der Achse des Haspels, auf dem sie aufgewickelt sind, zerschnitten. Die Lagen der so zerschnittenen Fäden bestehen also aus Fäden, die von einem Ende zum anderen denselben Durchmesser haben, der nach Belieben eingestellt werden kann und bestimmt wird durch die Viskosität der Lösung, die Weite der Spinnöffnungen, den beim Spinnen innegehaltenen Druck und den auf die Fäden durch die Abzugswalze ausgeübten Zug. Die Fäden liegen in allen entsprechenden Punkten parallel und können auf den für das Verspinnen von Schappe, Wolle und Baumwolle üblichen Maschinen versponnen werden. Sie können auch mit verschiedenen natürlichen Fasern gemischt werden. Man erhält nach diesem Verfahren künstliche Fäden aus Einzelfäden von einer Feinheit, wie sie bei der Herstellung der künstlichen Seide bisher nicht erhalten werden konnten. Denn die Kunstseidenfäden müssen, um behandelt werden zu können, eine gewisse Widerstandsfähigkeit haben und können nicht unter 4—5 Deniers hergestellt werden, die Produkte des vorliegenden Verfahrens mit 1—2 Deniers. Diese Feinheit der Fäden ist besonders wertvoll für die Herstellung von Velour, Plüsch usw., die mit Kunstseide von 4 Deniers und darüber nicht möglich ist.

Nach Feßmann.

674. Louis Feßmann in Augsburg. Verfahren zur Herstellung künstlicher Baumwolle auf dem Wege des Kunstseideverfahrens.

D.R.P. 319 079 Kl. 29a vom 5. IX. 1918.

Die bisher gebräuchlichen Verfahren zur Herstellung von Kunstseidefäden bestehen in der Hauptsache darin, daß Zellulose zunächst in lösliche Form gebracht wird, worauf man diese Lösung durch feine Düsen preßt und den Flüssigkeitsstrahl unmittelbar in die Erstarrungslösung überführt, um das Lösungsmittel zu beseitigen. Um nun einen der Baumwolle ähnlichen Stapel zu erlangen, werden nach den jetzt üblichen Verfahren die auf dem genannten Wege gewonnenen Kunstseidefäden in Stücke von entsprechender Länge (Stapel) geschnitten. Der Umstand, daß die sogenannte Stapelfaser bis jetzt nicht unmittelbar hergestellt werden konnte, sondern daß zuerst endlose Fäden gesponnen werden mußten, ist von Nachteil für die Wirtschaftlichkeit des Verfahrens.

Um das Zerschneiden der Kunstseidefäden zu vermeiden, wird bei der vorliegenden Erfindung in der Weise vorgegangen, daß man die Zelluloselösung periodisch aus den Düsen in die Erstarrungsflüssigkeit einspritzt, d. h. man unterbricht den Zulauf der Zelluloselösung in bestimmten Zwischenräumen und erhält auf diese Weise kurze Fadenstückchen, die den Vorzug aufweisen, daß sie infolge der durch das periodische Spritzen bedingten Druckschwankungen zum Verspinnen besonders geeignete spitze Enden aufweisen. Das beschriebene Verfahren läßt sich mit den gebräuchlichen Einrichtungen nach Vornahme ganz geringer Änderungen ohne weiteres ausführen, so daß eine Außerdienststellung vorhandener Einrichtungen nicht erforderlich ist.

Patentanspruch: Verfahren zur Herstellung künstlicher Baumwolle auf dem Wege des Kunstseideverfahrens, dadurch gekennzeichnet daß man zur Erzeugung von kurzen Faserstückchen (Stapeln) den Spritzvorgang in bestimmten Intervallen unterbricht.

675. Louis Feßmann in Augsburg. Verfahren zur Herstellung von künstlichen Fasern auf dem Wege des Kunstseideverfahrens.
D.R.P. 319 280 Kl. 29a vom 19. IX. 1918.

Das Verfahren besteht im wesentlichen darin, daß der aus den Düsen austretende gespritzte Faden nach Erreichung einer bestimmten Länge unter Verwendung geeigneter Mittel abgerissen wird, so daß sich an den Fadenenden äußerst fein verlaufende Spitzen bilden, die das mechanische Verspinnen der Faserstückchen außerordentlich erleichtern. Nach den bisherigen Verfahren, welche zur Herstellung der sogenannten Stapelfasern Anwendung finden, wird die Faser alsbald nach ihrem Austritt aus der Düse abgeschnitten oder abgehackt, so daß die Bildung fein verlaufender Spitzen ausgeschlossen ist. Darin liegt ein außerordentlich großer Nachteil dieser Verfahren.

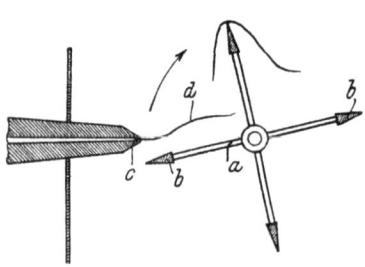

Fig. 351.

Zur Durchführung des Verfahrens nach der Erfindung werden nahe der Mündungen der Spritzdüsen auf mechanischem Wege Schlag- oder Reißleisten vorbeigeführt, die das erstarrte Fadengebilde erfassen und es abreißen. Infolge dieses Abreißens werden die einzelnen Fadenstückchen einer Zugbeanspruchung unterworfen, die wiederum zur Folge hat, daß an der Erstarrungsgrenze der Fadenstückchen eine Dehnung und Streckung stattfindet, welche zur Bildung außerordentlich fein verlaufender Spitzen führt, so daß also ein der Naturfaser ähnliches Gebilde entsteht. Die Mittel, die zum Abreißen der Fadenstückchen Verwendung finden, können beliebiger Art sein. In Fig. 351 ist ein Beispiel einer Vorrichtung zur Ausführung des Verfahrens dargestellt. Die Vorrichtung besteht aus einem sich drehenden Armkreuz a, welches scharfkantig zugespitzte Schlagleisten b trägt, die gegenüber der Mündung der Spritzdüse c derart angeordnet sind, daß deren vordere Kanten möglichst nahe an den Ausmündungen der Spritzdüsen vorbeigeführt werden. Hat nun der gespritzte Faden d eine bestimmte Länge erreicht, so wird er von der Schlagseite b erfaßt und durch diese nahe dem Spritzmundstück abgerissen. Dadurch wird gleichzeitig ein Ausziehen des Fadenendes erzielt. Je nach der Umdrehungsgeschwindigkeit des Armkreuzes können längere oder kürzere Fadenstückchen erhalten werden.

Patentanspruch: Verfahren zur Herstellung von künstlichen Fasern auf dem Wege des Kunstseideverfahrens, dadurch gekennzeichnet, daß der gespritzte Faden nach Erreichung einer bestimmten Länge von dem Spritzmundstück abgerissen und dabei die Faserenden spitzenförmig ausgezogen werden.

Nach Meyer.

676. Dr. Leo Meyer in Charlottenburg. Verfahren zum Kräuseln von Kunstseidenstapelfaser.

R.D.P. 319 839 Kl. 29 b vom 20. XII. 1918.

Die Kunstseidenstapelfaser, wie sie in den Kunstseidenfabriken hergestellt wird, um dann in Spinnereien nach dem Kammgarn-, Streichgarn-, Baumwoll- oder Ramiespinnverfahren gesponnen zu werden, zeigt den Übelstand, daß sie nicht gekräuselt ist. Es wurde dies als ein Mangel empfunden. Die Faser hat nicht die genügende Adhäsion zu den Kratzen usw. Die Folge davon ist viel Abfall, also ungenügende Ausbeute. Mechanische Mittel, um auf Maschinen die Faser zu kräuseln, führten nicht zum Erfolg. Es hat sich nun gezeigt, daß man eine genügende Kräuselung dann erzielt, wenn man die Faser rasch und ohne langsamen Übergang stark erhitzt oder abkühlt. Bringt man z. B. trockene oder feuchte Stapelfaser in kochendes Wasser, so daß sie sich möglichst rasch durchnäßt, so zeigt die Faser nach dem Schleudern und Trocknen leichte Kräuselung. Sie wird erhöht, wenn man in dem Wasser Salz auflöst, z. B. Aluminiumsulfat, Chlorkalzium usw. Wahrscheinlich spielt die durch den Salzzusatz bewirkte Siedepunkterhöhung eine Rolle. Statt Salze kann man auch andere Stoffe in Wasser lösen, die geeignet sind, den Siedepunkt zu erhöhen. Anderseits ist es auch möglich, statt Wasser andere Flüssigkeiten zu wählen, die einen höheren Siedepunkt haben. Statt mit Wasser zu arbeiten, kann man die trockene oder feuchte Stapelfaser in Wasserdampf behandeln, also dämpfen, und die Wirkung ist um so höher, je höher die Temperatur durch Druck oder Überhitzung gesteigert wird. Auch das Einbringen von Stapelfaser in stark erhitzte Räume führt zum Ziel. Die Temperatur richtet sich nach dem Grade der Kräuselung. Am besten nimmt man feuchte Stapelfaser oder sorgt für hohen Feuchtigkeitsgehalt in den geheizten Räumen. Die zur Kräuselung der Stapelfaser notwendige Zusammenziehung kann auch dadurch bewirkt werden, daß man sie möglichst rasch und weitgehend abkühlt. Auch hier kann man mit abgekühlten Lösungen oder in abgekühlten Mitteln, z. B. Luft, arbeiten. Die Wirkung des Verfahrens ist überraschend. Die gekräuselte Faser läßt sich besonders vorteilhaft verspinnen, und die Ausbeute beim Spinnen ist höher. Als weitere Wirkung wäre zu betonen, daß die aus gekräuselter Stapelfaser hergestellten Garne und Gewebe besonders offen und locker sind und den Charakter der Wolle zeigen.

Patentanspruch: Verfahren zum Kräuseln von Kunstseidenstapelfaser, dadurch gekennzeichnet, daß man sie unvermittelt stark erhitzt oder abkühlt.

Zweiter Teil.
Die Eigenschaften der Kunstseiden.

Aussehen. Das Aussehen der Kunstseiden ist in hohem Grade von der Herstellungsweise abhängig. Im allgemeinen läßt sich sagen, daß die Produkte der nach den Chardonnetschen Verfahren arbeitenden Fabriken einen höheren Glanz haben als Naturseide und nur wenig den charakteristischen krachenden Griff der echten Seide besitzen. Das nämliche war von den nach den Lehnerschen Verfahren erzeugten Kunstseiden zu sagen. Glanzstoff, das Produkt der Vereinigten Glanzstoff-Fabriken Akt.-Ges., zeigt nicht den hohen Glanz der Kollodiumseiden und ähnelt dadurch mehr der echten Seide, deren krachenden Griff er auch in hohem Grade zeigt. Viskoseseide ähnelt im Aussehen mehr den Kollodiumseiden. Nach Stadlinger[1]) hat Nitroseide einen flimmernden, Viskoseseide einen silberartigen und Glanzstoff einen glasartigen Glanz, Nitroseide und Glanzstoff zeigen ein reines oder bläuliches Weiß, Viskoseseide einen gelblichen Stich. Die nach du Vivier hergestellte Seide hatte nach Silbermann[2]) ein spröderes Gefühl als Chardonnetseide, war aber von blendender Weiße und einem die echte Seide noch übertreffendem Glanze. Die Gelatine-(Vandura-)Seide hatte nach Knecht[3]) einen ebenso schönen Glanz wie Naturseide, der aber unruhig erschien, da die Seide im Sonnenlicht glitzert und funkelt.

Spezifisches Gewicht: Chardonnet gab[4]) das spezifische Gewicht der nach seinem Verfahren hergestellten Kunstseide zu 1,49 an, dagegen das von Grègeseide zu 1,66 und das von abgekochter Maulbeerseide zu 1,43. Lehnerseide war nach Silbermann[5]) um 7—8% schwerer als Naturseide. Nach Herzog[6]) ist das spezifische Gewicht von Chardonnetseide um 13% höher als das der Naturseide. Hassack[7]) gab das spezifische Gewicht von italienischer Rohseide zu 1,36, von Chardonnetseide von Près des Vaux und Fismes zu 1,52, von Walston zu 1,53, von

---

[1]) Kunststoffe 1912, S. 281.
[2]) Die Seide, 1897, 2. Bd., S. 142ff.
[3]) Journ. of the Soc. of Dyers and Col. 1898, S. 252; Lehnes Färber-Ztg. 1899, S. 90/91.
[4]) Compt. rend. 1889, Bd. 108, S. 962.
[5]) Die Seide, 1897, 2. Bd., S. 148.
[6]) Lehnes Färber-Ztg. 1894/95, S. 49/50.
[7]) Österr. Chem.-Ztg. 1900, S. 269.

Lehnerseide von Glattbrugg zu 1,51, von Glanzstoff zu 1,50 und von Gelatine-(Vandura-)Seide zu 1,37 an. Nach Bronnert[1]) war das spezifische Gewicht von Kollodiumseiden 1,55, das von Naturseide 1,40 bis 1,45.

Wassergehalt. Er wurde bei älteren Kunstseiden bei 99° zu 10,4 bis 13,02% bestimmt, während für Chinarohseide 7,79 und für Tussah 8,26% Wasser gefunden wurden. Hassack[2]) fand in verschiedenen Kunstseiden 9,2—13,98% Wasser bei 110—115° und in italienischer Rohseide 8,71%. Die Vereinigten Glanzstoff-Fabriken A.-G. gaben den mittleren Wassergehalt ihres Produktes bei 16° zu 9% an (Naturseide 11%). Die Wasseranziehung bei 99° getrockneter Kunstseiden an der Luft ergab Werte zwischen 5,00—6,94%, während Chinarohseide 2,24% anzog. Hassack (a. a. O.) bestimmte die Wasseraufnahmefähigkeit bei 100—115° getrockneter Kunstseiden aus Zellulose zu 23,08—28,94% und von Gelatineseide zu 45,56%, während für italienische Rohseide 20,11% gefunden wurden. Die Seidentrocknungsanstalt Elberfeld-Barmen fand, daß Kunstseide so viel Feuchtigkeit aus der Luft aufnimmt wie Rohseide[3]). Bei mehreren hundert Untersuchungen wurde ein höchster Feuchtigkeitsgehalt von 13,99 und ein niedrigster von 9,39% ermittelt, der Durchschnitt war 11,30%. Der zulässige Feuchtigkeitsgehalt, der dem gefundenen Trockengewicht zugezählt wird, beträgt 11%. Nicht denitrierte Kunstseide hat einen sehr geringen Feuchtigkeitsgehalt von 3—3,5%. Auch bei Stapelfaser bezeichnet G. Laaser[4]) den Zuschlag von 11% zum Trockengewicht der bei 110° getrockneten Proben als den wirklichen Verhältnissen entsprechend.

Dehnbarkeit und Festigkeit. Chardonnet gab die Bruchfestigkeit von ihm hergestellter Kunstseide zu 25—35 kg auf den Quadratmillimeter an, etwa 15—20% geringer als die abgekochte Naturseide[5]). Die Elastizität soll die gleiche sein wie bei Naturseide, die Verlängerung des Fadens vor dem Bruch beträgt 15—25%, die reelle Elastizität 4—5%. Herzog machte über die Festigkeit von Chardonnetseide folgende Angaben:

Titer:	Stärke:	Dehnung:
60 Denier	69 g	155 mm auf 1 m,
65 ,,	83 ,,	171 ,, ,, 1 ,,,

während eine abgekochte Minchew Trame, eine der billigsten Naturseiden, 214 g Stärke und 189 g Dehnung auf 1 m zeigte[6]). Nach Silbermann ergeben sich bei Berechnung auf gleichen Titer Festigkeitszahlen für echte Seide zu 38, für Tussah zu 48 und für Chardonnetseide zu 17[7]). Damit stimmt auch die Angabe von Thiele überein, daß Chardonnet-

---

[1]) Jahresbericht der Industriellen Gesellschaft zu Mülhausen i. E., 1900.
[2]) Österr. Chem.-Ztg. 1900, S. 268.
[3]) Österreichs Wollen- u. Leinen-Industrie, 24. Jahrg., Nr. 9, S. 505.
[4]) Deutsche Faserstoffe und Spinnpflanzen, 1. Jahrg. 1919, S. 265.
[5]) Compt. rend. 1889, Bd. 108, S. 962.
[6]) Lehnes Färber-Ztg. 1894/95, S. 49/50.
[7]) Die Seide. 1897, 2. Bd., S. 143.

Dehnbarkeit und Festigkeit. 641

seide nur halb so stark wie Maulbeerseide ist[1]). Die Festigkeit der Lehnerseide verhielt sich nach Silbermann (a. a. O.) zu der der italienischen Rohseide wie 68 : 100. Nach Messungen von Thiele (a. a. O.) riß ein schwach gedrehter Faden von Lehnerseide von $1/2$ m Länge, der 200 einzelne Fäden enthielt, bei einer Verlängerung von 44 mm und 1400 g Belastung. Ein schwach gedrehter Faden von Organzinseide von $1/2$ m Länge, der 840 einzelne Fasern enthielt, riß bei einer Verlängerung von 65 mm und 1340 g Belastung. Danach war die höchste Belastung für die einzelne Faser bei Lehnerseide 7 g, bei Organzin 1,6 g. Die Festigkeit von Vivierseide war nach Silbermann (a. a. O.) auf gleichen Titer berechnet, nur etwa = 9, während die der Maulbeerseide = 38, die der Tussah = 48 war. Auch nach Thiele (a. a. O.) war die Festigkeit der Vivierseide nur etwa = $1/4$ von der der Maulbeerseide. Nach R. W. Strehlenert[2]) beträgt die absolute Festigkeit in Kilogrammen auf den Quadratmillimeter bei

		trocken	naß
Naturseide	Chinesischer Rohseide, nicht aviviert . . .	53,2	46,7
	Französischer Rohseide	50,4	40,9
	Französischer Seide, abgekocht und aviviert .	25,5	13,6
	Französischer Seide, rot gefärbt, beschwert .	20,0	15,6
	Französischer Seide, blauschwarz gefärbt, 110% Beschwerung	12,1	8,0
	Französischer Seide, schwarz gefärbt, 140% Beschwerung	7,9	6,3
	Derselben, 500% Beschwerung	2,2	—
Kollodiumseide	Chardonnetseide, ungefärbt	14,7	1,7
	Lehnerseide, ungefärbt	17,1	4,3
	Strehlenertseide, ungefärbt (s. S. 45)	15,9	3,6
Glanzstoff, ungefärbt		19,1	3,2
Viskoseseide nach Cross und Bevan		11,4	3,5
Neuester Viskoseseide		21,5	—
Baumwollgarn		11,5	18,6

Bemerkenswert ist hier der geringe Unterschied in der Festigkeit trockener Kunstseiden und beschwerter Naturseide. Eingehende Messungen über Dehnbarkeit und Festigkeit hat C. Hassack[3]) vorgenommen. Er faßt die Ergebnisse seiner Ermittlungen dahin zusammen, daß die Bruchdehnung der künstlichen Seide nur etwa die Hälfte von der der Maulbeerseide beträgt, Gelatineseide hat nur eine sehr geringe Bruchdehnung und Festigkeit. Der Reißwiderstand erreicht nur etwa ein Drittel bis etwas mehr als die Hälfte des der echten Seide. In benetztem Zustande haben Kollodium- und Zelluloseseiden nur ein Fünftel bis ein Achtel ihres Reißwiderstandes in trocknem Zustande. Nach dem Trocknen erlangen alle Produkte wieder dieselbe Festigkeit wie vor

---
[1]) Deutsche Färber-Ztg. 1897; S. 133.
[2]) Chem.-Ztg. 1901, S. 1100.
[3]) Österr. Chem.-Ztg. 1900, S. 297 ff.

dem Benetzen, die Festigkeit der gefärbten Kunstprodukte ist der der ungefärbten gleich. Der Verlust der künstlichen Seiden an Festigkeit in benetztem Zustand ist ziemlich proportional ihrer Hygroskopizität und Quellbarkeit in Wasser. Über Zugfestigkeiten von denitrierten und nicht denitrierten Nitrozelluloseseiden liegen weiter Angaben vor von Bronnert[1]), ferner hat E. Herzog verschiedene Nitro- und Zelluloseseiden bezüglich Dehnung und Festigkeit mit abgekochter chinesischer Trame verglichen[2]). Einige physikalische Konstanten strukturloser Zellulosefäden, und zwar Stärke, Elastizität und Dehnbarkeit von künstlicher Seide und künstlichem Roßhaar teilten W. P. Dreaper und J. D. Davis mit[3]). Festigkeitsuntersuchungen von Kupferseide und über das Verhalten von Denier zu Querschnitt und Durchmesser veröffentlichten Clayton Beadle und Henry P. Stevens[4]). Sie gaben die Bruchfestigkeit zu 1,36—1,38 g auf 1 Denier, die Dehnbarkeit zu 22,2—24,1% an.

Für die Bruchfestigkeit von Kunstseiden gab S. J. Pentecost[5]) folgende Werte an:

	trocken	naß	wieder getrocknet
Chardonnetseide (450 m = 6 g) . . .	42	0	95
Glanzstoff (450 m = 6,5 g)	40	35	41
Viskoseseide (450 g = 6 g)	51	50	51,5
Viskoseseide (450 m = 10 g)	91	86	88

Endlich veröffentlichte P. Krais Versuche über die Zerreißfestigkeit von Kunstseide und Stapelfaser[6]).

Dicke der Einzelfäden; Querschnitte. Ältere Messungen von Massot[7]) ergaben für Chardonnet-, Lehner- und Viskoseseide sowie für Glanzstoff Werte zwischen 29 und 35 μ, während echte Seide im Mittel eine Dicke von 15 μ zeigt. Neuerdings werden aber viel feinere Kunstseiden hergestellt; genaue Messungen von ihnen sind bisher nicht bekannt geworden. Die Zunahme der Dicke bei der Quellung in Wasser bestimmte Massot (a. a. O.) bei Kollodiumseiden zu 61—62% nach 1 Stunde, bei Glanzstoff zu 57%, bei Viskoseseide zu rund 45% nach 10 Minuten.

Hassack[8]) gibt an, daß die Dicke der Kunstseiden durch Quellung in Wasser um ein Drittel bis ein Viertel zunimmt. Maulbeerseide und die wilden Seiden zeigen keine merkbare Quellung in Wasser. Etwas höhere Zahlen für die Faserbreiten der Kunstseiden gab A. Herzog in seinem Buche „Die Unterscheidung der natürlichen und künstlichen Seiden", Dresden 1910, Verlag von Th. Steinkopff, an. Das Buch ist

---
[1]) Jahresbericht der Industriellen Gesellschaft zu Mülhausen i. E. 1900.
[2]) Bericht über den 5. internationalen Kongreß für angewandte Chemie in Berlin 1903, 2. Bd., S. 935.
[3]) Journ. Soc. Chem. Ind., 31. Jahrg. 1912, S. 161/65.
[4]) Chem. News, Bd. 107, 1913, S. 13—15.
[5]) Journ. Soc. Chem. Ind., nach Kunststoffe 1917, S. 40.
[6]) Neue Faserstoffe, 1. Jahrg. 1919, S. 121—123 u. 266—268.
[7]) Leipziger Monatsschrift für Textil-Industrie 1902. S. 760—761, 832—834; 1905, S. 131—135.
[8]) Österr. Chem.-Ztg. 1900, S. 267.

Dicke der Einzelfäden; Querschnitte.

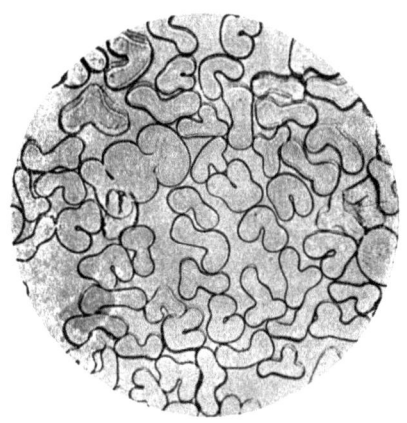

Fig. 352.

Nitroseide, denitriert, Querschnitt mehr oder weniger zusammengeklappt, Rand glatt.

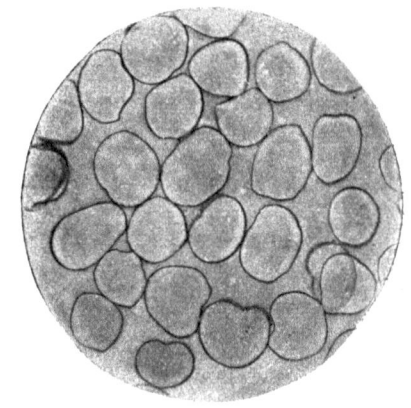

Fig. 353.

Kupferseide, in konz. Natronlauge, mit Zucker versetzt gesponnen.

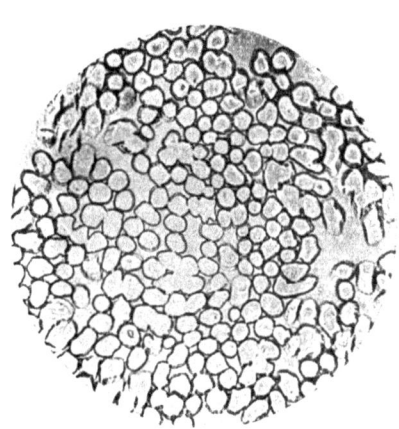

Fig. 354.

Kupferseide von etwa 1 den. nach dem Streckspinnverfahren in Wasser gesponnen, dann abgesäuert. Querschnitt rundlich, glatter Rand.

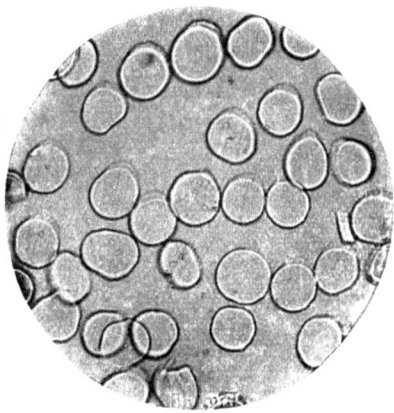

Fig. 355.

Viskoseseide, in Mineralsäure gesponnen. Querschnitt rundlich, pflastersteinartig, Rand glatt.

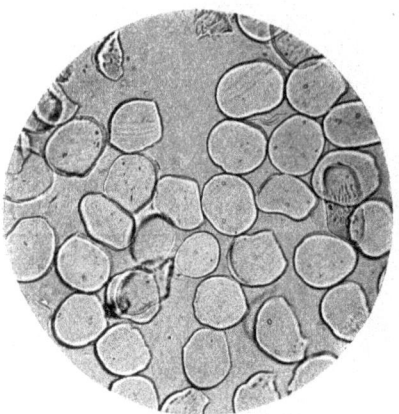

Fig. 356.

Viskoseseide, in Mineralsäure und Salz, etwa im Bisulfatverhältnis gesponnen, 40% Bisulfat. Wesentlich das gleiche Bild wie bei Fig. 355.

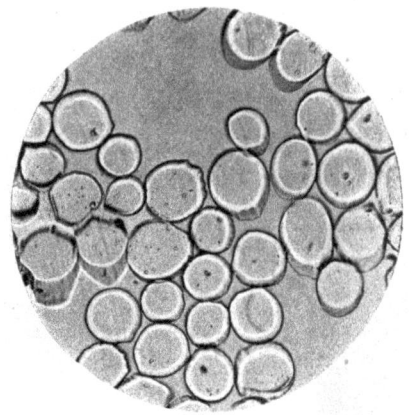

Fig. 357.

Viskoseseide, in schwach saurem Ammoniumsulfat gesponnen. Bild analog wie bei freier Säure, Fig. 355.

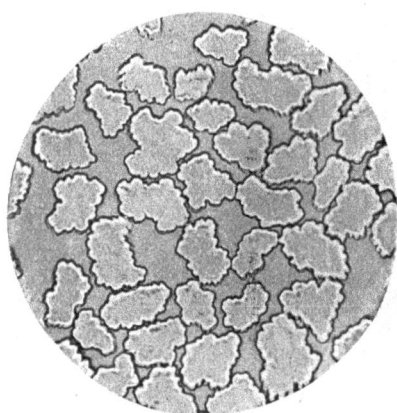

Fig. 358.

Viskoseseide, in Mineralsäure und Salz gesponnen, so daß etwa 30% mehr Salz vorhanden war, als durch das Bisulfat gegeben. Der im großen und ganzen noch rundliche Querschnitt zeigt infolge der stark plasmolytischen Wirkung der Salzlösung starke Zähnelung des Randes und Einbuchtungen.

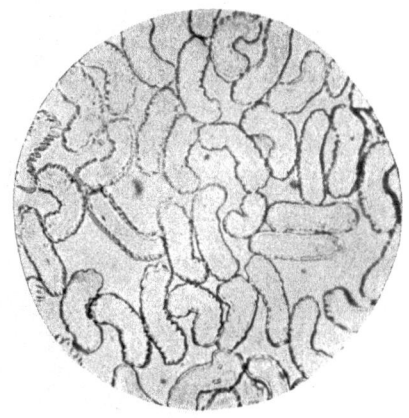

Fig. 359.

Viskoseseide, in Mineralsäure und Salz gesponnen, so daß tunlichst viel Salz über das Bisulfatverhältnis hinaus vorhanden war. Der Faden entsteigt eben noch wasserlöslich dem Spinnbad, zersetzt sich erst auf dem Aufnahmeorgan völlig und wird erst da wasserunlöslich. Die schwache Säurewirkung ergibt die Bändchenform, das viele Salz durch Schrumpfung (Plasmolyse) die Zähnelung.

Dicke der Einzelfäden; Querschnitte.

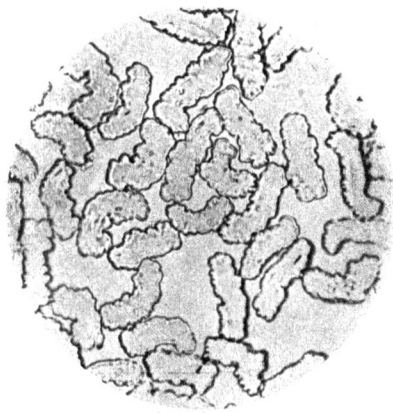

Fig. 360.

Viskoseseide, in etwa 8%iger Mineralsäure mit Zusatz von Salz und Glykose in der Spinnzentrifuge gesponnen. Das immer frisch zugeführte Fällbad durchdringt die an die durchlochte Trommelwand angepreßten Fadenmassen. Die schwache Säure bedingt die Bändchenform, mehr oder weniger bohnenförmig gefaltet, das Salz und die Glykose bewirken durch Plasmolyse Schrumpfungen und damit den gezähnelten Rand.

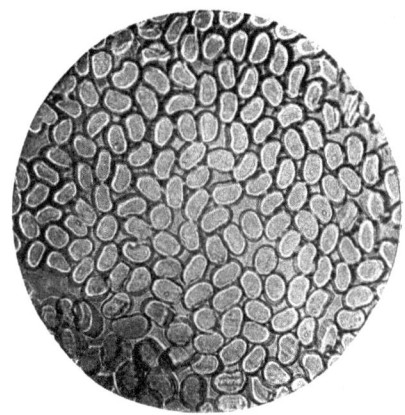

Fig. 361.

Feinste Viskoseseide von etwa 1 den., in genügend starker Säure gesponnen. Querschnitt rundlich glatt.

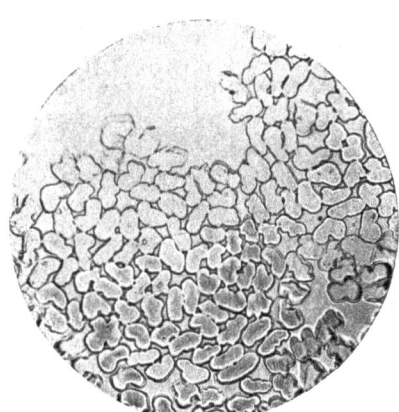

Fig. 362.

Feinste Viskoseseide, von 1 den. in mit Salz gesättigter Säure gesponnen. Querschnitt rundlich, Rand infolge plasmolytischer Schrumpfungen gezähnelt.

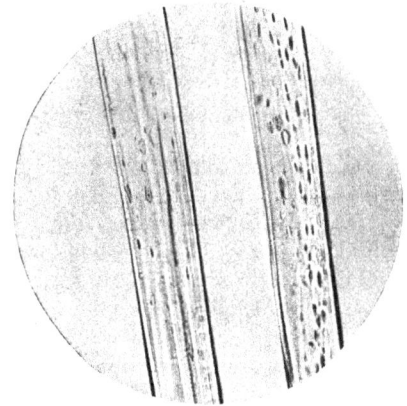

Fig. 363.

Längsansicht von Viskoseseidefädchen. Die sichtbaren Hautdefekte sind durch gewaltsamen Austritt gebildeter und eingeschlossen gewesener Gase zustande gekommen. Je weniger davon vorhanden, desto fester und glänzender ist der Faden.

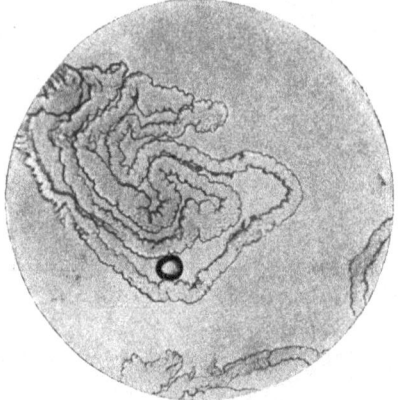 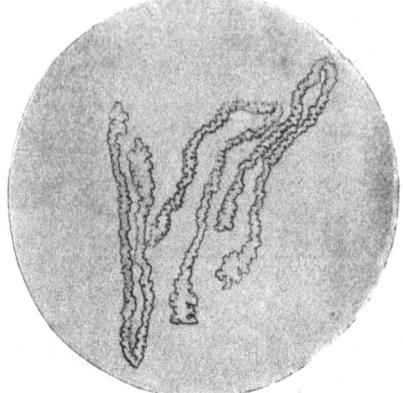

Fig. 364. Aus Schlitzen gesponnenes Bändchen, welches in gelatinösem Zustande gezwirnt worden ist. Durch Plasmolyse treten Schrumpfungen ein, es falten und verkleben sich auch teilweise die dickeren Randpartien, so daß der Eindruck röhrenartiger, mehr oder weniger geschlossener Gebilde entsteht. Bei sehr stark salzhaltigem Bade treten die bekannten Zähnelungen des Randes auf.

Fig. 365. Dasselbe Bändchen, ungezwirnt, beim Spinnen einfach zusammengeklappt.

Fig. 352—363 300 fache Vergrößerung, Fig. 364 100 fache Vergrößerung, Fig. 365 75 fache Vergrößerung.

eine sehr gute Anleitung zur miskroskopischen Untersuchung und optischen Prüfung der verschiedenen Kunstseiden und enthält eine Reihe vorzüglicher Abbildungen wesentlicher Unterschiede der bekanntesten Kunstseiden. Derselbe Verfasser hat das mikroskopische, ultramikroskopische, optische und mikrochemische Verhalten der Acetatseiden, ihre Dichte und Festigkeit beschrieben[1]), und ein Verfahren zur Unterscheidung natürlicher und künstlicher Seide durch ihr verschiedenes Lichtbrechungsvermögen angegeben[2]).

Als sicherstes Mittel, Kunstseide von natürlicher Seide und Kunstseiden voneinander zu unterscheiden, ist von jeher das Querschnittsbild erkannt worden. Die vorstehenden Bilder, die von Herrn Prof. Dr. Bronnert von den Vereinigten Glanzstoff-Fabriken A.-G. freundlichst zur Verfügung gestellt wurden, lassen deutlich erkennen, welche Unterschiede zwischen den verschiedenen Kunstfasern vorliegen. Hervorgehoben sei noch, daß auch Abweichungen in der Herstellungsweise durch das Querschnittsbild erkannt werden können.

Neuere Untersuchungen über die Querschnitte von Kollodiumseiden veröffentlichte de Chardonnet[3]).

Die Brennbarkeit der Kunstseiden ist im allgemeinen nicht größer als die von Baumwolle.

Verhalten gegen chemische Reagentien. Durch chemische Mittel lassen sich zwischen den verschiedenen Kunstseiden nur wenige Unter-

---

[1]) Chem.-Ztg. 1910, S. 347—349.
[2]) Kunststoffe 1917, S. 277—278.
[3]) Revue générale de l'industrie textile, 4. Jahrg., Bd 4, S. 9/10 u. a.

schiede feststellen. So gibt das bekannte Salpetersäurereagens Diphenylamin in Schwefelsäure bei den aus Kollodium hergestellten Kunstseiden eine starke Blaufärbung, die auch noch bei den gefärbten wahrnehmbar ist, bei anderen Kunstseiden aber nicht auftritt. Dagegen lassen verschiedene Mittel eine Unterscheidung zwischen Naturseiden und den Kunstprodukten zu, so z. B. starke Kalilauge, welche Naturseiden löst, die künstlichen aber, mit Ausnahme der Gelatineseide, nur mehr oder weniger zum Quellen bringt. Alkalische Kupferglyzerinlösung löst Maulbeer- und Tussahseide und auch das aus Gelatine hergestellte Kunstprodukt, greift aber die aus Zellulose und ihren Derivaten hergestellten Kunstseiden nicht an. Nach P. Maschner lassen sich die verschiedenen Kunstseiden durch ihr Verhalten beim Übergießen mit konzentrierter Schwefelsäure unterscheiden. Hierbei bleiben die Nitroseiden anfangs völlig farblos, und erst nach etwa 40—60 Minuten ist eine schwach gelbliche Tönung der Flüssigkeit bemerkbar. Die Kupferoxydammoniakseiden nehmen beim Übergießen sofort einen deutlich gelblichen oder schwach gelblichbräunlichen Ton an, nach 40 bis 60 Minuten ist die Flüssigkeit gelblich bräunlich geworden. Die Viskoseseiden zeigen nach dem Übergießen sofort eine deutlich rötlichbräunliche Tönung, und nach etwa 40—60 Minuten ist die Flüssigkeit rostbraun gefärbt. Die Reaktion kann nur vergleichend mit bekannten Kunstseiden vorgenommen werden[1]. H. Manea empfiehlt zur Unterscheidung künstlicher Seide von natürlicher das Auflösen in konzentrierter Schwefelsäure und Zusatz von etwas Ölsäure und Wasser. Die Anwesenheit von Kunstseide soll sich durch eine rote bis violette Färbung kenntlich machen, während Naturseide oder Kunstfäden aus Stoffen tierischer Herkunft eine solche Färbung nicht geben sollen[2]. Nach Beltzer[3] läßt sich Rutheniumrot (Rutheniumammoniumoxychlorid) zur Unterscheidung von Kupfer- und Viskoseseide benutzen, es färbt Viskoseseide rosa, läßt dagegen Kupferseide ungefärbt. Nach Formhals[4] färbt sich eine mit Wasser verdünnte Lösung von Naturseide in konzentrierter Schwefelsäure, die mit Natronlauge alkalisch gemacht ist, auf Zusatz von diazotierter p-Nitranilinlösung rot, eine solche Lösung von Kunstseide gelb. Die Probe soll auch bei stark beschwerter gefärbter Seide brauchbar sein.

Säurefraß bei Nitroseiden. Daß bei Nitroseiden die Anwesenheit von Zelluloseschwefelsäureestern schädlich ist, hat Stadlinger[5] nachgewiesen. Er verlangt, daß Nitroseide ein halbstündiges Erhitzen auf 120° unbedingt aushält, ohne an Festigkeit einzubüßen. Heermann[6] fordert das Aushalten der Stabilitätsprobe bei 135—140°.

---

[1] Lehnes Färber-Ztg. 1910, S. 352.
[2] L'Industrie textile 1910, S. 370.
[3] Moniteur scientifique 1911, S. 633—641.
[4] Chem.-Ztg. 43. Jahrg., S. 386.
[5] Kunststoffe 1914, S. 401—404 u. 428—431.
[6] Lehnes Färber-Ztg. 1913, S. 6—10; vgl. hierzu J. F. Briggs, ebenda S. 73—76 und Kunststoffe 1914, S. 58.

Das Färben der künstlichen Seide.

Für das Färben der künstlichen Seide und des künstlichen Roßhaars sei auf die von den Farbenfabriken herausgegebenen Färbevorschriften und Musterkarten verwiesen. Von besonderen Färbevorschriften und -verfahren sind folgende zu erwähnen:

E. Dierichs in Barmen fand, daß man auf der pflanzlichen Faser fixierten Farbstoff durch geeignete Mittel von der Baumwolle ablösen und auf Kunstseide übertragen kann. Zu diesem Zwecke wird zur Erzielung von Mehrfarbeneffekten die mehrfarbig gefärbte pflanzliche Faser mit ungefärbter Kunstseide verwebt und das Gewebe mit Alkalien oder alkalisch wirkenden Mitteln behandelt. Man erhält so auf einfache Weise Effekte, die man durch Weben nicht erhalten kann, indem so ein Faden, der über verschiedenartig gefärbte Baumwolle läuft, auch verschieden angefärbt wird (D.R.P. 211 956 Kl. 8m, gelöscht).

Ein Verfahren zur Herstellung eines gemischten, einfarbig (uni) färbbaren Gewebes aus Baumwolle und Kunstseide wurde der Akt.-Ges. J. P. Bemberg in Barmen-Rittershausen patentiert (R.D P. 165 218 Kl. 8m, gelöscht). Es besteht im wesentlichen darin, daß man die Baumwolle vor dem Verweben so weit mercerisiert und einschrumpfen läßt, daß sie beim Färben im Stück die gleiche Färbung annimmt wie die Kunstseide.

Kunstseidefäden sind als Effekte im Stück gefärbter Wollstoffe von L. Cassella & Co. G. m. b. H. in Frankfurt a. M. verwendet worden (Lehnes Färber-Ztg. 1903, S. 46). Gefärbt wird in der für Wolle üblichen Weise, bei Verwendung geeigneter Farbstoffe bleibt die Kunstseide vollkommen weiß. Über Färben der Gewebe mit Kunstseideeffekten siehe auch F. Hansen, Zeitschr. f. die ges. Textilind. 1910/11. S. 603, 619—620.

Über das Färben kunstseidener Spitzen siehe J. Haas, Österr. Wollen- und Leinen-Ind. 1911, S. 440—441.

Über Oxydationsschwarz auf Kunstseide arbeitete S. Culp, Lehnes Färber-Ztg. 1908, S. 332 ff.

Die Kunstfäden und dgl., die entweder dem Verfahren der Patentschrift 197 965 (s. S. 582) unterworfen oder in der Weise behandelt sind, daß sie mit einem Aldehyd und einer Säure oder einem wasserentziehenden Stoff getränkt werden und dann ohne vorheriges Trocknen von diesen Reagentien befreit und darauf getrocknet sind (s. S. 584), verhalten sich im allgemeinen beim Färben wie andere Zellulosefasern mit dem Unterschiede jedoch, daß ihre Affinität zu Farbstoffen vermindert erscheint. Die Farbstoffaufnahmefähigkeit in der genannten Weise behandelter Kunstfäden läßt sich nun dadurch erhöhen, daß man sie der Einwirkung von Alkalilaugen bei An- oder Abwesenheit oxydierend wirkender Stoffe, z. B. unterchlorigsaurer Salze, unterwirft (Fürst Guido Donnersmarcksche Kunstseiden- und Acetatwerke in Sydowsaue, D.R.P. 219 848 Kl. 29 b, gelöscht; franz. P. 9905,

Zus. z. franz. P. 347 724). Über Sthenoseseide und ihr Verhalten beim Färben s. noch Leipziger Färber-Ztg. 1910, S. 426.

Den Nachteil zu langen Liegenlassens gefärbter Kunstseidengarne behandelt Lehnes Färber-Ztg. 1910, S. 332.

Um das Aufziehen von Farben auf Kunstseide zu verlangsamen und dicke Kunstseidestickereien gut durchzufärben, vermindert man nach L. Cassella & Co. die Affinität der Farben durch eine Behandlung der Spitzen mit Tannin und Zinnsalz (R. Loewenthal, Kunststoffe 1911, Nr. 11, S. 205).

Zelluloseacetatseide nimmt beim Färben unter den sonst üblichen Bedingungen keine Farbe an. Die Aktien-Gesellschaft für Anilin-Fabrikation in Berlin fand, daß man leicht satte Färbungen auf Acetylzelluloseseide erhalten kann, wenn man das Färben in einer Flotte vornimmt, die neben Wasser noch Äthyl- oder Methylalkohol, Aceton, Eisessig und dgl. enthält (D.R.P. 193 135 Kl. 8m, gelöscht; franz. P. 362 721). Knoll & Co. in Ludwigshafen a. Rh. haben festgestellt, daß Kunstfäden aus Acetylzellulose Amine, Phenole und deren Derivate in sich aufzunehmen vermögen, und daß die Acetylzellulose diese Stoffe verdünnten, wässerigen Lösungen entzieht; man kann auf diese Weise in Gegenwart von Wasser Lösungen von Aminen und Phenolen, auch von solchen, die in Wasser schwer- oder unlöslich sind, in Gebilden aus Acetylzellulose erzeugen und diese festen Lösungen dann in bekannter Weise zur Erzeugung von Farbstoffen auf der Faser benutzen (D.R.P. 198 008 Kl. 8m, gelöscht; franz. P. 383 636; brit. P. 24 284[1907]). Dieselbe Firma fand weiter, daß Acetylzellulose in wässerigen Farbstofflösungen satte Färbungen annimmt, wenn die Oberfläche der Fäden aus Acetylzellulose zuvor eine Veränderung dadurch erfährt, daß man sie mit geeigneten organischen Stoffen oder besser noch mit deren wässerigen Lösungen, z. B. 50%igem wässerigem Alkohol, verdünntem Eisessig, Anilin oder Äther vorbehandelt (D.R.P. 199 559 Kl. 8m, gelöscht). Knoll & Co. stellten ferner fest, daß Lösungen organischer Säuren die Oberfläche von Acetylzellulosefäden in ähnlicher Weise verändern, wie dieses Mischungen der oben erwähnten organischen Stoffe und ihrer wässerigen Lösungen tun. Diese Veränderung besteht in einem starken Schwellen der Fäden, das mit einer erheblichen Verstärkung der Aufnahmefähigkeit für Farbstoffe bei den üblichen Färbeverfahren verbunden ist. Auch die Aufnahmefähigkeit für Amine und Phenole, die selbst Farbstoffe sind oder nach den üblichen Verfahren in Farbstoffe übergeführt werden können, nimmt zu (franz. P. 10 783, Zus. z. franz. P. 383 636, s. auch D.R.P. 234 028, Ver. St. Amer. P. 1 002 408). Den Fürst Guido Donnersmarckschen Kunstseiden- und Acetatwerken ist ferner ein Verfahren zum Färben von Gebilden aus Zellulosefettsäureestern patentiert worden, das darin besteht, daß man entweder bei der Herstellung der Gebilde den Zellulosefettsäureestern oder den zum Färben der fertigen Gebilde dienenden wässerigen Farbstofflösungen Acetin zusetzt. An Stelle von Acetin können andere wasserlösliche Ester des Glyzerins oder Glykols, ihrer

Derivate und Homologen mit organischen Säuren verwendet werden (D.R.P. 228 867 Kl. 8m, gelöscht). Von der Eigenschaft der Zelluloseacetatfäden, in unzersetztem Zustande keine Farbe anzunehmen, macht A. Wagner in Barmen-Rittershausen in dem D.R.P. 152 432 (gelöscht) Gebrauch, um ein gemischtes, im Stück mehrfarbig färbbares Gewebe herzustellen. Die vorhandenen Zelluloseacetatfäden nehmen beim Färben keine Farbe an, sofern man bei ihrer Verarbeitung starke Alkalien, die verseifend wirken, ausschließt. Um zu verhüten, daß das Zelluloseacetat zersetzt wird, können die Zelluloseacetatfäden noch mit einer Hülle von Nitrozellulose überzogen sein, welche widerstandsfähiger ist als das Zelluloseacetat.

Über das Färben von Acetatseide s. ferner Sansone, Deutsche Färber-Ztg., 48. Jahrg., S. 320. Gefärbte Gebilde aus Zellulosefettsäureestern stellt B. Borzykowski in der Weise her, daß er Farbstoff in dem Acidylierungsgemisch löst und dann in der Wärme Zellulose, Hydrozellulose oder Oxyzellulose einträgt (schweiz. P. 60 510, Ver. St. Amer. P. 1 041 587, franz. P. 444 588).

Trotz vielfacher Versuche ist es bisher nicht gelungen, Kunstseide als Strähngarn in Färbemaschinen mit stetig kreisender Flotte zu färben, was darauf zurückzuführen sein dürfte, daß die in dem Bottich fest eingepackt gehaltene Ware, die klebrig wird, schon nach kurzer Zeit eine kompakte Masse bildet, die dann nicht mehr von der Farbflotte durchdrungen werden kann. Man erzielte deshalb niemals eine gleichmäßige Ausfärbung der Ware. Es werden darum auch Strähngarne aus Kunstseide bis jetzt allgemein durch Umziehen durch die in einer Kufe befindliche Flotte von Hand gefärbt. Hierbei können stark erhitzte Flotten aber keine Anwendung finden, und es kommt die Ware dabei immer wieder mit der Luft in Berührung, wodurch ebenfalls wieder die Erzielung einer gleichmäßigen Ausfärbung wesentlich erschwert wird. Außerdem ist auch diese ganze Arbeitsweise sehr umständlich, zumal eine Berührung der Kunstseide mit den Händen dabei vermieden werden muß, da die nasse Kunstseide eine solche nicht verträgt. Von E. Dierichs in Barmen ist eine Vorrichtung erfunden zum Färben, Imprägnieren usw. von Textilstoffen, welche zugleich die Behandlung von Kunstseidengarn, wie auch das Nitrieren von Zellulose für die Kunstseidenherstellung mit umkehrbar kreisender Flotte ermöglicht und die oben erwähnten Übelstände vermeidet. Dabei wird das Textilgut in verhältnismäßig dünnen Schichten zwischen beweglichen, wagerechten Siebböden gelagert, die von federnden Stützen getragen werden, so daß beim Durchpressen der Flotte in der einen oder anderen Richtung die Siebböden einander genähert werden und dabei einen Druck auf das Behandlungsgut ausüben, bei jedem Richtungswechsel der Flotte wieder federnd auseinandergehen, was eine jedesmalige Auflockerung des Gutes zur Folge hat. Um diese Wirkung noch zu erhöhen, kann man auch noch federnd gehaltene Seitenwände anordnen, welche dann einen ähnlichen Einfluß auf das Gut ausüben wie die erwähnten Zwischenböden. Gegebenenfalls kann

Das Färben der künstlichen Seide.

man die Ware auch noch so einbringen, daß zwischen den einzelnen Schichten der Ware besondere Flottensammelräume verbleiben. Man braucht zu dem Zweck nur immer abwechselnd einen Zwischenraum zwischen zwei Siebböden mit Ware zu füllen und den nächsten freizulassen (D.R.P. 225 313 Kl. 8a, gelöscht).

Ein zum Färben von Kunstseide geeigneter Apparat ist nach Lehnes Färber-Ztg. 1910, S. 133 der durch D.R.P. 219 074 Kl. 8 geschützte.

Eine Strangfärbe-, Wasch- und Bleichvorrichtung für Kunstseide beschreiben W. H. Duckworth und W. Royle im brit. P. 20 718 (1912).

Das Färben künstlicher Seide für Streich- und Kammgarnstoffe behandelt L. J. Matos in der Leipziger Färber-Ztg. 1913, S. 335—337. Für diesen Zweck ist auf Überfärbechtheit Wert zu legen.

Daß Waschechtheit schwarz gefärbter Kunstseide noch nicht Meerwasserechtheit bedingt, wies R. Schwarz nach (Kunststoffe 1913, S. 458).

Zur Erzeugung von Eisfarben auf Kunstseide verfährt die Chemische Fabrik Griesheim-Elektron in Frankfurt a. M. in der Weise, daß die Kunstseide mit der Lösung eines 2, 3-Oxynaphtoesäurearylids imprägniert und dann mit Diazo-, Tetrazo- oder Diazoazoverbindungen, welche keine Sulfogruppe enthalten, behandelt wird D.R.P. 285 664 Kl. 8m).

Um die durch labile Schwefelsäureester hervorgerufene Erscheinung der „abgefressenen Färbungen" zu vermeiden, behandelt P. Weyrich im letzten Bade oder nach dem Färben mit essigsaurem, milchsaurem oder ameisensaurem Natron oder mit Borax und trocknet diese Salze mit auf (Lehnes Färber-Ztg. 1914, S. 114—118).

Dritter Teil.
Die Verwendung der künstlichen Seide.

Die künstliche Seide, die sich hinsichtlich ihrer Gleichmäßigkeit und ihres guten Färbevermögens allen natürlichen Fasern ebenbürtig zur Seite stellen kann (E. Herzog, Bericht über den V. Internationalen Kongreß für angewandte Chemie in Berlin 1903, Bd. II, S. 936ff.) findet infolge ihrer wertvollen Eigenschaften weitgehende Verwendung in der Textilindustrie. Hauptsächlich verarbeitet wird sie in der Posamenten- und Besatzartikelbranche zur Herstellung hochglänzender Litzen, Spitzen und Borten für die Damenkonfektion. Hier kommen die vorteilhaften Eigenschaften des Kunstproduktes, auch ihre Sperrigkeit, sehr zur Geltung und haben eine gewaltige Steigerung des Verbrauches an Kunstseide zur Folge gehabt. Während solche Besatzartikel nach Herzog (a. a. O.) bis etwa 1902 ausschließlich auf den Flechtmaschinen hergestellt wurden, fabriziert man jetzt auch Bänder auf den Jacquardwebstühlen in großen Mengen mit Kunstseide in Schuß und Kette. Die großen Zentren der Besatzindustrie, das Wuppertal und das sächsische Erzgebirge, verarbeiten fast ausschließlich Kunstseide (Kunststoffe, 1. Jahrg., Nr. 12, S. 236). Aus Kunstseide hergestellte Fransen werden ihrer größeren Steifigkeit wegen denen aus Naturseide vorgezogen. Auch die Stoffindustrie verwendet schon lange Kunstseide zur Herstellung von Dekorationsmöbelstoffen, Vorhängen und Tapeten, die vor den aus realer Seide hergestellten neben dem höheren Effekt den Vorzug haben, sich leichter von anhaftendem Staube reinigen zu lassen (Herzog a. a. O., ferner Österreichs Wollen- und Leinenindustrie 1912, S. 169—170 und 1913, S. 29; über Kunstseide als Kettenmaterial s. ebenda 1917, S. 63—64). Beifällig aufgenommen wurden seidene Taffete, deren Kette aus japanischer Seide und deren Schuß aus Kunstseide bestand. Außer zur Erzielung von Glanzeffekten verwendet man künstliche Seide in der Stoffindustrie viel für Krawattenstoffe, da mit Kunstseide hergestellte Ware billiger oder doch wenigstens nicht teurer ist als mit Naturseide hergestellte und durch den kräftigeren Faden das Gefühl des Stoffes griffiger und kräftiger wird, auch die Haltbarkeit größer ist als bei Artikeln, die unter Verwendung beschwerter Naturseide hergestellt worden sind (s. auch Elsäss. Textil-Blatt vom 14. Juli 1914). Bei baumwollener Kette ist durch richtige Bindung darauf zu achten, daß die Kunstseideschußfäden sich nicht

Die Verwendung der künstlichen Seide. 653

hin und her schieben (Kunststoffe 1912, S. 398). Ferner verwendet man Kunstseide für halbseidene Futterstoffe und für Kammgarnanzugstoffe, für die Kunstseide ungefärbt benutzt oder auch das fertige Stück gefärbt wird (Leipziger Färber-Ztg. 1908, S. 338). In Krefeld und um Lyon wird Kunstseide verwendet zur Herstellung leichter Stoffe für den Sommerbedarf. Bei Mousseline de soie besteht die Kette aus Naturseide, der Schuß aus Kunstseide. In manchen Fabriken passiert ein Faden aus Kunstseide und ein Faden aus Naturseide abwechselnd auf zwei verschiedenen Webschiffchen. Solche Stoffe aus natürlicher und künstlicher Seide sollen Feuchtigkeit und Regen ziemlich widerstehen (Leipziger Färber-Ztg. 1907, S. 384), ebenso wie Gemische aus Wolle und Stapelfaser. Zur Verwendung von Kunstseide als Kette wird nach dem brit. P. 10 186 [1910] von Wilkinson und der Bradford Dyers Association Kunstseide mit tierischer Faser, z. B. Wolle, zusammen gesponnen, ein solcher Faden dient als Kette und nach dem Fertigmachen des Gewebes wird die Wolle durch z. B. Natronlauge entfernt. Für Blusenstoffe findet Kunstseide sowohl im Schuß zu broschierten Effekten als auch neuerdings mehr und mehr als intermittierende Kette Verwendung; endlich benutzt man künstliche Seide in Plüsch- und Samtgeweben (Österr. Wollen- und Leinenind. 1913, S. 367—368 und Leipziger Monatsschrift für Textilind. 1912, S. 299) und zur Herstellung von künstlichem Astrachan und künstlichem Pelzwerk.

Spitzen werden aus Kunstseide von Hand oder auf der Maschine geklöppelt. Sehr beliebt sind aus Kunstseide geklöppelte Zwischensätze, welche, mit seidenen Bändern oder Streifen seidenen Gewebes vernäht, Stoffe zu Blusen oder Damenkleidern geben. Gegen höhere Temperaturen besonders widerstandsfähige Kunstseide, welche frei von allen Resten von Chemikalien ist, findet in der Fabrikation von Luftspitzen nach dem Trockenätzverfahren Verwendung. Hier sind ätzfeste Zwirne und Cordonnets von Wichtigkeit. Vgl. auch Stadlinger, Kunststoffe 1912, S. 281 ff.

Von geflochtenen und gewirkten Waren werden aus Kunstseide gewirkte Tülle, Gazen, Schals, Krawatten, Cachenez, Kragenschoner, gewirkte Nackenschützer, Strumpfwaren, Unterkleider und Strickhandschuhe verfertigt.

Auch die Maschinenstickerei hat mit stetig wachsendem Erfolge Kunstseide verwendet, Stickereien aus Kunstseidegarn („Setin") sollen sich gut waschen lassen.

Nicht denitrierte Kollodiumseide wird zur Herstellung von Filtertüchern, sowie für artilleristische und pyrotechnische Zwecke verwendet.

Das durch Verkleben mehrerer Kunstseidefäden erzeugte künstliche Stroh, Seidenstroh oder künstliche Bastband sowie die aus Zelluloselösungen gewonnenen filmartigen Produkte, die in allen Dicken, Kräuselungen und Gaufrierungen auf dem Markte auftauchten, bilden ein geschätztes Material für Flechtarbeiten, Putzmacherei und die Damenhutfabrikation. Hutköpfe für Damenhüte hat man auch durch Zusammennähen bandartiger Geflechte aus Kunstseide oder Litzen aus künstlichem Roßhaar gemacht. Breite Filmbänder hat man nach Art von Seidenbändern moiriert und gefärbt.

Auch für Perücken und Zöpfe findet entsprechend gefärbte Kunstseide Anwendung. Sofern für diesen Zweck der starke Glanz des Kunstproduktes störend ist, kann er durch Behandlung mit einem nicht trocknenden Öl und einem feinen, indifferenten, geschmeidigen Pulver herabgemindert werden (Freericks, D.R.P. 137461 Kl. 29b, Ver. St. Amer. P. 729749).

Über Kunstseide und ihre zweckmäßige Verarbeitung in der Kartonnagen-, Etui-, Lederwaren-, Papierverarbeitungsindustrie und verwandten Berufen machte Rich. Schreiter Mitteilungen (Kunststoffe 1914, S. 336).

Die Drähte elektrischer Leitungen hat man mit künstliche Seide umsponnen.

Kunstfäden aus Zelluloseacetat, auf deren relative Wasserfestigkeit verschiedentlich hingewiesen worden ist, können für die Herstellung zugfester, dauerhafter, gegen Feuchtigkeit widerstandsfähiger Gewebe, Riemen, Müllergazen, Filterstoffe, Siebe und anderer technischer Artikel in Betracht kommen (Witt, Die künstlichen Seiden, Berlin 1909, S. 15).

Das unter dem Namen Sirius und Meteor in den Handel gebrachte künstliche Roßhaar findet, in verschiedenen Farben gefärbt, in großen Mengen Verwendung zur Herstellung von Hutzlitzen, Damenhüten und Hutfurnituren. Auch entglänztes Roßhaar ist im Handel. Aus dem künstlichen Haar werden Gazen, Haarunterlagen und Haargewebe hergestellt, man benutzt es ferner für Polsterzwecke und für die Bürstenfabrikation. Mit Viskose überzogenes Baumwollgarn wurde für Wagensitze verwendet (Leipziger Färber-Ztg. 1908, S. 338) Ungleichmäßigkeiten im künstlichen Roßhaar lassen sich nach dem D.R.P. 263430 Kl. 86c von B. Knittel (gelöscht) beim Weben dadurch unschädlich machen, daß das Haar nicht von Spulen mittels Schiffchen eingeschossen, sondern auf gleichmäßige Längen geschnitten, mittels bekannter Eintragvorrichtungen in das Fach eingeschossen wird.

Bei der Verwendung von Kunstseidefäden in elastischen Geweben wird nach dem franz. P. 462657 von Ch. Faure-Roux die Einwirkung etwa in der Kunstseide noch enthaltener chemischer Mittel auf die Gummifäden dadurch verhindert, daß die Gummifäden mit z. B. Baumwolle umhüllt werden.

Über die Verwendung von Kunstseide für Menstruationsbinden s. D.R.P. 232887 Kl. 30.

Die Herstellung gegossenen Tülls aus Zelluloselösungen ist S. 617 u. ff. erwähnt. Diese Produkte sind leicht färbbar und lassen sich metallisieren.

Die gleichmäßige Dichte des Kunstseidefadens, die leichte Erreichbarkeit der Aschefreiheit und infolgedessen die Erzeugung eines dichten, festen und reinen Skeletts beim Abbrennen mit Leuchtsalzen imprägnierter, aus Kunstseide gewirkter Glühstrümpfe hat ein weiteres großes Absatzgebiet geschaffen (Kunststoffe 1912, S. 193 und 1913, S. 20 und 260).

Glatte, transparente Films kommen als Einwickelpapier und als Unterlagen für photographische Films mehr und mehr in Aufnahme.

Aus Kunstseideabfällen hat man durch Verzwirnen neue („Ideal-Seide", s. Elsäss. Textil-Blatt v. 28. April 1914, S. 723), die Wolle imitierende Garne hergestellt, oder man hat die Abfälle mit Wolle, Baumwolle, Ramie und dgl. zusammen kardiert, versponnen und zu effektvollen Geweben verarbeitet. Die Gemische mit Wolle können dazu dienen, nach dem Färben Produkte zu liefern, die gefärbte und ungefärbte Fasern enthalten. Ferner werden Kunstseideabfälle gekämmt und zu Bändern verklebt, welche mannigfacher Anwendung fähig sind. Abfälle wurden auch zur Filzfabrikation verwendet. Aus besonders guten Abfällen (zerrissenen Kunstseidefäden), die noch gefärbt werden können, werden Posamenten, Fransen, Schirmpompons, Knopfüberzüge usw. hergestellt. Die Kehrichtabfälle, die nur geringen Wert haben, werden zur Putzwollfabrikation benutzt. Die Roßhaarersatzabfälle dienen zur Herstellung von Papier und Matratzen, hauptsächlich aber zu Polsterzwecken entweder allein oder mit echtem Roßhaar versponnen. In geringerem Umfange sollen aus den Roßhaarabfällen nach dem Entstäuben und Kämmen Garne gezwirnt werden, die wie Wollfäden aussehen und in der Teppichfabrikation verwendet werden (Dulitz, Kunststoffe 1911, S. 107—108 und 179).

Die neuerdings erzeugten ganz feinen Fäden werden auch als Ersatz und Streckungsmittel für Schappe empfohlen.

Gewebe aus reiner Stapelfaser besitzen nach Bdm. (Neue Faserstoffe 1919, S. 178) etwa ein Drittel des Gebrauchswertes der Gewebe aus reiner Wolle. Eine Mischung von Wolle und Stapelfaser zu gleichen Teilen gibt ein Garn, bei dem der verminderte Gebrauchswert der Stapelfaser nicht mehr in Erscheinung tritt. Stapelfaser ist ein guter Spinnträger für kurze Kunstwollfasern. Mit 10% Stapelfaser und 90% Kunstwollfaser hat man bereits ein brauchbares Kunstwollgarn erzielt, seine Beschaffenheit wird verbessert, wenn statt 10 20% Stapelfaser genommen werden. Falsch ist es, Gewebe aus Wollgarn und Stapelfasergarn herzustellen, die Mischung muß vor dem Spinnen erfolgen. Gemischt mit Wolle wird die Stapelfaser ihre beste und größte Verwendung finden. Sie eignet sich zu den Geweben, in denen Wolle Verwendung findet, besser als zu solchen, in denen Baumwolle verwendet wird. Wenn Stapelfaser auch mit Baumwolle nicht wird konkurrieren können, wird sie auch in der Baumwollindustrie, wenn auch in bescheidenem Umfange, Verwendung finden. Reine Stapelfasergarne werden in der Baumwollweberei als Effektgarne sicher anwendbar sein, ebenso in der Phantasiestoffweberei. Und in der Seidenstoffindustrie wird Stapelfasergarn an Stelle von Kunstseide Verwendung finden. Auch als Ersatz für Ramie für die Glühstrumpffabrikation ist Stapelfaser geeignet.

Namenverzeichnis.

Adolff, E. 569.
Aktien-Gesellschaft für Anilin-Fabrikation 649.
Aktien-Gesellschaft für Maschinenpapier-Fabrikation 452.
Akt.-Ges. für Zellstoff- und Papierfabrikation 452.
Althouse, Ch. Sc. 548.
Audemars 1.
Aurenque, J.-B.-A. 117.

Baj, Cl. 619.
Barbelenet, S. 135.
Barbet et Fils et Cie. 139, 140.
Bardy 582.
Baumann, C. R. 440, 441.
Bayerische Glühlampen-Fabrik G. m. b. H. 389.
Beadle, Cl. 301, 642.
Beatty, W. A. 420.
Bechtel, E. 181, 234, 265, 266.
Bechtel, Ph. 186.
Becker, F. 321.
Beltzer, Fr. J. G. 333, 401, 440, 466, 621, 647.
Bemberg, J. P., A.-G. 175, 179, 205, 207, 315, 536, 648.
Berenger, E. 169.
Bergé 134.
Bergier, L. 93.
Berl, E. 36, 90, 186, 189, 279, 462.
Bernstein, A. 47, 101, 324, 478, 482.
Bernstein, H. 169, 203, 283, 436.
Bevan, E. J. 301, 357, 410, 466.
Biroli, M. 368.
Bloch, A. 623.
Bloch-Pimentel 329.
Boisson, A. 353, 475, 488.
Boistesselin, H. du 439.
Borzykowski, B. 243, 361, 362, 529, 591, 611, 619, 650.
Bottler, Ch. 40.
Bouchaud-Praceiq, E. 117.
Boucquey, G. 231, 247.
Bouillot, Ch. 66.
Boullier, J.-A.-E.-H. 65.
Bourbon, J. 623.
Bourgeois, J. 588.

Bradford Dyers Association 653.
Brandenberger, J. E. 352, 615.
Brégeat, J. H. 143.
Breuer, E. 51.
Briggs 410.
British Cellulose Syndicate Ltd. 200.
Bronnert, E. 41, 147, 149, 193, 196, 204, 245, 294, 296, 462, 640, 642, 646.
Brugisser, M. Cie. 606.
Bucquet, O. 122.
Buffard, Ch.-Fr. 489, 490, 491.
Burette, A.-J. 323.
Burill, P. 490, 568.

Cadoret, Eug. 35, 36.
Cahen, G. 32, 77.
Cassella, L. und Co., G. m. b. H. 648, 649.
Cassier, P. 623.
Catala, V. 393.
Cazeneuve, P. 30.
Champion, H. 607.
Chandelon, Th. 14, 40, 132, 528.
Chardonnet, A. de 128, 129.
Chardonnet, Graf Hilaire de 2—16, 38, 42, 83, 107, 109, 639, 640, 646.
Chartrey, H. 107.
Chatelineau, H. C. M. L. 434.
Chaumat 238, 270.
Chavassieu, H. L. J. 351, 352.
Chemical Products Comp. 418.
Chemische Fabrik Bettenhausen Marquart & Schulz 201.
Chemische Fabrik Griesheim-Elektron 450, 651.
Chemische Fabrik von Heyden Akt.-Ges. 353, 354, 356, 418.
Chesnais, A. 368, 588.
Chittik, J. 596.
Claessen, C. 143.
Claude, G. 131.
Clayton, J. 376, 377, 381, 382, 551, 554, 581.
Clercq, Ch. de 588.
Cochius, F. 510.
Compagnie de la soie de Beaulieu 99.
Compagnie française des applications de la cellulose 238, 269, 270, 595, 619.

Continentale Viscose Compagnie G. m.
b. H. 310.
Cooley, J. Fr. 515.
Cordonnier-Wibaux, A.-C. 68.
Courtauld & Co. 376, 382.
Courtauld, S. & Co. Ltd. 344, 345, 376, 377.
Courtaulds Ltd. 325, 326, 400, 493, 536, 551, 554, 581, 596.
Craig 141.
Crépelle-Fontaine, Ch. 127.
Crespin, L. 51.
Crigall, J. E. 491, 493.
Crombie, W. A. E. 299, 528, 529.
Cross, Ch. Fr. 301, 303, 357, 410, 466.
Crumière, E. 194, 279, 608.
Culp, S. 593, 648.
Cuntz, L. 291, 526.

Dammann, E. 419.
Davis, J. D. 642.
Davoine, H. 455.
Degraide, E. 36.
Delpech, J. 134, 273.
Delubac, A. 372.
Deming, H. G. 466.
Denis, M. 49, 59, 62, 78, 79, 91, 135, 393, 494.
Denis, M. J. A. 53, 109.
Dervin, J. M. E. 114, 115.
Desmarais 53.
Despaissis, L. H. 146.
Deutsche Gasglühlicht-Akt.Ges. (Auer-Ges.) 594.
Diamanti, H. 99, 123, 607.
Dierichs, E. 648, 650.
Diesser, G. G. 440—444.
Dietl, G. 14, 40.
Dietler, Fr. 337, 338.
Dinger, F. A. 561.
Ditzler, G. 172, 188, 230, 438.
Dony-Hénault 145.
Douge, J. 14, 38, 116.
Dreaper, W. P. 169, 262, 295, 297, 300, 308, 526, 606, 613, 642.
Dreyfus, H. 417, 418.
Drummond 141.
Dubosc, A. 104, 466.
Dubot, E. 555.
Duckworth, W. H. 651.
Duclaux, J. 47, 133.
Dulitz, A. 107, 109, 655.
Duquesnoy, J. 43.

Eck, E. 234, 236, 265.
Eck, Th. 189, 268.
Eilfeld, F. 484.
Elektro-Osmose, Akt. Ges. (Graf Schwerin Gesellschaft) 470.

Elsässer, E. 179, 536.
Ernst, Ch. A. 340, 341, 374, 376, 393, 394.
Erste österreichische Glanzstoff-Fabrik A.-G. 602.
Eschalier, X. 582—585.
Evans 2.

Fabrique de Soie artificielle de Tubize 43.
Fabrique de Soie artificielle d'Obourg 91.
Farbenfabriken vorm. Friedr. Bayer & Co. 408, 409.
Farbwerke vorm. Meister Lucius und Brüning 252.
Faure-Roux, Ch. 654.
Ferenczi 333.
Fessmann, L. 589, 623, 635, 636.
Fischer, E. J. 420.
Fivé, L. 68.
Fleury, A. A. R. 434.
Follet, P. 172, 230, 438.
Foltzer, J. 170, 194, 202, 246, 281, 294, 619.
Formhals 647.
Fougeirol, E. 572.
Fournaud, J. 131.
Fox, Th. W. 573.
Franke, Gebr. 487, 537, 538.
Freericks 654.
Freise, H. 629.
Fremery, M. 147, 149, 192, 193, 196, 245, 280, 281, 283, 284.
Friedel, J. A. E. 596.
Friedemann, E. 452.
Friedrich, E. W. 218—220, 523, 524, 573, 585.
Friedrich, Ph. 167, 199, 217, 220, 221, 248, 263.
Frischer, H. 139.
Fuchs, A. F. 446.
Fürst Guido Donnersmarcksche Kunstseiden- u Acetatwerke 397, 406, 577, 605, 648, 649.

Galibert, E.-M.-S. 447, 448, 612.
Gebauer, J. 586, 587.
Gérard, M. P. E. 17.
Germain, P. 31, 105.
Girard, P. 329, 491, 563, 615, 631.
Glanzfäden-A.-G. 187, 199, 217, 220 bis 226, 277, 493, 627.
Glover, W. H. 325.
Glum, O. Co. 451.
Gocher Ölmühle Gebr. van den Bosch 453, 519, 521.
Th. Goldschmidt A.-G. 464.
Gorrand, G. 31.

Granquist, C. A. 518.
Guadagni, G. 226, 228, 487.

Haas, J. 648.
Haën, E. de 240, 241, 275, 276.
Hanauer Kunstseidefabrik G. m. b. H. 181, 182, 183, 186, 234, 235, 248, 265, 266.
Hampel, O. 597.
Hansen, F. 648.
Hartogs, J. C. 476, 531, 533.
Hassack 639, 640, 641, 642.
Heermann, P. 647.
Helbronner, A. 436.
Henckel von Donnersmarck, Fürst G. 339, 340, 382, 397, 604.
Hermans, J. 275.
Herzog, A. 612, 614, 642.
Herzog, E. 99, 640, 642, 652.
Herzog, G. 612, 639.
Hofmann, K. 460.
Hömberg, R. 232, 513.
Hottenroth, V. 333, 468.
Hoyermann, H. 328.
Hübner, J. 466, 536, 595.
Hughes, E. J. 2.
Hunter, J. R. 438.
Huwart, E. J. B. G. J. 44.

International Cellulose Comp. 470.
Internationale Celluloseester-Ges. m. b. H. 406.
Isler, M. 90.

Jacquemin, H. 357.
Jaeger, s. Wassermann 210.
Jannin, L. E. 433, 608.
Jentgen, H. 145, 244, 401.
Joliot, P. 324.

Kazuta Kishi 35.
Knecht 639.
Knecht, Edm. 208, 242.
Kniffen, F. 140.
Knittel, B. 654.
Knöfler 95.
Knoll & Co. 409—416, 649.
Knoevenagel 411.
Kosmos G. m. b. H. 271.
Kracht, A. W. 168.
Krafft, V. 71.
Krais, P. 625, 626, 642.
Kunstfäden Gesellschaft m. b. H. 14, 40.
Küttner, Fr. 332, 356, 357, 481, 564, 568, 580.

Laaser, G. 640.
Lacroix, G. 362.
Lacroix, G. D. 14, 39.

Lambert, Ch. 123.
Lance, D. 446.
Lance, R. D. 32.
Langhans, R. 213, 457, 459, 462.
Lange, H. 366.
Larsson, A. W. 607.
La soie artificielle, société anonyme 329, 331.
La Soie de Basècles Société anonyme 473.
Latapie, A. 488.
Laroche, J.-L. 492.
Leclaire, Ch. C. 316, 388—392, 524.
Lecoeur, A. 197, 198, 247, 262, 263, 607.
Lederer, L. 404—406.
Leduc, L. 357.
Legrand, E. G. 273.
Lehner 2, 613.
Lehner, A. 141.
Lehner, F. 180.
Lehner, Fr. 21—29, 155.
Lequeux, G.-A.-N. 392.
Lilienfeld, L. 304, 318, 319, 420.
Linde 131.
Linfoot, M. 596.
Linkmeyer, R. 160, 162, 166, 167, 199, 214—218, 220, 221, 248, 250, 263, 285, 289, 291, 328, 525, 538.
Little, A. D. 403.
Loewe, B. 74—77.
Loewenthal, R. 649.
Lointier, A.-G. 135.
Loncle, A. 107.
Loumiet 131.
Lüdecke, G. 389.
Luxburg, Graf A. 397.
Lyncke, H. 317.

Mahler, V. 207.
Mahler, W. 207.
Mancelin, F. 553.
Manea, H. 647.
Mann, Cl. 617.
Manquat, J. 564, 569.
Margosches, B. M. 333.
Martin, V. 549.
Maschner, P. 647.
Massmann, Chr. 47.
Masson 141.
Massot, W. 612, 642.
Matos, L. J. 651.
Mertz, E. 50, 168, 198, 523, 572.
Mertz, V. E. 200.
Mewes, R. 544, 545, 547.
Meyer, L. 590, 637.
Millar, A. 17, 421—427.
Mitscherling, W. 145.
Morane, G. 53.
Morane, L. 57.

Mork, H. S. 403, 418.
Mugnier, J. 427.
Müller, C. A. 195, 300.
Müller, C. F. 261.
Müller, M. 342.
Müller, O. 233, 244, 453, 487, 537, 538, 576.
Murata, I. 300.
Myers, W. 573.

Naamlooze Vennootschap Hollandsche Zyde Maatschappy 444.
Napper, S. S. 345.
Naudin, L. 309, 395.
Newbold, H. 50.
Nieuviarts, E. 588.
N. V. Nederlandsche Kunstzijdefabriek 531, 533.

Oberlé, E. 50.
Ogawa, W. 300.
Okubo, S. 300.
Opfermann, E. 452.
Ostenberg, Z. 470.
Ozanam 2.

Palatine Artificial Yarn Comp. Ltd.188.
Pauly, H. 147, 252.
Pawlikowski, R. 228, 271, 287, 288.
Pellerin, A. 317, 541, 621, 622.
Perl, Alf. 208, 242.
Persch, P. 141.
Persoz, J. 466.
Petit, A. 29.
Petit, F. 362.
Pettit, S. W. 374, 375, 376, 394.
Pictet 131.
Ping, H. J. 543.
Pissarev, S. 341.
Plaisetty, A. M. 105.
Planchon, V. 53, 566.
Pollak, M. 166, 285, 291.
du Pont, E. I. de Nemours Powder Co. 140.
Pope 466.
Powell 2, 294.
Prud'homme, M. 196.

Ratignier, M. 617.
Raverat, G. 115.
Réaumur 1.
Reents, W. 484.
Reid, D. E. 367.
Reissiger, E. M. 389.
Rheinische Kunstseide-Fabrik Akt.-Ges. 233, 453, 472, 521, 569.
Richard, G. 21.
Richter, H. 96, 97, 98.
Robertson 141.

Röhrens, H. 555.
Röhrens, J. 555.
Röhrens, W. 555.
Royle, W. 651.
Rudolf, P. 263.
Ryon, E. H. 514.

Sächsische Kunstseidewerke Akt.-Ges. 482.
Sansone 650.
Sarason, L. 449, 450.
Sauverzac, J.-M. de 44, 74, 131, 163, 618.
Schäfer, A. 195, 199.
Schäfer, G. L. 144, 195.
Schall, M. 612.
Schaumann, F. 607.
Schleu, J. 47.
Schloss, A. 408.
Schlumberger, Th. 40.
Schmid, Tr. & Co. 619.
Schnabel, K. 456.
Schneeberger, L. 417.
Schreiter, R. 654.
Schubert, F. 529.
Schubert, F. W. 543.
Schwalbe, C. 456, 461, 465, 466.
Schwarz, R. 651.
Semenow, A. K. 368.
Sénéchal de la Grange, Eug. 29.
Shrager, C. 32.
Silbermann 1, 639, 640, 641.
Société anonyme des Celluloses Planchon 69, 367, 566, 611.
Société anonyme des plaques et papiers photographiques A. Lumière et ses fils 45, 47, 51—53, 72.
Société anonyme de produits chimiques de Droogenbosch 14, 38.
Société anonyme des Soieries de Maransart 357.
Société anonyme fabrique de soie artificielle de Tubize 127, 128, 145, 571.
Société anonyme Française Kodak 367.
Société anonyme française la soie artificielle 253.
Société anonyme hongroise pour la fabrication de la soie de Chardonnet 144.
Société anonyme „La Soie artificielle" 256.
Société anonyme „La soie nouvelle" 199, 247.
Société anonyme „Le Crinoid" 198, 262, 263.
Société anonyme pour la fabrication de la soie de Chardonnet 131, 144, 322.
Société anonyme pour l'étude de la soie Serret 104, 433.

Société anonyme Soie de St. Chamond 327.
Société Boullier et Lafais 65.
Société dite „La soie artificielle" 261.
Société française de la Viscose 305, 307, 309, 342, 344, 368—373, 395.
Société générale de la soie artificielle Linkmeyer 163, 164, 165, 214—217, 250, 291, 512.
Société générale de soie artificielle par le procédé Viscose 382, 385.
Société générale pour la fabrication des matières plastiques 210.
Société H. Pervilhac et Cie. 617.
Société Jules Jean & Cie. 115.
Société l'air liquide 125, 126.
Société La Sétaoid 34.
Société La Soie artificielle 588.
Société La Soie Artificielle du Nord 242, 549.
Société Pinel frères 351.
Société pour la fabrication en Italie de la soie artificielle par le procédé de Chardonnet 130, 131.
Sonnery 631.
Spence, P. & Sons Ltd. 208, 242, 289.
Stadlinger 639, 647, 653.
Stark, J. 389.
Stearn, Ch. H. 334, 336, 382.
Steimmig, F. 358, 360.
Stevens, H. P. 642.
Stoerk, J. 14, 38.
Strehlenert, R. W. 44, 495—504, 641.
Swan, J. W. 2.
Swinburne 2.

Tetley, H. G. 376, 377, 381.
Thiele, E. 155, 157, 159, 160, 286, 299, 507—510, 640, 641.
Thilmany, A. 478.
Timpe, H. 434, 444.
Tissier, J. 454.
Todtenhaupt, Fr. 429—433.
Tompkins, H. K. 295, 297, 299, 606.
Topham, Ch. Fr. 385, 479, 504.
Traube, W. 239, 240.
Turgard, H. D. 30, 94.

Ubertin, J. 448.
Uebel, Gebr. 160.
Ungarische Chardonnet-Seidenfabriks-Akt.-Ges. Sarvar 71.

Urban, J. 147, 149, 192, 193, 196, 245, 280, 281, 283, 284.

Vajdafy, A. von 131.
Valette, R. 30.
Vallée, E. 436, 437.
Vennin, A. 549.
Verein für Chem. Industrie in Mainz 455.
Vereinigte Glanzstoff-Fabriken A.-G. 150, 152, 252, 253—261, 292—294, 342, 344—350, 382, 397, 417, 462, 555—561, 582, 599, 601, 604, 615, 640.
Vereinigte Kunstseidefabriken A.-G. 37, 180, 311, 313, 337, 338, 401, 597, 598, 613.
Verhave, Th. H. 363.
Vermeesch, J. A. M. J. 199, 247.
Vieweg, W. 235, 420, 466.
Vilan, P. 549.
Vindrier, P. 634.
Viscose Syndicate Ltd. 304.
Vittenet, H. E. A. 66, 68, 119.
du Vivier 18—21.

Waddell, M. 374, 375, 376, 394.
Wagner, A. 592, 650.
Waite, Ch. N. 351, 394, 514, 604.
Walker, W. H. 403.
Walther, G. 366.
Wassermann, M. 210.
Wassermann und Jaeger 210.
Weertz, M. 454, 572, 576.
Weimarn, P. von 465.
Weiss, E. 244.
Werner, W. A. P. 299.
Wetzel, J. 232, 266.
Weyrich, P. 651.
Whritner, H. C. 548.
Wilkinson 653.
Willstädter, R. 464.
Wilson, L. Ph. 325, 326, 344, 400, 526.
Wislicki, F. 106.
Witt, O. N. 654.
Woegerer, C. 487.
Wohl, A. 44, 132, 418.
Wolf, D. 195, 300.
Wynne 2, 294.
Wyss-Naef, H. 16.

Zänker, W. 456.
Zellstoffabrik Waldhof 468.

Sachverzeichnis.

Abfälle der Kunstseideindustrie 655.
—, Verarbeiten auf Formylzellulose 417.
Abfallsäure 117.
Abfallsprit, Reinigen 143.
Abhaspeln von Acetylzellulosefäden 416.
Abkühlen von Kupferoxydammoniakzelluloselösungen 233.
Absorptionsvorrichtungen zum Wiedergewinnen von Lösungsmitteln 8, 114, 116, 117—119, 127, 128, 129, 133, 139, 141, 143.
Abspulen, Anfeuchten vor dem 168.
Abspulvorrichtung 569.
Abwässerreinigung 114, 145.
Acetaldehyd 45.
Acetale der Fettreihe 44.
Acetate zum Lösen von Zellulose 468.
Acetatseide 402—420.
—, Färben 649—650.
Acetin 201.
Aceton 27, 30, 31, 35, 42, 43, 44, 65—68, 107.
Acetonkollodium, Verspinnen von 65 bis 68.
Acetonöl 31.
Aceton, Reinigen 30.
— zum Fällen von Chlorzinkzelluloselösungen 297.
— zum Reinigen von Zellulose 329.
Acetylentetrachlorid 403, 404.
Acetylnitrozellulose, Fäden aus 35, 405.
Acetylzellulosefäden, Behandeln mit anorganischen Säuren 412.
Acetylzellulose und Nitrozellulose, Fäden aus Gemischen von 35.
Acetylzellulosen, Unlöslichmachen 415.
Acidylzelluloselösungen, Fällen durch Salzlösungen 413.
Äthanal in Fällbädern 447.
Äther zum Kollodium 16.
Ätherschwefelsäure 24, 41.
Äthylalkohol in Koagulierungsbädern für Acetylzellulosefäden 420.
Äthylendiamin 239, 240.
Äthylschwefelsäure 586.
Ätzalkali zu ammoniakalischer Kupferlösung 196, 198.

Ätzalkali zu in Kupferoxydammoniak zu lösender Zellulose 231.
Ätzfeste Zwirne 653.
Ätzkali zu Kupferoxydammoniakzelluloselösungen 242.
Agar-Agar 427, 442.
Alaunlösung 30.
Albumin 30, 36.
Albumine, abgebaute, in alkal. Fällbädern 268.
Aldehyd zum Kollodium 16.
Aldehydbisulfite 366.
Aldehyde 45.
— als Lösungsmittel für Kollodiumwolle 41.
— in alkalischen Fällbädern 262.
— in Koagulierungsbädern für Acetylzellulosefäden 420.
— zu Kupferoxydammoniakzelluloselösungen 232.
— zum Nachbehandeln von Kunstfäden 582—585.
Aldehydverbindungen zu Kupferoxydammoniakzelluloselösungen 232.
Alginsäure 449.
Alkalialuminat zum Fällen von Viskosefäden 342.
Alkalikarbonat zur Herstellung haltbarer Kupferoxydammoniakzelluloselösungen 199.
Alkalibisulfate 117.
— als Fällmittel 247.
Alkalichloride als Fällbäder 262, 264.
Alkalien zum Nachbehandeln von Fäden aus Kupferoxydammoniakzelluloselösungen 162.
Alkali- und Erdalkalisalze zum Fällen von Viskosefäden 359.
Alkalilösungen zum Fällen von Acetylzellulosefäden 420.
Alkalische Mittel zum Fällen von Kupferoxydammoniakzelluloselösungen 159, 165, 167, 169, 250—279.
Alkalisilikat zum Fällen von Viskosefäden 342.
Alkalisulfhydrat und Magnesiumsalz zum Denitrieren 28.

Alkalizellulose, kontinuierliche Herstellung von 333.
—, Vorrichtung zur Herstellung von 329.
Alkalizellulosexanthogenat, lösliches, gepulvertes 317.
Alkalizinkat in Fällbädern für künstliches Roßhaar 608.
Alkohol im Fällbad für Viskosefäden 368.
— in Kupferoxydammoniakzelluloselösung 233.
— und Eisenchlorür zum Denitrieren 15.
—, wässriger, zum Naßspinnen 90.
— zum Fällen von Chlorzinkzelluloselösungen 297.
— zum Kollodium 16.
— zum Wiedergewinnen von Lösungsmitteln 141.
Alkohole in alkalischen Fällbädern 262, 269.
—, mehrwertige, im Fällbad für Viskosefäden 344.
—, mehrwertige, zur Herstellung ammoniakalischer Kupferlösungen 201, 202.
— zum Fällen von Kupferoxydammoniakzelluloselösungen 146, 169, 170.
— zum Reinigen von Zellulose 329.
Alkylamine 218, 219.
Alkylendiamine 239, 240.
Alkylformiate 47.
—, Verseifen 133.
Aluminat, Alkali-, in Fällbädern 272.
Aluminiumchlorid 42, 104, 131.
— als Fällmittel 248.
— in Albuminfäden 424.
Aluminium-Magnesiumhypochlorit 35.
Aluminiumphosphat in Albuminfäden 423.
Aluminiumsalze 32, 34, 105.
— zum Reinigen von Viskose 313.
— zum Wiedergewinnen von Lösungsmitteln 134.
Aluminiumsulfat beim Auswaschen 255.
Ameisensäure zum Binden von Alkohol und Äther 134.
— zum Fällen von Fäden aus Viskose 337.
— zum Lösen von Eiweißstoffen 440—444.
— zum Lösen von Zelluloseacetat 408.
Ameisensäureester 44, 418.
Ameisensäure und Phosphorsäure zum Lösen von Zellulose 462.
Aminonitrozellulosen 30.
Ammoniak beim Beschweren von Kunstfäden 594.
—, Entfernen von, aus aufgespulten Fäden 285.

Ammoniak in Viskose 356.
—, Spinnen in 17.
Ammoniumacetat 42.
Ammoniumbikarbonat 104.
— zum Fällen von Viskosefäden 341.
Ammoniumborate 104.
Ammoniumchlorid 42, 104, 210.
— zum Fällen von Viskose 334.
Ammoniumchlorozinkate 104.
Ammoniumdoppelphosphate 104.
Ammoniumdoppelzinkate 104.
Ammoniummetalldoppelchloride 104.
Ammonium-Natriumsulfit 367.
Ammoniumnitrit 30.
Ammoniumphosphate 104, 105.
Ammoniumsalze in Kollodium 22.
— zum Fällen von Kupferoxydammoniakzelluloselösungen 182.
— zum Fällen von Viskose 334, 341.
— und Alkali- oder Erdalkalisalze zum Fällen von Viskosefäden 359.
Ammoniumsulfhydrat zum Denitrieren 14, 32, 95.
— und -sulfid zum Denitrieren 30.
Ammoniumsulfozinkate 104.
Ammoniumzinkate 104.
Ammonium-Zinkdoppelborate 104.
Ammoniumzinkdoppelchlorid 104.
Amylacetat 42, 52.
Amylalkohol 31, 43, 129.
— zum Binden von Alkohol und Äther 134, 129.
Anilin 3, 342.
— zum Lösen von Kollodiumwolle 41.
— zum Fällen von Viskose 342.
Anilinschwarz 342, 602, 648.
Animalisieren durch Albumin 19.
Anisol 415.
Anreichern von Luft an Lösungsmitteldämpfen durch Zentrifugieren 131.
— von Viskose 309.
Ansaugventile, gesteuerte 53.
Antiphlogine Planté 105.
Appretieren von Kunstfäden 595—597.
Arsenigsaure Salze in alkalischen Fällbädern 270.
Arsenit in alkalischen Fällbädern 276.
Artillerie 653.
Astrachan, künstlicher 653.
Atropin 3.
Aufsammeln von Kunstseide 507.
Aufwickeltrommel mit Seitwärtsverschiebung der Fäden 555—562.
Aufwickelverfahren und -vorrichtungen 555—572.
Aufwickelvorrichtungen 60, 71, 72.
Ausrücken der Spinntöpfe 371.
— der Spinnzentrifugen 549.

Sachverzeichnis.

Austrocknen, Lösen vor — geschützter Zellulose 169.
—, Verhindern des, von Nitrozellulosefäden 115.

Balsam 33.
Bariumsulfat im Faden 593.
— zur Nitrozellulose 31.
Basen, organische oxydierbare, zum Kollodium 3.
—, organische, zum Fällen von Viskosefäden 341.
Bastband, künstliches 653.
Bastseife 436.
Bauchspeicheldrüse zum Abbau von Kolloiden 268.
Baumwolle, künstliche 621—625.
Baumwollsamenschalenzellulose 245, 453.
Benzaldehyd 45.
Benzin 24.
Benzoesäureester 415.
Benzol 24, 42, 47, 115, 156.
Benzol zum Fällen von Kollodiumfäden 95.
Benzonaphthol 415.
Benzylchlorid 415.
Besatzartikel 652.
Beschweren von Kunstfäden 594.
Bewicklung der Spulen 522.
Bisulfit zum Reinigen von Viskose 315.
Bisulfite als Fällmittel 248.
— zum Entschwefeln von Viskosefäden 337.
Bleichen künstlicher Seide 247, 394.
— von Nitroseide 95, 107.
— von Nitrozellulose 15, 35.
Bleichmittel zur Erhöhung der Löslichkeit von Zellulose u. dgl. in direkten Lösungsmitteln 192—193.
Bleikammerkristalle 417.
Blusenstoffe 653.
Blut 448.
Blutfibrin 446, 448.
Bombaxfaser 454.
Borate 250.
Borsäure 105.
Borsten, künstliche 607, 611.
Brillantierte Fäden 75.
Bromkohlenwasserstoffe zum Wiedergewinnen von Lösungsmitteln 132.
Bronze 592.
Bruzin 3.
Bürstenfabrikation 654.
Butylalkohol 129.

C_6-C_{24}-Viskose 336, 347, 354.
Caesiumhydroxyd in Fällbädern 265.
Caprylalkohol 129.

Cerasin 427.
Chloralkyle zum Kollodium 16.
Chlorderivate von Äthan und Äthylen zum Reinigen von Zellulose 329.
Chlorhydrin 201.
Chlorkohlenwasserstoffe zum Wiedergewinnen von Lösungsmitteln 132.
Chloroform 24, 156, 403, 408, 409.
Chlorschwefel 27.
Chlorverbindungen zum Kollodium 16.
Chlorzinkzelluloselösungen, Fäden aus 2, 294—300.
Chromate 250.
Chromoverbindungen zum Denitrieren 96.
Chromsalze zum Reinigen von Viskose 313.
Cinchonin 3.
Cyanamid zu Viskoselösung 328.
Cyanate zu Viskoselösung 328.
Cyankalium 146.

Damenhutfabrikation 653, 654.
Dampf, Spinnen in überhitztem 17.
Dämpfe, saure oder erwärmte, zum Fällen von Kupferoxydammoniakzelluloselösungen 164, 165.
Dämpfen von Viskosefäden 351, 395.
Deckmittel zum Abglänzen 614.
Dehnbarkeit der Kunstseiden 640.
Dehydratisieren von Zellulosefäden nach dem Trocknen 286.
Dekorationsmöbelstoffe 652.
Denitrieren 2, 3, 4, 14, 15, 17, 28, 30, 31, 32, 95, 107—109.
— in Gegenwart von Lösungs- oder Quellungsmitteln 96—99.
—, unvollständiges 104.
— vor dem Zwirnen 99.
Denitrierlaugen, Reduzieren polysulfidhaltiger 109.
Denitriervorrichtungen 100, 101, 107.
Dextrin 202, 223.
— in alkalischen Fällbädern 273.
Dextrose in Koagulierungsbädern für Acetylzellulosefäden 420.
Dialysierungsvorrichtung für Kupferoxydammoniak 198.
Dialysieren von Kupferoxydammoniak 197, 198.
— von Viskose 321.
Diastase in alkalischen Fällbädern 274.
Dichloräthylen, Lösungsmittel für Acetylzellulose mit 409.
Dicke der Einzelfäden 642.
Dicyandiamid zu Viskoselösung 328.
Diffusion, Entfernen von Lösungsmitteln durch 116.
Dinitrozellulose 35.

Dioxydimethyldiphenylmethan 420.
Disaccharide zu Kupferoxydammoniakzelluloselösungen 225.
Drehspinnverfahren 398.
Druckregelung beim Filtrieren und Verspinnen von Nitrozelluloselösungen 53.
Druckmittel für Kollodium 52.
Dulcit 218.

Ebonit 488.
Edelerden 95.
Effektfäden 648.
Eieralbumin, Fäden aus 423.
Eigenschaften der Kunstseiden 637—647.
Einwickelpapiere 655.
Eisenacetat zum Denitrieren 17.
Eisenchlorür und Alkohol zum Denitrieren 15.
— zum Denitrieren 15, 17.
Eisenwalzen 258.
Eisessig 17, 18, 35, 116.
Eisfarben 651.
Eisstücke bei Herstellung von Kupferoxydammoniakzelluloselösung 236.
Eiweißstoffe, abgebaute, in alkalischen Fällbädern 268.
—, Fäden aus — und Viskose 351.
—, Kunstseide aus 169, 421—427, 429—448.
Elaidin 32.
Elektrischer Strom beim Entkupfern 280.
— Strom zum Reinigen von Zellulosepräparaten 470, 471.
Elektrolyse 448.
Entgasen der Fällflüssigkeit 179.
Entglänzen von Kunstfäden 591, 614, 617, 654.
Entkupfern 279.
— unter Spannung 161.
Entladung, elektrische, zur Fadenbildung 515.
Entlüften von Spinnlösungen 478, 505—506.
— von Viskose 305.
Entschwefeln von Viskosefäden 337.
Entzündung von Nitrozellulosefäden, Verhindern der 130.
Epichlorhydrin 96.
Erdalkalichloride als Fällbäder 262.
— in Chlorzinkzelluloselösungen 295, 299.
— zum Fällen von Kupferoxydammoniakzelluloselösungen 187, 248, 261.
Erdalkalisaccharat in alkalischen Fällbädern 269.
Erhitzen in Nitrozellulose u. a. m. umzuwandelnder Zellulose 15, 36, 451, 452.

Erhitzen von Gas und Lösungsmitteldampf 141.
Erstarrungsflüssigkeiten 24, 31, 52, 95.
Erstarrungsmittel, nebelartig zerstäubtes 165.
Erwärmen alkalischer Fällbäder 256, 257, 262.
Erwärmen der Kupferoxydammoniakzelluloselösung 267.
Esparto 213.
Essigäther 31, 42, 65, 156.
Essigsäure 43.
Essigsäureanhydrid 31.
Essigsäuremethylester 44, 418.
Essigsäure und Phosphorsäure zum Lösen von Zellulose 460.
— zum Fällen von Viskosefäden 340, 362.
— zum Kollodium 16, 31.
Ester 96, 115.
Etuiindustrie 654.
Explosion schlecht denitrierter Kunstseide beim Bügeln 109.

Fadenführer 60, 69, 563—564.
—, röhrenförmiger 551, 553, 554, 555.
Fadenspannung, Regeln der — beim Spinnen 69.
Fadenträger, pendelnder 561.
Fäden für Glühlampen aus Nitrozellulose und Nitroglykose 2.
Fällbad, in Drehung versetztes 499, 500, 523.
Fällen von Kupferoxydammoniakzelluloselösung durch alkalische Mittel 250—279.
— von Kupferoxydammoniakzelluloselösung durch saure Mittel 245—249.
— von Viskose 334—368.
Fällmittel für Acetylzellulosen 403, 404, 408, 419, 420.
— für Acidylzellulosen 404, 418.
— für Kupferoxydammoniakzelluloselösungen 146, 156, 169, 170, 187, 219, 245—279.
— für Nitrozelluloselösungen 52.
— für Viskose 334, 336—338, 340—368.
— zu Zellulosefettsäureesterlösungen 418.
Färben der Kunstseiden 424, 648—651.
— von Nitrozellulose 3.
Farbstoffe in Acidylzellulosemassen 404.
Färbung, haltbare weiße an Acetylzellulosegebilden 414.
Federakkumulator 86.
Ferrocyanverbindungen zum Denitrieren 96.
Ferroverbindungen zum Denitrieren 96.

Festigkeit der Kunstseiden 640—642.
Fett, flüssiges, zum Absorbieren von Lösungsmitteln 123.
Fette 2, 17.
Fettsäuren, flüssige 123.
— im Fällbad für Viskosefäden 344.
—, sulfonierte 43.
Fibrin, Fäden aus 423.
Fibrisin 440.
Fibroin 173, 180, 438.
Fibrose 213.
Films, photographische 655.
—, Zerschneiden von 625, 626, 629.
Filterpresse für Kollodiumlösungen 47.
Filterstoffe 654.
—, Wiedergewinnen 144.
Filtertücher aus Kunstseide 653.
Filtrieren von Kollodiumlösungen 47, 49, 59.
Filtriervorrichtungen 48, 49, 369, 375, 376, 387, 393, 472—478, 504—506.
Firnisse, Kunstseide aus 1.
Filzfabrikation 655.
Fischgräten 439.
Fischleim 19, 96.
Fixieren von Viskosefäden 341, 351, 395.
Flachs 213.
Flechtarbeiten 653.
Flechtwaren 653.
Fleisch 440, 448.
Flüssigkeitssäule, Spinnen in freihängender 508, 525.
Fördertuch mit Quetschwalzen 524.
Formaldehyd 45.
— beim Reinigen von Zellulose 329.
— in Albumingebilden 442.
— in alkalischen Fällbädern 263, 269.
— und Natriumnitrit zum Denitrieren 30.
— zum Denitrieren 95.
Formiat in alkal. Fällbädern 276.
— in Nitrozellulosespinnlösungen 34.
Formen der Zellulosegebilde vor dem Koagulieren 367, 526.
Formylzellulose 417.
Früchte 448.
Fungin 213.
Futterstoffe 652.

Gallertmasse, pflanzliche 427.
Garnwinde 395.
Gase, alkalisch wirkende, beim Beschweren von Kunstfäden 594.
—, saure oder erwärmte, zum Fällen von Kupferoxydammoniakzelluloselösung 164.
Gasentwicklung zum Verdicken von Kunstfäden 593.
Gaze 653.

Geflochtene Waren 653.
Gelatine 17, 36, 182.
—, Fäden aus 421, 433, 436, 446.
— in Acidylzellulosemassen 404.
Gelose 427.
Gepreßtes Kunsthaar 611.
Gerbstoffe 2.
Gewebe, Gießen von 2.
Gewebenachahmungen 617—620.
Gewellte Fäden 390, 513.
Gewicht, spez. der Kunstseiden 639.
Gewirkte Waren 653.
Gießen von Geweben 2, 617—620.
— von Tüll 617—619.
Glimmer 488.
Glühlampenfäden 2.
Glühstrümpfe 95, 654.
Glykolsäure 201.
— zum Fällen von Viskosefäden 346.
Glykolsaure Salze 260.
Glykose 17.
— im Fällbad für Viskosefäden 344, 345, 351.
— in alkal. Fällbädern 254, 256, 262, 263.
— in sauren Fällbädern 247.
— zum Reduzieren polysulfidhaltiger Sulfidlösungen 401.
— zu Viskose 317.
Glyzerin 17, 19, 51, 96, 156, 182, 201, 202, 203.
— in Koagulierungsbädern für Acetylzellulosefäden 420.
— in alkal. Fällbädern 254, 256, 262.
— in Koagulierungsbädern für Acetylzellulosefäden 420.
— zu Kollodium 115.
— zu Kupferoxydammoniak 221.
— zu Viskose 317.
Glyzerinhaltige Kochsalzlösung zu Kupferoxydammoniakzelluloselösung 244.
Glyzerinphosphorsäure 586.
Glyzerinschwefelsäure 247, 586.
Gold 592.
Gold-Iridium 488.
Grasige Pflanzenteile 448.
Grègefaden 528.
Guajakol 434.
Guanidin zu Viskoselösung 328.
Guanidinderivate zu Viskoselösung 328.
Gummi, Kunstseide aus 1.
Gummi arabicum 203.
Gummiarten 202.
— zu Kupferoxydammoniakzelluloselösungen 218.
Gummiharz 19.
Gummilack 17.
Gummilösung 29, 31.
Guttapercha 19.

Haar, künstliches 607, 608, 611.
—, künstliches, flach gepreßtes 611.
Hahn zum Regeln der Zuflußmenge der Spinnlösung 370.
Halogenvinyl, Polymerisationsprodukte von 450.
Haloidsalze zum Lösen von Zellulose 467.
Hanf 213.
Hanfbast, künstlicher 613, 653.
Harnstoff zu Viskoselösung 328.
Harnstoffderivate zu Viskoselösung 328.
Härten von Nitrozellulosefäden in Schwefelsäure 31.
Hartgummi 376.
Harze, Kunstseide aus 1, 2.
Haspel 13, 571—573.
Hausenblase, Fäden aus 421.
Hautfibroin 441.
Hedychium coronarium 455.
Heraussaugen von Kollodiumfäden 50.
Hexobiosen 221.
Hexosen 221, 224.
Hilfsregler 87.
Hilfsverteiler 78.
Hohle Fäden 389, 533, 536, 544.
Hohlspulen, durchlochte 100, 116.
Holz 213.
Honig 17.
Hopfenrankenfaser 195.
Hopfenstengelfaser 300.
Hutfurnituren 654.
Hydratieren von Zellulose 193, 219.
Hydratierung zu lösender Zellulose 295, 296, 300.
Hydratzellulose 219.
Hydrosulfit NF konz. 237.
Hydroxylamin 96, 146.
Hydrozellulose 192, 213, 219.

Idealseide 655.
Invertzucker 203.
— zu Kupferoxydammoniakzelluloselösungen 225.
Ionenkonzentration 364.
Irisierende Stoffe 592.

Jodide 250.
Jute 213.

Kaffein 3.
Kalilauge, Nachbehandeln mit 247.
Kaliumacetat 42.
Kaliumsalzlösung zum Auswaschen von Nitroseide 130.
Kaliumzinkat zum Fällen von Kupferoxydammoniakzelluloselösung 608.
Kalkmilch und Natronlauge als Fällbad 261.
Kalziumchlorid 17, 42.
— als Fällmittel 248.
— bei der Ammoniakwiedergewinnung 292.
— zum Binden von Alkohol 128, 129, 134.
— zum Kollodium 115.
Kalziumkarbid und Natrium oder Mangankarbid zum Trocknen 119.
Kalziummonosulfür zum Denitireren 14.
Kalziumphosphat in Albuminfäden 423.
Kalziumsulfhydrat zum Denitrieren 14.
Kammgarnstoffe 651, 653.
Kampfer 41, 95, 105.
Kampfer-Alkohollösung zum Lösen von Kollodiumwolle 41.
Kampferöl, Fällbad aus 403.
Kapokfaser 454.
Karbolsäure 20, 146.
Karraghin 427.
Kartoffelsirup 221.
Kartonnagenindustrie 654.
Kaseid 440.
Kasein, Fäden aus 423, 429, 432, 434, 439, 444.
— und Viskose, Fäden aus 431.
— und Zelluloselösungen, Fäden aus 205, 423, 434.
Kautschuk 1, 29, 31.
Kautschuklösungen 96.
Kautschuk, vulkanisierter 586, 587.
Kerne, Fäden mit Kernen 533.
Ketonbisulfite 366.
Ketone 96.
— in alkal. Fällbädern 262.
Kette aus Kunstseide 652.
Kleber 17, 443.
Koagulieren, oberflächliches, vor der Fällung von Viskosefäden 367.
Koaguliermittel s. Erstarrungsflüssigkeiten.
Kobaltosalze zum Denitrieren 96.
Kocher für Viskose 307, 316.
Kohlenhydrate im Fällbad für Viskose 244, 245, 351.
— zu Kupferoxydammoniaklösung 202, 203.
— zu Kupferoxydammoniakzelluloselösungen 218, 220, 221, 222.
Kohlensäure zum Fällen von Viskosefäden 352.
— zum Reinigen von Viskose 310.
Kohlenwasserstoffderivate 96, 115.
Kohlenwasserstoffe 24.
— bei der Herstellung von Viskose 368.
Kollodiumwolle, Erhitzen mit Wasser, Säuren oder sauren Salzen 106.

Sachverzeichnis. 667

Kollodiumzufluß, selbsttätiges Regeln des 58.
Kolloidales Kupferoxydammoniak 197, 198.
Kolloide, durch Fermente abgebaute 268.
— in alkal. Fällbädern 267.
Kompression von Viskosefäden 363.
Kompressionskühlmaschinen 126, 131.
Komprimieren von Kollodium 52.
— von Kunstseide 21.
Kondensationsprodukte von Aldosen mit z. B. Cyanamid zu Viskoselösung 328.
— von Phenolen, Aldehyden und Sulfiten 366.
— aus Phenolen und Formaldehyd 444.
Kontaktstoffe, Abstumpfen der — in Acetylzelluloselösungen 410, 411.
Kontinuierliches Verfahren 257, 288.
Kopal 22.
Kork 213.
Kragenschoner 653.
Kräuseln von Stapelfaser 637.
Krawattenstoffe 652.
Kreislauf der Lösungsmitteldämpfe 135.
Kresol 403, 434.
Kristalle aus Ammoniakgas und Kupfersalzlösungen 230.
Kühlen von Lösungsmitteldämpfen 117, 125—127, 131, 135, 140.
Kunstseide, hohle 389, 533, 536, 544.
Kunstseideabfälle 655.
—, Verarbeiten auf Roßhaar 599.
Kunststroh 613—617, 653.
Kupfer, fein verteiltes, durch Reduktionsmittel gefällt 208.
—, metallisches fein verteiltes auf Zellulose 242.
—, Reduzieren des — im Fällbad 146.
Kupferchlorürlösungen, ammoniakalische 180.
Kupferchlorürammoniakzellulose-Seidelösung 447.
Kupferhaltige Zellulosegebilde, Verändern der Farbe von 600.
Kupferhydroxyd 213, 220.
— zu ammoniakgetränkter Zellulose 234.
Kupferhydroxydzellulose 204, 205, 207.
Kupferkarbonat in alkal. Fällbädern 277.
Kupferkarbonatlösung, ammoniakalische 150, 169, 170.
Kupferoxychlorid 228.
Kupferoxydammoniak, Dialysieren 197, 198.
—, kristallisierbares und kolloidales 197, 198.

Kupferoxydammoniak, zur Vorbehandlung zu nitrierender Zellulose 22, 24.
Kupferoxydammoniaklösung, Herstellung von 148, 196—204, 207—210.
Kupferoxydammoniakzelluloselösung, ammoniakarme 232.
—, Entfernen nicht gebundenen Ammoniaks aus 163, 216, 217.
—, Fäden aus 146—294.
—, Herstellung von 210—245.
— hoher Viskosität 168.
—, Vorrichtung zur Herstellung von 226.
Kupferoxydhydrat, ammoniakalisches, Vorrichtung zur Herstellung 198, 199, 202.
—, Bilden von — in Kupferoxydammoniakzelluloselösung 244.
Kupferoxydul 210.
Kupferoxydulammoniak 237.
Kupfersalze, basische 200, 219.
Kupfersulfat, basisches, der Formel 7 CuO . 2 SO_3 + 6 H_2O 235.
Kupfertetraminsulfat 186.
Kuproid 210.
Kuprosalze, Lösungsmittel für 96, 98.
Kuproverbindungen zum Denitrieren 96—99.

Laktose in alkal. Fällbädern 254, 256.
Lederwarenindustrie 654.
Leim 2, 96.
—, abgebauter, in alkal. Fällbädern 268.
—, tierischer, Fäden aus 421.
Leinöl 22.
—, manganhaltiges 17.
Leuchterden 95.
Lichenin 427.
Lignin 213.
Ligroin 156.
Lithiumhydroxyd in Fällbädern 265.
Lösungsmittel beim Denitrieren 96.
— für Kollodiumwolle 41.
— für Nitrozellulose 3, 4, 13, 16, 17, 19, 22, 24, 30, 35, 40—47, 51, 52.
— für Zellulose 457—470.
—, Wiedergewinnen 8, 47, 50, 109—143.
Luft, Zuführung gekühlter, beim Spinnen 68.
Luftabschluß bei Herstellung von Kupferseide 188.
Luftpolster 76.
Luftspitzen 653.
Luftverdünnung, Spinnen in 79.

Magnesiumkarbonat 105.
Magnesiumchlorid 42.
— als Fällmittel 248.

Magnesiumchloridlösung zum Wiedergewinnen von Lösungsmitteln 132, 134.
Magnesiumresinat zu Kollodium 32.
— zu Viskose 34.
Magnesiumsalz und Alkalisulfhydrat zum Denitrieren 28.
Magnesiumsalzlösung zum Auswaschen von Nitroseide 130.
Magnesiumsulfat beim Auswaschen 255.
Magnesiumsulfhydrat und -sulfid zum Denitrieren 30.
Manganoverbindungen zum Denitrieren 96.
Manilahanf 213.
Mannit 202, 218.
Maschinenstickerei 653.
Masse, plastische, zur Herstellung von Nitrozellulosefäden 35.
Maulbeerbaumbast, Kunstseide aus nitriertem 1.
Mehrfarbige Gewebe, Fäden für 592.
Mehrweghahn 211.
Melasse 203.
— in sauren Fällbädern 247.
Menstruationsbinden 654.
Mercerisieren von Kunstfäden 162, 163, 300.
Metallähnliche Fäden 289.
Metallammoniakzelluloselösungen, ammoniakarme 219.
Metallchloridlösung, alkoholische zum Lösen von Nitrozellulose 44.
Metallchlorüre, reduzierende, zum Kollodium 3.
— zum Kollodium 16.
Metallocyanverbindungen zum Denitrieren 96.
Metallpulver in Acidylzellulosemassen 404.
Metallresinate zum Kollodium 32.
Metallsalze in Fällbädern für Viskosefäden 340.
Metallsalzlösungen, Nachbehandeln von Viskosefäden mit 339.
—, Regenerieren der — beim Denitrieren 97, 98, 99.
— und Seife zum Nachbehandeln 590.
Metallstaub 592.
Metallsulfide zur Verhinderung des Verklebens von Viskosefäden 339, 340.
Metallüberzogene Fäden 290.
Meteor 654.
Methanal in Fällbädern 447.
Methylal 44.
Methylalkohol 23, 24, 27, 42, 47, 51, 107.
— zum Fällen von Chlorzinkzelluloselösungen 297, 299.

Methylalkohol zum Fällen von Viskosefäden 340.
Methylschwefelsäure 586.
Milch 448.
Milchsäure und Derivate 135.
— zum Fällen von Viskosefäden 346.
Milchsaure Salze 260.
Milchzucker 202.
Mineralöl 31.
Mineralsäure zum Fällen von Viskosefäden 347, 350, 351, 354.
— zum Kollodium 16, 32.
Mischfaden 23, 75.
Molybdänsaure Salze 450.
Monomethylamin 218.
Monosaccharide zu Kupferoxydammoniakzelluloselösungen 224.
Morphin 3.
Mousseline des soie 652.
Müllergaze 654.

Nachbehandeln aus Kupferoxydammoniakzelluloselösung gefällter Fäden mit Alkalilauge 160, 162, 163, 183.
— künstlichen Haares mit Chlorzinklösung 608.
— künstlichen Roßhaares mit Natronlauge 601—603.
— von Kunstfäden 582—597.
— von Nitroseide 106—109.
— von Viskosefäden 393 u. ff.
Naphtha 139.
Naphthalin 31, 105.
β-Naphthol, benzoesaures 415.
Naphthylamin zum Fällen von Viskosefäden 342.
Naßspinnen 16, 47, 50, 90, 95, 131.
Natriumacetat 22.
Natriumammoniumsulfit 367.
Natriumbikarbonat zum Fällen von Viskosefäden 341.
Natriumbisulfat zum Fällen von Viskosefäden 353.
Natriumbisulfit zum Fällen von Viskosefäden 341, 351.
— zum Fixieren von Viskosefäden 341, 351.
Natriumbisulfitlösung 20.
Natriumchlorid 131.
Natriumformiat 32, 34.
Natriumglyzerinat 586.
Natriumlaktat 42.
Natriumnitrit und Formaldehyd zum Denitrieren 30.
Natriumsulfat und -bisulfat zum Fällen von Viskosefäden 356.
Natriumsulfhydrat und -sulfid zum Denitrieren 30.

Sachverzeichnis. 669

Natriumzinkat zum Fällen von Kupferoxydammoniakzelluloselösung 608.
Natron, ricinusölsaures 182.
—, ricinusölsulfosaures 169.
Natronabfallaugen, Regenerieren von 331.
Natronlauge, Reinigen durch Dialysieren 332.
— zum Fällen von Acetylzellulosefäden 419.
Nebelartig zerstäubte Fällmittel für Kupferoxydammoniakzelluloselösungen 165.
Neutralisieren von Kunstfäden 19.
Neutralisierungsmittel zu Nitrozelluloselösung 38.
Nickelhydroxydul 213.
Nickeloxydulammoniak 213.
Nikotin 3.
Nitrate zum Lösen von Zellulose 468.
Nitrieren von Zellulose 29.
Nitrit in alkalischen Fällbädern 276.
Nitrite in ammoniakalischer Kupferlösung 197.
Nitrobenzol 42.
Nitroglykose 2.
Nitroglyzerin 42.
Nitrokohlenwasserstoffe zum Wiedergewinnen von Lösungsmitteln 132, 134.
Nitroseide, Erhitzen mit Wasser, Säuren oder sauren Salzen 106.
Nitrobasen in Fällbädern für Viskosefäden 361, 362.
Nitro- und Acetylzellulose, Fäden aus 406.
Nitrozellulose, Kochen mit verdünnten Säuren 40.
—, Kunstseide aus 2—145.
—, Reinigen von 15.
—, schwach alkalische 38.
—, wasserhaltige 13, 38—40.
Nitrozelluloselösung, Destillieren von 46.

Öffnungen, einstellbare, zum Überziehen von Fäden mit Viskose 605.
Öle, ätherische, Verbindung mit Kollodium 44.
—, trocknende 32.
—, trocknende geschwefelte 27.
Ölemulsionen 139.
Ölsäure 123, 403, 415.
Oktylalkohol 129.
Olein 156.
Olivenöl zu Kupferoxydammoniakzelluloselösung 168.
Ölsäure zu organischen Zelluloseestern 403.
Ossein 436, 437, 446.

Oxalate 250.
Oxalsäure 146, 233, 234.
—, Nachbehandeln mit 247.
Oxydationsmittel zum Reinigen von Viskose 318.
Oxydationsschwarz auf Kunstseide 404, 411, 648.
Oxyfettsäuren 44.
Oxysäuren, organische, zur Herstellung ammoniakalischer Kupferlösungen 201.
Oxysäuren, Salze von, als Fällmittel 260.
Oxyzellulose 213, 219.
Ozon zum Vorbehandeln zu lösender Zellulose 194.

Palmöl 51.
Papierkonfetti 316.
Papiermaulbeerbaumzellulose 35.
Papierschnitzel 316.
Papierstoff 316.
Paraffin, Fällbad aus 403.
Parakasein 434.
Paraldehyd 45.
Parazellulose 213.
Pektin 427.
Pelzwerk, künstliches 653.
Pentachloräthan zum Lösen von Acetylzellulose 409.
Pergamentieren von Zellulosefäden 582.
Perlmutterglänzende Stoffe 592.
Persäuren, Salze von, zur Herstellung ammoniakalischer Kupferlösungen 200.
Perücken 654.
Petroläther 115.
— zum Fällen von Kollodiumfäden 95.
Petroleum 24.
— zum Nachbehandeln von Kunstfäden 588.
Petroleumnaphtha, Fällbad aus 403.
Pflanzenschleim 427.
Pflanzenteile, strohige, zu Kupferoxydammoniakzelluloselösungen 241.
Phenole 143, 403.
—, Fäden aus Kasein und 434.
Phosphorige Säure zum Fällen von Viskosefäden 368.
Phosphorsäure 116.
—, Salzsäure und Schwefelsäure zum Lösen von Zellulose 470.
— und Ameisensäure zum Lösen von Zellulose 462.
— und Essigsäure zum Lösen von Zellulose 460.
— und Salzsäure zum Lösen von Zellulose 470.
Phthalsäure 415.

Plastische Masse, Fäden aus 35.
Platin 376, 491.
Plüschgewebe 653.
Polster 654.
Polstermaterial 433.
Polysaccharide 221.
Polysulfurete zum Denitrieren 14.
Posamenten 652.
Propylalkohol 129.
Proteinkörper 36.
Pumpe für Viskose 379, 381, 382, 385, 392, 481.
Pumpen mit gesteuerten Ventilen für Kollodium- und andere Lösungen 53.
Putzmacherei 653.
Pyridin zum Fällen von Viskosefäden 342.
Pyrophosphate 445.
Pyrotechnik 653.
Pyroxylinhydrat 13, 14.

Quecksilberchlorid 20.
Quecksilberoxydulverbindungen zum Denitrieren 96.
Querschnitte von Kunstseiden 643—646.
Quellungsmittel beim Denitrieren 96.

Reifegrad von Viskose, Bestimmen 333.
Reifenlassen der Viskose, Vermeiden des 341.
Reifmachen von Viskose 309, 311.
Reinigen von Nitrozellulose 15.
— von Zellulosepräparaten 470.
Reisschalen 222.
Resinate in Viskosefäden 368.
Rhodanide zum Lösen von Zellulose 467.
Rizinusöl 17, 19, 30, 35, 51.
—, acetyliertes 403.
Rizinusölsaures Natron 182.
Rizinusölsulfosaures Natron zum Waschen von Kupferseide 169.
Rohrzucker 202, 203.
— zu Kupferoxydammoniakzelluloselösungen 225.
Rohseide, Flüssigkeit vom Abkochen der 169.
Rohseideartige Kunstseide 613.
Rosanilin 3.
Roßhaar, Fällen durch Alkalien 600, 601.
—, künstliches 180, 189, 597—612.
—, künstliches, Vorrichtung zur Herstellung 608.
Rubidiumhydroxyd in Fällbädern 265.

Saccharose in alkal. Fällbädern 254, 256, 263.
Salizin 3.
Salpeter in alkal. Fällbädern 276.

Salpetersäure zum Denitrieren 3.
— zum Kollodium 32.
Salze in alkal. Fällbädern 261, 264.
—, neutrale, zum Lösen von Zellulose 466.
—, verbrennunghindernde, in Kunstfäden 22.
— zu Acetylzellulosemassen 413.
Salzlösungen zum Fällen von Acidylzelluloselösungen 413.
—, saure, zum Fällen von Viskose 338, 340, 342, 344, 345, 346, 348, 362, 364.
Salzsäure zum Fällen von Viskosefäden 357.
— zum Lösen von Zellulose 464.
—, Schwefelsäure und Phosphorsäure zum Lösen von Zellulose 470.
— und Phosphorsäure zum Lösen von Zellulose 470.
— und Schwefelsäure zum Lösen von Zellulose 469.
Samtgewebe 653.
Sandarak 22.
Sauerstoff in Kupferoxydammoniaklösung 200.
Sauerstoff-Haloidsäuren, Salze der, zum Lösen von Zellulose 468.
Säureamide zu Viskoselösung 328.
Säurefraß 647, 651.
Saure Mittel zum Fällen von Kupferoxydammoniakzelluloselösungen 146, 149, 151, 164, 167, 169, 170, 245—249.
Säuren, organische, zum Reinigen von Viskose 304.
— zum Kollodium 16, 17.
Schellack 607.
Schleudern, Fadenbildung durch 545 bis 548.
Schneiden von Fäden 51, 625, 626.
Schwämme zum Spinnen 16.
Schwefelammonium zum Denitrieren 2.
Schwefelausscheidung zur Verhinderung des Verklebens von Viskosefäden 365.
Schwefelkohlenstoff zum Fällen von Kollodiumfäden 95.
— zum Kollodium 16.
Schwefelsäure als Lösungsmittel von Kollodiumwolle 41.
—, Salzsäure und Phosphorsäure zum Lösen von Zellulose 470.
—, stark gekühlte, zum Lösen von Zellulose 462.
— und Phosphorsäure zum Plastischmachen von Zellulose 147, 457—460.
— und Salzsäure zum Lösen von Zellulose 469.
— zum Fällen von Kupferoxydammoniakzelluloselösungen 151.

Sachverzeichnis.

Schwefelsäure, 30—65%ige, zum Fällen von Zellulose aus direkten Lösungsmitteln 245.
— zum Wiedergewinnen von Alkohol und Äther 9, 114, 115, 117, 127, 128, 139, 141.
Schwefelverbindungen, Wiedergewinnen 144, 145.
Schwefelwasserstoff, Entfernen von, aus Viskose 305.
Schweflige Säure, Spinnen in 67.
— — zum Reinigen von Viskose 315.
Schwermetallsalze zum Regenerieren von Natronabfallaugen 331.
Schwerverbrennlichmachen von Kunstseide 17, 20, 22, 105.
Schwimmer als Zuflußregler 480.
Seepflanzen, Fäden aus den gelatinösen Stoffen von 423.
Seide 213, 220.
—, Lösungen von, in Metallsalzen 446, 447.
—, Überziehen natürlicher 75.
Seidenabfälle 24, 147, 149.
—, Fäden aus 433.
Seidenersatz aus nitriertem Maulbeerbaumbast und Kautschuk 1.
— aus Stärke, Leim, Harzen, Gerbstoffen und Fetten 2.
Seidenfibroin 440.
Seidenleim 436.
Seidenlösung 24.
Seidenraupen, Fäden aus der gelatinösen Masse der 424.
Seidenraupenpuppenöl 35.
Seidenstroh 653.
Seidenxanthogenat 448.
Seife und Metallsalzlösungen zum Nachbehandeln 590.
Seifenbad vor dem Abspulen von Acetylzellulosefäden 416.
Seifenfirnis 35.
Seifenwasser 21, 168.
Seitwärtsverschiebung der Fäden beim Aufwickeln 555—562.
Senföle zu Viskoselösung 328.
Setin 653.
Silbersulfid 95.
Sirius 654.
Soie de France 21.
Spatel, knetende 305.
Speckstein, Spinndüsen aus 493.
Spinndüsen 25, 50, 51, 372, 376.
—, Ausschalten 519.
—, drehbare 74, 78, 368, 371, 375, 376, 378, 391, 495—504, 548.
—, Herstellung 487, 488—492, 522.
—, kreisförmig angeordnete 93, 129.

Spinndüsen mit veränderlichen Öffnungen 482, 484.
—, Offenhalten durch hin und her bewegte Nadeln 390.
—, Reinigen 50, 494, 522.
Spinndüsenträger 78, 91.
Spinnen in mehrere, nicht mischbare Flüssigkeiten 531.
— in sich drehende Flüssigkeit 69.
— ohne Kapillaren 182.
— und Zwirnen, gleichzeitiges 538.
Spinnereiabfall 22.
Spinnkopf für Viskose 372, 376.
Spinnöffnungen 2.
Spinntöpfe 289, 382, 391, 507.
Spinnverfahren und -vorrichtungen 495—553.
— mittels elektrischer Entladungen 515.
— und -vorrichtungen für Nitrozellulose 49—94.
Spinnvorrichtung für Chlorzinkzelluloselösung 299.
Spinnvorrichtungen für Gelatine u. dgl. 421, 423, 424, 446.
— für Kupferoxydammoniakzelluloselösungen 149, 158, 162, 165, 168, 170, 172, 175, 183, 189.
— für Viskose 368—393.
Spinnzentrifuge 504—507, 549, 551.
Spinnzentrifugen, auf und ab bewegte 551.
Spitzen 653.
—, Färben kunstseidener 648.
Spule für Nitroseide 107.
— zum Spannen von Kupferseide beim Trocknen 287.
Spulen 286—287, 568—569.
—, längsgewellte 576.
—, Sortieren bewickelter 62.
Spulengruppen 578.
Spulenrahmen zum Auswaschen 580.
Spulenspinnverfahren 397.
Spulenträger 538, 568.
Spulmaschine 13.
Stannoverbindungen zum Denitrieren 96.
Stapelfaser, Herstellung 630—638.
—, Verwendung 655.
Stärke 2, 202.
— bei der Kupferwiedergewinnung 291, 293.
—, Erhöhung der, und Dehnbarkeit von Acetatseide 403.
Stärkezucker zu Kupferoxydammoniakzelluloselösungen 224.
Stearin 32.
Sthenosierverfahren, Sthenoseseide 582 bis 585.

Stibioverbindungen zum Denitrieren 96.
Stickstoffverbindungen, Regenerieren 96, 98, 99, 144.
Strecken beim Trocknen 297.
— von Fäden aus Kupferoxydammoniakzelluloselösung 161, 172.
— von Fäden aus Kupferoxydammoniakzelluloselösung vor dem Trocknen 285.
— von Viskosefäden 374.
Streckspinnverfahren 155—160, 165, 167, 168, 299, 526, 527, 529, 543, 548.
Streichgarnstoffe 651.
Strickhandschuhe 653.
Stroh 213.
—, künstliches 613, 653.
Strumpfwaren 653.
Sulfate zum Lösen von Zellulose 468.
Sulfhydrate zum Entschwefeln von Viskosefäden 337.
Sulfide zum Entschwefeln von Viskosefäden 337.
Sulfidlösungen, Reduzieren polysulfidhaltiger 400.
Sulfinsäuren 415.
Sulfit in alkal. Fällbädern 276.
Sulfite als Fällmittel 248.
— zum Entschwefeln von Viskosefäden 337.
Sulfoessigsäure 415.
Sulfofettsäuren 44.
Sulfokarbonate zum Denitrieren 14.
Sulfooxysäuren 43.
Sulfoxylate 366.
Sulfurete zur Denitrierung 14.

Taffete 652.
Tannin zum Elastischmachen von Fäden 36.
— zur Nitrozelluloselösung 3.
Tapeten 652.
Teerbenzin 195.
Teppichfabrikation 655.
Terpene, Fällbad aus 403.
Terpentin 96.
—, Fällbad aus 403.
Terpentinöl 24.
— bei der Herstellung von Viskose 368.
Tetrachloräthan zum Binden von Alkohol und Äther 134.
Tetrachlorkohlenstoff 42, 131, 156.
— zum Reinigen von Zellulose 329.
Tetranitrozellulose 41.
Thioharnstoff zu Viskoselösung 328.
Thiosulfate zum Fällen von Viskosefäden 352.
Thymol 403.

Tierische Stoffe, Kunstseide aus 421 bis 427, 429—449.
Titansesquioxydsulfat zur Ausfällung fein verteilten Kupfers 208.
Toluol 35, 42.
— zum Fällen von Kollodiumfäden 95.
Traubenzucker 202, 203.
— zu Kupferoxydammoniakzelluloselösungen 224.
Traufenbäder 629.
Trichloräthylen 409.
— zum Reinigen von Zellulose 329.
Trinitrozellulose 17, 18.
—, Vorrichtung zur Herstellung von 18.
Trioxymethylen 588.
Trockenspinnen 16, 28, 74—77.
Trocknen künstlichen Roßhaares unter Spannung 600, 602.
— von Fäden aus Kupferoxydammoniakzelluloselösung 283—289.
— von Luft und Lösungsmitteldämpfen 119.
— von Kunstfäden ohne Spannung 161.
— von Kunstfäden unter Spannung 151, 164, 169, 254, 261, 264, 287.
— von Nitroseide 107.
— von Nitrozellulose 38.
Tropfrinnen, Fällen von Kupferoxydammoniakzelluloselösungen in 170.
Tüll, gegossener 654.
Tülle 653.
Tunizin 213.

Überziehen mit Zelluloselösungen 612.
Umspinnen elektrischer Drähte 654.
Umziehen der Strähne beim Denitrieren 104.
Undurchsichtigmachen von Kunstfäden 592.
Unlöslichmachen von Gelatinefäden u. dgl. 423, 424, 434, 436.
Unterkleider 653.
Unterphosphorige Säure 588.
Unverbrennlichmachen von Nitroseide 104, 105.
Urethane zu Viskoselösung 328.
Urin 448.

Vakuum, Einwirkung von Schwefelkohlenstoff auf Alkalizellulose im 324.
—, Spinnen im 524.
Vandura- oder Vanduraseide 421.
Vaskulose 213.
Verdicken von Kunstfäden 593.
Verfahren, allgemeine 495—553.
— in einem Zuge 152, 189.
Verhalten der Kunstseiden gegen chemische Reagenzien 646—647.

Sachverzeichnis. 673

Verkleben von Kunstfäden vor dem Weben 613.
Verseifung, teilweise, von Acetatseide 403.
—, teilweise, von Fäden aus Acetylnitrozellulose 405.
Verspinnen von Nitrozellulose in Alkoholdampf 53.
Verwendung der Kunstseide 652—655.
Vinylester, Polymerisationsprodukte von 450.
Viskoid 303.
Viskose, Herstellung von 301—329.
—, Kunstseide aus 334—401.
—, Reinigen der 302, 304, 307, 310, 313, 315, 317, 318, 321, 324.
—, Überziehen von Fäden mit 604.
Viskoselösung, mit sauren Salzen versetzte 327.
Viszellingarn 605, 606, 612.
Vorbehandlung von Zellulose 451—457.
— von Zellulose für das Auflösen in Kupferoxydammoniak oder Chlorzink 192—195, 214, 218.
— von Zellulose für die Nitrierung 15, 36.
Vorhänge 652.
Vorrichtungen, allgemeine 472—582.
— zur Herstellung von Kunstseide aus Kupferoxydammoniakzelluloselösungen 158, 165, 170, 173, 175, 183, 189.
— zur Herstellung von Kunstseide aus Nitrozellulose 4—13, 21, 22, 24, 34, 49—94.
— zur Herstellung von Viskosefäden 368—393.
Vulkanisieren mit Kautschuk hergestellter Kunstseide 586, 587.
Vulkanisierte trocknende Öle zu Nitrozellulose 27.

Wacholderöl 24.
Walzen 555.
—, Fadenbildung durch 544.
Wärme, strahlende, Spinnen in 65, 68.
Waschen im Gegenstrom 280—282.
— von Fäden aus Kupferoxydammoniakzelluloselösung 151, 280—283.
— von Kunstfäden 573—582.
— von Nitrozellulose 37.
— von Nitrozellulosefäden 127, 130.
Waschvorrichtungen 281, 573—582.
Wasser zum Fällen von Kupferoxydammoniakzelluloselösungen 232.
Wasseraufnahmefähigkeit, Herabsetzung der, von Kunstfasern durch hohen Druck 589.

Wasserdampf, überhitzter, zur Lösungsmittelwiedergewinnung 131.
Wasserentziehende Mittel beim Koagulieren von Kunstfäden 586.
— — beim Nachbehandeln von Kunstfäden 585.
— — beim Trocknen 286.
— — im alkal. Fällbade für Kupferoxydammoniakzelluloselösung 269.
Wasserfestmachen von Kunstfäden 582 bis 590, 606.
— von Kunstfäden durch Wasserentziehung 586.
— von Kunstfäden durch Firnissen 606.
Wassergas 145.
Wassergehalt der Kunstseiden 640.
Wasserglaslösung 105.
Wasserstoffsuperoxyd 95, 195.
Weinsäure 146, 201, 233, 234.
— zum Fällen von Viskosefäden 346.
Weinsäureäthylester 415.
Weinsaure Salze 260.
Weinsaures Alkali in Kupferoxydammoniaklösung 201.
Wickelringe 374, 394.
Widerstände zum Trennen von Luft und Lösungsmitteldämpfen 117.
Wiedergewinnen von Ammoniak 292.
— von Filterstoffen 144.
— von Kupferoxyd 291—294.
— von Lösungsmitteln 8, 47, 109—144.
— von Metallsalzen 97.
— von Schwefelverbindungen 144, 145.
— von Stickstoffverbindungen 96, 144, 145.
Wirkwaren 653.
Wolframsaure Salze 450.
Wollartige Kunstfasern 625—630.

Zahnbürsten 607.
Zelluloidabfälle 31.
Zellulose, kolloidale 213, 219.
—, Reinigen von 329.
—, tierische 213.
—, Vorbehandeln zu nitrierender 15, 36.
—, zerkleinerte, zu Zelluloselösungen 187.
Zelluloseacetate, Fäden aus, und Kasein 434.
Zelluloseacetonitrate 405.
Zelluloseäther 420.
Zelluloseester, feste, zum Wiedergewinnen von Lösungsmitteln 132.
Zellulosefettsäureester, Kunstseide aus 402—420.
Zellulosegebilde, farbige, aus Baumwollsamenschalenzellulose 453.

Zellulosehydrate, Fäden aus, und Kasein 434.
Zellulosehydratlösungen, Kunstseide aus 401—402.
Zellulosenitrate, Fäden aus, und Kasein 434.
Zellulosetriacetat 403, 408.
Zellulosewatte 623.
Zellulosexanthogenat, mit Oxydationsmitteln behandeltes 319, 325, 326.
Zellulosexanthogenate, polymerisierte, im Wasser unlösliche 319.
Zellulosexanthogenatlösungen, rasches Verspinnbarmachen roher 323.
Zentrifugenspinnverfahren 397.
Zentrifugieren Lösungsmitteldämpfe enthaltender Luft 116, 131.
Zinkat, Alkali- als Fällbad 272.
Zinkchlorid 42.
— zum Lösen von Kasein 432.
Zinkchloridlösung zum Wiedergewinnen von Lösungsmitteln 132, 134.
Zinkchloridzelluloselösungen, Fäden aus 294—300.
Zinkresinat zum Kollodium 32.
Zinksalze im Fällbad für Viskosefäden 345.
Zinksalzlösungen, basische 297, 299, 300.

Zinksalzlösungen, Wiederbrauchbarmachen 298.
Zinnoxydulverbindungen zum Denitrieren 96.
Zinnsalz 29.
Zitronensäure 146, 201, 233, 234.
— zum Fällen von Viskosefäden 346.
Zitronensaure Salze 260.
Zöpfe 654.
Zucker im alkal. Fällbad für Kupferoxydammoniakzelluloselösung 254, 263.
— im Fällbad für Viskose 344, 345, 351.
— im sauren Fällbad für Kupferoxydammoniakzelluloselösung 247.
— in Kupferoxydammoniaklösung 202, 203.
— in Kupferoxydammoniakzelluloselösungen 218, 223.
Zuflußregelung für Viskose 388.
Zwirnen, Zwirnvorrichtungen 27, 74, 289, 573.
— und Haspeln von Viskosefäden 397.
— von Viskosefäden 394.
— vor dem Trocknen 288.
Zwischensätze 653.
Zusammenlaufenlassen von Kunstfäden 597.

Patentliste.

Deutsche Patente.

Nr.	Seite	Nr.	Seite	Nr.	Seite	Nr.	Seite
30 291	2	113 208	210	160 244	371	185 139	164
38 368	2, 3, 4, 20	113 786	297	162 866	205, 207	185 294	197
40 373	17	115 989	196	163 293	510	186 203	519
46 125	2, 3, 10	118 836	294, 296	163 467	370	186 277	71
52 977	18	118 837	296	163 661	305	186 387	252, 253, 259
55 293	51	119 098	193, 600	164 321	368		
55 949	21, 22	119 099	193	165 218	648	186 623	311
56 331	2, 4	119 230	149	165 331	109	186 766	253, 599, 601
56 655	2, 14, 15	121 429	283, 284	165 577	281		
58 508	21, 24, 155	121 430	284	168 171	395	187 090	577
63 214	13	125 309	597	168 173	51	187 263	194
64 031	2, 15	125 310	151, 245	168 830	165, 512	187 313	217
70 999	301, 303, 334, 359, 604	125 392	96	169 567	150	187 369	307, 310
		125 947	504	169 906	162	187 696	265
		127 046	504	169 931	38	187 947	338, 342, 348, 364
72 572	457	129 420	598	170 051	429, 430, 431		
81 599	2, 13	133 144	304			188 113	601
82 555	21, 27	133 427	507	170 935	47	188 542	404
82 857	459	134 312	286	171 639	66, 119	188 910	576
88 225	17, 421	135 316	43	171 752	45	189 139	382
88 556	95	137 255	592	172 264	523	189 140	604
92 590	303	137 461	591, 654	172 265	524	189 359	219
93 009	41	138 507	479	173 012	72	190 217	253
93 795	424	139 442	97	173 628	159, 160, 279, 601	192 406	372
96 208	495, 498, 499	139 899	98			192 690	245
		140 347	213	174 508	207	193 135	649
98 642	147, 150, 223, 283, 600, 602	143 763	500	175 296	163, 164	194 825	68, 119
		148 038	502	175 636	395	196 699	122
		148 587	427	177 957	52	196 730	409, 411
101 844	498	148 889	508, 509	178 308	453	197 086	315
102 573	499, 500	152 432	650	178 410	573	197 167	53
106 043	252	152 743	339, 340, 360, 365	178 942	509	197 250	436, 437
108 511	334, 359, 365	153 817	340, 360, 365	178 985	430	197 965	582, 648
				179 772	160	198 008	412, 649
109 996	204, 208			181 784	598	199 559	411, 412, 649
111 248	519	154 507	155, 159, 160	183 001	608		
111 313	192, 295			183 153	214	199 885	36
111 333	518	155 745	401	183 317	432	200 023	313
111 409	151, 280, 281	157 157	157, 159, 160, 547	183 557	216, 217	200 265	53
				184 150	291	200 509	617
111 790	281	159 524	409	184 510	613	200 824	68

43*

Patentliste.

Nr.	Seite	Nr.	Seite	Nr.	Seite	Nr.	Seite
201 910	411	230 394	440, 441	246 481	287	271 215	541
202 265	437	230 941	180	246 651	418	271 656	580
203 178	415	231 652	233	246 780	472	271 747	32
203 649	130	231 693	234	247 095	106	273 800	464, 469
203 820	431	232 373	101	247 418	533	273 936	90
203 916	123	232 605	586, 587	248 172	271	274 044	593
204 215	374	232 887	654	248 303	203	274 550	346
206 883	263, 277	233 370	183	248 349	529	274 260	413
207 554	129	233 627	62	248 559	406	274 658	210
208 472	253, 255, 256, 258, 260	234 028	411, 649	249 002	538	275 016	434
		234 325	287	250 357	273	275 882	465
		234 672	145	250 421	47	276 013	414
209 161	310	234 861	321	250 595	487	276 082	545, 547
209 923	170	234 927	74	250 596	200	277 154	79
210 280	172	235 134	152	251 244	240	279 310	109, 400
210 778	405	235 219	234	252 059	75	281 877	450
210 867	65	235 220	587	252 179	331	282 789	347
211 871	230, 438	235 366	267	252 180	270	283 286	346
211 956	648	235 476	293	252 661	240	285 664	651
212 954	397	235 602	76	252 841	544	286 173	416
216 391	482	236 242	377	253 371	561	286 297	277
216 669	226	236 297	268	254 525	337	287 073	419
217 128	99	236 537	233	254 801	78	287 092	332
217 316	451	236 584	555, 559, 560, 562	254 913	132	287 955	348
218 490	255			255 067	40, 107	287 968	91
218 586	569	236 907	441	255 549	266	288 667	547
219 074	651	236 908	444	255 704	413	290 131	455
219 085	452	237 200	288	256 351	195	290 832	358
219 128	69	237 261	317	256 857	47	296 053	470]
219 848	648	237 599	406, 413	257 144	476	300 254	189
220 051	175	237 716	217, 222, 223	257 237	537	300 595	143
220 711	181			258 810	449, 450	302 611	625, 626
221 041	248	237 717	232	258 855	442	303 047	179
221 572	484	237 718	408	259 248	462	303 396	141
222 131	525	237 744	365, 531	259 816	257	303 731	626
222 624	228	237 816	233, 234	260 245	443	305 118	471
222 873	182	238 160	76	260 479	345, 364	306 107	223
223 294	230	238 843	351	260 650	235	306 818	468
223 736	309	239 214	292	260 812	450	307 811	366
225 161	160	239 821	559	262 253	591	310 743	493
225 313	651	239 822	560	262 868	304	312 304	627
227 198	460	240 082	236	263 430	654	312 392	328
228 504	279	240 242	186	263 786	494	314 968	590
228 836	328	240 751	405	264 951	242	316 045	589
228 867	650	240 846	344, 364	264 952	208	317 181	623
228 872	217, 220, 221, 222, 223, 224	241 683	187	265 204	289	317 869	478
		241 921	222, 223	266 140	631	318 741	629
		241 973	132	267 509	135	319 079	635
229 001	126	244 375	536	267 731	338, 349	319 280	636
229 677	202	244 510	188	268 261	259	319 839	637
229 711	186	245 440	473	269 787	199	320 908	83
229 863	256	245 575	239	270 051	322	323 891	319
230 141	221	245 837	49	270 618	329		

Britische Patente.

Nr.	Seite	Nr.	Seite	Nr.	Seite	Nr.	Seite
1855		**1896**		**1901**		**1905**	
283	1	2 595	22	9 482	427	15 029	40
1857		4 713	303	12 695	96	15 372	116
67	2	6 858	41	21 628	408	16 583	341
1883		7 429	96	25 993	141	17 164	218
5 978	2	10 868	22			17 381	523
		12 056	96	**1902**		27 222	169
1884		12 452	36	2 476	38		
4 121	2	22 540	45	2 529	336	**1906**	
12 675	2			8 083	155, 157	3 025	571
13 133	2	**1897**		17 501	401	3 549	250
16 805	2, 294	2 713	424	17 502	311	3 566	291
		3 832	495	17 503	337	6 072	218
1885		10 487	606	26 982	38	6 166	31
6 045	2	17 901	295, 297	28 364	500	6 924	453
		28 631	147			7 520	613
1886		26 381	96	**1903**		8 045	342
2 211	2			7 023	336	8 910	197
		1898		7 341	404	9 254	247
1887		1 020	305, 334	9 017	510	10 094	342
2 694	17	3 770	96	16 588	508	12 842	573
2 695	17	6 700	423	16 604	339	14 087	119
				16 605	382	15 133	160
1888		**1899**				16 088	160
5 270	2	58	498	**1904**		16 442	198
		6 557	192	2 357	307	19 107	405
1889		6 641	280	5 286	305	20 408	199
2 570	18	6 735	283	5 730	395	21 144	585
2 571	18	12 879	389	17 152	368	22 422	194
		13 300	193	20 637	30	23 683	605
1890		13 331	204	21 988	252	25 647	582
1 656	2	14 525	210, 213	25 296	429	27 527	40
5 376	2	18 260	294	27 565	51	27 727	219
		18 884	193	28 712	299		
1891		20 630	284	28 733	408	**1907**	
11 831	22	23 729	518, 519			89	53
19 560	2	24 101	281	**1905**		89 A	53
				1 283	150	1 595	116
1892		**1900**		1 284	599	3 606	521
8 700	301	1 763	196	1 501	162	4 015	576
21 485	36	8 799	43	1 689	66	5 020	123
22 736	22	9 087	105	1 745	601	5 881	374
		15 343	29	2 192	39	8 179	309
1893		16 332	29	2 441	438	10 164	234
24 003	22	17 759	598	2 455	438	10 165	265
24 638	2, 13	20 461	597	4 534	109	10 545	169
		20 801	149	4 755	214	13 518	617
1894		23 157	504	4 756	214	13 868	526
15 522	421, 424	23 158	504	4 761	163	14 655	165
24 009	22			4 765	285	16 495	152
		1901		5 766	385	16 512	65
1895		1 850	299	6 751	404	17 460	99
11 038	95	4 303	245	13 603	115	17 876	381
		5 076	38				

Patentliste.

Nr.	Seite	Nr.	Seite	Nr.	Seite	Nr.	Seite
1907		**1909**		**1911**		**1913**	
18 936	247	10 604	452	5 077	619	4 596	563
21 405	344	11 700	248	9 336	188	4 922	259
22 092	256	11 729	128	11 714	270	4 966	462
22 753	230, 438	14 112	217	14 266	444	5 553	37
24 284	649	18 086	74	16 720	531	6 387	420
27 707	253	18 087	76	20 979	418	8 283	32
		18 342	233	22 635	543	9 067	581
1908		20 593	316	23 995	132	11 104	358
858	300	22 413	263	24 045	352	12 090	361
1 265	226	28 256	167	25 532	208	13 360	566
2 794	279	29 385	199	25 533	242	18 680	549
5 595	344	30 510	586	27 835	241	24 376	362
6 766	608						
8 023	317	**1910**		**1912**		**1914**	
8 711	175	10 029	479	356	239	5 238	360
8 742	313	10 186	653	1 378	304	13 872	419
9 268	256	10 211	572	1 573	331	14 216	90
11 959	613	12 422	454	2 222	538	14 339	319
12 253	226	13 464	409	4 610	275	17 495	536
14 143	198	14 599	536	5 154	275	18 556	596
15 015	65	15 700	417	5 659	195	24 291	327
15 448	175	15 752	317	6 408	240		
15 449	175	15 991	203	10 430	300	**1915**	
16 557	528	16 629	287	11 613	276	2 485	363
17 967	263	16 932	409	12 710	564	7 098	139
19 157	377	18 315	352	16 615	443	9 196	588
19 158	376	19 166	595	16 616	442	10 857	83
19 276	528	20 046	257	18 965	491	10 858	107
20 316	262	20 672	403	19 001	273	* * *	
21 191	262	24 707	57	20 718	651	100 631	615
21 285	172	25 986	228	21 586	449	101 723	139
24 922	529	27 539	292	22 436	354	101 875	140
25 097	382	27 600	293	24 996	243	104 225	554
26 155	351	27 878	269	26 472	353	104 363	551
		30 306	487	27 676	356	113 010	179
1909				27 732	356	116 103	594
1 148	200	**1911**		28 083	568	116 268	362
1 407	397	309	462	28 320	481	121 734	622
4 104	220	406	345	29 711	400	122 527	300
4 872	201	1 022	573			126 263	555
5 395	125	1 436	322	**1913**		127 155	493
6 385	515	3 139	418	330	337	127 309	143
6 554	408	3 973	418	2 465	47	129 024	141
7 617	221	4 078	537	2 992	346	132 815	468
7 743	411	4 080	487	3 169	357	145 035	223

Französische Patente.

Die numerierten Zusatzpatente sind hinter den Hauptpatenten angeführt.

165 349	2	165 349		195 654	18	195 656	18, 21
165 349 Zus. v. 23. XII. 84	2	Zus. v. 7. V. 85	2	195 655	18	199 494	2
		172 207	2	195 655 Zus. v. 16. X. 90	18, 21	199 494 Zus. v. 12. IX. 89	2

Patentliste.

Nr.	Seite	Nr.	Seite	Nr.	Seite	Nr.	Seite
199 494		231 230		350 298	114	364 911	198
Zus. v. 9. I. 90	2	Zus. v. 2. X. 97	2, 15	350 298 Zus. 5717	115	364 912 365 057	522 247
199 494		243 612	21	350 383	66	365 508	434
Zus. v. 25. I. 90	3	243 677 248 830	21 421	350 383 Zus. 5191	66	365 776 365 990	342 198
201 740	2	258 287	50	350 442	408	366 126	453
201 740		272 718	147	350 723	30	366 793	573
Zus. v. 3. IV. 90	2	278 371 286 692	204 283	350 723 Zus. 4445	31	367 803 367 803	130
201 740 Zus. v. 24. III. 91	2	286 925 292 988	192 193, 294	350 888 350 889	162 285	Zus. 7469 367 979	130 160
203 202	2	313 453	38	351 206	599	367 980	509
203 202		313 464	582	351 207	601	368 190	65
Zus. v. 18. II. 90	2	320 446 323 473	155, 157 311	351 208 351 265	150 39	368 393 368 706	618 247
203 741	146	323 474	337	352 528	162	368 766	405
207 624	2	327 301	38	352 530	289	369 170	104
208 405	2	328 054	105	353 187	291	369 957	585
208 405		330 714	404	353 973	281	369 973	199
Zus. v. 25. X. 90	2	330 753 331 404	336 510	354 336 354 398	433 144	370 717 370 741	571 605
208 856	18	333 246	607	354 424	31	371 544	40
208 857	18	334 507	508	354 942	434	371 985	131
216 156	2, 13	334 515	339	355 016	31	372 002	219
216 156		334 636	307	355 064	168	372 889	123
Zus. v. 18. XII. 91	2, 13	337 118 337 118	608	356 323 356 402	40 163	373 429 373 887	261 521
216 564	2	Zus. 9067	608	356 404	429	373 947	66
217 557	457	337 693	572	356 835	116	374 123	309
218 759	94	339 564	307	357 056	341	374 277	198
221 488	2, 14	340 690	305	357 171	218	374 724	582
221 488 Zus. v. 2. X. 98	2, 14	340 812 341 173	395 109	357 172 357 837	523, 524 160, 285	374 724 Zus. 8122	582
221 901	21	342 112	433	358 987	127	374 724	
224 460	21	342 112		359 026	524	Zus. 9904	584
224 837	105	Zus. 7824	433	360 395	31	374 724	
225 567	2	342 655	53	360 396	105	Zus. 10760	585
228 705	105	344 138	196	361 048	194	374 790	576
231 230	2, 16, 42	344 660	30	361 048		375 633	374
231 230		344 845	30	Zus. 6629	194	375 827	279
Zus. v. 30. VII. 98	2	345 274 345 293	368 370	361 061 361 319	250, 285 342	376 065 376 785	231 128
231 230		345 320	395	361 329	47	377 325	265
Zus. v. 30. IX. 98	2	345 343 345 687	372 194	361 568 361 568	119	377 326 377 424	234 372
231 230 Zus. v. 22. XII. 98	2, 16, 42, 44	346 693 346 693	30	Zus. 5597 361 690	119 43	377 494 377 673	607 129
231 230		Zus. 3862	30	361 796	436	378 143	99
Zus. v. 19. VI. 95	2, 16	346 722 347 724	214	361 877 361 960	371 52	379 000 379 935	260, 261 152
231 230		Zus. 9905	648	362 986	197	381 939	247
Zus. v. 3. III. 97	2	347 960 349 134	250 98	363 782 363 922	613 71	382 718 382 859	53 230, 438
231 230		349 843	117	364 066	218	383 411	526
Zus. v. 6. V. 97	2, 15	350 220	252	364 269	555	383 412	291

Patentliste.

Nr.	Seite	Nr.	Seite	Nr.	Seite	Nr.	Seite
383 413	261	403 243	76	425 900	44, 418	440 907	
383 555	44	403 264	586	425 953	391	Zus. 15861	276
383 636	649	403 264		426 089	555	440 965	569
333 636		Zus. 11164	587	426 436	413, 418,	441 063	240
Zus. 10788	649	403 427	248		419	441 551	132, 134
384 751	618	403 488	228	427 694	106	441 606	448
384 934	617	404 372	168, 217	429 679	623	442 015	634
385 083	253	405 571	233	429 750	40	442 019	329
385 083		405 782	528	429 841	238	442 022	541, 622
Zus. 9253	256	406 344	377	430 221	323	442 117	612
386 109	68	406 724	389	430 445	322	442 593	568
386 339	226	406 724		430 876	393	443 621	338
386 833	122	Zus. 11840	390	430 939	615	442 630	489
387 054	131	409 078	382	431 052	444	442 631	490
389 284	313	409 387	529	431 074	271	442 632	490
390 178	175	409 627		431 096	488	443 133	300
392 442	65	Zus. 12988	454	431 112	536	443 897	329
392 868	607	409 789	167	431 681	391	444 462	448
392 869	262, 278	410 267	57	432 400	531	444 588	650
392 869		410 267		433 956	446	445 783	491
Zus. 9752	262	Zus. 12545	57	434 501	345	445 896	273
394 009	528	410 652	144	434 602	588	445 896	
394 586	344	410 721	611	434 868	32	Zus. 17170	275
395 223	172	410 776	621, 622	434 869	77	446 348	442
395 402	351	410 827	263	435 075	126	446 349	443
395 402		410 882	199	435 156	446	446 449	347, 353
Zus. 11854	351	411 592	200	435 156		447 068	623
395 402		412 887	128	Zus. 15008	446	448 429	449
Zus. 12620	352	413 359	129	435 742	132	449 457	331
396 664	127	413 571	126	436 186	615	449 536	354
397 791	125	413 787	417	436 187	615	449 801	208
397 791		414 520	391	436 188	352	449 803	242
Zus. 11,267	126	415 060	74	436 555	475	450 193	243
398 424	397	415 619	392	436 556	488	450 818	568
399 218	69	416 064	131	436 556		450 906	481
399 727	388	417 568	317	Zus. 15925	488	450 985	564
399 911	201	417 599	595	436 590	353	451 156	356
400 321	168, 220	417 851	287	436 590		451 276	356
400 321		418 309	409	Zus. 15431	353	451 406	244
Zus. 10728	221, 168	418 282	203	436 590		451 913	563
400 577	351	419 852	317	Zus. 16655	353	452 900	78
400 652	408	420 085	163	436 968	241	453 569	357
401 182	127	420 086	131, 618	437 014	273	453 652	32
401 262	128	420 682	529	437 815	242	454 011	346
401 343	68	420 856	417	438 131	631	454 061	357
401 741	198	422 565	269	438 131		454 753	462
402 072	405	423 064	292	Zus. 15399	631	454 811	259
402 462	452	423 104	293	438 632	239	455 011	37
402 804	316	423 510	232	438 718	337	457 633	352
402 804		423 924	62	439 040	304	458 979	358
Zus. 10929	316	423 934	59	439 721	47, 133	459 125	361
402 950	44	424 293	232	439 721		459 849	492
403 193	439	424 419	257	Zus. 16214	133	459 972	420
403 242	74	424 428	611	440 776	270	461 432	549
403 242		424 621	462	440 846	447	461 900	362
Zus. 13215	75	424 796	478	440 907	275		

Patentliste.

Nr.	Seite	Nr.	Seite	Nr.	Seite	Nr.	Seite
461 900		466 292	622	473 256	366	478 461	34, 105
Zus. 18764	363	467 164	350	473 446	90	481 399	551
462 147	324	467 165	347	473 986	35	481 410	554
462 657	654	468 809	566	474 163	420	489 330	300
463 160	696	469 890	553	474 727	367	489 881	362
463 400	619	470 141	324	474 777	327	497 420	555
463 693	368, 588	470 606	455	474 793	319	497 420	
465 322	549	471 479	464	477 655	588	Zus. 21008	555
466 210	569	473 126	419	477 735	367		

Amerikanische Patente.

Nr.	Seite	Nr.	Seite	Nr.	Seite	Nr.	Seite
365 832	96	712 756	436	846 879	374	979 013	221
367 534	96	713 999	598	849 822	375	979 434	377
430 508	96	716 138	500	849 823	351	980 294	263
439 882	96	716 778	309, 336	849 870	376	980 648	318
455 245	2	724 020	337, 339	850 571	219	981 574	411
460 629	2	725 016	336	850 695	199	983 139	232
508 124	94	729 749	591, 654	852 126	216, 217	984 539	352
516 079	96	732 784	514	853 093	613	986 017	180
516 080	96	745 276	515	856 857	599	986 306	309
559 392	22	750 502	508	857 640	250	988 424	487
531 158	2	759 332	394	858 648	376	988 430	181
562 626	22, 29	767 421	305	863 793	341	988 965	409
562 732	22	773 412	395	863 801	197	995 652	619
563 214	18	779 175	252	863 802	198	1000 827	199
571 530	457	791 385	604	866 371	291	1002 408	649
573 132	41	791 386	604	866 768	40	1010 222	611
593 106	95	792 149	403	876 533	394	1022 097	167, 250
594 888	424	792 888	340	879 416	195	1022 416	133
611 814	421	795 526	214	884 298	199	1023 548	292
617 009	147	796 740	162	888 260	53	1027 689	270
622 087	334	798 027	341	896 715	322, 327,	1028 748	405
625 033	297	798 868	169		341, 355	1030 251	253, 256
625 345	423	804 191	601	904 684	279	1034 235	275
646 351	193	805 456	393	908 754	194	1040 886	125
646 381	204	806 533	150	909 257	160	1041 587	650
646 799	294	808 148	374	922 340	408	1044 434	329
650 715	284	808 149	374	923 777	372	1045 731	345
657 818	192	813 878	218	932 634	453	1049 201	293
658 632	196	816 404	351	945 559	220	1055 513	462
661 214	280	820 351	51	947 715	198	1062 106	248
663 739	43	823 009	376	950 435	351	1062 222	238
665 975	29	827 434	523	951 067	127	1064 260	239
672 350	149	828 155	119	954 984	200	1066 785	266
672 946	213	834 460	109	957 460	175	1073 891	337
680 719	597	836 452	342	960 791	283	1074 092	403
691 257	283	836 620	247	962 769	263	1082 490	462
697 580	299	836 788	429	962 770	217	1087 700	444
698 254	245	838 758	509	965 273	203	1093 012	37
699 155	38	839 013	163	965 557	203	1093 146	566
702 163	495	839 014	163	967 397	247	1102 237	346
702 382	504	839 825	265	970 589	344	1106 077	259
705 748	281	840 611	234	972 464	418	1107 222	403
710 819	155, 157	842 125	66	977 863	226	1117 604	367
712 200	403	842 568	285	978 878	226	1119 155	531

Nr.	Seite	Nr.	Seite	Nr.	Seite	Nr.	Seite
1121 605	324	1143 569	361	1188 718	90	1242 030	470
1121 903	338	1151 487	75	1200 774	358	1280 338	363
1127 871	47	1155 777	548	1202 766	548	1315 393	470
1128 624	621	1156 969	420	1218 954	470	1315 700	143
1130 830	273	1164 084	631	1226 178	368	1315 701	143
1141 510	464	1184 206	541	1236 719	140		

Schweizerische Patente.

Nr.	Seite	Nr.	Seite	Nr.	Seite	Nr.	Seite
1 958	2, 4	34 741 Zus.	648 523	45 288	74	60 741	353
2 123	2			45 289	76	61 381	354
3 740	22, 24	34 742	572	45 290	201	62 314	356
3 667	2, 13	34 760	198	45 321	199	62 315	346
4 412	2	35 080	523, 524	45 485	127	63 328	259
4 449	50	35 434	162	45 764	220	63 818	47
4 984	22, 27, 152	35 435	289	47 266	351	64 190	541
10 506	2	35 436	509	47 395	397	64 191	358
12 728	421	35 642	168	48 335	248	64 685	32
13 695	495	35 911	453	48 576	221	64 900	361
13 972	424	37 584	246	48 679	217	68 971	617
16 077	149	38 455	371	49 399	228	69 514	619
17 950	498, 499	38 910	53	50 501	167	70 123	350
18 042	423	39 587	123	53 440	203	70 124	350
19 062	280	39 711	521	53 936	257	70 719	620
19 135	334	40 164	166	54 646	621	70 744	325
20 433	606	40 614	291	54 834	322	71 019	366
22 503	29	40 674	617	55 344	418	71 312	327, 341
22 680	29	40 972	263	56 107	611	71 446	622
24 301	504	41 005	436	56 146	462	71 447	363
29 680	508	41 109	152	56 329	531	71 681	326
30 322	395	41 554	253	57 506	345	72 044	617
30 768	305	41 555	437	57 738	444	73 559	615
32 540	51	42 026	576	57 951	238	74 231	588
32 541	51	42 305	226	58 424	331	74 318	107
33 335	53	42 306	342	58 882	239	74 930	83
33 571	109	42 536	454	58 883	337	75 436	179
33 684	117	43 016	344	59 380	338	76 329	468
34 222	510	44 075	172	59 409	329	77 322	468
34 741	522	44 507	175	59 641	449	78 099	141
		44 963	175	60 510	650	84 238	627

Österreichische Patente.

Nr.	Seite	Nr.	Seite	Nr.	Seite	Nr.	Seite
138	618	9 548	504	20 407	401	27 671	159
2 739	210	10 263	196	21 118	38	28 151	252
3 636	192	11 066	294, 296	21 119	155	28 290	429, 432
3 638	204	11 879	284	21 182	382	28 581	512
5 195	597	12 388	479	24 849	66	28 595	162
5 640	518	13 163	96	24 957	510	29 829	117
6 064	149	14 566	515	25 031	38	29 835	341
6 150	245	16 112	339	25 175	385	29 999	604
6 843	280, 603	18 082	508	25 239	144	30 449	163
6 947	38	18 454	207	26 486	39	30 496	197
8 359	598	19 037	395	27 037	71	30 705	523
8 596	193	19 041	305	27 038	555	31 778	509

Patentliste.

Nr.	Seite	Nr.	Seite	Nr.	Seite	Nr.	Seite
31 802	573	38 990	528	53 882	444	61 811	346
32 377	599	40 067	582	54 260	233	62 164	238
32 553	576	40 080	584	54 277	271	62 460	443
32 783	119	40 163	436	54 428	270	62 643	275
33 277	601	40 676	437	54 574	418	62 810	357
33 278	602	41 720	201	54 575	106	62 968	449
33 498	617	42 440	405	54 785	233	63 438	444
33 678	342	42 740	99	54 819	462	63 635	348
33 840	613	43 640	172	55 749	621	63 722	345
34 101	372	45 320	175	55 764	352	64 081	235
35 264	160	46 701	214	56 625	239	64 085	415
35 267	309	46 861	220	57 613	531	64 086	442
35 268	291	47 147	221	57 698	180	66 207	462
35 269	152, 257	47 777	167	57 715	337	67 113	365
35 272	256	47 780	128	58 299	199	67 815	259
35 275	253, 256	49 170	228	58 795	619	70 348	450
36 922	521	49 177	517	59 032	217	72 215	350
37 030	36	50 030	232	60 034	203	73 001	420
37 119	160	50 506	234	60 446	257	75 044	347
37 137	313	53 098	292	60 447	417	75 455	356
38 532	123	53 099	418	60 450	338	76 721	358
38 809	263						

Belgische Patente.

Nr.	Seite	Nr.	Seite	Nr.	Seite	Nr.	Seite
268 556	513	250 077	354	252 405	338	255 192	541
141 976	239	250 441	208	252 514	78	256 877	78
243 409	631	250 442	242	253 139	357	256 901	362
243 694	275	250 816	134	253 454	346	257 325	361
245 524	276	251 000	537	253 537	357	257 581	358
245 532	47	251 118	243	253 805	135	259 137	361
247 209	563	251 128	244	253 831	135	259 219	393
247 552	353	251 191	568	253 945	462	259 495	324
247 992	329	251 256	481	254 219	259	262 367	549
248 315	135	251 405	356	254 511	132	262 989	569
249 325	449	251 829	356	255 026	32	263 133	91

Niederländische Patente.

Nr.	Seite	Nr.	Seite
1739	337	2207	366
2089	90	3352	363

Verlag von Julius Springer in Berlin W 9

Technologie der Textilveredelung. Von Dr. **Paul Heermann**, Professor, Abteilungsvorsteher der Textil-Abteilung am Staatlichen Materialprüfungsamt in Berlin-Dahlem. Mit 178 Textfiguren und einer Farbentafel.
Gebunden Preis M. 120.— (ohne Teuerungszuschlag)

Die Echtheitsbewegung und der Stand der heutigen Färberei. Von **Fr. Eppendahl**, Chemiker. Preis M. 1.—

Die neuzeitliche Seidenfärberei. Handbuch für Seidenfärber, Färbereischulen und Färbereilaboratorien. Von Dr. **Hermann Ley**, Färbereichemiker. Mit 13 Textabbildungen. Unter der Presse

---

Neue mechanische Technologie der Textilindustrie. Von Dr.-Ing. E. h. **G. Rohn** in Schönau bei Chemnitz. In drei Bänden nebst Ergänzungsband.

Erster Band: **Die Spinnerei in technologischer Darstellung.** Ein Hand- und Hilfsbuch für den Unterricht in der Spinnerei an Spinn- und Textilschulen, technischen Lehranstalten und zur Selbstausbildung sowie ein Fachbuch für Spinner jeder Faserart. Mit 143 Textabbildungen. Gebunden Preis M. 3.60

Zweiter Band: **Die Garnverarbeitung.** Die Fadenverbindungen, ihre Entwickelung und Herstellung für die Erzeugung der textilen Waren. Ein Hand- und Hilfsbuch für den Unterricht an Textilschulen und technischen Lehranstalten sowie zur Selbstausbildung in der Faserstoff-Technologie. Mit 221 Textabbildungen.
Gebunden Preis M. 5.—

Dritter Band: **Die Ausrüstung der textilen Waren.** Mit einem Anhange: Die Filz- und Watten-Herstellung. Ein Hand- und Hilfsbuch für den Unterricht an Textilschulen und technischen Lehranstalten sowie zur Selbstausbildung in der Faserstoff-Technologie. Mit 196 Textabbildungen. Gebunden Preis M. 12.—

Ergänzungsband: **Textilfaserkunde** mit Berücksichtigung der Ersatzfasern und des Faserstoffersatzes. Ein Hand- und Hilfsbuch für den Unterricht an Textilschulen und technischen Lehranstalten sowie für Textiltechniker, Landwirte, Volkswirtschaftler usw. Mit 87 Textfiguren. Preis M. 10.—

Die Mercerisation der Baumwolle und die Appretur der mercerisierten Gewebe. Von Technischem Chemiker **Paul Gardner**. Zweite, völlig umgearbeitete Auflage. Mit 28 Textabbildungen. Gebunden Preis M. 9.—

Färberei- und textilchemische Untersuchungen. Anleitung zur chemischen Untersuchung und Bewertung der Rohstoffe, Hilfsmittel und Erzeugnisse der Textilveredlungsindustrie. Von Professor Dr. **Paul Heermann**. Vereinigte dritte Auflage der „Färbereichemischen Untersuchungen" und der „Koloristischen und Textilchemischen Untersuchungen". Mit 7 Textabbildungen. Gebunden Preis M. 16.—

Mechanisch- und Physikalisch-technische Textil-Untersuchungen. Mit besonderer Berücksichtigung amtlicher Prüfverfahren und Lieferungsbedingungen sowie des Deutschen Zolltarifs. Von Professor Dr. **Paul Heermann**. Mit 160 Textabbildungen. Gebunden Preis M. 10.—

Anlage, Ausbau und Einrichtungen von Färberei-, Bleicherei- und Appretur-Betrieben. Von Professor Dr. **Paul Heermann** in Berlin Mit 90 Textabbildungen. Preis M. 6.—; gebunden M. 7.—

Hierzu Teuerungszuschläge

Verlag von Julius Springer in Berlin W 9

Die Streichgarn- und Kunstwollspinnerei. Von **Emil Hennig.** Mit 40 Textabbildungen. Gebunden Preis M. 5.—

Anleitung zur qualitativen Appretur und Schlichte-Analyse. Von Professor Dr. **Wilh. Massot** in Krefeld. Zweite, erweiterte und verbesserte Auflage. Mit 42 Textabbildungen und 1 Tabelle. Preis M. 6.—; gebunden M. 7.—

Technologie der Gewebeappretur. Leitfaden zum Studium der einzelnen Appreturprozesse und der Wirkungsweise der Maschinen. Von Professor **B. Kozlik.** Mit 161 Textabbildungen. Gebunden Preis M. 8.—

Kenntnis der Wasch-, Bleich- und Appreturmittel. Ein Lehr- und Hilfsbuch für technische Lehranstalten und für die Praxis. Von Professor Ing.-Chem. **Heinrich Walland** in Brünn. Mit 46 Textabbildungen. Gebunden Preis M. 10.—

Die Apparatfärberei der Baumwolle und Wolle unter Berücksichtigung der Wasserreinigung und der Apparatbleiche der Baumwolle. Von **E. J. Heuser.** Mit 191 Textabbildungen. Gebunden Preis M. 8.—

Die Apparatefärberei. Von Dr. **G. Ullmann.** Mit 128 Textabbildungen. Gebunden Preis M. 6.—

Enzyklopädie der Küpenfarbstoffe. Ihre Literatur, Darstellungsweisen, Zusammensetzung, Eigenschaften in Substanz und auf der Faser. Von Dr.-Ing. **Hans Truttwin.** Unter Mitwirkung von Dr. R. Hauschka in Wien. Preis M. 130.— (ohne Zuschlag)

Die Berechnung des Selbstkostenpreises der Gewebe. Von E. **Jung** (Markirch). Preis M. 12.—

Betriebspraxis der Baumwollstrangfärberei. Eine Einführung von **Fr. Eppendahl,** Chemiker. Mit 8 Textabbildungen. Preis M. 7.—

Hierzu Teuerungszuschläge

MIX
Papier aus verantwortungsvollen Quellen
Paper from responsible sources
FSC® C105338

If you have any concerns about our products,
you can contact us on
ProductSafety@springernature.com

In case Publisher is established outside the EU,
the EU authorized representative is:
**Springer Nature Customer Service Center GmbH
Europaplatz 3, 69115 Heidelberg, Germany**

Printed by Libri Plureos GmbH
in Hamburg, Germany